SAP S/4HANA® – Architektur

SAP PRESS ist eine gemeinschaftliche Initiative von SAP SE und der Rheinwerk Verlag GmbH. Unser Ziel ist es, Ihnen als Anwendern qualifiziertes SAP-Wissen zur Verfügung zu stellen. SAP PRESS vereint das Know-how der SAP und die verlegerische Kompetenz von Rheinwerk. Die Bücher bieten Ihnen Expertenwissen zu technischen wie auch zu betriebswirtschaftlichen SAP-Themen.

Damit Sie nach weiteren Titeln Ihres Interessengebiets nicht lange suchen müssen, haben wir eine kleine Auswahl zusammengestellt.

Thomas Saueressig et al.
SAP S/4HANA Cloud – Funktionen, Nutzen, Erfolgsfaktoren
2022, 620 Seiten, geb.
ISBN 978-3-8362-8896-5
www.sap-press.de/5500

Thomas Saueressig, Peter Maier
Business as Unusual with SAP
How Leaders Navigate Industry Megatrends
2022, 307 Seiten, geb.
ISBN 978-1-4932-2389-3
www.sap-press.de/5658

Johannes Strasser et al.
Business Process Transformation mit SAP Signavio
2023, 484 Seiten, geb.
ISBN 978-3-8362-9174-3
www.sap-press.de/5590

Frank Finkbohner et al.
Migration nach SAP S/4HANA
4., aktualisierte Auflage 2024, 714 Seiten, geb.
ISBN 978-3-8362-9364-8
www.sap-press.de/5654

Thomas Saueressig, Tobias Stein, Jochen Böder,
Wolfram Kleis

SAP S/4HANA® – Architektur

Liebe Leserin, lieber Leser,

SAP-Landschaften sind komplex, und wir alle wissen, wie schnell sich Technologien und Anforderungen in der IT-Welt ändern. Genau da setzt SAP PRESS an: mit Büchern, die nicht nur Theorie vermitteln, sondern konkret im Alltag helfen.

In diesem Buch finden Sie direkt umsetzbare Ratschläge, praktische Beispiele und Lösungen für drängende Herausforderungen. Unsere Autorinnen und Autoren sind Profis, die wissen, wo der Schuh drückt – und wie man Probleme effizient löst. Mit ihrer Erfahrung an Ihrer Seite können Sie Ihre SAP-Projekte gezielter angehen, fundiertere Entscheidungen treffen und die vielen Facetten von SAP besser meistern.

Ob Sie gerade erst beginnen oder schon lange im SAP-Umfeld tätig sind: Wir sind davon überzeugt, dass dieses Buch Ihnen hilfreiche Anleitungen und Tipps an die Hand gibt, um Ihre täglichen Aufgaben und Projekte erfolgreich zu meistern.

Wir freuen uns stets über Lob, aber auch über kritische Anmerkungen, die uns helfen, unsere Bücher zu verbessern. Zögern Sie also nicht, sich bei mir zu melden; Ihr Feedback ist jederzeit willkommen.

Wir wünschen Ihnen viele Aha-Momente und eine erfolgreiche Umsetzung mit diesem Buch!

Ihre Janina Schweitzer
Lektorat SAP PRESS

janina.schweitzer@rheinwerk-verlag.de
www.rheinwerk-verlag.de
Rheinwerk Verlag · Rheinwerkallee 4 · 53227 Bonn

Auf einen Blick

TEIL I Grundlagen

1 Herausforderungen moderner ERP-Architekturen 33
2 Grundlagen der technischen Architektur 51
3 Vereinfachte User Experience 79
4 Intelligente Funktionen und Analytics 99
5 Erweiterbarkeit 135
6 Integration 167
7 Datenschutz und Privatsphäre 199

TEIL II Anwendungsarchitektur

8 Stammdaten 215
9 Vertrieb 251
10 Service 271
11 Beschaffung 287
12 Logistik und Fertigung 313
13 Extended Warehouse Management 353
14 Finance, Governance, Risk und Compliance 371
15 Lokalisierung in SAP S/4HANA 495

TEIL III SAP-S/4HANA-Cloud-spezifische Architektur und Betrieb

16 Scoping und Konfiguration 509
17 Identitäts- und Zugriffsverwaltung 527
18 Ausgabeverwaltung 549
19 Architektur für den Cloud-Betrieb 559
20 Sizing und Performance in der Cloud 583
21 Cloud-Sicherheit und Compliance 599
22 Ausblick 609

Wir hoffen, dass Sie Freude an diesem Buch haben und sich Ihre Erwartungen erfüllen. Ihre Anregungen und Kommentare sind uns jederzeit willkommen. Bitte bewerten Sie doch das Buch auf unserer Website unter **www.rheinwerk-verlag.de/feedback**.

An diesem Buch haben viele mitgewirkt, insbesondere:

Lektorat Janina Schweitzer
Lektorat der Originalausgabe Megan Fuerst
Übersetzung Lemoine Translations GmbH, Düsseldorf
Korrektorat Anna Krepper, Rommerskirchen
Herstellung Nadine Preyl
Typografie und Layout Vera Brauner
Einbandgestaltung Lisa Kirsch
Coverbild iStock: 147205651 © Martin Barraud
Satz SatzPro, Krefeld
Druck Beltz Grafische Betriebe GmbH, Bad Langensalza

Dieses Buch wurde gesetzt aus der TheAntiquaB (9,35/13,7 pt) in FrameMaker.
Gedruckt wurde es mit mineralölfreien Farben auf chlorfrei gebleichtem, FSC®-zertifiziertem Offsetpapier (90 g/m²).
Hergestellt in Deutschland.

Bibliografische Information der Deutschen Nationalbibliothek:
Die Deutsche Nationalbibliothek verzeichnet diese Publikation in der Deutschen Nationalbibliografie; detaillierte bibliografische Daten sind im Internet über *http://dnb.dnb.de* abrufbar.

ISBN 978-3-8362-9479-9

1. Auflage 2024

Die englische Originalausgabe erschien 2023 bei Rheinwerk Publishing, Inc. unter dem Titel »SAP S/4HANA Architecture«.

Informationen zu unserem Verlag und Kontaktmöglichkeiten finden Sie auf unserer Verlagswebsite **www.rheinwerk-verlag.de**. Dort können Sie sich auch umfassend über unser aktuelles Programm informieren und unsere Bücher und E-Books bestellen.

Inhalt

Vorwort ... 21
SAP S/4HANA: Eine neue ERP-Plattform ... 25

TEIL I Grundlagen

1 Herausforderungen moderner ERP-Architekturen ... 33

1.1 Merkmale eines modernen ERP-Systems ... 34
1.1.1 Höhere Performance und Skalierbarkeit ... 35
1.1.2 Anforderungen an die User Experience ... 37
1.1.3 Erweiterbare Architektur ... 38
1.1.4 Intelligente ERP-Prozesse ... 39
1.1.5 Vereinfachte und standardisierte Implementierung ... 39
1.1.6 Cloud- und On-Premise-Deployment ... 40
1.1.7 Sicherheit, Datenschutz, Compliance und Datenisolierung ... 42

1.2 Grundsätze der SAP-S/4HANA-Architektur ... 43
1.2.1 Stabiler, aber flexibler Digital Core ... 43
1.2.2 Vereinfachung durch das »Principle of One« ... 44
1.2.3 Offenheit für Innovationen durch Serviceorientierung ... 45
1.2.4 Modularisierung in (hybriden) Integrationsszenarien ... 47
1.2.5 Designt für die Cloud ... 47
1.2.6 Semantische Kompatibilität für eine Weiterentwicklung mit möglichst geringem Anpassungsaufwand ... 48

1.3 Entwicklung eines Cloud-ERP-Systems auf optimaler Grundlage ... 49

1.4 Zusammenfassung ... 50

2 Grundlagen der technischen Architektur ... 51

2.1 Virtuelles Datenmodell ... 51
2.1.1 Core Data Services ... 52
2.1.2 Namenskonventionen ... 53

2.1.3 Struktur des virtuellen Datenmodells ... 54
2.1.4 Verwendungsszenarien ... 56

2.2 ABAP RESTful Application Programming Model ... 58
2.2.1 Business-Objekte definieren und entwickeln ... 58
2.2.2 Business-Services definieren ... 66
2.2.3 Laufzeitarchitektur ... 70

2.3 Zusammenfassung ... 78

3 Vereinfachte User Experience 79

3.1 User Experience ... 79
3.1.1 SAP Fiori ... 80
3.1.2 Umsetzung der User-Experience-Strategie ... 80
3.1.3 SAP Fiori Launchpad ... 81
3.1.4 SAP-Fiori-Apps ... 86
3.1.5 SAP-Fiori-Elements-Apps ... 88

3.2 Suchen ... 91
3.2.1 Sucharchitektur ... 92
3.2.2 Suchfunktionalität von SAP HANA ... 93
3.2.3 Erweiterbarkeit von Enterprise Search ... 94

3.3 Zusammenfassung ... 97

4 Intelligente Funktionen und Analytics 99

4.1 Analytics ... 99
4.1.1 Architektur von Embedded Analytics ... 101
4.1.2 Embedded-Analytics-Anwendungen ... 103
4.1.3 Analytische Objekte modellieren ... 105
4.1.4 Erweiterbarkeit analytischer Anwendungen ... 106
4.1.5 Enterprise-Analytics-Anwendungen ... 109

4.2 Machine Learning ... 110
4.2.1 Machine-Learning-Architektur ... 111
4.2.2 Embedded Machine Learning ... 112
4.2.3 Side-by-Side-Machine-Learning-Architektur ... 114
4.2.4 Machine Learning in SAP-S/4HANA-Anwendungen ... 115

4.3 Intelligente Situationsverarbeitung ... 119
4.3.1 Beispiel: Kontrakt ist als Bezugsquelle bereit ... 120
4.3.2 Technischer Hintergrund ... 121
4.3.3 Benutzerdefinierte Anwendungsfälle ... 124
4.3.4 Meldungsbasierte Situationsverarbeitung ... 125
4.3.5 Intelligent Situation Automation ... 126
4.3.6 User Experience ... 129
4.3.7 Anwendungsfälle ... 132

4.4 Zusammenfassung ... 134

5 Erweiterbarkeit 135

5.1 Key-User-Erweiterbarkeit ... 136
5.1.1 Stabilitätskriterien für die Erweiterbarkeit ... 137
5.1.2 Anwendungsfälle innerhalb des gesamten Software-Stacks ... 139
5.1.3 Lifecycle Management ... 147

5.2 In-Stack-Entwicklererweiterbarkeit ... 148

5.3 Side-by-Side-Erweiterungen ... 151
5.3.1 Einführung in cloudnative Anwendungen ... 152
5.3.2 SAP BTP und Programmiermodelle ... 156
5.3.3 Integration mit SAP S/4HANA unter Verwendung des SAP Cloud SDK ... 157
5.3.4 SAP-S/4HANA-APIs mit dem SAP Cloud SDK aufrufen ... 158
5.3.5 Event-basierte Integration der Erweiterungen ... 164

5.4 Zusammenfassung ... 164

6 Integration 167

6.1 Schnittstellentechnologien zur Integration mit SAP S/4HANA ... 167
6.1.1 Überblick über die Schnittstellentechnologien ... 168
6.1.2 Die API-Strategie von SAP S/4HANA ... 170

6.2 SAP Business Accelerator Hub ... 170

6.3 Schnittstellen-Monitoring und Fehlerbehandlung ... 171

6.4 Kommunikationsmanagement in SAP S/4HANA Cloud ... 175
6.4.1 Kommunikationsszenario ... 176
6.4.2 Kommunikationsbenutzer ... 177

6.4.3 Kommunikationssystem ... 178
6.4.4 Kommunikationsvereinbarung ... 178
6.4.5 Aufrufen eingehender Services mit Weitergabe von Benutzeridentitäten ... 179

6.5 Cloud Connector ... 180
6.5.1 Grundsätze der Kommunikation über den Cloud Connector ... 180
6.5.2 RFC-Kommunikation mit SAP S/4HANA Cloud ... 181

6.6 Prozessintegrationstechnologie ... 182

6.7 Event-basierte Integration ... 185
6.7.1 SAP Event Mesh ... 186
6.7.2 Event-basierte Integration mit SAP S/4HANA ... 187
6.7.3 Business Events in SAP S/4HANA ... 188
6.7.4 Event-Kanäle und Topic-Filter ... 189

6.8 Datenintegration ... 190
6.8.1 CDS-basierte Datenextraktion ... 191
6.8.2 Datenreplikations-Framework ... 194
6.8.3 SAP Master Data Integration ... 195

6.9 Zusammenfassung ... 196

7 Datenschutz und Privatsphäre 199

7.1 Die Perspektive des Datenschutzes ... 200

7.2 Definitionen und Grundsätze ... 200
7.2.1 Grundlagen in SAP S/4HANA ... 203
7.2.2 Rechte der betroffenen Person ... 205
7.2.3 Technische und organisatorische Maßnahmen ... 207

7.3 Zusammenfassung ... 210

TEIL II Anwendungsarchitektur

8 Stammdaten 215

8.1 Produktstammdaten ... 215
8.1.1 Produktstammdatenmodell ... 217
8.1.2 Produkthierarchie ... 222
8.1.3 Datenmigration ... 223

8.1.4 SOAP-Service-API zur Verarbeitung von Produktstammdaten 224
8.1.5 Erweiterbarkeit der Produktstammdaten 225
8.1.6 Self-Service-Konfiguration 226

8.2 Stückliste, Klassifizierungssystem und Variantenkonfiguration 227
8.2.1 Stückliste 228
8.2.2 Klassifizierungssystem 229
8.2.3 Variantenkonfiguration 231
8.2.4 Variantenklassen 232
8.2.5 Maximalstückliste 233
8.2.6 Stückliste mit Klassenpositionen 234
8.2.7 Konfigurationsprofile 234
8.2.8 Beziehungswissen in der Variantenkonfiguration 234
8.2.9 Benutzeroberfläche und Gruppierung 235
8.2.10 Erweiterbarkeit 235
8.2.11 High-Level- und Low-Level-Konfiguration 236
8.2.12 Embedded Analytics für Klassifizierungs- und Konfigurationsdaten 237

8.3 Geschäftspartner 239
8.3.1 Architektur der Geschäftspartnerstammdaten 241
8.3.2 Szenarien für eine Systemkonvertierung nach SAP S/4HANA 246
8.3.3 Datenschutz und Richtlinien 248
8.3.4 Erweiterbarkeit 249
8.3.5 Geschäftspartner-APIs 250

8.4 Zusammenfassung 250

9 Vertrieb 251

9.1 Überblick über die Architektur 251
9.2 Struktur der Verkaufsbelege 253
9.3 Berechtigungen 255
9.4 Kundenanfragen und Verkaufsangebote 256
9.5 Kundenauftragsabwicklung 257
9.6 Verkaufskontrakte 258
9.7 Verkaufslieferpläne 259
9.8 Reklamations-, Retouren- und Rückerstattungsmanagement 260
9.9 Fakturierung 261

9.10 Vertriebsüberwachung und -analyse ... 262
9.11 Preisfindung ... 265
9.12 Integration ... 267
9.13 Zusammenfassung ... 269

10 Service 271

10.1 Überblick über die Architektur ... 271
10.2 Business-Objekte und Geschäftsprozesse in Servicevorgängen ... 273
10.2.1 Außendienst ... 273
10.2.2 Werkstattreparatur ... 274
10.2.3 Serviceverträge ... 275
10.2.4 Lösungsgeschäft ... 275
10.2.5 Interaction Center ... 275
10.3 Stammdaten und Organisationsmodell ... 276
10.4 Datenmodell und Business Transactions Framework ... 277
10.4.1 Business Transactions Framework ... 277
10.4.2 Datenmodell ... 278
10.4.3 Vorgangsart und Positionstyp ... 279
10.4.4 Gemeinsame Funktionen für Servicevorgänge ... 280
10.4.5 Virtuelles Datenmodell ... 281
10.4.6 Öffentliche APIs ... 282
10.5 Integration ... 282
10.5.1 Data Exchange Manager ... 282
10.5.2 Rückwärtsintegration ... 284
10.5.3 Integration mit SAP Field Service Management ... 284
10.5.4 User-Interface-Technologie ... 285
10.6 Zusammenfassung ... 285

11 Beschaffung 287

11.1 Überblick über die Architektur ... 288
11.2 Beschaffungsprozesse ... 291
11.2.1 Direkte Beschaffung ... 292
11.2.2 Indirekte Beschaffung ... 293

11.3 Business-Objekte in der Beschaffung ... 293
11.4 Zentralisierte Beschaffung mit Central Procurement ... 295
11.5 SAP S/4HANA for Product Sourcing ... 299
11.6 Vertragsverwaltung in Unternehmen ... 300
11.7 APIs und Integration ... 302
11.8 Analytics ... 308
11.9 Innovation und intelligente Beschaffung ... 309
11.10 Zusammenfassung ... 311

12 Logistik und Fertigung 313

12.1 Überblick über die Architektur ... 314
12.2 Organisationseinheiten ... 317
12.3 Stammdatenobjekte ... 317
12.4 Bewegungsdaten ... 319
12.5 Berechnete Business-Objekte, Engines und Prozesssteuerung ... 322
12.5.1 Bestand ... 323
12.5.2 Verfügbarkeitsprüfung ... 324
12.5.3 Materialbedarfsplanung ... 330
12.5.4 Bedarfsorientierte Materialbedarfsplanung ... 333
12.5.5 Kanban ... 334
12.5.6 Just-in-Time-Verarbeitung ... 336
12.5.7 Vorausschauende Material- und Ressourcenplanung ... 339
12.5.8 Kapazitätsplanung ... 342
12.5.9 Produktions- und Feinplanung ... 342
12.6 Übergreifende Funktionen in Logistik und Fertigung ... 343
12.6.1 Chargenverwaltung ... 343
12.6.2 Qualitätsmanagement ... 344
12.6.3 Handling Unit Management ... 346
12.6.4 Verwaltung von Serialnummern ... 348
12.6.5 Buchungskreisübergreifende/-interne Umlagerung ... 349
12.6.6 Framework für die Überwachung der Wertschöpfungskette ... 349
12.7 Logistikintegration – Szenarien ... 350
12.7.1 Lagerverwaltung ... 350
12.7.2 Manufacturing Execution System ... 350
12.8 Zusammenfassung ... 351

13 Extended Warehouse Management 353

13.1 Überblick über die Architektur 353
13.2 Organisationsstruktur 355
13.3 Stammdaten 357
13.4 Bestandsverwaltung 358
13.5 Anwendungskomponenten 360
13.6 Monitoring und Reporting 363
13.7 Prozessautomatisierung 364
13.8 Benutzeroberfläche 365
13.9 Technische Frameworks 366
13.10 Lagerautomatisierung 367
13.11 Zusammenfassung 368

14 Finance, Governance, Risk und Compliance 371

14.1 Überblick über die Architektur von SAP S/4HANA Finance 373
14.2 Finanzbuchhaltung 376
14.2.1 Hauptbuchhaltung 379
14.2.2 Anlagenbuchhaltung 380
14.2.3 Vorratsbuchhaltung 382
14.2.4 Leasingbuchhaltung 384
14.2.5 Service- und Vertriebsbuchhaltung 385
14.2.6 Konzernberichtswesen 390
14.2.7 Finanzabschluss 397
14.3 Steuern und gesetzliches Berichtswesen 399
14.4 Finanzplanung und -analyse 402
14.4.1 Budgetierung 402
14.4.2 Predictive Accounting 404
14.4.3 Finanzplanung 408
14.4.4 Margenanalyse 414
14.4.5 Gemeinkosten 418
14.4.6 Fertigungskosten 420
14.5 Kreditorenbuchhaltung 423
14.5.1 Rechnungsverarbeitung 423

14.5.2 Verwaltung offener Verbindlichkeiten ... 424
14.5.3 Automatische Zahlungsabwicklung ... 424

14.6 Receivables Management ... 426
14.6.1 Verwaltung offener Forderungen ... 427
14.6.2 Kreditbewertung und Kreditmanagement ... 432
14.6.3 Debitorenzahlungen ... 434
14.6.4 Beilegung von Klärungsfällen ... 436
14.6.5 Collections Management ... 438
14.6.6 Convergent Invoicing ... 439
14.6.7 Contract Accounting ... 445

14.7 Treasury Management ... 450
14.7.1 Erweiterte Zahlungsverwaltung ... 451
14.7.2 Bankenintegration unter Verwendung von SAP Multi-Bank Connectivity ... 455
14.7.3 Anbindung von Zahlungsdienstleistern und Zahlungsplattformen ... 456
14.7.4 Cash Management ... 457
14.7.5 Treasury and Risk Management ... 461

14.8 Central Finance ... 466
14.8.1 Replikation ... 469
14.8.2 Mapping ... 472
14.8.3 Buchhaltungssichten der Logistikinformationen ... 473
14.8.4 Temporäre Buchungen ... 476
14.8.5 Zentralisierte Funktionen ... 478
14.8.6 Systemübergreifende Prozesskontrolle ... 478

14.9 Erweiterbarkeit von SAP S/4HANA Finance ... 482

14.10 Governance, Risk, and Compliance ... 483
14.10.1 Überblick über die SAP-GRC-Lösungen ... 484
14.10.2 Integration der SAP-GRC-Lösungen in SAP S/4HANA ... 486

14.11 Zusammenfassung ... 492

15 Lokalisierung in SAP S/4HANA 495

15.1 SAP Document and Reporting Compliance ... 496
15.1.1 Architektur ... 496
15.1.2 Ausblick ... 502

15.2 Lokalisierung als Self-Service für SAP S/4HANA Cloud 502
15.2.1 Komponenten der Lokalisierung als Self-Service 502
15.2.2 Leitfäden zu Erweiterbarkeitsszenarien und die Community 503

15.3 Zusammenfassung 504

TEIL III SAP-S/4HANA-Cloud-spezifische Architektur und Betrieb

16 Scoping und Konfiguration 509

16.1 Referenz-Content 509

16.2 SAP Central Business Configuration 512
16.2.1 Organisatorischer Aufbau des Unternehmens 513
16.2.2 Geschäftsprozesse 514
16.2.3 Business Adaptation Catalog 515
16.2.4 Constraints 518
16.2.5 Vom Scoping zum Deployment 520
16.2.6 Referenzkonfiguration: Content-Aktualisierungen 523
16.2.7 Lokalisierung der Geschäftskonfiguration 523
16.2.8 Scope-abhängige technische Objekte 524

16.3 Zusammenfassung 525

17 Identitäts- und Zugriffsverwaltung 527

17.1 Überblick über die Architektur 527
17.1.1 Identitätsverwaltung 528
17.1.2 Authentifizierung 530
17.1.3 ABAP-Berechtigungskonzept 531
17.1.4 IAM-Entitäten und ihre Beziehungen 532
17.1.5 Entwicklererweiterbarkeit 536
17.1.6 IAM-Tools 537
17.1.7 SAP-Fiori-Launchpad-Seiten und -Bereiche 540

17.2 Verwalten von Benutzerkonten, Rollen und Katalogen ... 541
17.2.1 Kommunikationsvereinbarungen ... 542
17.2.2 PFCG-Rollen und Anwendungskataloge ... 542
17.2.3 Verwaltung von Benutzerkonten, Rollen und Katalogen durch Kunden ... 543
17.2.4 Änderungen der von SAP bereitgestellten Rollen und Kataloge im Lebenszyklus ... 545
17.2.5 Unterstützung von Systemaudits ... 546
17.3 Zusammenfassung ... 548

18 Ausgabeverwaltung 549

18.1 Überblick über die Architektur ... 549
18.2 Drucken ... 550
18.3 E-Mail ... 553
18.4 Electronic Data Interchange ... 554
18.5 Formularvorlagen ... 554
18.6 Ausgabesteuerung ... 556
18.7 Zusammenfassung ... 558

19 Architektur für den Cloud-Betrieb 559

19.1 SAP-S/4HANA-Cloud-Systemlandschaft ... 559
19.2 Rechenzentren ... 563
19.3 Multitenancy-Architektur ... 565
19.3.1 Systemarchitektur von SAP S/4HANA ... 566
19.3.2 Gemeinsame Nutzung des SAP-HANA-Datenbanksystems ... 567
19.3.3 Gemeinsame Nutzung von ABAP-Systemressourcen ... 568
19.3.4 Detailarchitektur für den gemeinsamen Zugriff auf Tabellen ... 569
19.4 Softwarewartung ... 572
19.4.1 Wartungsereignisse ... 572
19.4.2 Blue-Green Deployment ... 573

19.5 Built-In Support 575
19.5.1 Ablauf des klassischen Supports 575
19.5.2 Architektur des Built-In Supports 576
19.5.3 Vergleich von Supportinteraktionen 579

19.6 Zusammenfassung 581

20 Sizing und Performance in der Cloud 583

20.1 Performanceoptimierte Programmierung 584
20.1.1 Minimale Anzahl von Network-Roundtrips und übertragenes Datenvolumen 584
20.1.2 Content Delivery Networks 586
20.1.3 Puffer und Caches 587
20.1.4 Sprunghaftes Performanceverhalten vermeiden 587

20.2 Sizing 588
20.2.1 Sizing für SAP S/4HANA Cloud Public Edition 589
20.2.2 Sizing für SAP S/4HANA Cloud Private Edition 591

20.3 Elastizität und faire Ressourcenverteilung für SAP S/4HANA Cloud Public Edition 592
20.3.1 Elastische Skalierbarkeit 592
20.3.2 Dynamic Capacity Management 593

20.4 Nachhaltigkeit 596

20.5 Zusammenfassung 597

21 Cloud-Sicherheit und Compliance 599

21.1 Architektur der Netzwerk- und Datensicherheit 599
21.1.1 Zugriffsebenen 601
21.1.2 Trennung von Ressourcen und Daten 601
21.1.3 Gemeinsame Nutzung von Ressourcen 602
21.1.4 Datensicherheit und Datenresidenz 602
21.1.5 Geschäftskontinuität und Disaster Recovery 603

21.2 Sicherheitsmaßnahmen 603

21.3 Sicherheit des ABAP-Anwendungsservers 605

21.4 Zertifizierung und Compliance 606

21.4.1 SAP-Betrieb 606

21.4.2 SAP-Softwareentwicklung 607

21.5 Zusammenfassung 607

22 Ausblick 609

Das Autorenteam 611

Index 629

Vorwort

Liebe Leserin, lieber Leser,

In den letzten Jahren hat sich die Welt um uns herum dramatisch und wiederholt verändert. Gesundheitskrisen, Naturkatastrophen, politische Konflikte und Inflation haben nicht nur die Art und Weise verändert, wie wir leben, sondern auch die Art und Weise, wie wir arbeiten. Infolgedessen ist ständiges Krisenmanagement die neue Realität, mit der sich die meisten Unternehmen konfrontiert sehen. Damit haben sich auch die Anforderungen an ein ERP-System (Enterprise Resource Planning) geändert.

Heute brauchen Unternehmen ein ERP-System, mit dem sie schnell auf Herausforderungen und Chancen reagieren, global vernetzte Logistikketten zuverlässig betreiben und nachhaltig wirtschaften können. SAP S/4HANA hilft Unternehmen genau dabei, indem es schnelle Anpassungen und Reaktionen ermöglicht und gleichzeitig Innovation unterstützt.

In den vergangenen 51 Jahren hat SAP mit den größten Unternehmen der Welt zusammengearbeitet. Dabei hat SAP umfangreiche Erfahrungen bei der Entwicklung von Unternehmenssoftware gesammelt und weiß deshalb, wie innovative Ideen in geschäftlichen Nutzen umgesetzt werden. SAP wurde so zu einem der größten Anbieter von ERP- und Unternehmenssoftware weltweit. Wir haben viele unserer Kunden bei der Umstellung von der Mainframe-Ära auf Client-Server, Mobility, In-Memory-Computing und jüngst auch auf Cloud Computing unterstützt und nehmen sie heute mit in die Ära der KI-gestützten (künstliche Intelligenz) Unternehmenssoftware. Jede Weiterentwicklung unserer ERP-Software – SAP R/2, SAP R/3, SAP ERP und SAP S/4HANA (seit 2015) – basiert auf einer anderen Softwarearchitektur.

Bei der Lektüre dieses Buches über die Architektur von SAP S/4HANA werden Sie viele neue Konzepte kennenlernen, die im Vergleich zur früheren SAP-ERP-Architektur revolutionär sind, z. B. die neuen Datenmodelle oder die Kombination transaktionaler und analytischer Prozesse. Diese Innovationen und Konzepte mögen technisch interessant und aufregend sein, aber sie sind nur dann auch relevant, wenn sie wirklich einen geschäftlichen Mehrwert bringen. Die Leistungsfähigkeit von SAP S/4HANA – und damit der echte Wert für Benutzer*innen – basiert auf der zugrunde liegenden Architektur eines modernen ERP-Systems, das modular, integriert und offen ist und von KI unterstützt wird.

SAP S/4HANA ist ein *modulares* ERP-System mit einem klar abgegrenzten, stabilen Kern. Die Standardisierung von Prozessen ist im Wettbewerb eine Notwendigkeit und der Schlüssel zur Steigerung der betrieblichen Effizienz. Deshalb bietet SAP S/4HANA vordefinierte Funktionalitäten und Best Practices. Gleichzeitig können sich Unternehmen durch die Neugestaltung von Geschäftsprozessen und -modellen von der Konkurrenz abheben. Mit der In-App-Erweiterbarkeit und den auf der SAP Business Technology Platform (SAP BTP) basierenden Erweiterungen können Unternehmen auf neue Anforderungen reagieren, Innovationen in kurzer Zeit einführen und schnell positive Geschäftsergebnisse erzielen.

Die Architektur eines Systems definiert nicht nur seine einzelnen Komponenten, sondern auch, wie diese *integriert* sind und miteinander interagieren. In der heutigen hypervernetzten Geschäftswelt suchen Kunden nach Lösungen, die Front- und Backoffice miteinander verbinden und gleichzeitig durchgängige Geschäftsprozesse abdecken. Das SAP-Portfolio vereint Geschäftsbereichslösungen – Human Capital Management, Spend Management, Business Network und Customer Relationship Management – sowie branchenspezifische Lösungen und Partnerlösungen in einem abgestimmten Konzept.

SAP S/4HANA bietet eine *offene* Architektur, die vorkonfigurierte Integrationsszenarien und mehrere hundert Standard-APIs (Application Programming Interfaces) für die Integration mit Daten und Anwendungen von Drittanbietern umfasst. Wir stellen unser virtuelles Datenmodell Kunden und Partnern zur Verfügung und unterstreichen damit, dass SAP S/4HANA ein offenes System ist. Um die komplexen Geschäftsprobleme von heute zu bewältigen und Innovationen in der Wertschöpfungskette zu verwirklichen, müssen Unternehmen zusammenarbeiten – und das tut SAP mit mehr als 23.000 Partnern. Mit SAP S/4HANA können Partner und Kunden Cloud-Erweiterungen erstellen, die auf den Objekten des virtuellen Datenmodells basieren und in derselben Laufzeit ausgeführt werden.

Die KI-Revolution hat begonnen, und ihr Potenzial für die Unternehmenswelt ist enorm. KI verändert die Art und Weise, wie wir Unternehmenssoftware entwickeln. Sie wird Entwicklereffizienz und Benutzerfreundlichkeit auf ein neues Niveau heben und bestehende Geschäftsmodelle ausbremsen. SAP S/4HANA wird durch KI unterstützt, indem KI- und Machine-Learning-Technologien integriert sind, um sich wiederholende manuelle Vorgänge zu automatisieren und den Endanwender*innen zu helfen, sich mehr auf komplexe Aufgaben zu konzentrieren. Die Analyse großer Datenmengen und deren sinnvolle Verknüpfung erhöht zudem die Transparenz und führt zu besseren Entscheidungen.

SAP hat Kategorie ERP-Software erfunden, und wir werden ihre Bedeutung auch weiterhin immer wieder neu definieren. Belastbare Logistikketten und Nachhaltigkeit stehen heute im Mittelpunkt des Interesses der Unternehmen, sodass sich die Bedeutung von »Resource Planning« kontinuierlich weiterentwickelt. Ein modulares, integriertes, offenes und KI-gestütztes ERP-System ist die Antwort auf einige der größten Herausforderungen unserer Zeit. Es ist z. B. die Grundlage für ein Green Ledger zur CO2-Bilanzierung, womit ERP zu einem Planungswerkzeug auch für unsere natürlichen Ressourcen wird.

In diesem Buch wird die Architektur der SAP-S/4HANA-Lösung umfassend erläutert. Ich wünsche mir, dass es Sie dazu inspiriert, das enorme Potenzial von SAP S/4HANA zu nutzen, um Geschäftsprozesse neu zu gestalten, sodass Ihr Unternehmen mit größerer Agilität, Widerstandsfähigkeit und Nachhaltigkeit für die Zukunft gerüstet ist.

Mein aufrichtiger Dank gilt allen Autor*innen, Expert*innen und allen, die an der Entstehung dieses Buches beteiligt waren – und natürlich Ihnen als Leser*innen für Ihr Interesse an diesem Thema.

Thomas Saueressig
Mitglied des Vorstands SAP SE
SAP Product Engineering

SAP S/4HANA: Eine neue ERP-Plattform

»SAP S/4HANA wurde nativ für die SAP-HANA-Plattform entwickelt und ist eine völlig neue Generation der SAP Business Suite, die sich durch Vereinfachungen, massive Effizienzsteigerungen und überzeugende Funktionen wie Planungs- und Simulationsoptionen in vielen herkömmlichen Transaktionen auszeichnet«.
(SAP-Pressemitteilung vom März 2015)

Was macht eine Softwareanwendung erfolgreich? Nach dem Start als Fünfmannunternehmen im Jahr 1972 wurde SAP mit SAP R/2 zum internationalen Hersteller von ERP-Software (Enterprise Resource Planning). Mit dem Nachfolger dieser Software, SAP R/3, das später zu SAP ERP weiterentwickelt wurde, wurde SAP zu einem der größten Anbieter von ERP- und Unternehmenssoftware weltweit. Im Jahr 2015 kündigte SAP die neue SAP-S/4HANA-Suite an.

Jede dieser ERP-Softwarelösungen – SAP R/2, SAP R/3 und SAP ERP sowie SAP S/4HANA – basiert auf einer anderen Softwarearchitektur. Das ist vielleicht nicht verwunderlich, wenn man bedenkt, dass zwischen ihren jeweiligen Entwicklungsstarts rund 20 Jahre liegen. Die Informatik und die Vorgehensweisen in der Softwareentwicklung haben sich in diesem Zeitraum erheblich verändert. Interessant ist, dass für jede der Lösungen die Softwarearchitektur einer der wichtigsten Erfolgsfaktoren war. Sie denken vielleicht, dass es bei ERP-Software nur um Geschäftsprozesse und Funktionen geht, aber das ist nur die halbe Wahrheit. Hier sind zwei Beispiele:

- SAP R/2 wurde für Großrechner entwickelt. Anfang der 1970er Jahre war diese Hardware so teuer, dass sich das neu gegründete Unternehmen SAP die Anschaffung eines Großrechners nicht leisten konnte. Stattdessen entwickelten die jungen Softwareingenieure ihre ERP-Software direkt auf der Hardware ihrer Kunden. Die Anwesenheit vor Ort half ihnen, die Bedürfnisse und geschäftlichen Anforderungen dieser engagierten Kunden zu verstehen. So führte die Mainframe-Architektur dazu, dass die Software die richtigen Funktionen erhielt.
- Die Architektur von SAP R/3 ist anders: Sie nutzt das Client-Server-Modell mit relationaler Datenbank und implementiert eine einheitliche grafische Oberfläche. Seine skalierbare Architektur machte SAP R/3 für Unternehmen aller Größenordnungen attraktiv. SAP R/3 enthielt auch eine Entwicklungsumgebung für die Programmiersprache ABAP. Darüber hinaus wurde der gesamte Programmcode der

Geschäftsanwendungen zusammen mit dem System geliefert. So konnten die Unternehmen die enthaltenen Funktionen erweitern und spezielle Funktionsvarianten hinzufügen.

SAP S/4HANA hat eine andere Softwarearchitektur. Wir alle haben schon revolutionäre Konzepte und Ideen gesehen, die voll im Trend waren und unser Interesse geweckt haben, aber nie zu unternehmenstauglichen Technologien wurden. Bei den Konzepten und Technologien, die in diesem Buch vorgestellt werden, ist das anders. Durch die Zusammenarbeit mit den größten Unternehmen der Welt hat SAP umfangreiche Erfahrungen bei der Entwicklung von Unternehmenssoftware gesammelt und weiß, wie man innovative Ideen in geschäftlichen Nutzen umsetzt. Vor allem aber hat SAP diese Innovationen mit einem klaren Ziel entwickelt: SAP S/4HANA soll die ERP-Plattform der nächsten Generation werden, mit der Unternehmen in den nächsten ein bis zwei Jahrzehnten ihre Geschäfte führen können.

Über dieses Buch

In dem berühmten Buch *Software Architecture in Practice* definieren Len Bass, Paul Clements und Rick Kazman Softwarearchitektur als »die aus Softwareteilen bestehende Struktur bzw. Strukturen des Systems, die nach außen sichtbaren Eigenschaften dieser Teile und die Beziehungen zwischen ihnen« ([Übersetzung], Bass et al, *Software Architecture in Practice*, 2. Auflage, Pearson Education, 2006). In diesem Buch beschreiben wir die Softwarearchitektur von SAP S/4HANA und konzentrieren uns auf die *Struktur*, die *Softwareteile* und die *Beziehungen*, die die Geschäftsfunktionen ermöglichen. Wir erklären z. B. das Zusammenspiel verschiedener Softwareteile, um eine Finanzplanung zu ermöglichen, oder wie verschiedene Softwareteile zusammenarbeiten, wenn ein Angebot bearbeitet wird, aus dem dann ein Kundenauftrag entsteht, der dann wiederum zur Fertigung und Lieferung führt.

Das Buch ist in drei Teile gegliedert:

- **Teil I** führt in die architektonischen Herausforderungen moderner ERP-Software ein und beschreibt die technischen Grundlagen von SAP S/4HANA. Sie lernen das virtuelle Datenmodell kennen und erfahren, wie es durch Analytics, Suchfunktionen, die Benutzeroberfläche und die Erweiterbarkeitsarchitektur genutzt wird.
- **Teil II** erläutert die Geschäftsarchitektur aller Kernanwendungen von SAP S/4HANA, vor allem der Anwendungen für Vertrieb, Service, Beschaffung, Logistik und Fertigung, Lagerverwaltung und Finanzbuchhaltung.
- **Teil III** konzentriert sich auf SAP S/4HANA Cloud Public Edition. Es werden spezifische Architekturkonzepte beschrieben, die entwickelt wurden, um die Vorteile und Qualitäten von Cloud-Software zu erzielen. Dieser Teil des Buches umreißt verschiedene Aspekte von SAP S/4HANA Cloud als Software as a Service (SaaS).

Wir können sicherlich nicht alle Funktionen und Details der Anwendungen, die im neuesten Release der On-Premise-Version von SAP S/4HANA 237 Millionen Codezeilen umfassen, ausführlich behandeln. Trotzdem werden Sie viel über die Kerngeschäftsprozesse heutiger Unternehmen erfahren und sehen, wie die Softwarearchitektur von SAP S/4HANA diese ermöglicht. Dieses Buch richtet sich an alle, die sich für die konzeptionelle Architektur von SAP S/4HANA interessieren, einschließlich der folgenden Zielgruppen:

- Chief Information Officers (CIOs) und IT-Manager*innen, die SAP S/4HANA bereits einsetzen und genauer wissen möchten, wie es funktioniert. Dieses Buch ist kein Benutzerhandbuch, das die Arbeit mit einer bestimmten Benutzeroberfläche erläutert, sondern es stellt die grundlegenden Funktionen von SAP S/4HANA und deren Ausführung im System vor.
- Berater*innen, die an SAP-Softwareimplementierungsprojekten arbeiten und einen Einblick in die Funktionsweise von SAP S/4HANA erhalten möchten. In diesem Buch erfahren Sie nicht, wie Sie relevante Customizing-Einstellungen zur Anpassung von Geschäftsprozessen vornehmen können, sondern wie SAP S/4HANA prinzipiell aufgebaut ist und wie die verschiedenen Komponenten zur Ausführung von Geschäftsprozessen zusammenwirken.
- Studierende und Wissenschaftler*innen, die wissen möchten, wie die komplexe Welt der aktuellen Geschäftsprozesse von Softwaresystemen abgebildet und ausgeführt wird. Dies kann sowohl für Studierende der Informatik als auch für Studierende der Wirtschaftswissenschaften interessant sein.

Dieses Buch enthält eine große Anzahl von Architekturdiagrammen, die Strukturen, Komponenten und Schnittstellen visualisieren. Alle Modelle in den Architekturdiagramme folgen der Notation *Technical Architecture Modeling*, dem mit der *Unified Modeling Language* (UML) kompatiblen SAP-Standard für die Visualisierung von Softwarearchitektur. Weitere Informationen über die Technical Architecture Modeling Notation finden Sie unter *www.fmc-modeling.org/fmc-and-tam*.

Danksagung

Die Dokumentation der Softwarearchitektur hat bei SAP eine lange Tradition. Eine große Anzahl von Dokumenten zum Konzept der internen Architektur und technischen Berichten über Produkte und Technologien von SAP wurde von erfahrenen Autor*innen mit fundiertem technischen und architektonischen Hintergrund verfasst. Die zahlreichen Autor*innen dieses Buches stehen in dieser Tradition.

Wir danken allen Autor*innen für ihre Beiträge: Dr. Erich Ackermann, Akhil Agarwal, Martin Alt, Tom Anderson, Mathias Beck, Markus Berg, Christoph Birkenhauer, Patrick Boch, Björn Brencher, Renzo Colle, Dr. Andreas Daum, Perkash Dhalani, Bastian Distler, Dr. Georg Dopf, Dr. Andrey Engelko, Kolja Ewering, Dr. Harald Evers, Holger Faber, Chakram Govindarajan, Dr. Benjamin Heilbrunn, Torsten Heise, Sandra Herden, Michael Herrmann, Gabi Hoffmann, Thomas Hoffmann, Rudolf Hois, Christian Hoppe, Jan Hrastnik, Dr. Dietmar Kaiser, Marlene Katzschner, Andreas Kemmler, Dr. Joachim Kenntner, Dr. Thomas Kern, Isadora Kirchmaier, Markus Klein, Ralf Kuehner, Pradeep Kumar, Volker Lehnert, Dr. Roland Lucius, Dr. Knut Manske, Hristo Matev, Dr. Petra Meyer, Divya Chandrika Mohan, Dr. Klaus G. Mueller, Birgit Oettinger, Till Oppert, Dr. Bernd Roedel, Dr. Siar Sarferaz, Dr. Carsten Scheuch, Wolfram Schick, Josef Schmidt, Stefan Scholten, Dr. Erich Schulzke, Akshay Sinha, Dr. Uwe Sodan, Weijia Sun, Philipp Stotz, Jochen Thierer, Detlef Thoms, Kumar Vikas, Dr. Martin von der Emde, Helena Vossen, Qiang Wang, Klaus Weiss und Felix Wente.

Wir sind den vielen Expert*innen, die an der Entstehung und Übersetzung dieses Buches mitgewirkt haben, zu großem Dank verpflichtet: Sarma Adithe, Tobias Adler, Nicole Baranov, Robin Bau, Sophia Benkewitz, Michael Conrad, Ralf Dinkel, Marei Dornick, Bernhard Drittler, Stefan Elfner, Bernd Ernesti, Holger Faber, Thomas Fleckenstein, Ludek Frey, Heike Funk, Matthias Grünewald, Andreas Grünhagen, Gopal Prasad Gupta, Priyanka Gupta, Gerhard Hafner, Jan-Klaas Heinsohn, Sandra Herden, Gabriele Hoffmann, Marc Hoffmann, Michael Hohendorf, Helmut Holthoff, Xiang Hu, Amit Hundekari, Dirk Joachim, Thomas Jürgensen, Torsten Kamenz, Markus Klein, Christian Klensch, Arndt Koester, Andreas Krause, Carsten Kreuels, Christiane Kubach, Sushil Kumar, Georg Lang, Hongliang Li, Lawrence Liang, Eric Liu, Hendrik Lock, Christian Lorenz, Michel Loehden, Sandro Lovisa, Victor Ma, Erich Maier, Henrik Malecha, Dr. Martin Mayer, Roman Mayer, Holger Meinert, Arno Meyer, Helge Meyer, Klaus Meyer, Joerg Michaelis, Klaus Müller, Ralf Müller, Khaled Musilhy, Stephane Neufcourt, Ingrid Nikkels, Aalbert de Niet, Jens-Christoph Nolte, Barbara Oehl, David Odom, Praveen Kumar P, Peter Paschert, Praharshana Perera, Tatjana Pfeifer, Carsten Pluder, Aruna A R, Christof Rausse, Michael Redmann, Stephan Rehmann, Thorsten Refior, Marcel Reinsch, Steffen Riemann, Alexander Röbel, Jan Roenner, Florian Roll, Janet Dorothy Salmon, Frank Samuel, Thomas Schachner, Ulrich Schlüter, Michael Schmidt, Jannis Schönwald, Heidi Schultz, Luisa Marie Schulz, Vitor Eduardo Seifert Bazzo, Shiva Seth, Swetta Singh, Christian Stadler, Renee Steinbrecher, Lakshmanan Subramanian, Paul Taylor, Karsten Strothmann, Pierre-Francois Tchakedjian, Pev Vittoria, Ralf Vogt, Boris Wagner, Eva Wang, Shiguo Wang, Joachim Welte, Daniel Welzbacher, Thomas Werth, Volker Wiechers, Markus Wolf, Anja Wolf-Galka und Lily Xiao.

Auch ohne die Unterstützung durch andere wäre dieses Buch nicht möglich gewesen. Dazu gehören unser Projektlenkungsteam (Rudi Hois, Ralf Kau, Stefan Batzdorf, Jörn Keller und Mira Wohlhueter), unsere internen Redakteure (Amy Funderburk, Christopher Hellmann, Roseann McGrath Brooks und Sina Moser) sowie unsere freundlichen Ansprechpartner*innen von Rheinwerk Publishing in Boston (Hareem Shafi, Megan Fuerst und Will Jobst) und vom Rheinwerk Verlag Deutschland (Nicole Hohmann, Janina Schweitzer und Eva Tripp).

Thomas Saueressig, Tobias Stein, Jochen Böder und **Wolfram Kleis**
Walldorf, 31. Januar 2024

TEIL I

Grundlagen

Kapitel 1
Herausforderungen moderner ERP-Architekturen

Die Softwarearchitektur einer modernen ERP-Lösung muss eine Reihe von Eigenschaften aufweisen, die es Unternehmen ermöglichen, ihre Geschäftsprozesse effizient und flexibel zu gestalten. In diesem Kapitel werden die Herausforderungen und Grundsätze vorgestellt, die die Architektur von SAP S/4HANA prägen.

Softwarearchitektur und technologische Innovationen haben das Ziel, einen geschäftlichen Mehrwert zu schaffen und die Anforderungen von Kunden bestmöglich zu erfüllen. Im digitalen Zeitalter haben sich diese Anforderungen jedoch drastisch verändert. Um die architektonischen Herausforderungen moderner ERP-Lösungen (Enterprise Resource Planning) zu verstehen, ist es hilfreich, zunächst einen Blick darauf zu werfen, was den Erfolg der ERP-Software von SAP ausmacht. Eine ERP-Lösung muss an die Anforderungen eines sich stetig wandelnden Marktes angepasst werden und gleichzeitig die Eigenschaften beibehalten, die den bisherigen Erfolg begründet haben. Diese Eigenschaften müssen weiterentwickelt werden, um neue Herausforderungen zu meistern und zukünftige Geschäftsprozesse zu unterstützen.

Viele Kunden entscheiden sich für die ERP-Software von SAP, weil sie globalisierte und gleichzeitig an länderspezifische Anforderung angepasste Geschäftsprozesse unterstützt und weil sie zahlreiche Branchenlösungen umfasst. Aber es gibt auch architektonische und technologische Faktoren, die den Erfolg von SAP begründen und die dazu geführt haben, dass Tausende von Unternehmen SAP-Systeme implementiert haben. Die drei wichtigsten Faktoren sind:

- **Leistung, Robustheit und Skalierbarkeit**
  Die ERP-Software von SAP unterstützt geschäftskritische Kernprozesse mit höchster Verfügbarkeit und Robustheit. Als SAP R/3 1992 auf den Markt kam, war die Drei-Schichten-Architektur (Frontend, ABAP-Anwendungsserver und Datenbank) im Vergleich zu den damaligen Geschäftsanwendungen geradezu revolutionär. Diese ermöglichte es Unternehmen, jede Schicht auf dedizierter Hardware zu implementieren, die unabhängig voneinander skaliert werden konnte, um auch großen Last- und Volumenanforderungen gerecht zu werden.

- **Anpassungsfähigkeit an individuelle Geschäftsprozessanforderungen**
  Obwohl die von SAP implementierten Best-Practice-Geschäftsprozesse als Vorlagen für die Neugestaltung der Geschäftsprozesse dienten, haben fast alle Kunden ihre ERP-Implementierungen an ihre spezifischen Bedürfnisse angepasst. Ermöglicht wurde die Anpassung der ERP-Prozesse durch die Mechanismen zur Erweiterbarkeit und Flexibilität, die SAPs ABAP-basiertes System mitbrachte und die bei ihrer Einführung beispiellos waren. Viele Unternehmen nutzten die ERP-Software von SAP als Plattform, um eigene Lösungen zu entwickeln, anstatt sie direkt out of the box als fertiges Softwarepaket zu verwenden.
- **Ein störungsfreier Betrieb**
  Bei IT-Projekten sind Upgrades der größte Kostenfaktor. SAP-Kunden verlassen sich bei ihren geschäftskritischen Prozessen auf das System. Daher ist die Stabilität während des Betriebs und bei Updatezyklen für die Kunden besonders wichtig. Mittlerweile wird am Markt und in Unternehmen erwartet, dass Anpassungen und neue Funktionen ohne Unterbrechungen eingespielt werden. Bei der ERP-Software von SAP wurden schon sehr früh Mechanismen eingeführt, um Betriebsunterbrechungen so gering wie möglich zu halten.

Jetzt muss die Architektur von SAP S/4HANA diese Erfolgsfaktoren in die Gegenwart übertragen. Sie muss die Erwartungen an die Skalierbarkeit erfüllen und gleichzeitig die Gesamtbetriebskosten in der Cloud unter Kontrolle halten. Sie muss aber auch ein Gleichgewicht zwischen der Anpassungsfähigkeit und der Standardisierung von Geschäftsprozessen schaffen – die Voraussetzung für Projekte mit kurzen Implementierungszeiten. Schließlich muss es weiterhin möglich sein, neue Funktionen ohne Unterbrechung des Geschäftsbetriebs einzuführen.

In diesem Kapitel gehen wir in Abschnitt 1.1 darauf ein, was ein modernes ERP-System ausmacht. Anschließend erkunden wir die grundlegenden Architekturprinzipien von SAP S/4HANA (siehe Abschnitt 1.2) und diskutieren die Entwicklung hin zur Cloud (siehe Abschnitt 1.3).

1.1 Merkmale eines modernen ERP-Systems

Derzeitige ERP-Implementierungen bieten häufig nicht die Geschwindigkeit, Flexibilität und Intelligenz, die in Zeiten der Digitalisierung gefordert sind. Unternehmen müssen auf innovative digitale Ansätze setzen können, um Skalierbarkeit und echten Unternehmenserfolg zu erzielen. Eine integrierte User Experience (UX) mit modernen Nutzungsfunktionen auf allen Geräten sowie Erweiterbarkeit und Flexibilität sind Schlüsselmerkmale für moderne ERP-Lösungen. Dabei wird die Benutzererfahrung zunehmend durch künstliche Intelligenz (KI) unterstützt. Außerdem ist ein hohes Maß an Standardisierung wichtig, um die angestrebten Vorteile der Cloud zu erreichen und Geschäftsmodelle erfolgreich umzusetzen.

Es gibt einige wichtige Merkmale, die moderne ERP-Systeme gemeinsam haben. Diese werden wir in den folgenden Abschnitten näher erläutern.

1.1.1 Höhere Performance und Skalierbarkeit

Unternehmen erfassen heute in noch nie dagewesener Weise Daten: Sentimentanalysedaten, Sensordaten, Geodaten, Marktdaten und Daten zur Benutzer- und Kundenerfahrung. Um der damit ständig wachsenden Systemlast gerecht zu werden, benötigt ein modernes ERP-System eine zukunftssichere Architektur. Im Vergleich zu früher erfordert das digitale Zeitalter eine noch höhere Geschwindigkeit und Anpassungsfähigkeit.

Bei ERP-Implementierungen der letzten Jahrzehnte stießen Unternehmen häufig auf Probleme mit Abhängigkeiten beim Ausführen mehrerer Batches, die die Skalierbarkeit und Gesamtleistung des Systems einschränkten. Bereits 2009 hat daher der Mitbegründer von SAP, Dr. Hasso Plattner, damit begonnen, die Konzeption von Geschäftsanwendungen und die Anforderungen an die diesen Anwendungen zugrunde liegende Datenplattform zu überdenken. Zusammen mit seinem Forschungsteam schuf er die Grundlagen für die bahnbrechende In-Memory-Plattform *SAP HANA*. SAP HANA wurde entwickelt, um eine neue Generation von Geschäftsanwendungen zu ermöglichen, die Transaktionen, Analysefunktionen, Machine Learning und vieles mehr kombinieren. Ein weiteres wichtiges Ziel war die Vermeidung der Probleme, die bei herkömmlichen Datenbanken durch persistierte Aggregate, Redundanzen, Inkonsistenzen oder Latenzen entstanden. Dadurch dass die Aggregattabellen und Indizes wegfielen und der Insert-Only-Ansatz implementiert wurde, konnte SAP HANA die Verarbeitungszeit deutlich verkürzen sowie einen erheblich gesteigerten parallelen Durchsatz und eine verbesserte Skalierbarkeit moderner ERP-Anwendungen erreichen.

Nachdem die *SAP Business Suite powered by SAP HANA* im Jahr 2014 eingeführt wurde, konnten die transaktionale und analytische Verarbeitung in einer einzigen In-Memory-Plattform zusammengeführt werden. Diese Neuerung erfreute sich großer Beliebtheit: Bereits in den ersten zwei Jahren nach ihrer Einführung implementierten mehrere Tausend Unternehmen die SAP Business Suite powered by SAP HANA, um ihre Geschäfte in Echtzeit abzuwickeln. Damit gehört die Suite zu den Produkten mit den höchsten Wachstumsraten in der Geschichte von SAP. Die Option zur Datenbankmigration ermöglichte es nun auch Bestandskunden, SAP HANA einzusetzen. Bei der SAP Business Suite powered by SAP HANA lag der Schwerpunkt darauf, Anwendungen zu portieren und den bestehenden Code zu optimieren, um den Kunden so eine deutliche Leistungssteigerung bei ihren geschäftskritischen Prozessen und Reporting-Aktivitäten zu ermöglichen. Weite Teile der Geschäftsprozesse blieben dabei unverändert, und die Anwendungen wurden vor allem so optimiert, dass

SAP-Kunden ihre Prozesse ohne Umstellungsaufwand auf der SAP-HANA-basierten Suite ausführen konnten.

Mit der Einführung von *SAP S/4HANA* als neuem ERP-Angebot der nächsten Generation konnte der Erfolg der SAP Business Suite powered by SAP HANA noch einmal deutlich gesteigert werden. Es handelte sich um eine völlig neue und umgestaltete Suite. SAP S/4HANA wird von der Mehrheit der Fortune-500-Kunden von SAP in mehr als 25 Branchen eingesetzt.

Die Vorteile von SAP HANA für moderne Unternehmensanwendungen wurden in einem Buch von Dr. Hasso Plattner und Bernd Leukert ausführlich dargelegt: The In-Memory Revolution: How SAP HANA Enables Business of the Future (Springer, 2016). Indem OLTP- (Online Transaction Processing) und OLAP-Anwendungen (Online Analytical Processing) ohne Replikation auf demselben SAP-HANA-System ausgeführt werden können, können Kosten eingespart und die Produktivität gesteigert werden. Die Verfügbarkeit von Geschäftsprozessen, Planungen und Simulationen in Echtzeit ermöglicht zudem eine genauere Entscheidungsfindung, da Berichte und Auswertungen, die auf replizierten und möglicherweise veralteten Daten basieren, zu falschen Entscheidungen führen können. Dank In-Memory-Computing und dem Wegfall von anwendungsgesteuerten materialisierten Aggregaten können herkömmliche Batchprogramme vermieden werden, wodurch eine Vielzahl innovativer neuer Geschäftsprozesse ermöglicht wird. Das Insert-Only-Paradigma von SAP HANA ermöglicht eine skalierbare Verarbeitung ohne Sperren mit deutlich erhöhtem Durchsatz.

Die In-Memory-Fähigkeiten von SAP HANA ermöglichten es SAP, große Teile der Anwendungslogik neu zu implementieren und zu vereinfachen. Damit konnten die Anforderungen an Skalierbarkeit und Funktionalität erfüllt werden, die von einem modernen ERP erwartet werden. Die Bestandsführung ist ein gutes Beispiel dafür, wie die zuvor genannten Probleme hinsichtlich der Skalierbarkeit von Batchprozessen mit SAP HANA gelöst werden konnten. In SAP ERP erfordert die Bestandsführung Datenbankaktualisierungen in der Aggregattabelle für Lagerbestandsinformationen (Tabelle MARD). Im vereinfachten SAP-S/4HANA-Datenmodell entfallen diese Datenbankaktualisierungen aufgrund der Architektur von SAP HANA. Im Bereich der Bestandsführung wurden umfangreiche Skalierungstests durchgeführt, um die Leistung und den Durchsatz von der SAP Business Suite powered by SAP HANA und SAP S/4HANA zu vergleichen. Die Ergebnisse zeigten eine signifikante Verbesserung des Durchsatzes – mit Steigerungen bis zu einem Faktor von 25 –, wenn eine größere Anzahl von Materialbewegungen parallel gebucht wurde. Dies ist eine revolutionäre Neuerung – vor allem für Unternehmen in der Automobilindustrie, bei denen die Materialbelege für retrograde Entnahmen sehr viele gemeinsame Teile aufweisen.

Die spaltenorientierte Speicherung in SAP HANA ermöglicht es, Daten ohne zusätzliche Indizes zu durchsuchen und zu analysieren. Dies hat große Auswirkungen auf die

Anwendungsarchitektur, denn es ermöglicht den Endbenutzer*innen eine Volltextsuche ohne Replikation der für die Suche relevanten Daten in eine externe Instanz. Hierdurch verringert sich das Datenvolumen im SAP-S/4HANA-System deutlich. SAP S/4HANA umfasst mehr als 200 Enterprise-Search-Modelle, außerdem können Kunden für spezielle Anforderungen auch eigene Suchmodelle erstellen (siehe Abschnitt 3.2).

Durch seine hohe Skalierbarkeit sowohl in vertikaler (Scale-up) als auch in horizontaler Richtung (Scale-out) ist SAP S/4HANA auch für die größten ERP-Systeme geeignet. Viele globale Unternehmen arbeiten mit riesigen Systemen, die auf SAP-HANA-Instanzen von 20 TB bis hin zu mehr als 90 TB physischem Speicher betrieben werden.

1.1.2 Anforderungen an die User Experience

Die Digitalisierung hat die Haltung der Benutzer*innen gegenüber Unternehmensanwendungen verändert. Insbesondere die Mitglieder der Generationen Y und Z erwarten, dass Unternehmensanwendungen optisch ansprechend, über beliebige Geräte und jederzeit zugänglich, einfach zu bedienen, reaktionsschnell und leicht zu personalisieren sind. Anwendungen, die nicht den Komfort bieten, den die Benutzer*innen von verbraucherorientierten Anwendungen oder Websites gewöhnt sind, werden oftmals nicht akzeptiert und weniger genutzt. Bei der User Experience geht es also darum, die Bedürfnisse der Benutzer*innen möglichst effizient und ansprechend zu erfüllen. Im Idealfall sollten ERP-Systeme ohne umfangreiche Schulungen leicht zu verstehen sein. Dies erfordert eine Umgestaltung der Software hin zu einer intuitiven User Experience mit verständlicher Terminologie und einer kontextsensitiven Benutzerhilfe.

Die *SAP Fiori User Experience*, die in SAP S/4HANA umgesetzt wird (siehe Abschnitt 3.1), verwendet das SAP Fiori Launchpad als Einstiegspunkt für Übersichtsseiten, Arbeitslisten und Listenberichte. SAP Fiori stellt ein modernes, webbasiertes und rollenorientiertes Design auf verschiedenen Geräten zur Verfügung, mit dem über alle Geschäftsbereiche hinweg konsistent gearbeitet werden kann. Die ansprechende Optik von SAP Fiori ist nur ein Vorteil. Anwendungen mit einer gut gestalteten Benutzeroberfläche (User Interface, UI) bieten noch viele weitere: Sie erfordern weniger Lernaufwand, sie verringern die Fehlerquote bei Benutzereingaben und verhindern, dass Benutzer*innen nach Workarounds außerhalb der Anwendung suchen und dadurch eventuell redundante, inkonsistente Daten erzeugen. Dank all dieser Vorteile kann die Produktivität der Benutzer*innen insgesamt erheblich gesteigert werden. Zusammen mit den bereits genannten Funktionen von SAP HANA sorgt SAP Fiori für eine wesentlich bessere Reaktionsfähigkeit und deutlich mehr Flexibilität bei den Anwender*innen, insbesondere durch den Zugriff auf Echtzeitdaten und Kontextinformationen mit verschiedenen Geräten. Darüber hinaus bietet SAP Fiori eine

Reihe von Optionen, mit denen Key User die Benutzeroberfläche ohne Mitwirkung der IT-Abteilung selbst erweitern können (siehe Abschnitt 5.1).

Die SAP-Fiori-Architektur unterstützt ein zustandsloses Anwendungsparadigma mit reduzierten Sperrintervallen und Ausfallsicherheit. Dies wirkt sich insgesamt positiv auf die Effizienz und Skalierbarkeit des IT-Betriebs aus.

1.1.3 Erweiterbare Architektur

Es ist von entscheidender Bedeutung, dass eine moderne ERP-Lösung die Flexibilität bietet, Funktionen zu integrieren und zu konfigurieren, die Unternehmen heute und in Zukunft benötigen. Dies setzt voraus, dass das ERP-System auf einer erweiterbaren Architektur aufbaut, die zum einen flexible Integrationsmöglichkeiten auf der Grundlage offener Standards und zum anderen leistungsstarke In-App-Erweiterungsmechanismen bietet. Die Systemarchitektur muss Standardcode, kundenspezifische Erweiterungen und Content trennen, um sicherzustellen, dass Upgrades durchgeführt werden können, ohne Erweiterungen und Konfigurationen zu beeinträchtigen. ERP-Produkte stellen standardisierte Implementierungspakete bereit. Gleichzeitig müssen sie jedoch auch Optionen bieten, um das Produkt an die spezifischen Bedürfnisse eines Unternehmens anzupassen, ohne die Upgradefähigkeit und langfristige Wartbarkeit zu beeinträchtigen.

Insbesondere im Cloud-Umfeld sind Softwarearchitekturen verteilt und serviceorientiert. Während Erweiterungen traditionell oft darauf abzielen, das Standardsystem im Kontext der ERP-Anwendung zu modifizieren, bietet ein modernes ERP-System eine immer größere Anzahl von Erweiterungsmöglichkeiten durch die Integration neuer Cloud-Services. Diese Strategie wird als *Side-by-Side-Erweiterbarkeit* bezeichnet (siehe Abschnitt 5.3). Mit dieser Strategie vollzieht die Systemarchitektur einen Wechsel von weniger flexiblen, traditionellen, monolithischen Konzepten, die auf einem einzigen Stack entwickelt werden, hin zu verteilten Diensten. Diese ermöglichen bessere Service Level Agreements (SLAs) – u. a. im Hinblick auf Skalierbarkeit, Verfügbarkeit und Ausfallsicherheit – sowie ein Höchstmaß an Anpassungsfähigkeit. Gleichzeitig fördert diese Architektur die Updatestabilität, da die einzelnen Dienste voneinander entkoppelt und nur über stabile Application Programming Interfaces (APIs) verbunden sind.

Es gibt also eine Reihe wichtiger Voraussetzungen sowohl für die In-App- als auch für die Side-by-Side-Erweiterbarkeit, die sich in der Anwendungsarchitektur widerspiegeln müssen. Dazu gehören Möglichkeiten zur Anpassung der Benutzeroberfläche und der Geschäftsszenarien mit Feld- und Prozesserweiterungen, zur Anpassung oder Erweiterung von Workflows, zur modifikations- und risikofreien Erweiterung der Business-Logik sowie zur offenen und flexiblen Integration mit Produkten von Drittanbietern über standardisierte APIs.

1.1.4 Intelligente ERP-Prozesse

Der Erfolg von SAP ERP basiert auf standardisierten Geschäftsprozessen, die von den Benutzer*innen routinemäßig durchgeführt werden, z. B. der Rechnungsabgleich. Die zugehörigen Daten können später analysiert werden, um strategische Entscheidungen zu unterstützen. Diese Geschäftsprozesse beinhalten jeweils eine große Anzahl von Schritten, die von SAP-ERP-Benutzer*innen routinemäßig durchgeführt werden müssen, was häufig deren Effizienz und Zufriedenheit beeinträchtigt.

In Zeiten der Digitalisierung ist es notwendig, die Organisation fortlaufend effizienter zu gestalten, um dadurch die Betriebskosten zu senken. Die Einbettung intelligenter Algorithmen in SAP ERP kann dazu beitragen, die Benutzer*innen von repetitiven Aufgaben zu entlasten, damit sie sich auf nichtroutinemäßige, analytische und kreative Aufgaben konzentrieren können, bei denen etwa der Kundenservice und die Kundenzufriedenheit im Vordergrund stehen. Unternehmen sehen sich jedoch mit immer mehr unstrukturierten Daten konfrontiert. Diese Daten können zwar eine wertvolle Ressource sein, doch fehlt es den Unternehmen häufig an einem klaren Konzept, wie sie diese Daten angemessen auswerten können, um aussagekräftige Informationen für fundierte Entscheidungen zu erhalten. Aus technischer Sicht erleichtern die stark verbesserte Rechenleistung, die besseren Algorithmen und die Verfügbarkeit von Big Data die Implementierung von *Machine Learning*, um intelligente Back-Office-Prozesse zu gestalten und eine Lösung bereitzustellen, die von SAP als *intelligentes ERP-System* bezeichnet wird (siehe Kapitel 4). Eine weitere Chance besteht darin, mehr und mehr Daten aus dem *Experience Management* (z. B. Benutzerfeedback und Daten aus der Sentimentanalyse) in intelligente Prozesse einzubinden. Hierzu setzt SAP S/4HANA als intelligentes ERP-System auf Technologien, mit denen Unternehmen Muster in den verschiedenen Datenquellen finden und die richtigen Verbindungen zwischen den Daten herstellen können. Verschiedene Anwendungsfälle für SAP S/4HANA basieren auf den SAP-Funktionen für Machine Learning und Experience Management, z. B. bei der Einhaltung von Steuervorschriften und der Ausschöpfung von Mengenkontrakten.

1.1.5 Vereinfachte und standardisierte Implementierung

In den meisten Unternehmen sind über die Jahre eine große Menge an kundeneigenen Entwicklungen entstanden, die die SAP-Software erweitern, teilweise ersetzen oder sogar modifizieren. Außerdem haben die Unternehmen ihre Systeme umfassend konfiguriert und angepasst. All dies führt zu einer uneinheitlichen IT-Landschaft mit einem SAP-ERP-System, das sich nur schwer auf das nächste Release aktualisieren lässt. Durch die umfangreichen Anpassungen an der Standardsoftware entsteht ein Lock-in-Effekt, der die Unternehmen daran hindert, den nächsten Schritt zur digitalen Transformation zu vollziehen.

Jetzt, im digitalen Zeitalter, erleben wir eine neue Welle der Standardisierung, und obwohl Unternehmen wenig Interesse an einer Individualisierung haben, verlangen sie dennoch ein hohes Maß an Flexibilität. Zur Standardisierung gehört auch, dass die Komplexität reduziert und die Geschäftsprozesse vereinfacht werden. Heutige ERP-Anwendungen müssen deshalb vorkonfigurierte Pakete bereitstellen, die eine schnelle Implementierung ermöglichen. SAP profitiert hier von seinem umfassenden Verständnis der Branchen, um Content-Pakete für die Konfiguration von Geschäftsprozessen zu erstellen.

Vor allem in der Public Cloud muss die ERP-Konfiguration weitgehend auf die Bedürfnisse eines Unternehmens zugeschnitten sein. Hier können Self-Service-Implementierungstools helfen, die dazu beitragen, die Kosten des Implementierungsprojekts erheblich zu reduzieren. Besonders wichtig sind hier Tools, die die Benutzer*innen Schritt für Schritt durch die Implementierung führen, sowie Tools für die Datenmigration. Sollten unternehmenseigene Verfahren jedoch vorteilhafter sein, können die zuvor genannten Erweiterungsmöglichkeiten genutzt werden.

Aus diesem Grund stellt SAP S/4HANA verschiedene Best Practices für die Konfiguration der Geschäftsabläufe bereit, die sowohl für On-Premise- als auch für Cloud-Angebote genutzt werden können. Diese sollen Unternehmen bei der Einführung der Software unterstützen und so die Wertschöpfung beschleunigen (siehe Kapitel 16). Hier zeigt sich, dass SAP S/4HANA mit Blick auf eine leichte Einführbarkeit entwickelt wurde, wozu die geführte Konfiguration und ein einfaches Onboarding vom Kennenlernen der Lösung über Cloud-Tests bis hin zum Deployment mit vorkonfiguriertem Best-Practice-Content beitragen.

1.1.6 Cloud- und On-Premise-Deployment

SAP S/4HANA ist als On-Premise-Version, als Private-Cloud-Deployment und als Software-as-a-Service-Angebot (SaaS) erhältlich. In diesem Abschnitt erörtern wir die spezifischen Anforderungen an das Cloud-Deployment und zeigen, weshalb es wichtig ist, verschiedene Optionen anzubieten.

Das Ziel der Standardisierung der Geschäftsprozesse passt perfekt zu den Deployment-Modellen für die Public Cloud. Diese sind unter anderem mit folgenden Vorteilen für die ERP-Nutzung verbunden:

- **Upgrades mit minimaler Unterbrechung, um regelmäßig Neuerungen einführen zu können**
  Die Standardisierung in der Public Cloud und die verringerte Komplexität machen es deutlich einfacher, Softwareupdates häufig und effizient einzuspielen, ohne die Endanwender*innen zu beeinträchtigen. In Zeiten der Digitalisierung müssen ERP-Anwendungen mit den veränderten Technologien und Marktanforderungen Schritt halten. Um die Innovationszyklen zu verkürzen, ist es unerlässlich, dass

moderne ERP-Anwendungen diese regelmäßigen, unterbrechungsfreien Aktualisierungsprozesse unterstützen. Dies ist auch für Softwareanbieter vorteilhaft, da sie durch das deutlich schnellere Feedback der Kunden ihre Entwicklungsprozesse agiler gestalten und flexibler auf Marktveränderungen reagieren können.

- **Schneller Return on Investment (ROI) und niedrige Gesamtbetriebskosten (Total Cost of Ownership, TCO)**
  Der Umstieg auf SAP S/4HANA ist aus Sicht der Kosteneffizienz generell von Vorteil, da die vereinfachte In-Memory-Architektur analytische und transaktionale Funktionen in einer Instanz vereint. Das Angebot als Cloud-Software ermöglicht aber noch weitere Kosteneinsparungen und einen verbesserten ROI – z. B. durch schnellere Implementierungszyklen für vereinfachte Services.
- **Effizienterer Betrieb**
  Auch die Softwareanbieter profitieren von den Möglichkeiten des SaaS-Deployments. Insbesondere durch die Automatisierung des Softwarelebenszyklus, die elastische Skalierbarkeit, das robustere Systemverhalten und die Möglichkeit der gemeinsamen Nutzung von Ressourcen kann die Effizienz des Betriebs verbessert werden. All dies führt zu niedrigeren Kosten und damit zu attraktiveren abonnementbasierten Preismodellen mit besseren SLAs für die Kunden.

Um den unterschiedlichen Anforderungen von Unternehmen hinsichtlich Flexibilität und Standardisierung gerecht zu werden, bietet SAP S/4HANA drei Optionen für das Deployment:

- *SAP S/4HANA* ist die klassische On-Premise-Installation, bei der die IT-Abteilung der Unternehmen selbst für die Installation, den Betrieb sowie für Updates und Upgrades verantwortlich sind.
- *SAP S/4HANA Cloud Private Edition* wird von SAP in der Cloud gehostet. Während sich SAP um den technischen Betrieb kümmert, sind die SAP-Kunden für die Systemverwaltung verantwortlich und entscheiden beispielsweise, wann SAP die Softwareupgrades auf die Systeme spielt. Neue Versionen stehen alle zwei Jahre zur Verfügung. Die Kunden haben Zugriff auf dieselben Tools für die Administration, das Customizing und die Entwicklung wie bei einer On-Premise-Installation. SAP S/4HANA Cloud Private Edition bietet somit dieselbe Flexibilität und Funktionsvielfalt wie die On-Premise-Installation und eignet sich daher gut für eine schrittweise Umstellung auf die Cloud. Bestehendes Customizing, Konfigurationen, Erweiterungen und Add-ons können beim Wechsel von SAP S/4HANA On-Premise zu SAP S/4HANA Cloud Private Edition beibehalten werden.
- *SAP S/4HANA Cloud Public Edition* ist das SaaS-ERP-Angebot von SAP, bei dem SAP den Service betreibt und sich um die Systemverwaltung und -wartung kümmert. SAP S/4HANA Cloud Public Edition bietet Ihnen klare und standardisierte Best Practices, schnelle Innovationen und die niedrigsten Gesamtbetriebskosten. Dank

der regelmäßigen, von SAP geplanten und durchgeführten Softwareupdates laufen Sie nicht mehr Gefahr, neue Funktionen zu verpassen. SAP S/4HANA Cloud Public Edition ermöglicht Anpassungen und Erweiterungen, allerdings auf kontrollierte Weise, um einen reibungslosen Cloud-Betrieb zu gewährleisten.

On-Premise-Installationen wird es natürlich auch weiterhin geben. Deshalb muss eine moderne ERP-Lösung der Tatsache Rechnung tragen, dass die Lösungslandschaft eines Unternehmens in den meisten Fällen hybrid sein wird, d. h. Public-Cloud-SaaS-, Private-Cloud- und On-Premise-Deployments umfasst. Moderne ERP-Lösungen müssen so konzipiert sein, dass sie verschiedene Deployment-Optionen bieten (On-Premise, mit einem Hyperscale-Anbieter, in der Public oder der Private Cloud oder hybrid). Dass es eine Auswahl bei den Bereitstellungsmodellen gibt, ist sogar notwendig, um sicherzustellen, dass langfristig alle heutigen SAP-ERP-Kunden auf SAP S/4HANA Cloud Public Edition umsteigen können. Vor allem multinationale Unternehmen führen Cloud-Services in mehreren aufeinander folgenden Wellen ein, was automatisch zu hybriden Deployment-Landschaften führt. Die Möglichkeit, ausgewählte innovative SaaS-ERP-Services zusammen mit einem On-Premise-ERP-System in einer hybriden Landschaft zu verwenden, kann ebenfalls dazu beitragen, die Zeit bis zur Wertschöpfung erheblich zu verkürzen. Diese Vorteile kommen natürlich nur dann zum Tragen, wenn die Systeme und Services nahtlos integriert sind und der Übergang zu Cloud-Services reibungslos erfolgen kann.

In den folgenden Kapiteln verwenden wir, sofern nicht anders angegeben, den Begriff *SAP S/4HANA* für alle drei Deployment-Optionen. *SAP S/4HANA Cloud* wird verwendet, wenn wir über SAP S/4HANA Cloud Public Edition sprechen.

1.1.7 Sicherheit, Datenschutz, Compliance und Datenisolierung

In den letzten 20 Jahren hat das Internet die Art und Weise, wie Unternehmen ihre Geschäfte abwickeln, neu definiert. In der Vergangenheit war ein ERP-System in der Regel nicht mit dem Internet verbunden – dies ist heute jedoch eine Voraussetzung für moderne Geschäftsmodelle. SAP ERP ist ein sicheres System, aber in Zeiten der Digitalisierung, in denen Anwendungen offene Integrationsstandards unterstützen und auf Webtechnologien aufbauen, ergeben sich natürlich neue Herausforderungen in Bezug auf Sicherheit und Datenschutz. Diese Herausforderungen machen auch verbesserte oder neue technische Ansätze zur Absicherung einer ERP-Lösung erforderlich.

SAP S/4HANA begegnet diesen Anforderungen beispielsweise mit dem Ansatz *Secure by Default*. Dies bedeutet, dass bei der Installation, bei Kopiervorgängen oder bei der Konvertierung zu SAP S/4HANA standardmäßig eine Systemeinrichtung gewählt wird, die den höchstmöglichen Sicherheitseinstellungen entspricht. Darüber hinaus haben der Schutz der Privatsphäre und der Datenschutz zunehmend an Bedeutung gewonnen und sind mit zahlreichen rechtlichen Anforderungen und Datenschutzaspekten verbunden. SAP S/4HANA stellt spezifische Funktionen zur Einhaltung der einschlägigen gesetzlichen Bestimmungen und des Datenschutzes zur Verfügung – z. B. zur Verwaltung von Genehmigungen, zur Protokollierung von Lesezugriffen, zur Abfrage und Löschung personenbezogener Daten sowie zur Protokollierung von Änderungen an personenbezogenen Daten (siehe Kapitel 7). Weitere Details finden Sie im offiziellen Security Guide für SAP S/4HANA auf *help.sap.com*.

Diese Sicherheits- und Datenschutzaspekte sind unabhängig vom Deployment (On-Premise oder in der Cloud) für ERP-Software relevant. Da der administrative Zugriff charakteristisch für On-Premise-Lösungen und für Cloud-ERP-Kunden nicht mehr möglich ist, bietet SAP S/4HANA Cloud zusätzliche dedizierte Services, um z. B. die Stilllegung von Tenants zu ermöglichen. Zudem muss in der Cloud die strenge Isolation der Kundendaten garantiert sein und die Aufgabentrennung zwischen SAP als Betreiber und den Kunden als Nutzer gewährleistet werden.

1.2 Grundsätze der SAP-S/4HANA-Architektur

SAP S/4HANA ist nicht nur eine ERP-Lösung, sondern die Weiterentwicklung von SAP ERP zu einem vereinfachten System, das die In-Memory-Funktionen von SAP HANA einsetzt – darunter Embedded Analytics, Simulation, prädiktive Analyse, Entscheidungsunterstützung, KI und Machine Learning. SAP S/4HANA verbindet diese Funktionen von SAP HANA mit mobilen Funktionen, sozialen Netzwerken, Big Data und einer Wahlmöglichkeit für das Deployment, um Benutzer*innen Anwendungen mit einer neuen Benutzererfahrung zu bieten, von der sie in ihrer täglichen Arbeit direkt profitieren.

Im vorherigen Abschnitt haben wir die Herausforderungen hinsichtlich der Architektur eines modernen ERP-Systems im digitalen Zeitalter beschrieben. Als Nächstes erläutern wir, wie SAP S/4HANA seine Technologie- und Anwendungsarchitektur umgestaltet hat, um diese neuen Anforderungen zu erfüllen und gleichzeitig die Funktionen beizubehalten, die SAP ERP so erfolgreich gemacht haben.

1.2.1 Stabiler, aber flexibler Digital Core

Es ist bereits viel darüber geschrieben worden, wie sich die Weltwirtschaft immer schneller verändert. Um mit diesem Tempo Schritt halten zu können, müssen Unternehmensanwendungen über einen *Digital Core* verfügen, der einerseits stabil genug ist, um eine solide Grundlage für Softwareupdates zu bilden, und andererseits flexibel genug, um Anpassungen an sich häufig ändernde Anforderungen zu ermöglichen.

SAP S/4HANA verfolgt das Ziel, dass Softwareupdates im Idealfall nicht mehr als Störungen wahrgenommen werden. Dazu wurde ein sauberer und stabiler Kern geschaffen, der ein schnelleres Software-Deployment ermöglicht (siehe Abschnitt 19.4) und es einfacher macht, neue Funktionen einzuführen und gesetzliche Änderungen umzusetzen. Dadurch können die Kosten für Upgradeprojekte und somit auch die Gesamtbetriebskosten gesenkt werden.

Das bedeutet jedoch nicht, dass die Flexibilität auf der Strecke bleibt. SAP S/4HANA zielt darauf ab, ein ähnliches Maß an Erweiterbarkeit und Flexibilität wie SAP ERP zu bieten, jedoch mit wesentlich besseren Stabilitätskontrakten, die auch die Upgradefähigkeit bestmöglich unterstützen. Die neuen Konzepte der In-App- und der Side-by-Side-Erweiterbarkeit (siehe Kapitel 5) tragen dieser wichtigen Anforderung mit dem Paradigma *Separation of Concerns* Rechnung. Eine Vielzahl öffentlich freigegebener APIs und Objekte mit garantierten Stabilitätskontrakten bildet die Grundlage für diese Flexibilitätsmechanismen. Mit diesen APIs und Objekten als Grundlage können Unternehmen sicherstellen, dass ihr Digital Core, das Rückgrat ihres Unternehmens, stabil und sauber bleibt.

1.2.2 Vereinfachung durch das »Principle of One«

Im Zuge der Umstellung von SAP ERP und der SAP Business Suite auf Deployment-Modelle für die Private und Public Cloud spielte die Standardisierung der Lösung eine wichtige Rolle. Die Implementierung sollte vereinfacht und die Kosten für Anwendungsmanagement und Infrastruktur sollten weiter gesenkt werden. Eines der zentralen Architekturprinzipien von SAP S/4HANA ist das sogenannte *Principle of One*, das die Beseitigung von redundanten Frameworks, Datenmodellen, Benutzeroberflächen und anderen Elementen aus SAP ERP vorsieht. Auf diese Weise bewirkt das Principle of One eine Vereinfachung und eine Verringerung der Komplexität.

In SAP ERP gibt es nach wie vor Überschneidungen bei ähnlichen Prozessen oder betriebswirtschaftlichen Funktionen, was Implementierungsprojekte erschwert und bei den Benutzer*innen für Verwirrung sorgen kann. Ein wichtiger Schritt zur Lösung dieses Problems ist die Streichung nicht benötigter Komponenten. Hierzu wurden die Bestandteile der Lösung in die folgenden Kategorien eingeteilt:

- obligatorische Bestandteile, die sowohl bei On-Premise- als auch bei Cloud-Deployments immer verfügbar sind.
- Bestandteile in »Quarantäne«, die für das Cloud-Deployment nicht benötigt werden oder nicht erwünscht sind. Diese Bestandteile können aus der Cloud-Version entfernt werden.
- abgekündigte Bestandteile, die in allen Deployment-Optionen entfernt werden sollen

Durch die Streichung redundanter Funktionalitäten in SAP S/4HANA Cloud wurde die Anzahl der Tabellen, Datenelemente und Transaktionen drastisch reduziert.

SAP HANA ist ein hervorragendes Datenmanagementsystem für Geschäftsanwendungen. Insbesondere ERP-Anwendungen, die sowohl eine transaktionale als auch eine analytische Verarbeitung im selben System erfordern, profitieren enorm von SAP HANA als einheitlichem Datenmanagementsystem, da es die Komplexität der Datenverarbeitung und der Systemlandschaften verringert. Die In-Memory-Fähigkeiten von SAP HANA ermöglichten es SAP, einen Großteil der Anwendungslogik zu vereinfachen und zu optimieren. Dies ist eine wesentliche Voraussetzung, um die Leistung, Skalierbarkeit und Funktionalität zu erzielen, die Unternehmen heute von einem ERP-System erwarten. Vor allem persistierte Aggregate werden aufgrund des In-Memory-Layouts nicht mehr benötigt und können entfernt werden, was zu einem vereinfachten Anwendungsdatenmodell mit einer deutlich reduzierten Anzahl von Tabellen und Indizes führt. Die mit SAP HANA möglich gewordene Vereinfachung der Systemlandschaft für SAP S/4HANA senkt die IT-Kosten deutlich, indem Hardware- und Netzwerkressourcen zentralisiert werden.

In SAP S/4HANA Finance entfielen durch SAP HANA beispielsweise alle Summensatztabellen, wodurch sich der Platzbedarf der Anwendung erheblich verringerte. Zur Vermeidung von Redundanzen wurden viele Einzelpostentabellen aus dem Kernfinanzbereich im *umfassenden Journal* (Universal Journal) konsolidiert, das als *Single Source of Truth* (SSOT) für die Finanzbuchhaltung und das interne Rechnungswesen dient (siehe Kapitel 14).

Bei der Verbuchung von Daten werden außerdem keine Datenbanksperren mehr verwendet. Dies ermöglicht eine effiziente Skalierung des Durchsatzes abhängig von der Zahl der eingesetzten Anwendungsserver. Analytische Funktionen und die Transaktionsverarbeitung werden parallel im selben System im umfassenden Journal ausgeführt, wobei jede Spalte als Index dient. Damit wurden ganze Komponenten mit ihren jeweiligen Tabellen und Codes obsolet, wie z. B. die Speziellen Ledger (FI-SL) und die Profitcenter-Rechnung (EC-PCA).

1.2.3 Offenheit für Innovationen durch Serviceorientierung

Technologien entwickeln sich rasant weiter, und neue Technologien entstehen, die neue Möglichkeiten eröffnen. Unternehmen müssen der Zeit voraus sein und nach zukunftsfähigen Innovationen suchen. Aus diesem Grund ist es entscheidend, dass eine ERP-Lösung offen ist und offene Standards unterstützt. Dies gilt für verschiedene Aspekte der Lösungsarchitektur: Integration und APIs, Erweiterbarkeit und Analytics. Davon profitieren SAP-Kunden, SAP-Partner und auch SAP als Softwareanbieter.

Die Basis einer offenen Architektur und Serviceorientierung ist eine gemeinsame Datenschicht. Sie ermöglicht eine modellgesteuerte Anwendungsarchitektur und unterstützt die bereits angesprochenen Merkmale – insbesondere die Erweiterbarkeit. Mit der Einführung von SAP HANA wurde ein gemeinsames *virtuelles Datenmodell* (VDM) zu einem zentralen Baustein von SAP S/4HANA. Es erfüllt gleichzeitig transaktionale, analytische und andere Zwecke (siehe Abschnitt 2.1). Mit diesem zentralen Konzept wird Redundanz vermieden und Effizienz und Konsistenz in allen auf dem VDM aufbauenden Schichten gewährleistet: analytische Querys, Benutzeroberflächendienste, Integrationsdienste und APIs, Suchmodelle und Datenextraktion.

Das VDM ist SQL-basiert und baut auf den In-Memory-Konzepten von SAP HANA auf, sodass die Funktionen von SAP HANA in allen Anwendungen optimal genutzt werden können. Das Modell erlaubt den Zugriff auf alle geschäftsrelevanten Daten eines modernen ERP-Systems in semantisch aussagekräftiger und harmonisierter Form, einschließlich geeigneter Berechtigungen und Erweiterbarkeitsoptionen. Es gewährleistet semantisch und strukturell korrekte Beziehungen zwischen Geschäftsprozessen und analytischen Szenarien. Das VDM in SAP S/4HANA umfasst heute mehr als 30.000 Entitäten. Es wird mit einer Reihe von spezialisierten Tools geliefert, mit denen SAP-Kunden und -Partner ihre eigenen Modelle erweitern oder erstellen können.

In einer modernen ERP-Lösung basieren die Benutzeroberfläche und die Anwendungsintegration auf einer serviceorientierten Architektur, die auf offenen Standards basierende Webservices nutzt. Die Zustandslosigkeit der RESTful-Webservices ermöglicht eine cloudgemäße Skalierbarkeit sorgt für Flexibilität und unterstützt weitere, für die Cloud wesentliche Eigenschaften, wie beispielsweise Verfügbarkeit und Ausfallsicherheit. Die serviceorientierte Architektur garantiert die Entkopplung und das Separation-of-Concerns-Prinzip, wodurch neue Funktionen für die User Experience, Auswertungen, Integrationsszenarien und Transaktionslogik mit unterschiedlichem Innovationstempo und ohne Unterbrechung der Softwaredienste bereitgestellt werden können. Sowohl für RESTful-UI-Services für SAP-Fiori-Apps als auch Integrations-APIs, die den ursprünglich von Microsoft eingeführten offenen Webservice-Standards *Open Data Protocol* (OData; siehe *www.odata.org*) nutzen, basieren auf dem VDM in SAP S/4HANA.

Alle neuen Szenarien profitieren von dem Prinzip *API First*, das ein hohes Maß an Wiederverwendbarkeit und API-Qualität gewährleistet. Das API-First-Prinzip stellt unter anderem sicher, dass APIs durch Authentifizierung und Autorisierung geschützt und so konzipiert sind, dass die benötigte Bandbreite und damit die TCO minimiert werden. Der *SAP Business Accelerator Hub* (*https://api.sap.com*) auf der SAP Business Technology Platform (SAP BTP) ist das zentrale Repository für alle SAP-S/4HANA-APIs, sowohl für die Side-by-Side-Erweiterung als auch für die Integration zusätzlicher digitaler Prozesse, die außerhalb von SAP S/4HANA als Erweiterungen erstellt werden.

1.2.4 Modularisierung in (hybriden) Integrationsszenarien

Unternehmen erwarten von einem modernen cloudbasierten ERP-System, dass es End-to-End-Prozesse wie etwa Source-to-Pay oder Recruit-to-Retire abdeckt und nicht lediglich einzelne Funktionen. Von besonderer Bedeutung ist dabei die nahtlose Integration der beteiligten Services. Im Idealfall wird dadurch sogar erreicht, dass Service- und Produktgrenzen für Benutzer*innen der Lösung nicht mehr wahrnehmbar sind.

In Abschnitt 1.2.3 haben wir Gründe für eine modularen, serviceorientierten Architekturansatz vorgestellt. Unter anderem aus diesen Gründen werden Lösungen heute als verteilte, ereignisgesteuerte Systeme realisiert. Für eine intelligente Suite ist deshalb eine Architektur erforderlich, die modular und zugleich hochintegriert ist, auf cloudnativen Technologien aufbaut und es möglich macht, fortlaufend neue Funktionen und Services zur Verfügung zu stellen. Um dies zu erreichen, bedarf es einer standardbasierten Cloud-Plattform, die in der Lage ist, verschiedene Mikro- und Makro-Cloud-Services aus unterschiedlichen Geschäftsanwendungen flexibel zu integrieren. Die Containertechnologie wird zu einem wichtigen Instrument für die flexible Skalierung und Orchestrierung von Services über End-to-End-Prozesse hinweg. Ein logisches Datenmodell für alle Dienste bildet die Grundlage für eine reibungslose Integration, was eine semantisch enge Kopplung zwischen den beteiligten Anwendungsbereichen voraussetzt. Aus der Perspektive der Geschäftsprozesse wird das ERP-System in der Cloud so zu einer *Process-as-a-Service-Lösung* und bietet die End-to-End-Geschäftsprozesse, die Unternehmen für optimale Ergebnisse benötigen.

Diese Modularisierung von SAP S/4HANA ist eine wichtige Voraussetzung, um hybride Szenarien unterstützen zu können, in denen Unternehmen Teile ihrer SAP-S/4HANA-Funktionen in der Cloud und andere im eigenen Rechenzentrum betreiben. Wie bereits angesprochen, werden viele ERP-Implementierungen in den nächsten Jahren als Hybrid-Deployments erfolgen. Dadurch können Unternehmen sowohl die Digitalisierung als auch die Migration zur Cloud flexibel mit Public-Cloud-, Private-Cloud- und hybriden Ansätzen angehen. Die traditionellen Beschränkungen, die für Belegflüsse und Workflows bestehen, werden über die Anwendungsbereiche hinweg aufgelöst, um in sich abgeschlossene Transaktionen innerhalb der einzelnen Anwendungsbereiche zu ermöglichen. Workflows müssen sich heute an den Rollen der beteiligten Benutzer*innen orientieren und End-to-End-Prozesse über verschiedene Lösungsbestandteile hinweg abdecken. Auf diese Weise können schnelle Prozessänderungen unterstützt werden, die heute unerlässlich sind.

1.2.5 Designt für die Cloud

Es gibt zahlreiche Unterschiede zwischen einer für den Cloud-Betrieb konzipierten SaaS-Lösung und einer On-Premise-Anwendung. Die Cloud-Architektur muss so konzipiert sein, dass sie durch gemeinsam genutzte Ressourcen Aufwände reduziert und eine hohe Verfügbarkeit und elastische Skalierbarkeit ermöglicht (siehe Kapitel 20). Anwendungen müssen auf eine variierende Nachfrage reagieren und je nach Bedarf wachsen und schrumpfen – typischerweise mit Scale-out- anstelle von Scale-up-Strategien, die eher bei On-Premise-Installationen zum Einsatz kommen.

Einige Praktiken aus der On-Premise-Welt lassen sich nicht auf Public-Cloud-Architekturen übertragen, wie etwa der Zugriff auf Backend-Systeme über ein Virtual Private Network (VPN), Unterbrechungen des Geschäftsbetriebs durch manuelle Upgradeschritte oder IT-Supportdesks. In der Cloud werden diese Praktiken durch den hoch automatisierten Betrieb überflüssig oder durch alternative Konzepte ersetzt, wie z. B. durch Self-Service-Lösungen für Support- und Verwaltungsaufgaben über die webbasierten Benutzeroberflächen.

SAP S/4HANA Cloud Public Edition ist eine reine SaaS-Lösung, die alle Aspekte einer modernen verteilten und serviceorientierten Cloud-Architektur umsetzt. Alle Kunden-Tenants basieren auf einem identischen Software-Stack. Bei Multitenancy-Clustern teilen sich aus Skalierungsgründen mehrere Tenants große Teile der Hardwareressourcen, der Systemdaten und des Programmcodes. SAP S/4HANA Cloud zeichnet sich durch die dynamische Verwaltung der Tenant-Dichte, die Vermeidung von Ausfallzeiten bei Wartungsereignissen und die komplette Automatisierung von Lifecycle-Management-Ereignissen wie Bereitstellung, Updates und Außerbetriebnahme aus (siehe Kapitel 19).

Um neben den bereits erwähnten Zielen – stabiler Kern, Vereinfachung, semantische Kompatibilität und hybride Integrationsszenarien – auch die cloudrelevanten Qualitätsmerkmale bestmöglich zu erreichen, hat sich SAP entschieden, verschiedene Anwendungsbestandteile sowohl für die On-Premise- als auch für die Cloud-Lösungen zu nutzen. Das VDM dient als gemeinsamer Integrator und sorgt für Kompatibilität. Neue, innovative Funktionen werden für die Cloud entwickelt. In erster Linie sind die neuen Services darauf ausgelegt, die Kosten für Bandbreite, CPU, Speicherverbrauch und E/A-Anforderungen zu minimieren, Ausfallsicherheit und geringe Latenzzeiten zu gewährleisten sowie integrierte Sicherheits- und Verschlüsselungsfunktionen für Daten im Ruhezustand und bei der Übertragung bereitzustellen.

1.2.6 Semantische Kompatibilität für eine Weiterentwicklung mit möglichst geringem Anpassungsaufwand

Wie bereits erwähnt, liegt das VDM sowohl SAP S/4HANA Cloud als auch SAP S/4HANA On-Premise zugrunde. Es macht die Business-Semantik von SAP S/4HANA für die externe Nutzung, Analyse, Suche und Key-User-Erweiterbarkeit zugänglich. Der Begriff *virtuell* weist darauf hin, dass es sich bei dem VDM um eine Abstraktion der physischen Datenbanktabellen handelt. Damit wird ein weiteres wichtiges Ziel erreicht: reibungslose Interoperabilität und Weiterentwicklung mit möglichst wenig Anpassungsaufwand aus Sicht der SAP-Bestandskunden. Die Cloud-Services bestehen aus Komponenten, die einen strikten Kompatibilitätskontrakt erfüllen – insbesondere mit dem früheren Datenmodell der SAP Business Suite. Mit den homogenen Datenmodellen und Integrationspunkten in den On-Premise- und Cloud-Versionen erfüllt SAP S/4HANA die Marktanforderungen für hybride Bereitstellungsmodelle.

Wenn ein Unternehmen den Umstieg auf eine moderne ERP-Lösung wie SAP S/4HANA plant, wird es immer auch neue digitale Möglichkeiten in Betracht ziehen. Die semantische Kompatibilität zwischen den Datenmodellen von SAP ERP und SAP S/4HANA sowie zwischen den verschiedenen Deployment-Optionen von SAP S/4HANA erleichtert es den Unternehmen, ihre Umstiegspläne innerhalb eines angemessenen Zeitrahmens umzusetzen. Im Sine dieses Kompatibilitätsparadigmas bleiben viele der Erweiterungspunkte von SAP ERP verfügbar, wodurch sich der Aufwand für kundeneigene Entwicklungen bei der Umstellung auf SAP S/4HANA verringert.

1.3 Entwicklung eines Cloud-ERP-Systems auf optimaler Grundlage

Uns ist keine Lösung bekannt, die nachweislich eine breitere Abdeckung von Geschäftsprozessen und eine größere Branchentiefe bietet als SAP ERP. SAP hat sich dazu entschlossen, diese Geschäftsfunktionen weiterzuentwickeln und sie auf vereinfachte und optimierte Weise in SAP S/4HANA zur Verfügung zu stellen, um die Ziele der semantischen Kompatibilität, der hybriden Integration und eines stabilen Kerns zu erreichen.

Viele SAP-Kunden streben eine Vereinfachung der Systemlandschaft an, indem sie Deployment-Optionen nutzen, die eine Vielzahl von Instanzen (im Idealfall in einem einzigen Deployment) vereinen. Dem Principle of One folgend wurden in SAP S/4HANA die bisherigen Lösungen der SAP Business Suite – darunter SAP ERP, SAP Customer Relationship Management (SAP CRM), SAP Supplier Relationship Management (SAP SRM), SAP Supply Chain Management (SAP SCM), SAP Extended Warehouse Management (SAP EWM) und SAP Transportation Management (SAP TM) – zu einer einzigen Lösung zusammengeführt, anstatt getrennte Komponenten zu betreiben, die verschiedene Middleware-basierte Integrationen erfordern würden. Ermöglicht wird dies durch die Datenmodellkonsistenz, die durch das VDM in SAP S/4HANA auf Basis von SAP HANA unterstützt wird. Alle Bestandteile, die aus der SAP Business Suite in SAP S/4HANA übernommen werden, müssen allerdings die zuvor genannten Cloud-Merkmale erfüllen. Deshalb wurde ein Großteil der Lösung für die Cloud neu geschrieben oder angepasst.

Um eine Lösung zu vereinfachen, muss man redundante Funktionen entfernen und alle größeren Bestandteile so umgestalten, dass sie die gewünschten Eigenschaften aufweisen. Dies bedeutet, dass es für einige Funktionen in SAP ERP keinen direkten Ersatz in SAP S/4HANA gibt. Kunden, die diese Legacy-Funktionen genutzt haben, müssen ihre Abläufe beim Umstieg auf SAP S/4HANA daher umstellen.

SAP S/4HANA Cloud ist eine verteilte, serviceorientierte SaaS-Lösung. SAP hat dazu größere Bestandteile von SAP ERP durch dedizierte SAP-Cloud-Lösungen ersetzt. So werden beispielsweise Teile von SAP ERP Human Capital Management (SAP ERP HCM) durch SAP-SuccessFactors-Lösungen und Teile von SAP SRM durch SAP-Ariba-Lösungen ersetzt. Für SAP S/4HANA On-Premise bedeutet dies, dass Teile der Lösung obsolet werden, aber aus Kompatibilitätsgründen weiterhin verfügbar sind.

1.4 Zusammenfassung

In diesem Kapitel haben wir die Herausforderungen hinsichtlich der Softwarearchitektur einer modernen ERP-Lösung erörtert. Es wurden verschiedene Funktionen beschrieben, die es Unternehmen ermöglichen, ihre Geschäftsprozesse effizient und flexibel zu gestalten. Darauf aufbauend haben wir die Herausforderungen und Grundsätze vorgestellt, die die Architektur von SAP S/4HANA prägen. Im nächsten Kapitel stellen wir Ihnen die Grundlagen der technischen Architektur von SAP S/4HANA vor, beginnend mit dem in diesem Kapitel bereits erwähnten virtuellen Datenmodell.

Kapitel 2

Grundlagen der technischen Architektur

Quellcode und Datentypdefinitionen enthalten keine Informationen zu Entwicklungs- oder Architekturentscheidungen. Das virtuelle Datenmodell und das ABAP RESTful Application Programming Model brechen mit diesem Paradigma, indem sie sich auf die wesentlichen Teile einer Geschäftsanwendung konzentrieren und deren Semantik transparent machen.

In diesem Kapitel geht es um die technischen Grundlagen der Architektur von SAP S/4HANA. Wir haben das virtuelle Datenmodell (VDM) bereits einige Male erwähnt. In diesem Kapitel erläutern wir im Detail, worum es sich dabei handelt und wie es aufgebaut ist (siehe Abschnitt 2.1). Insbesondere gehen wir darauf ein, wie das zentrale Element transaktionaler ERP-Anwendungen – das Business-Objekt – unter Verwendung von CDS-Views (Core Data Services) nach dem virtuellen Datenmodell modelliert wird. Anschließend zeigen wir, wie das ABAP RESTful Application Programming Model Entwickler*innen bei der Implementierung von ERP-Anwendungen unter Verwendung dieser Business-Objekte unterstützt (siehe Abschnitt 2.2).

2.1 Virtuelles Datenmodell

Das virtuelle Datenmodell (VDM) stellt das semantische Datenmodell der Geschäftsanwendungen in SAP S/4HANA dar. Ziel des Modells ist es, alle Geschäftsdaten so darzustellen, dass sie leicht verständlich und nutzbar sind. Das Modell wird als *virtuelles* Modell bezeichnet, weil es die Strukturen der darunter liegenden Datenbanktabellen abstrahiert. Auf diese Weise können vorhandene Tabellen bei Bedarf in ein angeglichenes, einheitliches Datenmodell überführt werden.

Das VDM beschreibt nicht nur die Business-Semantik der Anwendungen, sondern ist auch ein ausführbares Modell, das zur Laufzeit Zugriff auf die entsprechenden Daten ermöglicht. Das VDM wird mithilfe speziell klassifizierter CDS-Entitäten umgesetzt, die den VDM-Regeln entsprechen (siehe Abschnitt 2.1.1). Zu diesen VDM-Regeln gehören unter anderem grundlegende Benennungsregeln (siehe Abschnitt 2.1.2) und Regeln zur Strukturierung der VDM-Entitäten (siehe Abschnitt 2.1.3). Einerseits fördern diese Regeln die Konsistenz des Modells, andererseits ermöglichen sie die effiziente Entwicklung von Anwendungen und Application Programming Interfaces (APIs), die eine analytische Nutzung (siehe Abschnitt 4.1), die transaktionale Verarbeitung (siehe Abschnitt 2.2) und Suchfunktionen (siehe Abschnitt 3.2) abdecken. Neben der Bereitstellung des Datenmodells für Anwendungen werden die VDM-Views auch noch für andere Aufgaben verwendet, z. B. für die CDS-basierte Datenextraktion (siehe Abschnitt 6.8.1).

Das VDM ist nicht nur für die Entwicklung von Anwendungen bei SAP gedacht. Von SAP freigegebene VDM-Modelle und darauf aufbauende freigegebene SAP-Services bilden eine stabile Schnittstelle mit einem klar definierten Lebenszyklus. SAP-Kunden oder -Partner können diese für die Entwicklung eigener Anwendungen und für die Erweiterung von SAP-Anwendungen nutzen. Wir erläutern diese Nutzungsszenarien in Abschnitt 2.1.4.

2.1.1 Core Data Services

Core Data Services (CDS) ermöglichen die Definition semantisch aussagekräftiger Datenmodelle. Diese Modelle werden vom ABAP Dictionary verwaltet und können im Datenbanksystem ausgeführt werden.

CDS-Views stellen den wichtigsten CDS-Entitätstyp dar. Sie enthalten `select`-Anweisungen in einer Syntax, die der Syntax der Structured Query Language (SQL) sehr ähnlich ist. CDS-Views können z. B. als Datenquelle in ABAP-`select`-Anweisungen verwendet werden. Die Ergebnisse einer CDS-View-Abfrage können durch das Definieren von Zugriffskontrollmodellen eingeschränkt werden. Das bedeutet, dass die Abfrage nur die Daten zurückgibt, für die der aktuelle Benutzer bzw. die aktuelle Benutzerin eine Leseberechtigung hat. Diese Zugriffskontrollmodelle werden mithilfe der *Data Control Language* (DCL) von CDS definiert.

In CDS-Views können außerdem ergänzende Metadaten in Form von *Annotationen* definiert werden. Darüber hinaus ermöglichen CDS-Views die Modellierung von sogenannten *Assoziationen*, die eine gerichtete Beziehung zu anderen CDS-Entitäten darstellen. Sowohl Annotationen als auch Assoziationen werden von den verschiedenen Konsumenten der CDS-Modelle interpretiert. Insbesondere nutzt die ABAP-Infrastruktur die entsprechenden Informationen, um aus den CDS-Modellen weitere Funktionen und Services abzuleiten. So kann eine CDS-View mit entsprechenden Annotationen beispielsweise von der *Analytic Engine* ausgeführt werden (siehe Abschnitt 4.1.1). Die Analytic Engine bietet fortgeschrittene Funktionen wie die Berechnung von Ausnahmeaggregationen und die Hierarchieverarbeitung. Solche Funktionen können nicht durch die einfache `select`-Anweisung innerhalb der CDS-View modelliert werden.

2.1.2 Namenskonventionen

Das VDM basiert auf einer Reihe von Namenskonventionen. Die Anwendung der folgenden Regeln gewährleistet eine konsistente und selbsterklärende Namensgebung:

- Ein Name muss präzise sein und ein Thema eindeutig identifizieren. Generische Namen werden vermieden. Der Bezeichner eines Kundenauftragsdokuments heißt z. B. `SalesOrder` und nicht einfach `ID` oder `Order`.
- Ein Name muss die Business-Semantik eines Themas erkennen lassen.
- Da die Namen eindeutig sein müssen, müssen für verschiedene Themen jeweils unterschiedliche Namen gewählt werden. Das ist besonders bei Bezeichnern und Codes wichtig. Die Verwendung ein und desselben Namens für zwei Felder impliziert, dass die zugrunde liegenden Wertelisten übereinstimmen.
- Die Namen werden aus englischen Begriffen in Camel-Case-Schreibweise mit großem Anfangsbuchstaben gebildet. Unterstriche werden nur in vordefinierten Fällen verwendet. Abkürzungen werden vermieden.

Diese Namensregeln gelten für alle CDS-Entitäten und deren Bestandteile, wie z. B. Namen von Feldern, Assoziationen, Parametern oder CDS-Views.

Abbildung 2.1 zeigt ein Beispiel: Auf oberster Ebene steht eine SAP-Fiori-App, die einen OData-Service verwendet, der wiederum auf einer Reihe von aufeinander aufbauenden VDM-Views basiert. Wie Sie sehen, ordnet die erste VDM-View (unten) dem semantischen Namen `Product` den technischen Feldnamen `MATNR` aus der Datenbanktabelle zu. Der semantische Name wird dann auf mehreren Ebenen und letztlich auch auf der SAP-Fiori-Benutzeroberfläche verwendet.

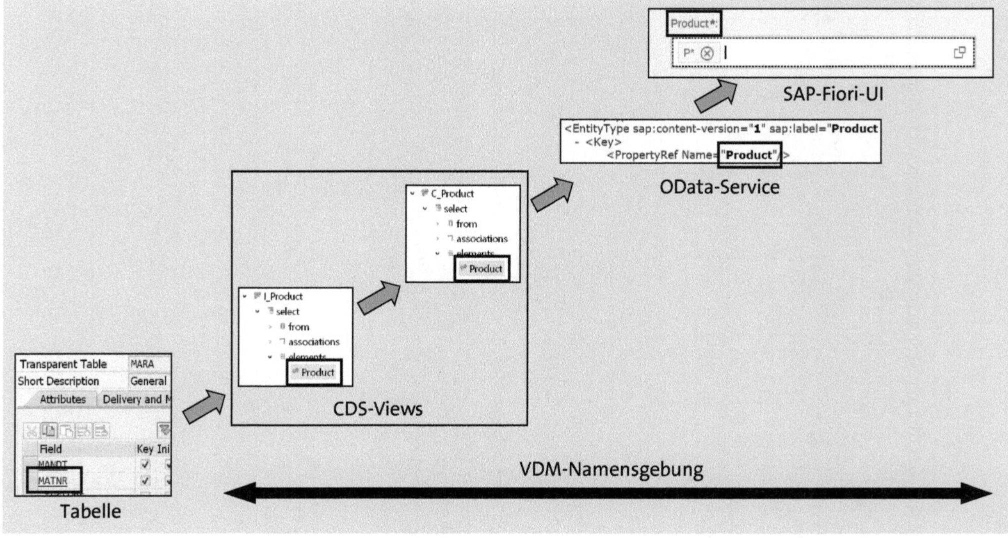

Abbildung 2.1 Feldbezeichnungen im VDM

2.1.3 Struktur des virtuellen Datenmodells

Die CDS-Entitäten dienen im virtuellen Datenmodell unterschiedlichen Zwecken und werden mithilfe von VDM-Annotationen entsprechend klassifiziert. Dabei ist zu beachten, dass eine CDS-Entität zu einer VDM-Entität wird, sobald sie VDM-Annotationen verwendet und die VDM-Richtlinien befolgt.

VDM-Views sind in einer hierarchischen Struktur mit mehreren Ebenen organisiert. Die Views auf den oberen Ebenen benutzen Views aus denselben oder den darunter liegenden Ebenen als Datenquellen oder haben Assoziationen zu den darunter liegenden Views, nicht jedoch umgekehrt. Zur Zuordnung der VDM-Views zu den Ebenen dienen spezielle CDS-Annotationen (`@VDM.viewType`).

Abbildung 2.2 stellt die zulässigen Abhängigkeiten zwischen Views dar, das heißt für welche Typen von Views man welche anderen Typen von Views als Datenquellen verwenden darf. Zusätzlich zu den Abhängigkeiten sind hier auch die typischen Präfixe der Namen der CDS-Views zu sehen. *Consumption Views* weisen das Namenspräfix `C_` auf, *Remote API Views* das Präfix `A_`. *Basic Views* und *Composite Views* bilden eine Schnittstellenebene, die für die Erstellung von Anwendungen verwendet werden kann. Die Views dieser Schnittstellenebene enthalten das Namenspräfix `I_`. Wie wir in den folgenden Abschnitten erläutern werden, kann es sich bei Basic Views und Composite Views auch um *Restricted Reuse Views* handeln, die mit dem Namenspräfix `R_` gekennzeichnet sind. Diese Views sind nur für die lokale Wiederverwendung innerhalb ihrer eigenen Anwendungen gedacht.

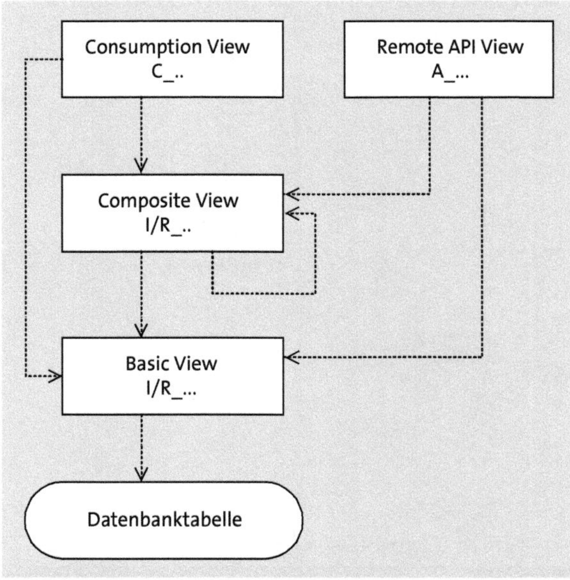

Abbildung 2.2 View-Ebenen: select-from-Beziehungen

Sehen wir uns die einzelnen View-Typen einmal genauer an:

- **Basic Views**
  Die unterstete Ebene des VDM enthält die Basic Views. Basic Views sind die wichtigsten Bestandteile des VDM. Man kann sie als das *Entity-Relationship-Modell* der Anwendungen bezeichnen. Sie enthalten Informationen über Datenstrukturen und Abhängigkeiten sowie weitere Metadaten. Der Hauptzweck der Basic Views besteht darin, als wiederverwendbare Bausteine für alle anderen VDM-Views zu dienen, die keine Basic Views sind. Da die Basic Views alle Daten nach außen hin bereitstellen, müssen Nicht-Basic-Views keine Daten direkt aus den Datenbanktabellen lesen. Tatsächlich ist der Zugriff von Nicht-Basic-Views auf Datenbanktabellen im VDM nicht zulässig. So stellen die Basic Views den höheren Ebenen eine vollständige Abstraktion der Datenbanktabellen bereit.
- **Composite Views**
  Composite Views haben mehr Funktionen als die Basic Views. Ebenso wie die Basic Views sollen sie in erster Linie als wiederverwendbare Bausteine für andere Views dienen. Sie können jedoch bereits so definiert werden, dass sie auf einen bestimmten Nutzungsbereich zugeschnitten sind. So können sie beispielsweise analytische Cube Views definieren, die Datenquellen zur Nutzung in mehreren analytischen Querys konsolidieren.
- **Transaktionale Views**
  Transaktionale Views sind eine besondere Variante der Composite Views. Transaktionale Views definieren das Datenmodell eines Business-Objekts und dienen als Anker für die Definition der auf die transaktionale Verarbeitung bezogenen Aspekte (siehe Abschnitt 2.2.1). Transaktionale Views können Elemente enthalten, die die Transaktionsverarbeitung unterstützen, wie z. B. zusätzliche Felder, die dabei helfen, Benutzereingaben vorübergehend zu speichern. Daher werden transaktionale Views nur im Kontext der Transaktionsverarbeitung verwendet, z. B. wenn sie von anderen transaktionalen Views verwendet werden, oder von Consumption Views, die ihre Transaktionsverarbeitungslogik an die transaktionalen Views delegieren.
- **Consumption Views**
  Während Basic Views jeden Anwendungsfall unterstützen und damit unabhängig von einem bestimmten Anwendungsfall definiert werden, sind Consumption Views bewusst ausschließlich für einen bestimmten Zweck konzipiert. Sie sollen direkt in einem bestimmten Nutzungsszenario eingesetzt werden. Eine Consumption View kann beispielsweise genau die Daten und Metadaten (durch Annotationen) bereitstellen, die für ein bestimmtes UI-Element benötigt werden.
- **Restricted Reuse Views**
  Basic und Composite Views definieren standardmäßig eine Interface-Schicht (mit dem Präfix I_), die von jeder SAP-Anwendung verwendet werden kann. Sobald

diese Views freigegeben sind, können sie auch von SAP-Kunden und -Partnern genutzt werden. Allerdings definieren Entwicklungsteams manchmal Basic und Composite Views, die nur zur lokalen Verwendung in den eigenen Anwendungen bestimmt sind. Solche Views sind nicht für die Wiederverwendung durch Entwickler*innen aus anderen Anwendungsbereichen gedacht. Für diese Fälle gibt es die Restricted Reuse Views (mit dem Präfix R_). Beispiele für Restricted Reuse Views sind verarbeitungsfähige transaktionale Views, die alle Operationen eines Business-Objekts offenlegen – einschließlich interner Operationen.

- **Enterprise Search Views**
  Enterprise Search verwendet spezielle CDS-Views als Suchmodelle. Enterprise Search wird in Abschnitt 3.2 beschrieben.
- **Remote API Views**
  Remote API Views repräsentieren die externe Sicht auf die Funktionalität eines einzelnen Business-Objekts für die Verwendung in externen Schnittstellen. Sie entkoppeln das applikationsinterne VDM, das sich im Laufe der Zeit weiterentwickeln kann, von seinen externen Verwendern und schaffen so eine stabile externe Schnittstelle. Basierend auf den Remote API Views werden OData-Services definiert, die von Remote-Anwendungen genutzt werden können. Die entsprechenden OData-Services werden im SAP Business Accelerator Hub (*https://api.sap.com*) veröffentlicht.

2.1.4 Verwendungsszenarien

CDS-Entitäten können in verschiedenen Szenarien verwendet werden. Die wichtigsten unterstützten Szenarien sind folgende:

- Analytics
- Enterprise Search
- SAP-Fiori-UI-Apps
- Remote-APIs

Darüber hinaus können von SAP dafür explizit freigebene Entitäten in Kundenerweiterungen verwendet werden (mittels Key-User-Erweiterbarkeit und/oder klassischer Entwicklererweiterbarkeit, siehe Kapitel 5).

Abbildung 2.3 zeigt die typischen Hierarchien von VDM-Views für analytische und transaktionale Anwendungen. Views für spezielle Anwendungsfälle werden oberhalb von Basic und Composite Reuse Views definiert, um das Datenmodell und die Funktionalität an die individuellen Anforderungen der Anwendung anzupassen.

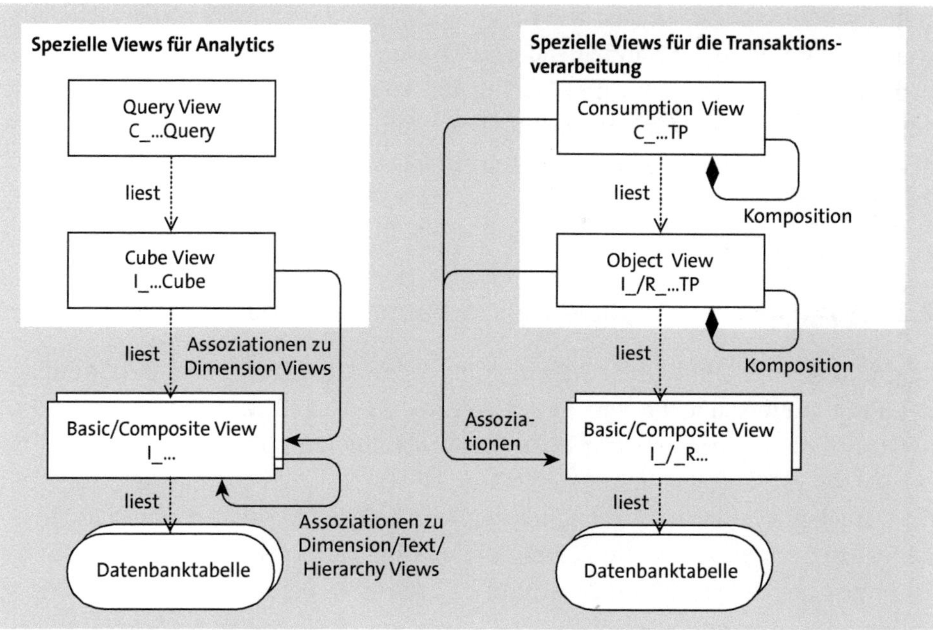

Abbildung 2.3 View-Hierarchien

Analytische Anwendungen

Analytische Anwendungen basieren auf *Cube Views* und einem Netzwerk zugehöriger *Dimension Views*, die ihrerseits Assoziationen zu *Text Views* und *Hierarchy Views* haben können. Die eigentliche analytische Anwendung wird durch eine *analytische Query View* definiert, die die benötigte Funktionalität als Projektion auf dem zugrunde liegenden Cube View realisiert. Beachten Sie, dass im Gegensatz zu anderen CDS-Views die analytischen Query Views selbst nicht in der Datenbank ausgeführt werden. Stattdessen interpretiert die Analytic Engine deren Logik und führt Abfragen auf den Cube und Dimension Views direkt aus. Analytische Anwendungen werden in Abschnitt 4.1 ausführlich behandelt.

Transaktionale Anwendungen

Das Datenmodell einer transaktionalen Anwendung beschreibt vollständige Business-Objekte jeweils durch eine Hierarchie von transaktionalen Views, die durch Kompositionsbeziehungen miteinander verknüpft sind. Dabei wird die eigentliche Datenabfragelogik durch die CDS-Views definiert. Das Verhalten des Business-Objekts wird in einem zugeordneten *Verhaltensmodell* definiert und in ABAP-Klassen implementiert. Dies umfasst z. B. die Operationen zum Erstellen, Aktualisieren und Löschen. Eine Consumption View legt die für einen Verwendungszweck relevanten

Teile nach außen und ergänzt das Datenmodell um Annotationen mit Metadaten zum Rendern der darauf aufbauenden UI-Anwendung. Zugehörige *Interface Views* können gegebenenfalls zur Anreicherung des Datenmodells verwendet werden. Die empfohlene Methode zur Entwicklung von transaktionalen Anwendungen ist das ABAP RESTful Application Programming Model, das wir im folgenden Abschnitt erläutern.

2.2 ABAP RESTful Application Programming Model

Das *ABAP RESTful Application Programming Model* (kurz RAP) bildet die Grundlage des Programmiermodells von SAP S/4HANA. Es ist Teil der Strategie von SAP S/4HANA, diese Zielarchitektur über alle Anwendungen hinweg anzuwenden. Das Modell fördert das allgemeine Architekturziel von SAP, das Datenbankmodell und die Datenbankebene, die Anwendungslogik und die Benutzeroberfläche klar voneinander zu trennen. Der Technologieansatz von SAP Fiori gewährleistet technisch die Trennung der Benutzeroberfläche (und der damit verbundenen User Experience) von der Anwendungslogik, wobei OData als Protokoll eingesetzt wird. RAP umfasst die Modellierung und die Implementierung der Anwendungslogik (häufig als *Business-Logik* bezeichnet), was sowohl anwendungsspezifische Aspekte umfasst als auch solche, die für alle Anwendungen gleich sind. Darüber hinaus stellt RAP sicher, dass die gesamte Anwendungsimplementierung unabhängig vom verwendeten Kommunikationsprotokoll ist und auch bei einem Wechsel zu einem anderen Protokoll oder einer anderen Protokollversion weiter verwendet werden kann.

In Abschnitt 2.2.1 beschreiben wir das allgemeine Anwendungsmodell und die allgemeine Logik, die wir auch als *Business-Objekt* und *Implementierung des Business-Objekts* bezeichnen. Das servicespezifische Modell und die servicespezifische Logik bezeichnen wir dagegen als *Business-Service* und *Implementierung des Business-Service*. In Abschnitt 2.2.2 erläutern wir das Business-Service-Konzept für OData, das hauptsächlich verwendete Protokoll. In Abschnitt 2.2.3 beschreiben wir die Laufzeitarchitektur des Programmiermodells.

2.2.1 Business-Objekte definieren und entwickeln

Ein Business-Objekt wird vom Datenmodell und seinem Verhalten definiert. Abbildung 2.4 zeigt die Designtime-Artefakte für die Definition und Implementierung von Business-Objekten mit RAP. Die einzelnen Konzepte und Artefakte werden im Folgenden erläutert.

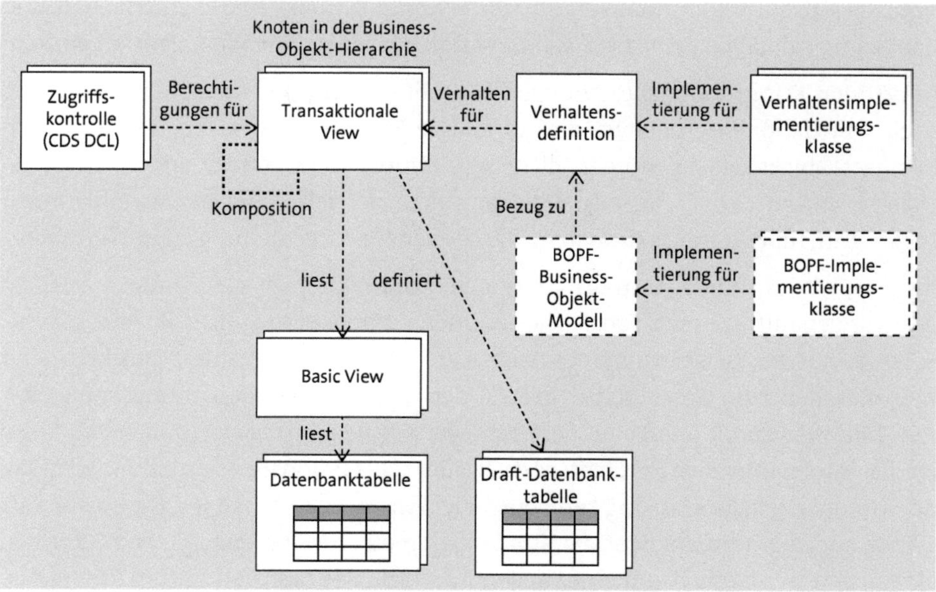

Abbildung 2.4 Definition und Implementierung von Business-Objekten

Datenmodell

Das Datenmodell eines Business-Objekts besteht aus Entitäten, sogenannten *Business-Objektknoten*, die in einer hierarchischen Kompositionsbaumstruktur angeordnet sind. Das Datenmodell wird mithilfe von CDS-Entitäten definiert, die auf den Basic Views des VDM beruhen, die wir in Abschnitt 2.1 vorgestellt haben. In Abbildung 2.4 werden die CDS-Entitäten zur Definition von Business-Objektknoten als *transaktionale Views* bezeichnet.

Kompositionen sind in CDS-Modellen eine besondere Art von Assoziationen: Sie stellen eine hierarchische Beziehung zwischen übergeordneten und untergeordneten Elementen dar, gemäß der das untergeordnete Element ein Bestandteil des übergeordneten Elements ist und ohne dieses nicht existieren kann. Bei der Definition von Business-Objekten sind Kompositionen besonders wichtig, da sie benötigt werden, um das Business-Objektmodell aus Knoten zu konstruieren.

Als Beispiel für eine Kompositionshierarchie sehen wir uns das Business-Objekt für den Kundenauftrag genauer an. Die Wurzelentität ist hier der Kundenauftragskopf. Diesem sind die Kundenauftragspositionen untergeordnet, denen wiederum die Elemente der Kundenauftragseinteilung untergeordnet sind. In der Regel unterscheiden wir nicht zwischen dem Business-Objekt und der zugehörigen Wurzelentität, aber um Missverständnisse zu vermeiden, verwendet man den Begriff *Kundenauf-*

trag, um sich auf alle Entitäten innerhalb der Kompositionsstruktur zu beziehen, und den Begriff *Kundenauftragskopf*, wenn man sich allein auf die Wurzelentität bezieht.

Neben den Kompositionsbeziehungen kann die Definition eines Business-Objekts auch Assoziationen enthalten, die auf andere Entitäten verweisen, die nicht zum Business-Objekt selbst gehören. Solche Assoziationen können auf andere Business-Objekte als Ganzes oder Business-Objektentitäten verweisen – beispielsweise für den Lesezugriff, für den transaktionalen Zugriff oder zur Bereitstellung einer Wertehilfe.

Im Beispiel des Kundenauftrags könnte eine transaktionale Assoziation innerhalb des Kundenauftrags eine Spezialisierung der Komposition sein, z. B. `toFreeGoodsSalesOrderItems`. Beispiele für Assoziationen zu anderen Business-Objekten sind Assoziationen zum Geschäftspartner auf der Ebene des Kundenauftragskopfs oder Assoziationen zum Produkt auf der Ebene der Kundenauftragsposition. In der Regel ist die Assoziation zum Geschäftspartner eine transaktionale Assoziation, denn bei der Kundenauftragserfassung kann entweder eine neue Geschäftspartnerinstanz als Kunde angelegt werden, oder die Kundendaten einer bestehenden Instanz können aktualisiert werden, z. B. mit einer neuen Anschrift. Die Assoziation zum Produkt ist in der Regel nicht transaktional, da während der Kundenauftragserfassung keine Produkte angelegt oder geändert werden.

Zur Laufzeit kann über SQL-Abfragen auf CDS-Entitäten zugegriffen werden. Die Leseberechtigung für einen solchen Abfragezugriff wird für jede CDS-Entität deklarativ mit einem entsprechenden Zugriffskontrollmodell definiert, das in der DCL von CDS formuliert ist.

Das Datenmodell definiert auch die Semantik der Felder, basierend auf den verwendeten Datentypen:

- Da das ABAP-Typsystem bestimmte Datentypen wie `Boolean`, `DateTime` oder Universal Unique Identifier (UUID) nicht kennt, verwenden wir bestimmte Annotationen auf Feldebene, um anzugeben, dass z. B. ein `character`-Feld der Länge 1 ein `Boolean`-Wert ist. Wenn diese Entitäten über OData offengelegt werden, werden diese Annotationen ausgewertet, da OData ein anderes Typsystem hat, das entsprechende Typen unterstützt (z. B. `Edm.Boolean`, `Edm.DateTimeOffset` und `Edm.Guid`).
- CDS-Annotationen können die reine Datentypdefinition um zusätzliche Semantik ergänzen. Solche Annotationen können beispielsweise anzeigen, dass ein Feld vom Typ `DateTime` die Uhrzeit enthält, zu der die Daten erstellt oder zuletzt geändert wurden. Ein anderes Feld vom Typ `Date` könnte das »Gültig-ab«-Datum enthalten, ab dem bestimmte Geschäftsdaten gültig werden, oder das »Gültig-bis«-Datum, an dem die Gültigkeit der Geschäftsdaten endet.

Entwickler*innen definieren im Rahmen des Datenmodells auch Wertehilfen oder Verweise auf Texte für IDs oder Codes mithilfe von CDS-Annotationen.

Verhaltensmodell und Implementierung

Das Verhalten eines Business-Objekts wird mit einem Artefakt namens *Verhaltensdefinition* modelliert. Die Verhaltensdefinition basiert auf dem zugrunde liegenden Datenmodell und ergänzt es. Technisch gesehen wird sie der Wurzelentität des Datenmodells zugeordnet, die stellvertretend für das gesamte Business-Objekt steht. Von dieser Wurzelentität erbt sie ihren Namen.

Die Verhaltensdefinition definiert das Transaktionsverhalten des Business-Objekts, indem sie die verfügbaren Operationen für jede Entität des Business-Objekts deklariert. Dies kann allgemeine Operationen wie das Erzeugen, Aktualisieren und Löschen oder anwendungsspezifische Aktionen und Funktionen umfassen. Darüber hinaus spezifiziert die Verhaltensdefinition das Laufzeitverhalten in Bezug auf Aspekte wie das Sperrverhalten, die Verarbeitung von Entity Tags (ETags) für den HTTP-basierten Zugriff (typischerweise über OData), die Berechtigungsprüfung, die Feature-Steuerung für die spezifizierten Operationen, die Unterstützung des Draft-Konzepts und vieles mehr.

Das Sperrverhalten, die ETag-Definition und die Berechtigungsprüfung für ein Business-Objekt sind in der Regel nicht spezifisch für die einzelnen Entitäten, sondern gelten für das gesamte Business-Objekt oder eine Kompositionsteilstruktur. Um dies zu steuern, können Entitäten als `MASTER` oder `DEPENDENT` definiert werden. Die Behandlung von Sperren und ETags sowie die Berechtigungsprüfung werden dann für die `MASTER`-Entität aufgerufen, auch wenn auf eine `DEPENDENT`-Entität zugegriffen wird. Beim Objekt Kundenauftrag ist z. B. der Kundenauftragskopf der `LOCK MASTER`, und alle anderen Entitäten sind `LOCK DEPENDENT`. Wenn eine Kundenauftragsposition in einem Kundenauftrag geändert wird, wird deshalb die Sperroperation auf dem Kundenauftragskopf ausgeführt.

Feature-Steuerung bezieht sich auf die Verfügbarkeit von Operationen (Erstellen, Aktualisieren, Löschen, Aktionen, Funktionen) oder die Änderbarkeit von Feldern. Wir unterscheiden zwischen statischer und dynamischer Feature-Steuerung, wobei bei der dynamischen Feature-Steuerung wiederum zwischen globaler und instanzbezogener Feature-Steuerung unterschieden wird:

- Bei Operationen bedeutet *statische Feature-Steuerung*, dass ein Vorgang für Konsumenten verfügbar ist oder nicht. Wenn beispielsweise die Erstellung einer Instanz nie direkt, sondern nur über eine Factory-Aktion erlaubt ist, wird die Create-Operation möglicherweise überhaupt nicht definiert oder als *intern* gekennzeichnet.

  Bei Feldern bedeutet statische Feature-Steuerung beispielsweise, dass ein Feld schreibgeschützt ist und daher nicht von einem Konsumenten, sondern nur im Rahmen der Implementierung des Business-Objekts geändert werden kann.
- *Globale Feature-Steuerung* bedeutet, dass die Verfügbarkeit der Operation unabhängig von einer Instanz gesteuert wird. Dies ist die einzige Option für nicht in-

stanzbezogene Operationen, wie z. B. `create` auf der Ebene der Wurzelentität. Die globale Steuerung kann auch auf instanzbezogene Operationen oder Felder angewendet werden, beispielsweise wenn eine Aktion aufgrund bestimmter Konfigurationseinstellungen deaktiviert ist.

- *Instanzbezogene Feature-Steuerung* bedeutet, dass die Operation oder das Feld für eine konkrete Instanz kontrolliert wird. Wenn beispielsweise ein Kundenauftrag bereits freigegeben ist, ist die Freigabeaktion für diesen Kundenauftrag nicht mehr aktiviert. Gleichzeitig kann die Lieferadresse nicht mehr geändert werden und ist für diesen Kundenauftrag dynamisch auf »schreibgeschützt« umgestellt.

Einige der in der Verhaltensdefinition angegebenen Informationen sind für die Verwender des Business-Objekts relevant. Die Verhaltensdefinition beschreibt z. B. die Schnittstelle des Business-Objekts, die man in ABAP Code mithilfe *Entity Manipulation Language* (EML) ansprechen kann. EML ist in die ABAP-Sprache integriert und ermöglicht das Lesen und Ändern von Business-Objekten basierend auf den Operationen, die in der Verhaltensdefinition festgelegt sind.

Andere Aspekte der Verhaltensdefinition betreffen die Implementierung des Business-Objekts. Dazu gehört der Implementierungstyp des *Business-Objekt-Providers* (kurz *Provider*), der festlegt, wie das Business-Objekt realisiert wird.

Damit sichergestellt ist, dass RAP in allen in SAP-S/4HANA-Anwendungen eingesetzt werden kann, unterstützt das Programmiermodell drei verschiedene Implementierungstypen:

- Managed
- BOPF-Managed
- Unmanaged

Im Folgenden erläutern wir die einzelnen Typen.

Implementierungstyp »Managed«

Der Implementierungstyp *Managed* wird für neu entwickelte Anwendungen gewählt oder in Fällen, wenn bestehende Anwendungen umgestaltet werden. Hier stellt die RAP-Infrastruktur den Hauptteil der Implementierung des Providers bereit. Dies umfasst eine vollständige CRUD-Implementierung mit einem Transaktionspuffer sowie Lese- und Schreibzugriff auf die Tabellen der Anwendungsdatenbank. Der *Transaktionspuffer* ist der Puffer, der die transaktionalen Änderungen enthält, die während der Transaktion gemacht wurden. Beim Abschließen der Transaktion und Speichern der Daten werden diese Änderungen übernommen und in der Datenbank gespeichert. Beim Implementierungstyp Managed muss sich die Anwendung nur um ihre eigene Anwendungslogik kümmern. Die RAP-Laufzeit kümmert sich um Pufferverarbeitung, Sperrverhalten usw.

Die Anwendungslogik wird mithilfe von Determinierungen und Validierungen definiert, die in der Verhaltensdefinition deklariert sind und mit anwendungsspezifischem ABAP-Code implementiert werden können:

- Als *Determinierung* oder *Ermittlung* wird Anwendungslogik bezeichnet, die Datenänderungen ausführt, die wiederum durch andere Änderungen ausgelöst werden. Zum Beispiel wird der Betrag einer Kundenauftragsposition basierend auf Änderungen der Auftragsmenge oder des Stückpreises berechnet. Eine Determinierung kann sofort bei der Änderung oder erst später beim Speichervorgang ausgeführt werden.
- Als *Validierung* wird Anwendungslogik bezeichnet, die die Konsistenz der Daten im Transaktionspuffer überprüft, um sicherzustellen, dass nur korrekte Daten in der Datenbanktabelle gespeichert werden können. Eine Validierung wird nur beim Speichern ausgeführt.

Die Infrastruktur stellt sicher, dass nur relevante Determinierungen und Validierungen auf der Grundlage ihrer spezifizierten Auslöser (auch *Trigger* genannt) durchgeführt werden.

Mögliche Auslöser sind diese Operationen: Erstellen, Aktualisieren, Löschen und Feldänderungen. Die Determinierung zur Berechnung des Betrags der Kundenauftragsposition wird also beispielsweise nur ausgeführt, wenn sich die Auftragsmenge oder der Stückpreis ändert, und sie wird nur für die geänderte Kundenauftragsposition ausgeführt. Für eine sinnvolle Benutzerinteraktion ist es manchmal notwendig, bestimmte Determinierungen oder Validierungen während der Interaktionsphase explizit aufzurufen. Dazu definieren Entwickler*innen *Determinierungsaktionen* in der Verhaltensdefinition und ordnen diesen Aktionen die Determinierungen und Validierungen zu. Verwender können die Determinierungsaktion aufrufen, um die Determinierungen und Validierungen auszulösen.

Entwickler*innen verwenden den Implementierungstyp Managed auch, wenn sie vorhandenen Code umgestalten wollen und dabei beispielsweise vorhandene Datenbanktabellen wiederverwendet werden sollen oder aus Gründen der Interoperabilität stabil gehalten werden müssen. In diesem Fall können zusätzliche Exits implementiert werden, um zu beeinflussen, wie Änderungen gespeichert werden, um zusätzliche Speicheroperationen hinzuzufügen – z. B. zum Schreiben von Änderungsdokumenten – oder um eine Sperrmethode zu implementieren, damit ein vorhandenes Enqueue-Objekt wiederverwendet werden kann.

Implementierungstyp BOPF-Managed

Der Implementierungstyp *Business Object Processing Framework (BOPF) Managed* ist dem Implementierungstyp Managed sehr ähnlich, bietet aber die Möglichkeit, eine vorhandene CDS-basierte BOPF-Implementierung wiederzuverwenden und zu integrieren. Das BOPF ist ein Vorgänger des Business-Objekt-Frameworks von RAP. Bevor RAP eingeführt wurde, empfahl SAP das CDS-basierte BOPF-Programmiermodell. Mit der BOPF-Managed-Option können entsprechende Investitionen geschützt und weiter genutzt werden.

Die Funktionalität des Implementierungstyps BOPF-Managed ist mit der Funktionalität des Implementierungstyps Managed vergleichbar. Die Verarbeitung des Transaktionspuffers und weitere Features werden vom BOPF bereitgestellt, während sich die Anwendungen auf die Anwendungslogik bei Determinierungen und Validierungen konzentrieren. Beachten Sie, dass die Determinierungen und Validierungen bei der BOPF-Managed-Implementierung nicht in der Verhaltensdefinition, sondern im BOPF-Modell als separate Artefakte zur Designtime deklariert werden. Die Verbindung zwischen der Verhaltensdefinition und dem BOPF-Modell wird durch die Namensgebung hergestellt, da beide Artefakte den Namen des Business-Objekts tragen. In Abbildung 2.4 sind die Artefakte des BOPF-Modells und der BOPF-Implementierung mit gestrichelter Umrandung dargestellt, da sie spezifisch für den Implementierungstyp BOPF-Managed sind. Beachten Sie, dass die BOPF-Implementierung in diesem Fall die Verhaltensimplementierung ersetzt.

Implementierungstyp Unmanaged

Der Implementierungstyp *Unmanaged* wird bei Brownfield-Entwicklungen gewählt, d. h., wenn eine vorhandene Anwendungsimplementierung wiederverwendet werden soll und der Umbau zu einer Managed-Implementierung oder deren Neuimplementierung nicht in Frage kommt. In diesem Fall ist die Anwendung für die vollständige Implementierung des Providers zuständig. Das bedeutet, dass die Anwendungsentwickler*innen alle unterstützten Operationen, wie z. B. Erstellen, Löschen, Aktualisieren und Speichern, selbst implementieren müssen. So können Entwickler*innen ihre vorhandenen Anwendungen wiederverwenden und die Arbeit an die vorhandenen Anwendungs-APIs delegieren. Der Implementierungstyp Unmanaged ist auch die aktuelle Option für die Wiederverwendung traditioneller BOPF-Implementierungen. Wenn eine neue Anwendung von Grund auf neu entwickelt wird, empfiehlt es sich, stattdessen den Implementierungstyp Managed zu verwenden.

Vergleich der RAP-Implementierungstypen

Entwickler*innen implementieren die Operationen und Features einer Verhaltensdefinition mit dedizierten ABAP-Klassen. Indem diese Klassen auf die Verhaltensdefinition verweisen, werden ihre Methodensignaturen abgeleitet. Dies gilt sowohl für den Implementierungstyp Managed als auch für den Typ Unmanaged, dabei müssen Entwickler*innen jedoch jeweils unterschiedliche Teile implementieren. In beiden Anwendungsfällen müssen Entwickler*innen Aktionen, Funktionen, Berechtigungsprüfungen und die Feature-Steuerung für ihr Business-Objekt implementieren. Im Fall der Unmanaged-Implementierung müssen die Anwendungsentwickler*innen auch die Erzeugungs-, Aktualisierungs- und Löschoperationen, die Transaktionspufferverwaltung, das Sperren und die Speichersequenz programmieren.

Beim Typ Managed werden die Operationen zum Erstellen, Aktualisieren und Löschen mit Pufferverarbeitung vom Framework abgedeckt und können von Anwendungsentwickler*innen überhaupt nicht implementiert werden. Für das Sperren bietet das Managed-Szenario eine generische Implementierung, die bei Bedarf ersetzt werden kann (mithilfe der Option UNMANAGED LOCK). Das RAP-Framework kümmert sich um die Speicherung der Daten, wenn die Datenbanktabellen den Entitätsdefinitionen entsprechen oder in der Verhaltensdefinition ein einfaches Mapping definiert ist. Wenn dies nicht ausreicht, können Entwickler*innen die generische Implementierung ersetzen (mithilfe der Option UNMANAGED SAVE). Darüber hinaus können durch die Implementierung zusätzlicher Speicheraktivitäten (Option ADDITIONAL SAVE) zusätzliche Daten gespeichert werden (z. B. Änderungsbelege) oder asynchrone Prozesse gestartet werden.

Ein großer Vorteil hierbei ist, dass diese RAP-Features in die ABAP-Syntax integriert und die Signaturen somit vollständig typisiert sind. Bei dieser Konfiguration werden Syntaxprüfungen zur Designtime und Codevervollständigung standardmäßig unterstützt.

Beim Typ BOPF-Managed implementieren Entwickler*innen die Operationen und Features einer Verhaltensdefinition in den BOPF-Implementierungsklassen, die im BOPF-Modell definiert sind. Da das BOPF ein generisches Framework ist, sind die Signaturen hier nur teilweise typisiert. Die Signaturen haben nur generische Datentypen (TYPE DATA), da das BOPF nicht für jedes Business-Objekt spezifische Schnittstellen erstellt.

Draft-Feature

Das *Draft-Feature* ist ein spezielles Feature, das es der Anwendung ermöglicht, den Bearbeitungsstand einzelner Benutzer*innen zu einem beliebigen Zeitpunkt zu speichern. In Benutzeroberflächen, die mit SAP Fiori Elements implementiert werden, wird das Draft-Konzept auch UI-seitig vollständig unterstützt. Daher ist das Draft-Feature ein Kernelement der Architektur von UI-bezogenen Funktionen und Services. Es umfasst folgende Aspekte:

- Benutzer*innen können die Bearbeitung oder Erstellung eines Business-Objekts unterbrechen, ohne dass Daten verloren gehen.
- Der Wechsel zwischen Geräten und Browsern während der Bearbeitung wird unterstützt.
- In Zukunft wird wahrscheinlich auch die Zusammenarbeit mehrerer Benutzer*innen unterstützt werden, die am selben Business-Objekt arbeiten.

Mit dem Draft-Feature kann SAP S/4HANA sowohl dem Paradigma zustandsloser Services (REST mit OData) folgen – und damit Cloud-Qualitäten wie Robustheit und Skalierbarkeit gewährleisten – als auch exklusive Sperren verwenden und die erforderliche Backend-Anwendungslogik während der Bearbeitung aufrufen. Die Draft-Implementierung folgt in der Regel dem Implementierungstyp der Anwendung. Beim Implementierungstyp Managed wird das Draft-Feature durch den Zusatz `with draft` aktiviert. Die RAP-Infrastruktur sorgt dann für das Draft-Handling. Beim Implementierungstyp BOPF-Managed ist es ähnlich, mit dem Unterschied, dass das Draft-Handling über die BOPF-Infrastruktur erfolgt.

Beim Implementierungstyp Unmanaged gibt es derzeit nur die Optionen, das Draft-Handling entweder von der RAP-Infrastruktur (DRAFT MANAGED) oder von der BOPF-Infrastruktur (DRAFT BOPF MANAGED) übernehmen zu lassen. Das Draft-Handling ist also immer Teil der Infrastruktur. Um das Draft-Feature beim Implementierungstyp Unmanaged zu unterstützen, müssen die relevanten Teile der Anwendungslogik neu implementiert werden, damit sie von der RAP-Infrastruktur oder der BOPF-Infrastruktur für das Managed-Draft-Handling aufgerufen werden können.

RAP unterteilt Transaktionen in zwei Phasen: die Interaktionsphase und die Speicherphase (Details siehe Abschnitt 2.2.3). Der Grundgedanke der Architektur ist, dass die Anwendungslogik für Interaktionen bei aktiven Instanzen und Draft-Instanzen gleich ist. Die Draft-Daten enthalten den dauerhaft gespeicherten Zustand der Interaktion und des Transaktionspuffers.

Die Anwendung kann über zusätzliche Anwendungslogik verfügen, die während der Speicherphase aufgerufen wird und nur für Nicht-Draft-Instanzen relevant ist. Die Draft-Instanzen werden ebenfalls gespeichert, durchlaufen aber nicht die entsprechende Anwendungslogik der Speicherphase. Das bedeutet, dass Draft-Instanzen mit fehlenden oder inkonsistenten Daten gespeichert werden können, was bei Nicht-Draft-Instanzen durch Validierungen verhindert würde.

2.2.2 Business-Services definieren

Business-Services bieten externen Zugriff auf bestimmte Aspekte eines oder mehrerer Business-Objekte, entweder zur Nutzung durch die UI-Schicht oder als Remote-API, das von anderen Systemen aufgerufen werden kann. Allerdings werden diese Services nicht direkt in den transaktionalen Business-Objektmodellen definiert. Stattdessen erstellen Anwendungsentwickler*innen servicespezifische Projektionen der zugrunde liegenden Business-Objekte mit den Aspekten, die sie durch den Business-Service zugreifbar machen möchten.

Entwickler*innen können Elemente des Business-Objekts auswählen und in die servicespezifische *Projektion* aufnehmen. Damit werden diese Elemente als Teil des Service zugänglich gemacht. Zu den so projizierbaren Elementen gehören Entitäten, deren Felder und Assoziationen, Operationen, Aktionen, Funktionen, ETags, Drafts oder Beschränkungen mittels statischer Feature-Steuerung. providerseitige Features wie Berechtigungsprüfungen, Sperrverhalten oder die dynamische Feature-Steuerung sowie die Anwendungslogik können nicht ausgeblendet, deaktiviert oder überschrieben werden, da sie die Konsistenz des Providers betreffen, für die er allein verantwortlich ist.

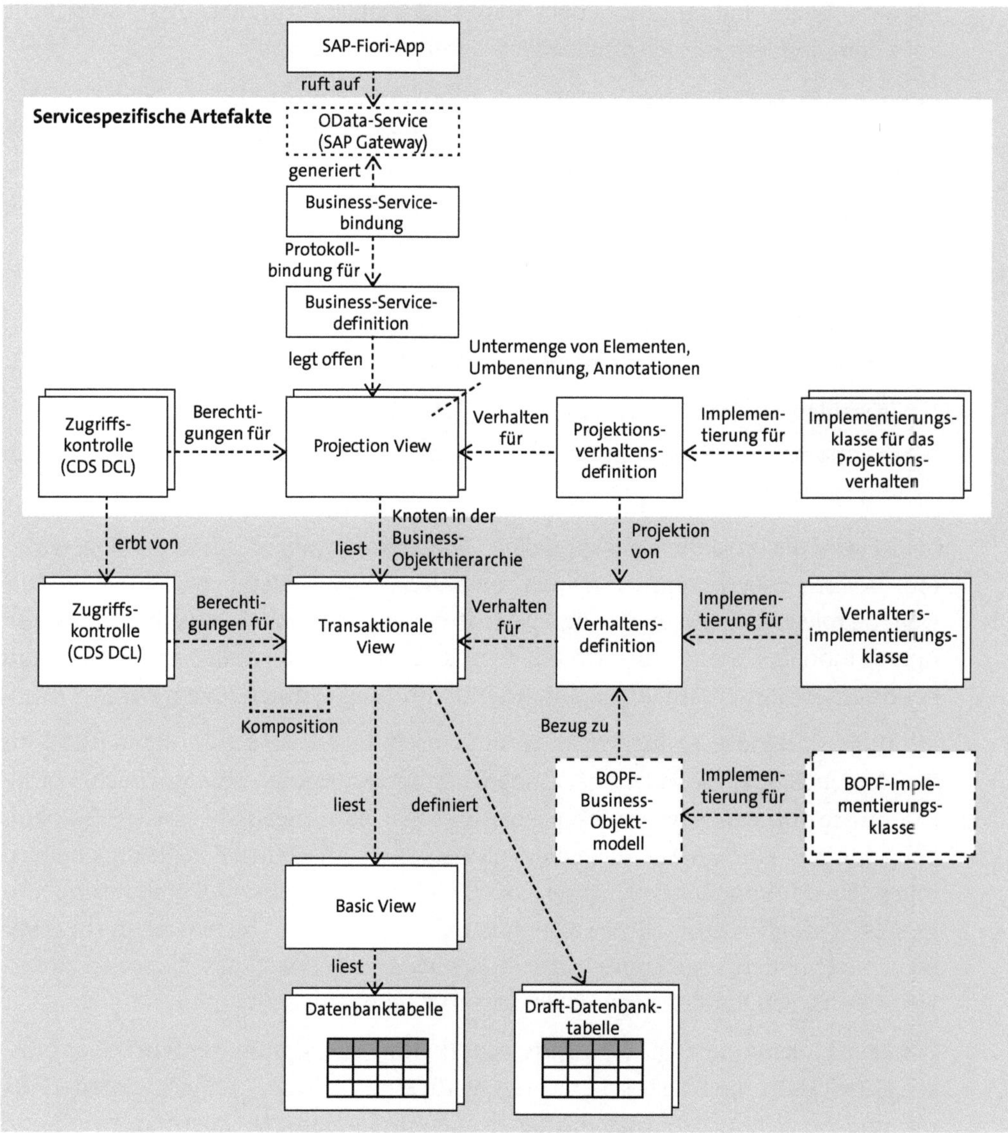

Abbildung 2.5 Definition und Implementierung von Services

Normalerweise definiert man verschiedene Services für verschiedene Zwecke mit verschiedenen servicespezifischen Projektionen. OData-Services für die Benutzeroberfläche enthalten typischerweise Informationen wie Wertehilfen, Texte und UI-Annotationen, die von metadatengesteuerten SAPUI5-Controls ausgewertet werden können. Darüber hinaus unterstützen solche Services das Draft-Feature.

OData-Services für Remote-APIs ermöglichen in der Regel nur den Zugriff auf die Entitäten eines einzigen Business-Objekts, z. B. eines Kundenauftrags. Referenzierte Objekte wie Codes und ihre Texte oder Stammdatenobjekte und ihre Texte sind nicht enthalten, sondern werden durch eigene Services bereitgestellt.

Abbildung 2.5 erweitert das Diagramm in Abbildung 2.4 um die Designtime-Artefakte zur Definition und Implementierung von Business-Services (im weißen Feld). Dazu gehören das servicespezifische Datenmodell und die servicespezifische Implementierung sowie die Business-Servicedefinition und die Business-Servicebindung. Diese Konzepte werden in den folgenden Abschnitten erläutert.

Servicespezifisches Datenmodell

Entwickler*innen definieren ein servicespezifisches Datenmodell in zwei Schritten:

1. Sie wählen die Entitäten aus, die in die Projektion einbezogen werden sollen.
2. Sie entscheiden für jede Entität, welche Felder und Assoziationen in die Projektion aufgenommen werden sollen.

In RAP wird die Projektion mit speziellen CDS-Entitätstypen definiert, den sogenannten *Projection-View-Entitäten*. Dieser spezielle CDS-Entitätstyp wurde eingeführt, weil in Projection Views nicht alle CDS-Features zulässig sind. So sind beispielsweise Aggregationen, Unions und Joins nicht zulässig. Mit dem speziellen CDS-Entitätstyp können diese Einschränkungen durch Syntaxprüfungen durchgesetzt werden.

Mit Projection Views können Sie nicht nur einschränken, welche Entitäten und Entitätselemente (Spalten und Assoziationen) offengelegt werden, sondern auch, welche Ergebnisse von der View zurückgegeben werden. Dazu fügen Sie eine `WHERE`-Bedingung hinzu. Manchmal enthält die Serviceebene keine reine Projektion, sondern muss dem Datenmodell bestimmte zusätzliche servicespezifische Elemente hinzufügen. Es ist möglich, zusätzliche Felder hinzuzufügen – derzeit nur solche, die in ABAP berechnet werden, sogenannte *virtuelle Elemente* – oder neue Assoziationen zu servicespezifischen Entitäten innerhalb der Serviceebene zu definieren.

Zur Laufzeit kann mit SQL auf die Projection Views zugegriffen werden. Daher müssen Entwickler*innen die Leseberechtigung für einen solchen Abfragezugriff definieren und für jede CDS-Entität mit einer entsprechenden CDS-Zugriffskontrolle (in DCL) modellieren. In dem hier vorliegenden Fall der transaktionalen Projektion muss die Zugriffskontrolldefinition der Projection View von der Zugriffskontrolldefinition der zugrunde liegenden CDS-Entität »geerbt« werden. Andernfalls könnten sich die Berechtigungen bei der SQL-Abfrage über die Projection View von der Berechtigung beim transaktionalen Lesezugriff über EML unterscheiden. Der Lesegriff über EML erfolgt per Definition über das Datenmodell des Business-Objekts (siehe nächster Abschnitt) und somit auf der der Projektion View zugrunde liegenden CDS-Entität.

Servicespezifisches Verhaltensmodell und Implementierung

Um auch die Verhaltensdefinition an die Anforderungen eines bestimmten Service anzupassen, können Entwickler*innen eine *Projektionsverhaltensdefinition* erstellen. Das ist eine servicespezifische Projektion der Verhaltensdefinition des Business-Objekts, die sich auf die Wurzelentität des servicespezifischen Datenmodells bezieht. Der Hauptzweck der Projektionsverhaltensdefinition besteht darin auszuwählen, welche Elemente der Verhaltensdefinition des zugrunde liegenden Business-Objekts für den Service übernommen werden sollen. Man kann beispielsweise nur einen Teil der Operationen zum Erstellen/Aktualisieren/Löschen sowie nur einen Teil der Funktionen in die Projektion aufnehmen, während man andere weglässt. Ebenso können andere Features, wie die Unterstützung von Drafts oder ETags, einbezogen werden oder nicht. Darüber hinaus können bestimmte Verhaltensweisen eingeschränkt werden, vor allem zur statischen Feature-Steuerung. So kann beispielsweise ein Feld, das im Business-Objekt bearbeitbar ist, in der Projektion als schreibgeschützt definiert werden.

Entwickler*innen können auf der Projektionsebene auch bestimmte servicespezifische Implementierungen hinzufügen. Das können zusätzliche Prüfungen sein, um zu verhindern, dass bestimmte Daten durch die Projektion (`PRECHECK`) geändert werden. Auch zusätzliche Transformationen und Datenergänzungen, die nicht automatisch von der Infrastruktur abgeleitet werden (`AUGMENT`), sind möglich.

Alle anderen Aspekte des Verhaltens können durch die Definition des Projektionsverhaltens nicht beeinflusst werden. So ist es beispielsweise nicht möglich, den Implementierungstyp zu ändern, Aspekte hinzuzufügen oder wegzulassen (z. B. Sperrungen oder Berechtigungsprüfungen) oder die Anwendungslogik des zugrunde liegenden Business-Objekts zu ändern oder zu ersetzen.

Servicedefinition und Servicebindung

Um einen OData-Service auf der Grundlage einer servicespezifischen Projektion zu definieren, müssen Entwickler*innen zwei zusätzliche Artefakte hinzufügen – die Business-Servicedefinition und die Business-Servicebindung (im Folgenden abgekürzt Servicedefinition und Servicebindung):

- **Servicedefinition**
  Legt den Geltungsbereich des Service fest, indem die Entitäten aufgelistet werden, die durch den Service offengelegt werden.
- **Servicebindung**
  Verweist auf eine Servicedefinition und gibt das Protokoll und die Protokollversion an, womit der Service erstellt werden soll.

Zum Zeitpunkt der Erstellung dieses Buches unterstützt die ABAP-Plattform OData V2 und OData V4. Die Servicebindung unterstützt auch die Versionierung von Services. Auf diese Weise können veröffentlichte Services stabil gehalten werden, indem eine neue Serviceversion bereitgestellt wird, wenn inkompatible Änderungen an der Schnittstelle erforderlich sind.

Bei OData-Services werden die Entitäten des CDS-Modells OData-Entitätsgruppen und -Entitätstypen zugeordnet. Die Felder der CDS-Entitäten werden OData-Eigenschaften zugeordnet, und die CDS-Assoziationen werden OData-Navigationseigenschaften zugeordnet. Ob eine OData-Entität neben `GET`- auch `POST`-, `PUT`-, `PATCH`- oder `DELETE`-Operationen unterstützt, wird aus den Aktionen und Funktionen abgeleitet, die in der zugrunde liegenden servicespezifischen Projektion des Verhaltensmodells deklariert sind. Außerdem werden für alle in der Projektion enthaltenen Aktionen und Funktionen entsprechende OData-Aktionen und OData-Funktionen generiert (bzw. OData-Funktionsimporte in OData V2).

2.2.3 Laufzeitarchitektur

Was passiert zur Laufzeit? Zur Veranschaulichung der Laufzeitarchitektur nehmen wir eine Anwendung mit OData-Services, die mit RAP erstellt wurde. Die Architektur ist in Abbildung 2.6 dargestellt. Das Frontend sendet OData-Anfragen, die von der OData-Servicelaufzeit empfangen und über einen Protokolladapter an die RAP-Laufzeit weitergeleitet werden. Die Laufzeit ruft anwendungsspezifische Handler auf, z. B. für die globale Berechtigungsprüfung, die globale Feature-Steuerung und Sperren auf Lock-Master-Ebene.

Die RAP-Laufzeit führt Leseanfragen direkt über die entsprechenden Views der Datenmodelle aus. Für Schreiboperationen ruft die Laufzeit den Business-Objekt-Provider auf. Wie in Abschnitt 2.2.1 erläutert, gibt es mehrere Implementierungstypen für Provider: Managed, BOPF-Managed und Unmanaged. Die RAP-Laufzeit führt Anweisungen aus, die in EML formuliert sind. In der RAP-Architektur ermöglicht es EML, zur Laufzeit auf die modellierten Entitäten und Business-Objekte zuzugreifen. Da EML integrierter Bestandteil der ABAP-Sprache und -Syntax ist, ermöglicht sie eine vollständig typisierte Verwendung jeder auf RAP basierenden Implementierung. EML ermöglicht das Aufrufen aller externen Operationen (z. B. Erstellen, Aktualisieren, Löschen), Aktionen und Funktionen, das Setzen von Sperren sowie das Lesen von

Daten oder von Informationen zu Feature-Steuerung und Berechtigungen. Mit der EML-Anweisung `MODIFY ENTITIES` können mehrere modifizierende Operationen unterschiedlicher Art (z. B. Erstellen, Aktualisieren, Löschen und Aktion) in einem Aufruf gebündelt werden, um z. B. mehrere Aktionen aufzurufen oder ein komplettes Business-Objekt in nur einem Aufruf und einem Roundtrip zu erstellen.

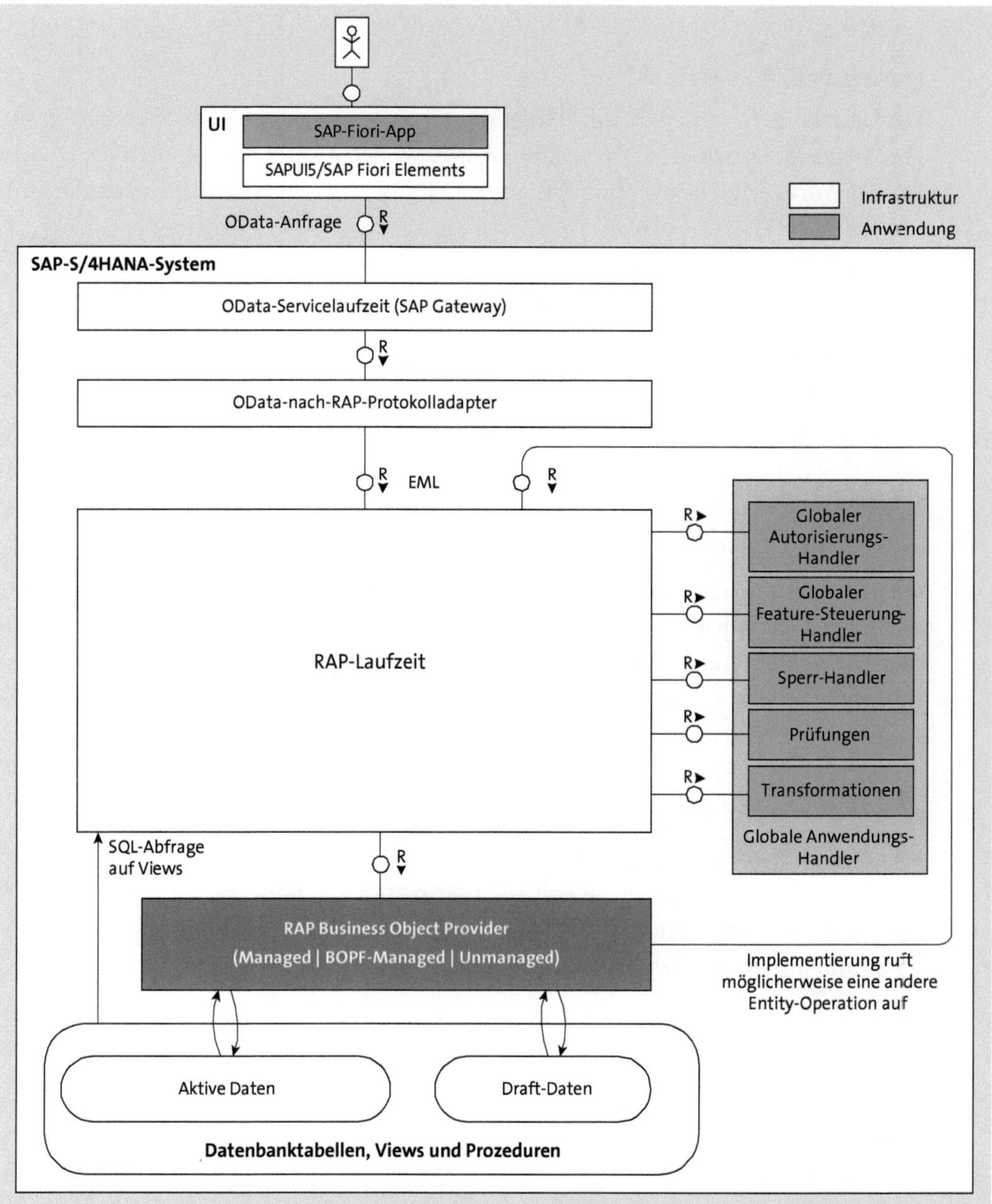

Abbildung 2.6 Überblick über die RAP-Laufzeitarchitektur

In der Regel greifen Verwender über EML auf das Business-Objekt zu. Solche Verwender können andere Anwendungen oder Business-Objekte sein, Integrationstests, allgemeine Werkzeuge (z. B. zur Datenmigration) oder spezielle Szenarien wie z. B. der Zugriff auf Business-Objekte mittels EML in einem SOAP API (Simple Object Access Protocol API). Für OData-Services wird der Zugriff auf das Business-Objekt komplett durch die ABAP-Plattform realisiert, wie in Abschnitt 2.2.2 erläutert.

Phasen einer RAP-Transaktion

Zur Laufzeit definiert eine *Transaktion* die Änderungen zwischen zwei konsistenten, gespeicherten Zuständen. Diese Einheit wird in der ABAP-Laufzeit auch als *Logical Unit of Work* (LUW) bezeichnet. RAP unterteilt die Transaktion in die folgenden zwei Phasen:

- **Interaktion**
  In dieser Phase werden eine oder mehrere Entitäten eines oder mehrerer Business-Objekte gemeinsam geändert.
- **Speichern**
  In dieser Phase wird weitere Anwendungslogik ausgeführt, die Datenkonsistenz wird geprüft und die Änderungen werden schließlich in die Datenbank übertragen.

Falls die Speicherphase aufgrund eines inkonsistenten Endzustands scheitert, kehrt die Transaktion zur Interaktionsphase zurück, und die Daten können so korrigiert werden, dass schließlich ein konsistenter Zustand erreicht wird. Natürlich lässt sich dieses Vorgehen nur in einem Endbenutzerszenario anwenden; bei der Kommunikation zwischen Systemen werden die inkonsistenten Daten nicht gespeichert, und die Anforderung wird abgelehnt.

Ablauf der Ausführung einer Operation in der Interaktionsphase

Wenn eine Operation aufgerufen wird (z. B. über EML oder OData), folgt die interne Verarbeitung einer definierten Folge von Schritten, die teilweise von der RAP-Laufzeit erzwungen und bereitgestellt wird und teilweise durch den Business-Objekt-Provider implementiert werden muss.

Zur Verarbeitung des Aufrufs einer instanzbezogenen Aktion werden z. B. folgende Schritte ausgeführt:

1. Die globale Berechtigung wird geprüft. Darf der Benutzer oder die Benutzerin diese Aktion überhaupt aufrufen?
2. Die globale Feature-Steuerung wird geprüft. Ist die Aktion überhaupt aktiviert?
3. Die Instanz wird gesperrt. Die Enqueue-Sperre des Lock-Master wird aufgerufen.

4. ETags werden geprüft (nur bei einer HTTP-Anfrage). Stimmt das mit der Anfrage kommende ETag noch mit dem aktuellen ETag überein?
5. Anwendungsspezifische Prüfungen bzw. Vorabprüfungen werden ausgeführt.
6. Anwendungsspezifische Transformationen und Ergänzungen werden ausgeführt (nur für Projektionen).
7. Die Instanzberechtigung wird geprüft. Darf der Benutzer oder die Benutzerin diese Aktion für diese Instanz aufrufen?
8. Die Feature-Steuerung der Instanz wird geprüft. Ist die Aktion für diese Instanz aktiviert?
9. Die Implementierung der Aktion wird aufgerufen.
10. Die Validierungen und Determinierungen (als Seiteneffekte der durch die Aktion vorgenommenen Änderungen) werden aufgerufen.

Die Infrastruktur übernimmt die komplette Orchestrierung und führt alle hier aufgeführten Schritte aus. Die Anwendung implementiert die verschiedenen Handler, sofern sie nicht von einer Implementierung des Typs Managed übernommen werden.

Bei anderen Operationen ist die Reihenfolge dieselbe, aber nicht alle Schritte sind immer relevant, und je nach Operation werden unterschiedliche Anwendungs-Handler aufgerufen. Statische Aktionen beispielsweise beziehen sich nicht auf eine bestimmte Instanz. Folglich sind die instanzbezogenen Schritte für eine statische Aktion nicht relevant. Ein weiteres Beispiel ist das Sperren. Dies ist weder für Lesezugriffe relevant noch für Funktionen und Aktionen, die keine Sperre erfordern (z. B. eine Kopieraktion).

In der Interaktionsphase können mehrere Operationen aufgerufen werden, die zu Änderungen im Transaktionspuffer führen, bis irgendwann die Bearbeitung abgeschlossen ist und die Daten schließlich geprüft und in der Datenbank gespeichert werden.

Ablauf der Speicherphase

Die EML-Anweisung `COMMIT ENTITIES` schließt die Transaktion ab, und die geänderten Daten werden dauerhaft in der Datenbank gespeichert. Dazu ruft die RAP-Laufzeit alle an der Transaktion beteiligten Business-Objekte in der *Speichersequenz* auf. Diese Sequenz besteht aus den folgenden Schritten:

1. Finalisieren (`finalize`)
2. Prüfen vor dem Speichern (`check_before_save`)
3. Nummern ziehen (`adjust_numbers`)
4. Speichern (`save`)
5. Bereinigen (`cleanup`)

Jeder Schritt wird durch eine entsprechende Methode umgesetzt. Die RAP-Laufzeit ruft diese Methoden für jedes beteiligte Business-Objekt nacheinander auf. Bei einem Fehler in einer Methode oder einem Business-Objekt – z. B. wenn aus Sicht der Anwendung kein konsistenter Zustand vorliegt, der gespeichert werden kann – lehnt die Laufzeit den Speichervorgang ab.

In der Methode `finalize` ruft die Laufzeitumgebung Validierungen, Determinierungen und Anwendungslogik auf. Mit der Methode `check_before_save` wird alles auf Konsistenz hin geprüft und festgestellt, ob überhaupt eine Speicherung erfolgen kann. Tritt nach diesen beiden Phasen ein Fehler auf, kehrt die Transaktion zur Interaktionsphase zurück, sodass der Konsument die Möglichkeit hat, die Probleme zu beheben und den Speichervorgang erneut auszuführen.

Wenn alles konsistent ist, werden mit der Methode `adjust_numbers` Nummern aus Nummernkreisen gezogen. Dies ist bei Anwendungen erforderlich, die eine späte Nummernvergabe verwenden, weil es z. B. gesetzliche Vorschriften für eine lückenlose Nummerierung gibt. Schließlich werden die Daten mit der Methode `save` in der Datenbank gespeichert, in der Regel durch Registrierung eines Verbuchungsfunktionsbausteins. Nach Abschluss des Speichervorgangs sorgt die `cleanup`-Methode dafür, dass die Transaktionspuffer bereinigt und auf den richtigen Zustand zurückgesetzt werden. Wenn in diesen späten Phasen ein Problem auftritt, wird ein Rollback der Transaktion ausgeführt. Ein expliziter Rollback kann mit der EML-Anweisung `ROLLBACK ENTITIES` erreicht werden. In diesem Fall können die im Schritt »Finalisieren« vorgenommenen Änderungen bei Bedarf im `CLEANUP_FINALIZE`-Handler zurückgenommen werden.

Eine vollständige Überprüfung der Konsistenz der Transaktion ohne anschließende Speicherung kann mit `COMMIT ENTITIES IN SIMULATION MODE` ausgeführt werden. Diese Anweisung führt die Speichersequenz nur bis zum Schritt `check_before_save` aus und kehrt danach immer zur Interaktionsphase zurück.

Implementierung des Business-Objekt-Providers

Die Gesamtarchitektur und der Prozess für die Interaktions- und Speicherphasen sind unabhängig von der konkreten Implementierung des Providers. Jeder Provider muss den Vertrag erfüllen, der durch RAP definiert ist.

Bei Managed-Providern erfüllt die Infrastruktur bereits einen Großteil des Vertrags, und die Anwendungsentwickler*innen können sich auf die reine Anwendungslogik konzentrieren. Die Infrastruktur sorgt für die interne Pufferverarbeitung bei transaktionalen Änderungen, für den ordnungsgemäßen Programmablauf und sogar für den Zugriff auf die Datenbank (siehe Abbildung 2.7, die die Laufzeitarchitektur mit Managed Provider zeigt).

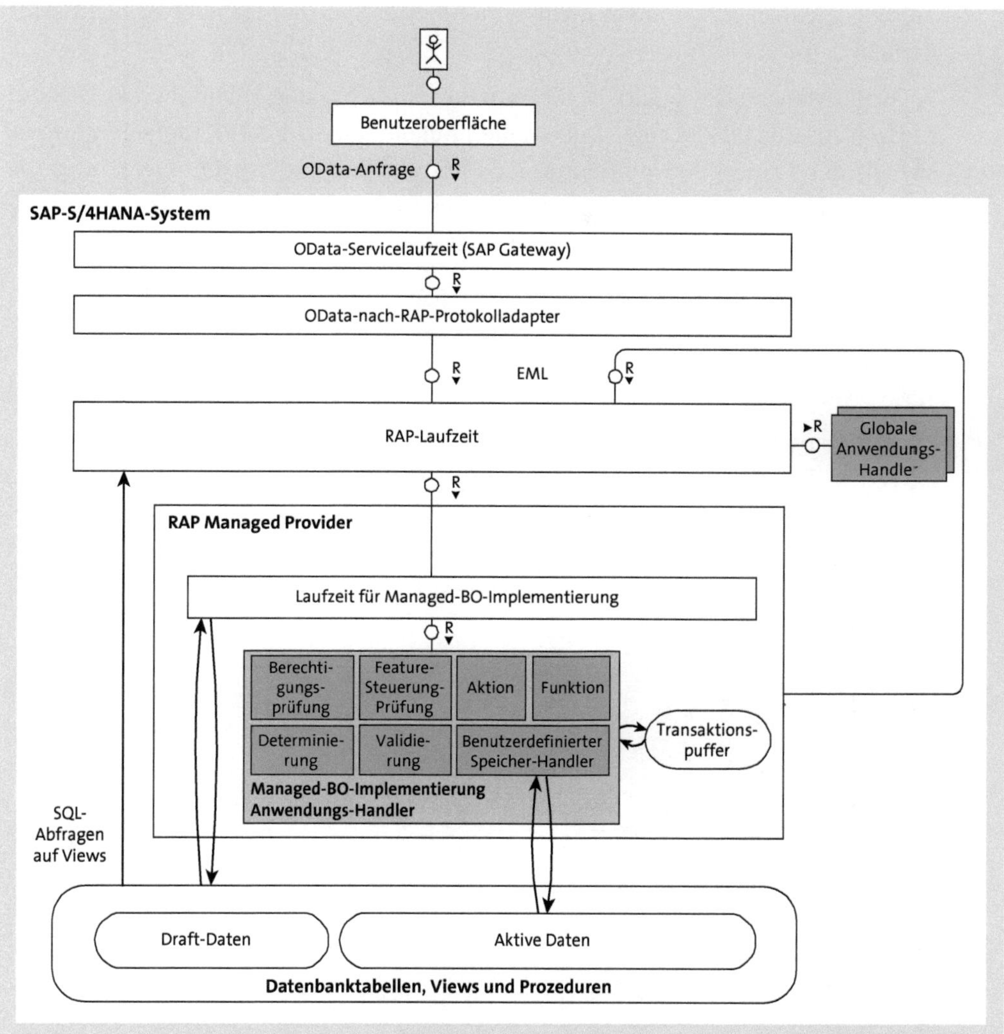

Abbildung 2.7 Laufzeitarchitektur mit Managed Provider

Anwendungsentwickler*innen implementieren nur die Anwendungs-Handler für verschiedene Aspekte. Je nach Entität kann es sich dabei um Validierungen, Determinierungen, entitätsspezifische Berechtigungen, Feature-Steuerung, Aktionen und Funktionen handeln. Wie bereits erwähnt, können Entwickler*innen die von der Infrastruktur bereitgestellte standardmäßige Speicherfunktionalität durch benutzerdefinierte Speicherlogik ersetzen (UNMANAGED SAVE; siehe Abschnitt 2.2.1) oder um zusätzliche Speicherlogik erweitern (ADDITIONAL SAVE). Der in Abbildung 2.7 gezeigte benutzerdefinierte Speicher-Handler stellt eine solche benutzerdefinierte Speicherlogik dar. In den meisten Fällen reicht die von der Infrastruktur bereitgestellte Standardlogik jedoch aus, und ein benutzerdefinierter Speicher-Handler ist nicht erforderlich.

Bei BOPF-Managed Providern ist die Situation ähnlich (siehe Abbildung 2.8). Die RAP-Laufzeit ruft die BOPF-Laufzeit über einen Adapter auf. Die BOPF-Laufzeit kümmert sich um den Transaktionspuffer und den Gesamtablauf und ruft die anwendungsspezifischen Business-Objekt-Implementierungs-Handler für Determinierungen, Validierungen, Berechtigungsprüfungen usw. auf.

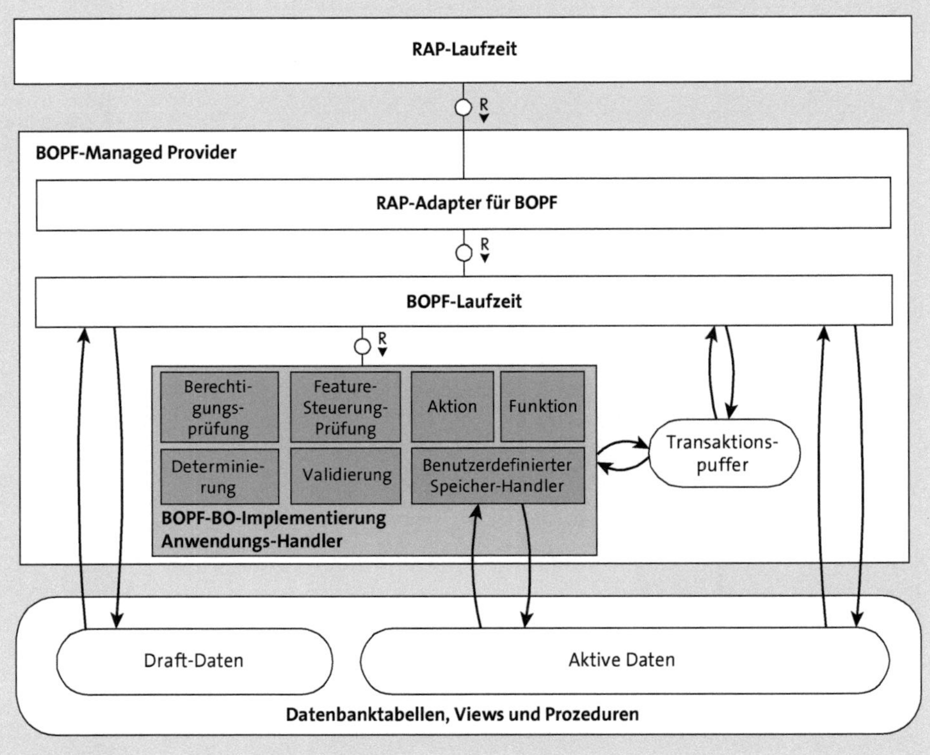

Abbildung 2.8 BOPF-Managed Provider

Bei einem Unmanaged Provider können Entwickler*innen die vorhandene Anwendungsimplementierung wiederverwenden. Die Implementierung muss jedoch den RAP-Vertrag erfüllen, und der Unmanaged Provider muss verschiedene Aspekte implementieren, die ansonsten von der Infrastruktur bereitgestellt werden. Dazu gehören z. B. die Operationen zum Erstellen, Aktualisieren und Löschen, die verschiedenen Transaktionsphasen, die Speichersequenz und der Transaktionspuffer. Häufig sind vorhandene Anwendungen jedoch nicht so strukturiert, dass sie z. B. mit den

RAP-Transaktionsphasen und der RAP-Speichersequenz übereinstimmen, und müssen daher überarbeitet werden.

Wie in Abschnitt 2.2.1 bereits erläutert, muss die Draft-Funktionalität entweder von der RAP-Infrastruktur oder vom BOPF verarbeitet werden. Dies gilt auch für Unmanaged Provider. Abbildung 2.9 veranschaulicht diese Option für einen Unmanaged Provider mit Drafts, die von der RAP-Infrastruktur verwaltet werden.

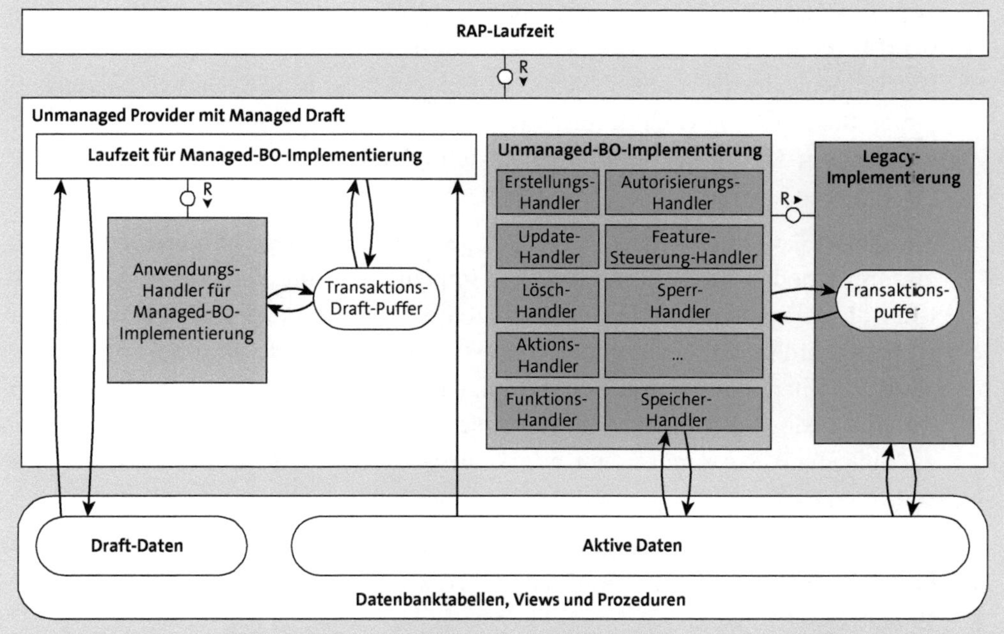

Abbildung 2.9 Unmanaged Provider mit einem Managed Draft

Verwendung über OData-Services

Wie bereits erwähnt, bietet RAP eine vollständige End-to-End-Unterstützung für die Nutzung von Business-Objekten über einen OData-Service (OData V2 und OData V4). Wenn also ein OData-Service über eine Servicebindung (siehe Abschnitt 2.2.2) definiert wird, stellt die ABAP-Plattform die gesamte Protokollebene zur Verfügung und übersetzt jede Art von Anforderung entweder in SQL (für Lesezugriffe) oder in EML (für Transaktionszugriffe). Bei diesem Architekturansatz muss die Anwendungsimplementierung das verwendete Protokoll und die Protokollversion nicht berücksichtigen. Die Unterstützung zusätzlicher Kanäle oder ein Wechsel des Protokolls bzw. der Protokollversion ist somit mit sehr geringem Aufwand möglich. Darüber hinaus kann sich die Anwendungsentwicklung auf die eigentliche Anwendungslogik konzentrieren, anstatt technische Aspekte des Protokolls implementieren zu müssen.

2.3 Zusammenfassung

Um die Kompatibilität mit SAP ERP beizubehalten, verwendet das Datenmodell von SAP S/4HANA dieselben Datenbanktabellen für Primärdaten. Abgeleitete Daten (z. B. Aggregate) dagegen werden während der Verarbeitung berechnet. Diese Datenbanktabellen werden jedoch durch ein verständliches und umfassendes virtuelles Datenmodell gekapselt, das bekannte Business-Terminologie verwendet, die Beziehungen zwischen Entitäten dokumentiert und die Entitäten mit zusätzlicher Business-Semantik anreichert. Dieses VDM besteht aus mehreren Ebenen von CDS-Views. Das Datenmodell eines Business-Objekts besteht ebenfalls aus CDS-Views. Basierend auf dieser Business-Objektdefinition können Anwendungsentwickler*innen RAP verwenden, um das Transaktionsverhalten zu implementieren, insbesondere in CRUD-Operationen.

Mit den Varianten Managed, BOPF-Managed und Unmanaged unterstützt das Programmiermodell drei Alternativen zur Implementierung von Business-Objekten. Jeder dieser Implementierungstypen bietet ein anderes Maß an Frameworkunterstützung und ist auf einen anderen Anwendungsfall zugeschnitten – von der Entwicklung einer neuen Anwendung bis hin zur Umgestaltung einer vorhandenen Anwendung. Mit RAP können Anwendungsentwickler*innen es Fachanwender*innen auf einfache Weise ermöglichen, eine Draft-Version ihres Business-Objekts zu speichern.

Sie haben nun gesehen, dass das transaktionale Programmiermodell auf dem VDM basiert. Im nächsten Kapitel erfahren Sie, wie SAP-Fiori-Apps die vom VDM bereitgestellten Daten nutzen.

Kapitel 3
Vereinfachte User Experience

*Als UX-Konzept von SAP S/4HANA dient SAP Fiori. In diesem Kapitel wird SAP Fiori erläutert und das SAP Fiori Launchpad als zentraler Ausgangspunkt für die Erkundung von SAP S/4HANA vorgestellt. Die integrierte Sucharchitektur hilft den Benutzer*innen, alles zu finden, wonach sie suchen.*

Mit SAP Fiori verfügt SAP S/4HANA über eine hochgradig benutzerfreundliche, konsistente und einheitliche User Experience (UX) über alle Anwendungen hinweg, worauf in Abschnitt 3.1 näher eingegangen wird. Enterprise Search und die anwendungsinterne Suche vereinfachen die User Experience weiter, indem sie Ihnen helfen, die Anwendung oder die Informationen zu finden, die Sie für Ihre jeweilige Aufgabe benötigen (siehe Abschnitt 3.2). Die verschiedenen Benutzergruppen erleben SAP S/4HANA aus unterschiedlichen Perspektiven. Fachanwender*innen arbeiten damit, um ihre täglichen Aufgaben im Unternehmen zu erledigen, Administrator*innen kümmern sich um die Installation, Konfiguration und Überwachung von SAP S/4HANA, und Key User und Entwickler*innen befassen sich mit der Anpassung oder Erweiterung der Kernfunktionalität. Für jede dieser Aktivitäten lohnt es sich, eine speziell auf den jeweiligen Zweck zugeschnittene Erfahrung anzustreben, um ein effizientes Arbeiten zu fördern.

3.1 User Experience

Bei der *User Experience* geht es darum, die Anforderungen der Benutzer*innen auf möglichst effektive und angenehme Weise zu erfüllen. SAP hat hierzu die preisgekrönte SAP-Fiori-UX geschaffen, die UX des intelligenten Unternehmens. SAP Fiori legt die Grundlage für die konsistente Gestaltung und Entwicklung von Anwendungen in SAP S/4HANA und integrierten Lösungen. In den folgenden Abschnitten nehmen wir SAP Fiori genauer unter die Lupe, einschließlich des SAP Fiori Launchpad und der SAP-Fiori-Apps.

3.1.1 SAP Fiori

SAP Fiori hat sich seit seiner Einführung im Jahr 2013 stark weiterentwickelt. Was mit einer Sammlung neu gestalteter Apps begann, ist heute zu einem ganzen Designsystem herangewachsen. Der ursprüngliche Fokus der Apps lag auf Self-Services für Gelegenheitsbenutzer*innen. In SAP Fiori 2.0 umfassen die SAP-Fiori-Benutzeroberflächen sogar Aktivitäten für Power-User-Rollen und Benachrichtigungen. Die Anpassungsfähigkeit der SAP Fiori UX förderte von Anfang an die sofortige Nutzung auf verschiedenen Desktop- und Mobilgeräten. Inzwischen führte SAP zusätzlich spezielle Varianten des Designsystems für die gängigsten mobilen Betriebssysteme ein: iOS und Android. Diese kombinieren die Stärken der SAP Fiori UX mit denen der einzelnen Betriebssysteme, um für anspruchsvolle Szenarien native mobile Unternehmensanwendungen bereitzustellen. Etwa zur gleichen Zeit wurde mit der *Conversational UX* eine Designsprache für Chatbots und digitale Assistenten in Unternehmensanwendungen bereitgestellt. Kürzlich wurde der neueste Schritt in dieser Designevolution in SAP S/4HANA eingeführt: SAP Fiori 3. Es soll vor allem eine reibungslose und konsistente UX über verschiedene SAP-Anwendungen hinweg gewährleisten, die Funktionen künstlicher Intelligenz einbezieht.

SAP Fiori setzt den Standard für Enterprise UX, indem es unnötige Komplexität beseitigt. Dieses Kernziel spiegelt sich in fünf Gestaltungsprinzipien wider:

- SAP Fiori ist *rollenbasiert*, um Anwendungen zugeschnitten auf die Erfordernisse und die Arbeitsweise der Benutzer*innen zu entwickeln.
- SAP-Fiori-Oberflächen sind *reizvoll*, d. h., sie sprechen Benutzer*innen auf einer emotionalen Ebene an.
- Die UX ist *kohärent*, um ein flüssiges, intuitives Erlebnis zu bieten.
- Sie ist *einfach*, d. h., in die Apps wird jeweils nur das Nötigste aufgenommen.
- Die Apps sind *anpassungsfähig* in Bezug auf verschiedene Anwendungsfälle und Szenarien.

Darüber hinaus konzentriert sich die UX-Strategie von SAP darauf, SAP-Kunden und -Partner in die Lage zu versetzen, ihre eigene UX-Journey zu gestalten. Weitere Details zu SAP UX und SAP Fiori finden Sie unter *https://experience.sap.com*.

3.1.2 Umsetzung der User-Experience-Strategie

Die Konzepte und Designprinzipien der SAP Fiori UX sind Schlüsselkomponenten im designorientierten Entwicklungsprozess von SAP. Die SAP-S/4HANA-Architektur unterstützt diese Konzepte und fördert und vereinfacht so die Umsetzung der SAP-Fiori-UX-Prinzipien über das gesamte Anwendungsportfolio hinweg.

Der Zugriff auf das Portfolio erfolgt aus Benutzersicht über das *SAP Fiori Launchpad*. Es bietet den Benutzer*innen einen rollenbasierten Zugang zu Services und Anwendungen, die sie über Kacheln starten können. Vorzugsweise handelt es sich bei den Anwendungen um native SAP-Fiori-Apps, die mit SAPUI5 als zugrunde liegender UI-Technologie entwickelt wurden. Es gibt verschiedene, musterbasierte Varianten solcher Apps. *Overview Pages* etwa bieten auf einen Blick einen schnellen Zugriff auf wichtige Geschäftsinformationen. SAP-Fiori-Apps für analytische Informationen und transaktionale Apps ermöglichen es den Benutzer*innen, detailliertere Einblicke zu erhalten oder spezifische Aktionen durchzuführen. Wo es angebracht ist, folgen diese Apps einem modellgesteuerten Entwicklungsparadigma, etwa indem sie das *Programmiermodell für SAP Fiori* mit seinen Floorplans für SAP Fiori Elements nutzen oder indem sie die Drilldown-Funktionalität des Frameworks *SAP Smart Business* anwenden. Mit der Freestyle-Entwicklung von SAPUI5 sind jedoch auch Anwendungen mit individuellerem Design und Verhalten möglich.

Schließlich ermöglicht die SAP-S/4HANA-Architektur die Nutzung wichtiger Funktionen, die noch nicht in native SAP-Fiori-Apps überführt wurden. Das Portfolio umfasst Anwendungen, die in traditionellen UI-Technologien erstellt wurden, nämlich Web Dynpro ABAP, SAP GUI (für HTML) und Web Client UI. Basierend auf den Designkonzepten von SAP Fiori, insbesondere den visuellen Themes, werden alle traditionellen UIs harmonisiert, um die UX an die nativen SAP-Fiori-Apps anzunähern und nahtlos in diese zu integrieren.

Schauen wir uns in den folgenden Abschnitten die Architekturmerkmale und die Elemente dieser Adoptionsstufen genauer an.

3.1.3 SAP Fiori Launchpad

Das SAP Fiori Launchpad ist der zentrale Einstiegspunkt für alle Benutzer*innen, um auf Anwendungen in SAP S/4HANA zuzugreifen. Es ermöglicht einen rollenbasierten Zugriff auf die Inhalte des SAP Fiori Launchpad, in das mehrere Anwendungstypen (SAP Fiori, traditionelle UIs) sowie Services und Plug-ins integriert werden.

Alle Inhalte werden auf einer Seite in Katalogen, Gruppen und Kacheln strukturiert. Mit SAP Fiori 3 wurden zusätzliche Optionen für die Strukturierung von Inhalten eingeführt (mehrere Bereiche, die funktionalen Rollen entsprechen, und darin Seiten, die Abschnitte mit Kacheln enthalten). Diese Inhalte werden nun auf flexiblere Weise auf Karten präsentiert. Ausgewählte Kacheln zeigen dynamische Inhalte an, wie z. B. Key Performance Indicators (KPIs). So können bestimmte geschäftsrelevante Informationen direkt auf der Overview Page angezeigt werden. Da die Berechnung solcher KPIs aufwendig sein kann, werden die KPI-Werte zwischengespeichert. Diese zwischengespeicherten KPIs werden regelmäßig oder auf Benutzeranfrage hin aktualisiert.

Die auf dem SAP Fiori Launchpad angezeigten Objekte können reine Layoutfunktion haben (Gruppen, Bereiche, Seiten) oder direkt dem Zugriff auf Anwendungen durch Benutzer*innen mit den passenden Berechtigungen dienen. Für letztere werden Kacheln und Ziel-Mappings zunächst in *technischen Katalogen* definiert. Sowohl SAP-Fiori-Apps als auch Anwendungen traditioneller UI-Technologien werden in technischen Katalogen verwaltet. Der Inhalt von technischen Katalogen kann wiederverwendet und in *Anwendungskatalogen* referenziert werden, um eine für eine Benutzerrolle relevante Teilmenge zu bilden. Diese Teilmenge spiegelt die Berechtigungen bestimmter Benutzer*innen wider. Schließlich enthält eine *Business-PFCG-Rolle* Verweise auf Anwendungskataloge und Anwendungskataloggruppen im Menü. Sobald ein Administrator oder eine Administratorin Benutzer*innen die Business-PFCG-Rolle zugewiesen hat, stehen die entsprechenden Apps im SAP Fiori Launchpad zur Verfügung.

Beachten Sie, dass SAP S/4HANA seit Release 2020 individuelle Business-Apps sowie Transaktionscodes für SAP-Fiori-Apps (SAP-Fiori-IDs entsprechen den Transaktionscodes) eingeführt hat. Es wurde eine einheitliche Persistenzschicht für technische Kataloge eingeführt (unter Verwendung des ABAP-Transportobjekttyps UIAD für UI-App-Deskriptoren), und alle technischen Kataloge wurden darauf migriert. Der *SAP Fiori Launchpad App Manager* wurde als Nachfolger des früher als Massenpflegewerkzeug bekannten Tools eingeführt und ist nun das Tool zur Pflege von Business-App-Definitionen, einschließlich eines Anpassungsmodus für Kunden. In den kommenden Releases wird SAP dies weiter ausbauen.

In On-Premise-Installationen von SAP S/4HANA erleichtert die schnelle Content-Aktivierung die Verwaltung von SAP-Fiori-Launchpad-Inhalten und Benutzerrollen. Für SAP S/4HANA Cloud werden die Konzepte zur Verwaltung von Rollen und Katalogen und deren Zuweisung an Benutzer*innen in Kapitel 17 beschrieben.

Abbildung 3.1 zeigt die Architektur des SAP Fiori Launchpad in SAP S/4HANA. Die Infrastruktur der Business Server Pages (BSP) wird als UI-Repository verwendet. Sie liefert statische UI-Artefakte über einen BSP-Ressourcen-Handler und stellt die Verfügbarkeit der entsprechenden Technologie- und SAP-Fiori-App-Ressourcen sicher. Die Anwendungsressourcen umfassen z. B. einen App-Deskriptor, Modelle, Views, Controller, Komponenten oder Annotationen als Artefakte des SAPUI5-Programmiermodells für SAP Fiori Elements.

Für die UI-Technologie umfasst dieses Repository die SAPUI5-Bibliotheken, das SAP Fiori Launchpad, generische Anwendungs-Frameworks (z. B. SAP Fiori Elements) und standardmäßige SAP-Fiori-UX-Themes. Zusätzlich lädt das SAP Fiori Launchpad einmalig ein Icon-Font für die Verwendung von Icons in SAP-Fiori-Apps.

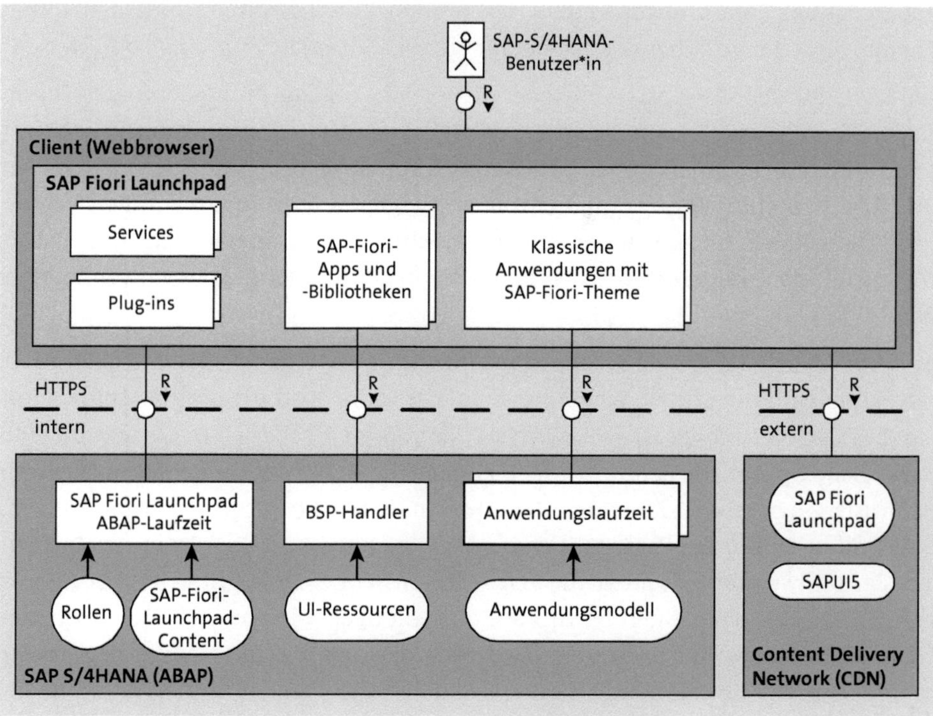

Abbildung 3.1 Das SAP Fiori Launchpad in SAP S/4HANA

Um das Ladeverhalten zu optimieren, erfolgt die Auslieferung statischer SAPUI5-Ressourcen standardmäßig über ein Content Delivery Network (CDN, siehe auch Abschnitt 20.1.2). Im Gegensatz dazu werden statische Ressourcen von SAP-Fiori-Apps und -Bibliotheken oder SAP-Fiori-Launchpad-Plug-ins für SAP S/4HANA über den BSP-Handler der ABAP-Plattform ausgeliefert, einschließlich der in die unterstützten Sprachen übersetzten UI-Texte.

Ein Cache-Buster-Ansatz ermöglicht es, statische Ressourcen durch neue Versionen zu aktualisieren, ohne dass Benutzeraktionen wie z. B. das Leeren des Browser-Cache erforderlich werden. Der Cache-Buster-Mechanismus erzwingt das automatische Nachladen der aktualisierten statischen Ressourcen und wird vom Server aus gesteuert. Traditionelle Anwendungen, die nicht auf SAP-Fiori-UI-Technologien basieren, verwenden serverseitiges Rendering. Ihre Entwicklungsartefakte und Ressourcen befinden sich im SAP-S/4HANA-Backend.

Den Entwicklungsteams bei SAP und den SAP-Kunden stehen verschiedene Optionen zur Verfügung, um Standard-Apps an die Bedürfnisse der Branche, der Organisation oder der Benutzer*innen anzupassen. Für SAP-Fiori-Apps gehören dazu App-Varianten und Filtervarianten. Kundeneigene Anwendungen zur Erweiterung von SAP S/4HANA, die auf der SAP Business Technology Platform (SAP BTP) basieren, können in das SAP Fiori Launchpad integriert werden. Kunden können außerdem durch Theming mit dem UI-Theme-Designer ihr eigenes Corporate Branding einführen.

Die Startseite des SAP Fiori Launchpad, die Bereiche und die untergeordneten Seiten zeigen den Benutzer*innen die rollenbasierten Inhalte an, die im Backend definiert und konfiguriert wurden. Rollen beziehen sich auf Anwendungskataloge mit Kacheln und Ziel-Mappings zu Apps (und einzelnen Geschäfts-Apps in zukünftigen Versionen). Diese Rollen müssen außerdem die Berechtigungen umfassen, die für den Aufruf von OData-Services erforderlich sind, die von den SAP-Fiori-Apps verwendet werden.

Außerdem stellt das SAP Fiori Launchpad Inhalte geräteabhängig dar. Auf allen Geräten kann über unterstützte Webbrowser auf das Launchpad zugegriffen werden. Auf einem Desktop-Rechner ist SAP Business Client mit eingebettetem Chromium eine zusätzliche Option. Die Benutzer*innen können die Seiten des Launchpad nach ihren Bedürfnissen personalisieren und den App Finder für die Suche nach Apps nutzen. Eine weitere Option zur Personalisierung der Startseite ist das Speichern von Kacheln aus dem Anwendungskontext für den späteren schnellen Zugriff. Darüber hinaus können die Benutzer*innen bestimmte Einstellungen wie Sprache oder Formatierung, Theme-Auswahl oder Standardwerte für Produkt- und Anwendungsparameter hinterlegen. Der Benachrichtigungsbereich liefert den Benutzer*innen relevante Informationen und ermöglicht es ihnen, sofort Maßnahmen zu ergreifen. Die Freitextsuche nach Inhalten auf der Startseite führt zu einer Ergebnisseite, die es den Benutzer*innen ermöglicht, zu passenden Apps zu navigieren.

Die *Intent-basierte Navigation* ist eines der Schlüsselparadigmen von SAP Fiori. Sie dient zum Starten von Apps über die Kacheln der SAP-Fiori-Launchpad-Seiten oder zum Navigieren von einer App zur anderen. Die SAP-Fiori-Launchpad-Inhalte bilden ein Navigationsnetzwerk aus verbundenen Apps, über die verschiedenen UI-Technologien hinweg. Die korrekte Navigation wird dabei durch einen rollenbasierten Ansatz unterstützt. Die Navigationsziele in den Apps werden mittels sogenannter *Intents* definiert, die zur Laufzeit durch den Target-Resolution-Service des SAP Fiori Launchpad in tatsächliche URLs aufgelöst werden. Die Intents bestehen jeweils aus einem semantischen Objekt und einer Aktion, die als Fragment (mit einem vorangestellten #) an die Basis-URL des SAP Fiori Launchpad angehängt werden, und zwar wie folgt:

```
<Basis-URL>#<semantisches Objekt>-<Aktion>?<Parameter1>=<Wert1>
```

Das *semantische Objekt* repräsentiert ein Business-Objekt, z. B. einen Kunden, einen Kundenauftrag oder ein Produkt, und ermöglicht es, dieses Objekt auf implementierungsunabhängige Weise zu identifizieren. Die *Aktion* definiert eine Operation, die auf dem semantischen Objekt ausgeführt werden soll, z. B. das Anzeigen oder Genehmigen einer Bestellung. In der URL-Notation der Navigation sind die Parameter optional. Aber sie werden oft für die Navigation benötigt, wie beispielsweise eine konkrete ID, die erforderlich ist, um eine konkrete Business-Objektinstanz zu öffnen, ohne dass Auswahlschritte durch Benutzer*innen erforderlich sind. Es ist auch möglich, mehrere Navigationsziele zu definieren, aus denen die Benutzer*innen zur Laufzeit eine Auswahl treffen müssen. Wenn die Anzahl und/oder Größe der Parameter die URL-Längenbegrenzungen überschreitet, wird automatisch gekürzt. Die Parameter und Werte werden dabei in einen Zwischenspeicher übertragen und über einen einzigen ID-Parameter zugänglich gemacht.

Zusätzlich zu den Intent-Parametern kann bei einer solchen Navigation ein *anwendungsübergreifender Zustand* übertragen werden, wenn komplexe Parameterstrukturen gesendet oder Parameter nicht in der sichtbaren URL offengelegt werden sollen. Im Gegensatz dazu erfasst der *innere Anwendungszustand* den UI-Zustand einer Anwendung und ermöglicht es, diesen Zustand mit einem Lesezeichen zu versehen oder ihn bei einer Abfolge von Vorwärts- und Rückwärtsnavigationen wiederherzustellen.

Für einige Funktionen des SAP Fiori Launchpad ist die Bereitstellung und Integration weiterer Dienste notwendig. Beispielsweise wird für Benachrichtigungen eine Persistenz benötigt, in die Benachrichtigungen, die vom SAP-S/4HANA-Backend kommen, zwischengespeichert werden, bis die Benutzer*innen sie zur Kenntnis nehmen. Wenn Benutzer*innen online sind, können Benachrichtigungen auch sofort per Push auf der Benutzeroberfläche im Browser zugestellt werden.

Die visuellen Aspekte ihres Corporate Branding können Unternehmen über benutzerdefinierte *Themes* einbringen. Dazu passen sie bestimmte Styles der SAP-Standard-Themes an. Die Theming-Architektur erfordert, dass solche Themes der Version und dem Patch-Level von SAPUI5 sowie dem zugrunde liegenden SAP-Theme entsprechen. Bei der Verwaltung der Abhängigkeiten und des Lebenszyklus von Themes hilft eine Integration mit der SAP BTP. Wenn sich die verwendete SAPUI5-Version oder der Patch-Level ändert, werden die Themes neu generiert. Ein Read-Through-Cache-Ansatz in SAP S/4HANA löst die Neugenerierung aus, wenn das Theme für die angeforderte SAPUI5-Version nicht im Theme-Cache gefunden wird. Diese Neugenerierung erfolgt über die SAP BTP. Das aktualisierte Theme wird dann an SAP S/4HANA übertragen und dort für nachfolgende Anfragen mit derselben SAPUI4-Version vorgehalten.

Die *Plug-in-Schnittstelle* des SAP Fiori Launchpad ermöglicht es, über die Standardfähigkeiten und -services hinausgehendes Verhalten auf Shell-Ebene einzuführen. Über die Konfiguration werden die Plug-ins automatisch für alle Benutzer*innen geladen, sobald sie im System aktiviert sind. Mehrere mit SAP S/4HANA verbundene Dienste haben diese Schnittstelle implementiert. In der Regel kann auf die Plug-ins sofort über ein Symbol in der Shell-Leiste oder über einen Seitenbereich zugegriffen werden. Dazu gehören Funktionen für Conversational UX, Chatfunktionen zur Kollaboration, spezifische Funktionen für Business-Objekte und Funktionen zur Bildschirmerfassung. Die Integration von *SAP Companion* etwa bietet Benutzer*innen eine maßgeschneiderte Hilfefunktion, indem SAP Companion die gerade eingesetzte Lösung und Anwendungskontext berücksichtigt.

SAP Mobile Cards ist Teil des Portfolios der SAP Mobile Services. Die Lösung ermöglicht es Benutzer*innen, Inhalte aus SAP-Fiori-Apps in Form einfacher Karten auf ihre mobilen Endgeräte zu übertragen. Dort werden die Karten in einer nativen mobilen App angezeigt. Die angezeigten Geschäftsdaten werden über OData aus Anwendungen auf der SAP BTP und aus SAP S/4HANA abgerufen.

3.1.4 SAP-Fiori-Apps

Werfen wir einen genaueren Blick auf die verschiedenen Varianten von SAP-Fiori-Apps und deren Architektur. Wir können SAP-Fiori-Apps danach einteilen, auf welchem Framework oder welcher Library sie aufbauen:

- **SAP-Fiori-Elements-Apps**
  Apps, die mit SAP Fiori Elements erstellt werden, profitieren von einem Framework, das die gängigsten Anwendungsmuster bereitstellt, annotationsbasierte SAPUI5-Controls verwendet und alle wichtigen Funktionen von Geschäftsanwendungen in einem konsistenten Design unter Einhaltung der neuesten Designrichtlinien unterstützt.
- **SAPUI5-Freestyle-Apps**
  Individuelle Anforderungen an das visuelle Design oder das Interaktionsverhalten von Apps können so speziell sein, dass sie mit den vorgedachten Elementen von SAP Fiori Elements nicht umgesetzt werden können. In solchen Fällen ist eine Freestyle-Implementierung von SAP-Fiori-Apps möglich. Für Freestyle-Apps kann die gesamte Bandbreite des SAPUI5-Programmiermodells mit seinen Models, Views, Controllern, Controls, Components und App-Deskriptoren genutzt werden. Einige der Controls ermöglichen sogar annotationsgesteuertes Verhalten wie bei SAP Fiori Elements. Beachten Sie jedoch, dass Sie, wenn Sie Ihre Anwendung oder Teile davon im Freestyle-Verfahren erstellen, dafür verantwortlich sind, dass sie konsistent bleibt und mit der zukünftigen Designentwicklung Schritt hält.
- **SAP-Smart-Business-Apps**
  SAP Smart Business ist ein generisches, analytisches Anwendungs-Framework. Eine mit diesem Framework erstellte Anwendung ermöglicht es den Benutzer*innen, die Daten von KPIs anzuzeigen und zu analysieren. Die entsprechenden Elemente wie KPIs, Berichte, Gruppen und Anwendungen können mit der App **KPIs und Berichte verwalten** angelegt und verwaltet werden.

- **SAP-Fiori-Bibliothek**
  SAP-Fiori-Bibliotheken bieten wiederverwendbare Artefakte, die von SAP-Fiori-Apps genutzt werden können, unabhängig davon, ob Sie SAP Fiori Elements verwenden oder Freestyle entwickeln. Einige Bibliotheken enthalten einzelne Objekte wie Views, Fragmente und Controller, andere bieten komplexere Funktionen an, die in einer Component gekapselt sind. Das Model einer solchen Component wird entweder von der konsumierenden App bereitgestellt oder stützt sich auf einen OData-Service, was mit zusätzlichen Requests verbunden ist.

Abbildung 3.2 veranschaulicht, wie all diese SAP-Fiori-Apps über dieselbe Client-Server-Kommunikation auf Basis von OData auf Daten im Backend zugreifen.

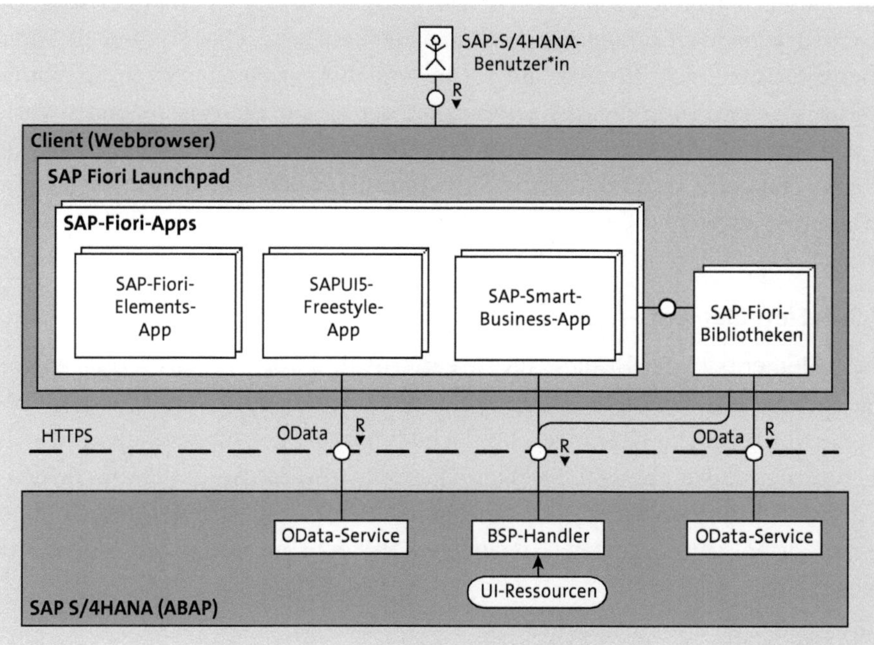

Abbildung 3.2 SAP-Fiori-Apps und -Bibliotheken

Für die direkte Verwendung in einer Anwendung unterstützt SAPUI5 OData-Modelle sowohl der Version V2 als auch der Version V4. In Views sind die Controls an das OData-Modell und seine Entitäten, Eigenschaften und Metadaten gebunden. SAP-Fiori-Elements- und Freestyle-Apps können mithilfe von Vorlagen in der cloud- und browserbasierten integrierten Entwicklungsumgebung (IDE) *SAP Business Application Studio* erstellt werden. Für SAP S/4HANA werden die UI-Ressourcen der Apps im BSP-Repository der ABAP-Plattform gespeichert und vom Browser-Client über einen zugehörigen BSP-Handler geladen.

Neben der Einteilung nach dem technischen Aufbau können wir SAP-Fiori-Apps nach ihrem Verwendungszweck klassifizieren: transaktionale oder analytische Anwendungen oder eine Kombination aus beidem. Analytische Apps bieten Benutzer*innen aggregierte Views von Geschäftsdaten. Sie können mit jedem der oben genannten technischen Ansätze entwickelt werden. Details zu den in SAP S/4HANA eingebetteten analytischen Apps und weiteren SAP-Fiori-Apps, die von SAP-Analytics-Cloud-Dashboards bereitgestellt werden, erfahren Sie in Abschnitt 4.1.

Im Gegensatz zu den analytischen Apps ermöglichen transaktionale SAP-Fiori-Apps den Zugriff auf die Daten auf der Ebene von Business-Objekten, d. h., sie unterstützen Operationen wie Abfragen, Lesen, Erstellen, Ändern oder Löschen oder das Ausführen bestimmter Aktionen. Weitere Einblicke in den Bereich der SAP-Fiori-Elements-Apps erhalten Sie in Abschnitt 3.1.5.

Informationen zu allen Apps von SAP S/4HANA finden Sie in der *SAP Fiori Apps Reference Library* (*https://fioriappslibrary.hana.ondemand.com*). Hier können Sie Filter anwenden, um die Ergebnismenge auf die passenden Apps einzugrenzen. So gibt es beispielsweise einen Filter für UI-Technologien, der sowohl die verschiedenen Varianten von SAP-Fiori-Apps abdeckt als auch herkömmliche UI-Anwendungen (deren seit langem etablierte Architekturen und Programmiermodelle in diesem Buch nicht weiter beschrieben werden).

3.1.5 SAP-Fiori-Elements-Apps

SAP Fiori Elements bietet Designs für UI-Patterns und vordefinierte Vorlagen für gängige Anwendungsfälle. Vordefinierte Floorplans, Views und Controller gewährleisten die Konsistenz der Benutzeroberfläche innerhalb der Anwendung und zwischen ähnlichen Anwendungen. SAP Fiori Elements wird kontinuierlich an die neuesten Designrichtlinien angepasst und bringt so einen unmittelbaren Nutzen für die implementierten Anwendungen. Folgende Floorplans sind in SAP Fiori Elements verfügbar:

- **Overview Page**
  Bei einer Übersichtsseite (*Overview Page*) handelt es sich um eine datengesteuerte SAP-Fiori-App zur strukturierten Anzeige umfangreicher Informationen. Die Informationen werden mit verschieden Arten von Karten visualisiert, die die unterschiedlichen Inhalte jeweils auf attraktive und effiziente Weise präsentieren. Die benutzerfreundliche Oberfläche macht das Anzeigen, Filtern und Verarbeiten von Daten schnell und einfach. Benutzer*innen können sich einen Gesamtüberblick über für sie relevante Daten verschaffen und sich gleichzeitig auf die wichtigsten Aufgaben konzentrieren. Dies ermöglicht eine schnellere Entscheidungsfindung und sofortiges Handeln. Für spezifische Aktionen oder Drilldowns von Daten navigieren die Benutzer*innen zu spezielleren SAP-Fiori-Apps.

- **List Report und Object Page**
  SAP Fiori Elements enthält vordefinierte Vorlagen für List Reports und Object Pages. Ein *List Report* ermöglicht es den Benutzer*innen, Datensätze in Listenform, d. h. in einem Tabellenformat, anzuzeigen und mit ihnen zu arbeiten. Der List Report wird normalerweise in Verbindung mit einer Object Page verwendet. Diese *Object Page* ermöglicht es den Benutzer*innen, einen einzelnen Datensatz (also ein Objekt) anzuzeigen, zu bearbeiten und zu erstellen.
- **Analytical List Page**
  Auf der *Analytical List Page* können die Benutzer*innen Daten Schritt für Schritt aus verschiedenen Perspektiven analysieren, durch Drilldowns nach Ursachen für auftretende Probleme oder Abweichungen suchen, und dann eventuell transaktionale Aktionen auslösen. Der Zweck der Analytical List Page ist es, mithilfe von Datenvisualisierung und Business Intelligence interessante Entwicklungen, Datenbereiche oder Datensätze zu identifizieren. Von der Analytic List Page aus können Benutzer*innen zur Object Page eines Business-Objekts oder zu einer anderen zugehörigen App navigieren, um dort Aktionen durchzuführen.
- **Worklist**
  Eine *Worklist* zeigt eine Sammlung von Elementen (*Workitems*) an, die vom Benutzer bzw. der Benutzerin zu bearbeiten sind. Zum Abarbeiten der Liste werden in der Regel die einzelnen Listenpunkte überprüft und entsprechende Maßnahmen ergriffen. Dabei können die Benutzer*innen ein Workitem entweder selbst bearbeiten oder es delegieren.

Das SAP-Fiori-Elements-Framework unterstützt ein dynamisches Seitenlayout für alle verfügbaren Floorplans. Darüber hinaus wird ein flexibles Spaltenlayout für alle verfügbaren Floorplans außer der Overview Page unterstützt.

Zu den Funktionen von SAP Fiori Elements gehört ein Control, mit dem zwischen Anzeige- und Bearbeitungsmodus umgeschaltet werden kann, die Nachrichtenbehandlung, Statusfarben und Symbole zur Anzeige der Kritikalität, Kopfzeilen-Facets, mit denen festgelegt wird, welche Informationen in der Kopfzeile angezeigt werden, und eine Wertehilfe. Auch das Draft-Konzept (siehe Abschnitt 2.2.1.) wird unterstützt. Im Vergleich zu den regulären optimistischen Sperren in OData-Services durch ETags werden bei Drafts pessimistische Sperren eingerichtet, die benutzergebunden (nicht sitzungsgebunden) sind. Diese sitzungsübergreifenden Sperren funktionieren auf die gleiche Weise wie sitzungsbasierte Enqueue-Sperren, die in zustandsabhängigen Anwendungen verwendet werden. Da dieselben Sperrargumente verwendet werden, schützen Draft-basierte Sperren vor unbeabsichtigten Änderungen an einer Anwendung, die die sitzungsbasierte Sperre verwendet, und umgekehrt. Die Draft-Version wird automatisch gespeichert, auch wenn sie unvollständig ist oder Fehler enthält.

Benutzer*innen können die Arbeit an einer Draft-Version später wieder aufnehmen, indem sie diese in einem List Report auswählen.

Entwickler*innen können SAP Fiori Elements verwenden, um mit den in Abbildung 3.3 aufgeführten Floorplans SAP-Fiori-Apps zu erstellen.

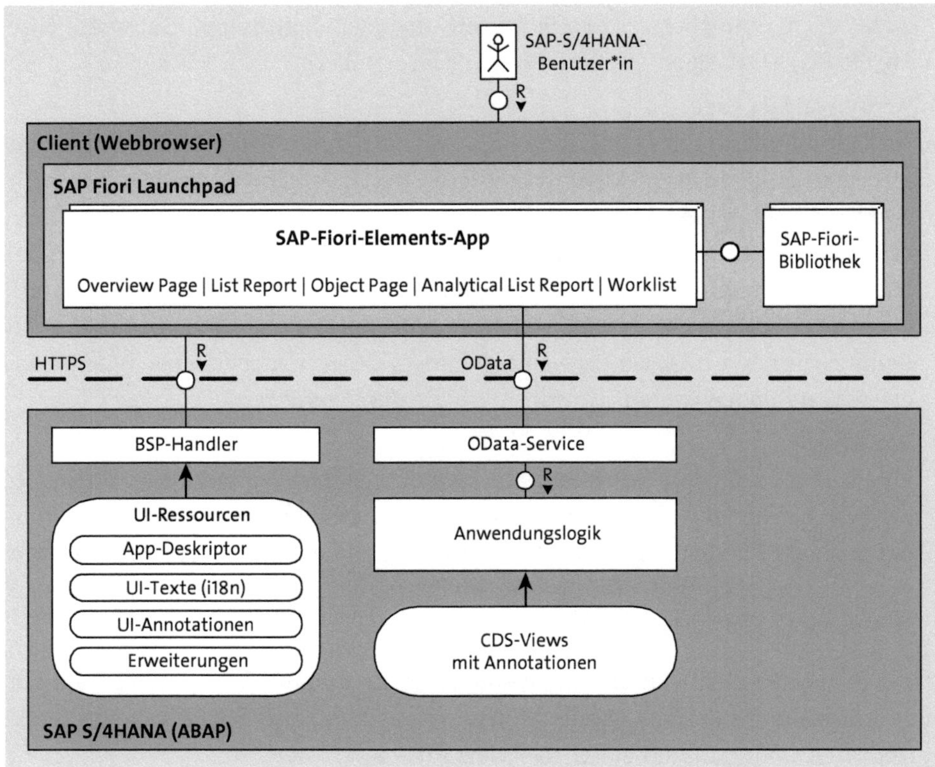

Abbildung 3.3 SAP Fiori Elements – Anwendungsmuster und ihre Artefakte

Wie man in Abbildung 3.3 sieht, basieren SAP Fiori Elements auf OData-Services und CDS-Annotationen. Die App-Entwickler*innen müssen kein JavaScriptUI-Code schreiben, sondern konfigurieren die SAP-Fiori-Elements-UIs mit CDS-Annotationen. Als Beispiel hierfür zeigt Listing 3.1, wie mit der CDS-Annotation `@UI.headerInfo` der Kopfbereich einer Object Page definiert wird, der Informationen über das bearbeitete Objekt enthält.

```
...
@UI.headerInfo: {
  typeName: 'Sales Order',
  title: {
    label: 'Sales Order',
    value: 'SalesOrder' -- refers to element in list
```

```
  },
  description: {
    label: 'Customer',
    value: 'CompanyName' -- refers to element in list
  }
}

define view ZExample_SalesOrder as select from sepm_cds_sales_order as so {
  key so.sales_order_id as SalesOrder,
  so.customer.company_name as CompanyName,
  ...
}
```

Listing 3.1 View-Definition mit UI.headerInfo-Annotation

Das OData-Service-Modell mit den OData-Entity-Sets und Entity-Typen wird von CDS-Views des VDM abgeleitet. Anfragen vom Client werden durch das zugrunde liegende Framework des Programmiermodells für SAP Fiori oder die anwendungsspezifische Logik verarbeitet.

Die resultierende App verwendet vordefinierte UI-Views und Controller, die von SAP Fiori Elements bereitgestellt werden, in Kombination mit anwendungsspezifischen UI-Ressourcen, die vom BSP-Handler bereitgestellt werden (links in Abbildung 3.3). Dies bedeutet, dass keine anwendungsspezifischen View-Instanzen erforderlich sind, es sei denn, die App wird um individuelle Logik erweitert. Die SAPUI5-Laufzeit interpretiert die Definitionen im App-Deskriptor, die Metadaten und die Annotationen des zugrunde liegenden OData-Service und verwendet beim Start der SAP-Fiori-App die entsprechenden Views.

3.2 Suchen

Die Suchfunktion ist ein integraler Bestandteil von SAP S/4HANA. Es gibt sie in zwei Varianten, die auf unterschiedliche Anwendungsfälle abzielen: Enterprise Search und die anwendungsinterne Suche.

Enterprise Search bietet eine Freitextsuche nach Instanzen praktisch aller Business-Objekttypen und nach SAP-Fiori-Apps, die in SAP S/4HANA verfügbar sind. Der Suchbereich beschränkt sich dabei natürlich auf diejenigen Objekte und Anwendungen, auf die die Benutzer*innen aufgrund ihrer Rollen und Berechtigungen zugreifen dürfen. Die Enterprise-Search-Funktionalität ist über das Suchfeld am oberen Rand einer Seite im SAP Fiori Launchpad zugänglich.

Die *anwendungsinterne Suche* ist in eine SAP-Fiori-App integriert und bietet kontextspezifische Funktionen für eine fehlertolerante Fuzzy-Suche. Der Zugriff erfolgt über die speziellen Suchfelder in den listenbasierten SAP-Fiori-Apps, die Dialogfelder der Wertehilfe und Type-Ahead-Eingabekontrollen.

Im Folgenden werfen wir zunächst einen genaueren Blick auf die der Suchfunktionalität zugrunde liegende Architektur. Im Anschluss stellen wir die SAP-HANA-Suchfunktionalität vor, auf der sowohl die anwendungsinterne Suche als auch Enterprise Search aufbauen. Schließlich gehen wir darauf ein, wie Enterprise Search angepasst und erweitert werden kann.

3.2.1 Sucharchitektur

Die Sucharchitektur von SAP S/4HANA ist in Abbildung 3.4 dargestellt. Sie basiert auf dem VDM, das in Abschnitt 2.1 vorgestellt wurde.

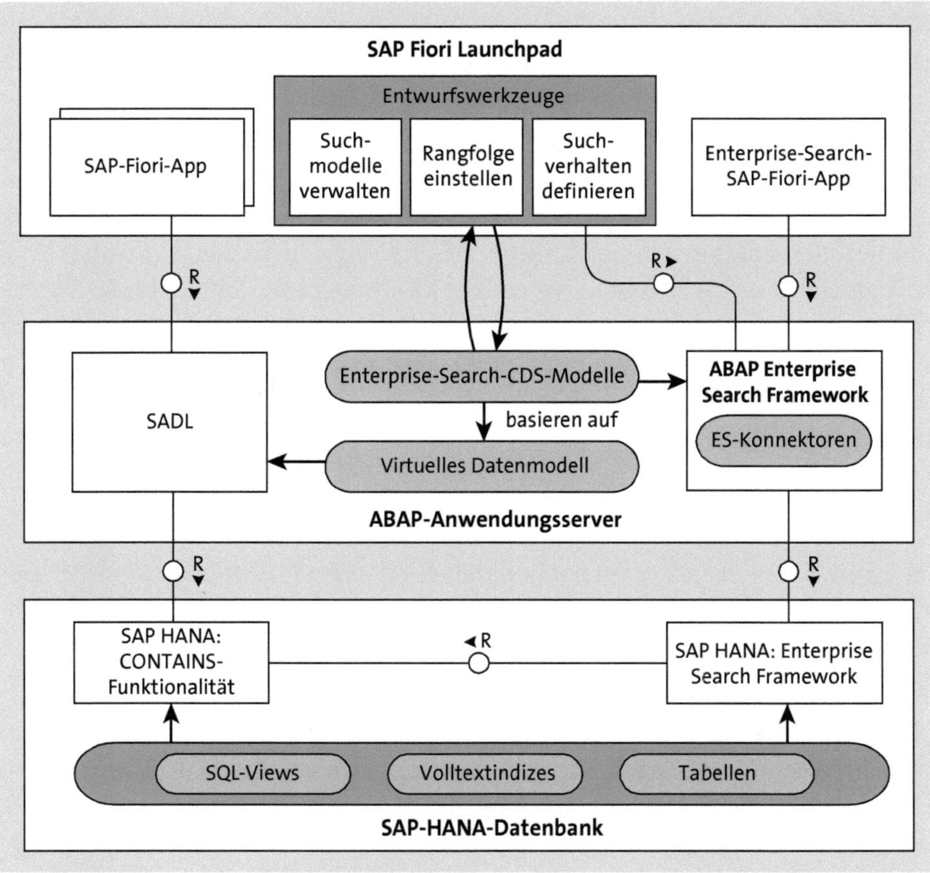

Abbildung 3.4 Sucharchitektur in SAP S/4HANA

Das SADL-Framework (Service Adaptation Definition Language) bildet die Infrastruktur für die modellbasierte Verarbeitung von OData-Services auf der ABAP-Plattform. SADL implementiert auch die anwendungsinterne Suche. Sie wird durch spezielle `@Search`-Annotationen direkt in den Consumption Views des VDM gesteuert.

Das Enterprise-Search-Framework besteht aus zwei Teilen, von denen einer in SAP HANA und der andere in der ABAP-Plattform implementiert ist. Das Enterprise-Search-Framework von SAP HANA bietet die wichtigsten Funktionen über eine Reihe von Datenbankprozeduren an (Einzelheiten finden Sie im »SAP HANA Search Developer Guide« unter *https://help.sap.com*).

Wenn im Suchfeld im SAP Fiori Launchpad ein Suchbegriff eingegeben wird, startet dies die Enterprise-Search-SAP-Fiori-App, die das Suchen beauftragt, die Ergebnisse darstellt und eine weitere Filterung und Navigation ermöglicht. Die Enterprise-Search-App schickt Suchaufträge an das ABAP-Enterprise-Search-Framework, das Enterprise-Search-CDS-Modelle auswertet, um die Suche auszuführen.

Bei den Enterprise-Search-CDS-Modellen handelt es sich um spezielle CDS-Views, die mit `@EnterpriseSearch.enabled: true` gekennzeichnet sind. Technisch gesehen sind diese Modelle keine VDM-Views und können ohne Einhaltung der VDM-Regeln erstellt werden. In SAP S/4HANA setzen sie jedoch normalerweise auf der VDM-Schicht der Basic Views auf und teilen daher mit anderen VDM-Entitäten dieselben grundlegenden Modelle und dieselbe Sicht auf die zugrunde liegenden geschäftlichen Daten.

Wird ein Enterprise-Search-CDS-Modell aktiviert, erzeugt das Framework entsprechende Sets von Laufzeit-Metadaten, die als *Enterprise-Search-Konnektoren* bezeichnet werden. Diese Konnektoren sind die wesentlichen Artefakte, um die Ausführung der Enterprise-Search-Abfragen während der Laufzeit zu steuern.

Vor den CDS-basierten Suchmodellen gab es bereits eine ältere Art von Enterprise-Search-Modellen, die sogenannten *traditionellen Suchmodelle*. Diese Modelle bauen direkt auf den SAP-S/4HANA-Tabellen auf, ohne CDS oder VDM zu verwenden. Für die traditionellen Suchmodelle und die CDS-Suchmodelle werden dieselbe Laufzeitarchitektur und dasselbe Konnektorkonzept verwendet, sodass sich beide Suchmodelle nur in der Modellierungstechnologie unterscheiden. Die traditionellen Suchmodelle werden von SAP S/4HANA On-Premise noch unterstützt. Sie sind jedoch veraltet und sollen schrittweise durch CDS-Modelle ersetzt werden. SAP S/4HANA Cloud unterstützt nur CDS-Suchmodelle.

3.2.2 Suchfunktionalität von SAP HANA

Sowohl die anwendungsinterne Suche als auch Enterprise Search nutzen die Textsuchfunktionen der SAP-HANA-Datenbank. Dazu unterstützt SAP HANA das `CONTAINS`-Prädikat in SQL-Anweisungen, das in `WHERE`-Bedingungen verwendet werden kann, um alle Datensätze zu erhalten, die mit bestimmten Suchbegriffen übereinstimmen. Dieses Prädikat unterstützt eine Reihe von fortgeschrittenen Suchfunktionen, von denen die Fuzzy-Suche und die tokenbasierte Suche am häufigsten verwendet werden.

Bei der Implementierung von `CONTAINS` in SAP HANA war das primäre Ziel hohe Performance. Um dies zu erreichen, mussten einige Einschränkungen gemacht werden bezüglich der Formulierung von SQL-Abfragen und damit auch von CDS-Views, die für die Suche verwendet werden können. Insbesondere kann `CONTAINS` nicht auf berechnete oder aggregierte Felder angewendet und nicht mit bestimmten Unions und Join-Bedingungen verwendet werden. Wenn eine Basic-View des VDM diese Funktionen nutzt, kann sie daher oft nicht für die Entwicklung eines Suchmodells verwendet werden. Die Lösung für dieses Problem bietet ein spezieller Typ von VDM-Views, die *Hilfs-Views für Enterprise Search*. Eine solche Hilfs-View ist explizit darauf ausgelegt, die Randbedingungen für Such-Views zu erfüllen und wird in den Suchmodellen anstelle der dafür ungeeigneten Basic View verwendet. Die Hilfs-View ist jeweils mit der Basic View verknüpft, an deren Stelle sie in Suchmodellen verwendet werden soll. Wenn eine Basic View mit einer Hilfs-View für Enterprise Search ausgestattet ist, müssen Entwickler*innen von Enterprise-Search-Modellen immer die Hilfs-View verwenden. SAP S/4HANA bietet spezielle Tools, die solche Substitutionen automatisch durchführen.

Eine weitere wichtige SAP-HANA-Funktionalität zur Unterstützung der Suche in SAP S/4HANA sind Volltextindizes. Volltextindizes sind für die Tokenisierung von Zeichenketten erforderlich und ermöglichen die Suche nach einzelnen Wörtern anstelle von vollständigen Zeichenketten. Allerdings verbrauchen Volltextindizes in SAP HANA sowohl Speicher- als auch CPU-Ressourcen. Aus diesem Grund werden Volltextindizes auf großen transaktionalen Tabellen in SAP-S/4HANA-On-Premise-Systemen mit entsprechenden Business Switches ausgeliefert, die nur aktiviert werden, wenn die entsprechenden Suchmodelle tatsächlich verwendet werden sollen.

3.2.3 Erweiterbarkeit von Enterprise Search

Die anwendungsinterne Suche ist eine integrierte Funktion, die nicht explizit konfiguriert und erweitert werden muss. Dagegen haben Sie eine Reihe von Möglichkeiten, um Enterprise Search an Ihre Anforderungen anzupassen, auf die wir in den folgenden Abschnitten eingehen werden.

Konfiguration des Standardsuchbereichs

Die Suchabfragen der Benutzer*innen werden auf der Menge der Enterprise-Search-Modelle ausgeführt, für die die Benutzer*innen berechtigt sind. Diese Menge wird oft als *Suchbereich* bezeichnet. Über die Dropdown-Liste neben dem Sucheingabefeld kann der Suchbereich weiter auf ein bestimmtes Suchmodell eingeschränkt werden. Zwei Einträge in dieser Liste haben eine besondere Bedeutung:

- **Alle**
  Durchsucht wird die gesamte Menge der für einen Benutzer oder eine Benutzerin verfügbaren Modelle.
- **Apps**
  Schränkt die Suche nur auf SAP-Fiori-Apps ein, auf die ein Benutzer oder eine Benutzerin Zugriff hat.

Die Stärke von Enterprise Search zeigen sich besonders bei der Suche im Wirkungsbereich **Alle**. Geben Sie einen Suchbegriff ein, der nur ein Teil einer ID oder eine Wortkombination sein kann, erhalten Sie automatisch einen Überblick über die gefundenen Business-Objekte und Anwendungen im System, geordnet nach ihrer Relevanz für Ihre Arbeit. Daher ist es nicht verwunderlich, dass viele SAP-S/4HANA-Anwender*innen Enterprise Search als eine Art universellen Einstiegspunkt in das System nutzen.

Die Suche im gesamten System verbraucht allerdings viele Ressourcen. Insbesondere in dem erwähnten Einstiegsszenario sind die Nutzer*innen oft nur daran interessiert, eine bestimmte App zu finden, verbrauchen damit aber unnötige Rechenressourcen. Dies gilt vor allem, wenn sie in allen Suchmodellen suchen, die standardmäßig in ihrem Bereich **Alle** enthalten sind, anstatt den Suchbereich nur auf die Anwendungen (Bereich **Apps**) zu beschränken. Aus diesem Grund gibt es im SAP Fiori Launchpad spezifische Einstellungen zur Steuerung des Standardumfangs von Enterprise Search. Hier haben Sie folgende Möglichkeiten:

- **»Apps« anstelle von »Alle« zur Standardoption machen**
  Die Suche beschränkt sich standardmäßig nur auf das Modell **Apps**. Der Benutzer oder die Benutzerin muss gegebenenfalls ausdrücklich **Alle** auswählen.
- **Bereich »Alle« vollständig aus Enterprise Search entfernen**
  Es ist nur möglich, nach einem bestimmten Modell zu suchen, z. B. nach Apps oder Kundenaufträgen.

Personalisierung von Enterprise Search

Wie bereits erwähnt, sortiert Enterprise Search die Suchergebnisse nach ihrer Relevanz für den Benutzer oder die Benutzerin. Die Berechnung der Relevanz kann wesentlich verbessert werden, wenn das Enterprise-Search-Framework über die Berechtigung verfügt, Daten über das Nutzerverhalten innerhalb der Suchszenarien zu erfassen und auszuwerten. Standardmäßig ist die Datenerfassung als Opt-in-Option konfiguriert, d. h., Benutzer*innen können das Erfassen von Daten in den Einstellungen des SAP Fiori Launchpad zulassen. Systemadministrator*innen können die Standardeinstellung über die App **Personalisierte Suche konfigurieren** in Opt-out ändern. In diesem Fall können die Benutzer*innen die Datenerfassung immer noch deaktivieren.

SAP empfiehlt dringend, die Erfassung von Daten zum Nutzerverhalten zu aktivieren, um genauere Suchergebnisse zu erhalten. Beachten Sie, dass diese Daten nicht an SAP übertragen werden.

Verwaltung von Suchmodellen

SAP S/4HANA enthält einige ergänzende Apps, um einzelne Suchmodelle zu verwalten und an die spezifischen Anforderungen einer Organisation anzupassen. Diese Apps decken die folgenden wichtigsten Anwendungsfälle ab:

- **Einen Überblick über die Suchmodelle erhalten**
  Die App **Suchmodelle verwalten** bietet einen Überblick über die im System verfügbaren Modelle, ihren Status und die für die Verwendung der einzelnen Modelle erforderlichen Berechtigungen. Auch die Aktivierung und Deaktivierung der Modelle ist über diese App möglich.
- **Anpassen der Struktur von Suchmodellen**
  Die App **Suchmodelle verwalten** bietet neben der Anzeige der Suchmodelle eine Reihe von Möglichkeiten, um einzelne Modelle anzupassen. Sie können z. B. die Darstellung der Felder in den Suchergebnissen ändern, deren Gewichtungsfaktoren für das Ranking ändern und ein Feld aus dem Suchbereich ausschließen. Die folgenden Funktionen sind von besonderem Interesse:
  - Einbinden von benutzerdefinierten Feldern: Die Erweiterung der Suchmodelle in SAP S/4HANA um benutzerdefinierte Felder funktioniert standardmäßig mit dem Key-User-Erweiterbarkeits-Tool **Benutzerdefinierte Felder** (siehe Abschnitt 5.1). Die Anpassung der Sucheinstellungen für solche Felder ist jedoch nur über den Enterprise Search Modeler möglich.
  - Anpassung der Suchmodelle: Ein Key User kann sowohl die Felder des Modells, die für Suchanfragen verwendet werden, als auch ihr Aussehen auf der Enterprise-Search-Benutzeroberfläche anpassen. Es ist auch möglich, das Ranking der Felder zu ändern und weitere suchbezogene Einstellungen eines Modells anzupassen.
- **Fine-Tuning des Rankings**
  Die Suchmodelle unterstützen anpassbare Rankings, d. h., Sie können den Modellen benutzerdefinierte Rankingfaktoren zuweisen oder die von den Entwickler*innen des Modells definierten Faktoren verfeinern. Mithilfe der einstellbaren Rankings können Sie z. B. die Relevanz Ihrer eigenen Objekte, die Relevanz neu erstellter Objekte, die Relevanz von Objekten, die in einer bestimmten Region erstellt wurden, und ähnliches erhöhen. Zur Nutzung dieser leistungsstarken Funk-

tion bietet SAP S/4HANA eine dedizierte App **Ranking anpassen**. Mit dieser App können Sie nicht nur die Rankingfaktoren anpassen, sondern auch den Einfluss dieser Faktoren in Echtzeit untersuchen.

3.3 Zusammenfassung

In diesem Kapitel erhielten Sie einen Überblick über zwei Komponenten, die wesentlich für die vereinfachte UX von SAP S/4HANA sind: SAP Fiori UX und die Suchfunktionen in SAP S/4HANA. Im ersten Abschnitt wurde die SAP Fiori UX besprochen, beginnend mit den Gestaltungsprinzipien und der Einführungsstrategie. Als Nächstes haben wir uns das SAP Fiori Launchpad genauer angesehen, angefangen bei den Konzepten und der Architektur bis hin zu Themen wie unterstützten Geräten, Intent-basierter Navigation, Theming und der Plug-in-Schnittstelle. Wir behandelten die verschiedenen Typen von SAP-Fiori-Apps, deren Kommunikation mit dem Backend, die Unterschiede zwischen transaktionalen und analytischen Apps und die SAP Fiori Apps Reference Library. Schließlich haben wir uns die SAP-Fiori-Elements-Apps, ihre Architektur, die verschiedenen verfügbaren Floorplans und die zugehörigen CDS-Annotationen angesehen.

Im zweiten Teil dieses Kapitels wurde die Suche in SAP S/4HANA behandelt. Wir erläuterten den Unterschied zwischen Enterprise Search und der anwendungsinternen Suche sowie die Sucharchitektur in SAP S/4HANA. Wir erörterten den Einsatz CDS-basierter Modelle für Enterprise Search. Als Nächstes wurden die Möglichkeiten zur Erweiterung von Enterprise Search erörtert, z. B. durch die Anpassung der Struktur von Suchmodellen und durch das Fine-Tuning von Rankings.

Im nächsten Kapitel erörtern wir, wie Machine Learning, intelligente Situationsverarbeitung und Analysen intelligente ERP-Lösungen ermöglichen.

Kapitel 4
Intelligente Funktionen und Analytics

Als intelligentes ERP-System bietet SAP S/4HANA integrierte Analysefunktionen, Machine Learning und intelligente Funktionen zum Umgang mit unerwarteten Situationen.

Eine ERP-Lösung sammelt bei jedem Geschäftsvorgang Daten. Diese Daten werden mit der Zeit zu einer wertvollen Ressource, die Sie bei Entscheidungsprozessen, bei der Geschäftsplanung oder bei Simulationen unterstützt. Darüber hinaus können die gesammelten Daten zur Automatisierung von Geschäftsprozessen verwendet werden, die in der Vergangenheit durch manuelle Arbeitsschritte ausgeführt wurden.

SAP S/4HANA arbeitet mit eingebetteten intelligenten Technologien, um transaktionale und analytische Anwendungen miteinander zu kombinieren und Unternehmen damit zu wirklich intelligenten Organisationen zu machen. Insbesondere die Embedded-Analytics-Architektur von SAP S/4HANA (siehe Abschnitt 4.1) nutzt Bewegungsdaten für Berichtszwecke sowie für die Planung und Simulation in Echtzeit. Verzögerungen, die sich bei Replikation der Daten in einem Business Warehouse oder einem Data Lake ergeben würden, werden so vermieden.

Machine Learning trägt zur Automatisierung von Geschäftsprozessen bei und kann es den Benutzer*innen somit ersparen, umständliche Aufgaben immer wieder selbst durchzuführen (siehe Abschnitt 4.2). Schließlich weist die intelligente Situationsverarbeitung Benutzer*innen auf unerwartete geschäftliche Situationen hin (siehe Abschnitt 4.3).

4.1 Analytics

Normalerweise sprechen wir von *Analytics*, wenn wir es mit UI-Elementen wie Dashboards, Slice-and-Dice-Prozeduren oder Key Performance Indicators (KPIs) zu tun haben und wenn Daten unter Verwendung ausgefeilter Abfragen und unter Einhaltung der Regeln zur Aggregatbildung und Gruppierung berechnet werden. Als zusätzliches Kriterium bezeichnen wir eine Anwendung dann als *analytisch*, wenn sie auf den spezialisierten analytischen Modellen und Frameworks von SAP S/4HANA beruht.

SAP S/4HANA unterscheidet zwischen Embedded Analytics und Enterprise Analytics. Die Bezeichnung *Embedded Analytics* bezieht sich auf analytische Anwendungen, die – aus Sicht der User Experience (UX) – in die transaktionalen Benutzeroberflächen eingebettet und damit integraler Bestandteil von SAP S/4HANA sind. Sie benötigen keine zusätzlichen Infrastrukturen oder Dienste zur Datenreplikation. Solche analytischen Anwendungen arbeiten direkt mit den in SAP HANA gespeicherten Bewegungsdaten und kommen ohne Datenreplikation aus. Es ist beispielsweise nicht ungewöhnlich, dass die Replikation der Bewegungsdaten in ein angeschlossenes Business Warehouse acht Stunden oder mehr dauert. Analysen und Berichte auf Basis dieser Daten können demnach keinen Aufschluss darüber geben, was gerade in Echtzeit passiert ist. Ein solches Reporting auf Basis alter Daten ist für Geschäftsszenarien im Ersatzteilmanagement oder im Einzelhandel ungeeignet, bei denen schnelle Entscheidungen gefragt sind und gleichzeitig eine umfangreiche Anzahl von Geschäftsvorgängen in kurzer Zeit verarbeitet werden muss. Dank Embedded Analytics können Sie Ihre Entscheidungen auf der Grundlage von Geschäftsdaten treffen, die gerade erst vor einer Millisekunde in SAP HANA gespeichert wurden.

Die Vorteile von Embedded Analytics werden in den folgenden Beispielen aus dem betrieblichen Alltag mit SAP S/4HANA deutlich:

- Ein Materialbedarfsplaner ist für die Verfügbarkeitsanalyse für JIT-Abrufe (Just-in-Time) von Komponenten verantwortlich. Hierzu muss er die angeforderten Komponenten mit den JIT-Abrufen abgleichen können. Für die notwendige Abstimmung mit Mitarbeiter*innen aus den Bereichen Versand, Transport- und Produktionsplanung ist der Zugang zu Echtzeitinformationen für präzise Entscheidungen unerlässlich.
- Eine Spezialistin für die Auswertung von Zählerdaten aus der Versorgungsbranche kommt ohne eine Echtzeitabbildung des Fortschritts bei der Zählerablesung zu einem geplanten Rechnungsdatum nicht aus. Nur so ist es möglich, potenzielle Probleme – wie etwa fehlende oder fehlerhafte Zählerstände – zu erkennen und rechtzeitig Korrekturmaßnahmen anzustoßen.
- Ein Einkäufer, der entscheiden muss, welchen Lieferanten er einer bestimmten Bestellanforderung zuordnet, profitiert davon, dass Informationen zu den Lieferanten, wie deren Bewertung, deren Liefertreue und deren Umsatz in der Vergangenheit, auf derselben Benutzeroberfläche dargestellt werden, über die auch die Zuordnung erfolgt.
- Eine für die Bearbeitung gesperrter Aufträge zuständige Vertriebsmitarbeiterin ist auf Kriterien wie den Auftragswert, den erwarteten Gewinn und eine Prognose hinsichtlich des Zahlungsverhaltens von Kunden angewiesen, um zu entscheiden, welche Aufträge sie schwerpunktmäßig bearbeiten soll. Anhand dieser Informationen kann sie etwa Entscheidungen darüber treffen, ob das Kreditlimit eines Kunden erhöht werden oder die Sperre für den Auftrag aufgehoben werden soll.

In allen diesen Beispielen stützen für eine bestimmte Aufgabe verantwortliche Personen sich bei ihren Entscheidungen auf kontextabhängige aggregierte Informationen, um richtige Entscheidungen zu treffen. Die Bereitstellung solcher Informationen im laufenden Betrieb ist der Hauptzweck der Embedded-Analytics-Infrastruktur in SAP S/4HANA.

Im Gegensatz zu Embedded Analytics werden Enterprise-Analytics-Anwendungen unabhängig von SAP S/4HANA entwickelt und implementiert, und zwar in der Regel auf spezialisierten analytischen Plattformen wie SAP Business Warehouse (SAP BW), SAP Analytics Cloud und SAP Datasphere. Analytische Unternehmensanwendungen nutzen die Daten von SAP-S/4HANA-Tenants oder -Systemen entweder per Remote-Zugriff über Live-Verbindungen oder nach einer Replikation in ihre eigenen Speicher. Die Live-Verbindung ermöglicht auch Analysen anhand von Echtzeitdaten.

In den folgenden Abschnitten werden wir das Thema Analytics in SAP S/4HANA eingehend behandeln, einschließlich Embedded Analytics, analytischer Anwendungen, Modellierung und Erweiterbarkeit sowie Enterprise Analytics.

4.1.1 Architektur von Embedded Analytics

Das Herzstück der Laufzeitarchitektur von Embedded Analytics ist das virtuelle Datenmodell (VDM, siehe Abschnitt 2.1), das eine Vielzahl von Analysemodellen in verschiedenen Geschäftsbereichen bereitstellt, die als CDS-Views (Core Data Services) bezeichnet werden (siehe Abbildung 4.1). Die analytischen CDS-Views repräsentieren analytische Querys, Cubes, Dimensionen und Hierarchien.

Der ABAP-Anwendungsserver von SAP S/4HANA umfasst zwei Frameworks für analytische Anwendungen:

- Service Adaptation Definition Language (SADL)
- Analytic Engine

SADL übersetzt die von den SAP-Fiori-Apps ausgehenden OData-Requests in SQL-Anweisungen auf dem relationalen VDM. Dies bietet den Clients einerseits volle Flexibilität bei der Formulierung von Querys unter Verwendung der entsprechenden OData-Syntax. Insbesondere OData V4 bringt mit der neuen Systemabfrageoption `$apply` viele neue Aggregationsfunktionen mit. Andererseits ist der Umfang der SADL-basierten analytischen Funktionen auf das beschränkt, was sich effizient in SQL ausdrücken lässt.

An dieser Stelle tritt die *Analytic Engine* in Aktion. Hierbei handelt es sich um eine Engine für Online Analytical Processing (OLAP), die auf der Technologie des in die ABAP-Plattform eingebetteten Business Warehouse aufbaut, das schon von den Vorgängerlösungen von SAP S/4HANA her bekannt ist. Die Analytic Engine arbeitet mit dem für OLAP-Engines typischen Sternschema. Diese Darstellung des VDM in Form eines Sternschemas wird von den Laufzeitobjekten der Analytic Engine (wie in Abbildung 4.1 dargestellt) bereitgestellt und auf der Grundlage einer speziellen Art von VDM-Artefakten, den sogenannten *analytischen Querys* (analytische Abfragen), generiert.

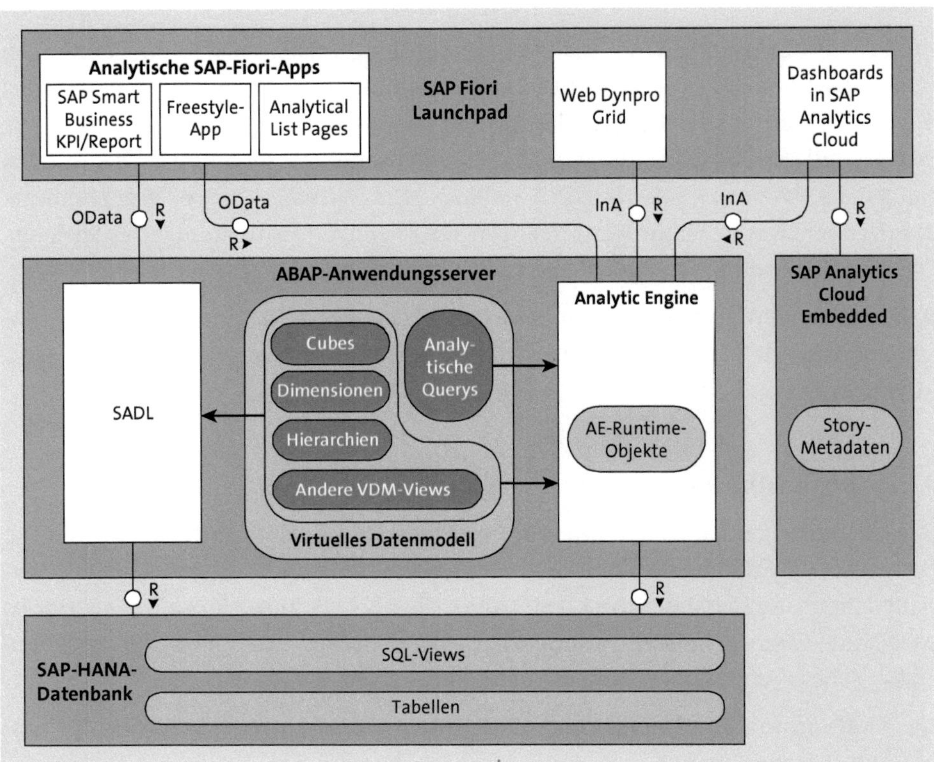

Abbildung 4.1 Laufzeitdiagramm der analytischen Infrastruktur von SAP S/4HANA

Die Analytic Engine bietet eine beeindruckende Menge von Analysefunktionen, die sich in reinem SQL nur schwer ausdrücken lassen. Dazu gehören eine erweiterte Hierarchieverwaltung und flexible Definitionen für Berechnungen nach der Aggregation, einschließlich der Ausnahmeaggregation und der Behandlung intelligenter Einheiten, um nur einige zu nennen. Für diese Funktionen erfordert die Kommunikation zwischen den Clients und der Analytic Engine ein spezielles Protokoll, das als *Information Access* (InA) bezeichnet wird. Bei InA handelt es sich um ein HTTP-basiertes SAP-internes Protokoll, das in SAP-Analytics-Produkten breite Verwendung findet. Neben InA unterstützt die Analytic Engine auch den OData-Zugriff für SAP-Fiori-Apps. Die Unterstützung von OData in der Analytic Engine ist jedoch auf rein analytische Zwecke beschränkt. Sie können analytische und transaktionale Entitäten nicht frei in OData-Services kombinieren.

Die Analytic Engine macht ausgedehnten Gebrauch von den Fähigkeiten von SAP HANA, um analytische Querys möglichst effizient ausführen zu können. Hierzu wird die Ausführung der Querys vom ABAP-Anwendungsserver nach SAP HANA verlagert, wann immer dies aus semantischen Gesichtspunkten und aus Gründen der Performance Sinn ergibt.

SAP S/4HANA Cloud beinhaltet *SAP Analytics Cloud, Embedded Edition*, eine spezielle integrierte Edition von SAP Analytics Cloud, der cloudbasierten Analytics-Lösung von SAP. SAP Analytics Cloud kann sowohl mit allen On-Premise- als auch mit den Cloud-Editionen von SAP S/4HANA verwendet werden. Die analytischen Funktionen der Lösung schließen auch Planungsfunktionen und Funktionen zur Übernahme der Daten aus verschiedenen Systemen ein.

SAP Analytics Cloud, Embedded Edition ist auf eine einzige Live-Verbindung zu dem hostenden SAP-S/4HANA-Cloud-Tenant beschränkt. Die Embedded Edition bietet umfangreiche und ausgefeilte Funktionalität zur Implementierung analytischer Dashboards (Näheres hierzu in Abschnitt 4.1.2). Bei der Einrichtung Ihres Tenants für SAP S/4HANA Cloud wird die Embedded Edition automatisch bereitgestellt und konfiguriert.

Um besser zu verstehen, wie SAP Analytics Cloud auf die Daten von SAP S/4HANA zugreift, kann die Infrastruktur von SAP Analytics Cloud in zwei Hauptkomponenten unterteilt werden:

- Die Laufzeitversion einer Story wird im Browser ausgeführt (in Abbildung 4.1 als Dashboards in SAP Analytics Cloud dargestellt).
- Das Backend von SAP Analytics Cloud dient als Container für spezifische Metadaten einschließlich der Konnektivität und der Dashboard-(Story-)Definitionen.

Beachten Sie, dass das Backend von SAP Analytics Cloud während der Ausführung einer Query nicht an der eigentlichen Datenverarbeitung beteiligt ist. Die Querys werden vollständig im Browser verarbeitet. Folglich verlassen die Daten von SAP S/4HANA auch bei der On-Premise-Bereitstellung nicht das On-Premise-Netzwerk.

4.1.2 Embedded-Analytics-Anwendungen

Embedded-Analytics-Anwendungen in SAP S/4HANA basieren auf einer Reihe von analytischen UX-Mustern. In diesem Abschnitt beschreiben wir die wichtigsten dieser Muster sowie die Arten von SAP-S/4HANA-Anwendungen, die für die effiziente Umsetzung dieser Muster konzipiert wurden. In Abschnitt 9.10 gehen wir auf die Verwendung dieser Muster in SAP S/4HANA Sales ein.

Analytische Anwendungen in SAP S/4HANA unterstützen die von der SAP Fiori UX vorgesehene Intent-basierte Navigation (siehe Abschnitt 3.1.3) und lassen sich daher leicht miteinander und mit anderen Arten von Anwendungen zusammen einsetzen.

Die folgenden analytischen UX-Muster stehen zur Verfügung:

- **Dashboard**
  Dashboards bieten einen Überblick über verschiedene Informationen, die für bestimmte Ziele oder Geschäftsprozesse relevant sind. Dashboards basieren auf mehreren analytischen Querys, die durch gemeinsame Filter und Dimensionen miteinander verbunden sind. Dashboards in SAP S/4HANA basieren auf von SAP Analytics Cloud unterstützter Embedded-Analytics-Funktionalität. SAP S/4HANA wird mit einer Vielzahl von Standard-Dashboards ausgeliefert, wie z. B. das **Treasury-Executive-Dashboard** (SAP-Fiori-ID F4316), **Konzernabschlüsse – Review-Booklet** (SAP-Fiori-ID F6133) und das Dashboard für **Einkaufsausgaben** (SAP-Fiori-ID F4517). Darüber hinaus können Kunden ihre eigenen Dashboards von Grund auf neu erstellen oder die Standardinhalte als Vorlage nutzen.
- **Multidimensionales Reporting**
  Multidimensionales Reporting bietet die Möglichkeit, Daten, die in nur einer einzigen Query zugänglich sind, für eine ausführlichere Analyse nach dem Slice-and-Dice-Verfahren zu analysieren. Standardmäßig nutzt SAP S/4HANA hierzu Web Dynpro Grid Controls. SAP-Fiori-Apps wie **Kundenretouren** (SAP-Fiori-ID W0139), **Profitcenter – Plan/Ist** (SAP-Fiori-ID W0079) und **Warenbewegungsanalyse** (SAP-Fiori-ID W0055) basieren auf diesem Muster.

  In der On-Premise-Edition von SAP S/4HANA wird dieses Muster auch mit Design-Studio-Vorlagen angeboten, auf deren Darstellung in Abbildung 4.1 verzichtet wurde.
- **Mischformen aus transaktionalen und analytischen Anwendungen**
  Mischformen aus transaktionalen und analytischen Anwendungen kombinieren die sich auf ein bestimmtes Business-Objekt beziehenden analytischen Informationen mit den für diesen Objekttyp erlaubten Operationen. Häufig nutzen sie hierzu das Master-Detail-Pattern. In SAP S/4HANA werden solche hybriden Anwendungen als *Analytical List Pages* bezeichnet. Gute Beispiele hierfür sind die Apps **Bestellpositionen überwachen** (SAP-Fiori-ID F2358), **Erfüllung von Kundenaufträgen – Probleme analysieren und klären** (SAP-Fiori-ID F0029A) und **Bruttomarge – Vermutet/Ist** (SAP-Fiori-ID F3417).
- **Key Performance Indicators**
  Bei KPIs handelt sich um hochgradig aggregierte Metriken, die mithilfe von KPI-Kacheln auf einer SAP Fiori Overview Page angezeigt werden können. Dabei handelt es sich um eine besondere Art von analytischer Anwendung auf der Basis des Frameworks SAP Smart Business. Zusätzlich zu den Standard-UX-Funktionen der KPI-Kachel – wie kontextabhängigen Farben und Änderungskennzeichen – unterstützt SAP Smart Business einen generischen Drilldown zur Vertiefung der Analy-

sen. Diese Fähigkeiten können Sie sich beispielsweise in den Apps **Umwandlungsraten von Angeboten** (SAP-Fiori-ID F1904), **Kontraktunabhängige Ausgaben** (SAP-Fiori-ID F0572) und **Zahlungsstatistik** (SAP-Fiori-ID F0693A) ansehen.

4.1.3 Analytische Objekte modellieren

Wie sind die analytischen Modelle im VDM organisiert? Im allgemeinen Modell setzen eine oder mehrere Query Views auf einen Cube View auf (siehe Abbildung 4.2). Die Dimensionen des Cubes werden durch Dimension Views vorgegeben, die sich auf eine oder mehrere Hierarchy Views oder Text Views beziehen können.

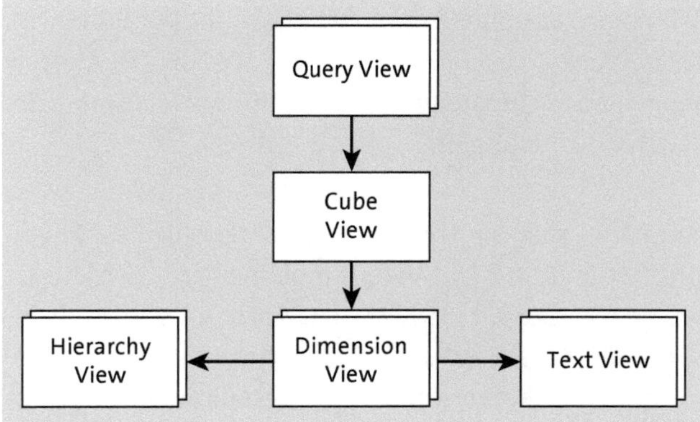

Abbildung 4.2 Organisation der analytischen Modelle im VDM

Nehmen wir diese Arten von Views einmal etwas genauer unter die Lupe:

- **Cube View**
  Kernstück dieses Modells ist eine mit `@Analytics.dataCategory: #CUBE` annotierte Cube View, in der Fakten und die dazugehörigen Dimensionen zusammengebracht werden. Um die Datenpflege in großen Cubes zu vereinfachen, können die Faktendaten in einer separaten View strukturiert werden, die mit der Annotation `@Analytics.dataCategory: #FACT` versehen wird und dann als Basis für den Cube dient. (Aus Gründen der Übersichtlichkeit haben wir diese View nicht mit in das Diagramm aufgenommen.) Beachten Sie, dass alle Felder in einer Cube View entweder als *Kennzahl* (ein für die Aggregation geeignetes Feld) oder als *Dimension* (ein für die Gruppierung geeignetes Feld) betrachtet werden. Die Zuordnung wird durch die Annotation `@Aggregation.default` gesteuert.
- **Dimension Views**
  Mit der Annotation `@Analytics.dataCategory #DIMENSION` versehene Dimension Views bieten zusätzliche Informationen zu den im Cube enthaltenen Dimensionen. Die nicht ausdrücklich in der Cube View enthaltenen Felder der Dimension

View können nur als visuelle Attribute verwendet werden, stehen aber nicht für die Gruppierung und Filterung zur Verfügung.

Im Zusammenhang hiermit ist anzumerken, dass eine Dimension View auch als Quelle für eine analytische Query verwendet werden kann. Normalerweise ist dies sinnvoll, wenn man die Anzahl der Einheiten analysiert, die eine Dimension mit bestimmten Merkmalen bilden.

- **Hierarchy Views**
  Eine Hierarchy View wird mit der Annotation `@ObjectModel.dataCategory:#HIERARCHY` versehen und gibt eine Eltern-Kind-Hierarchie an, die mit einer Dimension verwendet werden soll. Es können mehrere Hierarchien zu derselben Dimension hinzugefügt werden. Die meisten der zentralen Business-Objekte in SAP S/4HANA, wie z. B. die Kostenstelle (VDM-View `I_CostCenter`) oder das Produkt (VDM-View `I_Product`), verwenden entsprechende Hierarchy Views zur sinnvollen Strukturierung von Informationen in den Anwendungen.
- **Analytical Query Views**
  Bei analytischen Querys handelt es sich um spezielle Metadatenobjekte, die von der Analytic Engine interpretiert und als VDM-Views implementiert werden; sie sind mit der Annotation `@Analytics.query: true` versehen. Wie bereits erwähnt, ermöglichen analytische Querys den Zugriff auf die umfangreichen OLAP-Funktionen, die von der Analytic Engine angeboten werden. Zu diesem Zweck steht ein spezieller Satz von Annotationen unter der Domäne `@AnalyticsDetails` zur Verfügung. Die Annotation `@AnalyticsDetails.formula` ermöglicht es beispielsweise, eingeschränkte und berechnete Kennzahlen auf der Grundlage anderer Kennzahlen und Dimensionen zu definieren, die in derselben Query definiert sind. Dies ist mit der Standardsyntax der CDS-View nicht möglich.

  Ein weiteres wichtiges Anwendungsgebiet von analytischen Querys ist die Einschränkung des Wertebereichs eines Cubes. Cubes in SAP S/4HANA beinhalten in der Regel alle für einen bestimmten Geschäftsbereich relevanten Dimensionen und Kennzahlen und bieten somit eine breite Auswahl an analytischen Daten. Analytische Querys, die auf solchen Cubes definiert werden, sorgen für die Fokussierung auf eine bestimmte geschäftliche Perspektive, indem sie die Menge der verfügbaren Kennzahlen und Dimensionen auf einen im jeweiligen Zusammenhang relevanten Ausschnitt beschränken.

4.1.4 Erweiterbarkeit analytischer Anwendungen

Analytische Anwendungen in SAP S/4HANA bieten eine effiziente Möglichkeit zur Visualisierung und Verarbeitung von analytischen Informationen auf der Grundlage der vorhandenen Modelle. Wünschen Sie jedoch noch mehr Leistungsfähigkeit, benötigen Sie mächtige Tools zur Entwicklung von benutzerdefinierten Modellen und

Anwendungen. SAP S/4HANA beinhaltet eine ganze Reihe von analytischen Tools für Key User zusammen mit den entsprechenden Objektarten und Repositorys (siehe Abbildung 4.3).

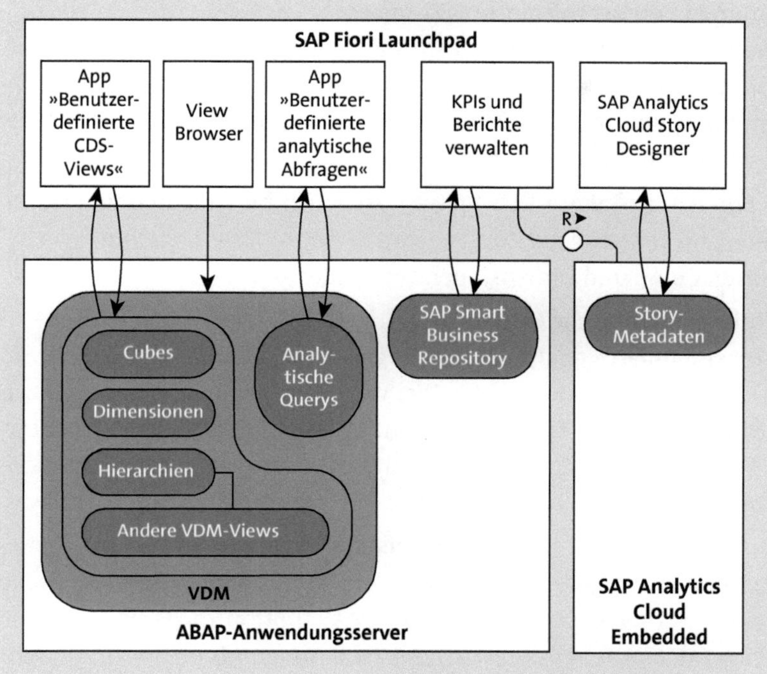

Abbildung 4.3 Designtime der Analytics-Infrastruktur in SAP S/4HANA

Der Zugang zu all diesen Tools wird Benutzer*innen mit der Rolle `SAP_BR_ANALYTICS_SPECIALIST` gewährt. Die dieser Rolle zugeordneten Benutzer*innen werden oft als *Key User* bezeichnet. Alle Tools für Key User sind in die Standardabläufe von SAP S/4HANA Lifecycle Management integriert (siehe Abschnitt 5.1.3). Wir werden diese Erweiterungstools in den folgenden Abschnitten noch näher erläutern.

CDS-basierte Erweiterungstools

Die in diesem Abschnitt beschriebenen Tools sind in allen Editionen von SAP S/4HANA enthalten. In der On-Premise-Edition können die analytischen CDS-Views auch direkt mithilfe der ABAP Development Tools (ADT) bearbeitet werden.

Bezüglich der Tools für Key User und der CDS-Erweiterbarkeit ist es wichtig anzumerken, dass im Allgemeinen nur freigegebene Views für die benutzerdefinierte Erweiterung zur Verfügung stehen. In SAP S/4HANA Cloud Public Edition ist der Zugriff auf die Key-User-Tools nur auf diese freigegebenen Views beschränkt. In SAP S/4HANA und SAP S/4HANA Cloud Private Edition ist es generell möglich, jede CDS-View für die benutzerdefinierte Weiterentwicklung mit den ADT zu verwenden. Dennoch sollte die Verwendung von nicht freigegebenen Views vermieden werden, da sie so geändert werden könnten, dass sie nicht mehr kompatibel sind.

Unter den CDS-basierten Erweiterungstools gibt es einige Schlüsselanwendungen:

- **View Browser und benutzerdefinierte CDS-Views**
  Mit der App **View Browser** können Sie die CDS-Views ausfindig machen, die Sie als Grundlage für Ihre spezifischen Aufgaben und Erweiterungen verwenden möchten. Das macht die App zum Haupteinstiegspunkt, um nach einer geeigneten View zu suchen und ihre Struktur zu untersuchen.

  Mit der App **Benutzerdefinierte CDS-Views** lassen sich benutzerdefinierte CDS-Views definieren. Im analytischen Kontext wird dieses Tool zur Erstellung von benutzerdefinierten Cubes und Dimensionen verwendet.
- **Benutzerdefinierte analytische Querys**
  Die App **Benutzerdefinierte analytische Abfragen** ermöglicht die Erstellung von analytischen Querys für die Analytic Engine. Wie bereits erläutert, unterstützen analytische Querys eine Reihe spezifischer OLAP-Annotationen, die für andere Arten von CDS-Views nicht verfügbar sind. Um diese Funktionalität nutzen zu können, wird dieses spezielle Tool bereitgestellt.

  Das in der App enthaltene Werkzeug **Datumsfunktionen verwalten** zur Festlegung benutzerdefinierter Datumsfunktionen, die als Parameter für analytische Querys verwendet werden können, ermöglicht die Definition von Funktionen wie `NEXT2WEEKS` oder `LASTDAYOFCURRENTYEAR`. Diese Funktionen können sich als sehr hilfreich erweisen, wenn es darum geht, relative Daten und Zeitabstände in den analytischen Querys anzugeben.

App »KPIs und Berichte verwalten«

Die App **KPIs und Berichte verwalten** ist der zentrale Einstiegspunkt für die Erstellung benutzerdefinierter analytischer Apps in SAP S/4HANA. Sie können damit KPIs, Auswertungen und Drilldowns erstellen. Eine *Auswertung* stellt eine spezifischere Variante eines KPI mit zusätzlichen Filtermöglichkeiten dar, und der Begriff *Drilldown* bezeichnet eine Seite mit ausführlicheren Informationen, die sich öffnet, wenn Sie auf eine KPI-Kachel klicken. Eine KPI-Kachel ist ein Widget, das zur Overview Page des SAP Fiori Launchpad hinzugefügt werden kann.

Außerdem können Sie mit der App Storys für SAP Analytics Cloud erstellen und verwalten, die zusammen mit SAP Analytics Cloud, Embedded Edition in SAP S/4HANA Cloud verwendet werden. Wenn Sie die App **KPIs und Berichte verwalten** zusammen mit SAP Analytics Cloud verwenden, können Sie vorhandene Storys aus SAP Analytics Cloud in die SAP-Fiori-App in SAP S/4HANA einbinden.

Mit den *KPI-Kacheln* steht Ihnen ein leistungsstarkes Instrument zur Verfügung, um sich direkt auf der Overview Page des SAP Fiori Launchpad ein umfassendes Bild von den verschiedenen Aspekten eines Geschäftsbereichs machen zu können. Obwohl die KPIs im Cache gespeichert werden, kann die massive Nutzung von KPIs den Tenant – abhängig von der Komplexität der Querys und der Anzahl der aktiven Benutzer*innen – jedoch erheblich belasten. Daher sollten Sie gut abwägen, welche KPIs auf der Overview Page des SAP Fiori Launchpad benötigt werden, und eine sinnvolle Cache-Aktualisierungszeit für diese Werte wählen.

SAP Analytics Cloud Story Designer

Der *SAP Analytics Cloud Story Designer* steht sowohl in SAP Analytics Cloud als auch in SAP Analytics Cloud, Embedded Edition für die Erstellung von Storys zur Verfügung. In SAP Analytics Cloud, Embedded Edition muss eine Story zunächst in der App zur Verwaltung von KPIs und Berichten erstellt werden, bevor sie zur Bearbeitung zur Verfügung steht.

4.1.5 Enterprise-Analytics-Anwendungen

Enterprise Analytics ist ein Sammelbegriff für analytische Anwendungen, die nicht in SAP S/4HANA eingebettet sind, sondern auf Daten zugreifen, die möglicherweise aus mehreren Quellen (einschließlich SAP S/4HANA) stammen. Enterprise Analytics kann mit SAP Business Warehouse, SAP BW/4HANA, SAP Analytics Cloud und seit kurzem auch mit SAP Datasphere aufgesetzt werden.

Bei den Enterprise-Analytics-Szenarien unterscheiden wir zwischen Live-Zugriff und Datenreplikation. Der *Live-Zugriff* wird derzeit nur von SAP Analytics Cloud unterstützt und verwendet das InA-Protokoll (Information Access). Der Live-Zugriff auf Enterprise-Analytics-Anwendungen von SAP Analytics Cloud aus ähnelt den Live-Verbindungen für den Datenzugriff in SAP Analytics Cloud. Der Unterschied besteht darin, dass bei Enterprise Analytics der Live-Zugang, die Konnektivität und die Benutzerverwaltung ausdrücklich von der kundenseitigen IT-Abteilung verwaltet werden müssen.

Für Szenarien, die eine Datenreplikation erfordern, unterstützt SAP S/4HANA die Extraktoren von SAP BW. Darüber hinaus wurde ein neues Framework für CDS-basierte Datenextraktoren implementiert, das einen generischen Extraktionsansatz über ein auf OData V4 basierendes Protokoll unterstützt. Dieses Framework wird als *Cloud Data Integration* (CDI) bezeichnet. Die CDS-basierte Extraktion und CDI werden in Abschnitt 6.8.1 beschrieben.

Datenschutzvorschriften und Datenreplikation

Bei der Verwendung der Datenreplikation müssen Sie die Vorgaben von Datenschutzvorschriften wie der Europäischen Datenschutz-Grundverordnung (DSGVO; siehe auch Kapitel 7) berücksichtigen. Für Enterprise-Analytics-Szenarien unter Beteiligung von SAP-Produkten stellt SAP alle notwendigen Tools bereit, um sicherzustellen, dass die aus einem SAP-S/4HANA-System replizierten Daten mit diesen Vorschriften konform sind. Weitere Informationen zu diesem Thema finden Sie in der entsprechenden Dokumentation der jeweiligen Produkte.

4.2 Machine Learning

Verbesserungen sowohl bei der Rechenleistung als auch bei den zugrunde liegenden Algorithmen, zusammen mit der Verfügbarkeit großer Datenmengen erleichtern die Implementierung von Machine Learning. Machine Learning wiederum kann Backoffice-Prozesse effizienter machen und so zu einer intelligenten ERP-Lösung beitragen. Die SAP S/4HANA zugrunde liegende In-Memory-Datenbank SAP HANA erhöht die Geschwindigkeit von Auswertungen, kombiniert Analyse- und Bewegungsdaten und bringt darüber hinaus innovative eingebettete Machine-Learning-Funktionalität mit. Somit ist Machine Learning von Haus aus in SAP S/4HANA integriert und kann im gesamten Unternehmen eingesetzt werden, um Geschäftsabläufe zu optimieren, die Zufriedenheit der Mitarbeiter*innen bei der Arbeit zu erhöhen und für einen besseren Kundenservice zu sorgen.

Darüber hinaus können sich Benutzer*innen dank Conversational UX in natürlicher Sprache mit SAP S/4HANA interagieren. Bei der Integration von Machine-Learning-Funktionalität in SAP S/4HANA wurden wesentliche Herausforderungen wie die folgenden gelöst:

- **Systematische Integration von Machine Learning in Geschäftsprozessen**
  Machine-Learning-Modelle werden schon seit Jahrzehnten von Data Scientists entwickelt. Diese Modelle waren jedoch häufig Bestandteile spezieller Tools, wurden ausschließlich von Expert*innen genutzt und brachten daher nur einen begrenzten Mehrwert.
- **Unternehmensgerechte Implementierung von Machine Learning**
  Die in SAP S/4HANA eingebundene Machine-Learning-Funktionalität muss unternehmenstauglich sein, was Eigenschaften wie Compliance, Lifecycle Management, Daten- und Prozessintegration, Workload Management und Performance beinhaltet.

Die im nächsten Abschnitt erläuterte Lösungsarchitektur ist die Antwort auf diese Herausforderungen. Zuerst geben wir Ihnen jedoch eine kurze Einführung in die Machine-Learning-Grundterminologie.

Im Rahmen von Machine Learning wird eine definierte Funktionalität realisiert, indem ein mathematisches *Modell* mit Daten *trainiert* wird. Das trainierte Modell wird dann verwendet, um etwa Vorhersagen oder Klassifizierungen aus Eingangsdaten zu berechnen. Dieser Vorgang wird als *Inferenz* bezeichnet.

4.2.1 Machine-Learning-Architektur

Die Architektur von SAP S/4HANA umfasst zwei Ausprägungen von Machine Learning (siehe Abbildung 4.4):

- Embedded Machine Learning, bei dem die Machine-Learning-Anwendung im Backend von SAP S/4HANA läuft
- Side-by-Side Machine Learning unter Verwendung der SAP Business Technology Platform (SAP BTP)

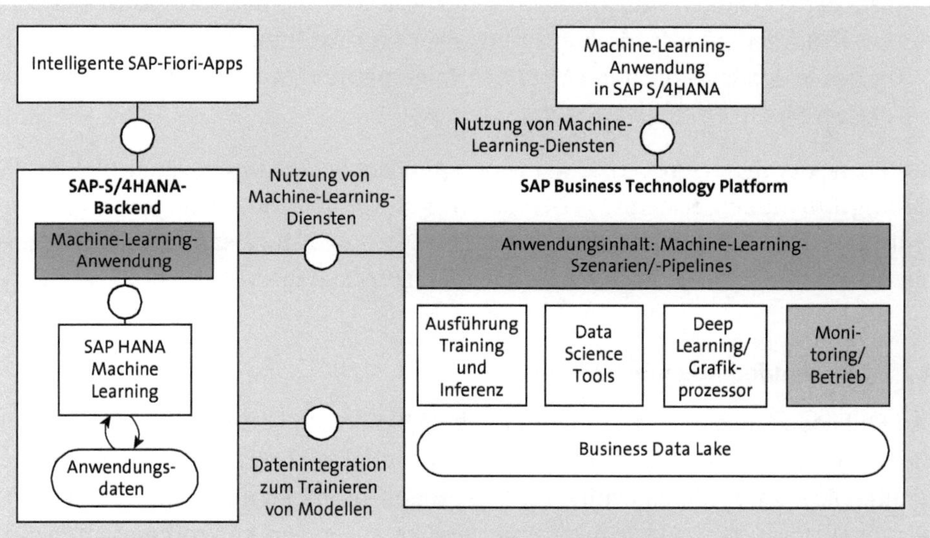

Abbildung 4.4 Die Machine-Learning-Architektur von SAP S/4HANA

Embedded Machine Learning eignet sich für Anwendungsfälle wie Vorhersagen, Kategorisierungen und Trendbestimmungen, die mit herkömmlichen Algorithmen wie Regression, Clustering und Zeitreihenanalyse gelöst werden können. Diese Algorithmen benötigen normalerweise nicht viel Speicher und CPU-Zeit. So können sie innerhalb des SAP-S/4HANA-Backends implementiert werden und weisen damit eine große Nähe sowohl zu den Anwendungsdaten zum Trainieren der Modelle als auch zu den die Ergebnisse konsumierenden Geschäftsprozessen auf. Die Grundlage für die Architektur von Embedded Machine Learning bilden die Machine-Learning-Fähigkeiten von SAP HANA. SAP HANA stellt die erforderlichen Algorithmen als Teil der *SAP HANA Predictive Analysis Library* (PAL) und der *SAP HANA Automated Predictive Library* (APL) bereit.

Anwendungsfälle wie Bilderkennung, Sentimentanalyse und Verarbeitung natürlicher Sprache erfordern Deep-Learning-Algorithmen auf der Basis neuronaler Netze. Zum Trainieren der Modelle benötigen diese Algorithmen in der Regel große Mengen von Daten und lange Laufzeiten der Grafikprozessoren. Solche Szenarien werden auf der SAP BTP implementiert, wofür es mehrere Gründe gibt:

- Die SAP BTP bietet eine skalierbare Infrastruktur für Training und Inferenz, die auf der Technologie von Grafikprozessoren aufbaut. Außerdem nutzt sie Bibliotheken nach dem modernsten Stand der Technik wie TensorFlow und scikit-learn.
- Die Trainings und Inferenzen in der SAP BTP wirken sich nicht auf die Performance von SAP S/4HANA aus, sodass die transaktionalen Geschäftsprozesse nicht beeinträchtigt werden.
- Viele der relevanten Szenarien arbeiten mit Daten wie Bild- und Audiodateien, Textdokumenten, historischen Protokollen und externen Daten. Solche Daten werden in der Regel nicht in SAP S/4HANA gespeichert, sondern im Business Data Lake der SAP BTP.

Auf Ebene der Benutzeroberflächen benötigt Machine Learning zusätzliche Visualisierungsfunktionen, etwa für die Darstellung von Konfidenzintervallen oder Prognosediagrammen. Zur Einbettung von Machine-Learning-Fähigkeiten in die Benutzeroberflächen stellt SAP Fiori Elements daher entsprechende Komponenten bereit.

4.2.2 Embedded Machine Learning

Die Embedded-Machine-Learning-Architektur basiert auf CDS-Views und greift auf die von SAP HANA bereitgestellte Machine-Learning-Funktionalität zurück (siehe Abbildung 4.5). Embedded-Machine-Learning-Algorithmen können sehr viel Systemleistung verbrauchen, da sie in der Regel große Mengen von Anwendungsdaten verarbeiten müssen. Zur Performancoptimierung müssen die Algorithmen daher nahe an den Anwendungsdaten arbeiten. Die in SAP HANA enthaltene PAL und APL bieten statistische und Data-Mining-Algorithmen an. Die von diesen Bibliotheken bereitgestellten Funktionen können von Datenbankprozeduren in SAP HANA aufgerufen werden, die in SQLScript geschrieben sind. Die Algorithmen benötigen Anwendungsdaten als Eingangsdaten für das Training der Modelle. Diese Daten können aus Anwendungstabellen oder aus den auf Datenbankebene für die CDS-Views des VDM erstellten SQL-Views ausgelesen werden. Um die trainierten Modelle in Geschäftsprozessen nutzen zu können, werden sie in speziellen CDS-Views für das Machine Learning gekapselt. Diese CDS-Views basieren auf ABAP-Klassen, die ABAP-Managed Database Procedures (AMDPs) enthalten, um das trainierte Machine-Learning-Modell in SAP HANA aufzurufen. Die CDS-Views für Machine Learning können mit anderen CDS-Views des VDM kombiniert und dann für die jeweiligen Verwender zur

Verfügung gestellt werden. Indem die Machine-Learning-Modelle über CDS-Views verwendet werden, können bestehende Inhalte (z. B. VDM-Views) und Konzepte wie Berechtigungen, Erweiterbarkeit oder UI-Integration wiederverwendet werden. Das Ergebnis ist eine einfache und äußerst leistungsstarke Lösungsarchitektur. Die Ergebnisse der Inferenz werden in die Geschäftsprozesse integriert und den richtigen Personen am richtigen Ort und zur richtigen Zeit zur Verfügung gestellt.

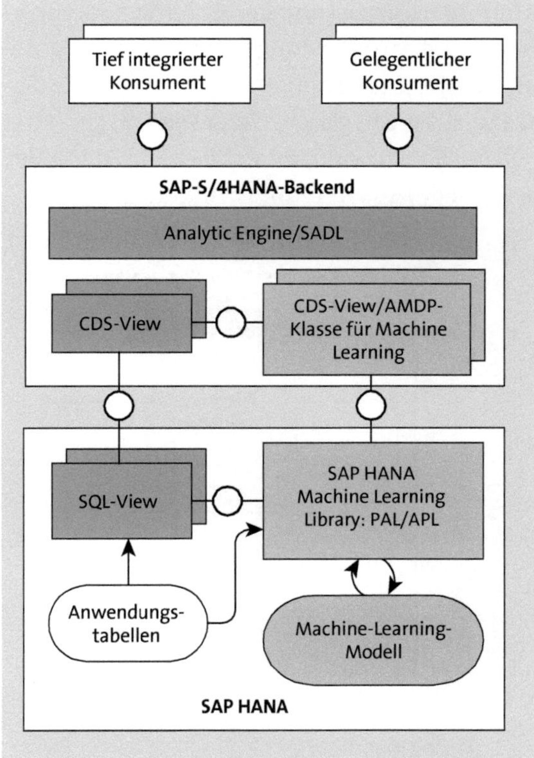

Abbildung 4.5 Architektur von Embedded Machine Learning

Die Embedded-Machine-Learning-Architektur baut also auf CDS-Views auf und greift darüber hinaus auf die von SAP HANA bereitgestellten Machine-Learning-Funktionen zurück. Die Mehrheit der SAP-Kunden haben also mit SAP S/4HANA bereits eine intelligente Lösung an der Hand ohne Side-by-Side Machine Learning nutzen zu müssen, insbesondere wenn der passende Vorhersagealgorithmus automatisch von der eingebetteten PAL/APL-Engine ausfindig gemacht werden kann.

In Abschnitt 9.10 werden wir beschreiben, wie die Vertriebskomponente Embedded-Machine-Learning-Szenarien für Predictive Analytics aufbauend auf dieser Architektur anwendet.

4.2.3 Side-by-Side-Machine-Learning-Architektur

Die SAP BTP beinhaltet einen Data Lake für Geschäftsdaten (*Business Data Lake*). Anwendungsdaten aus SAP S/4HANA können für das Trainieren von Machine-Learning-Modellen extrahiert und dort abgelegt werden. Wie in Abbildung 4.6 veranschaulicht, beruht die Vor- und Nachbearbeitung der Anwendungsdaten auf Pipelines. Dabei steuert und koordiniert die Pipeline Engine komplexe Datenfluss-Pipelines. Diese Engine basiert auf einer skalierbaren Infrastruktur, die von der *SAP BTP, Kubernetes Environment* bereitgestellt wird. Auf der Grundlage der verfügbaren Anwendungsdaten führen Data Scientists Explorationen und Feature Engineering durch, um die Machine-Learning-Modelle zu definieren. Dabei werden gängige Data-Science-Tools wie Jupyter Notebook und Python (siehe *https://jupyter.org*) unterstützt. Für Deep-Learning-Szenarien stellt die SAP BTP eine Grafikprozessoren-Infrastruktur bereit.

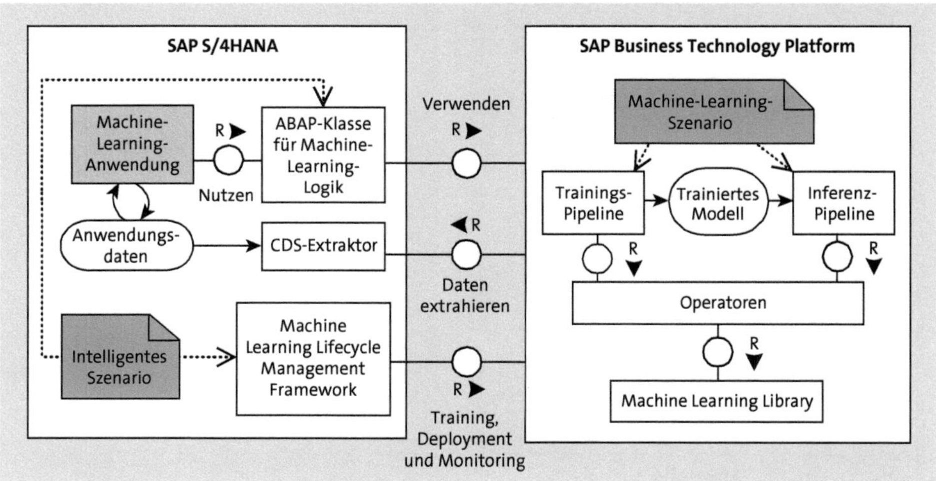

Abbildung 4.6 Parallel geführte Machine-Learning-Architektur

Um Anwendungsfälle für Machine Learning umzusetzen, müssen in den Anwendungen Szenarien und Pipelines für Machine Learning definiert sein. Die SAP BTP organisiert die einzelnen Anwendungsfälle für Machine Learning nach *Machine-Learning-Szenarien*. Diese Artefakte enthalten alle Entwicklungseinheiten, die für die Implementierung eines bestimmten Machine-Learning-Anwendungsfalls erforderlich sind. Die Inferenz- und Trainingsprozesse werden in Form von Pipelines entwickelt, die sowohl aufeinander folgende als auch parallel geführte Tasks enthalten. Insbesondere wird für jedes Machine-Learning-Szenario eine *Trainings-Pipeline* bereitgestellt, die die Trainingsdaten von SAP S/4HANA übernimmt und verarbeitet, um die Algorithmen für den spezifischen Anwendungsfall zu trainieren.

Strukturierte Daten werden vom *Pipeline-Operator* für CDS-Views verarbeitet. Dieser Pipeline-Operator extrahiert Anwendungsdaten aus SAP S/4HANA auf der Grundlage von CDS-Views für Trainingsalgorithmen. Die Pipelines für die Trainings- und Inferenzprozesse werden durch REST-Services exponiert. Sie werden dann von SAP-S/4HANA-Anwendungen im Remote-Verfahren aufgerufen und in die Geschäftsprozesse und Benutzeroberflächen integriert. Damit werden die Machine-Learning-Fähigkeiten als integrierte Funktionalität bereitgestellt.

Auf der Seite von SAP S/4HANA entspricht das *intelligente Szenario* dem Machine-Learning-Szenario-Artefakt auf der SAP BTP. Das intelligente Szenario ist ein Designtime-Artefakt, das einen spezifischen Anwendungsfall für Machine Learning abbildet. Es enthält Metadaten wie den Namen und die Beschreibung des Anwendungsfalls sowie die ABAP-Klasse zur Implementierung der Inferenz-API des Machine-Learning-Modells.

Das Lifecycle-Management-Framework für Machine Learning gewährleistet die einheitliche Integration und den Betrieb von Side-by-Side-Machine-Learning-Szenarien. Zu diesem Zweck stellt das Framework generische Funktionen für das Training, den Einsatz und die Überwachung von Side-by-Side-Machine-Learning-Modellen bereit. Es ermöglicht eine harmonische Integration von Machine-Learning-Funktionen in die Geschäftsprozesse von SAP S/4HANA, indem es standardisierte Interfaces bereitstellt, die die ABAP-Klasse für Machine-Learning-Logik implementieren muss.

4.2.4 Machine Learning in SAP-S/4HANA-Anwendungen

SAP S/4HANA unterstützt zahlreiche Anwendungsfälle für Machine Learning. Diese Anwendungsfälle sind entweder dem Embedded oder Side-by-Side Machine Learning zuzuordnen. Sie folgen den folgenden Anwendungsmustern für Machine Learning:

- **Abgleich**
  Das Abgleichmuster weist Beziehungen zu und erkennt Ähnlichkeiten und Abweichungen in einem gegebenen Datensatz. Manuelle Abgleiche sind für die Benutzer*innen mit einem hohen Zeitaufwand verbunden. Intelligente Systeme können Entscheidungen im Rahmen von Abgleichen erheblich beschleunigen, indem sie Machine-Learning-Verfahrensweisen umsetzen. Das System kann dabei eine oder mehrere Strategien zur Verknüpfung ähnlicher Objekte verfolgen. Die Benutzer*innen müssen die Vorschläge dann nur noch genehmigen, ablehnen oder an ihre Bedürfnisse anpassen. Für die Entwicklung von Abgleichmustern werden häufig Algorithmen wie XGBoost, Multilayer Perceptron, k-Means, k-Nearest Neighbors und neuronale Netze verwendet.
- **Empfehlung**
  Das Empfehlungsmuster schlägt kontextabhängig passende Datensätze oder Aktionen vor. Intelligente Systeme können die Benutzer*innen unterstützen, indem sie geeignete Inhalte empfehlen oder bestimmte Aktionen oder Eingaben vorschlagen, die die Benutzer*innen aller Wahrscheinlichkeit nach ausführen möch-

ten. Üblich sind hier vorgeschlagene Inhalte, Eingabedaten oder Lösungen. Typische Machine-Learning-Algorithmen, die in diesem Zusammenhang zum Einsatz kommen, sind XGBoost, ein mehrschichtiges Perzeptron, Textanalyse und rekurrente neuronale Netze.

- **Ranking**
  Ein Ranking unterscheidet zwischen im aktuellen Kontext relevanten und weniger relevanten Datensätzen. Zusammengehörige Elemente werden dazu nach bestimmten, für den geschäftlichen Kontext der Benutzer*innen relevanten Kriterien – wie etwa Menge, Priorität oder Punktzahl – in eine Rangfolge gebracht. Wir unterscheiden zwischen einer Rangliste, die einen bereits verfügbaren Wert verwendet, und einer Rangliste, die auf einem mittels Machine Learning berechneten Wert basiert. Typische Machine-Learning-Algorithmen, die in diesem Zusammenhang zum Einsatz kommen, sind XGBoost, k-Means, Gaussian Mixture Model, k-Nearest Neighbors und neuronale Netze.
- **Vorhersage**
  Dieses Muster sagt zukünftige Daten und Trends auf der Grundlage von aus historischen Daten ermittelten Mustern voraus und berücksichtigt dabei alle potenziell relevanten Informationen. Auf prädiktiven Modellen beruhende intelligente Systeme tragen erheblich dazu bei, die Kosten zu senken, die Unternehmen sonst für die Vorhersage von Geschäftsergebnissen, Umweltfaktoren, Wettbewerbsentwicklungen und Marktbedingungen aufwenden müssten. Bei prädiktiven Modellen wird zwischen parametergebundenen und nicht parametergebundenen Klassen unterschieden. Typische Machine-Learning-Algorithmen, die in diesem Zusammenhang zum Einsatz kommen, sind Regression, Random Forests, Entscheidungsbäume und neuronale Netze.
- **Kategorisierung**
  Dieses Anwendungsmuster ordnet Datensätze vordefinierten Gruppen (Klassen) zu. Außerdem deckt die Kategorisierung neue Gruppen (Cluster) in den Datensätzen auf. Ein Anwendungsfall ist etwa die Kundensegmentierung, um den verschiedenen Kundengruppen passende Produktangebote und gezieltes Marketing zukommen zu lassen. Ein anderer Anwendungsfall ist die Aufdeckung von Betrug. Die Kategorisierung ist eine komplexe Aufgabe, bei der intelligente Systeme durch die Anwendung von Machine-Learning-Algorithmen wie Klassifizierung, Clustering, XGBoost, k-Means und neuronalen Netzen dazu beitragen können, den Automatisierungsgrad zu erhöhen.
- **Conversational UX**
  Conversational UX meint die Interaktion mit dem System auf der Grundlage einer Konversation in natürlicher Sprache. Die Möglichkeit, mit einem digitalen Assistenten ein Gespräch über Geschäftsprozesse zu führen, ist ein wichtiger Bestandteil der UX einer intelligenten Anwendung.

SAP hat seine Strategie darauf ausgerichtet, für jedes Anwendungsmuster ein einheitliches Konzept und ein Implementierungs-Framework bereitzustellen. So können Entwicklungsteams die Anwendungsmuster für Machine Learning als wiederverwendbare Bausteine einsetzen, um die Implementierung der Anwendungsfälle für Machine Learning zu beschleunigen. Es würde den Rahmen dieses Buches sprengen, alle von SAP S/4HANA bereitgestellten Machine-Learning-Anwendungen zu erläutern, aber wir listen die zehn wichtigsten Machine-Learning-Anwendungen in Tabelle 4.1 auf.

Anwendungsfall	Schlüsselaufgabe im Rahmen von Machine Learning	Anwendungsmuster	Technisches Muster
intelligenter Genehmigungs-Workflow (Geschäftsprozess: Procure-to-Invoice)	Steigerung der Effizienz des Bestellanforderungsprozesses, indem Workflow-Anforderungen durch Machine Learning unter Berücksichtigung historischer Daten automatisch identifiziert und genehmigt werden	Empfehlung	Side-by-Side Machine Learning
langsam absetzbare Bestände (Geschäftsprozess: Make-to-Order [MTO])	Identifizierung und Vorhersage von Bestandsposten, bei denen es sich um langsam absetzbare Bestände handelt oder die zu solchen werden könnten, um die Produktionsplanung und die Beschaffung zu unterstützen	Vorhersage	Embedded Machine Learning
Vorhersage der Ankunft von Transitbeständen (Geschäftsprozess: Transitbestand)	Vorhersage von Versandterminen für alle Warenbewegungen, damit Benutzer*innen Maßnahmen zur Vermeidung von Lieferverzögerungen ergreifen können	Vorhersage	Embedded Machine Learning
materialbezogene Ausnahme in der Materialbedarfsplanung (Geschäftsprozess: MTO)	Versetzt Materialbedarfsplaner*innen in die Lage, direkt über nicht mehr benötigte Bestellungen oder Fertigungsaufträge auf dem Laufenden zu sein.	Empfehlung	Embedded Machine Learning

Tabelle 4.1 Die zehn wichtigsten von SAP S/4HANA bereitgestellten Machine-Learning-Anwendungen

Anwendungsfall	Schlüsselaufgabe im Rahmen von Machine Learning	Anwendungsmuster	Technisches Muster
SAP Cash Application (Geschäftsprozess: Invoice-to-Cash)	Automatisierung der arbeitsintensiven Verrechnung von Zahlungseingängen durch Abgleich mit den entsprechenden Forderungen	Abgleich	Side-by-Side Machine Learning
intelligente Rückstellungen (Geschäftsprozess: Record-to-Report)	verbesserte Cashflow-Planung durch schnellere und genauere Berechnung von Rückstellungen und Aufschüben	Ranking	Side-by-Side Machine Learning
intelligente Abstimmung der Wareneingangs-/Rechnungseingangskonten (Geschäftsprozess: Invoice-to-Pay)	Durchführung des Prozesses für den Finanzkontenabgleich zur Verbesserung der Genauigkeit der Finanzabschlüsse und zur Sicherstellung der Compliance bezüglich der unternehmensinternen Vorschriften	Empfehlung	Side-by-Side Machine Learning
Transitbestand (Geschäftsprozess: MTO)	Vorhersage von Verzögerungen bezüglich der Warenbestände, die zwischen verschiedenen Werken und Lagerorten unterwegs sind, damit Artikel, bei denen der geplante Liefertermin erheblich vom vorhergesagten Liefertermin abweicht, entsprechend markiert werden können	Vorhersage	Side-by-Side Machine Learning
Einkauf anhand von Bildern (Geschäftsprozess: Procure-to-Invoice)	katalogübergreifende Suche und Anzeige der laut der Ähnlichkeitsbewertung am besten passenden Artikel basierend auf dem Machine-Learning-gestützten, auf SAP Data Intelligence laufenden Bilderkennungsdienst	Kategorisierung	Side-by-Side Machine Learning

Tabelle 4.1 Die zehn wichtigsten von SAP S/4HANA bereitgestellten Machine-Learning-Anwendungen (Forts.)

Anwendungsfall	Schlüsselaufgabe im Rahmen von Machine Learning	Anwendungs-muster	Technisches Muster
vertraglicher Verbrauch (Geschäftsprozess: Source-to-Contract)	Vermeidung der vorzeitigen Ausschöpfung von Mengenkontrakten durch Vorhersage des Termins, zu dem die vertragliche Menge vollständig aufgebraucht ist	Vorhersage	Embedded Machine Learning

Tabelle 4.1 Die zehn wichtigsten von SAP S/4HANA bereitgestellten Machine-Learning-Anwendungen (Forts.)

4.3 Intelligente Situationsverarbeitung

Auch wenn Geschäftsprozesse noch so gut implementiert sind, laufen sie nicht immer von Anfang bis Ende reibungslos und unterbrechungsfrei. SAP hat das Konzept der intelligenten *Situationsverarbeitung* erfunden, um Benutzer*innen beim Umgang mit unerwarteten Situationen zu unterstützen. Von einer *Situation* ist in diesem Kontext die Rede, wenn Handlungsbedarf im Zusammenhang mit einem Business-Objekt besteht und die Benutzer*innen darüber informiert werden sollen. Die Situationsverarbeitung ist ein Beispiel dafür, wie SAP S/4HANA einen Standard für das softwareseitige *Management by Exception* (Management nach dem Ausnahmeprinzip) setzt. Die Situationsverarbeitung erkennt Handlungsbedarf in Geschäftsprozessen und macht die Benutzer*innen darauf aufmerksam. Durch Nutzung des *Responsibility Management* werden den zuständigen Benutzer*innen die Situationen zusammen mit allen relevanten Informationen und Maßnahmen angezeigt, ohne dass sie selbst aktiv danach suchen müssten.

Die Situationsverarbeitung sammelt Angaben zum Status der Situationen und zu Aktionen der Benutzer*innen sowie Attributwerte der relevanten Objekte. Zusammen bilden diese Daten den Kontext der Situation. Im Laufe der Zeit entsteht so ein umfassender Datenbestand für den durch eine bestimmte Situationsart definierten Anwendungsfall. Dieser Datenbestand kann sowohl für erweiterte Analysen als auch als Datenbasis für Machine Learning und Automatisierung genutzt werden.

Dringende und wichtige Probleme werden damit automatisch erkannt und an die richtigen Gruppen von Benutzer*innen weitergeleitet, was die Geschäftsprozesse beschleunigt. Die Benutzer*innen können sofort handeln, und es werden weniger Probleme übersehen. Benutzer*innen werden auf intelligente Weise dabei unterstützt, die richtigen Entscheidungen zu treffen und Geschäftsprozesse kontinuierlich zu optimieren.

In den folgenden Abschnitten werden wir uns eingehender mit den Funktionen der Situationsverarbeitung befassen. Dazu werden wir mit einem Beispiel beginnen und dann mit dem technischen Hintergrund, der Erstellung von benutzerdefinierten Anwendungsfällen, der meldungsbasierten Situationsverarbeitung, und der Automatisierung fortfahren und schließlich auf User Experience und Anwendungsfälle eingehen.

4.3.1 Beispiel: Kontrakt ist als Bezugsquelle bereit

Betrachten wir einen einfachen Prozess in der betrieblichen Beschaffung. Diese Prozesse beginnen in der Regel damit, dass Anfordernde über ihre Warenkörbe Produkte bestellen. Aus dem Warenkorb heraus wird eine Bestellanforderung erstellt. Im nächsten Schritt weisen operative Einkäufer*innen diesen Bestellanforderungen Bezugsquellen zu. In unserem Beispiel besteht ein Kontrakt mit einem Lieferanten, in dem Preise ausgehandelt und Lieferbedingungen festgelegt wurden. Aus der Bestellanforderung wird auf Basis dieses Kontrakts eine Bestellung für diesen Lieferanten erstellt. Der Lieferant liefert die Produkte, und nach dem Wareneingang wird die vom Lieferanten erhaltene Rechnung bezahlt.

Bei einem derartigen Geschäftsprozess können sich eine Vielzahl von Fragen und Problemen ergeben. So kann es z. B. vorkommen, dass es keinen gültigen Lieferantenkontrakt für das bestellte Produkt gibt. Die Beschaffung von Produkten ohne Kontrakt kann jedoch zu höheren Preisen und suboptimalen Lieferbedingungen führen. In diesen Fällen müssen strategische Einkäufer*innen Kontrakte mit Lieferanten aushandeln – und zwar in der Regel für mehrere Produkte – und dann die Kontraktdaten in das System eingeben. Diese Informationen werden an die operativen Einkäufer*innen weitergeleitet, die das System nach den passenden Bestellanforderungen durchsuchen und den ausgehandelten Kontrakt als Bezugsquelle zuweisen. Danach kann der Bestellvorgang fortgesetzt und das Produkt dem Kontrakt entsprechend geliefert werden.

Die Kommunikation mit den Einkäufer*innen über einen neuen Kontrakt und die enthaltenen Produkte, die Suche nach den passenden Bestellanforderungen und die Zuweisung der Bezugsquellen können sich als ein langwieriger und fehleranfälliger Prozess erweisen. Derartige Situationen können mit der Situationsverarbeitung deutlich effizienter gelöst werden.

Bei Verwendung der Situationsvorlage **Kontrakt ist als Bezugsquelle bereit** werden die zuständigen operativen Einkäufer*innen automatisch über die Verfügbarkeit von Kontrakten benachrichtigt, wobei die Benachrichtigungen Verweise auf die entsprechenden Bestellanforderungen enthalten. Durch einen Klick auf die Benachrichtigung werden die Einkäufer*innen direkt auf die Objektseite der Bestellanforderung weitergeleitet, wo eine hervorgehobene Situationsmeldung – **Kontrakt ist als Bezugs-**

quelle bereit – angezeigt wird. Im Abschnitt mit der Überschrift **Weitere Informationen** werden Daten über den zur Verfügung stehenden Kontrakt angezeigt. Die vorgeschlagene Aktion **Kontrakt zuordnen** führt unmittelbar zur Zuordnung des betreffenden Vertrags als Bezugsquelle und damit zur Lösung der Situation (siehe Abbildung 4.7).

Abbildung 4.7 Objektseite mit Situationsmeldung, zugehörigen Informationen und Aktion

4.3.2 Technischer Hintergrund

Die Situationsverarbeitung unterstützt sowohl vordefinierte als auch benutzerdefinierte Anwendungsfälle. Mit dem Standard-Framework werden in SAP S/4HANA eine große Anzahl von Situationsvorlagen für vordefinierte Anwendungsfälle in verschiedenen Anwendungsbereichen ausgeliefert. Diese Vorlagen sind mit minimalem Aufwand einsetzbar. Mit dem erweiterten Framework können Sie benutzerdefinierte Anwendungsfälle erstellen und vordefinierte Situationsvorlagen nutzen (siehe Abbildung 4.8).

Eine Situationsvorlage enthält Links zu den zugrunde liegenden technischen Objekten. Dazu gehören die CDS-View des *Auslöserobjekts* und die CDS-View des *Ankerobjekts*. Bei einigen Anwendungsfällen können Auslöser- und Ankerobjekte identisch sein. Die Situationsvorlage definiert eine Abfrage auf den CDS-Views des Auslöser- und des Ankerobjekts, die die Objekte gemäß den Bedingungen des Anwendungsfalls filtert. Für die aus der Situationsvorlage abgeleiteten Situationsarten erstellt das Framework anhand des Ergebnisses dieser Abfrage Situationsinstanzen und ordnet diese dem Ankerobjekt zu.

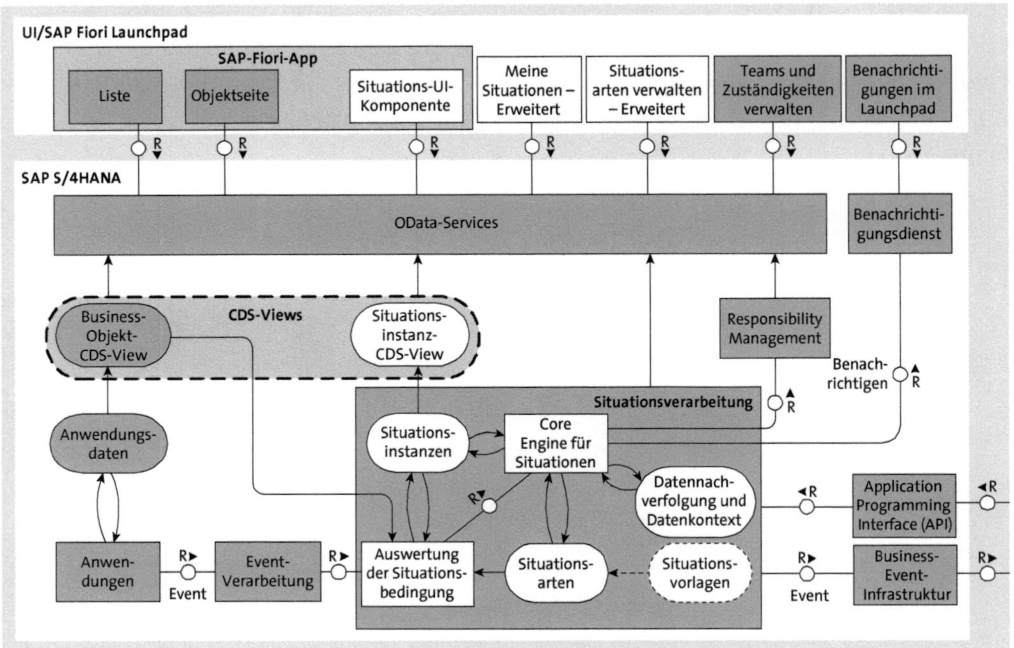

Abbildung 4.8 Die Architektur der Situationsverarbeitung in SAP S/4HANA

In dem Beispiel für die Situationsvorlage **Kontrakt ist als Bezugsquelle bereit** ist der neue Kontrakt das Auslöserobjekt und die Bestellanforderung das Ankerobjekt. Die Situationsinstanz wird der Bestellanforderung (auf der Ebene der Positionen) mit einem Verweis auf das Auslöserobjekt (den Kontrakt) zugeordnet.

Situationsvorlagen sind kontextspezifische Vorschläge zur Problemlösung für Key User, die diese Vorlagen bei einem bestimmten Prozessschritt innerhalb eines bestimmten Geschäftsbereiches verwenden können.

Um eine Situationsvorlage zu verwenden und die Erkennung von Situationen zu aktivieren, erstellen Key User *Situationsarten* aus den jeweiligen Situationsvorlagen. Sie geben der Situationsart einen Namen und können die Filterbedingungen entsprechend den Anforderungen der jeweiligen Anwendungsfälle anpassen. Sie können z. B. Situationsinstanzen erstellen, die nur für eine bestimmte Einkaufsgruppe gültig sind. Darüber hinaus können die Key User die Texte (einschließlich der Attribute) ändern, die den Benutzer*innen in den Benachrichtigungen und Situationsmeldungen angezeigt werden. Außerdem legen die Key User Zuständigkeitsdefinitionen an, die bewirken, dass die richtigen Benutzer*innen informiert werden, und wählen die relevanten Optionen für die Benachrichtigungen und zur Nachverfolgung der Daten aus. Schließlich wird die Situationsart aktiviert.

Sie können Situationsarten verwenden, um kundenspezifische Anwendungsfälle anhand unterschiedlicher Filterbedingungen voneinander abzugrenzen. Beispielsweise können Sie eine Situationsart für Werke in Europa und eine andere für Werke im asiatisch-pazifischen Raum anlegen und dabei unterschiedliche Einkäufergruppen, Texte und Zuständigkeiten spezifizieren.

Die Situationsvorlage definiert auch den *Auslösertyp*, der Event-basiert oder Batch-basiert sein kann, also mit einem Hintergrundjob realisiert. Jedes Mal, wenn die Auswertung einer Situationsart ausgelöst wird, werden die entsprechenden CDS-Views abgefragt und die Daten entsprechend den festgelegten Bedingungen gefiltert. Alle Elemente in der Ergebnismenge sind Kandidaten für neue Situationsinstanzen. Pro Situationsart kann es genau eine Situationsinstanz für ein Ankerobjekt geben. Die Situationsverarbeitung entscheidet dabei anhand eines komplexen Entscheidungsprozesses, ob Situationsinstanzen erstellt, aktualisiert oder gelöscht werden sollen.

Bei unserem Beispiel handelt es sich um ein Event-basiertes Beispiel. Immer wenn ein neuer Kontrakt erstellt oder ein bestehender Kontrakt aktualisiert wird, löst das Business-Objekt »Lieferantenkontrakt« einen Event aus, woraufhin die Bedingungen für die entsprechende Situation ausgewertet werden.

Wenn in der Situationsart *Benachrichtigungen* aktiviert sind, informiert die Situation Engine die zuständigen Benutzer*innen über neue Situationsinstanzen. Die zuständigen Benutzer*innen werden entsprechend den in der Situationsart getroffenen Einstellungen und verfügbaren Attributwerten ermittelt, indem der Service für das Responsibility Management aufgerufen wird.

Wenn in der Situationsart das *Monitoring* aktiviert ist, werden alle Aktivitäten im Kontext der Situationsinstanzen aufgezeichnet. Zu den Aktivitäten gehören das Anlegen, Aktualisieren oder Löschen von Situationsinstanzen oder Aktivitäten der Benutzer*innen, wie etwa die Verwendung eines Lösungsvorschlags (Quick Action) oder das Abschließen einer Situation.

Wenn die Situationsvorlage eine *Datenkontextdefinition* enthält, kann bei Statusänderungen an der Situationsinstanz ein Datenkontext gespeichert werden. Der Datenkontext enthält diejenigen Attribute der Views der Trigger- und der Ankerobjekte, die in der Regel für die Entscheidung der Benutzer*innen relevant sind, um eine derartige Situation zu lösen, oder die als Parameter für eine solche Aktion verwendet werden.

Im vorliegenden Beispiel können der Kontrakt, die Bestellanforderung, der Lieferant, das Material, die Mengen, die Preise und so weiter Teil des Datenkontexts sein. Die Erstellung eines Datenkontexts wird vom Situationsverarbeitungs-Framework durch einen Event mitgeteilt. Datenkontexte können über das *Business Situation API* abgefragt werden. Der Datenkontext wird als JSON-Dokument bereitgestellt.

4.3.3 Benutzerdefinierte Anwendungsfälle

Das erweiterte Framework ermöglicht die Erstellung benutzerdefinierter Anwendungsfälle (siehe Tabelle 4.1). Da die Situationsverarbeitung lose mit den Anwendungen gekoppelt ist, erfolgt die Modellierung der Situationsdefinitionen auf der Grundlage der freigegebenen technischen Anwendungsartefakte. Um eine Anwendung um benutzerdefinierte Situationen zu erweitern, muss ihre Implementierung nicht angetastet werden.

Im Situationsverarbeitungs-Framework werden Business-Objekte als *Situationsobjekte* modelliert. Diese enthalten Verweise auf das Datenmodell einschließlich der CDS-Views, relevante Business Events (Geschäftsereignisse), Aktionen zur Navigation in die Anwendung und Callback-Aktionen, die die Situation direkt lösen.

Ein *Situationsszenario* definiert die Beziehung zwischen einem Ankerobjekt und einem oder mehreren Auslöserobjekten. Es enthält Mapping-Informationen, Informationen zum Auslöseverhalten und die Auswahl der Datenfelder. Es kann mehrere Auslöserobjekte geben, und in einigen Fällen können Auslöser- und Ankerobjekte auch miteinander identisch sein. Das Situationsszenario definiert auch die Attribute, die in der Listenansicht der App **Meine Situationen – Erweitert** angezeigt werden, sowie die Situationsseite mit den dazugehörigen Informationen, Lösungsvorschlägen und Navigationsaktionen.

Eine Situationsvorlage wird aus einem Szenario abgeleitet und dient als Vorlage für einen Anwendungsfall. Die Situationsvorlage enthält Voreinstellungen für Bedingungen, Texte für die Benutzer*innen und Parameter für das Responsibility Management. Die Situationsvorlagen im erweiterten Framework bieten weitergehende Funktionen, z. B. die Möglichkeit, das Verhalten beim Schließen einer Aktion zu beeinflussen oder um zusätzliche Aggregationsoptionen für Benachrichtigungen auf der Grundlage ausgewählter Attribute zu ergänzen.

Die folgende Auflistung gibt eine Übersicht über die verschiedenen Elemente die bei der Definition von Situationen mit dem erweitertem Situationsverarbeitungs-Framework eine Rolle spielen:

- **Anwendungsartefakte**
  - CDS-Views
  - Business Events
  - UI-Anwendungen (Intent-basierte Navigation)
  - Parameter
  - Implementierung von Aktionen
- **Situationsobjekt**
  Modell eines Business-Objekts mit Events zum Auslösen der Situationsbehandlung und von Aktionen zum Lösen der Situation

- **Situationsszenario**
  Definiert einen Gültigkeitsbereich für ein Ankerobjekt mit Zuordnung von Auslöserobjekten und weiteren Informationen einschließlich des Layouts der Situationsseite.
- **Situationsvorlage**
  Aus einem Szenario abgeleitete Vorlage für Anwendungsfälle mit Standardeinstellungen, wie z. B. Bedingungen und Texten
- **Situationsart**
  Zur Verfeinerung von Anwendungsfällen und zum Erzeugen von Situationen

Die Modellierung von Situationsobjekten, Situationsszenarien und Situationsvorlagen im erweiterten Framework erfolgt in einem SAP-S/4HANA-Testsystem oder -Tenant, in dem auch die Situationsart getestet wird. Die Situationsart wird dann in das Produktivsystem oder den Produktiv-Tenant von SAP S/4HANA transportiert, wo anhand der dort verfügbaren Daten auch die Bedingungsfilter gesetzt werden können.

4.3.4 Meldungsbasierte Situationsverarbeitung

Eine spezielle Variante der Situationsverarbeitung ist die *meldungsbasierte Situationsverarbeitung*. Sie wurde zum Zweck der Massenverarbeitung von Daten implementiert, wie sie in SAP S/4HANA Finance z. B. im Contract Accounting (siehe Abschnitt 14.6.7), im Abrechnungsmanagement oder in Central Finance (siehe Abschnitt 14.8) vorkommen.

Der Prozess zur Massenverarbeitung von Daten läuft in der Regel hochautomatisiert ab und beinhaltet eine ausgefeilte Fehlerbehandlung. Es können jedoch Probleme auftreten, zu deren Lösung ein menschliches Eingreifen erforderlich ist. Diese Fehler oder Warnungen werden in der Regel in Form von Meldungen in ein Protokoll, wie etwa ein Anwendungsprotokoll, geschrieben und von einem Administrator oder einer Administratorin ausgewertet. Idee der meldungsbasierten Situationsverarbeitung ist es nun, ausgewählte Meldungen, die beim Auftreten bestimmter Probleme entstehen können, in Situationen umzuwandeln und die verantwortlichen Benutzer*innen basierend auf Attributwerten direkt zu informieren. Anstatt die Meldungen in ein Protokoll einzutragen, führt die Anwendung diese über eine API der meldungsbasierten Situationsverarbeitung zu.

Bei der meldungsbasierten Situationsverarbeitung können Benutzer*innen mehrere Meldungen zusammenfassen und eine Situationsvorlage für ein Problemmuster erstellen, z. B. eine Vorlage für die Situation *Account Locked* für ein gesperrtes Konto. Konfigurationsexpert*innen können aus einem Verzeichnis von Aktionen diejenigen auswählen, die zur Lösung des zugrunde liegenden Problems beitragen. Alle sich aus einem solchen Batch-Prozess ergebenden Situationen werden in der App **Meine Situationen – Erweitert** den zuständigen Benutzer*innen angezeigt und können wie die objektbasierten Situationen verwaltet werden. Die Benutzer*innen können die Detailangaben zu der Situation auf der Situationsseite prüfen und die vorgeschlagenen Aktionen zu ihrer Behebung durchführen. Die vorgeschlagenen Aktionen ermöglichen es den Benutzer*innen, die Situationen sofort zu lösen, was den Prozess erheblich beschleunigt. Alternativ dazu kann eine Situation manuell geschlossen werden.

4.3.5 Intelligent Situation Automation

Die Situationsverarbeitung kann in Verbindung mit dem Service *Intelligent Situation Automation* auf der SAP BTP eingesetzt werden. Auf diese Weise kann die Situationsverarbeitung kontinuierlich verbessert werden – beginnend mit einer rein manuellen Bearbeitung über eine hochwertige systemunterstützte Situationsbearbeitung mit menschlichen Entscheidungen, gefolgt von einer regelbasierten automatischen Situationsverarbeitung, bis hin zu Empfehlungen und Automatisierungen basierend auf maschinellem Lernen.

Konzept: Intelligente Situationsverarbeitung

Das Situationsverarbeitungs-Framework in SAP S/4HANA erkennt anhand von vordefinierten Situationen und Anwendungsdaten Probleme, die Aufmerksamkeit erfordern (links in Abbildung 4.9).

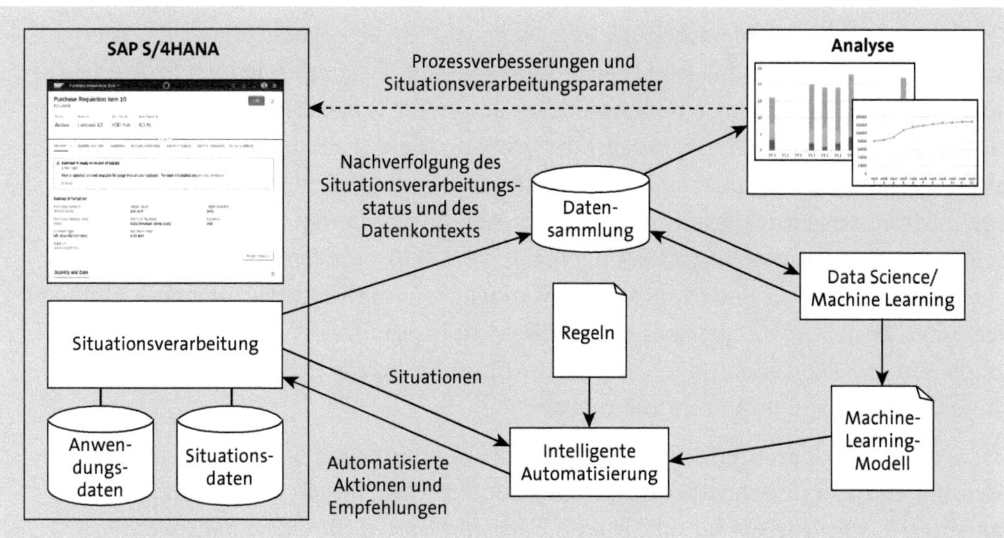

Abbildung 4.9 Intelligente Situationsverarbeitung: Gesamtkonzept

Beim Einsatz von Machine Learning zur Berechnung von Voraussagen und zur Erkennung von Mustern kann das Framework zur Verbesserung der Ansätze, zur Überprüfung der Ergebnisse und als Quelle von Vorschlägen für Maßnahmen genutzt werden. Ein Beispiel aus dem Bereich der Beschaffung ist die Voraussage der Ausschöpfung von Kontrakten, die einen Hinweis darauf liefern kann, ob ein Lieferantenkontrakt schneller als erwartet ausgeschöpft wird.

Die verantwortlichen Benutzer*innen werden durch das Responsibility Management unter Verwendung von Attributwerten aus den beteiligten Business-Objekten ermittelt und über Benachrichtigungen im SAP Fiori Launchpad informiert. Von der Benachrichtigung aus können sie zu einer Objektseite oder einer Situationsseite mit entsprechenden Informationen und Lösungsvorschlägen navigieren.

Die Situationsverarbeitung wertet die Situationen aus und löst über die Business-Event-Infrastruktur ausgehende Events aus, mit denen darauf abonnierte Komponenten über die Erkennung, Aktualisierung oder Lösung von Situationen informiert werden. Diese Events – bei denen eine Situationsinstanz nach der anderen gemeldet wird – können den Ausgangspunkt für einen intelligenten Automatisierungsprozess auf der SAP BTP bilden, z. B. basierend auf Regeln. Diese Regeln können APIs von SAP S/4HANA aufrufen, um die Situation automatisiert zu lösen und das Situationsverarbeitungs-Framework darüber zu informieren (siehe rechts in Abbildung 4.9).

Zusammen mit dem durch das Situationsverarbeitungs-Framework erzeugten Event wird eine Datenkontextdatei mit den Attributwerten der beteiligten Business-Objekte erstellt und in der API bereitgestellt (sofern dies in der jeweiligen Situationsdefinition definiert und aktiviert ist). Dieser Datenkontext ist als Parameter für eine intelligente Automatisierung abrufbar und kann in einer Datensammlung gespeichert werden.

Der Service »Intelligent Situation Automation« auf der SAP BTP

Der Service Intelligent Situation Automation auf der SAP BTP stellt wie zuvor beschrieben eine Verbindung zur Situationsverarbeitung in einem SAP-S/4HANA-System her und erweitert dessen Möglichkeiten. Er bietet Funktionen für die Sammlung von Situationsdaten, für weiterführende Analysen zur Prozessverbesserung und für die automatisierte Bearbeitung von Situationen.

Gemeinsam mit Business-Expert*innen können Benutzer*innen mit einem analytischen Hintergrund Regeln zur Automatisierung der betreffenden Prozessschritte aus ihrem fachlichen Know-how und aus der Datenanalyse herleiten. Bei Bedarf können unter Verwendung der Informationen aus der Situationsart und der erfassten Attributwerte aus dem Datenkontext externe Webdienste aufgerufen werden.

Alle erfassten Daten können in einem persistenten Datenspeicher, wie in einem Data Lake, gespeichert und für erweiterte Analysen verwendet werden. Je mehr Daten in der Datensammlung erfasst werden, desto umfassender ist die Basis für eine detaillierte Analyse, um den Geschäftsprozess zu verbessern und gegebenenfalls die Bedingungen für die Situationsverarbeitung strenger zu fassen. Sobald eine ausreichende Menge an Daten gesammelt wurde, können die Daten – abhängig von den verwendeten Algorithmen – von Data Scientists verarbeitet und als Eingangsdaten für Machine Learning mit SAP Data Intelligence verwendet werden. Die daraus entstehenden Machine-Learning-Modelle können in Regeln zur intelligenten Automatisierung unter Verwendung von Daten aus konkreten Situationsinstanzen ausgewertet werden. Dies ermöglicht ein höheres Maß an Genauigkeit und damit die Automatisierung einer größeren Anzahl von Situationen und anspruchsvollerer Anwendungsfälle.

Eine tiefgehende Analyse der erfassten Daten kann Erkenntnisse liefern, die zu Verbesserungen der Geschäftsprozesse führen. Für eine solche Analyse kann die App **Verknüpfte Situationen erkunden** (siehe Abbildung 4.10) verwendet werden, die basierend auf dem *Situation Knowledge Graph* Beziehungen zwischen Situationen, mögliche Auswirkungen oder sich wiederholende Muster aufdecken und so einen Einblick geben kann, der über den Umfang des unmittelbar identifizierten Einzelproblems hinausgeht.

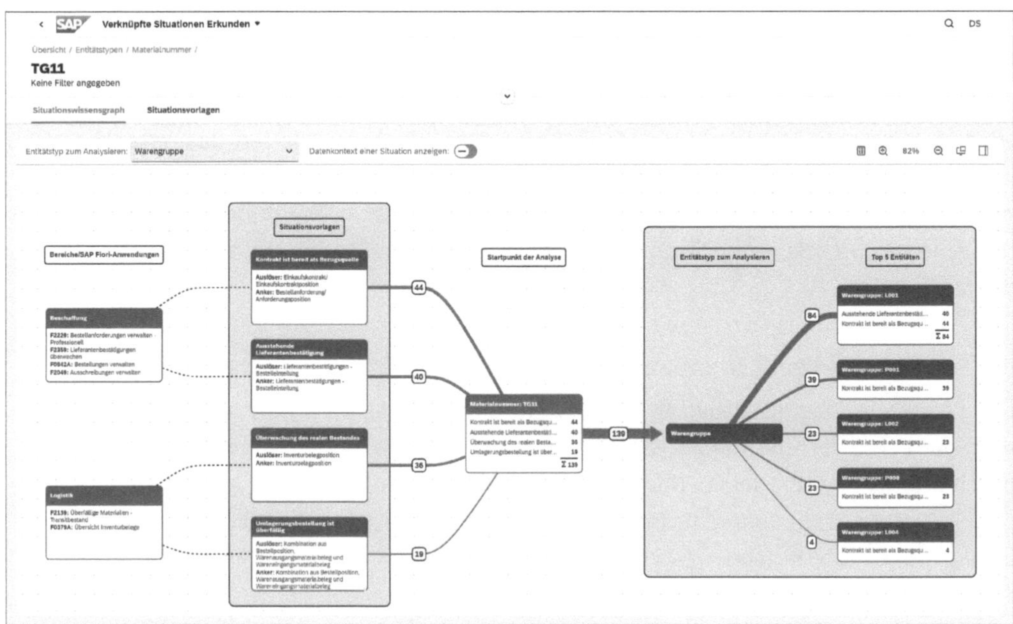

Abbildung 4.10 Einsatz der App »Verknüpfte Situationen erkunden« anhand des Situation Knowledge Graph

Machine Learning kann seine Stärken vor allem in solchen Fällen zeigen, in denen Situationen häufig auftreten und genügend repräsentative Daten vorhanden sind, insbesondere in komplexen oder nicht offensichtlichen Fällen. Wenn die Regeln offensichtlich und bekannt oder analytisch herleitbar sind – sowie in Fällen begrenzter Datenverfügbarkeit –, spielen Regeln eine wichtige Rolle. In manchen Fällen ist zu einem bestimmten Zeitpunkt ein harter Wechsel von einem Ansatz zu einem anderen erforderlich, z. B. wenn Änderungen des regulatorischen Umfelds zu einem Termin anstehen.

Dank der intelligenten Situationsverarbeitung kann die manuelle Bearbeitung von Problemen, die Aufmerksamkeit erfordern, mit automatisierter Verarbeitung und Machine Learning Hand in Hand gehen. Der Automatisierungsanteil kann zunächst begrenzt sein und dann Schritt für Schritt mit immer komplexer werdenden Regeln anwachsen und schließlich mit zunehmender Datenverfügbarkeit auch mit Machine Learning weiter erhöht werden. Wenn die Lösung einer Situation mit dem regelbasierten Prozess oder mit Machine Learning nicht sinnvoll erscheint (beispielsweise bei Erreichung eines Schwellenwerts, ab dem eine manuelle Bearbeitung erforderlich ist, aus Compliance-Gründen oder aufgrund einer zu geringen Zuverlässigkeit der Ergebnisse des Machine Learnings), werden die verantwortlichen Benutzer*innen darüber informiert, dass sie übernehmen und die Situation manuell lösen sollen.

4.3.6 User Experience

Das User-Experience-Konzept für die Situationsverarbeitung beruht auf dem OODA-Zyklus, einem abstrakten Informationszyklus, der dabei helfen kann, Entscheidungsprozesse möglichst schnell zu durchlaufen. OODA steht dabei für observe (beobachten), orient (orientieren), decide (entscheiden) und act (handeln). Im Kontext der Situationsverarbeitung ergeben sich daraus die folgenden vier Schritte:

- **Beobachten**
  Die Benutzer*innen wollen frühzeitig über die Situation informiert werden.
- **Orientieren**
  Die Benutzer*innen müssen den Kontext ihrer Entscheidung verstehen, insbesondere ihre geschäftlichen Auswirkungen.
- **Entscheiden**
  Die Benutzer*innen müssen eine geeignete Lösung finden.
- **Handeln**
  Die Benutzer*innen wenden die richtige Lösung an.

All diese Aspekte werden im UX-Konzept für die Situationsverarbeitung berücksichtigt, das auf den Gestaltungsprinzipien von SAP Fiori basiert (siehe Abschnitt 3.1). In den folgenden Abschnitten gehen wir auf einige wesentliche Elemente der User Experience bei der Situationsverarbeitung ein.

Situationsindikator

Situationen können an unterschiedlichen Stellen in den verschiedenen Anwendungen angezeigt werden. Als Hinweis darauf, dass ein oder mehrere Objekte innerhalb einer Liste von einer Situation betroffen sind, wird neben dem betroffenen Objekt ein entsprechender Situationsindikator eingeblendet. Für bestimmte Anwendungsfälle erscheint ein Pop-over mit ausführlicheren Informationen, wenn man den Indikator anklickt. Aus dem Pop-over können die Benutzer*innen bereits mehr über die Situation erfahren, ohne die entsprechende Detailseite aufrufen zu müssen. Die Details zur Situation werden auf einer SAP-Fiori-Objektseite (Object Page) angezeigt, die die wesentlichen Informationen über die Situation, spezielle Abschnitte für weiterführende Informationen und Aktionen zur Lösung der Situation enthält.

Situationsbenachrichtigung

Benutzer*innen können über verschiedene Kanäle über eine Situation informiert werden. Dazu gehören Benachrichtigungen über das SAP Fiori Launchpad oder per E-Mail. E-Mail-Benachrichtigungen können von jedem Benutzer bzw. jeder Benutzerin individuell in den Einstellungen des SAP Fiori Launchpad aktiviert werden.

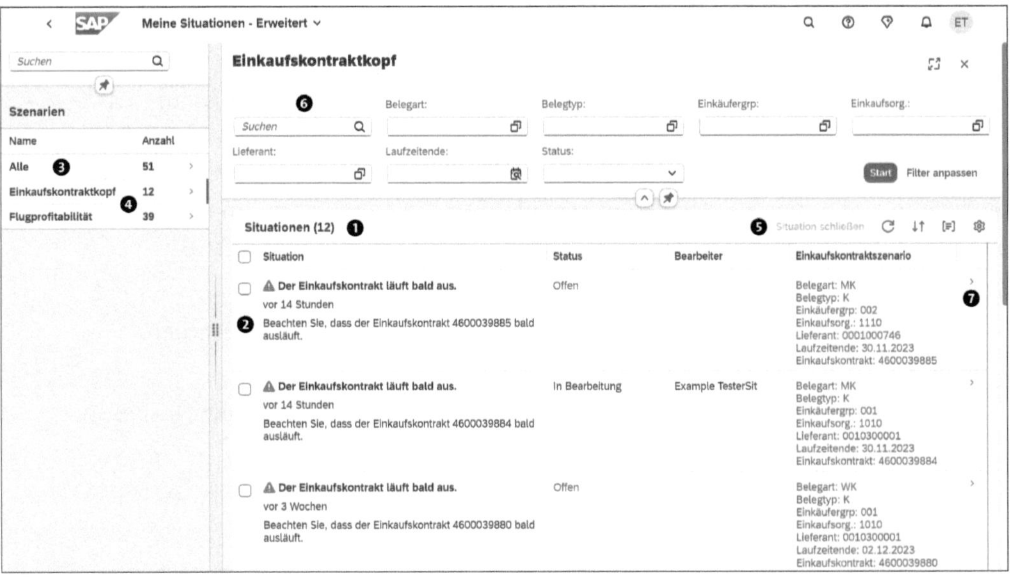

Abbildung 4.11 Die App »Meine Situationen – Erweitert«

Die App **Meine Situationen – Erweitert** wird in Abbildung 4.11 gezeigt. Sie zeigt offene Situationen an, die für den Benutzer oder die Benutzerin relevant sind ❶. Jede dieser Situationen wird in einer separaten Zeile dargestellt ❷. Wenn alle Szenarien (**Alle**) ❸ ausgewählt sind, können generische Filter auf die Liste aller offenen Situationen angewendet werden. Die Benutzer*innen haben die Möglichkeit, sich auf eines der Situationsszenarien ❹ zu konzentrieren, weitere Details zu den dafür aufgelisteten Situationen anzusehen oder für die Szenarien spezifische Filter anzuwenden. Es ist auch möglich, Situationen über die App abzuschließen ❺ (**Situation schließen**), die Liste der Situationen zu durchsuchen ❻ und zur Situationsseite zu navigieren ❼. Auf der Situationsseite können die Benutzer*innen sich selbst die Rolle einer Bearbeiterin bzw. eines Bearbeiters zuweisen. Die Kachel für die App auf dem SAP Fiori Launchpad zeigt die Anzahl der offenen Situationen an.

Benutzer*innen, die sich entscheiden, eine Situationsbearbeitung abzuschließen, können unter den folgenden Optionen wählen: **Gelöst**, **Veraltet** oder **Ungültig**. Die Situationsinstanz verschwindet daraufhin aus der Anzeige, und das von den Benutzer*innen gegebene Feedback wird zwecks Monitoring und anschließender Analyse an das Situationsverarbeitungs-Framework gesendet.

Progressive Disclosure

Bei *Progressive Disclosure* handelt es sich um ein interaktives Entwurfsmuster, das verhindern soll, dass die Benutzer*innen durch zu viele Informationen auf einmal überfordert werden. Um die Benutzeroberfläche so einfach wie möglich zu gestalten, wurde sie nach diesem Entwurfsmuster entwickelt (siehe Abbildung 4.12).

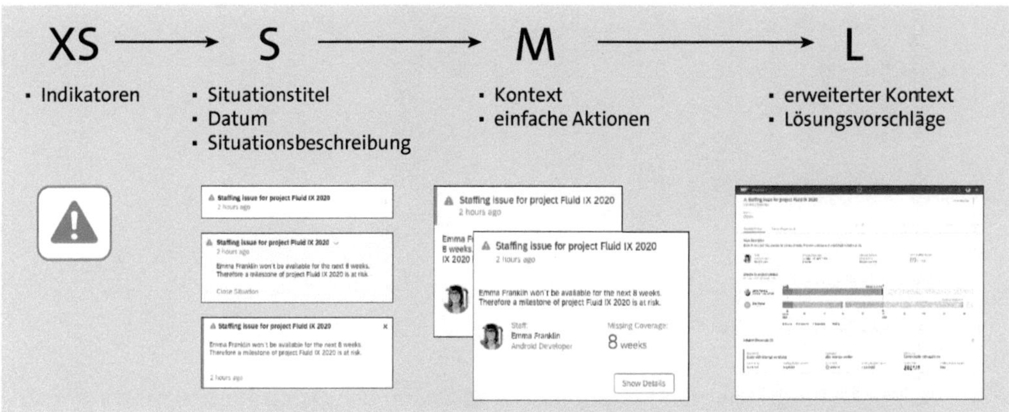

Abbildung 4.12 Entwurfsmuster »Progressive Disclosure«(Konzeptzeichnung)

Eine solide Informationsarchitektur ist die Grundlage für die Anwendung des Entwurfsmusters. Sie ermöglicht die Anzeige von Informationen auf mehreren Ebenen, wobei der Detailgrad der Informationen mit jeder Ebene zunimmt. Die erste Ebene (XS) enthält nur den Situationsindikator. Auf der zweiten Ebene (S) kommen der Titel und die Beschreibung der Situation hinzu. Die dritte Ebene (M) enthält die Situationsvorschau mit Angaben zum Status und zu den Bearbeiter*innen. Die letzte Ebene (L) ist die Situationsseite, die alle Informationen über das Problem enthält – einschließlich weiterführender Informationen und Lösungsvorschläge.

Situationsseite

Je nach den Anforderungen des Anwendungsfalls kann eine spezielle Benutzeroberfläche, die Situationsseite, bereitgestellt werden. Im erweiterten Situationsverarbeitungs-Framework ist dies standardmäßig der Fall. Während bei einer Situationsmeldung auf einer Objektseite immer ein bestimmtes Objekt (z. B. eine Bestellposition) im Mittelpunkt steht, wird auf der Situationsseite das Problem in den Vordergrund gestellt. Abbildung 4.13 zeigt ein Beispiel für eine Situationsseite.

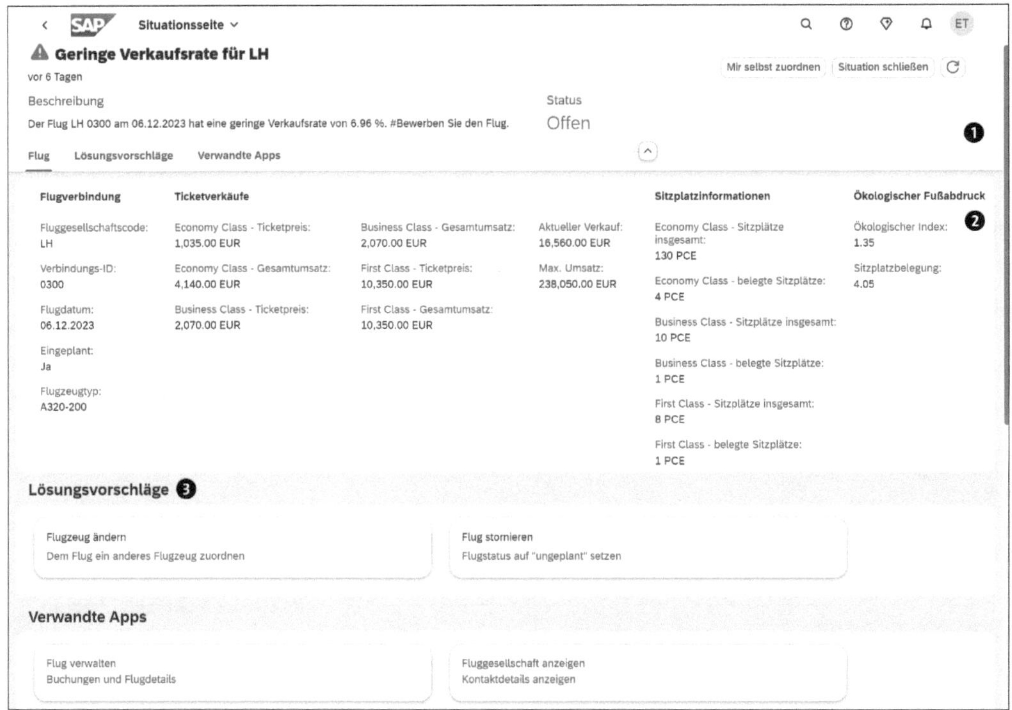

Abbildung 4.13 Situationsseite

Im Kopfzeilenbereich der Situationsseite ❶ finden sich Daten zur Situation sowie Angaben zu deren Status. Der Abschnitt mit den weiterführenden Informationen ❷ enthält Daten zu den betroffenen Objekten, anhand derer die Benutzer*innen die geschäftlichen Auswirkungen der Situation besser verstehen können. Das System kann die Benutzer*innen mit spezifischen Empfehlungen zur Lösung einer Situation ❸ unterstützen und Navigationsaktionen für den einfachen Zugang zu den entsprechenden Geschäftsanwendungen anbieten.

4.3.7 Anwendungsfälle

Mit der Situationsverarbeitung in SAP S/4HANA werden vordefinierte Situationsvorlagen für verschiedene Anwendungsbereiche ausgeliefert. Die folgenden drei Beispiele sollen Ihnen einen Eindruck von den möglichen und verfügbaren Anwendungsfällen geben:

- **Finanzbuchhaltung: Abweichung zwischen Wareneingang und Rechnung liegt über dem Schwellenwert**
  Die WE/RE-Kontenabstimmung (Wareneingang/ Rechnungseingang) ist ein Prozess zur Ausnahmenbehandlung für alle Posten in Bestellungen, bei denen es Abweichungen zwischen dem Wareneingang und der eingegangenen Rechnung gibt. Der Prozess wird in der Regel als Teil der Periodenabschlussarbeiten der Hauptbuchhaltung angestoßen. Wenn Wareneingang und Rechnungseingang übereinstimmen, werden die offenen Posten auf den WE/RE-Konten im Rahmen des Rechnungslaufs gegeneinander ausgeglichen. Bei Mengen- und Betragsdifferenzen zwischen den gebuchten Lieferungen und den Rechnungen müssen diese offenen Posten jedoch manuell bearbeitet werden.

  Hierzu benötigen die Buchhalter*innen oder Führungskräfte in der Hauptbuchhaltung Kenntnis über die Geschäftsvorgänge im Unternehmen, insbesondere wenn es zu großen Abweichungen bezüglich der Kontensalden oder der Einkaufsbelege kommt.

  Zuvor mussten sie diese Abweichungen im Rahmen eines zeitaufwendigen und fehleranfälligen Prozesses manuell überprüfen. Dabei mussten die Hauptbuchhalter*innen eine lange Liste von Einkaufsbelegpositionen durchgehen, um die Rückstände zu priorisieren. Erfreulicherweise kann diese Art der Überprüfung jetzt automatisiert werden: Die Situationsverarbeitung kann Abweichungen erkennen und die verantwortlichen Personen darüber informieren, sodass sie sich die Probleme ansehen und diese beheben können.

- **R&D/Engineering: Überschreitung des Schwellenwertes für das Projektbudget**
  Im Rahmen der Projektbudgetierung und der Budgetverfügbarkeitskontrolle kann der Verbrauch der den Projekten zugewiesenen Budgets überwacht werden, wodurch Budgetüberschreitungen rechtzeitig vermieden werden können. Die Situationsverarbeitung meldet den zuständigen Controller*innen entsprechende Budgetüberschreitungen sofort, sodass diese die Ursachen finden, zusätzliche Budgetzuweisungen planen oder budgetintensive Aktivitäten unterbinden können. Im Ergebnis hat man ein Mehr an Transparenz, weniger manuellen Arbeitsaufwand und schnellere Korrekturen.

  Die erforderlichen Maßnahmen können mit einer detaillierten Analyse der Kostenbuchungen und des finanziellen Gesamtstatus des Projekts beginnen. Oft ist eine Zusammenarbeit mit den verantwortlichen Benutzer*innen, Projektmanager*innen und Projektbeteiligten erforderlich, um die zugrunde liegenden Probleme zu lösen. Im Zusammenhang damit können Budgetänderungen oder Budgettransfers durchgeführt oder angefordert werden. Manchmal kann eine vorübergehende

Sperrung des Projekts erforderlich sein, um weitere Kostenbuchungen zu verhindern.

- **Bezugsquellenfindung und Beschaffung: Fehlmenge in Lieferung**
  Bei der Beschaffung von geschäftskritischen Materialien wurden Lieferantenbestätigungen angefordert. Bestätigt der Lieferant eine Liefermenge, die unterhalb der ursprünglich bestellten Menge liegt, trägt die Benachrichtigung der zuständigen Einkäufer*innen dazu bei, die Auswirkungen von Lieferengpässen abzumildern. Die Situationsverarbeitung alarmiert dazu die zuständigen Einkäufer*innen automatisch über eine Mindermenge bei der Lieferantenbestätigung eines Materials, was eine sofortige Reaktion ermöglicht und eine verspätete Lieferung verhindern kann.

  Die Einkäufer*innen können sich telefonisch oder per E-Mail an die jeweiligen Lieferanten wenden, um eine Lösung zu finden. Alternativ kann auch die Bestellmenge bei einem anderen Lieferanten erhöht oder eine neue Bestellung angelegt werden. Im Zusammenhang damit wird eine Liste alternativer Lieferanten für die entsprechenden Materialien vorgeschlagen.

4.4 Zusammenfassung

Mit fortschrittlichen Analysefunktionen, Machine Learning (Embedded oder Side-by-Side) sowie einer intelligenten Situationsverarbeitung bildet die Architektur von SAP S/4HANA die Grundlage für intelligente ERP-Anwendungen.

In diesem Kapitel haben Sie gesehen, dass das VDM mit seinen CDS-Views nicht nur als Datenzugriffsschicht für die Transaktionsverarbeitung und für die Benutzeroberfläche dient, sondern auch Analytics- und Intelligence-Frameworks unterstützt. Durch die Anreicherung mit Metadaten werden aus den CDS-Views entweder Cube Views für den Bereich Analytics, Anchor Views für die intelligente Situationsverarbeitung oder Machine Learning Views.

Embedded Analytics und Embedded Machine Learning kommen ohne Datenreplikation aus, da sie direkt in SAP S/4HANA auf die Daten zugreifen, während sie die Analytics- und Machine-Learning-Funktionen von SAP HANA nutzen. Enterprise Analytics sowie Side-by-Side Machine Learning bieten zusätzliche Möglichkeiten.

Die Situationsverarbeitung hilft bei der Handhabung von Ausnahmen im Zusammenhang mit Geschäftsprozessen. Sie erkennt Handlungsbedarf und informiert die verantwortlichen Benutzer*innen. Darüber hinaus kann die Situationsverarbeitung für die automatisierte Bearbeitung von Situationen auch auf historische Daten zurückgreifen.

Im nächsten Kapitel beschreiben wir die Erweiterungsmöglichkeiten von SAP S/4HANA.

Kapitel 5

Erweiterbarkeit

*Neben der Business-Konfiguration gibt es mehrere Möglichkeiten, SAP S/4HANA für die speziellen Anforderungen eines Unternehmens oder einer Organisation anzupassen. Key User können SAP S4/4HANA mit der Key-User-Erweiterbarkeit anpassen, während Entwickler*innen die In-Stack Entwicklererweiterbarkeit nutzen oder cloudnative Side-by-Side-Erweiterungen erstellen können.*

Der Bedarf, Unternehmenssoftware für eine bestimmte Organisation anzupassen, kann vielerlei Gründe haben, wie die Vergrößerung der Reichweite, Innovationen, Optimierungen oder die Anpassung an eine bestimmte IT-Landschaft. Noch vor nicht allzu langer Zeit war die Erweiterung von SAP-ERP-Systemen eng an die Technologieplattform gekoppelt, auf der sie beruhten, nämlich an den SAP NetWeaver Application Server. Softwareingenieur*innen haben diesen Anwendungsserver genutzt, um Erweiterungen zu entwickeln und zu betreiben, hauptsächlich unter Verwendung von in die technische Architektur integrierten Erweiterungsspots. Dieser Ansatz hat sich für Anwendungsfälle bewährt, in denen der Kern der Anwendung und die Erweiterungen eng gekoppelt als ein System ausgeführt werden müssen. Erweiterungen wurden auf diese Weise entwickelt, weil alle SAP-ERP-Komponenten auf demselben Anwendungsserver liefen und dieselbe Datenbankinstanz nutzten. Dies vereinfachte zwar die Entwicklung, brachte aber auch Herausforderungen mit sich, etwa bei der Handhabung von Upgrades. Als Ergebnis der Erweiterungen waren die Systeme oft zu komplex und die Verbindungen zwischen Kern- und Erweiterungsfunktionalitäten schwer zu handhaben.

Mit SAP S/4HANA sollte sich dies ändern. Es wurde ein neues, wohldefiniertes Erweiterungskonzept eingeführt, in dessen Rahmen drei Optionen offenstehen: In-App-Erweiterbarkeit durch Key User sowie In-Stack-Erweiterbarkeit und Side-by-Side-Erweiterbarkeit durch Entwickler*innen. Die Leitprinzipien für alle drei Erweiterungsmethoden sind eine lose Kopplung bei gleichzeitiger enger Integration.

In diesem Kapitel stellen wir die drei Optionen vor, die zur Erweiterung des Funktionsumfangs von SAP S/4HANA offenstehen: die Key-User-Erweiterbarkeit (siehe Abschnitt 5.1), die In-Stack-Entwicklererweiterbarkeit (siehe Abschnitt 5.3) und die

Side-by-Side-Erweiterbarkeit (siehe Abschnitt 5.3). Sie werden in diesem Kapitel ein grundlegendes Verständnis für die Erweiterungsszenarien und deren Einsatz erwerben.

5.1 Key-User-Erweiterbarkeit

Die Key-User-Erweiterbarkeit und die In-Stack-Entwicklererweiterbarkeit sind zwei Spielarten der *In-App-Erweiterbarkeit*. Bei der In-App-Erweiterbarkeit werden die Erweiterungen unter Verwendung vordefinierter Erweiterungspunkte innerhalb der Anwendung implementiert. Die zu erweiternde Anwendung und die Erweiterung laufen beide auf demselben Server und nutzen dieselbe Datenbankinstanz. Der wesentliche Punkt ist dabei, dass die Erweiterung die Kernobjekte nicht verändert, sondern lediglich auf diesen aufsetzt und dabei genau definierten Erweiterungsprinzipien folgt. Dies stellt einen Unterschied zu der traditionellen Erweiterbarkeit in ABAP dar, die alle Entwicklungsaktivitäten der IT-Abteilungen in der On-Premise-Edition von SAP S/4HANA und den Anwendungen der SAP Business Suite umfasst.

In diesem Abschnitt konzentrieren wir uns auf die Key-User-Erweiterbarkeit. Sie zielt auf eher einfache Erweiterungen ab, die von erfahrenen Benutzer*innen umgesetzt werden können und keine Unterstützung durch Entwickler*innen erfordern. Die Key-User-Erweiterbarkeit ist auf die Anforderungen des Marktes ausgerichtet: In der Cloud erfolgen die Projektentscheidungen und deren Implementierung schneller als bei On-Premise-Software. Außerdem werden die Entscheidungen von den Fachbereichen und nicht von den IT-Abteilungen getroffen. Folglich richtet sich die für die Cloud konzipierte Erweiterbarkeit an die Key User aus den Fachbereichen als die wesentliche Zielgruppe.

In SAP S/4HANA sind *Key User* Personen, die befugt sind, eine Anwendung mithilfe der von SAP bereitgestellten Standardtools an die Bedürfnisse eines Unternehmens anzupassen. Ganz gleich ob die Benutzer*innen einem bestehenden Business-Objekt benutzerdefinierte Logik hinzufügen, eine Standarddatenstruktur erweitern oder Änderungen an der Benutzeroberfläche auf Feldebene vornehmen möchten, können sie dies anhand von vordefinierten Standardverfahren tun. Mit diesem Ansatz werden alle Erweiterungen mit Standardtools und nach Standardregeln durchgeführt. Im Gegensatz dazu sind bei der traditionellen Erweiterbarkeit die Erweiterungen ein mehr oder weniger offenes Feld für die Entwickler*innen. Bei der Key-User-Erweiterbarkeit werden Entwickler*innen mit technischen Kenntnissen dagegen nur in komplexen Erweiterungsprojekten benötigt und nur für spezielle Expertenaufgaben wie Datenbankdesign, Integration oder für Coding.

In diesem Abschnitt wird die Architektur der wichtigsten Werkzeuge für Key-User-Erweiterungen beschrieben. Wir erläutern, welche Eigenschaften und Stabilitätskriterien diese Werkzeuge erfüllen müssen und welche Anforderungen an Einfachheit und Robustheit sich daraus ableiten.

5.1.1 Stabilitätskriterien für die Erweiterbarkeit

Neben einem gewissen Funktionsreichtum und der Unterstützung der Erweiterbarkeit durch Nicht-Entwickler*innen muss die Key-User-Erweiterbarkeit bestimmte Stabilitätskriterien erfüllen. Es ist wichtig, dafür zu sorgen, dass die Erweiterungen zukunftssicher, einfach zu warten und leicht zu bedienen sind. Dies gilt sowohl für On-Premise- als auch für Cloud-Deployments. Für das Cloud-Deployment muss zusätzlich unbedingt gewährleistet sein, dass die Software as a Service (SaaS) reibungslos betrieben werden kann. Die wichtigsten Stabilitätskriterien, die bei der technischen Implementierung umgesetzt werden müssen, sind zuverlässige Datenschnittstellen, Einfachheit und Entkopplung.

Zuverlässige Datenschnittstellen

Das erste Stabilitätskriterium ist eine zuverlässige Datenschnittstelle. Das bedeutet, dass Datenschnittstellen – wie Application Programming Interfaces (APIs), Code-Exits oder Views des virtuellen Datenmodells (VDM) – nicht nur aus technischer, sondern auch aus semantischer Sicht über mehrere Versionen hinweg stabil sein müssen. Daher ist nur eine Teilmenge aller Softwareartefakte eines SaaS-Produkts für SAP-Kunden und -Partner zum Erweitern, zum Aufrufen und zum Referenzieren freigegeben. Diese Artefakte sind Teil des *öffentlichen Erweiterungsmodells*. In den Key-User-Tools für die In-App-Erweiterung sind nur diese freigegebenen Softwareartefakte sichtbar und stehen für die Erweiterung oder Verwendung durch Erweiterungen bereit. Alle anderen Objekte sind entweder ausgeblendet oder werden nur zu Informationszwecken angezeigt. Neben den Einschränkungen bei den Key-User-Tools und der Side-by-Side-Erweiterbarkeit ist dies der wesentliche Unterschied zwischen SAP S/4HANA Cloud und der On-Premise-Edition von SAP S/4HANA, was die Erweiterbarkeit betrifft.

Abbildung 5.1 zeigt, wie die für die Erweiterbarkeit freigegebenen Artefakte verwendet werden können. In SAP S/4HANA Cloud können Sie nur freigegebene Artefakte erweitern und verwenden. In SAP S/4HANA On-Premise stehen nach wie vor die traditionellen Erweiterbarkeitsoptionen der ABAP-Entwicklungsumgebung zur Verfügung. Dadurch ist die Möglichkeit gegeben, alles zu erweitern und sogar zu modifizieren, was jedoch zu einer hohen Kopplung zwischen SAP-Software und kundenspezifischen Erweiterungen und damit möglicherweise zu einer geringeren Upgradestabilität führt.

Den freigegebenen Objekten des öffentlichen Erweiterungsmodells liegen zweckgebundene Stabilitätskontrakte zugrunde, die für SAP-Kunden und -Partner dokumentiert sind. Diese Objekte können für die Verwendung innerhalb der ABAP-Plattform (etwa zum Lesen einer CDS-View oder zur Verwendung einer ABAP-Klasse), für die externe Verwendung (z. B. für ein öffentliches API) oder zur Erweiterung freigegeben werden. Im Rahmen des Entwicklungsprozesses wird die Stabilität dieser Objekte durch technische Maßnahmen sichergestellt.

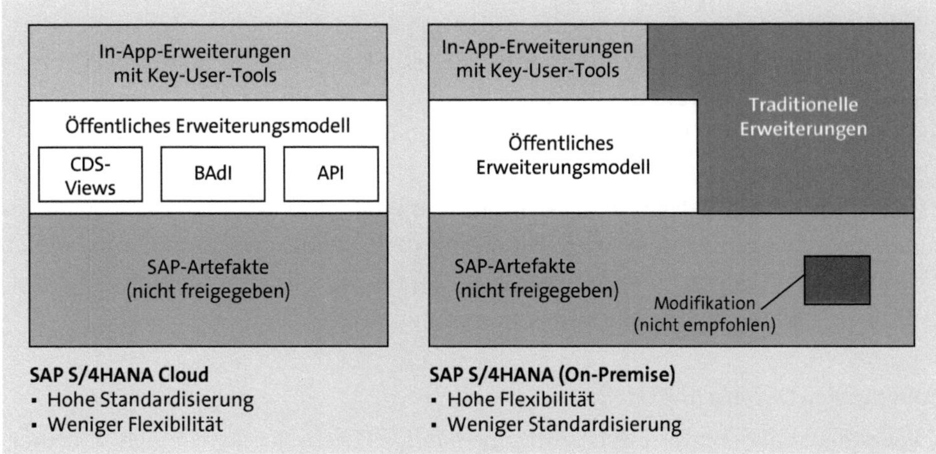

Abbildung 5.1 Erweiterbarkeit in SAP S/4HANA und SAP S/4HANA Cloud

Allen Kontrakten liegt die Annahme zugrunde, dass freigegebene Artefakte nicht gelöscht werden können und ihr Verhalten verändert werden kann. Für die In-App-Erweiterbarkeit werden im öffentlichen Erweiterungsmodell verschiedene Objektarten freigegeben. Die wichtigsten davon sind nachfolgend genannt:

- *Geschäftskontexte* definieren einen Teil einer Anwendung, der durch benutzerdefinierte Felder oder Geschäftslogik erweitert werden kann. Jeder Geschäftskontext verweist auf einen Business-Objektknoten, der für Erweiterungen zur Verfügung steht.
- *ABAP Business Add-Ins* (BAdIs) ermöglichen es Ihnen, benutzerdefinierten Code in den ABAP-Code von SAP einzufügen.
- *ABAP-Klassen* können als lokale APIs von benutzerdefiniertem Code aus aufgerufen werden, z. B. von benutzerdefinierten BAdI-Implementierungen.
- Datentypen werden als Schnittstellen für freigegebene BAdIs und API-Klassen oder in Typdeklarationen innerhalb von benutzerdefiniertem Code verwendet.
- CDS-Views können als Datenquellen im ABAP-Code oder bei der Definition von benutzerdefinierten CDS-Views verwendet werden.

Einfachheit

Das zweite Kriterium für stabile Erweiterungen ist die Einfachheit. Erweiterungstools für Key User aus den Fachbereichen müssen leicht zu bedienen sein. Technische Objekte (OData-Services, SAP-Fiori-UIs, benutzerdefinierter Code, View-Erweiterungen und -Assoziationen sowie Datenbankänderungen) werden von den Tools ohne weiteres Einwirken der Benutzer*innen generiert. Dies garantiert eine cloudgeeignete Stabilität und versetzt Key User in die Lage, Erweiterungen zu erstellen, ohne die technischen Einzelheiten verstehen zu müssen.

Lose Kopplung zwischen Erweiterbarkeit und SAP-Software

Das dritte Stabilitätskriterium ist die lose Kopplung zwischen Kundenerweiterungen und der SAP-Software. Dazu müssen die folgenden Regeln erfüllt sein:

- Softwareupdates von SAP müssen ausgeführt werden können, ohne dass der benutzerdefinierte Code angepasst werden muss.
- Erweiterungen dürfen keine Updates von SAP-Software blockieren.
- Es existiert eine klare Trennung zwischen den Softwareartefakten von SAP und den Softwareartefakten, die zu Erweiterungen gehören.
- Benutzerdefinierte Erweiterungen dürfen nur über öffentlich freigegebene APIs auf Ressourcen von SAP S/4HANA zugreifen.
- Modifikationen von SAP-Code sind weder erlaubt noch möglich.

In SAP S/4HANA ist diese Entkopplung für alle benutzerdefinierten Artefakte gewährleistet, die mit Key-User-Tools erstellt wurden. Zur Laufzeit arbeiten die von SAP bereitgestellten und die benutzerdefinierten Komponenten stabil und kontrolliert zusammen. Die Lebenszyklen der SAP-Artefakte und der benutzerdefinierten Artefakte zur Designtime sind jedoch strikt voneinander getrennt. Dank dieser losen Kopplung können Erweiterungen von den Funktionen von SAP S/4HANA profitieren, ohne Auswirkungen auf den Lebenszyklus von SAP-Objekten zu riskieren.

5.1.2 Anwendungsfälle innerhalb des gesamten Software-Stacks

Die Key-User-Erweiterbarkeit unterstützt verschiedene Anwendungsfälle, die sich zu den folgenden Kategorien zusammenfassen lassen:

- Anpassung von Content, beispielsweise für Druckformulare, analytische Berichte und UI-Layouts
- strukturelle Erweiterbarkeit, die Unterkategorien wie die Felderweiterbarkeit, die Definition benutzerdefinierter Business-Objekte und die Definition benutzerdefinierter CDS-Views umfasst
- Erweiterbarkeit der Geschäftslogik, etwa zur Überprüfung eines Auftrags, bevor dieser gebucht wird
- Erweiterbarkeit vordefinierter Integrationsmöglichkeiten, beispielsweise um zu einer Integrations-API ein benutzerdefiniertes Feld hinzuzufügen

Alle diese Kategorien von Erweiterungen erfordern Implementierungsschritte, die sich auf technische Artefakte im gesamten SAP-S/4HANA-Stack auswirken. Die Key-User-Tools generieren die erforderlichen technischen Artefakte. Je nach Erweiterungsmuster werden die folgenden Softwareartefakte generiert, von denen die meisten für Key User verborgen sind: ABAP-Dictionary-Appends, CDS-Erweiterungen, CDS-Views, Datenelemente und Domänen, benutzerdefinierte Datenbanktabellen, benutzerdefinierter ABAP-Code, OData-Service-Erweiterungen, benutzerdefinierte OData-Services, Änderungen des UI-Layouts und benutzerdefinierte UIs.

Bei den Key-User-Tools in SAP S/4HANA handelt es sich um integrierte Werkzeuge, die alle genannten Bereiche der Erweiterbarkeit unterstützen. Sie bieten eine stabile und robuste Möglichkeit, komplexe Erweiterungen zu erstellen, wobei sie jedoch die technische Komplexität entsprechend dem Prinzip der Einfachheit verbergen. Im Folgenden werden die wichtigsten Anwendungsfälle für die Key-User-Erweiterbarkeit näher erläutert: Felderweiterbarkeit, benutzerdefinierte Business-Objekte, benutzerdefinierte CDS-Views, benutzerdefinierte Geschäftslogik und Erweiterbarkeit von Integrationen.

Felderweiterbarkeit

Im Bereich der strukturellen Erweiterbarkeit oder Datenmodellerweiterbarkeit ist die In-App-Erweiterbarkeit von Feldern am wichtigsten. *Felderweiterbarkeit* bedeutet, dass Sie als SAP-Kunde oder -Partner zusätzliche Attribute zu Daten in SAP-Anwendungen hinzufügen können, beispielsweise in Form von neuen Feldern im Kopfzeilenbereich von Rechnungen oder in Positionen in Bestellungen. In den meisten Fällen werden Erweiterungsfelder in derselben Datenbanktabelle wie Standardfelder persistiert und haben dasselbe Standardverhalten und dieselben Analysemöglichkeiten wie von SAP bereitgestellte Felder.

Die In-App-Erweiterbarkeit für Key User in SAP S/4HANA verwendet zur Beschreibung der Struktur erweiterbarer Anwendungen *SAP-Objekttypen* und *SAP-Objektknotentypen*. SAP-Objekttypen und SAP-Objektknotentypen beschreiben die grundlegenden Strukturen von Anwendungen in SAP S/4HANA unabhängig von der Implementierung. Bei SAP-Objekttypen handelt es sich um einen Katalog der von SAP definierten Business-Objekte. In diesem Katalog werden die Definitionen der verschiedenen Business-Objekte einheitlich dargestellt, unabhängig von den Frameworks oder Technologien, mit denen sie implementiert werden. Business-Objekte folgen in der Regel hierarchischen Strukturen, die z. B. aus einem Kopfzeilenbereich und den Auftragspositionen bestehen. Bei SAP-Objekttypen werden die Elemente dieser Hierarchien durch SAP-Objektknotentypen beschrieben. SAP-Objekttypen werden nicht nur von der Key-User-Erweiterbarkeit verwendet, sondern auch von anderen Frameworks, z. B. zur Definition von Business Events (siehe Abschnitt 6.7).

Um einen bestimmten Business-Objektknotentyp – z. B. eine Position in einem Kundenauftrag – erweiterbar zu machen, müssen SAP-Entwickler*innen einen *Geschäftskontext* definieren, der auf diesen Business-Objektknoten verweist. Auf diese Weise wird der Business-Objektknoten von SAP als erweiterbar gekennzeichnet und ist in den Erweiterungstools für Key User verfügbar.

Ein Geschäftskontext identifiziert nicht nur einen erweiterbaren SAP-Objektknotentyp, sondern enthält auch Informationen darüber, was (z. B. welche CDS-Views, APIs oder Benutzeroberflächen) für diesen Knotentyp erweitert werden kann. Außerdem enthält der Geschäftskontext technische Informationen, die dem Key-User-Erweiterungstool mitteilen, wie die Erweiterung technisch implementiert werden soll (z. B. beteiligte Datenbanktabelle und Feld-Mapping).

Wenn Sie als Key User ein Erweiterungsfeld definieren, werden alle erforderlichen Softwareartefakte vom Erweiterungstool erzeugt. Das Erweiterungstool erweitert die zugeordneten CDS-Views und Datenbanktabellen um das neue Feld auf modifikationsfreie Weise. In Abschnitt 8.1.5 wird erläutert, wie mithilfe der hier beschriebenen Architektur Felderweiterungen bei Produktstammdaten ermöglicht werden.

In den meisten Fällen können Felderweiterungen für alle Architekturschichten (z. B. Datenbank, Geschäftslogik und Benutzeroberfläche) vorgenommen werden; es sind aber auch isolierte Erweiterungen möglich. Berechnete Attribute z. B. werden nicht in der Datenbank gespeichert. Für Integrationsszenarien müssen externe APIs auch Erweiterungen mit benutzerdefinierten Feldern widerspiegeln.

Um ein Feld-Mapping entlang von Prozessketten und zwischen Anwendungsschichten zu ermöglichen, behandeln erweiterbare Anwendungen die generierten Erweiterungsfelder auf generische Art und Weise so, dass diese Felder sich wie Standardfelder von SAP verhalten.

Darüber hinaus können die Erweiterungsfelder in anderen Key-User-Tools verwendet werden, beispielsweise zur Definition von benutzerdefinierten CDS-Views oder in analytischen Werkzeugen.

Da Key User anwendungsorientiert arbeiten, kann die Felderweiterbarkeit direkt über die Benutzeroberfläche der Anwendung gestartet werden. Das Werkzeug für die Felderweiterbarkeit durch Key User versteht die Beziehung zwischen Anwendungsbenutzeroberflächen und Geschäftskontexten und kann daher die Komplexität der Erweiterbarkeit auf einige einfache Schritte reduzieren:

1. Definition von Feldeigenschaften wie Datentyp, Feldlänge und Codeliste
2. Definition und Übersetzung von Beschriftungen, Tooltips und Texten der Codelistenwerte
3. Definition, in welchen Teilen der Anwendung – Druckformulare, Mailvorlagen, weitere UIs oder APIs – das Erweiterungsfeld berücksichtigt werden muss

4. Auswahl eines Geschäftsprozesses (auch *Geschäftsszenario* genannt), der vollständig (inklusive Feld-Mapping während der Laufzeit) erweitert werden soll

Zusammen mit der Definition von Erweiterungsfeldern können Key User auch das SAP-Fiori-Layout der Benutzeroberfläche der erweiterten Anwendung anpassen. Diese Funktion wird als *Laufzeitanpassung der Benutzeroberfläche* bezeichnet.

Die Anpassbarkeit von SAP-Fiori-Benutzeroberflächen an ihre geschäftlichen und persönlichen Anforderungen ist für Benutzer*innen sehr wichtig. Daher können Benutzer*innen die SAP-Fiori-Benutzeroberflächen für ihre eigene Verwendung personalisieren und dabei beispielsweise Elemente ausblenden oder verschieben, Felder hinzufügen oder Beschriftungen ändern. Key User können diese UI-Anpassungen darüber hinaus für das gesamte System/den gesamten Tenant und alle seine Benutzer*innen vornehmen. Technisch gesehen arbeitet dieser Mechanismus modifikationsfrei, was bedeutet, dass die SAP-Standardsoftware nicht überschrieben wird. Die Laufzeitanpassung der Benutzeroberfläche ist für alle Benutzer*innen verfügbar, die einer Key-User-Rolle zugeordnet sind.

Auch die traditionellen UI-Technologien von SAP unterstützen Erweiterungen. Das SAP GUI zeigt Erweiterungsfelder dynamisch auf einer bestimmten Registerkarte an, wenn sie für die Key-User-Erweiterbarkeit aktiviert sind. Benutzeroberflächen, die mit Web Dynpro für ABAP entwickelt wurden, können mit dem Tool Floorplan Manager angepasst werden.

Um Key Usern einen Überblick über die Erweiterungsmöglichkeiten von SAP S/4HANA zu geben, ist der Weg über die Benutzeroberfläche der zu erweiternden Anwendung nicht die einzige Möglichkeit, mit einer Felderweiterung zu beginnen. Das *Extensibility Cockpit* ist ein Werkzeug, mit dem Key User erweiterbare Anwendungen und ihre Erweiterungsmöglichkeiten (z. B. erweiterbare CDS-Views oder APIs) erkunden können. Key User können dort nach Erweiterungsmöglichkeiten suchen und ihre Erweiterung starten. Wenn eine solche Suche nicht erforderlich ist, kann das Key-User-Tool für die Felderweiterung direkt aus dem SAP Fiori Launchpad über die Kachel **Benutzerdefinierte Felder** aufgerufen werden.

Benutzerdefinierte Business-Objekte

Neben der Erweiterung von SAP-Anwendungen um neue Attribute mithilfe der Felderweiterung können Sie sogar *benutzerdefinierte Business-Objekte* hinzufügen, um eigenständige benutzerdefinierte Anwendungen zu erstellen. Damit können Sie eigene Daten definieren, die dann beispielsweise in Erweiterungsfeldern oder der Geschäftslogik referenziert werden können. Die geschieht mit der App **Benutzerdefinierte Business-Objekte**. Benutzerdefinierte Business-Objekte können als Hierarchie von Knoten modelliert werden, z. B. mit einem Wurzelknoten für einen Auftrag und einem Unterknoten für die Positionen. Jeder Business-Objektknotentyp enthält einen Satz von Typdefinitionen mit benutzerdefinierten Feldern. Da es sich um benutzerdefinierte Business-Objekte handelt, sind sie unabhängig von den von SAP definierten Geschäftskontexten und können mit anderen benutzerdefinierten Business-Objekten verknüpft werden. Sie können auch eine lose gekoppelte 1:n-Beziehung zwischen dem benutzerdefinierten Business-Objekt und SAP-Business-Objekten erstellen. Hierfür definieren Sie ein Feld des Typs **Assoziation zu Business-Objekt**. Lose gekoppelt bedeutet, dass der Datentyp, die Wertehilfe und die Navigation für das gewählte SAP-Business-Objekt unterstützt werden, aber das benutzerdefinierte Business-Objekt nicht an das transaktionale Verhalten des SAP-Objekts gebunden ist. Das Löschen der SAP-Instanz hat nicht zur Folge, dass die assoziierten Instanzen des benutzerdefinierten Business-Objekts gelöscht werden.

Im Gegensatz zur Felderweiterbarkeit führen benutzerdefinierte Business-Objekte zu neuen kundenspezifischen Tabellen in der Datenbank. Für jedes benutzerdefinierte Business-Objekt wird ein Satz zusätzlicher Softwareartefakte erstellt. Dazu gehören CDS-Views, generierte ABAP-Klassen mit APIs für CRUD-Operationen (Create, Read, Update, Delete), OData-Services und eine SAP-Fiori-App.

Auf diese Weise können Daten zu benutzerdefinierten Business-Objekten über die Anwendungsoberfläche oder remote aus anderen Anwendungen angelegt und geändert werden (siehe auch die Ausführungen zu Side-by-Side-Erweiterungen in Abschnitt 5.3). Mit dem Key-User-Tool für benutzerdefinierte Business-Objekte können Sie auch benutzerdefinierte Codelisten erstellen, die Werte für Dropdown-Listen sowie für Fakten oder Dimensionen in analytischen Szenarien enthalten.

Die Standardlogik für einfache CRUD-Operationen für Ihr benutzerdefiniertes Business-Objekt wird von der Infrastruktur bereitgestellt. Sie können jedoch bestimmte vordefinierte Operationen für eigene objektspezifische Prüfungen, Mappings oder Validierungen implementieren. Dies geschieht durch Mechanismen zur Erweiterung der Geschäftslogik (die später in diesem Abschnitt erörtert werden).

Benutzerdefinierte CDS-Views

Das VDM (siehe Abschnitt 2.1) verwendet CDS-Entitäten zur Definition des vereinfachten, harmonisierten, Business-orientierten und semantisch angereicherten Datenmodells von SAP S/4HANA. CDS bildet somit die Grundlage für die Erweiterung des Datenmodells, für benutzerdefinierte analytische Funktionen und für die Verwendung von Daten in benutzerdefinierten Geschäftslogikerweiterungen oder in Side-by-Side-Erweiterungen. Mit der Key-User-App **Benutzerdefinierte CDS-Views** können Sie Ihre eigenen CDS-Views auf der Grundlage von öffentlich freigegebenen CDS-Views von SAP erstellen. Diese CDS-Views können Daten in der gewünschten Kombination und Granularität oder mit den gewünschten Aggregationen lesen. Die App unterstützt auch die Verknüpfung verschiedener CDS-Views, Berechnungen und Aggregationen. Für den externen Zugriff auf die Daten können im Key-User-Erweiterungstool entsprechende OData-Services auf Basis der benutzerdefinierten CDS-Views angelegt werden.

Bei der Erstellung von benutzerdefinierten CDS-Views können Sie freigegebene CDS-Views von SAP als Datenquelle auswählen. Freigegebene CDS-Views gibt es für alle wichtigen Business-Objekte. Bei Bedarf können Sie diese SAP-Views auch wie bereits beschrieben mit neuen Feldern erweitern und dann Ihre eigenen Views darauf aufsetzen.

Wie ABAP-Dictionary-Strukturen sind auch CDS-Entitäten und ihre Metadaten durch integrierte Erweiterungsoptionen erweiterbar. Diese Erweiterungen werden automatisch von den Key-User-Tools verwendet und orchestriert. In der On-Premise-Edition von SAP S/4HANA können CDS-Views auch manuell erweitert werden. Dies geschieht mit der Anweisung `EXTEND VIEW` unter Verwendung der Eclipse-basierten ABAP Development Tools (ADT).

Benutzerdefinierte Geschäftslogik

Die verhaltensbezogene Erweiterbarkeit umfasst jede Art von Änderung an dem Verhalten von Geschäftsprozessen. In diesem Sinne ergänzt die verhaltensbezogene Erweiterbarkeit die strukturelle Erweiterbarkeit oder Datenmodellerweiterbarkeit. In SAP S/4HANA werden Verhaltenserweiterungen durch das Tool **Benutzerdefinierte Logik** realisiert. Key User können dieses Tool für die folgenden Anwendungsfälle nutzen:

- **Eigene Berechnungen für SAP-Felder und benutzerdefinierte Felder**
  Beispiele hierfür sind Berechnungsalgorithmen für die Preisfindung oder Steuern, fallspezifische Standardwerte oder Berechnungen, die bestimmen, ob ein bestimmter Prozessschritt ausgeführt werden muss.
- **Validierung mit benutzerdefinierten Prüfungen für SAP-Felder und benutzerdefinierte Felder**
  Validierungen können einfache Wertprüfungen (beispielsweise anhand von Codewerten aus einer Dropdown-Liste) enthalten oder anspruchsvollere Prüfungen unter Berücksichtigung mehrerer Attribute oder Zustände und möglicherweise sogar unter Berücksichtigung externer Ressourcen. Beispiele für solche Prüfungen sind Genehmigungen oder eine strengere Prüfung des Kreditlimits, bevor der Prozess mit dem nächsten Schritt fortfährt.
- **Benutzerdefiniertes Mapping von benutzerdefinierten Feldern**
  Ein solches Mapping erfolgt sowohl zwischen den einzelnen Schichten der Anwendungsarchitektur innerhalb der Anwendung als auch im Rahmen der API-basierten externen Kommunikation. Beispiele hierfür sind das Mapping interner Datenstrukturen auf die von B2B-Standards (Business-to-Business) erwarteten Formate, oder das Mapping für geschäftsspezifische Engines (etwa zur Preisfindung), die nicht für alle Erweiterungsfelder relevant sind.

Technisch verwendet die Erweiterbarkeit der Geschäftslogik anwendungsspezifische Code-Exits in Form von BAdIs. Dabei handelt es sich um stabile, von SAP für spezielle Erweiterungszwecke vorgesehene Schnittstellen, die direkt von der SAP-Anwendungslogik aufgerufen werden.

Entwickler*innen können BAdIs mit ihrem eigenen ABAP-Code implementieren. Der Datentransfer in den benutzerdefinierten Code erfolgt über `IMPORTING`-Parameter; der Datentransfer zurück zur SAP-Geschäftslogik erfolgt über `CHANGING`-Parameter. Einige BAdIs unterstützen auch einen Filtermechanismus, bei dem es zugelassen ist, dass mehrere BAdI-Implementierungen für dieselbe Schnittstelle parallel existieren. Während der Laufzeit wird die aufzurufende Implementierung durch die Filterkriterien ausgewählt.

Ein BAdl, das in einer benutzerdefinierten SAP-Fiori-App mit Geschäftslogik verfügbar sein soll, muss mehrere Anforderungen erfüllen: Es muss für die Verwendung in der Cloud freigegeben sein, mehrere Implementierungen zulassen und über einfache und stabile Datentypen verfügen (z. B. keine dynamischen Datenreferenzen). In diesem Fall wird das BAdI als *Cloud-BAdI* bezeichnet.

[!]

Freigebende Schnittstellen auch On-Premise verfügbar

Die Ausdrücke »Cloud-BAdI« and »für die Verwendung in der Cloud freigegeben« dürfen nicht missverstanden werden. Sie gehen auf die Tatsache zurück, dass das Konzept der benutzerdefinierten Geschäftslogik ursprünglich mit Blick auf die Cloud eingeführt wurde, aber sie bedeuten nicht, dass diese BAdIs nur in SAP S/4HANA Cloud verfügbar sind.

Implementierungen von Cloud-BAdIs können in einem auf SAP Fiori basierenden Webeditor für ABAP entwickelt werden, der eine für Key User geeignete User Experience bietet. Dieser Web-Editor unterstützt das einfache Finden von APIs, Codevervollständigung, die Dokumentation für Key User, Syntaxprüfungen und Syntaxhervorhebung sowie die Integration von Code-Tracing (eine Alternative zum Debugging, bei der die Verfolgung von benutzerdefinierten Variablen möglich ist). Der Editor unterstützt auch die Erstellung von benutzerdefinierten Reuse-Klassen, sodass benutzerdefinierter Code in den Implementierungen mehrerer Cloud-BAdIs wiederverwendet werden kann.

Um die Stabilität der Erweiterungen und die Entkopplung vom SAP-Softwarelebenszyklus zu gewährleisten, schränkt der Cloud-BAdI-Editor die Möglichkeiten der BAdI-Implementierung gegenüber der klassischen Entwicklung ein: Erstens schränkt der Cloud BAdI-Editor den Objektzugriff auf öffentlich freigegebene SAP-Objekte ein. Zweitens hat die verwendete ABAP-Sprachversion (genannt *ABAP for Key Users*) einen eingeschränkten Umfang an Sprachanweisungen. Daten können nur aus freigegebenen CDS-Views ausgewählt und nur über freigegebene ABAP-APIs geschrieben werden. Direkte Datenbankoperationen sind in der benutzerdefinierten Geschäftslogik überhaupt nicht erlaubt. Darüber hinaus ist keine Einflussnahme auf die Ausführung in parallelen Tasks und Transaktionssteuerung möglich (kein `commit` oder `rollback`), es wird keine dynamische Programmierung oder Codegenerierung unterstützt, und veraltete ABAP-Sprachanweisungen wurden entfernt. Mit diesen Einschränkungen kann ABAP auch für die Erweiterung der Geschäftslogik in SAP S/4HANA Cloud verwendet werden kann, während zugleich Robustheit, Sicherheit und Datenkonsistenz gewährleistet bleiben.

Benutzerdefinierte Geschäftslogik ist ein leistungsstarkes und flexibles Instrument. SAP möchte den Bedarf an benutzerdefiniertem Code jedoch so gering wie möglich halten. Dies spiegelt sich in der Felderweiterbarkeit wider, die in keinem der standardmäßigen Anwendungsfälle die Verwendung von benutzerdefiniertem Code erfordert. Auch die Aufnahme von benutzerdefinierten Feldern in APIs erfordert keine benutzerdefinierte Geschäftslogik. Das Key-User-Tool stellt sicher, dass zwischen APIs und Anwendungen ein entsprechendes Feld-Mapping stattfindet. Ebenso wird automatisch sichergestellt, dass im Hintergrund eine Validierung anhand der für das Erweiterungsfeld definierten Codewerte stattfindet.

Somit ist die benutzerdefinierte Geschäftslogik auch für Anwendungsfälle mit höherer Komplexität geeignet, etwa auf Integrationsszenarien, bei denen ein Geschäftsprozessschritt durch Aufrufen eines externen Dienstes angestoßen wird, beispielsweise durch den Aufruf eines API einer benutzerdefinierten Anwendung, die auf der SAP Business Technology Platform (SAP BTP) läuft. Bei noch komplexeren Anforderungen empfiehlt sich der Einsatz eines Middleware-Produkts für die Integration, wie etwa Cloud Integration als Teil der SAP Integration Suite. Die Verwendung eines solchen Middleware-Produkts ermöglicht die Realisierung komplexerer Erweiterungsmuster, z. B. Datentransformationen, Aufteilen und Zusammenfügen von Nachrichten, Nachrichtenreduzierung, Datenanreicherung oder Filterung und Verteilung.

Erweiterbarkeit von Integrationen

Die Erweiterbarkeit der Integrationsschnittstellen ist wesentlich für die Integration einer erweiterten Applikation mit anderen Anwendungen und Systemen in organisationsspezifischen Landschaften. Dies ist besonders wichtig für standardisierte Geschäftsprozesse, wie sie in Cloud-Software üblich sind.

SAP S/4HANA bietet folgende Möglichkeiten für die Erweiterung von Integrationsschnittstellen:

- **Hinzufügen von benutzerdefinierten Feldern zu Standard-APIs in SAP S/4HANA**
  Beispiele für solche Standard-APIs sind OData-Services (Open Data Protocol), SOAP-Nachrichten (Simple Object Access Protocol), IDocs (Intermediate Docu-

ments) oder BAPIs (Business Application Programming Interfaces). Die Felderweiterbarkeit von APIs wird nativ durch die Key-User-Felderweiterbarkeit unterstützt, und die erforderlichen Codeartefakte werden automatisch generiert.

- **Zugriff auf Daten in SAP S/4HANA über benutzerdefinierte APIs**
  Dazu können Sie mithilfe von Key-User-Tools zunächst einen benutzerdefinierten CDS-View erstellen und dann einen remotefähigen Service auf dieser View definieren. Auf diese Weise können Sie sowohl den Zugriff auf SAP-Felder als auch auf benutzerdefinierte Felder ermöglichen.

Key User können die selbst definierten Felder in SAP-APIs sowie die selbst definierten APIs mit selbst definierter Geschäftslogik anreichern, was sich problemlos kombinieren lässt.

5.1.3 Lifecycle Management

Das Lifecycle Management für die Erweiterungen von SAP-Kunden und SAP-Partnern muss neben funktionalen Aspekten auch Stabilitätseigenschaften berücksichtigen. Dieses gilt insbesondere für SAP S/4HANA Cloud.

Alle Key-User-Tools werden von Benutzer*innen mit der Key-User-Rolle im Qualitätssicherungs- oder im Entwicklungssystem verwendet, je nachdem, ob für die Entwicklung eine Zwei- oder eine Drei-System-Landschaft zum Einsatz kommt. Mit dem Lifecycle Management können Key User ihre Erweiterungen zum Testen in das Qualitätssicherungssystem (im Falle einer Dreisystemlandschaft) und später in das Produktivsystem transportieren.

Das Transportverfahren ist in SAP S/4HANA und SAP S/4HANA Cloud unterschiedlich. Im Fall einer On-Premise-Installation werden die wichtigsten benutzerdefinierten Erweiterungen durch normale Transportaufträge erfasst und auf die übliche Art und Weise transportiert. So können manuelle, »klassische« Erweiterungen bei Bedarf zusammen mit Key-User-Erweiterungen transportiert werden.

In SAP S/4HANA Cloud erstellen die Key User ihre Erweiterungen im Customizing-Tenant. Von dort werden die Erweiterungen dann in die Test- und Produktiv-Tenants transportiert. Dieser Transport kann von den Key Usern mit dem *Adaptation Transport Organizer* (ATO) durchgeführt werden, ohne dass die für den Cloud-Betrieb verantwortlichen SAP-Administrator*innen involviert werden müssten. Dafür ist es wichtig, dass die Erweiterungen nach jedem Upgrade oder Update der SAP-Software weiter funktionieren, ohne dass irgendwelche Anpassungsaktivitäten erforderlich sind. Der ATO trägt dazu bei, diese Stabilität zu gewährleisten. Er erzwingt automatisch die Vollständigkeit und Integrität der Transporte und garantiert, dass Transporte von benutzerdefinierten Artefakten und SAP-Wartungsaktivitäten nicht gleichzeitig stattfinden.

Manchmal möchten Sie Erweiterungen zwischen verschiedenen SAP-S/4HANA-Systemlandschaften transportieren – z. B. zwischen Landschaften verschiedener Organisationen. Dies wird durch den Template-Ansatz unterstützt. Der Template-Ansatz ermöglicht es Ihnen, Key-User-Erweiterungen zu sammeln, zu Paketen zusammenzufassen und diese Pakete dann in das Qualitätssicherungssystem einer anderen SAP-S/4HANA-System-Landschaft zu importieren. Dort können die Erweiterungen an die individuellen Anforderungen angepasst (daher auch die Bezeichnung »Template-Ansatz«), getestet und in die produktiven Systeme überführt werden. Um Namenskollisionen zu vermeiden, wird ein Namensraumkonzept verwendet. Dieser Ansatz ist vor allem für die Lösungen von SAP-Partnern gedacht, die an mehrere Kunden verkauft werden. Bislang handelt es sich bei diesen Lösungen um One-Shot-Lösungen, d. h., erneute Importe mit Korrekturen oder weiteren Funktionen werden bislang noch nicht unterstützt.

5.2 In-Stack-Entwicklererweiterbarkeit

Bei der In-Stack-Entwicklererweiterbarkeit handelt es sich um eine Form der In-App-Erweiterbarkeit, die eingesetzt wird, wenn die Erweiterungen eng mit den Geschäftsprozessen in SAP S/4HANA verzahnt werden müssen, sie aber für die Key-User-Erweiterbarkeit zu komplex sind. Die ABAP-Umgebung von SAP S/4HANA Cloud ermöglicht es SAP-Kunden und -Partnern, cloudfähigen ABAP-Code zu entwickeln, der direkt im SAP-S/4HANA-Stack läuft und stabil ist bezüglich Upgrades durch SAP. Da die Erweiterung im SAP-S/4HANA-Stack erfolgt, ist keine Remote-Integration erforderlich, und die freigegebenen SAP-Artefakte können direkt erweitert und verwendet werden.

Das Programmiermodell für die In-Stack-Entwicklererweiterbarkeit basiert auf den folgenden Elementen:

- dem Eclipse-Plug-in *ABAP Development Tools* (ADT) für das Management von Entwicklungsprojekten und das Schreiben von ABAP-Code
- dem SAP Business Application Studio für die Entwicklung von SAP-Fiori-Benutzeroberflächen
- dem ABAP RESTful Application Programming Model (RAP) zum Entwickeln von Business-Objekten und darauf aufbauenden Services, beispielsweise für SAP-Fiori-Apps
- der Sprachversion ABAP for Cloud Development mit Fokus auf ABAP-Anweisungen, die den Cloud-Betrieb nicht destabilisieren.
- dem Katalog der freigegebenen SAP-APIs, Erweiterungspunkte und Objekte, die in benutzerdefiniertem Code implementiert, aufgerufen und verwendet werden können

Bei beiden Optionen für die In-App-Erweiterbarkeit – der Key-User-Erweiterbarkeit und der In-Stack-Entwicklererweiterbarkeit – laufen die Erweiterungen direkt im Laufzeit-Stack von SAP S/4HANA. Sie sind geeignet für alle Anwendungsfälle, die eine enge Kopplung der Erweiterung mit den SAP-S/4HANA-Anwendungen erfordern, und können auch miteinander kombiniert werden.

Obwohl das Konzept der In-Stack-Erweiterbarkeit darauf hinausläuft, dass SAP-Code und benutzerdefinierter Code die gleiche Laufzeit verwenden, sind die von SAP bereitgestellten und die benutzerdefinierten Artefakte klar voneinander getrennt. SAP hat eine stabile öffentliche Schnittstelle bestehend aus lokalen APIs, Erweiterungspunkten und ABAP-Objekten freigegeben, die von den Erweiterungen genutzt werden können. Entwickler*innen von Erweiterungen können auch die nicht freigegebenen ABAP-Artefakte sehen. Sie können sie sogar debuggen, aber nicht freigegebene Artefakte können von benutzerdefinierten Erweiterungen nicht aufgerufen oder auf andere Weise verwendet werden.

Der Katalog der freigegebenen SAP-Objekte enthält ausgewählte ABAP-Entwicklungsobjekte der folgenden Typen:

- ABAP-Klassen und -Schnittstellen
- mit dem ABAP RESTful Application Programming Model definierte Business-Objekte über ihre Verhaltensdefinition
- CDS-Views
- Funktionsbausteine
- Berechtigungsobjekte
- Kernel-basierte BAdIs als Erweiterungspunkte
- ABAP-Dictionary-Strukturen, Tabellenarten, Datenelemente und Domänen, insbesondere die ABAP-Dictionary-Elemente, die in den Signaturen anderer freigegebener Artefakte verwendet werden

Die freigegebenen APIs, Erweiterungspunkte und weitere Artefakte ermöglichen den Zugriff auf Business-Objekte von SAP S/4HANA sowie auf wiederverwendbare Services wie Anwendungsjobs, Nummernkreise, Änderungsbelege und die Ausgabeverwaltung.

Entwickler*innen von Erweiterungen verwenden hierbei die ADT für alle ABAP-basierten Entwicklungsaufgaben. Die ADT laufen auf den Computern der Entwickler*innen und verbinden sich über HTTP mit SAP S/4HANA Cloud. Die Authentifizierung erfolgt per Security Assertion Markup Language (SAML) über einen Identity Provider. Der Katalog der freigegebenen Objekte wird in den ADT in einer Baumstruktur dargestellt (siehe Abbildung 5.2).

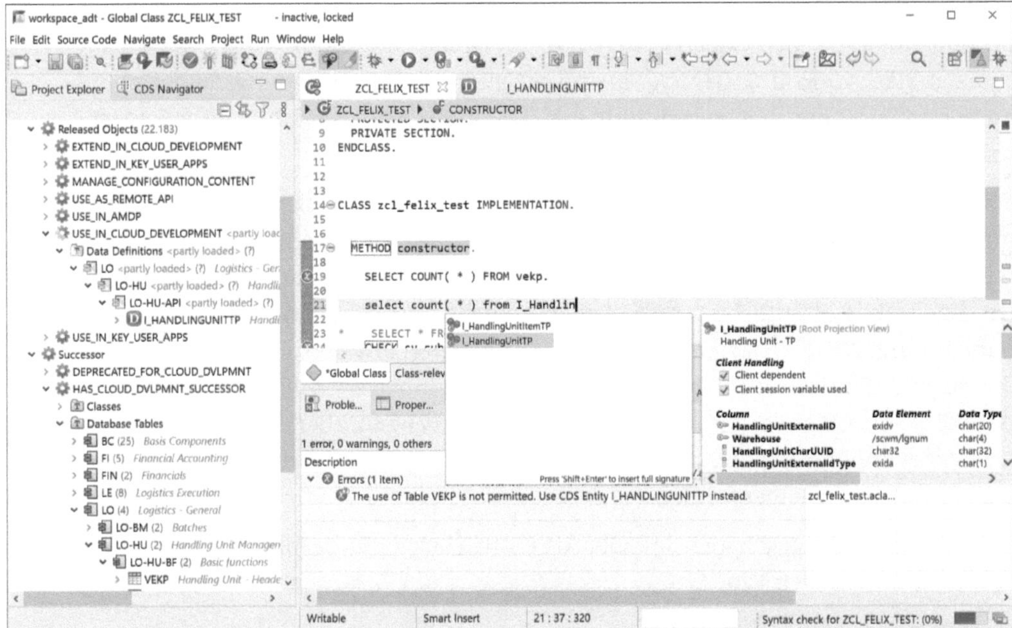

Abbildung 5.2 Katalog der freigegebenen Objekte in den ABAP Development Tools

In-Stack-Entwicklererweiterungen werden mit der speziellen ABAP-Sprachversion namens *ABAP for Cloud Development* entwickelt. Diese Sprachversion ist für das ABAP RESTful Application Programming Model optimiert und verzichtet auf veraltete ABAP-Sprachanweisungen. Sie hindert Entwickler*innen beispielsweise daran, direkt auf Datenbanktabellen zuzugreifen, ABAP-Code zu generieren und das SAP GUI zu verwenden. Diese Einschränkungen ähneln denen in der Sprachversion ABAP for Key Users, sie sind aber weniger restriktiv. Die folgenden Aktionen sind möglich:

- dynamische Programmierung (z. B. `REF TO DATA`)
- Definieren eigener Berechtigungsobjekte und Prüfen dieser Objekte gegen eigene oder freigegebene Objekte
- direkter Zugriff auf Objekte des ABAP RESTful Application Programming Model (Verhaltensdefinitionen) mit Anweisungen der ABAP Entity Manipulation Language (EML)
- Durchführung von Codeprüfungen mit dem ABAP Test Cockpit (ATC) und ABAP Unit Tests
- Ändern von Belegen, Objekten im Anwendungsprotokoll und Nummernkreisobjekten
- Möglichkeit zur Erweiterung von CDS-Views durch Code ohne die Einschränkungen des Editors für benutzerdefinierte CDS-Views

- Zugriff auf Funktionsgruppen und Funktionsbausteine
- vollständige Debugging-Unterstützung, auch für SAP-Code

SAP-Kunden oder -Partner können den ABAP-Quellcode ihrer In-Stack-Entwicklererweiterungen als zusätzliche Option zum Teilen oder Transportieren des Codes in einem Git-Repository speichern.

Die Entwicklung von In-Stack-Entwicklererweiterungen findet in der SAP-S/4HANA-Cloud-Landschaft in einem eigenen Entwicklungs-Tenant statt (siehe Kapitel 19). Die entwickelte Erweiterung kann in das Testsystem transportiert werden, um zu überprüfen, ob sie mit den im Customizing konfigurierten Geschäftsprozessen korrekt funktioniert.

5.3 Side-by-Side-Erweiterungen

Wie bereits besprochen, ist die Key-User-Erweiterbarkeit besonders für kleinere Erweiterungen geeignet, aber begrenzt, was ihren Funktionsumfang angeht. Die In-Stack-Entwicklererweiterbarkeit ist geeignet für komplexere Erweiterungen, die eng mit den SAP-S/4HANA-Anwendungen, Daten und Transaktionen integriert sein müssen. Mit der *Side-by-Side-Erweiterbarkeit* steht eine dritte Möglichkeit zu Verfügung, mit der Sie lose gekoppelte, cloudnative Erweiterungen auf der SAP BTP entwickeln können, die sowohl mit SAP S/4HANA On-Premise als auch mit SAP S/4HANA Cloud integriert werden können.

Auf diese Weise können Sie Ihre Investitionen in SAP S/4HANA weiterhin nutzen, einschließlich bestehender In-App-Erweiterungen, und zusätzliche Funktionen mithilfe modernster Cloud-Technologien erstellen.

Im Folgenden führen wir einige der typischen Side-by-Side-Szenarien auf:

- **Entwickeln eigener Benutzeroberflächen**
  Sie können Ihre eigenen webbasierten Benutzeroberflächen entwickeln, indem Sie die SAPUI5-Bibliothek und die darin verfügbaren Anwendungsmuster verwenden, die den UX-Designrichtlinien von SAP Fiori folgen. Die so entwickelte UI-Anwendung kann auf der SAP BTP deployt werden. Sie kann auf einem Standard-OData-Service von SAP aufbauen oder auf einem, den Sie selbst entwickelt haben, z. B. mit der In-App-Erweiterbarkeit.
- **Entwickeln eigener Backend-Anwendungen**
  In diesem Szenario entwickeln Sie eine komplette Anwendung mit der Technologie Ihrer Wahl (z. B. ABAP, Java oder JavaScript) und setzen darauf ihre eigene Oberfläche auf. Ihre Anwendung kann OData-Services verwenden, die von SAP

S/4HANA bereitgestellt werden und somit Funktionen von SAP S/4HANA verwenden. Eine sehr bequeme Möglichkeit, solche Anwendungen zu entwickeln, besteht in der Nutzung der SAP-Cloud-SDK-Bibliotheken (*https://sap.github.io/cloud-sdk*), die in Abschnitt 5.3.4 noch besprochen werden.

Die Stärke der Side-by-Side-Erweiterbarkeit liegt darin, dass Ihre Erweiterungen den gesamten technischen Stack umfassen können – von Datenbankstrukturen oder Tabellen über die Anwendungslogik bis hin zur Benutzeroberfläche. Außerdem hatten wir bereits angesprochen, dass die In-App-Erweiterbarkeit und die Side-by-Side-Erweiterbarkeit miteinander kombiniert werden können.

In diesem Abschnitt befassen wir uns mit der Side-by-Side-Erweiterbarkeit, einschließlich der Programmiermodelle und Umgebungen der SAP BTP, und geben Ihnen einen Überblick darüber, wie Sie Erweiterungen mithilfe des SAP Cloud SDK erstellen können. Aber zuerst vermitteln wir einige Grundlagen zu cloudnativen Anwendungen.

5.3.1 Einführung in cloudnative Anwendungen

Als *cloudnativ* werden allgemein Praktiken und Technologien bezeichnet, die die Entwicklung und den Betrieb moderner Anwendungen auf modernen Cloud-Infrastrukturen ermöglichen. Diese Anwendungen folgen häufig dem Architekturprinzip der *Microservices*. Die hinter cloudnativen Anwendungen stehenden Teams praktizieren in der Regel DevOps – eine Kultur, in der alle Teammitglieder gemeinsam an der Entwicklung, der Bereitstellung und dem Betrieb der Software arbeiten. In einem solchen Umfeld, in dem es praktisch keinen Unterschied zwischen der Entwicklung und dem Betrieb von Software gibt, sind die Teams in der Lage, fortlaufend produktive Software zu paketieren und zu jedem beliebigen Zeitpunkt an die Benutzer*innen zu liefern. In diesem Abschnitt stellen wir Microservices, DevOps, Continuous Delivery und die Vorzüge dieser Konzepte für die Erstellung von Side-by-Side-Erweiterungen für SAP S/4HANA vor.

Microservices

Wenn »Software die Welt frisst«, wie Marc Andreessen sagt, dann müssen erfolgreiche Unternehmen eine moderne IT aufbauen, mit der sie sich von den anderen abheben und ihre Effizienz maximieren können, wenn sie sich von den Wettbewerbern abheben wollen. Deshalb müssen Geschäftsanwendungen eine Reihe von zunehmend anspruchsvoller werdenden Eigenschaften aufweisen, die sich stark auf die Anwendungsinfrastruktur, das Softwaredesign und den Betrieb auswirken:

- **Verfügbarkeit**
  Die Geschäftskontinuität muss rund um die Uhr gewährleistet sein. Ausfallzeiten, egal ob geplant oder ungeplant, werden nicht mehr akzeptiert. Aus diesem Grund müssen Anwendungen auf geeigneten Infrastrukturen und Softwareentwurfsmustern basieren, die helfen, eine hohe Verfügbarkeit zu erreichen.
- **Skalierbarkeit und Elastizität**
  Die Nutzungsintensität und die Datenmengen variieren im Laufe der Zeit und zwischen Unternehmen. Daher müssen Anwendungen skalierbar gestaltet werden, um unterschiedliche Nutzungsintensitäten und Datenmengen auffangen zu können. Durch die elastische Skalierung von Softwarekomponenten entsprechend dem aktuellen Bedarf kann die User Experience optimiert werden, während eine erhöhte Ressourceneffizienz gleichzeitig für eine Reduzierung der Kosten sorgt.
- **Resilienz**
  Bei allen komplexen Systemen treten während des Betriebs irgendwann einmal Probleme auf. Daher müssen Systeme unbedingt so entwickelt werden, dass sie mit dem Ausfall von Teilfunktionen zurechtkommen und sicherstellen, dass die User Experience auch unter schwierigen Bedingungen so weit wie möglich intakt bleibt.
- **Evolvierbarkeit**
  Die Marktbedingungen ändern sich, und die Technologie entwickelt sich schnell weiter. Der langfristige Erfolg von Geschäftsanwendungen hängt daher davon ab, wie schnell man neue Funktionen bereitstellen kann und ob es möglich ist, die internen Strukturen mit minimalem Aufwand laufend zu modernisieren.

Eine cloudnative Anwendungsarchitektur und eine moderne, cloudnative Infrastruktur helfen dabei, diese Eigenschaften in ihren Erweiterungen von SAP S/4HANA zu erreichen.

Mit cloudnativen Infrastrukturen wie Cloud Foundry oder Kubernetes können Sie Anwendungen weltweit rund um den Globus verfügbar machen und mittels Zero Downtime Deployment kontinuierlich aktualisieren, ohne negative Auswirkungen auf die Verfügbarkeit.

Mit Anwendungen, die auf einer Microservice-Architektur basieren, können Sie weitere Vorteile der Cloud erschließen. Bei *Microservices* handelt es sich um relativ kleine Komponenten eines verteilten Softwaresystems, die über wohldefinierte APIs miteinander verbunden sind. Jeder Microservice wird unabhängig entwickelt und betrieben. Voraussetzung für die erfolgreiche Entwicklung einer Microservice-basierten Erweiterung für SAP S/4HANA ist die passende Aufteilung der Anforderungen auf die Microservices. Geeignete Grenzen für die Zerlegung in Microservices lassen sich aus einer Reihe verschiedener Faktoren ableiten:

- **Fachliche Grenzen innerhalb der Anwendungsdomäne**
  Microservices eignen sich hervorragend, um große, komplexe Anwendungsdomänen in kleinere, voneinander entkoppelte Einheiten aufzuspalten, z. B. mit Entwurfstechniken wie *Domain-Driven Design*.
- **Organisatorische Grenzen**
  Eine enge Kopplung sowohl auf technischer als auch auf organisatorischer Ebene verlangsamt die Entwicklung. Daher sollte ein Softwaresystem aus möglichst unabhängigen Komponenten aufgebaut sein, die jeweils von einem kleinen Team möglichst autonom entwickelt werden. Das *Conway'sche Gesetz* besagt, dass Organisationen dazu neigen, Systeme zu entwickeln, die ihre eigene Kommunikationsstruktur widerspiegeln (siehe *http://s-prs.co/v567500*). Folgt man dem Conway'schen Gesetz, empfiehlt sich eine enge Abstimmung zwischen Organisationsstruktur und technischer Systemarchitektur, was man mit Microservices und kleinen Teams gut erreichen kann. Durch die geringe Kopplung zwischen den Microservices können die einzelnen Teams auch größere Änderungen vornehmen, ohne negative Auswirkungen auf andere Systemteile befürchten zu müssen. Auf diese Weise werden Änderungen und Weiterentwicklungen einfacher.
- **Skalierungsgrenzen**
  Microservices ermöglichen die Feinabstimmung der Anwendungsarchitektur auf beobachtete Nutzungsmuster. Dabei können Komponenten mit hoher Auslastung als separate Services bereitgestellt und somit individuell skaliert werden. Dadurch erreicht man ein hohes Maß an Elastizität bei gleichzeitiger Vermeidung einer Überdimensionierung. Microservices zeichnen sich in der Regel durch einen geringen Ressourcengrundverbrauch aus, was die Grundkosten weiter reduziert.
- **Technologische Grenzen**
  Unter den verfügbaren Programmiersprachen und Technologie-Stacks gibt es keine, die für sich allein zur Lösung aller Probleme geeignet sind. Deshalb ist es wichtig, dass das zu lösende Problem, die verfügbare Technologie und die Fähigkeiten des Teams gut zueinander passen. In einer Microservice-Architektur können Teams ihre Services mit den von ihnen bevorzugten Technologien erstellen, ohne dass ihnen ein Software-Stack vorgegeben würde.

Selbst die kleinste Side-by-Side-Erweiterung, die nur aus einem einzigen mit SAP S/4HANA integrierten Service besteht, stellt schon ein verteiltes System dar. Und irgendwann wird es passieren, dass die Kommunikation zwischen der Erweiterung und SAP S/4HANA nicht wie gewünscht funktioniert, beispielsweise aufgrund von Netzwerkproblemen oder Systemausfällen. Um auf solche Situationen vorbereitet zu sein, müssen cloudnative Anwendungen explizit auf Ausfallsicherheit ausgelegt sein. Mit den geeigneten Entwurfsverfahren und Technologien können wir Systeme entwickeln, die gegen vorübergehende Probleme bei den beteiligten (Mikro-)Services resistent sind. Beispiele hierfür sind die Entkopplung über asynchrone Nachrichtenwarteschlangen und die Implementierung von Entwurfsmustern für Resilienz, wie z. B. *Bulkhead* oder *Circuit Breaker* oder die Verwendung eines Cache.

DevOps und Continuous Delivery

Um das Potenzial von cloudnativen Erweiterungen für SAP S/4HANA voll ausschöpfen zu können, benötigen wir nicht nur neue Technologien, sondern müssen auch unsere Entwicklungskultur entsprechend anpassen. Studien haben gezeigt, dass die Einführung von DevOps Unternehmen dabei hilft, bei der Umstellung auf die Cloud deutlich erfolgreicher zu sein als Unternehmen, die an traditionellen Entwicklungsansätzen festhalten (siehe *State of DevOps 2019, http://s-prs.co/v567501*).

Hinter DevOps steht die Idee, Entwicklung und Betrieb der Software zu verbinden. Bei DevOps handelt es sich nicht um eine rigide festgelegte Methodik, sondern um ein Bündel aus drei Grundsätzen, von denen sich die Entwicklungsteams bei ihrer Arbeit leiten lassen sollten:

- hoher Arbeitsdurchsatz
- frühes Feedback
- kontinuierliches Lernen und Experimentieren

Funktionierende Software schafft erst dann einen Mehrwert, wenn sie in die Hände ihrer Endanwender*innen gelangt. Daher müssen Organisationen, die Software entwickeln, in allen Phasen von der Idee über die Entwicklung bis hin zur Bereitstellung neuer Versionen für einen hohen Arbeitsdurchsatz sorgen. Die Teams sollten sich auf kleine, mehrwertsteigernde Änderungen konzentrieren und von Anfang bis Ende an diesen arbeiten, bis sie freigegeben werden können. Auf diesem Weg müssen die Teams aktiv Feedbackschleifen einbauen, mit denen Probleme und Fehler zu einem Zeitpunkt erkannt werden, an dem sie noch kostengünstig zu beheben sind. Für die Entwicklung bedeutet dies den massiven Einsatz automatisierter Tests. Die automatisierten Tests bilden eine Art Sicherheitsnetz für die Entwickler*innen, das es ihnen ermöglicht, auch Änderungen mit größeren Auswirkungen vorzunehmen, ohne sich Sorgen um dadurch ausgelöste Qualitätsprobleme machen zu müssen. Nur wenn die Teams die Investitionen in die automatisierte Qualitätssicherung ernst nehmen, können sie auf Dauer einen hohen Arbeitsdurchsatz aufrechterhalten.

Und nicht zuletzt sollten DevOps-Teams den Status quo kontinuierlich in Frage stellen. In dem Maße, in dem sich das Ökosystem der cloudnativen Technologien weiterentwickelt, können neue Ansätze und Technologien entstehen, mit denen sich die Herausforderungen besser bewältigen lassen. DevOps-Teams sollten regelmäßig innovative Experimente durchführen, kontinuierliche Verbesserung anstreben und ihre Erkenntnisse und Lernprozesse strukturiert dokumentieren.

Eine wichtige Praxis von DevOps-Teams ist dabei die kontinuierliche Auslieferung oder *Continuous Delivery*. Darunter versteht man die Entwicklung, das Testen und die Bereitstellung von Software in kurzen Zyklen, die zuverlässig und vollständig automatisiert ablaufen. Die Auslieferung von Softwareänderungen wird dabei durch eine *Continuous Delivery Pipeline* automatisiert. Diese umfasst den automatischen Build der neuen Softwareversion, die Ausführung von Test-Suites, statische Codeprüfungen und Sicherheitsvalidierungen. Wenn alle Schritte erfolgreich verlaufen sind, wird die neue Version schließlich deployt. Mit anderen Worten verkörpert eine Continuous Delivery Pipeline das kodifizierte Wissen eines Teams über den Prozess zur Validierung und Lieferung der Software. Im Vergleich zu manuellen Verfahren ist eine solche Pipeline extrem schnell, kostengünstig und zuverlässig.

Das Projekt »Piper« unterstützt die kontinuierliche Auslieferung für das SAP-Ökosystem. Es umfasst containerbasierte Continuous Delivery Pipelines und die entsprechende Infrastruktur. Mit dem Projekt »Piper« können Teams vom ersten Projekttag an eine voll funktionsfähige cloudnative Entwicklungsumgebung aufbauen. Projekt »Piper« hilft Entwicklungsteams dabei, cloudnative Erweiterungen effizient zu entwickeln und bereitzustellen und dabei jederzeit die Qualität zu gewährleisten. »Piper« ist als Open Source verfügbar. Weitere Informationen über das Projekt und seine Nutzung finden Sie unter *www.project-piper.io*.

5.3.2 SAP BTP und Programmiermodelle

Bei der SAP BTP handelt es sich um ein PaaS-Angebot (Platform as a Service), das Funktionen für die Entwicklung, die Bereitstellung und den Betrieb von Anwendungen bietet. Mit der SAP BTP können Sie cloudnative Anwendungen erstellen, die sich mit On-Premise- und Cloud-Systemen integrieren lassen, und dann deren Funktionalität erweitern, ohne den stabilen Kern dieser Systeme zu beeinträchtigen.

Die SAP BTP bietet die folgenden Umgebungen für die Entwicklung und den Betrieb Ihrer Anwendungen:

- **SAP BTP, ABAP-Umgebung**
  Mit der SAP BTP, ABAP-Umgebung können Sie mit Ihrem vorhandenen ABAP-Fachwissen eigenständige Anwendungen und Erweiterungen auf einer von SAP verwalteten ABAP-Plattform in der Cloud erstellen. Wie bei den In-Stack-Erweiterungen in SAP S/4HANA wird auch hier die Sprachversion ABAP für Cloud-Entwicklung verwendet. Weitere Informationen finden Sie unter *https://help.sap.com/docs/sap-btp-abap-environment*.
- **SAP BTP, Cloud-Foundry-Umgebung**
  Diese Umgebung stellt Ihnen die Cloud-Foundry-Laufzeitumgebung zur Verfügung, eine von der Cloud Foundry Foundation (*www.cloudfoundry.org/foundation*) angebotene Open-Source-Anwendungsplattform. Die SAP BTP, Cloud-Foundry-Um-

gebung enthält Build-Packs, die eine Reihe von Technologieoptionen für die Entwicklung bieten, wie Java, Node.js oder »Bring Your Own Language«-Optionen. Die Cloud-Foundry-Umgebung wird in vielen Rechenzentren in den wichtigsten Regionen der Welt angeboten.

- **SAP BTP, Kyma-Laufzeit**

  Mit der SAP BTP, Kyma-Laufzeit können Sie cloudnative Anwendungen auf der Grundlage von Kubernetes (*https://kubernetes.io*) erstellen, einer als Open-Source verfügbaren Container-Management-Lösung zur Verwaltung, Skalierung und zum automatisierten Deployment ihrer containerbasierten Anwendungen. Sie können dabei serverlose Funktionen, Microservices und eigene Container-Images verwenden. Darüber hinaus sind in die Kyma-Laufzeit einige nützliche Funktionen integriert, die Sie für Ihre Anwendung nutzen können, wie ein Event Bus oder ein Service Mesh.

  Nachfolgend sind drei der Hauptkomponenten der SAP BTP, Kyma-Laufzeit aufgeführt:

  – *Application Connector*: Über diese Komponente kann sich Ihre Erweiterung mit anderen Anwendungen verbinden.

  – *Service Management*: Erweiterungen nutzen in der Regel eine Reihe von Services der SAP BTP, wie z. B. SAP HANA Cloud, SAP Authorization and Trust Management, SAP Event Mesh, SAP Audit Log Service und viele mehr. Die Kyma-Laufzeit enthält einen Service Operator, der es Ihnen ermöglicht, die entsprechenden Serviceinstanzen über die Administrationsoberfläche oder über Kubernetes-Ressourcen anzulegen und zu verwalten.

  – *Serverless-Option*: Diese Komponente erlaubt die Entwicklung von Erweiterungen für Anwendungen, bei denen Ereignisse oder API-Aufrufe die Ausführung serverloser Funktionen auslösen.

Das *SAP Cloud SDK* unterstützt sowohl die Cloud-Foundry-Umgebung als auch die Kyma-Laufzeit der SAP BTP. Im folgenden Abschnitt beschreiben wir, wie Sie das SAP Cloud SDK zusammen mit SAP S/4HANA nutzen können.

5.3.3 Integration mit SAP S/4HANA unter Verwendung des SAP Cloud SDK

Wie Sie aus Abschnitt 5.3.1 wahrscheinlich noch wissen, lauten die wichtigsten Eigenschaften cloudnativer Anwendungen Verfügbarkeit, Elastizität, Evolvierbarkeit, Skalierbarkeit und Resilienz. Mit einem guten Programmiermodell und der geeigneten Plattform wird es leichter für Sie, diese Eigenschaften in Ihren Anwendungen sicherzustellen. Die SAP BTP mit ihren Plattformservices nimmt Ihnen hier bereits eine Menge Arbeit ab. Dennoch bleibt es der Anwendung überlassen, die von der SAP BTP bereitgestellten Dienste zu integrieren, aufzurufen, und die von den Services aufgerufenen Schnittstellen zu implementieren. Dies führt zu einer Fülle von sich wiederholenden, sehr ähnlichen Codestellen, sogenanntem *Boilerplate Code*, was einer effizienten Programmierung zuwiderläuft.

An dieser Stelle kommt das SAP Cloud Software Development Kit (SDK) ins Spiel. Es enthält Bibliotheken, die die Entwicklung von Cloud-Anwendungen auf der SAP BTP erleichtern. Diese Bibliotheken kommunizieren mit anderen SAP-Lösungen und -Services, wie etwa SAP S/4HANA Cloud, SAP SuccessFactors und OData-Services im Allgemeinen, um nur einige zu nennen (siehe Abbildung 5.3).

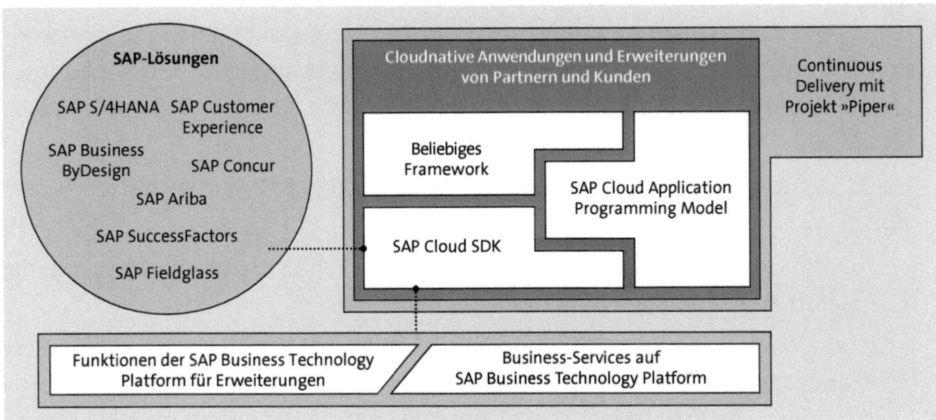

Abbildung 5.3 Erweiterungen für das intelligente Unternehmen: Die Rolle des SAP Cloud SDK

Mit anderen Worten: Das SAP Cloud SDK ist Ihr zentrales Werkzeug, um typische Aufgaben beim Programmieren von Side-by-Side-Erweiterungen auf der SAP BTP effizient zu lösen. Gleichzeitig ist das SAP Cloud SDK vollständig kompatibel mit dem SAP Cloud Application Programming Model (siehe *https://cap.cloud.sap/docs/*), dem von SAP empfohlenen Ansatz für die Entwicklung von Business-Services und -Anwendungen auf der SAP BTP. Sie finden mehr zum SAP Cloud SDK unter *https://sap.github.io/cloud-sdk*. Das SAP Cloud SDK wird in zwei Varianten geliefert – einer für Java und einer für JavaScript/TypeScript. Es bietet Bibliotheken, Projektvorlagen und eine Continuous Delivery Pipeline, die Sie sofort nutzen können.

5.3.4 SAP-S/4HANA-APIs mit dem SAP Cloud SDK aufrufen

Lassen Sie uns nun näher darauf eingehen, wie das SAP Cloud SDK die Entwicklung und Bereitstellung von Erweiterungen auf der SAP BTP erleichtert. Hierzu betrachten wir eine einfache Side-by-Side-Erweiterung für SAP S/4HANA Cloud. Sie soll Geschäftsinformationen anzeigen, die in Echtzeit Daten von einem SAP-S/4HANA-Cloud-System über OData-APIs abruft, die auf dem SAP Business Accelerator Hub (*https://api.sap.com*; siehe auch Abschnitt 6.2) dokumentiert sind. Diese Anwendung muss neben ihrer eigenen lokalen Anwendungs- und Datenabruflogik mindestens die folgenden Aktionen ausführen:

- sich mit dem SAP S/4HANA Cloud Tenant verbinden
- sich bei dem Tenant mit den richtigen Anmeldedaten authentifizieren
- das benötigte öffentliche API mit den erforderlichen Berechtigungen verwenden

Schauen wir uns nun an, wie das SAP Cloud SDK Sie bei diesen Schritten unterstützt.

Konnektivität

Mit dem *SAP Destination Service* der SAP BTP kann Ihre Applikation mit einen Tenant von SAP S/4HANA Cloud (oder von einem anderen Cloud-Service oder -System) kommunizieren.

Um den SAP Destination Service ohne das SDK zu nutzen, sind die folgenden Schritte notwendig:

1. Abrufen der Anmeldedaten aus Variablen, die in SAP Destination Service gespeichert sind
2. Mit diesen Anmeldedaten wird ein JSON-Web-Token (JWT) vom SAP Authorization and Trust Management Service (XSUAA) der SAP BTP angefordert. Dieses JWT muss zur Authentifizierung der API-Aufrufe in einem Header-Feld der HTTP-Anfragen mitgeschickt werden.
3. Konstruieren und Senden der HTTP-Anfrage an den aufzurufenden Serviceendpunkt

Programmiert man den Aufruf des externen Systems selbst, muss man sich selbst um alle notwendigen Schritte zum Erstellen, Senden und Auswerten der HTTP-Anfrage kümmern. Dazu gehören unter anderem der Zusammenbau der Anfrage-URL, das Hinzufügen der benötigten Header-Felder mit Sicherheitsinformationen, der Verbindungsaufbau sowie das Parsen und Verarbeiten der Antwort.

Mit dem SAP Cloud SDK können Sie jedoch das gleiche Ergebnis in einer einzigen Codezeile erzielen, indem Sie die `DestinationAccessor`-Klasse des SDK verwenden, die Ihnen eine Instanz des SAP Destination Service liefert, wie in Listing 5.1 dargestellt.

```
final ErpHttpDestination destination =
    DestinationAccessor
    .getDestination("MyErpSystem")
    .asHttp()
    .decorate(DefaultErpHttpDestination::new);
```

Listing 5.1 Verwendung der »DestinationAccessor«-Klasse des SAP Cloud SDK

Nun können Sie diese Destination-Instanz für Ihre OData-Aufrufe verwenden, ohne die zuvor genannten Schritte manuell programmieren zu müssen.

Authentifizierung

Jede Anwendung muss sicher sein. Die SAP BTP hilft Ihnen dabei, Ihre Anwendung sicher zu machen, indem sie die Anwendungsrouterkomponente (`AppRouter`) bereitstellt, die wie folgt funktioniert:

- Der `AppRouter` dient als zentraler Einstiegspunkt für Ihre Anwendung, die aus mehreren Microservices bestehen kann. Die Absender, die Anfragen an Ihre Anwendung schicken, sollen nicht wissen müssen, dass die Anwendung aus mehreren Microservices besteht und welche das sind. Durch den zentralen Einstiegspunkt wird nach außen hin von der inneren Komplexität mit mehreren Microservices abstrahiert. Der `AppRouter` tut genau das, indem er als Reverse Proxy fungiert, die eingehenden Anfragen entgegennimmt und an den richtigen Microservice weiterleitet.
- Der `AppRouter` stößt die Anmeldung der Benutzer*innen an, indem er einen OAuth2-Flow mit dem XSUAA-Service der Cloud-Foundry-Umgebung initiiert. XSUAA ist eine SAP-spezifische Erweiterung des Cloud-Foundry-Service *User Account and Authentication* (UAA) zur Benutzerauthentifizierung und -autorisierung. Nachdem der Benutzer oder die Benutzerin sich erfolgreich angemeldet hat, erhält der `AppRouter` vom XSUAA-Service ein JWT, das die Anmeldedaten des Benutzers bzw. der Benutzerin enthält, sowie Informationen darüber, welche Berechtigungen diese Person in der Anwendung hat. Eine ausführliche Erklärung finden Sie in dem Tutorial unter *http://s-prs.co/v567503*.

Mit dem SAP Cloud SDK ist noch viel mehr möglich. Beispielsweise erhalten Sie mit der Methode `getCurrentToken` der Klasse `AuthTokenAccessor` das aktuelle Autorisierungstokenobjekt, das auch das JWT aus dem Authorization Header der HTTP-Anfrage enthält.

In ähnlicher Weise erhalten Sie mit der Methode `getCurrentTenant` der Klasse `TenantAccessor` den aktuellen Tenant. Diese Information kann aus verschiedenen Quellen stammen, wie dem JWT in Authorization Header oder der gebundenen XSUAA-Serviceinstanz. Für den Fall, dass sie den Tenant nicht ermitteln kann, stellt die Methode eine elegante Ausnahmebehandlung zur Verfügung. Auf diese Weise haben Sie mit dem SAP Cloud SDK bequemen Zugriff auf eine Reihe von XSUAA-Parametern, die Sie sonst manuell auslesen müssten.

API-Aufrufe

Nachdem das Ziel des Aufrufs (`Destination`) und die Authentifizierung (`AppRouter`) geklärt sind, wollen wir uns anschauen, wie Sie als Entwicklerin oder Entwickler einer

Erweiterung mit konkreten APIs von SAP S/4HANA arbeiten. Die Dokumentation und die Spezifikation der öffentlichen APIs von SAP S/4HANA Cloud finden Sie auf dem SAP Business Accelerator Hub. Sehen wir uns nun an, wie das SAP Cloud SDK die Nutzung dieser APIs vereinfacht.

Betrachten wir als Beispiel das OData-API für Geschäftspartner (`API_BUSINESS_PARTNER`). Sie finden es auf dem SAP Business Accelerator Hub unter *http://s-prs.co/v567505*. Wenn Sie dieses API in ihrer Cloud-Anwendung verwenden wollen, müssen Sie es inhaltlich verstehen und sich die enthaltenen Entitäten und Attribute im Detail anschauen. Beim Entwickeln kann das zur Herausforderung werden, da Sie ständig zwischen API-Beschreibung und der Programmierumgebung hin- und herwechseln müssen. Um die API-Nutzung zu vereinfachen und dabei ein flüssiges und typsicheres Programmieren der API-Zugriffe zu ermöglichen, enthält das SAP Cloud SDK API-spezifische Bibliotheken. In diesen Bibliotheken gibt es für die verschiedenen APIs von SAP S/4HANA jeweils entsprechende Klassen, die Sie in Ihre Anwendung importieren und direkt auf typsichere Weise verwenden können. Die entsprechende Bibliotheksklasse für unser Beispiel-API (`API_BUSINESS_PARTNER`) ist die Klasse `DefaultBusinessPartnerService` die das Interface `BusinessPartnerService` implementiert. Diese Klasse und die Bibliotheksklassen für alle anderen öffentlichen APIs von SAP S/4HANA sind im SAP Cloud SDK standardmäßig enthalten. Diese Klassen bilden zusammen das virtuelle Datenmodell der OData-APIs in Java und werden deshalb auch als *SAP Cloud SDK VDM* bezeichnet.

Nachdem wir die Konzepte vorgestellt haben, mit denen das SAP Cloud SDK die Entwicklung von Side-by-Side-Erweiterungen vereinfacht, wollen wir uns im nächsten Abschnitt anschauen, wie diese konkret zusammenwirken.

Entwickeln der Anwendungslogik

Sie haben nun die Konzepte des SAP Cloud SDK für Konnektivität, Authentisierung und die einfache und typsichere Verwendung von APIs kennengelernt. Nun wollen wir das Gelernte praktisch umsetzen. In Listing 5.1 haben Sie gesehen, wie Sie mithilfe des SAP Cloud SDK auf den SAP Destination Service zugreifen, um ein Destination-Objekt zu erhalten. Sie können dieses Destination-Objekt nun verwenden, um über das SAP Cloud SDK VDM (`DefaultBusinessPartnerService`) Daten aus SAP S/4HANA abzufragen.

Allerdings sind Verbindungen zu Remote-Systemen oft instabil. Zwischen dem Senden Ihrer Anforderung und dem Empfang der Antwort können viele Dinge schief gehen, z. B. die vorübergehende Nichtverfügbarkeit des Zielsystems oder defekte Netzknoten. Deshalb sollten Sie Ihre Erweiterung immer so entwickeln, dass sie widerstandsfähig gegen Störungen der Kommunikation mit Remote-Systemen ist. Man spricht hier von *Resilienz*, der Fähigkeit elegant mit Fehlern umzugehen und nicht komplett auszufallen, wenn beispielsweise andere Systeme verzögert oder gar nicht antworten.

Mithilfe der ResilienceDecorator-Bibliothek des SAP Cloud SDK können Sie Ihre Aufrufe in resiliente Aufrufe einpacken. Dazu konfigurieren Sie den resilienten Aufruf zunächst wie in Listing 5.2 dargestellt mit der Klasse ResilienceConfiguration.

```
myResilienceConfig = ResilienceConfiguration
    .of(BusinessPartnerService.class)
    .isolationMode(ResilienceIsolationMode
    .TENANT_AND_USER_OPTIONAL)
    .timeLimiterConfiguration(ResilienceConfiguration
    .timeLimiterConfiguration.of()
        .timeoutDuration(Duration.ofMillis(10000)))
    .bulkheadConfiguration(ResilienceConfiguration
    .bulkheadConfiguration.of().maxConcurrentCalls(20));
```

Listing 5.2 Verwendung der Klasse »ResilienceConfiguration«

Mit dieser Konfiguration haben wir unter anderem einen Timeout nach einer Sekunde festgelegt und spezifiziert, dass nicht mehr als 20 gleichzeitige Aufrufe erfolgen dürfen. Natürlich können Sie diese Parameter an die Anforderungen Ihrer jeweiligen Anwendung anpassen.

Als Nächstes betten wir den eigentlichen Aufruf des Interface BusinessPartnerService wie in Listing 5.3 dargestellt in eine neue Methode mit der Bezeichnung run ein.

```
final List<BusinessPartner> run {
        return businessPartnerService
                .getAllBusinessPartner()
                .select(BusinessPartner.BUSINESS_PARTNER,
                        BusinessPartner.LAST_NAME,
                        BusinessPartner.FIRST_NAME,
                        BusinessPartner.IS_MALE,
                        BusinessPartner.IS_FEMALE,
                        BusinessPartner.CREATION_DATE)
                .execute(destination);
```

Listing 5.3 Einbetten des Serviceaufrufs in eine »run«-Methode

Um den resilienten Serviceaufruf auszuführen, rufen wir nun eine ausgewählte Methode der Klasse ResilienceDecorator auf (in Listing 5.4 verwenden wir die Methode executeSupplier) und übergeben unsere zuvor erstelle Konfiguration myResilienceConfig als Parameter.

```
List<BusinessPartner> businessPartners = ResilienceDecorator
    .executeSupplier(this::run, myResilienceConfig, e ->
    { return Collections.emptyList(); }
);
```

Listing 5.4 Verwendung der Methode »executeSupplier« der Klasse »ResilienceDecorator« zum Ausführen des Serviceaufrufs

Beachten Sie die Verwendung der `run`-Methode, durch die der eigentliche Aufruf der VDM-Bibliothek `BusinessPartnerService` erfolgt.

[«]

Verwenden der VDM-Bibliothek

Das Interface `BusinessPartnerService` folgt dem Builder-Entwurfsmuster. Der eigentliche API-Aufruf wird mit der Methode `execute` ausgelöst, wobei das zuvor erzeugte `destination`-Objekt als Parameter übergeben wird.

Der Einfachheit halber haben wir die Anweisungen für das Importieren der Klassen, die erforderlichen Variablendeklarationen und die Ausnahmebehandlung weggelassen. Ein vollständiges Beispiel finden Sie unter *http://s-prs.co/v567506*.

In der Praxis haben sie noch viel mehr Möglichkeiten. Sie können z. B., wie in Listing 5.5 gezeigt, beim Abruf der Daten verschiedene Abfrageoptionen hinzufügen.

```
.filter(BusinessPartner.BUSINESS_PARTNER_CATEGORY
.eq(CATEGORY_PERSON))
.orderBy(BusinessPartner.LAST_NAME, Order.ASC)
.top(200)
.execute(destination);
```

Listing 5.5 Verwendung von Abfrageoptionen für OData-Services mit dem SAP Cloud SDK

Mit den erhaltenen `BusinessPartner`-Objekten können Sie nun alle CRUD-Operationen durchführen, einschließlich Deep Insert. Wenn Sie einen eigenen benutzerdefinierten OData-Service in SAP S/4HANA entwickelt haben, können Sie außerdem den VDM-Generator des SAP Cloud SDK verwenden, um Ihre eigene Bibliothek speziell für diesen OData-Service zu generieren. Für Java-Projekte ist hierzu eine zusätzliche Maven-Abhängigkeit mit gewissen Konfigurationen erforderlich. Danach erzeugen Sie Ihre Bibliothek einfach mit dem Befehl `mvn clean install`. Als Input wird dabei lediglich die Datei mit den Metadaten des OData-Service im EDMX-Format benötigt. Eine ausführliche Anleitung finden Sie unter *http://s-prs.co/v567507*. Ihre einmal generierte Bibliothek können Sie wie jede andere standardmäßig im SAP Cloud SDK verfügbare Bibliothek verwenden.

5.3.5 Event-basierte Integration der Erweiterungen

Auf der SAP BTP entwickelte Erweiterungen können mit SAP-Anwendungen Event-basiert und asynchron integriert werden. Damit andere Anwendungen auf Änderungen an Business-Objekten oder Geschäftsprozessen reagieren können, veröffentlicht SAP S/4HANA entsprechende Business Events. So entsteht ein Strom von Business Events, der die zugrunde liegenden Änderungen nahezu in Echtzeit erfasst. Die verschiedenen Event-Typen sind im SAP Business Accelerator Hub dokumentiert.

Die Integration über Business Events empfiehlt sich insbesondere, wenn Ihre Erweiterung auf Änderungen in SAP S/4HANA reagieren muss, sobald diese auftreten. SAP stellt mit *SAP Event Mesh* einen Service zur Verfügung, um Ereignisse von den Sendern entgegenzunehmen, sie zwischenzuspeichern und an die Empfänger auszuliefern (weitere Informationen hierzu finden Sie unter *http://s-prs.co/v567508*). Dieser Service garantiert, dass die von SAP S/4HANA veröffentlichten Events jedem registrierten Empfänger mindestens einmal zugestellt werden (*at-least-once*). Auf die Event-basierte Integration mit SAP S/4HANA und auf SAP Event Mesh werden wir in Abschnitt 6.7 näher eingehen.

Das Empfangen von Business Events von SAP S/4HANA Cloud ist mit dem SAP Cloud Application Programming Model auf besonders einfache und elegante Weise möglich. Eine Anleitung dazu finden Sie unter *https://cap.cloud.sap/docs/guides/messaging/s4*.

5.4 Zusammenfassung

Durch Entwicklung eigener Funktionen können Sie die Leistungsfähigkeit von SAP S/4HANA erweitern, ohne den stabilen Kern von SAP S/4HANA zu beeinträchtigen. In diesem Kapitel haben wir erörtert, welche Erweiterungsoptionen es für beide Deployment-Optionen (Cloud und On-Premise) gibt, die sowohl Flexibilität bieten also auch dem Ziel der Standardisierung Rechnung tragen.

Mit der In-App-Erweiterbarkeit können Sie Erweiterungen an Anwendungen vornehmen, die eng mit deren Kern integriert sind, während die Side-by-Side-Erweiterbarkeit Ihnen eine hohe Flexibilität bietet und Ihnen weitestgehende Freiheiten lässt, wie Sie Ihre Erweiterungsanwendung entwickeln. Für die In-App-Erweiterbarkeit haben Sie die Wahl zwischen der Key-User-Erweiterbarkeit und der In-Stack-Entwicklererweiterbarkeit. Während die Key-User-Erweiterbarkeit auf schnelle Erweiterungen abzielt, ist die In-Stack- Entwicklererweiterbarkeit für komplexere Erweiterungen gedacht, die eng mit Geschäftsprozessen in SAP S/4HANA Cloud verzahnt werden müssen. Key-User-Erweiterungen werden von erfahrenen Benutzer*innen mithilfe von SAP-Fiori-Apps für Key User erstellt. In-Stack-Erweiterungen werden von den

Entwickler*innen mithilfe der ADT durchgeführt. Für die Erweiterungen der SAP-Fiori-Benutzeroberflächen wird das SAP Business Application Studio verwendet.

Abhängig von Ihren Anforderungen können Sie jeweils die Erweiterungsoption wählen, die am besten für Sie geeignet ist; dabei kann es sich auch um eine Kombination aus allen drei Optionen handeln. Insbesondere bei der Side-by-Side-Erweiterbarkeit lässt sich die Entwicklungskomplexität durch die Verwendung des SAP Cloud SDK erheblich reduzieren, was Ihnen die Möglichkeit gibt, sich stärker auf Ihre Anwendungslogik zu konzentrieren.

Um Ihnen eine Orientierungshilfe zu geben, haben wir einige Kriterien erläutert, um die geeignete Erweiterbarkeitsoption für einen bestimmten Fall auszuwählen.

Es gibt Situationen, in denen die In-App-Erweiterbarkeit die passendste Lösung ist. Sie sollte die erste Wahl sein, wenn Sie einfache, kontextabhängige Erweiterungen mit enger Integration erstellen möchten. Hier sind einige Beispiele:

- **Gleicher Transaktionskontext**
  Die Erweiterung soll als Teil einer Transaktion innerhalb von SAP S/4HANA erfolgen, um so unter anderem transaktionale Integrität und eine geringe Latenz sicherzustellen. Beispiele für solche Erweiterungen sind zusätzliche Prüfungen vor der Erstellung eines Kundenauftrags oder die Ermittlung eines Wechselkurses zum Zeitpunkt der Buchung eines Belegs. Ein weiteres Beispiel ist die Nutzung von In-Stack-Entwicklererweiterbarkeit, um in einer bestimmten Situation in einem Geschäftsprozess Ihre eigenen Business Events zu erzeugen, die Sie dann zur Integration mit anderen Anwendungen verwenden können.
- **Enge Datenintegration**
  SAP-Daten und benutzerdefinierte Daten sollen eng miteinander integriert werden, um die volle Leistungsfähigkeit von SAP HANA für die Datenabfrage und das Reporting zu nutzen. Ein Beispiel hierfür sind Analytics-Anwendungen mit kundeneigenen Dimensionen.
- **APIs hinzufügen oder erweitern**
  Eine Erweiterung kann benutzerdefinierte APIs zu SAP S/4HANA hinzufügen oder auch bestehende APIs in SAP S/4HANA erweitern – z. B. um Daten in einer neuen Kombination, in einer neuen Aggregation oder um benutzerdefinierte Daten erweitert anzubieten. Mit diesen neuen oder erweiterten APIs können dann Drittanwendungen oder Side-by-Side-Erweiterungen angeschlossen werden. Das Hinzufügen oder Erweitern von APIs in SAP S/4HANA ist natürlich nur mit In-App-Erweiterungen möglich.

Je nach den Anforderungen, der Komplexität der Aufgaben und den Fähigkeiten Ihres Teams haben Sie die Wahl zwischen In-App-Erweiterungen mit Key-User-Tools oder durch Entwickler*innen. Key-User-Erweiterungen können schneller und leichter ausgeführt werden, und sie erfordern keine oder nur beschränkte Programmierkenntnisse. Mit der In-Stack-Entwicklererweiterbarkeit können Sie komplexe Erweiterungen erstellen und dabei die Funktionalität der ADT nutzen.

Es gibt jedoch Fälle, in denen eine enge Integration nicht erforderlich ist und Ihre Erweiterung weitgehend unabhängig funktioniert. In diesen Fällen ist die Side-by-Side-Erweiterbarkeit die bessere Wahl. Zu den typischen Anwendungsfällen für Side-by-Side-Erweiterbarkeit gehören die folgenden:

- Sie wollen die Vorteile der losen Kopplung nutzen, z. B. individuelle Skalierbarkeit oder vollständig getrennte Lebenszyklen. Sie möchten auch die Freiheit haben, einen anderen Architekturstil, einen anderen Technologie-Stack oder eine andere Programmiersprache zu verwenden, etwa um Open-Source-Software zu nutzen.
- Sie wollen die Reichweite Ihrer Anwendung über die typischen Benutzer*innen eines ERP-Systems hinaus erweitern, z. B. über Kundenportale, mobile Anwendungen, Anwendungen für Endkund*innen oder Anwendungen für Spezialist*innen.
- Sie möchten Daten und Business-Funktionen aus verschiedenen Backend-Systemen ergänzen und kombinieren.
- Sie möchten eine Erweiterung mit mehreren Anwendungen verbinden, die auf unterschiedlichen Technologie-Stacks aufgebaut sind.

Es ist schwierig, allgemeingültige Regeln dafür aufzustellen, wann Sie die Key-User-Erweiterbarkeit, die In-Stack-Entwicklererweiterbarkeit oder die Side-by-Side-Erweiterbarkeit einsetzen sollten. Sehr oft hängt die Wahl von den speziellen Gegebenheiten Ihres Projekts, den Fähigkeiten Ihres Teams, den bisher schon erfolgten Erweiterungen und dem Projektplan ab. In vielen Fällen wird eine Kombination dieser Techniken die beste Wahl sein: Implementieren Sie die Teile, die nahe an den Anwendungen von SAP S/4HANA oder deren Daten sein müssen, als In-App-Erweiterungen (etwa zur Bereitstellung von Daten), und implementieren Sie den Rest als Side-by-Side-Erweiterungen auf der SAP BTP.

Im nächsten Kapitel befassen wir uns mit den verschiedenen für SAP S/4HANA verfügbaren Integrationstechnologien.

Kapitel 6
Integration

Dieses Kapitel gibt einen Überblick über die Technologien, die zur Integration von SAP S/4HANA mit anderen Anwendungen und Services verwendet werden können. Dies beinhaltet Schnittstellentechnologien, die Kommunikation zwischen SAP S/4HANA Cloud und On Premise, Integrations-Middleware, die Event-basierte Integration und die Datenintegration. Dabei werden wir auch das vereinfachte Kommunikationsmanagement in SAP S/4HANA Cloud besprechen.

Softwareanwendungen und insbesondere ERP-Anwendungen sind Teil einer vernetzten Welt. Die Fähigkeit, ERP-Systeme in Geschäftsprozesse zu integrieren, die anwendungsübergreifend mit mehreren Softwareanwendungen arbeiten und sogar verschiedenen Organisationen gehören können, stellt eine der grundlegenden Herausforderungen in diesem Zusammenhang dar.

In diesem Kapitel geben wir Ihnen in Abschnitt 6.1 zunächst einen Überblick über die in SAP S/4HANA verfügbaren Schnittstellentechnologien. Anschließend stellen wir in Abschnitt 6.2 den SAP Business Accelerator Hub vor, das öffentliche Verzeichnis der freigegebenen Application Programming Interfaces (APIs) von SAP. Als Nächstes behandeln wir in Abschnitt 6.3 das SAP Application Interface Framework als zentrale Infrastruktur für das Schnittstellen-Monitoring und die Fehlerbehandlung. Abschnitt 6.4 deckt das Kommunikationsmanagement in der Cloud und Abschnitt 6.5 die Kommunikation zwischen Cloud- und On-Premise-Systemen über den Cloud Connector ab. Schließlich werden wir verschiedene Arten der Integration erläutern, nämlich Prozessintegration (siehe Abschnitt 6.6), Event-basierte Integration (siehe Abschnitt 6.7) und Datenintegration (siehe Abschnitt 6.8).

6.1 Schnittstellentechnologien zur Integration mit SAP S/4HANA

Dieser Abschnitt gibt einen kurzen Überblick über die Integrationstechnologien und erläutert die Strategie in Bezug auf die Schnittstellen in SAP S/4HANA.

6.1.1 Überblick über die Schnittstellentechnologien

In SAP S/4HANA sind alle Integrationstechnologien der ABAP-Plattform verfügbar, wie z. B. SOAP-Services, OData-Services, Business Events, IDocs, BAPIs und RFCs. Die folgende Liste gibt Ihnen einen Überblick über diese bekannten Integrationstechnologien und ihre Rolle in SAP S/4HANA:

- **OData-Services (Open Data Protocol)**
  Mit *OData-APIs* können Sie Datenmodelle abfragen und ändern, die aus Entitäten bestehen, die über Navigationsbeziehungen miteinander verbunden sein können. OData-Services stellen ihre Metadaten im Format des *Entity Data Model* (EDM) zur Verfügung. OData-Entitäten und ihre Elemente können über Annotationen mit zusätzlichen Metadaten versehen werden. Wie Sie OData-Services mit dem ABAP RESTful Application Programming Model definieren können, haben wir bereits in Abschnitt 2.2.2 beschrieben.

  Die OData-V2-Services in SAP S/4HANA sind synchrone Services, bei denen das Ergebnis einer Operation sofort im Body der HTTP-Antwort zurückgegeben wird. Wenn der Client beispielsweise eine POST-Anfrage sendet, um die Instanz einer Entität zu erstellen, erstellt der Service diese neue Instanz auf dem Server und gibt dann deren Repräsentation mit der Antwort zurück. OData-V4-Services unterstützen auch asynchrone Antworten. Wenn der Aufrufer angibt, dass er eine asynchrone Antwort bevorzugt, gibt SAP S/4HANA als Status zurück, dass die Anfrage angenommen wurde. Gleichzeitig gibt SAP S/4HANA eine URL zurück, unter der der Aufrufer den Stand der Verarbeitung abfragen und schließlich das Ergebnis abrufen kann. Neue OData-Services werden von SAP als V4-Services definiert.

- **SOAP-Services (Simple Object Access Protocol)**
  SOAP-Services sind Services, die HTTP und das XML-basierte SOAP-Nachrichtenformat verwenden. Die von einem SOAP-Service bereitgestellten Operationen und das Schema für Eingabe- und Ausgabedaten werden mithilfe der Web Services Description Language (WSDL) spezifiziert. In der ABAP-Umgebung können SOAP-Services im Enterprise Services Repository oder im Backend Repository des ABAP-Anwendungsservers definiert werden. Für benutzerdefinierte Services gibt es auch die Möglichkeit, SOAP-Services aus bestehenden ABAP-Funktionsgruppen und BAPIs zu generieren.

  In SAP S/4HANA werden SOAP-Services typischerweise für die asynchrone, verlässliche und transaktionale Kommunikation mit unidirektionalen Nachrichten ohne Antwort verwendet. Denken Sie beispielsweise an eine Beschaffungsanwendung, die eine Bestellung als asynchrone Nachricht an ein Lieferantensystem sendet. Die Beschaffungsanwendung sendet die Nachricht, ohne auf eine Antwort zu warten, und diese wird durch die Infrastruktur für verlässliche Nachrichtenkommunikation (*Reliable Messaging*) zugestellt, möglicherweise zu einem späteren Zeitpunkt. Wenn das Lieferantensystem eine Auftragsbestätigung senden möchte, sendet es diese mit einer weiteren unidirektionalen Nachricht über einen asynchronen Service, der von der Beschaffungsanwendung bereitgestellt wird. Synchrone SOAP-Services kommen nur in Ausnahmefällen zum Einsatz.

- **Business Events (Geschäftsereignisse)**
  Business Events können verwendet werden, um andere Anwendungen über die Erstellung, Löschung oder Änderung von Business-Objekten zu informieren. Bei Events handelt es sich um asynchrone Nachrichten, die von einer Quellanwendung veröffentlicht werden und von mehreren konsumierenden Anwendungen empfangen werden können. Die Empfängeranwendungen müssen der Quellanwendung nicht bekannt sein. Stattdessen veröffentlicht die Quellanwendung Events, und die Empfänger können sich auf diese subskribieren. Bei der Event-basierten Integration mit anderen Systemen dient SAP Event Mesh als Infrastruktur zum Zwischenspeichern und Ausliefern der Events. Die Einzelheiten zur Event-basierten Integration werden wir in Abschnitt 6.7 besprechen.
- **Remote Function Calls (RFC)**
  Der klassische Mechanismus für die Remote-Kommunikation ist der *Remote Function Call* (kurz RFC), das SAP-Protokoll für den Aufruf eines remotefähigen ABAP-Funktionsbausteins. Alternativ zur Kommunikation über das native RFC-Protokoll können RFCs über WebSocket ausgeführt werden, insbesondere wenn nur HTTP-Konnektivität zur Verfügung steht. Es gibt verschiedene Varianten von RFCs. Der *synchrone RFC* wird sofort ausgeführt, wenn er aufgerufen wird, und das Ergebnis wird sofort zurückgegeben. Der *Background RFC* und kann für eine verlässliche asynchrone Kommunikation verwendet werden. Einzelheiten hierzu finden Sie in der SAP-Dokumentation für ABAP unter *https://help.sap.com*.
- **Business Application Programming Interfaces (BAPIs)**
  Bei *Business Application Programming Interfaces* (BAPIs) handelt es sich um stabile, dokumentierte Schnittstellen, die als Methoden von Objekttypen definiert sind, die im Business Object Repository (BOR) aufgeführt sind. Technisch gesehen werden BAPIs als RFCs implementiert. BAPIs werden typischerweise als synchrone RFCs aufgerufen, sodass Aufrufer die Ergebnisse sofort erhalten.
- **Intermediate Documents (IDocs)**
  Ein *Intermediate Document* (IDoc) ist ein SAP-Standardformat für den asynchronen Austausch von Nachrichten zwischen Systemen. IDocs definieren die ausgetauschten Daten unabhängig von der Methode der Datenübertragung. IDocs können über asynchrone RFCs, über HTTP im XML-Format, oder über HTTP als SOAP-Nachrichten übertragen werden. IDocs werden beim Electronic Data Interchange (EDI) zwischen Organisationen und für asynchrone Nachrichten in einem ALE-Szenario (Application Link Enabling) innerhalb einer Organisation verwendet. ALE verwendet IDocs für die asynchrone Kommunikation zur Änderung von Daten und für synchrone BAPI-Aufrufe zum Lesen von Daten.

6.1.2 Die API-Strategie von SAP S/4HANA

Während klassische Schnittstellen wie RFC, BAPI und IDoc in SAP S/4HANA weiterhin unterstützt werden, konzentriert sich SAP bei Neuentwicklungen auf SOAP- und OData-APIs. SOAP-Services werden für asynchrone Nachrichten (den früheren Anwendungsbereich von IDocs) verwendet, und OData-Services werden für synchrone Operationen auf Ressourcen (den früheren Anwendungsbereich von BAPIs) verwendet.

SAP hat diese Strategie für SAP S/4HANA Cloud bereits umgesetzt. Hier sind SOAP- und OData-Services bereits als die bevorzugten API-Technologien etabliert, und gemäß der Strategie von SAP werden keine neuen BAPIs, RFCs und IDocs für die Cloud implementiert. Für SAP S/4HANA Cloud beschränkt SAP den Einsatz klassischer Schnittstellentechnologien (IDoc, BAPI, RFC) auf ausgewählte Szenarien, damit SAP-Kunden die Möglichkeit haben, ihre bestehenden und bereits implementierten Integrationsszenarien weiter zu nutzen. In diesen Szenarien wird die RFC-Kommunikation zwischen Cloud- und On-Premise-Systemen in beide Richtungen durch den Cloud Connector ermöglicht (siehe Abschnitt 6.5).

6.2 SAP Business Accelerator Hub

Der SAP Business Accelerator Hub (vormals SAP API Business Hub) ist das SAP-Verzeichnis für öffentliche APIs, Business Events und verschiedene andere Arten von Inhalten wie etwa Integrations-Content, CDS-Views (Core Data Services) und Referenzgeschäftsprozesse. Der SAP Business Accelerator Hub ist verfügbar unter *https://api.sap.com*.

Im Hinblick auf die Integration mit SAP S/4HANA ist der folgende Inhalt besonders interessant:

- der Katalog der öffentlichen APIs von SAP S/4HANA (SOAP und OData)
- vordefinierter Integrations-Content für die Cloud-Integration-Funktion in der SAP Integration Suite
- der Katalog der Business Events in SAP S/4HANA Cloud, die über SAP Event Mesh konsumiert werden können
- die Business Add-Ins (BAdIs), die SAP als Erweiterungspunkte für die Entwicklererweiterbarkeit von SAP S/4HANA Cloud freigegeben hat
- die freigegebenen Schnittstellen für Business-Objekte, die Sie bei der Entwicklererweiterbarkeit von SAP S/4HANA Cloud verwenden oder aufrufen können

[«]

Öffentliche und nichtöffentliche APIs

APIs, die nicht im SAP Business Accelerator Hub aufgeführt sind, sind von SAP nicht als öffentliche APIs freigegeben. Ein Beispiel für nichtöffentliche APIs sind lokale Services, die nur von der Benutzeroberfläche einer SAP-S/4HANA-Anwendung aus aufgerufen werden. Solche Services sind nicht im SAP Business Accelerator Hub gelistet, es gibt keinen Kompatibilitätskontrakt für sie, und sie können von SAP jederzeit geändert oder entfernt werden.

Für SOAP-APIs finden Sie eine Online-Referenzdokumentation und können die WSDL-Definition herunterladen. Für OData-APIs können Sie die API-Spezifikation online lesen oder in den Formaten OpenAPI und EDM herunterladen. Sie finden hier z. B. auch Informationen über unterstützte Authentifizierungsmethoden, über Scope Items, die für die Verwendung der API aktiviert werden müssen, sowie Links zur Dokumentation im SAP Help Portal.

Im SAP Business Accelerator Hub können Sie OData-APIs ausprobieren, wobei die Anfragen an eine von SAP bereitgestellte öffentliche Instanz von SAP S/4HANA Cloud geschickt werden. Sie können die APIs sogar mit Ihrer eigenen Instanz von SAP S/4HANA Cloud ausprobieren, nachdem Sie die erforderlichen Anmeldedaten im SAP Business Accelerator Hub konfiguriert haben. Freigegebene BAPIs und IDocs werden nicht im SAP Business Accelerator Hub veröffentlicht.

Im SAP Business Accelerator Hub finden Sie eine **Feedback**-Schaltfläche, über die Sie die Customer Influence Session für SAP S/4HANA zum Thema Integration unter *https://influence.sap.com/sap/ino/#/campaign/1175* aufrufen können. Dort können Sie neue Remote-APIs (oder Business Events) oder die Erweiterung bestehender APIs anfordern oder laufende Anforderungen anzeigen.

6.3 Schnittstellen-Monitoring und Fehlerbehandlung

In diesem Abschnitt erläutern wir die Kernkonzepte des *SAP Application Interface Framework*, einer Infrastruktur zum Monitoring von Integrationsschnittstellen, zur Fehlerbehandlung und zur Nachrichtenverarbeitung in ABAP-basierten Systemen. In der Public Edition von SAP S/4HANA Cloud sind alle asynchronen APIs und Business Events des ABAP-Backends zum Zweck der Überwachung und Fehlerbehandlung in das SAP Application Interface Framework integriert. Das bedeutet, dass SAP für diese Schnittstellen bereits die notwendige Konfiguration für das SAP Application Interface Framework bereitstellt. Bei der On-Premise-Version von SAP S/4HANA und in der Private Edition von SAP S/4HANA Cloud ist dies für die meisten Anwendungen nicht der Fall. In der On-Premise-Version können Sie Schnittstellen jedoch selbst so konfigurieren, dass sie vom SAP Application Interface Framework überwacht und verarbeitet werden. Außerdem können Sie mit dem Framework Ihre eigenen Schnittstellen entwickeln.

Für die verschiedenen Schnittstellentechnologien des ABAP-Anwendungsservers gibt es unterschiedliche Tools zur Überwachung und Fehlerbehandlung. Diese Tools sind jeweils technologiespezifisch und sehr technisch und deshalb meist nur für Technologieexpert*innen verständlich. Demgegenüber bietet das SAP Application Interface Framework eine einheitliche Infrastruktur für Monitoring, Alerting und Fehlerbehandlung auf der fachlichen Ebene. Die Benutzer*innen können beispielsweise Fehler auf inhaltlicher Ebene korrigieren, ohne sich mit der zugrunde liegenden Technologie befassen zu müssen.

Abbildung 6.1 zeigt die konzeptionelle Architektur des SAP Application Interface Framework. Für eingehende und ausgehende asynchrone Aufrufe werden SOAP-Services, IDocs, RFCs und Business Events unterstützt. Für asynchrone ausgehende Aufrufe wird als zusätzliche Schnittstellentechnologie OData unterstützt. Für synchrone OData-Aufrufe ist nur eine Fehlerüberwachung vorgesehen. Eingehende Aufrufe werden von der entsprechenden Integrationsschnittstellenlaufzeit des ABAP-Anwendungsservers wie etwa der Webservicelaufzeit verarbeitet. Wenn das SAP Application Interface Framework für die Verwendung mit einer bestimmten Schnittstelle konfiguriert ist, registriert die Schnittstellenlaufzeit den Aufruf zunächst bei der Monitoring-Komponente des Frameworks. Das Framework ist nun über den Aufruf informiert und kann ihn in der Monitoring-Anwendung anzeigen. Anschließend ruft die Schnittstellenlaufzeit die eigentliche anwendungsspezifische Verarbeitung der Anfrage auf. Die Anwendung verarbeitet den Aufruf und schreibt den Fortschritt und eventuelle Fehler in das Anwendungsprotokoll. Wenn die Verarbeitung abgeschlossen ist oder fehlschlägt, wird die Kontrolle an die Schnittstellenlaufzeit zurückgegeben. Wenn Fehler auftreten, verzeichnet die Schnittstellenlaufzeit die Informationen über diese Fehler in ihrem Protokoll. Dann ruft sie erneut das SAP Application Interface Framework auf, um dieses über den Status des Aufrufs zu informieren. Das Framework aktualisiert den Status in seinen internen Monitoring-Daten und schreibt zusätzliche Fehlermeldungen in das Protokoll. Das Monitoring kann so konfiguriert werden, dass Warnmeldungen ausgelöst werden, um die Benutzer*innen auf Fehler aufmerksam zu machen.

Auch die Verarbeitung von Business Events und der Verbindungsstatus für die Kommunikation mit Business Events können mit dem SAP Application Interface Framework überwacht werden. Dies gilt sowohl für ausgehende als auch für eingehende Events. Wie Sie in Abschnitt 6.7 erfahren werden, werden Events über SAP Event Mesh gesendet und empfangen. Bei einer vorübergehenden oder andauernden Unterbrechung der Verbindung zwischen SAP S/4HANA Cloud und SAP Event Mesh werden Monitoring-Informationen protokolliert, um Integrationsadministrator*innen rechtzeitig zu informieren. Wenn ein Business Event aus irgendeinem Grund nicht veröffentlicht oder konsumiert werden kann, werden die Monitoring-Informationen auch im SAP Application Interface Framework protokolliert. So können Anwender*innen in solchen Situationen rechtzeitig und angemessen reagieren und z. B. erneut versuchen, ein eingehendes Event in SAP S/4HANA Cloud zu verarbeiten.

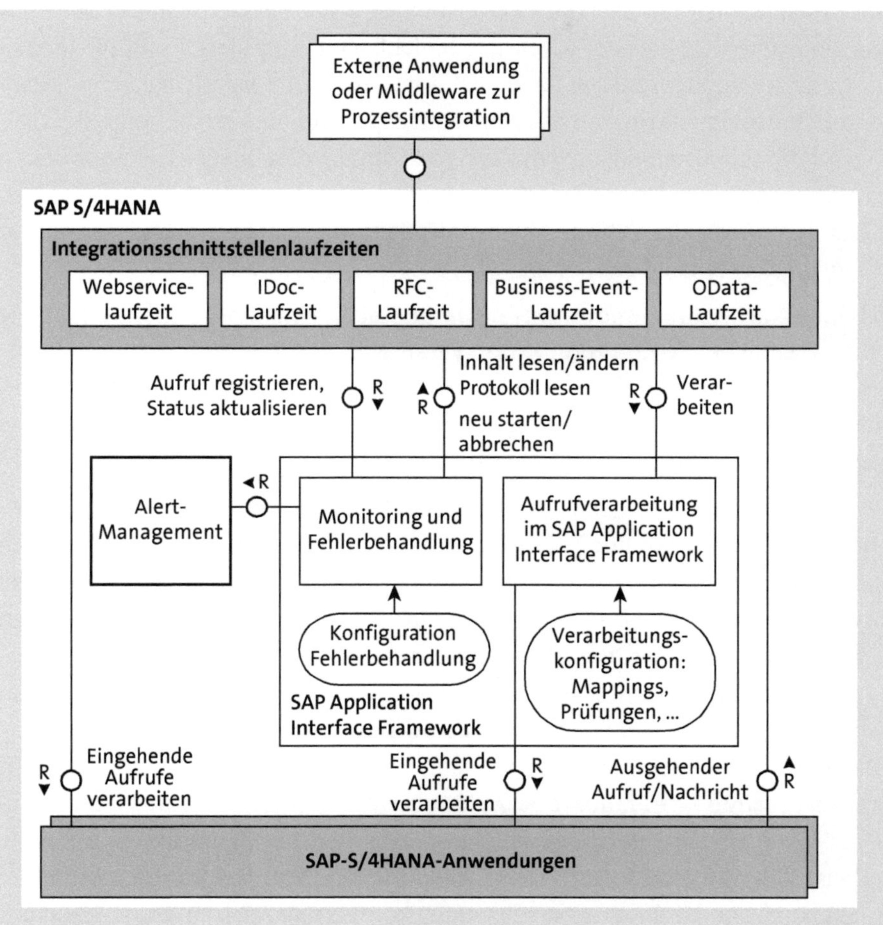

Abbildung 6.1 SAP Application Interface Framework

Mit der Monitoring-Funktionalität des SAP Application Interface Framework können die Benutzer*innen die Aufrufe sowie die dazugehörigen Statusmeldungen und Detailangaben zu eventuell aufgetretenen Fehlern einsehen. Das SAP Application Interface Framework liest die Details aus den Protokollen aus und zeigt sie entsprechend der Konfiguration für die jeweilige Anwendung an. Das Framework kann auch Schlüsselfelder aus dem Nachrichteninhalt extrahieren und sie in Integrationsmonitoren anzeigen, wo sie von Ihnen als Suchkriterien verwendet werden können. Wenn ein Fehler auf Anwendungsebene aufgetreten ist, können die Benutzer*innen versuchen, diesen zu beheben, indem sie fehlende Daten bereitstellen oder fehlendes Customizing vornehmen. Als Teil der anwendungsspezifischen Konfiguration können Links definiert werden, mit denen man vom Monitoring direkt zur jeweiligen Geschäftsanwendung springen kann, um die entsprechenden Korrekturen vorzunehmen. Asynchrone Nachrichten werden von den Laufzeitumgebungen in Queues gespeichert. Das SAP Application Interface Framework ist in der Lage, die Nachrichteninhalte aus den verschiedenen Queues der Schnittstellenlaufzeiten auszulesen und für die Benutzer*innen aufzubereiten. Die Benutzer*innen haben die Möglichkeit, den Nachrichteninhalt in einem formularbasierten, einfach zu bedienenden Editor zu bearbeiten. Die bearbeitete Version wird dann vom SAP Application Interface Framework an die Schnittstellenlaufzeit zurückgegeben. Wenn das Problem schließlich behoben ist, kann das Framework die Schnittstellen-Laufzeit anweisen, die Nachrichten in der Warteschlange erneut zu verarbeiten.

Ausgehende Nachrichten und Anfragen werden nach einem ähnlichen Ablauf wie dem für die eingehende Kommunikation verarbeitet. Vor und nach dem Sendevorgang wird die Monitoring-Komponente des Frameworks entsprechend informiert, und falls der Sendevorgang fehlschlägt, können die Benutzer*innen versuchen, das Problem zu beheben und eine erneute Verarbeitung zu initiieren.

Bisher haben wir die Funktionen des SAP Application Interface Framework zur Überwachung und Fehlerbehandlung besprochen. Das Framework verfügt aber über noch weitere Funktionen. Es kann sich in die Verarbeitung von Aufrufen und Nachrichten einklinken, um beispielsweise Mappings von Werten und Strukturen vorzunehmen oder um Prüfungen auszuführen. Hierzu kann im SAP Application Interface Framework für jede Schnittstelle eine Verarbeitungskonfiguration spezifiziert werden. Wenn eine solche Konfiguration vorliegt, ruft die Schnittstellenlaufzeit zur Verarbeitung eingehender Aufrufe nicht die Anwendung auf, sondern die Aufrufverarbeitung im SAP Application Interface Framework. Das Framework kann nun Prüfungen und Mappings auf der Grundlage der schnittstellenspezifischen Konfiguration vornehmen. Wenn beispielsweise eine aufrufende Anwendung in einem bestimmten Feld einer Nachricht stets den falschen Codewert sendet, könnte man dies an dieser Stelle mit einem Werte-Mapping korrigieren. Nachdem die konfigurierten Mappings und Prüfungen abgeschlossen sind, ruft das SAP Application Interface Framework schließlich die Anwendung mit den potenziell durch das Mapping geänderten Daten zur weiteren Verarbeitung auf. Bei ausgehenden Aufrufen ruft die Schnittstellenlaufzeit vor dem Senden die Verarbeitung durch das SAP Application Interface Framework auf, um Mappings und Prüfungen ausführen zu können. Das Framework liefert die durch das Mapping bearbeitete Nachricht zurück, die dann von der Schnittstellenlaufzeit gesendet wird. Unabhängig hiervon wird das Monitoring für Registrierungen und Statusaktualisierungen aufgerufen, wenn es entsprechend konfiguriert ist.

Das SAP Application Interface Framework steht nicht nur für die Verarbeitung von Schnittstellenaufrufen zur Verfügung, sondern kann von Anwendungen auch in anderen Kontexten zur Durchführung von Mappings, Prüfungen usw. aufgerufen und verwendet werden.

6.4 Kommunikationsmanagement in SAP S/4HANA Cloud

SAP S/4HANA Cloud verfolgt einen neuen Ansatz für die Konfiguration der Kommunikation mit externen Systemen und Diensten, der als *Kommunikationsmanagement* bezeichnet wird. Das Ziel dabei besteht darin, die Kommunikation mit anderen Systemen über die verschiedenen Schnittstellentechnologien hinweg zu vereinfachen und zu vereinheitlichen. In diesem Abschnitt werden die Konzepte des Kommunikationsmanagements aus zwei Gründen ausführlicher behandelt: Erstens, weil es sich um ein neues und von der Architektur her interessantes Konzept handelt, und zweitens, weil es ein gutes Beispiel für die Vereinfachungen und die höhere Benutzerfreundlichkeit in SAP S/4HANA Cloud ist.

Das Kommunikationsmanagement in SAP S/4HANA Cloud basiert auf den folgenden Prinzipien:

- Für die verschiedenen Arten von technischen Schnittstellen (wie OData, SOAP und IDoc) wird dasselbe einheitliche Konzept für das Kommunikationsmanagement verwendet.
- Die Benutzer*innen konfigurieren die Konnektivität zu anderen Systemen auf einer hohen Abstraktionsebene. Dabei bleiben die Laufzeitumgebungen der zugrunde liegenden Schnittstellentechnologien und deren Konfiguration den Benutzer*innen verborgen. Erforderliche technische Artefakte – wie Destinations oder logische Ports für SOAP-Services – werden im Hintergrund automatisch angelegt. Dies trägt nicht nur zu einer Verbesserung der Benutzerfreundlichkeit bei, sondern ist auch eine unbedingte Voraussetzung für ein SaaS-Angebot, bei dem die Benutzer*innen keinen Zugang zu den zugrunde liegenden technischen Tools und Infrastrukturen haben.
- Die Kommunikation mit anderen Systemen wird jeweils für eine Menge von Eingangs- und Ausgangsschnittstellen verwaltet, die für ein sinnvolles Szenario erforderlich sind. Ein bestimmter Geschäftsprozess kann es beispielsweise erfordern, dass mit einer anderen Anwendung Informationen über verschiedene Schnittstellen in beide Richtungen ausgetauscht werden. Mit dem Kommunikationsmanagement werden die hierfür erforderlichen Konfigurationen an einer Stelle verwaltet und nicht individuell für jede einzelne Schnittstelle.

Abbildung 6.2 zeigt die Elemente des Kommunikationsmanagements und ihre Beziehungen auf konzeptioneller Ebene. Die Elemente im oberen Teil des Diagramms werden vorab definiert, in der Regel von SAP. Der untere Bereich zeigt die Elemente, die Benutzer*innen anlegen, wenn sie die Kommunikation für konkrete Integrationen mit konkreten Systemen konfigurieren.

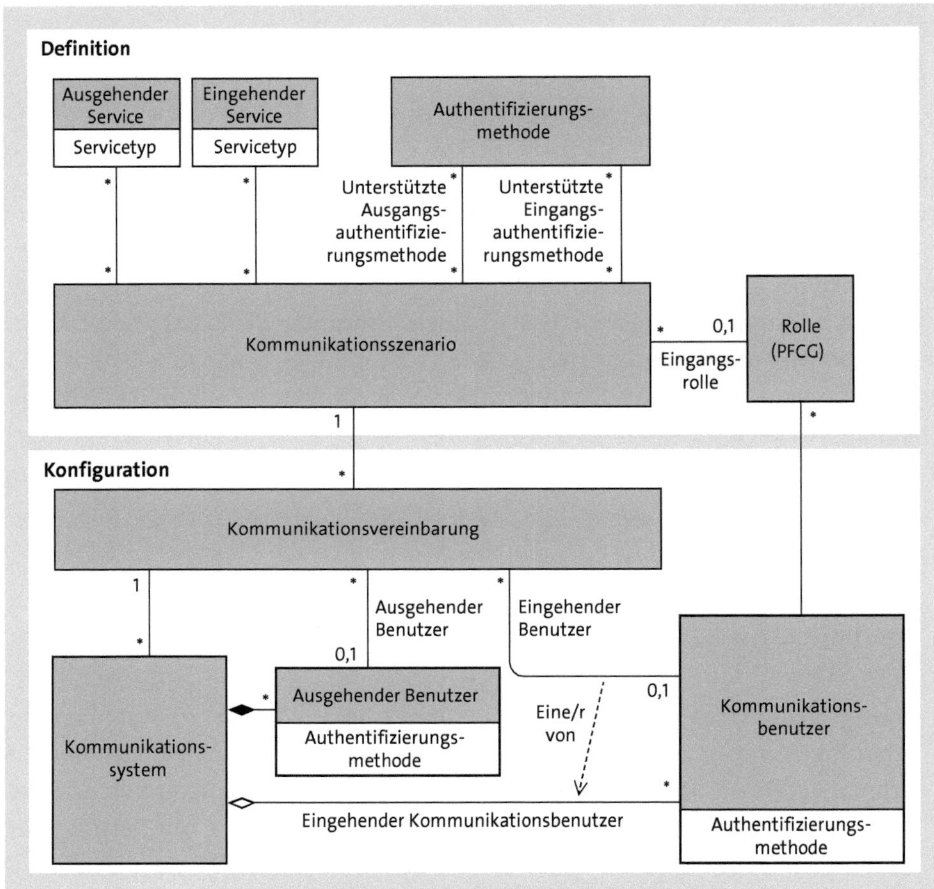

Abbildung 6.2 Kommunikationsmanagement in SAP S/4HANA Cloud

In den folgenden Abschnitten werden wir auf die wesentlichen Elemente des Kommunikationsmanagements näher eingehen.

6.4.1 Kommunikationsszenario

Das *Kommunikationsszenario* fasst die ein- und ausgehenden Services zusammen, die erforderlich sind, um ein betriebswirtschaftliches Ziel zu erreichen. Betrachten wir als Beispiel hierfür das Kommunikationsszenario `SAP_COM_0508` für die Integration von SAP S/4HANA mit *SAP Business Network for Procurement* (früher bekannt als Ariba Network) über *SAP Integration Suite, verwaltetes Gateway für Spend Management* und *SAP Business Network*. Dieses Kommunikationsszenario fasst die Services zusammen, die benötigt werden, damit die Beschaffungsfunktion in SAP S/4HANA Informationen mit einem Lieferanten in SAP Business Network for Procurement austauschen kann. Dazu gehören beispielsweise ausgehende Services für den Versand von Bestellungen und Zahlungsavisen an Lieferanten und eingehende Services für den Empfang von Auftragsbestätigungen und Rechnungen von Lieferanten.

Jeder ein- und ausgehende Service eines Kommunikationsszenarios hat einen Servicetyp, der seine Schnittstellentechnologie angibt. Servicetypen für eingehende Services sind z. B. OData V4, OData V2, SOAP, IDoc, Event Consumer oder RFC. Beispiele für ausgehende Servicetypen sind SOAP, IDoc, HTTP-Service, RFC oder SMTP (Simple Mail Transfer Protocol, E-Mail). In einem Kommunikationsszenario können Services unterschiedlicher Servicetypen miteinander kombiniert werden.

Im Kommunikationsszenario ist auch festgelegt, welche Authentifizierungsprotokolle für die eingehende und die ausgehende Kommunikation unterstützt werden. Zur Authentifizierung eingehender Aufrufe stehen Basic Authentication mit Benutzername und Kennwort, X.509-Zertifikate und OAuth zur Auswahl. Für die Authentifizierung ausgehender Aufrufe gibt es die Möglichkeiten Basic Authentication mit Benutzername und Kennwort, X.509-Zertifikat, OAuth oder Kommunikation ohne Authentifizierung.

Kommunikationsszenarien sind wie Vorlagen, die von den Administrator*innen instanziiert werden können, um die Kommunikation mit einem bestimmten Remote-System zu konfigurieren. Dazu müssen die Benutzer*innen die technischen Details für die Verbindung mit dem Remote-System und die Authentifizierungsdaten angeben, die für die eingehende und die ausgehende Kommunikation verwendet werden sollen. Diese Informationen werden mithilfe von drei Konzepten spezifiziert: Kommunikationsbenutzer, Kommunikationssystem und Kommunikationsvereinbarung.

6.4.2 Kommunikationsbenutzer

Bei einem Aufruf eines eingehenden Service muss zunächst eine Authentifizierung erfolgen. Sobald der Aufrufer authentifiziert ist, kann SAP S/4HANA Cloud prüfen, ob er berechtigt ist, und wird wissen, welche Berechtigungsregeln bei der Verarbeitung des Aufrufs angewendet werden müssen. Im Kommunikationsmanagement werden die Identitäten für die Authentifizierung von eingehenden Services definiert, indem durch *Kommunikationsbenutzer* angelegt werden; bei denen es sich um eine besondere Art von technischen Benutzern handelt. Bei diesen Benutzern handelt es sich nicht um Menschen, sondern um technische Entitäten, die dem Informationsaustausch zwischen den Systemen dienen. Kommunikationsbenutzer können über ihren Benutzernamen und ihr Passwort oder mit einem Authentifizierungszertifikat authentifiziert werden.

6.4.3 Kommunikationssystem

Bevor ein Kommunikationsszenario für ein bestimmtes Remote-System instanziiert werden kann, müssen Sie dieses System als Kommunikationspartner bekannt machen und die für die Kommunikation erforderlichen technischen Informationen bereitstellen. Zu diesem Zweck müssen Sie ein Objekt erstellen, das als *Kommunikationssystem* bezeichnet wird. Ein Kommunikationssystem steht für ein Remote-System, das eingehende Services aufrufen oder das Ziel von ausgehenden Serviceaufrufen sein kann. Bei der Erstellung eines Kommunikationssystems müssen Verbindungsattribute angegeben werden, z. B. der Hostname, die OAuth2-Endpunkte oder erforderlichenfalls die Angaben zum Cloud Connector. Für die eingehende Kommunikation müssen dem Kommunikationssystem ein oder mehrere Kommunikationsbenutzer zugewiesen werden. Es ist möglich, dieselben Kommunikationsbenutzer verschiedenen Kommunikationssystemen zuzuordnen. Für die ausgehende Kommunikation legen Sie ausgehende Benutzer an, die zum Kommunikationssystem gehören. Bei diesen handelt es sich nicht um Benutzer in SAP S/4HANA, sondern solche für den Aufruf des Remote-Systems. Allen ausgehenden Benutzern sind spezifische Authentifizierungsmethoden zugeordnet. Je nach Authentifizierungsmethode werden mit den ausgehenden Benutzern unterschiedliche Details gespeichert, z. B. der Benutzername und das Kennwort, die OAuth-Client-Anmeldeinformationen oder Client-Zertifikate.

6.4.4 Kommunikationsvereinbarung

Bevor SAP S/4HANA Cloud mit dem Remote-System kommunizieren kann, müssen Sie eine *Kommunikationsvereinbarung* erstellen, die ein spezifisches Kommunikationsszenario für ein spezifisches Kommunikationssystem instanziiert. In der Kommunikationsvereinbarung müssen ein eingehender und ein ausgehender Benutzer spezifiziert werden (sofern eingehende und ausgehende Services beteiligt sind). Diese Benutzer müssen dem Kommunikationssystem als eingehender bzw. ausgehender Benutzer zugeordnet sein, und ihre Authentifizierungsmethode muss für die eingehende bzw. ausgehende Kommunikation von dem betreffenden Szenario unterstützt werden.

Mit einer Kommunikationsvereinbarung legt das System automatisch die notwendigen technischen Einstellungen und Artefakte für die Kommunikation an, die intern von den verschiedenen Laufzeitumgebungen für die Kommunikation benötigt werden. Wie bereits in Abbildung 6.2 gezeigt, kann ein Kommunikationsszenario eine Rolle für die eingehende Kommunikation vorsehen. Beim Anlegen einer Kommunikationsvereinbarung wird diese Rolle den eingehenden Kommunikationsbenutzern zugewiesen. Dadurch wird sichergestellt, dass die erforderlichen Berechtigungen vorhanden sind, wenn eingehende Services mit den Anmeldedaten dieser Kommunikationsbenutzer aufgerufen werden.

6.4.5 Aufrufen eingehender Services mit Weitergabe von Benutzeridentitäten

Normalerweise erfolgt die Authentifizierung eines eingehenden Serviceaufrufs mit den Authentifizierungsdaten des eingehenden Kommunikationsbenutzers, der in der Kommunikationsvereinbarung angegeben ist. Der eingehende Aufruf wird dann mit der Identität und den Berechtigungen dieses technischen Kommunikationsbenutzers ausgeführt. Der eingehende Service wird in diesem Fall sozusagen im Namen des vertrauenswürdigen Remote-Systems ausgeführt und nicht im Namen eines bestimmten Anwendungsbenutzers oder einer bestimmten Anwendungsbenutzerin. Dieser Ansatz eignet sich beispielsweise für typische Szenarien der Prozessintegration und Datenverteilung.

Manchmal muss der eingehende Aufruf jedoch im Namen der realen Person ausgeführt werden, die an dem beteiligten Remote-System angemeldet ist. In so einem Fall wird die Identität der angemeldeten Person vom Remote-System an SAP S/4HANA Cloud weitergegeben, und diese wird dort dem entsprechenden Anwendungsbenutzer oder der entsprechenden Anwendungsbenutzerin zugeordnet. Der eingehende Aufruf wird dann mit den Berechtigungen dieses Anwendungsbenutzers bzw. dieser Anwendungsbenutzerin ausgeführt. In SAP S/4HANA Cloud erfolgt diese *Weitergabe von Benutzeridentitäten* mithilfe des *OAuth 2.0 SAML Bearer Assertion Flow* (SAML: Security Assertion Markup Language). Das funktioniert vereinfacht so: Das Remote-System verfügt über eine SAML-Assertion, mit der es die Identität der Person SAP S/4HANA Cloud gegenüber nachweisen kann. SAP S/4HANA Cloud vertraut dieser SAML-Assertion, weil sie von einem Identity Provider ausgestellt und signiert wurde, der zuvor beim Anlegen des Kommunikationssystems als vertrauenswürdig konfiguriert wurde. Bevor das Remote-System den eingehenden Service in SAP S/4HANA aufruft, verwendet es diese SAML-Assertion, um vom OAuth-Autorisierungsserver von SAP S/4HANA Cloud ein OAuth-Zugriffstoken für den eingehenden Service anzufordern. SAP S/4HANA Cloud validiert die Tokenanforderung und ordnet die darin angegebene Benutzeridentität einem Anwendungsbenutzer oder einer Anwendungsbenutzerin im System zu. Dann erzeugt SAP S/4HANA Cloud ein entsprechendes OAuth-Zugriffstoken und schickt es an das Remote-System zurück. Dieses Token bestätigt die Benutzeridentität in SAP S/4HANA Cloud und die Erlaubnis zum Aufrufen des eingehenden Service. Das Remote-System verwendet dieses Token zur Authentifizierung des Serviceaufrufs, der dann in SAP S/4HANA mit der Identität und den Berechtigungen des damit identifizierten Anwendungsbenutzers bzw. der identifizierten Anwendungsbenutzerin ausgeführt werden. In diesem Szenario werden die Anmeldedaten des eingehenden Kommunikationsbenutzers nicht für den eigentlichen Serviceaufruf verwendet. Stattdessen enthalten sie den Benutzernamen und das Kennwort, die zur Anforderung des Tokens beim OAuth-Autorisierungsserver benötigt werden.

6.5 Cloud Connector

Beim *Cloud Connector* handelt es sich um eine Komponente, die auf einem Computer im On-Premise-Netzwerk installiert wird, um die Kommunikation zwischen Cloud- und On-Premise-Anwendungen zu ermöglichen. Sie können den Cloud Connector beispielsweise für die Kommunikation zwischen SAP S/4HANA Cloud und On-Premise-Systemen, zwischen kundeneigenen Anwendungen auf der SAP Business Technology Platform (SAP BTP) und SAP S/4HANA oder zwischen SAP S/4HANA und Cloud-Services wie SAP Event Mesh einsetzen. Der Cloud Connector unterstützt HTTP- und Nicht-HTTP-Protokolle, wie etwa RFC, oder den Zugriff auf eine SAP-HANA-Datenbank über Open Database Connectivity (ODBC)/Java Database Connectivity (JDBC).

In den folgenden Abschnitten werden wir einen Überblick über die wichtigsten Konzepte im Zusammenhang mit dem Cloud Connector geben und die RFC-basierte Kommunikation erläutern.

6.5.1 Grundsätze der Kommunikation über den Cloud Connector

Der Cloud Connector fungiert als Reverse Proxy zwischen dem On-Premise-Netzwerk auf der einen Seite und SAP S/4HANA Cloud oder der SAP BTP auf der anderen Seite. Die Kommunikation erfolgt über eine sichere und verschlüsselte Tunnelverbindung, die vom Cloud Connector als ausgehende Verbindung aufgebaut wird (siehe Abbildung 6.3). Über diesen Tunnel können Sie eingehende Aufrufe aus der Cloud tätigen, ohne irgendwelche Ports in Ihrer On-Premise-Firewall öffnen zu müssen. Darüber hinaus ermöglicht der Cloud Connector eine Nicht-HTTP-Kommunikation in beide Richtungen.

Administrator*innen müssen explizit festlegen, welche Ressourcen aus den On-Premise-Systemen über den Cloud Connector nach außen verfügbar sind. Dabei können sie auch einschränken, welche Cloud-Anwendungen den Cloud Connector verwenden dürfen, indem sie eine Liste vertrauenswürdiger Cloud-Anwendungen einrichten.

Bei an On-Premise-Systeme gerichteten Aufrufen kann die Authentifizierung eines technischen Service durch Basic Authentication mit Benutzername und Passwort erfolgen oder mithilfe der Weitergabe von Benutzeridentitäten. Bei der Weitergabe von Benutzeridentitäten verwendet die aufrufende Cloud-Anwendung ein Token eines SAML2-Identity-Providers, durch das die Benutzeridentität bestätigt wird. Das On-Premise-Zielsystem ordnet diese Identität einem lokalen Benutzer oder einer lokalen Benutzerin zu und führt den Aufruf mit dessen oder deren Berechtigungen aus. Für die Weitergabe von Benutzeridentitäten muss man zuvor zwei Vertrauensbeziehungen konfigurieren: Erstens muss der Cloud Connector dem Identity Provider vertrauen, der das Token ausgestellt hat, und zweitens muss das On-Premise-Zielsystem dem Cloud Connector vertrauen.

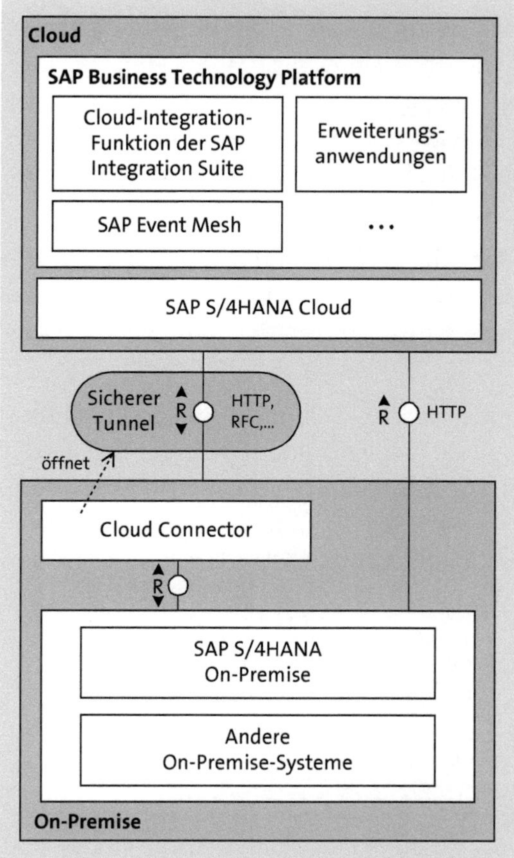

Abbildung 6.3 Cloud Connector

6.5.2 RFC-Kommunikation mit SAP S/4HANA Cloud

Der Cloud Connector ermöglicht native RFC-Aufrufe in beide Richtungen – von Cloud-Systemen zu On-Premise-Systemen und von On-Premise-Systemen zu Cloud-Systemen. So ist es beispielsweise möglich, dass Ihr On-Premise-System eine RFC-Schnittstelle in SAP S/4HANA Cloud aufruft. Dazu legen Sie einen Servicekanal in Ihrem Cloud Connector an, der RFCs zu Ihrem SAP-S/4HANA-Cloud-Tenant erlaubt.

Beachten Sie, dass Sie in einem SAP-S/4HANA-Cloud-Tenant nicht beliebige RFC-basierte Schnittstellen aufrufen können. Für die Kommunikation mit SAP S/4HANA Cloud muss ein vordefiniertes Kommunikationsszenario vorhanden sein (siehe Abschnitt 6.4). SAP hat nur eine begrenzte Anzahl von Kommunikationsszenarien mit traditionellen RFC-basierten Schnittstellen freigegeben (siehe auch Abschnitt 6.1.2).

6.6 Prozessintegrationstechnologie

SAPs Strategie zur Prozessintegration zwischen SAP-Anwendungen basiert hauptsächlich darauf, dass die Anwendungen über abgestimmte APIs direkt miteinander kommunizieren. Es gibt jedoch Fälle, in denen es sinnvoll ist, stattdessen eine Integrations-Middleware einzusetzen. Eine Integrations-Middleware ist z. B. hilfreich, wenn Sie Produkte von Drittanbietern integrieren, eigene Integrations-Workflows entwickeln, Nachrichten an verschiedene Empfängersysteme weiterleiten oder komplexe Mappings zentral verwalten möchten.

Die SAP Integration Suite umfasst eine Vielzahl von Integrationswerkzeugen wie z. B. Cloud Integration, SAP Event Mesh (siehe Abschnitt 6.7), Trading Partner Management, API Management, Integration Assessment, Integration Advisor und Open Connectors.

Als Middleware für die Prozessintegration in der Cloud empfiehlt SAP die Cloud-Integration-Funktion der SAP Integration Suite. *Cloud Integration* ist ein Service, der auf der SAP BTP läuft und für die Integration von Anwendungen eingesetzt werden kann, sowohl für Cloud-to-Cloud-Szenarien als auch für Cloud-to-On-Premise-Szenarien (gegebenenfalls unter Verwendung des Cloud Connectors). Die Funktionsweise von Cloud Integration wird in Abbildung 6.4 veranschaulicht.

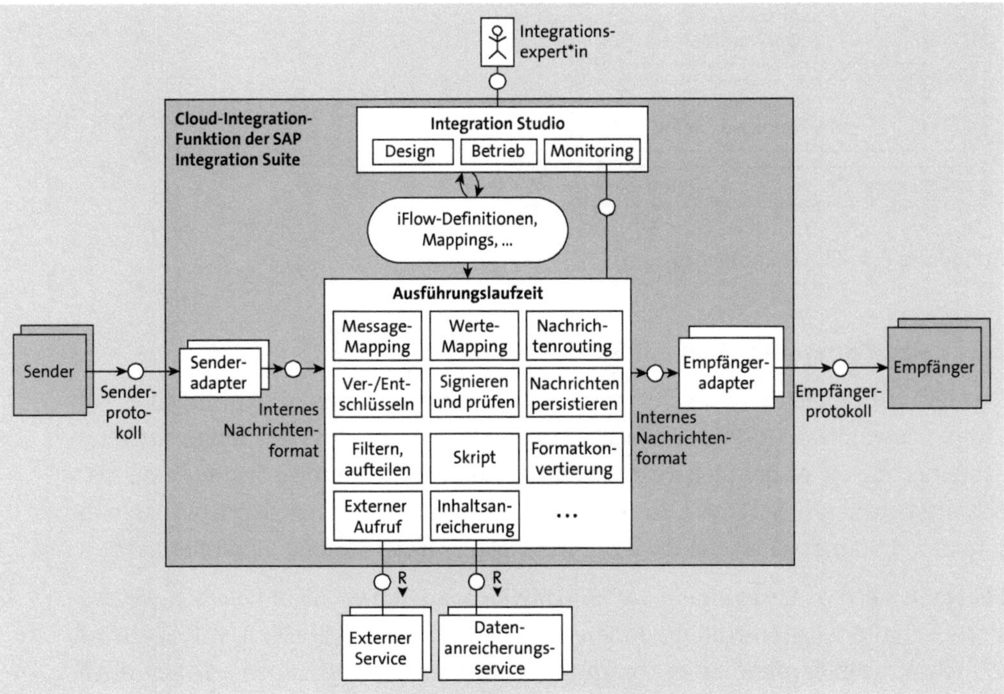

Abbildung 6.4 Cloud Integration

Die Designtime- und Konfigurationsanwendungen von Cloud Integration haben eine Multi-Tenant-Architektur mit isolierten Tenants auf gemeinsam genutzten Rechenressourcen. Für die Laufzeit sieht dies anders aus. Hier werden den Kunden Single-Tenant-Worker-Nodes zur Verfügung gestellt, um eine maximale Isolierung der einzelnen Tenants zu gewährleisten. Mit dieser Architektur hat die Laufzeitauslastung eines einzelnen Tenants keinerlei Auswirkungen auf die Performance und die Verfügbarkeit der übrigen Tenants.

Die von den Sendern kommenden Nachrichten werden von Cloud Integration verarbeitet und an die Empfänger weitergeleitet. Sowohl Sender als auch Empfänger sind mit Cloud Integration jeweils über Adapter verbunden, die verschiedene Kommunikationsprotokolle implementieren. Die Senderadapter konvertieren eingehende Daten aus den externen Protokollen der Sender in ein internes Nachrichtenformat, das Cloud Integration verarbeiten kann. Nach erfolgter Verarbeitung werden die resultierenden ausgehenden Nachrichten durch einen Empfängeradapter vom internen Format in das Protokoll des jeweiligen Empfängers konvertiert. Eingehende Daten können von den Sendern (etwa über HTTP) nach dem Push-Verfahren gesendet oder in regelmäßigen Abständen von Cloud Integration abgerufen werden.

Cloud Integration verfügt über Adapter für verschiedene Protokolle wie SOAP, OData, HTTP/REST, Advanced Message Queuing Protocol (AMQP), Kafka, IDoc via SOAP, RFC (nur Client), E-Mail, Java Messenger Service (JMS), Applicability Statement (AS2), AS4, commerce eXtensible Markup Language (cXML) für SAP-Ariba-Lösungen und viele mehr. Mit den Open Connectors der SAP Integration Suite können Sie eine Vielzahl von APIs von Drittanbietern integrieren. Mit Open Connectors können Sie auf einheitliche Weise auf APIs zahlreicher Cloud-Anbieter zugreifen – mit standardisierter Authentifizierung, Fehlerbehandlung, Paginierung und standardisierten Datenstrukturen.

Die Verarbeitung und Weiterleitung von Nachrichten wird durch Integration Flows (iFlows) beschrieben. iFlows definieren, wie eingehende Nachrichten verarbeitet und an die Empfänger verteilt werden. iFlows werden mithilfe des Standards *Business Process Model and Notation* (BPMN) visuell modelliert. Die dafür benötigten Designtools sind in das webbasierte Integration Studio integriert.

iFlows stellen die Schrittfolge zur Verarbeitung und Weiterleitung von Nachrichten grafisch dar. Dabei sind beispielsweise folgende Schritte möglich:

- Mapping von Nachrichtenstrukturen
- Werte-Mappings
- Filterung von Nachrichtenteilen
- Änderung von Nachrichteninhalten

- Kodierung und Dekodierung (ZIP, Base64), Verschlüsselung und Entschlüsselung von Nachrichten
- Konvertierung von Nachrichtenformaten (z. B. zwischen JavaScript Object Notation [JSON], eXtensible Markup Language [XML], Comma-Separated Values [CSV])
- digitale Signaturen und Signaturprüfungen
- Aufrufen externer Services (asynchron oder synchron)
- Datenanreicherung, Zusammenführung von Inhalten mit Daten aus externen Services
- Aufteilung komplexer Nachrichten
- Persistieren von Nachrichten
- Weiterleitung von Nachrichten an einen oder mehrere Empfänger
- benutzerdefinierte Verarbeitungsschritte, die durch ein Skript in Groovy oder JavaScript implementiert werden

iFlows werden von der Cloud-Integration-Laufzeitumgebung ausgeführt, die auf dem Open-Source-Integrations-Framework *Apache Camel* beruht.

SAP stellt vordefinierten Integrations-Content zur Verfügung, der im SAP Business Accelerator Hub veröffentlicht wird. Dieser Content steht im Integration Studio zur Verfügung, damit Sie ihn in Ihrem Tenant verwenden können. Für Szenarien, in denen SAP-Produkte direkt über APIs integriert werden, bietet SAP Integrations-Content an, den Sie als Ausgangspunkt für die Einrichtung Ihrer benutzerdefinierten Integration mit Cloud Integration verwenden können. In diesen Fällen leitet der von SAP bereitgestellte Content die Nachrichten einfach nur durch, aber Sie können ihn als Grundlage für Ihre eigenen Erweiterungen und Ergänzungen verwenden.

Als Integrations-Middleware für On-Premise-Szenarien setzen viele SAP Kunden *SAP Process Integration* und *SAP Process Orchestration* ein und verwenden diese auch zur Integration mit SAP S/4HANA. Die darin enthaltene *Advanced Adapter Engine Extended* ist mit Version 7.5 auch in der Lage, mit Cloud Integration erstellten Integrations-Content on-premise auszuführen. SAP hat jedoch die SAP Integration Suite schon seit einiger Zeit als das Integrationsprodukt der Zukunft positioniert und die schrittweise Migration von Integrationsszenarien von SAP Process Integration/Orchestration auf die SAP Integration Suite empfohlen. Ein wichtiger Wegbereiter für diese Migration ist die neue Option *Edge Integration Cell*, die kürzlich zur SAP Integration Suite hinzugefügt wurde. Edge Integration Cell ist eine optionale Erweiterung von Cloud Integration, die hybride Integrationsszenarien unterstützt, die sowohl On-Premise-Systeme als auch Cloud-Anwendungen umfassen. Edge Integration Cell kann on-premise installiert werden oder bei Ihrem Cloud-Infrastruktur-Provider. Es führt Ihre mit Cloud Integration erstellten iFlows lokal aus und kann somit Integrationen zwischen On-Premise-Systemen realisieren, ohne dass die Daten Ihre Umgebung oder Ihr Rechenzentrum verlassen.

6.7 Event-basierte Integration

Manchmal möchten Sie andere Systeme oder Services mittels Events über Business Events benachrichtigen, die in SAP S/4HANA stattgefunden haben, etwa über die Anlage von Geschäftspartnern, die Veröffentlichung einer Ausschreibung oder eine Änderung an einem Kundenauftrag. Zu den wichtigen Anwendungsfällen gehören Side-by-Side-Erweiterungen, die über Änderungen in SAP S/4HANA informiert werden müssen (siehe auch Abschnitt 5.3.5). Hier dienen Events als Ergänzung zu den üblichen APIs. Durch die Veröffentlichung von Events können andere Systeme benachrichtigt werden, ohne dass eine direkte Kommunikationsverbindung zwischen den beteiligten Systemen aufgebaut werden muss. Ohne Events und die zugehörige Infrastruktur müssten die Informationen entweder durch API-Aufrufe an die Zielsysteme geschickt oder von den Zielsystemen durch regelmäßige API-Aufrufe vom Quellsystem kontinuierlich abgefragt werden. Dies würde voraussetzen, dass die Systeme die technischen Details zur Kommunikation mit dem anderen System kennen und sich bei diesem authentisieren können. Darüber hinaus würde das Übermitteln großer Mengen von Nachrichten an viele Empfänger eine zusätzliche Belastung für das Quellsystem darstellen. Synchrone API-Aufrufe würden zudem voraussetzen, dass die empfangende Seite zu dem Zeitpunkt online ist, zu dem die Benachrichtigung gesendet werden soll.

Daher erfolgt die Verteilung von Events in der Regel unter Zuhilfenahme eines speziellen Service, der als *Event Broker* bezeichnet wird. Dieser Broker ermöglicht durch Zwischenspeicherung die zeitliche Entkopplung durch asynchrone Kommunikation und arbeitet nach dem Publish/Subscribe-Muster. Das Quellsystem schickt die zu veröffentlichenden Events an den Event Broker, der sie an einen oder mehrere Empfänger verteilt. Auf diese Weise muss erstens das Quellsystem nichts über die Identität und die technischen Details der Event-Empfänger wissen, und zweitens werden die Speicherung und die Weiterleitung großer Mengen von Events an den Event Broker ausgelagert. Event Broker nutzen standardisierte Messaging-Protokolle und Message-Queues und ermöglichen damit die Entkopplung von Sender und Empfänger.

Der Service, mit dem Sie Ihre Anwendungen Event-basiert mit SAP S/4HANA integrieren können, heißt *SAP Event Mesh*. Bevor wir darauf eingehen, wie Events in SAP S/4HANA definiert, veröffentlicht und konsumiert werden, geben wir Ihnen daher zunächst einen kurzen Überblick über die Konzepte von SAP Event Mesh.

6.7.1 SAP Event Mesh

Bei SAP Event Mesh handelt es sich um einen vollumfänglich von SAP verwalteten, skalierbaren Cloud-Service auf der SAP BTP, mit dem Anwendungen Events über die Standardprotokolle AMQP 1.0 und Message Queuing Telemetry Transport (MQTT), über eine proprietäre REST-API und über Webhooks senden und empfangen können. Wenn eine Anwendung ein Event in SAP Event Mesh veröffentlichen möchte, betitelt sie das Event mit einem *Topic*, das typischerweise beschreibt, worum es bei dem Event geht. Technisch gesehen handelt es sich bei einem Topic um eine Zeichenkette mit durch Schrägstriche voneinander getrennten Segmenten, sodass man sie entsprechend einer Hierarchie von Themen und Unterthemen aufbauen kann. In SAP S/4HANA beginnen die Topics der Events mit einem Namensraumpräfix, gefolgt vom Event-Typ. Hier ein Beispiel für ein Topic:

```
sap/s4/beh/businesspartner/v1/BusinessPartner/Created/v1
```

SAP Event Mesh unterstützt die Möglichkeit, dass eine Anwendung direkt die sie interessierenden Topics konsumiert, ohne zwischengeschaltete Queues. In diesem Fall erhält die Anwendung alle Events, die mit diesen Topics veröffentlich werden, aber nur während sie mit SAP Event Mesh verbunden ist. Damit Empfänger auch dann Events empfangen können, wenn sie zum Zeitpunkt der Veröffentlichung nicht verbunden waren, unterstützt SAP Event Mesh das Speichern von Events in *Queues*. Dabei ist eine Queue genau einer Anwendung zugeordnet, die die darin gespeicherten Events konsumiert. Eine Queue kann auf bestimmte Topics subskribiert werden, sodass die unter diesen Topics veröffentlichten Events in der Queue gespeichert werden. Dabei können Topic-Muster mit Platzhaltern wie einem Sternchen »*« verwendet werden, um die Queue auf alle passenden Topics zu subskribieren. Indem Sie mehrere Queues auf dieselben Topics subskribieren, können Sie ankommende Events an mehrere Queues und damit an mehrere empfangende Anwendungen verteilen.

Bei SAP Event Mesh handelt es sich um einen Multi-Tenant-Service, bei dem die Kunden jeweils ihren eigenen Tenant erhalten. Sie können Ihren SAP-Event-Mesh-Tenant als separaten virtuellen Event Bus betrachten, mit dem sich Ihre Anwendungen verbinden und so miteinander kommunizieren können. Dazu muss jede Anwendung am Event Bus als *Event-Bus-Client* registriert werden. Jeder Client hat seine eigene Konfiguration, in der Sie Regeln festlegen können, durch die eingeschränkt wird, welche Topics der Client senden und welche Queues er konsumieren kann. Jeder Client hat seine eigenen Zugangsdaten, mit denen er sich bei SAP Event Mesh mit dem OAuth Client Credentials Flow authentisiert.

Zu SAP Event Mesh gehört eine Webanwendung, mit der Administrator*innen die Client-Konfigurationen einsehen sowie die Queues und Topic-Subskriptionen verwalten können. In dieser Anwendung finden Sie auch für die einzelnen verbundenen

Systeme jeweils ein Verzeichnis der Events, die dieses System veröffentlichen kann. Hierzu muss das angeschlossene System diese Funktion unterstützen und einen Event-Discovery-Service anbieten, mit dem SAP Event Mesh diese Information abfragen kann.

6.7.2 Event-basierte Integration mit SAP S/4HANA

Abbildung 6.5 zeigt die neue Architektur zum Veröffentlichen und Konsumieren von Business Events in SAP S/4HANA mithilfe des ABAP RESTful Application Programming Model (siehe Abschnitt 2.2). Anwendungen in SAP S/4HANA lösen Events aus, wenn Business-Objekte geändert werden. Dazu nutzen die Anwendungen das ABAP RESTful Application Programming Model, das die Events direkt in derselben Transaktion an die Komponente *Enterprise Event Enablement* weiterleitet. Ebenso ist es möglich, Event Consumer zu definieren. Darüber hinaus bietet das ABAP RESTful Application Programming Model auch Erweiterungsmöglichkeiten für Events.

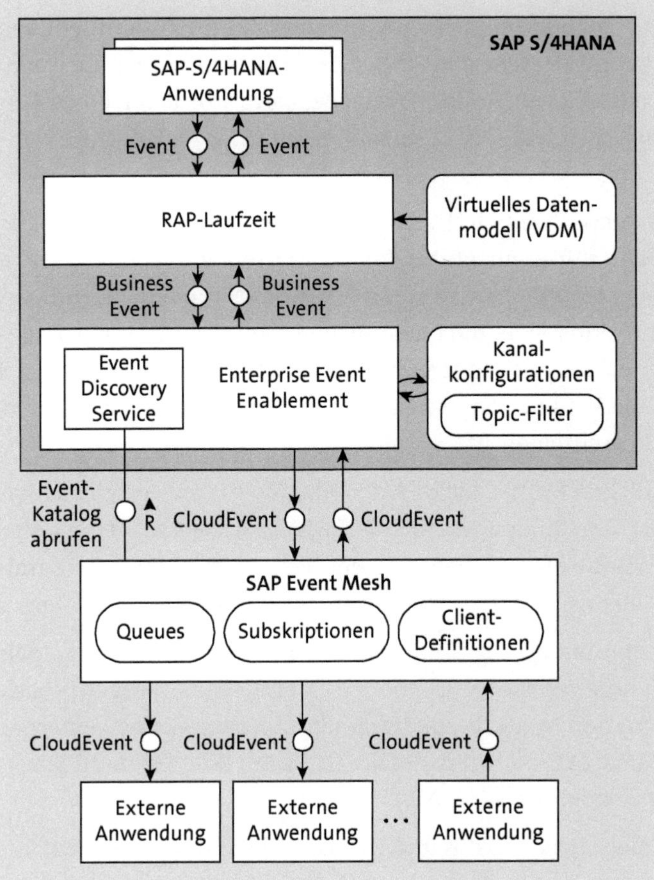

Abbildung 6.5 Architektur für Event-basierte Integration mit SAP S/4HANA

Ausgehende Events werden von Enterprise Event Enablement auf SAP Event Mesh veröffentlicht. Das Format der von SAP S/4HANA veröffentlichten Events entspricht der *CloudEvents-Spezifikation* (*https://cloudevents.io*). Beachten Sie, dass die Events in der Regel nicht die vollständigen Daten der betroffenen Business-Objektinstanzen enthalten. Typischerweise enthält das Event die Kennungen (IDs) der betroffenen Objekte und begrenzte, ausgewählte Daten für die Filterung der Events. Wenn die empfangende Anwendung weitere Informationen benötigt, muss sie die entsprechenden APIs von SAP S/4HANA aufrufen, um nähere Informationen zu den erstellten oder geänderten Instanzen zu erhalten. Um dies zu erleichtern, nutzen CloudEvents und die OData-API-Services das gleiche Feldformat.

6.7.3 Business Events in SAP S/4HANA

Lassen Sie uns nun im Detail erläutern, was wir im technischen Sinne unter einem Business Event in SAP S/4HANA verstehen. Ein Business Event in SAP S/4HANA ist ein Event, das extern unter Verwendung von SAP Event Mesh veröffentlicht werden kann. Das Business Event dient zur Benachrichtigung über ein im Zusammenhang mit einem Business-Objekt eingetretenes Ereignis, z. B. das Anlegen oder die Änderung eines Produkts oder das Anlagen, Ändern, Freigeben oder Stornieren eines Auftrags. Für die verschiedenen Business-Objekttypen können unterschiedliche Event-Typen definiert werden.

Technisch gesehen sind Business Events als Events auf *SAP-Objekttypen* definiert. Das Konzept der SAP-Objekttypen wurde eingeführt, um Business-Objekttypen (wie etwa Kundenaufträge oder Produkte) unabhängig von der Art ihrer Implementierung in einen zentralen Katalog mit sinnvollen und einheitlichen Namen zu erfassen. Daneben werden SAP-Objekttypen auch für andere Zwecke verwendet. In Abschnitt 5.1.2 haben wir erklärt, dass sie die Struktur von erweiterbaren Anwendungen im Kontext des Erweiterungskonzepts beschreiben.

Ein Verzeichnis der öffentlichen Events, die in SAP S/4HANA für die verschiedenen Business-Objekte verfügbar sind, finden Sie im SAP Business Accelerator Hub unter dem Menüpunkt **Events**. Wie die öffentlichen APIs werden alle offiziell von SAP freigegebenen Events im SAP Business Accelerator Hub aufgelistet und dokumentiert.

Mit dem ABAP RESTful Application Programming Model können Sie Ihre eigenen Event-Erzeuger erstellen und Ihre eigenen Events veröffentlichen. Darüber hinaus können Sie Event-Consumption-Modelle zur Verarbeitung eingehender externer Events erstellen. In SAP S/4HANA Cloud wird dies durch die Funktionen zur In-Stack-Entwicklererweiterbarkeit ermöglicht (siehe Abschnitt 5.2).

Nachfolgend finden Sie einige Links zu Blogs und Tutorials über Enterprise Event Enablement mit Anleitungen dazu, wie Sie ihre eigenen Event Consumer und Ihre eigenen Business Events entwickeln können:

- An Introduction to Enterprise Event Enablement for SAP BTP ABAP Environment (SAP Blogs): *http://s-prs.co/v567509*
- Consume an Event Using Event Consumption Model (SAP Blogs): *http://s-prs.co/v567510*
- Event Consumption in ABAP Development Tools for Eclipse (Tutorials for SAP Developers): *http://s-prs.co/v567511*
- How to Create RAP Business Events in SAP BTP ABAP Environment (SAP Blogs): *http://s-prs.co/v567512*

Diese Blogs und Tutorials basieren zwar auf der ABAP-Umgebung der SAP BTP, sind aber auch auf die In-Stack-Entwicklererweiterbarkeit in der ABAP-Umgebung von SAP S/4HANA Cloud anwendbar.

6.7.4 Event-Kanäle und Topic-Filter

Mit Enterprise Event Enabling können Sie mehrere *Kanäle* für Business Events anlegen. Dank der Möglichkeit, mehrere Event-Kanäle zu definieren, kann dasselbe SAP-S/4HANA-System mit unterschiedlichen SAP-Event-Mesh-Tenants verbunden werden, oder auch mehrfach mit demselben, mit jeweils unterschiedlichen Konfigurationen. Die Event-Kanäle funktionieren in beide Richtungen und können sowohl zum Senden als auch zum Empfangen von Events verwendet werden.

Zu den Attributen eines Kanals gehören die HTTP-Destination für den Endpunkt in SAP Event Mesh, die OAuth-Anmeldeinformationen des für die Verbindung verwendeten Messaging-Clients und einige Kommunikationsparameter wie die Servicequalität (ob die Nachrichtenübermittlung garantiert ist oder nicht), die Anzahl der Versuche für einen erneuten Verbindungsaufbau und die Wartezeit bis zu einem erneuten Verbindungsaufbau. Ein weiteres wichtiges Attribut eines Kanals ist sein *Topic-Namensraum* (Topic Space), ein kanalspezifisches Präfix, das den Topics aller Events vorangestellt wird, die in diesem Kanal veröffentlicht werden.

Für jeden Kanal müssen Sie angeben, welche Events über diesen Kanal veröffentlicht oder konsumiert werden sollen. Hierzu definieren Sie einen oder mehrere *Topic-Filter* für den Kanal. Wenn Enterprise Event Enabling ein ausgehendes Event von der RAP-Laufzeitumgebung erhält, veröffentlicht es das Event über alle Kanäle, die über einen passenden Topic-Filter verfügen.

Für eingehende Events können Sie Event-Kanäle in SAP S/4HANA auf Queues in SAP Event Mesh subskribieren. Das bedeutet, dass SAP S/4HANA Events aus diesen Queues von SAP Event Mesh empfangen wird. Um die eingehenden Events innerhalb von SAP S/4HANA weiter zu verteilen, müssen bei den Event-Kanälen sogenannte *eingehende Topic Bindings* angelegt werden. Dabei handelt es sich um Topic-Filter, die festlegen, welche eingehenden Events der Kanal akzeptiert. Wenn Enterprise Event Enablement ein Event von einer Queue in SAP Event Mesh empfängt, leitet es das Event an jeden Kanal weiter, der auf die Queue subskribiert ist und ein eingehendes Topic-Binding hat, das dem Topic des Events entspricht. Das eingehende Event wird dann an die Anwendungen weitergeleitet, die dafür als Event Consumer registriert sind.

Für die On-Premise-Edition von SAP S/4HANA müssen die Kanäle und die HTTP-Destination von einem Administrator oder einer Administratorin angelegt werden. In SAP S/4HANA Cloud erfolgt dieser Vorgang auf der Grundlage von Kommunikationsszenarien für die Integration mit Business Events. Sie müssen ein Kommunikationssystem anlegen, das die Details für die Verbindung zu SAP Event Mesh enthält. Darüber hinaus müssen Sie einen Kommunikationsbenutzer für den eingehenden Event-Discovery-Service anlegen, den SAP Event Mesh aufruft, um den Event-Katalog abzurufen. Beim Anlegen der Kommunikationsvereinbarung müssen Sie den Namen des Kanals angeben. Optional können Sie noch zusätzliche Parameter angeben. Die HTTP-Destination und der Kanal werden automatisch angelegt, wenn Sie die Kommunikationsvereinbarung aktivieren. Nachdem Sie die Kommunikationsvereinbarung angelegt haben, können Sie mithilfe einer SAP-Fiori-App die weitere Konfiguration für den Kanal vornehmen.

6.8 Datenintegration

Ziel der Prozessintegration ist die Implementierung verteilter Geschäftsprozesse. Der Nachrichtenaustausch dient typischerweise dazu, Prozessschritte über verschiedene Systeme oder Tenants hinweg zu verbinden und dann den nächsten Prozessschritt auf der Empfangsseite auszulösen. Das Anlegen eines Kundenauftrags etwa kann im empfangenden System mehrere verkaufsbezogene Prozessschritte wie eine Lieferung oder die Ausstellung einer Rechnung auslösen. Bei der *Datenintegration* hingegen steht nicht die Ausführung verteilter Prozesse im Vordergrund. Hier werden die Daten für verschiedene Zwecke über einen generischen Mechanismus übertragen, etwa für Analytics, Machine Learning oder einfach zur Synchronisierung zweier Datenspeicher in einem Replikationsszenario. Wenn Kundenaufträge in ein Data Warehouse oder einen Data Lake repliziert werden, lösen sie keine Geschäftsprozessschritte wie etwa Verkaufs- oder Lieferaktivitäten aus.

Die wesentlichen Infrastrukturen für die Datenintegration – nämlich die CDS-gestützte Datenextraktion, das Datenreplikations-Framework (DRF) und SAP Master Data Integration – werden wir in den folgenden Abschnitten erörtern.

6.8.1 CDS-basierte Datenextraktion

CDS-basierte Datenextraktion ist die strategische Technologie für die Datenintegration für Zwecke wie Analytics und Machine Learning. Dieser Abschnitt gibt einen Überblick über die CDS-basierte Datenextraktion in SAP S/4HANA, die in On-Premise- und Cloud-Umgebungen verwendet werden kann. Sie kommt beispielsweise zum Einsatz, wenn es um das Laden von Daten aus SAP S/4HANA in SAP Business Warehouse (SAP BW) und in SAP Data Intelligence geht. Die CDS-basierte Datenextraktion ist ein schönes Beispiel dafür, wie CDS-Views und das virtuelle Datenmodell (VDM) über die gesamte Architektur von SAP S/4HANA hinweg an verschiedenen Stellen und für verschiedene Zwecke verwendet werden. CDS-Extraktions-Views definieren ein generisches Modell für die Datenextraktion, das über verschiedene Kanäle für die verschiedenen Datenintegrationsszenarien genutzt werden kann.

6

Überblick über die CDS-basierte Extraktion

Die CDS-basierte Datenextraktion wird auf der Grundlage von CDS-Views implementiert, die mit speziellen CDS-Annotationen (`@Analytics.dataExtraction.enabled`) als Extraktions-Views gekennzeichnet sind. Bei diesen Extraktions-Views handelt es sich in der Regel um Basic oder Composite Views im VDM (siehe Abschnitt 2.1.3). Während der Extraktion werden die aus den CDS-Extraktions-Views generierten Datenbank-Views verwendet, um die extrahierten Daten auszulesen.

Die Extraktion kann nach zwei verschiedenen Verfahren erfolgen: Bei der *vollständigen Extraktion* werden alle verfügbaren Daten aus den Extraktions-Views extrahiert. Bei der *Delta-Extraktion* werden nach einer initialen vollständigen Extraktion später nur noch die jeweiligen Änderungen extrahiert. Dies setzt voraus, dass die CDS-Extraktions-Views als deltafähig gekennzeichnet sind (`@Analytics.dataExtraction.delta.*`).

Abbildung 6.6 zeigt die Architektur der CDS-basierten Datenextraktion für die Datenintegration mit SAP BW und mit SAP Data Intelligence. Es gibt mehrere APIs, über die externe Systeme Daten auf der Grundlage von CDS-Views extrahieren können:

- Das Framework *Operational Data Provider* (ODP) ist Teil der Infrastruktur für Analytics und für die Extraktion von operativen Daten aus SAP-Geschäftssystemen wie SAP S/4HANA. Neben vielen anderen Funktionen unterstützt es auch die Datenextraktion mit den entsprechenden APIs und Extraktions-Queues. In einem On-Premise-Szenario können Systeme wie SAP BW einen Remote Function Call (RFC) aufrufen, der durch das ODP-Framework in SAP S/4HANA bereitgestellt wird. Dieselbe API kann in SAP S/4HANA Cloud über einen SOAP-Service verwendet werden, der im Wesentlichen den RFC kapselt.
- Die CDS-basierte Datenextraktion ist auch über das API *Cloud Data Integration* (CDI) möglich. CDI ist eine auf offenen Standards basierendes Datenextraktions-

API und unterstützt die Datenextraktion über OData-Services. Wie Abbildung 6.6 zeigt, basiert diese Option ebenfalls auf dem ODP-Framework. Der *CDI-Consumer-Operator* in SAP Data Intelligence kann verwendet werden, um Daten aus SAP S/4HANA über das CDI-OData-API zu extrahieren.

- Der *ABAP-CDS-Reader-Operator* ist eine alternative Option zum Extrahieren von Daten nach SAP Data Intelligence. Er verwendet RFC-Aufrufe über WebSocket, um Daten aus der *ABAP Pipeline Engine* innerhalb des SAP-S/4HANA-Systems zu extrahieren. Die ABAP Pipeline Engine ist in der Lage, ABAP-Operatoren auszuführen, die in Daten-Pipelines in SAP Data Intelligence verwendet werden, so auch den ABAP-CDS-Reader-Operator.

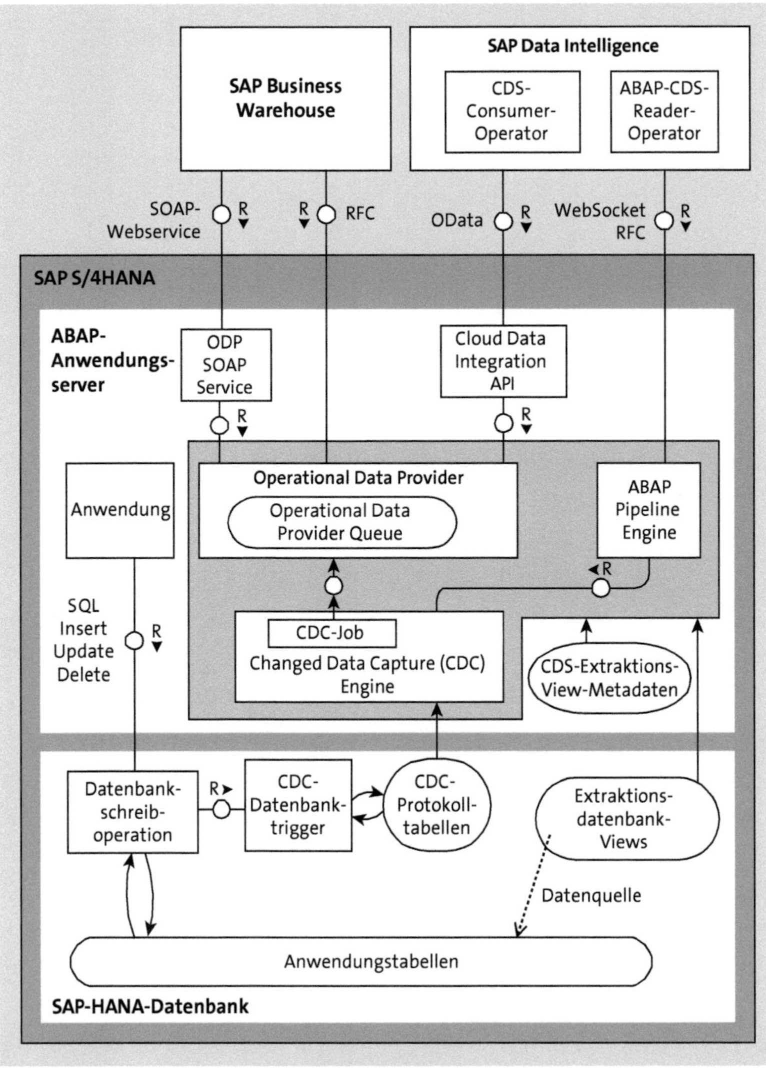

Abbildung 6.6 CDS-basierte Datenextraktion

Für die vollständige Extraktion lesen das ODP-Framework und die ABAP Pipeline Engine alle aktuell verfügbaren Datensätze aus den Extraktions-Views aus.

Delta-Extraktion mit der Changed Data Capture Engine

Für die Delta-Extraktion greift die in Abbildung 6.6 dargestellte Architektur auf die Trigger-basierte *Datenänderungserfassung* (Changed Data Capture, CDC) zurück, ein Ansatz, der schon für SAP Landscape Transformation benutzt wird. In SAP S/4HANA übernimmt die *Changed Data Capture Engine* diese Aufgabe. Bei der Trigger-basierten Delta-Extraktion werden für die Datenbanktabellen, die den Extraktions-Views zugrunde liegen, Datenbank-Trigger angelegt. Das führt dazu, dass bei jeder Erstellung, Löschung oder Änderung von Datensätzen in diesen Tabellen entsprechende Informationen über die Änderungen in entsprechende Protokolltabellen geschrieben werden. Wie bereits erwähnt, müssen die CDS-Extraktions-Views mit entsprechenden Annotationen versehen werden, um anzuzeigen, dass sie diese Option unterstützen. Bei komplexen, auf mehreren Tabellen basierenden Views müssen die Entwickler*innen als Teil der Definition des CDS-Extraktions-Views auch Informationen über das Mapping zwischen den Views und den Tabellen bereitstellen. In einfachen Fällen kann das System das Mapping automatisch machen. Die Delta-Extraktion mit der Changed Data Capture Engine ist jedoch mit einigen Einschränkungen verbunden. Unter anderem dürfen die Views nicht zu komplex sein. So dürfen deltafähige Extraktions-Views beispielsweise keine aggregierten Daten enthalten und nicht zu viele Joins.

Die Datenänderungserfassung für die CDS-basierte Delta-Extraktion funktioniert wie folgt: In regelmäßigen Abständen wird ein CDC-Job ausgeführt, der alle geänderten Daten aus den Anwendungstabellen extrahiert. Für die Extraktion entnimmt die Changed Data Capture Engine den Protokolltabellen die Information, was geändert wurde, und liest dann die geänderten Daten mithilfe der aus den CDS-Extraktions-Views generierten Datenbank-Views. Der CDC-Job schreibt die extrahierten Daten in die ODP-Queue des ODP-Frameworks, aus der sie wie zuvor beschrieben über APIs abgerufen werden können.

Wie bereits erläutert, basiert die Cloud-Data-Integration-API auf dem ODP-Framework und verwendet dementsprechend denselben Mechanismus für die Delta-Extraktion. Die Delta-Extraktion wird auch von der ABAP-Pipeline unterstützt. Für die Delta-Extraktion ruft sie die Change Data Capture Engine auf, die dann die Daten mithilfe der Protokolltabellen aus den aus den CDS-Extraktions-Views generierten Datenbank-Views liest.

Vor der Einführung der Trigger-basierten Datenänderungserfassung war die Delta-Extraktion nur auf der Grundlage von Zeitstempeln möglich. Dementsprechend war im Datenmodell ein Zeitstempelfeld erforderlich, um die nach einem bestimmten

Zeitpunkt erfolgten Änderungen ermitteln zu können. Bei der Trigger-basierten Erfassung von Datenänderungen ist dies nicht erforderlich. Darüber hinaus erfordert die zeitstempelbasierte Delta-Extraktion während der Laufzeit mehr Aufwand, insbesondere bei der Erkennung von Löschungen. Die CDS-basierte Delta-Extraktion mit Zeitstempeln wird durch das OPD-Framework implementiert. Diese Option wird immer noch unterstützt; für neuere Entwicklungen empfiehlt SAP jedoch die Trigger-basierte Datenänderungserfassung.

6.8.2 Datenreplikations-Framework

Das Datenreplikations-Framework (DRF) reagiert auf lokale Änderungen an Business-Objekten und entscheidet dann, welche Business-Objektinstanzen in bestimmte Zielsysteme repliziert werden sollen. Das Framework ist in ABAP implementiert und bildet einen Teil des Softwarestacks von SAP S/4HANA. Seine Architektur ist in Abbildung 6.7 dargestellt. Geschäftsanwendungen in SAP S/4HANA können lokale Änderungs-Events für ihre Business-Objekte im DRF registrieren und spezifizieren, mit welchen ausgehenden Schnittstellen die Daten der Business-Objekte jeweils verteilt werden sollen. Innerhalb einer produktiven SAP-S/4HANA-Landschaft können Integrationsexpert*innen ein Replikationsmodell definieren, das die Filterbedingungen und die Zielsysteme für die Replikation für ein bestimmtes Business-Objekt festlegt.

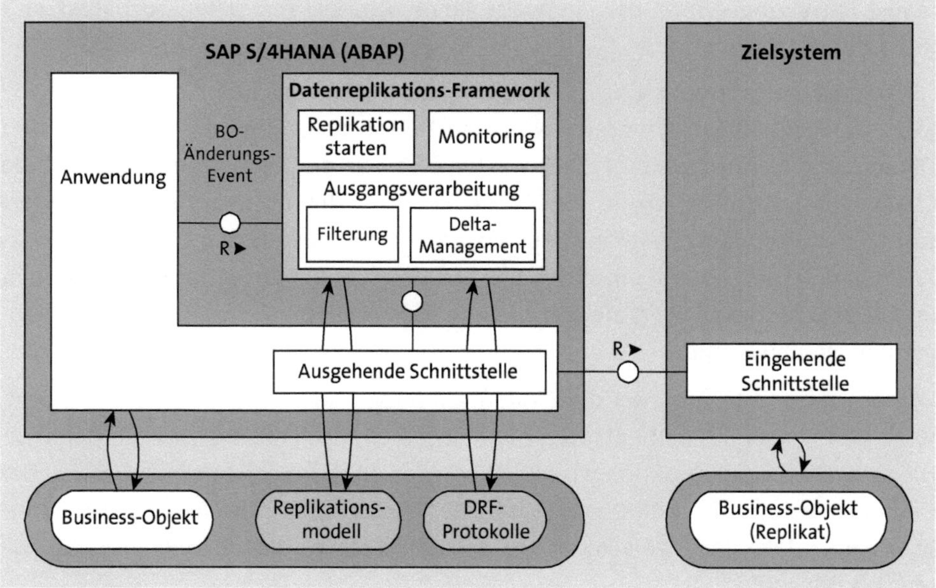

Abbildung 6.7 Datenreplikations-Framework

Zur Laufzeit informiert die Anwendung das DRF durch ein Event darüber, dass ein Business-Objekt angelegt oder geändert wurde, z. B. ein Kundenauftrag. Das DRF prüft dann die Filterbedingungen für die Kundenaufträge. Wenn es zu dem Ergebnis kommt, dass dieser Kundenauftrag repliziert werden soll, sendet es seine Daten über die zuvor spezifizierte ausgehende Schnittstelle (etwa einen SOAP-Service) an das definierte Zielsystem oder die definierten Zielsysteme.

Dabei werden immer vollständige Instanzen der Business-Objekte versendet. Die Replikation von Daten erfolgt nach dem Push-Prinzip, ausgelöst durch ein Änderungs-Event im Quellsystem, was dann die Übertragung in die Zielanwendungen zur Folge hat, beispielsweise durch Aufruf eines SOAP-Service. Das DRF wird durch das Key Mapping Framework und das Value Mapping Framework ergänzt. Diese werden benötigt, wenn in Quell- und Zielsystemen unterschiedliche Schlüssel (IDs) für dieselbe Instanzen verwendet werden oder wenn Codelisten nicht systemübergreifend harmonisiert sind.

SAP S/4HANA verwendet das DRF auch als Trigger für die Stammdatenverteilung mit SAP Master Data Integration, auf die wir im nächsten Abschnitt eingehen werden.

6.8.3 SAP Master Data Integration

In der Cloud werden Geschäftsprozesse auf einer verteilten, modularen Architektur ausgeführt, zu der die benötigten Funktionalitäten von verschiedenen, verteilten Geschäftsanwendungen und -services beigetragen werden. Voraussetzung dafür sind der Austausch und die Synchronisation von gemeinsamen Stammdatenobjekten zwischen diesen Anwendungen und Services. *SAP Master Data Integration* ist ein Multi-Tenant-fähiger Cloud-Service zur Stammdatenintegration, der eine konsistente Sicht auf die Stammdaten in einer hybriden Landschaft ermöglicht. Technisch gesehen ist SAP Master Data Integration eine generische Engine zur Verteilung von Stammdaten. Die Stammdaten werden zunächst in einer Anwendung oder einem Service lokal erzeugt, gespeichert und verwaltet. Diese bzw. dieser nutzt SAP Master Data Integration, um die Stammdatenobjekte und deren Aktualisierungen zu verteilen. SAP Master Data Integration führt dabei keine anwendungsspezifische Logik aus, sondern nur einige grundlegende Validierungen der eingehenden Daten, z. B. eine Validierung des Datenschemas. Die Datenmodelle der Stammdaten in SAP Master Data Integration folgen dem *SAP One Domain Model*, dem von SAP definierten Framework für abgestimmte Datenmodelle, die anwendungsübergreifend verwendet werden.

Beim Anlegen oder Ändern von Stammdaten ruft die Geschäftsanwendung die Change-Request-API von SAP Master Data Integration auf. SAP Master Data Integration validiert die eingehenden Daten und schreibt für die akzeptierten Änderungen entsprechende Change-Events in ein Protokoll. Anwendungen, die sich für Änderungen am bestimmten Stammdatenobjekten interessieren, können diese über die

Change-Event-API von SAP Master Data Integration abfragen. Die Anwendungen können dabei mit entsprechenden Filtern spezifizieren, welche Stammdaten sie erhalten. Die Filterung kann auf der Instanzebene (zur Eingrenzung welche Stammdatensätze von Interesse sind) und sogar auf der Ebene der einzubeziehenden Felder erfolgen.

SAP S/4HANA nutzt SAP Master Data Integration in mehreren End-to-End-Prozessen, um verschiedene Arten von Stammdaten zwischen verschiedenen SAP-Anwendungen zu synchronisieren. Im End-to-End-Prozess Source-to-Pay werden mittels SAP Master Data Integration beispielsweise Lieferanten- und Kostenstellenstammdaten aus SAP S/4HANA Cloud nach SAP Ariba repliziert. Ein weiteres Beispiel ist die Integration zwischen SAP S/4HANA und SAP SuccessFactors Employee Central. Hier dient SAP Master Data Integration zum Übermitteln von Personalstammdaten, Stellenklassifikationen und Organisationseinheiten aus SAP SuccessFactors Employee Central auf der einen Seite sowie zum Übermitteln von Kostenstellenstammdaten aus SAP S/4HANA auf der anderen Seite. Über SAP Master Data Integration können viele weitere Arten von Stammdaten von oder nach SAP S/4HANA synchronisiert werden, z. B. Bankdaten, Stammdaten für das Public Sector Management, Projektcontrolling-Objekte und Geschäftspartner. Es ist geplant, die Liste der von SAP Master Data Integration unterstützten Stammdatenobjekte stetig zu erweitern. Einen Überblick, welche Integrationsszenarien geplant sind, finden sie über den Road Map Explorer unter *https://roadmaps.sap.com/board*, wenn Sie nach dem Produkt »SAP S/4HANA Cloud« und dann weiter unter **Focus Topics** nach dem Schwerpunktthema »Integration« filtern.

6.9 Zusammenfassung

In diesem Kapitel haben wir die technischen Optionen zur Integration von SAP S/4HANA mit anderen Systemen oder Services untersucht. Wir haben einen Überblick über die verfügbaren Schnittstellentechnologien gegeben und den SAP Business Accelerator Hub als zentralen öffentlichen Katalog für APIs, Business Events und andere integrationsrelevante Inhalte vorgestellt. Als Nächstes haben wir die Konzepte für das Monitoring und die Fehlerüberwachung mithilfe des SAP Application Interface Framework besprochen. Wir haben das Kommunikationsmanagement in SAP S/4HANA Cloud vorgestellt, das das Konfigurieren der Kommunikation mit anderen Systemen oder Anwendungen vereinheitlicht und vereinfacht. Als Nächstes haben wir dargestellt, wie der Cloud Connector die Kommunikation zwischen Cloud- und On-Premise-Anwendungen ermöglicht.

Die SAP Integration Suite enthält mit Cloud Integration eine Middleware zur Prozessintegration, die insbesondere für die Integration von Drittanbietersystemen oder für hybride Integrationsszenarien zwischen Cloud- und On-Premise-Komponenten verwendet werden kann. Daneben unterstützt SAP S/4HANA auch die Event-basierte Integration. Sie haben gesehen, wie SAP S/4HANA Business Events über SAP Event Mesh veröffentlichen und empfangen kann. Schließlich haben wir verschiedene Technologien zur Datenintegration vorgestellt.

Im nächsten Kapitel gehen wir auf die Anforderungen hinsichtlich Datenschutz und Privatsphäre und deren Umsetzung mithilfe von SAP S/4HANA ein.

Kapitel 7
Datenschutz und Privatsphäre

Im europäischen und im deutschen Datenschutzrecht ist die Verarbeitung personenbezogener Daten verboten, sofern nicht ein rechtmäßiger Grund besteht. Doch auch wenn dieser Grund nachgewiesen werden kann, muss die Verarbeitung den rechtlichen Vorgaben entsprechen. SAP S/4HANA stellt daher Tools und Technologien bereit, die Unternehmen bei der datenschutzkonformen Gestaltung ihrer Geschäftsprozesse unterstützen.

Der Schutz personenbezogener Daten ist in den meisten Ländern eine rechtliche Verpflichtung. Mehr noch, Datenschutz ist ein Menschenrecht: explizit ausgewiesen in der *Europäischen Grundrechtecharta* (2000), in Deutschland zunächst abgeleitet durch das sogenannte *Volkszählungsurteil* (1983). Dennoch hat sich die Bereitschaft, in Sicherheit und Datenschutz zu investieren, in vielen Unternehmen noch immer nicht durchgesetzt. Das ist überraschend, vor allem wenn man der Ansicht ist, dass Daten »das Öl unseres Jahrhunderts« sind, und wirft Fragen für die Nutzung künstlicher Intelligenz auf, gerade was das Vertrauen der Betroffenen betrifft.

Am 25. Mai 2018 trat die Datenschutzgrund-Verordnung der Europäischen Union (DSGVO) in Kraft. Diese bindende EU-Rechtsvorschrift zum Schutz personenbezogener Daten betrifft die meisten Länder der Welt. Auch in anderen Regionen, Staaten und Ländern – wie Kalifornien in den Vereinigten Staaten, Brasilien, Indien, Russland und Südafrika – wurden bereits Rechtsvorschriften zum Schutz personenbezogener Daten erlassen oder sind gerade in Arbeit. Einige dieser Gesetzesnormen beruhen auf dem traditionellen globalen Ansatz zum Schutz personenbezogener Daten aus dem Jahr 1980, der in den Richtlinien über den Datenschutz, herausgegeben durch die Organisation für wirtschaftliche Zusammenarbeit und Entwicklung (Organisation for Economic Co-operation and Development, OECD), vereinbart wurde.

Tatsächlich sind einige technische Grundsätze im Zusammenhang mit dem Schutz personenbezogener Daten seit mehr als 40 Jahren gesetzlich verankert, und es stellt sich die Frage, was genau sich mit der Europäischen Datenschutz-Grundverordnung geändert hat. Technisch gesehen hat sich nicht allzu viel geändert, aber die DSGVO beinhaltet, dass Unternehmen Geldbußen in Höhe von bis zu 4 % ihres Jahresumsatzes zahlen müssen, wenn sie gegen Datenschutzbestimmungen verstoßen. Zwar gibt es in Europa noch keine zentrale Berichterstattung über Geldbußen, aber einen nichtstaatlichen Mechanismus zur Nachverfolgung der Durchsetzung der DSGVO (*www.enforcementtracker.com*), der einen umfassenden Überblick über solche Geldbußen gibt. Mit Stand zum November 2023 belief sich die höchste verhängte Geldbuße auf fast 4,5 Milliarden Euro.

Bei SAP spielt der Datenschutz bei der Produktentwicklung schon lange eine zentrale Rolle. Dieses Kapitel beschreibt in Abschnitt 7.1 die Grundsätze des Datenschutzes und stellt in Abschnitt 7.2 den logischen Ansatz zum Datenschutz und die allgemein relevanten Funktionen in SAP S/4HANA vor.

7.1 Die Perspektive des Datenschutzes

Der Grundsatz für Datenschutz und Privatsphäre ist einfach formuliert: Die Verarbeitung personenbezogener Daten ist verboten, es sei denn, es kann eine Rechtsgrundlage nachgewiesen werden (Verbot mit Erlaubnisvorbehalt). Dieser Grundsatz gilt nicht nur für vollständige Sätze personenbezogener Daten wie Stammdatensätze von Geschäftspartnern, sondern auch für einzelne Daten, wie z. B. die Geburtstage von Kund*innen. Der Verantwortliche muss in jeder Phase belegen können, zu welchem Zweck er die Daten verarbeitet und ob es eine rechtskonforme Grundlage für diesen Zweck gibt.

Die Perspektive des Datenschutzes ist auf die oder den Betroffenen gerichtet. Die Datenverarbeitung stellt einen Eingriff in die Grundrechte dieser Person dar, die es zu rechtfertigen gilt. Diese Perspektive wird auch im Risikoverständnis des Datenschutzes deutlich: Während in Unternehmen üblicherweise das Risiko für das Unternehmen zu bewerten ist, ist im Datenschutz das Risiko für die oder den Betroffenen zu bewerten. Erst in der Bewertung möglicher Ansprüche, die sich aus einer Verletzung der Rechte der Betroffenen ergeben kann, entsteht eine quantifizierte Abbildung der Risiken für die Unternehmen, die sich aus den Risiken für die Betroffenen ergeben. Rechnerisch nachzuvollziehen ist das in den »Fine Models by DPAs Germany« (*http://s-prs.de/v947901*).

7.2 Definitionen und Grundsätze

Um die Konzepte der Datenschutz-Grundverordnung zu verstehen, müssen Sie sich einen Überblick über die relevanten Begriffe und Definitionen verschaffen. Die DSGVO enthält die folgende Definition *personenbezogener Daten* sind:

> *»alle Informationen, die sich auf eine identifizierte oder identifizierbare natürliche Person (im Folgenden »betroffene Person«) beziehen; als identifizierbar wird eine natürliche Person angesehen, die direkt oder indirekt, insbesondere mittels*

Zuordnung zu einer Kennung wie einem Namen, zu einer Kennnummer, zu Standortdaten, zu einer Online-Kennung oder zu einem oder mehreren besonderen Merkmalen, die Ausdruck der physischen, physiologischen, genetischen, psychischen, wirtschaftlichen, kulturellen oder sozialen Identität dieser natürlichen Person sind, identifiziert werden kann« (Art. 4 Nr. 1)

Einfacher gesagt sind personenbezogene Daten alle Daten, die Rückschlüsse auf die Identität einer natürlichen Person zulassen, sowie alle Daten, die mit einer natürlichen Person in Verbindung stehen. Das häufigste Beispiel dafür, wie einfach es in den meisten Unternehmen sein kann, eine Person zu identifizieren, ist das Beispiel der Chancengleichheit bei der Karriere. Wenn Sie beispielsweise in vielen Unternehmen nur die Karrierestufe und das Geschlecht der Mitarbeitenden kennen, können Sie einzelne Frauen auf der Vorstandsebene identifizieren, während Sie mit dem Alter als zusätzlichem Merkmal wahrscheinlich die meisten Frauen auf der ersten Ebene unterhalb des Vorstands identifizieren können. Die Definition des Begriffs »personenbezogene Daten« ist ziemlich weit gefasst, da sie sich auf alle derartigen Merkmale bezieht.

Die Definition enthält auch den Ausdruck »betroffene Person«, der sich auf die zu identifizierende natürliche Person bezieht. Die betroffenen Personen sind die wichtigsten Träger*innen von Datenschutzrechten, die in sich Ausdruck von Grundrechten sind. Die betroffene Person ist die schützenswerte Person und damit der Ausgangspunkt für jede Risikobewertung, wie eingangs bereits dargestellt.

Die nächste recht weit gefasste Definition ist der Begriff der *Verarbeitung*, dieser beschreibt laut der DSGVO:

»jeden mit oder ohne Hilfe automatisierter Verfahren ausgeführten Vorgang oder jede Vorgangsreihe im Zusammenhang mit personenbezogenen Daten oder einer Reihe personenbezogener Daten wie das Erheben, das Erfassen, die Organisation, das Ordnen, die Speicherung, die Anpassung oder Veränderung, das Auslesen, das Abfragen, die Verwendung, die Offenlegung durch Übermittlung, Verbreitung oder jede andere Form der Bereitstellung, den Abgleich oder die Verknüpfung, die Einschränkung, das Löschen oder die Vernichtung« (Art. 4 Nr. 2)

Einfach ausgedrückt fallen in den Umfang der Definition alle Handlungen, die man in technischer Hinsicht bezüglich personenbezogener Daten vornehmen kann. Die Speicherung gehört mit zur Verarbeitung. Somit gelten Daten selbst dann schon als »verarbeitet«, wenn sie nur für Prüfungszwecke aufbewahrt werden. Jeder Verarbeitungstatbestand muss rechtskonform und vereinbar mit den ursprünglichen Zwecken sein. Mittlerweile hat der Bundesbeauftragte für den Datenschutz klargestellt: »Eine Anonymisierung ... stellt eine Verarbeitung personenbezogener Daten dar und bedarf als solche einer Rechtsgrundlage« (BfDI, 2020, Positionspapier zur Anonymisierung unter der DSGVO).

Artikel 4 Nummer 7 beschreibt

> *»den wichtigsten Normadressaten der Verordnung, nämlich den Verantwortlichen, dieser ist ›die natürliche oder juristische Person, Behörde, Einrichtung oder andere Stelle, die allein oder gemeinsam mit anderen über die Zwecke und Mittel der Verarbeitung von personenbezogenen Daten entscheidet‹«.*

Die Annahme für SAP S/4HANA ist, dass der Verantwortliche die vertragsführende Partei bzw. die bilanzierende Einheit ist. Grundlegend ist dabei die Unterscheidung nach dem »Verantwortlichen«, der auch im Deutschen oft als »Controller« bezeichnet wird. Wir werden in Abschnitt 7.2.3 zeigen, wie diese Unterscheidung in SAP S/4HANA möglich ist.

Die *Einwilligung* – die oft wie ein Zauberspruch diskutiert wird – bringt in der Praxis einige bemerkenswerte Herausforderungen mit sich. Nach Artikel 4 Nummer 11 DSGVO ist die Einwilligung

> *»jede freiwillig für den bestimmten Fall, in informierter Weise und unmissverständlich abgegebene Willensbekundung in Form einer Erklärung oder einer sonstigen eindeutigen bestätigenden Handlung, mit der die betroffene Person zu verstehen gibt, dass sie mit der Verarbeitung der sie betreffenden personenbezogenen Daten einverstanden ist«*

Weitere Einzelheiten und Anforderungen finden sich in Artikel 7 DSGVO. Technisch gesehen stellt der Widerruf der Einwilligung eine große Herausforderung dar, denn auf der Grundlage einer Einwilligung verarbeitete personenbezogene Daten müssen mehr oder weniger sofort nach dem Widerruf der Einwilligung gelöscht werden, wenn keine anderen rechtlichen Gründe für die Rechtmäßigkeit der Verarbeitung gegeben sind.

Die Grundsätze für die Verarbeitung gemäß Artikel 5 DSGVO lauten wie folgt:

- Rechtmäßigkeit: Personenbezogene Daten müssen auf rechtmäßige Weise, nach Treu und Glauben und in einer für die betroffene Person nachvollziehbaren Weise verarbeitet werden.
- Zweckbindung: Es werden nur personenbezogene Daten verarbeitet, die für den vorgegebenen Zweck relevant sind, und zwar nur so lange, wie sie für diesen bestimmten Zweck relevant sind.
- Datenminimierung: Personenbezogene Daten müssen auf den notwendigen Umfang beschränkt werden.
- Richtigkeit: Personenbezogene Daten müssen richtig sein und auf dem neuesten Stand gehalten werden.
- Speicherbegrenzung: Nicht benötigte personenbezogene Daten müssen gelöscht werden.
- Integrität und Vertraulichkeit: Der Schutz der Daten muss gewährleistet sein.

Gemäß Artikel 6 DSGVO ist die Verarbeitung personenbezogener Daten nur dann rechtmäßig, wenn eine der folgenden Voraussetzungen gegeben ist:

- Die betroffene Person muss eingewilligt haben.
- Die Verarbeitung muss für die Erfüllung eines Vertrags erforderlich sein.
- Die Verarbeitung muss zur Erfüllung rechtlicher Verpflichtungen erforderlich sein.
- Die Verarbeitung muss im öffentlichen Interesse erforderlich sein.
- Die Verarbeitung ist zur Wahrung eines überragenden Interesses erforderlich.
- Die Verarbeitung muss aufgrund eines berechtigten Interesses erfolgen.

In der DSGVO werden besondere Kategorien personenbezogener Daten wie folgt definiert:

> *»Personenbezogene Daten, aus denen die rassische und ethnische Herkunft, politische Meinungen, religiöse oder weltanschauliche Überzeugungen oder die Gewerkschaftszugehörigkeit hervorgehen, sowie die Verarbeitung von genetischen Daten, biometrischen Daten zur eindeutigen Identifizierung einer natürlichen Person, Gesundheitsdaten oder Daten zum Sexualleben oder der sexuellen Orientierung einer natürlichen Person« (Art. 9 Nr. 1)*

Darüber hinaus beschränkt Artikel 10 DSGVO die Verarbeitung »personenbezogener Daten über strafrechtliche Verurteilungen und Straftaten« auf seltene Fälle unter behördlicher Aufsicht. Bei SAP gelten sowohl die genannten Daten als auch personenbezogene Daten, die mit Bankkonten verknüpft sind oder zur Identifizierung der Staatsangehörigkeit dienen, als sensible personenbezogene Daten, die eines zusätzlichen Schutzes bedürfen. Sehen wir uns nun an, wie diese Datenschutzkonzepte in SAP S/4HANA unterstützt werden.

7.2.1 Grundlagen in SAP S/4HANA

Oft erreicht uns die Frage, ob SAP S/4HANA »compliant« mit dem Datenschutzrecht sei. Diese Frage beruht auf dem Irrglauben, dass die Technik über Rechtskonformität entscheide. Tatsächlich aber kann SAP nur die Funktionen bereitstellen, die notwendig sind, um das System datenschutzkonform zu betreiben. Genau dies wird bereitgestellt, und zwar im Rahmen der Standardlizenzen. Ob die Kunden diese Funktionen auch nutzen, entzieht sich vollständig der Kontrolle eines Softwarehauses. Über die Rechtskonformität entscheiden zunächst einmal die rechtlichen Grundlagen der Verarbeitung. An erster Stelle stehen hier die Gründe für die Verarbeitung der personenbezogenen Daten. Übliche Gründe für die Verarbeitung von personenbezogenen Daten in ERP-Software sind folgende:

- Erfüllung von Verträgen und die damit verbundenen rechtlichen Verpflichtungen, wie etwa die Erbringung von Nachweisen für die Steuererklärung
- seltener: Verarbeitung der Daten nach entsprechender Einwilligung in einigen Szenarien im Bereich Vertrieb

Andere Grundlagen wie das Vorliegen eines öffentlichen, lebenswichtigen oder berechtigten Interesses müssen außerhalb von SAP S/4HANA dokumentiert werden. Hier bieten unter anderem die SAP-Lösungen für Governance, Risk, and Compliance Unterstützung (siehe Abschnitt 14.10).

Die wichtigsten End-to-End-Prozesse in SAP S/4HANA basieren auf Verträgen. Abbildung 7.1 zeigt ein grundlegendes Beispiel für einen solchen Prozess.

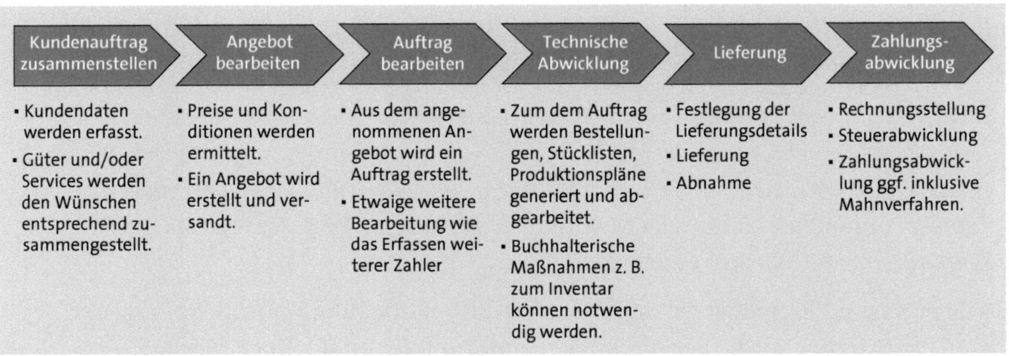

Abbildung 7.1 Beispiel für einen vereinfachten Geschäftsprozess (Lehnert et al., 2018)

Der Prozess beginnt mit der Erfassung von Kundenstammdaten, bei denen es sich ganz offensichtlich um personenbezogene Daten handelt. Nach und nach werden weitere Daten mit den Kundenstammdaten verknüpft und werden damit ebenfalls zu personenbezogenen Daten: Der rote Anzug, der Herrn Meier angeboten wurde, und der rosa Anzug, den Herr Meier schließlich gekauft hat, werden ebenso zu personenbezogenen Daten wie die Information, dass Herr Meier erst fünf Wochen nach Erhalt einer Abmahnung bezahlt hat.

Was ist bei einem solchen Prozess erforderlich, um diesen konform zur DSGVO zu gestalten? Die Verarbeitung der Daten in dem Beispiel erfolgt offensichtlich aufgrund der Ausführung eines Vertrags und den damit verbundenen vorvertraglichen Schritten. So etwas muss auf der Ebene der Organisation dokumentiert werden. Die nächste relevante organisatorische Maßnahme besteht darin, bei der betroffenen Person für die erforderliche Transparenz über die Verarbeitung zu sorgen. Wie dies geschehen muss, ist in Artikel 12, 13 und 14 DSGVO geregelt. Vereinfacht gesagt muss die betroffene Person umfassend darüber informiert werden, welche Daten verarbeitet werden, zu welchen Zwecken die Verarbeitung erfolgt, welche Aufbewahrungsvorschriften gelten und welche Rechte der betroffenen Person zustehen.

7.2.2 Rechte der betroffenen Person

In Abbildung 7.2 sind die Rechte der betroffenen Personen dargestellt. Das erste Recht der betroffenen Person ist das Recht, vor oder bei Beginn der Verarbeitung informiert zu werden, was sozusagen die logische Grundbedingung darstellt: Wenn die betroffenen Personen nicht wissen, was wo und warum passiert, wie sollen sie dann überhaupt einschreiten? Deswegen sprechen wir auch vom Recht, im Voraus informiert zu werden.

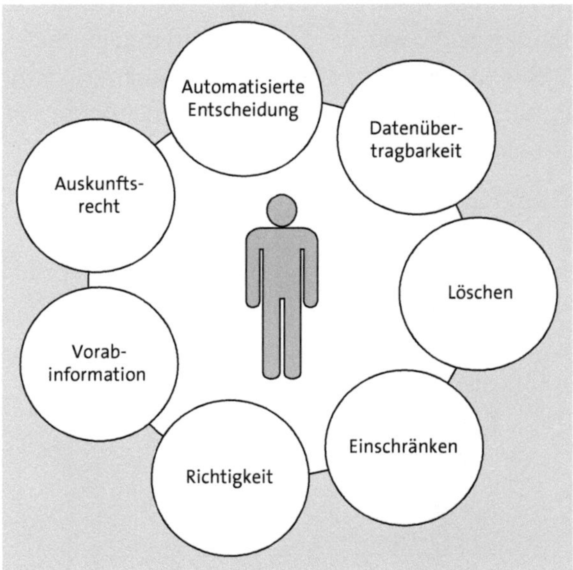

Abbildung 7.2 Rechte der betroffenen Person

Das nächste wichtige Recht der betroffenen Personen ist das Auskunftsrecht, das es ihnen ermöglicht, Informationen über die verarbeiteten personenbezogenen Daten zu erhalten, auch über den Zweck und die geltenden Aufbewahrungsfristen. SAP S/4HANA unterstützt diese Anforderung mit dem *Information Retrieval Framework* (IRF). Das IRF sammelt alle personenbezogenen Daten in der entsprechenden SAP-S/4HANA-Instanz. Die Daten können mit einem Zweck verknüpft werden, und das IRF muss entsprechend den geschäftlichen Anforderungen konfiguriert werden.

Das nächste Recht der betroffenen Person ist die grundsätzliche Einschränkung automatisierter Entscheidungen über eine betroffene Person. Artikel 22 der Datenschutz-Grundverordnung legt die Grenzen für automatisierte Entscheidungen fest und enthält eine ausführliche Definition der Rechte der betroffenen Person für den Fall, dass automatisierte Entscheidungen getroffen werden. In allen Anwendungen in SAP S/4HANA, die automatisierte Entscheidungen unterstützen, können Benutzer*innen den Prozess entweder durch manuelles Eingreifen selbst durchführen oder die automatisierte Entscheidung außer Kraft setzen.

Das Recht auf Datenübertragbarkeit gibt der betroffenen Person die Möglichkeit, von allen gemäß Artikel 20 DSGVO bereitgestellten personenbezogenen Daten eine Kopie in einem maschinenlesbaren Format zu erhalten. Diese Anforderung wird ebenfalls vom IRF unterstützt, das eine entsprechende Download-Funktion bereithält.

Die Löschung personenbezogener Daten ist eine wesentliche Anforderung des Datenschutzes. Artikel 17 DSGVO definiert das Recht der betroffenen Person auf Vergessenwerden, das sich auf die Löschung von Daten bezieht, wenn die betroffene Person dies beantragt (siehe Abbildung 7.3). Artikel 17 enthält darüber hinaus mit der Löschung zusammenhängende Anforderungen wie die Benachrichtigung früherer Empfänger*innen solcher Daten, während die bereits erörterten Grundsätze in Artikel 5 den Kontext für die Notwendigkeit der Löschung personenbezogener Daten und die Art und Weise vorgeben, wie dies zu handhaben ist.

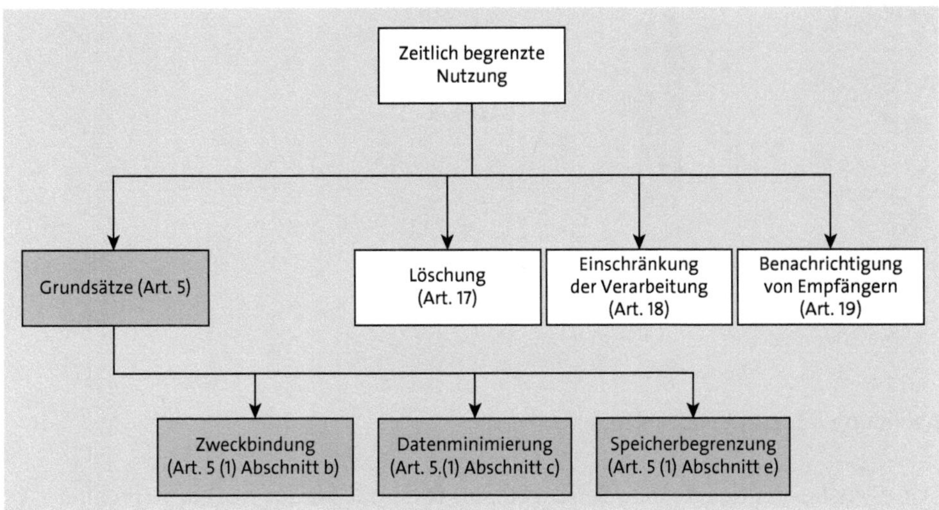

Abbildung 7.3 Das Recht, vergessen zu werden, in seinem Zusammenhang (Lehnert et al., 2018)

In SAP S/4HANA steht für die Löschung personenbezogener Daten *SAP Information Lifecycle Management* (SAP ILM) zur Verfügung. SAP ILM ermöglicht es, Sperr- und Löschfristen einzurichten, sodass personenbezogene Daten nach Ablauf der Aufbewahrungsfristen gesperrt und schließlich gelöscht werden. Die Grundidee dabei ist, dass es sich bei den meisten personenbezogenen Daten in der ERP-Software um vertragsbezogene Daten handelt. Solange eine vertragliche Notwendigkeit besteht, die Daten aufzubewahren – einschließlich für Zwecke von Finanz- oder Steuerprüfungen – müssen die entsprechenden personenbezogenen Daten aufbewahrt werden, auch wenn die betroffene Person die Löschung beantragt. Sobald die genannten Gründe jedoch entfallen, müssen die Daten gelöscht werden.

Eine weitere Herausforderung im Zusammenhang mit der Löschung verdeutlicht der in Abbildung 7.1 beschriebene Prozess. Die Konsistenz der Daten in Bezug auf die genannten Prüfungen muss gewahrt sein, sodass die Löschung der hier dargestellten Prozesslogik folgen muss, allerdings in umgekehrter Richtung.

Artikel 18 DSGVO definiert das Recht auf Einschränkung der Verarbeitung. Der wahrscheinlichste Anwendungsfall in einer ERP-Anwendung ist ein Fall, dass eine betroffene Person die Daten im Rahmen eines Rechtsstreits verwenden möchte und das Unternehmen auffordert, die Daten bis zum Abschluss dieses Rechtsstreits aufzubewahren. Dies wird auch von SAP ILM, aber auch durch die Möglichkeit von Kopien über das IRF unterstützt.

Das letzte Recht der betroffenen Person zielt darauf ab, dass die Daten richtig und aktuell gehalten werden müssen. Darüber hinaus kann die betroffene Person gemäß Artikel 16 DSGVO die Berichtigung personenbezogener Daten verlangen. In SAP S/4HANA wird die Berichtigung von personenbezogenen Daten durch Funktionalitäten zur Datenänderung unterstützt. Zur systematischen Unterstützung dieser Anforderung ist SAP Master Data Governance die Lösung erster Wahl.

7.2.3 Technische und organisatorische Maßnahmen

In mehreren Artikeln der Datenschutz-Grundverordnung wird auf die Notwendigkeit technischer und organisatorischer Maßnahmen hingewiesen. Diese Sicherheitsmaßnahmen müssen dem Risiko für die betroffenen Personen angemessen sein. Artikel 32 DSGVO befasst sich mit der Sicherheit der Verarbeitung und trifft diesbezüglich die folgende Regelung:

> *»Unter Berücksichtigung des Stands der Technik, der Implementierungskosten und der Art, des Umfangs, der Umstände und der Zwecke der Verarbeitung sowie der unterschiedlichen Eintrittswahrscheinlichkeit und Schwere des Risikos für die Rechte und Freiheiten natürlicher Personen treffen der Verantwortliche und der Auftragsverarbeiter geeignete technische und organisatorische Maßnahmen, um ein dem Risiko angemessenes Schutzniveau zu gewährleisten.«*

Die Wortkombination »technische und organisatorische Maßnahmen« stellt heraus, dass es weder allein um technische noch allein um organisatorische Maßnahmen geht. Bei der Zutrittskontrolle, die wir nachfolgend skizzieren werden, geht es oft um technische Maßnahmen, die ohne einen organisatorischen Kontext ins Leere laufen. Es hilft nichts, eine hochkomplexe Zutrittskontrolle sicherzustellen, wenn gleichzeitig die Mitarbeiter*innen außerhalb der eigentlichen Arbeitsstätte ihre mobilen Geräte ungeschützt in der Öffentlichkeit stehen lassen oder z. B. eine Personalakte im Copyshop ausdrucken. Technische Maßnahmen, in diesem Fall die Zutrittskontrolle, müssen durch organisatorische Weisungen wie Passwortrichtlinien und Schulungen ergänzt werden.

SAP S/4HANA stellt verschiedene entsprechende technische Maßnahmen bereit:

- **Zutrittskontrolle**
  Die Zutrittskontrolle verhindert, dass Unbefugte Zugang zu Datenverarbeitungssystemen erhalten, in denen personenbezogene Daten verarbeitet oder genutzt werden. Bei der On-Premise-Edition von SAP S/4HANA liegt es in der alleinigen Verantwortung der jeweiligen IT-Abteilung, die physische Zugangskontrolle sicherzustellen. Für SAP S/4HANA Cloud stellt SAP als Betreiber die Zutrittskontrolle für die Geräte und die Infrastruktur sicher, die sich in ihrem Einflussbereich befinden.
- **Zugangskontrolle**
  Der Begriff Authentifizierung bezieht sich auf sichere Verfahren, um einen Systemzugriff basierend auf einem persönlichen Identitätsnachweis zu gewähren. In SAP S/4HANA gibt es mehrere Mechanismen zur sicheren Authentifizierung. SAP S/4HANA Cloud verwendet den Service Identity Authentication der SAP BTP (siehe Abschnitt 17.1.2).
- **Zugriffskontrolle**
  Bei der Zugriffskontrolle, also den Berechtigungen, handelt es sich um Verfahren, die danach differenzieren, auf welche Art auf welche Daten zugegriffen werden kann (z. B. Anzeigen, Buchen, Löschen). Die On-Premise-Edition von SAP S/4HANA verwendet das bekannte ABAP-Berechtigungskonzept (siehe Abschnitt 17.1.3). Der Zugriff auf SAP S/4HANA Cloud wird durch rollenbasierte Berechtigungen beschränkt (siehe Abschnitt 17.1.4).
- **Leseprotokollierung**
  Die Leseprotokollierung kann als Teil der Zugriffskontrolle aufgefasst werden und beschreibt die Fähigkeit, Zugriffe auf personenbezogene Daten zu protokollieren, wobei überwacht wird, welche Benutzer*innen auf welche Daten zugreifen. In SAP S/4HANA ist Read Access Logging (RAL) in der Lizenz inbegriffen. RAL wird in SAP S/4HANA Cloud mit einer Standardkonfiguration und in der On-Premise-Edition von SAP S/4HANA mit einer Beispielkonfiguration ausgeliefert. Beide decken sensible personenbezogene Daten gemäß der internen Definition von SAP ab. Diese enthält alle besonderen Kategorien personenbezogener Daten gemäß Artikel 9 Nummer 1 DSGVO sowie die Bankverbindung, Kreditkartendaten und Daten zu strafrechtlichen Verurteilungen. UI Logging bietet noch darüber hinausgehende Funktionen, hierfür muss jedoch eine zusätzliche Lizenz erworben werden.
- **Änderungskontrolle**
  Mithilfe der Änderungskontrolle kann nachgewiesen werden, welche personenbezogenen Daten von welchen Benutzer*innen geändert wurden. In SAP S/4HANA steht eine vollumfängliche Protokollierung zur Erfassung solcher Änderungen bereit. Im Personalwesen muss diese jedoch konfiguriert werden.

- **Weitergabekontrolle**
  Die Weitergabekontrolle umfasst Verfahren und Sicherheitsvorkehrungen im Zusammenhang mit der Weitergabe personenbezogener Daten, wie etwa die Verschlüsselung während der Übermittlung. SAP S/4HANA stellt diesbezüglich den folgenden Standard bereit:
  - verschlüsselte Übertragung
  - geschützte Übertragung unter Verwendung des Unified Connectivity (UCON) Framework

  Zusätzliche Funktionen zum Schutz und zur Überwachung der Übertragung personenbezogener Daten werden mit SAP Enterprise Threat Detection, den Governance-, Risk- und Compliance-Lösungen von SAP sowie SAP Data Custodian bereitgestellt (siehe auch Abschnitt 14.10).
- **Auftragskontrolle**
  Der Verantwortliche (Artikel 4 Nummer 7, DSGVO, engl. Controller) muss sich vergewissern, dass die beauftragten Auftragnehmer (Artikel 4 Nummer 8 DSGVO, engl. Processor), seine Anweisungen und Leitlinien befolgen. Diese zunächst organisatorische Verpflichtung ist mit einigen technischen Aspekten wie der Systemprüfung, aber auch mit organisatorischen und vertraglichen Aspekten verbunden. Das Audit Information System der On-Premise-Edition von SAP S/4HANA bietet eine umfassende Palette von Funktionen zur Erfüllung von Prüfungsaufgaben. SAP weist für die verschiedenen Produkte, so auch für SAP S/4HANA, über unterschiedliche internationale Zertifikate nach, wie es um die Sicherheit der Verarbeitung in der Rolle als Auftragsverarbeiter bestellt ist, dass SAP also seinen vertraglichen Verpflichtungen in der Auftragsverarbeitung nachkommt (siehe auch Abschnitt 21.4).
- **Verfügbarkeitskontrolle**
  Artikel 32 Nummer 1 c) DSGVO beschreibt die Verpflichtung des Verantwortlichen und des Auftragsverarbeiters, personenbezogene Daten nach einem Zwischenfall wiederherstellen zu können. Dementsprechend müssen Verfahren wie Datensicherung, Notfallwiederherstellung und Geschäftskontinuität vorhanden sein. SAP erstellt regelmäßig Backups von SAP-S/4HANA-Cloud-Tenants. Die On-Premise-Version von SAP S/4HANA enthält Funktionen für die Einrichtung dieser Verfahren.
- **Verschlüsselung**
  Verschlüsselung bedeutet, dass eine Nachricht oder Information so codiert wird, dass nur berechtigte Parteien darauf im Klartext zugreifen können. Verschlüsselungskapazitäten sind standardmäßig im Lieferumfang für Kommunikations- und Datenbanksysteme enthalten.

- **Pseudonymisierung**
  Bei der Pseudonymisierung geht es darum, Daten so zu verändern, dass die betroffene Person ohne Verwendung separater Zusatzinformationen nicht mehr identifizierbar ist. Pseudonymisierung und Anonymisierung (also die abschließende, nicht umkehrbare Verhinderung der Identifizierung) sind schwer zu erreichen. Da beides nahezu nicht mit letzter Gewissheit durch den Anbieter zu garantieren ist, gibt es für SAP S/4HANA Cloud nur Verfahren wie den *SAP S/4HANA Cloud, Test Data Refresh*, die der Kontrolle und Verantwortung des Kunden unterliegen und bestimmte spezifische Risiken minimieren, im Beispiel eben notwendige Tests. Bei ERP-Lösungen erfolgt die Verarbeitung größtenteils aufgrund von Verträgen, und es werden nur vertragsrelevante Daten verarbeitet, sodass die Pseudonymisierung keinen zusätzlichen Nutzen bringt. In SAP S/4HANA wird aus diesen Gründen eine vollumfängliche Lösch- und Sperrfunktionalität angeboten, nicht aber eine allgemeine Pseudonymisierungs- oder Anonymisierungsfunktion.
- **Datentrennung**
  Personenbezogene Daten, die für einen bestimmten Zweck erhoben werden, müssen von personenbezogenen Daten getrennt gehalten werden, die für andere Zwecke erhoben wurden. Dies hängt von der Ausgestaltung der Organisationsstruktur, der Prozesse und der Stammdaten ab.

  Fast zeitgleich mit dem Erscheinen dieses Buches wurde eine umfassende Vereinfachung der Datentrennung ermöglicht. Mit SAP S/4HANA Cloud 2308 und dem On-Premise-Release SAP S/4HANA 2023 FSO stellt SAP eine übergreifende Möglichkeit bereit, personenbezogene Daten getrennt nach Verantwortlichen (*Data Controller*) zu verarbeiten. Der Geschäftspartner kann dem Attribut Data Controller in einfacher Zuordnung oder in Mehrfachzuordnung zugewiesen werden. Somit wird eine berechtigungstechnisch unterstützte Datentrennung ermöglicht.

  Für die Zukunft sind noch weitere Datentrennungsmöglichkeiten in SAP S/4HANA geplant, basierend auf dem Zweck der Verarbeitung. Dazu sei auf den Blog »Privacy by design and default: Purpose & Data Controller driven processing of personal data« verwiesen (*http://s-prs.de/v947900*).

Eine ausführliche Beschreibung ist in der Datenschutz-Grundverordnung und über folgendes Buch verfügbar: *Datenschutz mit SAP: SAP Business Suite und SAP S/4HANA* (SAP PRESS, 2020).

7.3 Zusammenfassung

Jede Verarbeitung personenbezogener Daten darf nur zu einem Zweck stattfinden, der nach dem geltenden Recht gerechtfertigt ist. Wir haben gezeigt, wie SAP S/4HANA durch technische Lösungen Kunden bei der Einhaltung der DSGVO unterstützt. Bei der Nutzung der Funktionalität müssen Sie sich jedoch über die Risiken im Klaren sein. Das am weitesten verbreitete Missverständnis besteht darin, dass häufig von den Risiken für die datenverarbeitenden Organisationen gesprochen wird – in Wirklichkeit geht es jedoch um die Risiken für die betroffene Person. Abgesehen von juristischen Argumenten sollten Sie sich überlegen, welche Informationen Menschen typischerweise gerne an Unbekannte weitergeben, und entsprechende Sicherheitsvorkehrungen treffen. Eine Protokollierung der Lesezugriffe auf eine Postanschrift wird in den meisten Fällen nicht ausreichen. In einigen Ländern müssen jedoch in bestimmten Bereichen sogar personenbezogene Daten zu Sachverhalten wie sexuellen Vorlieben erhoben werden, um Diskriminierung zu vermeiden. Daten über sexuelle Vorlieben sind jedoch offensichtlich schützenswerter als eine Postanschrift. Sie müssen ein angemessenes Schutzniveau festlegen und bestimmen, wie Sie den Schutz der Rechte der betroffenen Personen gewährleisten wollen.

Wir haben nun den Teil dieses Buches abgeschlossen, der sich mit der grundlegenden Architektur von SAP S/4HANA befasst. Im nächsten Teil stellen wir die Architektur wichtiger betriebswirtschaftlicher Anwendungen in SAP S/4HANA vor, beginnend mit ausgewählten zentralen Stammdaten wie denen zu Produkten und Geschäftspartnern.

TEIL II
Anwendungsarchitektur

Kapitel 8
Stammdaten

Stammdaten sind grundlegende Daten eines Unternehmens. Dieses Kapitel befasst sich mit den wichtigsten Arten von Stammdaten in SAP S/4HANA: Geschäftspartnerstammdaten dienen zur Erfassung von Informationen über Personen und Organisationen, die für ein Unternehmen von Interesse sind, und Produktstammdaten erfassen verschiedene Aspekte von Produkten, die ein Unternehmen einkauft, verkauft oder herstellt. Darüber hinaus geht es um Stammdaten, die beschreiben, wie Produkte identifiziert, zusammengestellt, produziert und konfiguriert werden.

Ganz grundsätzlich arbeitet ein Unternehmen mit vielen verschiedenen Organisationen und Personen zusammen, um am Ende seine Kunden zufrieden zu stellen: Dabei handelt es sich beispielsweise um Vertriebspartner oder Lieferanten, Mitarbeitende oder Zeitarbeiter*innen, Produktionspartner oder Beratungsunternehmen. Alle liefern einen Beitrag für den Betrieb des Unternehmens, der dann zu dem von den Kunden gewünschten Ergebnis führt. Dieses Ergebnis ist entweder ein Produkt oder eine Serviceleistung.

Die Datenobjekte, um die sich alle Geschäfte drehen, sind in SAP S/4HANA als *Produktstammdatensatz* und *Geschäftspartnerstammdatensatz* abgebildet. In diesem Zusammenhang beschreibt der Begriff *Stammdaten* Business-Objekte, die Grundlage von Geschäftsvorgängen sind. Die genannten Stammdaten zur Beschreibung von Geschäftspartnern und Produkten sind die wichtigsten; es gibt aber auch noch andere Arten, etwa solche, die Organisationen und Konten beschreiben.

Wir erklären zuerst die Produktstammdaten in Abschnitt 8.1, gefolgt von den wesentlichen Datenobjekten und den Maßnahmen zu ihrer Konfiguration in Abschnitt 8.2. Anschließend betrachten wir in Abschnitt 8.3 den Geschäftspartnerstammdatensatz.

8.1 Produktstammdaten

Seit jeher stellen die Materialstammdaten einen der wichtigsten zentralen Stammdatensätze in SAPs ERP-Software dar. Die Bedeutung der Materialstammdaten ergibt sich daraus, dass sie die zentrale Informationsquelle über alle Materialien darstellen, die in einer Organisation beschafft, hergestellt und am Lager gehalten werden. Sie enthalten Informationen über die Verwendung eines Materials in verschiedenen Prozessen wie Vertrieb, Beschaffung, Planung, Lagerung und Buchhaltung. So geben sie z. B. Aufschluss über den Verkaufspreis, die Mindestbestellmenge und den Namen der Vertriebsabteilung, die für ein Material zuständig ist. Für die Beschaffung legen sie die zuständige Einkaufsgruppe fest, die später bei der Erstellung einer Bestellung verwendet werden kann. Sie legen auch die Toleranzgrenzen für Über- und Unterlieferungen und die Bestellmengeneinheit fest. Für Lagerungszwecke legen sie die Abmessungen der Verpackung und die Lagerungsbedingungen fest. Zur Unterstützung der Finanzbuchhaltung speichern sie die Bewertungs- und Kalkulationsdaten.

Es gibt zusätzliche Spielarten von Materialstammdaten, die ursprünglich für verschiedene spezialisierte SAP-Lösungen wie SAP for Retail und SAP Supply Chain Management (SAP SCM) entwickelt wurden. So wurden etwa Artikelstammdaten entwickelt, um den Bedürfnissen des Einzelhandels umfassender Rechnung zu tragen. Diese Stammdaten sind mit mehreren für den Einzelhandel spezifischen Sichten und der Möglichkeit verbunden, verschiedene Arten von Artikeln zu pflegen, wie etwa Einzelartikel, Lose, Verkaufssets, Displays, generische Artikel usw. Darüber hinaus unterstützen Materialstammdaten in SAP SCM Prozesse wie Extended Warehouse Management (EWM) und Advanced Planning and Optimization (APO), die sich beispielsweise auf Bedarfsplanung, Produktionsplanung und terminabhängige Bedarfe aus dem Liefernetzwerk erstrecken. SAP S/4HANA folgt dem *Principle of One* als Regel für die Vereinfachung der Lösung (siehe Abschnitt 1.2.2), was bedeutet, dass für jeden Geschäftsprozess jeweils nur eine Lösung bereitgehalten wird. Daher wurden in SAP S/4HANA die verschiedenen Varianten des Materialstammdatensatzes zu einem einzigen integrierten *Produktstammdatensatz* zusammengefasst.

Betrachten wir nun als Beispiel die Pflege und Anzeige von Materialstammdaten. SAP ERP stellt zu diesem Zweck drei zentrale Transaktionscodes zur Verfügung: die Transaktionen MM01 (Materialstammdaten anlegen), MM02 (Materialstammdaten ändern) und MM03 (Materialstammdaten anzeigen). Transaktion MM01 wird auch verwendet, um bestehende Materialstammdaten um neue Organisationsdaten, wie etwa um neue Werks- oder Vertriebsdaten, zu erweitern. Für die Pflege von Artikelstammdaten im Einzelhandel gibt es eigene Transaktionscodes, wie beispielsweise die Transaktionen MM41, MM42 und MM43. Tools in SAP SCM/APO, wie beispielsweise Transaktion /SAPAPO/MAT1, werden zur Pflege erweiterter Planungsfelder verwendet. Wenn das Material für EWM relevant ist, können die entsprechenden Lagerdaten mit Transaktion /SCWM/MAT1 gepflegt werden.

Wie bereits erwähnt, wurden die verschiedenen Darstellungen der Materialstammdaten und die damit verbundenen erweiterten Funktionen in SAP S/4HANA in einer einzigen integrierten Anwendung zur Verarbeitung der Produktstammdaten vereinfacht. So können z. B. verschiedene Arten von Artikeln, wie Einzelartikel, Sammelartikel und strukturierte Artikel, auch in der App **Produktstammdaten verwalten** gepflegt werden. Diese App bietet die erforderliche Integration in die Retail-Funktionalität, z. B. eine Variantenmatrix zur Konfiguration generischer Artikelvarianten und die Integration der Stückliste, wie für strukturierte Artikelstammdaten erforderlich. Eine einzige integrierte Anwendung zur Verwaltung der Produktstammdaten trägt zwar zur Vereinfachung der User Experience bei, erfordert jedoch ein komplexeres Datenmodell. Sehen wir uns nun an, wie die Verarbeitung von Produktstammdaten in SAP S/4HANA funktioniert.

8.1.1 Produktstammdatenmodell

In SAP S/4HANA wurde die neue App **Produktstammdaten verwalten** bereitgestellt. Hierbei handelt es sich um eine Draft-fähige Anwendung, was bedeutet, dass die in die Felder eingegebenen Werte im Zwischenspeicher gehalten werden und nicht verloren gehen, wenn die Internetverbindung unterbrochen oder die Anwendung geschlossen wird (Einzelheiten zur Draft-Funktion finden Sie in Abschnitt 2.2.1). Die Draft-Fähigkeit ist ein wichtiges Merkmal der Produktstammdaten, insbesondere weil es in der Praxis nicht immer möglich ist, Produktstammdaten in einem einzigen Schritt vollständig zu definieren. Die Anlage eines neuen Produkts ist häufig mit einer Innovation innerhalb eines Unternehmens verbunden. Daher ist es hilfreich, dass die eingegebenen Daten vorübergehend als Entwurf gespeichert werden, ohne dass sie sich auf die tatsächlichen Geschäftsprozesse auswirken, bis der Stammdatensatz komplett und bereit zur Aktivierung ist.

Schauen wir uns das Datenmodell für einen Produktstammdatensatz in SAP S/4HANA an. Das Business-Objekt, das Produkt, wird in einer baumartigen Struktur modelliert, wobei der Wurzelknoten seines CDS-Modells (Core Data Services) die Bezeichnung »Produkt« trägt (siehe Abbildung 8.1).

Bevor ein Produkt im Rahmen von Geschäftsprozessen verwendet werden kann, wird sein allgemeines Verhalten anhand einiger grundlegender Attribute definiert, die im Wurzelknoten des Produktstammdatensatzes gespeichert werden. Zu diesen grundlegenden Attributen gehören der Produkttyp, die Basismengeneinheit, also die allgemeine Mengeneinheit, in der die Bestände für dieses Produkt verwaltet werden, seine Abmessungen, die Verpackungsdaten, Hinweise darauf, ob das Produkt unter Umwelt-, Gesundheits- und Sicherheitsaspekten als gefährlich eingestuft ist, sowie weitere Angaben. Der Produkttyp wirkt sich auf die Seiten und Felder der Benutzeroberfläche aus, die in SAP S/4HANA für Eingaben zur Verfügung stehen. Die Daten, die sich auf die allgemeinen Attribute eines Produkts beziehen, werden weiterhin in der Datenbanktabelle MARA gespeichert, um die Kompatibilität mit SAP ERP zu gewährleisten.

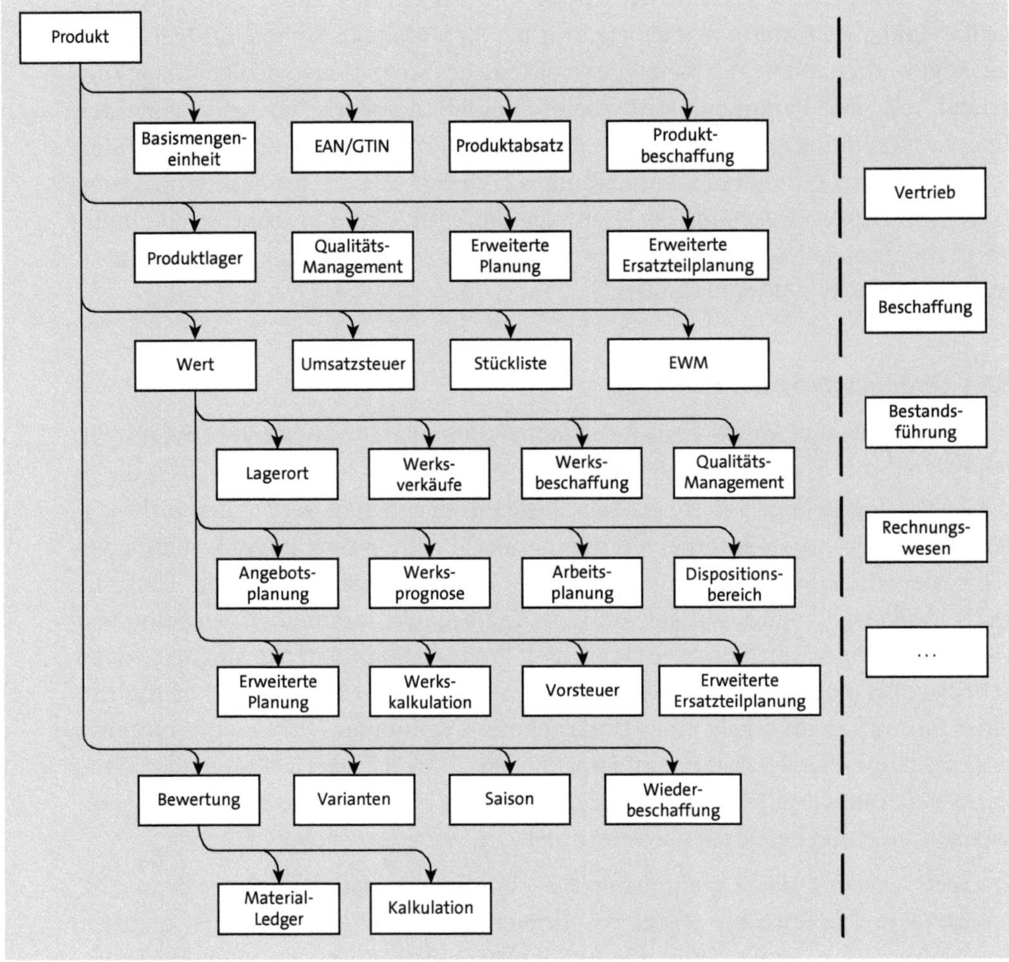

Abbildung 8.1 Produktstammdatenmodell in SAP S/4HANA

Für ein Produkt können mehrere Basismengeneinheiten definiert werden. Neben der Basismengeneinheit können noch weitere alternative Mengeneinheiten zur Verwendung in verschiedenen Prozessen festgelegt werden. Beispielsweise kann der Einkauf eine andere Mengeneinheit (Bestellmengeneinheit) verwenden als der Vertrieb (Verkaufsmengeneinheit). Die Mengeneinheit, in der Produkte aus einem Lager ausgegeben werden (Ausgabemengeneinheit), kann sich von der Mengeneinheit unterscheiden, in der Produkte im Rahmen der Lagerverwaltung verwendet werden (WM-Mengeneinheit). In der Bestandsverwaltung rechnet das System die in der WM-Mengeneinheit erfassten Mengen in die Basismengeneinheit um. Wenn also ein Produkt normalerweise mit der Stückzahl als Basismengeneinheit verwaltet wird, aber mehrere Stück in einem Karton enthalten sind, kann es sinnvoller sein, eine WM-Mengeneinheit zu definieren, die für WM-Zwecke besser geeignet ist. Für jede alternative

Mengeneinheit wird ein Umrechnungsfaktor zur Berechnung der Basismengeneinheit festgelegt. Daher muss die Basismengeneinheit sorgfältig und so gewählt werden, dass diese Umrechnung zu einem einfachen Dezimalwert führt. Die Daten zu den Mengeneinheiten werden in der Datenbanktabelle MARM gespeichert.

Produkte können durch die Internationale Artikelnummer, auch bekannt als Europäische Artikelnummer (EAN) oder Global Trade Item Number (GTIN), eindeutig identifiziert werden. Diese Nummern beziehen sich auf eine Mengeneinheit oder eine Verpackungsart, wie etwa eine 10er-Packung oder einen Karton. Jeder für ein Produkt definierten Mengeneinheit können eine oder mehrere EANs/GTINs zugeordnet werden. Die Daten zu den EANs/GTINs werden in der Datenbanktabelle MEAN gespeichert.

Die Elemente des Produktstammdatenmodells haben Einfluss auf mehrere nachgelagerte Funktionen in SAP S/4HANA. Eine umfassende Erörterung all dieser Punkte würde den Rahmen dieses Buches sprengen; trotzdem sollen einige wichtige Bereiche in den folgenden Abschnitten besprochen werden.

Vertrieb

Durch Produktstammdaten wird die Struktur der für ein Produkt zuständigen Vertriebsbereiche vorgegeben. Sie wirken sich auch auf wichtige Vertriebsfunktionen aus, wie etwa die Preiskalkulation, indem sie Klassifizierungen für länderspezifische Steuern festlegen, Bedingungen für die Gruppierung wie Preisgruppe, Bonusgruppe und Preisreferenzprodukt definieren, die Anwendung von Rabatten und Sonderangeboten mit Bezug auf Produkthierarchien festlegen. Außerdem werden Mengenvorgaben gemacht, wie etwa die Mindestmenge, die ein Kunde bestellen muss. Vertriebsrelevante Attribute können sowohl für das Produkt an sich als auch für einen bestimmten Vertriebsbereich gepflegt werden, der eine Kombination aus Verkaufsorganisation, Vertriebsweg und Sparte ist.

Die *Verkaufsorganisation* ist die organisatorische Einheit, die für den Verkauf bestimmter Produkte zuständig ist, während der *Vertriebsweg* die Art und Weise definiert, wie die Produkte oder Dienstleistungen zum Kunden gelangen, beispielsweise über den Großhandel, Einzelhandel oder Direktverkauf. Die *Sparte* stellt eine Möglichkeit zur Gruppierung ähnlicher Produkte dar. Wenn eine Verkaufsorganisation beispielsweise Lebensmittel und Non-Food-Produkte sowohl über den Einzelhandel als auch über den Großhandel vertreibt, könnten die beiden Vertriebswege jeweils zusätzlich in die Sparten Lebensmittel und Non-Food unterteilt werden.

Ein Produkt ist immer nur einer Sparte zugeordnet. Aus der Sicht des Vertriebs ermöglicht die Verwendung von Sparten, den Verkaufsprozess um Gruppen ähnlicher Produkte herum zu organisieren. So können sich die Mitarbeiter*innen, die Kundenaufträge bearbeiten oder Kunden betreuen, auf ein überschaubares Fachgebiet, die Sparte, spezialisieren.

Ein Vertriebsbereich ist auch mit einem Auslieferungswerk verbunden, das ihn mit Waren beliefert. Das in diesem Feld angegebene Werk wird in den Verkaufsbelegen vorgeschlagen. Die vertriebsbereichsbezogenen Daten werden in der Datenbanktabelle MVKE gespeichert, wobei einige verkaufsrelevante Attribute wie etwa die Verpackungs- und Versanddaten in der Tabelle MARA abgelegt werden.

Einkauf

Die Produktstammdaten dienen auch zur Speicherung von Informationen, die die Beschaffungsprozesse steuern. Die auf Werksebene verfügbare *Einkäufergruppe* identifiziert die Einkäufer*innen, die für die Beschaffung eines Produkts oder einer Produktklasse zuständig sind. Der hier eingegebene Wert kann in den Einkaufsbelegen voreingestellt werden. Auf diesem Weg wird auch der Kontakt mit dem Lieferanten gepflegt.

Ein weiteres wichtiges Attribut ist der auf Produktebene definierte *Einkaufswerteschlüssel*, der es ermöglicht, die Kommunikation mit dem Lieferanten zu automatisieren. Dieser Schlüssel definiert die Mahntage, die Toleranzgrenzen, die Versandanweisungen und die Auftragsbestätigungspflicht im Zusammenhang mit dem zu beschaffenden Produkt. Diese Werte werden im Rahmen des Customizings festgelegt und können in Einkaufsbelegen vorgeschlagen werden.

Bestandsführung

Die Bestandsführung befasst sich mit der quantitativen und qualitativen Verwaltung der Produktbestände. Sie beinhaltet die Planung, Erfassung und Dokumentation aller Warenbewegungen. Im Produktstammdatensatz finden sich die Attribute zur Unterstützung der Bestandsführung hauptsächlich in den Daten zum Produktlager und zum Werk sowie in EWM. Über die Produktlagerdaten können Attribute wie Temperatur und Lagerbedingungen, Behältertypen für Lagerung und Versand sowie Haltbarkeitsdaten definiert werden. Auf Werksebene gibt es Informationen wie etwa die Einheit des Warenausgangs und die Kategorien für das Cycle-Counting.

Cycle-Counting

Beim *Cycle-Counting* handelt es sich um ein Inventurverfahren, bei dem Produkte in regelmäßigen Abständen während eines Geschäftsjahrs gezählt werden.

Auf Werksebene können Produkte nach den Besonderheiten ihrer logistischen Handhabung gruppiert werden, also beispielsweise danach, ob es sich um zerbrechliche, gefährliche, sperrige oder flüssige Produkte handelt. Diese Angaben werden dann bei der Berechnung des Arbeitsaufwands, etwa im Zusammenhang mit der Einlagerung und der Kommissionierung, verwendet. Zur Beeinflussung der Einlagerungs- und Auslagerungsstrategie in EWM nutzt das System das *Einlagerungssteuerkennzeichen* bzw. das *Auslagerungssteuerkennzeichen*, zwei Kennzeichen, die in den Produktstammdaten geführt werden. Sie dienen zur Kontrolle über die Bestimmung des Lagerplatzes und des optimalen Kommissionierplatzes. Unter *Einlagerung* versteht man den Vorgang, bei dem ein Produkt aus einer eingegangenen Sendung in ein Lager gebracht wird. Jedes Mal, wenn eine Lageraufgabe angelegt wird, greift das System auf Einlagerungs- und Auslagerungsstrategien zurück. Beim *Wareneingang* greift das System auf die Einlagerungsstrategien zurück, um die verfügbare Lagerkapazität zu nutzen, wobei es automatisch geeignete Lagerplätze für die neuen Produkte ermittelt. Beim *Warenausgang* greift das System auf die Auslagerungsstrategien zurück, um den optimalen Platz für die Kommissionierung zu ermitteln.

Finanzwesen

Die Daten zur Bewertung des Produktbestands müssen im Finanzbuchhaltungssystem des Unternehmens genau erfasst werden, da sie sich auf strategische Entscheidungsprozesse auswirken. Die Organisationsebene, auf der das Produkt bewertet wird, wird als *Bewertungsbereich* bezeichnet; dabei handelt es sich in der Regel um ein Werk, da die Produktions- und Beschaffungsverfahren, die anfallenden Steuern und die Gemeinkosten von einem Werk zum anderen variieren können.

Mehrere Attribute des Produktstammdatensatzes haben Auswirkung auf die Bestandsbewertung. Das *Preissteuerungskennzeichen* beispielsweise bestimmt, ob die Bestandsbewertung nach einem Standardpreis oder nach einem gleitenden Durchschnittspreis erfolgt. Bei dem *Standardpreis* handelt es sich um einen konstanten Preis, zu dem ein Produkt ohne Berücksichtigung der Warenbewegungen und Rechnungen bewertet wird. Der *gleitende Durchschnittspreis* ändert sich aufgrund von Warenbewegungen und der Erfassung von Rechnungen und errechnet sich durch Division des Produktwerts durch die sich im Lager befindliche Menge des Produkts. Er wird vom System nach jeder Warenbewegung oder Rechnungserfassung automatisch neu berechnet. Die Bewertungsklasse ermöglicht es, die Bestandswerte von Produkten desselben Produkttyps auf verschiedenen Sachkonto zu verbuchen oder die Bestandswerte von Produkten verschiedener Produkttypen auf demselben Sachkonto zu verbuchen. Die Entscheidung, wie ein Produkt zu bewerten ist, stellt dabei die eigentliche Buchhaltungsaufgabe dar. Die Bewertungsklasse dient lediglich dazu, den Bestandswert dem entsprechenden Sachkonto zuzuordnen. Die Struktur des Hauptbuchs selbst wird vom Controlling oder von der Buchhaltung festgelegt (siehe Abschnitt 14.2).

8.1.2 Produkthierarchie

Wenn Unternehmen eine große Vielfalt von Produkten anbieten, ist es oft hilfreich, die Produkte in *Produkthierarchien* einzuordnen. Produkthierarchien ermöglichen eine Strukturierung der Produkte auf mehreren Ebenen, etwa für die Preisgestaltung oder für analytische Zwecke. Anstatt also Verkaufsdaten zu analysieren oder die Preisplanung und -pflege für Hunderte von Produkten einzeln vorzunehmen, können derartige Analysen oder Aktionen auf einer übergeordneten Ebene durchgeführt werden.

Produkthierarchien spielen im Vertrieb eine wichtige Rolle. Beispielsweise wird eine Produkthierarchie bei der Pflege und Berechnung der Preise verwendet. Dazu kann die Ebene innerhalb der Produkthierarchie in der Tabelle der Preisbedingungen als Feld hinzugefügt werden, um die Gültigkeit eines Preises oder Abschlags zu definieren. Die Stufe innerhalb der Produkthierarchie sowie der Gültigkeitszeitraum stellen die Eingangsdaten für die Preisfindung in allen relevanten Belegen dar, etwa im Kundenauftrag und den Rechnungsbelegen. Benutzer*innen im Vertrieb können eine Produkthierarchie auch in Embedded Analytics nutzen.

Die Produkthierarchie ist kein neues Konzept und ist auch in SAP ERP vorhanden. In SAP S/4HANA Cloud wurden die Produkthierarchien jedoch von Grund auf neu entworfen und implementiert. Eine grundlegend neue Architektur ermöglicht es, neue Funktionen einzuführen. Die Informationen, die sich auf die Zuordnung zu einer Produkthierarchie beziehen, werden hier nicht mehr als Teil des Produktdatenmodells, sondern in Hierarchielaufzeittabellen gespeichert.

Die Auslagerung der Persistenz der Hierarchiezuordnung aus dem Produktdatenmodell dient einem sehr wichtigen Ziel. Es ermöglicht nämlich das Konzept der Zeitabhängigkeit in der Produkthierarchie einzuführen. Mit dem Merkmal Zeitabhängigkeit lassen sich bestimmte Preisbedingungen wie Rabatte oder Sonderangebote für einen begrenzten Zeitraum auf eine bestimmte Gruppe von Produkten anwenden. Die Verwendung eines Gültigkeitszeitraums ermöglicht es auch, die Zuordnungen von Produkten zu Hierarchien flexibel zu definieren und Änderungen über einen bestimmten Zeitraum hinweg einfach zu pflegen.

Ebenso neu in SAP S/4HANA Cloud ist, dass es keine Beschränkung der Anzahl der Hierarchieebenen in der Produkthierarchie mehr gibt. Dies ist eine nützliche Verbesserung gegenüber der Produkthierarchie in SAP ERP, wo standardmäßig maximal drei Hierarchieebenen zur Verfügung stehen.

Die App **Produkthierarchien verwalten** zeigt die Kennung für die Produkthierarchie sowie Informationen zur Hierarchieversion an (links in Abbildung 8.2). Diese Informationen werden auch auf der rechten Seite oberhalb der Hierarchiebaumstruktur angezeigt. Außerdem werden die Gültigkeitsdaten (Anfangs- und Enddatum der Gültigkeit) angezeigt. Die Gültigkeitszeiträume der verschiedenen Hierarchieversionen, die zur Hierarchie mit derselben Kennung gehören, dürfen einander nicht überschneiden.

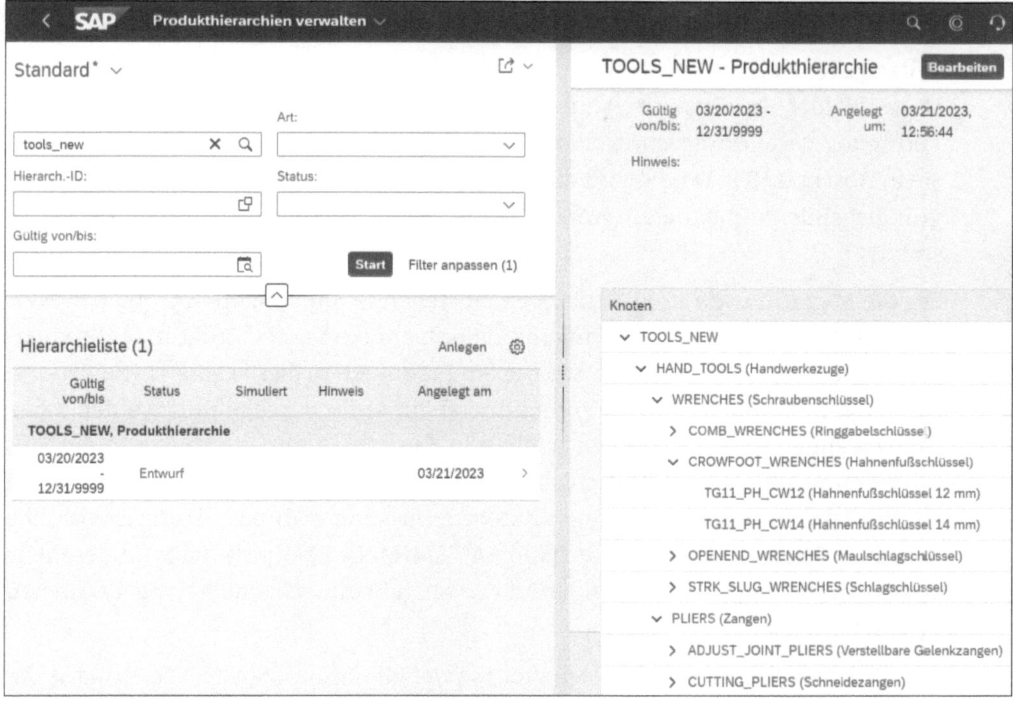

Abbildung 8.2 Die App »Produkthierarchien verwalten«

Betrachtet man die Baumstruktur auf der rechten Seite, wird der Unterschied zur Materialprodukthierarchie in SAP ERP deutlich. Während eine Produkthierarchie in einem Materialstammdatensatz in SAP ERP ein 18-stelliges Attribut in den Tabellen `MARA` und `MVKE` war, ist die Information zur Produkthierarchie in SAP S/4HANA Cloud kein Attribut im Produktdatenmodell, sondern wird als Baumstruktur in einer separaten SAP-Fiori-App angezeigt. Produkte können in dieser hierarchischen Baumstruktur nur an einen Blattknoten (einen Knoten auf der untersten Stufe in der Hierarchie) zugeordnet werden.

8.1.3 Datenmigration

Eine der ersten Aktionen bei der Einführung von SAP S/4HANA in einem Unternehmen ist die Migration von Daten aus Altsystemen. Für den Produktstammdatensatz wurden neue *Migrationsobjekte* bereitgestellt, mit denen sich der Datenmigrationsprozess für Produktstammdaten und Produkthierarchien effizient abwickeln lässt.

Für die Migration eines Produktstammdatensatzes stehen sowohl in SAP S/4HANA als auch in SAP S/4HANA Cloud zwei Migrationsobjekte zur Verfügung: eines, um neue Produkte in SAP S/4HANA anzulegen, und das andere, um bestehende Produkte um neue Organisationsdaten zu erweitern. Die Signaturen dieser Migrationsobjekte umfassen die vollständige Struktur des Produktdatenmodells, zusammen mit Parametern zur Felderweiterbarkeit der Objekte. Diese Datenmigrationsobjekte unterstützen alle Geschäftskontexte für den Produktstammdatensatz, die im Zusammenhang mit der Erweiterbarkeit im Erweiterbarkeitsregister von SAP S/4HANA zur Verfügung gestellt werden (weitere Informationen zur In-App-Erweiterung finden Sie in Abschnitt 5.1). Damit wird die Felderweiterbarkeit bei der Datenmigration für grundlegende Produktdaten, Werk, Lagerort, Verkaufsdaten, Bewertung usw. unterstützt.

Für die Migration von Produkthierarchien stehen in SAP S/4HANA Cloud ebenfalls zwei Migrationsobjekte zur Verfügung – eines, um die Knotenstruktur der Produkthierarchie zu erstellen, und das andere, um Produkten in diese Hierarchie einzuordnen. Bevor die Migration von Produkthierarchiedaten durchgeführt werden kann, müssen einige Voraussetzungen erfüllt sein. Zunächst sollte die Migration der Produktstammdaten bereits abgeschlossen sein, sodass die Produkte für die Zuordnung zur Produkthierarchie zur Verfügung stehen. Die andere Voraussetzung ist, dass die Werte der Hierarchieknoten bereits in SAP S/4HANA über eine dafür vorgesehene Self-Service-Konfiguration konfiguriert worden sein müssen (nähere Angaben hierzu in Abschnitt 8.1.6).

Für die Migration von Hierarchien gibt es zwei Migrationsobjekte. Die Struktur der Hierarchieknoten ändert sich normalerweise nicht oft. Es kommt jedoch häufig vor, dass neue Produkte erstellt und der Hierarchie zugeordnet werden. Durch zwei getrennte Objekte wird also sichergestellt, dass die Knotenstruktur unverändert und stabil bleibt, wenn Benutzer*innen der Hierarchie nur neue Produkte zuordnen möchten.

8.1.4 SOAP-Service-API zur Verarbeitung von Produktstammdaten

Zum Replizieren von Produktstammdaten zwischen mehreren Systemen gibt es den asynchronen SOAP-Service (Simple Object Access Protocol) `ProductMDMBulkReplicateRequestMessage`. Dieser basiert auf dem Datenreplikations-Framework (DRF; siehe Abschnitt 6.8.2). Das DRF verwaltet den gesamten Prozess, der bestimmt, welches Business-Objekt wann über welche Schnittstelle in welches Zielsystem repliziert werden soll. Beachten Sie, dass das DRF grundsätzlich einen Push-Mechanismus anwendet. Voraussetzung ist eine Outbound-Schnittstelle für den Produkt-SOAP-Service. Sobald die Schnittstelle durch Anlegen einer Outbound-Implementierung im DRF registriert wurde, kann ein Replikationsmodell erstellt werden.

In der On-Premise-Edition von SAP S/4HANA werden das Replikationsmodell und die Zielsysteme mit Transaktion DRFIMG konfiguriert. In SAP S/4HANA Cloud werden das Replikationsmodell und die Zielsysteme im DRF von der Kommunikationsvereinbarung und dem Kommunikationssystem abgeleitet, wobei es zur Pflege der Kommunikationsszenarien spezifische SAP-Fiori-Apps gibt (ausführliche Informationen zu den Kommunikationsszenarien finden Sie in Abschnitt 6.4).

Wichtige Themen im Zusammenhang mit der Datenreplikation sind Filterobjekte und Filter. Durch ein *Filterobjekt* werden die Auswahlkriterien festgelegt, nach denen die zu replizierenden Datenobjekte ausgewählt werden. Ein solches Filterobjekt kombiniert einen oder mehrere Filter in Folge. Die Pflege der Auswahlkriterien erfolgt durch den Master Data Steward. Ein *Filter* vergleicht eine bestimmte Anzahl von Objekten mit den gepflegten Filterkriterien und gibt eine Liste der Objekte zurück, die diesen Filterkriterien entsprechen. Im SOAP-Service für das Produkt werden sowohl explizite (einfache und komplexe) als auch Segmentfilter bereitgestellt.

8

Explizite Filter müssen von den Benutzer*innen explizit konfiguriert werden:

- **Einfache Filter**
  Diese Filter werden für Attribute einer einzelnen Wurzelentitätstabelle definiert, beispielsweise für die Felder `MATNR`, `MATKL` und `MTART` der Tabelle `MARA`. Die Auswertung von einfachen Filtern ist in dem Sinne generisch, dass sie einfach erweitert werden kann, indem mittels der Append-Technologie ein weiteres Attribut zum Filter hinzugefügt wird (eine Änderung des Codes ist nicht erforderlich).
- **Komplexe Filter**
  Diese Filter haben keinen direkten Bezug zur Wurzelentitätstabelle, sondern müssen von bestimmten Funktionsbausteinen oder Methoden ausgewertet werden, z. B. im Hinblick auf ausgewählte Knoten in der Hierarchie der Artikel oder Warengruppen. Die semantische Interpretation von komplexen Filtern erfolgt mithilfe der entsprechenden APIs. Zur Verbesserung komplexer Filter sind Änderungen des Codes erforderlich.
- **Segmentfilter**
  Diese speziellen Filter schränken die Anzahl der Objekte im Allgemeinen nicht ein, sondern werden eingesetzt, um Teile (Segmente) eines Business-Objekts von der Replikation auszuschließen.

8.1.5 Erweiterbarkeit der Produktstammdaten

Unternehmen müssen bei der Einführung von SAP S/4HANA häufig benutzerdefinierte Felder zum Produktdatenmodell hinzufügen, und diese Felder müssen von den Datenbanktabellen, der Benutzeroberfläche, den Datenmigrationsobjekten und den Integrations-APIs unterstützt werden. Diese Erweiterungen werden von Key Usern ausgeführt, die über zusätzliche Berechtigungen verfügen, um Benutzeroberflächen, Views für Services, Prozesse usw. an die Bedürfnisse der zugewiesenen Benutzergruppen anzupassen (Einzelheiten zur Key-User-Erweiterbarkeit finden Sie in Abschnitt 5.1).

Für Produktstammdaten werden im Erweiterbarkeitsregister von SAP S/4HANA Geschäftskontexte bereitgestellt. Die Felderweiterbarkeit für allgemeine Produktdaten, Werks- und Lagerplatzdaten, Verkaufsdaten, Bewertungsdaten usw. wird u. a. durch die Erweiterungskontexte `PRODUCT`, `PRODUCT_PLANT`, `PRODUCT_SALES`, `PRODUCT_STORAGELOC` und `PRODUCT_VALUATION` ermöglicht.

Die entsprechenden Datenbanktabellen und Strukturen im ABAP Dictionary enthalten ein *Erweiterungs-Include* (also eine Struktur aus dem ABAP Dictionary mit nur einem Dummy-Feld), um einen stabilen Ankerpunkt für die Felderweiterung zu bieten. Die ABAP-Logik der Anwendung führt mit `MOVE-CORRESPONDING` eine generische Übertragung von Erweiterungsfeldern zwischen Strukturen durch. Über die entsprechenden CDS-Views ist eine *Erweiterungs-Include-Assoziation* zu einer Erweiterungs-Include-View möglich. Bei dieser *Erweiterungs-Include-View* handelt es sich um eine CDS-View, die nur die wesentlichen Felder der Datenbanktabelle und – später – die benutzerdefinierten Felder aus dem Erweiterungs-Include enthält. Diese Erweiterungs-Include-View fungiert als stabiler Ankerpunkt für Erweiterungen von CDS-Views und macht über die Extension-Include-Assoziation die Erweiterungsfelder den erweiterbaren CDS-Views zugänglich. Die benutzerdefinierten Felder werden der Erweiterungs-Include-View hinzugefügt, sobald sie persistiert worden sind.

Key User können die App **Benutzerdefinierte Felder** im SAP Fiori Launchpad nutzen, um benutzerdefinierte Felder zu den Erweiterungsgeschäftskontexten hinzuzufügen. Dadurch werden diese benutzerdefinierten Felder automatisch auf der Benutzeroberfläche verfügbar. Auch die entsprechenden Datenbanktabellen, CDS-Views, OData-Services (Open Data Protocol), Datenmigrationsobjekte und die CDS-basierte Enterprise Search werden automatisch um diese Felder ergänzt.

Erweiterbarkeit kann auf Ebene der Geschäftslogik erforderlich sein. Aus diesem Grund werden mehrere für den Materialstammdatensatz in SAP ERP verfügbaren Business Add-Ins (BAdIs) auch für den Produktstammdatensatz in SAP S/4HANA unterstützt. Zusätzlich wurden mehrere BAdIs bereitgestellt, die von Key Usern in einer Cloud-Umgebung implementiert werden können.

8.1.6 Self-Service-Konfiguration

Wie bereits erwähnt, werden Produktstammdaten von SAP S/4HANA in verschiedenen Funktionsbereichen verwendet. Aus diesem Grund müssen sie in hohem Maße konfigurierbar sein. Aus der großen Anzahl von Konfigurationsoptionen erläutern wir hier einige zentrale Optionen:

- **Festlegen des Formats für die Produkt-ID**
  Hier werden Vorlagen für die Länge und die Anzeige einer Produkt-ID definiert. Mit SAP S/4HANA wurde die Domäne der Produkt-ID erweitert und kann nun eine maximale Länge von 40 Ziffern haben. Der lexikografische Indikator legt fest, wie numerische Produkt-IDs in der Datenbank gespeichert werden.
- **Definition der Attribute von Produkttypen**
  Hier definieren Sie die Produkttypen. Wann immer ein Produktstammdatensatz neu angelegt wird, muss er einem solchen Produkttyp zugeordnet werden. Darüber hinaus können Sie Informationen darüber angeben, für welche Fachabteilungen (Einkauf, Vertrieb, Buchhaltung und so weiter) dieser Produkttyp relevant ist. Eine weitere wichtige Angabe an dieser Stelle ist das Verfahren zur Preissteuerung – Standardpreis oder gleitender Durchschnittspreis –, das zur Bewertung des Produktbestands eines bestimmten Produkttyps angewendet wird.
- **Festlegung der Attribute von EANs/UPCs**
  In dieser Konfiguration werden die EAN-Kategorien und deren Eigenschaften definiert, z. B. Nummernkreisobjekt und Intervallzuordnung, Prüfziffernalgorithmus, EAN-Länge usw.
- **Festlegung von Bewertungsklassen**
  Eine Bewertungsklasse gruppiert Produkte mit gleicher Kontenfindung. Wenn Benutzer*innen ein neues Produkt anlegen, müssen sie dessen Bewertungsklasse zusammen mit den Buchhaltungsdaten angeben. Das System prüft anhand der bei diesem Customizing eingestellten Werte, ob die eingegebene Bewertungsklasse für den Produkttyp zulässig ist.
- **Konfiguration von Knoten für Produkthierarchien**
  Hier werden die Namen der Knoten definiert, die in der App **Produkthierarchien verwalten** angezeigt werden. Durch diese Knotennamen wird die Struktur für alle in der App angelegten Produkthierarchien vorgegeben.

Dies sind nur einige wichtige Optionen aus den zahlreichen Konfigurationsmöglichkeiten für Produktstammdaten in SAP S/4HANA.

8.2 Stückliste, Klassifizierungssystem und Variantenkonfiguration

Die Stückliste, das Klassifizierungssystem und die Variantenkonfiguration sind zentrale Funktionen zur Verwaltung der Struktur und der Merkmale von Produkten. Diese Konzepte sind bereits aus SAP ERP bekannt und auch innerhalb von SAP S/4HANA wichtig. SAP S/4HANA wird mit dem *Advanced Variant Configurator* (AVC) ausgeliefert, einem neuen integrierten Konfigurator für Varianten, der für die SAP-HANA-Datenbank optimiert ist.

8.2.1 Stückliste

Ein Produkt kann zugekauft oder hergestellt werden. Bei einem selbst hergestellten Produkt gibt die Stückliste die Rohstoffe und Baugruppen an, aus denen das Endprodukt erstellt wird. Die Struktur eines Produkts kann je nach Phase des Produktlebenszyklus variieren. Beispielsweise kann es vorkommen, dass das Designteam ein Produkt in der Konstruktionsphase auf eine bestimmte Art und Weise strukturiert, dieses Produkt aber für die Produktion auf eine andere Art und Weise strukturiert werden muss, um den Fertigungsprozess an die Produktionslinien des jeweiligen Werks anzupassen. Aus diesem Grund kann es für ein und dasselbe Produkt eine *Konstruktionstückliste* und eine *Fertigungsstückliste* geben.

Eine Stückliste ist eine vollständige, strukturierte Liste der Bauteile, aus denen ein Produkt oder eine als Teil des Produkts verwendete Baugruppe besteht. Stücklisten kann es sowohl für Produkte als auch für andere Objekte geben, wie etwa für Kundenaufträge. Für unsere Zwecke konzentrieren wir uns auf Stücklisten für Produkte. Bei der Stückliste für ein Produkt handelt es sich um ein zusätzliches Stammdatenobjekt, das dem Produkt zugeordnet, aber nicht Teil des Produktstammdatensatzes ist.

Abbildung 8.3 zeigt ein einfaches Modell für die Informationen, die in einer Stückliste für ein Produkt enthalten sind. Die Stückliste für Produkte, die vom Unternehmen hergestellt werden, besteht aus dem Stücklistenkopf und der Liste der Positionen. Der Stücklistenkopf enthält Informationen wie die Zuordnung zu einem Werk oder den Gültigkeitszeitraum der Stückliste. Jedem Stücklistenkopf einer Stückliste ist eine Liste von Stücklistenpositionen zugeordnet. In unserem vereinfachten Modell bezieht sich jede Stücklistenposition auf ein Produkt. Wie wir später noch sehen werden, kann die Liste der Positionen für ein einzelnes Produkt auch Platzhalter enthalten, die je nach Produktkonfiguration durch ein konkretes Produkt ersetzt werden. Für eine Stücklistenposition werden neben der Produkt-ID auch die Menge und die Mengeneinheit gespeichert.

Bei Stücklistenpositionen kann es sich um einfache Positionen oder um Baugruppen handeln. Einfache Positionen enthalten Produkte, bei denen es sich um Rohstoffe oder von Lieferanten zugekaufte Teile handelt. *Baugruppen* sind gefertigte Produkte, die wiederum ihre eigenen Stücklisten haben. Auf diese Weise können ineinander verschachtelte hierarchische Produktstrukturen dargestellt werden. Sie können die vollständige hierarchische Struktur eines Produkts aufbauen, indem Sie die Baugruppen rekursiv durch ihre Stücklisten ersetzen. Dieser Vorgang wird als *Auflösen der Stückliste* bezeichnet.

In der Produktion kann es manchmal erforderlich sein, eine Baugruppe als Zwischenprodukt zu definieren, das nicht physisch am Lager, sondern nur während der Produktion vorhanden ist. Solche Baugruppen werden als *Dummy-Baugruppen* bezeichnet.

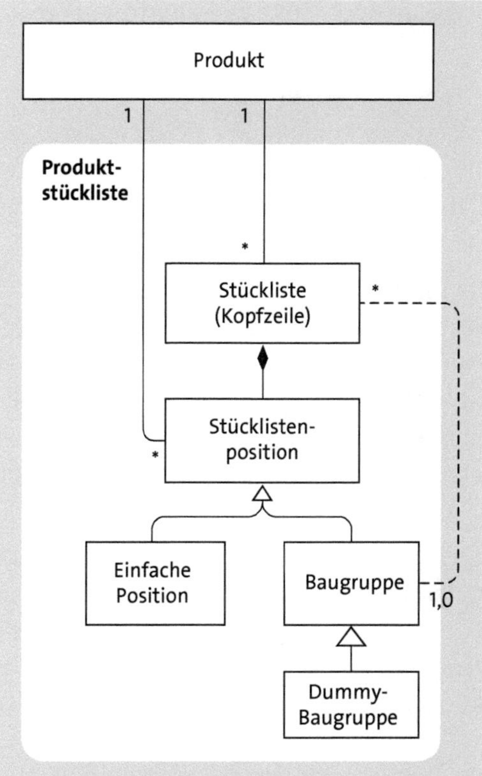

Abbildung 8.3 Stückliste: Vereinfachtes Modell

Wie in Abbildung 8.3 gezeigt, kann es mehrere Stücklisten für ein und dasselbe Produkt geben. Einer der Gründe dafür ist, dass unterschiedliche Stücklisten für unterschiedliche Verwendungszwecke verwendet werden können. So kann es etwa eine Stückliste für die Konstruktion und eine für die Fertigung geben. Darüber hinaus kann es Stücklisten für verschiedene alternative Verfahren zur Herstellung desselben Produkts geben, beispielsweise differenziert nach dem Werk, in dem das Produkt hergestellt wird. Im Allgemeinen müssen Sie eine Stückliste identifizierbar machen, indem Sie den Verwendungszweck (z. B. Produktion) und die Variante (identifiziert durch eine Nummer) für die Stückliste festlegen.

8.2.2 Klassifizierungssystem

Ein Produktstammdatensatz selbst beschreibt nicht alle Merkmale des Produkts, wie etwa die Leistung, Spannung, Stromstärke und das Rauschen eines Netzteils. Verschiedene Produkte können völlig unterschiedliche Eigenschaften haben. Bei dem *Klassifizierungssystem* handelt es sich um einen flexiblen Mechanismus zur Festlegung solcher Merkmale, ohne dass die Software oder die Datenbankstruktur geändert werden muss.

Mit dem Klassifizierungssystem legen Sie Merkmale von Produkten fest und klassifizieren dann die Produkte anhand dieser Merkmale. Produkte der gleichen Klasse haben die gleichen Merkmale. Das Klassifizierungssystem unterstützt Hierarchien von Produktklassen mit untergeordneten Klassen, die Eigenschaften von der jeweils übergeordneten Klasse erben.

So können Schrauben etwa die Merkmale Länge, Durchmesser, Kopfform und Antrieb aufweisen. Um sie zu beschreiben, würde man eine Schraubenklasse definieren. Wenn das Unternehmen einen neuen Schraubentyp als Produkt pflegt, wird dieses neue Produkt der Klasse »Schrauben« zugeordnet, und die tatsächlichen Werte für die Merkmale können angegeben werden. Die Schraube S04476 könnte beispielsweise folgende charakteristische Werte haben: Länge = 60 mm, Durchmesser = 5 mm, Kopfform = rund und Antrieb = Vierkant.

Technisch gesehen kann das Klassifizierungssystem als ein dynamisches Datenmodell betrachtet werden, das es Ihnen ermöglicht, benutzerdefinierte Eigenschaften dynamisch zuzuweisen, ohne die zugrunde liegenden Datenbanktabellen zu erweitern oder zu ändern. Das Klassifizierungssystem wird nicht nur für Produkte, sondern auch für andere Objekte, z. B. für Stücklisten, Dokumente, Lose, Kunden oder Lieferanten verwendet.

Abbildung 8.4 stellt das Informationsmodell des Klassifikationssystems dar. Jedem Objekt ist ein Objekttyp zugeordnet, der angibt, ob es sich um ein Produkt, eine Stückliste, einen Arbeitsplatz oder etwas anderes handelt.

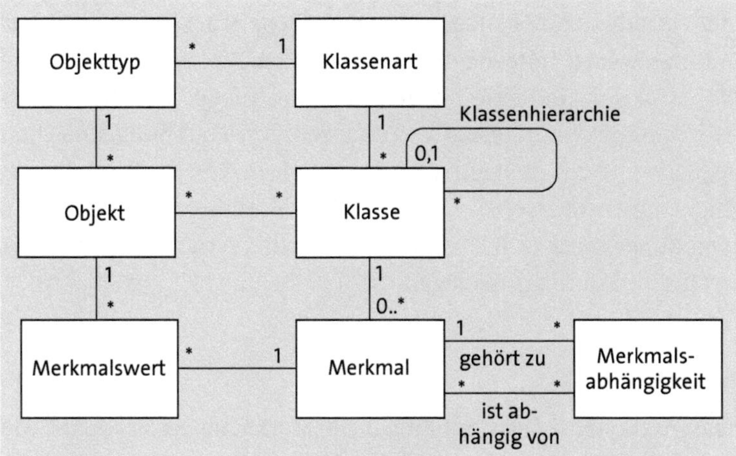

Abbildung 8.4 Informationsmodell des Klassifizierungssystems

Objekte können Klassen zugewiesen werden. Jeder Klasse ist einer Klassenart zugeordnet, die die Typen der Objekte einschränkt, die dieser Klasse zugeordnet werden können. Unsere Klasse »Schrauben«, hat die Klassenart 001, die für Produkte (Materialien) reserviert ist. Unser Objekt S04476 ist vom Objekttyp »Material« und kann daher der Klasse »Schrauben« zugeordnet werden.

Klassen können in Klassenhierarchien strukturiert werden, wobei sie jeweils die Merkmale einer oder mehrerer übergeordneter Klassen übernehmen. Zwischen den Merkmalen können Abhängigkeiten bestehen. So kann ein Unternehmen beispielsweise die Länge von Sternschrauben auf 10 mm beschränken.

8.2.3 Variantenkonfiguration

Von einigen Produkten gibt es mehrere Varianten, die entsprechend der Konfiguration ausgewählt werden können. Ein bekanntes Beispiel hierfür ist ein Auto, bei dem der Kunde oder die Kundin die Farbe, den Motortyp, die Leistung, das Material, die Farbe der Sitze und so weiter konfiguriert. Mittels *Variantenkonfiguration* können Sie solche konfigurierbaren Produkte definieren. Anhand der ausgewählten Konfigurationswerte ermittelt das System eine konkrete Instanz des konfigurierbaren Produkts mit der daraus resultierenden Stückliste und dem sich daraus ergebenden Arbeitsplan. Der Arbeitsplan wird für die Produktion benötigt und legt die Abfolge der Schritte fest, die zur Herstellung des Produkts erforderlich sind.

SAP S/4HANA verfügt über einen neuen Variantenkonfigurator, der für die SAP-HANA-Datenbank optimiert ist – den Advanced Variant Configurator (AVC). Er ist sowohl in SAP S/4HANA als auch in SAP S/4HANA Cloud als Mittel zur erweiterten Variantenkonfiguration vorgesehen.

Der AVC ist der Nachfolger des bisherigen Variantenkonfigurators. Das Herzstück des AVC ist eine völlig neue Konfigurations-Engine, die gemeinsam mit dem Fraunhofer Institut Kaiserslautern entwickelt wurde und auf dem preisgekrönten Constraint Solver Gecode aufbaut. Seine Benutzeroberfläche beruht auf SAP Fiori. Der AVC ist in den Make-to-Order-Prozess (MTO) für einstufige und mehrstufige Modelle eingebettet. Darüber hinaus enthält er eine neue, ebenfalls auf SAP Fiori basierende Simulationsumgebung, mit der geprüft werden kann, ob ein neues oder geändertes Variantenkonfigurationsmodell korrekt funktioniert. Der AVC verwendet dieselben Stammdaten und speichert die Konfigurationsergebnisse auf dieselbe Weise wie der bisherige Konfigurator.

Beide Konfiguratoren sind in der On-Premise-Edition von SAP S/4HANA verfügbar, sodass Konfigurationsmodelle für den bisherigen Konfigurator und den AVC parallel verwendet werden können. In SAP S/4HANA Cloud kann nur der AVC verwendet werden.

Die von der Variantenkonfiguration verwendeten Stammdaten bestehen aus den folgenden Elementen:

- Variantenklassen
- Stücklisten und Arbeitspläne
- Konfigurationsprofile
- Beziehungswissen
- UI/Gruppierung

Abbildung 8.5 zeigt ein Informationsmodell, in dem die Elemente der Variantenkonfiguration und ihre Beziehungen untereinander abgebildet sind.

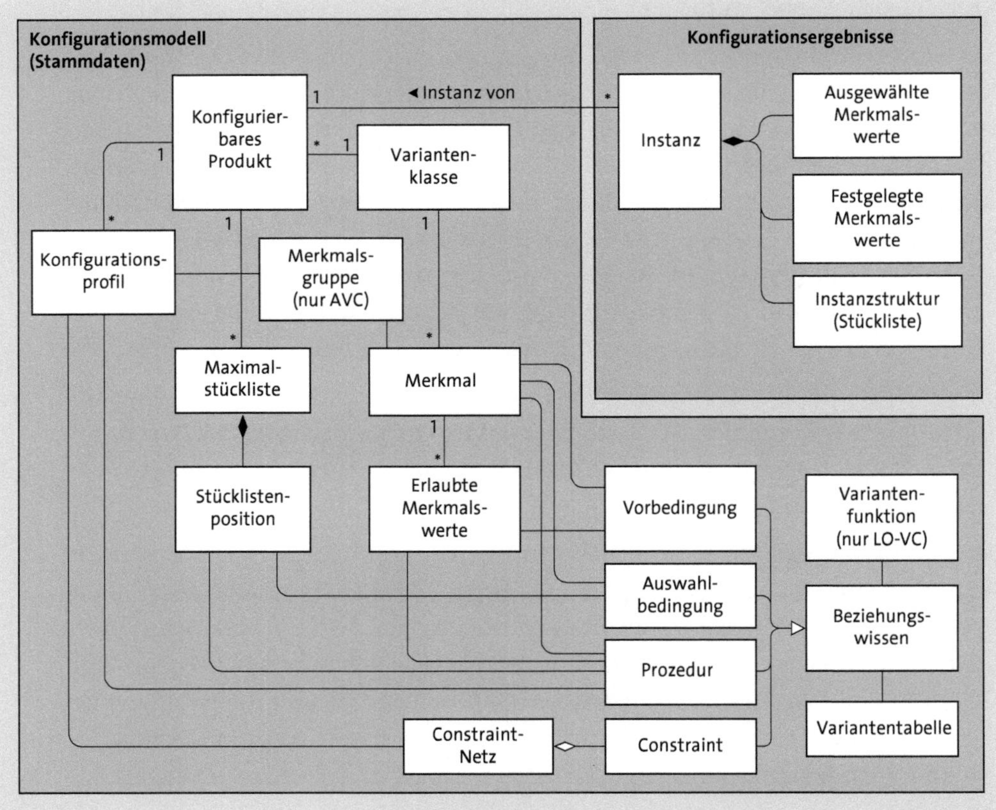

Abbildung 8.5 Elemente der Variantenkonfiguration in SAP S/4HANA

8.2.4 Variantenklassen

Die Variantenkonfiguration verwendet das Klassifizierungssystem zur Definition der Konfigurationsparameter und ihrer zulässigen Werte. Wie Sie in Abbildung 8.5 sehen konnten, ist jedes konfigurierbare Produkt einer Variantenklasse zugeordnet. Bei einer *Variantenklasse* handelt es sich um einen bestimmten Klassentyp, der nur Varianten vorbehalten ist. Die Merkmale einer Variantenklasse werden bei der Konfiguration über ihre Konfigurationsparameterwerte festgelegt.

Zum Beispiel könnte für ein konfigurierbares Auto die Variantenklasse `CARS` mit den Merkmalen `enginetype` und `version` definiert werden. Für jedes Merkmal werden die zulässigen Merkmalswerte definiert, z. B. `ELECTRICENGINE` und `PETROLENGINE` sowie `Standard`, `Premium` und `Sport`-Version. Die Kunden*innen müssen bei der Bestellung eines Fahrzeugs aus diesen Werten wählen. Das Ergebnis ist die Konfiguration des bestellten Produkts. Dabei ist zu beachten, dass zwischen der Verwendung von Klassen in der Konfiguration und ihrer Verwendung bei der Klassifizierung ein erheblicher Unterschied besteht. Bei der Klassifizierung werden die Merkmalswerte angegeben, wenn das Produkt einer Klasse zugewiesen wird, und zwar in der Regel im Rahmen der Stammdatenpflege. Bei Variantenklassen ist dies anders: Die Merkmalswerte müssen für jede zu verkaufende Instanz des konfigurierbaren Produkts angegeben werden.

8.2.5 Maximalstückliste

Unterschiedliche Varianten eines Produkts werden in der Regel aus unterschiedlichen Teilen hergestellt. Variantenstrukturen können durch das Anlegen einer Maximalstückliste definiert werden. Eine *Maximalstückliste* enthält die Zusammenfassung aller möglichen Stücklistenpositionen über alle Varianten hinweg. Die Varianten können fakultativ sein, oder Sie müssen sie möglicherweise aus einer Reihe von Möglichkeiten auswählen. Auf der linken Seite von Abbildung 8.6 sehen Sie einen Ausschnitt der vereinfachten Maximalstückliste für das konfigurierbare Produkt `CAR`.

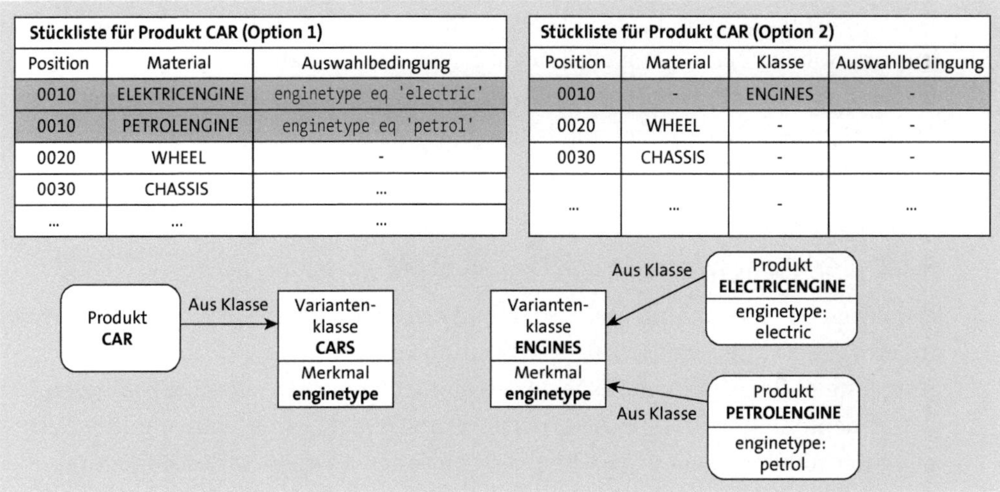

Stückliste für Produkt CAR (Option 1)		
Position	Material	Auswahlbedingung
0010	ELEKTRICENGINE	enginetype eq 'electric'
0010	PETROLENGINE	enginetype eq 'petrol'
0020	WHEEL	-
0030	CHASSIS	...
...	...	...

Stückliste für Produkt CAR (Option 2)			
Position	Material	Klasse	Auswahlbedingung
0010	-	ENGINES	-
0020	WHEEL	-	-
0030	CHASSIS	-	-
...	...	-	...

Abbildung 8.6 Exemplarische Auswahl von Teilen aus der Stückliste

Die Stückliste enthält zwei Positionen für zwei mögliche Motoren, eine für das Produkt PETROLENGINE und eine für das Produkt ELECTRICENGINE. Beide Positionen haben Auswahlbedingungen, die sich gegenseitig ausschließen. Die Auswahlbedingungen beziehen sich auf das Merkmal enginetype der Variantenklasse CARS, der CAR zugeordnet ist. Wenn ein Fahrzeug mit einer bestimmten Motorart konfiguriert ist, wird das entsprechende Element ausgewählt. Genau wie Maximalstücklisten können übergeordnete Arbeitspläne definiert werden, um Varianten in den Arbeitsschritten zur Herstellung eines Produkts abzubilden.

8.2.6 Stückliste mit Klassenpositionen

Anstatt alle auswählbaren Positionen in eine Maximalstückliste aufzunehmen, kann eine Stückliste Positionen enthalten, die als Platzhalter für variable Komponenten dienen. Diese Option ist auf der rechten Seite von Abbildung 8.6 dargestellt. Hier wird eine zusätzliche Variantenklasse mit der Bezeichnung ENGINES definiert, die ebenfalls ein Merkmal mit der Bezeichnung enginetype hat. Dieser Produktklasse sind die Produkte PETROLENGINE und ELECTRICENGINE zugeordnet, wobei das Merkmal enginetype entweder auf electric oder petrol eingestellt ist. In der Stückliste für das Produkt CAR existiert eine einzige Position für den Motor, die sich nicht auf ein Produkt, sondern auf die Variantenklasse ENGINES bezieht. Eine solche Position einer Stückliste wird als *Klassenposition* bezeichnet. Beim Auflösen der Stückliste wird die Klassenposition durch ein konkretes Produkt dieser Klasse ersetzt.

8.2.7 Konfigurationsprofile

Das Konfigurationsprofil enthält Einstellungen zur Steuerung des interaktiven Konfigurationsprozesses und der Benutzeroberfläche für die Konfiguration. Es kann auch Informationen über Abhängigkeiten enthalten, die zur Wahrung der Konsistenz beitragen und eine automatische Ableitung von Merkmalswerten ermöglichen. Wenn ein konfigurierbares Produkt mit dem AVC konfiguriert werden soll, muss das Attribut **Verarbeitungsmodus** auf **erweiterte Variantenkonfiguration** gesetzt werden.

8.2.8 Beziehungswissen in der Variantenkonfiguration

Wir haben bereits erwähnt, dass Beziehungswissen für Klassen und für Merkmale definiert werden kann. Dies soll die Spezifikation konsistenter Werte bei der Klassifizierung unterstützen, wenn die Objekte den jeweiligen Klassen zugewiesen werden. Bei der Variantenkonfiguration dient derselbe Abhängigkeitsmechanismus zur Festlegung der Abhängigkeiten zwischen verschiedenen Elementen des Konfigurationsmodells. Beziehungswissen wird in der Variantenkonfiguration verwendet, um die Konsistenz zu gewährleisten, um die zulässigen Werte eines Merkmals auf der

Grundlage der Auswahl eines anderen Merkmals einzuschränken und um die tatsächliche Struktur von Produkten auf der Grundlage der in der Konfiguration ausgewählten Merkmalswerte zu bestimmen.

Wie bereits in Abbildung 8.5 gezeigt, gibt es verschiedene Arten von Beziehungswissen, nämlich Vorbedingungen, Auswahlbedingungen, Prozeduren und Constraints. In Abbildung 8.5 ist auch dargestellt, welche Arten von Abhängigkeiten welchen Einheiten des Konfigurationsmodells zugewiesen werden können. Für Beziehungswissen gibt es eine spezielle Syntax für den Quellcode von Bedingungen, Prozeduren und Constraints. Bei der Freigabe von Beziehungswissen wird der Quellcode zu einer internen Darstellung kompiliert, die während der Laufzeit leichter auszuwerten ist.

In einigen Fällen gibt es Unterschiede zwischen dem bisherigen Konfigurator und dem AVC, was die zulässige Syntax oder das Verhalten der Engine während der High-Level-Konfiguration anbelangt. So wurde im AVC beispielsweise eine neue Syntax eingeführt, und die Präzision bei der Verarbeitung der Dezimalstellen wurde verbessert. Um zu unterscheiden, welcher Konfigurator das Beziehungswissen verwenden wird, muss in der Stammdatenpflege dort das Attribut **Verarbeitungsmodus** auf **klassische Variantenkonfiguration** oder auf **erweiterte Variantenkonfiguration** gesetzt werden.

8.2.9 Benutzeroberfläche und Gruppierung

Wenn Konfigurationsmodelle viele Merkmale enthalten, müssen Sie festlegen können, wie diese auf der Benutzeroberfläche angeordnet werden. Im bisherigen Konfigurator konnten Sie zu diesem Zweck eine Benutzeroberfläche als optionalen Teil des Konfigurationsprofils festlegen. Im AVC wurde ein neues Stammdatenobjekt für die *Merkmalsgruppe* eingeführt. Darin können Sie Merkmale zu Merkmalsgruppen zusammenfassen, die dann als Registerkarten angezeigt werden. Die Reihenfolge der Registerkarten sowie die Reihenfolge der Merkmale innerhalb einer Registerkarte können ebenfalls festgelegt werden. Anders als bei der Benutzeroberfläche, die mit dem bisherigen Konfigurator definiert wurde, ist auch die Wiederverwendung einer Merkmalsgruppe in mehreren Konfigurationsprofilen möglich.

8.2.10 Erweiterbarkeit

Wenn die Logik einer Abhängigkeit nicht mit der Syntax für das Beziehungswissen ausgedrückt werden kann, besteht die Möglichkeit einer Erweiterung durch ABAP-Implementierungen. Im bisherigen Konfigurator können Variantenfunktionen als Teil des Beziehungswissens verwendet werden. Im AVC werden als Erweiterungsoption Business Add-Ins angeboten, mit denen die Ergebnisse vor oder nach der Durchführung der Berechnungen in der Engine geändert werden können.

8.2.11 High-Level- und Low-Level-Konfiguration

Die während des Verkaufs erfolgende interaktive Konfiguration wird als *High-Level-Konfiguration* bezeichnet. Die Ergebnisse der High-Level-Konfiguration sind die Merkmalswerte, die von den Benutzer*innen ausgewählt oder aus Benutzereingaben abgeleitet werden. Die sich daraus ergebenden Merkmale werden in einer Reihe von Tabellen, der sogenannten *Konfigurationsdatenbank*, gespeichert und von den nachfolgenden Prozessen verwendet.

Abbildung 8.7 zeigt die Architektur des AVC für die High-Level-Konfiguration. Wie Sie sehen können, besteht der AVC aus einem in ABAP implementierten Teil und einem für SAP HANA implementierten Teil, der als in C++ geschriebene Anwendungsfunktionsbibliothek abgelegt ist. Der C++-Teil läuft direkt in der SAP-HANA-Datenbank und nutzt deren Kapazitäten für einen schnellen Datenzugriff. Dieser Teil führt auch die leistungsstarke Berechnung der zulässigen Werte durch, wobei die Benutzereingaben und das Beziehungswissen beachtet werden. Zu diesem Zweck erfolgt eine Einbettung der Open-Source-Bibliothek Gecode (*www.gecode.org*) zur Auflösung der Constraints.

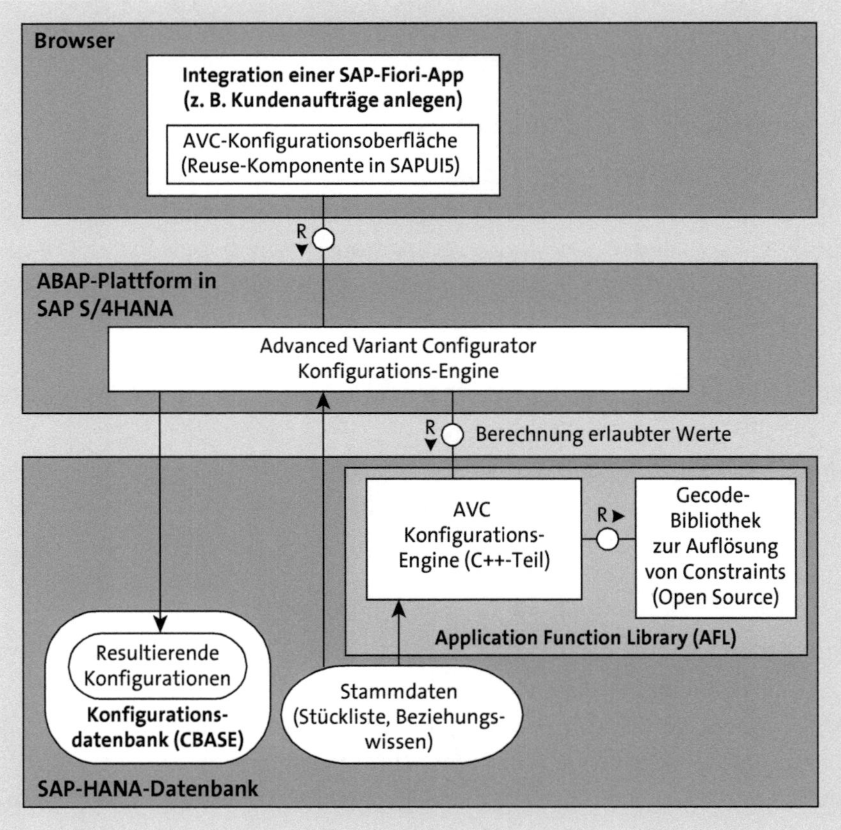

Abbildung 8.7 High-Level-Architektur des Advanced Variant Configurator

Beim Auflösen der Stückliste und des Arbeitsplans für ein konfigurierbares Produkt werden die relevanten Stücklistenpositionen und Arbeitsplanaktivitäten ausgewählt. Dieser Auswahlprozess findet ohne Benutzereinwirkungen statt und wird als *Low-Level-Konfiguration* bezeichnet. Er verwendet die während der High-Level-Konfiguration ermittelten Merkmalswerte als Konfigurationsparameter und wertet das Beziehungswissen aus, das den Positionen in der Stückliste und im Arbeitsplan zugeordnet ist. Die Low-Level-Konfiguration verwendet das Beziehungswissen des Typs Auswahlbedingung, um zu entscheiden, ob eine Komponente oder eine Aktivität ausgewählt wird. Prozeduren werden zur Festlegung zusätzlicher Werte wie der Menge zu einer Stücklistenposition eingesetzt. Beziehungswissen, das an Merkmale, Merkmalswerte und Konfigurationsprofile anknüpft, wird in der Low-Level-Konfiguration nicht ausgewertet. Es ist nur bei der High-Level-Konfiguration von Bedeutung. Der AVC verwendet die gleiche Low-Level-Konfiguration wie der herkömmliche Konfigurator.

8.2.12 Embedded Analytics für Klassifizierungs- und Konfigurationsdaten

Im Rahmen von Embedded Analytics steht eine flexible Lösung für die Echtzeitanalyse von Klassifizierungs- und Konfigurationsdaten zur Verfügung. Benutzer*innen können beispielsweise analysieren, welche Produkte mit welchen Kombinationen von Merkmalswerten am häufigsten verkauft wurden. Dieses Konzept beruht auf dem virtuellen Datenmodell (VDM; siehe Abschnitt 2.1) und der Architektur von Embedded Analytics (siehe Abschnitt 4.1.2), die ihrerseits auf CDS-Views basieren. Die hierfür relevanten VDM-Views repräsentieren die Klassifizierungs- und Konfigurationsdaten sowie die zugehörigen Business-Objekte. Die Business-Objekte liefern den Kontext, in dem die Konfiguration vorgenommen wurde (siehe Abbildung 8.8).

Die für die Klassifizierung und die Konfiguration verwendeten CDS-Views haben Felder, die Merkmale repräsentieren. Da diese Merkmale von den Benutzer*innen als Stammdaten angelegt werden, können von SAP keine CDS-Views für die Klassifizierung und Konfiguration bereitgestellt werden. Deshalb hat SAP ein Konzept eingeführt, mit dem CDS-Views für Klassifizierungs- und Konfigurationsdaten von den Key Usern generiert werden können. In Abbildung 8.8 ist veranschaulicht, wie das funktioniert.

In Schritt ❶ generieren die Key User grundlegende CDS-Views der Datenkategorie `CUBE` mit Feldern, die für die Merkmale stehen. Dazu verwenden sie den Report `BSCL_CLASS_VIEW_GENERATION`. Als Eingabe wird eine Klassenbezeichnung angegeben. Die so generierten Views enthalten die Konfigurationsbewertungen oder Klassifizierungsdaten, die im Zusammenhang mit einem Business-Objekt wie einem Kundenauftrag oder einem Los erstellt wurden. Darüber hinaus enthalten die konfigurationsbezogenen Views ein spezielles Produktkonfigurationsfeld, das für die Kennung einer Konfiguration steht. Ein ähnliches Feld ist Teil der CDS-View des Business-Objekts (beispielsweise der Position in einem Kundenauftrag), für das die Analyse durchgeführt werden soll. Das Feld kann verwendet werden, um diese beiden CDS-Views mit einem Join so zu verbinden, dass die resultierende CDS-View Felder aus der Konfiguration und dem Business-Objekt enthält ❷.

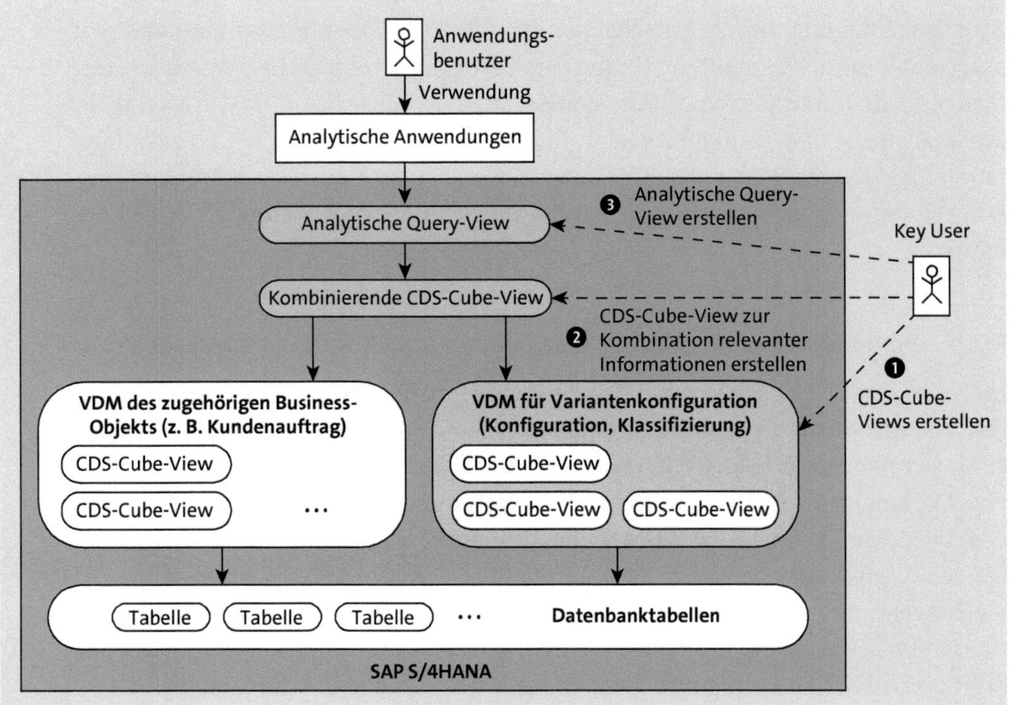

Abbildung 8.8 Embedded Analytics für Konfigurationsdaten

Zur Klassifizierung wird anstelle des Produktkonfigurationsfelds der Schlüssel des Klassifizierungsobjekts als verbindendes Element verwendet. Die sich daraus ergebende kombinierte CDS-View gehört zur Datenkategorie CUBE. In Schritt ❸ wird eine für analytische Querys konzipierte CDS-View (mit der Datenkategorie QUERY) als Struktur definiert, die auf der kombinierten CDS-View aufsetzt. Diese analytische Query-View kann von verschiedenen Tools genutzt werden, beispielsweise mit dem Analysis Path Framework Service oder SAP Analytics Cloud. Weitere Angaben hierzu finden Sie in SAP-Hinweis 2490167 (Generating CDS Views for Classification/Configuration in SAP S/4HANA Cloud).

8.3 Geschäftspartner

Als *Geschäftspartner* werden Personen, Organisationen, Personengruppen oder Gruppen von Organisationen bezeichnet, mit denen ein Unternehmen eine Geschäftsbeziehung hat. Geschäftspartner sind Rechtsträger, die an Geschäftsvorgängen beteiligt sind.

Geschäftspartner werden in drei Typen eingeteilt:

- **Person**
  Bei Geschäftspartnern vom Typ *Person* handelt es sich um Personen, die in den Unternehmen, für die sie arbeiten, bestimmte Funktionen wahrnehmen.

  Beispiel: Mitarbeiter*innen oder Kontaktpersonen, die für eine Organisation arbeiten oder als Kontaktpersonen für diese auftreten, sind Geschäftspartner vom Typ Person.
- **Organisation**
  Bei Geschäftspartnern vom Typ *Organisation* handelt es sich um Unternehmen, mit denen eine Geschäftsbeziehung geführt wird.

  Beispiel: Die SAP SE ist eine Kapitalgesellschaft, mit der andere Unternehmen Geschäfte machen.
- **Gruppe**
  Mit Geschäftspartnern vom Typ *Gruppe* können Sie komplexe Organisationsstrukturen eines Geschäftspartners abbilden, z. B. gemeinsame Inhaber oder Genossenschaften.

  Beispiel: Die DSAG (Deutschsprachige SAP-Anwendergruppe) ist eine Organisation vom Typ Gruppe, da sie eine Gruppe von Unternehmen vertritt, die SAP einsetzen.

In SAP S/4HANA ist der Geschäftspartner das führende Business-Objekt und der einzige Ansatzpunkt für die zentrale Pflege der Stammdaten von Geschäftspartnern, Kunden und Lieferanten (früher bekannt als Verkäufer). Obwohl der Geschäftspartner das übergeordnete Objekt in SAP S/4HANA ist, werden die Stammdaten von Geschäftspartnern für die gemeinsamen Organisationseinheiten mit denen von Kunden und Lieferanten synchronisiert, um eine reibungslose und unterbrechungsfreie Fortentwicklung des Datenmodells zu gewährleisten. Daneben bestehen Kunden und Lieferanten in der aus SAP ERP bekannten Form in SAP S/4HANA als Erweiterungen des Geschäftspartnermodells weiter fort. Die Kunden- und Lieferantenstammdaten aus SAP ERP sind jedoch mit einigen Einschränkungen verbunden, die dank des Geschäftspartnerdatenmodells überwunden werden konnten (nähere Informationen zu den Unterschieden zwischen SAP ERP und SAP S/4HANA finden Sie in SAP-Hinweis 2265093, S4TWL: Business Partner Approach).

Im Vergleich zu dem auf Kunden und Lieferanten abzielenden Modell von SAP ERP hat das auf die Geschäftspartner abzielende Datenmodell von SAP S/4HANA die folgenden Vorteile:

- Ein Geschäftspartnerdatensatz kann jetzt mehrere Adressen beinhalten, die jeweils in einem bestimmten Geschäftskontext verwendet werden können, z. B. Lieferadressen und Adressen von Warenempfängern. Eine der im Geschäftspartnerstammdatensatz gepflegten Adressen ist als Standardadresse gekennzeichnet und wird standardmäßig an die zu dem Geschäftspartner gehörende Kunden-/Lieferanteneinheit übergeben. Im auf Kunden und Lieferanten basierenden Datenmodell wurde lediglich die Pflege einer Adresse unterstützt, was die Möglichkeiten in der SAP Business Suite einschränkte und zu einem erhöhten Datenaufkommen führte. Im Rahmen von Erweiterungen der Datenmodelle ist geplant, neue Tabellen für Kunden und Lieferanten einzuführen, um zusätzliche Adressen für die Geschäftspartner zu unterstützen.
- Die Stammdatensätze für Geschäftspartner unterstützen eine große Anzahl von Geschäftsrollen, z. B. Kunden, Lieferanten, Auftragnehmer, Mitarbeiter, Aktionäre, Internetnutzer und Eigentümer. Anstatt mehrere Instanzen von einem Geschäftspartner zu haben, wird eine juristische Person als ein Geschäftspartner mit verschiedenen Rollen gespeichert. So wird beispielsweise ein Unternehmen, das sowohl als Kunde als auch als Lieferant auftritt, als ein Geschäftspartner mit zwei Geschäftspartnerrollen gespeichert. Dies reduziert Datenredundanzen und den Platzbedarf, da Unternehmen für Kunden und Lieferanten nicht mehr mehrere Stammdatenobjekte erstellen müssen, die auf dieselbe juristische Person verweisen.
- Geschäftspartnerstammdatensätze unterstützen die Zeitabhängigkeit. Auf der Ebene unterhalb der juristischen Person – also für Rollen von Geschäftspartnern, Adressen, Beziehungen und Bankdaten – können die Benutzer*innen einen Gültigkeitszeitraum festlegen.
- Über eine Geschäftspartnerbeziehung können mehrere Geschäftspartner verbunden werden. So ist es z. B. möglich, Beziehungen zwischen Geschäftspartnern über Kontaktpersonen zu pflegen. Bei einem der Geschäftspartner könnte es sich um eine Organisation und bei dem anderen um eine Kontaktperson für die Organisation handeln.
- Der Geschäftspartnerstammdatensatz unterstützt sowohl B2B- (Business-to-Business) als auch B2C-Prozesse (Business-to-Consumer), bei denen die Geschäftspartner Organisationen oder Personen sein können. Während das frühere, auf Kunden und Lieferanten basierende Datenmodell vorwiegend eine Organisation (B2B) beschrieb, bezieht das Geschäftspartnerkonzept auch die einzelnen Menschen – das Pendant der Organisation in B2C-Prozessen – mit ein.

Sehen wir uns nun an, wie die Geschäftspartnerstammdaten in SAP S/4HANA verwendet werden.

8.3.1 Architektur der Geschäftspartnerstammdaten

Im Mittelpunkt des Geschäftspartnerdatenmodells stehen die gemeinsamen Attribute, die in der Tabelle BUT000 gespeichert sind (siehe Abbildung 8.9). Bei den Typen von Geschäftspartnern wird zwischen Organisationen und Personen unterschieden. Zu den allgemeinen Daten von Geschäftspartnern, die eine Person betreffen, gehören Attribute wie Vorname, Nachname, Titel, Geschlecht, Geburtsdatum und Sprache. Attribute wie Name der Organisation, Firmenname, Rechtsform (z. B. ein privates oder öffentliches Unternehmen) und Branche beschreiben hingegen eine Organisation.

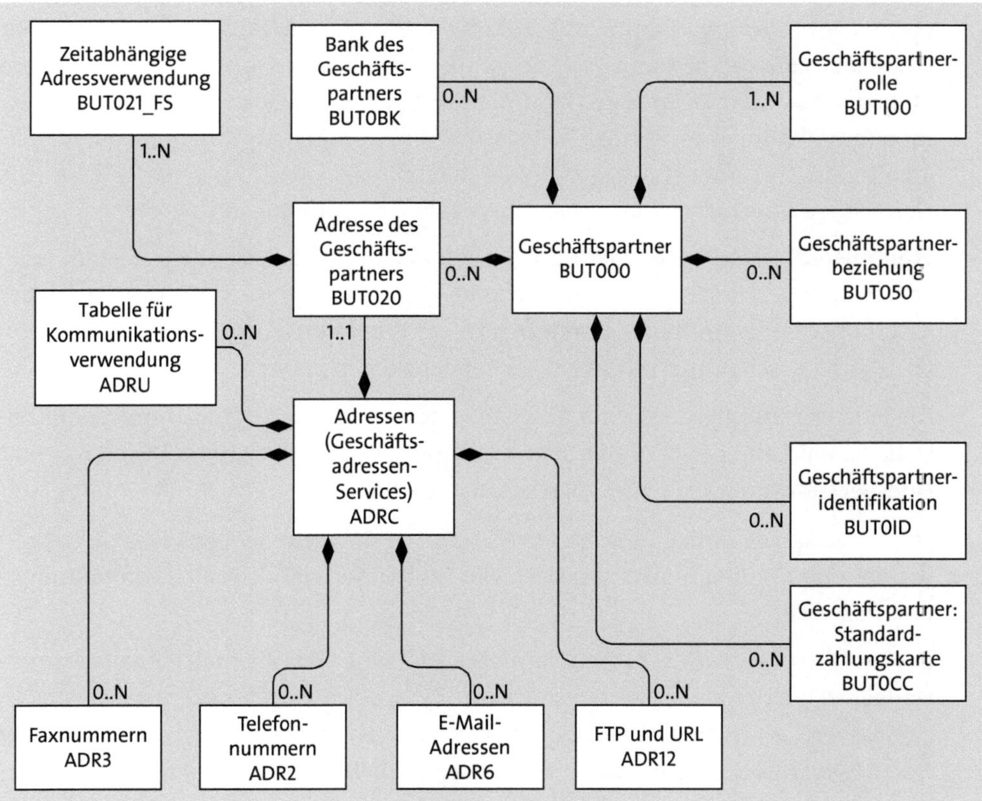

Abbildung 8.9 Geschäftspartnerdatenmodell

Geschäftspartner können abhängig von dem Prozess, an dem sie beteiligt sind, unterschiedliche Geschäftsrollen innehaben, die in der Tabelle BUT100 gespeichert werden. Das vollständige Geschäftspartnerdatenmodell wird über CDS-Views im VDM abgebildet.

Die Kundenrolle FLCU01 dient der Pflege der allgemeinen Daten des Kunden und der Vertriebsbereiche, denen der jeweilige Geschäftspartner zugeordnet ist. Die Kundenrolle FLCU00 für die Zwecke der Finanzbuchhaltung dient zur Pflege von Daten, die sich auf die Buchungskreise von Geschäftspartnern beziehen, die Kunden sind.

Die Lieferantenrolle FLVN01 dient zur Pflege der allgemeinen Lieferantendaten und der Daten, die sich auf die Einkaufsorganisationen von Geschäftspartnern beziehen, die Lieferanten sind. Die Lieferantenrolle FLVN00 für die Zwecke der Finanzbuchhaltung dient zur Pflege von Daten, die sich auf die Buchungskreise von Geschäftspartnern beziehen, die Lieferanten sind.

Betrachten wir ein Beispiel, bei dem es sich bei dem Geschäftspartner um ein Unternehmen handelt – die SAP SE –, die einem Automobilunternehmen bei seiner digitalen Transformation behilflich ist. In diesem Fall legen wir die SAP SE als Geschäftspartner vom Typ Organisation mit der Lieferantenrolle an. Darüber hinaus legen wir einen Geschäftspartner vom Typ Person – Herrn Schneider – mit der Rolle der Kontaktperson an und legen über diese Kontaktperson eine Beziehung zu dem Automobilunternehmen an. Als Geschäftspartnerrolle könnten wir Kunde, Lieferant, Mitarbeiter, Interessent, Auftraggeber, Warenempfänger oder Regulierer wählen. Die Geschäftspartnerrollen sind jeweils einer Rollenkategorie zugeordnet.

Wenn Benutzer*innen Geschäftspartner mit den Rollen Kunde oder Lieferant anlegen, wird dadurch der Prozess der *Customer-Vendor-Integration* (CVI) ausgelöst, der automatisch entsprechende Kunden- oder Lieferanteninstanzen anlegt, die in Vertriebs- und Beschaffungsprozessen verwendet werden können.

Die Bankverbindungsdaten von Geschäftspartnern wie die Kontonummer, der Kontoname, das Land der Bank, der Bankschlüssel und die International Bank Account Number (IBAN) werden in der Tabelle BUT0BK gespeichert.

Das Datenmodell für Zahlungskarten (Tabelle BUT0CC) dient der Pflege von Zahlungskarten- und Kreditkartenstammdaten wie Art der Karte, Gültigkeit, Kartennummer und Aussteller.

Die Tabelle BUT0ID wird zur Pflege der Daten zur Identität von Geschäftspartnern verwendet, z. B. Sozialversicherungsnummer (SSN), Führerscheinnummer oder Reisepassdaten. Das Identifikationsmodell für Geschäftspartner unterstützt die Pflege der Geschäftspartneridentifikationsnummer, einschließlich deren Gültigkeit und das ausstellende Land.

Ebenso sind adressspezifische und adressunabhängige Kommunikationsdaten von Geschäftspartnern wie Telefonnummer, Mobilfunknummer, Faxnummer, E-Mail-Adresse und URL der Website im Datenmodell abgebildet.

Das Adressmodell für Geschäftspartner dient zur Pflege der Adressdaten von Geschäftspartnern. Es können mehrere Adressen eingetragen und entsprechend ihrem

Verwendungszweck klassifiziert werden, wobei die Verwendungszwecke ebenfalls eine festgelegte Gültigkeit haben. Für Geschäftspartner ist immer eine Adresse als Default- oder Stammadresse ausgewählt.

Die Adressen von Geschäftspartnern werden in der Tabelle ADRC gepflegt. Sie können dabei auf drei verschiedene Arten angegeben werden:

- Adresse der Organisation/des Unternehmens
- Privatadresse
- Adresse der Kontaktperson (Adresse des Arbeitsplatzes)

Die Architektur zur Verwaltung der Geschäftspartnerdaten in SAP S/4HANA einschließlich des CVI-Prozesses und der Integration mit externen Systemen wird in Abbildung 8.10 dargestellt.

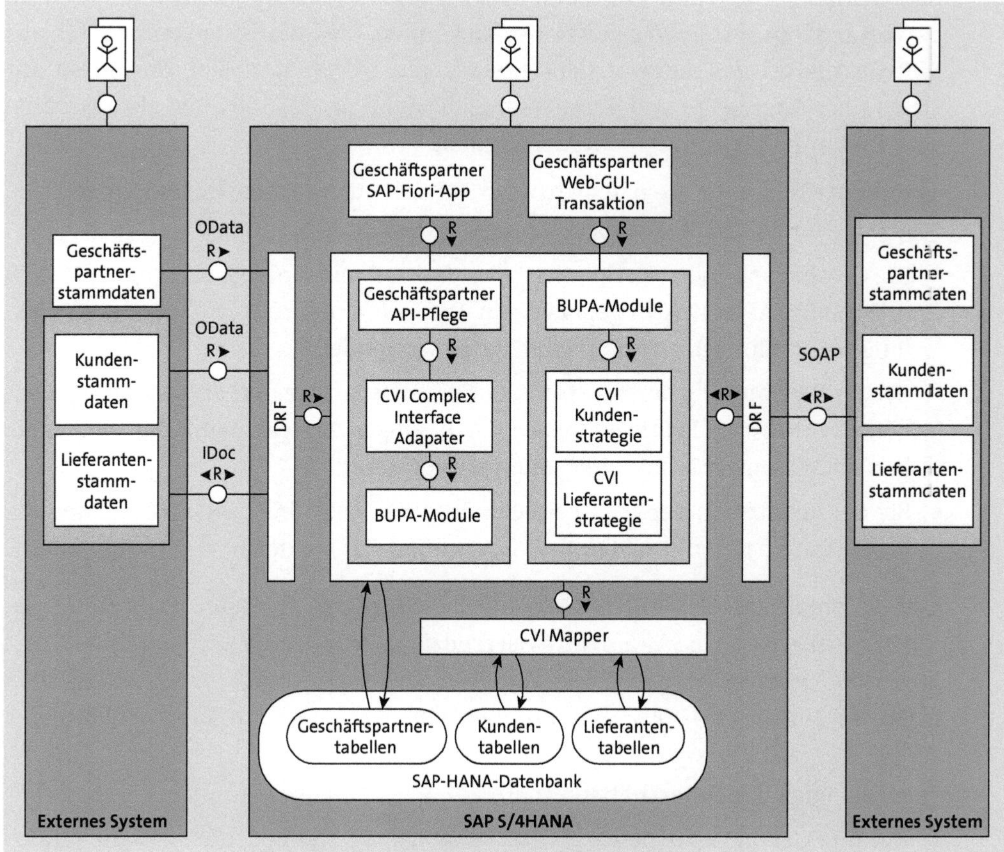

Abbildung 8.10 Anwendungsarchitektur zur Verarbeitung der Geschäftspartnerdaten

Als Nächstes widmen wir uns einigen Spezifika für Mitarbeiterdaten und Zeitabhängigkeiten.

Integration der Mitarbeiterrolle mit der Geschäftspartnerrolle

Stammdaten sind das Herzstück des digitalen Unternehmens, und für die verschiedenen Anwendungen sind konsistente Stammdaten über die Geschäftsprozesse hinweg erforderlich. Im Rahmen eines Domain-Modells muss zwingend eine einheitliche Sicht auf die Stammdaten bestehen, die von Anwendungen in einer verteilten Umgebung gemeinsam genutzt werden. Mit der Middleware SAP Master Data Integration können Sie Stammdaten über mehrere Tenants von Cloud-Anwendungen hinweg verteilen und damit konsistent nutzen (siehe auch Abschnitt 6.8.3).

Stammdaten für Geschäftspartner in der Mitarbeiterrolle können nicht direkt in SAP S/4HANA angelegt, sondern nur aus einer Personalverwaltungs- oder HR-Anwendung heraus repliziert werden. Die Mitarbeiterdaten werden aus SAP SuccessFactors Employee Central oder einem anderen HR-Informationssystem wie SAP ERP Human Capital Management (SAP ERP HCM) in SAP Master Data Integration eingespeist, wo sie von anderen Systemen genutzt werden können. Die Mitarbeiterstammdaten aus SAP SuccessFactors Employee Central versorgen SAP Master Data Integration mit Daten über Angestellte und Arbeitskräfte, die dann in SAP S/4HANA als Geschäftspartnerstammdaten abgelegt werden können.

Mitarbeiter*innen als Geschäftspartner in SAP S/4HANA anlegen zu können, setzt die folgende Konfiguration voraus:

- Die Geschäftspartnerrolle für Mitarbeiter (BUP003) und die Lieferantenrolle (FLVN00) müssen in SAP S/4HANA gepflegt sein. Die Lieferantenrolle wird für die Abwicklung von Zahlungen an Mitarbeiter*innen verwendet.
- Bei der Bestimmung der Adressen der Geschäftspartner muss für Mitarbeiter*innen als Adressart die Privatadresse (HCM001) eingestellt sein, damit das System die Privatadressen der Mitarbeiter*innen pflegen kann.
- Bei der Replikation der Mitarbeiterstammdaten nach SAP S/4HANA müssen die Identifikationsarten HCM001 und HCM028 konfiguriert werden.

Um die Mitarbeiterstammdaten aus SAP ERP HCM auf die Datenstruktur der Geschäftspartnerdaten in SAP S/4HANA zu replizieren, können Sie auf den ABAP-Report /SHCM/RH_SYNC_BUPA_FROM_EMPL zurückgreifen. Weitere Informationen hierzu finden Sie in SAP-Hinweis 2340095 (S4TWL: Conversion of Employees to Business Partners).

Zeitabhängigkeit bei Geschäftspartnern

Bestimmte Geschäftspartnerdaten sind zeitabhängig, was bedeutet, dass sie ihre eigenen Gültigkeitszeiträume haben. Für die folgenden Geschäftspartnerelemente können Gültigkeitszeiträume festgelegt werden:

- **Rollen**
  Zur Steuerung der Zeitabhängigkeit sind in den Geschäftspartnerrollen (Tabelle BUT100) Felder vorgehalten, in denen der Beginn und das Ende der Gültigkeit der Rollen angegeben werden (die Felder VALID_FROM und VALID_TO). Ein Geschäftspartner könnte beispielsweise vom 01.02.1999 bis zum 03.04.2024 Kunde sein. Nach dem 3. April 2024 ist der Geschäftspartner nicht mehr als gültiger Kunde mit der Organisation verbunden.
- **Adresse**
  Ein Geschäftspartner könnte vom 01.03.2023 bis zum 31.12.9999 eine Rechnungsadresse (Tabelle BUT020) am Standort Walldorf haben. Zieht dieser Geschäftspartner am 06.01.2024 an den Standort Karlsruhe, ändert sich die Gültigkeit der Rechnungsadresse. Die Zeitabhängigkeit der Verwendung der Adressen wird in der Tabelle BUT021_FS gespeichert.
- **Bankverbindungen**
  Sie müssen die Gültigkeit der Bankverbindung (Tabelle BUT0BK) kontrollieren, da Geschäftspartner möglicherweise kein aktives Konto bei einer Bank mehr haben. Zu diesem Zweck enthält die Tabelle BUT0BK auch Felder, die den Beginn und das Ende der Gültigkeit angeben.
- **Zahlungskarten**
  Ähnlich wie bei der Bankverbindung ist es möglich, verschiedene Zahlungskarten (Tabelle BUT0CC) mit Geschäftspartnern zu verknüpfen, wobei diese Zahlungskarten ihre eigenen Gültigkeitszeiträume haben.
- **Beziehungen, einschließlich derer zu Kontaktpersonen**
  Sie können den Gültigkeitszeitraum auf der Ebene der Beziehung kontrollieren (Tabelle BUT050). Nehmen wir z. B. eine Person, die in einem Unternehmen in der deutschen Unternehmenseinheit der*die Ansprechpartner*in für den Vertrieb ist. Mit Wirkung vom 24.06.2024 wird die Person befördert und ist nun Ansprechpartner*in für die gesamte europäische Unternehmenseinheit. Im System werden solche Personen als Geschäftspartner mit Beziehungen zu zwei Kontaktpersonen abgebildet, eine für die deutsche Unternehmenseinheit mit Gültigkeit vom 01.01.2018 bis 23.06.2024 und eine für die europäische Unternehmenseinheit mit Gültigkeit vom 24.06.2024 bis 31.12.9999.
- **Ausweisnummern**
  Es ist möglich, innerhalb eines bestimmten Zeitraums als Geschäftspartner unterschiedliche Ausweisnummern (Tabelle BUT0ID) zu haben. Vielleicht gibt es beispielsweise Geschäftspartner, deren Reisepässe zehn Jahre gültig sind. Dies kann mithilfe der Gültigkeitsfelder in der Tabelle dargestellt werden.

8.3.2 Szenarien für eine Systemkonvertierung nach SAP S/4HANA

Eine Voraussetzung für die Umstellung von SAP ERP auf SAP S/4HANA ist die Nutzung von CVI in SAP ERP. Vor Beginn des Systemkonvertierungsprozesses müssen die Kunden- und Lieferantenstammdatenobjekte mit den Stammdatensätzen für die Geschäftspartner synchronisiert werden (siehe Abbildung 8.11). Es ist empfehlenswert, aber nicht zwingend erforderlich, für die Geschäftspartner und die Kunden/Lieferanten jeweils die gleiche Kennung zu verwenden. In SAP S/4HANA Cloud haben Geschäftspartner und Kunden/Lieferanten dieselbe Kennung.

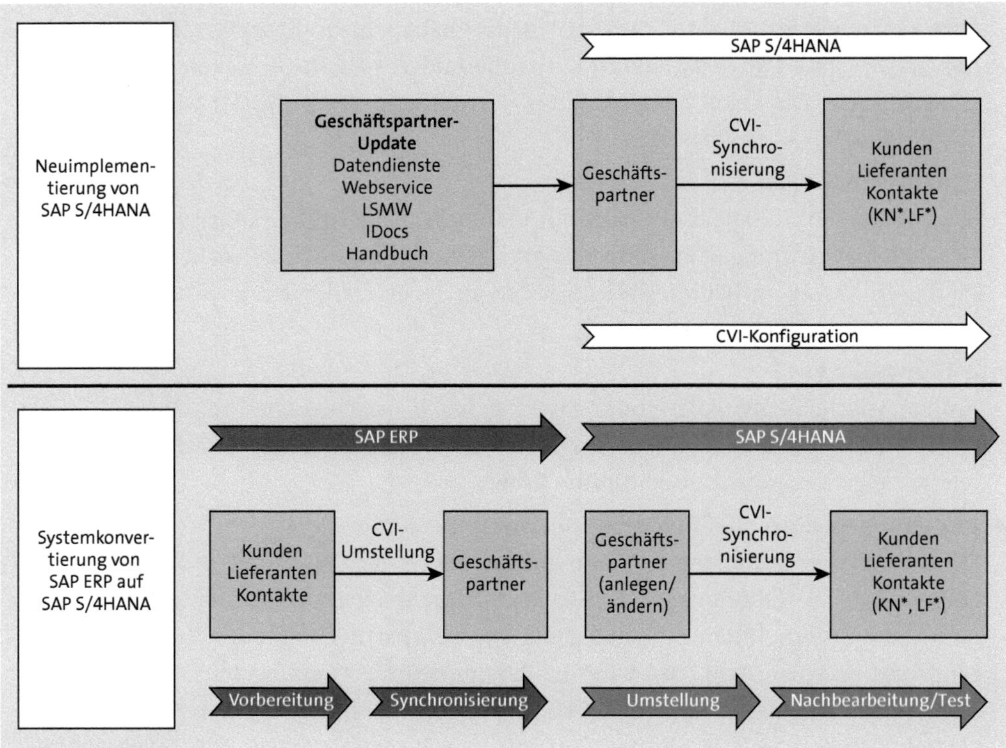

Abbildung 8.11 Migrationsszenarien

In der Vorbereitungsphase werden in SAP ERP Vorprüfungen durchgeführt, um zu ermitteln, welche Schritte erforderlich sind, um das System mit dem Konvertierungsprozess kompatibel zu machen. Alle Stammdatensätze von Kunden und Lieferanten, die zur Löschung gekennzeichnet sind, können archiviert werden und müssen nicht in Geschäftspartner umgewandelt werden.

Zur Erleichterung der Systemkonvertierung werden die folgenden Tools angeboten:

- Transaktion CVI_COCKPIT ist der zentrale Einstieg für den Zugriff auf alle erforderlichen Konvertierungs-Tools. Er hilft auch dabei, den aktuellen Zustand des Systems vor der Konvertierung zu überprüfen.
- Transaktion CVI_PRECHK dient dazu, die Stammdaten auf Konsistenz zu überprüfen. Das Tool bietet Inline- und Massenbearbeitungsfunktionen zur Behebung von Inkonsistenzen in den Kunden- und Lieferantenstammdaten.
- Transaktion BP_CVI_IMG_CHK dient dazu, das vor der Systemkonvertierung von SAP ERP auf SAP S/4HANA durchzuführende Customizing auf seine Konsistenz zu überprüfen.
- Mit dem Tool SAP Readiness Check kann der aktuelle Zustand des SAP-ERP-Systems überprüft werden, um den voraussichtlichen Arbeitsaufwand im Zusammenhang mit der Systemumstellung zu ermitteln. Das Tool SAP Readiness Check liefert Informationen über die erforderliche Dimensionierung von SAP HANA, analysiert den kundeneigenen Code, gibt die Menge der inkonsistenten Kunden-/Lieferantendatensätze aus und informiert darüber, welche Datensätze mit denen von Geschäftspartnern synchronisiert werden müssen.

In der Synchronisierungsphase werden die Kunden- und Lieferantstammdaten mit den Geschäftspartnerstammdaten synchronisiert. Die Synchronisierung kann sowohl für einzelne Stammdatensätze aus der Transaktion zur Bearbeitung von Kunden/Lieferantenstammdaten heraus als auch aus Transaktion MDS_LOAD_COCKPIT heraus erfolgen.

Während der Umstellungsphase wird ein Upgrade des Systems von SAP ERP auf SAP S/4HANA durchgeführt. Der Konvertierungsprozess wird zunächst mit Produktivdaten in einer Qualitätssicherungs- oder Vorproduktionsumgebung getestet. Anschließend wird er innerhalb des produktiven Systems ausgeführt. In der Nachbearbeitungsphase wird das System nach dem erfolgreichen initialen Laden des Prozesses zur Umwandlung der Geschäftspartnerstammdaten und des Systems so konfiguriert, dass die Geschäftspartner die führenden Business-Objekte sind.

In SAP-Hinweis 2713963 finden Sie weitere Angaben zum Prozess der Systemkonvertierung sowie einen Zugriff auf das SAP S/4HANA Cookbook für die Kunden-/Lieferantenintegration.

SAP-Datenmodell für Geschäftspartner, Kunden und Lieferanten

Das in Abbildung 8.12 dargestellte Datenmodell enthält nähere Angaben dazu, wie die Geschäftspartnerdaten für gemeinsame Elemente wie allgemeine Daten, Adress- und Bankdaten mit den Kunden-/Lieferantendaten synchronisiert werden.

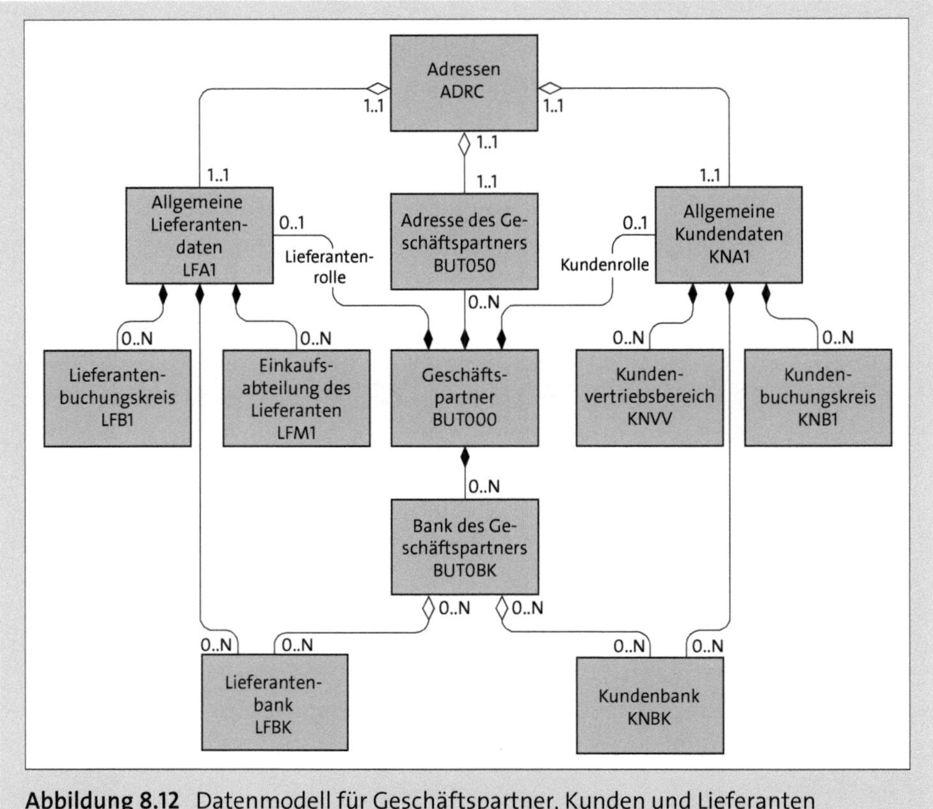

Abbildung 8.12 Datenmodell für Geschäftspartner, Kunden und Lieferanten

8.3.3 Datenschutz und Richtlinien

Für den Geschäftspartnerdatensatz, in dem viele personenbezogene Daten gespeichert sind – besonders wenn es sich bei dem Geschäftspartner um eine natürliche Person handelt –, gelten die Datenschutzvorschriften (nähere Informationen zum Thema Datenschutz und Privatsphäre finden Sie in Kapitel 7). Die Geschäftspartnerfunktionalität verwendet SAP Information Lifecycle Management (SAP ILM), um die Aufbewahrung, Sperrung und Löschung der Geschäftspartnerdaten zu verwalten. SAP ILM informiert alle für eine Geschäftspartnerinstanz registrierten Anwendungen, wenn deren Aufbewahrungsfrist endet. Wenn alle Anwendungen bestätigen, dass die Daten für keine Geschäftsprozesse mehr benötigt werden, wird der Geschäftspartner von SAP ILM gesperrt. Dadurch werden das Anzeigen und die Pflege dieser Geschäftspartnerinstanzen verhindert, und nur noch Personen mit speziellen Berechtigungen haben Zugriff. Nach Ende des Sperrzeitraums wird die Geschäftspartnerinstanz von SAP ILM komplett gelöscht.

8.3.4 Erweiterbarkeit

Häufig möchten Unternehmen, die eine Anwendung zur Verarbeitung von Geschäftspartnerdaten nutzen, bestimmte Dateneinheiten um benutzerdefinierte Felder erweitern, die für ihre individuellen Geschäftsprozesse erforderlich sind. Die Geschäftskontexte in der folgenden Liste können verwendet werden, um Geschäftspartner, Kunden und Lieferanten mithilfe der Key-User-Erweiterungs-Tools um benutzerdefinierte Felder zu erweitern (für Details siehe Abschnitt 5.1):

- `BP_CUSTVEND1`
  Erweitert das Datenmodell für die Geschäftspartner (Tabelle `BUT000`).
- `CUSTOMER_GENERAL`
  Erweitert das Datenmodell für die Kunden (Tabelle `KNA1`).
- `CUST_COMPANYCODE`
  Erweitert das Datenmodell für den Buchungskreis der Kunden (Tabelle `KNB1`).
- `CUST_SALES`
  Erweitert das Datenmodell für das Vertriebsgebiet der Kunden (Tabelle `KNVK`).
- `SUPPLIER_GENERAL`
  Erweitert das Datenmodell für die Lieferanten (Tabelle `LFA1`).
- `SUP_COMPANY`
  Erweitert das Datenmodell für den Buchungskreis der Lieferanten (Tabelle `LFB1`).
- `SUP_PURORG`
  Erweitert das Datenmodell für die Einkaufsorganisation der Lieferanten (Tabelle `LFM1`).

Darüber hinaus werden den Cloud-Kunden die folgenden Business Add-Ins zur Validierung der hinzugefügten Erweiterungsfelder angeboten:

- `CMD_VALIDATE_BP`
  Validiert die benutzerdefinierten Felder in den allgemeinen Daten innerhalb des Lieferantenstammdatensatzes.
- `CMD_VALIDATE_CUSTOMER`
  Validiert benutzerdefinierte Felder zur Erweiterung der allgemeinen Kundendaten, des Buchungskreises und des Vertriebsgebiets.
- `CMD_VALIDATE_SUPPLIER`
  Validiert die zu den allgemeinen Daten der Lieferanten, dem Buchungskreis der Lieferanten und den Daten der Einkaufsorganisation der Lieferanten hinzugefügten benutzerdefinierten Felder.

8.3.5 Geschäftspartner-APIs

In SAP S/4HANA wird die Geschäftspartnerintegration durch die folgenden APIs unterstützt:

- **SOAP-APIs**
  Diese werden für die asynchrone Replikation der Geschäftspartnerstammdaten mit dem SAP-S/4HANA-System über DRF verwendet (siehe Abschnitt 6.8.2).
- **OData-APIs**
  Diese werden für synchrone Operationen zum Anlegen, Lesen, Aktualisieren und Löschen (Create, Read, Update, Delete = CRUD) verwendet.
- **IDoc**
  Dieses Format wird häufig in Verbindung mit SAP ERP verwendet. Es wird nur aus Kompatibilitätsgründen unterstützt, gehört aber nicht zu den bevorzugten Protokollen für den Datenaustausch bei der Integration mit SAP S/4HANA.

Auch der OData-Service kann um neue benutzerdefinierte Erweiterungsfelder ergänzt werden, und zwar im Rahmen der Key-User-Erweiterbarkeit wie in Abschnitt 5.1 beschrieben.

8.4 Zusammenfassung

In diesem Kapitel haben wir die wichtigsten Stammdaten in SAP S/4HANA und ihre Architektur vorgestellt. Wir haben mit dem Produktstamm und seinem Datenmodell begonnen, das sich auf viele Funktionen und Prozesse von SAP S/4HANA auswirkt. Darüber hinaus haben wir die Themen Produktstammdaten-APIs, Erweiterbarkeit und Datenmigration besprochen.

Wir haben erläutert, wie Produkte charakterisiert und konfiguriert werden. In diesem Zusammenhang haben wir Stücklisten, die Klassifizierung und die Variantenkonfiguration behandelt, einschließlich des neuen AVC in SAP S/4HANA.

Als Nächstes haben wir einen Überblick über die Geschäftspartnerstammdaten gegeben, durch die sich Personen oder Organisationen in verschiedenen Rollen wie Kunden, Lieferanten oder Mitarbeitern darstellen lassen. Wir haben die Architektur und das Datenmodell von Geschäftspartnerstammdaten erörtert und dabei auch Aspekte wie die Zeitabhängigkeit und die Integration von Mitarbeiterdaten behandelt. Anschließend haben wir den Prozess zur Konvertierung von Geschäftspartnerdaten von SAP ERP nach SAP S/4HANA beschrieben. Zuletzt haben einen Überblick über die Erweiterungsoptionen und APIs für Geschäftspartnerstammdaten gegeben.

Die Stammdaten werden in allen betriebswirtschaftlichen Anwendungsbereichen von SAP S/4HANA verwendet. Einer dieser Bereiche ist der Vertrieb, den wir im nächsten Kapitel behandeln.

Kapitel 9
Vertrieb

*Der Verkaufsprozess besteht aus vielen Einzelschritten, an denen Benutzer*innen in verschiedenen Organisationsbereichen beteiligt sind. Um sicherzustellen, dass die Wünsche der Kunden nach einer zuverlässigen Abwicklung und Lieferung von Waren und Dienstleistungen dem Kundenauftrag oder -kontrakt entsprechend erfüllt werden, erfordern all diese Schritte eine nahtlose Integration und Überwachung.*

In diesem Kapitel konzentrieren wir uns auf die unternehmensinternen Prozesse zum Verkauf von Produkten und Dienstleistungen. In Abschnitt 9.1 geben wir einen Überblick über die Architektur der wichtigsten Komponenten, Business-Objekte und Integrationspunkte. Abschnitt 9.2 konzentriert sich auf die allgemeine Struktur des Datenmodells, und Abschnitt 9.3 beschreibt die Berechtigungen im Vertrieb. Anschließend werden in Abschnitt 9.4 bis Abschnitt 9.9 die wichtigsten Prozesse näher beschrieben, wie die Verwaltung von Anfragen und Angeboten, die Auftragsabwicklung, die Verwaltung von Verkaufskontrakten, die Verwaltung von Retouren und Rückerstattungen sowie die Fakturierung. In Abschnitt 9.10 wird gezeigt, wie SAP S/4HANA Sales die In-Memory-Funktionen von SAP HANA nutzt, um analytische Erkenntnisse in Echtzeit zu liefern. Zudem wird beschrieben, wie Machine Learning eingesetzt wird, um Vorhersagen über mögliche Verzögerungen oder Probleme bei der Verarbeitung treffen zu können. In Abschnitt 9.11 werden spezifische Überlegungen zur Preisfindung erörtert. Zuletzt wird in Abschnitt 9.12 die Integration von SAP- und Fremdsystemen auf der Basis von asynchronen SOAP- oder synchronen OData-APIs beschrieben.

9.1 Überblick über die Architektur

SAP S/4HANA Sales deckt eine Vielzahl von Verkaufsprozessen ab und bietet eine sehr flexible Business-Konfiguration für die Integration mit Beschaffung, Logistik und Finanzwesen. Wenn Unternehmen physische Produkte verkaufen, gibt es verschiedene Möglichkeiten: Die Produkte werden entweder aus dem Lagerbestand verkauft oder können, wenn sie nicht verfügbar sind, produziert, beschafft oder aus einem anderen Lager umgelagert werden (Umlagerung).

Der Verkaufsprozess in SAP S/4HANA kann mit einer *Kundenanfrage* beginnen, gefolgt von einem *Angebot*, das dann als Referenz für die Erstellung eines *Kundenauftrags* verwendet werden kann (siehe Abbildung 9.1). Kundenaufträge können auch auf der Grundlage langfristiger Vereinbarungen, wie z. B. Verkaufskontrakten oder Lieferplänen, erstellt werden. *Verkaufskontrakte* sind Rahmenverträge über die Lieferung von Produkten in bestimmten Mengen oder zu einem bestimmten Wert innerhalb einer bestimmten Zeit. In *Lieferplänen* wird vereinbart, dass ein Produkt in regelmäßigen Abständen in einer bestimmten Menge geliefert wird. Die Kundenauftragsabwicklung umfasst die Berechnung von Preisen durch die Preisfindungskomponente sowie die Prüfung der Verfügbarkeit der bestellten Produkte mithilfe der ATP-Prüfung (Available-to-Promise).

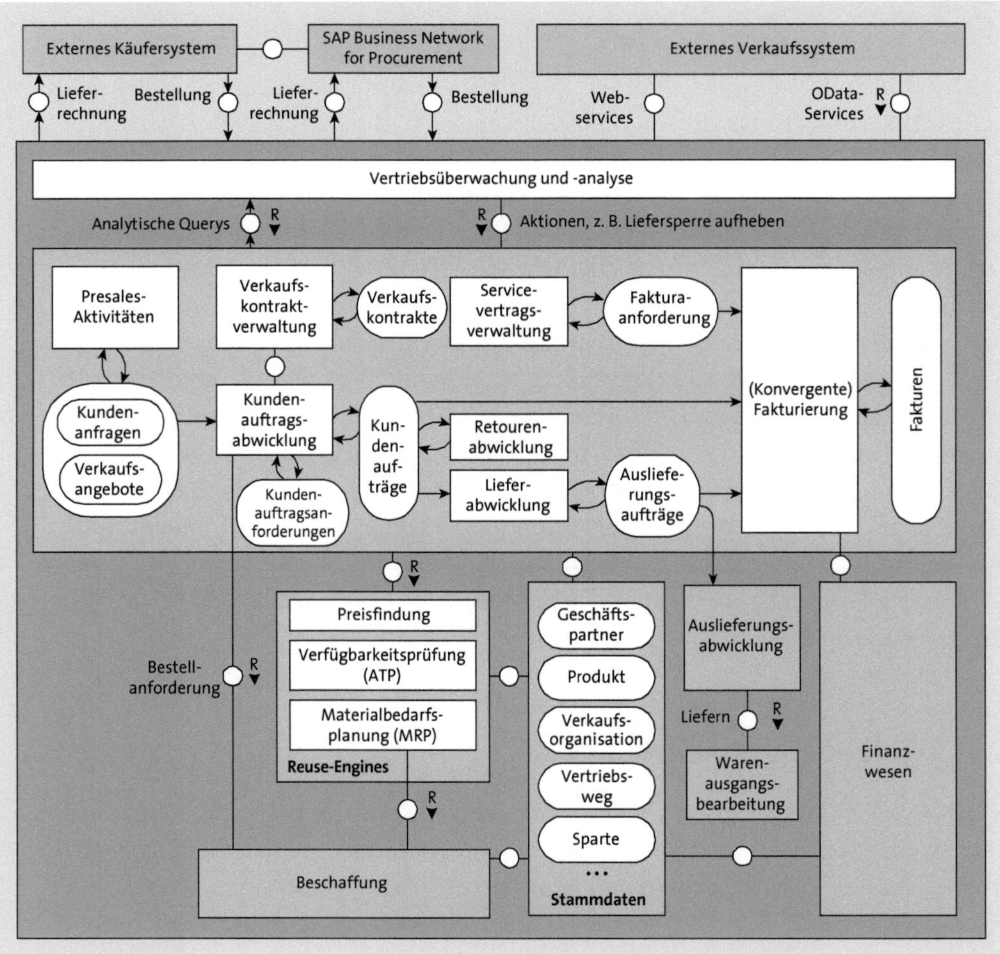

Abbildung 9.1 Überblick über den Vertrieb in SAP S/4HANA

Wenn ein Kundenauftrag Produkte beinhaltet, die nicht auf Lager sind, wird möglicherweise eine Eigenfertigung oder die Beschaffung bei Fremdanbietern eingeleitet. *Kundenauftragsanforderungen* werden verwendet, um die Umwandlung der Rohdaten in einen Kundenauftrag zu steuern, wenn ein Kundenauftrag aus unstrukturierten Daten erstellt werden soll.

Stammdaten wie Geschäftspartner- und Produktstammdaten sowie Organisationseinheiten wie Verkaufsorganisation, Vertriebswege und Sparten spielen bei der Verkaufsabwicklung eine wichtige Rolle. *Auslieferungen* werden erstellt, damit die Produkte wie im Kundenauftrag zugesagt an den Kunden geliefert werden.

Die Fakturierung ist in der Regel der letzte Schritt im Verkaufsprozess. Dabei werden Fakturen erstellt und an Kunden gesendet, um ihnen die verkauften Produkte oder Dienstleistungen in Rechnung zu stellen. Neben der Fakturierung kundenauftragsbezogener Lieferungen gibt es noch weitere Fakturierungsszenarien, wie z. B. die konvergente Omnichannel-Fakturierung (siehe Abschnitt 9.9) oder die Erstellung vorläufiger Fakturen. Zuletzt werden die Fakturen in der Finanzbuchhaltung gebucht, was zur Erstellung der entsprechenden Buchungsbelege führt (siehe Abschnitt 14.2).

Die Funktionen zur Vertriebsüberwachung und -analyse sind für die wichtigsten Geschäftsprozesse im Vertrieb verfügbar. Analytische CDS-Views (Core Data Services), die direkt aus den SAP-HANA-Datenbanktabellen lesen, ermöglichen Vertriebsleiter*innen die Aggregation und Berechnung von Key Performance Indicators (KPIs) in Echtzeit. Machine-Learning-Regressionsalgorithmen ermöglichen Vorhersagen über das künftige Verkaufspotenzial oder über Verarbeitungsverzögerungen.

9.2 Struktur der Verkaufsbelege

Die Prozesskette in SAP S/4HANA Sales umfasst Anfragen, Angebote, Kundenauftrags- und Kontraktmanagement, Retouren- und Fallbearbeitung sowie Fakturierung. In der Regel führt jeder Schritt in diesem Prozess zu einem entsprechenden Geschäftsbeleg eines bestimmten Belegtyps:

- Kundenanfragen und Verkaufsangebote während des Presales-Prozesses
- Verkaufskontrakte und Kundenaufträge im Rahmen des Kontrakt- und Auftragsmanagements
- Kundenretouren oder Gutschriftsanforderungen in der Retourenabwicklung
- Fakturen in der Fakturierungsphase

All diese Verkaufsbelege verfügen über eine ähnliche Datenstruktur und nutzen viele Datenbanktabellen gemeinsam. Obwohl jeder Belegtyp spezifische Merkmale aufweist, sind folgende Eigenschaften in der Regel in allen Verkaufsbelegen zu finden (siehe auch Abbildung 9.2):

- ein Belegkopf und eine oder mehrere Belegpositionen
- ein oder mehrere Geschäftspartner, die Partnerrollen z. B. Auftraggeber, Warenempfänger, Regulierer oder Ansprechpartner zugeordnet sind
- Positionen mit der Aufforderung, bestimmte Produkte oder Dienstleistungen zu bestimmten Zeitpunkten und zu einem bestimmten Preis zu liefern
- Vorgänger- und Nachfolgebelege, die den Prozessablauf zur Bearbeitung von Belegen darstellen
- Texte oder Notizen, die auf Kopf- oder Positionsebene zugeordnet werden

Die spezifischen Eigenschaften der verschiedenen Verkaufsbelege hinsichtlich ihres Datenmodells und der Verarbeitungslogik werden durch bestimmte Belegtypen und Belegarten auf Kopf- und Positionsebene definiert.

Jeder Verkaufsbelegkopf verfügt über genau einen Verkaufsbelegtyp und eine Verkaufsbelegart. *Verkaufsbelegtypen* werden verwendet, um verschiedene Verkaufs-, Fakturierungs- und Lieferbelegarten zu kategorisieren. Beispiele für Verkaufsbelegtypen sind Anfrage, Angebot, Auftrag, Lieferplan, Kontrakt, Retoure, Lieferung, Rechnung und Gutschriftenanforderung. Die Verkaufsbelegtypen werden von SAP definiert.

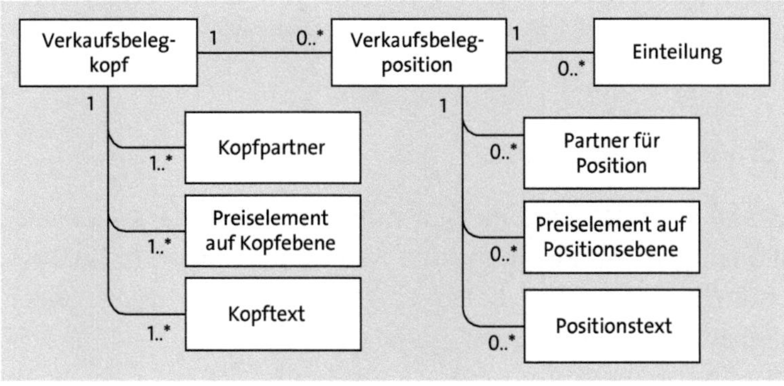

Abbildung 9.2 Struktur der Verkaufsbelege

Verkaufsbelegarten werden verwendet, um die Verarbeitung und den Datenfluss von Verkaufsbelegen in Bezug auf Verarbeitungsschritte wie die Preisfindung, den Versand und die Fakturierung zu definieren. Beispiele für Verkaufsbelegarten, die im Rahmen von Best Practices bereitgestellt werden, sind Standardaufträge, Lastschriftanforderungen, kostenlose Lieferungen, Retouren und Wertkontrakte. Für jede Verkaufsbelegart kann festgelegt werden, welche Positionstypen in Belegen dieser Art zulässig sind. Die Positionstypen werden verwendet, um auf Positionsebene die Bearbeitungsmethode in Bezug auf Preisfindung, Versand, Fakturierung, Verfügbarkeitsprüfung usw. zu definieren.

Verkaufsbelegarten und Positionstypen sind zentrale Konfigurationselemente, um die möglichen Bearbeitungsvarianten in SAP S/4HANA Sales zu steuern. SAP bietet vordefinierte Best-Practice-Konfigurationseinstellungen für diese Konfigurationseinheiten und stellt darüber hinaus Feinabstimmungsmöglichkeiten bereit, damit Sie Ihre eigenen Varianten für die Verarbeitung bestimmter Arten von Verkaufsbelegen und Positionstypen definieren können.

Die ID eines Verkaufsbelegs kann entweder von den Benutzer*innen beim Anlegen eines Verkaufsbelegs auf der Benutzeroberfläche definiert oder automatisch auf der Grundlage von Nummernkreisen ermittelt werden. Die entsprechenden Nummernkreisintervalle können für jede Verkaufsbelegart definiert werden.

9.3 Berechtigungen

Berechtigungen für die Bearbeitung von Verkaufsbelegen oder Fakturen werden anhand von Berechtigungsobjekten definiert, mit denen Sie Lese- oder Schreibberechtigungen auf der Ebene von Verkaufsbelegarten, Fakturaarten oder Verkaufsorganisationen unterscheiden können.

Um Administrator*innen beim Definieren der erforderlichen Berechtigungen für Benutzer*innen zu unterstützen, bietet SAP S/4HANA Cloud Vorlagen für Geschäftsrollen, z. B. für Vertriebsleiter*innen, Vertriebsmitarbeiter*innen im Innendienst, Sachbearbeiter*innen für Retouren und Rückerstattungen und Sachbearbeiter*innen für die Rechnungsbearbeitung. Wie in Kapitel 17 beschrieben, enthält jede dieser sogenannten *Anwendungsrollen* eine Reihe von Anwendungskatalogen, in denen die Anwendungen, auf die die Benutzer*innen mit dieser Rolle im SAP Fiori Launchpad zugreifen können, sowie die für die Nutzung dieser Anwendungen erforderlichen Berechtigungen definiert sind. Administrator*innen können spezifische Anwendungsrollen basierend auf den bereitgestellten Anwendungsrollenvorlagen erstellen und diese Anwendungsrollen den Benutzer*innen nach Bedarf zuweisen.

Um die erforderlichen Berechtigungen gemäß den Zuständigkeiten und Aufgaben eines bestimmten Benutzers oder einer bestimmten Benutzerin zu erteilen, können Administrator*innen die Berechtigungen z. B. für die Auftragsbearbeitung oder Fakturierung auf der Ebene der Belegarten oder Verkaufsorganisationen einschränken, für die der Benutzer oder die Benutzerin Verkaufsbelege anlegen, ändern oder anzeigen darf. Darüber hinaus können Benutzer*innen spezifische zusätzliche Berechtigungen für die Bearbeitung von Stammdaten wie Geschäftspartnern oder Produkten oder für bestimmte Prozesse wie den Zugriff auf Zahlungskarten oder Preiskonditionen erhalten.

9.4 Kundenanfragen und Verkaufsangebote

Kundenanfragen sind Anfragen von Kunden nach bestimmten Waren oder Dienstleistungen. Vertriebsmitarbeiter*innen im Innendienst können eine Kundenanfrage erstellen, in der die gewünschten Produkte und Mengen erfasst werden. *Verkaufsangebote* wiederum sind Antworten auf Kundenanfragen oder Ausschreibungen von Kunden. Sie stellen rechtsverbindliche Angebote an Kunden für die Lieferung von Waren oder die Erbringung von Dienstleistungen zu bestimmten Bedingungen dar. Verkaufsangebote können mit Bezug auf eine Anfrage oder von Grund auf neu erstellt werden. Nimmt der Kunde das Angebot an, kann das Angebot in einen Kundenauftrag umgewandelt werden.

Für Verkaufsangebote gilt eine gewisse Befristung. SAP S/4HANA Sales nutzt die In-Memory-Fähigkeiten von SAP HANA, um Kunden zu erkennen, die für bald auslaufende Angebote noch keine Aufträge erteilt haben, damit Sie proaktiv mit Folgeaktivitäten beginnen können. Hier sind zwei Beispiele dafür, wie Angebote mit niedrigen Umwandlungsraten Benutzer*innen angezeigt werden:

- Mithilfe eingebetteter Analyseanwendungen können Vertriebsleiter*innen Angebote mit niedrigen Umwandlungsraten, die in Kürze auslaufen, in Echtzeit überwachen. Die Grundlage dafür bilden analytische Querys und CDS-Views, die die entsprechenden Angebotsdaten direkt aus der Datenbank lesen. (Informationen zur Analytics-Architektur finden Sie in Abschnitt 4.1.)
- SAP S/4HANA Sales nutzt das Framework zur intelligenten Situationsverarbeitung (siehe Abschnitt 4.3), um Vertriebsmitarbeiter*innen über Angebote mit niedriger Umwandlungsrate, die bald auslaufen, zu informieren (siehe Abbildung 9.3).

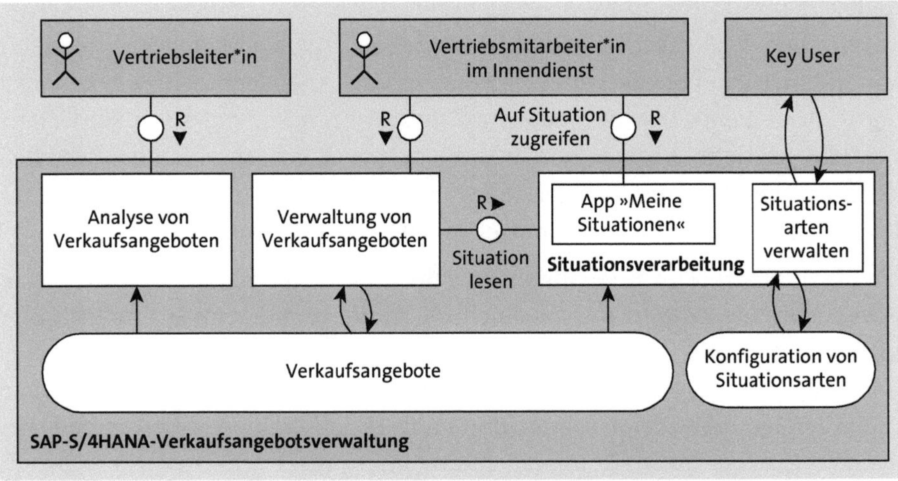

Abbildung 9.3 Einsatz der intelligenten Situationsverarbeitung zur Verwaltung von Verkaufsangeboten

Die Instanzen der Situationen werden den Benutzer*innen auf der SAP-Fiori-Object-Page der Verkaufsangebote angezeigt und sind auch bei den Benachrichtigungen oder in der App **Meine Situationen** sichtbar. Key User können die Situationsvorlage `SD_Expiring_Quotation` verwenden und Situationsarten konfigurieren, um Bedingungen zu definieren, unter denen Situationsinstanzen erstellt werden, z. B. wenn ein Angebot in den nächsten sieben Tagen ausläuft und seine Umwandlungsrate gleich oder kleiner als 10 % ist.

9.5 Kundenauftragsabwicklung

Kundenaufträge sind der wichtigste Dokumenttyp im Verkaufsprozess. Sie werden erstellt, wenn ein verkaufendes Unternehmen und ein Kunde eine Vereinbarung über Waren oder Dienstleistungen getroffen haben, die zu einem bestimmten Preis und zu einem bestimmten Zeitpunkt geliefert werden sollen. Ein Kundenauftrag kann von Grund auf neu oder durch Bezugnahme auf eine Bestellung, ein Angebot, einen Verkaufskontrakt oder einen anderen Kundenauftrag erstellt werden:

- **Kundenauftrag ohne Referenz**
  Wenn ein Kundenauftrag von Grund auf neu angelegt wird, müssen bei der Auftragserstellung ein Kunde in der Rolle des Auftraggebers sowie die zu verkaufenden Produkte und Mengen angegeben werden.
- **Erstellt aus Referenz**
  Wird ein Kundenauftrag anhand einer Referenz angelegt, werden Daten wie Kunden- und Produktdaten aus dem Vorgängerbeleg abgeleitet. In Abhängigkeit von der sogenannten *Kopiersteuerung*, können zusätzliche Daten aus Vorgängerbelegen übernommen werden.

Wie in Abschnitt 9.2 erläutert, ist der Kundenauftrag in einen Belegkopf und Positionen strukturiert und enthält auf Kopf- oder Positionsebene normalerweise Geschäftspartner, Texte und Preise. Jede Kundenauftragsposition mit Produkten, die in einer Auslieferung geliefert werden sollen, enthält auch mindestens eine *Einteilung*. Die Position kann mehrere Einteilungen aufweisen, wenn die bestellten Mengen in mehrere Teillieferungen zu unterschiedlichen Zeiten oder an unterschiedliche Anlieferungsorte aufgeteilt werden. Das Merkmal einer Einteilung wird über den Einteilungstyp festgelegt.

Die Verkaufsbelegart legt fest, welche Art von Kundenauftrag erstellt wird und welche Positionstypen (z. B. Standardposition oder Naturalrabattposition) in diesem Kundenauftrag zulässig sind. Der Positionstyp bestimmt dann die nachfolgenden Prozessschritte, wie z. B. die Preisfindung, die Prüfung der Verfügbarkeit des angefragten Produkts und die Partnerfindung zur Ermittlung der beteiligten Partner. Zur

Ermittlung des Preises von Produkten oder Dienstleistungen, die im Rahmen eines Kundenauftrags verkauft werden, wird in der Regel die Pricing Engine (siehe Abschnitt 9.11) aufgerufen, um die Berechnung durchzuführen.

Wenn die angeforderten Produkte auf Lager sind, veranlasst die Kundenauftragsabwicklung die *Auslieferungsabwicklung*, um die Produkte an den Anlieferungsort zu liefern. Wenn die Produkte von einem Fremdanbieter beschafft werden müssen, erstellt die Kundenauftragsabwicklung eine Bestellanforderung, die in eine Bestellung umgewandelt und an den Lieferanten geschickt wird. Der Lieferant stellt das Material dann entweder dem verkaufenden Unternehmen zur Verfügung oder versendet die Ware direkt an den Kunden und stellt sie dem verkaufenden Unternehmen in Rechnung (Streckengeschäft). Wenn die vom Kunden bestellten Produkte im eigenen Hause hergestellt werden müssen – wie in einem MTO-Szenario (*Make to Order*) – wird der Produktionsprozess durch einen Materialbedarfsplanungslauf (Material Requirements Planning, MRP) ausgelöst (siehe Abschnitt 12.5.3).

Die Lieferabwicklung bereitet den Versand der bestellten Produkte an den Anlieferungsort vor, indem sie den Auslieferungsbeleg erstellt. Bei der Erstellung des Lieferbelegs wird die Versandstelle ermittelt. Die Lieferabwicklung löst auch die Kommissionierung der bestellten Produkte aus dem Lager, die Verpackung und schließlich den Versand aus. Diese Schritte werden im Lieferbeleg dokumentiert. Die Lieferabwicklung stößt die Warenausgangsbearbeitung an, die Warenausgangsbelege erstellt, damit die reduzierte Menge im Bestand berücksichtigt wird (siehe Abschnitt 12.5.1).

9.6 Verkaufskontrakte

Verkaufskontrakte sind langfristige Vereinbarungen mit Kunden über den Verkauf von Waren oder Dienstleistungen unter bestimmten Bedingungen. Verkaufskontrakte sind für einen bestimmten Zeitraum gültig. SAP S/4HANA umfasst die folgenden Kategorien von Verkaufskontrakten:

- **Rahmenvertrag**
  Dies ist ein Dokument zur Gruppierung von Verkaufskontrakten. Der Rahmenvertrag enthält die allgemeinen Bedingungen, die für alle unter diesem Rahmenvertrag zusammengefassten Kontrakte gelten.
- **Mengenkontrakt**
  Dabei handelt es sich um eine Vereinbarung über die Bestellung einer bestimmten Menge eines Produkts innerhalb eines bestimmten Zeitraums. Der Kontrakt enthält grundlegende Mengen- und Preisangaben, aber keinen Zeitplan mit konkreten Lieferterminen oder Mengen.

- **Wertkontrakt**
  Dabei handelt es sich um eine vertragliche Vereinbarung mit einem Kunden, die beinhaltet, welche Materialien und Dienstleistungen der Kunde innerhalb eines bestimmten Zeitraums und bis zu einem bestimmten Wert erhalten kann. Ein Wertkontrakt kann auf bestimmte Produkte beschränkt werden.

Ein Kunde erfüllt einen Verkaufskontrakt, indem er Kundenaufträge zum Kontrakt erteilt; dies wird als *Kontraktabruf* bezeichnet. Bei der Erstellung eines Kontraktabrufs prüft die Anwendung, ob die folgenden Bedingungen erfüllt sind:

- Die abgerufenen Produkte entsprechen den Regeln des Wertkontrakts.
- Der Kontraktabruf erfolgt innerhalb der Kontraktlaufzeit.
- Der abgerufene Wert (im Wertkontrakt) bzw. die abgerufene Menge (im Mengenkontrakt) übersteigt den noch offenen Wert bzw. die noch offenen Mengen im Kontrakt.

Durch einen Kontraktabruf mit Verweis auf einen Kontrakt wird der abgerufene Wert oder die abgerufene Menge im jeweiligen Kontrakt aktualisiert. Die Erfüllungsrate von Verkaufskontrakten gibt den prozentualen Anteil der abgerufenen Werte in Kontraktabrufen im Verhältnis zum Zielwert eines Verkaufskontrakts an. Vertriebsmitarbeiter*innen im Innendienst oder Vertriebsleiter*innen können mit der Analyse-App **Erfüllungsraten von Verkaufskontrakten** analysieren, inwieweit die Kontrakte in ihrem Vertriebsgebiet erfüllt werden. So können Kontrakte ermittelt werden, die bald verlängert werden müssen, sowie Kontrakte, die nicht erwartungsgemäß erfüllt werden.

9.7 Verkaufslieferpläne

Verkaufslieferpläne sind langfristige Vereinbarungen mit Kunden, in denen die erwartete Gesamtliefermenge an den Kunden für einen bestimmten Zeitraum festgelegt ist. Die Abwicklung von Lieferplänen ist in Abbildung 9.4 dargestellt.

Um eine bestimmte Menge eines oder mehrerer Produkte auf der Grundlage eines Lieferplans abzurufen, sendet der Kunde in regelmäßigen Abständen Verkaufslieferplanabrufe, sogenannte *Lieferzeitpläne*. In der Regel sendet der Kunde (in Abbildung 9.4 als »Käufersystem« dargestellt) in regelmäßigen Abständen Lieferzeitpläne über Electronic Data Interchange (EDI), um die Freigabe einer bestimmten Menge der angegebenen Produkte anzufordern. Das System erstellt dann automatisch neue (oder aktualisiert bestehende) Lieferzeitpläne im Verkaufslieferplan, und bereits gelieferte Einteilungen werden in der Einteilungshistorie gespeichert. Sobald aus den Einteilungen von Verkaufslieferplänen Auslieferungen erzeugt werden, wird dies in eine Tabelle geschrieben, um die daraus resultierenden Auslieferungen für die einzelnen Einteilungen zu verfolgen.

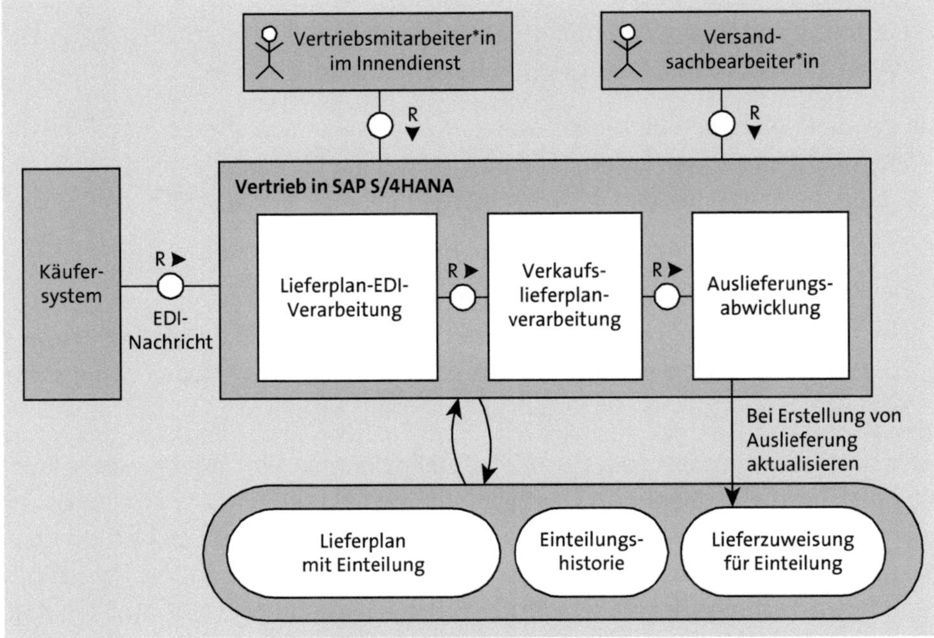

Abbildung 9.4 Bearbeitung von Verkaufslieferplänen

9.8 Reklamations-, Retouren- und Rückerstattungsmanagement

Kunden können ein Produkt zurückgeben, wenn es nicht ihren Erwartungen entspricht oder beschädigt ist. In der Reklamations- und Retourenabwicklung werden *Kundenretouren* angelegt, wenn ein Kunde Waren zurückschickt. Kundenretouren werden in der Regel mit Bezug auf einen Vorgängerbeleg erstellt, z. B. einen Kundenauftrag, einen Kundenkontrakt, einen Kontraktabruf oder eine Faktura.

Wenn eine Kundenretoure auf einer Reklamation beruht, können die zurückgesandten Waren zur Inspektion an das Lager geschickt werden. Die Inspektion kann zu einer der folgenden Aktivitäten führen:

- Bewilligung der Reklamation und Erstellung einer Gutschrift
- Bewilligung der Reklamation und Erstellung einer kostenfreien Nachlieferung
- Abweisung der Reklamation

Die erweiterte Retourenabwicklung bietet einige erweiterte Funktionen für die Retourenabwicklung, wie z. B. die Erfassung der Produktprüfungsergebnisse, die Entscheidung über die logistischen Folgeaktivitäten, die Erstattung von Kundenretouren durch eine Gutschrift, die kostenlose Lieferung von Ersatzprodukten und die Überwachung des Prozesses.

9.9 Fakturierung

Die Fakturierung bietet Funktionen für eine Vielzahl von Fakturierungsszenarien, darunter die konvergente Omnichannel-Fakturierung, die Bearbeitung von Rechnungslisten und die Erstellung vorläufiger Fakturen. Normalerweise erfolgt die Fakturierung automatisch nach einem Zeitplan, aber Fakturen können auch manuell erstellt werden. Nachdem die Fakturen erstellt wurden, werden sie in der Finanzbuchhaltung gebucht:

- **Faktura**
  Dieser Beleg wird mit Bezug auf einen Vorgängerbeleg erstellt. Dabei handelt es sich in der Regel um einen Kundenauftrag, eine Lastschriftenanforderung oder einen Auslieferungsbeleg, es kann sich aber auch um eine andere Position des Fakturavorrats handeln, z. B. eine Fakturaanforderung.
- **Fakturaanforderung**
  Dies ist ein Anforderungsobjekt, das Einzelfakturadaten aus internen und externen Quellen enthalten kann. Fakturaanforderungen, die Daten aus externen Quellen enthalten, werden als *externe Fakturaanforderungen* bezeichnet. Externe Quellen für diese Anforderungen können ein integriertes System wie SAP Subscription Billing oder SAP Sales Cloud oder eine manuell importierte Tabelle mit Fakturadaten sein.

Die *konvergente Fakturierung* beschreibt den Prozess der gemeinsamen Fakturierung verschiedener Arten von Verkaufsbelegen, um eine einzige Kundenrechnung für Kundenaufträge, Lieferungen oder professionelle Dienstleistungen zu erstellen. Die entsprechende Architektur wird in Abbildung 9.5 dargestellt.

Mehrere Positionen des Fakturavorrats, die unterschiedliche Fakturierungsarten aufweisen können, werden in einer einzigen Kundenrechnung zusammengefasst. Standardmäßig versucht die konvergente Fakturierung, so viele Referenzbelege wie möglich in so wenigen Fakturen wie möglich zusammenzufassen. Ob mehrere Referenzbelege zu einer einzigen Sammelfaktura zusammengeführt werden können, hängt davon ab, ob die Werte bestimmter Kopf- und Positionsfelder (darunter Felder für Geschäftspartnerdaten) in den Referenzbelegen identisch sind. Die Positionen des Fakturavorrats, die zu unterschiedlichen Werten für die Fakturakopffelder führen, werden in separate Fakturen aufgeteilt.

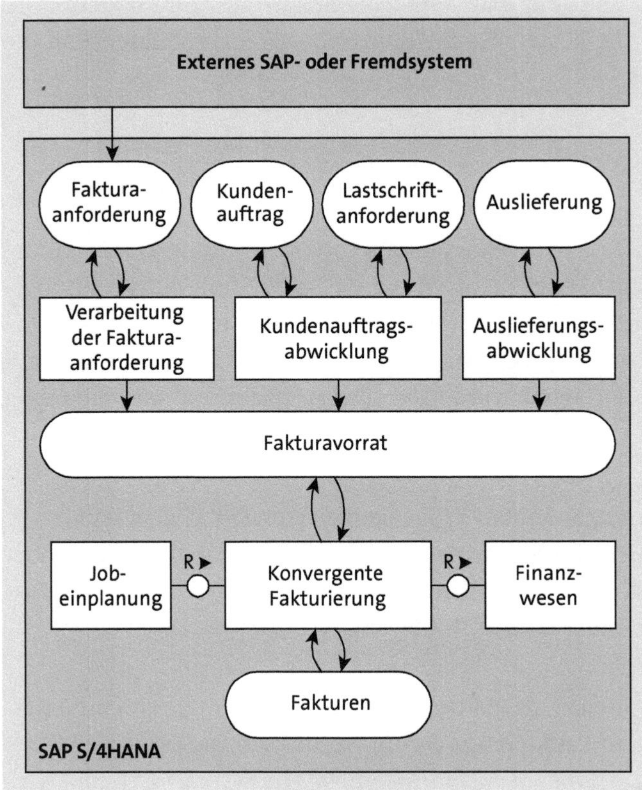

Abbildung 9.5 Konvergente Fakturierung

9.10 Vertriebsüberwachung und -analyse

Die Vertriebsüberwachung und -analyse bietet Analysefunktionen für alle Geschäftsprozesse im Vertrieb, von Angeboten und Verkaufskontrakten über Kundenaufträge (einschließlich deren Erfüllung) bis hin zu Rechnungen. Die analytischen Anwendungen basieren auf den vertriebsspezifischen CDS-Views des virtuellen Datenmodells (VDM) und folgen der Embedded-Analytics-Architektur (siehe Abbildung 9.6 und Abschnitt 4.1).

Mehrdimensionale Berichte wie »Kundenauftragseingang – Flexible Analyse« und »Umsatz – Flexible Analyse« liefern Kennzahlen und bieten die Möglichkeit, detaillierte Informationen für ausgewählte Verkaufsorganisationen, Produkte, Warengruppen, Auftraggeber, Verkaufsbelegarten usw. anzuzeigen oder zu filtern.

Die App **Meine Verkaufsübersicht** bietet einen Überblick über die Verkaufsdaten, einschließlich offener Verkaufsangebote, offener Kundenaufträge, gesperrter Gutschriftenanforderungen, Kundenretouren und Kundeninformationen. Welche Daten auf der Übersichtsseite angezeigt werden, hängt von den Rollen ab, die dem Benutzer oder der Benutzerin zugewiesen sind. Die Daten können in den Benutzereinstellungen gefiltert werden.

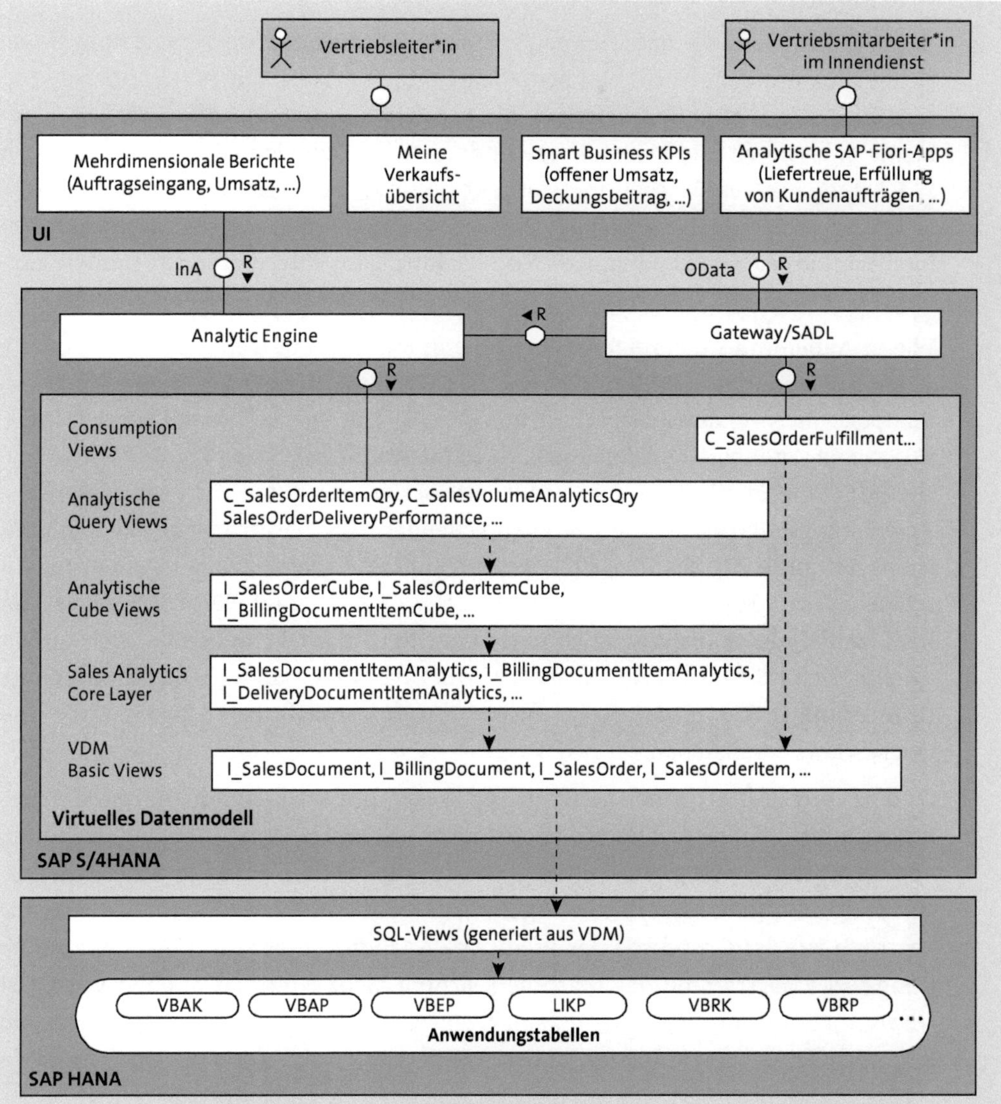

Abbildung 9.6 Vertriebsanalyse auf Basis des VDM

Analytische Apps für Vertriebsleiter*innen, die auf SAP Smart Business basieren, zeigen KPIs an und bieten flexible Drilldown-Funktionen, um Einblicke in die Vertriebssituation zu erhalten – von der Umwandlungsrate von Angeboten und Kontrakten über Auftragseingänge und Auftragsrückstände bis hin zu Liefertreue und Umsatz.

SAP Smart Business ist ein Framework für die Entwicklung oder Konfiguration analytischer Anwendungen, die auf die Anforderungen von Benutzer*innen zur Überprüfung von KPI-Werten und zur Durchführung von Analysen zugeschnitten sind (siehe auch Abschnitt 3.1 und Abschnitt 4.1).

SAP S/4HANA Sales bietet auch Analysefunktionen, die in transaktionale Apps eingebettet sind, um Benutzer*innen beim Bearbeiten von Ausnahmesituationen zu unterstützen. Dazu zählt beispielsweise die App **Erfüllung von Kundenaufträgen – Probleme analysieren und klären**. Diese App nutzt die Echtzeitanalysefunktionen von SAP HANA, um den Bearbeitungsstatus von Kundenaufträgen im Hinblick auf ihre Erfüllung zu verfolgen. Sie schlägt außerdem Maßnahmen zur Lösung von Problemen vor, um sicherzustellen, dass Kundenaufträge rechtzeitig erfüllt werden können.

Wie in Abbildung 9.6 gezeigt, basieren die in SAP S/4HANA eingebetteten analytischen Anwendungen für den Vertrieb auf CDS-Views, die die angeforderten Daten (hauptsächlich Verkaufsbelege, Fakturen und Lieferbelege) in Echtzeit aus den transaktionalen Datenbanktabellen lesen. Die In-Memory-Funktionen von SAP HANA machen die Datenreplikation in ein dediziertes Data Warehouse für viele analytische Anwendungsfälle überflüssig. Die entsprechenden CDS-Views basieren auf dem VDM (siehe Abschnitt 2.1), das Sie auch erweitern können, indem Sie Ihre eigenen analytischen Views und Querys über Key-User-Tools wie **Benutzerdefinierte CDS-Views** oder **Benutzerdefinierte analytische Abfragen** erstellen. Das VDM für den Vertrieb enthält spezifische CDS-Views (Sales Analytics Core Layer in Abbildung 9.6), die berechnete Attribute (z. B. `SalesVolumeNetAmount`, `IncomingSalesNetAmount`) für die Cube und Query Views bereitstellen.

Zu den Vertriebsfunktionen gehören Apps zur vorausschauenden Analyse wie **Vorhergesagter Lieferverzug**, **Vertriebsergebnisse – Prognosen** und **Umwandlungsraten von Angeboten – Gültig/Nicht erledigt** mit der zugehörigen Funktion zum Vorhersagen der Umwandlungsraten von Angeboten. Diese Apps nutzen Embedded Machine Learning auf der Grundlage des Predictive Analytics Integrator (PAI, siehe Abbildung 9.7). Das Training des Machine-Learning-Modells erfolgt anhand von CDS-Views mit Daten aus früheren Verkaufsbelegen, Lieferbelegen, Warenausgängen und Stammdaten. Die App **Vorhergesagter Lieferverzug** kann z. B. auf der Grundlage historischer Daten vorhersagen, ob die Lieferungen für Kundenaufträge rechtzeitig erfolgen werden oder wie viel Verspätung zu erwarten ist. Beim Training anhand einer CDS-View mit historischen Daten wird das geplante Warenausgangsdatum aller Lieferungen, für die der Warenausgang abgeschlossen ist, mit dem tatsächlichen Warenbewegungsdatum der entsprechenden Lieferungen verglichen. Die CDS-View verwendet eine Tabellenfunktion und ABAP-Managed Database Procedures (AMDPs), um die SQLScript-Prozeduren zu nutzen, die von dem zuvor trainierten Machine-

Learning-Modell des PAI gemäß der Machine-Learning-Architektur verfügbar gemacht werden, wie in Abschnitt 4.2 beschrieben.

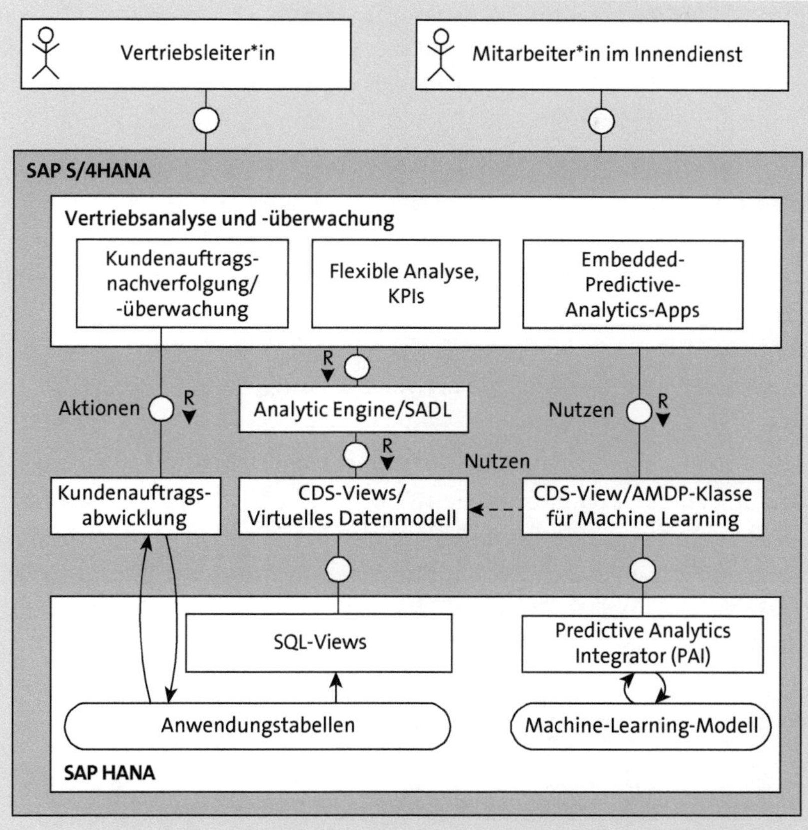

Abbildung 9.7 Analysefunktionen in SAP S/4HANA Sales im Überblick, einschließlich Predictive Analytics

9.11 Preisfindung

Ein typischer Kundenauftrag oder ein Angebot stellt eine Vereinbarung zwischen einem verkaufenden Unternehmen und einem Kunden dar, Produkte oder Dienstleistungen zu einem bestimmten Preis zu liefern. Die verschiedenen Faktoren, die einen Preis beeinflussen, werden als *Preiselemente* bezeichnet, z. B. Preise, Steuern, Zuschläge oder Rabatte.

Die *Konditionstechnik* ist ein Framework, das eine sehr hohe Flexibilität bei der Festlegung von Preisfindungsregeln bietet (siehe Abbildung 9.8). Es ermöglicht die Definition von Stammdaten für die Preisfindung (in Konditionstabellen persistierte Konditionssätze) und Regeln für deren Verwendung. Wie der Preis für einen Artikel berechnet wird und welche Stammdaten verwendet werden, hängt von Kalkulationsschemata, Konditionsarten und Zugriffsfolgen ab:

- **Kalkulationsschema**
  Damit wird die Berechnungsreihenfolge festgelegt, indem die Reihenfolge der Konditionsarten und Zwischensummen angegeben wird. Zwischensummen sind Zwischenergebnisse der Preisberechnung, z. B. die Summe der Rabatte oder der Gesamtwert.
- **Konditionsart**
  Dies ist eine Darstellung eines Preises, eines Rabatts usw. Die Konditionsart steuert, wie der Konditionswert (Preis, Rabatt) berechnet wird. Bei den meisten Konditionsarten kann es verschiedene Konditionssätze für eine Kombination preisrelevanter Attribute (z. B. Kunde, Kundengruppe und Produkt) geben. Ein Konditionssatz ist für eine bestimmte Zeitspanne gültig.
- **Zugriffsfolge**
  Dies ist eine Suchstrategie, die von der Konditionstechnik eingesetzt wird, um bei der Preisfindung gültige Konditionssätze zu finden. Die Zugriffsfolge besteht aus einem oder mehreren Zugriffen. Deren Reihenfolge bestimmt, welche Konditionssätze vor anderen Vorrang haben. Die Zugriffe geben an, in welcher Tabelle als Erstes, als Zweites usw. gesucht werden soll, bis das System einen gültigen Konditionssatz findet.

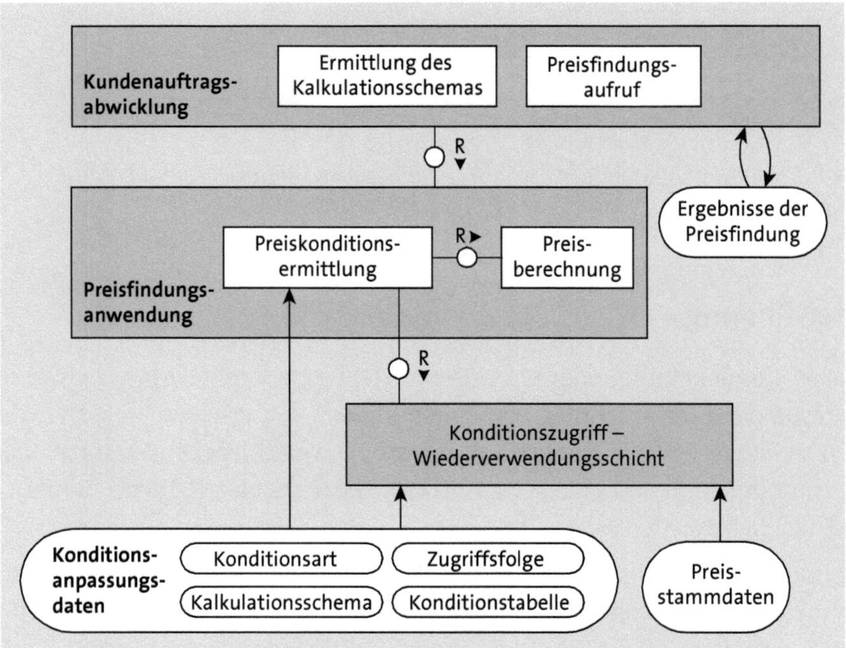

Abbildung 9.8 Architektur der Preisfindung

Wenn ein Kundenauftrag angelegt wird, ermittelt die Kundenauftragsabwicklung das Kalkulationsschema in Abhängigkeit von Parametern wie Verkaufsorganisation, Verkaufsbelegart und Kunde. Jeder Kundenauftrag verfügt über genau ein Kalkulationsschema.

Wenn eine Kundenauftragsposition angelegt wird, sendet die Kundenauftragsabwicklung eine Anfrage an die Preisfindungsanwendung. Die Preisfindungsanwendung liest die relevanten Customizing-Daten, wie z. B. Konditionsarten und Zugriffsfolgen, die im Kalkulationsschema verwendet werden. In einem zweiten Schritt werden die für den Kundenauftrag relevanten Preiskonditionssätze über die Wiederverwendungsschicht des Konditionszugriffs ermittelt. Im letzten Schritt wird das Ergebnis der Preisfindung nach der im Kalkulationsschema definierten Logik berechnet. Das Ergebnis der Preisberechnung wird im Kundenauftragsbeleg gespeichert.

Bei der Fakturierung eines Kundenauftrags findet in der Regel keine neue Preiskonditionsermittlung (außer Steuern) statt, sondern das Preisergebnis wird aus dem Kundenauftrag übernommen. In der Faktura wird dann eine Preisneukalkulation durchgeführt, um beispielsweise Mengenänderungen zu berücksichtigen.

9.12 Integration

Um Geschäftsprozesse systemübergreifend zu verbinden und in Anwendungen außerhalb von SAP S/4HANA zu integrieren, bietet SAP S/4HANA verschiedene APIs für Vertriebsfunktionen. Die APIs in SAP S/4HANA Cloud basieren entweder auf OData oder auf SOAP, während in SAP S/4HANA On-Premise auch traditionelle SAP-Schnittstellentechnologien wie Remote Function Calls (RFCs), Business Application Programming Interfaces (BAPIs) oder Intermediate Documents (IDocs) zur Verfügung stehen, um die Integration mit On-Premise-SAP-Systemen über bestehende Schnittstellen zu unterstützen. (Details zu den API-Technologien finden Sie in Abschnitt 6.1.)

In SAP S/4HANA werden OData-APIs hauptsächlich für synchrone Aufrufe verwendet, bei denen der Aufrufer eine sofortige Antwort auf seine HTTP-Anfrage erhält, während SOAP-APIs für die asynchrone, nachrichtenbasierte Kommunikation verwendet werden. Für die wichtigsten Business-Objekte im Vertrieb, darunter Angebote, Kundenaufträge, kostenlose Kundenaufträge, Verkaufskontrakte, Kundenretouren, Fakturen, Fakturaanforderungen und Kundenrechnungen, gibt es OData- und SOAP-APIs.

Zur Überwachung und Fehlerbehandlung sind in SAP S/4HANA Cloud alle Anwendungsschnittstellen des ABAP-Backends in das SAP Application Interface Framework (siehe Abschnitt 6.3) integriert. Für die Datenintegration in SAP Business Warehouse oder SAP Data Intelligence werden spezielle CDS-basierte Extraktions-Views verwendet.

Die Integration von Kundenaufträgen und Kundenretouren mit externen Einkaufssystemen ermöglicht den Austausch von Dokumenten zwischen Lieferanten und Käufern über SOAP-basierte Webservices (siehe Abbildung 9.9). Für die Integration in externe SAP-Systeme von Kunden über IDocs wird die Cloud-Integration-Funktion der SAP Integration Suite genutzt, um SOAP-Services auf das verwendete Datenaustauschformat abzubilden. SAP S/4HANA Cloud kann auch mit Kundenlandschaften verbunden werden, die SAP Business Network for Procurement über SAP Business Network und SAP Integration Suite, verwaltetes Gateway für Spend Management nutzen.

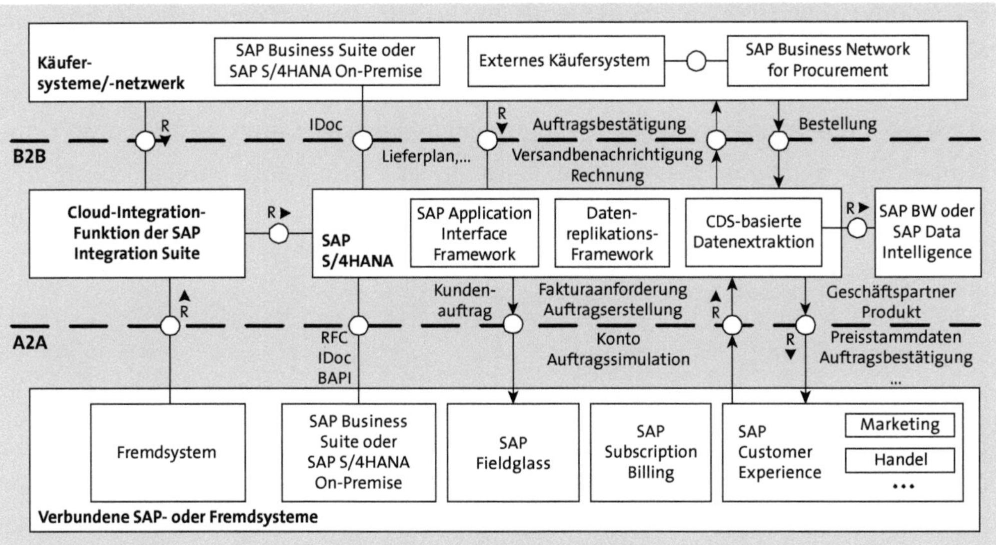

Abbildung 9.9 Integrationsarchitektur von SAP S/4HANA Sales

Auf der Verkäuferseite gibt es mehrere Integrationsmöglichkeiten in andere Systeme. Für Fremdsysteme werden die bereits erwähnten OData- oder SOAP-APIs angeboten. Für die Integration mit anderen SAP-Lösungen wie SAP Commerce Cloud, SAP Marketing Cloud, SAP Subscription Billing, SAP Sales Cloud oder SAP Fieldglass werden entsprechende Integrationspakete und Best-Practices-Content-Pakete angeboten, die im SAP Business Accelerator Hub beschrieben werden. Die Integration von SAP S/4HANA mit SAP Commerce Cloud ermöglicht es Ihnen beispielsweise, Stammdaten wie Geschäftspartner, Preise und Produkte in SAP S/4HANA Cloud anzulegen oder zu ändern und sie mit dem Datenreplikations-Framework (DRF) in die entsprechende SAP-Commerce-Cloud-Lösung zu replizieren. Auch kann ein Auftrag im Web-Shop aufgegeben und zur Auftragsabwicklung an SAP S/4HANA Cloud gesendet werden.

9.13 Zusammenfassung

Wir haben die wichtigsten Geschäftsprozesse und Business-Objekte in SAP S/4HANA Sales beschrieben und erläutert, wie sie verwendet werden, um die verschiedenen Schritte des End-to-End-Vertriebsprozesses abzudecken. Begonnen haben wir mit einem Architekturüberblick, in dem wir die wichtigsten Komponenten und Datenflüsse erläutert haben. Als Nächstes haben wir das Datenmodell für die Business-Objekte im Vertrieb besprochen, das auf dem Verkaufsbeleg basiert. Wir haben verschiedene Business-Objekte vorgestellt, z. B. Kundenanfragen, Verkaufsangebote, Verkaufskontrakte, Kundenaufträge und Verkaufslieferpläne. Außerdem wurde ein Überblick über die Architektur für Preisfindung und Fakturierung gegeben, wobei ein Schwerpunkt auf der konvergenten Fakturierung lag. Wir haben gezeigt, wie SAP S/4HANA Machine Learning, Embedded Analytics und Situationsmanagement einsetzt, um die Prozesse im Vertrieb intelligent abzuwickeln, Probleme proaktiv vorherzusagen und Ausnahmen intelligent zu managen.

Im nächsten Kapitel behandeln wir SAP S/4HANA Service für das Angebot und die Ausführung von Serviceleistungen.

Kapitel 10
Service

Das Anbieten und Erbringen von Serviceleistungen, oft in Verbindung mit dem Verkauf von Waren, spielt in vielen Geschäftsbereichen eine immer größere Rolle. In diesem Kapitel erfahren Sie, wie Servicevorgänge in SAP S/4HANA modelliert und mit anderen Komponenten – von der Planung bis zum Finanzwesen – integriert sind.

Servicevorgänge in SAP S/4HANA umfassen alle Prozesse für das Auftragsmanagement, die Erbringung von Serviceleistungen gegenüber Kunden sowie kaufmännische Aspekte. In Abschnitt 10.1 geben wir einen Überblick über die wichtigsten Komponenten, Business-Objekte und Integrationsmöglichkeiten, die wir dann in den folgenden Abschnitten näher erläutern. In Abschnitt 10.2 lernen Sie die wichtigen Business-Objekte und Geschäftsprozesse im Zusammenhang mit Servicevorgängen kennen, und in Abschnitt 10.3 stellen wir die wichtigsten Stamm- und Organisationsdaten für den Servicebetrieb vor. In Abschnitt 10.4 erläutern wir, wie die Business-Objekte im Servicebereich implementiert werden. Hier erfahren Sie mehr über das Business Transactions Framework und das Datenmodell für die Business-Objekte. Schließlich behandeln wir in Abschnitt 10.5 die Integration mit anderen Anwendungen in SAP S/4HANA sowie mit externen Anwendungen.

10.1 Überblick über die Architektur

Beginnen wir mit einem Überblick über die Architektur der Servicevorgänge auf betriebswirtschaftlicher Ebene mit ihren Hauptkomponenten, Business-Objekten und Integrationen (siehe Abbildung 10.1). Fordern Kunden die Erbringung von Serviceleistungen an, wird dies in einem *Serviceauftrag* erfasst. Die Ausführung eines solchen Auftrags wird in einer *Servicerückmeldung* dokumentiert. Bei einer Werkstattreparatur wird die Serviceleistung hausintern in einem Service Center erbracht, und der Prozess wird durch eine Transaktion vom Typ *Werkstattreparatur* koordiniert. Mithilfe von *Serviceverträgen* vereinbart ein Unternehmen eine regelmäßige Erbringung von Serviceleistungen mit Kunden. Schließlich ermöglichen *Lösungsaufträge* die Bündelung einmaliger und regelmäßiger Serviceleistungen mit dem Verkauf physischer Waren. Die mit diesen Objekten verbundenen Prozesse werden in Abschnitt 10.2 ausführlich erläutert.

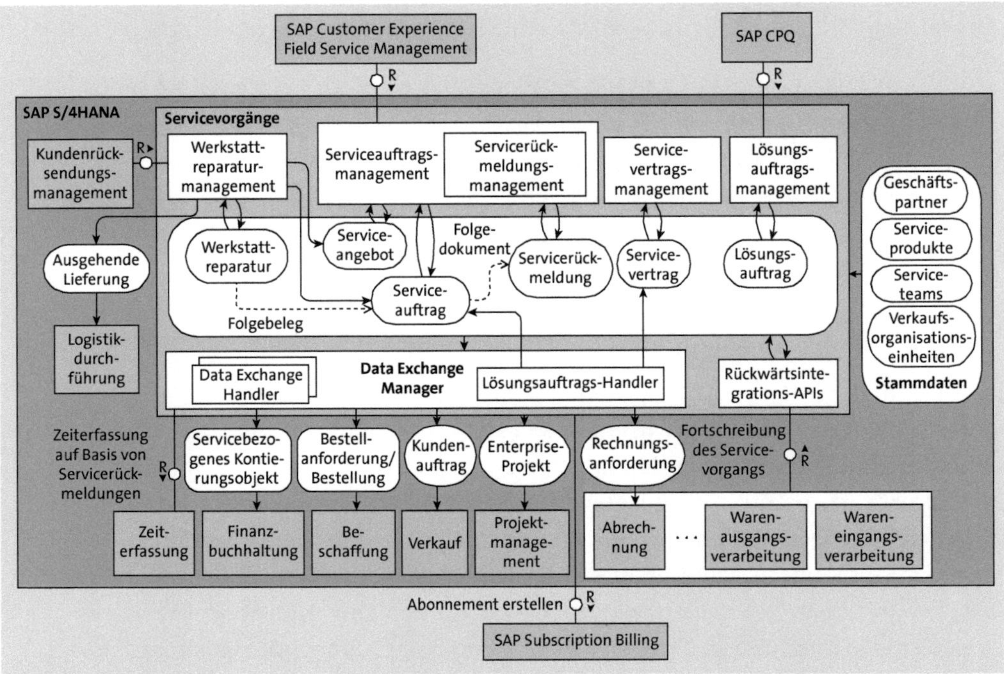

Abbildung 10.1 Überblick über die Servicevorgänge

Die Integration in andere interne SAP-S/4HANA-Prozesse wie Preisfindung, Rechnungsstellung und Beschaffung erfolgt über interne Application Programming Interfaces (APIs), während OData-APIs (Open Data Protocol) und SOAP-APIs (Simple Object Access Protocol) für die Remote-Integration zur Verfügung stehen und auch für die Integration mit SAP Field Service Management und SAP CPQ verwendet werden. Diese Integrationsaspekte werden in Abschnitt 10.5 näher erläutert.

Alle Business-Objekte im Bereich Service werden innerhalb eines gemeinsamen Frameworks für Geschäftsvorgänge modelliert, was eine flexible Modellierung beim Design sowie zur Laufzeit ermöglicht. Die Persistenz der Geschäftsvorgänge wurde für die SAP-HANA-Datenbank optimiert.

SAP Fiori ist die führende UI-Technologie (User Interface) für Servicevorgänge in SAP S/4HANA. Das traditionelle Web Client UI wird immer noch für eine Reihe von Anwendungen verwendet. Das Erscheinungsbild wurde jedoch an das Design von SAP Fiori angepasst, um den Benutzer*innen eine nahtlose User Experience zu bieten.

10.2 Business-Objekte und Geschäftsprozesse in Servicevorgängen

In diesem Abschnitt werden die wichtigsten Prozesse und Business-Objekte im Bereich Service vorgestellt. Die folgenden wesentlichen Prozesse bilden das Herzstück von Servicevorgängen:

- **Außendienst**
  Eine Serviceleistung – z. B. die Installation oder Reparatur einer Maschine – wird vor Ort beim Kunden erbracht.
- **Werkstattreparatur**
  Die Reparatur eines Geräts wird in einem Service-Center durchgeführt.
- **Servicevertrag**
  Eine Serviceleistung (wie etwa die Wartung einer Maschine) wird in regelmäßigen Abständen auf der Grundlage eines Servicevertrags erbracht und abgerechnet.
- **Lösungsgeschäft**
  Dem Kunden wird eine Komplettlösung verkauft, die physische Waren, einmalige und regelmäßige Serviceleistungen, Abonnements und Projekte umfasst.

Die wichtigsten Aspekte dieser Prozesse werden wir in den folgenden Abschnitten näher beleuchten.

10.2.1 Außendienst

Im Außendienst erbringen Servicetechniker*innen Serviceleistungen bei den Kunden vor Ort. Das klassische Beispiel ist die Installation, Wartung oder Reparatur von Maschinen oder Geräten. In SAP S/4HANA wird die Anforderung eines Service durch Kunden in einem Serviceauftrag erfasst, der das zentrale Business-Objekt innerhalb der Servicevorgänge darstellt. Die einzelnen zu erbringenden Serviceleistungen werden als Positionen innerhalb des Serviceauftrags gepflegt. Die Erfüllung der Leistungen wird in einer Servicerückmeldung dokumentiert. Hierbei handelt es sich um einen separaten Beleg, der im Rahmen einer Folgetransaktion zum Serviceauftrag erstellt wird. Die Servicerückmeldung gibt Aufschluss über den tatsächlichen Arbeitsaufwand und die für die Serviceleistung verbrauchten Teile.

Serviceaufträge werden in der Regel bepreist und schließlich den Kunden in Rechnung gestellt. Grundsätzlich gibt es zwei Möglichkeiten: Im Festpreisszenario wird der Serviceauftrag bepreist und den Kunden in Rechnung gestellt, während im aufwandsbezogenen Szenario die verbrauchte Arbeitszeit und Serviceteile in Rechnung gestellt werden, d. h., die Servicerückmeldung ist die für die Rechnungsstellung relevante Transaktion. Abbildung 10.2 zeigt die Detailseite eines Serviceauftrags.

Abbildung 10.2 Detailseite des Serviceauftrags

Vor der Erteilung des Serviceauftrags kann dem Kunden ein *Serviceangebot* unterbreitet werden, d. h. ein Angebot für die zu erbringenden Dienstleistungen zu einem bestimmten Preis und mit einer bestimmten Gültigkeitsdauer. Wenn der Kunde das Angebot annimmt, wird ein sich auf dieses Angebot beziehender Serviceauftrag erstellt. Zum Leistungsumfang der On-Premise-Edition von SAP S/4HANA gehören auch *Serviceanforderungen*. Bei diesen handelt es sich um schlanke Dokumente ohne Positionen, die eine schnelle Erfassung einer Anfrage ermöglichen.

10.2.2 Werkstattreparatur

Die Reparatur eines Geräts kann auch hausintern im Service Center des Serviceunternehmens durchgeführt werden. Die Transaktion *Werkstattreparatur* stellt das Ausgangsobjekt des Prozesses dar. Hier wird die Liste der zu reparierenden Geräte erfasst. Eine Werkstattreparatur kann über die Benutzeroberfläche, ein API oder eine Kundenrücksendung, die die vom Kunden eingeschickten Geräte enthält, erstellt werden.

Die Mitarbeiter*innen im Service Center ermitteln im Rahmen einer Vorabprüfung für jedes Gerät, ob es tatsächlich repariert werden oder eine alternative Maßnahme ergriffen werden soll, wie etwa das Gerät zurückzuschicken, ein Leihgerät zur Verfügung zu stellen oder ein Serviceangebot für die Reparatur aufzusetzen. Im Falle einer Reparatur wird ein Serviceauftrag als Folgetransaktion zur Werkstattreparatur angelegt. Solche Serviceaufträge werden als *Reparaturaufträge* bezeichnet. Die reparierten Geräte können über eine Auslieferung an den Kunden zurückgeschickt werden.

10.2.3 Serviceverträge

Ein gängiges Geschäftsmodell ist die regelmäßige Erbringung von Serviceleistungen, etwa die monatliche oder jährliche Wartung von Maschinen. In SAP S/4HANA Service kann dieser Prozess mit einem Servicevertrag modelliert werden, der eine Gültigkeitsdauer hat und Positionen enthält, die die in regelmäßigen Abständen zu erbringenden Serviceleistungen darstellen.

Der Servicevertrag enthält auch einen periodischen Fakturierungsplan, der die individuellen Abrechnungsperioden festlegt, z. B. alle drei Monate jeweils zum 15. Tag eines Monats. Neben periodischen Fakturierungsplänen werden auch Ad-hoc-Fakturierungspläne unterstützt, die eine flexible Festlegung der Abrechnungstermine ermöglichen.

10.2.4 Lösungsgeschäft

Viele Unternehmen bewegen sich weg von dem eindimensionalen Geschäftsmodell, rein physische Waren oder ausschließlich Serviceleistungen zu verkaufen, hin zu einem Modell, bei dem sie ihren Kunden *Pakete* oder *Lösungen* anbieten. Eine Lösung für ein Rechenzentrum beispielsweise könnte physische Güter (Server), einmalig zu erbringende Serviceleistungen (Installation und Test), regelmäßig zu erbringende Serviceleistungen (Wartung und Backup), Abonnements (Druck-Serviceleistungen) und sogar Projekte (Planung, Bau, Personal) umfassen. Diese Serviceart wird durch den *Lösungsauftrag* abgedeckt, der verschiedene Arten von Positionen (Verkauf, Serviceleistung, Servicevertrag, Abonnement und Projekt) enthalten und bündeln kann. In einem Lösungsauftrag können Sie einzelne Produkte individuell für die Kunden bündeln. Mit der Freigabe eines Lösungsauftrags werden einzelne operative Dokumente (Kundenauftrag, Serviceauftrag, Servicevertrag, Abonnement, Projekt) generiert, durch die dann wiederum die Ausführung des Auftrags ausgelöst wird. Wie bereits in Abbildung 10.1 dargestellt, geschieht dies mithilfe des Data Exchange Managers, den wir in Abschnitt 10.5.1 besprechen werden.

10.2.5 Interaction Center

In der On-Premise-Edition von SAP S/4HANA umfasst die Funktionalität für Servicevorgänge auch das *Interaction Center*, eine Komponente, die für die direkte Interaktion zwischen Servicemitarbeiter*innen und Kund*innen am Telefon konzipiert ist. Das Interaction Center bietet eine Telefonieintegration, Dispatching und Routing eingehender Anrufe sowie eine einheitliche Suchfunktion für den Arbeitsvorrat von Call-Center-Agents, die sich auf alle Arten von Business-Objekten erstreckt, einschließlich Workflow-Aufgaben, einer umfassenden Interaktionshistorie für alle Kunden und einem E-Mail-Antwort-Management. Ein wichtiges Szenario, bei dem das Interaction Center zum Einsatz kommt, ist das Shared-Service-Szenario, das Teil der Funktionalität für das Finanzwesen ist.

10.3 Stammdaten und Organisationsmodell

In diesem Abschnitt werden die Stammdatenobjekte und Organisationseinheiten behandelt, die für Servicevorgänge von zentraler Bedeutung sind. Im Einzelnen sind dies die Folgenden:

- **Geschäftspartner**
  Servicevorgänge nutzen prozessübergreifend das Geschäftspartnerobjekt von SAP S/4HANA (siehe Abschnitt 8.3). Geschäftspartner werden den Geschäftsvorgängen (wie etwa Serviceaufträgen) in verschiedenen Rollen zugeordnet: Auftraggeber, Warenempfänger, Rechnungsempfänger, Regulierer, Mitarbeiter*innen oder Servicetechniker*innen. Für Mitarbeiter*innen werden die Geschäftspartnerdarstellungen der Stammsätze aus SAP SuccessFactors Employee Central verwendet (siehe Abschnitt 8.3.1). Für die Verwendung eines Geschäftspartners in einer der Rollen Auftraggeber, Warenempfänger, Rechnungsempfänger oder Regulierer ist ein Kundenstammsatz erforderlich. Die für die Bearbeitung der Transaktionen benötigten Attribute (wie etwa die Zahlungsbedingungen) werden auf Vertriebsbereichsebene aus den entsprechenden Kundenstammdaten abgeleitet.
- **Serviceprodukte**
  Servicevorgänge greifen auf die Produktstammdaten in SAP S/4HANA (siehe Abschnitt 8.1) zurück, um die Serviceleistungen zu modellieren, die von den Kunden angefordert und gegenüber diesen erbracht werden. Ein Serviceprodukt wird durch die Produkttypgruppe »Service« definiert, die der Materialart im Customizing zugewiesen wurde. Die Auswahl der Pflege-Views im Produktstammdatensatz ist bei einem Serviceprodukt natürlich eingeschränkt; so sind etwa keine Attribute für Lagerung oder Produktion erforderlich. Einige wenige für Serviceleistungen spezifische Attribute wie etwa die übliche Dauer der Serviceleistung oder das Reaktionsschema können unabhängig vom Vertriebsbereich auf Mandantenebene gepflegt werden.

  Neben einzelnen Serviceprodukten können auch *Produktpakete* definiert werden, die sich aus einer Reihe von Einzelprodukten zusammensetzen, die möglicherweise zu unterschiedlichen Produkttypen gehören. Wie in Abschnitt 10.2.4 erläutert, werden Produktpakete im Lösungsgeschäft verwendet. Die Möglichkeit zur Definition und Nutzung von vordefinierten Produktpaketen steht nur in der On-Premise-Edition von SAP S/4HANA zur Verfügung.
- **Organisationseinheiten**
  In Servicevorgängen werden die Organisationseinheiten des Vertriebs (Verkaufsorganisationen, Vertriebswege und Sparten) wiederverwendet. In der On-Premise-

Edition von SAP S/4HANA ist es auch möglich, eine Hierarchie von Serviceorganisationen und kleineren Organisationseinheiten im Service zu definieren.

- **Serviceteams**
  In SAP S/4HANA Cloud besteht die Möglichkeit, Gruppen von Mitarbeiter*innen flexibel zu Serviceteams zusammenzufassen. Serviceteams werden im Responsibility Management definiert, einer wiederverwendbaren Komponente von SAP S/4HANA. Hier können die Mitglieder der Teams und ihre Verantwortlichkeiten flexibel definiert werden. Es gibt eine dedizierte Serviceteamkategorie, während die Teamart konfigurierbar ist. Sie können einem Team bestimmte Attribute zuweisen, beispielsweise einen Lagerort für Ersatzteile oder ein Postleitzahlenintervall für die durch das Team zu bedienenden Kunden. Das zuständige Serviceteam kann in einem Serviceauftrag automatisch ermittelt werden.
- **Technische Objekte**
  In den Servicevorgängen werden die technischen Objekte aus der Instandhaltung wiederverwendet. Equipments und technische Plätze können als Referenzobjekte in Serviceaufträgen, Servicerückmeldungen und Serviceverträgen wiederverwendet werden. Die Equipments werden zur Modellierung der beschädigten Geräte im Werkstattreparaturprozess verwendet.

10.4 Datenmodell und Business Transactions Framework

Alle transaktionalen Business-Objekte im Service werden in einem einheitlichen Framework modelliert und implementiert. Das Framework war früher als das *One-Order-Modell* bekannt, da es aus dem entsprechenden Framework von SAP Customer Relationship Management (SAP CRM) übernommen und angepasst wurde. Was die Darstellung der Business-Objekte anbelangt, unterscheiden wir zwischen der Designtime und der Laufzeit des Modells auf der einen Seite – die als *Business Transactions Framework* bezeichnet werden – und der Persistenz auf der anderen Seite. Diese beiden Ebenen werden wir in den nächsten Abschnitten erläutern.

10.4.1 Business Transactions Framework

Das Business Transactions Framework für Servicevorgänge folgt einem hochgradig modularen Prinzip. Ein Business-Objekt setzt sich aus den folgenden Einzelkomponenten zusammen:

- **Wurzelkomponenten**
  Für den Kopf eines Servicevorgangs und die Positionen gibt es die Wurzelkomponenten `ORDERADM_H` und `ORDERADM_I`. Diese enthalten allgemeine Attribute, die für alle Business-Objekte erforderlich sind, wie beispielsweise den Objekttyp, die Vor-

gangsart, die Vorgangsnummer, die Positionsnummer, Zeitstempel für Anlage und Änderung usw.

- **Kopf- und Positionserweiterungen**
  Zusätzliche Attribute, die in einer 1:1-Beziehung zum Kopf stehen, werden in *Kopferweiterungen* angeordnet. Einfache (oder flache) Erweiterungen haben nur einen Datensatz pro Kopf im Gegensatz zu komplexen (tabellenartigen) Erweiterungen. Ebenso gibt es einfache und komplexe *Positionserweiterungen*. Zum Beispiel ist `PRODUCT_I` eine einfache Positionserweiterung, die Attribute des Produkts enthält wie die Maßeinheit oder Produktgruppen, während `SCHEDLIN` eine komplexe Positionserweiterung für die einzelnen Einteilungen einer Position ist.
- **Sets**
  Attribute, die entweder dem Kopf oder einer Position zugeordnet werden können, sind in *Sets* angeordnet. Diese können wiederum einfach oder in Tabellenform ausgestaltet sein: Bei dem Set `PRICING` handelt es sich um ein einfaches Set, während `PARTNER` ein komplexes Set ist. Wenn ein Set dem Kopf zugeordnet ist, gelten die Attribute für alle Positionen – es sei denn, einer Position ist ihr eigenes Set zugewiesen, etwa wenn für eine Position ein anderer Warenempfänger festgelegt worden ist.

10.4.2 Datenmodell

Das Datenmodell der Servicevorgänge wurde für die SAP-HANA-Datenbank optimiert. Jedes Business-Objekt (z. B. Serviceauftrag, Servicerückmeldung, Werkstattreparatur usw.) hat genau eine Wurzeldatenbanktabelle mit der Namenskonvention `CRMS4D_XXXX_H`, wobei `XXXX` ein vierstelliges Akronym für das Business-Objekt ist. Verschiedene Business-Objekte können sich auch dieselbe Datenbanktabelle teilen. Die Akronyme für die Business-Objekte werden in der Tabelle `CRMS4C_ACRONYM` festgelegt.

Ebenso werden die einzelnen Arten von Positionen (z. B. Serviceposition, Servicerückmeldungsposition, Aufwandsposition, Servicevertragsposition usw.) als Business-Objekte modelliert, wobei jedem Business-Objekt, das für eine Position steht, eine Wurzeltabelle zugeordnet ist (Namenskonvention `CRMS4D_XXXX_I`).

Komplexe Komponenten des Datenmodells werden in separaten Datenbanktabellen gespeichert, z. B. in der Tabelle `CRMS4D_PARTNER` oder der Tabelle `CRMS4D_REFOBJ`. Abbildung 10.3 stellt das Datenmodell schematisch mit den primären Schlüsselfeldern der Tabellen dar (das Feld für den Mandanten wurde weggelassen).

Ausgewählte Attribute, die in den komplexen Sets gespeichert sind, wurden aus Performance-Gründen redundant zu den Wurzeltabellen für den Kopf und die Positionen hinzugefügt. Zum Beispiel sind die IDs der wichtigsten Partner auch in den Kopf- und Positionstabellen verfügbar, um einen `JOIN`-Vorgang bei der Suche oder in einer

Analytics-Anwendung zu vermeiden. Das Gleiche gilt für die wichtigsten Statusinformationen und Termine. Aus dem gleichen Grund wurden ausgewählte Felder des Kopfbereichs, die für den Geschäftsbetrieb am relevantesten sind (etwa die Vorgangsart oder das Buchungsdatum), redundant zur Positionstabelle hinzugefügt, um einen `JOIN`-Vorgang zwischen den Positionstabellen und den Kopftabellen vermeiden.

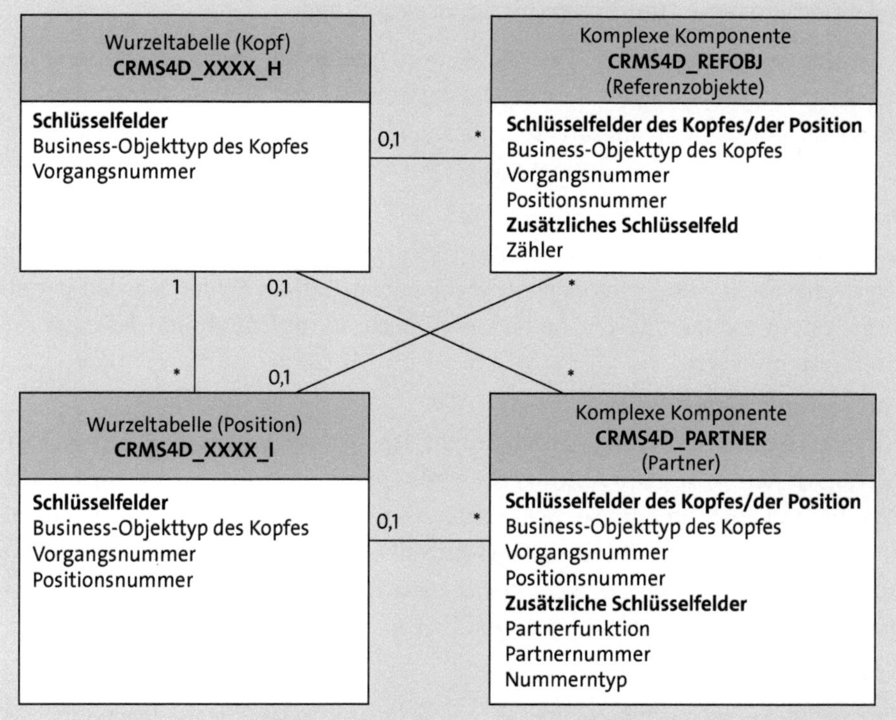

Abbildung 10.3 Das Datenmodell für Servicevorgänge

10.4.3 Vorgangsart und Positionstyp

Die zentralen Begriffe für alle Geschäftsvorgänge im Bereich Service in SAP S/4HANA sind die Vorgangsart und der Positionstyp. Für alle Business-Objekte können im Customizing unterschiedliche Vorgangsarten definiert werden, die für unterschiedliche Ausprägungen dieses Business-Objekts stehen. Als Arten von Serviceaufträgen könnte es z. B. den Serviceauftrag für den Standardservice, den Reparaturservice und den Inspektionsservice geben. In ähnlicher Weise ermöglicht es Ihnen der Positionstyp, zwischen Arten von Positionen für ein bestimmtes Business-Objekt zu unterscheiden. Welche Attribute für die Transaktion oder die Position gepflegt werden können (beispielsweise Partner oder Statusinformationen), kann ebenso wie die Prozesssteuerung der Transaktion oder der Position (beispielsweise Preisfindung und Fakturarelevanz) im Rahmen des Customizings für die Vorgangsart oder den Positionstyp eingestellt werden. Mit verschiedenen Positionstypen für Servicepositionen lässt sich beispielsweise steuern, ob die Serviceleistung zu einem Festpreis oder nach Ressourcenverbrauch abgerechnet wird.

10.4.4 Gemeinsame Funktionen für Servicevorgänge

Alle Geschäftsvorgänge in SAP S/4HANA Service greifen auf eine Reihe von wiederverwendbaren Komponenten zurück. Die entsprechenden Funktionen können im Customizing für die Vorgangsart und/oder den Positionstyp konfiguriert werden. Wir erläutern in diesem Zusammenhang die wichtigsten Konzepte:

- **Statusverwaltung**
  Jedem Vorgangskopf und jeder Position können ein oder mehrere binäre Status zugeordnet sein. *Systemstatus* (etwa **Freigegeben**, **Enthält Fehler**) werden jeweils vom System gesetzt, während benutzerdefinierte Status im Rahmen des Customizings festgelegt werden.
- **Partnerfunktionen**
  Für jeden Geschäftsvorgang werden Geschäftspartner mit unterschiedlichen Partnerfunktionen – wie etwa Auftraggeber, Warenempfänger, verantwortlicher Mitarbeiter und ausführender Servicetechniker – benötigt. Die zulässigen Partnerrollen werden zusammen mit einer Regel zur Partnerermittlung in einer Transaktion in einem sogenannten *Partnerschema* zusammengefasst, das jeweils der Vorgangsart oder dem Positionstyp zugeordnet ist.
- **Notizen**
  Sie können zu allen Transaktionen und allen Positionen in Servicevorgängen Freitextnotizen pflegen und auf diese Weise etwa spezielle Wünsche der Kunden oder interne Notizen erfassen. Diese Funktion greift auf die SAPscript-Funktionalität der ABAP-Plattform zurück. Die Persistenz der Freitexte wurde kürzlich optimiert, sodass die integrierte Volltextsuche auf SAP HANA nun direkt genutzt werden kann.
- **Preisfindung**
  Die Geschäftsvorgänge im Service greifen auf die Preisfindungsfunktionalität aus dem Vertrieb (siehe Abschnitt 9.11) zurück. Diese Flexibilität, einschließlich der Definition von Konditionsarten, Zugriffsfolgen und Kalkulationsschemata, kann auch für SAP S/4HANA Service genutzt werden. In ähnlicher Weise ermöglichen Serviceverträge die Pflege von Preisvereinbarungen, die ebenfalls in SAP S/4HANA Sales verwendet werden.

- **Erweiterte Variantenkonfiguration**
  Bei der Erweiterten Variantenkonfiguration über den Advanced Variant Configurator (AVC) handelt es sich um ein neues Konfigurationsmodul, mit dem Sie konfigurierbare Attribute, deren Werte und Beziehungswissen für ein Produkt definieren können (siehe Abschnitt 8.2.3). Sie können den AVC zur Konfiguration von Serviceprodukten innerhalb eines Serviceauftrags nutzen. Diese Funktion ist derzeit nur für Servicepositionen verfügbar (und in der On-Premise-Edition von SAP S/4HANA auch für Verkaufspositionen).

10.4.5 Virtuelles Datenmodell

Das VDM (siehe Abschnitt 2.1) für Servicevorgänge beginnt mit den grundlegenden CDS-Views für die einzelnen Objektarten:

- **I_ServiceDocument**
  Dies ist die Basic View für die Felder im Kopfbereich von Servicevorgängen, wobei dieser Begriff Serviceaufträge, Servicerückmeldungen, Serviceverträge und Lösungsaufträge umfasst. Die View kapselt im Wesentlichen die Datenbanktabelle `CRMS4D_SERV_H`. Sie ist mit Assoziationen zu den Basic Views aller referenzierten Stammdaten und Customizing-Attribute versehen. So gibt es beispielsweise eine Assoziation zur Basic View `I_BusinessPartner` für alle Felder, die eine Geschäftspartner-ID enthalten, sowie eine Assoziation zur View `I_Currency` für die Transaktionswährung.
- **I_ServiceDocumentItem**
  Dies ist die Basic View für die Positionsfelder eines Servicevorgangs, was Servicepositionen, Serviceteile und Aufwandspositionen, Servicerückmeldepositionen, Servicevertragspositionen und auch Verkaufspositionen in Lösungsaufträgen umfasst. Es handelt sich dabei im Wesentlichen um eine Verschalung der Datenbanktabelle `CRMS4D_SERV_I`.
- **I_ServiceDocumentEnhcd und I_ServiceDocumentItemEnhcd**
  Diese Views geben eine erweiterte Sicht auf das Datenmodell für Servicevorgänge wieder. Die Basic View des Kopfes bzw. der Position bildet das Wurzelelement. Sie ist mit Assoziationen zu den Positionen (für die Kopf-View), den Referenzobjekten, der Transaktionshistorie, den Freitextnotizen und den benutzerdefinierten Feldern versehen.
- **Consumption Views**
  Zusätzlich zu diesen Views wurden verschiedene Consumption Views eingerichtet, die als Grundlage für SAP-Fiori-Apps und analytische Berichte dienen.
- **I_InHouseRepair und I_InHouseRepairItem**
  Diese Basic Views enthalten die Attribute für Kopf und Positionen von Werkstattreparaturen.

10.4.6 Öffentliche APIs

Für die meisten Business-Objekte in SAP S/4HANA Service sind öffentliche APIs verfügbar und im SAP Business Accelerator Hub veröffentlicht. Wie in Abschnitt 6.1 erläutert, werden OData-Services für synchrone APIs verwendet, während SOAP-Services für den asynchronen Nachrichtenaustausch eingesetzt werden. Hier finden Sie eine Übersicht über die derzeit verfügbaren APIs (mit den unterstützten OData-Operationen und SOAP-Nachrichten):

- Servicerückmeldung: OData (Anlegen, Ändern, Lesen); SOAP (Anlegen/Ändern, Bestätigen, Benachrichtigen)
- Servicevertrag: OData (Anlegen, Ändern, Lesen); SOAP (Anlegen/Ändern, Bestätigen, Benachrichtigen)
- Serviceauftrag: OData (Anlegen, Ändern, Lesen); SOAP (Anlegen/Ändern, Bestätigen, Benachrichtigen)
- Serviceangebot: OData (Anlegen, Ändern, Lesen)
- Werkstattreparatur: OData (Anlegen, Ändern, Lesen)

[»]

Weiterentwicklung der APIs

Der Funktionsumfang der APIs deckt nicht jede einzelne Funktion ab, die für das entsprechende Business-Objekt verfügbar ist. SAP arbeitet jedoch kontinuierlich an der Erweiterung der APIs.

10.5 Integration

Servicevorgänge sind auf verschiedene Weise mit anderen Komponenten von SAP S/4HANA integriert. Am wichtigsten sind die Integrationen ins Finanzwesen zur Kontrolle der Kosten von Serviceaufträgen und -verträgen, in die Fakturierung, in die Beschaffung (von Serviceteilen), in die Arbeitszeiterfassung (Servicerückmeldungen) und in SAP Field Service Management zur Planung und Terminierung von Serviceaufträgen. Einzelheiten zu diesen Integrationsszenarien werden wir in den nächsten Abschnitten erläutern.

10.5.1 Data Exchange Manager

Die Überleitung von Servicevorgängen an Folgeprozesse in SAP S/4HANA – wie etwa an die Fakturierung oder die Beschaffung – wird durch den Data Exchange Manager realisiert. Diese Engine wird immer dann aufgerufen, wenn ein Geschäftsvorgang angelegt oder geändert wird. Die Positionen des Vorgangs werden abhängig von ihrem jeweiligen Status an die einzelnen Komponenten der Folgeprozesse weitergeleitet. Zur Erstellung oder Änderung des Folgedokuments werden in der Regel interne APIs der Folgekomponenten aufgerufen. Diese Aufrufe erfolgen synchron (mit Ausnahme des Lösungsauftrags, bei dem die Kopplung weniger eng ist). Für den Data Exchange Manager wurden die folgenden Handler registriert:

- **Buchhaltung**
  Der Handler für die Buchhaltung legt ein Kontierungsobjekt zur Erfassung der Kosten und zum Kosten-Controlling an. In SAP S/4HANA Cloud wurden dedizierte Kontierungsobjekte für Serviceaufträge und Servicerückmeldungen sowie für Serviceverträge eingeführt. In der On-Premise-Edition von SAP S/4HANA werden Innenaufträge als Kontierungsobjekte verwendet.
- **Fakturierung**
  Serviceaufträge und Servicerückmeldungen werden an die Fakturierung weitergeleitet, sobald sie abgeschlossen sind. Der Data Exchange Manager erstellt eine Fakturaanforderung, die in den Fakturavorrat eingetragen wird und später im Rahmen eines Sammellaufs selektiert und in eine Faktura umgewandelt wird. Bei Serviceverträgen, die in regelmäßigen Abständen in Rechnung gestellt werden, läuft der Prozess etwas anders ab: Die Erstellung der Fakturaanforderungen erfolgt je nach der im Fakturierungsplan des Servicevertrags festgelegten Abrechnungsperiode im Rahmen eines periodisch eingeplanten Hintergrundjobs.
- **Beschaffung**
  Je nach Konfiguration des Positionstyps besteht die Möglichkeit, Serviceteile oder Serviceleistungen zu beschaffen. In diesem Fall wird vom Data Exchange Manager eine Bestellanforderung oder eine Bestellung generiert.
- **Vertrieb**
  Im Rahmen des Lösungsgeschäfts kann eine kombinierte Lösung wie in Abschnitt 10.2.4 beschrieben auch ein physisches Produkt umfassen, das mithilfe der Vertriebsfunktionalität von SAP S/4HANA ausgeliefert wird. Für diese Positionen erstellt der Data Exchange Manager einen Kundenauftrag, der dann an die Lieferabwicklung weitergeleitet wird.
- **Abonnement**
  Ein Lösungsauftrag kann ebenso ein abonniertes Produkt umfassen. Für derartige Positionen legt der Data Exchange Manager im Abonnementabrechnungs-Tool SAP Subscription Billing ein Abonnement an.
- **Arbeitszeiterfassung**
  Nach Abschluss einer Servicerückmeldung werden die vom ausführenden Servicetechniker oder der Servicetechnikerin erfassten tatsächlich geleisteten Arbeitszeiten an die Zeiterfassungsfunktion weitergeleitet.

10.5.2 Rückwärtsintegration

Servicevorgänge, die Folgeprozesse initiieren, müssen ausgewählte Informationen aus diesen Prozessen erhalten. Typischerweise werden Statusänderungen aufgrund der Folgebelege oder der durch die Folgebelege ausgelösten nachfolgenden Prozessschritte an die ursprüngliche Transaktion kommuniziert, um vollständige Prozesstransparenz zu gewährleisten und bestimmte Funktionen innerhalb der Servicetransaktionen zu steuern. Einige Beispiele hierfür:

- Wenn eine Faktura für einen Serviceauftrag erstellt wird, überträgt die für die Fakturierung zuständige Komponente die ID der Faktura zusammen mit den Angaben zu den in Rechnung gestellten Mengen und Werten in den Serviceauftrag. Es wird eine Verknüpfung zwischen dem Serviceauftrag und der Faktura erstellt, und der Fakturierungsstatus des Serviceauftrags ändert sich in **Vollständig fakturiert**.
- Aus einem Serviceauftrag wird eine Bestellung für ein Serviceteil erstellt, das extern beschafft werden muss. Bei der Buchung des Wareneingangs für die Bestellung wird die ID des Materialbelegs zusammen mit der Eingangsmenge an den Serviceauftrag weitergegeben. Die Servicetechniker*innen können dann darüber informiert werden, dass sie mit der Ausführung der Serviceleistung beginnen können.
- Bei einem Bündelungsgeschäft wird ein physisches Produkt – z. B. eine Maschine – zusammen mit einer Serviceleistung – z. B. ihrer Installation – verkauft. Wenn der Warenausgang zu der für das physische Produkt erstellten Lieferung verbucht wurde, wird der Lösungsauftrag aktualisiert. Es wird eine Verknüpfung zum Materialbeleg hergestellt und die Warenausgangsmenge und der Wert für die betreffende Position werden fortgeschrieben. Anhand dieser Vorgänge lässt sich die spätere Installation der Maschine planen.

Die Übernahme von prozessrelevanten Daten aus den Folgebelegen in die ursprüngliche Servicetransaktion wird auch als *Rückwärtsintegration* bezeichnet. Technisch gesehen kommt bei dieser Integration ein ähnliches Verfahren zum Einsatz wie bei der Vorwärtsintegration, bei der die Erstellung oder Änderung der Folgebelege durch die Servicetransaktion initiiert wird. Ein spezieller Exit beim Abspeichern wird verwendet, um die Transaktionsdaten zu empfangen, die relevanten Änderungsinformationen zu extrahieren und an die Servicetransaktion zu übertragen. Die Servicetransaktion mit den relevanten Daten (Link zum Folgebeleg, Mengen und Werte sowie Status) wird über ein internes Standard-API aktualisiert.

10.5.3 Integration mit SAP Field Service Management

Bei *SAP Field Service Management* handelt es sich um eine Frontoffice-Komponente, über die das Ressourcenmanagement, die Disposition und die Terminierung von Serviceaufträgen abgewickelt werden können. Ein Serviceauftrag, der entweder über die Benutzeroberfläche oder über ein öffentliches API in SAP S/4HANA Service erstellt wird, kann nach seiner Freigabe über den entsprechenden SOAP Notification Service nach SAP Field Service Management repliziert werden. In solchen Fällen plant die Leitung der Serviceteams im Frontoffice dann die Serviceaufträge, weist diese zu und schickt sie an die entsprechenden Techniker*innen. Die Techniker*innen erhalten die Auftragszuweisungen auf ihren Mobilgeräten und melden anschließend den Zeitaufwand und den Verbrauch an Teilen. Nach Abschluss der Arbeiten wird über den entsprechenden SOAP-Service eine Servicerückmeldung in SAP S/4HANA generiert. Schließlich wird die Servicerückmeldung zur Fakturierung freigegeben.

10.5.4 User-Interface-Technologie

Wie in allen anderen Bereichen von SAP S/4HANA ist SAP Fiori die führende UI-Technologie für die Bearbeitung von Servicevorgängen. Es ist jedoch erwähnenswert, dass einige Anwendungen das Web Client UI als Legacy-Technologie verwenden. Beim Web Client UI handelt es sich um ein Framework innerhalb der technischen Basis von SAP S/4HANA, das auf dem BSP-Framework (Business Server Pages) aufsetzt und bereits in SAP CRM eingesetzt wurde.

Das »Look and Feel« der Web-Client-UI-Anwendungen wurde weitgehend an das nativer SAP-Fiori-Apps angeglichen. Die verwendeten UI-Elemente und die Anordnung der UI-Controls (z. B. Schaltflächen) entsprechen weitestgehend denen in SAP Fiori. Darüber hinaus wird die Navigation von und zu nativen SAP-Fiori-Apps nahtlos unterstützt. Das SAP Fiori Launchpad kann Kacheln, die für SAP-Fiori-Apps stehen, und Kacheln, hinter denen sich Web-Client-UI-Anwendungen verbergen, auf einheitliche Weise darstellen. Die Endbenutzer*innen werden kaum einen Unterschied merken. Bei den Personalisierungs- und Konfigurationsmöglichkeiten für die einzelnen Seiten gibt es nur einige geringfügige Unterschiede.

10.6 Zusammenfassung

Wir haben in diesem Kapitel die wichtigsten Geschäftsprozesse im Bereich Service – Außendienst, Werkstattreparatur, Serviceverträge und Lösungsgeschäft – dargestellt und die daran beteiligten Business-Objekte hervorgehoben. Darüber hinaus haben wir die Stammdaten und das Organisationsmodell für Servicevorgänge vorgestellt. Wir haben die hinter dem Datenmodell stehenden Ideen erläutert und die Konzepte des Business Transactions Framework vorgestellt, das den gemeinsamen Rahmen für die Modellierung aller Geschäftsvorgänge im Service vorgibt.

Die Prozesse im Service haben zahlreiche Berührungspunkte mit anderen Komponenten von SAP S/4HANA, z. B. der Fakturierung, der Buchhaltung und der Beschaffung. Wir haben erklärt, wie der Data Exchange Manager für die Integration mit anderen Komponenten von SAP S/4HANA sorgt. Des Weiteren haben wir die Integration mit SAP Field Service Management behandelt. Schließlich haben wir UI-Technologien besprochen und hervorgehoben, dass alle SAP-Fiori-Apps und Web-Client-UI-Anwendungen für Servicevorgänge nahtlos in das SAP Fiori Launchpad integriert sind.

Im nächsten Kapitel werden wir uns mit der Beschaffungslösung in SAP S/4HANA befassen. Dabei werden wir Prozesse wie die direkte und indirekte Beschaffung abdecken, die Architektur für die zentrale Beschaffung erläutern und auf Themen wie Analytics und intelligente Beschaffung eingehen.

Kapitel 11
Beschaffung

*SAP S/4HANA Sourcing and Procurement ist eine zentrale Lösung für alle Aspekte der Beschaffung bzw. des Einkaufs in einem Unternehmen. Die Lösung ist optimiert für die Automatisierung der Beschaffungsprozesse (Low-Touch bzw. No-Touch), unterstützt katalogbasiertes Einkaufen für Mitarbeiter*innen und ermöglicht es, die Beschaffungsvorgänge zu zentralisieren. Die Durchführung der Einkaufsoperationen wird unterstützt durch benutzerfreundliche SAP-Fiori-Apps, Machine Learning und die Situationsverarbeitung.*

Dieses Kapitel behandelt die Anwendungsarchitektur von *SAP S/4HANA Sourcing and Procurement*, einem in SAP S/4HANA implementierten Teil der Beschaffungslösung SAP Ariba. Mit dieser Lösung werden Waren und externe Dienstleistungen beschafft, um die Produktion und den Betrieb eines Unternehmens aufrechtzuerhalten und um das Unternehmen mit externem Wissen zu versorgen, z. B. im Zusammenhang mit Produktinnovationen oder der Erschließung neuer Marktsegmente. Eine Hauptaufgabe der Lösung besteht darin, die Einkaufskosten zu minimieren und dabei gleichzeitig eine verlässliche Belieferung gemäß der Einkaufsstandards des Unternehmens sicherzustellen. Die Lösung deckt eine Reihe von Aspekten ab, die für die Beschaffung in einem Unternehmen relevant sind:

- Benutzung durch verschiedene *Personas*, also durch verschiedene Zielgruppen der Unternehmensorganisation
- Unterstützung verschiedener Beschaffungsszenarien wie der Beschaffung produktionsrelevanter Direktmaterialien und indirekter Materialien oder Dienstleistungen
- enge Integration in alle SAP-S/4HANA-Prozesse wie Vertrieb, Produktionsplanung, Finanzwesen und Logistik
- Zugriff über transaktionale SAP-Fiori-Apps, Application Programming Interfaces (APIs) oder analytische Anwendungen
- Integration mit SAP Ariba und SAP Fieldglass
- Zentralisierung des Einkaufs

Wir beginnen dieses Kapitel mit einem Überblick über die Architektur und stellen dabei die wichtigsten Funktionsblöcke von SAP S/4HANA Sourcing and Procurement vor, einschließlich *Central Procurement* für die zentrale Beschaffung (siehe Abschnitt 11.1). Als Nächstes beschäftigen wir uns mit dem Zusammenspiel zwischen SAP S/4HANA Sourcing and Procurement und anderen Anwendungen in SAP S/4HANA. Wir stellen die Business-Objekte als technische Bausteine für die Beschaffungsprozesse vor. Anschließend veranschaulichen wir anhand zweier Prozessbeispiele, wie verschiedene Personas (Benutzerrollen oder -gruppen) bei der Durchführung der Geschäftsprozesse zusammenarbeiten (siehe Abschnitt 11.2). Danach erhalten Sie einen detaillierten Einblick in die Architektur eines Business-Objekts, das die SAP-S/4HANA-Kerntechnologien SAP Fiori und Open Data Protocol (OData, siehe Abschnitt 11.3) unterstützt. Zu den wichtigsten Bestandteilen der Beschaffungsstrategie gehören die zentralisierte Beschaffung (siehe Abschnitt 11.4), das Ausschreiben von Produkten (siehe Abschnitt 11.5), die legale Gestaltung von Einkaufskontrakten (siehe Abschnitt 11.6) und die Integration mit den Lösungen SAP Ariba und SAP Fieldglass (siehe Abschnitt 11.7). Die Central-Procurement-Komponente ermöglicht die Zentralisierung der Einkaufsvorgänge und kann an mehrere ERP-Backend-Systeme verschiedenen Typs angebunden werden. Sie kann auch in einer Legacy-System-Landschaft als zentrale Integrationskomponente für SAP Ariba und SAP Fieldglass eingesetzt werden. In Abschnitt 11.8 werden wir auf die Architektur für Analytics für Beschaffungsdaten eingehen. Zum Abschluss des Kapitels werfen wir einen Blick auf Innovationskonzepte, die in SAP S/4HANA Sourcing and Procurement zum Einsatz kommen. Beispielsweise unterstützt die Lösung eine durch Benachrichtigungen getriggerte *Insight-to-Action-Arbeitsweise*, bei der Einsichten und Erkenntnisse direkt in Handlungen umgesetzt werden können (siehe Abschnitt 11.9). Hierbei kommen die intelligente Situationsverarbeitung (siehe Abschnitt 4.3.) und eine durch Machine Learning unterstützte Entscheidungsfindung zum Einsatz.

11.1 Überblick über die Architektur

Abbildung 11.1 zeigt die Architektur der Beschaffung in SAP S/4HANA und die Side-by-Side-Integration mit Central Procurement. Innerhalb von SAP-S/4HANA-weiten Prozessen steht die Beschaffungslösung zwischen den vorgelagerten Anwendungen, die Waren- und Dienstleistungen anfordern, wie z. B. Vertrieb und Produktionsplanung (siehe Abbildung 11.1 oben) und den nachgelagerten Anwendungen für Finanzwesen und Logistik (siehe Abbildung 11.1 unten).

Die Unternehmensbereiche melden ihren Einkaufsbedarf an, indem sie *Bestellanforderungen* anlegen. Technisch gesehen handelt es sich bei einer Bestellanforderung um das Beschaffungs-API für eingehende Bestellaufträge, mit dem die Einkaufsabteilung eines Unternehmens darüber informiert wird, dass ein Produkt (d. h. ein Material oder eine Dienstleistung) beschafft werden muss. Die Anforderungen werden entweder vollautomatisch oder manuell von Benutzer*innen erstellt. Einer der Aufgaben der Einkaufsabteilung ist es, die optimalen Bezugsquellen zu identifizieren und den Bestellanforderungen zuzuweisen. Dabei steht eine *Bezugsquelle* für einen Lieferanten in Verbindung mit den mit diesem Lieferanten vereinbarten Einkaufskonditionen. Auf Basis der Zuordnung der Anforderungen zu Bezugsquellen werden die Bedarfe in *Bestellungen* gebündelt, die – typischerweise nach erfolgreichem Abschluss eines Genehmigungs-Workflows – an die Lieferanten übermittelt werden.

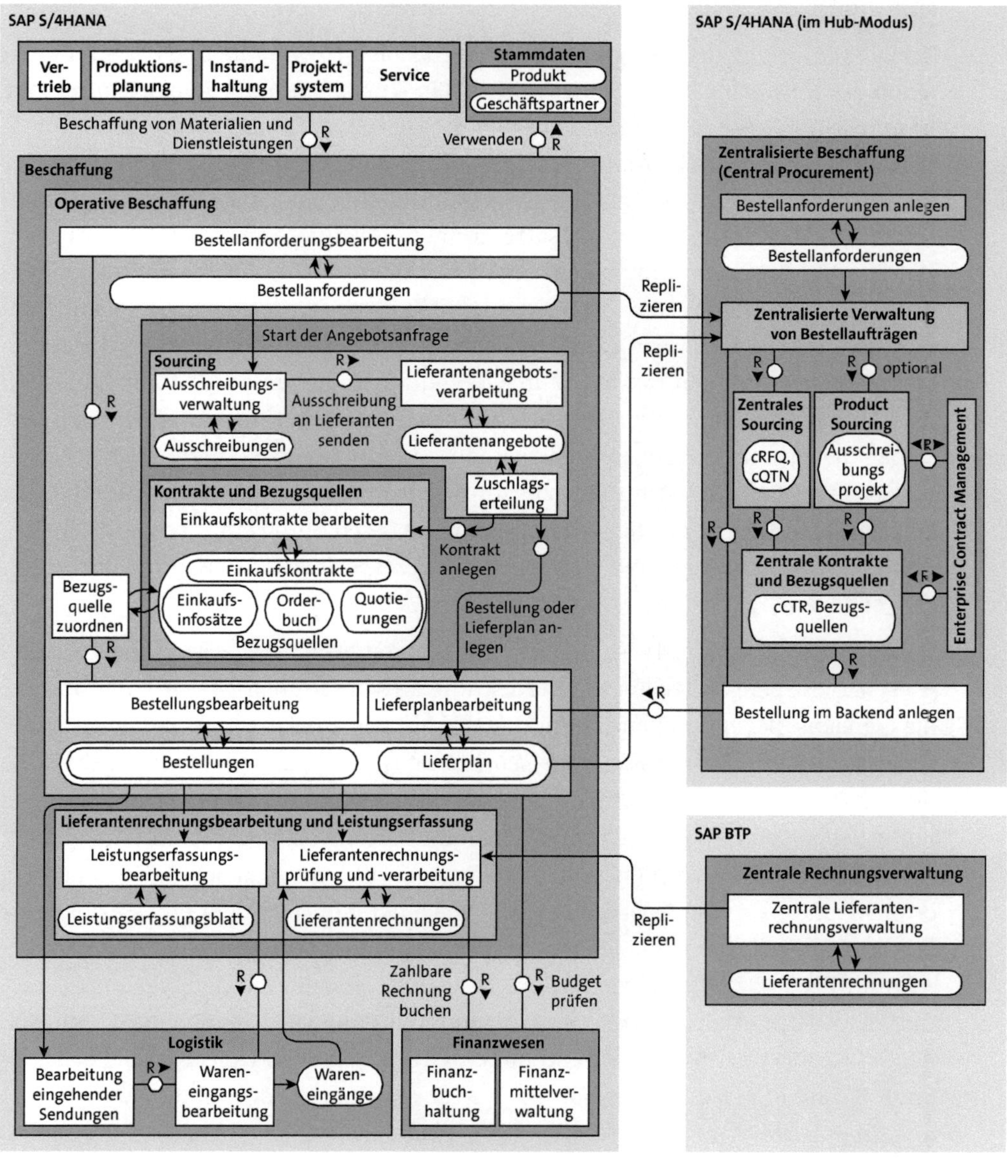

Abbildung 11.1 Beschaffungsarchitektur in SAP S/4HANA

Dieser direkte Einkaufsprozess wird als *operative Beschaffung* bezeichnet. Indem Sie Regeln für die Bezugsquellenzuordnung festlegen, können Sie den Prozess in einem Low-Touch-/No-Touch-Modus betreiben, d. h. mit minimalem Bedarf an manuellen Eingriffen. Es ist wichtig, sich wiederholende Aufgaben bei der Beschaffung weitestgehend zu automatisieren, um so die Einkaufsausgaben zu senken und mit einer höheren Bearbeitungsgeschwindigkeit der Bestellanforderungen die Zeit bis zur Lieferung möglichst kurz zu halten. Ein hoher Automatisierungsgrad gibt der Einkaufsabteilung die Zeit, sich auf die strategischen Aufgaben der Bezugsquellenfindung und des Vertragsabschlusses zu konzentrieren.

Bei der Zuordnung der Bezugsquellen können *Einkaufskontrakte* und das Stammdatenobjekt *Einkaufsinfosatz* genutzt werden. Ein Einkaufsinfosatz dient als Informationsquelle für Einkäufer*innen und bezieht sich jeweils auf eine bestimmte Kombination aus Lieferant und Produkt (Material oder Dienstleistung). Er kann entweder manuell oder automatisch aus Belegen wie Bestellungen oder Lieferantenangeboten erstellt werden. Mithilfe der Infosätze können Einkäufer*innen schnell ermitteln, welche Anbieter ein Produkt bereits angeboten oder geliefert haben, und auf weitere Informationen wie Preiskonditionen zugreifen. *Orderbücher* (Bezugsquellenlisten) und *Quotierungen* kommen dann zum Einsatz, wenn ein Produkt aus verschiedenen Bezugsquellen bezogen werden kann. Quotierungen dienen der Aufteilung des Bedarfs auf verschiedene Bezugsquellen auf der Grundlage von Quoten, die den einzelnen Bezugsquellen zugeordnet werden. Quotierungen können jeweils einem bestimmten Gültigkeitszeitraum zugeordnet werden. Mithilfe von Orderbüchern können Sie festlegen, welche Lieferanten für die Beschaffung eines bestimmten Produkts in Frage kommen, und somit eine produktspezifische Lieferanteneinschlussliste erstellen.

Die operative Beschaffung ist auf die Verfügbarkeit geeigneter Bezugsquellen angewiesen. Diese bereitzustellen, ist eine der Aufgaben der *strategischen Beschaffung*, die die Bereiche Bezugsquellenfindung (auch bekannt als *Sourcing*) und Vertragsabschlüsse umfasst. Teil der *Bezugsquellenfindung* ist das Einholen neuer Angebote. Zu diesem Zweck werden Ausschreibungen für die betreffenden Produkte an eine Reihe potenzieller Lieferanten geschickt. Die Lieferanten antworten darauf mit Angeboten. Die Einkäufer*innen können dann entscheiden, welchem Angebot sie den Zuschlag erteilen, und legen ein Folgedokument – wie einen Kontrakt oder eine Bestellung – für den Lieferanten an. Mit Lieferanten geschlossene Kontrakte beziehen sich auf bestimmte Produkte oder Produktgruppen und enthalten die Bedingungen und Konditionen, die Unternehmen mit den Lieferanten ausgehandelt haben, z. B. bezüglich der Preise oder der Mengen. Sie enthalten weder Angaben zu Lieferplänen noch konkrete Bestellungen. Ein *Lieferplan* ist eine abgewandelte Form eines Kontrakts, in dem im Einzelnen auch ein Zeitplan für geplante Lieferungen festgelegt ist. Gemäß diesem Zeitplan werden Produkte beim Lieferanten abgerufen, ohne dass Bestellungen erstellt werden müssen. Der Lieferplan fungiert somit als eine Kombination aus Kontrakt und Bestellung. Im Gegensatz dazu erfolgen Abrufe aus Kontrakten immer in Form von Bestellungen. Für alle genannten Belege können Genehmigungs-Workflows definiert werden.

Der Prozess für Anlieferung und Liefererfüllung hängt von der Art des zu beschaffenden Produkts ab. In der Bestandsführung wird ein *Wareneingangsbeleg* erstellt, der einen Verweis auf die Bestellung oder den Lieferplan enthält, sodass sich deren Erfüllung nachverfolgen lässt (siehe Abschnitt 12.5.1). Der Wareneingang und die Bestellung bzw. der Lieferplan dienen beide als Grundlage für die Validierung der Lieferantenrechnung durch die Rechnungsprüfung. Nach erfolgreicher Prüfung erfolgt die Zahlung an den Lieferanten, die durch die Kreditorenbuchhaltungskomponente in SAP S/4HANA Finance ausgelöst wird (siehe Abschnitt 14.5). Für eingekaufte Dienstleistungen werden Leistungserfassungsblätter angelegt.

Der Einkaufsprozess kann auf mehrere technische Systeme verteilt werden. Zum einen kann er lokal betrieben werden, also in demselben SAP-S/4HANA-System, in dem auch die vorgelagerten Prozesse (Vertrieb, Produktionsplanung usw.) und die nachgelagerten Prozesse (Finanzen, Logistik) ausgeführt werden. Zum anderen kann er teilweise oder vollständig in einem zentralisierten Beschaffungssystem ausgeführt werden, das als Hub für mehrere Backend-Systeme fungiert (siehe Abschnitt 11.4). Zudem ermöglichen schlüsselfertige Integrationen mit SAP Ariba und SAP-Fieldglass-Lösungen, dass deren spezialisierte Einkaufsfunktionen aus SAP-S/4HANA-Anwendungen heraus verwendet werden können (siehe Abschnitt 11.7).

11.2 Beschaffungsprozesse

In diesem Abschnitt geben wir anhand von zwei Beispielprozessen einen Überblick über die Beschaffungsfunktionen in SAP S/4HANA. Kann eine beschaffte Ware oder Dienstleistung direkt einem bestimmten, vom Unternehmen verbuchten Umsatz zugeordnet werden, spricht man von *direkter Beschaffung*. Die folgenden Beispiele beschreiben direkte Beschaffungsprozesse:

- Ein Hersteller kauft Halbfabrikate als Vorprodukte für die Herstellung eines bestimmten Fertigerzeugnisses ein.
- Ein Unternehmen bestellt bei Lieferanten Waren oder Dienstleistungen, die es dann an seine Kunden weiter verkauft.

Die *indirekte Beschaffung* ist weiter gefasst. Die bestellten Waren oder Dienstleistungen werden hier nicht für die Erwirtschaftung genau eines bestimmten Umsatzes verwendet. Typische Beispiele sind Büromaterialien, Wartungsarbeiten, und Reparaturen.

11.2.1 Direkte Beschaffung

Wie bereits erwähnt, ist ein Beispiel für einen direkten Beschaffungsprozess die Beschaffung von Halbfabrikat, das für die Produktion eines Fertigerzeugnisses benötigt wird, das später an einen Kunden verkauft wird. Ein Beispiel für einen solchen Prozess ist in Abbildung 11.2 dargestellt.

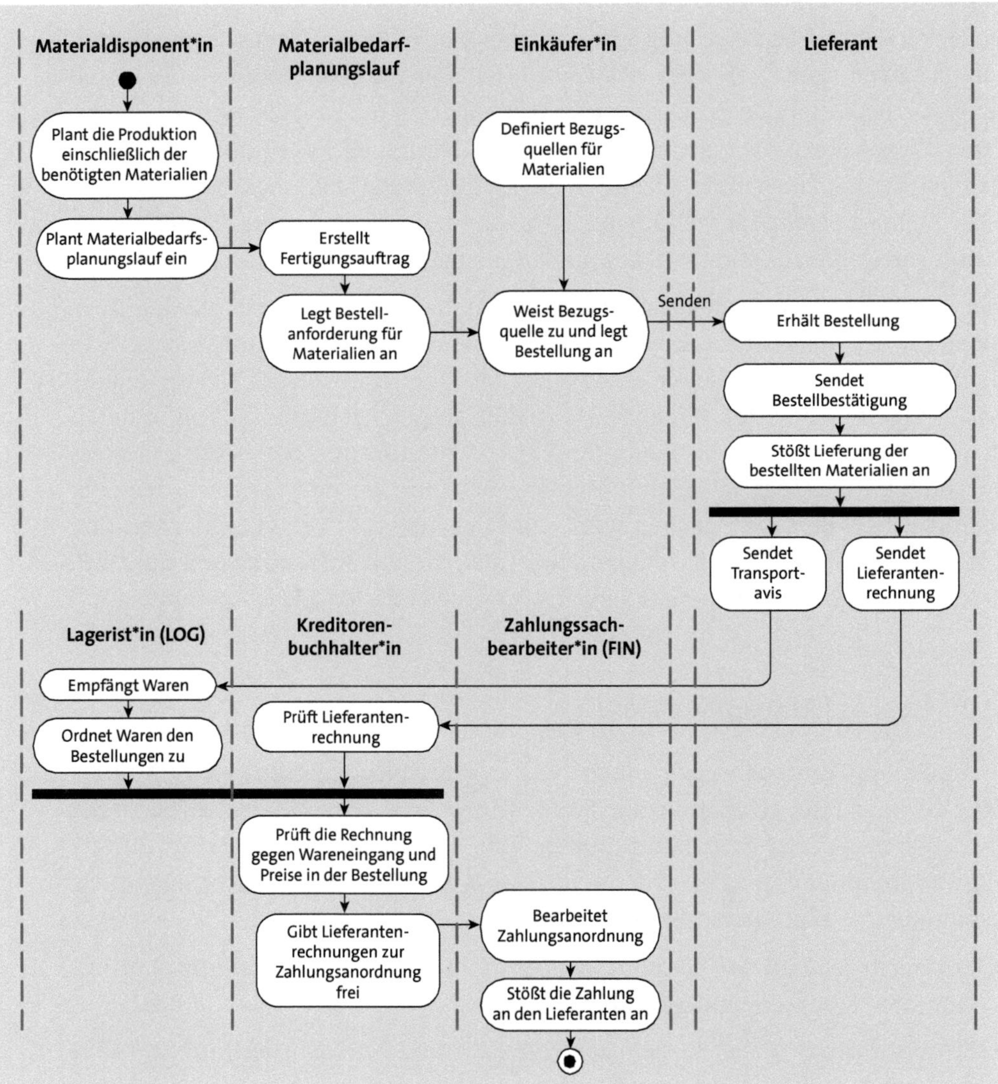

Abbildung 11.2 Bestellprozess für produktionsrelevante Rohstoffe, umfasst mehrere Personas/Benutzerrollen

Der Prozess beginnt in der Produktionsplanung in SAP S/4HANA, wird in der Beschaffung ausgeführt und in den Bereichen Logistik und Finanzen fortgesetzt. Ein Disponent oder eine Disponentin ermittelt mit einem Materialbedarfsplanungslauf (MRP-Lauf, siehe Abschnitt 12.5.3), welche Waren für die Produktionsprozesse beschafft werden müssen. Dabei generiert SAP S/4HANA eine Bestellanforderung, die dann zur Ermittlung einer Bezugsquelle verwendet wird. Nach Festlegung der Lieferanten, Preise und Liefertermine sendet SAP S/4HANA eine Bestellung an den Lieferanten. Daraufhin schickt der Lieferant die Waren an das angegebene Lager des Unternehmens. Dort werden die Waren an Lagerorten eingelagert, und es wird ein Wareneingang verbucht. Schließlich schickt der Lieferant eine Rechnung, um die Zahlung für die gelieferten Waren zu erhalten.

11.2.2 Indirekte Beschaffung

Unter indirekter Beschaffung versteht man die Beschaffung aller Waren und Serviceleistungen, die es einem Unternehmen ermöglichen, seinen Betrieb aufrechtzuerhalten und auszubauen. Ein typisches Szenario für einen indirekten Beschaffungsprozess ist die Bestellung von Verbrauchsgütern. Derartige Einkaufsprozesse werden hauptsächlich durch die Anfordernden gesteuert, die als gelegentliche Benutzer*innen Artikel aus ihrem elektronischen Beschaffungskatalog abrufen. Diese Abrufe werden dann – nach einem optionalen Genehmigungs-Workflow – automatisch in eine Bestellung umgewandelt. Die Rechnungsbearbeitung kann – nach erfolgreicher Bestätigung des Wareneinganges durch die Mitarbeiter*innen – automatisch erfolgen.

Dieser grundlegende Anforderungsprozess kann entweder direkt in SAP S/4HANA ablaufen oder mit Guided Buying von SAP Ariba realisiert werden. *Guided Buying* bietet eine innovative User Experience und eine Reihe zusätzlicher Funktionen wie Spot Buy, Zugang zu Marktplätzen wie eBay und die Unterstützung von Einkaufsrichtlinien des Unternehmens. Unabhängig von der verwendeten Benutzeroberfläche wird die endgültige Bestellanforderung bei der indirekten Beschaffung danach typischerweise einem Kostenobjekt in SAP S/4HANA zugeordnet und damit in die nachfolgenden Controlling- und Finanzprozesse integriert.

11.3 Business-Objekte in der Beschaffung

Business-Objekte sind die Grundbausteine und strukturierenden Elemente für die Implementierung von Geschäftsprozessen in S/4HANA und damit auch in der Beschaffung. Sie sind technische Repräsentationen realer Objekte als Teil eines semantisch reichhaltigen Modells der Anwendungsdomäne. Jedes Business-Objekt hat eigene Instanzen mit separatem Lebenszyklus. Das Business-Objekt bündelt Funktionalität in Form von Geschäftslogik (bestehend aus Regeln und Verhalten) und Daten, und es besteht aus einer Hierarchie von Entitäten. Das Business-Objekt *Bestellung* enthält beispielsweise eine Entität mit den Kopfdaten (Header) als Wurzelentität sowie Entitäten für die Positionen, die Kontierung und den Lieferzeitplan.

Abbildung 11.3 zeigt die Architektur eines Business-Objekts, bestehend aus der Business-Objektschicht mit der Implementierung und den Daten des Business-Objekts und der darüber liegenden Verwendungsschicht. Die Hauptkomponente der Business-Objektschicht ist der Business-Objektkern, in dem die Geschäftslogik implementiert ist. Durch die Entkopplung dieser Schicht von der Verbrauchsschicht ist gewährleistet, dass man Verbesserungen der Benutzeroberfläche vornehmen und neue Zugriffs- oder Kommunikationskanäle einführen kann, ohne zu riskieren, damit die Implementierung der Geschäftslogik zu beeinträchtigen.

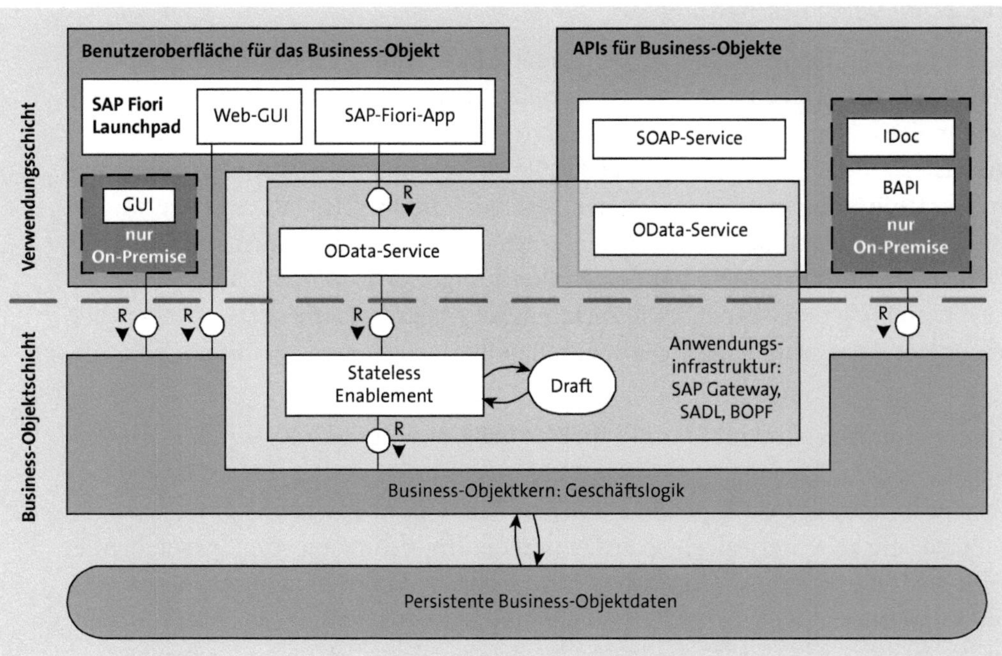

Abbildung 11.3 Architektur eines Business-Objekts in der Beschaffung

SAP S/4HANA Sourcing and Procurement bietet moderne, auf SAPUI5 und SAP Fiori Elements basierende Benutzeroberflächen, die den Designrichtlinien von SAP Fiori folgen (siehe Abschnitt 3.1). Stellenweise werden sie durch traditionelle, auf der Web-Dynpro-Technologie basierende Benutzeroberflächen ergänzt, um auf den vollen Funktionsumfang zugreifen zu können. Hiermit wird ein reibungsloser Übergang von SAP ERP zu SAP S/4HANA On-Premise ermöglicht.

Unter Zuhilfenahme der Anwendungsinfrastruktur wurde eine Stateless-Enablement-Schicht eingeführt, die den zustandlosen (stateless) Zugriff über OData als REST-Kommunikationskanal ermöglicht und mit der Business-Objektschicht interagiert. Hierbei kommen die Technologien SAP Gateway, Service Adaptation Definition Language (SADL) und Business Object Processing Framework (BOPF) zum Einsatz. Das Stateless Enablement unterstützt interaktive transaktionale OData-basierte SAP-Fiori-Apps, indem alle vom UI kommenden Änderungen kontinuierlich in einer Draft-Version des gerade bearbeiteten Dokuments gespeichert werden. Diese Draft-Version wird im Backend persistiert und ist von mehreren Geräten aus zugänglich (siehe auch Abschnitt 2.2). Benutzer*innen können beispielsweise die Arbeit an einem Dokument auf dem Desktop-Rechner beginnen und dann auf einem mobilen Gerät abschließen. Die Anwendungsinfrastruktur ermöglicht darüber hinaus auch OData-APIs für die Kommunikation mit anderen Anwendungen und als Ergänzung der SOAP-basierten Webservices.

11.4 Zentralisierte Beschaffung mit Central Procurement

Bei Central Procurement handelt es sich um eine Hub-Lösung für die zentralisierte Beschaffung, mit der Unternehmen den Einkauf zentralisieren und dadurch optimieren können. Diese Lösung ist besonders für SAP-Kunden interessant, die eine Legacy-Landschaft mit mehreren Backends betreiben. In diesem Abschnitt betrachten wir die wichtigsten Aspekte der Architektur von Central Procurement.

Weitere Informationen zu Central Procurement

Eine ausführliche Beschreibung von Central Procurement finden Sie in dem E-Bite, *Introducing Central Procurement with SAP S/4HANA* (Ashlock, Paschert, Schuster, SAP PRESS 2018, *www.sap-press.de/4800*).

Ohne Central Procurement müssten alle Beschaffungsvorgänge jeweils lokal im Backend ausgeführt werden. Ein solcher dezentraler Ansatz würde es erschweren, die Ausgaben auf der Ebene des gesamten Unternehmens zu bündeln und durch Skalierungseffekte bessere Preise zu erzielen. Darüber hinaus bildet Central Procurement den organisatorischen Aufbau in vielen Unternehmen ab, wo die Einkaufsabteilung in der Regel eine zentrale Organisation ist. Central Procurement unterstützt eine solche zentrale Einkaufsabteilung bei der Arbeit in einer Systemlandschaft mit mehreren Backends.

Mit Central Procurement werden die folgenden Elemente zentralisiert:

- Der Arbeitsplatz der professionellen Einkäufer*innen wird zentralisiert, indem Anwendungen für die Beschaffung und den Vertragsabschluss in einem einzigen System bereitgestellt werden. Somit können Unternehmen die Organisationsstruktur für die Einkaufsabteilung zentral einrichten, Verantwortlichkeiten im Bereich

Einkauf mithilfe des Responsibility Management festlegen und mithilfe der integrierten Business-Workflow-Funktionalität Genehmigungs-Workflows definieren.

- Self-Service-Anwendungen für Mitarbeiter*innen zum Anlegen von Bestellanforderungen (Shopping Cart)
- Integration mit anderen SAP-Lösungen, beispielsweise SAP Business Network for Procurement und SAP Fieldglass (siehe auch Abschnitt 11.7)
- Analytics durch die Ermöglichung von Echtzeitanalysen mit Kennzahlen (KPIs) für die Ausgaben (siehe auch Abschnitt 11.8)
- eine Innovations-Roadmap für die Modernisierung der Einkaufslösung des Unternehmens, beispielsweise durch die Nutzung der intelligenten Situationsverarbeitung und durch Machine Learning (siehe auch Abschnitt 11.9)

Abbildung 11.4 gibt einen Überblick über die Architektur von Central Procurement. In einer Landschaft bestehend aus einem Hub-System und mehreren angeschlossenen Backend-Systemen werden die Beschaffungsprozesse verteilt und systemübergreifend ausgeführt. Dabei findet ein Austausch von Bestellanforderungen und Bestellungen zwischen Systemen statt. Aus Konsistenzgründen ist es wichtig, für die Belege, die in zwei verschiedenen Systemen existieren, ein führendes System zu definieren. In diesem Zusammenhang bezeichnen wir im Hub-System diejenigen Belege als *zentral*, für die das Hub-System das führende System ist, während wir Belege, für die das Backend das führende System ist, im Hub-System als *repliziert* bezeichnen.

Bei den aus den Backend-Systemen replizierten Belegen handelt es sich um Bestellanforderungen und Bestellungen. Für replizierte Bestellanforderungen kann die Bezugsquellenfindung in Central Procurement durchgeführt werden. Dazu gibt es erweiterte Möglichkeiten für die regelbasierte Zuordnung von Bezugsquellen und die App **Bestellanforderungen zentral bearbeiten** für die manuelle Zuordnung. Sobald diese Zuordnung erfolgt ist, wird eine Bestellung direkt im entsprechenden Quellsystem angelegt. Die Replikation der Bestellungen nach Central Procurement ermöglicht die Zentralisierung des Genehmigungsverfahrens und des Ausgabemanagements sowie analytische Auswertungen auf den zentralisierten Einkaufsdaten. Zusätzlich zur Replikation können Bestellanforderungen auch direkt in Central Procurement angelegt werden.

Ein wichtiger Aspekt von Central Procurement ist seine Entkopplung von den Logistik- und Finanzanwendungen in SAP-S/4HANA. Central Procurement kommuniziert nicht direkt mit diesen Anwendungen. Stattdessen erfolgt die Integration über die Beschaffungsfunktionen in den jeweiligen Backend-Systemen, die bereits mit anderen SAP-S/4HANA-Anwendungen wie denen für Finanzwesen und Logistik integriert sind (siehe Abbildung 11.1). Konkret fungiert die Bestellanforderung als eingehendes API und die Bestellung als ausgehendes API. Diese beiden Belegtypen (oder Business-

Objekte) bilden die Eingangs- bzw. Ausgangspunkte für die Interaktionen zwischen Hub und Backend.

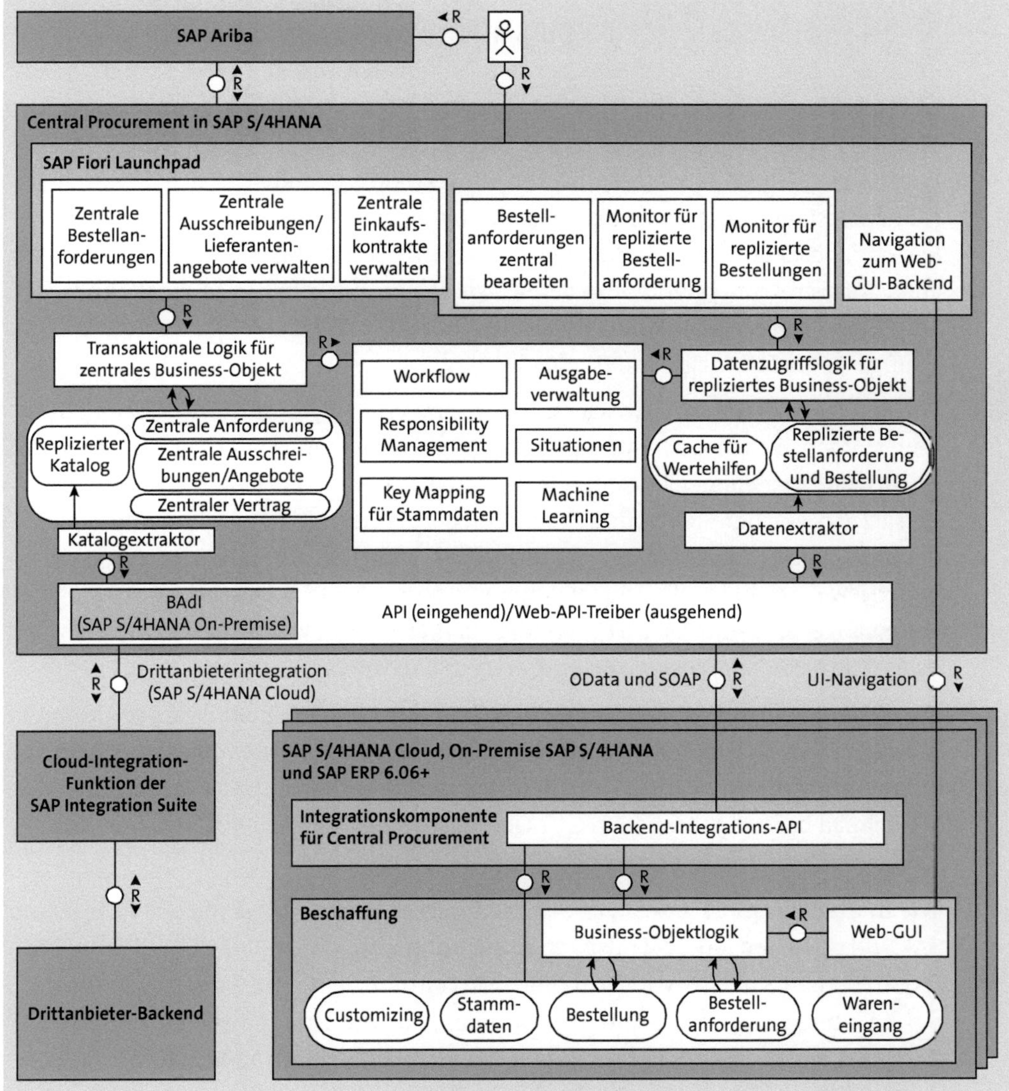

Abbildung 11.4 Architektur von Central Procurement

Das Herzstück von Central Procurement ist die Integration mit den Backend-Systemen. Eine Integrationslösung muss dabei eine Reihe von Aspekten berücksichtigen, etwa welche Arten von APIs verwendet werden, wie mit verschiedenen Arten von Backends umzugehen ist, wie die Verteilung der Stammdaten erfolgt und wie die Benutzeroberflächen integriert werden.

Central Procurement unterstützt die Integration mit SAP S/4HANA, SAP S/4HANA Cloud, SAP ERP und mit Backend-Systemen von Drittanbietern. Hierbei benötigen On-Premise-Systeme ein spezielles, als Adapter fungierendes Integrations-Add-on mit der Bezeichnung `HUBS4IC` für SAP S/4HANA und `HUBERPI` für SAP ERP. Dieser Add-on-Ansatz hat zwei wesentliche Vorteile: Erstens hat das Add-on als separate Softwarekomponente einen eigenen Lebenszyklus, der unabhängig vom Lebenszyklus von SAP ERP ist. So muss lediglich der Adapter aktualisiert werden, wenn die Integration im Laufe der Zeit weiterentwickelt wird. Zweitens handelt es sich um einen minimalinvasiven Ansatz, was für die Stabilität einer historisch gewachsenen Legacy-Systemlandschaft von wesentlicher Bedeutung ist. Die Installation einer zusätzlichen Softwarekomponente und deren Aktualisierung bringt in so einer Landschaft ein viel geringeres Risiko und einen viel geringeren Prüfungsaufwand mit sich als häufige Upgrades des gesamten SAP-Systems.

Für den Datenaustausch zwischen dem zentralen System und den Backend-Systemen werden je nach Anwendungsfall synchrone OData-APIs oder asynchrone SOAP-Nachrichten verwendet. Im zentralen System kommt hierbei ein *Treiberkonzept* zum Einsatz, das von der Vielfalt und Flexibilität bei der technischen Anbindung verschiedener Backend-Systemtypen abstrahiert. Dabei können für verschiedene Backend-Typen jeweils individuelle Treiber definiert werden, die an deren technische Möglichkeiten angepasst sind. Dies ist besonders dann relevant, wenn SAP-ERP-Systeme auf Basis älterer SAP-NetWeaver-Releases verbunden werden müssen.

Für die Endbenutzer*innen ist es wichtig, die Daten der Originaldokumente sehen zu können. Dies wird durch eine UI-Integration in Central Procurement ermöglicht. Diese erlaubt die Navigation vom UI von Central Procurement, das auf dem SAP Fiori Launchpad basiert, zu den Web-GUI-Oberflächen des Backend-Systems, um dort die Belege im Quellsystem anzuzeigen.

Wie in Abbildung 11.4 gezeigt, erfolgt die Integration von Drittanbietersystemen für SAP S/4HANA und SAP S/4HANA Cloud auf unterschiedliche Weise. Für SAP S/4HANA Cloud können Systeme von Drittanbietern mithilfe der Cloud-Integration-Funktion der SAP Integration Suite integriert werden. Für die On-Premise-Edition von SAP S/4HANA wurde in der Web-API-Treiberschicht ein Business Add-In (BAdI) definiert, das für die Integration eines Drittanbieter-Backends implementiert werden kann.

Eine weitere bedeutende Herausforderung in einer verteilten Systemlandschaft ist die Verwaltung und Verteilung der Stammdaten. Central Procurement versucht dabei nicht die Rolle eines Stammdaten-Governance-Systems zu übernehmen. Stattdessen begegnet es der Herausforderung mit einer Mischung aus Replikation, synchronem Datenabruf bei Bedarf, Caching und der Integration mit spezialisierten Stammdaten-Governance-Lösungen wie SAP Master Data Governance.

Insbesondere Produktstammdaten werden nicht repliziert, sondern bei Bedarf abgerufen, beispielsweise für Wertehilfen. Das Hub-System geht entweder davon aus, dass die Produktstammdaten in den Backend-Systemen mit externen Mitteln harmonisiert worden sind, oder es ermöglicht Ihnen, mithilfe des von SAP Master Data Governance bereitgestellten *Universal Key Mapping Service* ein Key Mapping zu definieren.

11.5 SAP S/4HANA for Product Sourcing

SAP S/4HANA for Product Sourcing ist eine Ausschreibungslösung, die auf die Ausschreibung von Direktmaterialien in der Automobilindustrie spezialisiert ist (siehe Abbildung 11.5). Product Sourcing ist eng in Central Procurement integriert: Es nutzt dieselben Stamm- und Konfigurationsdaten und führt mittels der Integrationsfunktionen von Central Procurement zum Anlegen zentraler Kontrakte oder Bestellungen in den angeschlossenen Backend-Systemen. Beachten Sie, dass für die Integration mit den Backend-Systemen eine zusätzliche Lizenz für Central Procurement erworben werden muss.

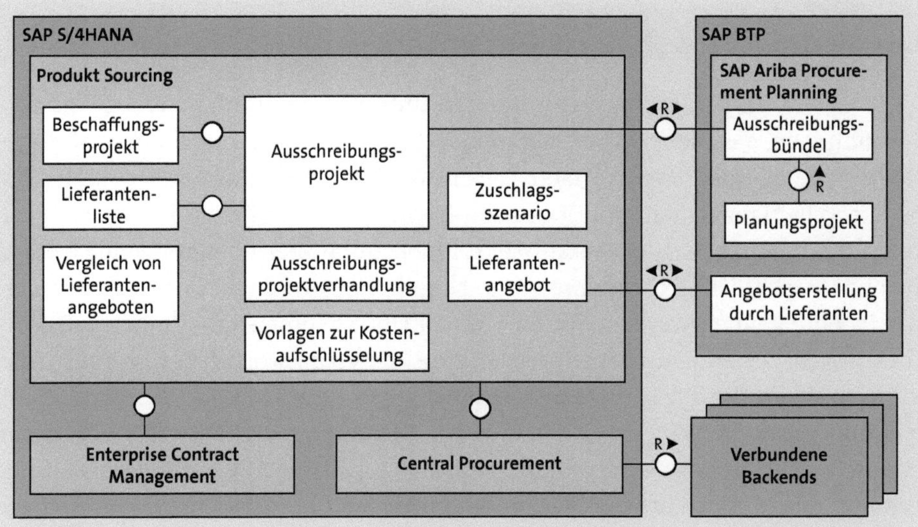

Abbildung 11.5 Product Sourcing (Ausschreiben von Produkten)

Die Bedarfe für den Beschaffungsprozess werden typischerweise in einem Planungsschritt definiert, der einkaufsrelevante Stücklisten in *Bündel* zusammenfasst, die zusammen ausgeschrieben werden können. Diese Bündelung wird bei der Planung/Einführung eines neuen Produkts verwendet, etwa bei einem neuen Auto. Dieser Teil des Geschäftsprozesses wird durch *SAP Ariba Procurement Planning* abgedeckt, einer auf der SAP Business Technology Platform (SAP BTP) laufenden SAP-Anwendung. Dort werden Planungsprojekte definiert und Ausschreibungsbündel erstellt, die als

Ausschreibungsprojekte nach SAP S/4HANA repliziert werden. Ein weiterer Anwendungsfall ist die Neuverhandlung zentraler Kontrakte. Schließlich ist es auch möglich, in Product Sourcing auf Bedarfe zu verweisen, die in (zentralen) Bestellanforderungen definiert sind (bedarfsgesteuerte Bezugsquellenfindung). Product Sourcing ist mit der Komponente für die Vertragsverwaltung in Unternehmen (siehe Abschnitt 11.6) integriert, um die rechtlichen und vertraglichen Aspekte des Ausschreibungsprozesses abzudecken.

Das zentrale Business-Objekt in Product Sourcing ist das *Ausschreibungsprojekt*. Diesem Objekt kann ein Beschaffungsprojekt als Kontext zugewiesen werden, und es kann Lieferantenlisten nutzen, um vorab Gruppen von Lieferanten für eine bestimmte Beschaffungsaktivität zu definieren. SAP S/4HANA für die Lieferantenangebotsverwaltung ist eine Anwendung zur Nutzung durch Lieferanten, die in der ABAP-Umgebung der SAP BTP entwickelt wurde. Mit dieser Anwendung können Lieferanten Angebote erstellen, die in das SAP-S/4HANA-System repliziert werden. Darüber hinaus können damit Angebote verglichen und ausgehandelt werden, und es kann der Zuschlag für ein Angebot erteilt werden.

11.6 Vertragsverwaltung in Unternehmen

SAP S/4HANA für die Vertragsverwaltung in Unternehmen umfasst eine Reihe von Anwendungen, mit denen Unternehmen Verträge verwalten und in die Kerngeschäftsprozesse integrieren können. Die Lösung stellt ein zentrales Repository für das Lifecycle Management von Verträgen in Unternehmen bereit. Dieses kann für Kontrakte auf Einkaufs- und Verkaufsseite, für buchungskreisübergreifende Verträge und andere rechtliche Dokumente wie Geheimhaltungsvereinbarungen, Richtlinien oder Patente genutzt werden. Mit ihr können Unternehmensjurist*innen z. B. Verpflichtungen, Genehmigungen, Unterschriften und Verantwortlichkeiten intern und extern nachverfolgen. Durch ihre vereinheitlichten Formate und Datenstrukturen stellt die Vertragsverwaltung sicher, dass alle Dokumente digitalisiert werden können und auffindbar, wiederverwendbar und anpassbar sind. Die Vertragsverwaltung verwaltet den Fluss rechtlicher Dokumente über mehrere Abteilungen hinweg, erleichtert die Durchführung von Prüfungen und ermöglicht automatische Prüf- und Genehmigungsverfahren.

Die Lösung besteht aus einer Hauptkomponente, die durch verschiedene externe Dienste unterstützt werden kann und nahtlos integrierbar ist (siehe Abbildung 11.6):

- SAP S/4HANA für die Vertragsverwaltung in Unternehmen ist als Hauptkomponente für die Verwaltung von rechtlichen Dokumenten und für die Integration in die Geschäftsprozesse in SAP S/4HANA zuständig.
- Es können unterstützende Services integriert werden, um bestimmte Szenarien mit unternehmenseigenen Lösungen oder Partnerlösungen zu erweitern.

Zur Verwaltung rechtlicher Dokumente dienen *Rechtsvorgänge* (Legal Transaction), die wesentlichen Business-Objekte innerhalb der Vertragsverwaltung (siehe Abbildung 11.6). Im Rechtsvorgang werden alle Informationen gesammelt, die für die Verwaltung rechtlicher Dokumente erforderlich sind, z. B. Anhänge, Aufgaben, Entitäten, Kontakte, Dokumente, verknüpfte Objekte, Termine usw. Jedem Rechtsvorgang wird ein *Kontext* zugewiesen, der ein bestimmtes Geschäftsszenario oder andere Umstände widerspiegelt, die Modalitäten für die Verarbeitung der rechtlichen Dokumente festlegt und angibt, welche Informationen bereitgestellt werden müssen. Die Vertragsverwaltung bietet einen Überblick über alle kritischen Rechtsvorgänge, Kontexte und Dokumente.

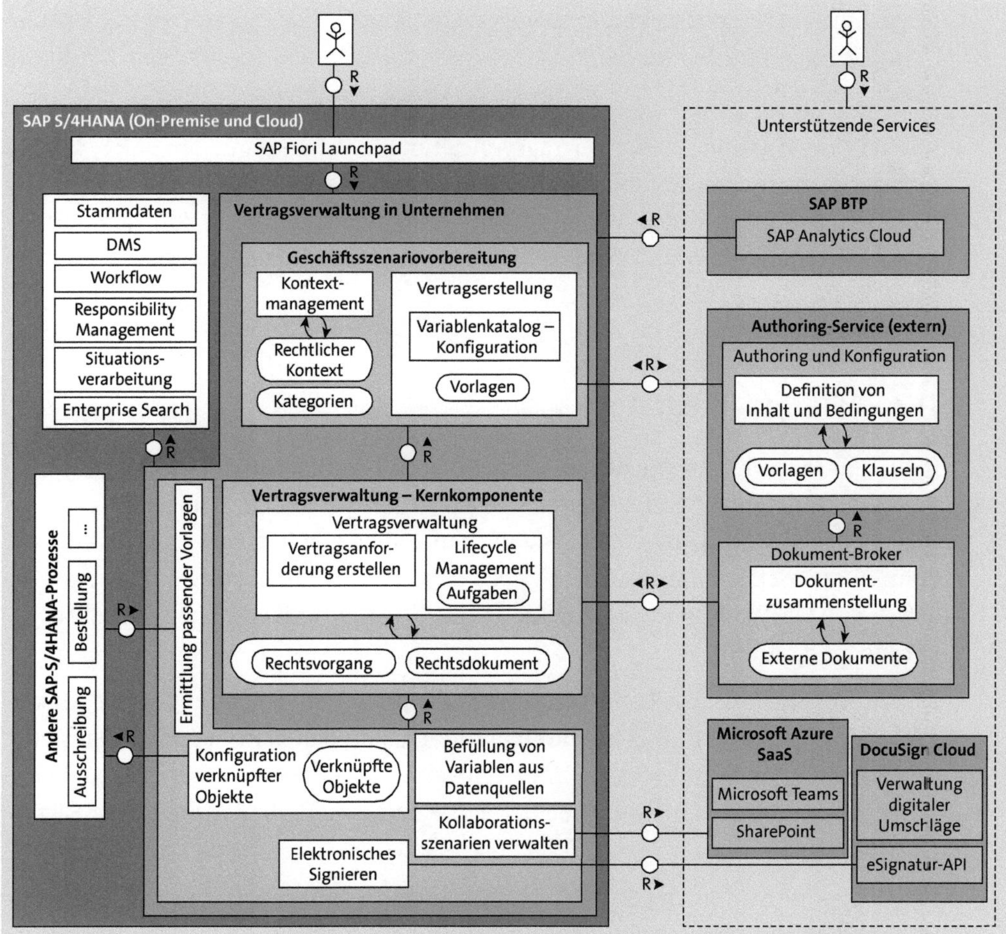

Abbildung 11.6 Die Architektur der Vertragsverwaltung in Unternehmen

Durch die unterstützenden Services werden die Prozesse um zusätzliche Funktionalitäten erweitert:

- **SAP Analytics Cloud**
  Über ein Dashboard können verschiedene Aspekte von Rechtsvorgängen und von rechtlichen Dokumenten überwacht und analysiert werden.
- **Authoring**
  Hier können Unternehmensjurist*innen auf der Grundlage eines bestimmten Geschäftskontextes Vorlagen und Klauseln als Bausteine für Dokumente verfassen.
- **Kollaborationsszenarien**
  Zur Ergänzung der Prüf- und Genehmigungsprozesse können Dokumente ad-hoc über Microsoft Teams sowohl intern als extern geteilt werden.
- **Elektronische Signatur (eSignatur)**
  Rechtlich verbindliche Vereinbarungen können über die Integration mit Drittanbietern geschlossen werden, insbesondere mit der schlüsselfertigen Partnerlösung *DocuSign*.

Mit der Kombination aus der Vertragsverwaltung in Unternehmen in SAP S/4HANA und den ergänzenden Services können Unternehmen alle Kerngeschäftsprozesse integrieren, alle Arten von Dokumenten auf der Grundlage mittels Vorlagen und Regeln zusammenstellen und gleichzeitig alle Dokumente in einem zentralen Online-Repository speichern.

11.7 APIs und Integration

In diesem Abschnitt werden die Optionen für die Integration von SAP S/4HANA Sourcing and Procurement mit anderen Komponenten behandelt. Um die Integration mit externen Anwendungen zu ermöglichen, haben alle Business-Objekte und alle Stammdatenobjekte der Beschaffung ein OData-API für die synchrone Integration sowie ein SOAP-API für die nachrichtenbasierte Kommunikation (d. h. für die asynchrone Integration).

Die im SAP Business Accelerator Hub (*https://api.sap.com*) zu findende Liste der verfügbaren APIs umfasst APIs für die Operationen zum Erstellen, Lesen, Aktualisieren und Löschen von Daten (CRUD = Create, Read, Update, Delete). Zusätzlich zu diesen universellen APIs sind maßgeschneiderte Integrationen für SAP Ariba und SAP Fieldglass verfügbar.

Durch die Integration von SAP S/4HANA Sourcing and Procurement und SAP Ariba werden vier zentrale Bereiche der Beschaffung abgedeckt:

- **Einkauf**
  Die Integration mit SAP Ariba Buying ermöglicht anwenderzentrierte Self-Service-Bestellanforderungen unter Verwendung der entsprechenden Guided-Buying-Funktion. In diesem Szenario nutzen die Anforder*innen SAP Ariba Buying, um

Kataloge zu durchsuchen und ihre Warenkörbe zusammenzustellen. Die Warenkörbe werden am Ende als Bestellanforderungen nach SAP S/4HANA repliziert. Dort werden im weiteren Verlauf dann die Bestellungen, Wareneingänge und Rechnungen als Folgebelege angelegt. Die Anforder*innen erhalten in SAP Ariba Buying aktualisierte Informationen zu den Folgebelegen, wodurch eine vollständige Transparenz des Bestellstatus gewährleistet wird.

- **Ausschreibung**
  Die Integration mit SAP Ariba Sourcing ermöglicht es Ihnen, Angebote und Preise von Lieferanten einzuholen, um die beste Bezugsquelle für einen bestimmten Bedarf zu ermitteln. In SAP S/4HANA bündeln Einkäufer*innen Bestellanforderungen in Ausschreibungen und wählen die Lieferanten aus, von denen Angebote eingeholt werden sollen. SAP Ariba Sourcing erstellt ein Ausschreibungsprojekt auf der Grundlage der Daten in der Ausschreibung, und die eingeladenen Lieferanten können ihre Angebote über das SAP Business Network for Procurement abgeben. Nach Ende der Angebotsabgabe entscheiden strategische Einkäufer*innen in SAP Ariba Sourcing, welche Angebote den Zuschlag erhalten, und senden diese an das SAP-S/4HANA-System, wo automatisch Bestellungen generiert werden.
- **Kontrakte**
  Durch die Integration mit SAP Ariba Sourcing können strategische Einkäufer*innen Kontrakte mit Lieferanten aushandeln und abschließen. Sobald die Angebotsabgabe abgeschlossen ist, können die strategischen Einkäufer*innen sich beispielsweise dafür entscheiden, einen Kontrakt anstatt einer Bestellung zu erstellen, wenn ein wiederkehrender Bedarf an einem bestimmten Material besteht. Die Kontrakte werden in SAP Ariba Sourcing angelegt, mit den Lieferanten ausgehandelt und anschließend als operative Kontrakte nach SAP S/4HANA repliziert.
- **Netzwerkbasierter Handel**
  Wenn Sie SAP S/4HANA Sourcing and Procurement mit dem SAP Business Network for Procurement verbunden haben, besteht die Möglichkeit, mit Millionen von potenziellen Lieferanten zusammenzuarbeiten und den Austausch von Geschäftsdokumenten wie Bestellungen und Rechnungen zu automatisieren.

Abbildung 11.7 veranschaulicht, welche Komponenten an dem Prozess beteiligt sind und über welche Kanäle sie miteinander kommunizieren. Im Folgenden werden wir auf die wichtigsten Aspekte der Integration eingehen.

In diesem Integrationsszenario arbeiten die Einkäufer*innen (das schließt Mitarbeiter*innen im Einkauf, Lagerist*innen oder Buchhalter*innen mit ein) mit SAP S/4HANA und verschiedenen SAP-Ariba-Lösungen. Die Interaktion und die Zusammenarbeit zwischen den Lieferanten und ihren Kunden (d. h. den Einkäufer*innen) erfolgt dabei über das SAP Business Network for Procurement, für das sowohl Einkäufer*innen als auch Lieferanten ihre eigenen Konten haben.

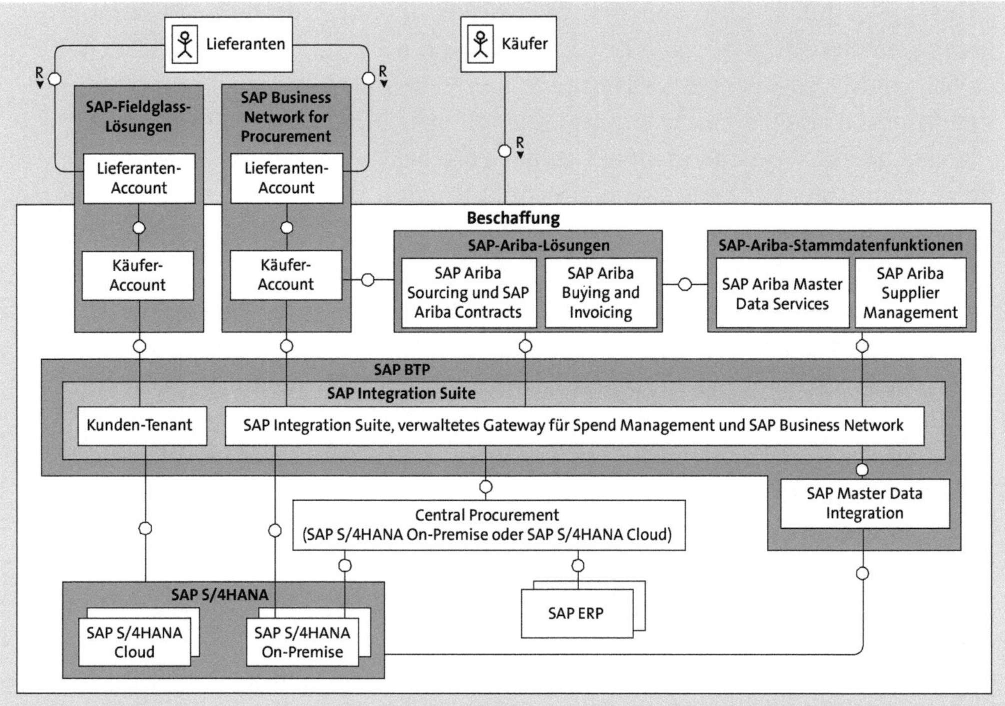

Abbildung 11.7 Integration von SAP S/4HANA Sourcing and Procurement mit SAP Ariba und SAP Fieldglass

Die Kommunikation zwischen SAP S/4HANA und SAP Ariba erfolgt über *SAP Integration Suite, verwaltetes Gateway für Spend Management und SAP Business Network*, eine von SAP verwaltete Middleware auf Basis von Cloud Integration (siehe Abschnitt 6.6). Dank der von SAP hierfür bereitgestellten Mapping-Inhalte bekommen SAP-Kunden eine gebrauchsfertige Integrationslösung an die Hand. Darüber hinaus sind auch Funktionen zum Monitoring der Integrationsszenarien enthalten sowie Erweiterungsmöglichkeiten, z. B. für die Erweiterung mit kundenspezifischen Feldern.

Der Austausch von Bewegungsdaten erfolgt über SOAP-APIs (asynchron) und OData-APIs (synchron). Im Falle von SOAP-APIs transformiert SAP Integration Suite, verwaltetes Gateway für Spend Management und SAP Business Network die XML-Daten in das entsprechende Protokoll der SAP-Ariba-Lösungen und umgekehrt. Die Integration für Bewegungsdaten umfasst die Business-Objekte Bestellanforderung, Bestellung, Leistungserfassungsblatt und Lieferantenrechnung.

Als Infrastruktur für den Austausch von Stammdaten kommt SAP Master Data Integration zum Einsatz: SAP S/4HANA sendet und empfängt die Stammdaten an und von SAP Master Data Integration, das wiederum mit SAP Integration Suite, verwaltetes Gateway für Spend Management und SAP Business Network kommuniziert. In den SAP-Ariba-Lösungen werden die Stammdaten von dem Stammdatenservice von SAP Ariba gespeichert und verwaltet – mit Ausnahme der Lieferantenstammdaten, die von SAP Ariba Supplier Management verwaltet werden.

Die Kommunikation von SAP S/4HANA mit den SAP-Ariba-Lösungen für Guided Buying, Ausschreibungen und Kontrakte kann auf zweierlei Weise erfolgen:

- **Option 1**
  SAP S/4HANA kommuniziert direkt mit SAP Integration Suite, verwaltetes Gateway für Spend Management und SAP Business Network.
- **Option 2**
  Mehrere Backend-Systeme sind über Central Procurement mit SAP Integration Suite, verwaltetes Gateway für Spend Management und SAP Business Network verbunden. Bei den Backend-Systemen kann es sich um SAP S/4HANA, SAP S/4HANA Cloud oder SAP ERP (ab Release 6.06) handeln. Die Stammdaten werden immer aus den angeschlossenen Backend-Systemen heraus und nicht über Central Procurement repliziert. Bei SAP ERP funktioniert die Stammdatenreplikation anders und ist daher in Abbildung 11.7 nicht mit dargestellt.

SAP S/4HANA kann auch mit SAP-Fieldglass-Lösungen integriert werden. Dieses Integrationsszenario beinhaltet den Prozess zum Einkauf von Zeitarbeitskräften. Heutzutage erfordern die Personalplanung und das Onboarding externer Mitarbeiter*innen ein hohes Maß an Flexibilität. Die unternehmensinternen Personalkapazitäten müssen durch externe Arbeitskräfte ausgeglichen werden, um mit den sich ständig ändernden Anforderungen Schritt zu halten. Unternehmen, die planen, externe Arbeitskräfte zu beschaffen, können hierzu SAP-Fieldglass-Lösungen einsetzen.

Sowohl Bewegungs- als auch Stammdaten werden zwischen SAP S/4HANA und SAP-Fieldglass-Lösungen über SOAP-APIs synchronisiert. Für das Mapping zwischen den SAP-S/4HANA- und SAP-Fieldglass-APIs ist dazu ein vom SAP-Kunden verwalteter Tenant in Cloud Integration erforderlich. Der entsprechende Mapping-Content wird von SAP als vordefinierter Content bereitgestellt. Sowohl die Käufer als auch Lieferanten haben ihre eigenen Accounts in den SAP-Fieldglass-Lösungen.

Abbildung 11.8 zeigt im Detail ein Szenario für den automatisierten Handel über das SAP Business Network for Procurement. Dabei kommt in diesem Beispiel sowohl auf Käuferseite als auch auf Lieferantenseite jeweils SAP S/4HANA Cloud zum Einsatz. Im linken unteren Teil von Abbildung 11.8 sehen sie den SAP-S/4HANA-Cloud-Tenant auf Käuferseite. Seine Beschaffungsanwendungen interagieren mit den Vertriebsfunktionen des SAP-S/4HANA-Cloud-Tenants auf Lieferantenseite (siehe Abbildung 11.8 unten rechts). Hierbei arbeiten Käufer und Lieferant zusammen, indem Geschäftsdokumente über das SAP Business Network for Procurement ausgetauscht werden. Wenn sowohl der Käufer als auch der Lieferant SAP S/4HANA einsetzen, können sie den Beschaffungsprozess mit den von SAP bereitgestellten Integrationsfunktionen lückenlos automatisieren. Käufer und Lieferant können sich auch für eine direkte Integration ihrer SAP-S/4HANA-Cloud-Tenants entscheiden.

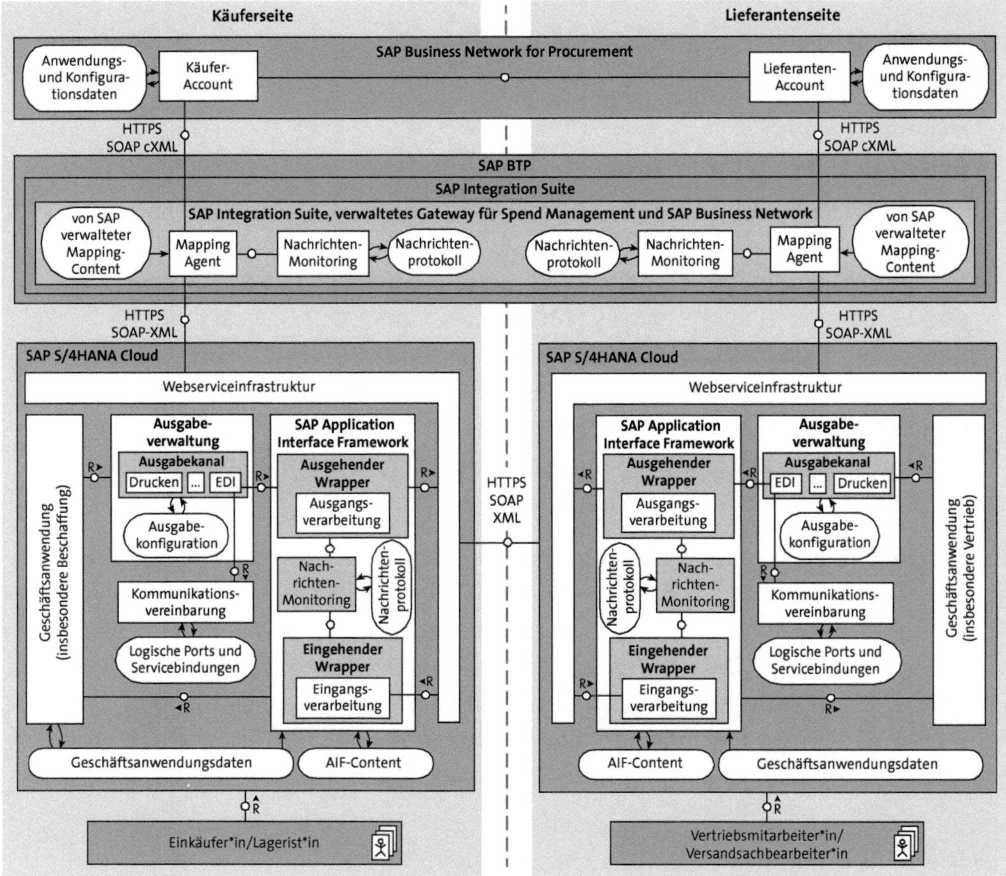

Abbildung 11.8 Integration mit SAP Business Network for Procurement

In SAP S/4HANA Cloud wird die Integration mit SAP Business Network for Procurement mithilfe der folgenden Komponenten und Funktionen realisiert:

- Ausgabeverwaltung (siehe auch Abschnitt 18.4)
- Kommunikationsvereinbarungen für die Integration mit SAP S/4HANA Cloud (siehe Abschnitt 6.4) und dem SOA-Manager (Service Oriented Architecture) der On-Premise-Edition von SAP S/4HANA
- SAP Application Interface Framework (siehe Abschnitt 6.3)

Wir werden Abbildung 11.8 nun anhand eines Beispielprozesses erläutern. Der Einkauf erstellt eine Bestellung in SAP S/4HANA Cloud. Dadurch wird eine Ausgabe an den entsprechenden Lieferanten über den EDI-Ausgabekanal (Electronic Data Interchange) der Ausgabeverwaltung ausgelöst. Der logische Port (Endpunkt-URL von SAP Integration Suite, verwaltetes Gateway für Spend Management und SAP Business Network) wird dabei der Kommunikationsvereinbarung im Kommunikationsmanagement-Framework entnommen. Der logische Port wird an das SAP Application Interface Framework weitergegeben, wo das Mapping der Bestelldaten auf die SOAP-XML-Nachricht `OrderRequest` erfolgt. Sobald das Mapping erfolgt ist, ruft das SAP Application Interface Framework die Webserviceinfrastruktur auf, um die Nachricht an SAP Integration Suite, verwaltetes Gateway für Spend Management und SAP Business Network zu senden.

In SAP Integration Suite, verwaltetes Gateway für Spend Management und SAP Business Network wird die XML-Nachricht in eine cXML-Nachricht (Commerce eXtensible Markup Language; siehe *https://cxml.org*) umgewandelt und dann an das SAP Business Network for Procurement geschickt. Bei dem cXML-Standard handelt es sich um ein spezielles Protokoll für den Austausch von Geschäftsdokumenten zwischen Beschaffungsanwendungen, E-Commerce-Hubs und Lieferanten.

Im SAP Business Network for Procurement wird die Nachricht über den Einkäufer-Account an den Lieferanten-Account weitergeleitet. Hier finden die Lieferanten die Bestellung in ihrer Inbox. Nach Prüfung der Bestellung können die Lieferanten diese bestätigen, indem sie eine Bestellbestätigung im SAP Business Network for Procurement anlegen. Diese wird an den Käufer-Account weitergeleitet und als cXML-Nachricht an SAP Integration Suite, verwaltetes Gateway für Spend Management und SAP Business Network geschickt.

In SAP Integration Suite, verwaltetes Gateway für Spend Management und SAP Business Network wird die cXML-Nachricht in eine XML-Nachricht umgewandelt und dann an den SAP-S/4HANA-Cloud-Tenant geschickt. Dort wird die Nachricht vom SAP Application Interface Framework verarbeitet. Schließlich wird die Bestellung mit den Daten aus der Bestellbestätigung aktualisiert.

Wenn die Lieferanten ebenfalls SAP-S/4HANA-Cloud verwenden und mit dem SAP Business Network for Procurement integrieren, sind die Architekturen auf Käufer- und Lieferantenseite nahezu Spiegelbilder voneinander. In unserem Beispiel bedeutet dies, dass die Bestellung vom Lieferanten-Account als cXML-Nachricht an das SAP Business Network und an SAP Integration Suite, verwaltetes Gateway für Spend Management und SAP Business Network übermittelt wird. Dort wird sie in eine XML-Nachricht umgewandelt und an den SAP-S/4HANA-Cloud-Tenant des Lieferanten weitergeleitet, wo daraus ein Kundenauftrag erzeugt wird. Dies veranlasst die Ausgabeverwaltung, über SAP Integration Suite, verwaltetes Gateway für Spend Management und SAP Business Network und über das SAP Business Network for Procurement eine Bestellbestätigung an den Käufer zurückzusenden.

11.8 Analytics

Bei Embedded Analytics handelt es sich um ein Framework, mit dem Key User Views, Berichte, KPIs und Anwendungen modellieren, erstellen und teilen können (wie in Abschnitt 4.1 ausführlicher dargestellt). Ergänzend zu den Modellierungsmöglichkeiten mit einer Reihe von Key-User-Tools liefert SAP auch Standard-Content.

Die Embedded-Analytics-Funktionalität für die Beschaffung ermöglicht tiefgehende Einsichten und Analysen der Beschaffungsprozesse durch verschiedene KPIs, Analytical List Pages und Monitoring-Anwendungen. Diese analytischen Anwendungen decken die gesamte Bandbreite der Business-Objekte des Einkaufs ab, z. B. Bestellanforderungen, Einkaufskontrakte, Lieferpläne, Bestellungen und Rechnungen.

Mit Embedded Analytics in SAP S/4HANA Sourcing and Procurement stehen den Benutzer*innen die folgenden Funktionen zur Verfügung:

- operatives Reporting und Monitoring in Echtzeit
- Transparenz über die Ausgaben
- Steuerung der Einkaufsausgaben durch Überwachung der vertragsunabhängigen Ausgaben und der Ausgaben, die unter Umgehung der Einkaufsprozesse erfolgten
- Bewertung der Performance von Lieferanten anhand verschiedener konkreter Kriterien wie Preis, Menge, Qualität und Zeit
- Integration eines Dashboards für Einkaufsausgaben in SAP Analytics Cloud, Embedded Edition. Diese letzte Funktion ist nur in SAP S/4HANA Cloud verfügbar.

Hier nun einige konkrete Beispiele: Mit der App **Überfällige Bestellpositionen** können Sie die Einhaltung der Liefertermine der an den Lieferanten gesendeten Bestellungen überwachen. Das KPI vergleicht das aktuelle Datum mit dem Lieferdatum auf Positionsebene. Es wird ermittelt, welche Bestellpositionen noch nicht geliefert wurden, obwohl der Liefertermin überschritten ist. Sie können diese App auch verwenden, um die Liefertermine der an den Lieferanten gesendeten Bestellpositionen zu überwachen.

Mit der App **Bestellwert und Lieferplanwert** können Sie den Nettobetrag der Bestellung und den geplanten vereinbarten Betrag für eine bestimmte Zeitperiode und anhand von Dimensionen wie Material, Lieferant und Werk anzeigen. Darüber hinaus können Sie über Views zur ABC-Klassifizierung wichtige Lieferanten, Warengruppen und Einkäufergruppen identifizieren.

In Beschaffungsprozessen werden Lieferanten auf der Grundlage verschiedener harter und weicher Fakten bewertet. Zur Unterstützung einer solchen Lieferantenbewertung stehen mehrere KPIs zur Verfügung: Lieferantenbewertung nach Preis, nach Menge, nach Zeit, nach Qualität auf Basis von Qualitätsmeldungen oder Prüflosen.

Darüber hinaus umfasst die Analytics-Funktionalität im Bereich der Beschaffung die folgenden Funktionen:

- APIs für die Lieferantenbewertung
- zur Verwendung in Kundenerweiterungen freigegebene CDS-Views für den Einkauf und für vertragsunabhängige Ausgaben
- Analytics für Central Procurement mit Analysen der globalen Einkaufsausgaben und der Ausschöpfung zentraler Kontrakte sowie zum Monitoring der Bestellungen aus mehreren Backend-Systemen in einem zentralen Beschaffungs-Hub-System
- CDS-basierte Datenextraktion für Bestellpositionen zur Verwendung in SAP Business Warehouse (siehe auch Abschnitt 6.8.1)

Die Grundlage für diese Funktionen wird durch eine Schicht mit annotierten analytischen und transaktionalen CDS-Views (Cube Views und Dimension Views) im virtuellen Datenmodell (VDM) für die Beschaffung gebildet. Im UI interpretieren die auf SAPUI5 basierenden UI-Frameworks die Annotationen, um KPIs, Analytical List Pages und Monitoring-Anwendungen darzustellen (siehe Abschnitt 4.1).

11.9 Innovation und intelligente Beschaffung

SAPs Vision ist die Transformation hin zu einem autonomen Beschaffungsprozess mit zunehmender Automatisierung der Prozesse und zunehmender Benutzerführung durch intelligente Systeme (siehe Abbildung 11.9). In dieser Vision konzentrieren sich die Menschen darauf, die Strategien festzulegen und die systemgesteuerte Ausführung dieser Strategien zu überwachen. Die typischen Aufgaben der Benutzer*innen werden sich im Laufe dieses Transformationsprozesses ändern, da die Beschaffungsanwendung immer mehr operative und taktische Aktivitäten übernehmen wird. Die Prozesse werden zunehmend automatisch und ohne direktes menschliches Einwirken ablaufen. Letzten Endes wird die Beschaffungsanwendung zur Sicherstellung der Compliance beitragen, die Benutzer*innen proaktiv unterstützen und es Ihnen ermöglichen, sich auf ihre Hauptaufgaben zu konzentrieren. Der Schlüssel zur autonomen Beschaffung liegt in den Informationen und Daten, die die Grundlage dafür bilden und umso mehr an Bedeutung gewinnen, je intelligenter und autonomer die Anwendung wird.

Auf dem Weg zur autonomen Beschaffung können verschiedene Technologien eingesetzt werden. Machine Learning hilft dabei, Muster in Daten zu erkennen oder Vorhersagen zu treffen – etwa für Liefertermine von Bestellungen oder für den Zeitpunkt, wann ein Kontrakt vollständig ausgeschöpft sein wird. Die intelligente Situationsverarbeitung hilft dabei, die Einkäufer*innen vorausschauend zu informieren, wenn ihre Aufmerksamkeit erforderlich ist. Sie stellt passende Informationen bereit und gibt Handlungsvorschläge. Die Kombination aus diesen Technologien ermöglicht einen intelligenten Beschaffungsprozess bei dem Auslöser wie Machine Learning die Situationsverarbeitung anstoßen, die dann intelligente Empfehlungen ausgibt oder automische Lösungsschritte triggert.

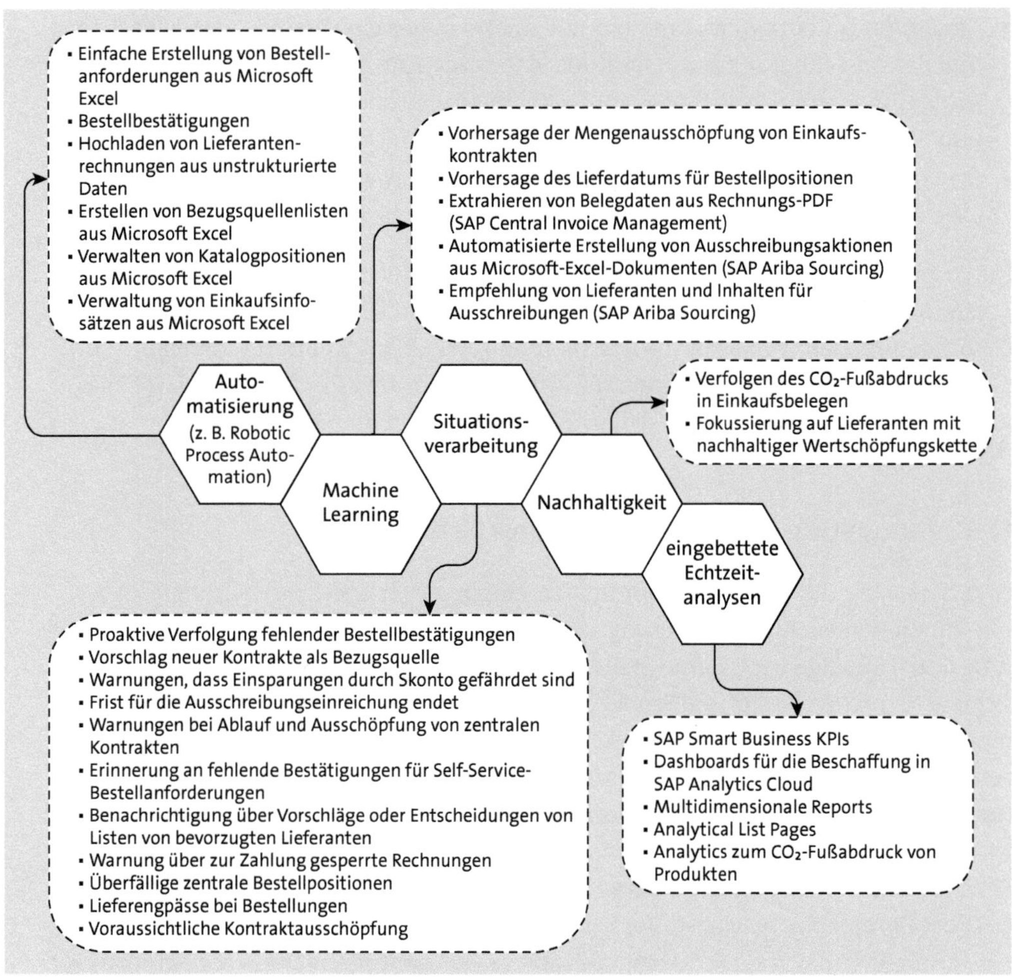

Abbildung 11.9 Innovations-Roadmap für die Beschaffung

[»]

Video zur Verwendung der Situationsverarbeitung in der Beschaffung

Ein Video unter *https://youtu.be/75m0GxhcPW8* zeigt, wie Sie durch die Verwendung der intelligenten Situationsverarbeitung innerhalb von SAP S/4HANA Lieferengpässe vermeiden können (siehe auch Abschnitt 4.3).

11.10 Zusammenfassung

In diesem Kapitel haben Sie einen Überblick über die Beschaffungsfunktionen in SAP S/4HANA erhalten. Wir haben die Integration der Beschaffungsprozesse in die systemweiten Prozesse von SAP S/4HANA behandelt, die im Rahmen der Beschaffung verwendeten Business-Objekte vorgestellt und die Architektur eines Business-Objekts behandelt. Anschließend haben wir die Bedeutung der zentralen Beschaffung mit Central Procurement hervorgehoben und ihre Integration in eine Systemlandschaft mit mehreren Backends beschrieben. Wir haben die Integrationskonzepte für die Interaktion mit SAP Ariba und SAP Fieldglass vorgestellt, unter besonderer Berücksichtigung der für die Beschaffung implementierten Analysemöglichkeiten. Abschließend haben wir den aktuellen Einsatz von innovativen Technologien wie Machine Learning und der intelligenten Situationsverarbeitung in der Beschaffungslösung von SAP S/4HANA vorgestellt, um einen Einblick in die Vision einer autonomen Beschaffungs-Engine zu geben.

SAP S/4HANA verfügt über optimierte und innovative Logistikfunktionen, die durch SAP HANA ermöglicht werden, z. B. die Materialbedarfsplanung in Echtzeit und die Bestandsführung in Echtzeit. Diese Funktionen werden wir Ihnen im nächsten Kapitel vorstellen.

Kapitel 12
Logistik und Fertigung

SAP S/4HANA bietet optimierte und innovative Logistikfunktionen auf der Basis von SAP HANA, z. B. die Live-Materialbedarfsplanung und die Echtzeitinventur. In diesem Kapitel lernen Sie die Business-Objekte und Engines sowie die übergreifenden Funktionen für Fertigung und Logistik in SAP S/4HANA kennen.

Dieses Kapitel erläutert, wie SAP S/4HANA die Kernprozesse der Logistik und Fertigung unterstützt. Zunächst erhalten Sie eine Einführung in die Bereiche Logistik und Fertigung, dann werden die verwendeten Organisationseinheiten erläutert. Im Anschluss folgt eine kurze Definition der in der Logistik und Fertigung benötigten Stammdatenobjekte, dann werden die Bewegungsdaten vorgestellt. Abschließend werden berechnete Business-Objekte, Engines, Prozesssteuerung und übergreifende Funktionen erörtert.

Wir definieren *Logistik* wie folgt:

- Planung, Kontrolle, Optimierung und Ausführung von physischen oder logischen Produktbewegungen innerhalb einer Organisation. Bei der logischen Bewegung wird die Verfügbarkeit eines Produkts für einen bestimmten Geschäftsprozess geändert, z. B. die Reservierung von Beständen für Qualitätsprüfungen.
- ein allgemeiner Begriff, der die Beschaffung, den Materialfluss in der Produktion, die Bestandsführung, das Qualitätsmanagement, die Kommissionierung, das Packen und den Vertrieb einschließt

Logistik und Fertigung decken einen wesentlichen Teil der Prozesse für Fremdbeschaffung und Vertrieb ab und sind daher nach außen gerichtet, d. h., sie beziehen Lieferanten, Kunden oder externe Logistikdienstleister ein. Darüber hinaus decken Logistik und Fertigung einen wichtigen Teil der internen Produktions- und Distributionsprozesse ab und sind eng an die Lagerverwaltung gekoppelt.

In diesem Kapitel beginnen wir mit einem Überblick über die Logistikarchitektur (siehe Abschnitt 12.1). Zum Verständnis der Abwicklung von Logistik- und Fertigungsprozessen in SAP S/4HANA ist es unerlässlich, die Bedeutung der beteiligten Organisationseinheiten und Business-Objekte zu verstehen. Organisationseinheiten strukturieren eine Unternehmensorganisation anhand von betriebswirtschaftlichen oder rechtlichen Anforderungen, worauf wir in Abschnitt 12.2 eingehen. Business-Objekte repräsentieren entweder Stammdaten (Objekte, die in mehreren Geschäftsvorgängen verwendet werden) oder Bewegungsdaten (Objekte, die im Rahmen eines Geschäftsvorgangs erstellt werden). Diese werden in Abschnitt 12.3 bzw. Abschnitt 12.4 diskutiert. Darüber hinaus besprechen wir in Abschnitt 12.5 berechnete Business-Objekte und Engines, in Abschnitt 12.6 übergreifende Funktionen zwischen Logistik und Fertigung und in Abschnitt 12.7 verschiedene Integrationsszenarien.

Wie Fertigungsunternehmen die logistischen Kernprozesse in SAP S/4HANA gestalten, hängt im Wesentlichen von ihrem Geschäftsmodell ab. SAP S/4HANA unterstützt die folgenden Produktionsprozesse:

- *Engineer-to-Order-Produktionsprozesse* (ETO) für stark individualisierte Produkte
- *Make-to-Order-* (MTO) und *Make-to-Stock-Produktionsprozesse* (MTS) für die Massenproduktion
- Prozesse wie in Groß- und Einzelhandel ohne Produktion, nur Vertrieb

In der Praxis bestehen die Geschäftsprozesse von Fertigungsunternehmen immer aus einer Kombination aus diesen Prozessen.

12.1 Überblick über die Architektur

Abbildung 12.1 zeigt den zentralen Logistikdatenfluss, einschließlich Produktionsplanung mit unternehmensinterner und -externer Beschaffung, Produktionsdurchführung, Bestandsführung und Vertrieb. Einzelheiten zum Vertriebsprozess werden in Kapitel 9 beschrieben. Details zu den Beschaffungsprozessen finden Sie in Kapitel 11.

Logistik und Fertigung befassen sich mit Gütern, die in der Regel materielle Güter sind, wie z. B. Maschinen oder Flüssigkeiten, die montiert oder hergestellt, gelagert und transportiert werden. Die Logistik erstreckt sich jedoch auch auf immaterielle Güter wie beispielsweise Softwareanwendungen oder Musik, wenn diese per Download oder Streaming übertragen werden. Die allgemeine Bezeichnung in SAP S/4HANA ist *Produkt*, und das zugehörige Business-Objekt wird durchgängig als *Produktstamm* bezeichnet (siehe Abschnitt 8.1). Im Kontext von Logistik und Fertigung verwenden wir als Synonym zu Produkt den Begriff *Material*, der auch auf verschiedenen Benutzeroberflächen (UIs) des SAP-Systems verwendet wird. In diesem Kapitel verwenden wir deshalb den Begriff Material, wenn es um spezifische Business-Objekte, Funktionen und Prozesse aus den Bereichen Logistik und Fertigung geht.

Wenn in Ihren Geschäftsprozessen materielle oder immaterielle Güter verarbeitet werden, erstellt SAP S/4HANA einen *Materialbeleg* (mittlerer Abschnitt von Abbildung 12.1). Materialbelege erfassen jede Materialbewegung im Unternehmen. Durch die Summierung dieser Datensätze wird ein beliebiger Bestand jederzeit sofort zur Laufzeit berechnet. SAP S/4HANA berechnet die Bestände in Echtzeit, ohne persistierte Aggregate zu verwenden. Dies ist der Eckpfeiler der Bestandsführung (siehe Abschnitt 12.5.1) und ein wesentlicher Unterschied zur Bestandsberechnung in SAP ERP.

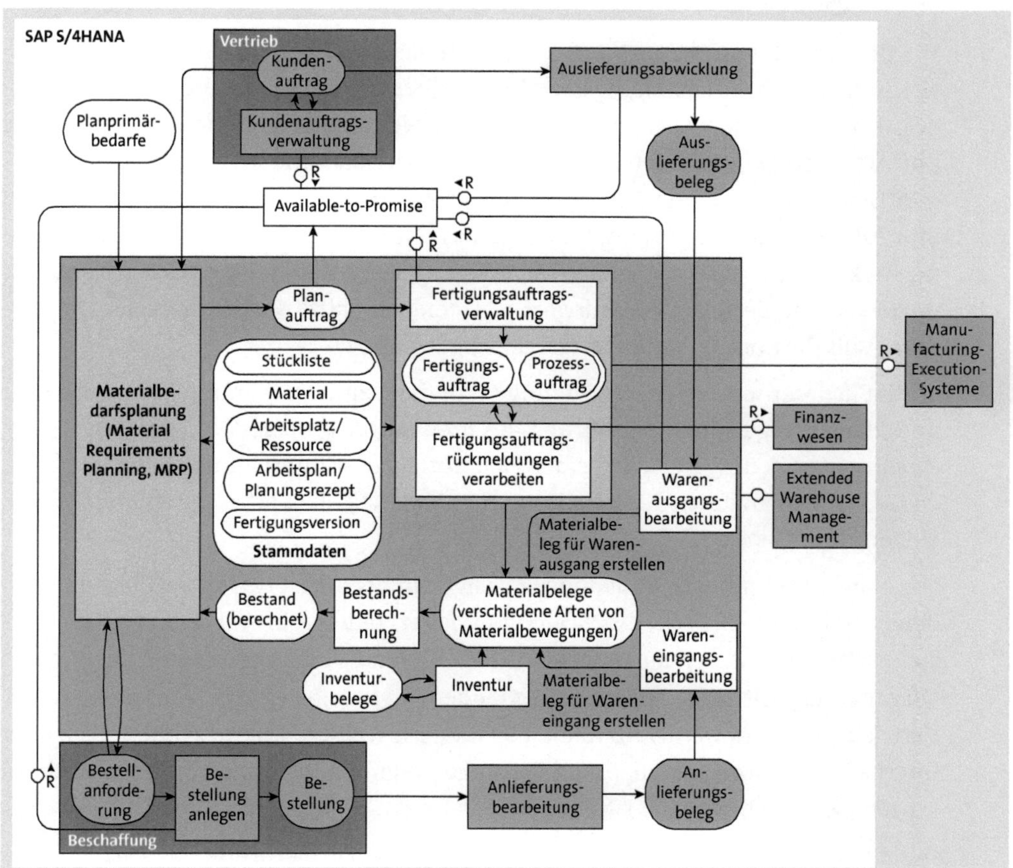

Abbildung 12.1 Überblick über die Logistikarchitektur

Bestandsänderungen können durch Wareneingänge aus der Fremdbeschaffung (Einzelheiten finden Sie unten in Abbildung 12.1 sowie in Kapitel 11) oder aus der internen Produktion (siehe Abbildung 12.1, Mitte) ausgelöst werden. Die interne Fertigung wird durch ein *direktes Bedarfselement*, wie z. B. einen Kundenauftrag, oder durch einen manuell oder automatisch in SAP S/4HANA angelegten *Planprimärbedarf* (Planned Independent Requirement, PIR) ausgelöst.

Planprimärbedarfe werden von der *Materialbedarfsplanung* (Material Requirements Planning, MRP) verarbeitet, die die Fertigung oder Fremdbeschaffung der benötigten Materialien auslöst. Alternativ kann die Materialbedarfsplanung z. B. durch einen Kundenauftrag im MTO-Prozess ausgelöst werden. Die Materialbedarfsplanung stützt sich auf mehrere Arten von Stammdaten. Sie nutzt einen Produktstamm und eine Stückliste, weil bekannt sein muss, aus welchen Bestandteilen und Komponenten sich das zu planende Produkt zusammensetzt (siehe Abschnitt 8.1 und Abschnitt 8.2).

Für die Produktionsplanung muss die Materialbedarfsplanung außerdem wissen, welche Schritte zur Herstellung eines Materials erforderlich sind und welche Produktionskapazitäten zur Verfügung stehen. Dazu werden die Stammdaten Arbeitsplan und Arbeitsplatz verwendet. Für die Materialbedarfsplanung stehen verschiedene Algorithmen zur Verfügung. Da sich das fertige Produkt in der Regel aus Komponenten und Zutaten (Halbzeug, Rohmaterial) zusammensetzt, werden die Planungsalgorithmen rekursiv für jedes enthaltene Material angewendet. Das Ergebnis des Planungsprozesses sind Bestellanforderungen für fremdbeschaffte Materialien oder *Planaufträge*, falls die Komponenten intern gefertigt werden.

Schließlich werden Bestellanforderungen für die Fremdbeschaffung in Bestellungen und Planaufträge zur Durchführung des Produktionsprozesses in Fertigungs- oder Prozessaufträge umgesetzt. In beiden Fällen erhält das Unternehmen neues Material, das SAP S/4HANA durch die Erstellung eines Materialbelegs erfasst, der einen Wareneingang repräsentiert.

Der obere Abschnitt von Abbildung 12.1 zeigt den Vertriebsprozess, bei dem ein Kundenauftrag die logistische Abwicklung einleitet, indem ein Auslieferungsbeleg erstellt wird. Da das verkaufte Material den Bestand verringert, erstellt die Warenausgangsbearbeitung einen entsprechenden Materialbeleg. Die Einzelheiten des Vertriebsprozesses werden in Kapitel 9 erläutert. Weitere Bestandsänderungen sind interne Warenbewegungen, Verschrottungen oder die Buchung von Inventurdifferenzen (siehe Abbildung 12.1, Mitte).

Beachten Sie, dass übergreifende Funktionen wie beispielsweise das Qualitätsmanagement, die Chargenverwaltung, die Verwaltung von Handling Units, die Verwaltung von Serialnummern sowie buchungskreisübergreifende/-interne Umlagerungen nicht in Abbildung 12.1 gezeigt werden. Diese werden in Abschnitt 12.6 näher erläutert.

In Abschnitt 12.7 wird näher auf Szenarien für die Integration in externe Systeme eingegangen, wie z. B. Systeme zur Lagerverwaltung oder Produktionsdurchführung.

In diesem Abschnitt wurde der Ablauf der logistischen Kernprozesse und deren Verknüpfung mit anderen SAP-S/4HANA-Prozessen erläutert. Im nächsten Abschnitt werden die Organisationseinheiten der logistischen Kernprozesse vorgestellt.

12.2 Organisationseinheiten

Die Logistik- und Fertigungsprozesse in SAP S/4HANA basieren auf Organisationseinheiten (siehe Abbildung 12.2). In der gesamten Logistik werden Werk, Lagerort und Versandstelle verwendet, während Dispositionsbereich und Produktionsversorgungsbereich nur in der Fertigungsplanung und -durchführung verwendet werden. Die Organisationseinheiten haben eine übergreifende Konfiguration, die von mehreren Prozessen genutzt wird, z. B. Beschreibung, Adresse, Währung. Darüber hinaus weisen sie eine prozessspezifische Konfiguration auf, die nur von bestimmten Geschäftsprozessen verwendet wird, z. B. Bestandsführung, Chargenverwaltung und Logistik.

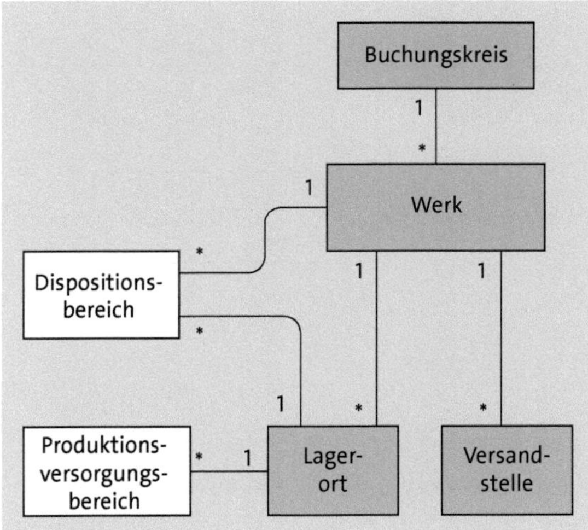

Abbildung 12.2 Organisationseinheiten in logistischen Kernprozessen

In der Logistik und Fertigung werden Stammdaten und Bewegungsdaten mit Bezug zu Organisationseinheiten angelegt. Die Organisationseinheiten für Dispositionsbereich und Produktionsversorgungsbereich stehen in enger Beziehung zu Stammdatenobjekten – insbesondere zum Produktstamm –, da sie den Produktionsplanungsprozess unterstützen.

12.3 Stammdatenobjekte

In diesem Abschnitt lernen Sie die Stammdatenobjekte kennen, die in Logistik und Fertigung verwendet werden. Diese Objekte wurden bereits in der Prozessübersicht in Abbildung 12.1 skizziert.

In SAP S/4HANA ist der Produktstamm (siehe Abschnitt 8.1) – in der Logistik vorzugsweise als Material bezeichnet – das zentrale Stammdatenobjekt, das für die Erstellung von Bestand und Warenfluss genutzt wird (siehe Abbildung 12.3). Es handelt sich dabei um ein materielles Gut, z. B. eine Schraube oder einen Lastwagen, oder um ein immaterielles Gut oder eine Dienstleistung, z. B. eine Softwareanwendung oder einen Film, der gestreamt werden soll. Materialien werden im Produktstamm angelegt. Ein Materialobjekt umfasst Sichten, in denen geschäftsprozessspezifische Daten erfasst werden, die mit einer bestimmten Organisationseinheit verknüpft sind. Für die Logistik haben die Werkssicht und die Sichten für die Materialbedarfsplanung die größte Bedeutung.

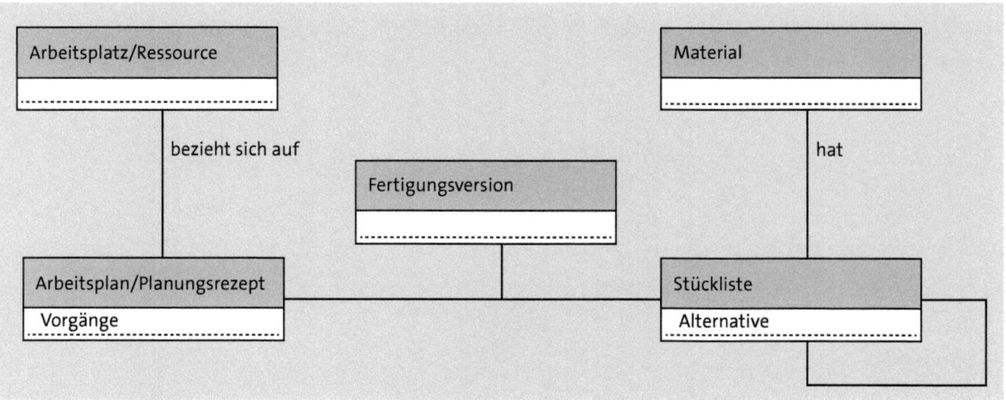

Abbildung 12.3 Stammdatenobjekte mit Beziehungen

Stücklisten (siehe Abschnitt 8.2.1) beschreiben den hierarchischen Aufbau von Materialien aus Komponenten und Unterkomponenten. Stücklisten wird eine zeitabhängige Gültigkeit, eine Stücklistenverwendung und eine Stücklistenalternative zugeordnet. Eine Stücklistenalternative ist ein zusätzlicher Schlüssel, mit dem Sie mehrere Stücklisten für eine übergeordnete Komponente als gleichzeitig gültig definieren können.

Ein *Arbeitsplan* (in der Prozessindustrie als *Planungsrezept* bezeichnet) beschreibt, wie ein Material in einem Werk gefertigt wird. Arbeitspläne umfassen eine Reihe von Vorgängen, die Arbeitsplanschritte genannt werden und die Arbeit im Fertigungsbereich repräsentieren. Sie können geschachtelt sein und mit einem oder mehreren Arbeitsplätzen in Beziehung stehen. Ein *Arbeitsplatz* (in der Prozessindustrie als *Ressource* bezeichnet) repräsentiert eine Maschine, eine Produktionslinie oder Arbeitskräfte in der Fertigung, über die Vorgänge ausgeführt werden. Der Arbeitsplatz enthält Daten zu Kapazität und Terminierung. Die *Fertigungsversion* definiert den zeitabhängigen Zusammenhang zwischen einem Arbeitsplan und einer Stückliste. Sie beschreibt, wie die definierte Losgröße eines Materials zu einem bestimmten Zeitpunkt gefertigt werden muss.

Die besprochenen Stammdatenobjekte sind an der Produktionsplanung, der Produktionsdurchführung, der Bestandsführung und der Logistik beteiligt. Sie werden durch Bewegungsdaten referenziert, die im nächsten Abschnitt erläutert werden.

12.4 Bewegungsdaten

Wir beginnen mit einem Überblick über die bereits in Abbildung 12.1 skizzierten Bewegungsdaten und konzentrieren uns auf die Beziehungen zwischen den einzelnen Objekten (siehe Abbildung 12.4). Planaufträge sind das Ergebnis des Produktionsplanungsprozesses. Sie repräsentieren die geplante Fertigung oder Beschaffung eines Materials. Sie können in Bestellanforderungen umgesetzt werden, wenn das Material fremdbeschafft werden muss, oder in Fertigungsaufträge, wenn das Material intern gefertigt werden soll. Obwohl es möglich ist, SAP S/4HANA so anzupassen, dass eine Bestellanforderung aus einem Planauftrag erzeugt wird, empfehlen wir, den Prozessablauf wie beschrieben zu implementieren und Bestellanforderungen über den Produktionsplanungsprozess zu erstellen. In einem Serienfertigungsprozess wird der Planauftrag durch eine Produktionsrückmeldung nach dem FIFO-Ansatz direkt reduziert.

12

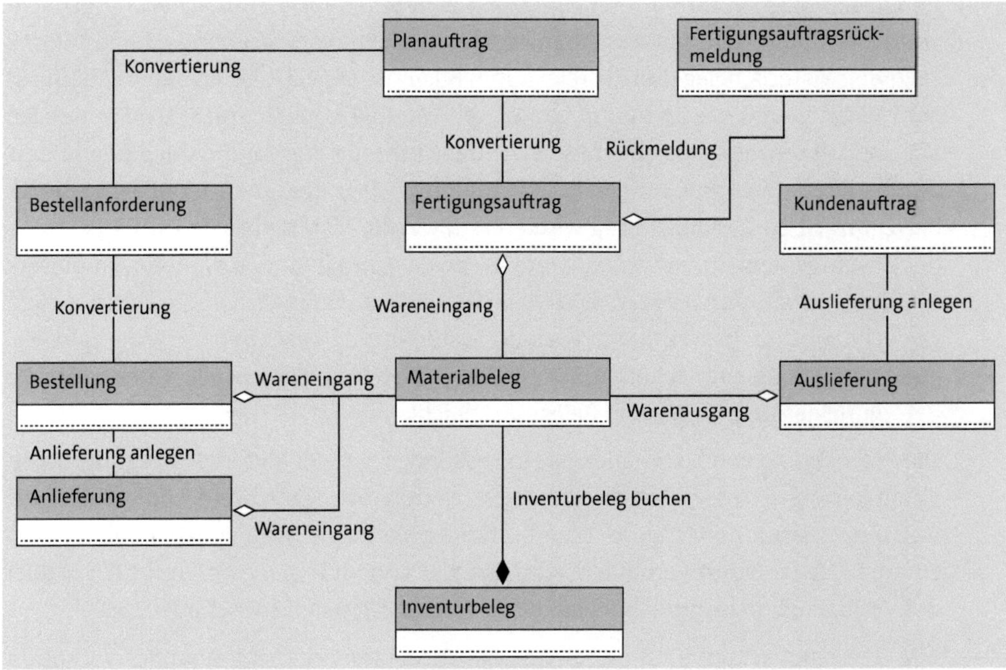

Abbildung 12.4 Bewegungsdaten und Prozessschritte

Bestellanforderungen repräsentieren eine geplante Fremdbeschaffung. Bei der Umsetzung in eine Bestellung wird die Beschaffung eingeleitet. Der Beschaffungsprozess endet mit dem Materialbeleg zum *Wareneingang*, entweder auf Grundlage der Bestellung oder anhand einer aus der Bestellung erstellten Anlieferung (weitere Informationen zu den Beschaffungsprozessen finden Sie in Abschnitt 11.2). Wenn ein Material regelmäßig fremdbeschafft wird, legt ein *Lieferplan* die festgelegten Bedingungen für den Beschaffungsprozess fest. Jede Fremdbeschaffung dieses Materials wird auf Grundlage des Lieferplans eingeleitet.

Fertigungsaufträge leiten die interne Fertigung von Waren in einem diskreten Fertigungsprozess ein, ebenso wie Prozessaufträge in der Prozessindustrie. Basierend auf den Arbeitsplänen, Stücklisten und Stammdatenobjekten des Arbeitsplatzes erfolgt die Fertigung. Der Produktionsprozess erstellt eine *Rückmeldung zum Fertigungsauftrag*, um die erfolgreiche Fertigung des Produkts zu melden. Das gefertigte Produkt wird durch einen Wareneingang als Bestand erfasst.

Die Inventur selbst wird regelmäßig durch Inventurbelege überprüft. Wenn ein Buchungsunterschied vorliegt, kann durch die Buchung ein Materialbeleg erstellt werden.

Beim Verkauf eines Produkts wird ein Kundenauftrag erstellt. Nach Abschluss des Vertriebsprozesses wird eine *Auslieferung* erstellt. Wenn die Auslieferung gebucht wird, erstellt der Lieferprozess einen entsprechenden Warenausgang. Abbildung 12.4 zeigt den Materialbeleg und die relevanten Business-Objekte, die an der Beschaffung, dem Vertrieb und der Fertigung von Waren beteiligt sind. In SAP S/4HANA werden alle Logistikprozesse, die eine physische oder logische Warenbewegung beinhalten, durch Materialbelegbuchungen erfasst. Materialbelege dokumentieren die Materialbewegungen. In Abschnitt 12.5.1 wird erklärt, wie die Materialbelege zur Berechnung der Bestandsmengen verwendet werden. Im Gegensatz zu den weiteren in diesem Abschnitt erwähnten Belegen sind Materialbelege unveränderlich. Sie können nicht gelöscht werden. Um eine durch einen Materialbeleg beschriebene Materialbewegung rückgängig zu machen, muss ein neuer Materialbeleg erstellt werden, der die Bewegung des ursprünglichen Belegs ausgleicht.

Die *Reservierung* von Materialien ist eine besondere Art der Materialbewegung. Reservierungen werden von verschiedenen Geschäftsprozessen erstellt, um anzuzeigen, dass eine bestimmte Menge an Lagerbeständen wahrscheinlich in naher Zukunft von einem Logistikprozess verbraucht wird, wie z. B. von MRP (siehe Abschnitt 12.5.3) oder der Verfügbarkeitsprüfung (Available-to-Promise, ATP; siehe Abschnitt 12.5.2).

Alle Bewegungsdaten sind durch Geschäftsprozessschritte miteinander verknüpft und speichern einen Verweis auf die jeweiligen Vorgänger- oder Nachfolgerobjekte. In diesem Abschnitt wird die Bedeutung der einzelnen Bewegungsdaten vertieft, und es werden die Schlüssel der Bewegungsdaten sowie ihre wichtigsten betriebswirtschaftlichen semantischen Attribute erläutert. Diese zusätzliche Detailebene ist in Abbildung 12.5 dargestellt.

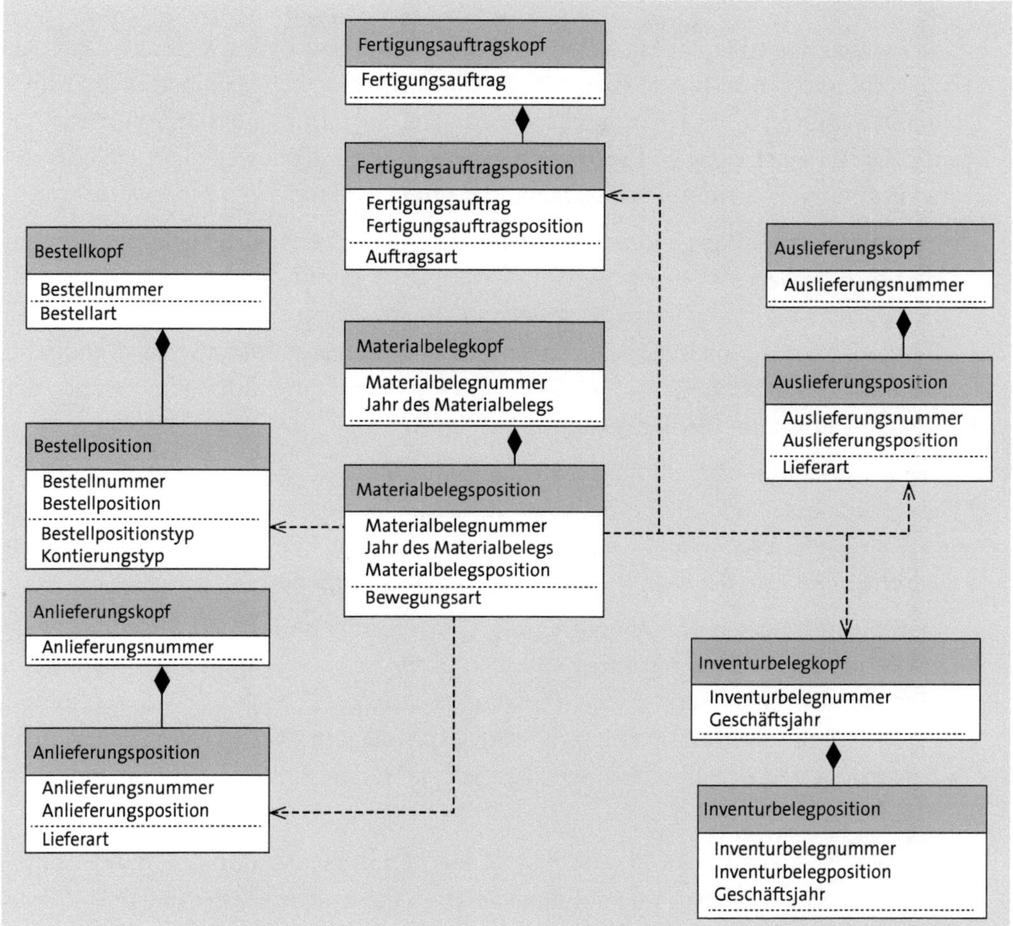

Abbildung 12.5 Bewegungsdaten mit Schlüsseln und semantischen Attributen

Beginnen wir mit der Fremdbeschaffung, die auf der rechten Seite von Abbildung 12.5 zu sehen ist. Die Bestellung umfasst einen Schlüssel, und die betriebswirtschaftliche Semantik auf der Kopfebene wird durch die Art der Bestellung definiert. Die betriebswirtschaftliche Semantik der Bestellposition wird durch den Bestellpositionstyp und den Kontierungstyp definiert. Der Positionstyp der Bestellung steuert den Beschaffungsprozess, während der Kontierungstyp den Wareneingang, die Rechnungsprüfung und den Kontenfindungsprozess beeinflusst. Wenn die Bestellposition auf **Rückmeldung** eingestellt ist, muss für den Wareneingang eine Anlieferung zur Bestellung angelegt werden.

Die interne Fertigung basiert auf dem Fertigungsauftrag (ein Schlüssel) und der Auftragsart, die die betriebswirtschaftliche Semantik in der Fertigungsauftragsposition definiert (siehe Abbildung 12.5, oben Mitte).

Der Materialbeleg in der Mitte von Abbildung 12.5 umfasst zwei Schlüssel: Materialbelegnummer und Geschäftsjahr. Die betriebswirtschaftliche Semantik wird durch die Bewegungsart auf Positionsebene gesteuert. So wird z. B. die Bewegungsart 101 für den Wareneingang zur Bestellung verwendet und die Bewegungsart 321 für die Umlagerung von Waren aus der Qualitätsprüfung in den frei verfügbaren Bestand.

In den meisten Fällen gehören die Positionen einer Materialbelegbuchung zu einem bestimmten Geschäftsprozessschritt, der sich auf die Positionen eines Vorgängerbelegs bezieht. Bei der Erstellung eines Wareneingangs zur Fremdbeschaffung kann die Bewegungsart beispielsweise aus mehreren Optionen ausgewählt werden, während die Bewegungsart eines Wareneingangs zu einem Fertigungsauftrag im Rahmen der Rückmeldung zum Fertigungsauftrag konfiguriert ist.

Die Auslieferung wird auf der rechten Seite von Abbildung 12.5 gezeigt. Sie umfasst einen Schlüssel, und die betriebswirtschaftliche Semantik wird durch die Lieferart (z. B. Auslieferung, Anlieferung, Retoure) auf Produktebene gesteuert, die unmittelbaren Einfluss auf die Bewegungsart des Warenausgangs hat.

Der Inventurbeleg (siehe Abbildung 12.5, unten rechts) umfasst zwei Schlüssel. Jede Inventurbelegposition repräsentiert einen Inventurzählvorgang für ein Material in einem bestimmten Werk an einem bestimmten Lagerort. Der Prozess umfasst die obligatorischen Schritte der Zählung, der Buchung und (optional) der Nachzählung. Die Bewegungsart des entsprechenden Materialbelegs ist fest mit der Inventurbelegposition verknüpft.

Wie bereits erläutert, gibt es verschiedene Mechanismen, die die betriebswirtschaftlichen semantischen Attribute während des Transaktionsbelegflusses in SAP S/4HANA bestimmen, z. B. Benutzereingaben, Konfiguration, programmierte Regeln oder Kundenerweiterungen.

12.5 Berechnete Business-Objekte, Engines und Prozesssteuerung

Die Instanzen berechneter Business-Objekte werden nicht in einer Datenbanktabelle persistiert. Wenn die Geschäftslogik auf eine Instanz eines berechneten Business-Objekts zugreift, berechnet der entsprechende Algorithmus die Werte im laufenden Betrieb (»on the fly«). Ob es sich um ein berechnetes oder ein persistiertes Business-Objekt handelt – ist für die Benutzer*innen nicht sichtbar und wird üblicherweise während der Implementierung festgelegt. Berechnete Business-Objekte stellen oft Zahlen dar, deren Ausgabewerte von vielen Eingabevariablen abhängen und die in Echtzeit genutzt werden müssen.

Engines stellen komplexe Algorithmen dar, die regelmäßig ausgeführt werden, um Eingabevariablen auf der Grundlage von Konfigurationseinstellungen per Massenverarbeitung zu verarbeiten, um den nächsten Schritt in einem Geschäftsprozess zu erreichen. In den folgenden Abschnitten werden wir eine Reihe dieser berechneten Objekte näher betrachten.

12.5.1 Bestand

In früheren Produkten, wie z. B. SAP ERP, wurde der Bestand in einer Reihe von Datenbanktabellen persistiert. In SAP S/4HANA ist dies nicht länger der Fall; der Bestand ist stattdessen ein berechnetes Business-Objekt. Wie bereits erwähnt, dienen die Materialbelege als Dokumentation, um alle Materialbewegungen in SAP S/4HANA aufzuzeichnen. Daher können auf dieser Basis jederzeit beliebige Bestandszahlen berechnet werden. Abbildung 12.6 skizziert die Unterschiede des Datenmodells. Früher war der Bestand ein persistiertes Business-Objekt, das auf einem Kennzahlenmodell basierte. In SAP S/4HANA ist er ein berechnetes Business-Objekt, das auf einem Kontenmodell in der Datenbanktabelle basiert. Diese Vereinfachung verbessert die Transparenz, verringert Redundanzen und beschleunigt die Materialbelegbuchung erheblich.

Eine Kombination von logischen Schlüsseln identifiziert die unterschiedlichen Lagerbestände. Diese Schlüssel entsprechen den Feldern zur Bestandsidentifizierung (Stock Identifying Fields, SIDs) in der Materialbelegtabelle `MATDOC` (siehe Abbildung 12.6). SAP S/4HANA berechnet auf Grundlage dieser SIDs etwa 60 verschiedene Arten von Lagerbeständen. Die SIDs verweisen auf Organisationseinheiten wie Werk und Lagerort, mit denen beschrieben wird, wohin der Bestand gehört. Darüber hinaus enthält die SID betriebswirtschaftliche Attribute wie beispielsweise `InventoryStockType` und `InventorySpecialStockType`, die den Geschäftsprozess bzw. die Geschäftsprozesse beschreiben, denen der Bestand angehört.

`InventoryStockType` beschreibt eigenständige Bestandsarten, wie z. B. den frei verwendbaren Bestand oder den Qualitätsprüfbestand (siehe Abschnitt 12.6.2). Im Gegensatz dazu kann `InventorySpecialStockType` nur in Verbindung mit zusätzlichen SID-Feldern wie Lieferant (Lieferantenkonsignationsbestand), Kunde (Kundenkonsignationsbestand), Verkaufsbeleg und Verkaufsbelegposition (Auftragsbestand) verwendet werden. Eine Konsignationsbestandsbuchung eines Lieferanten weist z. B. die Bestandsart »Konsignation« auf, und im Materialbeleg ist u. a. das SID-Attribut »Lieferant« gefüllt. Einige Bestandsarten werden nicht über die Materialbelege, sondern über andere Funktionen verwaltet. Beispiele sind der unbewertete Wareneingang in den gesperrten Bestand (verwaltet durch Bestellungen) und der reservierte Bestand (verwaltet durch Materialreservierungsbelege).

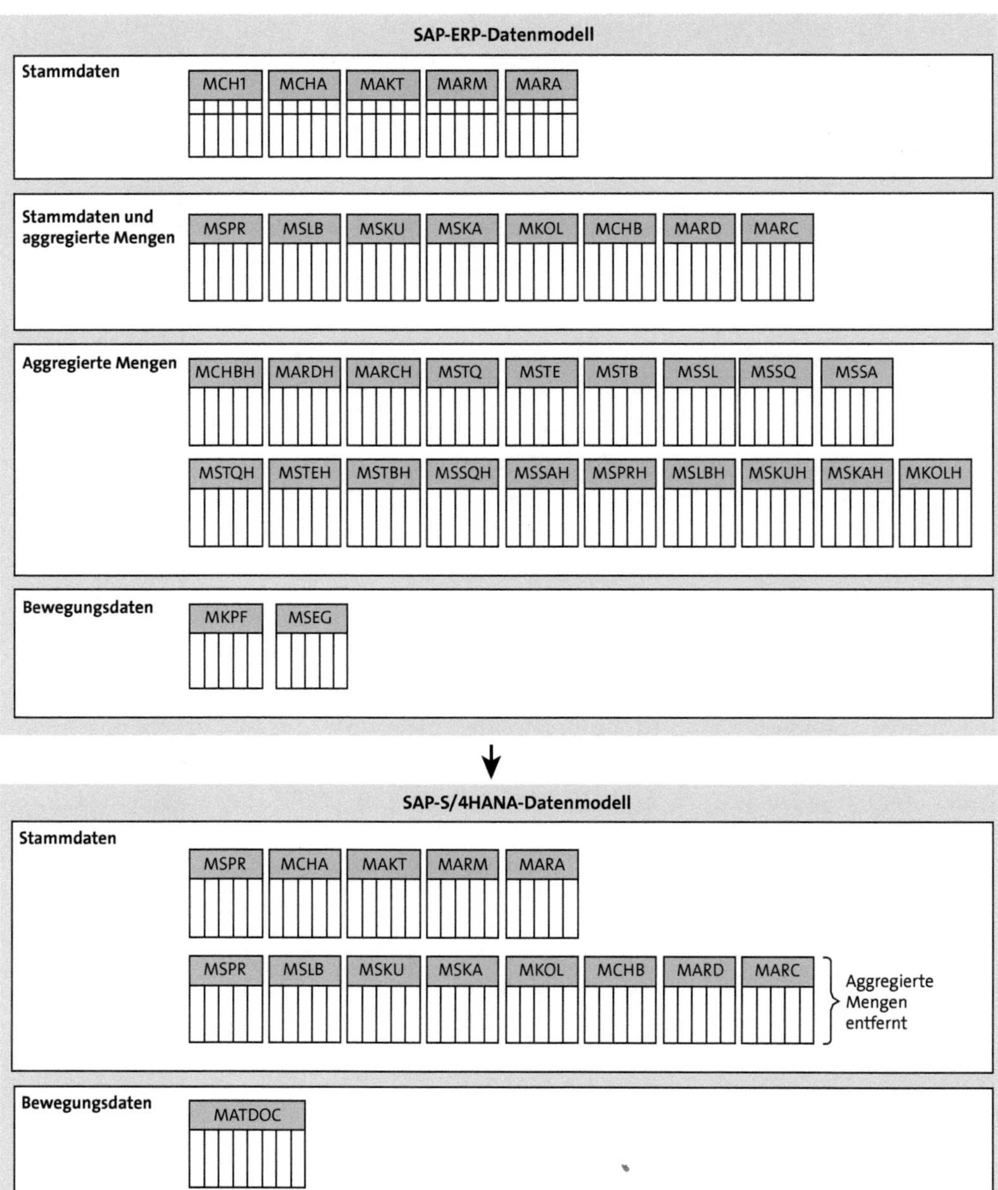

Abbildung 12.6 Bestandsdatenmodell in SAP ERP und in SAP S/4HANA

12.5.2 Verfügbarkeitsprüfung

Die Verfügbarkeitsprüfung (Available-to-Promise, kurz ATP-Prüfung) ist ein Service, der die Verfügbarkeit eines bestimmten Produkts in einem bestimmten Werk berechnet. Die wichtigsten Anwendungsfälle sind die Kundenauftragsabwicklung (einschließlich Lieferungserstellung und Warenausgang) und die Produktionsplanung (insbesondere die Umwandlung von Planaufträgen in Fertigungsaufträge).

Das Ergebnis einer ATP-Prüfung ist eine Rückmeldung. Dabei kann es sich um ein einzelnes Ergebnispaar aus einer bestimmten bestätigten Menge für ein bestimmtes Datum handeln, oder um eine Zeitreihe, die aus Mengen-/Datumspaaren besteht. Beispiel: Zehn Einheiten von Produkt A werden in Werk 0001 für nächsten Montag angefordert. Die ATP-Prüfung bestätigt nur fünf Einheiten zum angeforderten Datum am kommenden Montag, aber drei zusätzliche Einheiten für nächsten Mittwoch. Die verbleibenden zwei Einheiten können leider nicht bestätigt werden.

SAP S/4HANA verwendet zwei verschiedene Algorithmen zur Berechnung einer Bestätigung für eine bestimmte Anforderung in einer ATP-Prüfung:

- Produktverfügbarkeitsprüfung
- Kontingentierungsprüfung

Der Algorithmus der Produktverfügbarkeitsprüfung berechnet die Produktverfügbarkeit basierend auf vorhandenen Zugangs- und Bedarfselementen, die durch in der Datenbank gespeicherte Business-Objekte repräsentiert werden, z. B. Lagerbestände, Kundenaufträge oder Fertigungsaufträge. Der Algorithmus aggregiert in Echtzeit alle relevanten Bestände und Zugangselemente tagesgenau und vergleicht sie mit den aggregierten Bedarfselementen. Wenn das kumulierte Angebot den kumulierten Bedarf übersteigt, wird die daraus resultierende positive ATP-Menge zur Bestätigung des zu prüfenden Bedarfs verwendet. Die Arbeit mit kumulierten Mengen anstelle von dedizierten Zugangs- und Bedarfselementen trägt dazu bei, dass die vom Algorithmus der Produktverfügbarkeitsprüfung berechneten Bestätigungen robust und nahezu immun gegen geringfügige Änderungen sind, die sich häufig auf Bewegungsdaten auswirken. Dieser Grad an Stabilität macht eine ATP-Bestätigung zu einer verlässlichen Aussage mit einem hohen Geschäftswert.

Der Algorithmus der Kontingentierungsprüfung basiert im Gegensatz dazu nicht auf realen Zugangselementen, sondern auf Planzahlen und kann fast jedes zusätzliche Attribut berücksichtigen, das einem Bedarfselement zugeordnet ist. Beispiel: Für eine bestimmte Gruppe von Produkten gelten Ausfuhrbeschränkungen in bestimmte Länder. Es kann eine Zeitreihe mit geeigneter Granularität, z. B. pro Monat, erstellt werden, um diese Beschränkung widerzuspiegeln (Beispiel: Pro Monat dürfen 100 Einheiten versandt werden). Zusätzlich zum vorangegangenen absatzorientierten Beispiel können Sie auch Kapazitätsbeschränkungen modellieren, z. B. Transport- und/oder Produktionskapazitäten. Die Planzahlen in der Kontingentierungsprüfung können z. B. die wöchentliche Transportkapazität eines Schiffes in ein bestimmtes Land oder die Kapazität einer Maschine darstellen, die die täglich produzierbaren Mengen einschränkt.

Beide Kontingentierungsarten, die Verkaufs- und die Kapazitätskontingentierung, können in einer einzigen ATP-Prüfung geprüft werden. Die Prüfung der Verkaufskontingentierung wird immer vor der Produktverfügbarkeitsprüfung durchgeführt. Die Prüfung der Kapazitätskontingentierung erfolgt nach der Produktverfügbarkeitsprüfung. Die Wunschmengen und -termine der aktuellen Prüfung basieren auf den Bestätigungsergebnissen der vorangegangenen Prüfung.

Es kann mehrere Merkmale für einen Constraint geben (entweder Vertriebs- oder Kapazitäts-Constraint) und darüber hinaus mehrere Merkmalskombinationen, die logisch kombiniert werden können (mit AND und OR). Der Constraint wird als Kontingentierungsobjekt bezeichnet, und die pro Bucket gepflegten Mengen sind die Kontingentierungsmengen. Bei der ATP-Prüfung für einen konkreten Bedarf werden alle relevanten Kontingentierungsobjekte identifiziert, und das System prüft, ob die Kontingentierungsmengen ausreichen, um den Bedarf zu bestätigen. Selbstverständlich müssen die bestätigten Mengen verbraucht werden. Aus diesem Grund verfügt der Kontingentierungsalgorithmus über dedizierte persistente Datenbanktabellen.

Aus betriebswirtschaftlicher Sicht entscheidet die Produktverfügbarkeitsprüfung darüber, inwieweit ein Bedarf basierend auf dem Angebot bestätigt werden kann. Die Kontingentierungsprüfung berechnet, ob ein Bedarf aus betriebswirtschaftlicher Sicht oder aufgrund von Kapazitätsbeschränkungen bestätigt werden sollte. Ein weiterer Unterschied besteht darin, dass das »First-Come-First-Served-Prinzip« der Produktverfügbarkeitsprüfung durch die Produktzuteilung verwässert werden kann, um einen eher an »gerechter Verteilung« orientierten Bestätigungsansatz zu erreichen. Wenn z. B. Zuteilungsmengen für verschiedene Kunden gepflegt werden, kann der Kundenauftrag für den ersten Kunden nicht den gesamten verfügbaren Bestand verbrauchen. Stattdessen kann der erste Kunde nur die maximale Menge der gepflegten Zuteilungsmenge des Bestands erhalten. Der verbleibende Bestand kann dann zur Erfüllung späterer Kundenaufträge für andere Kunden genutzt werden.

Neben den beiden grundlegenden ATP-Prüfmethoden können zusätzliche Merkmale und Funktionen verwendet werden, um die Bestätigungsmöglichkeiten von ATP zu verwalten und zu optimieren:

- Verfügbarkeitsschutz
- Bestätigung auf Grundlage der Zugangserzeugung
- Rückstandsbearbeitung
- alternativenbasierte Bestätigung
- Merkmalskatalog/Objekt- und Wertermittlung
- Terminierung von Geschäftsprozessen

Beginnen wir mit dem Verfügbarkeitsschutz. Der Verfügbarkeitsschutz erweitert die Möglichkeiten des Algorithmus für die Produktverfügbarkeitsprüfung, indem er zusätzliche virtuelle Bestandselemente in die Prüfung einbezieht. Diese Bestandselemente führen zu einer virtuellen Verringerung des verfügbaren Angebots und damit zu einer niedrigeren und/oder späteren Bestätigung. Das Verfügbarkeitsschutzobjekt dient dazu, eine Art Sicherheitsbestand für Bedarfe mit bestimmten Eigenschaften zu definieren. Bei einer Unterversorgung verhindert der Verfügbarkeitsschutz die Bestätigung von Bedarfen, die nicht mit dem Verfügbarkeitsschutzobjekt übereinstimmen. Beim Bedarfsabgleich mit einem Verfügbarkeitsschutzobjekt werden die geschützten Mengen der übereinstimmenden Verfügbarkeitsschutzobjekte ignoriert, sodass keine virtuellen Bedarfe in die Produktverfügbarkeitsprüfung einfließen können.

Basierend auf dieser Logik ermöglicht der Verfügbarkeitsschutz außerdem die Definition von Verfügbarkeitsschutzgruppen mit geschützten Mengen in verschiedenen Zeitfenstern. Andere Bedarfe, die nicht mit den definierten Attributen eines Verfügbarkeitsschutzobjekts übereinstimmen, müssen die gesamten geschützten Mengen als Constraints berücksichtigen. Bedarfe, die mit einem Verfügbarkeitsschutzobjekt übereinstimmen, müssen die Constraints aller weiteren Verfügbarkeitsschutzobjekte berücksichtigen. Sie können mehrere Schutzgruppen innerhalb eines Verfügbarkeitsschutzobjekts definieren. Die Schutzgruppen können unterschiedliche Prioritäten haben, z. B.: Kunden der Liefergruppe A haben Vorrang vor den Kunden der Liefergruppe B oder C. Alle gleich oder höher priorisierten Gruppen müssen als begrenzte Mengen berücksichtigt werden. Bedarfe, die einer Schutzgruppe eines Verfügbarkeitsschutzobjekts entsprechen, verringern die geschützte Menge entsprechend der vom Algorithmus für die Produktverfügbarkeitsprüfung berechneten bestätigten Menge.

Aus betriebswirtschaftlicher Sicht trägt der Verfügbarkeitsschutz dazu bei, die Versorgung von Gruppen mit hoher Priorität auch in Zeiten hoher Nachfrage von Gruppen mit niedrigerer Priorität aufrechtzuerhalten. Die Mindestmengen werden geschützt, während über die Kontingentierungsprüfung die Obergrenze festgelegt wird.

Eine zusätzliche und leistungsstarke Funktion zur Berechnung einer realistischen Auftragsbestätigung ist die auf der Zugangserzeugung basierende Bestätigung: Im Falle eines unzureichenden Angebots kann mit der auf der Zugangserzeugung basierenden Bestätigung überprüft werden, ob das fehlende Angebot produziert oder beschafft werden kann. Die auf der Zugangserzeugung basierende Bestätigung nutzt die Funktion der integrierten Produktions- und Feinplanung (Production Planning and Detailed Scheduling, PP/DS), um die Erstellung eines entsprechenden Zugangselements (z. B. einen Planauftrag) zu simulieren. Dies geschieht durch eine Reservierung von Ressourcenkapazitäten und über mehrere Stücklistenebenen hinweg. Die berechneten Ausgabedaten und -mengen für das Kopfmaterial werden als ATP-Bestätigung in den entsprechenden Bedarfsbeleg (derzeit nur Kundenaufträge) übernommen. Beim Speichern des Belegs wird das eigentliche Zugangselement automatisch erstellt.

Die ATP-Prüfung eines einzelnen Auftrags wird immer dann ausgelöst, wenn ein Auftrag angelegt oder geändert wird. Die ATP-Bestätigung berücksichtigt immer alle gleichzeitigen Aufträge und deren Bestätigungen, auch wenn die entsprechenden Auftragsbelege noch nicht gespeichert wurden. Dies führt zu einem strikten »First Come, First Served«-Verhalten, das Unternehmen später korrigieren möchten. Die Tools, die diese notwendigen Massenänderungen der ATP-Bestätigungen ermöglichen, sind die Rückstandsbearbeitung oder die Freigabe zur Lieferung.

Die Rückstandsbearbeitung ist ein Hintergrundjob, der je nach Geschäftsanforderungen flexibel konfiguriert werden kann. Benutzer*innen können bestimmte Auftragspositionen auswählen, die in den Rückstandsbearbeitungslauf einbezogen werden sollen, ihre Priorität festlegen und ihr Bestätigungsverhalten steuern. Bei der *Bestätigungsstrategie »Steigern«* beispielsweise behalten zugewiesene Bedarfe mindestens ihre Bestätigung bei oder werden – falls möglich – verbessert. Die Rückstandsbearbeitung wählt die Bedarfe anhand der Attribute des zugrunde liegenden Geschäftsbelegs (z. B. des Kundenauftrags) aus. Die Rückstandsbearbeitung berechnet die Bestätigungen der Aufträge zügig neu und sorgt dank der Parallelisierung für eine effiziente Fortschreibung der Aufträge.

Darüber hinaus kann in SAP S/4HANA der Rückstandsbearbeitungslauf mit der Bestandszuteilung (ARun) kombiniert werden, die das am besten geeignete Angebot zur Erfüllung eines bestimmten Bedarfs zuweist (insbesondere bei einer Bedarfsunterdeckung). ARun sorgt für ein fixiertes Pegging zwischen Zugangs- und Bestandselementen. Mithilfe der App **Freigabe zur Lieferung** können die Bestätigungen für mehrere Aufträge manuell geändert werden – mit dem Ziel, direkt Lieferungen für diese Aufträge zu erstellen.

Die alternativenbasierte Bestätigung kann verwendet werden, um zur Bestätigung eines Bedarfs nach geeigneten alternativen Werken, Lagerorten und/oder Produkten zu suchen. Beispielsweise kann die Verfügbarkeit eines Produkts in einem Wunschlieferwerk nicht ausreichen. ATP kann jetzt mithilfe der alternativenbasierten Bestätigung automatisch alle in Frage kommenden alternativen Werke ermitteln und das ursprüngliche Wunschlieferwerk durch eine oder mehrere Alternativen ersetzen. Die alternativenbasierte Bestätigung kann das angeforderte Produkt zudem durch Produkte gleicher Form, Ausstattung und Funktion oder durch ein Nachfolgeprodukt ersetzen. Durch die Kombination der alternativen Werke mit alternativen Produkten können Sie die Erfüllung des Kundenbedarfs verbessern, indem Sie z. B. eine größere Menge oder einen alternativen Liefertermin anbieten, der den Kundenbedarf besser erfüllt als das ursprünglich angeforderte Produkt im ursprünglich angeforderten Werk.

Bei der alternativenbasierten Bestätigung können Sie eine Ersetzungsstrategie zum Ermitteln alternativer Werke, Lagerorte oder Produkte definieren. Außerdem können Sie festlegen, ob das System die Vollbestätigung, die termingerechte Bestätigung oder die Bestätigung der größtmöglichen angeforderten Menge zum gewünschten Datum bevorzugen soll. Sie können die Strategie zudem so konfigurieren, dass Alternativen berücksichtigt werden, wenn eine ATP-Prüfung durchgeführt wird, wenn neue Bedarfe erstellt oder Bedarfe gebucht werden. Die alternativenbasierte Bestätigung kann daher bei der Onlineverarbeitung eines Kundenauftragsbedarfs genutzt werden, z. B. bei der Erstellung eines Kundenauftrags, bei der Änderung eines Kundenauftrags oder sogar bei der Rückstandsbearbeitung.

Die alternativenbasierte Bestätigung bietet in bestimmten Situationen ein hohes Maß an Flexibilität, indem eine Kombination von Attributen des Kundenauftragsbelegs zusammen mit Prozessmerkmalen ausgewählt wird. So kann die alternativenbasierte Bestätigung beispielsweise nur bei neu angelegten Bestellungen und nur für Kunden aus Italien aktiviert werden.

Die einzelnen ATP-Funktionen (Kontingentierungsprüfung, Rückstandsbearbeitung, alternativenbasierte Bestätigung, Verfügbarkeitsschutz oder Geschäftsprozessterminierung) nutzen verschiedene Attribute des Bedarfs und der zugrunde liegenden Bewegungsdaten für unterschiedliche Zwecke. Im Rahmen der alternativenbasierten Bestätigung können Sie beispielsweise anhand von Attributen – genauer gesagt, anhand ihrer Werte – bestimmen, ob die alternativenbasierte Bestätigung aktiviert werden soll und, falls ja, deren Verhalten festlegen. In der Rückstandsbearbeitung werden Attribute und ihre Werte zur Definition von Filter- und Sortierkriterien verwendet, um zu bestimmen, welche Bedarfe in einen Rückstandsbearbeitungslauf aufgenommen werden sollen. Die in ATP verwendeten Felder aus den Bedarfsbelegen werden als *Merkmale* bezeichnet. Zusätzlich zu den Feldern aus dem Bedarfsbeleg können auch die Klassifizierungsmerkmale aus der Variantenkonfiguration (siehe Abschnitt 8.2.3) verwendet werden. Diese Klassifizierungsmerkmale und ihre Werte gehören semantisch zum Bedarfsbeleg, werden aber aus technischer Sicht in einer unabhängigen Persistenz gespeichert. Die Sammlung aller Merkmale, die innerhalb einer bestimmten ATP-Anwendung (z. B. Kontingentierungsprüfung) verwendet werden können und die sich aus bestimmten Geschäftsbelegen (z. B. Kundenauftrag) ableiten lassen, wird als *Merkmalskatalog* bezeichnet. Ein dedizierter Satz von Merkmalen aus einem Katalog wird als *Merkmalskombination* bezeichnet.

Die Objekt- und Wertbestimmung ist eine wiederverwendbare ATP-Komponente, die in verschiedene ATP-Anwendungen integriert ist. Sie basiert auf einem Katalog und wird dazu verwendet, anwendungsspezifische Entitäten wie etwa Objekte (z. B. eine Ersetzungsstrategie für die alternativenbasierte Bestätigung) oder Werte (beispielsweise eine Terminierungsdauer für einen Geschäftsprozess) zu bestimmen. Bei der Objekt- und Wertermittlung werden *Zugriffsfolgen* modelliert. Hierbei handelt es sich um geordnete Listen von Merkmalskombinationen, die es Ihnen ermöglichen, eine dedizierte Entität einer *Merkmalswertekombination* zuzuordnen. Die ATP-Anwendungen verwenden die Objekt- und Werteermittlung, indem sie in der festgelegten Reihenfolge auf die Merkmalskombinationen zugreifen, um die Entitäten für die aktuellen Merkmalswerte zu ermitteln. Die Objekt- und Wertermittlung wird bei der Produkt-, Werks- und Lagerortersetzung, bei der Bestimmung von Alternativen im Rahmen der alternativenbasierten Bestätigung sowie bei der Terminierung von Geschäftsprozessen eingesetzt.

Mithilfe der Geschäftsprozessterminierung können Sie die relevanten Termine eines Geschäftsprozesses bestimmen. Darunter versteht man die Termine und Uhrzeiten, zu denen bestimmte Geschäftsaktivitäten, z. B. Transportplanung, Kommissionierung, Beladung und Transport, beginnen oder enden müssen, um den gesamten Geschäftsprozess zu erfüllen. Beispielsweise kann die Geschäftsprozessterminierung dazu verwendet werden, das gewünschte Materialbereitstellungsdatum (die Eingabe für die ATP-Prüfung) auf Grundlage des gewünschten Lieferdatums eines Kundenauftragsbedarfs zu bestimmen. Bei der Geschäftsprozessterminierung können zusätzliche Terminierungsaktivitäten definiert und in der Terminierungslogik verwendet werden. Die Bestimmung von Laufzeiten und Arbeitszeiten, die für die Planung einer betriebswirtschaftlichen Aktivität relevant sind, ist konfigurierbar. Beispielsweise kann die Dauer basierend auf dem Customizing des Vertriebs oder anhand von Merkmalswerten des Verkaufsbelegs über die Objekt- und Wertermittlung bestimmt werden. Die Terminierung von Geschäftsprozessen kann für Verkaufsbelege, Auslieferungen und Umlagerungsbelege verwendet werden.

12.5.3 Materialbedarfsplanung

Die Materialbedarfsplanung (Material Requirements Planning, MRP) berechnet den Nettobedarf eines Produkts – ein um den Bedarf reduziertes Angebot – auf Grundlage des geplanten Bedarfs und der Planprimärbedarfe für ein bestimmtes Werk. Die Planung verwendet Stücklisten, Arbeitspläne, Arbeitsplätze und Materialstämme als zusätzliche Eingabeparameter (siehe Abschnitt 12.3). Die gewählte Dispositionsart bestimmt den Planungsalgorithmus, der die Formel zur Berechnung des Nettobedarfs festlegt. Das Werk und der Dispositionsbereich bestimmen die Organisationseinheiten der Planungsrechnung. Basierend auf dem Algorithmus durchläuft die Materialbedarfsplanung rekursiv die einzelnen Materialien entlang der Dispositionsstufen, bis die Planung aller Komponenten eines Produkts abgeschlossen ist.

Die Materialbedarfsplanung in SAP S/4HANA folgt einem anderen Architekturmuster als die traditionelle Disposition, die aus SAP ERP bekannt ist. Mit der neuen Funktion *MRP Live* erfolgt der Großteil der Planung direkt in der SAP-HANA-Datenbank. Diese Designentscheidung beschleunigt den Zugriff auf die verschiedenen für einen

Materialbedarfsplanungslauf erforderlichen Daten und macht die Berechnung sehr schnell. MRP Live stellt die Planungsergebnisse in Echtzeit zur Verfügung.

Dennoch können Planungsläufe in SAP S/4HANA auch für eine asynchrone Verarbeitung im Hintergrund eingeplant werden. Die in MRP Live genutzten optimierten Algorithmen basieren auf einem strikten Stammdatenaufbau für die Produktionsplanung. Wenn die Konfiguration unvollständig ist, wird die Planung auf die traditionelle Disposition umgestellt. SAP-Hinweis 1914010 (MD01N: Einschränkungen für die Planung in MRP Live in HANA) erläutert die Einschränkungen für jedes Release.

Bei konfigurierbaren Produkten muss die Auswertung der Stückliste, die Stücklistenauflösung (siehe Abschnitt 8.2.1), auf Beziehungswissen der Variantenkonfiguration basieren, wie z. B. Einschränkungen oder Auswahlkriterien. Dies wird als *Low-Level-Konfiguration* bezeichnet (Einzelheiten siehe Abschnitt 8.2.11). Um die Performance von MRP Live auch für konfigurierbare Produkte zu optimieren, werden die Stücklistenauflösung und die Auswertung des zugehörigen Beziehungswissens ebenfalls direkt in der SAP-HANA-Datenbank ausgeführt. Das Beziehungswissen wird in einem speziellen Format gespeichert, um von Algorithmen ausgewertet zu werden, die direkt in der SAP-HANA-Datenbank ausgeführt werden (siehe Abbildung 12.7).

12

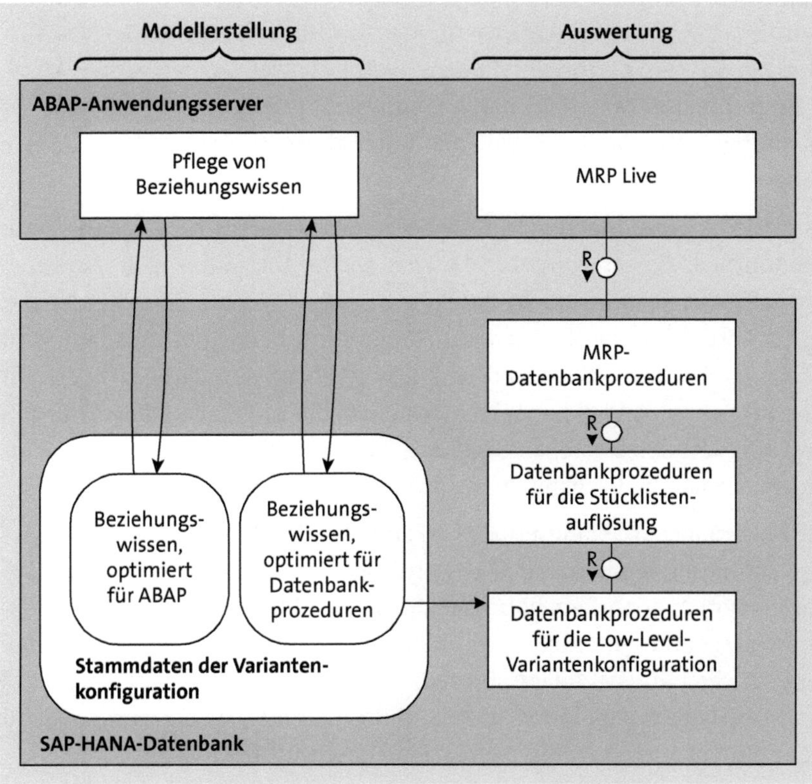

Abbildung 12.7 Optimierte Stücklistenauflösung in SAP HANA

Zu Beginn der Planung durchläuft die Materialbedarfsplanung die Stückliste des zu produzierenden Materials von oben nach unten. Zunächst wird der Nettobedarf des zu produzierenden Materials geplant. Anschließend wird die Planung auf einer detaillierteren Ebene fortgesetzt, d. h., es werden alle in der Stückliste aufgeführten Komponenten berücksichtigt. Die Materialbedarfsplanung erstellt für jede in der Stückliste aufgeführte Komponente einen Sekundärbedarf. Es wird für jeden Bedarf geprüft, ob die Produktionsversorgung jeder Komponente ausreicht. Falls nicht, sorgt die Materialbedarfsplanung dafür, dass die richtige Menge zur richtigen Zeit im Bestand verfügbar ist. Dazu wird entweder ein Planauftrag zur Fertigung der fehlenden Komponenten oder eine Bestellanforderung zur Beschaffung der Komponenten erstellt.

Während der Materialbedarfsplanung werden die Materialstammdaten ausgewertet. Die Dispositionssichten des Materialstamms definieren z. B. die Beschaffungsart (Eigenfertigung oder Fremdbezug) und die Wareneingangsbearbeitungszeit. Darüber hinaus werden die Arbeitsplan- und Stücklistenstammdaten auch von der Dispositionslogik verwendet.

Die Dispositionslogik muss sicherstellen, dass das gleiche Stücklistenmaterial nicht erneut geplant wird. Dies wird durch eine Planungsvormerkdatei gewährleistet, bei der es sich um eine Eingabewarteschlange für die Dispositionslogik handelt. Die Planungsvormerkdatei ist ein Dokument, in dem die für die Planung relevanten Materialien enthalten sind. Der Materialbedarfsplanungslauf erfolgt nur für die Materialien in der Planungsvormerkdatei. Sobald das Material geplant ist, werden die Sätze in der Planungsvormerkdatei gelöscht.

Die Dispositionslogik berechnet den Nettobedarf eines Materials zur Deckung aktueller oder zukünftiger Bestandsunterdeckungen (siehe Abbildung 12.8). Zunächst liest die Materialbedarfsplanung die Bedarfe und Zugänge. Anschließend werden der Nettobedarf, die Losgrößen und die Bezugsquellenfindung berechnet, und dann wird die Stückliste aufgelöst. Schließlich werden Zugänge oder Sekundärbedarfe erstellt oder gelöscht. Bei den Zugängen handelt es sich entweder um einen Planauftrag (Eigenfertigung) oder um eine Bestellanforderung (Fremdbeschaffung). Die Sekundärbedarfe werden dann in der nächsten Iteration verarbeitet.

Während des Materialbedarfsplanungslaufs erkennt SAP S/4HANA kritische Situationen, die im Planungsergebnis manuell bewertet werden müssen. Die Materialbedarfsplanung erzeugt Ausnahmemeldungen, die in jeder Phase des Materialbedarfsplanungslaufs erfasst und protokolliert werden. Der Disponent kann die Ausnahmemeldungen im Cockpit von MRP Live abrufen. Es ist wichtig zu verstehen, dass das Resultat der Materialbedarfsplanung eine infinite Planung ist, die anschließend durch die Kapazitätsplanung nivelliert wird (siehe Abschnitt 12.5.8).

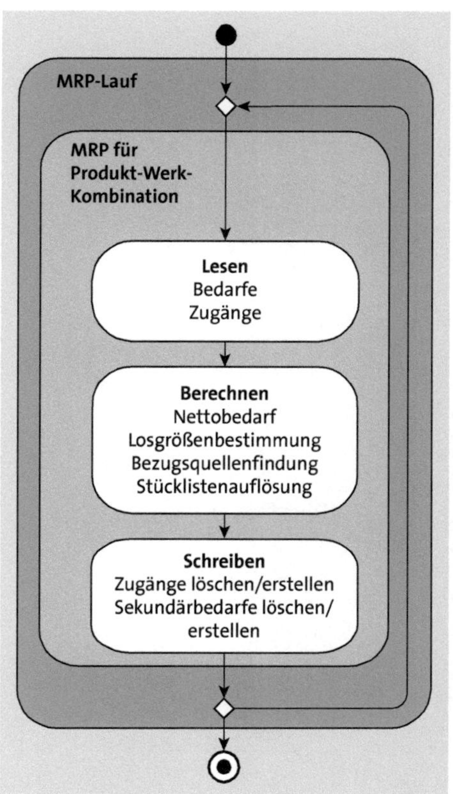

Abbildung 12.8 Materialbedarfsplanungslauf

12.5.4 Bedarfsorientierte Materialbedarfsplanung

Die bedarfsorientierte Materialbedarfsplanung (Material Requirements Planning, MRP) ist ein neuer Planungsalgorithmus, der in SAP S/4HANA als separate Dispositionsart angeboten wird und die jüngsten Fortschritte in der Planungsmethodik widerspiegelt. Die bedarfsorientierte Materialbedarfsplanung basiert auf der Annahme, dass eine Lieferkette effizienter ist, wenn bestimmte kritische Schritte innerhalb des Produktionsprozesses entkoppelt werden, indem das teilmontierte Produkt als Lagerbestand gepuffert wird. Voraussetzung für die bedarfsorientierte Materialbedarfsplanung ist die Definition des zu puffernden Produkts (Positionierung des Puffers) und der Puffergröße im Produktstamm. Die bedarfsorientierte Materialbedarfsplanung kann mit bestehenden Planungsalgorithmen kombiniert werden, sodass innerhalb der Lieferkette einige Produkte nach ausgewählten Dispositionsarten individuell geplant, ad hoc geplant oder gemäß der bedarfsorientierten Materialbedarfsplanung gepuffert werden. Weitere Informationen zur bedarfsorientierten Materialbedarfsplanung finden Sie beispielsweise unter *http://s-prs.co/v567513*.

12.5.5 Kanban

Kanban ist eine zuverlässige und einfache Methode zur kontinuierlichen Versorgung von Produktionsprozessen mit kleinen Mengen eines Materials auf Grundlage des tatsächlichen Verbrauchs. Das Konzept der Kanban-Architektur in SAP S/4HANA ist in Abbildung 12.9 dargestellt.

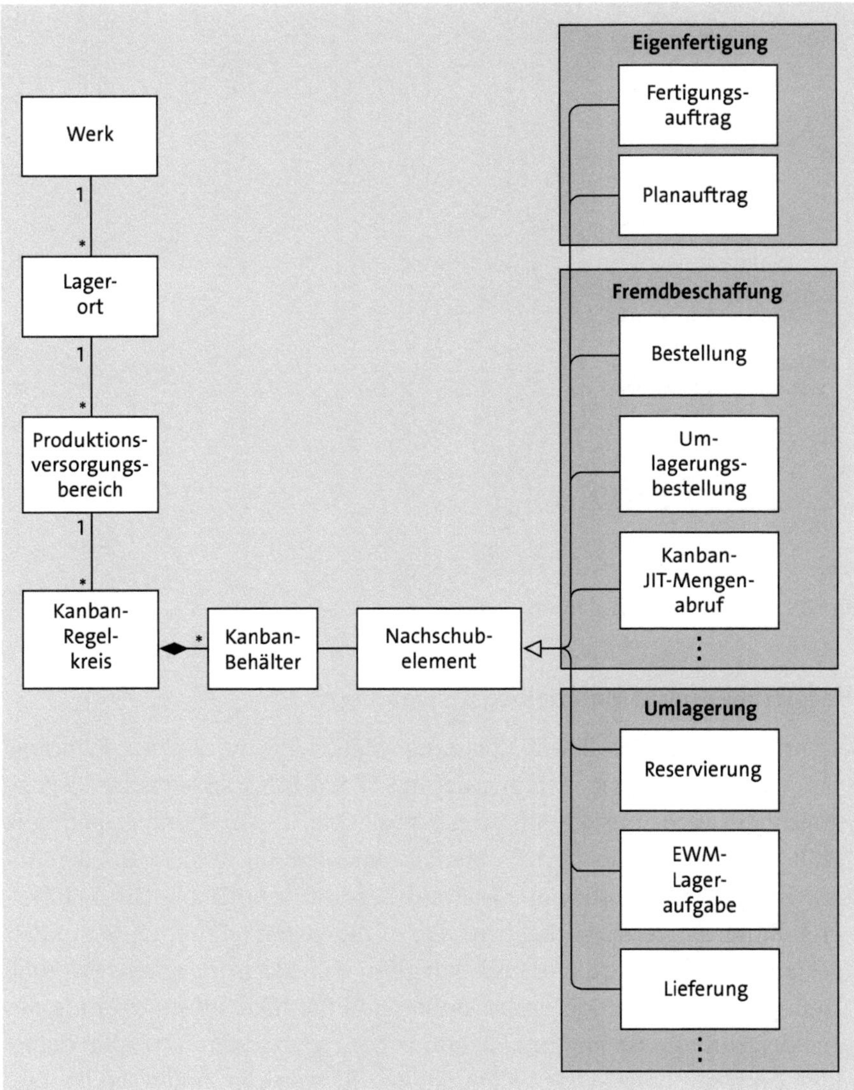

Abbildung 12.9 Kanban-Architektur

Beim Kanban-Verfahren fordert ein Verbraucher von einer Bezugsquelle Nachschub an, sobald eine bestimmte Menge eines vorgegebenen Materials benötigt wird. Der Verbraucher befindet sich in der Nähe von mindestens einem *Produktionsversor-*

gungsbereich und verbraucht dort Material. Der Wiederbeschaffungsprozess selbst wird in einem *Kanban-Regelkreis* modelliert. Das Material wird in *Kanban-Behältern* von der Quelle zum Verbraucher transportiert. Diese sind in der Regel mit einer gedruckten Kanban-Karte versehen, die einen Barcode und weitere Informationen enthält.

Es gibt zwei Kategorien von Kanban-Regelkreisen: klassisch und ereignisgesteuert. In klassischen Regelkreisen ist eine konstante Anzahl von Kanban-Behältern zwischen Quelle und Verbraucher im Umlauf. In ereignisgesteuerten Regelkreisen löst der Verbraucher die Erzeugung neuer Kanban-Behälter aus, sobald Material benötigt wird, z. B. basierend auf dem Materialbedarf von in Kürze auszuführenden Fertigungsaufträgen. Solche Kanban-Behälter werden nach einem Zyklus automatisch gelöscht, deshalb kann die Anzahl der Behälter bei dieser Kategorie variieren.

Jeder Kanban-Regelkreis ist so konfiguriert, dass er eine bestimmte Wiederbeschaffungsstrategie aus den Kategorien Umlagerung, Fremdbeschaffung oder Eigenfertigung verwendet:

- Bei der Umlagerung kann die Bezugsquelle ein Lagerort (siehe Abschnitt 12.2) oder ein eingebettetes oder dezentrales Lager sein, das mit SAP Extended Warehouse Management (EWM, siehe Kapitel 13) verwaltet wird.
- Bei der Fremdbeschaffung ist die Bezugsquelle ein Lieferant.
- Bei der Eigenfertigung ist die Bezugsquelle ein Produktionsprozess.

Die anpassbaren Wiederbeschaffungsstrategien legen im Detail fest, welche Geschäftsbelege erstellt werden, wenn der Verbraucher das Material anfordert. Diese Geschäftsbelege werden im Kanban-Verfahren als *Nachschubelemente* bezeichnet. Im Folgenden finden Sie einige Beispiele für die vielen möglichen Varianten zur Erstellung von Nachschubelementen für ein bestimmtes Material und eine bestimmte Wunschmenge:

- Bei einer Umlagerung von einem Lagerort erstellt der Kanban-Regelkreis einen Reservierungsbeleg für die Umlagerung.
- Bei einer Umlagerung aus einem eingebetteten EWM-Lager erzeugt der Kanban-Regelkreis eine EWM-Lageraufgabe (siehe Kapitel 13).
- Bei der Fremdbeschaffung erzeugt der Kanban-Regelkreis eine Bestellung (siehe Abschnitt 11.2).
- Bei der Eigenfertigung erzeugt der Kanban-Regelkreis einen Fertigungsauftrag.

Der Lebenszyklus des Nachschubelements und des zugehörigen Kanban-Behälters sind miteinander verwoben: Durch die Festlegung eines Behälters als »leer« (klassischer Regelkreis) oder durch das Anfordern eines neuen Behälters (ereignisgesteuerter Regelkreis) wird automatisch ein Nachschubelement erzeugt, sodass die Fertigungsmitarbeiter*innen keine Kenntnis über die Prozessdetails benötigen. Im weiteren Verlauf des Prozesses gibt es zwei Möglichkeiten: Entweder wird der Behälter als »voll« festgelegt, wodurch das Nachschubelement automatisch bestätigt wird, oder das Nachschubelement wird bestätigt, wodurch der Behälter als »voll« festgelegt wird.

12.5.6 Just-in-Time-Verarbeitung

Just-in-Time (JIT) ist ein Verfahren zur effizienten, mengen- und termingerechten Wiederbeschaffung oder Bereitstellung diskreter Materialien für die Fertigung. Die JIT-Versorgung ist sowohl für einfache als auch für komplexe Szenarien konzipiert. JIT-Prozesse sind charakteristisch für die Automobilindustrie, in der stark konfigurierbare und komplexe Produkte in Massenproduktion hergestellt werden. Die Reduzierung der Lagerbestände ist das offensichtlichste Ergebnis der JIT-Versorgung, die nicht nur zu Kostensenkungen führt, sondern auch Platz spart – in der Automobilproduktion mit ihrer hohen Varianz an Bauteilen und deren hohem Platzbedarf ein sehr begrenzender Faktor. JIT setzt eine umfassende B2B-Integration voraus, um die Produktionsversorgung zu gewährleisten, z. B. durch Kanban (siehe Abschnitt 12.5.5) oder Lieferpläne (siehe Abschnitt 11.1).

Darüber hinaus müssen bei einer Produktionsauslagerung zur Kosteneinsparung und Beschleunigung der Fahrzeugmontage in der Massenproduktion komplexe, sperrige und konfigurationsabhängige vormontierte Produkte – beispielsweise Cockpit, Sitze, Motoren und Achsen – fahrzeugspezifisch bereitgestellt und gemäß den einzelnen Fahrzeugplanungsaufträgen bzw. Fertigungsaufträgen sowie in der exakten Reihenfolge der Fahrzeugproduktion aufgefüllt werden. Diese Variante des JIT-Prozesses wird auch als *Just-in-Sequence-Lieferung* (JIS) bezeichnet. Je nach Anzahl der zu erwartenden Varianten für diese vormontierten Produkte werden entweder individuelle Materialnummern verwendet, die jede der Varianten repräsentieren, oder die vormontierten Produkte werden nach den für die Vormontage verwendeten Einzelkomponenten angefordert, geliefert und abgerechnet. Dementsprechend enthält die Fahrzeugstückliste entweder Positionen für die Komponenten der vormontierten Produkte oder Positionen für die Varianten der vormontierten Produkte.

Eine JIT-Lieferung wird über einen *JIT-Abruf* angefordert. Die Verarbeitung eines JIT-Abrufs erfolgt in Form von definierten Aktionen. Jede erfolgreich durchgeführte Aktion führt zu einem internen Verarbeitungsstatus des JIT-Abrufs. Eine bestimmte Aktion kann nur durchgeführt werden, wenn der JIT-Abruf einen internen Verarbeitungsstatus aufweist, der die Durchführung dieser Aktion erlaubt. Diese Beziehung zwischen internen Verarbeitungsstatuswerten, die die Durchführung von Aktionen mit neuen internen Verarbeitungsstatuswerten ermöglicht, wird über *Aktionssteuerungen* konfiguriert. Es können mehrere Aktionssteuerungen gepflegt werden, um verschiedenen Prozessvarianten gerecht zu werden.

In einfachen Fällen fordern Fertigungsmitarbeiter*innen die Wiederbeschaffung einzelner Komponentenmaterialien an, indem sie manuell JIT-Abrufe zur Produktionsversorgung erstellen. In der Regel gehen die Benutzer*innen so vor, sobald einer der Behälter für das zuvor aufgefüllte Material leer ist, und fordern dann einfach einen weiteren Behälter an, um den Materialbestand an der Fertigungslinie oder am Arbeitsplatz aufzufüllen. Da sich die Anforderung nicht auf einen einzelnen Plan- oder Fertigungsauftrag bezieht, handelt es sich bei dem erzeugten JIT-Abruf um einen Mengenabruf.

Zur Steuerung und Vereinfachung solcher Anforderungen bereitet die Person, die die Produktion plant, den JIT-Regelkreis vor. Dabei wird Folgendes angegeben: das aufzufüllende Material, der Produktionsversorgungsbereich als Ziel, die angeforderte Menge als Vorgabe, der erwartete Behälter, die Quelle des Nachschubs zusammen mit der angewendeten Wiederbeschaffungsstrategie und die Wiederbeschaffungsvorlaufzeit, die zur Terminierung der JIT-Abrufe verwendet wird (siehe auch Abschnitt 12.5.5 zu Kanban-Regelkreisen). Für jede Kombination aus Werk, Produktionsversorgungsbereich und Material kann es einen Regelkreis geben. Um einen neuen JIT-Abruf zu erstellen, müssen die Produktionsmitarbeiter*innen lediglich die Nummer des Regelkreises eingeben oder einen Barcodescanner verwenden, wenn Barcodeetiketten eingesetzt werden. Die vorgeschlagene Anforderungsmenge basiert auf der im Regelkreis angegebenen Behältermenge. Das Wunschdatum und die Wunschzeit für den Nachschub basieren auf einer Vorwärtsterminierung unter Verwendung der Wiederbeschaffungszeit. In dringenden Fällen sind auch Sofortanfragen möglich.

Die Erstellung von JIT-Abrufen kann auch geplant und automatisiert werden, um die Fertigungsmitarbeiter*innen von diesen Aufgaben zu entlasten und Anforderungsspitzen zu vermeiden. Für die *Produktionsversorgungsplanung* müssen die Planungsparameter in den JIT-Regelkreisen festgelegt werden, einschließlich Planungsverfahren, Planungshorizont, Sicherheitsbestand und Bedarfsvorlaufzeit. Bei Verwendung der *verbrauchsgesteuerten Disposition* als Planungsverfahren werden neue JIT-Abrufe für den geplanten JIT-Regelkreis erzeugt, wenn der aktuelle Materialbestand im Produktionsversorgungsbereich unter dem Sicherheitsbestand liegt. Bei Verwendung der *bedarfsorientierten Planung* berücksichtigt die Planung auch die Sekundärbedarfe aus der dem Produktionsversorgungsbereich zugeordneten Fertigung sowie einen Bedarfstermin und eine Bedarfsuhrzeit innerhalb des vorgegebenen Planungshorizonts.

Sobald der prognostizierte Materialbestand im Produktionsversorgungsbereich innerhalb des Planungshorizonts – abgeleitet aus dem aktuellen Materialbestand unter Berücksichtigung aller Bedarfe und vorhandener, noch abzuarbeitender JIT-Abrufe – unter den Sicherheitsbestand sinkt, wird ein neuer JIT-Abruf eingeplant. Der betrachtete Materialbestand wird entweder durch den Materialbestand am Lagerort repräsentiert, der dem Produktionsversorgungsbereich zugeordnet ist, oder durch den Materialbestand am Lagerplatz, der dem JIT-Regelkreis zugeordnet ist. Die Verwendung von Lagerplätzen wird empfohlen, wenn Komponentenmaterialien an mehrere Produktionsversorgungsbereiche derselben Produktionslinie nachgeliefert werden und derselbe Lagerort für alle Produktionsversorgungsbereiche dieser Produktionslinie verwendet wird. Sehr häufig erfolgt die Verbrauchsbuchung von Komponentenmaterialien viel später als der physische Verbrauch oder die Verwendung in der Produktion. Zählpunktmeldungen verringern diese zeitliche Verzögerung, aber selbst wenn die Meldung zeitnah zur physischen Nutzung erfolgt, erfordert das Volumen der gemeldeten Komponenten häufig eine Sammelbuchung, die von der Meldung der Produktionsrückmeldungen entkoppelt ist. Dazu werden bei der Berechnung des physischen Materialbestands im Produktionsversorgungsbereich auch gemeldete Produktionsrückmeldungen für Materialien berücksichtigt, bei denen noch kein Warenausgang gebucht wurde.

Wenn es sich bei der Bezugsquelle um eine interne Quelle handelt, werden die JIT-Abrufe verwendet, um die Bestände in einem oder zwei Schritten von einem Quellenlagerort an den Ziellagerort umzulagern. Wenn der Bestand in einem Lager verwaltet wird, erfolgt die Umlagerung mithilfe von Lageraufgaben, die anhand der JIT-Abrufe erstellt werden. Die JIT-Abrufe werden durch diese Umlagerung aktualisiert, und der Status wird auf **Erledigt** geändert, wenn der Bestand im Produktionsversorgungsbereich eingeht. Das heißt, entweder weil der Bestand an dem Lagerplatz verfügbar ist, der im JIT-Regelkreis angegeben wurde, oder weil der Bestand am Ziellagerort verfügbar ist.

Wenn es sich bei der Bezugsquelle um einen externen Lieferanten handelt, wird der JIT-Abruf über eine EDI-Nachricht an den Lieferanten gesendet. Bei Eingang des gelieferten Materials aktualisiert die Wareneingangsbuchung den JIT-Abruf und bucht den Bestand direkt auf den Lagerort des Produktionsversorgungsbereichs oder auf den im JIT-Regelkreis angegebenen Lagerplatz. Die Wareneingangsbuchung aktualisiert außerdem die dem JIT-Regelkreis zugeordnete Einkaufslieferplanposition für den externen Nachschub.

In komplexen Fällen der JIS-Verarbeitung werden die JIT-Abrufe speziell für einzelne Plan- oder Fertigungsaufträge erstellt. Da diese in einem bestimmten Produktionsablauf verarbeitet werden, handelt es sich bei der Anforderung um einen produktionssynchronen Abruf. Wenn ein vormontiertes Produkt über seine Komponenten angefordert wird, muss eine JIT-spezifische Stückliste gepflegt werden, die alle in Frage kommenden Komponentenmaterialien enthält. Im Rahmen der JIT-Abrufverarbeitung wird das vormontierte Produkt als Komponentengruppenmaterial dargestellt. Der JIT-Regelkreis für produktionssynchrone Abrufe wird für das Material der Komponentengruppe gepflegt. Die Komponentenmaterialien werden dem JIT-Regelkreis basierend auf der JIT-Stückliste für das Komponentengruppenmaterial automatisch zugewiesen. Für jedes Material der Komponentengruppe wird ein separater produktionssynchroner Abruf erstellt, der alle zugehörigen Komponentenmaterialien für den jeweiligen Planauftrag oder Fertigungsauftrag enthält. Für jedes montierte Fahrzeug erstellt das System genau so viele produktionssynchrone Abrufe, wie es einzelne Komponentengruppen für seine Komponenten gibt.

Produktionssynchrone Abrufe werden einige Tage vor Beginn der Fahrzeugmontage erstellt und können bis dahin mehrmals aktualisiert werden. Aktualisierungen können durch die Terminierung und Neuterminierung von Plan- oder Fertigungsaufträgen verursacht werden, bis diese endgültig festgelegt sind. Änderungen am Auftrag, die auf einer Neuauflösung der Stückliste beruhen, könnten ebenfalls zu einer Aktualisierung des JIT-Abrufs und einer Änderung der zugehörigen Komponenten führen. Sequenznummern werden in Systemen zur Produktionsdurchführung auf Grundlage des Produktionsablaufs zugewiesen und im Falle einer Neusequenzierung geändert. Statusaktualisierungen werden auch basierend auf der Produktionsrückmeldung bereitgestellt. Zählpunkte am Anfang oder Ende von Fertigungslinien können Aktualisierungen der produktionssynchronen Abrufe auslösen. Häufig wird der Beginn der Montage als finaler Status des JIT-Abrufs betrachtet. Relevante Aktualisierungen des JIT-Abrufs werden an den Lieferanten weitergeleitet.

Der Lieferant erhält JIT-Abrufe in Form von Mengenabrufen oder als produktionssynchrone Abrufe vom Kunden. Für die Verarbeitung von Kunden-JIT-Abrufen müssen JIT-spezifische Stammdaten eingerichtet werden.

12.5.7 Vorausschauende Material- und Ressourcenplanung

Die operative Materialplanung wird, wie die Materialbedarfsplanung, täglich durchgeführt. Allerdings müssen Unternehmen auf eine steigende Nachfrage nach ihren Produkten reagieren und die Fertigungskapazitäten ihrer Anlagen erhöhen. SAP S/4HANA stellt für diese Art der langfristigen Vorausplanung *Predictive Material and Resource Planning* (pMRP) bereit. Typischerweise nutzen Unternehmen pMRP in einem monatlichen oder wöchentlichen Zyklus. Der Planungshorizont der Vorbereitung ist lang- bis mittelfristig. Das heißt, er erstreckt sich in der Regel über einen Zeitraum von 3 bis 12 Monaten, da das Werk eine gewisse Vorlaufzeit benötigt, um die vorgeschlagenen Parameteranpassungen umzusetzen. Wenn beispielsweise zur Erhöhung der Produktionskapazität eine zusätzliche Schicht erforderlich ist, muss die Personalabteilung zustimmen, und die Arbeitskräfte müssen rechtzeitig informiert werden.

pMRP verfügt über eine eigene Persistenz, um die Simulation und Planung zu erleichtern. Für die Planung wird hierbei eine verdichtete Kopie der Daten verwendet, die *Image* genannt wird. Das vereinfachte Image für die Planung (siehe Abbildung 12.10) basiert auf den folgenden Daten:

- Satz mit Stammdatenobjekten
- Beziehungen zwischen diesen Objekten
- Top-Level-Bedarf
- vorhandene Bestände für Produkte

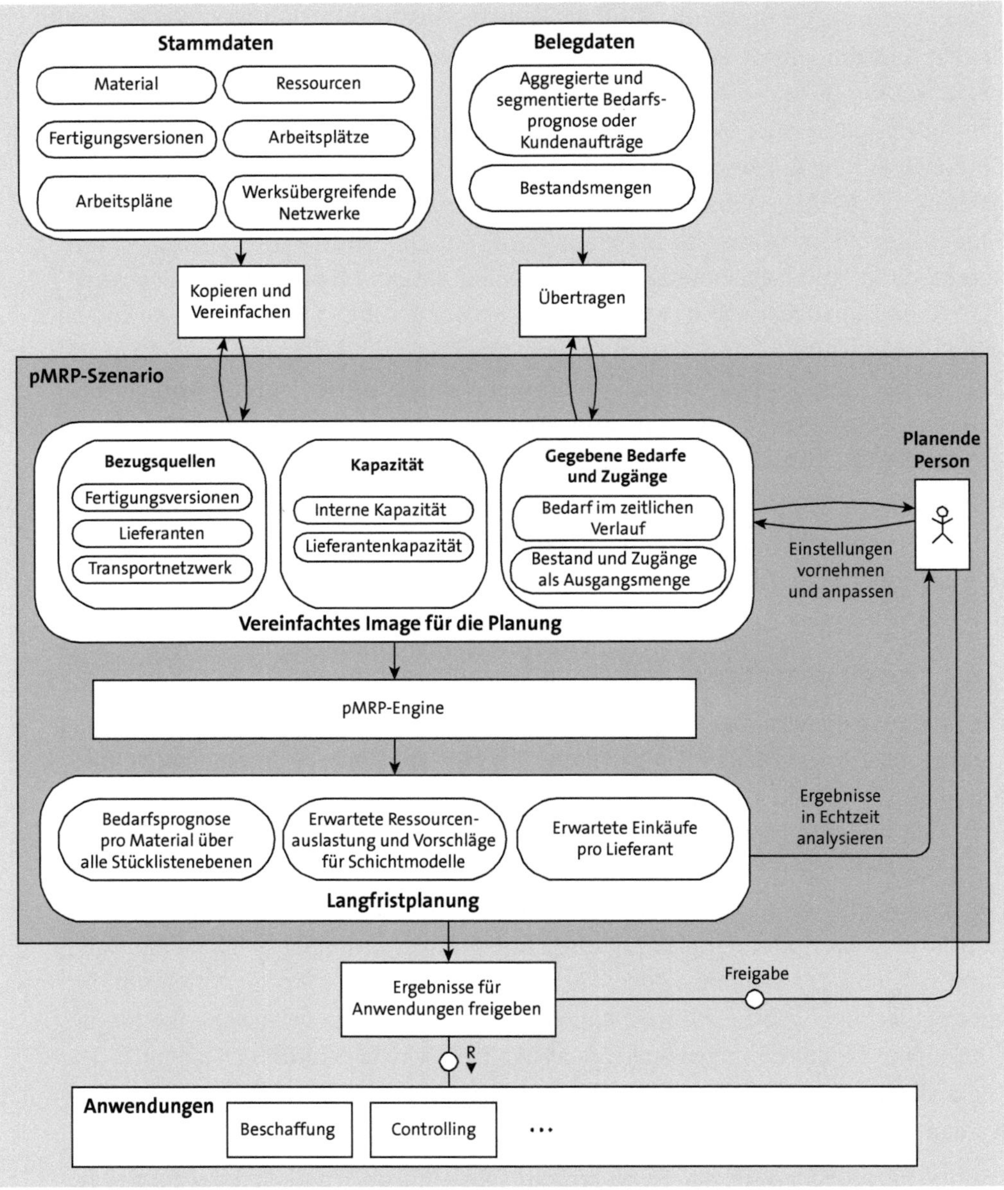

Abbildung 12.10 Architektur von pMRP: vereinfachtes Image für die Planung

Für einen bestimmten Satz von Objekten berechnet die pMRP-Engine die Pegging-Beziehungen zwischen Produktbedarf, Produktzugängen, Kapazitätsbedarf und einem bestimmten Produktbestand und bildet so ein Pegging-Netzwerk.

pMRP verwendet das Pegging-Netzwerk zur Vorhersage der benötigten Ressourcen für die interne Fertigung (Ressourcenauslastung), des Bedarfs an Lieferanten für fremdbeschaffte Produkte (Einteilungsprognose) und einer Prognose für fremdbeschaffte Produkte ohne Lieferanten.

Das pMRP-Szenario umfasst drei Schritte:

1. Ein Hintergrundjob analysiert regelmäßig – jede Nacht oder wöchentlich – die operativen Stammdaten, vereinfacht sie und kopiert dieses vereinfachte Image in das Datenmodell eines pMRP-Szenarios. Der Batch-Auftrag überträgt darüber hinaus aggregierte Belegdaten wie beispielsweise Prognosen und Bestandsmengen.
2. Wenn die Planer*innen mit dem vereinfachten Image für die Planung interagieren, berechnet die pMRP-Engine das Ergebnis in Echtzeit. Anschließend passen die Planer*innen die Einstellungen im Szenario an, analysieren die Ergebnisse in Echtzeit und ergreifen weitere Korrekturmaßnahmen. Dies geschieht in iterativen Zyklen. Um eine Was-wäre-wenn-Analyse zu ermöglichen, können die Planer*innen mit mehreren Simulationsversionen arbeiten.
3. Wenn die Planer*innen mit den Anpassungen zufrieden sind, geben sie die Ergebnisse (z. B. eine bestätigte Produktprognose, geänderte Schichtmodelle oder aktualisierte Regeln zur Bezugsquellenfindung) an die operativen SAP-S/4HANA-Daten zurück.

Anschließend erfolgt die operative Planung unter Verwendung der aktualisierten Planungsparameter.

Die KPIs werden in Echtzeit berechnet, um Folgendes zu ermitteln:

- Top-Level-Bedarfsverursacher für jeden Eingang oder Bedarf im Pegging-Netzwerk
- Top-Level-Bedarfsverursacher für jeden Kapazitätsbedarf
- Kapazitätsbedarf, der (indirekt) für die Eigenfertigung für jeden Top-Level-Bedarf anfällt
- Lieferantenbedarf, der (indirekt) für fremdbeschaffte Produkte für jeden Top-Level-Bedarf anfällt

Im Prinzip lässt sich anhand von Datum und Menge jede beliebige weitere KPI berechnen, indem Sie das Pegging-Netzwerk durchlaufen.

Die Zeitdimension wird in Buckets gespeichert und verarbeitet. Buckets können Wochen oder Monate repräsentieren, während die Berechnung von Offsets (z. B. Produktionszeit) in Tagen erfolgen kann (Arbeits- oder Kalendertage).

12.5.8 Kapazitätsplanung

Das Ergebnis der Materialbedarfsplanung ist eine Liste mit *Planaufträgen*, die interne Bedarfselemente erzeugen (siehe Abschnitt 12.5.3 und Abbildung 12.1). Die gesamte Berechnung beruht auf einer infiniten Planungsstrategie, bei der Einschränkungen durch Arbeitsplätze, Schichten oder Fabrikkalender nicht berücksichtigt werden. Die Planung im Rahmen der Materialbedarfsplanung erfolgt ausschließlich auf Basis des Materialflusses. Daher sind alle Parameter in den Stammdaten, die Zeiträume definieren (z. B. die Vorlaufzeit), Bruttozeiten. Nach einem Materialbedarfsplanungslauf werden die Planaufträge und umgesetzte Fertigungsaufträge mithilfe der Kapazitätsplanung auf die Arbeitsplätze verteilt, um eine Überlastung der Arbeitsplätze zu vermeiden. Dies kann auf folgende Weise geschehen:

- Überprüfung der Überlastungssituation am Arbeitsplatz und Änderung der Arbeitsplatzkapazitäten (Hinzufügen von Schichten oder Anpassen der Effizienz)
- Neuterminierung von Fertigungsaufträgen oder Planauftragsvorgängen
- Veränderung der internen Bezugsquellenfindung (Änderung der Fertigungsversion, Umlagerung von Beständen aus anderen Werken)
- Einsatz der Fremdbeschaffung (Einkauf oder Lohnbearbeitung)

Im Gegensatz zur Materialbedarfsplanung basiert die Kapazitätsplanung auf den in den Stammdaten definierten Nettozeiten. Für einen effizienten Kapazitätsabgleich können Sie Pacemaker-Arbeitsplätze (ein entscheidender Faktor bei der Produktionsdurchführung) oder Kapazitätsbereiche definieren.

Es werden verschiedene Strategien für den Kapazitätsabgleich unterstützt, darunter *Slot suchen* und *Vorgang einfügen*. Beim Kapazitätsabgleich kann mithilfe der Terminierungsrichtung gesteuert werden, ob die betreffenden Aufträge per Rückwärts- oder Vorwärtsterminierung geplant werden. Der Kapazitätsabgleich nutzt SAP liveCache als effiziente Scheduling Engine.

12.5.9 Produktions- und Feinplanung

Die Produktions- und Feinplanung (PP/DS) ist ein Tool, das Sie durch verschiedene Optimierungsalgorithmen bei der Produktionsplanung unterstützt. Traditionell erforderte PP/DS eine Zweisystemlandschaft, bei der PP/DS zusätzlich zum SAP-ERP-System auf einem separaten SAP-APO-Server ausgeführt wurde. In einer On-Premise-Installation von SAP S/4HANA ist PP/DS eingebettet und integraler Bestandteil der Logistik. Die Produktions- und Feinplanung kann zur Verfeinerung der von MRP Live erstellten Planungsergebnisse verwendet werden (siehe Abschnitt 12.5.3). Das integrierte PP/DS-System nutzt die SAP-liveCache-Funktionalität von SAP HANA. Wenn Materialien im Materialstamm für PP/DS gekennzeichnet sind, wird das Material in den PP/DS-Objektspeicher in SAP liveCache repliziert. Dort werden Planungs- und Feinplanungsvorgänge mit hoher Performance im Speicher ausgeführt.

12.6 Übergreifende Funktionen in Logistik und Fertigung

Die übergreifenden Funktionen in Logistik und Fertigung implementieren Business-Objekte, die in mehreren Logistikprozessen verwendet werden. Typischerweise erfordern solche übergreifenden Funktionen ein separates Customizing und Stammdaten, damit sie in den Standardgeschäftsprozess integriert werden können. Oftmals sind dedizierte übergreifende Funktionen in speziellen Industrieprozessen vorgeschrieben, wie etwa bei der Chargenverwaltung in der pharmazeutischen Industrie. In den folgenden Abschnitten gehen wir auf wichtige Bereiche mit übergreifenden Funktionen ein.

12.6.1 Chargenverwaltung

Chargen ermöglichen es, den Bestand eines Materials basierend auf gemeinsamen Merkmalen in verschiedene Gruppen zu unterteilen. Ein Beispiel: Charge A eines Vitaminpräparats wird aus Charge 001 (Ascorbinsäure, mit einer Haltbarkeit von drei Monaten) und Charge 101 (Natriumcarbonat, mit einer Haltbarkeit von sechs Monaten) hergestellt. Einige Merkmale repräsentieren Systemfelder, wie z. B. das Produktionsdatum oder die Haltbarkeitsdauer. Andere Merkmale sind frei definierte Schlüssel-Wert-Paare, die technische oder physische Attribute repräsentieren. SAP S/4HANA kann diese Gruppen nachverfolgen und sie anhand ihrer Merkmale automatisch verarbeiten.

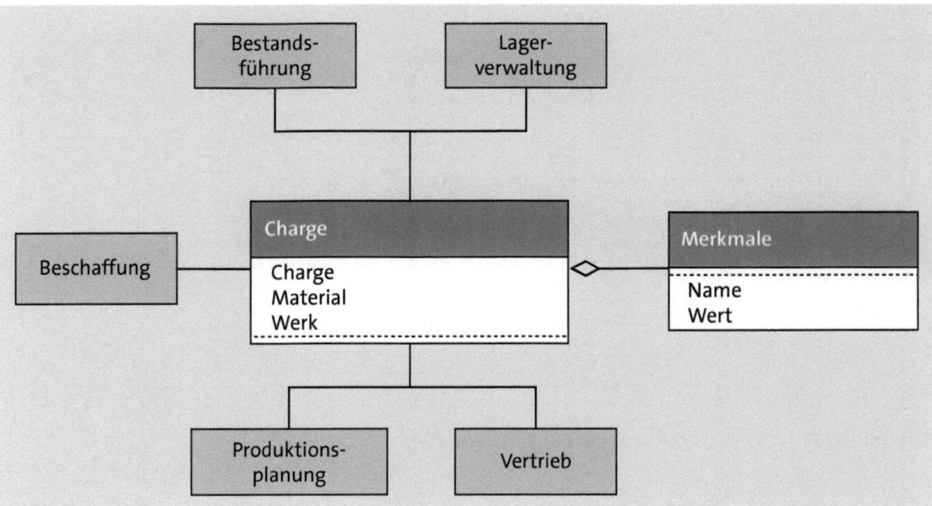

Abbildung 12.11 Chargenverwaltung

Normalerweise werden Chargen für jedes Material auf Material- oder Material-/Werksebene gepflegt (Produktstammeinstellungen). Jede Materialcharge wird durch eine eindeutige Nummer identifiziert, und ihr Bestand hat einen eigenen Lebenszyklus. Dieser beginnt mit der Erstellung der Charge und endet mit dem Verbrauch des letzten Materialchargenbestands. Abbildung 12.11 zeigt das Business-Objekt »Charge« und seine Beziehung zu anderen Prozessen in SAP S/4HANA.

12.6.2 Qualitätsmanagement

Das Qualitätsmanagement bietet Funktionen zur Sicherstellung der Qualität von Produkten, die produziert, beschafft und verkauft werden. Es basiert auf Business-Objekten zur Vermeidung, Erkennung und Beseitigung von Fehlern. Es ermöglicht die Einführung und Dokumentation von Geschäftsprozessen, die Standards, wie z. B. EN ISO 9000, erfüllen. Da die Qualität eine so zentrale Anforderung ist, kommt ihr sowohl bei internen Prozessen als auch bei der Interaktion mit Lieferanten und Kunden eine besondere Bedeutung zu.

Die Qualitätssicherung sorgt dafür, dass alle Kunden die erwartete gute Qualität geliefert bekommen. Der Qualitätsinfosatz im Business-Objekt »Vertrieb« ermöglicht es, über das Dokumentenverwaltungssystem eine Qualitätsvereinbarung und technische Lieferbedingungen nach Kunde und Verkaufsorganisation zuzuordnen. Außerdem können Sie Qualitätsprüfungen für ein bestimmtes Material definieren, die erfolgreich bestanden werden müssen. Andernfalls kann die Lieferung des Materials blockiert werden (siehe Abbildung 12.12).

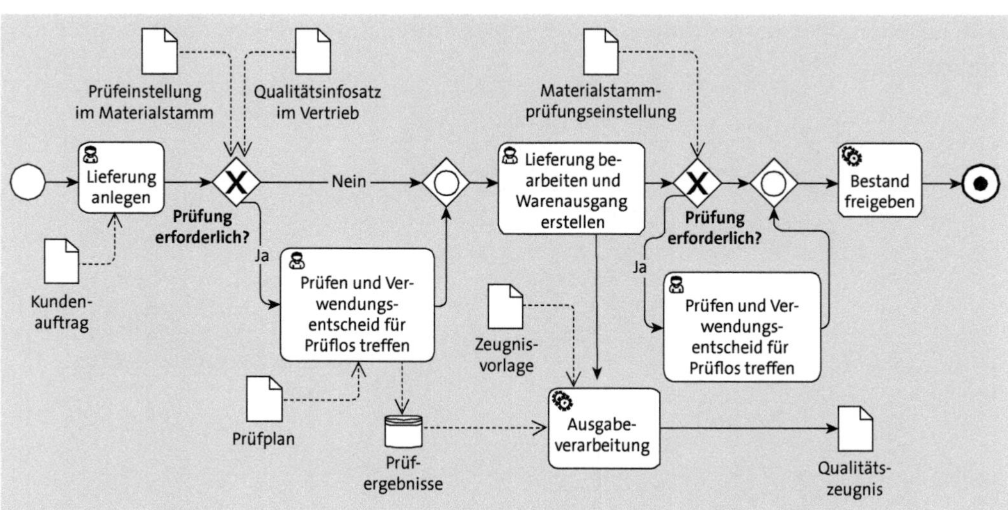

Abbildung 12.12 Qualitätsmanagement im Vertrieb

Zusammen mit den Lieferpapieren verlangt der Kunde oft ein Qualitätszeugnis, das bestimmte Merkmalswerte nachweist. Die Datenabfrage für das gewünschte Qualitätsmerkmal wird durch die *Qualitätszeugnisvorlage* umgesetzt. Die Zuordnung von Zeugnisvorlagen zu Kunden, Materialien oder anderen Attributen der Lieferung wird mithilfe der Konditionstechnik flexibel verwaltet.

Wenn Sie Produkte von Lieferanten beziehen, erwarten Sie gute Qualität. Die Qualitätsaspekte der Beziehung zu einem Lieferanten können im *Q-Infosatz Beschaffung* dokumentiert werden. Dieser Infosatz wird pro Lieferant, Material, Revisionsstand und Werk definiert. Sie können die Qualitätssicherungsvereinbarung über das Dokumentenverwaltungssystem zuordnen. Sie löst auch Qualitätsprüfungen für den Wareneingang oder Abnahmeprüfungen beim Lieferanten, die Erstellung von Qualitätszertifikaten und die Freigabe bestimmter Prozessschritte im Beschaffungsprozess aus (siehe Abbildung 12.13). Eingehende, vom Lieferanten gesendete Zertifikate können über das *Qualitätszertifikat Beschaffung* zugeordnet und verwaltet werden.

Qualitätsprüfungen werden durchgeführt, um die Qualität der an Kunden verkauften Produkte und der von Lieferanten bezogenen Produkte zu überwachen. Das *Prüflos* wird verwendet, um eine Qualitätsprüfung für bestimmte Geschäftsprozesse, z. B. Wareneingang oder Lieferung, abzudecken. Die Art und Weise der Prüfungsdurchführung wird in der Qualitätssicht und insbesondere im Geschäftsknoten »Prüfeinstellung« des Business-Objekts »Produktstamm« festgelegt.

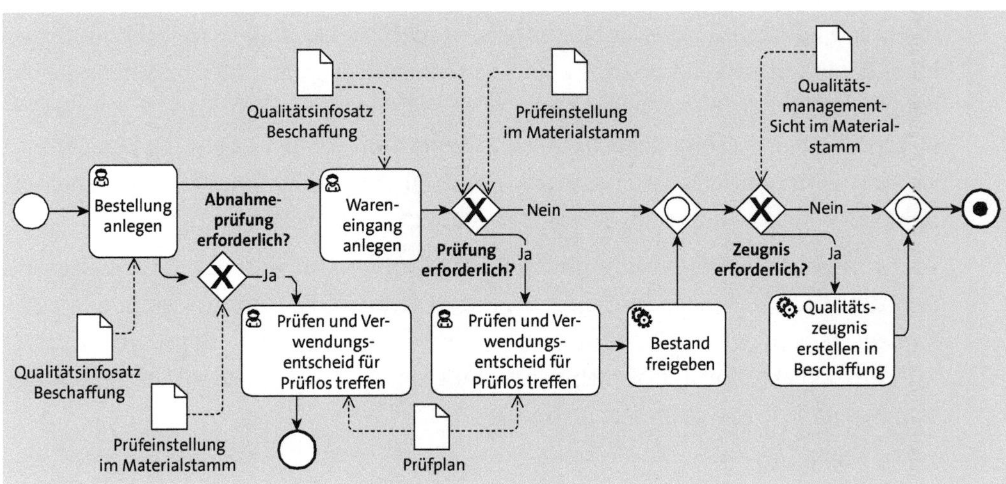

Abbildung 12.13 Qualitätsmanagement in der Beschaffung

Die Inhalte einer Prüfung werden anhand einer Vielzahl von Stammdaten geplant. Die Business-Objekte »Materialspezifikation«, »Prüfplan« und »Produktionsplan« (für eine produktionsbegleitende Prüfung) enthalten das Business-Objekt »Prüfplanmerkmale«, das die zu messenden Eigenschaften definiert. Die Prüfplanmerkmale können sich auf das *Stammprüfmerkmal* beziehen. Mit der *Prüfmethode* kann beschrieben werden, wie das Merkmal gemessen werden muss. Es erlaubt es Ihnen, Dokumente über das Dokumentenverwaltungssystem anzuhängen, und kann einem Stammprüfmerkmal oder direkt einem Merkmal im Prüfplan zugeordnet werden.

Die Business-Objekte »Stichprobenverfahren«, »Stichprobenplan«, »Qualitätslage« und »Dynamisierungsregeln« definieren die zu kontrollierende Stichprobe. Der Business-Objektknoten »Prüfpunkt« definiert den Ort, an dem die Prüfung stattfindet.

Insbesondere in der Prozessindustrie erfolgt die Prüfung anhand von nummerierten Stichproben, die durch eine *physische Probe* repräsentiert und über das Stammdaten-Business-Objekt »Probenahmeverfahren« geplant werden.

Es ist wichtig, sich einen Überblick über die tatsächliche Qualität eines Elements zu verschaffen, um gegensteuern zu können, falls ein Problem auftritt. Das Business-Objekt »Fehler« dient zur Dokumentation aller Qualitätsprobleme, die bei internen Prozessen wie der Qualitätsprüfung auftreten. Maßnahmen zur Beseitigung des Fehlers oder zur Verhinderung eines erneuten Auftretens können in der *Qualitätsmaßnahme* dokumentiert werden. *Problemlösungsprozess* führt Sie durch eine detailliertere Fehleranalyse gemäß einer Methodik des Qualitätsmanagements wie den *acht Disziplinen der Problemlösung* (8D-Methode).

Alle Vorfälle, die Ihre Kunden melden oder die Sie Ihren Lieferanten melden, können in einer *Qualitätsmeldung* dokumentiert werden. Es kann auch zur Durchführung einer detaillierten Fehleranalyse oder Kostenzuordnung genutzt werden, für die der Fehler in den Business-Objektknoten »Qualitätsmeldungsposition« umgewandelt werden kann. Die *Fehlermöglichkeits- und Einflussanalyse* (FMEA) ist ein Standardansatz zur Vermeidung oder Erkennung von Qualitätsproblemen und wird durch das Business-Objekt »FMEA« abgedeckt, das auf dem Auditmanagement aufsetzt.

Und schließlich gibt es Objekte, die die Einhaltung von Qualitätsstandards dokumentieren, wie z. B. das Business-Objekt »Audit«. Die Inhalte des Audits werden in einer *Fragenliste* gepflegt. Die Planung von Audits erfolgt im Rahmen des *Auditplans*. Die Business-Objekte für das Auditmanagement verwenden die generische Projektplanungs-Engine (Generic Project Planning, CGPL).

12.6.3 Handling Unit Management

Das *Handling Unit Management* dient der Abbildung von Verpackungen in Logistikprozessen. Die virtuelle Darstellung der physischen Verpackung bietet verschiedene Vorteile. Eine *Handling Unit* enthält eine Reihe von Produkten, die zusammen verpackt werden. Die Abwicklung von Warenbewegungen wird realistischer und effizienter, wenn nicht die enthaltenen Materialien, sondern die Handling Unit selbst – das Paket – bewegt werden.

In der diskreten Fertigung können Handling Units für Fertigungsaufträge geplant werden. Mit der entsprechenden Ausgabeverwaltung für Handling Units können Handling-Unit-Etiketten gedruckt und auf dem entsprechenden Ladungsträger platziert werden, sobald sich ein gefertigtes Material darin befindet. Die Handling Unit und ihre eindeutige Handling-Unit-ID können anschließend verwendet werden, um den Wareneingang für ein gefertigtes Material zu buchen.

Die Planung von Handling Units kann auch für Serienfertigungsprozesse durchgeführt werden. Die retrograde Entnahme von Materialien bei vorhandenen Handling Units kann dann ebenfalls über die jeweilige Handling-Unit-ID erfolgen.

Neben der Erstellung von Handling Units in Produktionsprozessen können Handling Units auch per EDI-Eingang direkt von Lieferanten empfangen werden. In diesem Fall sind die Handling Units Teil der Anlieferung, von wo aus sie entweder eingelagert oder direkt in der Produktion verwendet werden.

Obwohl die Verwendung von Handling Units bereits bei der Fertigung erhebliche Vorteile bietet, besteht auch die Möglichkeit, Handling Units erst zum Zeitpunkt des Versands zu erstellen. Im Kundenauftrag können die Kunden einen Verpackungsvorschlag definieren, der später zur Erstellung von Handling Units in der Auslieferung verwendet werden kann. Alternativ können Handling Units auch direkt bei der Auslieferung ohne Verpackungsvorschläge aus dem Kundenauftrag erstellt werden.

Zur einfacheren Erstellung von Handling Units und zur Vermeidung von Eingabefehlern kann ein Satz von Verpackungsstamm-Datenobjekten verwendet werden:

- Packvorschriften
- Findungssätze

In der Packvorschrift können die Hersteller festlegen, wie eine Handling Unit gepackt werden soll. Hierzu geben sie ein Verpackungsmaterial als Ladungsträger und die jeweiligen Materialien und Mengen für den Ladungsträger vor. Um nicht unzählige Packvorschriften für Materialien erstellen zu müssen, können die Hersteller auch Packvorschriften für Referenzmaterialien erstellen. Diese Referenzmaterialien müssen wiederum im Produktstamm der Materialien gepflegt werden, für die der Hersteller die Befolgung der jeweiligen Packvorschrift in den Referenzmaterialien vorsieht.

Die Packvorschrift selbst kann nicht über die automatische Packfunktion in den entsprechenden Packdialogen ermittelt werden – es sei denn, es gibt einen entsprechenden Findungssatz. Der Findungssatz, der auf der aus der Preisfindung bekannten Konditionstechnik basiert, verknüpft bestimmte Konditionen und Packvorschriften.

Die einfachste aller Konditionen ist die direkte Beziehung zwischen einem Material und einer Packvorschrift, die zum Verpacken dieses Materials herangezogen werden sollte. Die Hersteller haben jedoch die Möglichkeit, die Konditionen um Warenempfänger und verschiedene weitere Felder zu ergänzen, die im Feldkatalog der entsprechenden Handling-Unit-Konfiguration angegeben sind. Diese Unterscheidung ist von Vorteil, sobald ein Material abhängig von bestimmten Konditionen anders verpackt wird. Es ist z. B. möglich, für ein Material zwei verschiedene Packvorschriften zu erstellen, je nachdem, ob es an Kunde A oder Kunde B versendet werden soll.

Die Handling Units werden nicht nur zur internen Prozessoptimierung eingesetzt, sondern geben Warenempfänger auch genaue Informationen über die Verpackung, die sie erhalten werden. Mit einem ausgehenden Lieferavis (Advanced Shipping Notification, ASN) können Hersteller sicherstellen, dass die Kunden bereits vor dem Eintreffen der eigentlichen Sendung über die Handling Units und deren Inhalt informiert werden.

Um eindeutig zu kennzeichnen, welches serialisierte Material zu welcher Handling Unit eines bestimmten Referenzbelegs (d. h. einer Auslieferung) gehört, verweisen die Serialnummern dieser Materialien auf die Handling Unit und werden ebenfalls in der ausgehenden EDI-Nachricht angegeben.

12.6.4 Verwaltung von Serialnummern

Serialnummern ermöglichen die Identifizierung und Unterscheidung zwischen einzelnen Positionen eines Materials. Diese Komponente ist daher eine ideale Ergänzung zum Produktstammsatz, der alle Daten zur Beschreibung und Verwaltung eines Materials enthält, aber keine Unterscheidung zwischen einzelnen Positionen dieses Materials ermöglicht.

Serialnummern werden in zahlreichen Logistik- und Fertigungsprozessen eingesetzt. Das *Serialnummernprofil* legt fest, wie und wann bei diesen Prozessen Serialnummern erstellt und vergeben werden. Das Serialnummernprofil ist ein Satz von Daten, der die Konditionen und Geschäftsprozesse definiert, die bei der Vergabe von Serialnummern für Materialpositionen eine Rolle spielen.

Das Serialnummernprofil für das zu verwaltende Material wird im Produktstamm auf Werksebene eingegeben. Dies bedeutet, dass einer Materialeinheit pro Werk ein individuelles Profil zugewiesen werden kann. Auf diese Weise kann ein bestimmtes Material in einem Werk serialnummernpflichtig sein und in einem anderen nicht. Wenn Sie für ein Material in mehreren Werken unterschiedliche Profile verwenden, müssen die Werke logistisch voneinander unabhängig sein, da eine Bestandsumlagerung von einem Werk zu einem anderen nur möglich ist, wenn die Werke über identische Profile verfügen.

12.6.5 Buchungskreisübergreifende/-interne Umlagerung

Die Logistik verwendet *Umlagerungsbestellungen*, um Umlagerungen zwischen verschiedenen Werken zu veranlassen. Es gibt vier Hauptprozessvarianten für Umlagerungsbestellungen:

- **Umlagerungsbestellungen ohne Auslieferung**
  Dieser Prozess erzeugt Umlagerungen ohne Auslieferung zwischen Werken desselben Buchungskreises oder buchungskreisübergreifend, falls eine Verrechnungslogik definiert ist.
- **Umlagerungsbestellungen mit Auslieferung über Versand**
  Dieser Prozess erstellt Umlagerungen mit Auslieferungs- und Versandbelegen zwischen Werken desselben Buchungskreises oder buchungskreisübergreifend, falls eine Verrechnungslogik definiert ist.
- **Umlagerungsbestellungen mit Auslieferung und Faktura/Rechnung**
  Dieser Prozess erstellt Umlagerungen mit Auslieferung, Lieferpapieren, Abrechnung und Rechnungsstellung und ermöglicht eine freie Kalkulation des Verrechnungspreises.
- **Umlagerungsbestellungen mit dediziertem Transitbestand**
  Dieser Prozess erzeugt Umlagerungen, die eine Trennung von Mengen- und Eigentumsübergang ermöglichen.

Welche der Prozessvarianten verwendet wird, hängt von der organisatorischen Zuordnung der Werke, von den erforderlichen Lieferpapieren, von den Kostenzuordnungen und vom Zeitpunkt des Mengenübergangs gegenüber dem Eigentumsübergang ab.

12.6.6 Framework für die Überwachung der Wertschöpfungskette

Durch ein Monitoring der Wertschöpfungskette können Sie die folgenden buchungskreisübergreifenden Logistikprozesse verfolgen, visualisieren, überwachen und orchestrieren:

- erweiterter buchungskreisübergreifender Verkauf
- erweiterte buchungskreisübergreifende Umlagerung
- Lagerverkauf mit bewertetem Transitbestand

Dies schließt eine eigene Konfiguration zur Identifizierung der jeweiligen Prozesse und der Persistenz zum Speichern des Fortschritts der einzelnen Prozessinstanzen ein. Die Ergebnisse werden als Netzplandiagramm pro Prozessinstanz visualisiert, von dem aus der nächste Prozessschritt eingeleitet werden kann.

12.7 Logistikintegration – Szenarien

Wie bereits an früherer Stelle in diesem Kapitel beschrieben, sind die Logistikfunktionen mit verschiedenen anderen Funktionen integriert, sowohl innerhalb als auch außerhalb von SAP S/4HANA. Als zwei wichtige Beispiele werden in diesem Abschnitt die Integration in ein Warehouse-Management-System (EWM) und ein System zur Produktionsdurchführung behandelt.

12.7.1 Lagerverwaltung

Die in Abschnitt 12.1 beschriebenen logistischen Kernprozesse, wie z. B. Wareneingang, Warenausgang, Inventur, Qualitätsmanagement, Chargenverwaltung und Umlagerung, können mit SAP EWM integriert werden (siehe Kapitel 13). Darüber hinaus ist es möglich, ein Kommunikationsszenario einzurichten, in dem ein EWM-System eines externen Logistikdienstleisters genutzt wird.

12.7.2 Manufacturing Execution System

Ein *Manufacturing Execution System* (MES) repräsentiert die Schnittstelle zwischen dem Produktionsplanungssystem (SAP S/4HANA) und dem Prozessleitsystem in der Fertigung gemäß *Supervisory Control and Data Acquisition* (SCADA). Ein MES setzt die Ergebnisse der Produktionsplanung in Echtzeit in Anweisungen für die Shop-Floor-Elemente des Produktionsprozesses – z. B. Maschinen, Eingänge, Arbeiter und Transportgeräte – um, erfasst die Ergebnisse für jedes Element und sendet sie zurück an das Produktionsplanungssystem in SAP S/4HANA.

Aus betriebswirtschaftlicher Sicht wird der Produktions- oder Prozessauftrag kopiert und anhand der vom Business-Objekt bereitgestellten Filterkriterien an das richtige Ziel (MES-Instanz) verteilt. Nach Abschluss der Vorgänge für einen einzelnen Fertigungsauftrag oder für den gesamten Fertigungsauftrag werden die Daten als Produktionsrückmeldung an SAP S/4HANA zurückgegeben (siehe Abschnitt 12.4). Während der Verarbeitung durch die MES-Instanz sind die internen Rückmeldungen des Fertigungsauftrags in SAP S/4HANA blockiert. In der Serienfertigung wird der Planauftrag in das MES übernommen.

Aus technischer Sicht können asynchrone Schnittstellen verwendet werden, um SAP S/4HANA über Simple Object Access Protocol (SOAP; empfohlen) oder Intermediate Documents (IDocs; als Legacy-Technologie nicht mehr empfohlen) in ein MES-System zu integrieren. Alternativ dazu kann über Open Data Protocol (OData; empfohlen) oder Remote Function Calls (RFCs; Legacy-Technologie) eine synchrone Schnittstelle eingerichtet werden.

12.8 Zusammenfassung

In diesem Kapitel haben Sie einen Überblick über die Architektur der Logistik- und Fertigungsfunktionen in SAP S/4HANA erhalten. Zunächst haben wir die wichtigsten Komponenten und Datenflüsse behandelt. Anschließend wurden die Organisationseinheiten (z. B. Werk, Lagerort und Produktionsversorgung), die Stammdaten (z. B. Stückliste, Arbeitsplan, Arbeitsplatz und Fertigungsversion) sowie die Bewegungsdaten (z. B. Fertigungsauftrag, Materialbeleg, Auslieferung und Inventur) vorgestellt. Als Nächstes wurden berechnete Business-Objekte und Engines für die Logistik behandelt. Es wurde besprochen, wie der Bestand im laufenden Betrieb berechnet wird, und es wurde erläutert, wie die verschiedenen ATP-Varianten funktionieren. Es folgte eine Beschreibung der Materialbedarfsplanung (Material Requirements Planning, MRP) mit besonderem Augenmerk auf der optimierten MRP-Live-Lösung. Hierbei wurden die bedarfsorientierte Materialbedarfsplanung, Kanban-Verfahren, JIT-Lieferung, pMRP und Kapazitätsplanung besprochen. Anschließend folgte ein Überblick über die übergreifenden Funktionen, die in der Logistik und Fertigung sowie in anderen Bereichen von SAP S/4HANA zum Einsatz kommen. Dabei wurden die Konzepte der Chargenverwaltung, des Qualitätsmanagements, der Verwaltung von Handling Units und Serialnummern sowie der buchungskreisübergreifenden Umlagerung vorgestellt. Abschließend wurde die Integration in MES und EWM besprochen. EWM ist Thema des nächsten Kapitels.

Kapitel 13
Extended Warehouse Management

Die Lagerverwaltung über Extended Warehouse Management empfiehlt sich zur Echtzeitunterstützung der physischen Aktivitäten im Lager, wenn die buchhalterische Bestandsführung nicht ausreicht.

Die Funktionalität *Extended Warehouse Management* (EWM) in SAP S/4HANA unterstützt die Prozesse von Materialströmen in einem Lager, einschließlich der physischen Lagerung materieller Produkte mit einer Genauigkeit bis auf die Ebene der Lagerplätze. Zu den *materiellen Produkten* gehören unverpackte Materialmengen und Handling Units für verpackte Materialien, wie etwa Paletten. EWM unterstützt die Kontrolle der physischen Bewegungen von Waren und aller Vorgänge rund um die Waren innerhalb eines Lagers wie Entladen, Wareneingang, Einlagerung, Kommissionierung, Verpackung, Verladung und lagerinterne Transportbewegungen. EWM ist mit der unternehmensweiten Bestandsführung in der unternehmensweiten Logistik integriert (siehe Abschnitt 12.4) und unterstützt auch logische Bestandsbuchungen wie frei verwendbare Bestände zu Beständen in der Qualitätsprüfung, die möglicherweise keine Auswirkungen auf den physischen Bestand haben.

Wie in den vorherigen Kapiteln beginnen wir mit einem Überblick über die Architektur (siehe Abschnitt 13.1), um dann mit der Beschreibung der Organisationsstruktur (siehe Abschnitt 13.2) und den Stammdaten (siehe Abschnitt 13.3) fortzufahren. Anschließend befassen wir uns mit den Kernelementen von EWM: der Lagerbestandsverwaltung (siehe Abschnitt 13.4), den wichtigsten EWM-Anwendungskomponenten (siehe Abschnitt 13.5), dem Monitoring (siehe Abschnitt 13.6), der Prozessautomatisierung (siehe Abschnitt 13.7), der Benutzeroberfläche (siehe Abschnitt 13.8), den technischen Frameworks (siehe Abschnitt 13.9) und der Lagerautomatisierung (siehe Abschnitt 13.10).

13.1 Überblick über die Architektur

Unternehmen betreiben in der Regel eine zentrale Systeminstanz von SAP S/4HANA für unternehmensweite Funktionen, die eine ganzheitliche Sicht auf das Unternehmen erfordern. Zu solchen übergreifenden Funktionen gehören z. B. Material Requirements Planning (MRP) oder Transportation Management (TM). EWM kann zusammen mit diesen unternehmensweit ausgelegten Lösungen im selben System verwendet werden, was als *Embedded EWM* bezeichnet wird. EWM kann auch in Form eines dedizierten Systems in der Nähe des geografischen Standorts des Lagers eingesetzt werden, was als *dezentrales EWM* bezeichnet wird. Die Art des Systemeinsatzes – embedded oder dezentral – kann für jedes Lager individuell ausgewählt werden, und es können beide Optionen parallel für unterschiedliche Lager mit unterschiedlichen geschäftlichen Anforderungen verwendet werden.

Bei beiden Optionen – embedded oder dezentral – wird dieselbe Kernfunktionalität bereitgestellt, aber aufgrund des technischen Unterschieds zwischen einem einzigen zentralen System und einem separaten Lagersystem gibt es einige Unterschiede bezüglich der Integration der Anwendungen auf Unternehmensebene.

Ein dezentrales EWM dient der regionalen oder lokalen Systembereitstellung zur Minderung der Netzwerklatenzzeiten. Die Latenzzeiten stellen einen wichtigen Faktor dar, wenn es sehr häufige Benutzerinteraktionen mit dem System gibt oder wenn die Hardware für die Lagerautomatisierung durch EWM gesteuert wird. Diese Systembereitstellungsoption kann auch für ein Scale-out-Szenario für mehrere Lager mit hohem Durchsatz und hohen Anforderungen an die Systemhardware verwendet werden. Das dezentrale EWM ist auf der Ebene der Anwendungsprozesse eng mit den unternehmensweiten Anwendungen integriert, in technischer Hinsicht jedoch nur durch asynchrone Nachrichtenübermittlung an diese Anwendungen gekoppelt. Die lose Kopplung auf der technischen Ebene ermöglicht den Lagerbetrieb unabhängig von der Systemverfügbarkeit der unternehmensweiten Anwendungen. Im dezentralen Szenario wird dem EWM-System eine gewisse Arbeitslast an geplanten Lagerprozessen wie Auslieferungsaufträgen zugewiesen, die dann autark im EWM-System verarbeitet werden können.

Embedded EWM bietet eine eng gekoppelte Prozessintegration mit anderen unternehmensweiten Anwendungen im selben System. Beispielsweise verbuchen Materialbuchungsvorgänge, die von Anwendungen auf Unternehmensebene aufgerufen werden, die unternehmensweite Bestandsführung und den Lagerbestand mit einem einzigen Datenbank-Commit.

Wie in Abbildung 13.1 dargestellt, bietet die EWM-Funktionalität umfassende Integrationsmöglichkeiten mit unternehmensweiten Anwendungen in SAP S/4HANA und SAP ERP sowie mit vielen anderen SAP-Lösungen. Darüber hinaus wird eine Vielzahl von Schnittstellen zur Integration von Drittanbietersystemen bereitgestellt.

Eine effiziente komplexe Lagerverwaltung erfordert Anpassungen an die spezifischen physischen Prozesse im Lager. Daher ist die EWM-Architektur für kundenspezifische Erweiterungen und Anpassungen offen. Es werden mehrere hundert Erweiterungspunkte als Business Add-Ins (BAdIs) bereitgestellt. Darüber hinaus ermöglichen die in Abschnitt 13.9 beschriebenen technischen Frameworks maßgeschneiderte Anpassungen an hochspezifische Anforderungen. Ein häufiges Beispiel ist die Erweiterung und Anpassung der von den Lagermitarbeiter*innen verwendeten mobilen Benutzeroberflächen mit dem Ziel, jeden einzelnen Schritt des physischen Prozessablaufs effizient zu unterstützen.

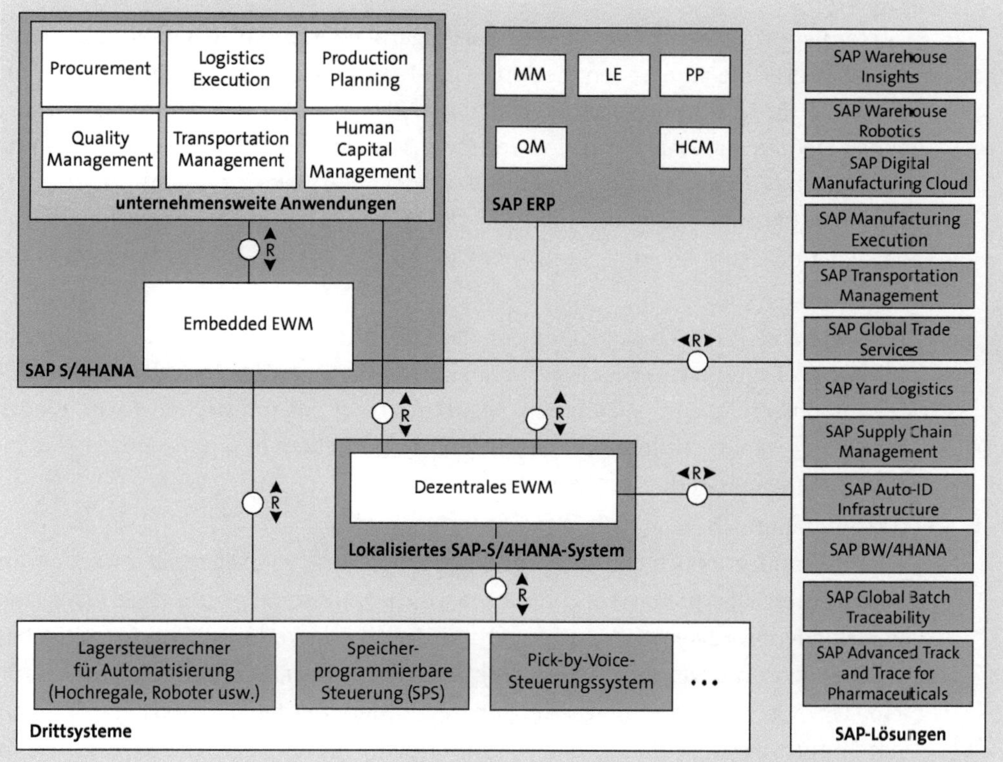

Abbildung 13.1 Überblick über die Architektur von Embedded EWM und dezentralem EWM

13.2 Organisationsstruktur

Die Lagerstruktur wird in EWM durch die folgenden Elemente wiedergegeben:

- **Lagernummer**
  Diese Nummer identifiziert das jeweilige Lager, sodass mehrere Lager in einem einzelnen System geführt werden können, während alle Systemzugriffe und die Prozesse für einzelne Lager immer noch voneinander getrennt gehalten werden.

- **Lagerplätze**
  Ein Lagerplatz ist der physische Bereich, an dem die Waren gelagert werden. Ein Lagerplatz hat eine innerhalb der Lagernummer eindeutige Kennung. Lagerplätze werden bei physischen Warenbewegungen verwendet, und ihre Kennungen dienen dazu, die Lagermitarbeiter*innen zu den physischen Orten im Lager zu führen.
- **Lagertyp**
  Dieser Begriff definiert eine Gruppe von Lagerplätzen mit gleichen Prozessmerkmalen, wobei die physischen Merkmale der Lagerplätze nicht gleich sein müssen. Beispiele für Lagertypen sind Fixplatzlager, Palettenlager und Blocklager. Lagertypen werden auch zur Definition von Überschneidungsbereichen des Lagers mit angrenzenden Geschäftsbereichen verwendet. Beispiele für solche Lagertypen sind Produktionsversorgungsbereiche, Übergabepunkte zu automatischen Hochregalen und Gruppen von Lagertorplätzen.
- **Lagerbereich**
  Hierbei handelt es sich um ein optionales Organisationselement und eine Untermenge der Lagerplätze eines Lagertyps. Lagerbereiche werden in Einlagerungsstrategien verwendet und können zur Strukturierung des physischen Lagerlayouts eingesetzt werden, indem sie Materialien mit schnellem und langsamem Warenumschlag voneinander trennen.
- **Aktivitätsbereich**
  Hierbei handelt es sich um eine logische Gruppierung von Lagerplätzen für einen bestimmten Lagerprozessschritt, wie etwa die Kommissionierung. Lagerplätze aus verschiedenen Lagertypen und Lagerbereichen können demselben Aktivitätsbereich zugeordnet werden. Über den Aktivitätsbereich kann ein Arbeitsbereich für eine Gruppe von Lagermitarbeiter*innen definiert werden. Der Aktivitätsbereich hat Einfluss auf die Führung der Lagermitarbeiter*innen durch das System, wie in Abschnitt 13.7 beschrieben.
- **Bereitstellungszone**
  Diese Organisationseinheit kann für den Versand und die Warenannahme von Waren definiert werden. Bei Versandprozessen wird die Bereitstellungszone zur Bereitstellung von Waren für die Verladung bzw. den Versand verwendet; bei Warenannahmeprozessen wird sie nach der Entladung zur Bereitstellung von Waren für die Einlagerung verwendet.
- **Lagertor**
  Das Lagertor ist immer einem bestimmten Lager zugeordnet und entspricht dem physischen Ort, an dem die Waren im Lager eintreffen oder dieses verlassen. Mehrere Tore können zu einer *Ladestelle* gruppiert werden.

- **Arbeitsplatz**
  Hierbei handelt es sich um einen Bereich im Lager, in dem Tätigkeiten wie das Packen oder logistische Zusatzleistungen abgewickelt werden.
- **Versand- und Empfangsbüros**
  Diese können einem Lager zugeordnet werden und ermöglichen es Ihnen, die Berechtigungen von Systembenutzern für die Bearbeitung von Lieferungen zu steuern.
- **Yard**
  Diese Einheit kann im System durch die Verwendung eines eigenen Lagertyps abgebildet werden.
- **Kontrollpunkt**
  Der Kontrollpunkt ist einem Yard zugeordnet und stellt die Pforte zur öffentlichen Straße dar, durch die die Transportfahrzeuge auf dem Firmengelände eintreffen und dieses verlassen.

13.3 Stammdaten

Die folgenden allgemeinen Stammdatenentitäten werden in EWM verwendet und in einer dezentralisierten Systemarchitektur aus dem unternehmensweiten SAP-S/4HANA-System in das dezentrale SAP-S/4HANA-System repliziert, in dem EWM betrieben wird:

- Produktstammdaten
- Chargenstammdaten und Chargenmerkmale
- Geschäftspartner, z. B. für den Warenempfänger

Ausführlichere Angaben zu Produktstammdaten und Geschäftspartnern finden Sie in Abschnitt 8.1 bzw. Abschnitt 8.3. Wenn Aspekte wie Produktsicherheit und Produktverantwortung eine Rolle spielen, gehören die Gefahrgut- und Gefahrenstoffstammdaten ebenfalls zu diesen replizierten Stammdaten.

Nachfolgend sind die wichtigsten lagerspezifischen Stammdatenentitäten wiedergegeben:

- **Produktstammdatensichten**
  EWM-bezogene Sichten der Produktstammdaten werden bei einem dezentralisiert aufgebauten EWM-System lokal gepflegt.
- **Fixlagerplätze**
  Produkten werden feste Lagerplätze (in Fixplatzlagertypen) zugeordnet.

- **Lagerressource**
  Hierbei handelt es sich um Benutzer*innen bzw. Geräte, wie beispielsweise ein Staplerfahrzeug, die Arbeiten in einem Lager ausführen können. Ressourcen werden unter anderem bei der systemgeführten Verarbeitung im Shop Floor des Lagers eingesetzt (siehe Abschnitt 13.7).
- **Ausführende**
  Dieser Begriff steht für einzelne Lagermitarbeiter*innen. Es handelt sich hierbei um Geschäftspartnerstammdatensätze, denen die Rolle von Ausführenden zugewiesen wurde und die in EWM für die Zwecke des Personal- bzw. Arbeitsmanagements verwendet werden.
- **Packspezifikation**
  Dieses Stammdatenelement steht für festgelegte Arbeitsanweisungen für das Packen von Materialien zu Handling Units und kann auch zur Festlegung von Arbeitsanweisungen für logistische Zusatzleistungen verwendet werden. Eine weitere Option ist die Verwendung der *Packvorschrift* in EWM, die auch in unternehmensweiten Logistikanwendungen verwendet wird. Sie sorgt für eine konsistente Integration mit unternehmensweiten Anwendungen.
- **Prüfregel**
  Legt die Regeln für die Erstellung von Prüfbelegen fest und unterstützt einfache logistische Prüfschritte, wie etwa das Zählen.

13.4 Bestandsverwaltung

EWM verwaltet die Bestände auf der Ebene der Lagerentitäten, wie etwa den Bestand eines Lagerplatzes oder den Bestand auf einer Lagerressource. Einer Lagernummer in EWM können ein oder mehrere Lagerorte in einem oder mehreren Werken zugeordnet werden. Auf diese Weise können auch Lagerorte von mehreren unternehmensweiten SAP-S/4HANA- oder SAP-ERP-Systemen zu einem einzigen Lager zusammengefasst werden, das von einem dezentralen EWM in einem lokalisierten SAP-S/4HANA-System verwaltet wird.

Für die Bestandsverwaltung mehrerer Werke in einem einzigen Lager existiert eine dedizierte *verfügungsberechtigte* Organisation. Diese Organisation wird durch einen Geschäftspartnerstammsatz repräsentiert, der mit jedem Werk verknüpft ist. Alle bestandsbezogenen Prozesse im Lager erfolgen unter Rückgriff auf diese Verfügungsberechtigung, die Ihnen unter anderem ermöglicht, auf die Systemberechtigungen der Benutzer*innen zur Ausführung eines Prozesses Einfluss zu nehmen. EWM-Datenobjekte wie Lagerbestände und Lageranforderungspositionen enthalten ein sich auf die Verfügungsberechtigung beziehendes Attribut. Dadurch wird beispielsweise sichergestellt, dass Auslieferungsprozesse für ein bestimmtes Werk nur auf den Lagerbestand dieses Werks und nicht auf den Materialbestand anderer Werke zurückgreifen können. Das ermöglicht eine Multi-Client-Lagerhaltung aus einem einzigen Lager heraus, beispielsweise für die verschiedenen Zweigniederlassungen eines Unternehmens, die auf Systemebene als unterschiedliche Werke modelliert werden. Das Konzept der Verfügungsberechtigung kann auch unabhängig vom Werkskonzept der unternehmensweiten Logistik verwendet werden und EWM dazu befähigen, Lagerprozesse mit Lagerbeständen zu unterstützen, für die es in der unternehmensweiten Bestandsführung keine entsprechenden Bestände gibt. Beispiele hierfür sind der Transitlagerbestand und der Work-in-Process-Lagerbestand, die in EWM ohne die Existenz eines Bestands in der unternehmensweiten Bestandsführung verwaltet werden können.

Die Bestandsverwaltung knüpft an Lagerplätze und Ressourcen wie Gabelstapler und *Transporteinheiten* an, die beispielsweise die Ladekapazität eines Transportfahrzeugs repräsentieren. Bei Beständen kann es sich entweder um unverpackte Materialmengen oder am Lager befindliche Handling Units wie Paletten handeln, zu denen Materialbestände zusammengefasst sind.

13

Obwohl das betriebswirtschaftliche Konzept einer Handling Unit ein bewegliches materielles Gut vorsieht, das der Handhabung durch eine Person zugänglich ist, wird das technische Framework des Handling Unit Managements auch zur Repräsentation von Lagerplätzen und Transporteinheiten verwendet. Da Lagerplätze und Transporteinheiten jedoch nicht der Definition der Handling Unit im betriebswirtschaftlichen Sinne entsprechen, werden diese technischen oder virtuellen Handling Units für die Benutzer*innen unsichtbar gemacht. Die technische Handling Unit stellt ein Hilfsmittel dar, um Kapazitätsprüfungen für Lagerplätze, Transporteinheiten und Handling Units innerhalb eines einzigen technischen Frameworks durchführen zu können. Darüber hinaus ermöglicht die technische Handling-Unit-Instanz einer Transporteinheit die Bewegung von Transporteinheiten auf dem Yard (analog der Bewegung einer Palette innerhalb des Lagers), wofür Handling-Unit-Lageraufgaben herangezogen werden.

Die kleinste Bestandseinheit in EWM ist ein *Quant*, also eine Materialmenge, der identische Bestandsattribute wie ein Lagerplatz, Materialnummer, Chargennummer, Verfügungsberechtigter, Eigentümer und Bestandsart zugeordnet ist. Eines der differenzierenden Attribute eines Quants ist dessen Verweis auf ein bestimmtes Geschäftsdokument. Ein solches differenzierendes Attribut führt zur Aufspaltung der Bestandsmengen in verschiedene Quant-Datensätze. So existiert beispielsweise innerhalb des Quant-Datensatzes ein Verweis auf eine Auslieferungsauftragsposition, der für die kommissionierte Bestandsmenge nach der Kommissionierung dieser Lieferposition steht. Durch das separate Quant ist diese Bestandsmenge gut von allen anderen Bestandsmengen desselben Materials in demselben Lagerplatz abgegrenzt.

Der Dokumentenverweis im Quant stellt eine feste Zuordnung der betreffenden Bestände zu einer Lagerprozessinstanz her, etwa zu einer Position in einem Auslieferungsauftrag. Eine ähnliche Bestandszuordnung besteht für Positionen in Anlieferungen nach der Buchung des Wareneingangs bis zu dem Zeitpunkt, an dem der letzte Schritt der Einlagerung im System bestätigt ist.

EWM unterscheidet bei der Erstellung von Lageraufgaben zwischen physischen Bestandsmengen und verfügbaren Bestandsmengen. Die Menge des *verfügbaren Bestands* wird berechnet, indem der physische Bestand um die Bestandsmengen reduziert wird, die bereits für die Verwendung durch andere offene Lageraufgaben eingeplant sind.

Bei Bestandsbuchungen im Lager wird ein Lagerbeleg erstellt, um die Buchung auf der Detailebene des Lagers (wie etwa auf der Ebene eines Lagerplatzes) zu erfassen. Einige materialbezogene Buchungsvorgänge, wie die Buchung eines Warenausgangs, sind in die unternehmensweite Logistik integriert und erzeugen dort eine Materialbuchung mit Materialbeleg in der unternehmensweiten Bestandsführung. Dies ermöglicht unter anderem die Integration mit Komponenten der Finanzanwendung.

Mithilfe der *Bestandsart* können Sie im Lager zwischen verschiedenen Bestandskategorien (etwa zwischen zur Qualitätsprüfung anstehenden und frei verwendbaren Beständen) unterscheiden. Daneben kann eine Bestandsart auch einer *Verfügbarkeitsgruppe* zugeordnet sein, die ihrerseits wiederum einem Lagerort zugeordnet ist. Lagertypen im Lager können einer Verfügbarkeitsgruppe zugeordnet werden, sodass physische Bewegungen zwischen Lagertypen zu einer Materialbuchung zwischen den zugehörigen Lagerorten in der unternehmensweiten Bestandsführung führen können.

13.5 Anwendungskomponenten

Die EWM-Funktionalität in SAP S/4HANA besteht aus mehreren Anwendungskomponenten, die in Abbildung 13.2 abgebildet und hier aufgelistet sind:

- **Bestandsverwaltung**
  Mit dieser Komponente können Sie Materialmengen in Lagermengeneinheiten und die Bestände von Handling Units verwalten.
- **Handling Unit Management**
  Mit dieser Komponente können Sie physische Einheiten von Packmitteln (wie etwa Paletten) verwalten, die verpackte Materialmengen enthalten.
- **Inventurabwicklung**
  Mit dem Inventurbeleg aus der Inventurabwicklung können Sie die Zählergebnisse der Inventur erfassen und Mengenabweichungen gegenüber den Buchwerten auf der Ebene der Lagerplätze melden. Daraufhin werden die Bestandsabweichungen

auf der Ebene der Lagerplätze analysiert und für einen Lagerort aggregiert, um Differenzbuchungen im Rahmen der unternehmensweiten Bestandsführung zu ermöglichen.

- **Lagerauftragsbearbeitung**
  Diese Komponente unterstützt die Planung und die Ausführung von Arbeitspaketen für die Lagermitarbeiter*innen. So können mehrere Lageraufgaben – z. B. mehrere Einzelentnahmen innerhalb eines Kommissionierungswegs oder mehrere Inventuraufgaben – zu einem Lagerauftrag zusammengefasst werden, der dann das Arbeitspaket darstellt.
- **Ausnahmenverwaltung**
  Ermöglicht die Meldung von Ausnahmesituationen im Zusammenhang mit der Ausführung von Lageraufgaben.
- **Materialflusssystem (MFS)**
  Über das MFS können Sie durch das Versenden und den Empfang von Telegrammen automatische Lager (z. B. automatische Fördertechnik oder Hochregallager) anbinden. Ein *Telegramm* hat eine definierte Datenstruktur und Semantik und dient dem Informationsaustausch zwischen zwei miteinander kommunizierenden Partnersystemen, dem EWM-MFS und der speicherprogrammierbaren Steuerung des Materialflusssystems. Das Telegramm ist in die Verarbeitung der Lageraufgaben integriert. Indem ein Telegramm aus EWM an das Automatisierungssystem versendet wird, kann z. B. eine Lageraufgabe zur Bewegung einer Handling Unit in EWM an das Automatisierungssystem gesendet werden, was einem Auftrag zur Ausführung dieser Bewegung im automatischen Lager entspricht. Das Automatisierungssystem sendet dann ein Bestätigungstelegramm zurück, wenn die physische Bewegung abgeschlossen ist. Mit dem Empfang dieses Bestätigungstelegramms wird die Lageraufgabe zur HU-Bewegung (Handling Unit) in EWM quittiert. Auf diesem Weg kann EWM die Bewegungen in den automatisierten Bereichen des Lagers steuern und im EWM-Lagerbestand verbuchen.
- **Lageranforderungsabwicklung**
  Hierbei handelt es sich um eine Komponente zur Planung und Ausführung des gesamten Lagerprozesses. Ein Beispiel für eine Lageranforderung ist ein Auslieferungsauftrag. Die Lageranforderungsabwicklung ist eng mit den Anwendungen auf Unternehmensebene integriert, etwa mit einer Auslieferung in der unternehmensweiten Logistik, die ihrerseits mit der unternehmensweiten Bestandsführung integriert ist.
- **Wellenmanagement**
  Dieser Prozess optimiert die Erstellung von Lageraufträgen, d. h. von Arbeitspaketen für Lagermitarbeiter*innen. Eine Welle definiert die Gesamtheit der Lageranforderungspositionen, die in einem Programmlauf der Lagerauftragserstellung verwendet werden.

- **Qualitätsprüfung**
Die Qualitätsprüfung im Lager kann während der Bearbeitung von Anlieferungen stattfinden, indem einfache logistische Prüfschritte (wie Zählungen) durchgeführt werden. Für anspruchsvolle (z. B. laborgestützte) Qualitätsprüfungen kann auf eine Integration mit dem Qualitätsmanagement auf Unternehmensebene zurückgegriffen werden (siehe Abschnitt 12.6.2).
- **Logistische Zusatzleistungen**
Die Bearbeitung von logistischen Zusatzleistungen wird an einem Arbeitsplatz durchgeführt und kann in Verbindung mit der Bearbeitung von Anlieferungs-, Auslieferungs- und internen Umlagerungslageranforderungen erfolgen.
- **Warenannahme und Versand**
Ermöglicht das Verwalten von Be- und Entladevorgängen für Transporteinheiten mit einer bestimmten Ladekapazität, z. B. LKWs oder Anhänger. Die Be- und Entladevorgänge sind in die Bearbeitung von Anlieferungen und Auslieferungen im Lager integriert. In Verbindung mit dem Handling Unit Management und der Lagerauftragsabwicklung können Sie diese Applikationskomponente zur Planung, Ausführung und Nachverfolgung der Bewegungen und Positionen von Fahrzeugen und Transporteinheiten auf dem Yard einsetzen.
- **Dock Appointment Scheduling**
Diese Komponente dient zur Verwaltung der Kapazitäten der Ladestellen, für die sie entsprechende Zeitfenster einrichtet. Die Erstellung und Planung der Termine für Lade- und Abladevorgänge erfolgt unter Verwendung der Zeitfenster, in denen die jeweiligen Ladestellen Kapazitäten haben. Die Termine können von den Lagermitarbeiter*innen oder Spediteuren über ein Self-Service-UI gebucht werden.
- **Lagerleistungsabrechnung**
Mit der Komponente zur Lagerleistungsabrechnung können Sie die von einer bestimmten Gruppe von Lagermitarbeiter*innen und für bestimmte Kunden des Lagers geleisteten Lagerarbeiten pro Zeitperiode zählen und aggregieren. Darüber hinaus können Sie die Kapazitätsauslastung bezogen auf die einzelnen Kunden (z. B. die Anzahl der belegten Lagerplätze) verbuchen. Diese Messdaten aus der Lagerleistungsabrechnung bilden die Grundlage für die Fakturierungs- und Selbstfakturierungsprozesse, die technisch gesehen unter Wiederverwendung von Anwendungskomponenten des Transportation-Management-Systems ablaufen.
- **Arbeitsmanagement**
Die Arbeitsmanagementkomponente dient zur Messung der Arbeitsleistung der einzelnen Lagermitarbeiter*innen anhand vordefinierter standardisierter Vorgabezeiten für Arbeitsschritte im Lager. Die Gewährung leistungsabhängiger Lohnbestandteile kann durch die Integration mit der Personalabrechnungskomponente SAP ERP Human Capital Management (SAP ERP HCM) abgewickelt werden.

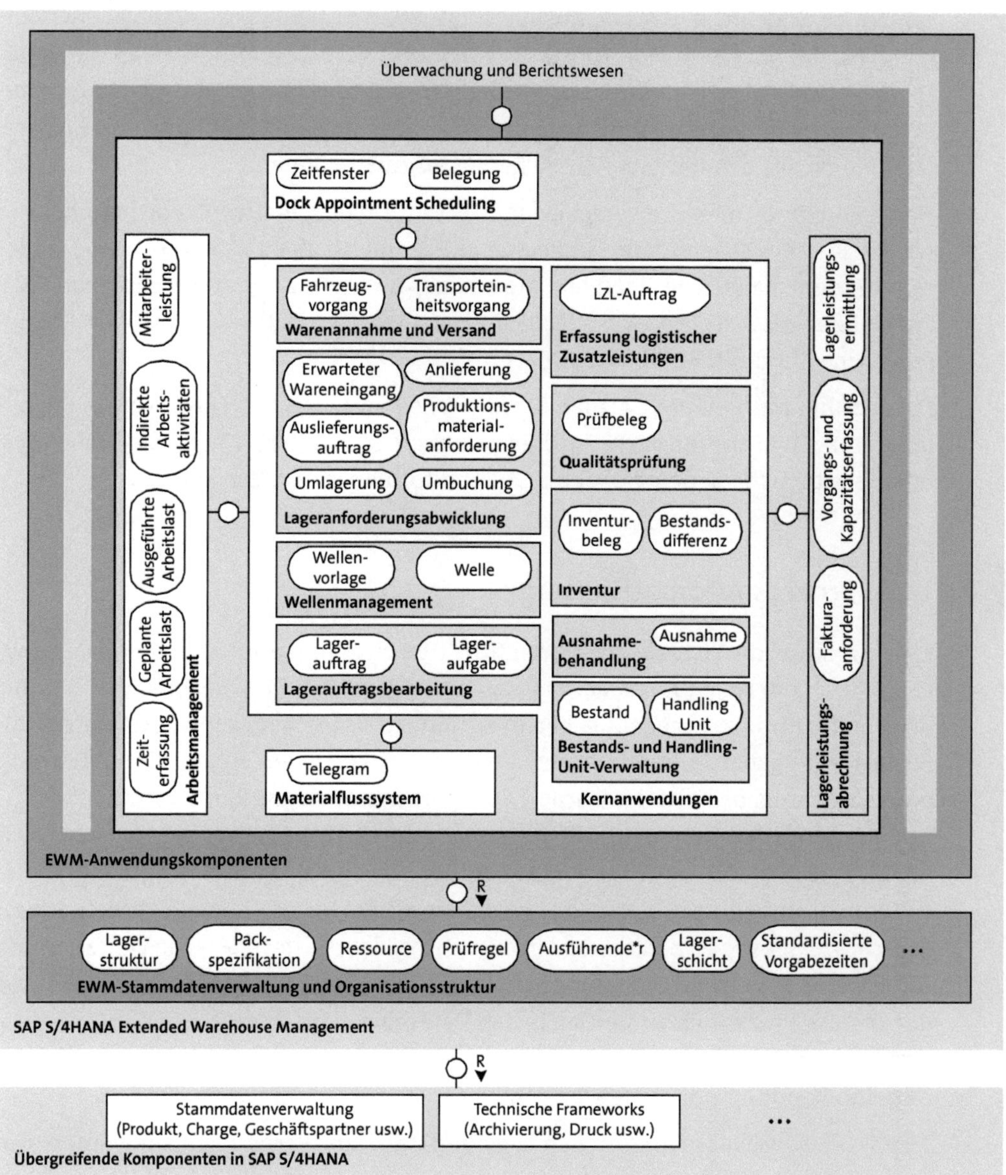

Abbildung 13.2 Anwendungskomponenten von Extended Warehouse Management

13.6 Monitoring und Reporting

EWM beinhaltet mehrere Komponenten für das Monitoring und Reporting.

Mit dem *Lagerverwaltungsmonitor* können Sie Datenabfragen zu allen EWM-Business-Objekten innerhalb eines Lagers – etwa den Lagerbeständen oder bestimmten Lageraufgaben – vornehmen und die Ergebnisse anzeigen. Das Werkzeug gibt Ihnen zahlreiche Berichte (z. B. über Ausnahmesituationen bei der Lageraufgabenerledigung) für das operative Monitoring der Ausführung der Lageraufgaben an die Hand. Der Lagerverwaltungsmonitor unterstützt ein auf dem Muster »Insight to Action« aufbauendes Interaktionsmuster, bei dem Sie verschiedene Funktionen und Aktivitäten direkt aus den Datenberichten heraus aufrufen können.

Daneben gibt es mehrere verschiedene Tools für das operative Reporting über die wichtigsten Key Performance Indicators (KPIs) innerhalb eines Lagers. Unter anderem werden analytische Overview Pages und Anwendungen auf der Basis von SAP-Smart-Business-KPIs bereitgestellt, die ihre analytischen Daten aus CDS-Views beziehen (siehe Abschnitt 4.1).

Darüber hinaus bietet EWM auch Schnittstellen zu SAP BW/4HANA, sodass Sie anhand von EWM-spezifischem Business Content in SAP BW/4HANA lagerübergreifende strategische Berichte über die Lagerperformance erstellen können.

13.7 Prozessautomatisierung

Lagerprozesse, die sich aus mehreren Schritten zusammensetzen, werden automatisch durch die *Lagerungssteuerung* unterstützt, ein EWM-Framework, das eng mit der Verarbeitung der Lageraufgaben integriert ist. Das System kann automatisch die Folgelageraufgaben für den nächsten Prozessschritt erstellen, sobald die Ausführung einer Lageraufgabe bestätigt wurde. Die Lagerungssteuerung kann auf einer layoutorientierten lagerinternen Konfiguration aus festen Warenbewegungsmustern zwischen unterschiedlichen Lagertypen beruhen. Daneben kann die Lagerungssteuerung auch anhand eines aus mehreren Arbeitsschritten bestehenden vordefinierten Lagerprozesses wie Pick-Pack-Load operieren, bei dem die lagerinterne Weiterleitung für jeden einzelnen Arbeitsschritt konfiguriert werden kann. Der Lagerprozess und der aktuelle Prozessschritt werden in den Datensätzen für die durch den Prozess weitergeleiteten Handling Units gespeichert, um die Sichtbarkeit des Prozesses für jede einzelne Handling Unit zu gewährleisten.

Durch die Zuweisung von offenen Lageraufträgen an Warteschlangen werden systemgeführte Arbeitsabläufe für den Shop Floor der Lagerhalle bereitgestellt. Unter anderem können während der Lagerauftragserstellung die Aktivitätsbereiche des Ursprungs- und des Ziellagerorts zur Bestimmung der Warteschlange verwendet werden. Den Warteschlangen können Ressourcen zugewiesen werden, also Lagermitarbeiter*innen oder automatisierte Geräte, die dann systemgeführt die Lageraufgaben ausführen. Letztere könnten im Zuge der Lagerungssteuerung automatisch erstellt worden sein.

Mit der Ausnahmenverwaltungskomponente können Sie Ausnahmesituationen im Zusammenhang mit der Ausführung von Lageraufgaben melden und auf der Grundlage dieser Ausnahmesituationen Warnhinweise (Alerts) erzeugen. Die Alert-Funktionalität ermöglicht das Monitoring durch die Schichtleitung sowie die Weiterleitung von Alerts an bestimmte Benutzer*innen im Push-Verfahren, etwa per E-Mail. Mit der Ausnahmenverwaltung können Sie unter Verwendung von SAP Business Workflow auch automatische Folgeaktionen konfigurieren. Die Ausnahmeverwaltung ist in der Lage, die zugehörigen Geschäftsbelege automatisch an die Ausnahmen anzupassen, indem sie z. B. die geplanten Mengen in den Auslieferungsauftragspositionen reduziert, wenn eine Ausnahme in Form einer Kommissionierzurückweisung eintritt.

Das *Post Processing Framework* (PPF) wird zur Automatisierung von Schritten eingesetzt, die nicht in den Zuständigkeitsbereich der Lagerungssteuerung fallen. Dieser Ansatz wird beispielsweise für die automatische Ausgabesteuerung (Ausdrucke) und die Zuordnung von Lageranforderungspositionen zu Wellen verwendet.

13.8 Benutzeroberfläche

In EWM können Benutzer*innen verschiedene Arten von Benutzeroberflächen nutzen. Analytische SAP-Fiori-Apps wie Overview Pages und SAP Smart Business KPIs unterstützen die Schichtleitung bei der operativen Steuerung des Schichtablaufs. Die im Kopfzeilenbereich des SAP Fiori Launchpad integrierte Enterprise-Search-Funktion unterstützt die wichtigsten Business-Objekte innerhalb von EWM.

Einige SAP-Fiori-Apps sind auf Desktop-Geräte abgestimmt, die im Lagerbüro und an den Arbeitsplätzen im Lager verwendet werden, andere sind auf Tablet-Endgeräte abgestimmt, die an beweglichen Betriebsmitteln innerhalb des Lagers montiert sind, wie z. B. an einem Kommissionierwagen. Sie bieten den Lagermitarbeiter*innen unter anderem grafische Unterstützung bei Prozessen, in denen eine rein textbasierte Systemführung mit Barcode-Prüfungen nicht ausreichen.

Auf mobilen Handgeräten werden Browser-UIs auf der Basis von *Internet Transaction Server mobile* (ITSmobile) bereitgestellt, um schnelle End-to-End-Dialoge zu unterstützen. Dies ist erforderlich, weil die Interaktionen mit EWM bedingt durch die Abfolge der physischen Arbeitsschritte häufig synchron erfolgen. Dank ITSmobile mit seiner auf XHTML+ beruhenden Sprachschnittstelle für EWM-Transaktionen können sprachgesteuerte Subsysteme integriert werden, die für sprachgestützte Interaktionsformen wie Pick-by-Voice-Transaktionen vorgesehen sind.

Auf Web Dynpro für ABAP basierende Benutzeroberflächen werden als Anwendungen im SAP Fiori Launchpad bereitgestellt, beispielsweise ein Versand-Cockpit für die Sachbearbeiter*innen im Versandbüro. Relevante Datenänderungen im Backend-System werden über ABAP Messaging Channels an die Benutzeroberfläche des Cockpits weitergeleitet, wodurch das Monitoring aller versandbezogenen Aktivitäten in einem einzelnen Cockpit zusammenläuft.

Im SAP Fiori Launchpad werden Anwendungen auf Basis des SAP GUI for HTML mit einem harmonisierten visuellen Design auf der Basis von SAP Fiori vorgesehen. Dieser Typ von User Interface kommt für Mehrzweckbenutzeroberflächen ohne eindeutige spezifische Anwendungsfälle zum Einsatz, die aufgrund dieses Umstandes nicht von dem auf einen bestimmten Anwendungsfall abgestimmten Design der SAP-Fiori-Apps profitieren können. Ein Beispiel hierfür ist der Lagerverwaltungsmonitor, der Einblick in alle EWM-Transaktionsdokumente, Lagerbestände, Ausnahmen und Alerts gibt und darüber hinaus noch für zahlreiche andere Funktionen und Aktionen konzipiert ist. Er fungiert als Mehrzweck-Cockpit, auf das viele verschiedene Systembenutzergruppen innerhalb des Lagers zurückgreifen können.

13.9 Technische Frameworks

Das Radio Frequency Framework (RF) von EWM wird eingesetzt, um Transaktionen für mobile Handgeräte zu implementieren. Die auf solchen Geräten laufenden Transaktionen, z. B. die systemgeführte Kommissionierung, sind lediglich auf einer logischen Ebene standardisierbar, nicht jedoch auf der Detailebene der physischen Arbeitsschritte mit den erforderlichen Daten und Bildschirmanzeigen für jeden der Schritte.

Daher wurde im RF-Framework das Konzept der *logischen Transaktionen* (ein Beispiel ist die systemgeführte Kommissionierung) eingeführt, die den Systembenutzerrollen der Anwendungsbenutzer*innen zugeordnet werden. Diese logischen Transaktionen können angepasst und konfiguriert werden. Diese Konfiguration wirkt sich unter anderem auf den funktionalen Ablauf der Schritte und auf die durchzuführenden Validierungen aus. Der funktionale Ablauf der Schritte könnte beispielsweise folgendermaßen aussehen:

1. Das Aufnehmen einer Handling Unit auf die Kommissionierressource
2. Mehrere Schrittabfolgen in Form einer Schleife zur Kommissionierung und Überführung eines einzelnen Materials in die Handling Unit
3. Bereitstellung der Handling Unit in der Warenausgangsbereitstellungszone für den Versand

Alle diese Schritte können Teil derselben logischen Transaktion sein, jedoch im SAP-S/4HANA-System jeweils durch ihre eigene technische Transaktion pro Schritt realisiert sein. Als Systemvalidierungen kommen beispielsweise das obligatorische Abscannen des Barcodes des im Rahmen der Kommissionierung entnommenen Materials oder das obligatorische Abscannen des Barcodes des von der Kommissionierung erfassten Kommissionierlagerplatzes in Frage. Daneben können Sie auf der Grundlage des RF-Frameworks auch neue logische Transaktionen mit kundenspezifischen Bildschirmbildern und Funktionen einrichten, ohne dadurch Modifikationen an der Standard-EWM-Anwendung vornehmen zu müssen.

Für die technische Implementierung des Lagerverwaltungsmonitors wird das *Warehouse Monitor Framework* von EWM verwendet. Die Benutzeroberfläche des Lagerverwaltungsmonitors wird über ein Menü in Form einer Baumstruktur dargestellt, die aus *Monitorknoten* besteht. Bei den einzelnen Knoten handelt es sich entweder um Ordner zur Untergliederung der Baumstruktur nach einzelnen Anwendungsbereichen oder um ausführbare Berichte innerhalb dieser Anwendungsbereichsordner. Der Lagerverwaltungsmonitor bietet eine breite Palette an Möglichkeiten für Anpassungen an Ihre persönlichen Bedürfnisse. Sie können z. B. mithilfe vordefinierter Varianten ausgewählter Berichte, die Sie häufig verwenden, Ihre eigenen personalisierten *Variantenknoten* anlegen.

Daneben bietet das Warehouse Monitor Framework auch Konfigurationsmöglichkeiten für eine Gruppe von Benutzer*innen, z. B. die Bereitstellung neuer Knoten, knotenspezifischer Funktionen und spezifisch für bestimmte Benutzerrollen aufbereitete Inhalte. Bei der Konfiguration können Sie unter anderem Elemente des Lagerverwaltungsmonitors ausblenden, die in einem bestimmten Lager nicht genutzt werden, beziehungsweise benutzerdefinierte Funktionen hinzufügen, die auf geringfügig angepasste Standardmonitorknoten zurückgehen. Hiermit können Sie z. B. eine Variante der Listenansicht des angezeigten Berichts und der in dieser Ansicht verfügbaren Funktionen für andere Benutzer*innen innerhalb eines Lagers bereitstellen. Das Warehouse Monitor Framework ist ein technisches Tool, das Erweiterungen in Form neuer Monitorknoten mit erweiterten neuen Berichtsfunktionen unterstützt, die auf kundeneigenen Entwicklungen basieren.

13.10 Lagerautomatisierung

Lösungen zur Lagerautomatisierung umfassen Hardware wie Hochregale, Fördertechnik, fahrerlose Transportfahrzeuge (FTF) und Roboter. In EWM sind drei Szenarien für die Lagerautomatisierung vorgesehen.

Für das erste Szenario wird Application Link Enabling (ALE) mit IDoc-Schnittstellen (Intermediate Document) bereitgestellt, um EWM mit den Untersystemen des Lagersteuerrechners zu integrieren. Der Lagersteuerrechner trifft in Echtzeit und voll automatisiert Entscheidungen zur Warenbewegung innerhalb des automatischen Lagers. EWM speichert oder empfängt keine Daten über die Detailbewegungen innerhalb des Automatisierungsbereichs oder über dessen interne Struktur. In vielen Fällen stellt der Lagersteuerrechner daher eine Black Box dar. Bei jeder kleinen Änderung muss der Hersteller der jeweiligen Hardware hinzugezogen werden.

Im zweiten Szenario wird EWM durch das Materialflusssystem (MFS, siehe Abschnitt 13.5) in die Lage versetzt, die Kontrolle auf der Ebene des Lagersteuerrechners zu übernehmen. Das MFS fungiert als Schnittstelle für die direkte Kommunikation mit den speicherprogrammierbaren Steuerungen (SPS), die ihrerseits die automatisiert betriebene Hardware steuern. Diese Schnittstelle arbeitet mit ABAP-Push-Channels, um eine direkte Socket-Kommunikation nach dem TCP/IP-Protokoll bereitzustellen. Wie in Abschnitt 13.5 erläutert, kommuniziert das MFS mit anderen Komponenten über Telegramme. Im Rahmen der Konfiguration von Telegrammen kann die betriebswirtschaftliche Semantik des Aufrufs einer bestimmten Schnittstelle definiert werden. Der Austausch von Telegrammen erfolgt mit einem hohen Durchsatz über zahlreiche parallel geführte technische Kommunikationskanäle. Das MFS trifft nahezu in Echtzeit Routing-Entscheidungen auf der Basis der Struktur eines in EWM modellierten automatisierten Bereichs, wie etwa einer Fördertechnik. Das Szenario unter Verwendung des MFS bietet die Möglichkeit, Anpassungen an Hardwareänderungen durch Änderungen der Strukturdaten des automatisierten Bereichs sowie durch Änderungen der Routing-Regeln in EWM vorzunehmen. Mit dem MFS können mehrere automatisierte Bereiche, die mit Hardware unterschiedlicher Hersteller ausgestattet sind, mit einem einzigen technischen Konzept gesteuert werden.

Im dritten Szenario erfolgt eine Integration von EWM mit *SAP Warehouse Robotics*, einer auf der SAP Business Technology Platform (SAP BTP) basierenden Cloud-Anwendung. Lageraufträge, die – wie etwa bei einer Kommissionierung – von Robotern bearbeitet werden sollen, werden von SAP Warehouse Robotics über Remote-Schnittstellen aus dem EWM-System abgerufen. SAP Warehouse Robotics steuert dann die Auslastung der einzelnen Roboter und überträgt die Lageraufträge zur Ausführung an diese. In EWM ist bekannt, welche Lageraufträge von SAP Warehouse Robotics kontrolliert werden, wobei die Lageraufträge in EWM nach Abschluss der Auftragserfüllung mit den entsprechenden Ausführungsdetails aktualisiert werden.

13.11 Zusammenfassung

EWM deckt die gesamte Bandbreite der Lagerarten innerhalb eines Unternehmens ab. Die Lösung bietet umfassende High-End-Funktionalität für komplexe Großlager und unterstützt daneben auch einfache manuelle Prozesse in kleineren Lagern. In diesem Kapitel haben Sie einen Überblick über die Architektur von EWM und Informationen über Embedded EWM und das dezentrale EWM erhalten. Wir haben über die Abbildung der Lagerstruktur gesprochen, einen Überblick über die für EWM relevanten Stammdaten gegeben und das Konzept der Lagerbestandsverwaltung erläutert. Als Nächstes haben wir die Anwendungskomponenten von EWM behandelt, wie die Lagerauftragsabwicklung, die Ausnahmenverwaltung, MFS, den Warenannahme- und Versandprozess und Dock Appointment Scheduling. Wir haben die Monitoring-

und Reporting-Optionen von EWM, die Möglichkeiten zur Prozessautomatisierung sowie die verschiedenen UI-Optionen einschließlich der Sprachsteuerung behandelt. Schließlich haben wir uns mit technischen Frameworks wie dem RF-Framework und dem Warehouse Monitor Framework befasst und die Optionen zur Integration von automatisierten Lagern erläutert.

Die Funktionen für das Finanzwesen können als die Grundlage jeder ERP-Software angesehen werden. Im nächsten Kapitel werden wir auf diesen zentralen Anwendungsbereich in SAP S/4HANA eingehen und die Architektur der Funktionen für den Finanzbereich sowie die Lösungen für Governance, Risk und Compliance erläutern.

Kapitel 14

Finance, Governance, Risk und Compliance

Die Funktionalitäten für Finance, Governance, Risk und Compliance in SAP S/4HANA sind auf das intelligente Unternehmen zugeschnitten. Effektive Steuerung, effiziente Prozesse sowie kontinuierliche Compliance erfordern eine vereinfachte, innovative und leistungsstarke Business-Architektur.

Die Finance- sowie die GRC-Funktionen (Governance, Risk, and Compliance) in SAP S/4HANA sind nicht nur Weiterentwicklungen der jeweiligen Komponenten in der SAP Business Suite. Mit der Einführung von Technologien wie SAP HANA, Machine Learning und Robotic Process Automation (RPA) und mit der Modernisierung der Kernkonzepte der Business-Architektur enthalten sie signifikante Innovationen, die technologisch einen großen Sprung nach vorne darstellen.

14

Summentabellen wurden entfernt, sodass die Benutzer*innen die Daten auf der niedrigsten Detailebene mit enormer Geschwindigkeit analysieren können. Viele Einzelpostentabellen im Kernbereich von SAP S/4HANA Finance wurden in das *umfassende Journal* übertragen, die nunmehr einzige Informationsquelle für die Finanzbuchhaltung und das Management Accounting. Auf diese Weise wurden Redundanzen beseitigt, und der Datenbedarf der Lösung wurde verringert. Die Funktionalität für das Konzernberichtswesen setzt nahtlos auf dem umfassenden Journal auf, wobei die Datenmodelle für den lokalen Abschluss und den Konzernabschluss aneinander angeglichen wurden. In Bereichen wie etwa der Verrechnung offener Posten wurden Machine-Learning-Szenarien eingeführt, um die Automatisierung voranzutreiben. Darüber hinaus wurde *Predictive Accounting* eingeführt, ein neuer Ansatz für die Handhabung von Finanzdaten, der auf völlig neuen Konzepten für die Geschäftsarchitektur beruht.

Wie Sie in Abbildung 14.1 sehen können, sind die Finance- und GRC-Lösungen in SAP S/4HANA mit anderen Lösungen aus dem SAP-Portfolio integriert. SAP-Cloud-Lösungen wie SAP Concur, SAP Ariba, SAP Fieldglass und SAP SuccessFactors übermitteln ihre jeweiligen Belege – wie Spesenabrechnungen, Rechnungen oder Zeitrückmeldungen – automatisch an SAP S/4HANA Finance. Auch SAP-S/4HANA-Anwendungen z. B. für Beschaffung, Vertrieb, Service und Logistik übertragen ihre Geschäftsprozessdaten ebenfalls an das Finanzwesen – wie das auch in der SAP Business Suite schon der Fall war. Neue Cloud-Services wie SAP Multi-Bank Connectivity und SAP Digital Payments Add-on, SAP Market Rates Management und das SAP Advanced Financial Closing bieten modulare Erweiterungen der Kernprozesse von SAP S/4HANA Finance.

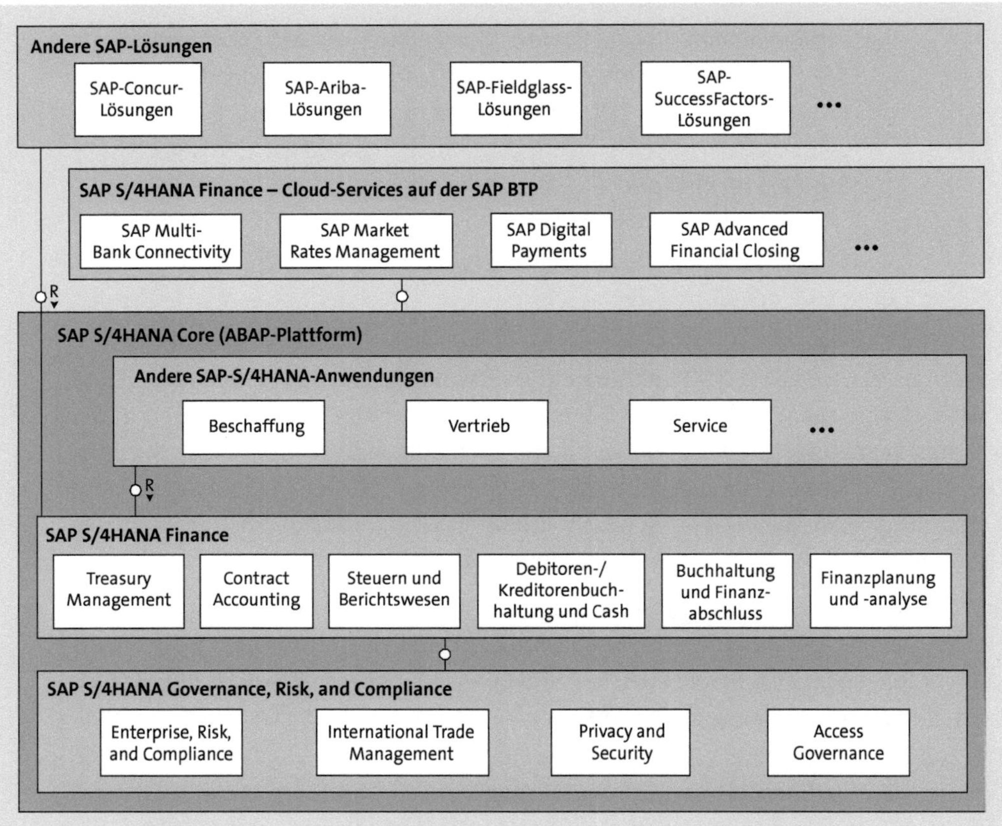

Abbildung 14.1 Überblick über SAP S/4HANA Finance und die GRC-Lösungen

Auch ohne diese Erweiterungen bieten SAP S/4HANA Finance und die SAP-GRC-Lösungen bereits reichhaltige Funktionen. Im Folgenden führen wir die Hauptfunktionsbereiche auf (siehe Abbildung 14.1):

- Der Bereich »Buchhaltung und Finanzabschluss« hilft Buchhalter*innen bei der Aufzeichnung aller Geschäftsvorfälle und der Erstellung von Abschlüssen unter Einhaltung der Rechnungslegungsvorschriften sowohl für Einzelunternehmen als auch für Konzerne.
- Der Bereich »Steuern und gesetzliches Berichtswesen« unterstützt die Rechts- und Steuerabteilungen bei der Berechnung aller Arten von Mehrwert-, Umsatz- und

Nutzungssteuern. Dieser Bereich ermöglicht außerdem das Steuerberichtswesen nach landesspezifischen rechtlichen Vorgaben in vielen Ländern weltweit.

- Die Funktionalität zur Finanzplanung und -analyse gibt den Controlling-Abteilungen einen vollständigen und detaillierten Einblick in alle Zahlen, die eine effektive Steuerung des Unternehmens in Echtzeit ermöglichen.
- Die Funktionen der Debitoren- und Kreditorenbuchhaltung helfen den jeweiligen Buchhalter*innen bei der Verwaltung ausgehender und eingehender Rechnungen sowie den entsprechenden Zahlungen für das gesamte Unternehmen.
- Mit dem Treasury Management steht ein umfassendes Lösungsportfolio für Treasury-Manager*innen bereit, um Betriebskapital, Zahlungen, Bargeld und finanzielle Risiken mit integrierten Echtzeitlösungen zu verwalten.
- Die Lösungen für Enterprise Risk and Compliance (die Teil der SAP-GRC-Lösungen sind) ermöglichen den GRC-Expert*innen die effektive Bewältigung von Risiko-, Kontroll- und Prüfungssicherheitsaufgaben innerhalb des Unternehmens.

In diesem Kapitel werden wir uns nach einem genaueren Blick auf die Architektur (siehe Abschnitt 14.1) mit den Kernbereichen der Finanzanwendung befassen: Buchhaltung (siehe Abschnitt 14.2), Steuern (siehe Abschnitt 14.3), Finanzplanung und -analyse (siehe Abschnitt 14.4), Kreditorenbuchhaltung (siehe Abschnitt 14.5), Receivables Management (siehe Abschnitt 14.6) und Treasury (siehe Abschnitt 14.7). Anschließend werden wir die Deployment-Option Central Finance (siehe Abschnitt 14.8) und die Erweiterungsoptionen (siehe Abschnitt 14.9) erläutern. Wir werden das Kapitel mit einer Betrachtung der SAP-GRC-Lösungen in Abschnitt 14.10 abschließen.

14.1 Überblick über die Architektur von SAP S/4HANA Finance

Um einen Blick auf die Architektur von SAP S/4HANA Finance zu werfen, betrachten wir die zentrale Komponente in Abbildung 14.1 einmal näher. Vom Standpunkt der Architektur aus gesehen ist eines der Schlüsselelemente die *Rechnungswesenschnittstelle* (siehe Abbildung 14.2). Diese Schnittstelle ist der Haupteinstiegspunkt, um Daten aus den wichtigsten Kerngeschäftsprozessen wie Sell-from-Stock, Procure-to-Pay und Make-to-Stock in SAP S/4HANA Finance zu buchen. Neben der Buchung kann die Schnittstelle auch für Verrechnungszwecke genutzt werden, z. B. für den Abgleich von offenen Posten mit Zahlungseingängen. Die Implementierung der Rechnungswesenschnittstelle enthält viele Prüfroutinen, um die Konsistenz der Daten in allen empfangenden Bereichen wie Steuern, Kreditoren- und Debitorenbuchhaltung oder Buchhaltung zu gewährleisten. Außerdem wird der interne Laufzeitbeleg mit Daten angereichert, die beim Aufruf der Rechnungswesenschnittstelle nicht direkt von den sendenden Komponenten bereitgestellt werden. Ein Beispiel hierfür ist die Ermittlung von Profitcentern oder Kontierungen nach festgelegten Regeln. Prüf- und

Ermittlungsroutinen werden von der jeweiligen Fachkomponente (z. B. Kreditoren-/Debitorenbuchhaltung, Anlagenverwaltung oder dem Hauptbuch, wie in Abbildung 14.2 dargestellt) bereitgestellt und auf das interne Laufzeitdokument angewendet. Da vor dem Speichern von Daten alle Prüfungen, Ermittlungen und Anreicherungen komplett durchlaufen werden müssen, ist sichergestellt, dass die Datenbanktabellen immer nur vollständige und abgestimmte Daten enthalten.

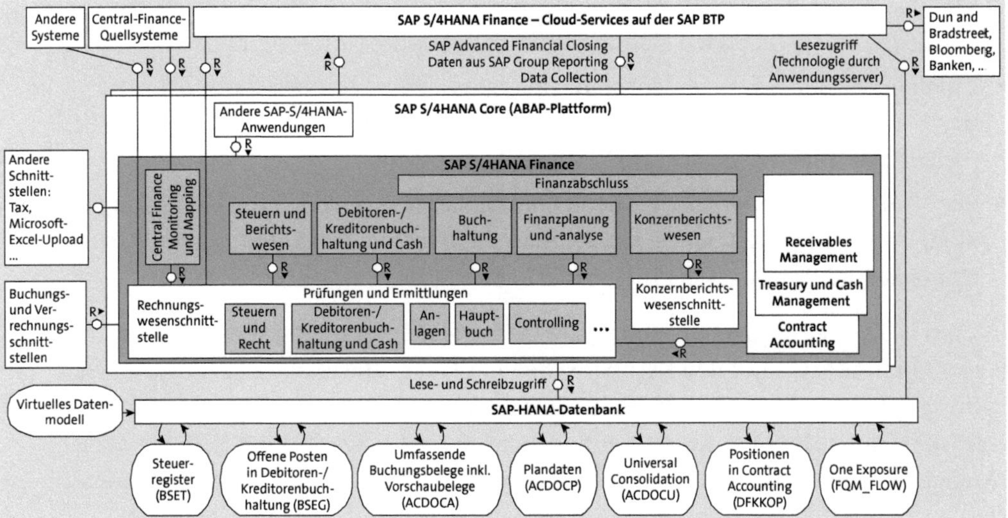

Abbildung 14.2 Kernelemente der Architektur von SAP S/4HANA Finance

Die Funktionalitäten für Buchhaltung, Finanzplanung und -analyse sowie für das Konzernberichtswesen stellen die für den *Finanzabschluss* (und zwar sowohl den lokalen Abschluss als auch den Konzernabschluss) wesentlichen Komponenten dar. Abbildung 14.2 zeigt einige der wichtigsten Tabellen:

- Die Tabelle BSET dient zur Speicherung von Steuerangaben wie Mehrwertsteuer, Umsatzsteuer und Verbrauchssteuer, die unter anderem für eine ordnungsgemäße Steuererklärung benötigt werden.
- Die Tabelle BSEG dient zur Speicherung der sich aus Rechnungen ergebenden offenen Posten aus der Kreditoren- und Debitorenbuchhaltung und wird benötigt, um Zahlungen und Verrechnungen zu verarbeiten.
- Die Tabelle ACDOCA, das umfassende Journal für die Istdaten, ist die Single Source of Truth für alle Buchhaltungskomponenten wie das Hauptbuch, die Anlagenbuchhaltung und das Material-Ledger, aber auch für die Komponenten zur Finanzplanung und -analyse, wie etwa die Gemeinkosten- oder Margenanalyse.
- Die Tabelle ACDOCP stellt das umfassende Journal für Plandaten dar und ist aus Sicht des Datenmodells vollständig mit der Tabelle ACDOCA abgestimmt.

- Die Tabelle ACDOCU ist ein Teil der Funktionalität für das Konzernberichtswesen und dient zur Speicherung von Daten, die sich aus Konsolidierungsprozessen wie konzerninternen Verrechnungen ergeben. Die Konzernberichtswesenschnittstelle ist nicht direkt Teil der Rechnungswesenschnittstelle.

Darüber hinaus sind in Abbildung 14.2 noch einige andere finanzrelevante Komponenten dargestellt. Die Komponente *Contract Accounting*, d, h., das Vertragskontokorrent wird unter anderem in der Telekommunikations-, Versicherungs- und Hightech-Branche eingesetzt, wo Massenzahlungen für viele Geschäftspartner abgewickelt werden müssen. Contract Accounting dient zur Abwicklung der jeweiligen Debitorenprozesse und bucht die verdichteten Daten über die Rechnungswesenschnittstelle, ist also nicht direkt ein Teil dieser Schnittstelle. Eine wichtige Einzelpostenstabelle der Komponente Contract Accounting ist die Tabelle DFKKOP.

Die Anwendung *Treasury Management* wird häufig als separates SAP-S/4HANA-System (Treasury-Workstation) betrieben. Dies ermöglicht die Implementierung häufig benötigter Softwareupdates in der Treasury-Management-Anwendung, ohne andere SAP-S/4HANA-Anwendungen anpassen zu müssen. Die Treasury-Management-Anwendung ist lose mit den anderen Komponenten von SAP S/4HANA Finance gekoppelt und erhält keine Daten über die Rechnungswesenschnittstelle. Eine relativ neue Tabelle ist die Tabelle FQM_FLOW, die für das operative Cash Management verwendet wird.

Die beschriebene Rechnungswesenschnittstelle erwartet, dass die aufrufenden Komponenten als Parameter einen Rohbeleg liefern, der dann bei der Verarbeitung innerhalb der Rechnungswesenschnittstelle angereichert und geprüft wird. Mit dem Rohbeleg als Schnittstellenparameter kann die Rechnungswesenschnittstelle auch neue Arten von Geschäftsvorfällen unterstützen. Da jedoch zunehmend der Bedarf besteht, mehrere parallel laufende Bewertungen zu unterstützen und die gesamte Buchhaltungslogik innerhalb des Rechnungswesens zu implementieren, wurde mit der Entwicklung einer neuen Rechnungswesenschnittstelle begonnen – der *geschäftsvorfallbezogenen Schnittstelle ins Rechnungswesen*. Anwendungen, die mit dem Rechnungswesen integriert werden müssen, können ihre Geschäftsvorfallsdaten an die Buchhaltung senden, und die geschäftsvorfallbezogene Schnittstelle übernimmt dann die notwendige Umwandlung dieser Daten in Buchungsbelege. Das bedeutet, dass jede Art von Geschäftsvorfall eine eigene Schnittstelle erfordert, bei der die jeweilige Datenstruktur des Geschäftsvorfalls als Schnittstellenparameter festgelegt ist: Die Menge dieser Schnittstellen bildet die geschäftsvorfallbezogene Schnittstelle des Rechnungswesens. Die erste Anwendung, die diese neue Schnittstelle zur Anbindung an die Buchhaltung nutzt, ist das Inhouse Banking, das zur erweiterten Zahlungsverwaltung in SAP S/4HANA gehört.

14.2 Finanzbuchhaltung

Das umfassende Journal bildet die gemeinsame Basis für alle Komponenten der Finanzbuchhaltung und der Finanzplanung und -analyse und ist das Herzstück der neuen Architektur von SAP S/4HANA Finance (siehe Abbildung 14.3). Das umfassende Journal bietet eine gemeinsame Persistenz für Bewegungsdaten: die Datenbanktabelle ACDOCA für die Istdaten und die Tabelle ACDOCP für die Plandaten. Das harmonisierte Datenmodell enthält alle erforderlichen Angaben zu den Prozessen der Nebenbuchhaltung sowie alle berichtsrelevanten Angaben, einschließlich der Kopfzeilenfelder der Buchungsbelege. Das umfassende Journal wurde entwickelt, um ein integriertes, nahtloses Berichtswesen über die gesamte Buchhaltung hinweg zu unterstützen. Von aggregierten Berichten wie Jahresabschlüssen können Sie zu ausführlicheren Berichten in den Nebenbüchern bis hin zu Einzelposten und einzelnen Buchungsbelegen abspringen. So werden hohe Transparenz und eine vollständige Nachvollziehbarkeit gewährleistet.

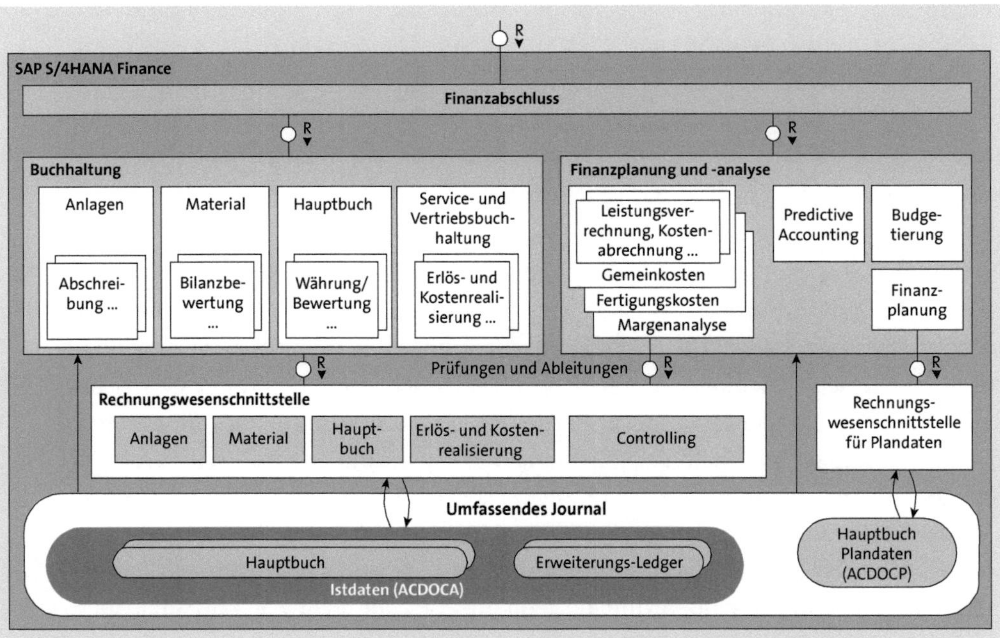

Abbildung 14.3 Überblick über die Komponenten für Buchhaltung, Finanzplanung und Analyse

In den Nebenbüchern werden im Gegensatz zu SAP ERP keine Kopien der Geschäftsvorfälle in Form von anwendungsspezifischen Postentabellen gespeichert. Einzige Ausnahme ist die Tabelle BSEG, die weiterhin als Grundlage für die Offene-Posten-Verwaltung benötigt wird. Damit entfällt die Abstimmung von Finanzdaten, z. B. zwischen Controlling und Hauptbuch, da sich alle Finanzberichte auf dieselben Einzelposten stützen.

Die SAP-HANA-Datenbank kann Einzelposten äußerst effizient für Reporting-Zwecke oder die Datenverarbeitung aggregieren, sodass eine Trennung zwischen dem Hauptbuch und den verschiedenen Nebenbüchern nicht mehr notwendig ist. Daher benötigt SAP S/4HANA Finance auch keine Summentabellen. Summentabellen waren zuvor ein Grund für einen Verlust an Detailtiefe im Berichtswesen, da sie auf 16 Schlüsselfelder beschränkt waren. Darüber hinaus profitiert der Durchsatz, indem der Engpass der zentralen Aktualisierung der Summendatensätze wegfällt. Stattdessen ist nun eine massive Parallelverarbeitung möglich.

Das umfassende Journal ist in Einzelbücher oder *Ledger* unterteilt. Ledger ermöglichen eine parallele Rechnungslegung nach verschiedenen Rechnungslegungsvorschriften, z. B. für einen lokalen Abschluss nach dem deutschen Handelsgesetzbuch (HGB) oder nach den US Generally Accepted Accounting Principles (US-GAAP), sowie für das Konzernberichtswesen nach den International Financial Reporting Standards (IFRS).

Die parallele Rechnungslegung wird von SAP bereits seit einiger Zeit in SAP ERP und früheren SAP-S/4HANA-Versionen unterstützt. Außerdem gab es die Möglichkeit, parallele »Management«-Bewertungen hinzuzufügen, die durch zusätzliche Währungstypen dargestellt wurden, um eine rechtliche Bewertung von einer Konzernbewertung zu unterscheiden. Diese Lösungen wiesen jedoch einige Mängel auf, da Währungen und Ledger nicht einheitlich über die verschiedenen Nebenbücher hinweg unterstützt wurden (was sich insbesondere im Material-Ledger, beim Controlling sowie in der Anlagenbuchhaltung bemerkbar machte). Die zusätzlichen Währungen waren Teil des Hauptbuches, was die Konfigurationen und die Filterung von Werten für das Berichtswesen erschwerte.

Seit der Einführung der *universellen parallelen Rechnungslegung* können Sie die Flexibilität der parallelen Rechnungslegung nicht nur im Hauptbuch, sondern auch in den Nebenbüchern nutzen. Dank der harmonisierten Architektur in Bezug auf die Ledger und Währungen ist es möglich, manuelle Buchungen, Bewertungsläufe und andere Abschlussarbeiten unabhängig voneinander durchzuführen und dabei unterschiedliche Rechnungslegungsstandards für die jeweiligen Ledger zugrunde zu legen. Die Finanzberichterstattung für verschiedene Prozesse wird somit zu einem End-to-End-Prozess mit vollständiger Nachvollziehbarkeit, da Informationen konsistent und übergreifend für alle Ledger verfügbar sind.

Während die Standard-Ledger die Geschäftsvorfälle vollständig abbilden und daher eine in sich abgeschlossene Informationsquelle für die Finanzberichterstattung darstellen, wird mit den Erweiterungs-Ledgern eine Deltaschicht für manuelle Anpassungen an die tatsächlichen Daten in der Tabelle ACDOCA bereitgestellt. Wenn Sie mehrere Ledger benötigen, die sich nur geringfügig voneinander unterscheiden, kann dies den Speicherplatzbedarf erheblich reduzieren. Mehrere Ledger werden beispielsweise benötigt, wenn ein Ledger durch eine geringe Anzahl von Korrekturbuchungen aus einem Grund-Ledger abgeleitet werden kann.

SAP S/4HANA Finance bietet Schnittstellen für das Buchen von Belegen zu Geschäftsvorfällen auf mehreren Ebenen. Buchungen können von außen ausgelöst werden, z. B. durch die Logistik, den Verkauf oder ein externes System, oder sie können innerhalb von SAP S/4HANA Finance erfolgen, z. B. durch einen manuellen Buchungsbeleg oder einen der Prozessschritte zum Periodenabschluss in den Nebenbüchern. Die Logik dieser Prozesse wird durch eines der Nebenbücher der Finanzbuchhaltung oder der Finanzplanung und -analyse bestimmt, z. B. durch den Abschreibungslauf in der Anlagenbuchhaltung oder die Kostenzuweisung der Gemeinkosten. Eine gemeinsame Prüf- und Ableitungslogik aller Attribute in der Rechnungswesenschnittstelle sorgt für Konsistenz.

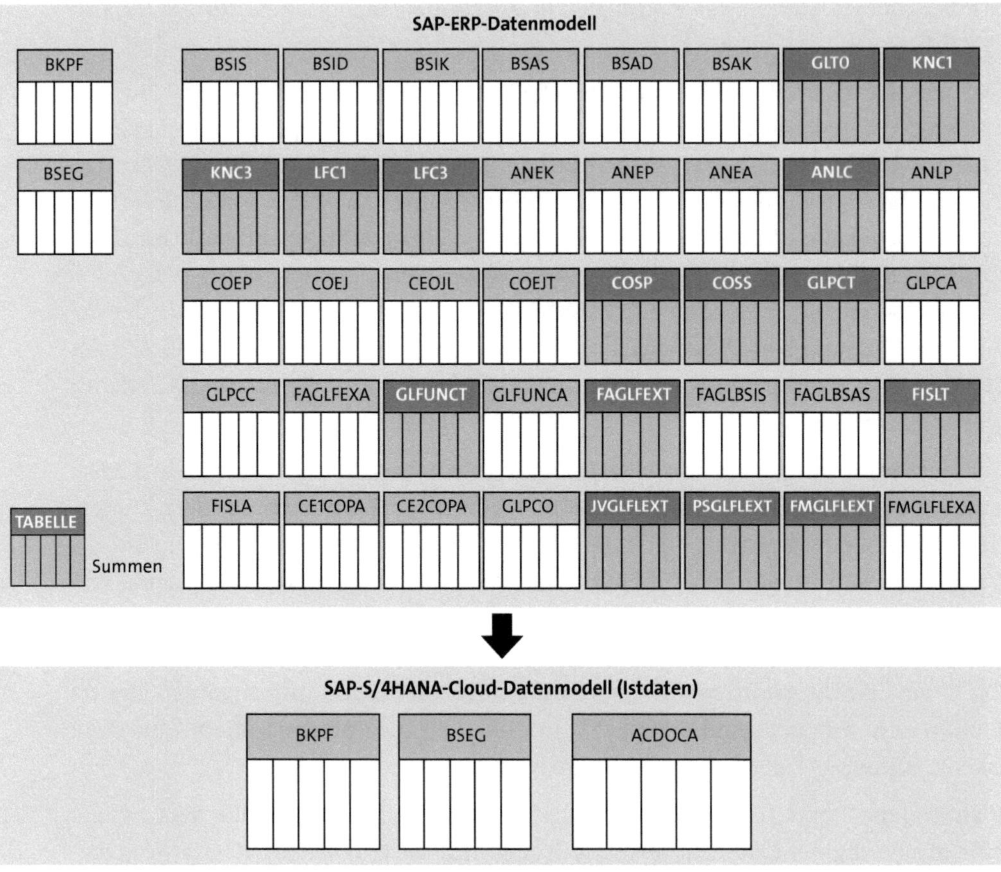

Abbildung 14.4 Harmonisiertes Datenmodell in SAP S/4HANA Finance (Beispielansicht für SAP S/4HANA Cloud)

Wie beschrieben hat die auf dem umfassenden Journal basierende Architektur zu einer Harmonisierung sowie einer deutlichen Verschlankung des Datenmodells geführt. In Abbildung 14.4 können Sie z. B. sehen, wie die Anzahl der für die Speicherung der Istwerte verwendeten Tabellen in SAP S/4HANA Cloud reduziert wurde. Beachten Sie, dass nicht alle Tabellen abgebildet sind und dass einige der Tabellen noch für Plandaten verwendet werden. In der On-Premise-Version von SAP S/4HANA sind einige der Tabellen aus Kompatibilitätsgründen noch vorhanden.

In den folgenden Abschnitten werden wir uns mit den wichtigsten Bereichen der Buchhaltung befassen.

14.2.1 Hauptbuchhaltung

Die vom neuen Hauptbuch in SAP ERP her bekannte Online-Splitting-Funktion ist jetzt auch Teil der allgemeinen Prüf- und Ermittlungslogik in der Rechnungswesenschnittstelle. Für Posten ohne Kontierung wie für Verbindlichkeiten, Forderungen oder Kasse kann sie dabei die Kontierung auf Profitcenter oder Segmente von Gegenpositionen innerhalb derselben Buchung oder aus vorausgegangenen Prozessschritten übernehmen.

14

Dies kann zu einer Aufsplittung von Einzelposten führen, z. B. von Kreditoren- und Debitorenposten, wenn für die Gegenpositionen mehr als eine Kontenzuordnung verwendet wird. Die Tabelle ACDOCA enthält die vollständigen Angaben, also die aufgeteilte Darstellung der offenen Posten, während die Tabelle BSEG weiterhin den ursprünglich offenen Posten aus der Kreditoren-/Debitorenbuchhaltung enthält. Operative Prozesse wie Zahlungen, Verrechnungen oder Mahnungen basieren weiterhin auf der Tabelle BSEG.

Aber die Bewertungsprozesse innerhalb des Hauptbuchs (wie etwa Bewertung in Fremdwährung, Zuweisung zu Profitcentern) führen nicht mehr zu einer Aktualisierung der Tabelle BSEG. Stattdessen ist die Tabelle BKPF/ACDOCA die neue vollständige Darstellung aller Buchungsbelege.

Die Einzelpostennummer der Tabelle ACODCA ist ein sechsstelliges Feld. Das bedeutet, dass Sie auch Buchungsbelege mit bis zu 999.999 Positionen in das umfassende Journal buchen können. Solange die Tabelle BSEG nicht aktualisiert oder durch Summenbildung aktualisiert wird, kommt es zu keiner Überschreitung der dreistelligen Positionszahl der Tabelle BSEG.

Ein Anwendungsfall für ein Erweiterungs-Ledger ist dann gegeben, wenn die Daten eines anderen Ledgers (wie etwa des führenden Ledgers) mit einigen manuellen Buchungen geringfügig angepasst werden müssen, beispielsweise im Zusammenhang mit dem Management Reporting oder zur Bereitstellung von Daten gemäß anderen

Rechnungslegungsvorschriften, von denen eine überschaubare Anzahl von Sachkonten betroffen ist. Anstatt einen weiteren vollständigen Standard-Ledger einzurichten, bietet sich in diesem Fall die Erstellung eines Erweiterungs-Ledgers an.

14.2.2 Anlagenbuchhaltung

Gegenstände des *Anlagevermögens* wie Gebäude, Fahrzeuge oder Maschinen stellen einen wesentlichen Bestandteil der Vermögenswerte und der finanziellen Aktivitäten eines Unternehmens dar. Bei der Bearbeitung oder Analyse des Anlagevermögens ist es wichtig, sich auf vollständige, genaue und aktuelle Daten verlassen zu können. Nationale Vorschriften und internationale Rechnungslegungsstandards sowie interne Anforderungen an die Finanzberichterstattung sind seit jeher eine wichtige Triebfeder für die technischen Weiterentwicklungen des Nebenbuchs für die Anlagenbuchhaltung. In der Vergangenheit haben wir gesehen, wie sich die traditionelle Anlagenbuchhaltung in SAP ERP schrittweise zur neuen Anlagenbuchhaltung in SAP S/4HANA weiterentwickelt hat. Ein wesentliches Merkmal hierbei sind Echtzeitbuchungen für alle relevanten Bewertungsbereiche und die damit verbundenen Rechnungslegungsvorschriften. Mit der neuen Anlagenbuchhaltung wurden zum ersten Mal vom Blickpunkt der Systemarchitektur aus gesehen getrennte Anlagenbuchungstabellen (z. B. die Tabellen ANLC, ANEA und ANEK) in das durch die Tabelle ACDOCA repräsentierte umfassende Journal integriert. Seitdem ist es nicht mehr notwendig, Summenwerte separat zu speichern. Stattdessen werden die Werte mithilfe der SAP-HANA-Technologie »on the fly« aggregiert. Beim Abschluss sind somit keine Abstimmungsanalysen mehr erforderlich, da das Hauptbuch und die Anlagenbuchhaltung dank des umfassenden Journals ohnehin aufeinander abgestimmt sind. Darüber hinaus bietet das umfassende Journal neue Optionen für benutzerdefinierte Erweiterungen.

Die neue Anlagenbuchhaltung stieß bisher jedoch immer noch an architektonische Grenzen, was letztlich auch funktional zu Einschränkungen führte. Ein Beispiel für solche Einschränkungen sind Bewertungsbereiche, die nur benötigt werden, um eine parallele Währung im Hauptbuch abzubilden. Auch verschobene Geschäftsjahresvarianten ließen sich nicht in den einzelnen Ledgern abbilden. Aus diesen Gründen wurde die *intelligente Anlagenbuchhaltung* mit noch weiter führenden Konzepten eingeführt.

Mit SAP S/4HANA Cloud 1911 wurden die Datenstrukturen bereits radikal vereinfacht: Aus den neuen Stammdatentabellen und den Customizing-Tabellen wurden Überlappungen mit der Konfiguration des Hauptbuches entfernt. Folglich mussten auch neue Application Programming Interfaces (APIs) für den Zugriff auf die entsprechenden Funktionen der Anlagenbuchhaltung bereitgestellt werden. Ein Blick auf die Tabellen in SAP S/4HANA Cloud zeigt, dass die intelligente Anlagenbuchhaltung nun nicht mehr nur die Istdaten in der Tabelle ACDOCA, sondern auch die Abschreibungsplandaten in der Tabelle ACDOCP verwendet. Durch vollständige Integration in die Architektur des umfassenden Journals konnte auch auf die interne Speicherung der Einzelposten in der Tabelle FAAT_DOC_IT verzichtet werden.

Betrachtet man die Customizing-Struktur im Detail, so stellt man fest, dass aus technischer Sicht alle Entitäten, die im Customizing der intelligenten Anlagenbuchhaltung definiert sind, mit Customizing-Entitäten anderer Komponenten, wie etwa denen für das Hauptbuch und das Controlling, verbunden sind. Ein Beispiel ist die neue Entität der Bewertungssicht in der Anlagenbuchhaltung, die mit der Rechnungslegungsvorschrift des Hauptbuches verknüpft ist. Die Einstellungen für Ledger oder Rechnungslegungsvorschriften müssen so nur einmal vorgenommen werden. Dies bedeutet, dass beispielsweise innerhalb eines Ledgers definierte Währungen nur einmal im Hauptbuch gepflegt werden und die redundante Konfiguration in den Nebenbüchern entfällt. Dies führt einerseits zu einer Vereinfachung und Reduzierung der Customizing-Aktivitäten und andererseits zu einer viel engeren Bindung an die Customizing-Einstellungen des Hauptbuches und eine Abhängigkeit von diesen.

Aus funktionaler Sicht ergeben sich durch die direkte Integration von Anlagenbuchhaltung und Hauptbuch folgende Vorteile:

- Alle in den Einstellungen des Ledgers definierten Währungen werden in vollem Umfang durch die intelligente Anlagenbuchhaltung unterstützt. Derzeit ist es möglich, innerhalb jedes Ledgers im Hauptbuch bis zu zehn parallele Währungen zu definieren, während in der Vergangenheit nur drei parallele Währungen unterstützt wurden.
- Die intelligente Anlagenbuchhaltung ist in der Lage, bei Buchungen und für die Berichterstattung alternative Geschäftsjahresvarianten zu unterstützen.
- Von dieser Überarbeitung der Architektur profitieren Prozesse, die eng mit anderen Bereichen verknüpft sind (z. B. Verrechnungen auf im Bau befindliche Anlagen oder Vertrags- und Leasingbuchhaltung). So ist es beispielsweise möglich, Controlling-Abrechnungen spezifisch für bestimmte Ledger durchzuführen.

Die intelligente Anlagenbuchhaltung hat diese funktionalen Verbesserungen mithilfe von CDS-Views (Core Data Services) und dem Business Object Processing Framework (BOPF) umgesetzt. Sie dienen als technische Basis für SAP-Fiori-Apps (für nähere Angaben zum Programmiermodell verweisen wir auf Abschnitt 2.2.1). Derzeit sind dies die folgenden Apps:

- SAP-Fiori-Apps für die Stammdatenpflege (bereits in SAP S/4HANA Cloud verfügbar)
- SAP-Fiori-Apps für die Anlagenstammsatzpflege
- SAP-Fiori-Apps für Buchungen

- SAP-Fiori-Apps für die Jahresabschlussarbeiten
- analytische SAP-Fiori-Apps für die Berichterstattung, basierend auf SAP HANA

Die CDS-Views bilden auch die Grundlage für die Entwicklung neuer Anwendungen unter Verwendung von KI-Szenarien (künstliche Intelligenz).

Mit der intelligenten Anlagenbuchhaltung lässt SAP die meisten Einschränkungen der bestehenden Lösungen hinter sich. Die ersten großen Änderungen an der Architektur, den Konzepten und den Tabellenstrukturen sind für SAP S/4HANA Cloud bereits in Kraft. In den zukünftigen Cloud-Releases sollen weitere Verbesserungen folgen. Die intelligente Anlagenbuchhaltung wird voraussichtlich auch für die anderen Deployment-Optionen für SAP S/4HANA zur Verfügung stehen. Während der Übergang von der traditionellen zur neuen Anlagenbuchhaltung eine evolutionäre Weiterentwicklung war, enthält die intelligente Anlagenbuchhaltung revolutionäre Neuerungen.

14.2.3 Vorratsbuchhaltung

Mit SAP S/4HANA begann SAP damit, die Vision einer klaren Trennung der Verantwortlichkeiten zwischen Logistik- und Finanzanwendungen umzusetzen. Im Rahmen der operativen Bestandsführung werden die Bestandsmengen verwaltet, während das Material-Ledger zur Bewertung von Materialbeständen parallel nach mehreren Rechnungslegungsstandards zuständig ist. Diese Trennung der Zuständigkeiten ist in Abbildung 14.5 veranschaulicht.

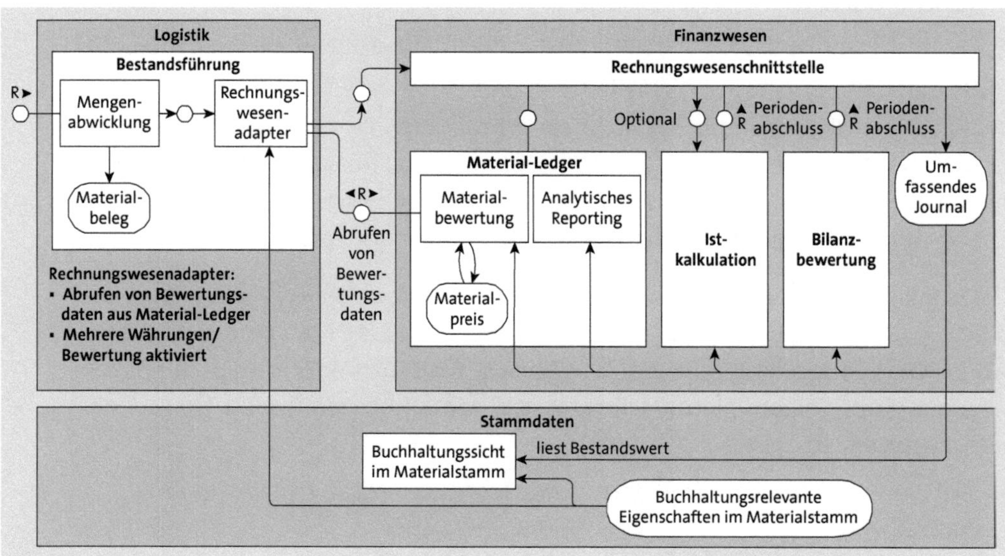

Abbildung 14.5 Vorratsbuchhaltung

Bei operativen Komponenten, wie etwa materialbezogenen Geschäftsvorfällen im Rahmen der Bestandsführung, wird zur Laufzeit der Entwurf eines Buchhaltungsbelegs erstellt und an die Rechnungswesenschnittstelle übergeben. Als Bewertungsquelle in diesem vorbereitenden Schritt dient das Material-Ledger. Innerhalb der Rechnungswesenschnittstelle finden die letzten Verarbeitungsschritte statt, und der Buchhaltungsbeleg wird persistiert.

Die zentrale Datenpersistenz für das Material-Ledger ist das umfassende Journal, wobei die Materialstückkosten (Preise) in einer eigenen Datenbanktabelle gespeichert werden. Das analytische Berichtswesen, wie beispielsweise die Berichterstattung zu Perioden oder Einzelposten, beruht auf den Daten aus dem Material-Ledger im umfassenden Journal.

In der Vorratsbuchhaltung sind eine Reihe von Bewertungsmethoden für Materialbestände vorgesehen:

- **Standardpreis**
  Bei dieser Methode wird das Material zu einem Preis bewertet, der für ein bestimmtes Zeitintervall (z. B. ein Geschäftsjahr) zur Bewertung der entsprechenden Materialströme herangezogen wird.
- **Gleitender Durchschnittspreis**
  Bei dieser Methode werden die laufenden Istkosten berechnet, aber der Zeitpunkt der Materialbewegungen und der Folgekosten kann sich auf die Ergebnisse auswirken.
- **Istkalkulation**
  Bei dieser Methode werden Vorräte, Waren in Arbeit (Work in Progress, WIP) und Umsatzkosten nach den durchschnittlichen periodischen Kosten bewertet.
- **Bilanzbewertung**
  Bei dieser Methode werden die Vorräte für die spätere Verwendung in der externen oder internen Berichterstattung nach dem Niederstwertprinzip bewertet.

Das Material-Ledger ist fester Bestandteil des umfassenden Journals und bewertet die Materialien zu den Standardpreisen sowie den gleitenden Durchschnittspreisen. Die Berechnung der Istkosten und die Bilanzbewertung werden separat implementiert, da beide Kalkulationen über eine eigene für die jeweilige Aufgabe optimierte Datenpersistenz verfügen. Die Endergebnisse werden jedoch wieder in das Material-Ledger und das umfassende Journal eingebunden.

Ein weiteres Ziel von SAP S/4HANA ist es, den Durchsatz an Bewegungsdaten für Materialbewegungen deutlich zu erhöhen. Als die SAP Business Suite entwickelt wurde, wurden viele Tabellen für materialisierte Summenwerte für Periodenbilanzen eingeführt. Diese Summenwerte mussten dann im Rahmen von Warenbewegungen jeweils aktualisiert werden, was sowohl exklusive Enqueue-Sperren im ABAP-Server als auch Datenbanksperren erforderlich machte. Bei der Verarbeitung eines hohen Transaktionsvolumens kann diese Art von Sperrmechanismen zu einem Engpass führen. In Anbetracht der Tatsache, dass der Trend in den meisten Branchen zu einer ausführlichen Nachverfolgung von Transaktionen geht (z. B. im Zusammenhang mit der Verwendung von Seriennummern), war es unerlässlich, eine neue Art der Sperre bei Warenbewegungen einzuführen. In SAP S/4HANA wurden dazu nichtexklusive Sperren etabliert, die folgenden Grundsätzen folgen:

- Verwendung von geteilten Lesesperren anstelle von exklusiven Enqueue-Sperren
- Vermeidung von Datenbanksperren durch Anwendung eines Insert-Only-Ansatzes anstelle der Aktualisierung von materialisierten Summenwerten

14.2.4 Leasingbuchhaltung

SAP Contract and Lease Management für SAP S/4HANA ist Teil des Record-to-Report-Prozesses und wird verwendet, um Leasingverträge abzubilden, Veränderungen in solchen Leasingverträgen im Blick zu behalten und alle leasingbezogenen Buchungen im umfassenden Journal zu generieren. Die Anwendung verwaltet Optionen zur Verlängerung und Kündigung von Leasingverträgen. Sie verhindert »Evergreen«-Leasingverträge (Leasingverträge, die gekündigt wurden oder ausgelaufen sind, für die der Leasingnehmer aber weiterhin Zahlungen leistet), indem sie alle Leasingzahlungen auf der Grundlage der Bedingungen des Leasingvertrags generiert.

Die Anwendung ist Teil von SAP S/4HANA Finance und nutzt daher die Standardkalender, -fremdwährungen und -steuerberechnungen. Der *Leasingvertrag* wird zur Verwaltung von Standardleasingprozessen verwendet, wie etwa zur Verwaltung von Leasingbedingungen, zur Nachverfolgung von Zahlungsarten, zur Ausführung von Verlängerungs-/Kündigungsoptionen, zur Erstellung von Wiedervorlagen für kritische Termine, zur Berechnung der Umsatzmiete und zur Unterstützung der Compliance hinsichtlich der auf Leasingverhältnisse bezogenen Rechnungslegungsvorschriften IFRS16 und ASC842.

Beim Leasing gibt es typischerweise zwei Rollen: *Vertragsspezialist*innen* und *Bewertungsspezialist*innen*. Ein wesentliches Merkmal im Design von SAP Contract and Lease Management für SAP S/4HANA ist, dass beide Rollen auf die gleichen Stammdaten des Vertrags (Tabelle `VICNCN`) und innerhalb der Vertragskonditionen zugreifen. Durch Berechtigungen wird gesteuert, welche Daten die jeweiligen Benutzer*innen anzeigen oder ändern können. Darüber hinaus stehen spezifische Transaktionen zur Verfügung, um bestimmte Leasingprozesse wie Leasingzahlungen, Bewertungen, Nebenkostenabrechnungen, prozentuale Mietberechnungen und Mietanpassungen durchzuführen.

Vertragsspezialist*innen sind in erster Linie mit der Verwaltung des Leasingvertrags befasst. Dazu gehören die Verwaltung von Verlängerungs- und Kündigungsoptionen, die Aktualisierung des Leasingvertrags bei ausgehandelten Preiserhöhungen (Indexanpassungen), die Dokumentation von Änderungen der Leasingverträge und die Erstellung von Leasingzahlungen.

Die Geschäftspartnerfunktionalität (siehe Abschnitt 8.3) wird verwendet, um alle Kontakte im Zusammenhang mit dem Vertrag zu verwalten und um die Verbindungen zu den Lieferanten innerhalb der Kreditorenbuchhaltung herzustellen. Auf der Grundlage der Leasingbedingungen und der definierten Zahlungskonditionen werden für jedes Objekt und die dem Vertrag zugeordneten Geschäftspartner Finanzstromwerte berechnet. Die Anwendung greift auf diese Finanzstromwerte zurück, um die Leasingzahlungen zu generieren, die in der Kreditorenbuchhaltung und im umfassenden Journal gebucht werden.

Die Bewertungsspezialist*innen verwalten die Buchhaltungsbelege bezüglich der Leasingverträge, die zur Einhaltung der leasingbezogenen Rechnungslegungsvorschriften IFRS16 und ASC842 sowie anderer branchen- und landesspezifischer Regelungen zur buchhalterischen Behandlung von Leasingverträgen erforderlich sind. Für jede anzuwendende Rechnungslegungsvorschrift wird dem Vertrag eine *Bewertungsregel* zugeordnet. Für die Bewertungsregeln werden jeweils Bewertungsfinanzströme generiert. Diese können für die von den leasingbezogenen Rechnungslegungsstandards geforderte Offenlegung verwendet werden.

Bei der Verwendung einer bilanziellen Bewertungsregel im Leasingvertrag wird in der Anlagenbuchhaltung ein Vermögenswert in Form eines *Nutzungsrechts* auf der Basis der in der Konfiguration definierten Anlagenklasse erstellt. Bei der Erzeugung der ersten Bewertungsbuchungen in Verbindung mit dieser Bewertungsregel erfolgt die Aktivierung des Vermögenswertes mit dem Anschaffungswert des Nutzungsrechts im Nebenbuch der Anlagenbuchhaltung im jeweiligen Bewertungsbereich. Alle geplanten Abschreibungsbuchungen werden über den Vertrag verwaltet. Als Teil des Periodenabschlusses werden alle von den Rechnungslegungsstandards für Leasingverträge vorgeschriebenen Buchungen im umfassenden Journal entsprechend den aktuellen Bedingungen des Leasingsvertrags vorgenommen.

SAP Contract and Lease Management für SAP S/4HANA ist mit SAP Real Estate Management integriert und unterstützt den gesamten Lebenszyklus von Immobilien.

14.2.5 Service- und Vertriebsbuchhaltung

Bei der Service- und Vertriebsbuchhaltung werden alle relevanten Geschäftstransaktionen, die durch eine Service- oder Vertriebstransaktion ausgelöst werden, in der Finanzbuchhaltung erfasst (siehe Abbildung 14.6). Als auslösendes Ereignis für die Buchung von Umsatzerlösen gilt ein buchhaltungsrelevanter Prozessschritt im Service-

oder Vertriebsprozess. Dank der *vorgangsbezogenen Erlösrealisierung* können Umsatzerlöse sofort angesetzt und ausgewiesen werden, wenn bestimmte Ereignisse eintreten, beispielsweise wenn im Rahmen eines Projekts Kosten anfallen und gebucht werden.

Das Verfahren zur vorgangsbezogenen Erlösrealisierung deckt zum einen die aktuellen Anforderungen der Wirtschaft an eine umfassende Funktionalität zur Erfassung der Umsatzerlöse ab. Zum anderen erfüllt es die Erwartung der Benutzer*innen an eine intuitiv zu bedienende Anwendung mit einem vereinfachten Periodenabschluss nach den geltenden Rechtsvorschriften.

Die vorgangsbezogene Erlösrealisierung verwendet das umfassende Journal und legt Daten nicht separat ab, sodass kein Mehraufwand im Zusammenhang mit der Abstimmung oder Abrechnung entsteht. Die berechneten Ergebnisse stehen zusammen mit der primären Buchung sofort im Hauptbuch zur Verfügung. Sowohl die Buchung des Erlöses als auch die primäre Buchung erfolgen mit einer bestimmten Kontenzuweisung (Marktsegmentinformationen). Die gleichzeitige Aktualisierung von Kosten und Umsatzerlösen auf Basis der entsprechenden Zuweisungen ist eine wesentliche Voraussetzung für den Einsatz der Margenanalyse, die wir in Abschnitt 14.4.4 beschreiben. Damit wird beispielsweise die Abrechnung von Projekten im Rahmen des Periodenabschlusses obsolet.

Ein wichtiges Merkmal der vorgangsbezogenen Erlösrealisierung ist die Notwendigkeit, für jede einzelne Buchung den Grundsatz der Periodengerechtigkeit zu erfüllen. Für jede Buchung von Kosten und Umsatzerlösen wird der entsprechende Erlösrealisierungsbeleg in Echtzeit erstellt. Dies ermöglicht eine aktuelle Gewinn- und Verlustrechnung (GuV), und die Berichterstattung über die Rentabilität sowie die Ware in Arbeit.

Die vorgangsbezogene Erlösrealisierung unterstützt die folgenden Vertriebs- und Serviceprozesse:

- Berechnung und Buchung von Umsatzerlös- und Kostenanpassungen für professionelle Serviceleistungen zu einem festen Preis, einem bestimmten Zeitpunkt, für ein bestimmtes Material sowie für periodische Kundenprojekte im Service
- Integration von Unternehmensprojekten mit Kundenaufträgen, wodurch Umsatzerlöse direkt Projekten und Warenausgängen für Auslieferungen zugeschrieben werden können
- Buchung von Umsatzerlös- und Kostenanpassungen für Kundenaufträge in Echtzeit, sobald ein Warenausgang für einen Verkauf ab Lager gebucht wird
- Analysieren der Erlösrealisierungswerte für Serviceverträge basierend auf dem referenzierten Fakturierungsplan

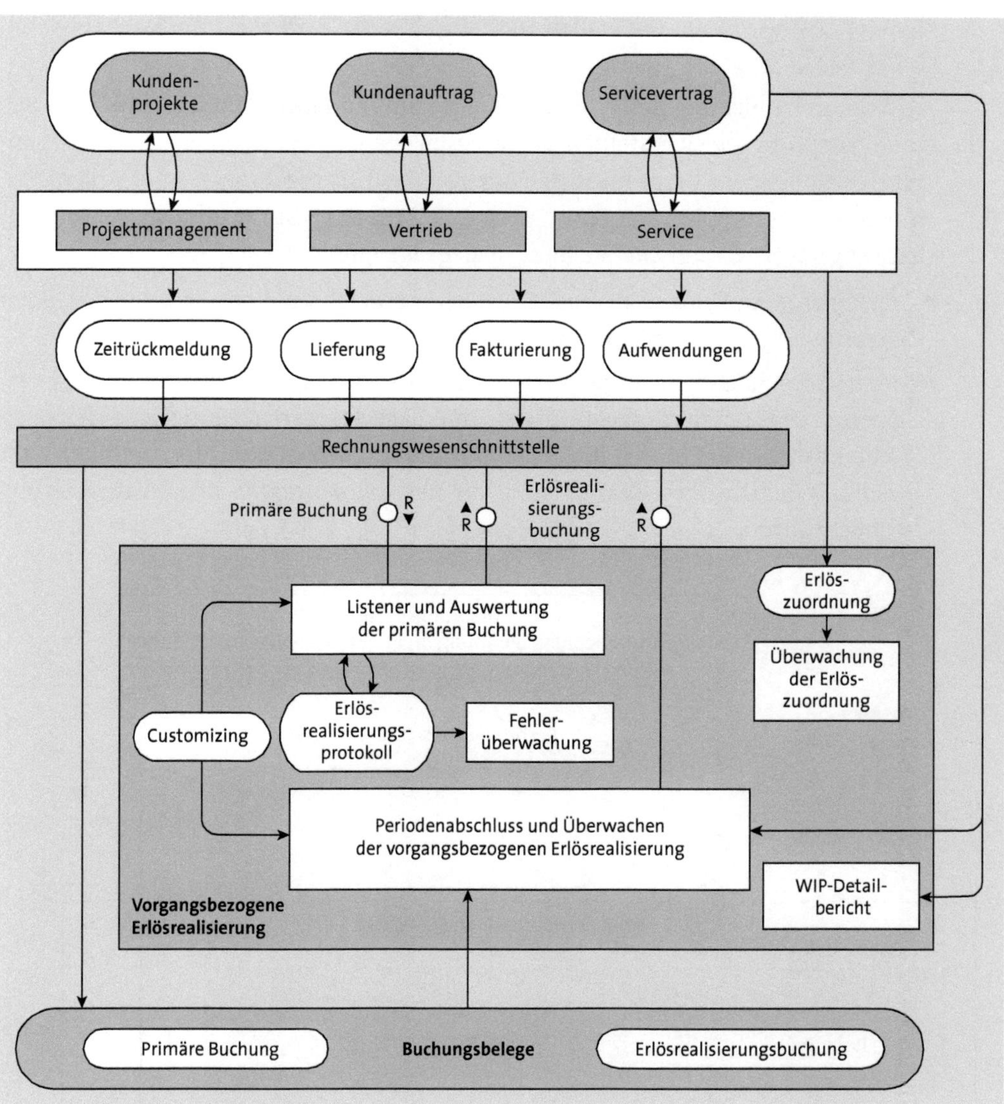

Abbildung 14.6 Die Architektur der Service- und Vertriebsbuchhaltung

Lassen Sie uns in den folgenden Abschnitten einen genaueren Blick auf das Verfahren werfen und diesbezüglich einige zusätzliche Überlegungen anstellen.

Grundsätze der vorgangsbezogenen Erlösrealisierung

Die Buchungen für Umsatzerlöse werden zeitgleich mit den Ursprungsbelegen erzeugt und direkt in der Buchhaltung gespeichert, sodass der Grundsatz der Periodengerechtigkeit in Echtzeit erfüllt werden kann. Die Eingabe eines Ursprungsbelegs, z. B.

einer Zeitrückmeldung oder einer Spesenabrechnung, erzeugt zwei separate Buchungsbelege.

Zur Veranschaulichung des Prinzips zeigt Abbildung 14.7 ein Beispiel von zwei aus einem Ursprungsbeleg erstellten Buchungsbelegen. In dem vorliegenden Fall handelt es sich bei dem Ursprungsbeleg um eine Zeitrückmeldung aus der *Arbeitszeiterfassung* (Cross-Application Time Sheet, CATS) für ein Festpreisprojekt. Aus diesem Ursprungsbeleg werden zwei Buchungsbelege erstellt:

- ein Controlling-Beleg als der primäre Buchungsbeleg aus dem zugrunde liegenden Ursprungsbeleg (der Zeitrückmeldung)
- der entsprechende Buchungsbeleg zur Erlösrealisierung; die Berechnung der realisierten Umsatzerlöse erfolgt auf der Grundlage des Fertigstellungsgrads (tatsächliche Kosten geteilt durch die geplanten Kosten), wobei der Umsatzerlös zusammen mit der Umsatzerlösanpassung auf dem Sachkonto für die Erlösrealisierung gebucht wird.

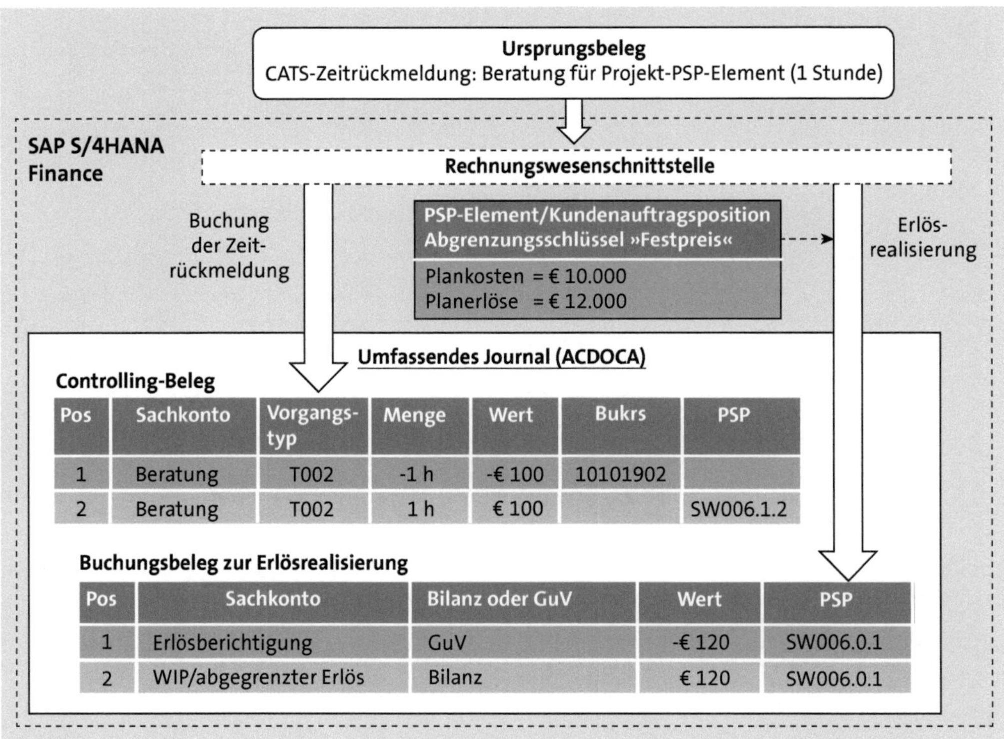

Abbildung 14.7 Erlösrealisierung

Die Funktionalität unterstützt auch Ledger-spezifische Buchungen, die flexible Behandlung von Währungen und ein Drilldown auf nach Profitabilitätsattributen ausgewählten Bilanzkonten.

Periodenende

Die Anwendung ermöglicht einen schnellen Periodenabschluss, da die meisten Buchungen im Zusammenhang mit der Erlösrealisierung bereits erfasst sind und nur noch Anpassungs- und Ausgleichsbuchungen vorgenommen werden müssen. Beim Periodenabschlusslauf werden die folgenden Schritte ausgeführt:

- Verrechnung von Rechnungsabgrenzungsposten; bei einigen Verfahren ist auch die Neuberechnung der kompletten Gewinn- und Verlustrechnung möglich. Der Periodenabschlusslauf berücksichtigt die spezifischen Anforderungen von IFRS15.
- Buchung der berechneten Differenzen auf den entsprechenden Konten
- Speicherung der bei Echtzeitbuchungen aufgetretenen Fehler in einer Fehler-Worklist, damit die primäre Buchung immer gebucht wird

Monitoring

Um die Ergebnisse der Erlösrealisierung und die entsprechenden Erlösbuchungen in Echtzeit einzusehen, können prozessspezifische SAP-Fiori-Monitoring-Apps verwendet werden. Darüber hinaus unterstützen die Monitoring-Apps Folgendes:

- manuelle Buchungen
- temporäre Anpassungen
- Anzeige von Einzelpostenberichten für Sachkonten

Da die vorgangsbezogene Erlösrealisierung die gemeinsamen Anforderungen von IF-RS15 im Kundenprojektszenario und im Kundenauftragsszenario abdeckt, zeigt die App **Zugeordneten Erlös anzeigen** die zugeordneten Erlöse (den zugewiesenen Transaktionspreis) an. Der *Einzelveräußerungspreis* wird als Grundlage für die Zuordnung verwendet.

Die IFRS15-Funktionalität wird für die folgenden Bereiche unterstützt:

- Kundenprojekte zu Festpreisen
- Kundenprojekte vom Typ periodischer Service
- Kombinationen aus Projekten mit Festpreisen und periodischem Service
- Kundenaufträge

Die App **Projekt-WIP-Details anzeigen** zeigt ausführliche Auszüge aus der zeit- und aufwandsbezogenen Abrechnung eines Kundenprojekts. Der Hauptzweck der App besteht darin, die WIP-Buchungen im umfassenden Journal näher zu erläutern. Der WIP-Detailbericht basiert auf Echtzeitdaten (aus der Projektabrechnungslösung) und ist mit Daten aus dem umfassenden Journal angereichert.

Customizing mit Self-Service-Konfigurationsbenutzeroberflächen

In SAP S/4HANA Cloud können Key User die folgenden Feintuning-Einstellungen vornehmen:

- **Quellenzuordnung**
  Legt fest, welche Buchungen in die Erlösrealisierung mit einbezogen werden. Dies wird über die Kostenarten gesteuert.
- **Buchungsregeln**
  Legt die Kontierung für die Erlösrealisierung fest, wobei die Benutzer*innen die Quellen bestimmten Verwendungszwecken und Sachkonten zuordnen können. Verwendungszwecke liefern dem System einen Hinweis darauf, wie die Beträge einer bestimmten Quelle im Rahmen der Erlösrealisierung zu behandeln sind.
- **Ableitung von Realisierungsschlüsseln**
  Konfiguration, welcher Realisierungsschlüssel beim Anlegen einer Position in einem Projekt oder einem Kundenauftrag zunächst zugeordnet werden soll. Der Realisierungsschlüssel bestimmt, wie die Erlösrealisierung berechnet wird. Einen leeren Realisierungsschlüssel pflegen Sie, wenn Sie die Erlösrealisierung für eines der vorgestellten Szenarien nicht nutzen wollen.

14.2.6 Konzernberichtswesen

SAP S/4HANA Finance für Konzernberichtswesen ermöglicht einen hochautomatisierten Konzernabschluss, wobei sowohl gesetzliche Berichtspflichten wie auch die Anforderungen an ein Management-Reporting unterstützt werden. Dazu gehören die Erfassung finanzieller und nichtfinanzieller Daten von Tochterunternehmen, Prozessüberwachung und Datenvalidierungen, die automatische Erzeugung von Verrechnungsbuchungen und die Erstellung konsolidierter Finanzberichte.

Die neue Architektur der Buchhaltung in SAP S/4HANA bietet einen noch nie dagewesenen Grad der Detailtiefe, und das Konzernberichtswesen wurde mit dem Ziel entwickelt, diese Detailtiefe auch für den Konzernabschluss anzubieten. Für das Konzernberichtswesen werden die Abschlüsse der Einzelunternehmen und die Konzernabschlüsse vereinheitlicht, indem gemeinsame Dimensionen und Stammdaten sowie eine gemeinsame Aufgabensteuerung verwendet werden. Damit werden die benötigten Werkzeuge für Anforderungen wie die kontinuierliche Buchführung, die Automatisierung, Kontrolle und Periodenabschlussaufgaben zur Verfügung gestellt und in die täglichen Aktivitäten integriert.

SAP S/4HANA Finance für Konzernberichtswesen kann als traditionelle, vom Buchhaltungsprozess entkoppelte Konsolidierungslösung oder im hohen Maße mit diesem integriert verwendet werden. Die Lösung unterstützt hybride Szenarien, bei denen ein Teil der Tochterunternehmen ein gemeinsames Buchhaltungssystem verwendet, während andere ihre Daten aus diversen anderen Buchhaltungssystemen beziehen. Darüber hinaus lässt sich das Konzernberichtswesen zur Erweiterung seiner Analyse- und Planungsmöglichkeiten mit dem Predictive Accounting und mit SAP Analytics Cloud integrieren (zu Analytics siehe auch Abschnitt 4.1). In den folgenden Abschnitten werden die wichtigsten Komponenten und Funktionen von SAP S/4HANA Finance für Konzernberichtswesen vorgestellt und die entsprechenden Integrationsmöglichkeiten erläutert.

Datensammlung (Data Collection)

SAP S/4HANA Finance für Konzernberichtswesen kann als Grundlage für die Konsolidierung sowie zur Aufstellung des Konzernabschlusses Daten aus SAP-Systemen sowie aus Systemen von Drittanbietern laden. Für die Übernahme von Einzelabschlüssen und anderen relevanten Daten in das Konsolidierungssystem stehen folgende Methoden zur Verfügung:

- Buchhaltungsdaten in SAP S/4HANA Finance fließen durch Auslesen der Istdaten aus dem umfassenden Journal direkt in das Konzernberichtswesen ein.
- flexibler Upload der Daten aus einer Datei
- Aufrufen öffentlicher APIs
- über SAP Group Reporting Data Collection

Abbildung 14.8 zeigt die Architektur von SAP Group Reporting Data Collection. Wie dargestellt, wurde ein Teil der Funktionen zur Erfassung und zum Mapping von Daten für das Konzernberichtswesen auf der SAP Business Technology Platform (SAP BTP) als cloudnative Service mit einer Microservice-Architektur implementiert. Dieser Teil verbindet sich mit SAP S/4HANA Cloud unter Verwendung des SAP Cloud SDK (siehe Abschnitt 5.3) und verwendet den Cloud Connector (siehe Abschnitt 6.5), um mit SAP S/4HANA On-Premise zu kommunizieren.

Einerseits ermöglicht SAP Group Reporting Data Collection die manuelle Erfassung finanzieller, nichtfinanzieller und qualitativer Daten sowie von Kommentaren. Andererseits können mit der Datenzuordnungsfunktion Daten automatisiert aus externen SAP- oder Nicht-SAP-Buchhaltungssystemen gelesen, transformiert und übernommen werden. Dazu müssen die Benutzer*innen die Zuordnung zwischen den Quelldimensionen aus den externen Systemen und den Zieldimensionen im Konzernberichtswesen pflegen. SAP Group Reporting Data Collection enthält folgende Apps:

- **Pakete verwalten**
  Zum Definieren von Paketen zur Datenerfassung, inklusive des Datenerfassungskontextes (Positionsplan, Geschäftsjahr etc.) für den die Daten erfasst werden sollen, sowie der Datenerfassungsschritte und ihrer Reihenfolge.

- **Formulare verwalten**
  Zum Definieren von Struktur und Layout von Formularen und rastertabellenbasierten Berichten
- **Paketdaten eingeben**
  Ermöglicht die Eingabe der gemeldeten Daten und deren Speicherung im Konzernberichtswesen in SAP S/4HANA.
- **Datenzuordnung definieren**
  Zum Definieren der Zuordnung zwischen den Dimensionen aus externen Systemen und den Zieldimensionen in SAP S/4HANA
- **Datenzuordnung ausführen**
  Zum Anlegen und Einplanen von Jobs für den Import externer Finanzdaten ins Konzernberichtswesen in SAP S/4HANA

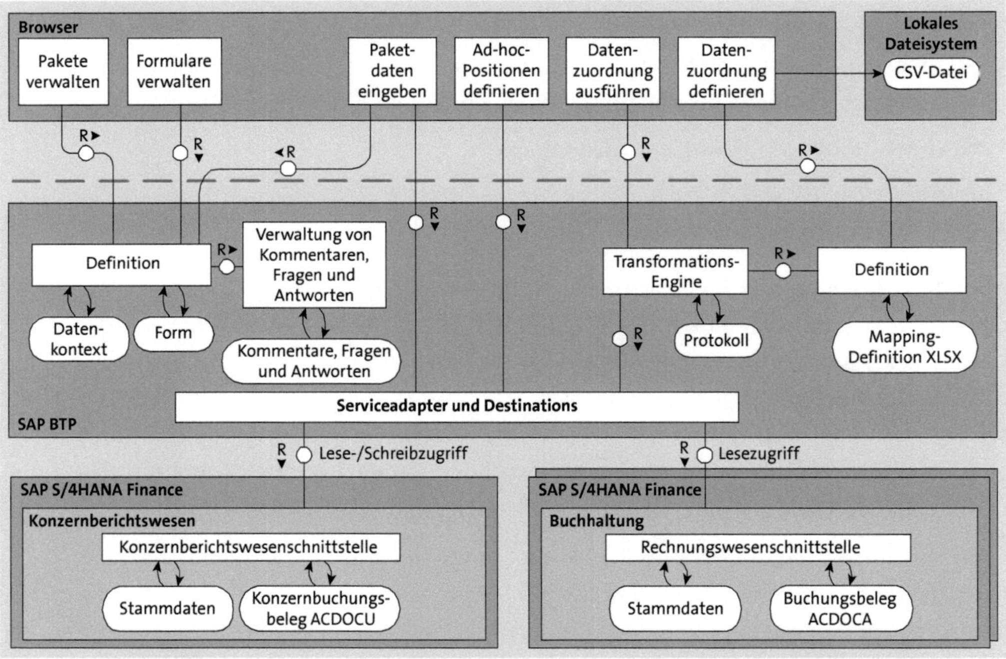

Abbildung 14.8 SAP Group Reporting Data Collection

Die Kommunikation zwischen SAP S/4HANA und dem Service auf der SAP BTP erfolgt über öffentliche APIs zum Lesen/Schreiben von Stammdaten und Bewegungsdaten.

Datenvorbereitung

Sobald der Prozess der Datensammlung abgeschlossen ist, werden alle Meldedaten in der Tabelle ACDOCU gespeichert, der Haupttabelle für Buchungsbelege des Konzernberichtswesens. Die Anwendung verwendet verschiedene Belegarten, um Art und Quelle der Meldedaten zu unterscheiden.

In der Datenvorbereitungsphase werden die Meldedaten der Konsolidierungseinheiten validiert und in die Konzernwährung umgerechnet. Hier wird die *Kontierungsebene* eingeführt, um Buchungen für die internen Managementberichte sowie für die externen veröffentlichten Konzernabschlüssen zu kategorisieren, z. B. als konzernunabhängige Buchungen für den lokalen Abschluss, Konzernaufrechnungen für paarweise Transaktionen oder konzernabhängige Buchungen von Minderheitsbeteiligungen.

Der *Datenmonitor* ist der Einstiegspunkt zur Aufbereitung und Erfassung der Meldedaten der Konsolidierungseinheit. Dort stehen die damit verbundenen Maßnahmen zur Verfügung, wie z. B. Saldovortrag, Gewinnermittlung, Währungsumrechnung und Validierung aller erfassten und standardisierten Daten. Das System verwaltet den Status der Maßnahmen und sorgt so für eine logische Reihenfolge und damit für konsistente Daten.

Kernfunktionen zur Konsolidierung

Die gesetzliche Konsolidierung muss den Bilanzierungs- und Bewertungsstandards des Konzerns genügen. Dazu gehört auch die Eliminierung von Beteiligungsbeziehungen oder Geschäften zwischen den Einzelgesellschaften des Konzerns.

Wie in Abbildung 14.9 dargestellt, erfolgt vor dem Einstieg in den Kernprozess der Konsolidierung zunächst die Abstimmung der zwischenbetrieblichen Verrechnungsdifferenzen entsprechend den anwendbaren Matching-Regeln, ohne dass das System bereits Eliminierungsbuchungen vornimmt. Darüber hinaus kann das Tool für die Intercompany-Abstimmung auch so konfiguriert werden, dass fehlerhafte Einträge für Buchhaltungsbelege automatisch korrigiert oder die Anpassungsbuchungen direkt im System für das Konzernberichtswesen gespeichert werden. Zwischen den einzelnen Konsolidierungsschritten kann jederzeit die Datenvalidierungsfunktion ausgeführt werden, um die Ergebnisse zu überprüfen.

Die Eliminierung der konzerninternen Forderungen, Verbindlichkeiten, Erlöse und Aufwendungen erfolgt im Allgemeinen durch die Anwendung vordefinierter Regeln für die *Umgliederung*, eine Kernfunktion der Konsolidierung. Die Kapitalkonsolidierung umfasst die Eliminierung konzerninterner Kapitalbeteiligungen. Eine weitere Maßnahme beschäftigt sich mit Änderungen auf Konsolidierungskreisebene wie dem Erwerb und Verkauf von Tochterunternehmen. Wenn die eigentlichen Konsolidierungsmaßnahmen abgeschlossen sind, muss als letzter Schritt noch einmal die Validierung ausgeführt werden, um die konsolidierten Daten zu prüfen, bevor der Konzernbericht erstellt wird.

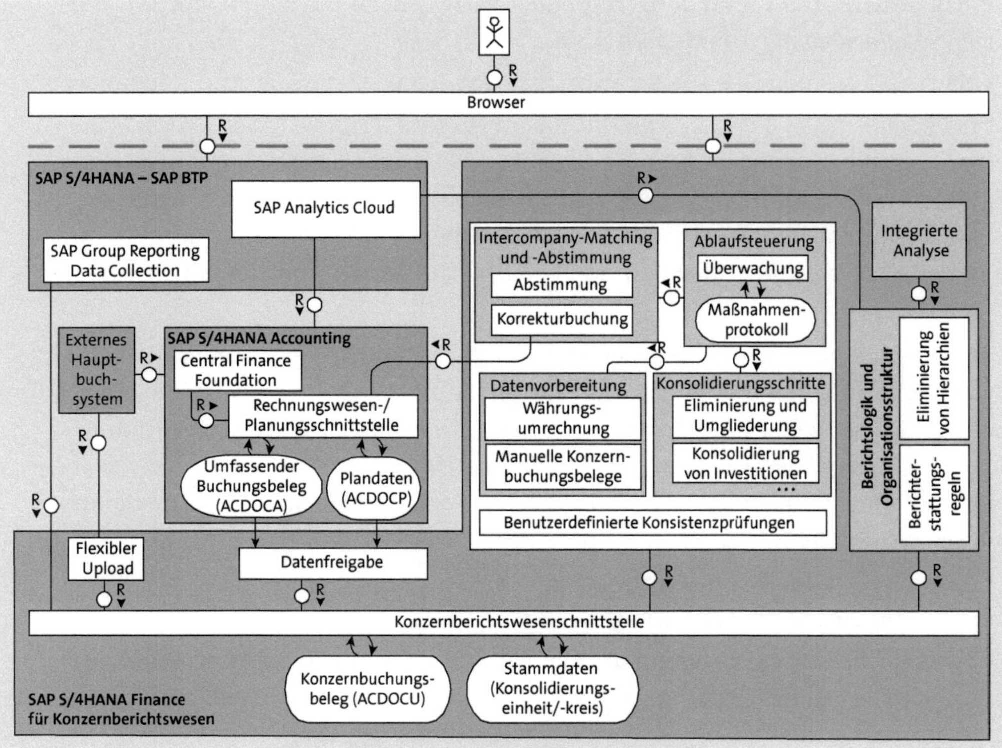

Abbildung 14.9 Kernfunktionen des Konzernberichtswesens

Die Buchungsergebnisse aller Konsolidierungsmaßnahmen entlang des Konsolidierungsprozesses werden zur weiteren Analyse im Maßnahmenprotokoll gespeichert. Derzeit können Konsolidierungsmaßnahmen im *Konsolidierungsmonitor* durchgeführt werden. Ähnlich wie beim Datenmonitor können die Abfolge der Maßnahmen und die im Rahmen der Maßnahmen vorgenommenen automatischen Buchungen über die individuellen Einstellungen der Maßnahmen konfiguriert werden. SAP hat das Ziel, in Zukunft mit SAP Advanced Financial Closing über eine gemeinsame Schnittstelle die Maßnahmen sowohl für Einzel- als auch für Konzernabschlüsse zu steuern.

Konzernberichtswesen und Datenanalyse

Um sowohl die gesetzlichen Anforderungen wie auch die Anforderungen an ein Management-Reporting zu erfüllen, hält das Konzernberichtswesen verschiedene Ansichten der konsolidierten Daten bereit:

- **Konzernsicht**
  Hierbei handelt es sich um eine Liste der zugeordneten Konsolidierungseinheiten.

- **Hierarchische Sicht**
  In dieser Darstellung werden die Konsolidierungseinheiten, die Profitcenter und die Segmente angezeigt.
- **Kombinierte Sicht**
  Es werden sowohl die hierarchische Sicht angezeigt als auch Konsolidierungskreise ausgewählt (sogenannte Matrixkonsolidierung).

Zur Datenanalyse können Berichte mit Pivot-Tabellen verwendet werden, mit Drilldown und komplettem Audit-Trail von den konsolidierten Konzernergebnissen bis hinunter zu den Belegpositionen in der Buchhaltung. Mit SAP Analysis für Microsoft Office können die konsolidierten Daten auch in Microsoft Excel analysiert werden.

Die App **Konzernabschlüsse – Review-Booklet** dient zur Darstellung von Standardabschlüssen in einer vorkonfigurierten Form. Zu diesen Standardabschlüssen gehören Bilanz, Gewinn- und Verlustrechnung nach Umsatzkostenverfahren oder Gesamtkostenverfahren sowie die Kapitalflussrechnung. Diese analytische SAP-Fiori-App bietet die Möglichkeit, zwischen den gängigsten Vergleichen wie Jahresvergleich oder Plan-Ist-Vergleich zu wählen, und leitet die Benutzer*innen beim Einstieg in die Detailebene der Buchungen nach bewährten Analysemustern an.

Als Alternative bietet das Konzernberichtswesen die Bereitstellung von Standardabschlüssen über SAP Analytics Cloud an. SAP S/4HANA Cloud stellt Live-Datenverbindungen zwischen dem Konzernberichtswesen und SAP Analytics Cloud bereit und ermöglicht hiermit Datenanalysen auf Konzernebene ohne Datenreplikation (zur Integration mit SAP Analytics Cloud siehe Abschnitt 4.1).

Zur Vorbereitung von Finanzpublikationen, die zur Kommunikation mit internen und externen Stakeholdern dienen und Text, Grafiken und Zahlen miteinander kombinieren, sowie zur Automatisierung der Erstellung komplexer elektronischer Berichte, die für das European Single Electronic Format (ESEF) oder die US Securities and Exchange Commission (SEC) erforderlich sind, steht eine direkte Integration mit SAP Disclosure Management zur Verfügung. Damit können die Benutzer*innen Daten aus dem Konzernberichtswesen direkt in SAP Disclosure Management abrufen.

Integration mit der Finanzplanung und -analyse

Die Plankonsolidierung basiert auf der Integration zwischen dem Konzernberichtswesen und der Planungskomponente von SAP Analytics Cloud, der neuesten Lösung von SAP für die Finanzplanung und Analyse (siehe Abschnitt 14.4.3). Unkonsolidierte Finanzdaten aus den Einzelposten des umfassenden Journals (Tabelle ACDOCA) können über Live-Datenverbindungen oder Importfunktionen in SAP Analytics Cloud übertragen werden. Die nicht konsolidierten Istdaten dienen als Input um dort den Planungsprozesses zu starten. Plandaten können durch das Kopieren und Anpassen von

Istdaten aufgestellt werden oder auf Werttreibern beruhen. Die Planergebnisdaten können dann in die Einzelposten für die Plandaten (Tabelle ACDOCP) oder ins Konzernberichtswesen (Tabelle ACDOCU) exportiert werden, um Konsolidierungen durchzuführen und Ist- und Plandaten auf Konzernebene miteinander zu vergleichen. Die Integration von Plan- und Istdaten ist auch in Abbildung 14.10 zu sehen.

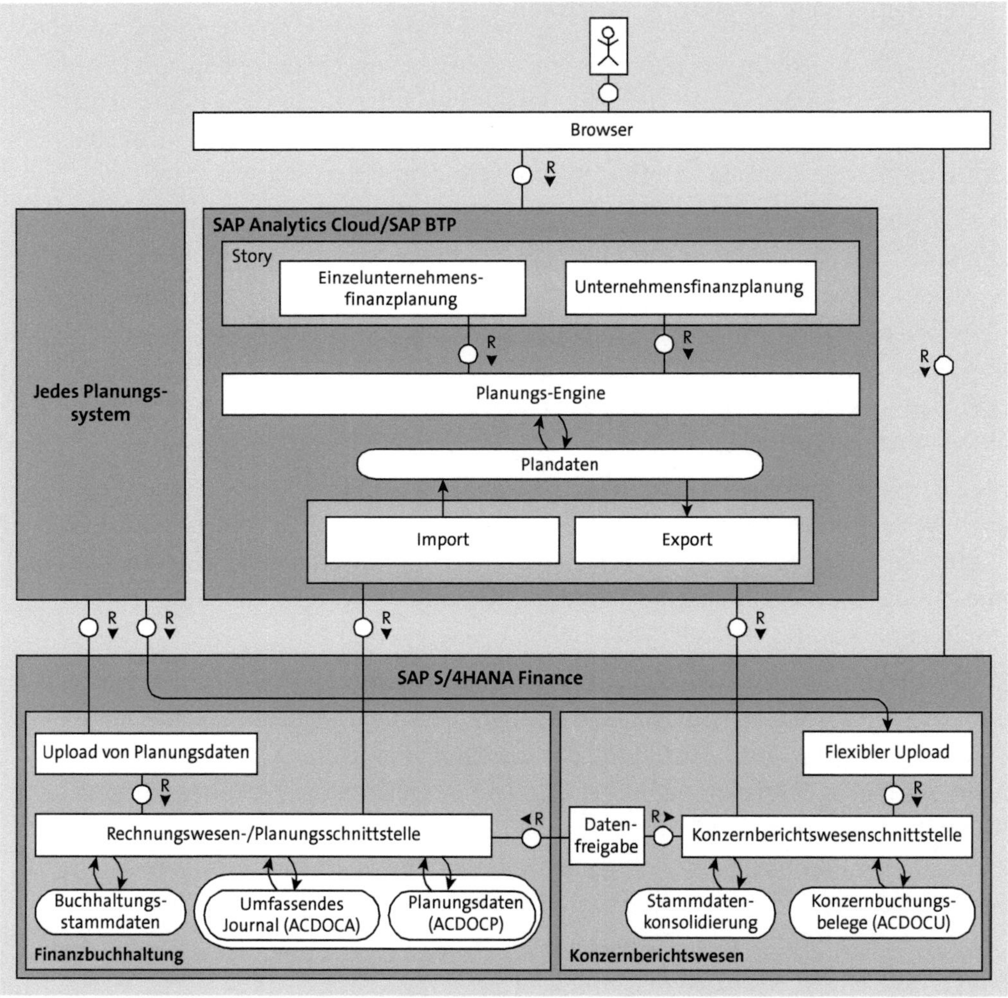

Abbildung 14.10 Integration der Finanzplanung mit der Konsolidierung

Integration mit Predictive Accounting

Das Konzernberichtswesen kann außerdem mit dem Predictive Accounting integriert werden (siehe Abschnitt 14.4.2). Dazu wird eine Verbindung zwischen der Konsolidierungsversion und dem Prediction-Ledger in der Buchhaltung hergestellt, über die das Konzernberichtswesen Vorschaubelege (z. B. aus Kundenaufträgen abgeleitet) aus dem Prediction-Ledger übernehmen kann. So können prädiktive Daten konsolidiert werden, für eine genauere Vorschau der finanziellen Kennzahlen des Konzerns. Diese Innovation vergrößert die Reichweite der kontinuierlichen Buchführung und liefert genauere Daten, die für die finanzielle Performance des Unternehmens zukunftsweisend sind.

14.2.7 Finanzabschluss

SAP S/4HANA hat die Bewertung und Abgrenzung der in den operativen Transaktionen erzeugten Bewegungsdaten weitgehend automatisiert. Dennoch müssen bei der Verarbeitung zum Periodenende noch einige Abschlussarbeiten erledigt werden. Ein Beispiel hierfür ist die *Fremdwährungsbewertung*, für die die Abschlusskurse zum Stichtag benötigt werden. Der Finanzabschluss erfordert eine sorgfältige Planung und Ausführung einer Reihe voneinander abhängiger Aktivitäten, um vollständige und korrekte Finanzdaten für die externe Berichterstattung bereitzustellen.

Die Orchestrierung, Ausführung und das Monitoring dieser Abschlussaktivitäten wird von *SAP Advanced Financial Closing* gesteuert. Dies ist eine Geschäftsanwendung, die als zentraler Cloud-Service auf der SAP BTP bereitgestellt wird. Mit ihr können systemübergreifende Abschlussaufgabenpläne verwaltet, ausgeführt und überwacht werden. Die einzelnen Aufgaben in diesen Plänen repräsentieren automatisch oder manuell auszuführende Aktivitäten, die eines oder mehrere SAP-S/4HANA-Systeme betreffen können.

Die Architektur von SAP Advanced Financial Closing setzt sich aus drei Ebenen zusammen (siehe Abbildung 14.11):

1. **UI-Schicht**
   Diese Schicht wird mit dem SAP Fiori Launchpad realisiert. Für die verschiedenen Benutzerprofile werden auf SAP Fiori Elements basierende, spezifische Benutzeroberflächen bereitgestellt.
2. **Hub-Schicht**
   Diese Schicht dient zur Implementierung der Business-Logik und der Workflow-Logik. Die Business-Logik umfasst die Registrierung der Konzernunternehmen, die Verwaltung der betreffenden Kommunikationssysteme, in denen der Finanzabschluss jeweils auszuführen ist, die Anwender- und Berechtigungsverwaltung, die Planung und Einrichtung von Aufgabenplanvorlagen und die Erzeugung von ausführbaren Aufgabenplänen für den Finanzabschluss sowie die Verarbeitung von Aufgaben und ihrer Statusverwaltung. Die Workflow-Logik dient z. B. der Automatisierung von Aufgaben und der Benachrichtigung von Benutzer*innen.
3. **Proxy-Schicht**
   Diese Schicht befindet sich auf Seiten der angeschlossenen Backend-Finanzsysteme. Wenn es sich dabei um SAP S/4HANA On-Premise oder SAP S/4HANA Cloud

handelt, ist die Proxy-Schicht direkt in das System integriert. Bei SAP-ERP-Systemen wird die Proxy-Schicht durch eine zusätzlich installierte, auf dem SAP-ERP-Stack aufsetzende Integrationskomponente bereitgestellt. Die Proxy-Schicht stellt (je nach Art des Backends) einen OData- oder einen REST-Service bereit, über den die Business-Logik im Hub Aktivitäten im Backend starten kann. Sie bietet außerdem Aktivitäten im SAP-Customizing-Einführungsleitfaden an, über den die hierzu erforderlichen Konfigurationen wie das Registrieren von auszuführenden ABAP-Programmen, die Definition von Parameter-Mappings und das Erstellen von Aufgabenplanmodellen und Aufgabenmodellen als Vorlagen für Abschlussaufgabenpläne und Abschlussaufgaben vorgenommen werden können. Die Ausprägung dieser Konfiguration wird durch von SAP vordefinierten Content erleichtert.

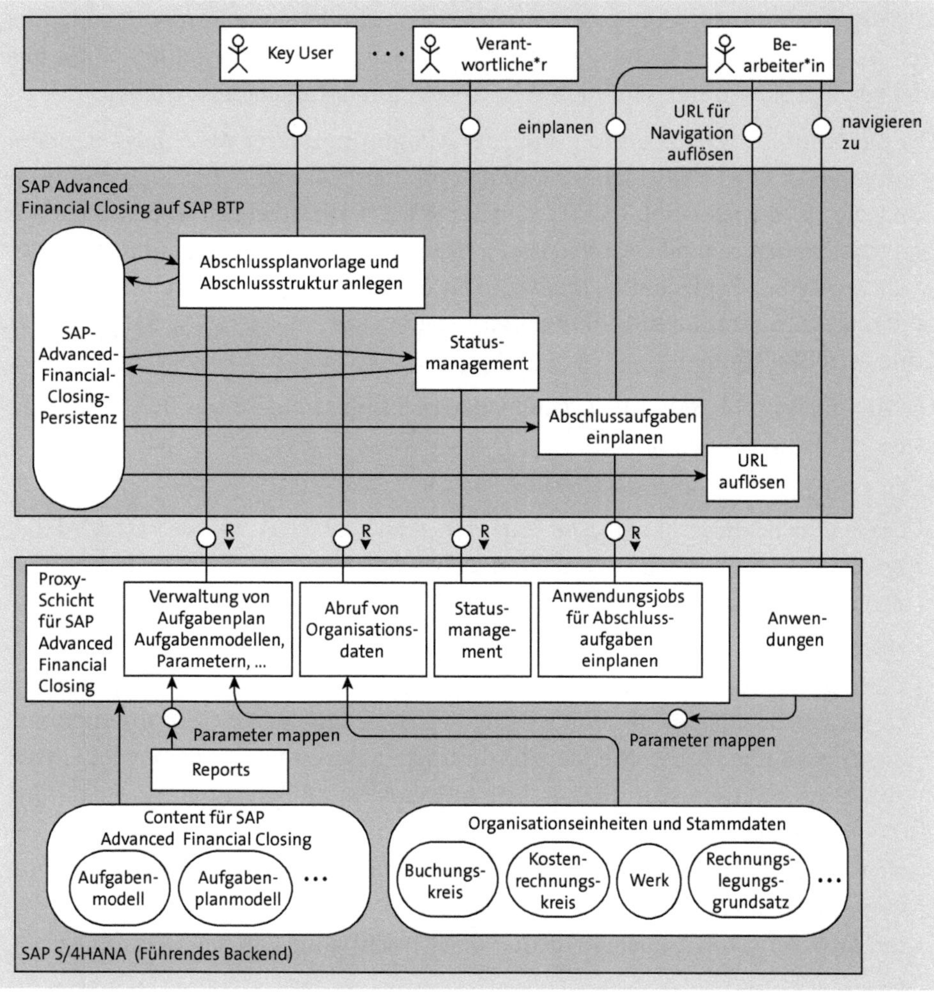

Abbildung 14.11 Die Architektur von SAP Advanced Financial Closing

Diese Architektur unterstützt mehrere Anwendungsfälle:

1. Key User können einzelne Vorlagen erstellen und bei Bedarf anpassen und ändern, um daraus für jeden Monats-, Quartals- oder Jahresabschluss jeweils einen Aufgabenplan mit allen voneinander abhängigen Abschlussaufgaben in allen angeschlossenen Finanzsystemen zu generieren. Organisationseinheiten wie Kostenrechnungskreis, Buchungskreis und Werk werden innerhalb des Aufgabenplans als Knoten oder Ordner dargestellt. Globale Einstellungen und Parameter wie Ledger und Geschäftsjahresvarianten werden als Attribute des Aufgabenplans oder als Parameterarten abgebildet. Auf diese Weise läuft die Parametrierung der im Rahmen des Finanzabschlusses einzuplanenden Jobs hochautomatisiert ab.
2. Wenn ein Aufgabenplan als freigegebene Instanz der Vorlage generiert wird, werden automatische Aufgaben wie Jobs automatisch eingeplant, sobald ihre Startzeit ansteht und die vorausgehenden Aktivitäten erfolgreich abgeschlossen sind. Je nach Konfiguration werden die Benutzer*innen per E-Mail und/oder über das SAP Fiori Launchpad benachrichtigt, dass sie mit der Bearbeitung ihrer Aufgaben beginnen können. Erledigte Aufgaben, die dem Vieraugenprinzip unterliegen, werden automatisch den jeweils zuständigen Benutzer*innen zur Genehmigung vorgelegt.
3. Buchhaltungsleiter*innen können den Fortschritt und den Abschluss der Aufgabenbearbeitung überwachen, um sich ein detailliertes Bild über den Status zu verschaffen. Für eine geplante Abschlussaufgabe können eine oder mehrere Aufgabenausführungen durchführt werden. Dabei werden jeweils alle Aktivitäten sowie automatische und manuelle Statusänderungen zusammen mit den entsprechenden Ergebnisobjekten wie Anwendungsprotokollen, Jobprotokollen und Spools aufgezeichnet, sodass ein vollständiger Audit Trail entsteht.

14.3 Steuern und gesetzliches Berichtswesen

Die Komponente für die Verarbeitung von Steuern in SAP S/4HANA Finance ist verantwortlich für die Berechnung von geschäftsvorfallbezogenen Steuern und für die Bereitstellung der Daten für ein mit dem geltenden Recht übereinstimmendes Steuerberichtswesen.

Abhängig von den länderspezifischen Anforderungen berechnet die Steuerverwaltung die folgenden Steuerarten:

- **Umsatzsteuer**
  Steuer auf den Umsatz und auf den Kauf von Waren oder Serviceleistungen
- **Sales Tax und Use Tax (Umsatzsteuern in den USA)**
  Auf den Verkauf von Waren und Serviceleistungen anwendbare Steuer, die in den Vereinigten Staaten zu entrichten ist

- **Gestundete Steuern**
  Umsatzsteuern, die nicht zum Zeitpunkt der Rechnungsbuchung relevant sind
- **Quellensteuer**
  Im Rahmen einer Zahlung einbehaltene Steuern, die im Namen der Zahlungsempfänger*innen geleistet werden

Die Einkommen- und Körperschaftssteuer sind nicht in der Lösung mit inbegriffen. Im Rahmen des steuerlichen Customizings können Sie länderspezifische Steuerinformationen definieren, wie z. B. Mehrwertsteuerkennzeichen, Quellensteuerkennzeichen, Quellensteuertypen, Steuerstandortcodes und Steuersätze. Der Mehrwertsteuersatz wird in Preiskonditionstabellen in SAP S/4HANA Sales gespeichert (siehe Abbildung 14.12).

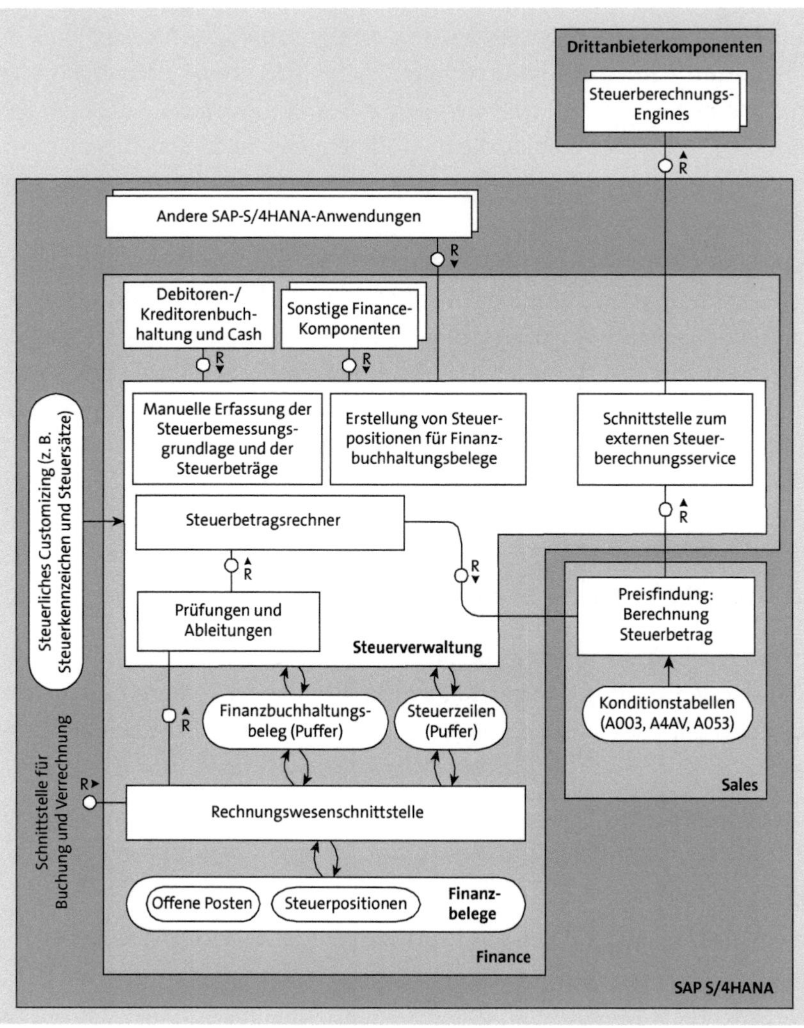

Abbildung 14.12 Steuerverwaltung

Steuerrelevante Geschäftsvorgänge innerhalb von SAP S/4HANA Finance wie Zahlungen rufen ebenso wie Geschäftsvorgänge, die nicht innerhalb von Finance abgewickelt werden (wie etwa Lieferantenrechnungen oder Reisekostenerstattungen), zur Berechnung der Steuern das Modul zur Steuerverwaltung auf. Bei dessen Aufruf werden die Informationen über die als Besteuerungsgrundlage dienenden Beträge von dem Geschäftsvorfall an die Steuerverwaltung übergeben. Zur Berechnung des Steuerbetrages wird die Preisfindungskomponente aus SAP S/4HANA Sales verwendet. Bei der Steuerberechnung werden diese Beträge auf der Ebene des Steuerkennzeichens und des Steuerstandortcodes verdichtet und berechnet. Steuern können auch direkt auf Ebene der steuerrelevanten Position erhoben werden. In diesem Fall werden die Beträge der steuerlich relevanten Positionen nicht summiert und die Steuern für jede Position einzeln berechnet. Die Steuerverwaltung ermittelt die Steuerattribute, einschließlich des Sachkontos für Steuern, in Abhängigkeit von den Geschäftsvorfällen und den landesspezifischen Anforderungen.

Steuerpositionen mit Informationen wie Steuerattributen und Steuerbeträgen sowie steuerrelevante Positionen mit Steuerattributen werden an die Rechnungswesenschnittstelle weitergereicht. Die Rechnungswesenschnittstelle verarbeitet die Steuerdaten und speichert die Daten schließlich als Positionen von Finanzbelegen (Tabelle BSEG) und in den Steuerpositionen (Tabellen BSET und WITH_ITEM). Dieser Prozess läuft entsprechend den landesspezifischen Rechtsvorschriften und den jeweils anwendbaren Rechnungslegungsstandards ab.

In der Rechnungswesenschnittstelle werden Prüfungen und Ableitungen zur Steuerverwaltung durchgeführt. Dabei erfolgt eine Validierung der Steuerattribute in Abhängigkeit von den Geschäftsvorfällen und den landesspezifischen Anforderungen. Bei bestimmten Transaktionen, z. B. teilweise beim Aufrufen der Rechnungswesenschnittstelle über Business Application Programming Interfaces (BAPIs)), wird die Steuerberechnung aufgerufen, um zu prüfen, ob der Steuerbetrag korrekt berechnet wurde.

Je nach Geschäftsvorfall und landesspezifischen Anforderungen können die Benutzer*innen die Beträge für die Steuern und für die Besteuerungsgrundlage eingeben. Auf die manuelle Eingabe eines Steuerbetrags greifen Sie zurück, wenn die Steuern auf den Rechnungen beispielsweise durch die Lieferanten berechnet wurden und das System genau diejenigen Steuerbeträge speichern und melden muss, die auf den Lieferantenrechnungen abgedruckt sind. Die Benutzer*innen können den Steuerbetrag auch automatisch berechnen lassen. Die Steuerpositionen können ebenfalls direkt von den Benutzer*innen eingegeben werden. In diesem Fall muss ein Betrag für die Besteuerungsgrundlage eingegeben oder von der Steuerberechnung automatisch berechnet werden.

Alternativ zur internen Steuerberechnung kann die Aufgabe der Steuerberechnung an die Schnittstelle des externen Steuerberechnungsservice delegiert werden.

14.4 Finanzplanung und -analyse

Moderne Unternehmen zeichnen sich durch eine zukunftsorientierte Haltung aus. Die Funktionalität zur *Finanzplanung und -analyse* gibt den Finanzabteilungen die passenden Werkzeuge an die Hand, um mittels detaillierter Planung Budgets festzulegen, diese Budgets zu überwachen und dabei darauf zu achten, dass sie sowohl die tatsächlichen Kosten als auch die übernommenen Verpflichtungen enthalten. Außerdem ermöglichen es die entsprechenden Werkzeuge, die Deckungsbeiträge zu verwalten und dabei darauf zu achten, dass diese sowohl die tatsächlichen Umsatzerlöse und Aufwendungen als auch die entsprechenden Vorhersagen berücksichtigen. Schließlich dient die Finanzplanung und -analyse dazu, die Gemeinkosten zu verstehen und zuzuweisen sowie die Fertigungskosten zu überwachen. In den folgenden Abschnitten erläutern wir die wichtigsten Funktionen zur Finanzplanung und -analyse in SAP S/4HANA Finance.

14.4.1 Budgetierung

Im Bereich Finanzplanung und -analyse enthält SAP S/4HANA Finance eine neue Funktionalität zur *Budgetverfügbarkeitskontrolle*, die es den Finanzabteilungen ermöglicht zu überwachen, wie viel von einem Budget schon verbraucht ist. Die Budgetverfügbarkeitskontrolle unterstützt Geschäftsprozesse durchgehend von der Budgetfestlegung bis zur Kostenbuchung und bietet entsprechende Auswertungen für die budget- und kostentragenden Objekte an.

Wenn die Budgetverfügbarkeitskontrolle aktiviert ist, gibt sie Warn- und Fehlermeldungen aus, wenn tatsächliche oder geplante Kosten (Obligos) über einem eingestellten Schwellenwert liegen oder entsprechende Verpflichtungen eingegangen werden. Wenn bestimmte Bedingungen erfüllt sind, sendet sie automatisch E-Mail-Benachrichtigungen an die jeweiligen Budgetverantwortlichen. Im Gegensatz dazu handelt es sich bei der *passiven* Budgetverfügbarkeitskontrolle um eine Reporting-Lösung, die einen Überblick über die Budgetzuweisungen bietet.

Die neue Budgetverfügbarkeitskontrolle ist in SAP S/4HANA On-Premise nur für Kostenstellen verfügbar. In SAP S/4HANA Cloud kann diese Funktionalität hingegen sowohl für Kostenstellen als auch für Investitionsprojekte verwendet werden.

Um die neue Budgetverfügbarkeitskontrolle in SAP S/4HANA zu nutzen, müssen Sie die relevanten Kostenpositionen für die Prüfung konfigurieren, Toleranzgrenzen für den Budgetverbrauch festlegen und bestimmen, wie die Anwendung reagieren soll, wenn der Budgetverbrauch einen festgelegten Schwellenwert erreicht hat. Diese Konfigurationseinstellungen werden in einem Profil für die Budgetverfügbarkeitskontrolle zusammengeführt, das Sie anschließend dem entsprechenden Stammdatenobjekt (wie etwa einem Projekt oder einer Kostenstelle) zuweisen müssen, für das

Sie die Budgetkontrolle durchführen möchten. Nachdem einem Objekt ein solches Profil zugewiesen wurde und Istkosten darauf gebucht wurden, berechnet die Budgetverfügbarkeitskontrolle das verfügbare Budget und reagiert entsprechend auf den von Ihnen festgelegten Schwellenwerten für den Budgetverbrauch.

Sie können Ihr Budget mithilfe einer vordefinierten Planungs-/Budgetvorlage in SAP Analytics Cloud verwalten. Alternativ können Sie Ihre Daten auch aus einer Tabellenkalkulationsanwendung heraus mithilfe der App **Finanzplandaten importieren** in die Tabelle ACDOCP hochladen. Die aktuellen Verpflichtungen, die Istkosten und das verfügbare Budget können Sie in der App **Projektbudgetbericht** (nur für SAP S/4HANA Cloud verfügbar) sowie in der App **Kostenstellen Etatbericht** (für Cloud- und On-Premise-Editionen verfügbar) einsehen.

Im Allgemeinen sind an der Kontrolle der Budgetverfügbarkeit drei Kategorien von Objekten beteiligt:

- Die *Kontierung* ist das Objekt, das Kosten oder Verpflichtungen verursacht.
- Das *Kontrollobjekt* ist das Objekt, über das das Budget und der zugeordnete Wert verglichen werden.
- Das *Budgetobjekt* ist der Budgetträger.

Beim Aufruf des Objekts in der Rechnungswesenschnittstelle ermittelt die Budgetverfügbarkeitskontrolle, welche Verfügbarkeitskontrollklassen aktiv sind (siehe Abbildung 14.13). Verfügbarkeitskontrollklassen enthalten eine Kombination aus Merkmalen wie den Elementen von Projektstrukturplänen (PSP), Kostenstellen oder Einrichtungen der öffentlichen Hand, jeweils mit ihrer spezifischen Logik für die Verfügbarkeitskontrolle.

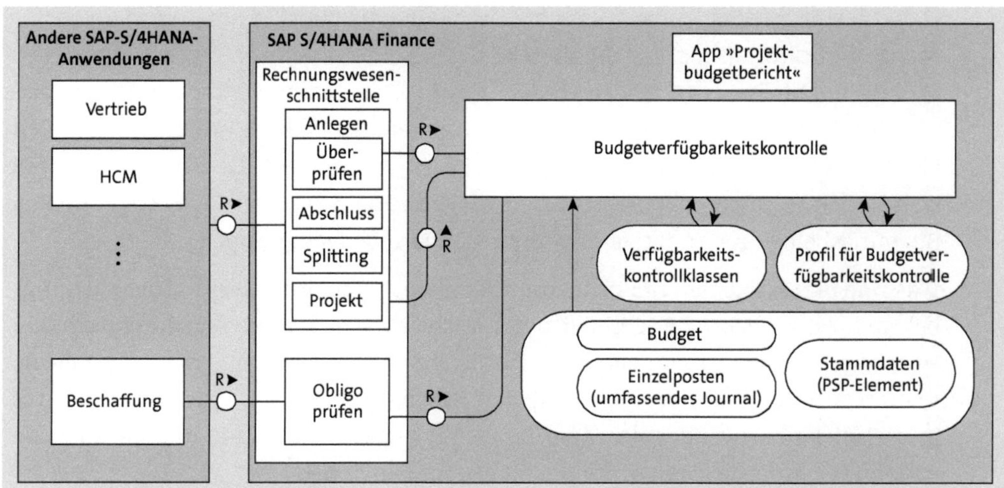

Abbildung 14.13 Budgetverfügbarkeitskontrolle

Die Budgetverfügbarkeitskontrolle sammelt nun die relevanten Einzelposten. Dabei kann ein Geschäftsbeleg mehrere Positionen enthalten, die sich auf das Kontierungsobjekt beziehen. Anschließend leitet die Budgetverfügbarkeitskontrolle die Kontrollobjekte ab. Danach liest sie den Budgetbetrag aus der Tabelle ACDOCP aus. Für das Kontrollobjekt holt sie sich die zugeordneten Wertkosten zuzüglich der Verpflichtungen – unter Berücksichtigung von Ausnahmen – aus dem umfassenden Journal (Tabelle ACDOCA). Die Budgetverfügbarkeitskontrolle vergleicht die beiden Werte und gibt abhängig von den im Customizing festgelegten Toleranzgrenzen eine Fehler- oder Warnmeldung aus.

14.4.2 Predictive Accounting

Predictive Accounting ist eine neue Funktionalität zur vorausschauenden Buchhaltung in SAP S/4HANA. Predictive Accounting ermöglicht es, den Anwendungsbereich des traditionellen Rechnungswesens zu erweitern, indem die in SAP S/4HANA verfügbaren nicht-HGB-relevanten Geschäftsvorfälle, wie etwa Kundenaufträge, zur Vorhersage zukünftiger Buchungsbelege genutzt werden. Dies ist nur durch zwei wesentliche Innovationen von SAP S/4HANA Finance möglich: Mit dem Konzept des umfassenden Journals (siehe Abschnitt 14.1) wird sichergestellt, dass die HGB-relevanten Buchungsbelege und die vorhergesagten Daten – die Vorschaubelege – in derselben Form in der Tabelle ACDOCA gespeichert werden, während durch das Konzept der *Ledger-Schichtung* die Trennung der vorhergesagten Daten von den tatsächlichen Daten erreicht wird. Die gesetzlich vorgeschriebenen Daten werden im Standard-Ledger gespeichert, während die vorhergesagten Daten im entsprechenden Erweiterungs-Ledger gespeichert werden (siehe auch Abschnitt 14.2.1).

Dank der Ledger-Schichtung können Sie alle Finanzberichte und alle Key Performance Indicators (KPIs) für die Zwecke des gesetzlich geforderten Berichtswesens nutzen, indem Sie den Standard-Ledger auswählen. Voraussetzung hierfür ist, dass die entsprechenden Berichte und KPIs die Auswahl des Ledgers unterstützen. Indem Sie einfach zum Erweiterungs-Ledger wechseln, können Sie dieselben Daten ohne weitere Anpassungen um die Vorschaubelege aus dem Erweiterungs-Ledger und die Buchungsbelege aus dem referenzierten Standard-Ledger anzeigen.

Was sind prädiktive Daten? Bei der traditionellen Buchhaltung werden die Buchungsbelege für die Zwecke der gesetzlich vorgeschriebenen Berichterstattung nach dem HGB erstellt. Dabei ist nur das geschäftliche Ergebnis relevant und nicht etwa die Berichterstattung über den ursprünglichen Geschäftsvorfall wie den Kundenauftrag. Im Beispiel eines Kundenauftrags führen nur der Warenausgang und die Fakturierung zu Buchungsbelegen in der Buchhaltung.

Mit den Informationen über zugrunde liegende Originalbelegposition können Sie jedoch die Folgeprozesse simulieren und diese simulierten Belege als Eingangsdaten für die Erstellung von Vorschaubelegen im Prediction-Ledger nutzen. Um alle Vorschaubelege für ein und denselben Ursprungsbeleg zu identifizieren, wird die Referenz auf den Ursprungsbeleg im entsprechenden Vorschaubeleg gespeichert. Diese Referenz wird auch als *Prozessaufhänger* für die Simulation der Folgeprozessschritte bezeichnet.

Einen Überblick über die Architektur von Predictive Accounting finden Sie in Abbildung 14.14. Um genaue Vorhersagen zu erhalten, sollten die prädiktiven Daten den tatsächlichen Daten so nahe wie möglich kommen. Zu diesem Zweck werden Schlüsselinformationen wie Mengen, Beträge und erwartete Termine des Ursprungsbelegs – der Prozessaufhänger – für die Simulation der Folgeprozessschritte und der daraus resultierenden Buchungen verwendet.

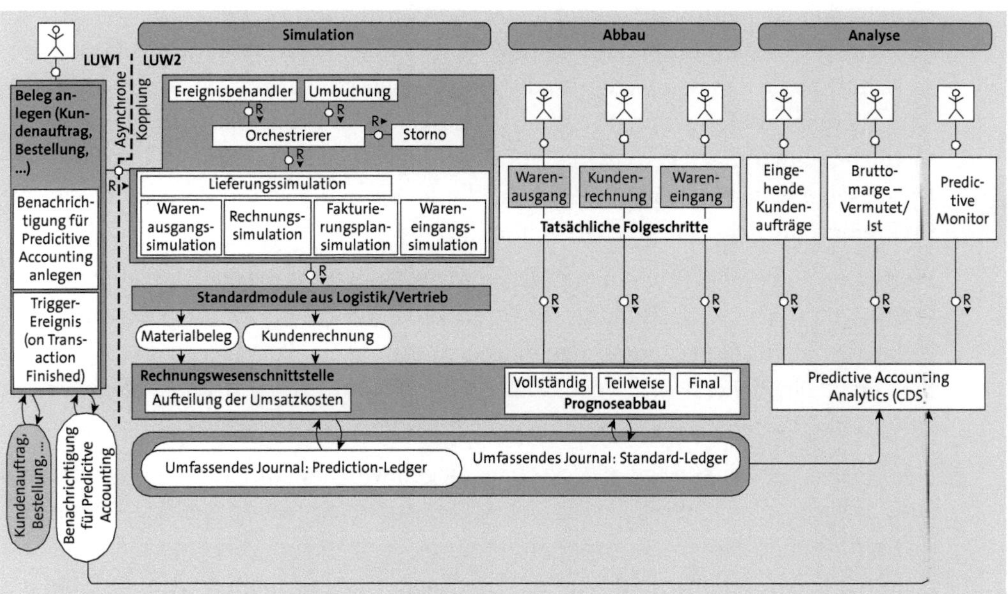

Abbildung 14.14 Überblick über die Architektur von Predictive Accounting

Wie bereits erwähnt, greift Predictive Accounting auf bereits in SAP S/4HANA vorhandene Informationen über Geschäftsvorfälle zurück, um die entsprechenden Vorschaubelege zu erstellen. Zu diesem Zweck wurde das folgende Verfahren eingeführt: Bei jeder Erstellung eines neuen Belegs in einem der definierten Aufhängerprozesse wird auch eine neue Benachrichtigung an Predictive Accounting erstellt. Diese enthält Informationen wie die Nummer des Kundenauftrags und den Zeitstempel, die in der Tabelle `FINS_PR_ACCNOTIF` gespeichert werden. Wenn die Transaktion abgeschlossen ist, wird das Ereignis `on transaction finished` ausgelöst, wodurch sichergestellt wird, dass keine weiteren Anpassungen an der Transaktion mehr vorgenommen werden können.

Das Ereignis `on transaction finished` wird durch den Ereignisbehandler von Predictive Accounting bearbeitet, der den Orchestrierer aufruft. Der Orchestrierer bestimmt die relevanten Folgeprozessschritte und trifft Entscheidungen über die weitere Verarbeitung. Bei einem einfachen Lagerverkaufsszenario wären dies der Warenausgang und die Fakturierung; bei einer Transaktion ohne Warenausgang, wie etwa einer Gutschrift, würde der Orchestrierer feststellen, dass kein Warenausgang erforderlich ist, sondern nur die Faktura.

Auf der Grundlage dieser Ermittlung ruft der Orchestrierer die entsprechende Standardfunktionalität aus der Logistik- und Vertriebsfunktionalität im Simulationsmodus auf. Der Simulationsmodus sorgt dafür, dass nur *temporäre Belege* erstellt werden, die nicht persistiert werden und für die bestimmte Validierungen unterdrückt werden, wie etwa Prüfungen, ob ein Zeitraum noch offen ist, oder numerische Validierungen. Diese temporären Belege stellen die Eingangsdaten für die Rechnungswesenschnittstelle dar, die wiederum die Erstellung der Finanzbelege auslöst. Die sich daraus ergebenden Buchungsbelege sind lediglich Vorhersagen darüber, wie die tatsächlichen Buchungen gemäß den Informationen aus der Position im Ursprungsbeleg aussehen würden; es handelt sich bei diesen Belegen also um *Vorschaubelege*, die im Prediction-Ledger gespeichert werden.

Wenn Kostenelemente für ein Material gepflegt sind, führt dies bei Buchung des Warenausgangs zu einer Aufteilung der Umsatzkosten in der Rechnungswesenschnittstelle. Da bei den Vorschaubelegen dieselbe Buchungslogik zum Tragen kommt wie bei den tatsächlichen Buchungen, wird bei der Buchung des Vorschaubelegs für den simulierten Warenausgang dieselbe Aufteilung der Kosten angewandt.

Der Prozess der Erstellung von Vorschaubelegen wird als *Simulation* bezeichnet und wird asynchron in einer separaten logischen Arbeitseinheit ausgeführt. Dieser Ansatz stellt sicher, dass die Standardverarbeitung der Ursprungsbelege nicht unterbrochen wird, wenn die Simulation der Vorschaubelege angehalten wird, weil bei der Simulation von Folgeprozessschritten Probleme auftreten.

Die erfolgreiche Erstellung von Vorschaubelegen führt dazu, dass der Status der entsprechenden Benachrichtigung an Predictive Accounting auf **Erfolgreich Verarbeitet** aktualisiert wird. Bei Fehlern während der Simulation wird der Status **Mit Fehlern verarbeitet** gesetzt. Diese fehlerhaften Simulationen können mit der App **Predictive Accounting überwachen** manuell neu gestartet werden. Zusätzlich wird durch eine technische Routine der Bericht *Ausstehende Ursprungsbelege für Predictive Accounting bearbeiten* (`FINS_PRED_AIF_REPROCESS`) ausgeführt. Er startet die Simulation fehlerhafter Meldungen an Predictive Accounting in regelmäßigen Abständen neu.

Änderungen im Ursprungsbeleg lösen ebenfalls das Ereignis `on transaction finished` aus, worauf die Simulation der Prozesse, einschließlich des Aufrufs der Rechnungswesenschnittstelle, neu gestartet wird. Wenn der bestehende Vorschaubeleg von dem neuen Vorschaubeleg abweicht, wird eine Stornierung ausgelöst, in deren Rahmen der bestehende Vorschaubeleg mit dem Veraltungsgrund **Veraltete Vorhersage** auf den Status **veraltet** gesetzt wird, eine neue Stornobuchung mit der Begründung **Stornierung von veralteter Vorhersage** durchgeführt wird und der neue Vorschaubeleg mit einer leeren Begründung (die diese Buchung damit als die tatsächliche Vorhersage ausweist) gebucht wird. Der neu erstellte Vorschaubeleg und die entsprechende Stornobuchung tragen beide das tatsächliche Datum als das Belegdatum. Für das Buchungsdatum wird die Information aus dem Ursprungsbeleg (wie etwa das Warenausgangsdatum) verwendet. Bei diesem Ansatz wird die ursprüngliche Vorhersage storniert und es bleibt nur der neue Vorschaubeleg.

Das Konzept der Belegdaten und Simulationen bildet die technische Grundlage für die beiden Apps **Kundenauftragseingang – Predictive Accounting** und **Bruttomarge – Vermutet/Ist** in Predictive Accounting, die auf der analytischen CDS-View für Predictive Accounting aufgesetzt sind (zur Architektur von Analytics siehe Abschnitt 4.1).

Die App **Kundenauftragseingang – Predictive Accounting** gibt einen Überblick über die Auftragserfassung basierend auf den Vorschaubelegen. Das für die Periodenzuweisung relevante Datum ist das Belegdatum. Das Buchungsdatum ist das relevante Datum für die Periodenzuordnung in der App **Bruttomarge – Vermutet/Ist**. Durch die Verwendung derselben Buchungsbelege für beide Berichte werden die Daten aufeinander abgestimmt, und eine Aufschlüsselung nach den einzelnen Einzelposten wird unterstützt (siehe Abbildung 14.15).

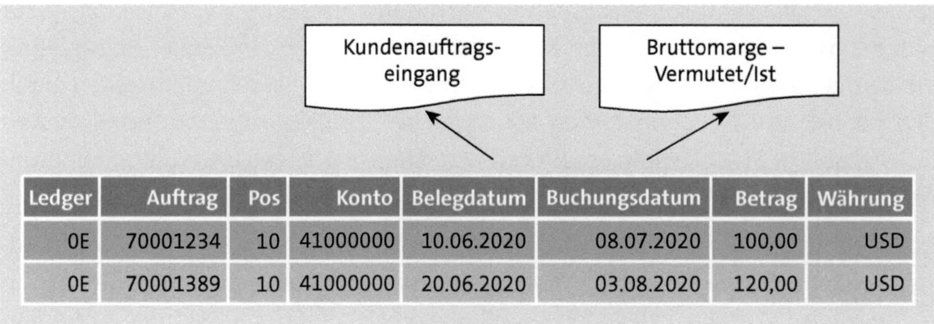

Ledger	Auftrag	Pos	Konto	Belegdatum	Buchungsdatum	Betrag	Währung
0E	70001234	10	41000000	10.06.2020	08.07.2020	100,00	USD
0E	70001389	10	41000000	20.06.2020	03.08.2020	120,00	USD

Abbildung 14.15 Verwendung des Datums in Vorschaubelegen

Wenn Folgeschritte zu einem Ursprungsbeleg ausgeführt werden, führt dies zu Istbuchungsbelegen. Würden die entsprechenden Vorschaubelege im Prediction-Ledger nicht entsprechend abgebaut, käme es zu falschen Zahlen, da dieselbe Transaktion doppelt gezählt würde. Die bestehenden Vorhersagen werden durch die sogenannte *Abbaulogik* abgebaut. Diese prüft bei der Erstellung eines Istbuchungsbelegs in der Rechnungswesenschnittstelle, ob Vorschaubelege für die Ursprungsbelegposition und die Transaktionsart vorhanden sind. Das System ermittelt, ob die tatsächliche Buchung im Erweiterungs-Ledger zu einem vollständigen oder teilweisen Abbau (etwa für eine Teillieferung oder Teilfakturierung) des Vorschaubelegs im Erweiterungs-Ledger führen würde (siehe Abbildung 14.16). Der (teilweise) Abbau entspricht einer Stornobuchung für den entsprechenden Vorschaubeleg. Um die Reduzierungsbuchungen identifizierbar zu machen, sind die betreffenden Belege mit dem Veraltungsgrund **Verminderungsbuchung** versehen.

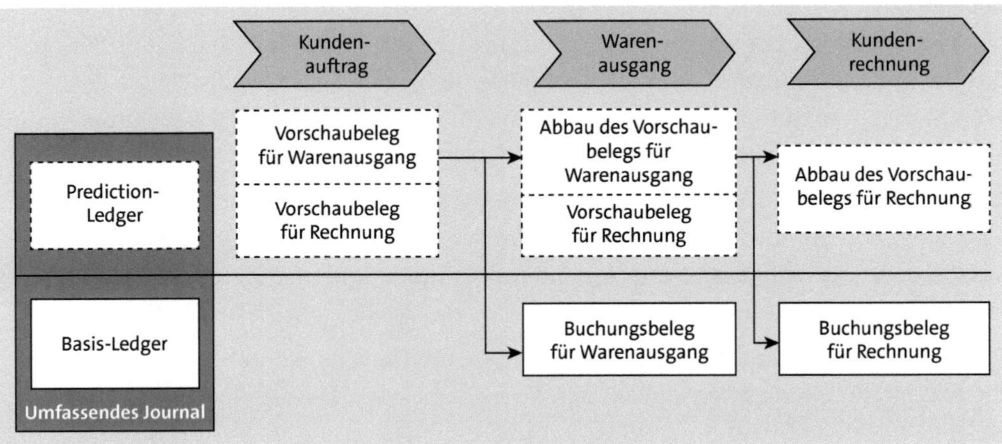

Abbildung 14.16 Simulation und Abbau von Vorschaubelegen

Wenn der Prozess für einen Kundenauftrag in Predictive Accounting abgeschlossen ist (was bedeutet, dass die tatsächlichen Werte für die simulierten Folgeprozesse vollständig gebucht sind), sollten die Beträge für die entsprechenden Vorschaubelege auf null gesetzt sein. In bestimmten Fällen kann jedoch noch ein kleiner Betrag übrig bleiben, etwa aufgrund von Wechselkursschwankungen. Diese Beträge werden durch den Report *Abschl. Verminderung für abgeschl. UrspBelege in Pred. Acctg buchen* (FINS_PRED_FIN_REDUCTION) ausgeglichen, nachdem die letzte Lieferung oder Rechnung gebucht wurde.

In der aktuellen Version von SAP S/4HANA werden Vorschaubelege für Kundenaufträge erstellt. Für die Zukunft ist ins Auge gefasst, noch weitere Prozesse hinzuzufügen, wie etwa Vorschaubelege für Bestellungen (wie zuvor in Abbildung 14.14 erläutert) oder für Lieferantenrechnungen. Darüber hinaus ist geplant, die Realisierung von Umsatzerlösen für Serviceverträge einzubeziehen.

14.4.3 Finanzplanung

Mit der Planung werden Unternehmensziele festgelegt. Durch einen Vergleich der Istbetriebsergebnisse mit dem Plan können Abweichungen ermittelt werden, die Hinweise darauf geben, ob korrigierende Maßnahmen in Geschäftsvorgängen eingeleitet werden müssen. Die grundlegenden Ziele der Planung sind die planerische Gestaltung der betrieblichen Zukunft für bestimmte Perioden, das Anlegen von

Benchmarks zur Überwachung von betriebswirtschaftlichen Vorgängen in einem Geschäftsjahr und das Überwachen der Effizienz am Ende jeder Periode mithilfe von Plan/Ist- und Soll/Ist-Vergleichen.

Die Finanzplanungsfunktionalität für SAP S/4HANA ermöglicht integrierte Finanzplanungs- und Budgetierungsprozesse auf der Grundlage von detaillierten und aktuellen Informationen, um geschäftliche Entscheidungen auch unter unsicheren und sich ständig ändernden Rahmenbedingungen zu unterstützen. Die Finanzplanung baut auf den Planungs-, Analyse- und Simulationsfunktionen von SAP Analytics Cloud auf.

SAP liefert vordefinierte Geschäftsinhalte, sogenannten *Business Content*, für SAP Analytics Cloud, die vor allem Planungsmodelle, Planungsoberflächen, sogenannte *Storys*, sowie als Datenaktionen bezeichnete Planungsfunktionen beinhalten und mit Demodaten ausgeliefert werden. Dieser Business Content der integrierten Finanzplanung umfasst die wichtigsten Prozesse für die Finanzplanung und Budgetierung. Er kann mit Vorgänger- und Nachfolgeprozessen innerhalb von SAP S/4HANA integriert werden und ist kompatibel zur Embedded-Analytics-Architektur aufgebaut (siehe Abschnitt 4.1).

In den folgenden Abschnitten gehen wir zunächst auf die Architektur der Finanzplanung ein und erläutern dann die verschiedenen Planungsprozesse, die von der integrierten Funktionalität zur Finanzplanung unterstützt werden, sowie deren Beziehung zueinander.

Architektur der Finanzplanung

Für die Finanzplanung wurde das Zusammenspiel der verschiedenen integrierten Finanzplanungskomponenten im System abgebildet. Unter Berücksichtigung von Logik und Daten der einbezogenen Szenarien ist dadurch eine effiziente und konsistente Berechnung der Planwerte sowie später eine Simulation möglich. So werden beispielsweise die Umsatzmengen in die Produktkostenplanung übernommen, die zu deren Produktion benötigten Ressourcen ermittelt und diese Ressourcen für die Berechnung der Tarife der einzelnen Kostenstellen herangezogen.

Im Zuge der Finanzplanung wird unter anderem die Hauptplanungstabelle ACDOCP in SAP S/4HANA mit SAP Analytics Cloud integriert. Diese dient als die zentrale Informationsquelle für Planungsdaten in SAP S/4HANA und hilft bei der Anbindung von Vorgänger- und Folgeprozessen.

Für den Import von Stamm- und Bewegungsdaten in SAP Analytics Cloud stellt SAP S/4HANA Finance entsprechende OData-Services zur Verfügung (siehe Abbildung 14.17). Nach Export der Plandaten aus SAP Analytics Cloud in die bereits genannte Tabelle ACDOCP können Sie die Embedded-Analytics-Funktionalität in SAP S/4HANA nutzen. Darüber hinaus können Sie während des Planungsprozesses in SAP Analytics Cloud Berichte für die Planungsdaten verwenden und anpassen.

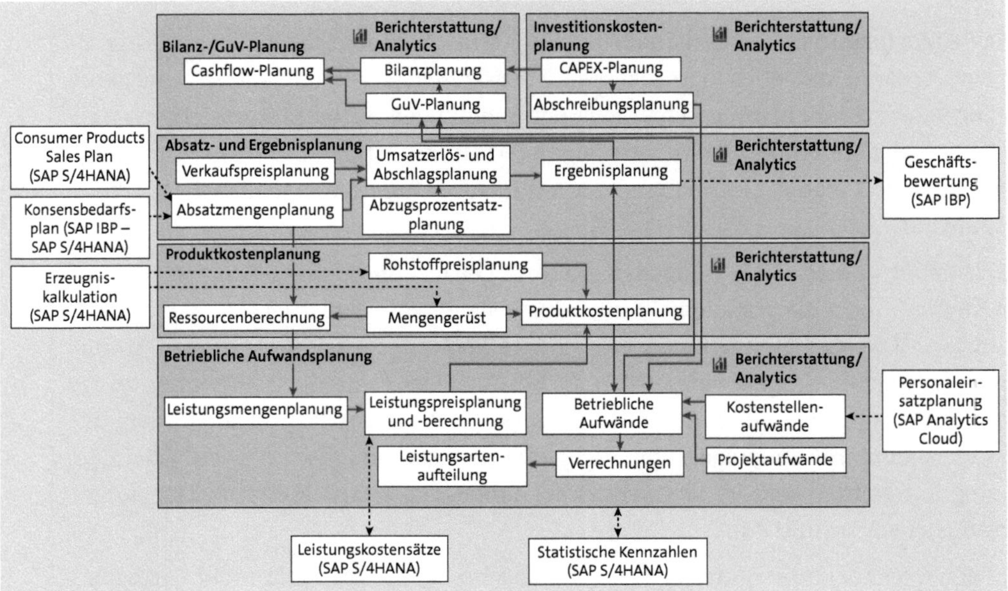

Abbildung 14.17 Architektur der Finanzplanung

Betriebliche Aufwandsplanung

Die betriebliche Aufwandsplanung beinhaltet die Erfassung von Planzahlen für Kosten, Leistungen, Leistungstarife oder statistische Kennzahlen für eine bestimmte Kostenstelle oder ein bestimmtes Projekt und Planperiode. Anschließend können Sie die Abweichungen gegen den Plan ermitteln, wenn Sie die Planwerte mit den Istkosten vergleichen. Abweichungen dienen als Signal, dass die bestehenden Geschäftsprozesse korrigiert werden müssen.

Eine betriebliche Aufwandsplanung ist ein Teil der Gesamtunternehmensplanung und die Voraussetzung für eine *Plankostenrechnung*. Das wesentliche Merkmal der Plankostenrechnung ist das Planen von Werten und Mengen unabhängig von den Istwerten vergangener Perioden für bestimmte Zeiträume. Sie können die Plankosten und Planleistungsmengen zur Ermittlung von (Leistungs-)Tarifen heranziehen. Mit diesen Leistungstarifen bewerten Sie die innerbetrieblichen Leistungen während der laufenden Periode, also schon bevor die Kosten bekannt sind.

In diesem Zusammenhang erfasst die *Aufwandsplanung* die externen Kosten, die sich auf Kostenstellenplan bzw. -budget auswirken, während die *Planung mit statistischen Kennzahlen* die Kennzahlen erfasst, die sich auf die Verrechnung dieser Kosten auswirken (etwa die Belegschaftszahl). Durch diese Allokationen können beispielsweise Beträge auf die jeweiligen Empfänger oder Leistungsarten verteilt werden, z. B.

die Betriebsstunden von Maschinen. Mittels der *Leistungsmengenplanung* können die von der Kostenstelle in Anspruch genommene Leistung (wie etwa den Energieverbrauch) beziehungsweise die von der Kostenstelle erbrachte Leistung (beispielsweise Instandhaltung) geplant werden, welche die Grundlage für die Tarifermittlung zur Bestimmung des Wertes von Energieverbrauchsstunden, Maschinenbetriebsstunden, Instandhaltungsstunden usw. bildet.

Die *Projektplanung* dient zur Planung der Kosten im Zusammenhang mit einem Projekt oder Programm. Die Leistungen im Zusammenhang mit dem Projekt werden in einem Projektstrukturplan (PSP) festgehalten. Der Projektstrukturplan setzt sich aus Elementen zusammen, die die im Rahmen des Projekts zu erfüllenden Aufgaben beschreiben. Die Projektplanung in SAP Analytics Cloud ermöglicht es den mit der Planung betrauten Mitarbeitenden, Projektkostenbudgets und -pläne auf Basis von den Elementen des Projektstrukturplans festzuhalten.

Kostenstellen- und Projektplanung sind integriert, um die Konsistenz der Daten zu gewährleisten und Synergien zu nutzen. Die Projektkostenkalkulation erfolgt auf der Grundlage der Plankostensätze der Kostenstellen. Bei der Kostenstellen- und Projektkostenermittlung werden die Planwerte für die Leistungserbringung durch die Kostenstelle und die Planwerte für die Leistungsaufnahme im Rahmen des Projekts miteinander abgeglichen. Die den Kostenstellen zugeordneten Projektkosten werden bei der Berechnung der Kostenstellentarife berücksichtigt. Kostenstellen- und Projektplanung sind mit den Funktionen zur Verfügbarkeitskontrolle und Budgetkonsistenzprüfung in SAP S/4HANA integriert (siehe Abschnitt 14.4.1). Die Projektplanungsintegration mit der Verfügbarkeitskontrolle ist allerdings nur in SAP S/4HANA Cloud verfügbar.

14

Produktkostenplanung

Zur Produktkostenplanung gehört die Berechnung der nicht auftragsbezogenen Herstellkosten und Kosten des Umsatzes pro Erzeugniseinheit. Sie können die Zusammensetzung der Kosten für jedes Produkt festlegen und die Wertschöpfung in jedem Fertigungsschritt berechnen. Auf diese Weise können Sie die Herstellkosten optimieren und Make-or-Buy-Entscheidungen unterstützen. Darüber hinaus stellt die Produktkostenplanung als Teil eines integrierten Planungsprozesses Informationen für die Absatz- und Ergebnisplanung bereit.

In diesem Zusammenhang wird unter Rückgriff auf die Stücklisten, Arbeitspläne und Arbeitsplätze in SAP S/4HANA das Mengengerüst ermittelt, das als Grundlage für die Produktkostenplanung dient. Dieses Mengengerüst wirkt sich auf die Leistungsmengenplanung aus, indem es beispielsweise die Maschinenbetriebsstunden bestimmt, die insgesamt für die Herstellung jedes Produkts benötigt werden. Die Rohstoffpreisplanung erweitert dies um die Erfassung der Preise für die Materialien, die in den Stücklisten für die einzelnen Produkte enthalten sind. Die Produktkostenplanung führt schließlich die Informationen aus dem Mengengerüst und der Tarifplanung zusammen, um die Plankosten für jedes gefertigte Material zu ermitteln (siehe Abbildung 14.18).

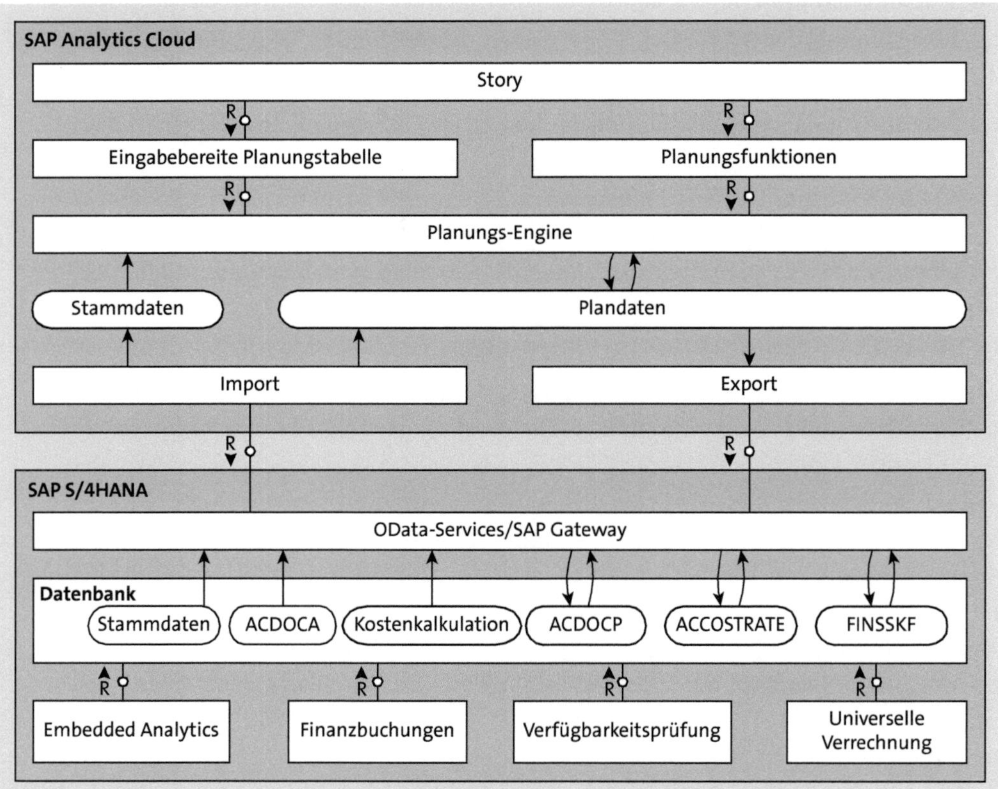

Abbildung 14.18 Integrierte Finanzplanung

Absatz- und Ergebnisplanung

Mit der Absatz- und Ergebnisplanung können Sie Vertriebs-, Erlös- und Ergebnisdaten für ein beliebiges ausgewähltes Ergebnisobjekt planen. Sie wird im Allgemeinen als ein integrierter Prozess angesehen, der unterschiedliche Rollen im Ergebnis- und Vertriebscontrolling umfasst (z. B. Vertriebsleiter, Bereichsleiter und Vertriebsmitarbeiter). Häufig wird zwischen den verschiedenen verwendeten Ansätzen unterschieden, z. B. zentrale Top-down-Planung und lokale Bottom-up-Planung. Viele Unternehmen haben einen iterativen Prozess implementiert, der aus einer Anzahl einzelner Planungsschritte besteht, in denen vorhandene Plandaten kopiert, in die Zukunft projektiert, neu bewertet, manuell angepasst und nach dem Top-down-Prinzip verteilt werden, bis ein Absatz- und Ergebnisplan vorliegt, der die Anforderungen des Unternehmens erfüllt. In diesem Zusammenhang dient die Verkaufsmengenplanung (siehe Abbildung 14.18) zur Ermittlung der gemäß der Mengenstruktur herzustellenden Gesamtmengen, während die Ergebnisplanung zur Erfassung der geplanten produktbezogenen Kosten (Costs of Goods Sold, COGS) auf die Ergebnisse der Produktkostenplanung zurückgreift.

Bilanz-/GuV-Planung

Mit der *Bilanz-/GuV-Planung* können Sie die Gewinn- und Verlustplanung (GuV) mit der Verrechnung auf Partnergesellschaften und der Bilanzplanung verbinden und haben die Möglichkeit zur Aufschlüsselung nach Profitcentern und Funktionsbereichen (siehe Abbildung 14.18). Die mit der Planungsadministration betrauten Mitarbeitenden können die Planungssichten vorab mit Istdaten aus der Vergangenheit und Plandaten aus Kostenstellen, Ergebnisplänen oder Investitionsplänen befüllen. In diesem Sinne kann die GuV-Planung auch als eine Aggregation der detaillierten Informationen aus der Ergebnisanalyse und als die Basis für die Bilanzplanung und Cashflow-Planung betrachtet werden.

Zielplanung

Neben der bestehenden Bilanz-/GuV-Planung, die mit anderen Planungsprozessen, wie etwa der Betriebsaufwands-, Absatz- und Ergebnisplanung, integriert ist, wurde ein neues Szenario für die Festlegung von Zielen eingerichtet. Die Zielplanung arbeitet auf eine Verfeinerung derjenigen Finanzzahlen hin, die sich aus der allgemeinen Ausrichtung der strategischen Planung ergeben. Sie legt den Hauptschwerpunkt auf die GuV, die Bilanz und den Cashflow. Die entsprechenden Daten werden auf einer hohen Ebene mit geringem Detailgrad eingegeben und können als Vorbereitung oder Anleitung für weitere Planungs- und Budgetierungsprozesse herangezogen werden. Im Planungsszenario für die Zielplanung können die Werte nach einem Top-down-Ansatz in der Konzernwährung eingegeben werden, wobei die Fähigkeiten von SAP Analytics Cloud zur Disaggregation entlang der Hierarchie der Profitcenter genutzt werden. Die Zielplanung bietet ähnlich wie die Bilanz-/GuV-Planung Möglichkeiten zur GuV-Planung, zur Bilanzplanung und zur Cashflow-Berechnung, ist aber nicht mit den anderen Planungsprozessen integriert.

Investitionskostenplanung

Die *Investitionskostenplanung* erleichtert die Planung von Anlagenzugangskonten für den Erwerb, die Instandhaltung oder die Verbesserung von Anlagegütern wie Gebäuden, Fahrzeugen, Geräten oder Grundstücken. Die sich ergebenden Abschreibungsplanbeträge lassen sich nach der linearen oder der beschleunigten Abschreibungsmethode berechnen. Die Abschreibungswerte können in das Modell für die betriebliche Aufwandsplanung übernommen werden, wo sie beispielsweise im Rahmen der Berechnung von Tarifen berücksichtigt werden. Informationen zu den Vermögenswerten können als Eingangsdaten für die Bilanzplanung verwendet werden.

Simulations-Cockpit

Mit dem Simulations-Cockpit für die Finanzplanung in SAP Analytics Cloud können Stakeholder im Management oder einer zentralen Controlling-Abteilung Vorhersagesimulationen für Beispielprozesse durchführen, die auf Änderungen an Treibern wie Verkaufsmengen oder Personalkostenstellen basieren.

Als Controllerin oder Controller möchten Sie möglicherweise wissen, wie sich die Änderung der Menge eines Verkaufsprodukts oder des Preises eines Rohstoffs auswirkt. Nachdem Sie den Treiber, den Sie ändern möchten, und das verknüpfte Simulationsszenario ermittelt haben, können Sie die Simulation starten. Sie werden dann Schritt für Schritt durch den Planungsprozess geführt. Sie können die Treiber ändern, die verknüpften Datenaktionen ausführen und das Zwischenergebnis in den Berichten prüfen. Am Ende jedes Simulationsszenarios sehen Sie die Auswirkungen auf die wichtigsten KPIs, z. B. die Produktprofitabilität und Ihre Gewinn- und Verlustrechnung.

Integration mit nichtfinanziellen Planungsprozessen

Für ein Unternehmen ist es unerlässlich, verschiedene Planungsprozesse zu integrieren, z. B. die Absatz- und Produktionsplanung und die Finanzplanung. Dank dieser Integration können Unternehmen schneller auf Veränderungen reagieren und deren Auswirkungen einschätzen. Darüber hinaus trägt die Integration zu einer besseren Abstimmung und sogar Zusammenarbeit zwischen den verschiedenen Planungsbereichen bei.

Eine solche Integration steht für den eben vorgestellten Business Content »Integrierte Finanzplanung für SAP S/4HANA und SAP S/4HANA Cloud« und verschiedene andere Planungsprozesse zur Verfügung, z. B. für die Personaleinsatzplanung oder den Konsensbedarfsplan.

14.4.4 Margenanalyse

Die *Margenanalyse* ist die auf dem umfassenden Journal aufbauende Lösung zur Rentabilitäts- oder Margenanalyse in SAP S/4HANA. Mit der Margenanalyse steht Vertriebsbuchhalter*innen (Anwendungsrolle `SAP_BR_SALES_ACCOUNTANT`; weitere Informationen zu Anwendungsrollen siehe Abschnitt 17.2) ein Tool zur Verfügung, mit dem sie den Gewinn oder die Marge des Unternehmens nach Marktsegmenten auswerten können. Hierarchien und die Aufschlüsselung nach einer Vielzahl von Merkmalen – etwa nach Produkten, Kunden und Projekten sowie nach frei definierbaren Merkmalen – ermöglichen eine tiefgehende Analyse von Kennzahlen. Die Abteilungen für Vertrieb, Marketing, Produktmanagement und Unternehmensplanung setzen die Margenanalyse im Rahmen der Buchhaltung und der Entscheidungsfindung ein.

Neben der Margenanalyse bietet SAP S/4HANA On-Premise alternativ eine von SAP ERP her bekannte Lösung zur *kalkulatorischen Ergebnisrechnung* an. Die kalkulatorische Ergebnisrechnung nutzt jedoch nicht das umfassende Journal, sondern separate Wertfelder.

[«]

Weitere Informationen zum Umstieg auf die Margenanalyse

Wenn Sie von SAP ERP auf SAP S/4HANA umsteigen, sollten Sie für weitere Informationen zum Umstieg auf die Margenanalyse SAP-Hinweis 2349278 lesen.

Die übergeordneten Aufgaben der Margenanalyse gliedern sich in die *Datenaufbereitung* und die *Berichterstattung*. Bevor Sie Margen auf der Grundlage einzelner Finanzdokumente ausweisen können, müssen durch die Datenaufbereitung die folgenden Voraussetzungen geschaffen werden:

- Alle Kosten und Umsatzerlöse müssen den richtigen Marktsegmenten zugeordnet werden (Marktsegmentmanagement).
- Die Kosten müssen in fixe und variable Kosten aufgeteilt werden (Splitting der produktbezogenen Kosten, Splitting der Fertigungsabweichungen, Top-down-Verteilung und Umlage).
- Zusätzliche statistische Kosten, die nur für das Management-Reporting relevant sind, müssen erfasst werden (statistische Verkaufsbedingungen).

Das *Marktsegment* (auch bezeichnet als Ergebnisobjekt) ist die zentrale Einheit der Margenanalyse. Das Marktsegment weist eine Reihe von Attributen auf, die allgemein als *Merkmale* bezeichnet werden. Bei mehr als 30 Merkmalen – z. B. Geschäftsbereich, Funktionsbereich, Werk und Vertriebskanal – handelt es sich um vordefinierte Standardfelder.

Darüber hinaus ist die Margenanalyse erweiterbar (siehe Abschnitt 5.1). So können Key User innerhalb des Geschäftskontextes **Buchhaltung: Marktsegment** bis zu 60 (in SAP S/4HANA On-Premise) oder 120 (in SAP S/4HANA Cloud) benutzerdefinierte Merkmale anlegen. Dazu nutzen sie die App **Benutzerdefinierte Felder**. Die benutzerdefinierten Felder werden in allen Prozessen und Berichten innerhalb der Margenanalyse unterstützt. Jede einzelne Kosten- oder Umsatzerlösposition ist mit einem Marktsegment verbunden.

Die Architektur der Margenanalyse setzt sich aus mehreren Bausteinen zusammen, die wir in den folgenden Abschnitten erläutern werden (siehe Abbildung 14.19). Die *Marktsegmentverwaltung* sorgt für die Verfügbarkeit von Merkmalswerten für alle relevanten Finanzbelege. Dazu sind mehrere Schritte erforderlich, da Informationen über die Marktsegmente während des gesamten Geschäftsprozesses entstehen.

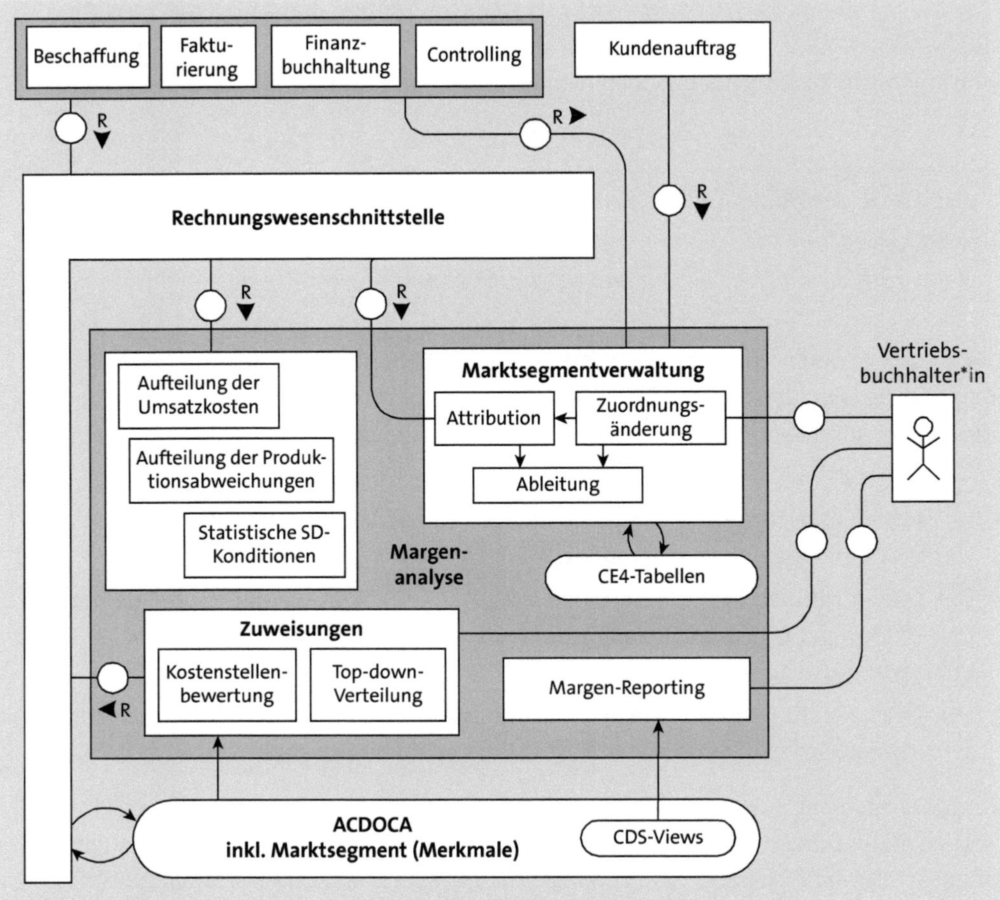

Abbildung 14.19 Architektur der Margenanalyse

Wenn Sie einen Kundenauftrag anlegen, werden alle zu diesem Zeitpunkt bekannten Merkmalswerte erfasst und mit dem Kundenauftrag verknüpft. Da dies vor der Buchung im umfassenden Journal stattfindet, wird das Marktsegment zur späteren Verwendung im lokalen Speicher (Tabelle CE4*) abgelegt.

Mehrere Buchungsprozesse rufen über die Rechnungswesenschnittstelle Attributions- und Ableitungsmodule auf, beispielsweise für den Warenausgang, für die Fakturierung, für manuelle Finanzbuchungen, für manuelle Umbuchungen, für die Kostenstellenumlage und für die direkte oder indirekte Leistungsverrechnung (Controlling).

Bei der *Attribution* versucht die Marktsegmentverwaltung aus den zugeordneten Kostenträgern automatisch möglichst viele relevante Informationen herauszuziehen und zuzuweisen. Bei der *Ableitung* werden benutzerdefinierte Regeln ausgeführt, um benutzerdefinierte Merkmale zu füllen. Die Rechnungswesenschnittstelle sorgt dann dafür, dass die Marktsegmentdaten als Teil des Finanzdokuments im umfassenden Journal gespeichert werden.

In manchen Fällen, z. B. im Rahmen einer Umstrukturierung der Verkaufsorganisation, ist es notwendig, die Zuordnung der Marktsegmentwerte nach der Erstbuchung zu aktualisieren (*Zuordnungsänderung*). Beachten Sie, dass die Zuordnungsänderung der einzige Prozess innerhalb der Margenanalyse ist, der direkte Auswirkungen auf die Daten in der Tabelle ACDOCA hat.

Die Rechnungswesenschnittstelle ruft die Aufteilung der Umsatzkosten (COGS-Split), das Splitting der Fertigungsabweichungen und die statistischen SD-Konditionen auf. Neue Einzelposten werden erstellt oder verfeinert und übernehmen die zuvor definierten Marktsegmente, bevor sie zur Buchung im umfassenden Journal an die Rechnungswesenschnittstelle zurückgegeben werden. Diese zusätzlichen Informationen werden für eine tiefergehende Kostenanalyse verwendet:

- Beim Warenausgang bucht die Funktion zur Umsatzkostenaufteilung die Umsatzkosten auf unterschiedlichen Sachkonten entsprechend der Kostenarten, die sich aus der Kostenschichtung im Produktkosten-Controlling ergeben.
- Produktionsabweichungen werden im Rahmen des Produktkosten-Controllings ermittelt und auf verschiedene Abweichungskategorien verteilt. Mit der Aufteilung der Produktionsabweichungen können die aufgeteilten Abweichungen auf verschiedenen Sachkonten gebucht werden, wenn der Fertigungsauftrag abgerechnet wird.
- Statistische SD-Konditionen werden zur Abrechnung der Kundenaufträge an die Ergebnisrechnung weitergegeben.

Bei der Kostenstellenumlage und der Top-down-Verteilung handelt es sich um periodische Funktionen, die aggregierte Daten anhand von Referenzinformationen wie den Daten des Vorjahres auf detailliertere Merkmalswerte verteilen. Im Rahmen des Umlagelaufs werden primäre Kosten wie Stromkosten von einer Kostenstelle übertragen und dabei verschiedenen Marktsegmenten als sekundäre Kosten zugeordnet. Die Top-Down-Verteilung dient dazu, alle einem übergeordneten Merkmal zugewiesenen Kosten oder Umsatzerlöse zu splitten und auf detailliertere Werte zu verteilen. Ein Beispiel hierfür sind Frachtkosten aus einer Bundle-Sendung, die auf die einzelnen verkauften Produkte verteilt werden.

Das *Margen-Reporting* (siehe Abbildung 14.19) basiert auf CDS-Views, die ihre Daten direkt aus der Tabelle ACDOCA auslesen. Mithilfe von semantischen Tags werden dabei aus den Einzelposten die erforderlichen Kennzahlen wie Erlösschmälerung, Korrektur der Umsatzerlöse und die Deckungsbeiträge I, II und III errechnet.

14.4.5 Gemeinkosten

Das umfassende Journal bietet eine gemeinsame Persistenz für alle Einzelposten innerhalb von SAP S/4HANA Finance. Dadurch entfällt die traditionelle Trennung zwischen Finanzbuchhaltung und Controlling. Alle Finanzinformationen werden zentral in einer einzigen Tabelle gespeichert. Um die nahtlose Integration von Financial Accounting (Finanzbuchhaltung) und Management Accounting (Controlling) zu unterstützen, müssen nach der Zusammenführung der Buchungen in einer Tabelle auch die funktionalen Unterschiede und Lücken zwischen diesen beiden Bereichen geschlossen werden,

Das *Ledger* ist ein Schlüsselelement des umfassenden Journals. Ledger ermöglichen eine parallele Rechnungslegung nach verschiedenen Rechnungslegungsvorschriften, z. B. für einen lokalen Abschluss nach dem HGB oder nach den US Generally Accepted Accounting Principles (US-GAAP), sowie für das Konzernberichtswesen nach den International Financial Reporting Standards (IFRS).

Die Komponenten für das Controlling in den traditionellen Anwendungen SAP R/3 und SAP ERP verwenden Versionen und Währungstypen, um parallele Istwerte zu speichern, nicht aber das Ledger.

Mit der *universellen parallelen Rechnungslegung* in SAP S/4HANA hat SAP damit begonnen, parallele Ledger für die wichtigsten Transaktionen im Gemeinkosten-Controlling getrennt fortzuschreiben (siehe Abbildung 14.20). Diese Transaktionen speichern ihre Einzelposten bereits im umfassenden Journal (Tabelle ACDOCA). Allerdings werden ohne die universelle parallele Rechnungslegung Werte nur im führenden Ledger ermittelt und dann 1:1 in alle parallelen Ledger übernommen.

Mit der universellen parallelen Rechnungslegung werden für sekundäre Verrechnungsprozesse wie Abrechnungen, Umlagen (universelle Verrechnungen) und Gemeinkostenzuschläge die zu verrechnenden Beträge in den verschiedenen parallelen Ledgern separat ermittelt und verarbeitet. Dies bedeutet, dass nach sekundären Verrechnungsprozessen für alle Objekte (z. B. Kostenstellen oder Projekte) in allen Ledgern am Ende ein Saldo von null ausgewiesen wird, selbst wenn die ursprünglichen Salden der Verrechnungsobjekte in parallelen Ledgern unterschiedlich waren. Bei Verwendung von parallelen Ledgern werden die einzelnen Periodenabschlusstransaktionen für jedes Ledger separat ausgeführt. Es ist möglich, den Abschlussvorgang für mehrere Ledger in einem Schritt zu starten. Darüber hinaus können Abschlüsse mit SAP Advanced Financial Closing automatisiert werden (siehe Abschnitt 14.2.7).

Eine neue Tabelle (ACCOSTRATE) unterstützt die Möglichkeit, unterschiedliche Kostensätze/Leistungsartentarife für verschiedene Ledger zu speichern (siehe Abbildung 14.20). Wenn diese Differenzierung nicht benötigt wird, ist es auch möglich, Leistungsartentarife Ledger-unabhängig zu pflegen (Ledger <blank>).

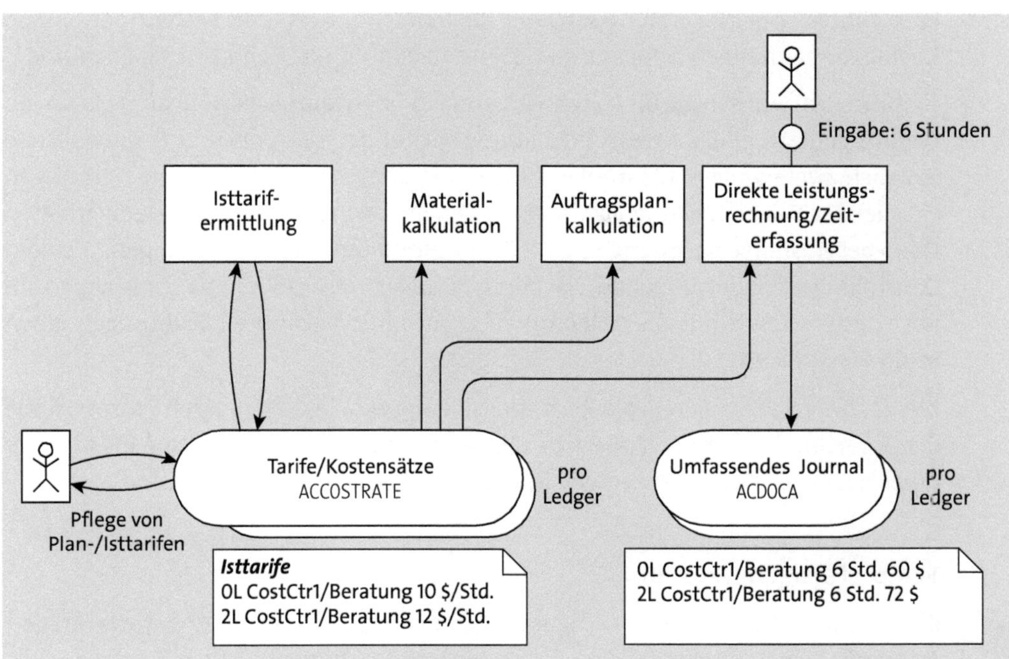

Abbildung 14.20 Ledger-spezifische Verarbeitung

Die automatische Tarifermittlung (sowohl für Plan- als auch für Isttarife) kalkuliert Ledger-spezifische Tarife. Dazu werden Kosteninformationen aus allen Ledgern und nicht nur aus dem führenden Ledger gelesen. Die ermittelten, Ledger-spezifischen Tarife werden in der Tabelle ACCOSTRATE abgespeichert.

Wenn eine Leistungsverrechnung erfasst wird und Ledger-spezifische Tarife verfügbar sind, liest die Verrechnung die Tarife aus den verschiedenen Ledgern und bucht pro Ledger einen Einzelposten. Die Werte für die Leistungsverrechnung werden nicht mehr aus dem führenden Ledger in alle parallelen Ledger kopiert.

Neben dem Ledger ist die Währung ein weiteres Schlüsselelement. Jede Buchungszeile kann mehrere Währungen enthalten; im Rechnungswesen werden in der Regel die Transaktionswährung, die Buchungskreiswährung und eine Konzernwährung fortgeschrieben. Multinationale Unternehmen haben jedoch oft mit Währungsanforderungen zu kämpfen, die sich nicht mit den zwei oder drei Währungen lösen lassen, die in SAP R/3 oder SAP ERP im Gemeinkosten-Controlling verfügbar sind. Stellen Sie sich einen in den USA ansässige Konzern vor, dessen Konzernwährung der US-Dollar ist. Für Niederlassungen in Europa möchte der regionale Controller jedoch den Euro verwenden. In vielen Fällen bestand die Lösung angesichts solcher Anforderungen darin, zusätzliche Kostenrechnungskreise anzulegen. In unserem Beispiel würde dies zu einem US-Kostenrechnungskreis mit der Konzernwährung US-Dollar und einem zusätzlichen europäischen Kostenrechnungskreis mit der Konzernwährung

Euro führen. Der Nachteil dieser zwei Kostenrechnungskreise besteht darin, dass Kostenverrechnungen zwischen zwei Kostenrechnungskreisen nicht möglich sind.

Ursprünglich wurden die bis zu zehn im umfassenden Journal verfügbaren parallelen Währungen nur in der Finanzbuchhaltung verwendet. Das Controlling unterstützte lediglich zwei parallele Währungen, während Beträge in allen weiteren Währungen erst bei der Belegerstellung ermittelt und ergänzt wurden. Dieses Systemverhalten führt bei Kostenverrechnungen zu Währungsdifferenzen für Währungen, die dem Controlling nicht bekannt sind. Nachdem beispielsweise ein Innenauftrag abgerechnet wurde, wiesen nur die beiden dem Controlling bekannten Währungen einen Saldo von null auf.

Mit der universellen parallelen Rechnungslegung wird bei sekundären Prozessen wie der Abrechnung oder der Umlage in allen Währungen des umfassenden Journals parallel gerechnet, sodass Nullsalden in allen Währungen gewährleistet sind.

14.4.6 Fertigungskosten

Ein zentrales Werkzeug der Fertigungskostenverwaltung ist die App **Kostenträgerrechnung**. Die Architektur des umfassenden Journals öffnet den Weg für einen völlig neuen Ansatz, die vorgangsbezogene Kostenträgerrechnung, die ausgelöst wird, wann immer ein Fertigungsauftrag ins umfassende Journal gebucht wird (siehe Abbildung 14.21).

Der Begriff *vorgangsbezogen* bedeutet in diesem Kontext, dass bei jeder Rückmeldung oder relevanten Statusänderung eines Fertigungsauftrages ein aus der Sicht der Kostenträgerrechnung vollständiger Abschluss durchgeführt wird, in dessen Rahmen Folgebelege erstellt werden, die den zukünftigen Abschluss widerspiegeln.

Nachfolgend eine Aufzählung typischer Periodenabschlussaktivitäten in der Kostenträgerrechnung.

- **Gemeinkostenberechnung**
  Legt Zuschläge, wie etwa Materialgemeinkosten oder Leistungsgemeinkosten, auf die Kostenträger um.
- **WIP-Ermittlung**
  Berechnet den Wert der unfertigen Erzeugnisse, die sich noch auf der Produktionslinie befinden. Hierfür wird die Bezeichnung *Work in Progress* (WIP) oder auch *Ware in Arbeit* verwendet.
- **Abweichungsermittlung**
  Ermittelt die Fertigungsabweichungen in verschiedenen Kategorien wie Mengenabweichungen, Preisabweichungen, Strukturabweichungen und Losgrößenabweichungen, um diese Informationen für die Zwecke der Kostenanalyse und der Ergebnisrechnung bereitzustellen.

- **Auftragsabrechnung**
  Verrechnet den WIP-Wert und die Preisunterschiede in der Finanzbuchhaltung und die Abweichungen nach Kategorien in der Ergebnisrechnung.

In SAP ERP müssen die Benutzer*innen warten, bis die Aktivitäten zum Periodenabschluss abgeschlossen sind und die Ergebnisse in der App **Kostenträgerrechnung** zur Verfügung stehen. In der neuen Architektur von SAP S/4HANA ist es jedoch möglich, alle diese Funktionen für Fertigungs- und Prozessaufträge vorgangsbezogen zu bearbeiten. Das bedeutet, dass sie direkt mit jeder Buchung auf einen Fertigungs- oder Prozessauftrag ausgeführt werden, z. B. bei einem Warenausgang, einem Wareneingang oder einer beliebigen mit einer Leistungsverrechnung verbundenen Auftragsrückmeldung.

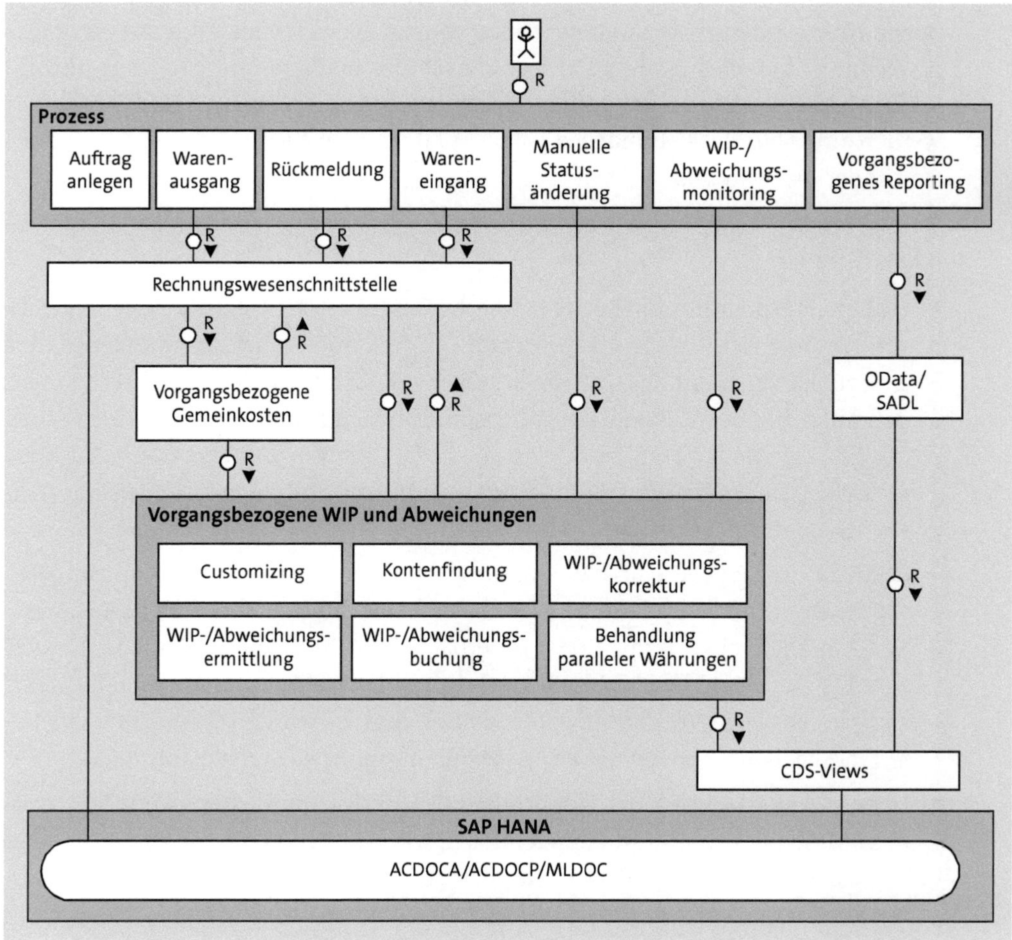

Abbildung 14.21 Architektur der Kostenträgerrechnung in SAP S/4HANA

Solange der Fertigungs- oder Prozessauftrag für eine mit Kostenzuordnungen verbundene Buchung nicht abgeschlossen ist, wird der entsprechende Zuschlagsbetrag über das zugehörige Kalkulationsschema ermittelt und gleichzeitig auf den Auftrag gebucht. Außerdem werden im selben Schritt die Kosten einschließlich der Gemeinkosten auf einem WIP-Konto gebucht. Mit einer Wareneingangsbuchung auf dem entsprechenden Fertigungs- oder Prozessauftrag wird das WIP-Konto entlastet. So sind die aktuellen WIP-Beträge immer verfügbar, ohne dass irgendwelche Aktivitäten zum Periodenabschluss erforderlich sind.

Wenn der Fertigungs- oder Prozessauftrag abgeschlossen, d. h. der Auftrag endgeliefert oder technisch abgeschlossen ist, wird der verbleibende WIP-Betrag auf null saldiert, und dieser Betrag wird als Preisdifferenz gebucht. Darüber hinaus werden auch die Abweichungskategorien für den Auftrag berechnet und auf verschiedene Nebenbuchpositionstypen im umfassenden Journal gebucht, sodass sie sofort für die Ergebnisrechnung zur Verfügung stehen. Alle nach der Endlieferung oder dem technischen Abschluss auf den Fertigungs- oder Prozessauftrag gebuchten Nachlaufkosten werden direkt als Abweichungen gebucht. Mit der neuen Architektur entfällt also der Schritt der Abrechnung.

Der vorgangsbezogene Ansatz hat die folgenden Vorteile gegenüber dem alten Periodenabschluss:

- Frühere Transparenz und besserer Überblick darüber, wo Geld als Umlaufvermögen gebunden ist. Ware in Arbeit wird als Teil der Bestände geführt und stellt damit ein Schlüsselelement des Umlaufvermögens für die herstellenden Unternehmen dar. Aufgrund des Mangels an Transparenz hinsichtlich der WIP und des Wertes der hergestellten Waren ist der Bargeldbedarf schwer vorherzusagen. Der vorgangsbasierte Ansatz für WIP und Abweichungen führt zu einer präziseren Einsicht in das Betriebskapital.

  Ohne die vorgangsbezogene WIP-Lösung hatten Unternehmen, die Konsumgüter produzieren (insbesondere im Bereich der Lebensmittelindustrie), ihre Produktion innerhalb einer Schicht oder innerhalb eines Tages abgeschlossen, mussten aber bis zum Periodenabschluss warten, um die WIP und die Abweichungen zu analysieren. Diese Verzögerung führte dazu, dass die aus dem Finanzwesen gelieferten Informationen nicht mehr als Handlungsgrundlage nutzbar waren.
- Höhere Zuverlässigkeit der Finanzabschlüsse für die produzierenden Unternehmen. Maschinenbauunternehmen mit langwierigen Produktionsprozessen haben Abweichungen so lange als WIP ausgewiesen, bis der Auftrag abgeschlossen war, was zu einer Verzerrung der Jahresabschlüsse führte.
- Beitrag zur GuV-Analyse in Echtzeit
- Entlastung der Produktionsbuchhalter*innen von komplizierten Aufgaben im Zusammenhang mit dem Periodenabschluss

Tritt bei einer der vorgangsbezogenen Funktionen eine Fehlersituation auf – wie etwa eine fehlende Customizing-Einstellung oder die Sperrung einer Kostenstelle –, so wird der Originalbeleg trotzdem gebucht, um die zeitkritischen logistischen Prozesse der Produktionsrückmeldungen und Warenbewegungen nicht zu behindern. In diesem Fall verwaltet die vorgangsbezogene Engine ein Fehlerprotokoll und schreibt eine entsprechende Fehlermeldung in dieses Protokoll. Es wird eine App zur gezielten Überwachung dieser Fehler bereitgestellt. Nach Beseitigung der Fehlerursache können die fehlenden Buchungen aus dieser Monitoring-App heraus ausgelöst werden.

Ein weiterer Aspekt der neuen Architektur ist die Harmonisierung von Ist- und Plankosten für Fertigungs- und Prozessaufträge. In SAP S/4HANA werden die Plankosten für Fertigungsaufträge in die Tabelle ACODCP geschrieben. Nun ist es aufgrund der strukturellen Ähnlichkeiten zwischen den Tabellen ACDOCA und ACDOCP einfach geworden, Vergleiche zwischen Plan- und Istwerten aufzustellen. Durch die neue vorgangsbasierte Berichterstattung ist es auch möglich, eine Sollkostenberechnung im laufenden Betrieb durchzuführen.

Zur Verbesserung der analytischen Funktionen hat SAP weitere logistische Informationen in das umfassende Journal aufgenommen und beispielsweise durch Felder für Arbeitsvorgänge (Aktionen innerhalb des Arbeitsplans) und Arbeitsplätze ergänzt. Dadurch erhalten die Produktionsbuchhalter*innen einen sehr detaillierten Überblick über kritische Kennzahlen wie Abweichungen und WIP.

14.5 Kreditorenbuchhaltung

Die Kreditorenbuchhaltung in SAP S/4HANA ermöglicht die hocheffiziente Bearbeitung von Kreditorenrechnungen. Mit der Architektur dieser Komponente wurden schwerpunktmäßig die folgenden Ziele verfolgt:

- Senkung der Bearbeitungskosten pro Rechnung durch ein Höchstmaß an Automatisierung
- Ermöglichung einer systematischen Nutzung von Skonti
- Sicherstellung rechtzeitiger Zahlungen für wichtige Kreditoren oder Posten mit hoher Priorität

In den folgenden Abschnitten werden wir uns auf die wichtigsten Funktionen der Kreditorenbuchhaltung konzentrieren.

14.5.1 Rechnungsverarbeitung

SAP S/4HANA lässt sich mit Anwendungen zur *Rechnungsverarbeitung* wie SAP Business Network for Procurement und SAP Invoice Management by OpenText integrieren. Die Kreditorenbuchhaltung in SAP S/4HANA ist die zentrale Komponente für den Abgleich ausgehender Zahlungen mit eingegangenen Kreditorenrechnungen. Neben zahlreichen anderen Automatisierungsfunktionen für die Rechnungsverarbeitung wird auch die Zusammenarbeit mit den Kreditoren zur Festlegung von Zahlungsterminen unterstützt.

14.5.2 Verwaltung offener Verbindlichkeiten

Die *Verwaltung offener Verbindlichkeiten* erfasst alle Geschäftsvorfälle im Zusammenhang mit Kreditoren wie Rechnungen, Zahlungen und Anzahlungen, basierend auf dem Nebenbuch für die Kreditorenbuchhaltung (Tabelle BSEG). Normalerweise empfängt SAP S/4HANA Finance die Kreditorenrechnungsbelege von der Rechnungsprüfungskomponente in der Beschaffung, sie können aber auch manuell erstellt werden.

Die offenen Eingangsrechnungen und Gutschriften werden in der Kreditorenbuchhaltung erfasst und im Rahmen des Zahlungsprozesses verarbeitet. Das Unternehmen kann seine Zahlungen auf folgende Weise dokumentieren:

- manuelle Erstellung der Zahlungsbelege
- Erstellung der Zahlungsbelege über ein automatisches Zahlungsprogramm
- Aktivierung automatischer Lastschriften

14.5.3 Automatische Zahlungsabwicklung

Die *automatische Zahlungsabwicklung* (auch bezeichnet als *Zahllauf*) wird für regelmäßige Zahlungen an Lieferanten, Kunden und Mitarbeitende verwendet. Hierbei handelt es sich um einen Hintergrundjob, der so geplant werden kann, dass er beispielsweise eine Reihe von zur Zahlung anstehenden Rechnungen oder Gutschriften zahlt. Bei der automatischen Zahlung werden auch die offenen Posten ausgeglichen.

Wie in Abbildung 14.22 dargestellt, können Benutzer*innen die erforderlichen Auswahlparameter eingeben, um einzelne Belegpositionen für Kunden und Lieferanten auszuwählen. Diese Auswahl wird an die *Zahlungsvorschlagsbearbeitung* weitergeleitet, die den Zahlungsvorschlag erstellt. Der Zahlungsvorschlag weist die folgenden Merkmale auf:

- Er enthält eine Liste der zur Zahlung ausgewählten Positionen.
- Er kann über die Benutzeroberfläche bearbeitet werden, beispielsweise zur Änderung von Rabatten, Zahlungsarten und Bankanweisungen.
- Er enthält eine Liste von Positionen, die aus irgendeinem Grund ausgeschlossen werden müssen (z. B. keine Zahlungsart gefunden oder Zahlungssperre für Artikel/Stammdaten der Lieferanten/Kunden gesetzt).

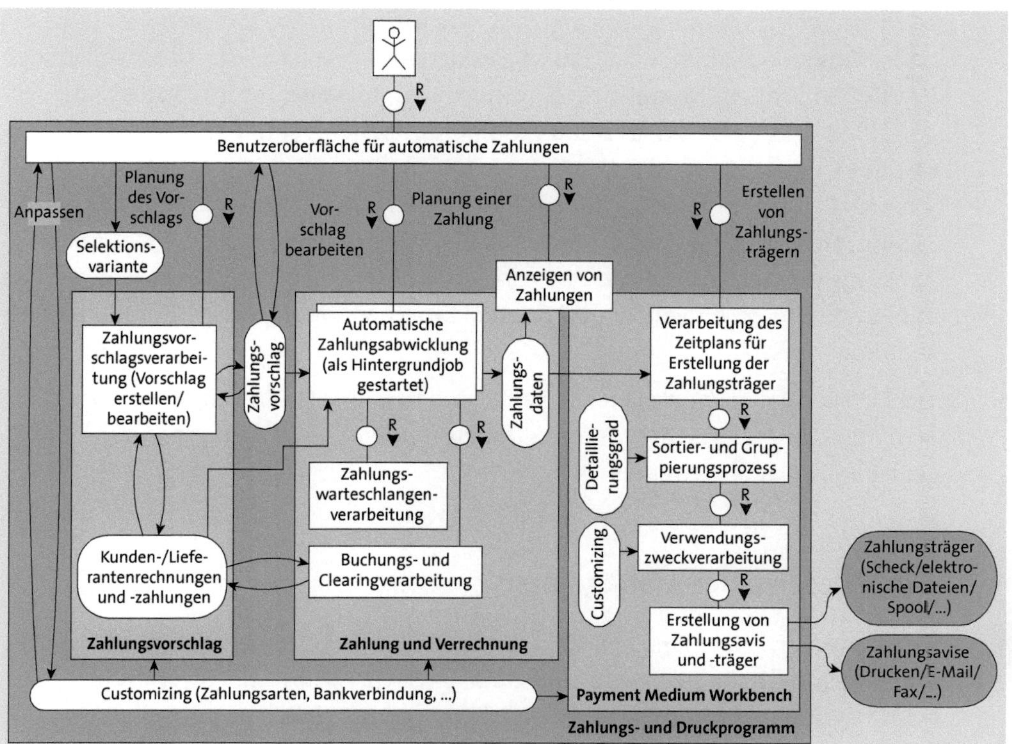

Abbildung 14.22 Automatische Zahlungsabwicklung

Wenn die geplante Zahlungsverarbeitung beginnt, werden diese Zahlungsvorschlagsdaten an die automatische Zahlungsabwicklung weitergegeben. Durch die Zahlungswarteschlangenverarbeitung wird sichergestellt, dass die Zahlung ausgewählter Positionen nicht von verschiedenen Prozessen gleichzeitig, sondern nur einmal verarbeitet wird. Die für die Buchung von Finanzbelegen und die Verrechnung notwendigen ausgewählten Positionen werden verarbeitet. Die Zahlungsdaten werden erstellt. Diese enthalten die Liste der erstellten Zahlungsbelege und die Liste der bezahlten Belegpositionen.

Die generierten Zahlungsdaten können direkt ausgedruckt werden, oder die Benutzer*innen können entsprechende Zahlungsträgerprogramme laufen lassen, um die Zahlungsträger (beispielsweise Schecks oder elektronische Dateien) zu erstellen. Die Benutzer*innen können sich die Zahlungsdaten auch anzeigen lassen. Die Erstellung eines Zahlungsträgers kann im Rahmen der Auswahl der Positionen bei der Planung des Zahlungsprogramms als Option ausgewählt werden. Alternativ können die Zahlungsträger über die *Payment Medium Workbench* (PMW) erstellt werden, in der die Funktionalitäten bisheriger Zahlungsträgerprogramme zusammengefasst sind.

Nach erfolgreichem Abschluss des Zahllaufs wird die PMW entweder durch die Benutzer*innen oder durch das Zahlungsprogramm gestartet. Die zu versendenden Positionen für den Zahlungsträger werden entsprechend der im Customizing eingestellten Detailtiefe sortiert und gruppiert. Abhängig von den Customizing-Einstellungen werden entsprechende Hinweise an die Zahlungsempfänger*innen erstellt und an die Zahlungsträgererstellung weitergeleitet. Anhand der notwendigen Zahlungsinformationen wird nun ein Zahlungsträger entsprechend der gewählten Zahlungsträgerart (wie etwa Datenträgeraustausch) erstellt. Außerdem werden Zahlungsavise etwa in Form von Briefen, Zwischendokumenten (IDocs) oder Faxsendungen erstellt.

Die Details zu den Zahlwegen, die Bankdaten usw. werden in den Customizing-Einstellungen festgelegt. Diese Informationen werden vom Zahlungsprogramm während des Zahllaufs verwendet.

14.6 Receivables Management

Mit dem *Receivables Management* können Sie die vom Unternehmen zu erhaltenden Zahlungen nachverfolgen und verwalten, einschließlich Kundenrechnungen, Gutschriften und Anzahlungen. Es verfolgt die folgenden Ziele:

- ein möglichst geringes Aufkommen an überfälligen Forderungen
- eine Forderungslaufzeit (Days Sales Outstanding, DSO), die den vereinbarten Zahlungsbedingungen (dieser Wert wird manchmal auch als *Nettoforderungslaufzeit* bezeichnet) möglichst nahekommt
- Minimierung der Abschreibungen für uneinbringliche Forderungen, ohne damit sensible Kundenbeziehungen zu gefährden

Zur Erreichung einer hohen operativen Effizienz werden Prozesse soweit wie möglich automatisiert, z. B. die Bearbeitung von Zahlungseingängen oder Aktivitäten im Rahmen der Abschlusserstellung. SAP bietet eine Reihe von Zusatzanwendungen an, die vollständig mit den Prozessen zur Debitorenbuchhaltung und zum Vertrieb in SAP S/4HANA integriert sind. Zu diesen Anwendungen für das Receivables Management gehören die folgenden:

- **SAP Credit Management**
  Diese Anwendung unterstützt Unternehmen bei der Umsetzung einheitlicher unternehmensweiter Kreditrichtlinien, bei der Verwendung von Ergebnissen aus der Kreditanalyse zur Berechnung von Kreditlimits sowie bei der Einbettung von Kreditprüfungen in wichtige betriebliche Prozesse.
- **SAP S/4HANA Cloud für Kreditintegration, Public Edition**
  Diese Lösung extrahiert Informationen aus Kreditauskünften verschiedener Aus-

kunfteien und aktualisiert automatisch wichtige Organisations- und Kreditdaten in SAP Credit Management.

- **SAP S/4HANA Cloud für Debitorenzahlungen**
  Hierbei handelt es sich um eine Lösung für die elektronische Ausstellung und Bezahlung von Rechnungen, mit der Geschäftspartner Rechnungen herunterladen oder per Banküberweisung, Kreditkarte usw. bezahlen können. Außerdem ermöglicht diese Lösung es Rechnungsempfängern, ihre Stammdaten einzusehen und zu ändern sowie Klärungsprozesse anzustoßen.
- **SAP Collections and Dispute Management**
  Diese Anwendung unterstützt Workflows und Prozesse für ein effektiveres Klärungsmanagement und die Einrichtung eines proaktiven Forderungsmanagements durch die Bereitstellung eines priorisierten Arbeitsvorrats für die Forderungssachbearbeiter*innen.
- **SAP Cash Application**
  Hierbei handelt es sich um einen Service, der offene Rechnungen mit Zahlungseingängen abgleicht. Mithilfe von Machine-Learning-Algorithmen werden die Finanzanwendungen darauf trainiert, aus Abgleichen in der Vergangenheit zu lernen und dadurch eine höhere Matching-Rate beim Clearing eingehender Zahlungen zu erreichen.

Mit diesen Funktionen können Sie Daten von verschiedenen SAP-S/4HANA- oder SAP-ERP-Systemen zusammenführen und erhalten so auch in einer verteilten Systemlandschaft eine einheitliche Sicht auf die offenen Forderungen.

In den folgenden Abschnitten gehen wir auf die wichtigsten Bereiche und Funktionen des Receivables Management ein.

14.6.1 Verwaltung offener Forderungen

Die Verwaltung offener Forderungen basiert auf dem Nebenbuch für die Debitorenbuchhaltung (Tabelle BSEG). Es erfasst alle Geschäftsvorfälle mit Debitoren, z. B. Rechnungen, Gutschriften, Zahlungen und Anzahlungen. Normalerweise empfängt SAP S/4HANA Finance die zu der Rechnungsart der Debitorenrechnung passenden Finanzbelege von der für die Fakturierung zuständigen Komponente in SAP S/4HANA Sales; die Belege können jedoch auch manuell erstellt werden. In diesem Abschnitt werden wir über verschiedene Aspekte der Verwaltung offener Forderungen sprechen, wie Mahnwesen, Kontoauszugsverarbeitung und SAP Cash Application.

Mahnwesen

Wenn ein Kunde eine Rechnung nicht bis zum Fälligkeitsdatum bezahlt, kann ein Unternehmen über die Mahnfunktion ein Mahnverfahren einleiten. Dabei werden

Mahnschreiben an die Kunden gesendet, um sie an die ausstehenden Zahlungen zu erinnern. In das Nebenbuch für die Debitorenbuchhaltung ist eine Funktionalität für das Mahnwesen integriert, die sich aus zwei Teilfunktionen zusammensetzt:

- einem Hintergrundprozess, der die offenen Rechnungen auswählt und das Mahnverfahren auslöst
- einer Benutzeroberfläche zum Zugriff auf die Mahnhistorien einzelner Kunden

Abbildung 14.23 zeigt die Architektur des Mahnwesens. Der Mahnlauf kann in regelmäßigen Abständen gestartet werden. Er prüft Customizing-Einstellungen und Transaktionsdaten, um zu ermitteln, ob ein Mahnverfahren eingeleitet werden soll.

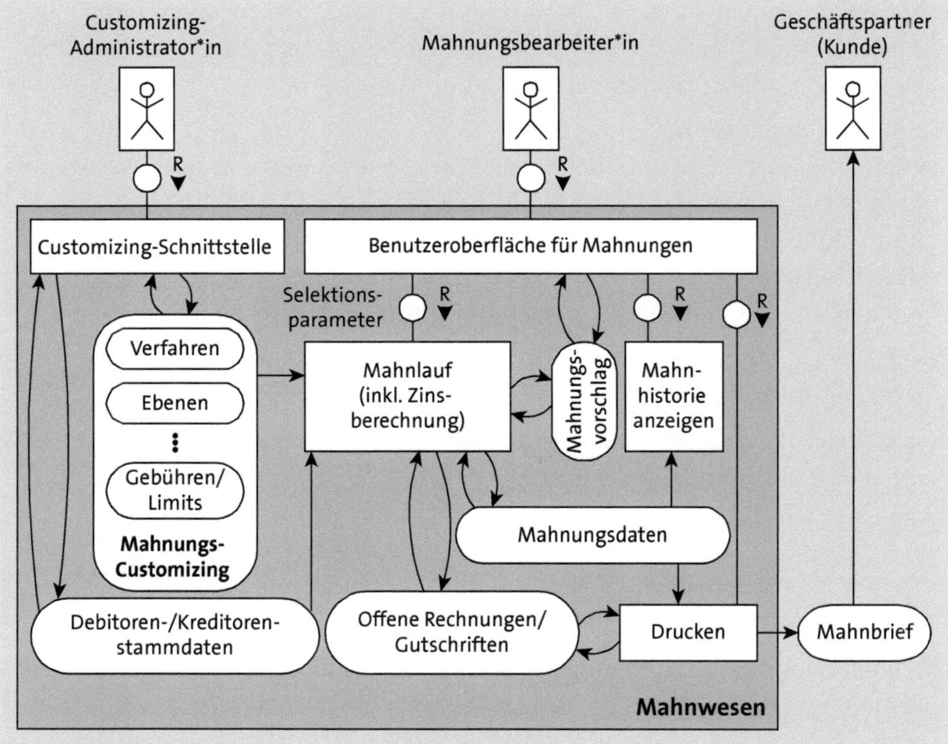

Abbildung 14.23 Architektur des Mahnwesens

Beim Einplanen des Mahnlaufs können Sie den Kreis der Kunden und das Mahnungsdatum festlegen. Im Rahmen des Mahnlaufs werden die Debitoren- und Kreditorenbelege (Rechnungen und Gutschriften) wie angegeben ausgewählt. Danach entscheidet die Anwendung anhand des Fälligkeitsdatums, des Gesamtbetrags der ausstehenden Zahlungen und der offenen Gutschriften für einen Geschäftspartner, ob die betreffenden Posten gemahnt werden können. Es werden Mahnungsvorschläge erstellt, die von den Benutzer*innen bearbeitet werden können, um beispielsweise bestimmte

Rechnungen von der Mahnung auszunehmen. Die Mahnfunktion berechnet die Verzugszinsen und erstellt den entsprechenden Mahnbrief. Die Mahnbriefe werden ausgedruckt und per E-Mail, Fax oder postalisch an die Kunden geschickt. Die Mahnungsbearbeiter*innen können auch auf die Mahnhistorien Kunden zugreifen und einzelne Mahnschreiben anzeigen.

Kontoauszugsverarbeitung und SAP Cash Application

Die *Kontoauszugsverarbeitung* dient zum automatischen Import oder zur manuellen Eingabe von Kontoauszügen sowie von anderen Bankinformationen wie Scheckeinreichungen, Lockbox und Kontosalden. Abbildung 14.24 zeigt einen Überblick über die Architektur der Kontoauszugsverarbeitung.

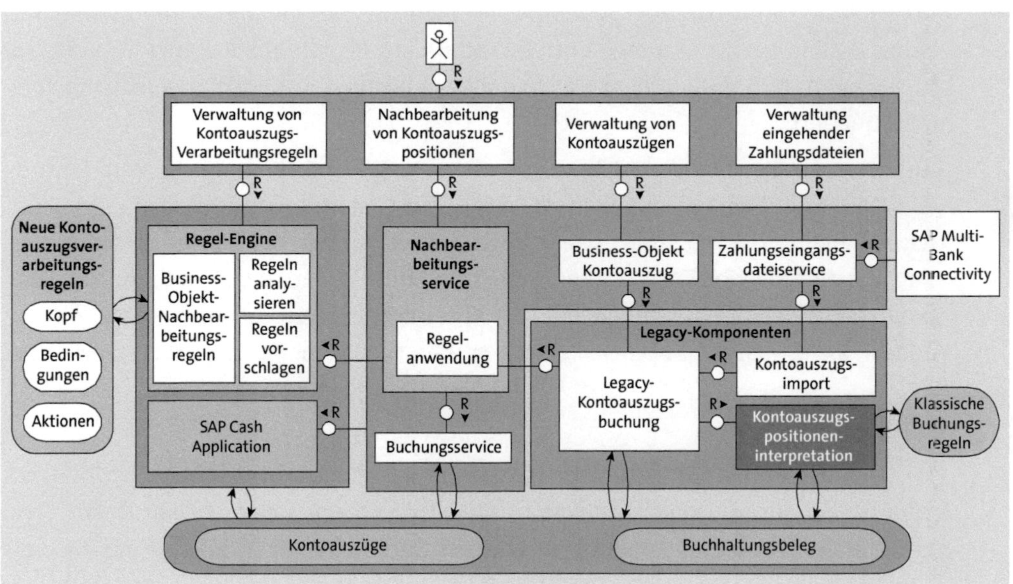

Abbildung 14.24 Architektur der Kontoauszugsverarbeitung

Es gibt verschiedene Wege, um Kontoauszüge in SAP S/4HANA Finance hochzuladen, beispielsweise durch den automatischen Dateitransfer über SAP Multi-Bank Connectivity, durch Hochladen von Dateien in der App **Einzahlungsdateien verwalten** oder durch manuelle Eingabe in der App **Kontoauszüge verwalten**.

Nach dem Anlegen oder Import eines Kontoauszugs wird eine automatische Verarbeitung gestartet, die die Analyse der Kontoauszugsdaten sowie Buchung und Ausgleich der Positionen umfasst. Diese Automatisierung kann entweder durch traditionelle Regeln erfolgen (Interpretationsalgorithmen, Buchungsregeln) oder durch die neue Regel-Engine für die Kontoauszugsverarbeitung, auf die wir im nächsten Abschnitt zu sprechen kommen werden.

Wenn die automatische Verarbeitung einer Kontoauszugsposition fehlschlägt, z. B. weil die auszugleichenden Rechnungen nicht automatisch gefunden werden, gibt es zwei Möglichkeiten: Entweder erfolgt eine manuelle Nachbearbeitung der Position in der App **Kontoauszugspositionen nachbearbeiten** oder eine auf Machine Learning basierende automatische Nachbearbeitung, die von SAP Cash Application initiiert wird (siehe übernächster Abschnitt).

Verarbeitungsregeln für Kontoauszüge

Die Regel-Engine für die Kontoauszugsverarbeitung ermöglicht die vollständig systemgeführte Erstellung neuer Regeln, um künftig Kontoauszugspositionen, die die festgelegten Bedingungen erfüllen, automatisiert zu bearbeiten. Nach dem manuellen Abgleich von Kontoauszugspositionen werden die Sachbearbeiter*innen aufgefordert, aus den gerade durchgeführten Buchungen Regeln abzuleiten. Die Verarbeitungsregeln für Kontoauszüge sind in die App **Kontoauszugspositionen nachbearbeiten** integriert.

Auf der Basis intelligenter Technologien ist es möglich, Regeln für die Verarbeitung von Kontoauszügen vorschlagen zu lassen. Das System analysiert dazu die historischen Buchungsdaten und erstellt daraus eine Vorlage für Verarbeitungsregeln. Nachdem eine solche Vorlage angelegt wurde, können diese Regeln anhand von Live-Daten validiert, mit anderen geteilt und automatisiert werden, um automatisch auf neue in SAP S/4HANA importierte Kontoauszugspositionen angewendet zu werden.

SAP Cash Application

Mit SAP Cash Application können Finanzabteilungen ihre historischen Clearingdaten nutzen, um den Ausgleichsprozess für künftige Kontoauszüge zu automatisieren. Änderungen im laufenden Prozess können durch das Umtrainieren des Modells leicht berücksichtigt werden. Dies trägt zu einer Senkung der Gesamtbetriebskosten und zur vollständigen Automatisierung des Kontoauszugsprozesses bei.

SAP Cash Application setzt sich aus einer Machine-Learning-Anwendung in der SAP BTP und verschiedenen, in SAP S/4HANA integrierten Komponenten zusammen (siehe Abbildung 14.25). Je nach Konfidenzniveau eines bestimmten Zuordnungsvorschlags führt SAP Cash Application entweder einen automatischen Ausgleich durch oder legt den Sachbearbeiter*innen einen Vorschlag zur Bestätigung vor. Ein entsprechendes Konfidenzniveau kann für jeden Buchungskreis definiert werden.

SAP Cash Application greift auf alle von den Sachbearbeiter*innen abzugleichenden Kontoauszugspositionen zurück, um daraus zu lernen und in Zukunft Ausgleichsvorschläge zu machen. Für Key User steht eine Benutzeroberfläche zur Verfügung, um die Ergebnisse neu trainierter Modelle anzuzeigen und mit denen des aktuell produktiv verwendeten Modells zu vergleichen.

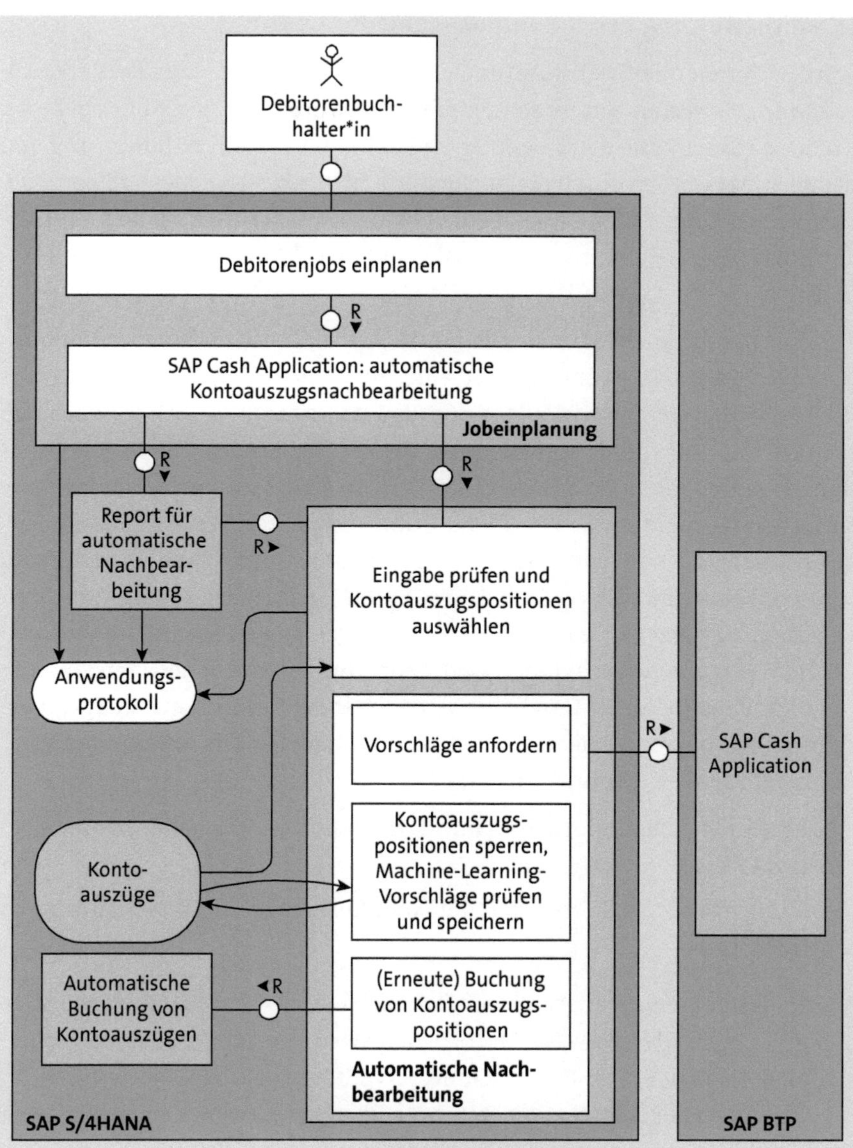

Abbildung 14.25 SAP Cash Application

Darüber hinaus bietet SAP Cash Application auch Funktionen zum Extrahieren von Zahlungsavisen aus erhaltenen PDF-Dateien, Microsoft-Excel-Dateien oder verschiedenen Bildformaten wie JPEG oder GIF. Die App ist in der Lage, die empfangenen Informationen in strukturierte Daten umzuwandeln, sodass sie im Rahmen der vollautomatischen Prozesse zum Ausgleich aggregierter Zahlungen verwendet werden können.

14.6.2 Kreditbewertung und Kreditmanagement

Häufig werden Waren oder Dienstleistungen auf Kredit verkauft. Um das Verlustrisiko zu mindern, bewerten Unternehmen die Kreditwürdigkeit von Kunden, bevor sie auf Kredit verkaufen. Die dafür benötigten Funktionen für Kreditbewertung und Kreditmanagement werden durch die Anwendung *SAP Credit Management* bereitgestellt, die ein Teil des Receivables Management ist. In SAP S/4HANA ist die Kreditmanagementfunktionalität der Komponente Sales and Distribution (SD) nicht mehr länger verfügbar.

Mit SAP Credit Management können Sie ein zentralisiertes Kreditmanagement in einer verteilten Systemlandschaft mit verschiedenen SAP-S/4HANA-Finance-Systemen betreiben. Dabei werden sowohl interne als auch externe Kreditinformationen berücksichtigt. Mit SAP Credit Management können Sie Kreditinformationen aus Anwendungskomponenten innerhalb von SAP S/4HANA sowie aus anderen integrierten Finanzsystemen sammeln, verwalten und analysieren. Seine Architektur ermöglicht es Ihnen, die Kreditinformationen in die angeschlossenen Systeme und Komponenten, beispielsweise Vertrieb, Logistik und Finanzbuchhaltung, zu verteilen und effizient zu nutzen. Die von den Anwendungen gemeldetem Daten werden in SAP Credit Management konsolidiert und stehen für verschiedene Arten von Kreditprüfungen auf der Ebene der Geschäftspartner oder der Geschäftspartnergruppen zur Verfügung. Im Folgenden nennen wir einige Beispiele für den system- und komponentenübergreifenden Informationsfluss:

- Aktualisierung der Obligoinformationen aus der Debitorenbuchhaltung und dem Vertrieb in SAP Credit Management
- Kreditprüfung in SAP Credit Management beim Anlegen eines Kundenauftrags in SAP S/4HANA Sales

In einer Mehrsystemlandschaft kann der Datenaustausch über SOAP-Webservice-Schnittstellen (Simple Object Access Protocol) abgewickelt werden, die eine Verbindung mit SAP S/4HANA, SAP S/4HANA Cloud, SAP ERP und Nicht-SAP-Systemen ermöglichen. Der Austausch von Nachrichten kann über SAP Process Integration erfolgen oder – für alle synchronen oder für bestimmte asynchrone Serviceschnittstellen – direkt unter Verwendung des Protokolls für Web Services Reliable Messaging (WSRM) als Punkt-zu-Punkt-Verbindung.

Der zentrale Bestandteil des Kreditmanagements ist die Komponente *Credit Limit Management and Control*, die mit den folgenden anderen Komponenten integriert ist (siehe Abbildung 14.26):

- **Credit Rules Engine**
  Die Credit Rules Engine berechnet spezifische Scores und Limits auf der Grundlage einer vom Unternehmen definierten *Credit Score Card* und vergibt diese an Ge-

schäftspartner. Externe Bewertungen von Geschäftspartnern können mit *SAP S/4HANA Cloud für Kreditintegration, Public Edition* zur Integration von Auskunfteien eingebunden werden. Die Credit Rules Engine unterstützt die automatische Bestimmung der Bonität aller Geschäftspartner mit entsprechenden Auswirkungen auf die Zahlungsbedingungen und die Verkaufskonditionen.

- **Kreditereignisse**
  Hier wird der Überwachungsprozesses automatisiert, indem eine Prozesskette eingerichtet wird, in der durch vordefinierte Kreditereignisse Folgeaktivitäten ausgelöst werden. Hat sich z. B. der Score geändert, kann die Anwendung die Neubestimmung der Risikoklasse und damit die Neuberechnung der Kreditlimits des Kreditkontos auslösen.
- **Unterstützung bei Kreditentscheidungen über Credit Decision Support**
  Diese Funktion sammelt die notwendigen Informationen über die Kreditdaten von Geschäftspartner sowie über die Kreditverwendung und stellt die notwendigen Daten für Kundenstammblätter, Kredithistorie und Arbeitsvorräte zur Verfügung. Hauptobjekte sind hier der *Kreditfall* zur strukturierten Bearbeitung von sich auf das Kreditlimit beziehenden Anträgen und die *dokumentierte Kreditentscheidung*. Die dokumentierte Kreditentscheidung ermöglicht eine effiziente Entscheidungsfindung zur Freigabe eines gesperrten Verkaufsbelegs sowie eine umfassende Analyse des Kreditstatus, bevor eine Entscheidung getroffen wird.

14

Wenn ein kundenbezogener Geschäftsvorfall wie ein Kundenauftrag angelegt werden soll, fordert die entsprechende Anwendung eine Kreditprüfung im Kreditmanagementsystem an (siehe Abbildung 14.26). Die Funktionalität Credit Limit Management and Control bearbeitet diese Anfrage und meldet an den anfordernden Antrag zurück, ob der Kredit angesichts der vorhandenen Informationen zu den Geschäftspartner gewährt werden kann oder nicht. Wenn der Kredit nicht gewährt wurde, blockiert SAP S/4HANA Sales diesen speziellen Geschäftsvorfall, und es wird eine dokumentierte Kreditentscheidung erstellt.

Die Informationen zum Obligo von Kunden werden aktualisiert, wenn einer der folgenden Fälle eintritt:

- Es wird eine Lieferung gebucht.
- Es wird eine Rechnung erstellt.
- Die Rechnung wird an die Finanzbuchhaltung übermittelt.
- Die Kunden leisten die Zahlung für die Rechnung.

Wenn sich die Informationen zum Obligo ändern, wird das Kreditlimit des Geschäftspartners in Echtzeit angepasst.

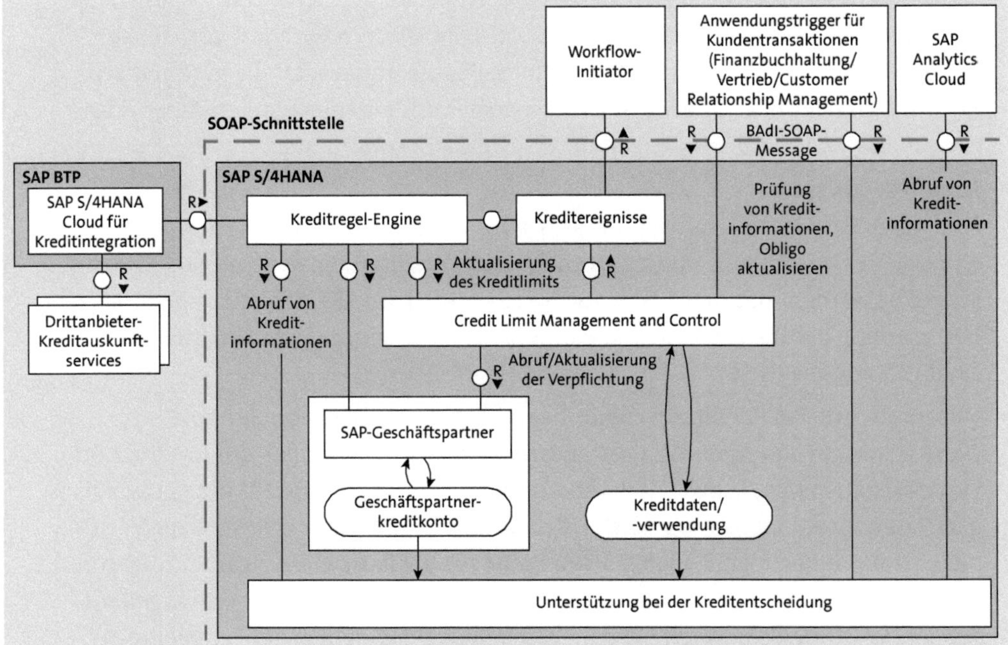

Abbildung 14.26 Architektur für Kreditbewertung und Kreditmanagement

Für die Bonitätsprüfung und die Berichterstattung stehen in SAP Credit Management verschiedene Analyseberichte in Form von SAP-GUI-Transaktionen sowie SAP-Fiori-Apps zur Verfügung, die einen sofortigen Einblick in die Geschäftsvorfälle geben und kreditrelevante Informationen über die Geschäftspartner anzeigen und analysieren. Darüber hinaus stellt SAP Credit Management Storys für SAP Analytics Cloud bereit.

14.6.3 Debitorenzahlungen

SAP S/4HANA Cloud für Debitorenzahlungen bietet einen Self-Service für *Electronic Bill Presentment and Payment* (EBPP). Unternehmen können diese cloudbasierte Lösung nutzen, um ihren Kunden Rechnungen, Gutschriften, Zahlungen und Kontostände online anzuzeigen. Darüber hinaus können Rechnungsempfänger ihre Kundendaten pflegen, Zahlungen veranlassen und Klärungsfälle anlegen.

Bei SAP S/4HANA Cloud für Debitorenzahlungen handelt es sich um eine SaaS-Lösung (Software as a Service), die auf der SAP BTP aufbaut und über einen OData-Service mit SAP S/4HANA Finance integriert ist (siehe Abbildung 14.27). Die Weboberfläche umfasst verschiedene Apps und kann über das SAP Fiori Launchpad gestartet oder über Inline-Frames (iFrames) in Portalanwendungen von Drittanbietern integriert werden.

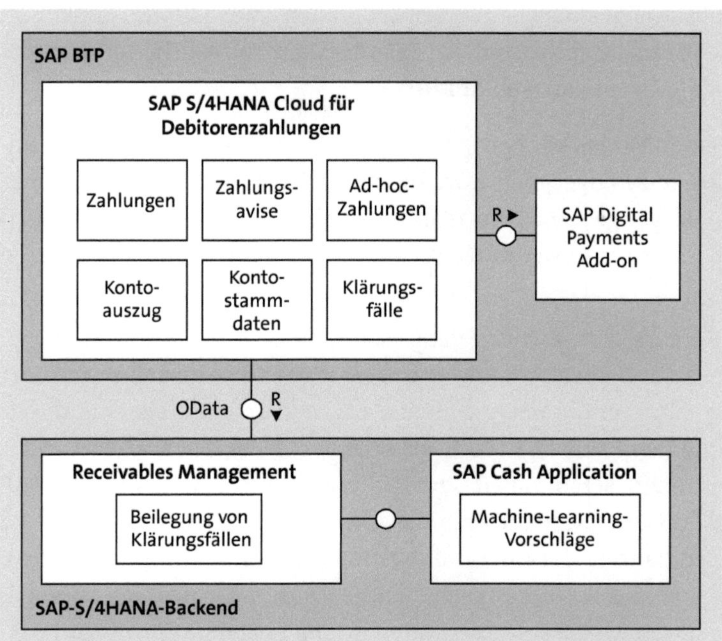

Abbildung 14.27 Architektur von SAP S/4HANA Cloud für Debitorenzahlungen

Die Lösung unterstützt die folgenden Services:

- Lesen und Aktualisieren von Kundendaten wie Bankverbindungen und Adressen. Auf der Grundlage der von den Portalbenutzer*innen bereitgestellten aktualisierten Informationen werden die entsprechenden Kundenstammdaten in der Debitorenbuchhaltung sofort aktualisiert.
- Bearbeitung von Rechnungen durch Lesen offener Kundenrechnungen, Gutschriften und bezahlter Rechnungen aus der Debitorenbuchhaltung. Die Rechnungen können aus der Debitorenbuchhaltung oder aus dem Vertrieb stammen. Im Einzelnen stehen den Benutzer*innen folgende Funktionen zur Verfügung:
  - Rechnungen einsehen, herunterladen und vollständig oder teilweise mit Zahlungen abgleichen
  - Herunterladen von Anhängen für Rechnungen
  - Anzeigen von Notizen an die Zahlungsempfänger
  - Erstellen und Anzeigen von Klärungsfällen im Zusammenhang mit Rechnungen und Herunterladen von Anhängen für strittige Rechnungen
  - Hinterlassen von Kommentaren zu Rechnungen
  - Erstellung und Verwaltung von Zahlungsavisen

- Durchführung vollständiger oder teilweiser Zahlungen über Kredite, Banküberweisungen, Lastschriften, Kreditkarten, PayPal oder benutzerdefinierte Zahlwege durch Aufrufen der Rechnungswesenschnittstelle

Im einfachen Call-Center-Modus können sich die Buchhalter*innen, denen Kontoinformationen telefonisch durchgegeben wurden, in das Portal einloggen und direkt nach den relevanten Vorgängen und Informationen suchen. In Portalanwendungen von Drittanbietern können die Anwendungen für Kundenzahlungen über ein iFrame geöffnet werden.

Die Lösung erlaubt Debitoren die Zahlung des Gesamtbetrags, die Zahlung auf Rechnungsebene oder Teilzahlungen mit Zahlwegen ihrer Wahl. Die Anwendung schickt diese Informationen dann an die entsprechende Backend-Schnittstelle, die in der Debitorenbuchhaltung den Zahlweg für die bezahlte Rechnung setzt. Kreditkartenzahlungen und andere Echtzeitzahlungen werden durch die Integration mit dem *SAP Digital Payments Add-on* unterstützt. Durch die automatische Zahlung werden die bezahlten Rechnungen dann in der Debitorenbuchhaltung ausgeglichen. Ein Beleg, für den der Zahlweg über das Portal festgelegt wurde, kann nicht manuell ausgeglichen werden. Entscheiden sich die Benutzer*innen für die Teilzahlung, ruft das Backend die Rechnungswesenschnittstelle auf, um in der Debitorenbuchhaltung einen Teilzahlungsbeleg mit festgelegtem Zahlweg zu erstellen. Die Benutzer*innen haben während dieses Prozesses auch die Möglichkeit, einen Klärungsfall für diese teilweise bezahlte Rechnung anzulegen, wobei über das entsprechende BAPI ein Klärungsfall in SAP S/4HANA Finance angelegt wird.

14.6.4 Beilegung von Klärungsfällen

Die Funktionen für das *Dispute Management* sind Teil des Receivables Management. Sie umfassen Funktionen zur Bearbeitung von Klärungsfällen, also von Meinungsverschiedenheiten zwischen den verkaufenden Organisationen und ihren Kunden bezüglich der finanziellen Verpflichtungen der Kunden.

Die Lösung speichert zu einem Klärungsfall alle relevanten Informationen, wie z. B. Ursache, Priorität, Bearbeitungsfristen, Freitextnotizen und Anhänge aus den verschiedenen involvierten Abteilungen. Zu diesem Zweck legt sie einen Klärungsfall im Modul Records and Case Management an, das als Repository zur Erstellung, Speicherung und Pflege solcher Vorgänge dient.

Es gibt drei verschiedene Verfahren, um einen Klärungsfall anzulegen (siehe Abbildung 14.28):

- direkt aus verschiedenen Debitorenprozessen (also aus einem manuellen Rechnungsabgleich, einer Lockbox-Nachbearbeitung oder einer Kontoausgleichstransaktion)
- aus dem Portal SAP S/4HANA Cloud für Debitorenzahlungen heraus über das BAPI zur Erstellung von Klärungsfällen
- in Szenarien, in denen mehrere Systeme beteiligt sind, unter Verwendung von IDocs

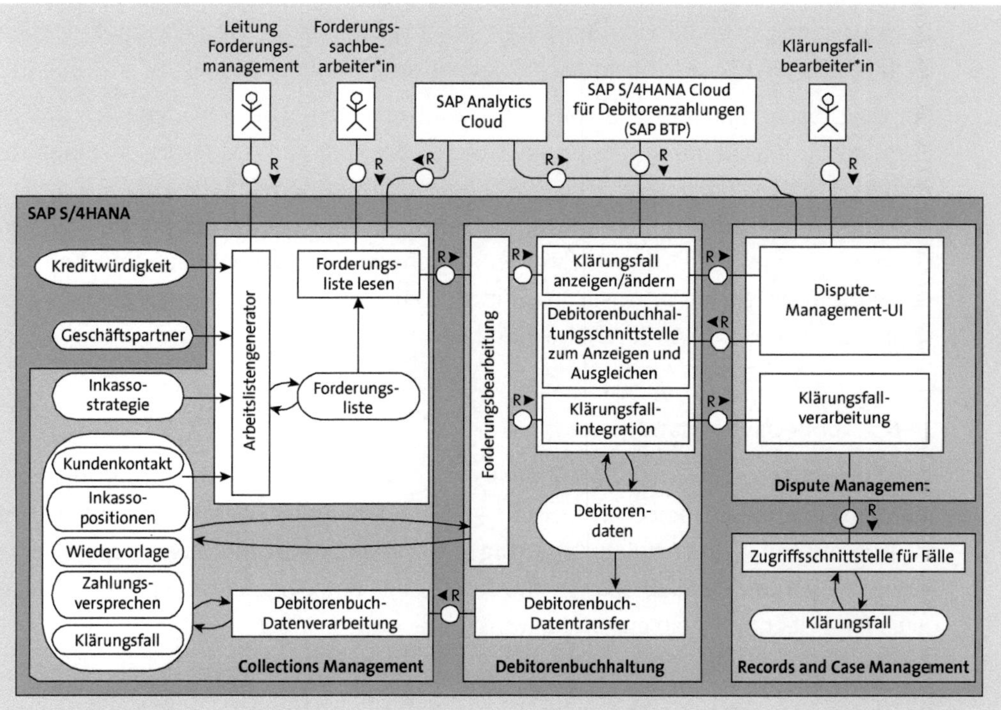

Abbildung 14.28 Architektur des Dispute Management

Ein Klärungsfall kann mittels SAP Business Workflow an verschiedene Bearbeiter*innen weitergeleitet werden. Bei der Betrachtung des Sachverhalts zu einem Klärungsfall können die Bearbeiter*innen zu den verlinkten Objekten navigieren. Sie enthalten Verweise auf die entsprechenden Daten in der Finanzbuchhaltung, beispielsweise zu Kunden, Rechnungen und ausgeglichenen Posten. Die Bearbeiter*innen des Klärungsfalls können Notizen zum Klärungsfall anlegen und Anhänge hinzufügen. Sie können auf verschiedene Attribute des Klärungsfalls zugreifen, wie z. B. die Ursache für die Eskalation, den Status und die Priorität, und diese ändern.

Das Dispute Management ist eng in die Finanzprozesse integriert. Eingehende Zahlungen, gewährte Gutschriften und Abschreibungen, die im Rahmen von Transaktionen im Zusammenhang mit Forderungen erstellt werden, führen automatisch zu einer Aktualisierung des Klärungsfalls – oder genauer gesagt des noch ausstehenden strittigen Betrags. So wird für den Klärungsfall immer der neuste Zahlungsstand angezeigt.

Der Prozess unterstützt auch die manuelle oder automatische Korrespondenz mit den Kunden per Brief, E-Mail oder Fax. In der entsprechenden SAP-Fiori-App sind alle Informationen zu einem Klärungsfall auf einem Bildschirm verfügbar, einschließlich wichtiger Fallattribute, Notizen, Anhänge und verknüpfter Objekte.

Für die Ursachenanalyse und Fortschrittskontrolle stehen verschiedene Berichte in Form von SAP-GUI-Transaktionen sowie SAP-Fiori-Apps zur Verfügung, die einen sofortigen Einblick in die Geschäftsvorfälle geben. Hier lassen sich für den Klärungsfall relevante Informationen über die Kunden anzeigen, um zu analysieren, aus welchen Gründen Klärungsfälle erhoben werden, welche Kunden an beteiligt sind und wie lange die Bearbeitung in Anspruch nimmt. Darüber hinaus stellt das Dispute Management Storys für SAP Analytics Cloud bereit.

14.6.5 Collections Management

Die Komponente *Collections Management* für das Einbringen von Forderungen ist ebenfalls ein Teil des Receivables Management. Das Collections Management wird von Unternehmen zur Implementierung eines proaktiven Forderungsmanagements genutzt. Es wählt Geschäftspartnerkonten für das Einbringen offener Forderungen nach festgelegten Regeln aus und bewertet sie.

Dazu erstellt das Collections Management automatisch Forderungslisten mit überfälligen Kundenkonten, die gemäß einer flexibel konfigurierbaren Strategie priorisiert sind. Das Collections Management fungiert dabei als eine Art zentraler Hub, an den mehrere Anwendungen für das Receivables Management angeschlossen sind. Bei der Bearbeitung von Rechnungen und Zahlungen im Receivables Management sendet die Anwendung eine IDoc-Nachricht mit diesen Daten an das zentrale Collections Management. Auf der Grundlage dieser Daten erstellt das Collections Management *Inkassopositionen*.

Der Hintergrundjob zur Erstellung der Forderungslisten läuft in regelmäßigen Abständen. Er wählt die Inkassopositionen pro Kunde aus und priorisiert die Liste der Kunden der definierten *Collection-Strategie*. Die Collection-Strategie wird durch Regeln bestimmt, etwa durch die Bonitätsgrenze, die Überfälligkeit der Rechnungen um einen Monat oder mehr oder eine Forderung von mehr als 1.000 EUR. Unternehmen können je nach Bedarf zusätzliche Collection-Strategien implementieren. Die endgültige Liste wird als *Forderungsliste* gespeichert. Die Benutzeroberfläche für die Forderungsliste zeigt den für die Einziehung der Beträge verantwortlichen Sachbearbeiter*innen die priorisierte Liste der Geschäftspartner an. Auf dem Bildschirm **Forderungen bearbeiten** können die Forderungseintreibenden Kundenkonten, Zahlungsversprechen, Klärungsfälle, Kontaktinformationen der Kunden usw. einsehen und überprüfen. Die Forderungssachbearbeiter*innen arbeiten ihre individuellen Forderungslisten ab, rufen die Kunden an, um mit ihnen die Details zu den ausstehenden Zahlungen zu besprechen, und aktualisieren die Inkassopositionen entsprechend der Reaktion der Kunden.

Anhand der Reaktionen erstellen die Forderungssachbearbeiter*innen eines der folgenden Geschäftsdokumente:

- eine *Wiedervorlage* der Position auf der Forderungsliste zum nächsten Benachrichtigungstermin
- ein *Zahlungsversprechen* hinsichtlich des fälligen Betrags zu einem bestimmten Datum
- einen *Klärungsfall* mit der Bitte um nähere Klarstellung
- *Einzel-* oder *Massenkorrespondenz* je nach den für das Receivables Management festgelegten Korrespondenzarten (Beispiele: OPOS-Liste, Mahnbrief)
- eine *Notiz* zur Zusammenfassung des Ergebnisses des Kundenkontakts

In der App **Forderungen bearbeiten** erhalten die Sachbearbeiter*innen alle erforderlichen Informationen zusammen auf einer Seite, einschließlich der Rechnungen und Zahlungen sowie der Kundenkontakthistorie. Das Receivables Management ist eng in die Prozesse der Debitorenbuchhaltung sowie in die Treasury-and-Risk-Management-Prozesse integriert.

Für die Fortschrittskontrolle stehen verschiedene Berichte in Form von SAP-GUI-Transaktionen, SAP-Fiori-Apps für das Forderungsmanagement und Storys für SAP Analytics Cloud zur Verfügung.

14.6.6 Convergent Invoicing

Convergent Invoicing implementiert den Abrechnungsprozess von der Inanspruchnahme von Serviceleistungen, wie z. B. Telefonaten, Softwaredownloads, Mautgebühren und Parktickets, über die Preisfindung bis hin zum Versand der Rechnungen an die Kunden, die alle in Anspruch genommenen Serviceleistungen aus den beteiligten Abrechnungssystemen enthalten. Convergent Invoicing ist auf die Skalierbarkeit für große Datenvolumen (etwa mehrere Millionen Verbrauchsdaten pro Tag) ausgelegt. Es unterstützt verschiedene Vertragsmodelle, wie Prepaid- oder Postpaid-Abonnements mit wiederkehrenden Gebühren und Verbräuchen im Business-to-Consumer-Bereich (B2C), Umsatzbeteiligung und Partnerabrechnung zur Einbindung von Vertriebspartnern (wie Wiederverkäufer, App-Entwickler*innen, Künstler*innen, Plattenlabels) in die Kanäle, Business-to-Business-Rahmenverträge (B2B), sowie die Abrechnung für Unternehmenskunden mit volumenbasierten Rabatten über Kundenhierarchien und ergebnisorientierte Abrechnungsmodelle.

Die Verarbeitung der Daten erfolgt vollautomatisch. Der *Clarification Framework Controller* und das erweiterte Nachrichtenmanagement erkennen Fehler und Ausnahmen automatisch und erstellen Klärungsfälle für manuelle Folgeaktivitäten. Convergent Invoicing kann für sehr hohe Datenmengen skaliert werden. Auf der Grundlage von Regeln, die in der Systemkonfiguration definiert werden, werden die Verbrauchsdatensätze während der Datenverarbeitung aggregiert, während ausführliche Verbrauchsinformationen jederzeit abgerufen werden können.

Convergent Invoicing ist mit *Contract Accounting* integriert, das als Nebenbuchhaltung die typischen Funktionen einer Kreditoren- und Debitorenbuchhaltung wie Buchen, Zahlen und Mahnen realisiert und auf die Verarbeitung großer Belegvolumen ausgerichtet ist. Convergent Invoicing stellt Rechnungen für die Geschäftspartner aus und bucht die Gesamtbeträge als Forderung auf die Vertragskonten der Geschäftspartner. Dabei werden die Kontierungen für Finanzbuchhaltung und Controlling automatisch ermittelt. Die Forderung oder Verbindlichkeit wird mit den Standardprozessen in Contract Accounting verwaltet, um die Forderung gegenüber den Kunden einzutreiben, Eingangs- und Ausgangszahlungen automatisch zu verarbeiten, zu mahnen, Kontenpflege zu betreiben oder um Partnern Erstattungen gutzuschreiben. Der funktionale Mehrwert von Convergent Invoicing durch die enge Anbindung an Contract Accounting beruht auf der Vielzahl von eingebetteten Buchhaltungs-, Debitoren- und Kreditorenprozessen, die eine optimierte Bearbeitung der in Convergent Invoicing erzeugten Buchungen und eine optimierte Einbindung von Debitorenprozessen bereits während der Fakturierung unterstützen, was insgesamt zu einer Reduzierung der Bearbeitungszeit beiträgt.

Lösungsarchitektur

Convergent Invoicing bietet die Möglichkeit, abrechnungs- und fakturierungsrelevante Abrechnungsdaten aus diversen Mess- und Abrechnungsquellen in einer Struktur zusammenzuführen. Convergent Invoicing umfasst drei wesentliche Prozessschritte: Rating, Abrechnung und Fakturierung – wobei der Einsatz von Convergent Invoicing in jedem dieser Schritte beginnen kann (siehe Abbildung 14.29):

- **Rating**
  Das Rating verarbeitet *unbewertete Verbrauchspositionen*, wie etwa Call Detail Record (CDR) oder Softwaredownloadbenachrichtigungen, um den Verbrauchspreise zu ermitteln, der dem Geschäftspartner in Rechnung gestellt werden soll. Nicht bewertete Verbrauchspositionen enthalten eine technische ID für den konsumierten Service, eine technische Ressourcen-ID, wie etwa eine Telefonnummer, ein Autokennzeichen oder eine E-Mail-Adresse, ein Verbrauchsdatum und den gemessenen Verbrauch selbst. Die unbewerteten Verbrauchspositionen enthalten weder einen Preis noch Angaben zur Art und Weise, wie die Geschäftspartner für den Verbrauch zahlen. Das Rating ermittelt den Geschäftspartner (Zahler) und den Preis für den Verbrauch. Ein im Standardprozess des Rating implementierter Webservice ruft *SAP Convergent Charging* auf und ermittelt den Preis und Zahler. Alternativ können Verbrauchspositionen auch mit der Preisfindung im Vertrieb bewertet werden. Um die Systemlast zu verringern, können die Verbrauchspositionen vor dem Rating anhand der Systemkonfiguration aggregiert werden. Ergebnis des Ratings sind abrechenbare Positionen.
- **Abrechnung**
  Im Rahmen der Abrechnung werden abrechenbare Positionen verwaltet und zu Abrechnungsbelegen gruppiert. Die Abrechnungsbelege werden im Rahmen der Fakturierung weiterverarbeitet und zu Rechnungen aufbereitet. Um auf der Grundlage der Systemkonfiguration strukturierte Rechnungsinhalte für den anschließenden Fakturierungsprozess zu erstellen, aggregiert der Abrechnungsprozess abrechenbare Positionen zu Abrechnungsbelegpositionen. So werden z. B. alle Verbrauchssätze eines Monats aggregiert. Im Abrechnungsprozesses kann das System zusätzliche abrechenbare Positionen für Mengenrabattberechnungen erstellen, die sich über mehrere Abrechnungszyklen erstrecken, etwa wenn ein monatlicher Abrechnungszyklus verwendet wird, der Rabatt aber auf Jahresbasis berechnet wird.
- **Fakturierung**
  Convergent Invoicing erstellt konvergente Rechnungen für Geschäftspartner und bucht die Rechnungsbeträge in Contract Accounting. Convergent Invoicing kann Rechnungsinformationen nicht nur bei der Abrechnung in Abrechnungsbelegen konvergieren, sondern zusätzlich auch bei der Fakturierung. So können bei der Fakturierung z. B. weitere Rechnungsinformationen, wie beispielsweise Fakturen aus dem Vertrieb, Nettoabrechnungsbelege oder Steuerabrechnungsbelege der öffentlichen Hand, abrechnungsrelevante Belege aus dem Bankwesen und Buchungsbelege aus der Vertragsabrechnung, Eingang in Rechnungen finden.

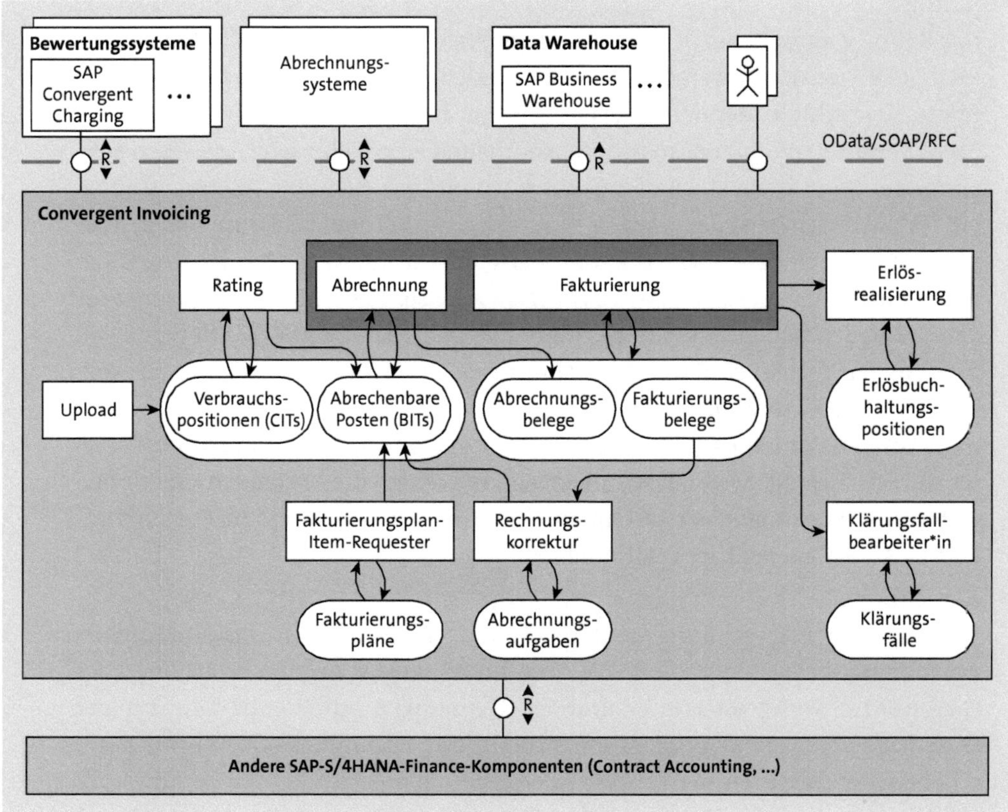

Abbildung 14.29 Detailarchitektur von Convergent Invoicing

Convergent Invoicing stellt APIs, Remote Function Calls (RFCs), BAPIs, Webservices sowie Programme zum Datenupload bereit, die Verbrauchspositionen und abrechenbare Positionen aus Daten externer Systeme generieren. Sind Verbrauchsdaten bereits mit einem SAP-Stammdatenobjekt verknüpft und der Preis ist im Voraus bekannt, können direkt abrechenbare Positionen an Convergent Invoicing gesendet werden, da kein Rating von Verbrauchspositionen erforderlich ist. Hängt der Preis hingegen vom Gesamtverbrauch eines Monats ab, müssen die Verbrauchspositionen vor dem Rating hochgeladen und aggregiert werden. Rating-Systeme wie SAP Convergent Charging bieten hochverfügbare und schlanke APIs für die Kommunikation mit der technischen Infrastruktur zur Messung des Servicekonsums (wie z. B. mit der Telekommunikationsinfrastruktur zur Verwaltung mobiler Dienste). Rating-Systeme können Verbrauchspositionen entweder direkt bewerten und bewertete Verbrauchspositionen bzw. abrechenbare Positionen (etwa im Rahmen einer Prepaid-Nutzungsbewertung) an Convergent Invoicing senden oder unbewertete Verbrauchspositionen (etwa im Rahmen einer Postpaid-Nutzungsbewertung am Ende des Monats) zur Batch-Bewertung an Convergent Invoicing senden.

Abrechnungsbelege können mithilfe von BAPIs in Convergent Invoicing übernommen werden. In einem komplexen Integrationsszenario können die beiden Ansätze auch miteinander kombiniert werden, d. h., einige Geschäftssegmente könnten Verbrauchspositionen am Ende des Anrechnungszyklus zum endgültigen Rating hochladen und andere können abrechenbare Positionen für die Abrechnung hochladen.

Rating, Abrechnung und Fakturierung können automatisch neue Verbrauchspositionen und abrechenbare Positionen erzeugen. Beim Upload von abrechenbaren Positionen nach Convergent Invoicing können einige Positionen für eine Umsatzbeteiligung oder die Partnerabrechnung relevant sein. In diesem Fall splittet Convergent Invoicing abhängige Positionen auf und klassifiziert sie entweder als nicht bewertete Verbrauchspositionen (wenn ein Rating erforderlich ist) oder als nicht fakturierte abrechenbare Positionen (wenn der Anteil der Umsatzbeteiligung bekannt ist). Analoge abhängige Positionen werden für die konzerninterne Verrechnung erstellt.

Fakturierungspläne bilden in Convergent Invoicing einmalige Gebühren, wiederkehrende Gebühren und Anzahlungsanforderungen ab. Sie können als eigenständige Objekte angelegt oder mit dem Provider-Vertrag integriert werden. Bei der Bearbeitung eines Fakturierungsplans erstellt das System abrechenbare Positionen im Status »nicht abgerechnet«, gegebenenfalls mit abhängigen Positionen für die Partnerabrechnung und/oder die konzerninterne Verrechnung.

Für die Buchung nicht in Rechnung gestellter Umsatzerlöse kann Convergent Invoicing Erlösbuchhaltungspositionen (Revenue Accounting Items, RAI) erstellen und verarbeiten. Convergent Invoicing löst in Contract Accounting verzögerte Erlösbuchungen aus (zeit- und ereignisbasiert). Im Geschäftsszenario, in dem Prepaid- oder Postpaid-Verbrauchspositionen abgerechnet werden, ist Convergent Invoicing die zentrale Quelle, aus der die entsprechenden Buchungen für die Abgrenzung und die Realisierung von Erlösen zur Auffüllung und Nutzung von Transaktionen innerhalb einer Periode abgeleitet werden können.

Um den Anforderungen in digitalen Geschäftsmodellen zu genügen, können Rechnungen eine Einzelaufstellung aller im Abrechnungszyklus genutzten Transaktionen enthalten und bilden damit die legale Grundlage für die Rechnung und deren Inhalt. Rechnungskorrekturen und Anforderungen von Gutschriften können im Falle von Klärungsfällen bis auf die Transaktionsebene einer abrechenbaren Position hinunter erfasst werden.

Wenn eine Rechnung fehlerhaft ist, kann sie mithilfe der sich auf die Rechnungskorrektur beziehenden Abrechnungsaufgaben korrigiert werden. Bei der Bearbeitung dieser Aufgaben sorgt die Anwendung dafür, dass die neue Rechnung mit der korrigierten Rechnung verknüpft und als Korrektur gekennzeichnet wird.

Architektur für die Integration

Convergent Invoicing ist ein zentraler Bestandteil von SAP Billing and Revenue Innovation Management, das sich aus mehreren Komponenten innerhalb und außerhalb von SAP S/4HANA zusammensetzt und den End-to-End-Prozess zur Monetarisierung digitaler Geschäftsmodelle für Abonnements, Pay-per-Use und ergebnisbasierte Abrechnung abbildet. Die Komponenten der End-to-End-Lösung sind nahtlos in SAP S/4HANA integriert (siehe Abbildung 14.30).

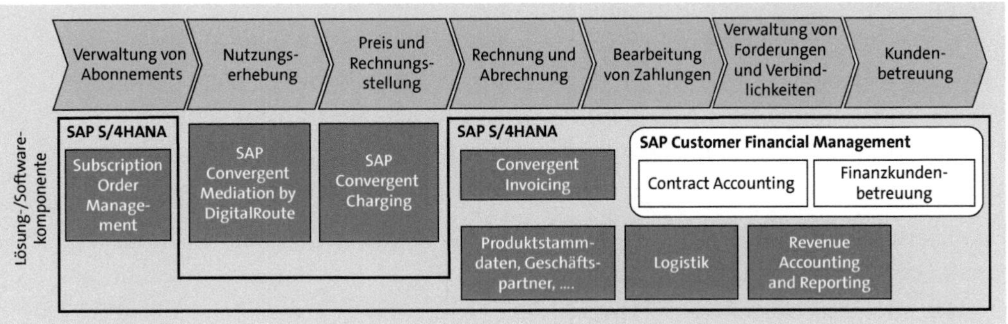

Abbildung 14.30 Komponenten von SAP Billing and Revenue Innovation Management

Subscription Order Management deckt in SAP Billing and Revenue Innovation Management die Produktmodellierung, Abonnementverwaltung, die Erfassung von Abonnementaufträgen und die Abwicklung von Änderungen an Abonnements ab, etwa im Zusammenhang mit Verlängerungen, Vertragskündigungen und Hinzufügungen oder Streichungen von Optionen. Für Contract Accounting relevante Stammdaten, wie das Vertragskonto oder der Provider-Vertrag, werden initial in Subscription Order Management erstellt und dann an Contract Accounting weitergeleitet. Wenn eine Verbindung zu SAP Convergent Charging besteht, leitet der Inbound-Stammdaten-Adapter von Contract Accounting die Anforderungen zur Erstellung von Stammdaten an SAP Convergent Charging weiter.

SAP Convergent Charging wiederum sendet nicht bewertete und bewertete Verbrauchspositionen sowie nicht fakturierte abrechenbare Positionen. Nicht bewertete Verbrauchspositionen werden entweder ereignisbasiert oder gesammelt versandt, wenn ein Gesamtverbrauch für den Abrechnungszeitraum berechnet werden muss, um den korrekten Preis abzuleiten. In der Standardimplementierung des Rating-Prozesses kann der Webservice für SAP Convergent Charging aufgerufen werden, um den Preis und den Zahlenden von nicht bewerteten Verbrauchspositionen zu ermitteln.

SAP Convergent Mediation by DigitalRoute ist eine Lösung, die als Middleware mit Convergent Invoicing verbunden werden kann, um Verbrauchspositionen und abrechenbare Positionen vor ihrer Übermittlung an Convergent Invoicing vorzubereiten.

SAP Convergent Mediation orchestriert die API-Aufrufe, um diese Daten an Convergent Invoicing zu senden.

Convergent Invoicing ist für die Abrechnung von Leistungsbündeln und Hardwarelieferungen an Kunden mit SAP S/4HANA Sales integriert, wobei die in Sales erstellten Abrechnungsbelege zur Buchung und zum Ausdruck in einer Rechnung an Convergent Invoicing weitergeleitet werden. Durch Verwendung der optionalen Funktionalität von *Billing und Revenue Innovation Management* sowie der zusätzlichen Option Sales and Distribution ist Convergent Invoicing in der Lage, seine Inhalte aus der vorläufigen Abrechnung zur Abrechnung und Buchung der Umsätze an die Debitorenbuchhaltung weiterzugeben. Das Bewertungsverfahren wird durch eine zweite Standardimplementierung ergänzt, die das Modul für die Verkaufspreiskalkulation aufruft. Der Fakturierungsplan kann ebenfalls in die Preisgestaltung integriert werden, um die Höhe der einmaligen und wiederkehrenden Gebühren zu bestimmen.

Zur Erfüllung der Anforderungen für die Erlösrealisierung sowie zur Einhaltung der Rechnungslegungsstandards IFRS 15/ASC606 ist Convergent Invoicing mit SAP Revenue Accounting and Reporting integriert. Convergent Invoicing erstellt die notwendigen Erlösbuchhaltungspositionen für Erfüllungen und Rechnungen. Das Anlegen einer Leistungsverpflichtung in SAP Revenue Accounting and Reporting wird entweder durch das Anlegen eines Lieferantenvertrags oder durch das Anlegen einer abrechenbaren Position mit den erforderlichen Informationen angestoßen.

14.6.7 Contract Accounting

Contract Accounting (Vertragskontokorrent, FI-CA) ist als Nebenbuch auf die Anforderungen von Branchen und Geschäftszweigen mit einem hohen Aufkommen an Kunden und Geschäftsvorgängen in B2C-Geschäftsmodellen (Business-to-Consumer) zugeschnitten wie Versorgungsunternehmen, Versicherungen, Einzelhandel, High-Tech- und Telekommunikationsunternehmen und öffentlichen Verwaltungen. In einem B2C-Szenario implementiert Contract Accounting die typischen Funktionen einer Debitorenbuchhaltung, wie etwa Buchung und Forderungsbearbeitung, mit dem Ziel, große Belegvolumen zu verarbeiten. Die Forderungsbearbeitung umfasst sowohl die Zahlungsbearbeitung als auch das Inkassomanagement. Darüber hinaus übernimmt Contract Accounting auch Funktionen der Kreditorenbuchhaltung und erleichtert Auszahlungen an eine große Anzahl von Empfängern.

Durch die Abbildung von Rahmenverträgen und Partnervereinbarungen unterstützt Contract Accounting ferner auch komplexe B2B-Szenarien (Business-to-Business) mit flexiblen Vertragsmodellen und Konditionen. Rahmenverträge enthalten die Vereinbarungen und Bedingungen, denen alle Transaktionen im Rahmen dieses Vertrags entsprechen müssen. Partnervereinbarungen umfassen die Vereinbarungen eines Unternehmens mit einem Servicedienstleister. Die in Partnervereinbarungen getroffenen Festlegungen legen z. B. fest, wann der Partner Anteile erhält und ob der Partner das Ausfallrisiko trägt.

Contract Accounting verarbeitet Daten mit einem hohen Automatisierungsgrad und einem hohen Durchsatz, der durch die automatisierte Anwendung von Geschäftsregeln, die parallele Verarbeitung von Hintergrundjobs und die Skalierbarkeit der Daten erreicht wird. Mittels intelligenter Situationsverarbeitung (siehe Abschnitt 4.3) kann das System Benutzer*innen über Probleme informieren, die bei eingeplanten Massenläufen aufgetreten sind. Situationen werden dabei ausgelöst, wenn die Fehlerrate oder die Laufzeit die voreingestellten Grenzen überschreitet oder wenn bei der Massenverarbeitung kritische Meldungen auftreten.

Dank der Umsetzung flexibler Konfigurationsoptionen, die über sogenannte *Buchungsbereiche* im Rahmen des Customizings bereitgestellt werden, ist Contract Accounting in der Lage, Konten, die für automatische Buchungen oder für die Festlegung von Vorschlagswerten für Transaktionen in Frage kommen, automatisch zu bestimmen. Treten bei der automatischen Verarbeitung Ausnahmen auf, legt die Anwendung Klärungsfälle für manuelle Folgeaktivitäten an.

Der hohe Automatisierungsgrad bei der Verarbeitung von Zahlungseingangsdaten kann durch den Einsatz von *SAP Cash Application, Add-on for Contract Accounting* (separate Lizenz erforderlich) weiter erhöht werden. Während viele Zahlungen automatisch abgewickelt werden können, führen Ausnahmen zu Klärungsfällen, die manuelle Nacharbeiten nach sich ziehen. Die mit SAP Cash Application, Add-on for Contract Accounting bereitgestellten Machine-Learning-Algorithmen können dazu beitragen, die Anzahl dieser manuellen Klärungsfälle zu reduzieren und damit die Servicequalität insgesamt zu verbessern.

Das flexible Stammdatenmodell von Contract Accounting ermöglicht individuelle Vertragsmodelle und Zahlungskonditionen für Geschäftspartner. Contract Accounting verwendet den Geschäftspartner in der Rolle des Vertragspartners (siehe Abschnitt 8.3). Vertragspartnerdatensätze unterstützen die Verwendung mehrerer Adressen desselben Geschäftspartners für die Korrespondenz und die Erbringung von Serviceleistungen.

Wenn Vertragspartner Serviceleistungen von einem Unternehmen erhalten und ihnen für diese Serviceleistungen Rechnungen ausgestellt werden, stehen die Vertragspartner über Vertragskonten und über den Abschluss entsprechender Verträge mit dem Unternehmen in Verbindung. Sie definieren dabei Steuerungs- und Zahlungsdaten zu den Vertragspartnern. Neben der Bankverbindung werden im Geschäftspartnerdatensatz allgemeine Daten gespeichert, wie etwa die Geschäftspartnerart und die Kreditwürdigkeit. Contract Accounting ermittelt und aktualisiert die Kreditwürdigkeit automatisch. Alle Buchungen durch Geschäftspartner sind jeweils eindeutig Geschäftspartnern und Vertragskonten zugeordnet. Der Stammdatensatz des Vertragskontos legt für alle Geschäftspartner die Verfahren fest, die beim Buchen und Bearbeiten der Einzelposten eines bestimmten Vertragskontos gelten. Dazu gehören z. B. das Zahlungs- und das Mahnwesen. Allen Vertragspartnern können mehrere Vertragskonten mit unterschiedlichen Zahlungsbedingungen zugewiesen werden.

Zahlwege in Vertragskonten

Ein Vertragskonto enthält den Zahlweg SEPA-Lastschrift. Damit werden alle gebuchten Forderungen dieses Kontos im Rahmen des Zahlungslaufs automatisch ausgeglichen (eigeninitiierte Zahlungen). Ein zweites Vertragskonto desselben Geschäftspartners enthält keinen Zahlweg jedoch ein Mahnverfahren, da der Geschäftspartner die Forderungen hier per Überweisung begleicht (kundeninitiierte Zahlungen).

Um ein noch feiner ausdifferenziertes Stammdatenmodell zu unterstützen, können Sie zusätzlich zu den Vertragskonten auch Verträge verwenden. Während Contract Accounting durch die Verwendung von branchenspezifischen Verträgen mit verschiedenen branchenspezifischen Lösungen integriert ist, wie etwa durch das Vertragsobjekt des Public Sector Kassen- und Einnahmenmanagement (PSCD), den Versorgungsvertrag von Utilities (IS-U) oder das Versicherungsobjekt des Inkasso-/Exkasso (FS-CD), steht mit dem *Provider-Vertrag* zusätzlich ein generisches Vertragsobjekt bereit, wenn Sie Contract Accounting standalone nutzen. Bei einem Provider-Vertrag handelt es sich um einen generischen Vertrag, der alle rechtsverbindlichen Vereinbarungen über die Bereitstellung und Abrechnung von Serviceleistungen umfasst, die ein Kunde und ein Unternehmen für einen bestimmten Zeitraum treffen, einschließlich Zahlungs- und Mahnvorschriften. Contract Accounting stellt für alle Geschäftspartner einen Kontostand sowie Auswertungen auf der Ebene des Vertragskontos und des Vertrags bereit.

Die Zahlungsabwicklung umfasst die folgenden Geschäftsprozesse:

- **Eigeninitiierte Zahlungen**
  Diese umfassen die automatisierte Verarbeitung aller ausgehenden und eingehenden Zahlungen für Geschäftspartner, die dem Unternehmen eine Lastschriftermächtigung erteilt haben.
- **Kundeninitiierte Zahlungen**
  Diese umfassen die automatisierte Verarbeitung von Zahlungen, die von Geschäftspartnern über die Bank getätigt werden. Die eingehenden Zahlungen werden über Zahlungsstapel verarbeitet.
- **Kasse und Kassenbuch**
  In diesem Fall leisten Geschäftspartner ihre Zahlungen direkt an das Unternehmen.

Für die sichere Abwicklung von Kreditkartenzahlungen und die Verarbeitung von Zahlungen über Zahlungsdienstleister (ZDL) kann Contract Accounting mit dem SAP Digital Payments Add-on integriert werden.

Das Inkasso in der Finanzbuchhaltung stützt sich auf die in der Systemkonfiguration definierte Logik. Das System leitet daraus für alle Geschäftspartner die relevanten Inkassoaktivitäten ab, wie etwa den Versand von Mahnungen, das Erstellen von Positionen in Forderungslisten von Forderungssachbearbeiter*innen, die Übergabe von Forderungen an externe Inkassobüros oder an Drittanwendungen für gesetzliche Mahnverfahren. Forderungssachbearbeiter*innen haben Zugriff auf alle Detailinformationen zu ihren Kunden als auch alle notwendigen Werkzeuge und Funktionen für die erforderlichen Aktivitäten, wie etwa zur Erstellung von Ratenplänen.

Abbildung 14.31 zeigt die Komponenten, mit denen Contract Accounting in SAP S/4HANA integriert ist.

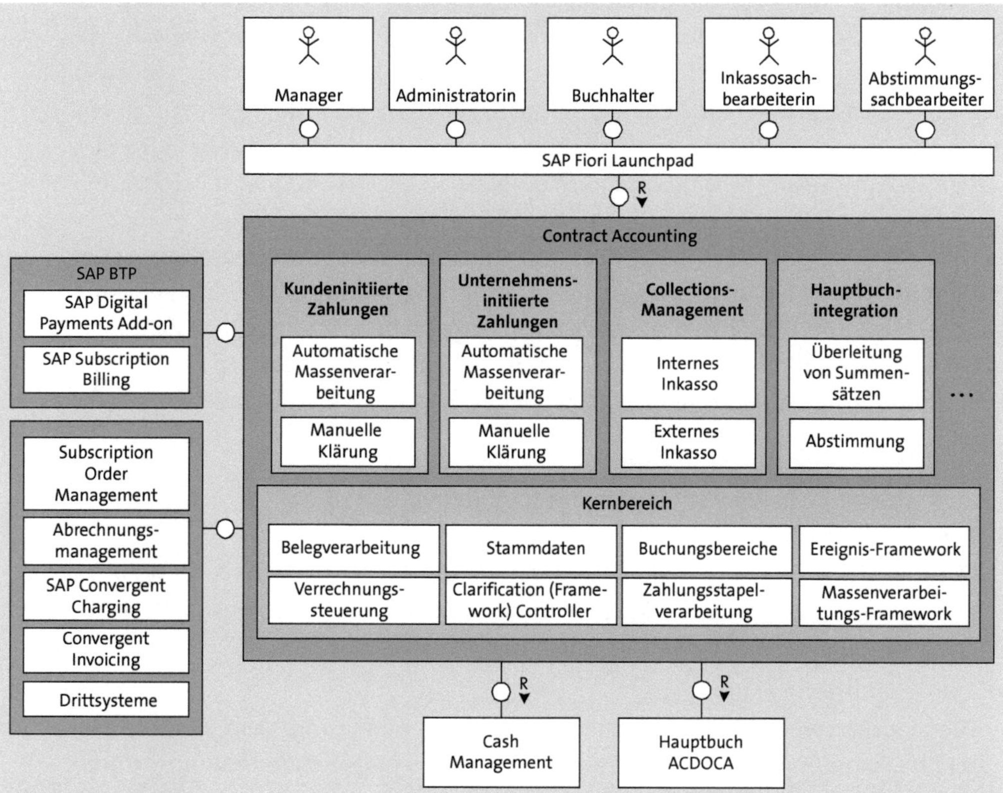

Abbildung 14.31 Integration von Contract Accounting in SAP S/4HANA

Wie bereits erläutert, ist Contract Accounting eng mit Convergent Invoicing integriert. Convergent Invoicing konsolidiert in der Abrechnung und Fakturierung alle

Serviceleistungen (einschließlich Verbräuchen, Subskriptionen und Partnervereinbarungsanteilen) in einer Kundenrechnung. Anschließend bucht Convergent Invoicing diese Gesamtbeträge als Forderungen auf den Vertragskonten der Geschäftspartner. Darüber hinaus können Sie Fakturen des Vertriebs (SD) und Belege aus dem Abrechnungsmanagement (LO-AB) in Contract Accounting übernehmen.

Werden Buchungen in Contract Accounting vorgenommen, werden die Verkehrszahlen im Hauptbuch nicht automatisch aktualisiert. Aus Performancegründen und zur Begrenzung des Belegvolumens im Hauptbuch werden die Buchungen periodisch in verdichteter Form in das Hauptbuch übertragen. Die Daten zur Margenanalyse in Margin Analysis werden automatisch aktualisiert, wenn Sie die Buchungen in das Hauptbuch übertragen.

Contract Accounting kann als Hub-Lösung betrieben werden. Das heißt, wenn Contract Accounting bei Ihnen auf einem separaten System läuft, können Sie das Hauptbuch dieses Systems aktualisieren, während Sie alle Buchungen von Contract Accounting in ein zentrales SAP-S/4HANA-System replizieren, in dem Sie Ihre Hauptbuchvorgänge konsolidieren und ausführen.

14

Contract Accounting aktualisiert die Daten im Cash Management direkt bei der Buchung jedes Belegs. Das heißt, die Liquiditätsvorschau und der Tagesfinanzstatus der Finanzdisposition sind in Cash Management immer auf dem aktuellen Stand. Sie können aktuelle Daten auf Summenbasis aus dem Contract Accounting an das Haushaltsmanagement weiterleiten und so die Budgetplanung steuern.

Contract Accounting kann die Kreditwürdigkeit eines Geschäftspartners prüfen. Sie können Geschäftspartner gemäß ihres Kreditrisikos und Zahlungsverhaltens in Segmente einteilen. Die Segmentierung erfolgt mit SAP Credit Management (siehe Abschnitt 14.6.2), wobei externe und interne Kreditinformationen, wie etwa die Länge der Geschäftsbeziehung und das Zahlungsverhalten, berücksichtigt werden. Die externen und internen Kreditinformationen aus den verschiedenen Systemen werden in den Stammdaten der Geschäftspartner gespeichert. Diese risikobasierte Segmentierung hat auch einen Einfluss auf den Inkassoprozess.

Durch die Integration von Contract Accounting mit dem Dispute Management (siehe Abschnitt 14.6.4) können Sie Beschwerden Ihrer Kunden zu fehlerhaften Rechnungen und Gutschriften oder zu fehlenden Zahlungen und Gutschriften als Klärungsfälle anlegen und verwalten. Mittels des Inkassoverfahrens *Öffentliche Verwaltung* können Sie überfällige Forderungen über interne Inkassoabteilungen eintreiben.

Die Integration mit *Financial Customer Care* stellt Servicecentermitarbeiter*innen über eine webbasierte Benutzeroberfläche Zugang zu den Finanzdaten Ihrer Kunden bereit. Über diverse Schnittstellen kann Contract Accounting Daten mit externen Abrechnungs- und Auftragsverwaltungssystemen austauschen.

Sie können SAP Global Trade Services (SAP GTS) an Contract Accounting anbinden, um die gesetzlichen Vorschriften zur Prüfung von Sanktionslisten bei der Abwicklung Ihres Zahlungsverkehrs zu erfüllen.

Wenn Sie nur ein Nebenbuch führen und Zahlungen nur für ein Nebenbuch verarbeiten möchten, gleichzeitig jedoch vom Funktionsumfang von Contract Accounting profitieren möchten, können Sie SAP S/4HANA Finance so konfigurieren, dass Buchungen von Contract Accounting in die Debitoren- oder Kreditorenbuchhaltung übergeleitet werden. Diese weitergeleiteten Buchungen können Sie bei einer Nebenbuchmigration von der Debitoren-/Kreditorenbuchhaltung in Contract Accounting unterstützen oder wenn über die Convergent-Invoicing-Integration nur bestimmte Geschäftsvorfälle in Contract Accounting abgebildet werden sollen.

14.7 Treasury Management

In der Regel sind Treasury-Abteilungen als zentrales Team mit dem Chief Financial Officer (CFO) verbunden und unterstützen ihn oder sie bei dessen Kernaufgaben. In SAP S/4HANA Finance sind für diese Aufgaben eine Reihe von Anwendungen vorgesehen, die jeweils die folgenden Aufgaben wahrnehmen:

- Verwaltung der Beziehungen zu den Banken, mit denen ein Unternehmen Geschäfte tätigt, einschließlich der Verwaltung der Bankkonten des Unternehmens und der Verwaltung von Kreditlimits (bei den Banken)
- Steuerung der Anbindung zu Banken und Zahlungsdienstleistern im Rahmen des Zahlungsprozesses mit ausgehenden Zahlungsdateien und eingehenden Kontoauszügen, auch in der Eigenschaft als Zwischen- und Kontrollinstanz für andere zahlungsauslösende Systeme (SAP- und Fremdsysteme)
- Durchführen eines zentralen Cash Managements durch Erfassung des Kassenbestandes und der Cashflow-Informationen von Bankkonten sowohl in der Systeminstanz selbst als auch für Bankkonten, die operativ in Fremdsystemen geführt werden
- Innen- und Fremdfinanzierung des Unternehmens in Form eines End-to-End-Prozesses
- zentrale Verwaltung finanzieller Risiken wie etwa des Devisenrisikos (FX-Risiko) oder des Zinsrisikos, auch für Tochterunternehmen, und Bereitstellung eines Zugangs zu den Finanzmärkten über die Zentrale oder eine spezialisierte Finanzierungsgesellschaft
- Verwaltung der Finanzanlagen des Unternehmens von kleinen bis zu großen Vermögensverwaltern.

In den folgenden Abschnitten werden wir die wichtigsten Bereiche des Treasury Management untersuchen.

14.7.1 Erweiterte Zahlungsverwaltung

Zahlungen werden in der Regel von verschiedenen Anwendungen und Systemen in der über Jahre gewachsenen Systemlandschaft eines Unternehmens initiiert. Typische Systemlandschaften setzen sich aus SAP S/4HANA, älteren Anwendungen der SAP Business Suite und Drittsystemen zusammen. Alle diese zahlungsauslösenden Systeme müssen an die Banken des Unternehmens angebunden sein. Solche Verbindungen direkt von all diesen Anwendungen und Systemen aus einzurichten, ist jedoch nicht effizient und bietet keinen vollständigen Einblick in Bargeldpositionen und Zahlungsstatus. Es führt darüber hinaus dazu, dass die Integration der Banken übermäßig komplex wird.

Mit den Funktionen der Lösung *SAP S/4HANA Finance für erweiterte Zahlungsverwaltung* kann die Zahlungsverarbeitung direkt in einer Payment Factory in SAP S/4HANA zentralisiert werden (siehe Abbildung 14.32).

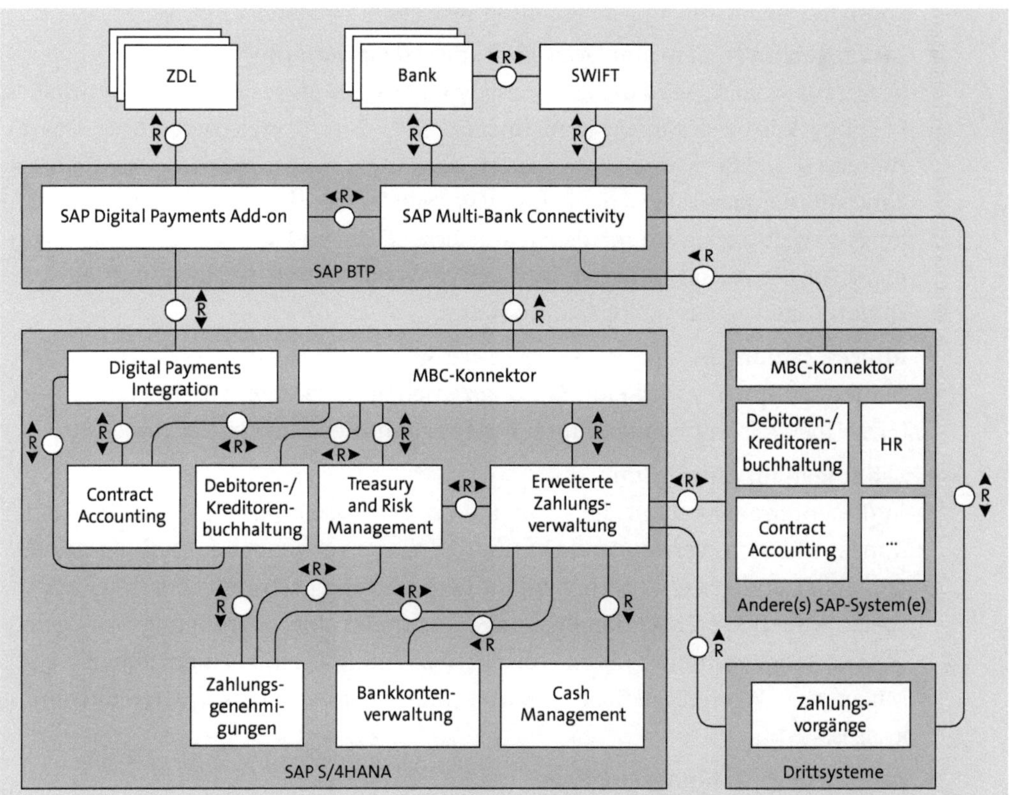

Abbildung 14.32 Architektur für die Zahlungsverwaltung

Dies ermöglicht die vollständige Kontrolle über alle Zahlungen, einschließlich der Weiterleitung von Zahlungen, der Zahlungsfreigabe und der Statusüberwachung. Es ermöglicht ebenso ein genaues Cash Management. Darüber hinaus kann die Integration der Banken von einem zentralen System aus erfolgen, anstatt in Form von mehreren Punkt-zu-Punkt-Verbindungen ausgestaltet zu sein.

Neben der Zahlungsverarbeitung als Kernfunktion beinhaltet die Lösung auch eine eingebettete Funktionalität zur hausinternen Bearbeitung von Bankgeschäften. So kann sich eine Konzernmuttergesellschaft gegenüber den teilnehmenden Tochtergesellschaften wie eine Bank verhalten.

Im Rahmen der erweiterten Zahlungsverwaltung werden fünf Zahlungsszenarien unterstützt:

- **Zahlungen im Namen von (Weiterleitung ohne Optimierung)**
  In diesem Szenario wird die Rechnung von Bankkonten bezahlt, die zu demselben Buchungskreis gehören wie dem, in dem die Rechnung registriert wurde. Das die Zahlung sendende Konzernmitglied hat im Voraus angegeben, welches Bankkonto für die Ausführung der Zahlung verwendet werden soll.
- **Zahlungen im Namen von (Weiterleitung mit Optimierung)**
  In diesem Szenario wird die Rechnung von Bankkonten bezahlt, die zu demselben Buchungskreis gehören wie dem, in dem die Rechnung registriert wurde. Das die Zahlung sendende Konzernmitglied hat nicht im Voraus angegeben, welches Bankkonto für die Ausführung der Zahlung verwendet werden soll. Die erweiterte Zahlungsverwaltung bestimmt daher, welches Konto und welches Zahlungsinstrument für die Ausführung der Zahlung verwendet werden sollen, und leitet die Zahlung dann an das richtige Konto weiter.
- **Interne Zahlungen**
  In diesem Szenario wird eine Zahlung zwischen Konzerngesellschaften ohne externe Überweisung, sondern unter Nutzung interner Bankkonten ausgeführt.
- **Zahlungen im Auftrag von**
  In diesem Szenario zahlt die sendende Konzerngesellschaft über ein Konto des Konzerns. Das zu verwendende Konto und die zu verwendende Zahlungsart werden daher von der erweiterten Zahlungsverwaltung bestimmt. Anschließend erstellt sie die entsprechenden Buchungen. Es findet eine Übertragung von Vermögenswerten/Verbindlichkeiten von einem Buchungskreis zu einem anderen statt. Mit anderen Worten, ein Buchungskreis zahlt *im Namen* eines anderen Buchungskreises.
- **Zentralisierte Zahlungseingänge**
  In diesem Szenario werden die Ausgleichsbuchungen auf den internen Bankkonten automatisch aktualisiert, und die entsprechenden Aktualisierungen werden

durch interne Kontoauszüge an die Konzerngesellschaften übermittelt. Tochtergesellschaften können weiterhin die externen Bankauszüge ihrer Forderungen verwenden.

Die Integration in die erweiterte Zahlungsverwaltung kann entweder durch die Verwendung von IDocs, durch die Verwendung des Konnektors für SAP Multi-Bank Connectivity (in Abbildung 14.32 MBC-Konnektor genannt) – technisch gesehen ein RFC – oder durch den Import von physischen Dateien erfolgen. Wenn Sie den Konnektor für SAP Multi-Bank Connectivity verwenden, kann die Kommunikation direkt zwischen dem Konnektor in diesen beiden Systemen erfolgen oder sogar (unter Nutzung der HTTPS-basierten Kommunikation) die Cloud-Instanz von SAP Multi-Bank Connectivity als Integrationsschicht verwenden. Darüber hinaus ermöglicht der Konnektor die Weiterleitung von Zahlungen an die lokale Instanz der erweiterten Zahlungsverwaltung, wenn die Zahlungen im selben System ausgelöst werden.

Im Allgemeinen übermitteln die Systeme die Zahlungen in einer Struktur, die von der erweiterten Zahlungsverwaltung unterstützt wird – Beispiele hierfür sind ISO20022, MT101 oder PEXR2003. Alternativ können sie ein proprietäres Format verwenden, das in ISO20022 abgebildet werden kann. Für die Formatzuordnung sowie für die Erstellung von Ausgangszahlungsformaten bietet SAP S/4HANA einen grafischen Editor auf Basis der *erweiterten Data Medium Exchange Engine* (DMEEX). Die erweiterte Zahlungsverwaltung bildet dieses ISO20022-Format auf sein internes Datenmodell ab, indem es das integrierte Mapping dieser ISO20022-Übertragungsstruktur nutzt. Sobald eine Zahlung importiert wurde, können zur Rückmeldung Nachrichten an die Systeme versendet werden, die die Zahlung veranlasst haben, um den Status der Zahlung zu aktualisieren, ähnlich wie eine Bank den Empfang einer Zahlung bestätigen würde. Diese Rückmeldungen können über Dateien oder über den Konnektor für SAP Multi-Bank Connectivity bereitgestellt werden. Sie können auch später während des Prozesses bereitgestellt werden. Die Architektur der erweiterten Zahlungsverwaltung ist in Abbildung 14.33 dargestellt.

Die Verarbeitung einer Zahlung beginnt mit einer Validierung dieser Zahlung und aller mit dieser Zahlung verbundenen Transaktionen. Bei diesen Validierungen kann es sich um einfache inhaltliche Prüfungen (etwa ob die Bankleitzahl gültig ist) oder um anspruchsvollere Prüfungen (z. B. die Überprüfung auf Duplikate) handeln. Darüber hinaus können Abgleiche mit Einträgen in Betrugs- oder Sanktionslisten von SAP oder von Drittanbietern integriert werden, um entsprechende synchrone oder asynchrone Prüfungen durchzuführen. Eine weitere wichtige Prüfung ist die Vervollständigung der zu verwendenden Kennung des Bankkontos in der Bankkontenverwaltung.

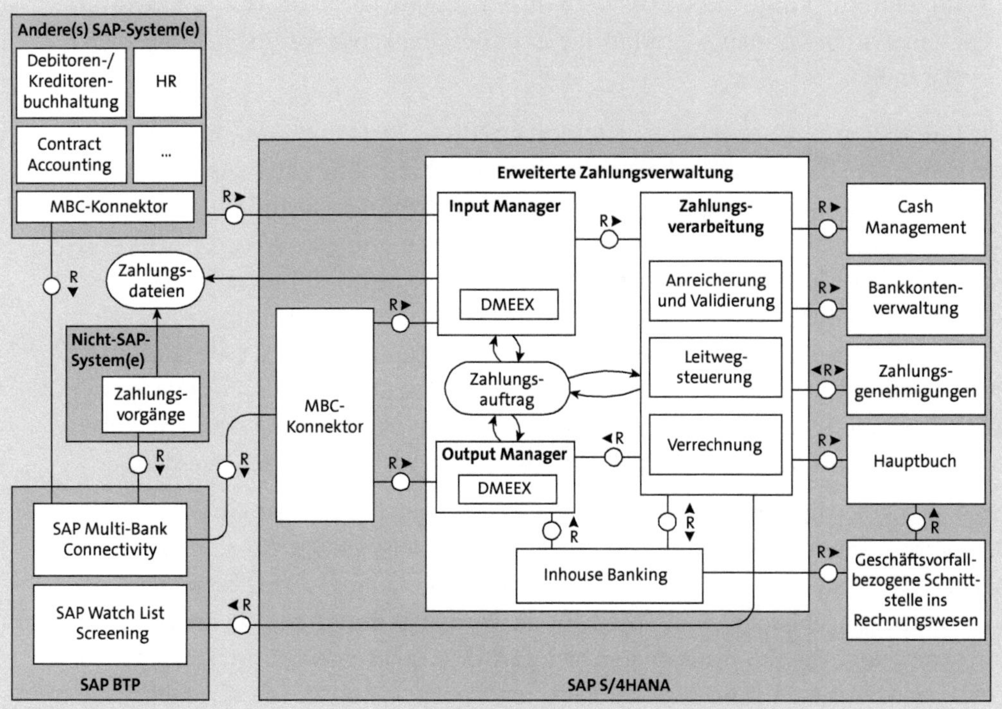

Abbildung 14.33 Architektur der erweiterten Zahlungsverwaltung

Die Lösung leitet die Zahlungen entsprechend dem angeforderten Zahlungsszenario an die entsprechenden Sachkonten, an hausinterne Bankkonten oder an externe Banken weiter. Vor der endgültigen Ausführung der Zahlung an die Bank wird das Cash Management um den vom externen Bankkonto zu überweisenden Betrag und dessen Wertstellungsdatum aktualisiert. Darüber hinaus kann ein Genehmigungsprozess ausgelöst werden. Im Rahmen dieses Genehmigungsprozesses können Zahlungen vollständig genehmigt, teilweise genehmigt oder vollständig abgelehnt werden. Nach der endgültigen Genehmigung wird unter Verwendung der zentral über DMEEX verwalteten Zahlungsformate der Zahlungsträger erstellt. So müssen die für die Bankenkommunikation erforderlichen Zahlungsformate nicht mehr in den angeschlossenen Systemen generiert werden, sondern werden innerhalb des zentralen SAP-S/4HANA-Systems durch die erweiterte Zahlungsverwaltung verwaltet.

Mit der Einführung der enthaltenen Inhouse-Bankfunktionalität für die erweiterte Zahlungsverwaltung innerhalb von SAP S/4HANA Finance wurde ein logischer Nachfolger des früheren SAP S/4HANA Finance für Inhouse-Cash eingeführt. Durch diese neue Funktionalität wird das Angebot von Bankdienstleistungen für die verbundenen Unternehmen des Konzerns unterstützt. Aus Sicht der teilnehmenden Konzerngesellschaften werden die internen Bankkonten wie externe Bankkonten behandelt, von denen aus sie ihre Zahlungen veranlassen. Sie erhalten Kontoauszüge in verschiedenen Formaten (z. B. CAMT.053 oder PDF), und es werden ihnen Zinsen berechnet. Die neue Funktionalität nutzt denselben Datenspeicher, um den Transaktionslebenszyklus für alle Zahlungsszenarien zu erfassen, unabhängig davon, ob ein Inhouse-Bankkonto beteiligt ist oder nicht. Die Integration in das Hauptbuch wird durch die Übernahme der geschäftsvorfallbezogenen Schnittstelle ins Rechnungswesen (siehe Abschnitt 14.1) erreicht, die Aktualisierungen werden nicht nur am Ende, sondern auch während des ganzen Geschäftstages bereitstellt.

14.7.2 Bankenintegration unter Verwendung von SAP Multi-Bank Connectivity

Der Bereich der Bankenintegration war in der Vergangenheit ein projektorientierter Bereich. Mit SAP Multi-Bank Connectivity ist die Integration von SAP S/4HANA mit Banken nun wesentlich stärker standardisiert und automatisiert. Die Lösung selbst basiert auf der SAP Integration Suite (siehe Abschnitt 6.6) und übernimmt die technische Integration mit Banken entweder direkt über herkömmliche Host-to-Host-Verbindungen (H2H) unter Verwendung des integrierten Adapters nach dem Electronic Banking Internet Communication Standard (EBICS) oder über die Partnerschaft mit SWIFT im Rahmen von Alliance Lite2 for Business Applications (L2BA). Im SWIFT-L2BA-Modell betreibt SAP die SWIFT-Infrastruktur innerhalb der SAP BTP, sodass die IT-Abteilungen die entsprechende Infrastruktur nicht in ihren Rechenzentren betreiben müssen.

Die Kommunikation zwischen SAP S/4HANA und SAP Multi-Bank Connectivity beruht auf dem Protokoll HTTPS. Innerhalb von SAP S/4HANA wird die Integration mit den jeweiligen Geschäftsprozessen, z. B. einem Zahllauf oder dem Import eines Kontoauszugs, durch den Konnektor für SAP Multi-Bank Connectivity erreicht (siehe Abbildung 14.33). Diese Komponente empfängt an die Bank(en) zu sendende Nachrichten oder holt sich von der Bank bzw. den Banken empfangene Nachrichten aus SAP Multi-Bank Connectivity. Der entsprechende Geschäftsprozess wird abhängig von der von SAP Multi-Bank Connectivity empfangenen Nachrichtenart ausgelöst. Es werden unter anderem die folgenden Prozesse für die automatische Verarbeitung von Nachrichten unterstützt:

- Zahlungen und Inkasso
- Meldungen zum Zahlungsstatus
- Avis
- Kontoauszüge
- Lockbox
- Berichte über Bankgebühren
- Devisen-, Einlagen- und Kreditbestätigungen

Alle anderen Nachrichten können weiterhin empfangen werden, die Verarbeitung erfordert jedoch entweder ein manuelles Eingreifen der Benutzer*innen oder kann über einen automatischen Download in das Dateisystem erfolgen.

Die Kommunikation mit SAP Multi-Bank Connectivity ist auf zwei Ebenen gesichert:

- Transportebene über HTTPS
- Nachrichtenebene durch Verschlüsselung und digitale Signaturen der Nutzdaten (wie etwa einer Zahlungsnachricht)

Innerhalb des Cloud-Service von SAP Multi-Bank Connectivity konfiguriert SAP die Integration, indem einer der drei unterstützten Kanäle (H2H, EBICS oder SWIFT) für beide Richtungen – Senden und Empfangen von Nachrichten – genutzt wird. Dazu gehören die Vermittlung von Sicherheitsmechanismen zu Protokollen wie Pretty Good Privacy (PGP) oder die verschiedenen Arten von EBICS-Signaturen.

Sobald Kunden SAP Multi-Bank Connectivity in Betrieb genommen haben, betreibt SAP die Bankenintegration aktiv als Bereitsteller des entsprechenden Service, was auch regelmäßige Aktualisierungen der Integrationen und regelmäßige Zertifikatserneuerungen umfasst.

14.7.3 Anbindung von Zahlungsdienstleistern und Zahlungsplattformen

Die rasante Entwicklung im Bereich der Zahlungsverwaltung bis hin zu digitalen Zahlungen in Echtzeit (z. B. Kreditkartenzahlungen, PayPal) wird von Branchen wie dem Einzelhandel, Versicherungen und Versorgungsunternehmen vorangetrieben. Diese Zahlungen senken das Risiko für die Verkäufer drastisch, da die Zahlung oder zumindest eine verbindliche Reservierung erfolgt, bevor die Waren oder Dienstleistungen an die Kunden geliefert werden. Bei Zahlungen in Echtzeit können die Prozesseffizienz und die Kundenzufriedenheit verbessert werden, indem der Zahlungsvorgang am Ort der Interaktion abgeschlossen wird, z. B. an der Kasse des Onlineshops, im Callcenter oder im Kundenportal.

Wie in der Architekturübersicht (siehe Abbildung 14.34) dargestellt, wird die Integration von SAP S/4HANA mit externen Zahlungsdienstleistern durch die zentrale SAP-BTP-Anwendung SAP Digital Payments Add-on realisiert.

Digitale Zahlungsmittel bilden einen festen Bestandteil der gesamten Wertschöpfungskette, so auch im Bereich der Finanzen. Nachfolgend sind die wichtigsten Verfahren für digitale Zahlungen aufgeführt:

- Autorisierung digitaler Zahlungen zur Anbahnung einer Zahlung oder zur Reservierung des Zahlbetrags
- Einreichung digitaler Zahlungen zur Ausführung einer Zahlung
- digitale Zahlungsavis für die Abstimmung von Zahlungen

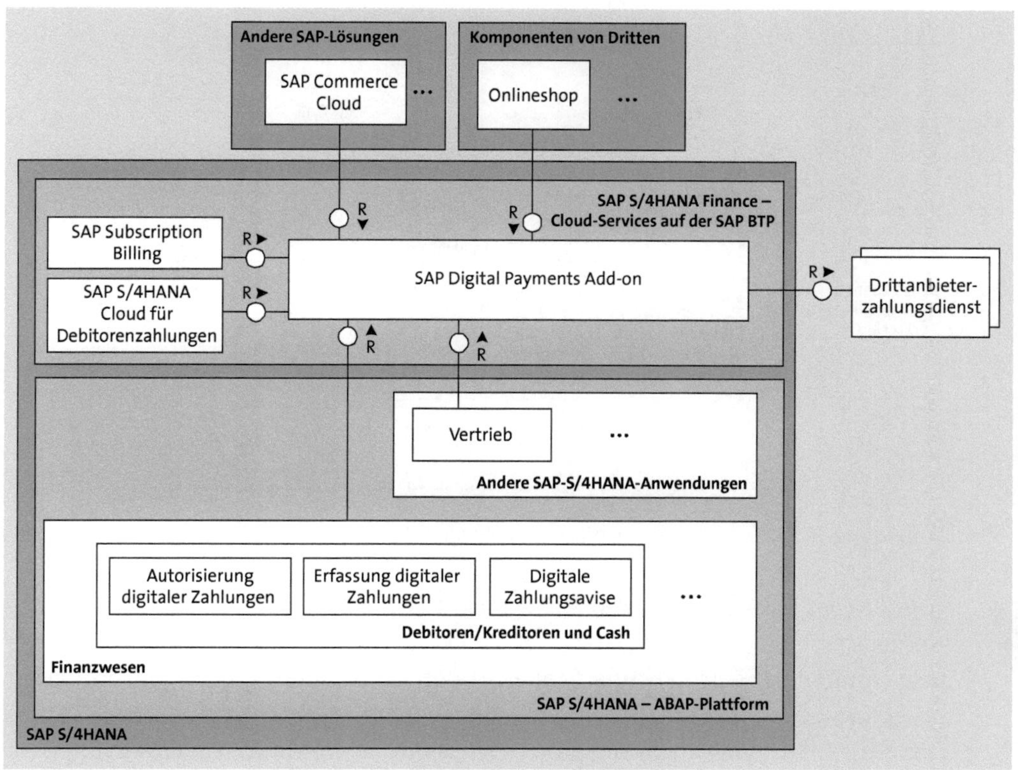

Abbildung 14.34 Integration zwischen SAP S/4HANA und dem SAP Digital Payments Add-on

Das SAP Digital Payments Add-on verbindet nicht nur Anwendungen aus SAP S/4HANA wie Vertrieb und Finanzwesen mit den Zahlungsdienstleistern, sondern integriert auch die Lösungen SAP Subscription Billing und SAP S/4HANA Cloud für Debitorenzahlungen sowie SAP Commerce Cloud. Das SAP Digital Payments Add-on bietet mit entsprechenden Schnittstellen auch SAP-Kunden und -Partnern die Möglichkeit, die Integration mit den Zahlungsdienstleistern zu nutzen.

14.7.4 Cash Management

Die Anwendung SAP Cash Management ermöglicht es der Finanz- oder Treasury-Abteilung eines Unternehmens, Bankkonten zentral zu verwalten sowie einen zentralen Überblick über die Cash-Vorgänge und die langfristige Liquiditätsentwicklung zu erhalten. Cash-Manager*innen erhalten einen umfassenden Überblick und detaillierte Einblicke in Bankkonten, Tagesfinanzstatus und Cashflows, sodass sie direkt Entscheidungen treffen und Maßnahmen ergreifen können. SAP Cash Management besteht aus mehreren Komponenten, auf die wir im Folgenden eingehen werden.

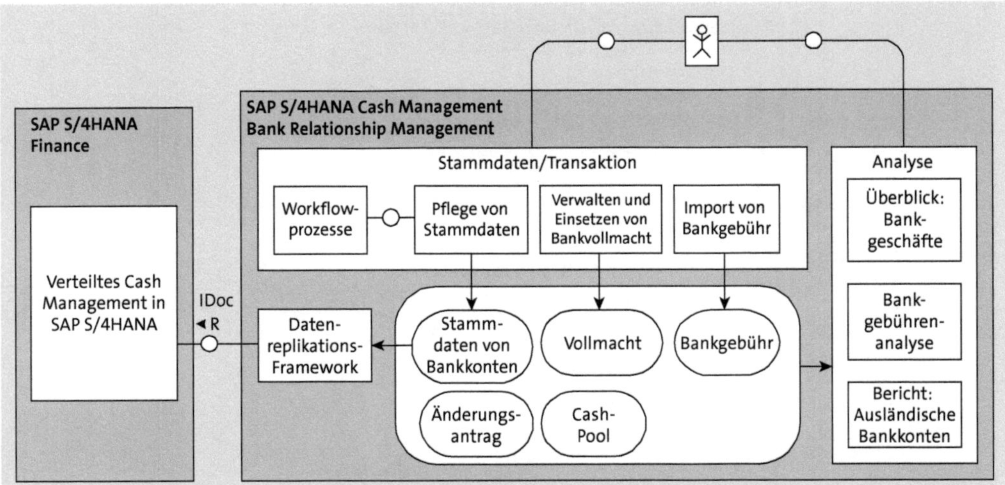

Abbildung 14.35 Bank Relationship Management

Mithilfe des Bank Relationship Management (siehe Abbildung 14.35) können Cash-Spezialist*innen die Stammdaten von Bankkonten zentral verwalten und das Eröffnen, Ändern, Überprüfen und Schließen von Bankkonten regeln. Ein optionaler Workflow oder das ebenfalls optionale Vieraugenprinzip tragen dazu bei, die Effizienz bei der Erfüllung von Compliance-Aufgaben zu verbessern. Zu diesen Aufgaben gehören:

- Führen von Banken, Hausbanken, Hausbankkonten und Bankkonten. Eine Bank als Geschäftspartner und eine entsprechende Bankenhierarchie werden als Komponenten von Geschäftspartnerstammdatensätzen angelegt (siehe Abschnitt 8.3).
- Verwaltung von Cash-Pools auch mit mehreren Währungen und deren Hierarchien
- Verwaltung der Vollmachten für Bankkonten und Dokumentieren dieser Bevollmächtigung in verschiedenen Kanälen
- Unterstützung von Prozessen für Vieraugenprinzip oder Workflows zur Eröffnung, Änderung, Auflösung, Wiedereröffnung und Überprüfung von Bankkonten
- Replikation von Hausbanken, Hausbankkonten und Bankkonten auf verteilte Systeme von SAP S/4HANA oder SAP ERP
- Überprüfung der ausländischen Bankkonten und der zuständigen Bevollmächtigten im Unternehmen
- Import von XML-Dateien zur Abrechnung von Bankdienstleistungen, um die Daten zur Analysezwecke von Bankgebühren zu laden. Das Format der Dateien ist in ISO 20022 definiert.

Bank Relationship Management bietet Analytics-Funktionen für die Gesamtheit aller Informationen im Zusammenhang mit Banktransaktionen.

Der Hub *One Exposure from Operations* stellt eine Schnittstelle zum Cash Management für zahlreiche Quellanwendungen bereit (siehe Abbildung 14.36).

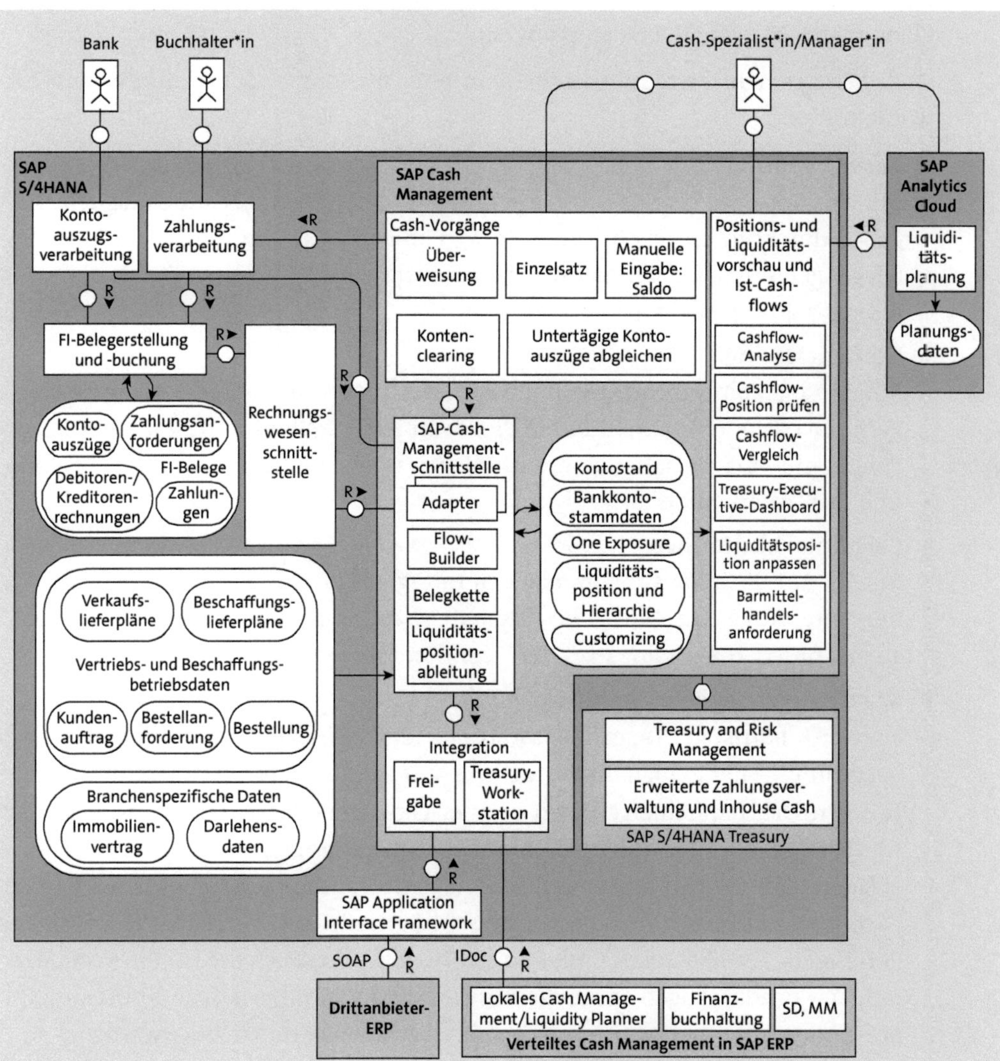

Abbildung 14.36 Cash Management und Liquidity Management

Die einheitliche Schnittstelle bietet Adapter für SAP-S/4HANA-Anwendungskomponenten zur Erfassung und Speicherung von operativen Daten, die für das Cash and Liquidity Management relevant sind. Die Bereitstellung der Daten in dem One Exposure from Operations Hub erleichtert unternehmensübergreifend die Liquiditätsplanung und das Risikomanagement. Der Hub erfasst Daten aus den folgenden Quellanwendungen: Financial Operations, Treasury and Risk Management, Consumer and Mortgage Loans, Contract Accounts, Receivables and Payables, Invoice und Sales – wobei sich alle diese Anwendungen innerhalb desselben SAP-S/4HANA-Systems befinden. Er kann auch Daten von einem aus dem Cash Management oder Drittanbietersystemen bestehenden verteilten System über Application Link Enabling (ALE) oder einen SOAP-Webdienst empfangen.

Cash Management bietet eine Reihe von SAP-Fiori-Apps, die wir nun besprechen werden:

- **Cash Operations**
  Mit den Apps des Bereichs *Cash Operations* können Benutzer*innen tägliche Aufgaben durchführen, wie die Verwaltung von Banküberweisungen und Zahlungsausgängen durch Genehmigungsprozesse, die Verwaltung von Einzelsätzen und die Verwaltung von Bankkontosalden.
- **Kontenclearing**
  Mit der App **Kontenclearing** können Benutzer*innen ein Kontenclearing für selbst geführte Cash-Pools durchführen. Dies führt zur Erstellung von Zahlungsanforderungen zur Überweisung der erforderlichen Gelder zwischen dem Header-Konto und den Unterkonten.
- **Cashflows abstimmen**
  Mit der App **Cashflows abstimmen – Untertägige Einzelsätze** können Benutzer*innen untertätige Einzelsätze, die automatisch aus untertätigen Kontoauszügen erstellt wurden, mit prognostizierten Cashflows abgleichen.
- **Kurzfristiger Tagesfinanzstatus**
  Die App **Kurzfristiger Tagesfinanzstatus** bietet eine Möglichkeit, Bankkonten nach bestimmten Hierarchien für die tägliche Aufgabe der Liquiditätsplanung zu strukturieren. Die Hierarchien können manuell gepflegt oder durch Attribute gesteuert werden. Die App kombiniert von Kontoauszügen stammende oder manuell hochgeladene Salden von Bankkonten über mehrere Tage hinweg mit prognostizierten Cashflows und ermöglicht die dynamische Einbeziehung von Pools, wobei sie das Pooling für Zero-Balanced Cash Pools vorwegnimmt. Auch der Import von untertätigen Kontoauszügen sowie die Abstimmung von untertätigen Kontoauszugspositionen mit prognostizierten Cashflows können berücksichtigt werden.
- **Cashflow-Analyse**
  Die App **Cashflow-Analyse** vermittelt Benutzer*innen einen Überblick über aggregierte Beträge sowie Details zu Einzelposten von Tagesfinanzstatus, mittel- und langfristigen Liquiditätsprognosen und **Ist**-Cashflows. Die Benutzer*innen können Cashflows für alle Bankkonten und Liquiditätspositionen über Tage, Wochen, Monate, Quartale oder Jahre hinweg analysieren. Mit den in der App dargestellten Daten erhält das Management einen umfassenden Überblick und einen ausführli-

chen Einblick in den Status der Cashflows. Die App unterstützt Liquiditätspositionen, Liquiditätsprognosen und die Analyse der **Ist**-Cashflows.

- **Cashflow-Positionen prüfen**
  Benutzer*innen können die App **Cashflow-Positionen prüfen** verwenden, um Details zu Cashflow-Positionen zu analysieren. Sie können alle Cashflow-Positionen aus verschiedenen Quellanwendungen verfolgen und nachverfolgen, die mit Cash Management integriert sind. Sie können auch Einzelpostendetails der Originalbelege sehen, wie z. B. Buchungsbelege, Banken und Kontierungen.
- **Cashflow-Vergleich**
  Die App **Cashflow-Vergleich** ermöglicht es den Benutzer*innen, Ist-Cashflows mit Prognosen aus der Vergangenheit zu vergleichen sowie verschiedene zu unterschiedlichen Stichtagen erstellte Prognosedatensätze gegenüberzustellen. Sie hilft den Benutzer*innen, die Genauigkeit früherer Prognosen einzuschätzen, und unterstützt sie bei der kontinuierlichen Verbesserung von Cashflow-Prognosen.
- **Barmittelhandelsanforderung**
  Die App **Barmittelhandelsanforderung** generiert eine Devisenhandelsanforderung und übergibt diese zur weiteren Abwicklung an SAP Treasury and Risk Management, was sich auch auf die Prognose des Tagesfinanzstatus auswirkt.
- **Treasury-Executive-Dashboard**
  Die App **Treasury-Executive-Dashboard** führt Daten aus verschiedenen analytischen Querys zusammen, die auf Embedded Analytics unter Verwendung von SAP Analytics Cloud (siehe Abschnitt 4.1) basieren. Sie zeigt Informationen über die Liquidität und die Bankgeschäfte des Konzerns an.
- **Liquiditätsplanung**
  Die App **Liquiditätsplanung** dient zur Entwicklung und Analyse von Liquiditätsplänen. Sie können den Status nachverfolgen und den Zyklus der Liquiditätsplanung nachvollziehen und erhalten so gegebenenfalls frühzeitige Warnhinweise über Liquiditätsengpässe. Außerdem steht Ihnen ein Tool für mittel- und langfristige Investitionen oder Kreditaufnahmen zur Verfügung. Das Tool läuft auf SAP Analytics Cloud und bezieht Stamm- und Vorgangsdaten aus Cash Management ein.

Cash Management verarbeitet Vorgangsdaten aus der erweiterten Zahlungsverarbeitung sowie aus Treasury and Risk Management und schreibt die Cashflows fort. Treasury and Risk Management kann auch auf den Tagesfinanzstatus und die Cashflows aus dem Cash Management zugreifen, um das Risikomanagement auszuweiten.

14.7.5 Treasury and Risk Management

Die Anwendung Treasury and Risk Management unterstützt Unternehmen bei der effektiven Verwaltung ihrer Investitionen. Sie ermöglicht die Überwachung und

Steuerung von Finanzinstrumenten sowie von Risiken finanzieller Art wie dem Devisenrisiko oder dem Zinsrisiko. In Abbildung 14.37 stellen wir Ihnen die Architektur von Treasury and Risk Management vor. (Aus Gründen der besseren Lesbarkeit erscheinen sowohl Cash Management als auch die Buchhaltungsbelege jeweils zweimal im Diagramm, bezeichnen aber beide dieselbe Instanz.

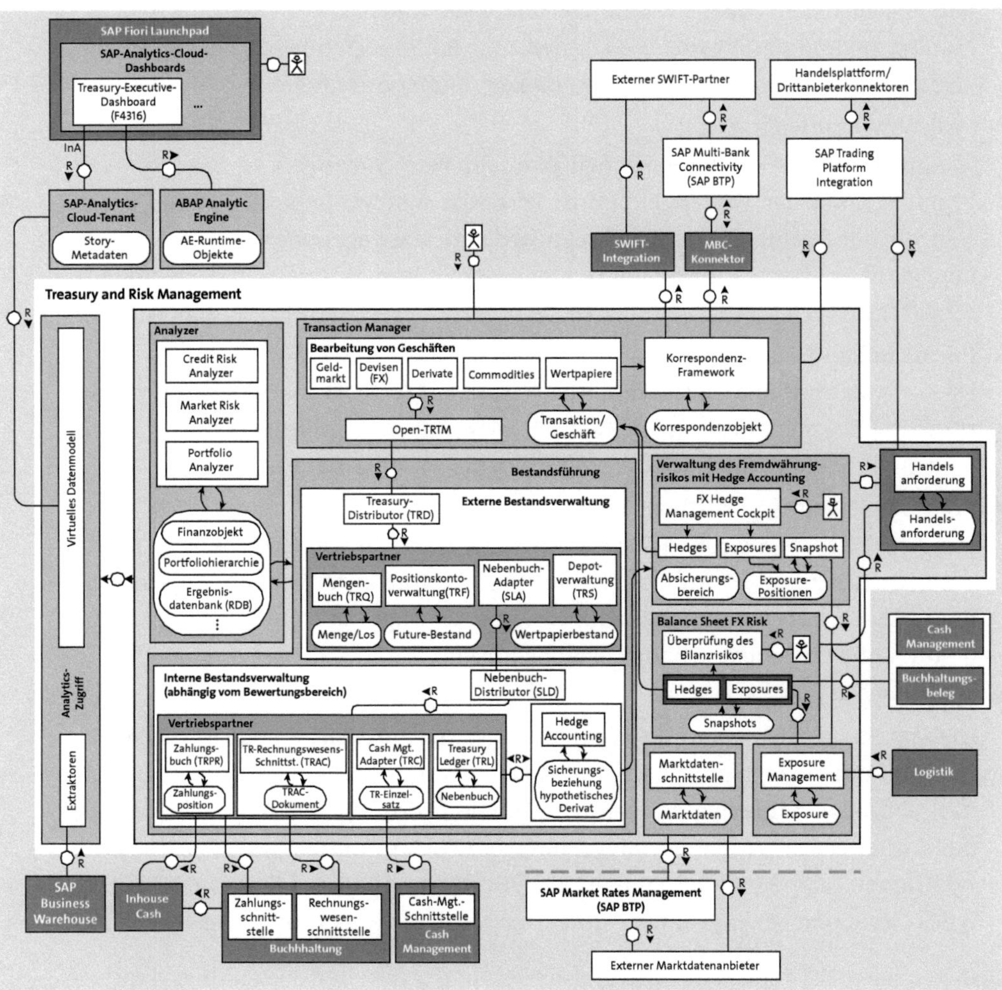

Abbildung 14.37 Die Architektur von SAP Treasury and Risk Management

Eine Version dieser Abbildung in voller Größe steht unter *www.sap-press.de/5689* zum Download bereit.) Treasury and Risk Management setzt sich aus den folgenden Komponenten zusammen:

- **Transaction Manager und Bestandsverwaltung**
  Diese Komponenten steuern den operativen Ablauf von Finanzgeschäften für alle Finanzinstrumente, von der Anbahnung bis zum Abschluss eines Geschäfts, der

Geschäftsabwicklung (einschließlich der Verwaltung von Bestätigungen für Kontrahenten und der Zahlungsabwicklung), des **Bestandsverwaltung** und der Rechnungslegung.

- **Exposure Management**
  Diese Funktionalität unterstützt den Prozess der Erfassung von Informationen zur Devisen-Exposure. Sie unterstützt die dezentrale Erfassung und Eingabe bestehender und zukünftiger **Devisen-Exposures**. Sie unterstützt auch die Versionsverwaltung bezüglich von Exposures. Die Exposure-Position kann dann im *Devisenrisikomanagement* verarbeitet werden.

Es gibt zwei verschiedene Lösungen für das *Devisen-Hedge-Management*:

- **Bilanzdevisenrisiko**
  Diese Lösung selektiert die Exposure-Werte aus Exposure Management, Cash Management (siehe Abschnitt 14.7.4) sowie aus den Buchhaltungsbelegen und vergleicht sie mit den Sicherungsinstrumenten zur Absicherung gegenüber dem Devisenrisiko in einer frei definierten Hierarchie. Die App bietet eine schnelle Implementierung zur Abdeckung einfacher Sicherungsstrategien ohne Hedge Accounting.
- **Devisenrisikomanagement anhand von Sicherungsbereichen**
  Diese Lösung selektiert Exposures aus verschiedenen Quellen und aggregiert diese. Der **Sicherungsbereich** ermöglicht die Steuerung der **Sicherungsrichtlinien** mit Kontrollen für Auswahlfilter, Datenquellen, Zeit und die betriebswirtschaftliche Struktur der Zielquote der **Sicherungsrichtlinie**. Für diese Lösung wird ein Hedge Accounting angeboten; auch hier werden die **Designationssteuerung** und die Hedge-Accounting-Regeln kontrolliert. Die Einrichtung der Designation erfolgt in der Regel im automatischen Designationsmodus, sodass ein Sicherungsinstrument mit einer geeigneten Sicherungsklassifizierung bei der Erstellung automatisch dem richtigen Sicherungsbereich zugeordnet wird und seine Designationseinstellungen und Exposure-Positionen findet.

In beiden Anwendungen zum Devisenrisikomanagement haben Sie die Möglichkeit, Handelsanforderungen zu erstellen, die dann zur Abwicklung des Geschäfts an SAP Trading Platform Integration weitergeleitet werden. Bei *SAP Trading Platform Integration* handelt es sich um eine Cloud-Anwendung auf der Basis der SAP BTP, die externe Handelsplattformen mit den Funktionen für Treasury and Risk Management und Cash Management in SAP S/4HANA verbindet. Das gibt einem Händler die Möglichkeit, Handelsanforderungen für Devisen- oder Geldhandelsinstrumente aus SAP S/4HANA zu verwalten und über einen Marktplatz oder per Telefon zu handeln, was zur Erhöhung des Automatisierungsgrades und zur Reduzierung der Fehlerquoten beiträgt. Die daraus resultierenden Geschäfte werden automatisch zurück in SAP S/4HANA übertragen. Darüber hinaus werden auch Intercompany-Handelsszenarien wie Back-to-Back-Trading unterstützt. Dies ermöglicht einen neuen Grad an Straight Through Processing.

Ein typischer Anwendungsfall kann wie folgt aussehen:

1. Für den Anwendungsfall Devisenrisikomanagement anhand von Sicherungsbereichen bietet das Hedge-Management-Cockpit eine Berechnung der offenen Beträge anhand eines Vergleichs zwischen der Zielquote und den derzeitigen Sicherungen. Dabei wird die (halb-)automatische Massenerstellung von Handelsanforderungen zur Behebung der offenen Risiken unterstützt. Jede Handelsanforderung enthält Informationen über das angefragte offene Exposure, einschließlich Informationen darüber, wie die Buchung eines potenziellen Sicherungsgeschäfts erfolgen soll.
2. Die Handelsanforderungen werden von den Arbeitsplätzen der Händler aus über das Tool zur Integration der Handelsplattform abgerufen. Der Händler kann entscheiden, wann und wie er die Handelsanforderung bedient, was auch die Entscheidung über das Splitting und weitere Gesichtspunkte einschließt. Der Händler leitet die Anforderung dann an eine ausgewählte Handelsplattform weiter und führt sie entweder mit einem manuell ausgewählten Kontrahenten aus oder erstellt automatisch ein Geschäft zwischen dem anfragenden Buchungskreis und dem ausgewählten Kontrahenten.
3. Die Handelsplattform leitet das erstellte Geschäft zurück an die Anwendung SAP Trading Platform Integration, und SAP Trading Platform Integration leitet das Geschäft weiter an das anfragende SAP-S/4HANA-Backend.
4. Im Backend wird das Geschäft automatisch erstellt und dem ursprünglichen offenen Exposure zugeordnet. Wenn Hedge Accounting angewendet werden soll, führt das System automatisch eine Designation zu einer Sicherungsbeziehung durch, wobei das Profil und die Regeln für das Hedge Accounting sowie die mögliche Erstellung hypothetischer Derivate festgelegt werden.

Innerhalb der Treasury-Anwendung sind sowohl *Analytics* als auch *Analyzer* implementiert. Beide Begriffe haben die gleiche Etymologie, unterscheiden sich aber in einem kleinen, aber wichtigen Punkt:

- **Analytics**
  Analytics wird in SAP S/4HANA verwendet, wie in Abschnitt 4.1 beschrieben. Die App **Treasury-Executive-Dashboard** führt Daten aus verschiedenen analytischen Querys zusammen, die auf Embedded Analytics unter Verwendung von SAP Analytics Cloud basieren, und zeigt beispielsweise Informationen über die Liquidität, die Bankgeschäfte oder das Kontrahentenrisiko des Konzerns an.
- **Analyzer**
  Analyzer bieten Kennzahlen-Engines zur Berechnung von Unternehmenskennzahlen wie dem beizulegenden Zeitwert, Laufzeiten, Sensitivitätskennzahlen,

Value at Risk oder Cashflow at Risk. Viele von ihnen haben einen nichtadditiven Charakter, sodass die Analyzer auch ein Framework bieten, um sie zusammen mit Portfoliohierarchien oder Risikohierarchien zu aggregieren, zu berechnen und zu speichern.

Die nachfolgend aufgeführten Analyzer bilden das Herzstück des Risk Management:

- **Credit Risk Analyzer**
  Der Credit Risk Analyzer ermöglicht die aktive Steuerung von Ausfallrisiken durch die Berechnung von Anrechnungsbeträgen und die Vergabe von Kreditlimits. Berücksichtigt wird dabei nur das Kontrahentenrisiko, also das Risiko des Wertverlustes einer Forderung aufgrund der Verschlechterung der Bonität der Geschäftspartner. Hierbei ist der Credit Risk Analyzer von der Kreditmanagementfunktionalität (siehe Abschnitt 14.6.2) für Zahlungen zu unterscheiden. Während sich ersterer auf das Ausfallrisiko der Bank bezieht, bezieht sich letzterer auf das Ausfallrisiko der Kunden. Der Credit Risk Analyzer bietet Treasurern oder CFOs eine Ansicht der offenen Posten bei Banken, Kontrahenten oder Emittenten von Anleihen, um die entsprechenden Daten über alle Finanzpositionen hinweg zu analysieren, wobei von Bankkontosalden über alle Arten von finanziellen Vermögenswerten und Verbindlichkeiten, einschließlich von Derivaten, abgedeckt sind und verschiedene Möglichkeiten zur Berechnung von Anrechnungsbeträgen angeboten werden. Mit dem Credit Risk Analyzer kann auch eine Prüfung des Kreditlimits vor und nach einem Geschäft durchgeführt werden.
- **Market Risk Analyzer**
  Der Market Risk Analyzer analysiert die Marktrisiken im Zusammenhang mit dem Erfolg eines Unternehmens. Änderungen der Marktpreise haben einen erheblichen Einfluss auf den Unternehmenserfolg. Sie können den Wert, den Transaktionswert oder den Zeitpunkt der Zahlungsströme beeinflussen. Die Risiken können nach Risikofaktoren wie Wechselkursen, Zinssätzen, Aktienkursrisiko, Indexpreisrisiko oder Volatilität analysiert werden.

Der Import externer Marktdaten erfolgt entweder über eine Marktdatenschnittstelle und Einzelverbindungen zum Anbieter der Marktdaten oder über die auf der SAP BTP aufbauende Anwendung *SAP Market Rates Management*. Die Datenoption von Thomson Reuters umfasst sowohl die automatische Verbindung als auch den Servicevertrag, der das Laden von Marktdaten in SAP S/4HANA erlaubt. Darüber hinaus bietet der Service auch die Möglichkeit, die eigenen Marktdaten zu verwalten und systemübergreifend weiterzugeben.

Das SAP Integration Package for SWIFT sorgt für die notwendige Kommunikation zu den Banksystemen, um die Transaktionen zwischen Treasury and Risk Management und externen Banken zu verknüpfen.

Treasury and Risk Management ist mit SAP Cash Management integriert. SAP Cash Management erhält die Geschäftsdaten von Treasury and Risk Management und schreibt die Cashflows fort. Treasury and Risk Management kann auch mit einer Inhouse-Cash-Management-Anwendung verbunden werden, um die Zahlung von Finanzgeschäften über die Inhouse-Cash-Zentrale abzuwickeln.

14.8 Central Finance

Viele große Unternehmen haben gewachsene Systemlandschaften mit unterschiedlichen Releases verschiedener ERP-Systeme, die sowohl von SAP als auch von anderen Anbietern stammen. In der Regel verfügt jedes der Systeme über unterschiedliche Stammdaten (z. B. Kontenpläne, Kunden, Lieferanten und Materialien), Konfigurationen oder Buchhaltungsansätze. Dies erschwert es Unternehmen, einen Echtzeiteinblick in die Vorgänge innerhalb des gesamten Konzerns zu erhalten. Darüber hinaus tragen die bestehenden ERP-Systeme den neuen modernen Geschäftsmodellen und der Digitalisierung häufig keine Rechnung und bieten nur begrenzte Unterstützung für Fertigungsunternehmen, die sich zu Dienstleistern weiterentwickeln möchten.

Weiterhin verfolgen die Unternehmen schon seit Jahren das Ziel, die Verwaltungskosten durch Rationalisierung und Zentralisierung von Finanzprozessen in Shared-Servicecentern zu senken. Dies ist aber nicht einfach zu erreichen, wenn sich die Buchhalter*innen in den Servicecentern bei verschiedenen Systemen anmelden müssen, die möglicherweise unterschiedliche Stammdaten oder unterschiedliche Rechnungslegungsvorschriften verwenden.

SAP S/4HANA begegnet diesen geschäftlichen Herausforderungen mit *SAP S/4HANA für Central Finance*, eine Lösung, die Unternehmen bei der Umsetzung zentralisierter Finanzprozesse unterstützt. Die Zentralisierung dieser Prozesse trägt zur Erhöhung der Effizienz bei, da die Prozessschritte nur einmal in der zentralen Instanz ausgeführt werden müssen. So könnten beispielsweise die elektronischen Kontoauszüge nur in SAP S/4HANA für Central Finance importiert werden.

Bei der Implementierung einer zentralen Finanzlösung sind jedoch mehrere Herausforderungen hinsichtlich der Architektur zu bewältigen:

- Replikation von Finanzbelegen aus den ERP-Quellsystemen in das Central-Finance-System
- Abstimmung der Konfigurationseinstellungen zwischen den Quellfinanzanwendungen und der Central-Finance-Anwendung
- Synchronisation der relevanten Stammdaten wie Geschäftspartner, Kostenstellen oder Kostenträger

- Mapping zwischen den Schlüsseln und Codewerte für die beteiligten Systeme
- zentralisierte Fehlerbehandlung für replizierte Finanzbelege
- zentralisierte Prozesse unter Einbeziehung von Prozessschritten in mehreren Finanzanwendungen
- Synchronisierung von Prozessschritten in verschiedenen Systemen, um die nebenläufige Ausführung widersprüchlicher oder kollidierender Schritte auf den ursprünglichen und den replizierten Finanzbelegen zu verhindern

Im typischen Central-Finance-Szenario mit zentralisierten Finanzprozessen beginnen die Geschäftsprozesse in der Beschaffung, der Logistik oder im Vertrieb im SAP-ERP- oder SAP-S/4HANA-Quellsystem. Alle anwendungsspezifischen Prozessschritte – wie das Anlegen von Bestellungen und Kundenaufträgen, Warenlieferungen, Waren- und Rechnungseingängen, Fakturierung und Rechnungsprüfung – werden im Quellsystem ausgeführt. Um jedoch von zentralisierten Finanzprozessen zu profitieren, können die für die Finanzbuchhaltung relevanten Prozessschritte, wie etwa das Zahlungsmanagement und die Offene-Posten-Verwaltung, in das Central-Finance-System oder in diesem Falle SAP S/4HANA für Central Finance verlagert werden. Wenn SAP S/4HANA für Central Finance eingerichtet ist, werden die ausgewählten Finanzbelege vom Quellsystem in das Central-Finance-System übertragen, wo diese Belege wiederum zentral gebucht werden.

Wie aus Abbildung 14.2 in Abschnitt 14.1 ersichtlich, ist die Lösung Central Finance in SAP S/4HANA integriert. Abbildung 14.38 zeigt die Komponenten von SAP S/4HANA für Central Finance und die Komponenten aus den Quellsystemen wesentlich detaillierter.

Um den vorgenannten Herausforderungen im Zusammenhang mit der Architektur zu begegnen, verwendet SAP S/4HANA für Central Finance die folgenden technischen Komponenten:

- SAP Landscape Transformation Replication Server
- SAP Application Interface Framework (siehe Abschnitt 6.3)
- SAP Master Data Governance

Diese Komponenten werden für die Replikation, das Mapping und die Überwachung der übertragenen Finanzbuchungen benötigt.

SAP S/4HANA stellt die Central-Finance-Funktionalität bereit. Bei den Quellfinanzanwendungen kann es sich um SAP S/4HANA, SAP S/4HANA Cloud, SAP ERP 6.0 oder Anwendungen von Drittanbietern handeln. In den folgenden Abschnitten erläutern wir die Funktionsweise von Central Finance und schauen uns einige der Hauptfunktionen an.

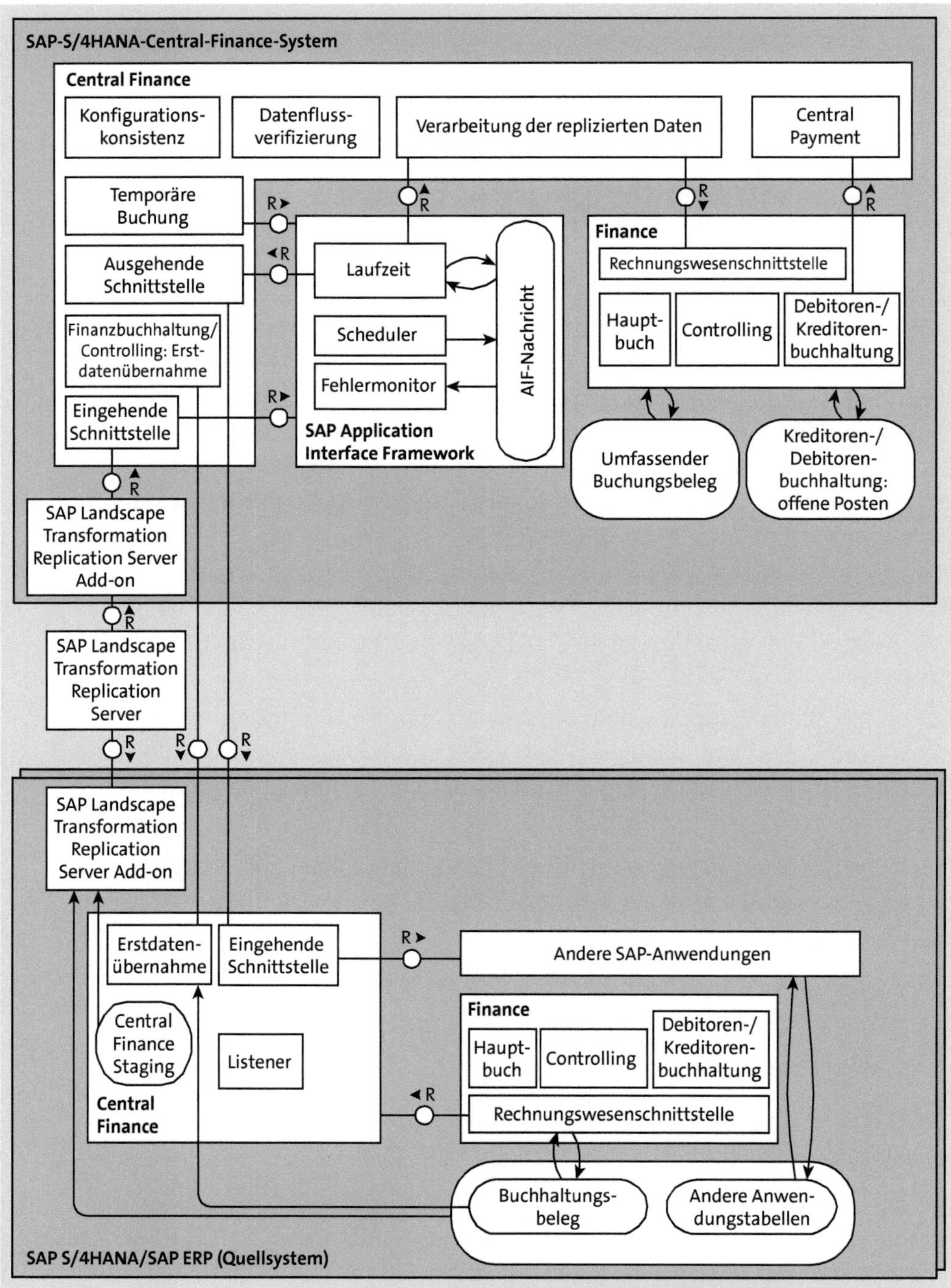

Abbildung 14.38 Architektur für die Integration von SAP S/4HANA für Central Finance

14.8.1 Replikation

In diesem Abschnitt erläutern wir, wie Daten zwischen den Quellsystemen und dem Central-Finance-System repliziert werden.

Einrichtung im Quellsystem

Die relevanten Belege werden im Quellfinanzsystem erfasst und an Central Finance übermittelt. Jedes Quellsystem muss für das Central-Finance-Szenario eingerichtet werden. Die Einstellungen steuern das Startdatum für die Erstdatenübernahme und welche Buchungskreise für die Replikation relevant sind. Bei der Verarbeitung der Buchung werden die internen Belegdaten im Quellsystem kopiert und in Staging-Tabellen gespeichert.

Fortlaufende Replikation

Um neu erstellte Finanzbelege aus einem Quellfinanzsystem in das Central-Finance-System zu replizieren, werden die Systeme über den SAP Landscape Transformation Replication Server miteinander verbunden. Wenn ein Fremdsystem angeschlossen werden soll, müssen die Daten aus diesem Quellsystem in separate Staging-Tabellen im SAP Landscape Transformation Replication Server geladen werden. Je nach Quellsystem kann dies entweder im Rahmen eines individuellen Implementierungsprojekts erfolgen oder mittels *SAP Central Finance Transaction Replication by insightsoftware for SAP S/4HANA*, einer Lösungserweiterung für die Integration von Drittsystemen.

Der SAP Landscape Transformation Replication Server verbindet sich mit dem Quellsystem und extrahiert die zu replizierenden Daten über eine RFC-Verbindung aus den Staging-Tabellen. Innerhalb des SAP Landscape Transformation Replication Server werden die Quelldaten auf der Datenstrukturen von Central Finance gemappt und entsprechend transformiert, da die Strukturen aufgrund der unterschiedlichen Releases der beiden Finanzanwendungen voneinander abweichen können. Die transformierten Daten werden dann über eine RFC-Verbindung in das Central-Finance-System überführt. Dort übergibt die Schnittstelle von Central Finance die Daten zur weiteren Verarbeitung an das SAP Application Interface Framework.

Der gesamte Replikationsprozess wird durch einen Scheduler im SAP Landscape Transformation Replication Server gesteuert, der die Kommunikation mit den beteiligten Systemen automatisch anstößt (siehe Abbildung 14.39).

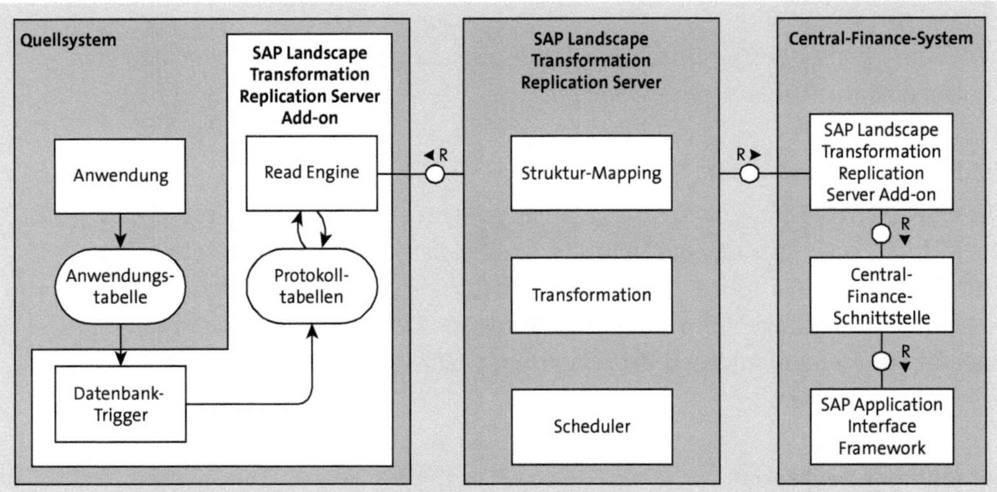

Abbildung 14.39 Integration über den SAP Landscape Transformation Replication Server

Das im Quellsystem installierte SAP Landscape Transformation Replication Server Add-on bietet einen Mechanismus zur automatischen Erkennung von Änderungen an Anwendungsdaten, der mit Datenbank-Triggern arbeitet (siehe Abbildung 14.39). Diese Trigger sind in SAP-ERP-Anwendungen für alle von SAP unterstützten Datenbankplattformen verfügbar und werden beim Einfügen, Ändern oder Löschen von Datensätzen in Datenbanktabellen ausgelöst. Der Datenbank-Trigger erzeugt einen Eintrag in einer Protokolltabelle des SAP Landscape Transformation Replication Server in Form eines Verweises auf den erzeugten (oder geänderten) Datensatz in der jeweiligen Anwendungstabelle.

Bei der Einrichtung einer neuen Replikation im SAP Landscape Transformation Replication Server wird eine von SAP ausgelieferte Konfiguration für die relevanten Anwendungstabellen als Vorlage für die eigentliche Konfiguration verwendet. Das System liest dann automatisch die notwendigen Metadaten (wie etwa Strukturdefinitionen) aus den beteiligten Systemen aus und generiert die Artefakte (wie etwa Datenbank-Trigger, Protokolltabellen und Funktionsbausteine), die in den beteiligten Systemen für die Datenübernahme benötigt werden. Dieser Ansatz hat den Vorteil, dass der Anwendungscode nicht geändert werden muss, um zusätzliche Tabellen zu replizieren.

Fehlerbehandlung

Die replizierten Belegdaten müssen im Central-Finance-System auf einheitliche Art und Weise gespeichert, überwacht und verarbeitet werden. Zudem müssen Fehler, die bei der Verarbeitung der Belegdaten im Central-Finance-System auftreten, durch ein Monitoring erfasst und danach korrigiert werden. Central Finance nutzt hierzu das SAP Application Interface Framework.

Wenn die Central-Finance-Schnittstelle vom SAP Landscape Transformation Replication Server aufgerufen und mit den Belegdaten versorgt wird, speichert die Schnittstelle diese Daten als Nachricht im SAP Application Interface Framework. Jede Nachricht im SAP Application Interface Framework besteht aus zwei Teilen: Der *Quellteil* enthält die Buchungsdaten in der aus dem Quellsystem abgerufenen Form, und der *Zielteil* enthält die Buchungsdaten in der für Central Finance transformierten Form, also nach der Durchführung des Mappings von Schlüsseln und Codewerten.

Das SAP Application Interface Framework steuert die eigentliche Verarbeitung der Daten, insbesondere das Mapping und das Buchen der Belege. Hintergrundjobs verarbeiten die Nachrichten des SAP Application Interface Framework, wobei sie anwendungsspezifische Callback-Funktionen von Central Finance aufrufen. Das SAP Application Interface Framework erfasst alle während der Verarbeitung auftretenden Fehler und zeigt sie den Benutzer*innen im Fehlermonitor an.

Der Nachrichtenmonitor des SAP Application Interface Framework Monitor ermöglicht ein allgemeines Monitoring für verschiedene Schnittstellen aus unterschiedlichen Anwendungen. Die App **Ausstehende Buchungsbelege verwalten** in Central Finance bietet hingegen ein Monitoring, das speziell für Buchhaltungsbelege konzipiert ist. Sie ermöglicht es den Benutzer*innen, fehlerhafte Belege flexibel nach ihren Attributen wie Buchungskreis oder Buchungsdatum zusammenzufassen und dann die entsprechenden Fehlermeldungen auszuwerten.

Erstdatenübernahme

Die fortlaufende Replikation überträgt Belegdaten nach Aktivierung im Quellsystem. Sie kann aber keine bereits vorher gebuchten Belege übertragen. Für solche historischen Buchungen ist eine Erstdatenübernahme erforderlich.

Für verschiedene Belegarten, z. B. für die Übernahme historischer Finanzbuchhaltungsbelege oder Controlling-Belege, gibt es unterschiedliche Verfahren zur Erstdatenübernahme, die unterschiedliche Technologien nutzen. Die Erstdatenübernahme von Controlling-Belegen nutzt die Möglichkeiten des SAP Landscape Transformation Replication Server und wird durch das Laden von Belegen über den SAP Landscape Transformation Replication Server durchgeführt. In den folgenden Abschnitten werden wir die Erstdatenübernahme von Finanzbuchungen ausführlicher erläutern.

Die Erstdatenübernahme für die Finanzbuchhaltungsbelege verwendet das Framework für die Migration von Finanzdaten, das *Mass Data Framework* (MDF). Dieses Framework erlaubt die parallele Verarbeitung großer Datenmengen durch die Erstellung von Paketen, deren Verarbeitung dynamisch auf mehrere ABAP-Anwendungsserver verteilt werden kann.

Die Erstdatenübernahme der Finanzdaten erfolgt in zwei Schritten. Beim *Extraktionsschritt* werden Daten aus den Finanztabellen im Quellsystem extrahiert und in die Staging-Tabellen im Central-Finance-System übertragen. Beim *Buchungsschritt* werden diese extrahierten Daten gelesen und mittels der Rechnungswesenschnittstelle im Central-Finance-System gebucht. Beide Schritte werden im Central-Finance-System ausgelöst, aber der Extraktionsschritt läuft hauptsächlich im Quellsystem ab, während der Buchungsschritt vollständig im Central-Finance-System stattfindet.

Es wäre zwar möglich, jeden Finanzbeleg aus dem Quellsystem auszulesen und im Central-Finance-System zu buchen, doch wäre diese Vorgehensweise sehr ressourcenintensiv. Bei der Erstdatenübernahme haben Benutzer*innen die Möglichkeit, eine Buchungsperiode festzulegen, ab der Belege extrahiert werden sollen. Alle vor diesem Zeitraum gebuchten Belege werden nicht extrahiert; stattdessen werden nur die jeweiligen Kontosalden extrahiert. Darüber hinaus werden alle offenen Posten zum Stichtag gemäß der Startperiode extrahiert.

Um die Extraktion großer Datenmengen aus mehreren Buchungskreisen zu erleichtern, können Sie *Erstdatenübernahmegruppen* konfigurieren. In diesen Erstdatenübernahmegruppen ist eine Kombination aus Quellsystemen und Buchungskreisen angegeben, die zusammen extrahiert oder gebucht werden sollen.

Ein alternativer Ansatz für die Erstdatenübernahme im Zusammenhang mit Finanzbelegen wird als *Datenzwischenhaltung* (Intermediate Data Retention, IDR) bezeichnet. Dabei müssen die Finanzbuchungen im Quellsystem bereits für IDR aufzeichnet werden, bevor der entsprechende Buchungskreis in Central Finance produktiv gesetzt wird. Die aufgezeichneten Buchungen können in einem separaten IDR-System »geparkt« und von dort geladen werden, sobald das Central-Finance-System bereit ist. Die Qualität und Granularität der Daten sind bei diesem Ansatz im Vergleich zum klassischen Ansatz wesentlich besser, da die Vorgehensweise der fortlaufenden Replikation ähnelt.

14.8.2 Mapping

Die Stammdaten in den Quellsystemen haben in der Regel andere Codewerte und Kennungen (Identifier, ID) als die im Central-Finance-System. Beispielsweise kann ein Lieferant im Quellsystem die ID 4711 haben, während derselbe Lieferant im Central-Finance-System die ID 4712 hat. Daher muss bei der Buchung im Central-Finance-System der Lieferant 4711 aus den Quellbelegen auf Lieferant 4712 in den Central-Finance-Daten gemappt werden.

Das *betriebswirtschaftliche Mapping* in Central Finance nutzt die Basisfunktionalität von SAP Master Data Governance für das Mapping der IDs (z. B. von Lieferantennummern) und das Mapping der Codewerte (z. B. für die Zahlungsmethode). Für ein zentrales Stammdatenmanagement kann Central Finance mit einer Hub-Installation von SAP Master Data Governance integriert werden, auch wenn die vollständige Implementierung von SAP Master Data Governance nicht erforderlich ist und die Pflege der relevanten Mapping-Daten in Central Finance ausreicht. Der Einsatz von SAP Master Data Governance bietet aber zusätzliche Vorteile, da die Verteilung und Governance von Stammdaten für SAP-Kunden in der Regel ein sehr wichtiges Thema ist. Beim Einsatz von SAP Master Data Governance steht das dort gepflegte Mapping automatisch zur Verfügung und wird für Replikationen in Central Finance wiederverwendet.

Das Mapping von IDs (z. B. von Lieferanten- oder Produktnummern) wird mithilfe der *Key-Mapping-Funktionen* von SAP Master Data Governance erstellt, während das Mapping von Codes (z. B. Buchungskreisen oder Geschäftsbereichen) mithilfe der *Value-Mapping-Funktionen* erfolgt. In Central Finance werden *Mapping-Entitäten* definiert, um die Verwendung der Mappings der Werte und Schlüssel aus SAP Master Data Governance zu erleichtern. Bei einer Mapping-Entität handelt es sich entweder um die ID eines Business-Objekts (etwa eines Produkts) oder um einen Code (z. B. Zahlungsbedingungen). Alle Felder, die zu einer Mapping-Entität gehören, werden in den Belegdaten jeweils auf die gleiche Weise gemappt. Für jede Mapping-Entität kann eine *Mapping-Aktion* definiert werden, um zu steuern, wie das System die zugehörigen Feldwerte während des Mapping-Schritts des Buchungsprozesses behandelt. Damit kann eingestellt werden, ob Werte aus dem Quellsystem beibehalten, gemappt oder gelöscht werden sollen.

Für eher kurzlebige Kostenträger (wie etwa Fertigungsaufträge oder Innenaufträge) ist ein automatischer Replikationsmechanismus vorgesehen. Bei Anlage eines neuen Auftrags im Quellsystem werden die Attribute in das Central-Finance-System repliziert, wo dann ebenfalls ein neues Objekt angelegt wird. Das neue Objekt im Central-Finance-System basiert auf Konfigurationseinstellungen und den Daten aus dem Quellsystem. Die Konfiguration ermöglicht auch einen Wechsel des Auftragstyps (etwa vom Fertigungsauftrag zum Produktkostensammler). Die Beziehung zwischen dem Objekt im Quellsystem und dem neu angelegten Gegenstück im Central-Finance-System wird gespeichert und beim Mapping der Belegdaten verwendet. Es existieren Bots für SAP Intelligent Robotic Process Automation, mit deren Hilfe Sie ihre Mappings pflegen und auf dem neuesten Stand halten können.

14.8.3 Buchhaltungssichten der Logistikinformationen

Einige Finanzprozesse benötigen Daten aus Beschaffungs- und Verkaufsbelegen; da diese Belege aber nicht im Central-Finance-System verfügbar sind, fehlt diese Information. Eine Replikation des kompletten Beschaffungs- oder Verkaufsbelegs ist nicht sinnvoll, da dies eine umfassende Konfiguration der entsprechenden Anwendungskomponenten erfordern würde. Um dennoch in Central Finance auf die benötigten

Daten zugreifen zu können, wird die *Buchhaltungssicht der Logistikinformationen* (Accounting View of Logistics Information, AVL) verwendet. Diese Sicht enthält den für die Finanzprozesse relevanten Teil der Daten aus den entsprechenden Beschaffungs- oder Verkaufsbelegen. Zur Replikation der AVL-Daten aus den Quellsystemen in das Central-Finance-System dient das von Central Finance verwendete Standardreplikationsverfahren des SAP Landscape Transformation Replication Server (siehe Abbildung 14.40).

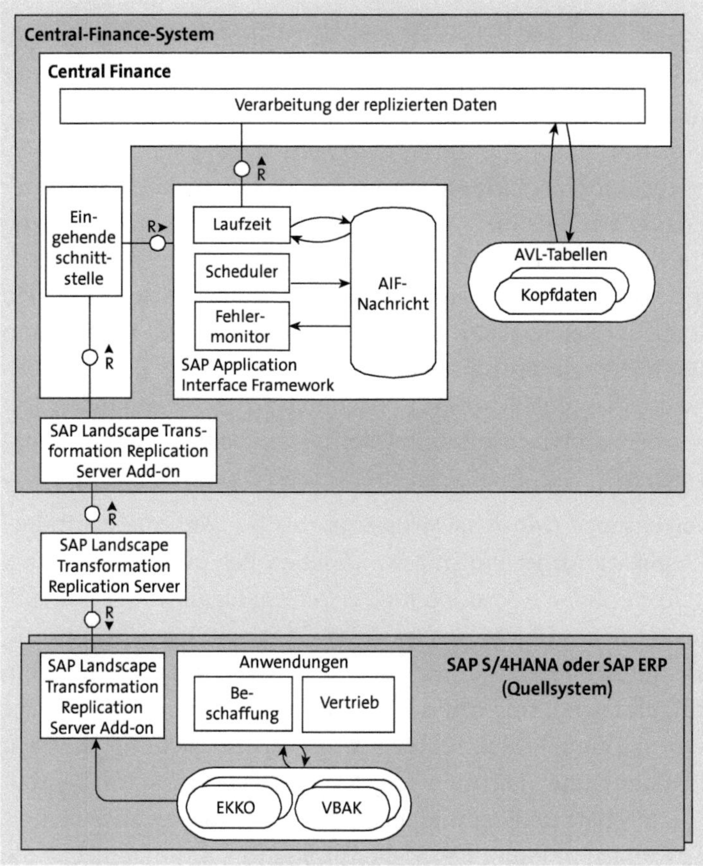

Abbildung 14.40 Replikation von Buchhaltungssichten

Die folgenden Objekte aus Vertrieb und Beschaffung werden unterstützt:

- Verkaufsbeleg
- Faktura
- Bestellung
- Lieferantenrechnung
- Preisfindungselement

Abbildung 14.41 stellt beispielhaft die Beziehungen zwischen den Tabellen für Kundenaufträge und den entsprechenden AVL-Tabellen dar.

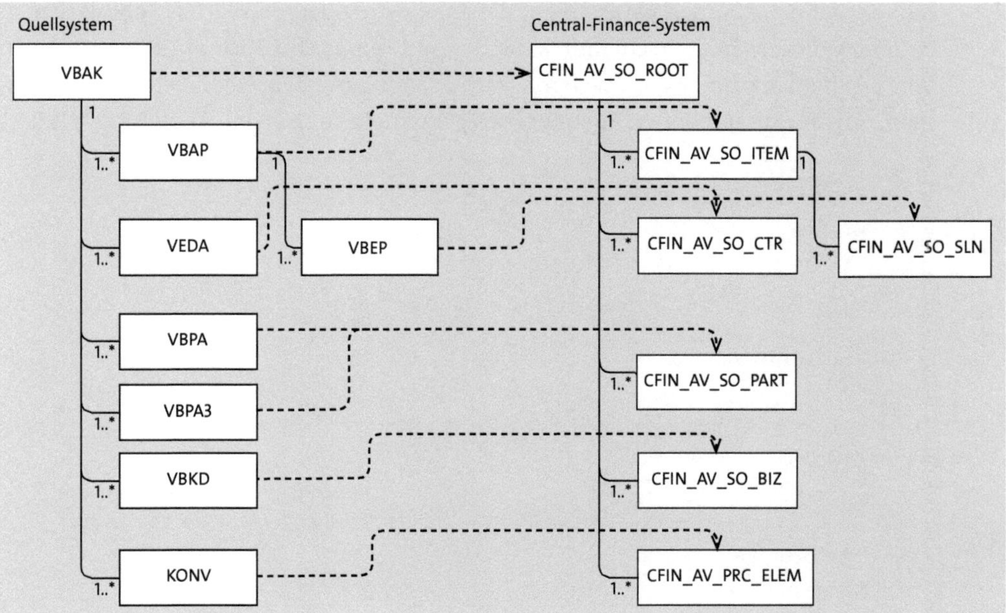

Abbildung 14.41 Entity-Relationship-Diagramm: Kundenauftrag und Buchhaltungssichten des Kundenauftrags

Schauen wir uns an, wie dieses System in den folgenden beiden Anwendungsfällen angewendet werden könnte:

- **Anwendungsfall: Berichterstattung über indirekte Steuern**
  In *SAP Document and Reporting Compliance* (siehe Abschnitt 15.1) werden Buchhaltungssichten zur Aufstellung der gesetzlich vorgeschriebenen Berichte für indirekte Steuern verwendet, die von verschiedenen Regierungen gefordert werden. Je nach Land werden für diese Berichte unterschiedliche Daten aus den Logistikbelegen benötigt, wozu beispielsweise Attribute aus dem Kundenauftrag, der Kundenrechnung und der Lieferantenrechnung gehören können.
- **Anwendungsfall: Rechnungsabgrenzungsposten bei Bestellungen**
  Wenn Verbindlichkeiten gegenüber Dritten (z. B. gegenüber Lieferanten) bestehen, die damit verbundenen Kosten aber noch nicht gebucht wurden, müssen die Rückstellungen auf der Grundlage der Informationen aus der Beschaffung berechnet und gebucht werden. Bei zentralisierten Prozessen, z. B. bei den erweiterten Prozessen von Central Payment, müssen die Rückstellungsbuchungen in Central Finance angelegt werden, wobei die in Central Finance benötigten Informationen (etwa Preise) aus den AVL für die Bestellungen stammen.

14.8.4 Temporäre Buchungen

Wenn eine ausstehender Buchungsbeleg nicht rechtzeitig, also vor dem Periodenabschluss, gebucht werden kann, treten die entsprechenden Beträge als Fehlbeträge in der Finanzübersicht in Erscheinung. Mit der App **Temporäre Buchungen verwalten** in Central Finance können Sie eine temporäre Buchung mit denselben Beträgen vornehmen, um den ausstehenden Buchungsbeleg auszugleichen (siehe Abbildung 14.42).

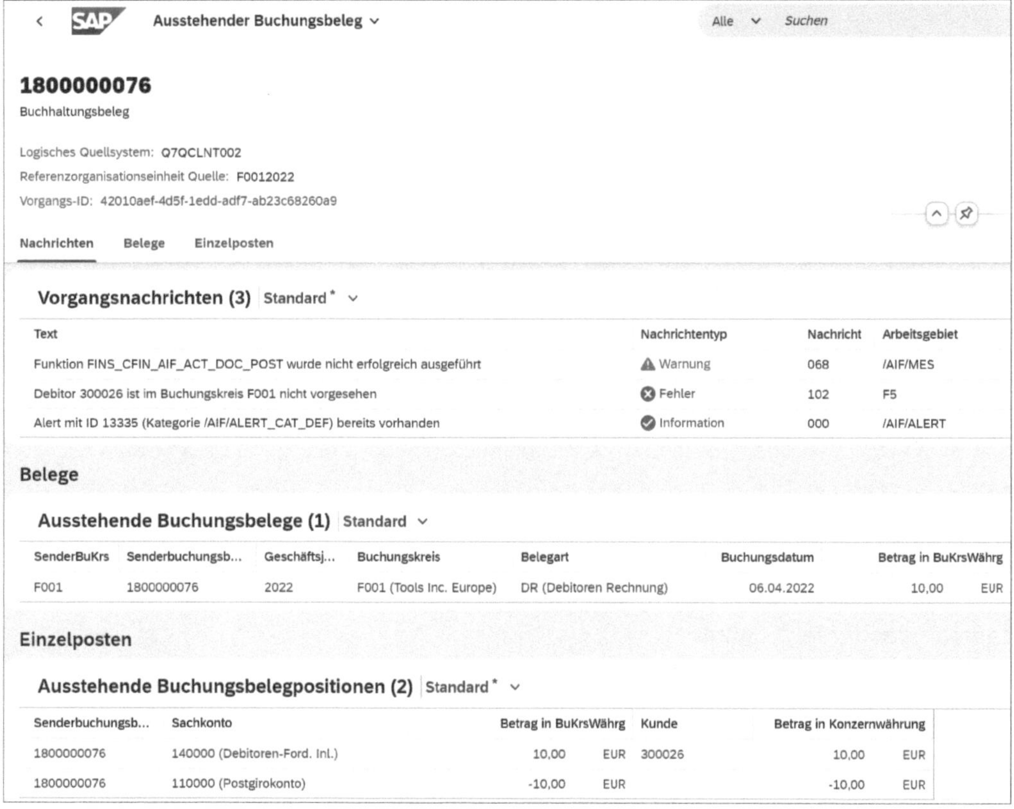

Abbildung 14.42 Die App »Temporäre Buchungen verwalten«

Die Daten für die temporären Buchungen werden mit einigen Abweichungen aus den ursprünglichen ausstehenden Buchungen erstellt. Die Buchhalter*innen können abweichende Stammdaten wie Sachkonto oder Geschäftspartner ändern. Das System legt neue Metadaten fest, z. B. »angelegt von Benutzer«. Sobald der ausstehende Buchungsbeleg gebucht werden kann, wird die temporäre Buchung automatisch storniert. Die Stornierung wird bei der Erstellung der temporären Buchung eingeplant (siehe Abbildung 14.43).

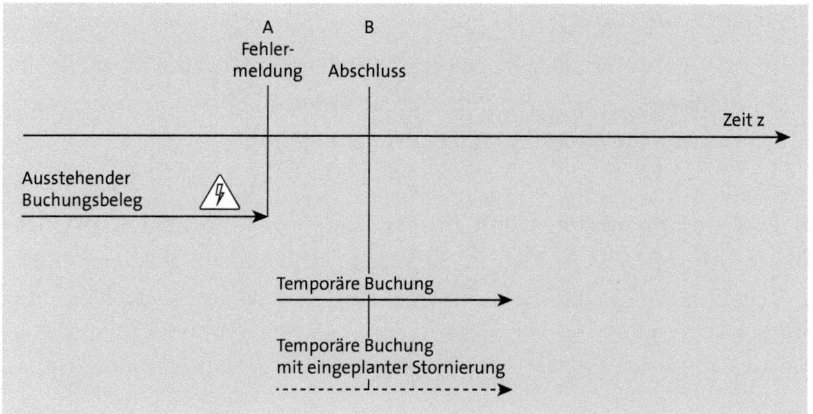

Abbildung 14.43 Temporäre Buchung mit eingeplanter Stornierung

Die Stornierung behält so lange den Status **Gesperrt durch Vorgänger**, bis ihr Vorgänger, also der ursprüngliche ausstehende Buchungsbeleg, gebucht wurde. Abbildung 14.44 zeigt die Situation, nachdem der ursprüngliche Beleg gebucht und die temporäre Buchung rückgängig gemacht wurde. Die temporäre Buchung wird auch dann storniert, wenn der ausstehende Buchungsbeleg über den Monitor des SAP Application Interface Framework abgebrochen wird.

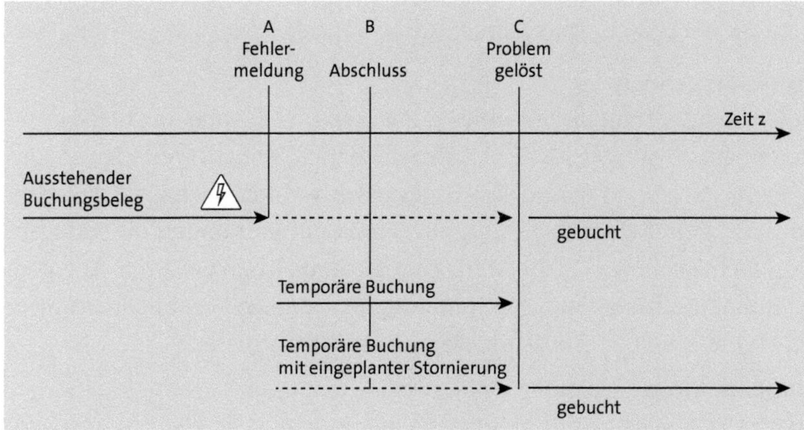

Abbildung 14.44 Stornierung einer temporären Buchung bei Buchung des ursprünglichen Belegs

Die Pflege temporärer Buchungen unterstützt das Draft-Konzept, d. h., die Benutzer*innen können die Bearbeitung unterbrechen und zu einem späteren Zeitpunkt auf einem anderen Gerät wieder aufnehmen. Temporäre Buchungen werden über die Schnittstelle `/FINCF AC_DOC_TMP` des SAP Application Interface Framework verarbeitet.

14.8.5 Zentralisierte Funktionen

Central Finance ermöglicht eine zentrale Steuerung der Finanzprozesse für große Unternehmen. Drei wichtige Beispiele für solche zentralisierten Funktionen sind Central Payment, Central Asset Accounting und Central Budgeting:

- **Central Payment**
  Mit Central Finance können Unternehmen entscheiden, ob Rechnungen im Quellsystem oder in SAP S/4HANA für Central Finance bezahlt werden. Bei der Zahlung und beim Ausgleich von Rechnungen im Quellsystem wird der Ausgleich in das Central-Finance-System übertragen und dort ebenfalls gebucht. Wird Central Payment nicht verwendet, wird der Ausgleich replizierter Posten direkt in Central Finance verhindert.

  Wenn Central Payment im Central-Finance-System aktiviert ist, werden offene Positionen nur dort ausgeglichen. Die Quellsysteme befassen sich mit dem logistischen Teil des Szenarios, also mit den Kundenaufträgen oder den Bestellungen und den in diesem Rahmen entstehenden Buchhaltungsbelegen. Diese Buchungsbelege können dann zentral im Central-Finance-System bezahlt werden. In einem solchen Fall muss der Ausgleich von offenen Posten in den jeweiligen Quellsystemen verhindert werden. Dies wird dadurch erreicht, dass diese Posten im Quellsystem als technisch ausgeglichen gekennzeichnet werden. Ein technischer Ausgleich bedeutet im Wesentlichen, dass die Informationen über den Ausgleich nicht im aktuellen System, sondern in einem anderen System verfügbar sind.
- **Zentrale Anlagenbuchhaltung**
  Unternehmen, die Central Finance nutzen, können entscheiden, ob Anlagen im Quellsystem oder in SAP S/4HANA für Central Finance gebucht werden. Die Entscheidung kann für jeden Buchungskreis getroffen werden. Wenn die Anlagenbuchhaltung in Central Finance geführt wird, müssen die Kunden die Anlagenbuchhaltung nicht mehr im Quellsystem konfigurieren und verwalten. Anlagenbuchhalter*innen profitieren von den Neuerungen in der Anlagenbuchhaltung in SAP S/4HANA und müssen nicht in mehreren Systemen arbeiten.
- **Zentrale Budgetierung**
  Central Finance ermöglicht Unternehmen die Planung und Verwaltung von Budgets für Projekte und interne Aufträge im zentralen System. Die Budgets werden in der Regel in den Quellsystemen verbraucht. Bei der Buchung der entsprechenden Belege im Quellsystem wird eine Budgetprüfung remote im Central-Finance-System ausgeführt, um festzustellen, ob das verfügbare Budget noch ausreicht.

14.8.6 Systemübergreifende Prozesskontrolle

Aus der Zentralisierung der Prozesse ergeben sich weitere Herausforderungen für die Systemintegration. Geschäftsprozesse, die traditionell für die Ausführung innerhalb einer integrierten SAP-ERP-Anwendung konzipiert waren, müssen so angepasst werden, dass sie in einer Landschaft aus mehreren Systemen laufen. Die Verteilung von Geschäftsprozessen über verschiedene Systeme erfordert auch Regeln zur Kontrolle des Datenaustauschs, um Dateninkonsistenzen zu vermeiden. Zum Beispiel werden mit Central Payment Rechnungen im Quellsystem gebucht, aber im Central-Finance-System bezahlt, wie in Abbildung 14.45 dargestellt.

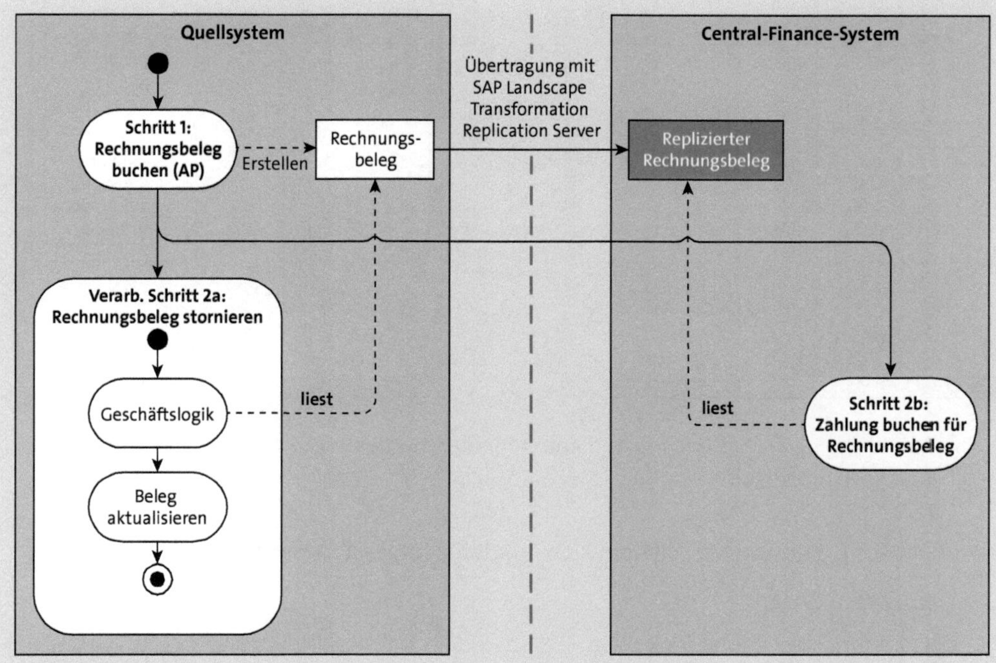

Abbildung 14.45 Geschäftsprozessablauf mit nebenläufigen Prozessschritten in verschiedenen Systemen

Nachdem eine Rechnung an Central Finance übertragen wurde, können Benutzer*innen die Rechnung nicht mehr im Quellsystem stornieren und gleichzeitig im Central-Finance-System bezahlen. In einer integrierten Systemlandschaft wird dies durch die Implementierung von Sperrkonzepten und vom Geschäftsprozess abhängigen Prüfungen verhindert. Um solche Mechanismen in verteilten Szenarien zu Verfügung zu stellen und um unterschiedliche Geschäftsprozesse systemübergreifend zu steuern, wird ein einheitliches Framework benötigt. Mit einem einheitlichen Framework verhindert man auch, dass für zur Steuerung der verschiedenen Prozesse am Ende eine unübersichtliche Vielzahl von Schnittstellen entsteht.

Ein solches Framework für die systemübergreifende Prozesssteuerung ist die wiederverwendbare Komponente *Cross-System Process Control* (CSPC). Sie bietet eine Infrastruktur, mit der man die Steuerung von systemübergreifenden, verteilten Geschäftsprozessen implementieren kann (siehe Abbildung 14.46).

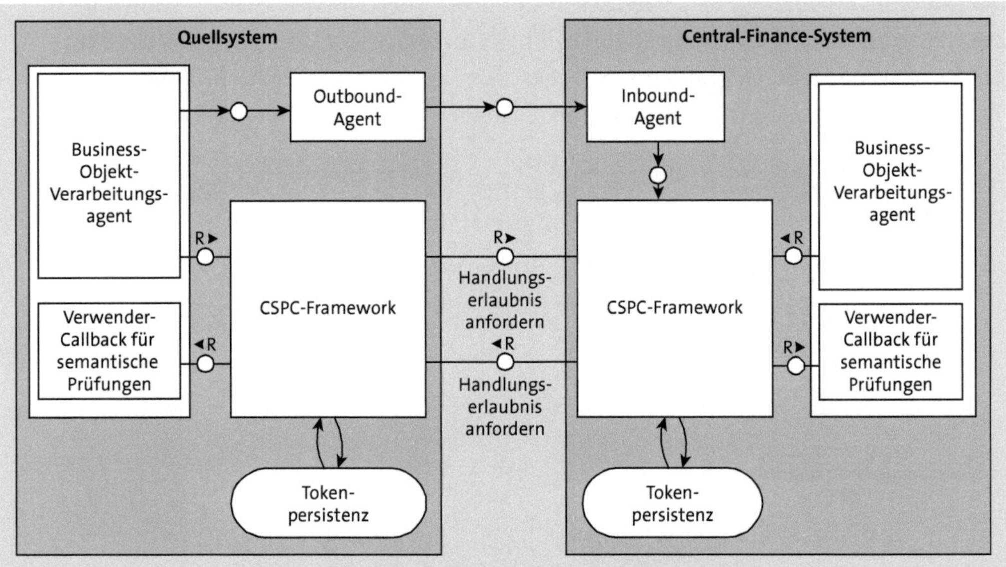

Abbildung 14.46 Die wichtigsten Komponenten bei der CSPC-Implementierung von Geschäftsprozessen

Das CSPC-Framework zeichnet sich durch die folgenden Hauptmerkmale aus:

- Tokenkonzept
- generisches Sperrkonzept
- semantische Prüfungen

Das *Tokenkonzept* stellt sicher, dass zu einem bestimmten Zeitpunkt nur eines der beteiligten Systeme einen Geschäftsprozessschritt ausführen kann. Das Token kann mit einem Business-Objektknoten verknüpft werden. Token können zwischen den Systemen entweder asynchron zusammen mit einer Nachricht des SAP Application Interface Framework oder über einen synchronen Aufruf zur Anforderung einer Handlungsgenehmigung (z. B. per RFC) ausgetauscht werden. Token werden in jedem System in einer speziellen Tokenpersistenz gespeichert. Verwendende Anwendungen können geschäftsprozessspezifische Sperrstrategien für verschiedene Prozesstypen definieren (z. B. für Central Payment). Das Framework verwendet eine generische Sperrverwaltung zum Setzen der jeweils erforderlichen Sperren, die sie von den verwendenden Anwendungen durch Aufruf von Verwender-Callbacks erhält.

Central Payment nutzt das CSPC-Framework, um den Geschäftsprozess zu steuern und Inkonsistenzen zu vermeiden. Mit Central Payment kann eine einzelne Rechnung bezahlt werden, man kann im Central-Finance-System aber auch einen Zahlungslauf zum Ausgleich einer Vielzahl von Positionen ausführen. Bei einem Zahlungslauf will man nicht alle zur Bezahlung anstehenden offenen Positionen sperren, denn dies könnte leicht zu einer Überlastung des ABAP-Enqueue-Servers durch zu viele Sperren führen. Stattdessen würde man beim Zahlungslauf einfach den jeweiligen Lieferanten oder Kunden exklusiv sperren. Eine andere Transaktion, die einen einzelnen offenen Posten ändert, würde hingegen den betreffenden Lieferanten oder Kunden mit einer Lesesperre und den einzelnen offenen Posten mit einer exklusiven Sperre sperren.

Die verwendete Sperrstrategie ist prozessspezifisch, d. h. für verschiedene Geschäftsprozesse kommen unterschiedliche Sperrstrategien zur Anwendung. Mit CSPC können die implementierenden Geschäftsprozesse weiterhin ihre prozessspezifischen Sperrstrategien verwenden, während sie die Handhabung der Sperren dem CSPC-Framework überlassen. Der Vorteil dieses Prinzips ist, dass eine feingranulare, spezifisch auf das Token bezogene Sperre nicht immer erforderlich ist. Die Implementierung kann ein gröberes Sperrkonzept festlegen, wenn dies für den Geschäftsprozess erforderlich ist.

Eine Implementierung kann für verschiedene Prozesstypen und für die Rolle, die das System spielt (also Sender- oder Empfängersystems), jeweils passende *semantische Prüfungen* definieren. Die semantischen Prüfungen werden von den verwendenden Anwendungen implementiert und vom Framework als Verwender-Callbacks aufgerufen. Die semantischen Prüfungen werden vom Framework bei einer Remote-Tokenanforderung aufgerufen und ermitteln, ob der Zustand des Business-Objekts die Ausführung eines bestimmten Prozessschritts erlaubt. Die Tokenanforderung wird nur akzeptiert, wenn die semantischen Prüfungen erfolgreich waren.

Alle erforderlichen Prüfungen sind über die generische API des CSPC-Frameworks zugänglich. Implementierungen von Geschäftsprozessen wie Central Payment müssen nur auf Methoden der API zurückgreifen, um festzustellen, ob ein Geschäftsprozessschritt ausgeführt werden kann (d. h. um eine Handlungserlaubnis anzufordern). Die gesamte Kommunikation zwischen den beteiligten Systemen wird ausschließlich über das Framework abgewickelt.

Wenn im Beispiel von Central Payment ein Storno im Quellsystem durchgeführt werden soll und das Token nicht lokal verfügbar ist (siehe Abbildung 14.47), wird das Token vom Central-Finance-System angefordert. Das Central-Finance-System sperrt das Objekt und führt semantische Prüfungen durch. Je nachdem, ob diese Operationen erfolgreich waren oder nicht, wird die Anforderung entweder angenommen oder abgelehnt, und das Ergebnis wird an das Quellsystem zurückgegeben, das dann entweder den Prozessschritt ausführen oder dem Benutzer bzw. der Benutzerin eine Fehlermeldung anzeigen kann.

Viele zentralisierte Prozesse beginnen in den Quellsystemen, aber die nachfolgenden Prozessschritte werden in der Regel im Central-Finance-System durchgeführt. Beim Central-Payment-Szenario beispielsweise wird die Rechnung im Quellsystem erstellt, die Zahlung aber in Central Finance verarbeitet. Die CSPC-Implementierung des zentralisierten Geschäftsprozesses macht sich diesen natürlichen Ablauf vieler Geschäftsprozesse zunutze und minimiert die synchrone Kommunikation zwischen den Quellsystemen und dem Central-Finance-System dadurch, dass CSPC-Token asynchron zusammen mit der SAP-Application-Interface-Framework-Nachricht übertragen werden.

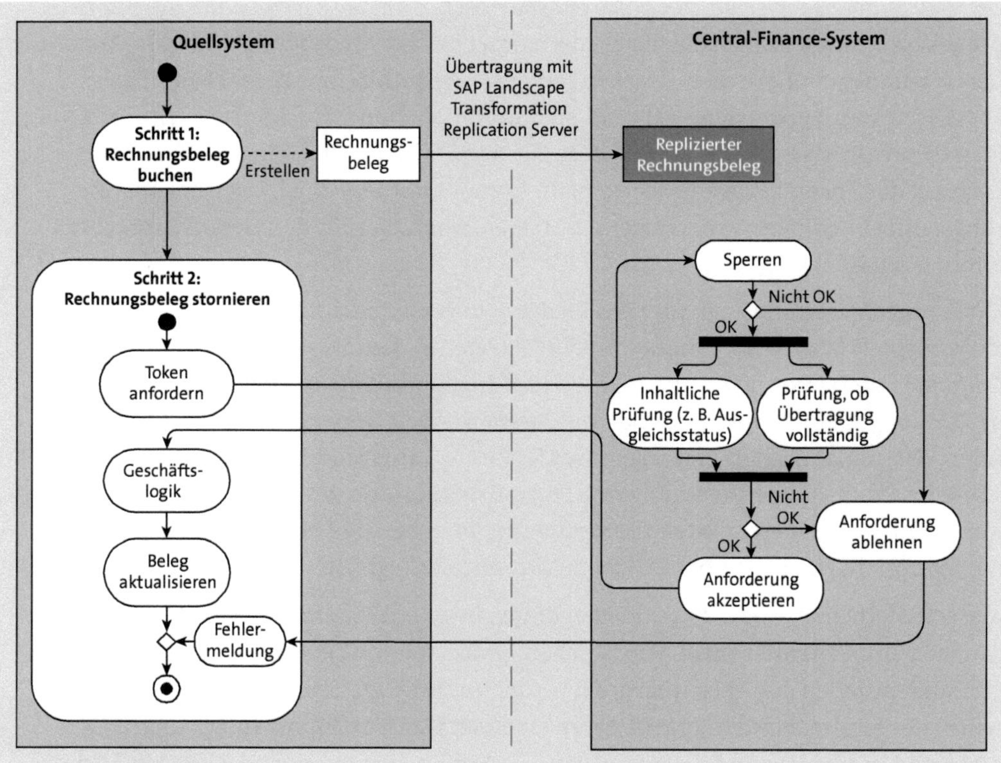

Abbildung 14.47 CSPC-Implementierung von Prozessabläufen mit nebenläufigen Schritten in verschiedenen Systemen

14.9 Erweiterbarkeit von SAP S/4HANA Finance

SAP S/4HANA Finance bietet mehrere Optionen für die In-App-Erweiterbarkeit und die Key-User-Erweiterbarkeit (zur Key-User-Erweiterbarkeit siehe Abschnitt 5.1). *Benutzerdefinierte Felder* können dem umfassenden Journal für Istdaten und prädiktive Daten (Tabelle ACDOCA), Plandaten (Tabelle ACDOCP) und Daten für das Konzernberichtswesen (Tabelle ACDOCU) sowie den Daten des Contract Accounting (Tabelle DFKKOP) hinzugefügt werden. Stammdaten wie Anlage, Kostenstelle und Profitcenter sind ebenfalls durch benutzerdefinierte Felder erweiterbar. Die *Prozesserweiterbarkeit* wird in mehreren Szenarien unterstützt, etwa vom Contract Accounting ins Hauptbuch oder aus der Faktura ins Hauptbuch. Die Erstellung eines benutzerdefinierten Felds für den *Kontierungsblock* stellt ein vereinfachtes Verfahren dar, um ein benutzerdefiniertes Kontierungsfeld zu fast allen Prozessen hinzuzufügen, die zu Kostenbuchungen führen, z. B. zu Bestellungen, die zu Lieferantenrechnungen und Wareneingängen führen. In ähnlicher Weise führt die Erstellung eines benutzerdefinierten Felds für das Marktsegment zur Ergänzung eines benutzerdefinierten Merkmals zu allen Prozessen, die Umsatzerlöse generieren.

Eine weitere wichtige Möglichkeit, um Standard- und benutzerdefinierte Felder zu den CDS-basierten Analytics-Funktionen hinzuzufügen, ist die *Datenquellenerweiterbarkeit*. Sie bietet eine sehr einfache Möglichkeit, zu vielen Berichten in Finance Felder mit den dazugehörigen Stammdaten, etwa Stammdaten zu Kunden und Produkten oder sogar Daten zu Kundenaufträgen, hinzuzufügen. Anstatt ein Feld als benutzerdefiniertes Feld zu speichern, z. B. in der Tabelle ACDOCA, wird der Feldwert in der zugehörigen Tabelle nachgeschlagen, wenn der Bericht ausgeführt wird. Dies ermöglicht eine Berichterstattung über die Istdaten statt über die gebuchten Daten. Die Datenquellenerweiterbarkeit ist für viele analytische Cubes und Querys in SAP S/4HANA Finance verfügbar.

Standardprozesse können durch eine *benutzerdefinierte Logik* erweitert werden. Die Hauptanwendungsfälle innerhalb von Finance sind die Bestimmung (Ableitung oder Substitution) zusätzlicher Feldwerte und die Validierung von Benutzereingaben. Eine solche benutzerdefinierte Logik kann durch Key User ohne Programmierkenntnisse in der App **Substitutions-/Validierungsregeln verwalten** implementiert werden. Darüber hinaus können mit ABAP für Key User mehrere Cloud-Business-Add-Ins (BAdIs) in einem webbasierten Editor der App **Benutzerdefinierte Logik** implementiert werden.

Zusätzlich zu diesen Optionen im Zusammenhang mit der In-App-Erweiterbarkeit in SAP S/4HANA sind komplexe Szenarien wie benutzerdefinierte Business-Objekte, benutzerdefinierte CDS-Views und APIs sowie Szenarien für die Side-by-Side-Erweiterbarkeit auf der Grundlage der SAP BTP möglich (siehe Abschnitt 5.3).

14.10 Governance, Risk, and Compliance

Unternehmen müssen sicherstellen, dass ihre Mitarbeitenden im Einklang mit den rechtlichen Auflagen handeln und die Unternehmensprozesse den Richtlinien entsprechend ablaufen. Die Unternehmen müssen für jeden Markt, auf dem sie tätig sind, sowie für alle Kunden, mit denen sie interagieren, die festgelegten Verfahrensweisen befolgen. Gleichzeitig müssen Führungskräfte Innovationen fördern, neue Geschäftsmodelle entwickeln und die Absatzmärkte ihres Unternehmens kontinuierlich erweitern. Ihre strategischen Entscheidungen bringen immer ein gewisses Maß an Unsicherheiten mit sich, weshalb die potenziellen Chancen und die damit verbundenen Risiken sorgfältig abgewogen werden müssen. Die rechtlichen Anforderungen, die bei Nichtbeachtung einerseits in der Regel mit hohen Strafen belegt sind, andererseits die Notwendigkeit, sich auf dem Markt zu behaupten, führen natürlich zu Konflikten.

Seit den späten 1990er und den frühen 2000er Jahren hat sich GRC, angetrieben durch Unternehmensskandale, zu einer Disziplin entwickelt, die darauf abzielt, diesen inhärenten Zielkonflikt zu lösen. Internationale Standards, sei es von der International Standards Organization (ISO) oder der Open Compliance and Ethics Group (OCEG), bilden die Grundlage für GRC-Expert*innen, um ihre Frameworks, Verfahrensweisen und Tools weiterzuentwickeln und kontinuierlich zu verbessern. Je nach Größe, Branche, Märkten und Ländern, in denen Unternehmen tätig sind, kann die Anzahl der einzelnen Vorschriften, die ein internationales Unternehmen durchschnittlich beachten muss, schnell über Hunderte oder Tausende hinausgehen. Daher umfasst der Bereich GRC heute eine Vielzahl von Disziplinen, die in einem Unternehmen verteilt und fest verankert sind. Von Risiko-, Kontroll- und Audit-Management auf taktischer Ebene bis hin zu kritischen Rechts- und Sicherheitsfunktionen arbeiten alle Teams mit gemeinsamen Daten und Tools.

Für ihre Arbeit benötigen GRC-Expert*innen strukturierte und unstrukturierte Daten aus einer Vielzahl von Quellen. Während strukturierte Daten in geschäftskritischer Software wie SAP S/4HANA, SAP SuccessFactors und SAP Ariba sowie in Systemen von Drittanbietern verfügbar sind und aus diesen extrahiert werden, werden die unstrukturierten Daten meist in Meetings, Workshops, Umfragen und Experteninterviews gesammelt. Um effektiv zu sein, ist GRC auf Daten angewiesen, die über das gesamte intelligente Unternehmen verteilt sind. In den folgenden Abschnitten gehen wir auf die wichtigsten SAP-GRC-Lösungen und Integrationspunkte ein.

14.10.1 Überblick über die SAP-GRC-Lösungen

Die SAP-GRC-Lösungen unterstützen GRC-Expert*innen bei ihrer täglichen Arbeit, unabhängig von der Unternehmensgröße, der Branche oder dem Rechtsraum, in dem sie tätig sind. Das aktuelle GRC-Lösungsportfolio von SAP unterstützt sie dabei, die folgenden für ein Unternehmen geschäftskritischen Aspekte anzugehen (siehe Abbildung 14.48):

- **Enterprise Risk and Compliance**
  Dieser Portfoliobereich ermöglicht GRC-Expert*innen die effektive Bewältigung von Risiko-, Kontroll- und Prüfungssicherheitsaufgaben innerhalb des Unternehmens. Zu diesen Aufgaben gehören die Durchführung einer fortlaufenden Risikobewertung für die Organisation und die Festlegung von Gegenmaßnahmen, die kontinuierliche Überwachung der Prozesssteuerung, die Planung und Durchführung von Prüfungen und die Aufdeckung von Unregelmäßigkeiten, die sich auf die Compliance in den Bereichen der Steuer-, Betrugs- oder Anti-Korruptionsvorschriften auswirken könnten. Es gibt eine Reihe von Produkten, die sich mit diesen Aspekten befassen, einschließlich SAP Risk Management, SAP Process Control, SAP Audit Management, SAP Business Integrity Screening, SAP Tax Compliance und SAP Financial Compliance Management.
- **International Trade Management**
  Diese Produkte konzentrieren sich auf den Außenhandel und die Compliance hinsichtlich Abbildung von Zollvorschriften, um Unternehmen bei der Sicherung ihrer internationalen Lieferketten zu unterstützen. Neben der Einhaltung der Einfuhr- und Ausfuhrbestimmungen, der Erstellung von Intrastat-Meldungen und der Ausfuhr- und Einfuhrkontrolle ist die Prüfung von Geschäftspartnern für Unternehmen von entscheidender Bedeutung für die Einhaltung der nationalen und internationalen Handelsbestimmungen. Die Produkte, die diese Aspekte unterstützen, bieten eine enge Integration mit der Lösung SAP S/4HANA for International Trade und umfassen SAP Watch List Screening, SAP Global Trade Services (SAP GTS) und SAP Electronic Invoicing for Brazil for SAP S/4HANA (SAP NFe).
- **Access Governance**
  Dieser Bereich steuert den technischen Zugang sowie Berechtigungsprüfungen zu kritischen Infrastrukturen und Systemen überall in einem intelligenten Unternehmen, einschließlich SAP S/4HANA und Anwendungen von Drittanbietern. SAP Access Control und SAP Cloud Identity Access Governance sind eng mit der digitalen Identität der Systembenutzer verknüpft und bieten unter anderem eine fortlaufende Analyse des Zugriffsrisikos sowie zuverlässige Zugangskontrollen.
- **Privacy und Security**
  Datenschutz und Sicherheit sind zentrale Aspekte der Unternehmensführung. Die enthaltenen Produkte tragen dem verstärkten Fokus Rechnung, den Unternehmen auf Sicherheitsthemen im Allgemeinen legen, sowie auf die Verarbeitung von personenbezogenen oder gar sensiblen Daten von Kund*innen, Partner*innen und Mitarbeitenden. Die Unternehmen müssen die steigenden Anforderungen an Datenschutz und Sicherheit erfüllen, von denen die Europäische Datenschutz-Grundverordnung (DSGVO) und der Consumer Privacy Act, das Verbraucher-Datenschutzgesetz in Kalifornien (USA), nur zwei Beispiele sind. SAP Data Privacy

Governance gibt Datenschutzbeauftragten und allen Beteiligten die notwendigen Tools und Workflows an die Hand, um diese Anforderungen zu erfüllen.

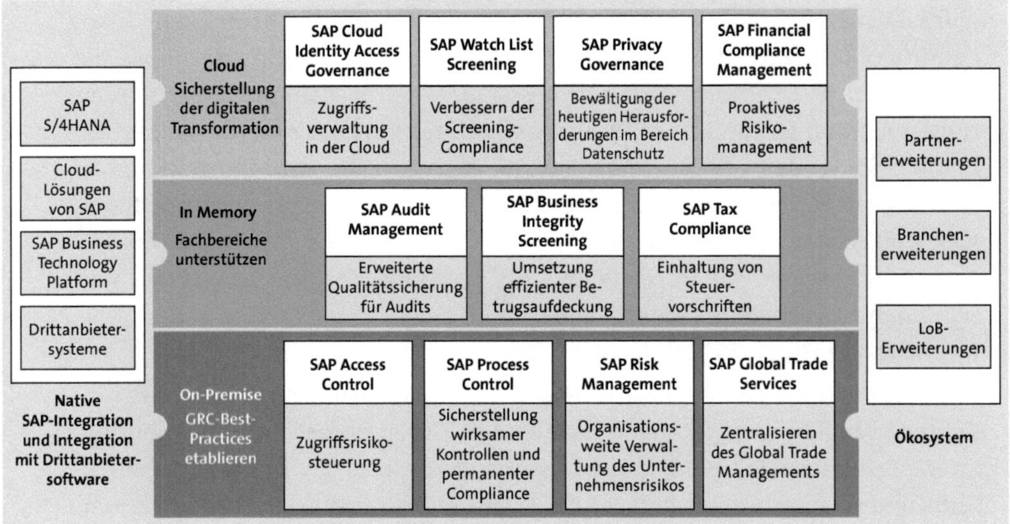

Abbildung 14.48 Überblick über die SAP-GRC-Lösungen

Diese Produkte bieten eine Vielzahl von Nutzungsmodellen für unterschiedliche geschäftliche Anforderungen: von nativen, bereits vorinstallierten Public-Cloud-Services – wie SAP Cloud Identity Access Governance und SAP Financial Compliance Management – über On-Premise-Installationen (wie SAP Access Control und SAP GTS), die maximale Konfigurationsmöglichkeiten bieten, bis hin zu hybriden Private-Cloud-Implementierungen. Unternehmen können so ihren GRC-Abteilungen und -Expert*innen die Wahl lassen.

Je nach Geschäftsszenario und Anwendungsfall kommen unterschiedliche technische Funktionalitäten zum Einsatz. Die Produkte, die auf eine Optimierung bestehender manueller und automatisierter GRC-Prozesse und -Workflows abzielen und die Kosten gleichzeitig gering halten wollen, basieren auf der ABAP-Plattform. Szenarien, bei denen es darum geht, hohe Datenvolumen aus Business-Systemen zu extrahieren und zu analysieren, greifen auf die In-Memory-Funktionen und die Performance von SAP HANA zurück. Die Public-Cloud-Services der SAP-GRC-Lösungen basieren auf der SAP BTP als technischer Grundlage.

14.10.2 Integration der SAP-GRC-Lösungen in SAP S/4HANA

In Systemlandschaften werden die SAP-GRC-Lösungen häufig getrennt von anderen Geschäftsanwendungen installiert und betrieben. Für solche Szenarien werden die Daten, die die GRC-Lösungen benötigen, entweder durch bei den Geschäftsanwendungen installierten Plug-ins (meist Add-on-Installationen) extrahiert und übertragen oder sie werden für Analysen auf Massendaten repliziert, beispielsweise mithilfe der Funktionen zur Datenreplikation in SAP HANA. Mit den Plug-ins besteht eine ständige Verbindung der Business-Systeme zu den SAP-GRC-Lösungen, wodurch es möglich wird, operative Prozesse zu unterbrechen, falls Risiken oder unerwünschte Ereignisse festgestellt werden. Auf diese Weise könnte beispielsweise eine zuvor erteilte Benutzerberechtigung entzogen werden, um eine mögliche Verletzung des Prinzips der Funktionstrennung zu verhindern und das damit verbundene Zugriffsrisiko zu mindern.

Um die Betriebskosten für IT-Abteilungen zu senken, können die SAP-GRC-Lösungen auch mit SAP S/4HANA zusammen installiert werden (Co-Deployment). In diesem Fall arbeiten die SAP-GRC-Lösungen und SAP S/4HANA auf derselben Datenbank, wodurch Massendatenanalysen möglich sind, ohne dass eine Übertragung bestimmter Daten erforderlich ist. Darüber hinaus können dann GRC-Funktionen für Szenarien, die bei einer getrennten Installation eine Integration mit Plug-ins erfordern, direkt in die Prozesse in SAP S/4HANA eingebettet werden. Zusammen ermöglicht dies eine neue Generation des präventiven Compliance-Managements in Echtzeit für Unternehmen, die sowohl SAP S/4HANA als auch SAP-GRC-Lösungen einsetzen.

In den folgenden Abschnitten geben wir einige Beispiele für die Integration und erläutern die technische Architektur der SAP-GRC-Lösungen in Verbindung mit SAP S/4HANA in den Anwendungsbereichen Enterprise Risk and Compliance, International Trade Management, Access Governance sowie Privacy und Security.

Integration von SAP S/4HANA mit Enterprise Risk and Compliance

Anwendungen für den Bereich Enterprise Risk and Compliance, wie z. B. SAP Risk Management und SAP Process Control, können zusammen mit SAP S/4HANA installiert werden oder unabhängig davon als Hub dienen. Native Public-Cloud-Services wie SAP Financial Compliance Management sind so konzipiert, dass sie hybride Szenarien unterstützen, bei denen keine Daten zwischen Systemen übertragen werden müssen, um Transaktionen zu prüfen oder Compliance-Prüfungen durchzuführen.

Das Co-Deployment mit SAP S/4HANA ist für viele Unternehmen die erste Wahl, da es zu einer Senkung der IT-Kosten beiträgt und integrierte Szenarien ermöglicht, bei denen die benötigten Daten in Echtzeit und ohne Replikation zur Verfügung stehen. Ein Beispiel für ein solches Szenario ist die Integration von SAP Business Integrity Screening mit der Zahlungsabwicklung in SAP S/4HANA. In diesem Szenario können Unternehmen ausgefeilte Strategien umsetzen, in deren Rahmen der Zahlungsvorschlag selbst, die Rechnung sowie die Bank- und Lieferantenstammdaten anhand zahlreicher Regeln überprüft werden. Die Prüfungen umfassen eine Prüfung, ob sich Geschäftspartner auf Sanktionslisten befinden oder Zahlungen an Hochrisikoländer geleistet werden sollen. Sobald eine verdächtige Zahlung erkannt wird, wird sie automatisch gesperrt. Nach einer Untersuchung auf der Grundlage einer Rundumsicht auf alle relevanten Daten kann die vorläufige Sperre dann endgültig angenommen oder im Falle eines »Fehlalarms« die Zahlung freigegeben werden.

Im Gegensatz dazu erfordert die zweite Option, bei der die GRC-Anwendungen unabhängig von SAP S/4HANA als Hub installiert werden, eine Übertragung bestimmter Informationen aus dem Quellsystem in die GRC-Lösung und umgekehrt, beispielsweise um Kontrollen zu testen und auszuführen oder Risiken zu identifizieren.

Die dritte Möglichkeit arbeitet ohne Datenübertragung und basiert auf der Anwendung SAP Financial Compliance Management (siehe Abbildung 14.49). Mit dieser Option können Kunden ihre Kontrollen zentral in der Cloud definieren, sie werden dann lokal in den SAP-S/4HANA- oder SAP-ERP-Systemen ausgeführt. Mit diesem Szenario können Kunden die Compliance des Unternehmens über verschiedene Systeme hinweg sicherstellen. Kontrollen, Ergebnisse und Berichte werden dabei zentral bearbeitet. Die Kontrollen werden über OData-Services ausgelöst, wobei die Ausführung der Kontrollen im jeweiligen Quellsystem erfolgt und nur die Ergebnisse an SAP Financial Compliance Management zurück übertragen werden. Gleiches gilt auch für die Anwendung SAP Process Control.

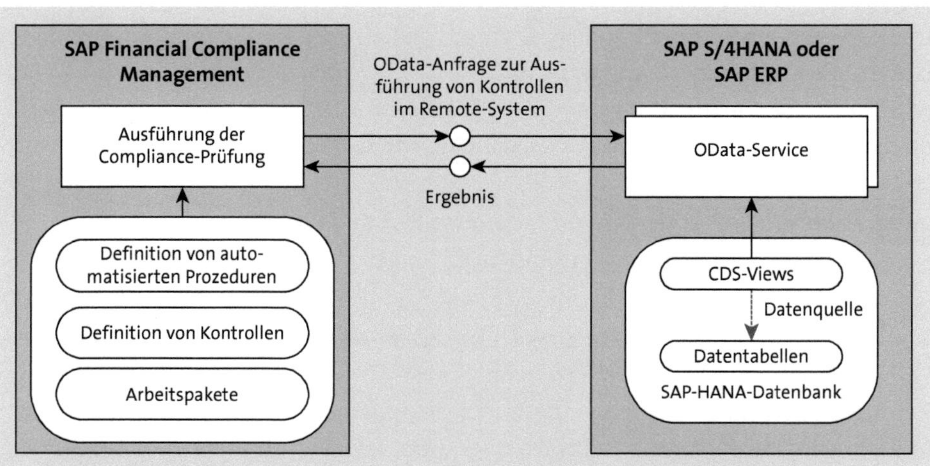

Abbildung 14.49 Integration von Financial Compliance Management mit SAP S/4HANA

Alle Installationsoptionen unterstützen eine Vielzahl von Anwendungsfällen, beispielsweise die Compliance hinsichtlich verschiedener Vorschriften und Unternehmensrichtlinien, die Aufdeckung von Betrug, die Prüfung von Geschäftspartnern und Audits. Unternehmen richten in der Regel Hunderte bis Tausende von automatischen und manuellen Kontrollen ein, um Verstöße aufzudecken und die Compliance zu gewährleisten. Mit der Kombination aus SAP S/4HANA und SAP-GRC-Lösungen können hunderte Millionen von Datensätzen über verschiedene Systeme hinweg überprüft werden.

Integration von SAP S/4HANA mit International Trade Management

Die Funktionen für International Trade Management sind in SAP S/4HANA integriert (SAP S/4HANA für internationalen Handel) oder werden als unabhängige Installation eingesetzt, die als Hub für SAP S/4HANA Cloud fungiert (SAP GTS, Edition für SAP HANA). Wenn SAP GTS, Edition für SAP HANA so zum Einsatz kommt, ermöglicht dies die Anbindung mehrerer Systeme (SAP S/4HANA Cloud, SAP ERP und Legacy-Lösungen) und hilft bei der Optimierung von Compliance- und Zollprozessen, wie etwa der zentralen Produktklassifizierung oder der zentralen Kommunikation mit Behörden.

SAP S/4HANA for International Trade ist vollständig in SAP S/4HANA Cloud eingebettet und nutzt alle erforderlichen Stammdaten (Produkt- und Geschäftspartnerdaten) sowie die Daten der Logistikbelege, um konforme Export- und Importprozesse zu gewährleisten. Die Embargoprüfung sowie die Ein- und Ausfuhrkontrolle sind in SAP S/4HANA Cloud implementiert, während SAP Watchlist Screening ein eigenes Kommunikationsszenario (siehe Abschnitt 6.4) für die Remote-Integration verwendet (`SAP_COM_0219`; zur Integration von SAP Watchlist Screening). Die Ergebnisse der spezifischen Compliance-Prüfungen stehen in den Logistikbelegen zur Verfügung. So kann die Ausführung nachfolgender Prozessschritte unterbunden werden, falls in der Lösung konfiguriert.

SAP GTS für SAP HANA ist ebenfalls über ein eigenes Integrationsszenario mit SAP S/4HANA Cloud verbunden (`SAP_COM_00084`; Integration von SAP Global Trade Services). Die Stammdaten und notwendige Logistikbelege werden nach SAP GTS repliziert. Endanwender*innen werden über mögliche inkorrekte oder unvollständige Belege innerhalb von SAP GTS informiert. Solange diese Belege nicht von Benutzer*innen in SAP GTS korrigiert werden, können Folgeprozesse (wie etwa die Erstellung einer Lieferung für einen gesperrten Kundenauftrag oder ein Warenausgang für eine gesperrte Auslieferung) durch entsprechende Konfigurationseinstellungen unterbunden werden. Die Probleme müssen in SAP GTS gelöst werden, mögliche Folgeprozesse werden dann in SAP S/4HANA Cloud ausgelöst. Dies gilt auch für Zollverfahren, einschließlich der externen Kommunikation (über Electronic Data Interchange [EDI] oder Webdienste) mit Behörden. Falls eine solche Zolldeklaration von den Zollbehörden nicht freigegeben wird, können Folgeaktivitäten verhindert werden. Die Ergebnisse von Compliance-Prüfungen oder Zollaktivitäten werden in SAP S/4HANA Cloud nicht persistiert. Falls diese Informationen für den logistischen Prozess benötigt werden, werden die Informationen synchron aus SAP GTS abgerufen.

Integration von SAP S/4HANA mit SAP Cloud Identity Access Governance

Digitale Technologien entwickeln sich in einem noch nie dagewesenen Tempo weiter und verändern den Wirtschaftsverkehr. Der Anwendungsbereich von Identity- und Access-Governance-Lösungen muss so erweitert werden, dass Unternehmen diese

Aufgaben nicht für verschiedene Applikationen separat und isoliert angehen müssen. Es entstehen neue Normen zur Förderung der Kompatibilität und Interoperabilität und zur Unterstützung verschiedener Plattformen. Die mit den Access-Governance-Lösungen angebotenen Dienste erleichtern es den Unternehmen, Benutzer*innen (Mitarbeitenden, Kund*innen und Partner*innen) den gewünschten Zugang so effizient wie möglich zur Verfügung zu stellen. Mit verschiedenen Anwendungen mit unterschiedlichen Autorisierungsmechanismen und Sicherheitsanforderungen kann sich dies jedoch sehr komplex gestalten. SAP Cloud Identity Access Governance bietet Lösungen zur Behebung von Zugriffsrisiken für Geschäftsanwendungen, wie etwa SAP S/4HANA. SAP Cloud Identity Access Governance sorgt für eine fortlaufende Compliance und damit für einen effektiven Access-Governance-Prozess. Die technische Architektur von SAP Cloud Identity Access Governance ist in Abbildung 14.50 dargestellt.

SAP Cloud Identity Access Governance bietet wichtige Funktionen für die Zugriffsverwaltung und Compliance in SAP S/4HANA:

- *Access Analysis* bietet flexible und erweiterbare Funktionen zur Analyse des Zugriffsrisikos und gibt bei der Behebung des Risikos entsprechende Empfehlungen ab. Eine ereignisgesteuerte Analyse des Zugriffsrisikos liefert Ergebnisse zum Zugriffsrisiko in Echtzeit.
- Der *Role Designer* bietet einen umfassenden Ansatz für die Gestaltung und Optimierung von Benutzerrollen, um die Komplexität der Rollenverwaltung zu reduzieren und den Prozess der Zuweisung von Zugriffsrechten mit einer auf Machine Learning basierenden Rollenzuweisung zu vereinfachen.
- *Access Request Management* ermöglicht einen einheitlichen, benutzerfreundlichen, Workflow-gesteuerten Prozess, über den Mitarbeitende den Zugriff auf Anwendungen nach dem Need-to-know-Prinzip beantragen können. Sie zeichnet sich durch eine integrierte Risikoanalyse und Abhilfemaßnahmen bezüglich der Funktionstrennung sowie Simulationsmöglichkeiten für Genehmigende aus.
- Die *Access Certification* soll das sogenannte *Privilege Creep* verhindern, bei dem Benutzer*innen nach und nach mehr Berechtigungen anhäufen, als sie für ihre aktuellen Aufgaben eigentlich benötigten. Die regelmäßige Neuzertifizierung von Zugriffsrechten hilft, einen Governance-Prozess zu etablieren, der Änderungen im individuellen Nutzungsverhalten erkennt und die Anhäufung unnötiger Zugriffsrechte verhindert.
- Mit *Privileged Access Management* wird ein Prozess bereitgestellt, mit dem Mitarbeitenden für einen begrenzten Zeitraum ein erweiterter Zugriff mit umfassenderen Berechtigungen gewährt wird. Der Prozess beinhaltet Überwachungsfunktionen und Workflow-gesteuerte Reviews, um zu kontrollieren, was mit diesen erweiterten Berechtigungen in SAP S/4HANA tatsächlich ausgeführt wird, und da-

durch Missbrauch zu verhindern. Verdächtige Aktivitäten werden dabei automatisch mithilfe von intelligenten Algorithmen identifiziert.

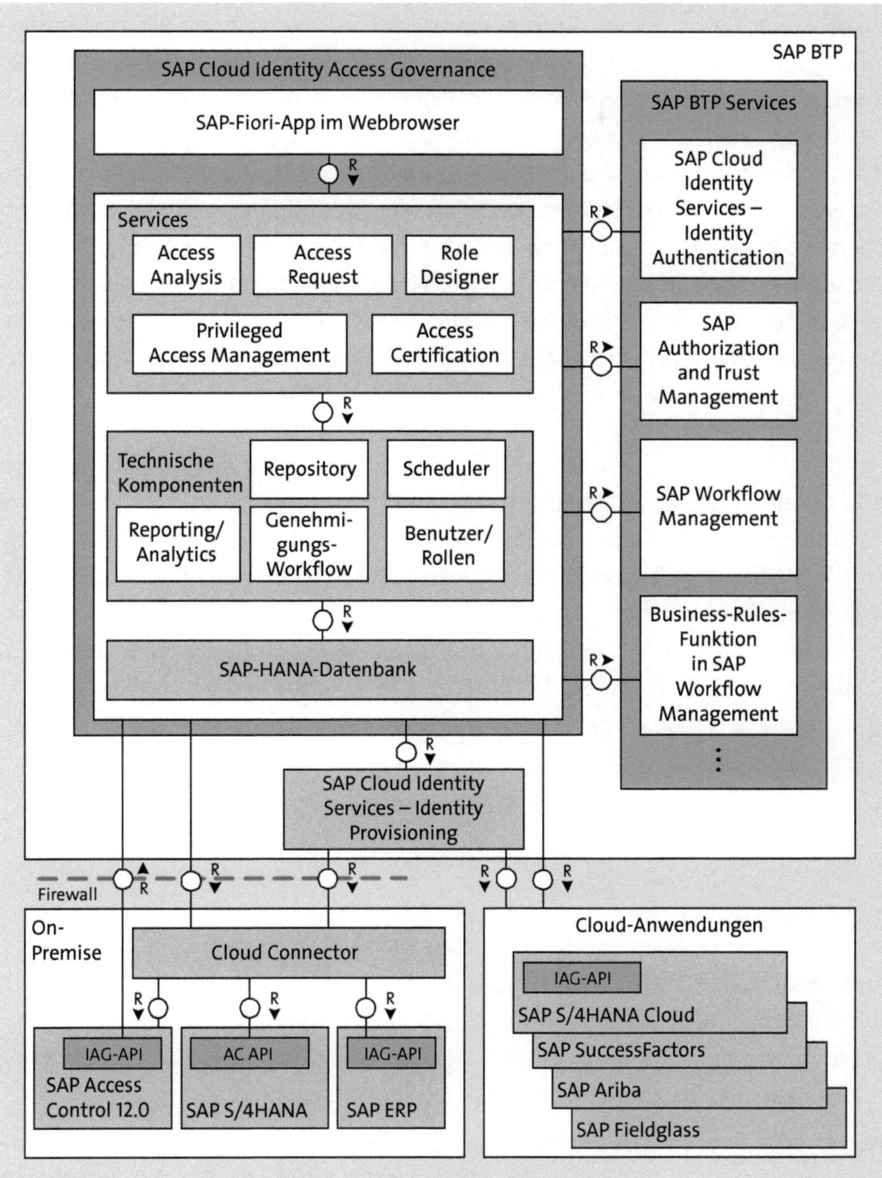

Abbildung 14.50 Technische Architektur von SAP Cloud Identity Access Governance

Integration von SAP S/4HANA mit SAP Privacy Governance

Vor dem Hintergrund der aktuellen Bedrohungen ist es keine einfache Aufgabe Digital Trust aufzubauen, also das Vertrauen der betroffenen Personen in die Sicherheit digitaler Technologien – vor allem, wenn sensible Daten betroffen sind. Für jedes Unternehmen ist es von größter Bedeutung, Vertrauen bei Kund*innen, Partner*innen und Mitarbeitenden aufzubauen, und zwar durch die Sicherung und den Schutz personenbezogener Daten. Daten, die Rückschluss auf die Identität von Personen zulassen, sind nicht nur ein Ziel für Hacker, sondern es existieren auch weltweit komplexe Regelwerke, in denen die erforderlichen Governance- und Managementprozesse zum Schutz und zur Verwaltung dieser Daten sowie die entsprechenden Compliance-Regelungen festgelegt sind. Um die Compliance hinsichtlich der Vorschriften zu unterstützen, zu dokumentieren und durchzusetzen, benötigen Sie die Hilfe von entsprechenden Systemen und Prozessen. SAP Privacy Governance wurde entwickelt, um Datenschutzbeauftragten einen zentralen Einstiegspunkt für ihre täglichen Aufgaben zu bieten, von der Verwaltung der Rechte der betroffenen Personen über Dokumentations- und Analysemöglichkeiten bis hin zur Erfüllung der Compliance-Regeln, die für Datenschutz-Audits und Sicherheitszertifizierungen relevant sind. In diesem Zusammenhang sind die automatisierten Datenschutzverfahren und -kontrollen von SAP Privacy Governance von entscheidender Bedeutung für die ordnungsgemäße Dokumentation, Risikobewertung und Risikominderung in SAP S/4HANA. Zu den automatisierten Datenschutzverfahren gehört ein Datenanalysemechanismus zur Identifizierung konkreter Probleme in SAP S/4HANA, der Kontrollen in Arbeitspakete bündelt und deren Ausführung einplant. Die Ergebnisse können in einer Ergebnisliste dargestellt werden. Die Verfahren und Kontrollen werden mit Standard-Content ausgeliefert und stellen einen starken Wettbewerbsvorteil dar.

Was die Architektur anbelangt, besteht die Privacy-Governance-Lösung aus separaten Microservices auf der SAP BTP, was die der SAP-GRC-Business-Services für automatisierte Verfahren und Kontrollen für SAP S/4HANA einschließt.

14.11 Zusammenfassung

Die Anwendungsarchitektur von SAP S/4HANA Finance unterscheidet sich deutlich von der entsprechenden Implementierung der Finanzfunktionen in SAP ERP. Sie haben gesehen, wie die Buchhaltungsanwendungen das umfassende Journal als einzige Informationsquelle für Finanzbuchungen übernommen haben.

Wir haben erläutert, wie die Finanzplanung und -analyse die Architekturkonzepte von Embedded Analytics und Side-by-Side-Analytics nutzt, um Berichte in Echtzeit sowie Kapazitäten für die Planung und Simulation bereitzustellen. Als Nächstes haben wir die Architektur der Steuerberechnung beschrieben.

Im weiteren Verlauf haben wir beschrieben, wie die Architektur der Kreditorenbuchhaltung in SAP S/4HANA eine hocheffiziente Bearbeitung von Kreditorenrechnungen ermöglicht. Receivables Management hält eine Reihe von miteinander integrierten

Anwendungen bereit, um den Überblick über die an das Unternehmen zu leistenden Zahlungen zu behalten. Wir haben die Architektur dieser Anwendungen und insbesondere der neuen Anwendungen SAP Credit Management und SAP S/4HANA Cloud für Debitorenzahlungen erläutert, die auf der SAP BTP aufbauen.

Convergent Invoicing ermöglicht die Fakturierung von großen Mengen von Leistungsnachweisen. Die entsprechende Anwendung Convergent Invoicing ist mit Contract Accounting integriert, wobei letztere das entsprechende Nebenbuch bereitstellt. Die Rahmenverträge in Contract Accounting ermöglichen flexible Vertragsmodelle, insbesondere für Unternehmen der Dienstleistungsbranche.

Die Architektur von Treasury Management ermöglicht die Verwaltung der Verbindungen und Beziehungen zu Banken und Zahlungsdienstleistern, die Durchführung eines zentralen Cash-Management-Prozesses und nicht zuletzt auch die Verwaltung von Finanzanlagen und den damit verbundenen Risiken. Wir haben erklärt, wie Zahlungen mithilfe der erweiterten Zahlungsverwaltung in einer Payment Factory zentralisiert werden können. Darüber hinaus haben wir die auf SAP Multi-Bank Connectivity aufbauende Integrationsarchitektur beschrieben.

Mit SAP S/4HANA für Central Finance können Unternehmen ihre Kernprozesse im Finanz- und Zahlungsverkehr zentral steuern und gleichzeitig weitere ERP- und Finanzanwendungen für Geschäftsbereiche oder Tochtergesellschaften einsetzen. Dies wird durch die Datenreplikations- und Integrationstechnologien von SAP HANA und SAP S/4HANA ermöglicht.

SAP-GRC-Lösungen sind so konzipiert, dass sie die Kerngeschäftsanwendungen von SAP S/4HANA flexibel erweitern, damit diese Compliance- und Governance-Aufgaben erfüllen. Einige dieser Lösungen können gemeinsam mit SAP S/4HANA installiert werden, um die Gesamtbetriebskosten niedrig zu halten, da sie vollständig integriert im selben System laufen.

Es gibt länderspezifische Vorschriften und Anforderungen, die sich auf ERP-Prozesse auswirken. Im nächsten Kapitel erklären wir, wie SAP S/4HANA diesen Herausforderungen mittels Lokalisierung begegnet.

Kapitel 15
Lokalisierung in SAP S/4HANA

SAP S/4HANA unterstützt Unternehmen und Organisationen weltweit durch integrierte Internationalisierungsstandards und lokale Versionen für länderspezifische Vorschriften und Bestimmungen.

SAP verfügt über mehr als 50 Jahre Erfahrung in der Entwicklung von ERP-Software, die in verschiedensten Branchen und Ländern eingesetzt wird. Mit Blick auf den globalen Markt unterstützt SAP S/4HANA verschiedene Sprachen, Währungen, Kalender und Zeitzonen als Teil der SAP-Internationalisierungsstandards (I18N). Aufgrund der Weiterentwicklung und häufigen Änderung von Gesetzen und Vorschriften in den verschiedenen Ländern und der weltweit unterschiedlichen Geschäftspraktiken kommt der Produktlokalisierung große Bedeutung zu, wenn Unternehmen auf dem internationalen Markt erfolgreich sein wollen.

Um die Einhaltung von Gesetzen zu gewährleisten und länderspezifische Geschäftspraktiken zu unterstützen, bietet SAP S/4HANA in der On-Premise-Variante derzeit 64 lokale Versionen in 39 verschiedenen Sprachen mit entsprechender Lokalisierung und Anpassungen an rechtliche Vorgaben für die verschiedenen Länder und Regionen. Für die Public Edition von SAP S/4HANA Cloud sind es derzeit 59 lokale Versionen, für die Private Edition 63.

Lokale Versionen enthalten zusätzliche länderspezifische Business-Logik (z. B. zur Berechnung von Steuern), Berichtsfunktionen für Anwendungsbereiche wie Finanzbuchhaltung, Anlagenbuchhaltung, Kunden- und Lieferantenrechnungen, Materialbeschaffung und Vertrieb, Stammdatenvalidierung usw. In der Regel erweitern die Lokalisierungsfunktionen die Standardfunktionalität und sind tief in die Anwendungslogik integriert. SAP Document and Reporting Compliance ist eine spezielle Anwendung in SAP S/4HANA, die sich mit sehr länderspezifischen Themen befasst – dem gesetzlichen Meldewesen und elektronischen Belegen (eDocuments). Diese Anwendung wird in Abschnitt 15.1 näher erläutert. Um SAP S/4HANA auch in Ländern und Regionen nutzen zu können, die nicht von Standardversionen abgedeckt werden, ist es wichtig, dass SAP-Kunden und -Partner Erweiterungen zur Lokalisierung selbst entwickeln können. Hierfür stehen verschiedene Tools und Ansätze zur Verfügung, die unter dem Oberbegriff »Lokalisierung als Self-Service« zusammengefasst werden (siehe Abschnitt 15.2).

15.1 SAP Document and Reporting Compliance

Mit *SAP Document and Reporting Compliance* können Sie eDocuments und gesetzlich vorgeschriebene Berichte erstellen, verarbeiten und monitoren. Weltweit wächst die Zahl der gesetzlichen Vorschriften, nach denen der Austausch bestimmter Dokumente ausschließlich in elektronischer Form erfolgen darf. Besonders erwähnenswert ist in diesem Zusammenhang die elektronische Rechnungsübermittlung an Behörden zwecks Freigabe. Diese ist in verschiedenen Ländern, u. a. in Brasilien, Italien und Mexiko, bereits vorgeschrieben. SAP Document and Reporting Compliance stellt sicher, dass für jeden relevanten Beleg, der in SAP S/4HANA gebucht wird, ein entsprechendes eDocument erzeugt wird, das dann an den relevanten Empfänger (z. B. zwecks Freigabe an eine Finanzbehörde oder zum B2B-Austausch an einen Geschäftspartner) gesendet werden kann. Neben den gesetzlichen Vorgaben für die elektronische Rechnungsstellung in einigen Ländern gibt es auch Initiativen, die diese Art des Austauschs generell fördern.

Die erwiesenen Vorteile der elektronischen Rechnungsstellung führen zu Aufträgen und Anfragen auch für andere Arten von Prozessen, beispielsweise zur Digitalisierung der Registrierung von Transporten oder zur elektronischen Auftragserteilung. Die Architektur von SAP Document and Reporting Compliance berücksichtigt derartige künftige Anforderungen, und der Umfang der Lösung wird fortlaufend erweitert.

Das gesetzliche Meldewesen umfasst die gesetzlich vorgeschriebene Offenlegung aggregierter Finanzdaten und anderer Informationen gegenüber einer Regierungsbehörde in einem vorgegebenen Format (eXtensible Markup Language [XML], eXtensible Business Markup Language [XBRL], JavaScript Object Notation [JSON], Flat File oder PDF). Entsprechende Berichte müssen in regelmäßigen Abständen oder auf Anfrage vorgelegt werden, häufig auf elektronischem Weg. Optional können Geschäftspartner über die an die Behörden gesendeten Daten informiert werden. Typische Anwendungsfälle sind Steuermeldungen (Umsatzsteuervoranmeldung, zusammenfassende Meldung zur Umsatzsteuer für Verkäufe innerhalb der Europäischen Union, Quellensteuer) und Audit-Dateien. SAP Document and Reporting Compliance umfasst weltweit mehr als 300 gesetzliche Berichte, und es werden laufend weitere Berichte hinzugefügt.

In den folgenden Abschnitten gehen wir ausführlich auf SAP Document Compliance und Reporting ein, um zu zeigen, wie die Lösung die Anforderungen für das gesetzliche Meldewesen unterstützt.

15.1.1 Architektur

Die zuvor getrennten Lösungen SAP Document Compliance und Advanced Compliance Reporting wurden in einer Lösung zusammengefasst, um gesetzliche Auflagen besser erfüllen zu können, die sowohl den Austausch von Transaktionsdaten auf Dokumentenebene als auch die regelmäßige Berichterstattung über aggregierte Daten verlangen. Die Architektur der ehemals getrennten Lösungen wird schrittweise harmonisiert, wobei die Kompatibilität für bereits implementierte eDocument-Prozesse und gesetzliche Berichte erhalten bleibt.

SAP Document and Reporting Compliance ist Bestandteil des SAP-S/4HANA-Software-Stacks. Eine separate cloudbasierte Lösung ist verfügbar für den webservicebasierten Austausch von eDocuments und gesetzlichen Berichten zwischen SAP S/4HANA und Behörden, Dienstleistern, die im Auftrag von Behörden handeln, oder beliebigen Kommunikationspartnern, für die gesetzliche Bestimmungen eine elektronische Kommunikation in einer bestimmten Form vorschreiben. Mit der Cloud-Edition von SAP Document and Reporting Compliance wird ein Peppol-Access-Point für mehrere Länder angeboten. *Peppol* ist eine Sammlung von Spezifikationen und Komponenten, die sowohl die nationale als auch die grenzüberschreitende elektronische Beschaffung und Rechnungsstellung ermöglichen. Peppol wurde eingeführt, um diese Prozesse in der Europäischen Union zu standardisieren, hat aber bereits eine globale Verbreitung.

Abbildung 15.1 zeigt die Architektur von SAP Document and Reporting Compliance. Die rechte Seite zeigt die für eDocuments relevanten Komponenten, auf der linken Seite sind die für das gesetzliche Meldewesen relevanten Komponenten dargestellt.

Die Entwicklung von eDocuments und gesetzlichen Berichten wird durch Frameworks unterstützt. Die einzelnen Länder definieren unterschiedliche Prozesse und Formate für den Austausch von eDocuments und die Einreichung von gesetzlichen Berichten, die betriebswirtschaftlichen und die technischen Anforderungen ähneln sich aber. Unter Ausnutzung dieser Gemeinsamkeiten können sich die Frameworks deshalb auf die Implementierung der Unterschiede konzentrieren und dabei dieselben Konfigurationsschritte verwenden und dieselbe Benutzererfahrung bieten.

Verschiedene länderspezifische eDocument-Prozesse und gesetzliche Berichte werden von SAP mit SAP Document and Reporting Compliance ausgeliefert. Die Frameworks können zudem von SAP-Kunden und Entwicklungspartnern genutzt werden, um eigene eDocument-Prozesse und gesetzliche Berichte zu erstellen oder die von SAP bereitgestellten Berichte zu erweitern. In SAP S/4HANA Cloud können nicht alle diese Erweiterungen mit den Key-User-Tools erstellt werden, sondern erfordern auch die Verwendung der In-Stack-Entwicklererweiterbarkeit.

Während das eDocument-Framework auch in SAP ERP enthalten ist, ist das Framework für das gesetzliche Meldewesen nur in SAP S/4HANA verfügbar, wo es die Grundlage für alle neuen gesetzlich vorgeschriebenen Berichte ist. Von SAP ausgelieferte gesetzliche Berichte, die schon in SAP ERP enthalten waren, werden in SAP S/4HANA nach und nach auf das neue Framework migriert.

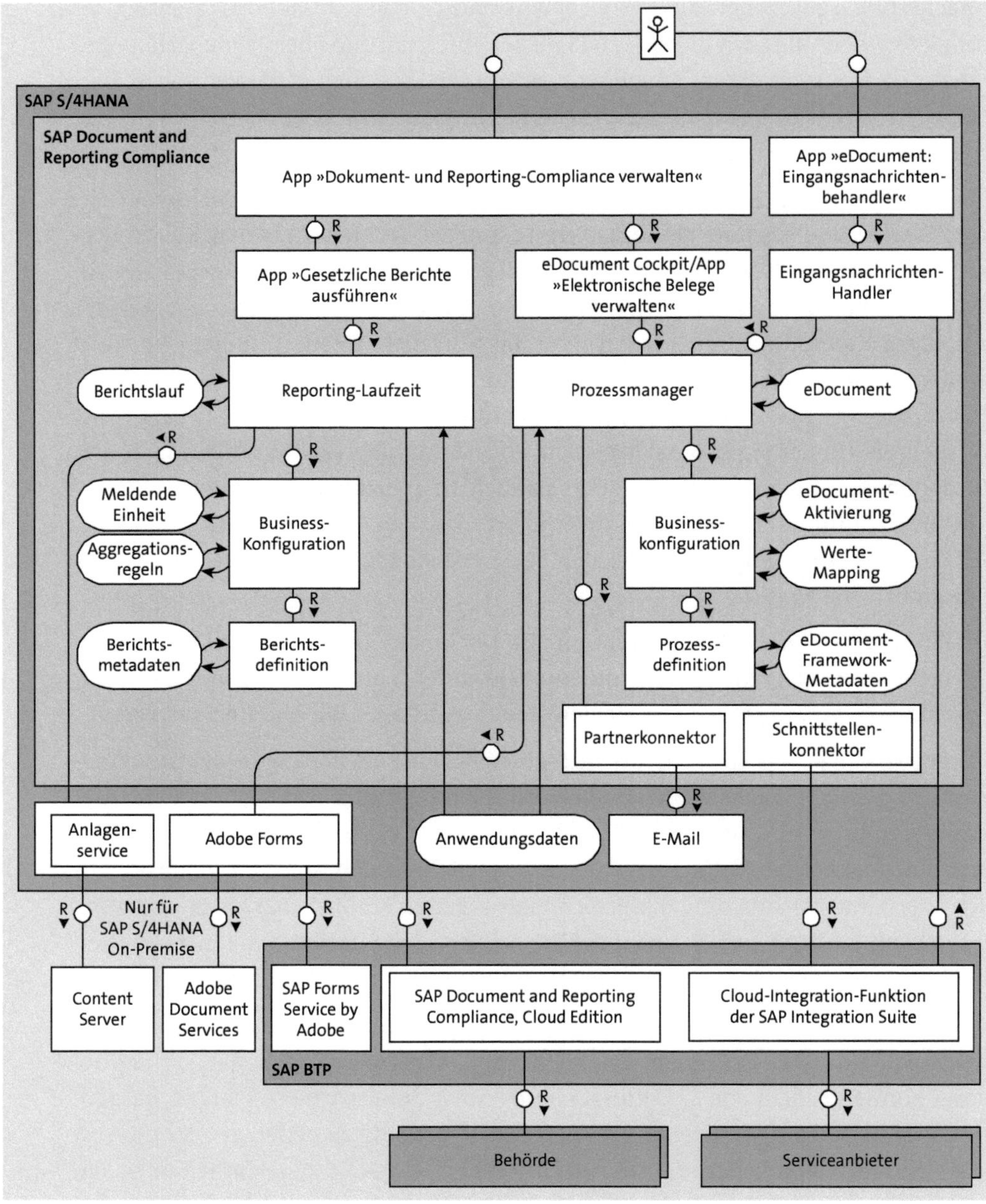

Abbildung 15.1 Architektur von SAP Document and Reporting Compliance

Elektronische Dokumente

Damit ein eDocument im Rahmen eines länderspezifischen Prozesses mit einer Behörde, einem im Auftrag einer Behörde handelnden Dienstleister oder einem Geschäftspartner ausgetauscht werden kann, definieren die Entwickler*innen zunächst einen *Prozess*, zusammen mit dem relevanten eDocument-Typ, den Schnittstellen für den Nachrichtenaustausch und dem Message-Mapping (eDocument-Framework-Metadaten). Das Message-Mapping liest Anwendungsdaten aus Ursprungsbelegen in eine Proxy-Struktur ein, die vom Framework in XML umgewandelt wird.

eDocuments werden nur dann für einen bestimmten länderspezifischen Prozess erstellt (z. B. elektronische Eingangs- und Ausgangsrechnungen in Italien), wenn diese Funktion in der Business-Konfiguration aktiviert wurde. Häufig müssen Werte-Mappings zwischen SAP-S/4HANA-spezifischen Codes und gesetzlich definierten Codes gepflegt werden.

Der *Prozessmanager* orchestriert die zugehörigen und voneinander abhängigen Prozessschritte, die zur Erstellung des eDocuments benötigt werden. Einige Schritte sind kommunikationsbezogen, während andere die interne Verarbeitung betreffen, z. B. das Erstellen und Hinzufügen von Anlagen.

Beim Buchen der Ursprungsbelege wird das Erzeugen der zugehörigen eDocuments entweder automatisch über Ereignisbehandler angestoßen oder interaktiv über ein Programm mit einem Selektionsbild. Die eDocuments können im *eDocument Cockpit* oder in der neueren App **Document- und Reporting-Compliance verwalten** angezeigt werden. Benutzer*innen können von dort aus auch Folgeaktionen auslösen, wenn ein manuelles Eingreifen erforderlich ist. Das Cockpit bietet einen nach Ländern geordneten Überblick über die Prozesse, für die der oder die Benutzer*in autorisiert ist. Benutzer*innen können beispielsweise für die Rechnungsregistrierung für Ungarn und die Rechnungsstellung für Italien autorisiert sein, aber nicht für die Transportregistrierung für Ungarn. Die eDocuments für den Prozess werden im Detail angezeigt, indem ein Prozess ausgewählt wird. Mögliche Aktionen, wie z. B. ein Sendevorgang, sind prozessspezifisch und werden bei der Auswahl angezeigt.

Elektronische Nachrichten (in XML) werden in separaten Prozessschritten erstellt und versendet, die automatisiert werden können. Ausgehende Nachrichten werden über den *Schnittstellenkonnektor* an den Kommunikationspartner gesendet. Der Schnittstellenkonnektor übernimmt außerdem das Mapping der Quelldaten in die Struktur der Nachricht. Alternativ können auch E-Mails über den Partnerkonnektor gesendet werden. Eingehende Nachrichten werden zunächst vom *Handler für eingehende Nachrichten* bearbeitet, der daraus ein neues eDocument erzeugt oder einen Prozessschritt für ein bestehendes Dokument.

Spezifische Änderungen am Inhalt der eDocuments können mithilfe von Business Add-Ins (BAdIs) vorgenommen werden. Darüber hinaus stehen Application Programming Interfaces (APIs) zur Verfügung, die den Zugriff auf eDocument-bezogene Daten ermöglichen. Damit können Sie beispielsweise die empfangenen XML-Dateien extrahieren und sie extern archivieren oder in einer anderen Anwendung weiterverarbeiten. Die APIs sind im SAP Business Accelerator Hub dokumentiert.

SAP Document and Reporting Compliance in SAP S/4HANA tauscht elektronische Nachrichten nicht direkt mit Behörden oder Geschäftspartnern aus, sondern verwendet stattdessen Webservices, die auf der SAP Business Technology Platform (SAP BTP) entwickelt wurden. Zukünftig werden immer mehr eDocument-Prozesse als Software as a Service (SaaS) über SAP Document and Reporting Compliance, Cloud Edition bereitgestellt werden.

Gesetzliches Meldewesen

Die Architektur des Frameworks für das gesetzliche Meldewesen umfasst drei Hauptkomponenten (siehe Abbildung 15.1): die *Berichtsdefinition* zur Definition von Berichten für Entwickler*innen, die *Business-Konfiguration* durch Key User und die *Reporting-Laufzeit* zur Generierung der von den Benutzer*innen angeforderten Berichte. Auf die Anwendungsdaten wird über CDS-Views (Core Data Services), über Methoden von ABAP-Klassen oder über analytische Querys zugegriffen. Erstellte Dokumente werden zentral über den Attachment-Service von SAP S/4HANA gespeichert, der auch die Integration eines kundenspezifischen Dokumentenmanagementsystems anstelle des standardmäßig verwendeten Content Servers ermöglicht. PDF-Dokumente werden mithilfe von Adobe Forms generiert.

Die Verwendung eines zentralen Frameworks für das gesetzliche Meldewesen hat verschiedene Vorteile. Für Endanwender*innen steht die App **Gesetzliche Berichte ausführen** als zentraler Einstiegspunkt für alle gesetzlichen Berichte zur Verfügung. Auf diese Weise steht den Benutzer*innen für alle Berichte eine einzige einheitliche Benutzeroberfläche mit einem gemeinsamen Funktionsumfang zur Verfügung. Durch Ausführung von Berichtsläufen werden die Berichte vorbereitet, erstellt und elektronisch an eine Regierungsbehörde oder einen Dienstleister übermittelt. Die generische Vorschaufunktion zeigt den Inhalt der Datei auf benutzerfreundliche Weise an und unterstützt bei Bedarf manuelle Änderungen. Zum Verständnis und zur Erläuterung der in den Berichten dargestellten Daten, z. B. für die Wirtschaftsprüfung, wurde Embedded Analytics in das Reporting-Framework integriert. Dies schafft Transparenz auf Basis der Belegpositionen als einzig verlässliche Datenquelle (Single Source of Truth). Benutzer*innen können die zur Erstellung des Berichts gelesenen Daten aufschlüsseln, unabhängig davon, ob es sich um einen Einzelpostenbericht (z. B. eine Audit-Datei) oder einen Bericht handelt, der ausschließlich Summen enthält (z. B. eine Umsatzsteuermeldung mit aggregierten Werten in Steuerfeldern).

Das gesetzliche Meldewesen umfasst Workflow-Funktionen, mit denen Berichte optional zur Genehmigung vorgelegt werden können (z. B. an die Leitung der Steuerabteilung), bevor der Bericht an eine Behörde weitergeleitet wird. *SAP Document and Reporting Compliance, Cloud Edition* ist eine optionale, von SAP betriebene Cloud-Anwendung für den elektronischen Versand gesetzlicher Berichte an Behörden oder an im Auftrag von Behörden handelnde Dienstleister.

Die Komponente *Berichtsdefinition* enthält die App **Gesetzliche Berichte definieren**, mit der Anwendungsentwickler*innen Berichtsdefinitionen erstellen können. Das Framework kümmert sich dabei um die meisten benutzerbezogenen Aspekte, sodass sich die Entwickler*innen auf die Anforderungen bezüglich der Berichtsinhalte konzentrieren können.

Anwendungsentwickler*innen können das Reporting-Framework auf zwei Arten nutzen. Die erste Option ist die modellbasierte Entwicklung von Berichten. Dabei enthält die Definition eines Berichts eine oder mehrere Dokumentdefinitionen. Beim Anlegen einer Dokumentdefinition können Entwickler*innen ein Schema hochladen, das die interne Struktur der zu generierenden Datei beschreibt. Unterstützte Schemaformate sind XML Schema Definition (XSD), JSON und ABAP-Dictionary-Strukturen (DDIC). In einem Mapping-Editor werden die Datenquellen den Elementen des Zielschemas zugeordnet. Bei den Datenquellen handelt es sich in der Regel um CDS-Views aus dem virtuellen Datenmodell (VDM; siehe Abschnitt 2.1) von SAP S/4HANA, aber es kann auch ABAP-Code verwendet werden. Durch die Verwendung von CDS-Views und des modellierten Daten-Mappings können die Berechnungen in die Datenbank ausgelagert werden. Bei der Verwendung von analytischen CDS-Views wird standardmäßig Embedded Analytics unterstützt. Darüber hinaus wird für modellbasierte Berichtsdefinitionen die Key-User-Erweiterbarkeit unterstützt (siehe Abschnitt 5.1), sodass Sie von SAP ausgelieferte Definitionen anpassen und erweitern können.

Die zweite Option ist geeignet, wenn bereits ein ABAP-Report vorhanden ist. Anstatt den gesamten Datenabruf mithilfe von CDS-Views neu zu implementieren und die Ergebnismenge auf das Dokumentenschema abzubilden, erstellen die Entwickler*innen eine schlanke Berichtsdefinition, die als Wrapper für den vorhandenen ABAP-Report fungiert. Zur Laufzeit wird der ABAP-Report vom Framework für das gesetzliche Meldewesen aufgerufen. Dieser erzeugt die erforderlichen Dateien und schreibt sie zurück. Das gesetzliche Meldewesen dient also nach wie vor als zentraler Einstiegspunkt für die Benutzer*innen, allerdings stehen bei dieser Option keine auf CDS-Views basierenden Embedded-Analytics-Funktionen zur Verfügung.

Bei der *Business-Konfiguration* legen die Key User fest, welche Berichte wann und für welche meldende Einheit (die rechtliche Einheit, die zur Einreichung bestimmter gesetzlicher Berichte verpflichtet ist) eingereicht werden müssen. Auf Grundlage dieser Konfiguration werden zur Laufzeit Meldeaufgaben generiert, die die Benutzer*innen auffordern, einen Bericht zu erstellen. Für jeden Bericht müssen möglicherweise zusätzliche berichtsspezifische Datenklassifizierungen und -aggregationen gepflegt werden (z. B. die Aggregation von Steuerzeilen mit kundenspezifischen Steuerkennzeichen in Steuerfeldern für Umsatzsteuervoranmeldungen; siehe Aggregationsregeln in Abbildung 15.1). Diese berichtsspezifische Konfiguration ist mit SAP ERP kompatibel, wenn ein gesetzlicher Bericht bereits in SAP ERP unterstützt wurde.

15.1.2 Ausblick

Die Überprüfung der Datenkonsistenz und -vollständigkeit von eDocuments befindet sich aktuell in der Entwicklung. Das Konsistenz-Framework wird sicherstellen, dass die Geschäftsvorfälle im SAP-S/4HANA-System (z. B. Rechnungen) mit den der Behörde vorliegenden elektronischen Dokumenten übereinstimmen. Es ist geplant, dass für jeden Geschäftsvorfall verschiedene Konsistenzanforderungen definiert werden können und dass erkannte Inkonsistenzen nach Möglichkeit automatisch behoben werden.

Im Rahmen des gesetzlichen Meldewesens gehen Behörden, die eDocuments erhalten, dazu über, die gesetzlichen Meldungen selbst zu erstellen, anstatt sie von den Steuerpflichtigen anzufordern. So können die Steuerpflichtigen z. B. einen Entwurf der Umsatzsteuervoranmeldung von der Steuerbehörde abrufen, diesen mit den lokalen Daten im SAP-S/4HANA-System vergleichen und den Entwurf der Umsatzsteuervoranmeldung anschließend entweder annehmen oder ablehnen. Es ist geplant, dass dieser Prozess in Zukunft durch SAP Document and Reporting Compliance unterstützt wird.

15.2 Lokalisierung als Self-Service für SAP S/4HANA Cloud

SAP stellt eine umfangreiche Palette an länder- und regionsspezifischen Funktionen zur Verfügung. Nähere Informationen finden Sie unter **SAP S/4HANA Cloud Public Edition • Product Assistance • Deutsch (German) • Länder-/Regionsspezifische Funktionen** auf *https://help.sap.com*. In global agierenden Unternehmen können sich spezifische Anforderungen ergeben, die über die bisher angeführten länder- und regionsspezifischen Funktionen hinausgehen. In diesem Abschnitt erfahren Sie, wie SAP S/4HANA Cloud den wachsenden Geschäftsanforderungen durch verschiedene für die Lokalisierung relevante Erweiterungsmöglichkeiten gerecht wird.

15.2.1 Komponenten der Lokalisierung als Self-Service

Eine wichtige Voraussetzung für die Erweiterbarkeit der Lokalisierungsfunktionen ist eine umfangreiche Anzahl von Tools zur Unterstützung kundenspezifischer Erweiterungen und Partnererweiterungen. Die *Lokalisierung als Self-Service für SAP S/4HANA Cloud Public Edition* umfasst spezifische Lokalisierungs-Frameworks (z. B. die Erweiterbarkeitsfunktionen im Kontext von SAP Document and Reporting Compliance und die Payment Medium Workbench, ein von SAP bereitgestelltes Tool zur Konfiguration und Erstellung von Zahlungsträgern, die von Unternehmen an ihre Hausbank gesendet werden) sowie allgemeine Erweiterbarkeitsfunktionen z. B. für die CDS-Views, OData-Services, Business-Logik und Benutzerschnittstellen.

Dank der Funktionen von SAP S/4HANA Cloud haben Kunden und Partner folgende Möglichkeiten:

- Erweiterung und Anpassung der von SAP bereit gestellten lokalen Versionen
- Erstellung und Erweiterung neuer lokaler Kundenversionen
- Erweiterung und Anpassung von lokalen Kundenversionen in den von SAP bereitgestellten Sprachen

Die Lokalisierung als Self-Service enthält Anleitungen zur Erfüllung von Anforderungen, die über die verfügbaren Lokalisierungsfunktionen hinausgehen. Die Anleitungen decken verschiedene Bereiche des Lokalisierungsspektrums ab, wie in Abbildung 15.2 dargestellt. Dort sehen Sie auch, welcher Tool- und Technologie-Stack in den verschiedenen lokalisierungsrelevanten Erweiterbarkeitsszenarien verwendet wird.

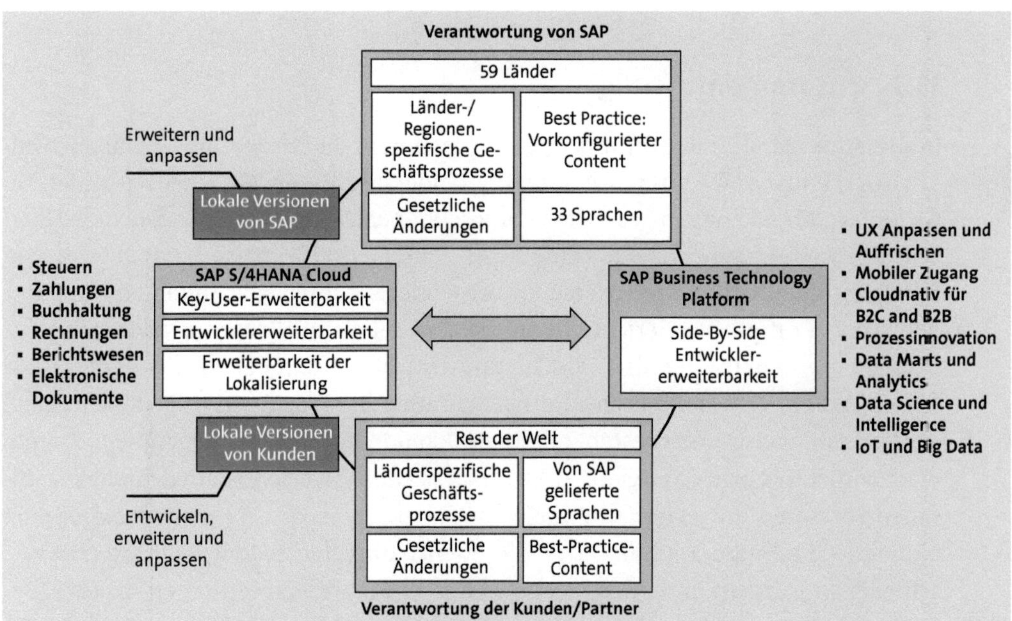

Abbildung 15.2 Von der Lokalisierung als Self-Service für SAP S/4HANA Cloud abgedeckte Lokalisierungsbereiche und zugrunde liegende Tools und Technologien

15.2.2 Leitfäden zu Erweiterbarkeitsszenarien und die Community

Die Leitfäden, die den Kern der Lokalisierung als Self-Service bilden, umfassen End-to-End-Szenarien für vielfältige Lokalisierungsbereiche. Sie erklären z. B., wie Sie eine Lösung für Steuererklärungen erweitern, ein benutzerdefiniertes Feld in einer übersetzten Sprache anzeigen oder ein Formular anpassen, um eine Lokalisierungsanforderung zu erfüllen. Lokalisierung als Self-Service stellt eine Sammlung verschiedener nützlicher Links und Codebausteine an einem zentralen Ort bereit und trägt so zu einer kurzen Implementierungszeit für Partner und SAP-S/4HANA-Cloud-Kunden bei.

In der SAP Community gibt es einen interaktiven Bereich, der der Lokalisierung als Self-Service gewidmet ist. Dort können Partner und Kunden auf eine Vielzahl von Leitfäden zugreifen, um diese für für sie relevante Szenarien zu validieren bzw. konkrete Implementierungsbeispiele zu finden. So können dem jeweiligen Lokalisierungsbedarf entsprechend, passende Lösungen mithilfe der in SAP S/4HANA Cloud verfügbaren Erweiterbarkeitsfunktionen umgesetzt werden. Der Bereich dient darüber hinaus als Plattform für den Wissensaustausch zwischen SAP-Lokalisierungsexpert*innen, die hier ihre Best Practices einbringen können. Weitere Informationen zur SAP Community und dazu, wie Sie sich an den Diskussionen beteiligen können, finden Sie unter *http://s-prs.co/v567518*.

15.3 Zusammenfassung

In diesem Kapitel haben wir uns mit SAP Document and Reporting Compliance beschäftigt, einer Anwendung für spezielle länderspezifische Themen. Sie bildet die Grundlage für alle neuen gesetzlich vorgeschriebenen Berichte und eDocuments in SAP S/4HANA. Darüber hinaus können SAP-Kunden und -Partner damit auch eigene Berichte und eDocument-Prozesse implementieren. Entwickler*innen können modellbasiert Compliance-Berichte definieren, wobei sie ein Mapping zwischen dem Dokumentenschema für den Bericht und den als Datenquellen dienenden CDS-Views aus dem VDM definieren. Alternativ können sie als auch ABAP-Code schreiben, der typischerweise einen bestehenden ABAP-Report kapselt. Das eDocument-Framework wird außerdem dazu genutzt, Geschäftsbelege in verschiedenen länderspezifischen Formaten mit externen Parteien auszutauschen. Das Framework bietet eine einheitliche Konfiguration und User Experience für verschiedene Belegarten in verschiedenen Ländern und erleichtert die Umsetzung ihrer spezifischen Aspekte. Bei entsprechender Konfiguration erzeugt SAP Document and Reporting Compliance eDocuments aus in SAP S/4HANA gebuchten Geschäftsvorgängen. Diese eDocuments können dann an die entsprechende externe Partei gesendet werden. Wir haben die Architektur von SAP Document and Reporting Compliance erläutert, die sowohl Funktionen im SAP-S/4HANA-Backend als auch auf der SAP BTP umfasst. Über einen optionalen Cloud-Service können gesetzliche Berichte und eDocuments an Behörden gesendet werden.

Schließlich wurde die Lokalisierung als Self-Service für SAP S/4HANA Cloud vorgestellt. Dieser Service bietet Anleitungen zur Abdeckung von Lokalisierungsanforderungen basierend auf einer Reihe von Lokalisierungs-Frameworks und den generischen Erweiterbarkeitsfunktionen von SAP S/4HANA Cloud. Der Service wird durch einen interaktiven Bereich zum Wissensaustausch innerhalb der SAP Community ergänzt.

Mit diesem Kapitel ist Teil II dieses Buches zur Architektur von Geschäftsanwendungen in SAP S/4HANA abgeschlossen. Im letzten Teil des Buches konzentrieren wir uns auf Themen im Zusammenhang mit SAP S/4HANA Cloud Public Edition beginnend mit Scoping und Konfiguration.

TEIL III

SAP-S/4HANA-Cloud-spezifische Architektur und Betrieb

Kapitel 16
Scoping und Konfiguration

Über das Scoping (die Festlegung des Lösungsumfangs) und mithilfe der Konfigurationseinstellungen können Unternehmen Softwarelösungen an ihre spezifischen Bedürfnisse anpassen. Mit SAP Central Business Configuration bietet SAP S/4HANA Cloud eine neue Infrastruktur für das Scoping und die Business-Konfiguration, durch die Implementierungsprojekte beschleunigt werden.

Die Produkte von SAP zeichnen sich seit jeher durch ein hohes Maß an Flexibilität und damit durch eine Vielzahl von Anpassungsmöglichkeiten aus. Dies ermöglicht die Anpassung und Erweiterung der Standardunternehmenssoftware von SAP an die Bedürfnisse jedes einzelnen Kunden. Nach heutigem Stand bietet SAP S/4HANA Cloud Tausende von individuellen Einstellungen, um eine Installation auf die individuellen Bedürfnisse eines Unternehmens abzustimmen. Doch welche Kombinationen von Konfigurationseinstellungen sind tatsächlich semantisch korrekt? Welche Kombinationen führen zu einem konsistenten Geschäftsprozess? Welche Kombinationen bieten das optimale Gleichgewicht zwischen Diversifizierung und hoher Effizienz?

Diesen Fragen gehen wir in diesem Kapitel nach. Zunächst stellen wir dazu in Abschnitt 16.1 den von SAP bereitgestellten Referenz-Content vor. Anschließend führen wir in Abschnitt 16.2 in unsere Scoping- und Konfigurationslösung SAP Central Business Configuration ein.

16.1 Referenz-Content

Seit mehr als einem Jahrzehnt stellt SAP Referenz-Content bereit, der SAP-Kunden eine konsistente und zuverlässige Vorkonfiguration aller relevanten Geschäftsprozesse ihrer Lösung sowie unterstützende Funktionalitäten an die Hand gibt. Diese Vorkonfiguration verfolgt drei wichtige Ziele:

- **Schnelles Deployment**
  Dank der Vorkonfiguration beginnt die Implementierung von SAP S/4HANA Cloud mit einem grundlegenden, konsistenten Satz von Konfigurationseinstellungen. Kunden können zunächst für viele Geschäftsbereiche Standardeinstellun-

gen als Vorgabe übernehmen und in Schwerpunktbereichen individuelle, benutzerdefinierte Einstellungen festlegen. Durch diesen Mix kann ein Unternehmen zügig mit einer voll funktionsfähigen Lösung produktiv gehen und die Anwendung im Nachgang weiter auf seine Bedürfnisse anpassen. Dadurch verringern sich die anfänglichen Gesamtkosten der Implementierung, was zu einem schnellen Deployment und zu einer schnellen Inbetriebnahme der gewünschten Prozesse und Funktionen führt.

- **Best-Practice-Ansatz**
  SAP nutzt seine jahrzehntelange Erfahrung, um eine Best-of-Breed-Lösung für alle Kerngeschäftsprozesse eines Unternehmens anzubieten. Die Best-Practice-Konfigurationseinstellungen repräsentieren ein ausgewogenes Verhältnis zwischen hoher Performance, zuverlässiger Flexibilität und länderspezifischen Varianten. Der Referenz-Content von SAP ist nicht fixiert, sondern kann an verschiedenen Punkten angepasst und erweitert werden. Dennoch ist die Referenzkonfiguration ein De-facto-Standard und ermöglicht eine zuverlässige und schnelle Implementierung.
- **Kompatibilität im Softwarelebenszyklus**
  Die Geschäftswelt unterliegt einem stetigen Wandel, und das gilt auch für die Referenzkonfiguration von SAP. Ein wesentliches Unterscheidungsmerkmal von Cloud-Software ist die Geschwindigkeit, mit der Innovationen eingeführt werden können. Innovationen müssen schnell verfügbar, einfach zu nutzen und in Bezug auf Qualität und Leistung hochgradig zuverlässig sein. Daher nimmt SAP erforderliche Anpassungen in der Referenzkonfiguration vor und aktualisiert die betroffenen Installationen regelmäßig. Diese Updates dürfen natürlich zu keinem Zeitpunkt die Stabilität der im Betrieb befindlichen Produktivlandschaften von SAP-Kunden gefährden. Deshalb wird der SAP-Referenz-Content um lebenszyklusrelevante Metadaten ergänzt, die steuern, wie Änderungen während des Upgrades in bestehenden Implementierungen gehandhabt werden. Dies ermöglicht ein sicheres, automatisiertes Upgradeverfahren, ein wesentliches Merkmal der Cloud. Änderungen, die nicht mit dem Lebenszyklus der Software und den zugehörigen Inhalten vereinbar sind, werden vom Upgrade ausgeschlossen.

Die SAP-Referenzkonfiguration für SAP S/4HANA Cloud setzt sich aus verschiedenen Inhaltstypen zusammen:

- **Konfigurationsdaten in Business Configuration Sets**
  Konfigurationsdaten bestehen aus Konfigurationseinträgen, die als Business Configuration Set (BC-Set) zusammengefasst werden, um eine Geschäftsfunktion zu realisieren. Diese Einträge können vollständig und automatisch in den entsprechenden Customizing-Tabellen von SAP S/4HANA Cloud eingetragen werden.

- **Skripte für Stammdaten**
  Stammdatenskripte sind Programme, die automatisch Stammdateneinträge (z. B. Geschäftspartner, Hausbanken usw.) in Stammdatentabellen von SAP S/4HANA Cloud zu Konfigurationszwecken erzeugen.
- **Self-Service-Konfigurationsaktivitäten**
  Mithilfe der Self-Service-Konfigurationsaktivitäten lässt sich die in Form von Konfigurationsdaten bereitgestellten Referenzkonfiguration anpassen. Die hierfür bereitgestellten SAP-Fiori-Apps sind intuitiv bedienbar, bieten Konsistenz- und Integritätsprüfungen und stellen sicher, dass die Anpassungen der Key User so aufgezeichnet werden, dass sie bei zukünftigen Aktualisierungen der Referenzkonfiguration nicht überschrieben werden.
- **Einstellungsanleitungen**
  Einstellungsanleitungen sind Dokumente mit manuellen Anweisungen zur Konfiguration der Anwendung.

Anhand dieser verschiedenen Inhaltsarten können Sie alle relevanten Aspekte der Software in Bezug auf Umfang, Funktionalität, Varianz und Integration konfigurieren. Das Ziel von SAP besteht darin, diesen Vorgang größtmöglich zu automatisieren. Je nach Art der Referenzkonfiguration kann eine Benutzerinteraktion jedoch unvermeidlich sein. Bestimmte Einstellungen beziehen sich auf unternehmensspezifische Codelisten oder Stammdaten, oder sie erfordern Anmeldeinformationen, die nur der IT-Abteilung des jeweiligen Unternehmens bekannt sind (insbesondere im Falle von Integrationsinhalten).

Anhand der Referenzkonfiguration wird die SAP-Software eingerichtet. Die Inhalte ermöglichen integrierte Geschäftsprozesse und eine harmonisierte und effiziente Einrichtung des SAP-S/4HANA-Cloud-Tenants eines Kunden. Die Gültigkeit der Konfigurationseinstellungen wird durch zwei zusätzliche Dimensionen beeinflusst:

- **Die Organisationsstruktur des Unternehmens**
  Ein großer Teil der erforderlichen Geschäftsfunktionalität für ein Unternehmen wird durch die Funktion der jeweiligen Organisationseinheit bestimmt. Handelt es sich bei der Einheit um ein Werk, einen Lagerort oder einen Vertriebsbereich? Handelt es sich um eine legale Unternehmenseinheit oder lediglich um eine unternehmensinterne Unterabteilung? SAP S/4HANA Cloud kann mehrere Organisationseinheiten in einem Tenant verwalten und diese mithilfe von Buchungskreisen voneinander unterscheiden. Aus diesem Grund müssen die Konfiguration und der zugehörige Inhalt den korrekten Buchungskreis aufweisen, damit in den Konfigurationseinstellungen zwischen den Einheiten unterschieden werden kann. Darüber hinaus unterscheidet sich der Lösungsumfang je nach Zweck der Organisationseinheit.

- **Das betroffene Land (und die Region)**
  In der Regel ist eine Organisationseinheit mit einer physischen Installation verbunden und somit einem Rechtsraum zugeordnet. Der Rechtsraum beeinflusst ebenfalls die Auswahl der richtigen Konfigurationseinstellungen, da anstelle von globalen oder allgemeinen Einstellungen länderspezifische Einstellungen gewählt werden müssen, die entweder die Einhaltung von Gesetzen unterstützen oder regionale Best Practices repräsentieren.

16.2 SAP Central Business Configuration

Zum Scoping (der Festlegung des Geschäftsumfangs) und zur Konfiguration stellt SAP eine zentrale Lösung bereit: *SAP Central Business Configuration*. Diese Lösung zielt auf eine ganzheitliche, geschäftsorientierte Verwaltung der gesamten unternehmerischen Tätigkeit der Kunden ab, für die Softwarelösungen von SAP und seinen Partnern angeboten werden. SAP Central Business Configuration weist zu diesem Zweck die folgenden Merkmale auf:

- **Eigenständiger Service**
  SAP Central Business Configuration ist ein eigenständiger Cloud-Service, der für registrierte Benutzer*innen zur Verfügung steht. Er ermöglicht es den SAP-S/4HANA-Cloud-Kunden, den Umfang ihrer Lösung allein aus dem Geschäftskontext heraus festzulegen. Basierend auf der Auswahl der erforderlichen Geschäftsprozesse und den zugehörigen Funktionen ermittelt und konfiguriert SAP Central Business Configuration den passenden Lösungszuschnitt.
- **Eine Konfiguration für alle Produkte und Lösungen**
  Der *Business Adaptation Catalog* (BAC) als Lösungskatalog und zentrales Instrument für das Scoping ist rein betriebswirtschaftlich nach Fachbereichen strukturiert, bietet einen transparenten Überblick über sämtliche Geschäftsfunktionen eines Unternehmens und ordnet diesen Funktionen konkrete Lösungsangebote zu. Für die Realisierung der ausgewählten Geschäftsfunktionen können verschiedene Lösungen zur Auswahl stehen, die den Katalogeinträgen als Produkte mit entsprechenden Konfigurationsinhalten zugewiesen sind. Kunden können nicht nur den Lösungsumfang eines Produkts wie z. B. SAP S/4HANA Cloud festlegen, sondern auch vollständig integrierte Unternehmensservices aus dem umfangreichen Produktportfolio von SAP und seinen Partnern auswählen. Nach heutigem Stand unterstützt SAP Central Business Configuration nur SAP S/4HANA Cloud. Aber das schrittweise Erweitern auf das gesamte SAP-Produktportfolio und die Integration von Partnerlösungen haben bereits begonnen. Der Business Adaptation Catalog wird in Abschnitt 16.2.3 näher beschrieben.

- **Scoping von Geschäftsfunktionen und integrierten Geschäftsprozessen**
  SAP-Kunden möchten sich nicht damit aufhalten, die benötigten Konfigurationsinhalte herauszufinden, sondern sich auf die Auswahl der Geschäftsprozesse konzentrieren, die ihre Organisation nutzen möchte. Der wichtigste Gesichtspunkt ist daher die Organisationsstruktur des Kunden. Jeder Lösungsumfang und jede Konfiguration müssen auf die Organisationseinheit zugeschnitten sein, die sie nutzt. Basierend auf der Auswahl des Kunden – legale Randbedingungen, Anpassungen der Organisationsstruktur, Präsenz in verschiedenen Ländern und Branchenfokus – wird der richtige Content identifiziert und von SAP Central Business Configuration in den erforderlichen Softwarepaketen bereitgestellt. Dazu gehören auch die erforderlichen Integrationseinstellungen zwischen den beteiligten Softwareprodukten.
- **Self-Service-Scoping und Projektmanagement**
  SAP Central Business Configuration bietet eine überzeugende User Experience (UX) für das Self-Service-Scoping. Das Design ist intuitiv und auf die Persona ausgerichtet, die das Scoping durchführt. Es berücksichtigt potenziell erforderliche Berechtigungseinschränkungen, um zu gewährleisten, dass nicht alle Benutzer*innen jederzeit Änderungen vornehmen können, spiegelt aber bei der Benutzerprofilerstellung auch die Zuständigkeitsbereiche wider. Innerhalb der Kundeninteraktion mit SAP Central Business Configuration gibt es eine klare Trennung zwischen der Definition des gewünschten Lösungsumfangs und der Durchführung der erforderlichen Projektaktivitäten zur Aktivierung des neuen Umfangs.

In den folgenden Abschnitten werden wir die wichtigsten Funktionen und die Architektur von SAP Central Business Configuration näher erläutern.

16.2.1 Organisatorischer Aufbau des Unternehmens

Die zentrale Geschäftskonfiguration hängt immer von der Definition des Lösungsumfangs ab. Aus diesem Grund steht bei SAP Central Business Configuration das Scoping von Geschäftsprozessen und Funktionen im Mittelpunkt. Bei einer solchen Scoping-Entscheidung müssen immer die folgenden Fragen beantwortet werden:

1. Welchen Prozess und/oder welche Funktion benötigt die Organisation?
2. In welchem Bereich der Organisation wird dieser Prozess und/oder diese Funktion benötigt?
3. Welche regionalen Bestimmungen und Vorschriften gelten für meine Wahl?
4. Gelten Branchenstandards für meine Wahl?
5. Ist das von SAP empfohlene Standardverhalten ausreichend, oder benötigt das Unternehmen eine individuelle Konfiguration?

In der Summe können alle fünf Fragen nur dann ausreichend beantwortet werden, wenn zunächst Frage 2 beantwortet wird: Welche Bereiche meiner Organisation benötigen den neuen/angepassten Lösungsumfang? Daher rückt SAP Central Business Configuration den organisatorischen Aufbau des Kundenunternehmens in den Mittelpunkt aller Benutzeraktivitäten. Die User Experience von SAP Central Business Configuration spiegelt dieses Prinzip wider.

Der organisatorische Aufbau ist nicht nur der Ausgangspunkt für das erste Scoping der Lösung. Nachfolgende Scoping-Aktivitäten werden ebenfalls unter organisatorischen Gesichtspunkten durchgeführt. Der Blick auf die Organisationseinheiten entspricht einer betriebswirtschaftlichen Perspektive. Die Scoping-Aktivitäten folgen daher zunächst einem produktunabhängigen Modellierungsansatz.

Abbildung 16.1 zeigt den Aufbau der Organisationsstruktur in SAP Central Business Configuration.

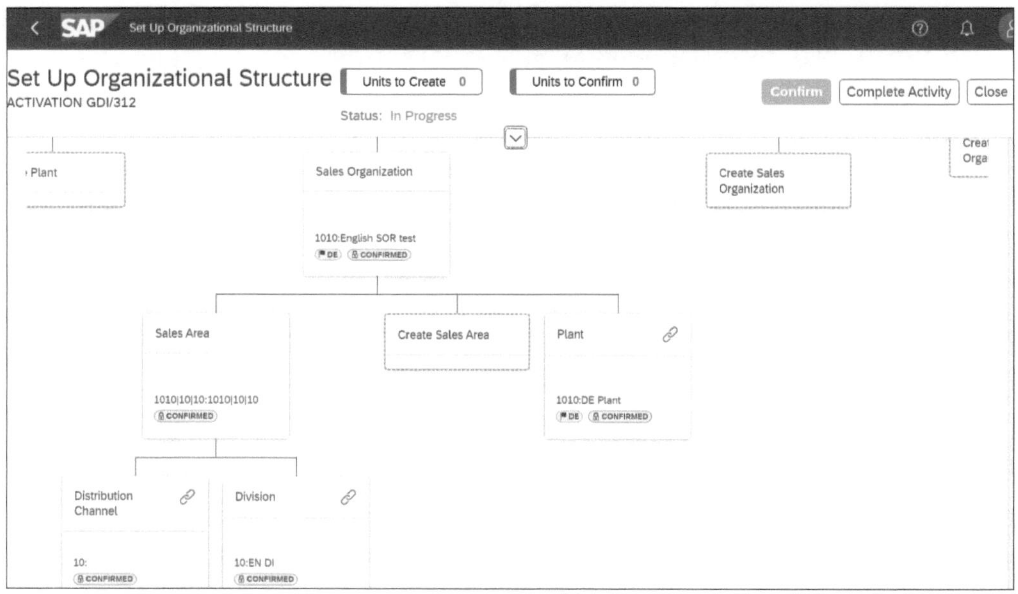

Abbildung 16.1 Verwaltung der Organisationsstruktur mit SAP Central Business Configuration

16.2.2 Geschäftsprozesse

Im Zentrum der Konfiguration mit SAP Central Business Configuration steht die Auswahl der *Geschäftsprozesse*. SAP stellt integrierte Geschäftsprozesse zur Verfügung, die bei Bedarf mehrere Produkte umfassen. Diese Geschäftsprozesse dienen im Scoping-Prozess als Vorauswahl für eine konsistente und prozessorientierte Auswahl. Die Geschäftsprozesse erweitern die Perspektive unter Berücksichtigung der differenzierteren Varianten des Lösungskatalogs.

Ähnlich wie beim Katalog werden die Geschäftsprozesse ausschließlich aus betriebswirtschaftlicher Sicht definiert. Im Rahmen des Scoping-Prozesses können nur die Geschäftsprozesse ausgewählt werden, für die ein konkretes Lösungsangebot vorliegt. Innerhalb der verfügbaren Lösungsangebote validiert SAP Central Business Configuration nicht nur die Konsistenz eines Geschäftsprozesses, sondern auch die Konsistenz zwischen den Geschäftsprozessen sowie die Integrität der insgesamt aus dem Lösungskatalog ausgewählten Lösungen.

Geschäftsprozesse umfassen obligatorische und variable Elemente. In seltenen Fällen schließen sich verschiedene Scoping-Auswahloptionen gegenseitig aus. Beachten Sie, dass Geschäftsprozesse in der Benutzeroberfläche von SAP Central Business Configuration derzeit als *Szenarien* bezeichnet werden.

16.2.3 Business Adaptation Catalog

Der Business Adaptation Catalog ist eine hierarchische Darstellung aller für den Kunden relevanten geschäftsrelevanten Konfigurationsoptionen. Für den Kunden ist er das zentrale Element für die Auswahl seines Lösungsumfangs. Was der Kunde innerhalb des Business Adaptation Catalog auswählt, definiert den Geschäftsumfang der Kundenlösung:

- Die technische Komplexität wird ausgeblendet.
- Die Optionen werden in einer Baumstruktur organisiert, in der verwandte Geschäftsthemen zusammengefasst sind.
- Die Funktionalität wird in Form von konsistenten, dokumentierten und auswählbaren Einheiten gebündelt.
- Basierend auf den getroffenen Entscheidungen wird der Kunde (nur) durch die dazu notwendigen Konfigurationsaktivitäten geführt.

Im Business Adaptation Catalog sind die von SAP bereitgestellten Inhalte zentral organisiert. Das ermöglicht, die Konsistenz der Inhalte sicherzustellen. Der Arbeitsbereich des Kunden in SAP Central Business Configuration dient als zentrale Sammelstelle für alle Konfigurationsentscheidungen.

Der Business Adaptation Catalog umfasst eine Hierarchie von Strukturknoten und detaillierteren Geschäftsfunktionen als Scoping-Optionen (siehe Abbildung 16.2). Die Benutzer*innen können in der Katalogstruktur navigieren und sich durch die Auswahl der verfügbaren Geschäftsfunktionen bewegen. Abhängigkeiten werden gekennzeichnet, damit die Benutzer*innen auf allen Ebenen der Hierarchie eine fundierte und vollumfänglich lauffähige Entscheidung treffen können. Der Business Adaptation Catalog bietet Unterstützung und Sicherheit, aber zwingt den Benutzer*innen keine Entscheidungen auf – es sei denn, diese sind aus Konsistenzgründen erforderlich.

Wie aus Abbildung 16.2 hervorgeht, gibt es drei Ebenen von strukturierenden Elementen:

- **Geschäftsbereich (Business Area)**
  Dies ist ein Bereich innerhalb des Unternehmens, z. B. Vertrieb, Einkauf oder Personalabteilung. Er repräsentiert die höchste Ebene innerhalb des Lösungskatalogs. Ein Geschäftsbereich umfasst mindestens ein Fachthema und kann eine oder mehrere Optionen enthalten.
- **Funktionspaket (Business Package)**
  Ein Funktionspaket repräsentiert Angebote zu einem logisch definierbaren Teilbereich innerhalb des Unternehmens. Das Funktionspaket umfasst die Funktionen, die in diesem Teilbereich erforderlich sind. So gibt es beispielsweise innerhalb des Geschäftsbereichs »Vertrieb« einen logischen Teilbereich »Kontraktverwaltung«. Das Funktionspaket enthält alle Funktionen für die Kontraktverwaltung. Ein Funktionspaket kann eine oder mehrere Funktionen und eine oder mehrere Optionen enthalten.

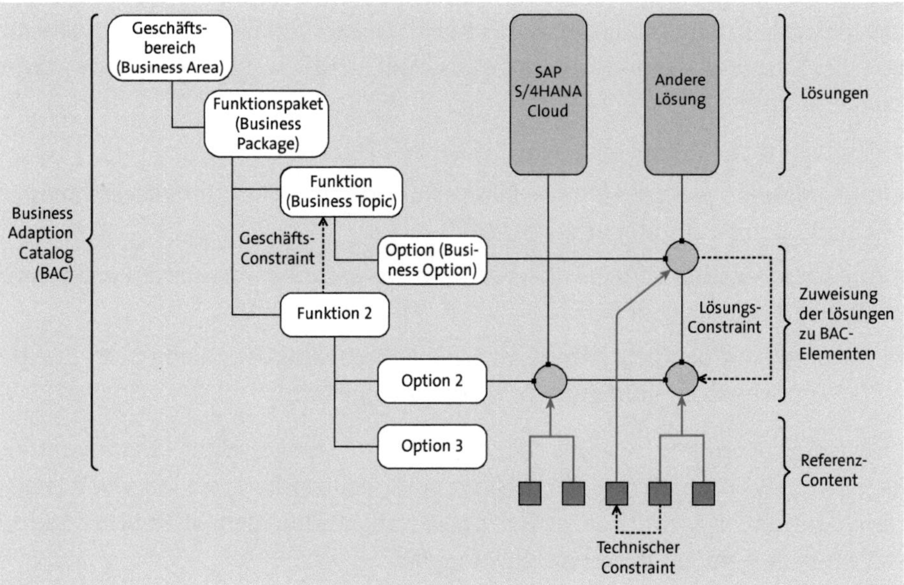

Abbildung 16.2 Business Adaptation Catalog und Zuweisung von lösungsspezifischem Referenz-Content

- **Funktion (Business Topic)**
  Die Funktion repräsentiert einen logisch definierbaren Unterpunkt innerhalb eines Teilbereichs des Unternehmens. Hier sind die in diesem Teilbereich erforderlichen Fähigkeiten aufgeführt, die semantisch gruppiert werden können. So gibt es z. B.

innerhalb des Teilbereichs »Kontraktverwaltung« eine Funktion »Vertragsabschluss«, die alle Fähigkeiten für den Vertragsabschluss umfasst. Eine Funktion umfasst eine oder mehrere Optionen (Business Options). Eine Funktion kann für ein Funktionspaket verpflichtend sein, d. h., diese Funktion wird beim Auswählen des Funktionspakets automatisch ausgewählt.

Die bloße Definition von Strukturelementen reicht nicht aus, um einen homogenen Katalog zu schaffen, der alle Funktionen in einheitlicher und benutzerfreundlicher Form bereitstellt. Die folgenden zehn verbindlichen Grundsätze vervollständigen die Richtlinien und Regeln des Lösungskatalogs:

1. **Es gibt nur einen einzigen Business Adaptation Catalog für alle Produkte und sämtliche Anbieter.**
   Es gibt also nicht mehrere Kataloge, die jeweils den Lösungsumfang eines Produkts repräsentieren, sondern alle Angebote sind in einem einzigen Katalog zusammengefasst.
2. **Der Business Adaptation Catalog ist unabhängig vom Produktveröffentlichungszyklus.**
   Änderungen am Business Adaptation Catalog können jederzeit für jede im Katalog enthaltene Lösung ausgelöst werden – aufgrund von Innovationen, Änderungen oder Korrekturen. Die Beweggründe für Änderungen sind in der Regel geschäftsbezogen und spiegeln die realen Gegebenheiten wider. Die Bereitstellung einer entsprechenden Lösung kann zum Zeitpunkt der Veröffentlichung einer neuen Version des zugrunde liegenden Produkts erfolgen. Daher kann der Business Adaptation Catalog noch nicht unterstützte Geschäftsfunktionen in Scoping-Sichten ausblenden und passt die Sichtbarkeit unmittelbar dann an, wenn die neue Funktion durch eine neue Produktversion der zugrunde liegenden Produkte oder Lösungen zur Verfügung steht.
3. **Der Business Adaptation Catalog ist produktunabhängig.**
   Der Business Adaptation Catalog ist nicht für eine bestimmte Softwarelösung modelliert oder dokumentiert, sondern stellt eine betriebswirtschaftliche Sicht auf Prozesse und Funktionen dar. Das Scoping bestimmt die Produktauswahl nicht explizit, sondern implizit, entweder durch eine vorherige Kundenauswahl oder durch die Identifizierung des besten Szenarios für die Lösungsimplementierung.
4. **Der Business Adaptation Catalog ist anbieterunabhängig.**
   Wie bereits erwähnt, ist der Business Adaptation Catalog eine rein betriebswirtschaftliche Sicht auf die benötigten Unternehmensfunktionen. Es handelt sich dabei nicht um eine ausschließlich auf SAP bezogene Sichtweise, und die zugewiesenen Lösungsangebote stammen nicht zwangsläufig nur von SAP, sondern können auch von Anbietern aus dem SAP-Partnerökosystem stammen.

5. **Der Business Adaptation Catalog ist branchenunabhängig.**
   Der Business Adaptation Catalog ist nicht für eine bestimmte Branche modelliert oder dokumentiert, sondern stellt eine betriebswirtschaftliche Sicht auf Prozesse und Funktionen im allgemeinen Sinne dar. Dennoch können branchenspezifische Inhalte definiert und angefügt und auf Grundlage des Unternehmensprofils ausgewählt werden. Somit kann jedes Element im Business Adaptation Catalog im Hinblick auf seine Relevanz für bestimmte Branchen gekennzeichnet werden.
6. **Der Business Adaptation Catalog ist länderunabhängig.**
   Der Business Adaptation Catalog ist nicht für bestimmte Länder oder Regionen modelliert oder dokumentiert, sondern stellt eine betriebswirtschaftliche Sicht auf Prozesse und Funktionen im allgemeinen Sinne dar. Die Länderrelevanz wird durch länderspezifische Inhalte definiert.
7. **Der Business Adaptation Catalog ist die einzige Verbindung zum SAP-Referenz-Content.**
   Der SAP-Referenz-Content kann ausschließlich über eine Scoping-Auswahl im Business Adaptation Catalog bereitgestellt werden.
8. **Der Business Adaptation Catalog ist die einzige Verbindung zwischen Geschäftsprozessen und Referenz-Content.**
   Die vollständig integrierten Geschäftsprozesse von SAP nutzen ebenfalls den Business Adaptation Catalog, um die notwendigen Prozesse und Funktionen zur Realisierung eines durchgängigen Geschäftsprozesses zusammenzustellen.
9. **Zur Erarbeitung des Business Adaptation Catalog sind klare Rollen und Berechtigungen erforderlich.**
   Bei der Erstellung und Erweiterung des Business Adaptation Catalog dürfen sich Produkte und Unterkategorien von Produkten nicht unkontrolliert gegenseitig beeinträchtigen. Darüber hinaus liegt die Verantwortung für die Definition der Katalogstruktur bei verschiedenen Expert*innen (nur SAP), während die Zuweisung von Lösungen und entsprechenden Inhalten dem gesamten Ökosystem offensteht.
10. **Zum Scoping im Business Adaptation Catalog sind rollengebundene Berechtigungen erforderlich.**
    Für das Scoping im Business Adaptation Catalog wurde ein Berechtigungskonzept erarbeitet, das Unternehmensregeln und Berechtigungsmodelle im Rahmen des Scopings und der Projektdurchführung mit SAP Central Business Configuration berücksichtigen kann.

16.2.4 Constraints

Constraints sind ein einflussreiches Instrument bei der Definition des Business Adaptation Catalog, da sie die Formulierung von Abhängigkeiten und wechselseitigen

Ausschlüssen bei den Auswahloptionen im Business Adaptation Catalog ermöglichen. Die Benutzer*innen werden durch sie beim ansonsten uneingeschränkten Scoping-Prozess geleitet und unterstützt. Wenn die Benutzerauswahl mit Constraints kollidiert, wird die gesamte Liste der benötigten Elemente angezeigt. Bei sich gegenseitig ausschließenden Optionen werden die Benutzer*innen zur Auswahl einer Option aufgefordert.

Bei den Constraints muss zwischen Zweck und Auswirkung unterschieden werden. Es gibt drei verschiedene Arten von Constraints (siehe Abbildung 16.2):

- **Betriebswirtschaftliche Constraints**
  Betriebswirtschaftliche Constraints stellen Abhängigkeiten oder wechselseitige Ausschlüsse dar, wie sie in der Praxis vorkommen. Diese Abhängigkeiten bilden die allgemeinen betriebswirtschaftlichen Regeln ab und müssen vom Kunden eingehalten werden. Möglicherweise lässt sich dies jedoch nicht allein durch IT-Angebote von SAP und seinen Partnern erreichen. Deshalb ist ein betriebswirtschaftlicher Constraint nicht bindend. Er ist eine Empfehlung für den Kunden und ein Hinweis darauf, dass möglicherweise eine Integration mit einer anderen Lösung erforderlich ist.

  Nach den Grundsätzen des Rechnungswesens erfordert beispielsweise jeder Geschäftsvorgang eines Unternehmens einen entsprechenden Buchungseintrag, sobald er Wertebewegungen beinhaltet. Im Prinzip gibt es also für alle Geschäftsprozesse einen Constraint für einen entsprechenden buchhalterischen Prozessschritt und die erforderlichen Einstellungen und Konfigurationen.

  Diese geschäftsbedingten Abhängigkeiten werden durch betriebswirtschaftliche Constraints dargestellt und direkt zwischen den Objekten des Lösungskatalogs definiert.

- **Lösungs-Constraints**
  Lösungs-Constraints stellen Abhängigkeiten oder gegenseitige Ausschlüsse in Bezug auf den Funktionsumfang von Lösungsangeboten dar. Solche Abhängigkeiten entstehen, wenn bestimmte Geschäftsfunktionen Teil desselben Lösungspakets sind und somit die bevorzugte oder vorgeschriebene Lösung für einen bestimmten erforderlichen Umfang bilden. Lösungs-Constraints können verbindlich oder empfohlen sein. Im Allgemeinen sind sie ein wichtiger Indikator für eine optimierte Scoping-Entscheidung hinsichtlich Inbetriebnahmekosten (Total Cost of Implementation, TCI) und Gesamtbetriebskosten (Total Cost of Ownership, TCO).

  Wie das vorherige Beispiel zeigt, ist sich SAP der engen Verbindung zwischen operativen Geschäftsprozessen und den entsprechenden Anforderungen an die Finanzbuchhaltung bewusst. Folgerichtig bietet SAP S/4HANA Cloud eine End-to-End-Integration der operativen und buchhalterischen Prozessschritte, um die Prozessabläufe eines Unternehmens vollständig abbilden zu können. Deshalb gibt es bei SAP S/4HANA Cloud Lösungs-Constraints zwischen den im Rahmen des Scopings angebotenen operativen Prozessen und Funktionen sowie den entsprechenden Buchhaltungsprozessen und -funktionen. Solche lösungsmotivierten Abhängigkeiten werden über Lösungs-Constraints dargestellt.

- **Technische Constraints**

  Technische Constraints stellen Abhängigkeiten oder gegenseitige Ausschlüsse in Bezug auf den Entwurf des zugrunde liegenden Produkts dar. Diese Constraints sind immer verbindlich, damit der gewünschte Umfang realisiert werden kann. Ohne die Einhaltung eines technischen Constraints würde die Lösung nicht ordnungsgemäß funktionieren. Sie gewährleistet somit die funktionale Fehlerfreiheit und Konsistenz innerhalb der Grenzen des Produkts und damit der Gesamtlösung.

  Ergänzend zum vorherigen Beispiel: Da SAP S/4HANA Cloud eine End-to-End-Integration von operativen und buchhalterischen Prozessschritten bietet, gibt es mitunter technische Abhängigkeiten zwischen den Konfigurationseinstellungen von operativen Prozessen oder Funktionen und ihren buchhalterischen Entsprechungen (z. B. Kontenfindungsregeln). Damit das Produkt ordnungsgemäß funktioniert, müssen diese Konfigurationseinstellungen konsistent und vollständig sein. Solche technisch begründeten Abhängigkeiten werden durch technische Constraints repräsentiert.

16.2.5 Vom Scoping zum Deployment

SAP Central Business Configuration ermöglicht das Scoping und die Einrichtung der Organisationsstruktur vor dem Deployment der Lösung in der Ziellandschaft. Dieser Ansatz erleichtert den Korrektur- und Anpassungsprozess. Allerdings ist die vereinfachte Implementierung auch von den Fähigkeiten des angestrebten Softwareprodukts abhängig. Im Falle von SAP S/4HANA Cloud müssen nach dem Deployment einer per Scoping gefundenen Lösung noch Schritte zur Feinabstimmung im Ziel-Tenant durchgeführt werden.

Alle Aktivitäten im Rahmen von Scoping und Feinabstimmung werden in einem Kundenarbeitsbereich aufgezeichnet, damit in SAP Central Business Configuration jederzeit aktuelle Informationen zum Umfang des SAP- Referenz-Contents (siehe Abschnitt 16.1) und zu den Konfigurationsanpassungen des Kunden vorliegen. Dadurch wird sichergestellt, dass Erweiterungen des Leistungsumfangs auf konsistente Weise durchgeführt werden, um einen sicheren Konfigurationslebenszyklus zu gewährleisten.

Die Schritte, die der Kunde bis zur Implementierung durchführt – vom Scoping über das Deployment bis hin zum Go-live eines neuen Prozesses oder einer neuen Funktion –, können sich über einen längeren Zeitraum erstrecken. Beispielsweise können sich insbesondere Implementierungen neuer Länderversionen, die häufig die gesamte Kundenlösung betreffen, bis zu ihrem Abschluss blockierend auf alle weiteren Verbesserungen auswirken.

Um Blockaden zu vermeiden und stattdessen parallele Implementierungen zu ermöglichen, wird SAP Central Business Configuration derzeit so erweitert, dass es in der Lage ist, mehrere parallel ausgeführte Konfigurationsprojekte zu unterstützen. Abbildung 16.3 zeigt die resultierende Tenant-Landschaft mit verschiedenen Konfigurationsarbeitsbereichen in SAP Central Business Configuration und mehreren SAP-S/4HANA-Tenants, einschließlich der Weitergabe und Synchronisierung von Änderungen zwischen den Tenants.

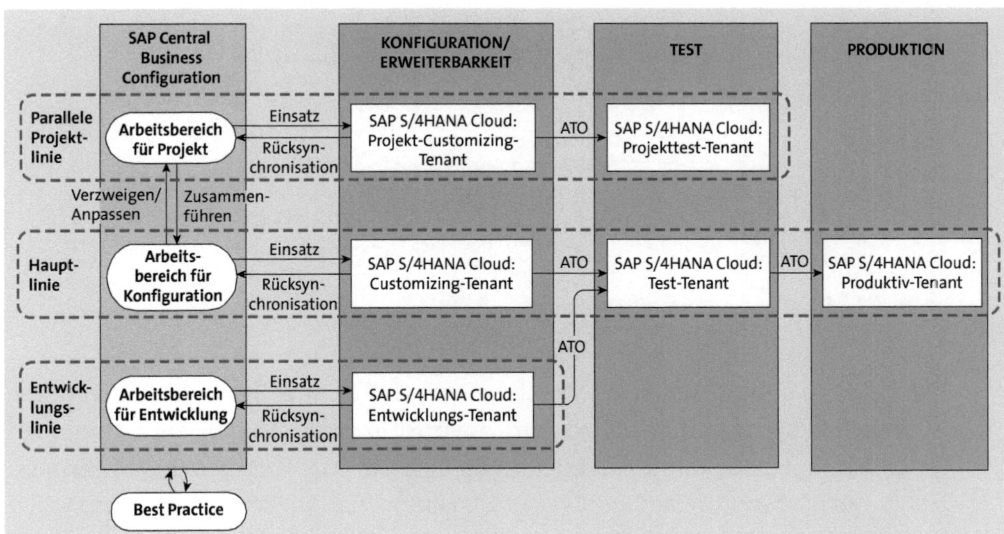

Abbildung 16.3 SAP Central Business Configuration und die SAP-S/4HANA-Cloud-Tenant-Landschaft

SAP Central Business Configuration unterscheidet zwischen den in der Hauptlinie der Standardimplementierung durchgeführten Aktivitäten und den Aktivitäten, die in einer parallelen Projektlinie durchgeführt werden. Die Projektlinie kann so angepasst werden, dass sie mit der neuesten Konfigurationsversion der parallel ausgeführten Implementierung der Hauptlinie synchron ist. Wenn das parallele Projekt abgeschlossen ist, können die vorgenommenen Anpassungen wieder mit der Hauptlinie zusammengeführt und über den Standardpfad bereitgestellt werden.

Als ersten Schritt umfasst das derzeit unterstützte Setup die Hauptimplementierungslinie für kurzfristige Einführungen und eine einzelne parallele Projektlinie zur Unterstützung eines größeren Implementierungsprojekts. In der weiteren Entwicklung von SAP Central Business Configuration werden mehrere Projektlinien entstehen, die parallel zur jederzeit zugänglichen Hauptimplementierungslinie ausgeführt werden.

Neben der Hauptlinie und der parallelen Projektlinie gibt es auch die Entwicklungslinie mit dem SAP-S/4HANA-Cloud-Entwicklungs-Tenant. Diese dient der In-Stack-Entwicklererweiterbarkeit (siehe Abschnitt 5.2). Die SAP-S/4HANA-Cloud-Tenant-Landschaft wird in Abschnitt 19.1 näher erläutert.

Abbildung 16.4 zeigt die Architektur zur Konfiguration von SAP S/4HANA Cloud im Detail. Sie gilt für Customizing-Tenants des Projekts, den Customizing-Tenant in der Hauptlinie und den Entwicklungs-Tenant.

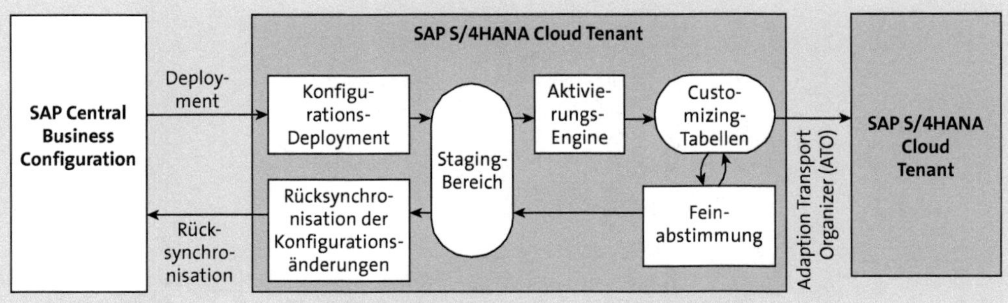

Abbildung 16.4 Konfiguration von Deployment, Synchronisierung und Transport im Detail

Der aus dem entsprechenden Arbeitsbereich in SAP Central Business Configuration stammende Konfigurationsinhalt wird zunächst in einem Staging-Bereich im SAP-S/4HANA-Cloud-Tenant bereitgestellt. Von dort aus wird er von der Aktivierungs-Engine aktiviert und in die SAP-S/4HANA-Customizing-Tabellen geschrieben. Die Aktivierung des SAP-Referenz-Contents kann automatisch oder interaktiv erfolgen, z. B. bei Kundenänderungen, die aus einem anderen Arbeitsbereich zusammengeführt wurden und nun bereitgestellt werden. Während der Aktivierung führt die Aktivierungs-Engine verschiedene Prüfungen durch, z. B. auf Konsistenz und Datenintegrität. Wenn eine solche Prüfung fehlschlägt, können die Benutzer*innen das Problem untersuchen, es beheben und eine Reaktivierung auslösen.

Benutzer*innen können die Konfiguration im SAP-S/4HANA-Cloud-Tenant verfeinern. Entsprechende Aktivitäten zur Feinabstimmung können in SAP Central Business Configuration gestartet werden, von wo aus der Experte oder die Expertin zum lokalen Wartungsobjekt im SAP-S/4HANA-Cloud-Ziel-Tenant weitergeleitet wird. Alternativ ist ein lokaler Zugriff über die App **Implementierungsaktivitäten** möglich. Mit dieser App lassen sich die verfügbaren Implementierungsaktivitäten (z. B. Konfigurationsaktivitäten, Feinabstimmung) finden, anzeigen und – je nach Umgebung – ausführen sowie zu den entsprechenden Änderungsprotokollen navigieren. Auch bei der Feinabstimmung der Konfiguration im SAP-S/4HANA-Cloud-Tenant werden die

Konfigurationsänderungen in den Staging-Bereich geschrieben und direkt mit dem zugehörigen Arbeitsbereich in SAP Central Business Configuration synchronisiert.

Gelegentlich ist es erforderlich, lokale Einstellungen in den Test- und Produktiv-Tenants zu definieren. Das ist beispielsweise bei häufig geänderten Daten wie Wechselkursen oder Tenant-spezifischen Einstellungen wie der integrationsbezogenen Konfiguration der Fall. Eine solche Tenant-Konfiguration kann in einem SAP-S/4HANA-Cloud-Tenant im Rahmen der *laufenden Einstellungen* vorgenommen werden. Sie werden nicht an andere Tenants übertragen und nicht durch SAP-Content-Aktualisierungen überschrieben.

16.2.6 Referenzkonfiguration: Content-Aktualisierungen

Ein wesentliches Unterscheidungsmerkmal von SAP S/4HANA Cloud ist die Möglichkeit, die SAP-Referenzkonfiguration an die individuellen Bedürfnisse anzupassen. SAP Central Business Configuration unterstützt dieses Customizing der Konfiguration, und SAP schützt diese Kundenanpassungen vor inhaltlichen Änderungen, die über Updates des Referenz-Contents der zugrunde liegenden Produkte erfolgen.

Zum einen kann SAP auf diese Weise Innovationen und/oder Verbesserungen für jeden Kunden bereitstellen, ohne dass die individuellen Tenant-Landschaften der Kunden verändert oder destabilisiert werden. Zum anderen kann der SAP-Kunde den Zeitpunkt der Einführung dieser Änderungen innerhalb des Zeitrahmens eines vollständigen Produkt-Release-Zyklus von SAP S/4HANA Cloud wählen. So können SAP-Kunden neue Funktionen kontrolliert und im Einklang mit den internen Projektzeitplänen einführen.

16.2.7 Lokalisierung der Geschäftskonfiguration

Lokalisierung ist für Unternehmen eine wichtige Anforderung, um bei regionalen Geschäftspraktiken auf dem Laufenden zu bleiben und die Einhaltung gesetzlicher Vorschriften jederzeit sicherzustellen. Einige Lokalisierungen erfordern zwar Codeanpassungen, aber dank der hohen Flexibilität von SAP S/4HANA Cloud können viele Lokalisierungsanforderungen bereits über die Konfiguration erfüllt werden. SAP bietet Lokalisierungen für zahlreiche Länder, die den Großteil der verfügbaren Geschäftsprozesse und Geschäftsfunktionen abdecken.

Wenn in SAP Central Business Configuration ein zusätzlicher Bedarf an Lokalisierungen besteht, lässt sich die Geschäftskonfiguration aus einem von SAP bereitgestellten Ursprungsland/einer Ursprungsregion mit dem *Configuration Localization Tool* an ein Zielland/eine Zielregion vererben, um sie an die lokalen Anforderungen anzupassen. Das Configuration Localization Tool nutzt dazu die in der Konfiguration definierten Ausdrücke. Die Ausdrücke werden anschließend automatisch auf die bestehende

Bereichsauswahl des Kunden und den vorhandenen organisatorischen Aufbau für das Zielland/die Zielregion angewendet. Sie werden außerdem im Repository von SAP Central Business Configuration gespeichert. Abbildung 16.5 zeigt ein Beispiel für vererbte Datensätze, die von Prototypdatensätzen mit lokalen Anpassungen abgeleitet sind. Sie können die Prototypdatensätze im Repository ❶ und die geerbten Datensätze in SAP S/4HANA ❷ sehen. Die resultierenden Delta-Konfigurationsdatensätze werden automatisch im SAP-S/4HANA-Cloud-Tenant bereitgestellt.

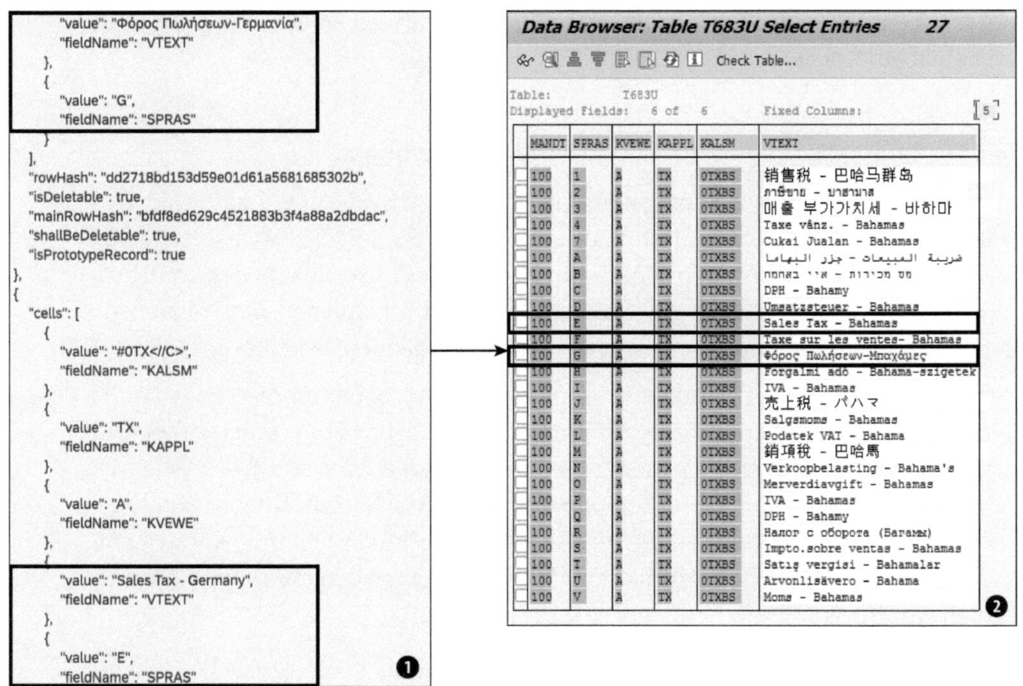

Abbildung 16.5 Beispiel für die Textumwandlung von Land/Region und Staatszugehörigkeit

Das Configuration Localization Tool kann für mehrere Länder/Regionen verwendet werden – und auch zusammen mit Länderkonfigurationen, die als Referenz-Content von SAP bereitgestellt wird. Neben der Definition eines zusätzlichen Landes/einer zusätzlichen Region kann mit dem Configuration Localization Tool auch kundenspezifisches Customizing durchgeführt werden, um sicherzustellen, dass die Kundenanpassungen auf diese zusätzlichen Länder/Regionen übertragen werden.

16.2.8 Scope-abhängige technische Objekte

Für eine SAP-S/4HANA-Cloud-Implementierung reicht es nicht aus, dass der erforderliche Konfigurationsinhalt auf der Grundlage des gewählten Geschäftsumfangs bereitgestellt wird. Darüber hinaus müssen basierend auf den Scoping-Entscheidungen technische Objekte, wie z. B. der zugehörige SAP-Fiori-Launchpad-Inhalt, automatisch bereitgestellt werden. Diese zusätzlichen Softwareartefakte werden als *Scope-abhängige technische Objekte* bezeichnet. Beispiele für Scope-abhängige technische Objekte sind Benutzerrollenvorlagen, Kataloge, Apps und Inhalte für die Identitäts- und Zugriffsverwaltung (Identity and Access Management, IAM). Die Sichtbarkeit und Aktivierung von Scope-abhängigen technischen Objekten wird ebenfalls von SAP Central Business Configuration verwaltet.

16.3 Zusammenfassung

Wie zu Beginn dieses Kapitels beschrieben, bietet SAP seit jeher hochflexible und anpassbare Standardsoftware an. Mit SAP Central Business Configuration wird diese Flexibilität über die Grenzen von SAP S/4HANA Cloud hinaus erweitert, indem neue Möglichkeiten zur Verwaltung von Geschäftsszenarien eingeführt werden. Sie umfassen mehrere Produkte, Lösungen, Anbieter und Prozesse sowie Self-Service-Szenarien für mehrere Benutzer*innen über eine einheitliche, intuitiv zu bedienende und geschäftsorientierte Scoping-Lösung.

Im nächsten Kapitel werden wir die IAM-Architektur besprechen.

Kapitel 17

Identitäts- und Zugriffsverwaltung

Die Verwaltung von Benutzerkonten, Berechtigungen und Rollen ist ein wichtiger Baustein für den sicheren und vorschriftsmäßigen Betrieb von Systemen. In diesem Kapitel wird das Identity and Access Management vorgestellt, der neue Ansatz von SAP zur Vereinfachung dieser Aufgaben in SAP S/4HANA Cloud.

In diesem Kapitel lernen Sie das Identity and Access Management (IAM) kennen, das SAP speziell zur Vereinfachung der Verwaltung von Berechtigungen in SAP S/4HANA Cloud entwickelt hat. IAM ist in der On-Premise-Version von SAP S/4HANA nicht verfügbar.

Zunächst erläutern wir in Abschnitt 17.1 die spezifischen Benutzertypen, die Authentifizierung bei einem SAP-S/4HANA-Cloud-System sowie die wichtigsten IAM-Entitäten (z. B. Anwendungskataloge, Anwendungsrollen und Einschränkungstypen) und die zu ihrer Verwaltung verwendeten Tools. Außerdem wird beschrieben, welche IAM-Entitäten von SAP-Kunden selbst über die Entwicklererweiterbarkeit erstellt werden können. In Abschnitt 17.2 sehen Sie dann, wie mit Rollen und Anwendungskatalogen definiert werden kann, auf welche Funktionen und Business-Objekte die Benutzer*innen zugreifen können. Sie erfahren, wie Sie ausgehend von dem von SAP gelieferten Content Ihre eigenen, spezifischen Anforderungen definieren können. Dabei gehen wir auch auf die Anpassungen ein, die erforderlich werden, wenn SAP bei Upgrades Änderungen vornimmt. Darüber hinaus erläutern wir, wie IAM das Scoping und die Seiten und Bereiche im SAP Fiori Launchpad beeinflusst. Wir erklären zudem, wie IAM Auditor*innen dabei unterstützt, die Einhaltung des Funktionstrennungsprinzips (Segregation of Duties) zu überprüfen.

17.1 Überblick über die Architektur

IAM in SAP S/4HANA Cloud ist eine Schicht, die auf dem bewährten ABAP-Berechtigungskonzept aufsetzt, mit dem Ziel der vereinfachten Verwendung. IAM basiert auf gebrauchsfertigem IAM-Content, der von SAP bereitgestellt wird, sowie auf spezifischen, von SAP vordefinierten Benutzertypen. SAP-S/4HANA-Cloud-Kunden pflegen diesen vordefinierten IAM-Content nicht direkt, sondern passen ihn über eine Reihe von IAM-Tools für die Berechtigungs- und Benutzerverwaltung an, die wir in den folgenden Abschnitten besprechen werden. Mit den IAM-Tools können Berechtigungsadministrator*innen Rollen und Berechtigungen anpassen und Benutzer*innen zuordnen, ohne auf die zugrunde liegenden ABAP-Berechtigungskonzepte (z. B. ABAP-Rollen oder ABAP-Berechtigungsobjekte) zuzugreifen.

17.1.1 Identitätsverwaltung

Um den Benutzer*innen Zugriff auf einen SAP-S/4HANA-Cloud-Tenant zu gewähren, müssen sie in SAP S/4HANA Cloud angelegt worden sein und in *SAP Cloud Identity Services – Identity Authentication* bekannt sein. Letzteres bedeutet, dass entsprechende Benutzerkonten in Identity Authentication angelegt wurden oder dass sie in einem verbundenen Corporate Identity Provider existieren, der von Identity Authentication im Proxy-Modus als externe Authentifizierungsstelle verwendet wird. Darüber hinaus muss das in Identity Authentication für den SAP-S/4HANA-Cloud-Service-Provider als Inhabernamensbezeichner (*Subject Name Identifier*) definierte Default-Attribut mit der E-Mail-Adresse des jeweiligen Anwendungsbenutzers (siehe Abschnitt »Benutzertypen«) in SAP S/4HANA Cloud übereinstimmen.

Sehen wir uns genauer an, welche Benutzertypen es gibt und wie die Benutzerkonten jeweils angelegt werden.

Benutzertypen

In Ihrem SAP-S/4HANA-Cloud-Tenant gibt es verschiedene Arten von Systembenutzern. Die Anwendungsbenutzer werden von den Benutzeradministrator*innen des SAP-Kunden verwaltet. Darüber hinaus legt SAP einige technische Benutzer an, die SAP zur Durchführung bestimmter Aufgaben zum Betreiben der Tenants benötigt (beispielsweise sind Supportbenutzer mit den notwendigen Berechtigungen ausgestattet, damit SAP Support leisten kann). Diese Benutzer werden vollständig von SAP verwaltet, und es besteht keine Notwendigkeit und keine Möglichkeit für Kunden, auf sie zuzugreifen. Betrachten wir nun die wichtigsten Benutzertypen, mit denen Administrator*innen arbeiten.

Anwendungsbenutzer stehen im Mittelpunkt der Benutzerverwaltung im SAP-S/4HANA-Cloud-Tenant des SAP-Kunden. Diese Benutzerkonten stehen für reale Personen, die mit den Geschäftsanwendungen arbeiten. Administrator*innen müssen diesen Benutzer*innen Anwendungsrollen zuordnen, um festzulegen, welche Aufgaben die jeweiligen Benutzer*innen ausführen dürfen und welche Berechtigungen sie erhalten sollen. Anwendungsbenutzer sind mit einem Geschäftspartner verknüpft. *Geschäftspartner* (siehe Abschnitt 8.3) sind die zentralen Stammdatenobjekte, die das vollständige Personenprofil im SAP-S/4HANA-Cloud-Tenant enthalten. Für Anwendungsbenutzer sind hier die Geschäftspartnerrollen »Mitarbeiter« und »externe Arbeitnehmer« relevant.

Anwendungsbenutzer können nur dann im SAP-S/4HANA-Cloud-Tenant angelegt werden, wenn ein Geschäftspartner für die jeweilige Person vorhanden ist. Ein Geschäftspartner kann in SAP S/4HANA Cloud ohne Anwendungsbenutzer vorhanden sein, hat in diesem Fall jedoch keinen Zugriff auf SAP S/4HANA Cloud.

Anwendungsbenutzer können optional einer *Anwendungsbenutzergruppe* zugeordnet werden, um eine einfache Auswahl aller Anwendungsbenutzer einer bestimmten Kategorie zu ermöglichen. Mit Benutzergruppen ist auch möglich, die Berechtigung von IAM-Administrator*innen zur Benutzerverwaltung und zur Zuordnung von Anwendungsrollen auf eine Teilmenge von Anwendungsbenutzern zu beschränken.

Der *initiale Admin-Benutzer* ist der erste kundenspezifische Anwendungsbenutzer im Tenant. Die ersten Schritte im SAP-S/4HANA-Cloud-System werden mit diesem Anwendungsbenutzer durchgeführt. Er wird bei der Bereitstellung des Tenants automatisch angelegt und hat die Berechtigung, Anwendungsbenutzer und Anwendungsrollen zu erstellen.

Kommunikationsbenutzer werden für die eingehende Kommunikation in kundenverwalteten Kommunikationsszenarien benötigt (siehe Abschnitt 6.4). SAP-Kunden legen Kommunikationsbenutzer an und ordnen sie den Kommunikationssystemen zu. Anschließend erstellen sie eine Kommunikationsvereinbarung auf der Grundlage eines Kommunikationsszenarios und eines Kommunikationssystems. Beim Speichern der Kommunikationsvereinbarung werden den Kommunikationsbenutzern sämtliche Rollen des Kommunikationsszenarios zugeordnet, die sich aus der Kommunikationsvereinbarung ergeben.

Und schließlich werden *Druckbenutzer* für die Verbindung zwischen dem SAP Cloud Print Manager im entsprechenden Unternehmensnetzwerk und dem Print Queue Web Access Service in der Cloud benötigt. Weitere Informationen zu diesen Komponenten finden Sie in Abschnitt 18.2.

Benutzer anlegen

Für die schnelle Einrichtung des SAP-S/4HANA-Cloud-Starter-Tenants mit einigen wenigen Benutzerkonten stellt SAP Tools zur Verfügung, mit denen Sie Geschäftspartner mit der Geschäftspartnerrolle »Mitarbeiter« oder »externe Arbeitnehmer« und die zugehörigen Anwendungsbenutzer direkt oder per Dateiupload im SAP-S/4HANA-Cloud-Tenant anlegen und diese Benutzer anschließend über eine Datei in SAP Cloud Identity Services hochladen können.

Für den produktiven Einsatz stellt SAP Kommunikationsszenarien zur automatischen Replikation von Anwendungsbenutzern für verschiedene Szenarien bereit.

Während der anfänglichen Einrichtungsphase werden in einem typischen Identitätsverwaltungsszenario Anwendungsbenutzer und Geschäftspartner im SAP-S/4HANA-Cloud-Tenant angelegt und zu SAP Cloud Identity Services repliziert. Von dort werden sie zu anderen SAP-Anwendungen und Services repliziert – z. B. zu SAP Authorization and Trust Management, um Benutzer und Berechtigungen in Unterkonten (Subaccounts) der SAP Business Technology Platform (SAP BTP) zu verwalten.

Für den produktiven Einsatz werden Benutzer in der Regel von externen Identitätsverwaltungssystemen, von SAP SuccessFactors Employee Central oder von externen HCM-Systemen (Human Capital Management) nach SAP Cloud Identity Services repliziert. Von dort aus erfolgt die Replikation in andere SAP-Anwendungen, d. h. in den SAP-S/4HANA-Cloud-Tenant.

17.1.2 Authentifizierung

Benutzer*innen authentifizieren sich nicht direkt bei ihrem SAP-S/4HANA-Cloud-Tenant. Sie authentifizieren sich immer über SAP Cloud Identity Services – Identity Authentication. Benutzer*innen werden im SAP-S/4HANA-Cloud-System per Single Sign-On (SSO) über den Identity Authentication Service angemeldet, unter Verwendung einer SAML-Assertion (Security Assertion Markup Language). Die Authentifizierungsregeln und die detaillierte Konfiguration für die jeweilige Authentifizierungsmethode (z. B. eine Kennwortrichtlinie für die kennwortbasierte Authentifizierung) müssen im Identity Authentication Service konfiguriert werden.

SAML ist eine auf dem offenen Standard eXtensible Markup Language (XML) basierende Auszeichnungssprache zum Austausch von Authentifizierungsdaten zwischen einem Identity Provider und einem Service Provider. In der SAML-Terminologie ist SAP S/4HANA Cloud somit ein *SAML Service Provider* (eine Anwendung) und verwendet den Identity Authentication Service als *SAML Identity Provider*.

Als SAP-S/4HANA-Cloud-Kunde erhalten Sie zwei Tenants des Identity Authentication Service: einen für den produktiven Einsatz und einen für den Testbetrieb. Wenn diese Tenants bereits vorhanden sind, weil Sie sie über andere SAP-Cloud-Lösungen erhalten haben, können Sie die vorhandenen Tenants auch für SAP S/4HANA Cloud wiederverwenden.

Sie können den Identity-Authentication-Tenant für verschiedene Szenarien nutzen. Ein typisches Szenario ist die Verwendung des Identity Authentication Service im Proxy-Modus. Im Proxy-Modus werden alle Authentifizierungsanforderungen an einen bestehenden Identity Provider in ihrem Unternehmen weitergeleitet, den Sie in Identity Authentication als Corporate Identity Provider konfiguriert haben. So fungiert Identity Authentication als SAML Identity Provider für den Service Provider und als SAML Service Provider für den Corporate Identity Provider.

Ein weiterer gängiger Anwendungsfall ist die Konfiguration bedingter Authentifizierungsregeln im Identity Authentication Service. Zum Beispiel könnten Sie konfigurieren, dass basierend auf der E-Mail-Domäne die Benutzerkonten von Mitarbeiter*innen über den Corporate Identity Provider authentifiziert werden, während die Benutzerkonten von externen Personen über Identity Authentication authentifiziert werden.

Wie in Abschnitt 6.4 erläutert, werden Kommunikationsbenutzer für die eingehende Kommunikation per Benutzer-ID und Kennwort oder mit einem SSL-Zertifikat (Secure Sockets Layer) authentifiziert.

17.1.3 ABAP-Berechtigungskonzept

Wie bereits erwähnt, greifen IAM-Administrator*innen in SAP S/4HANA Cloud nicht direkt auf die zugrunde liegenden ABAP-Berechtigungskonzepte (z. B. PFCG-Rollen und Berechtigungsobjekte) zu. Die Rollen innerhalb des ABAP-Berechtigungskonzepts werden über die Rollenpflegetransaktion PFCG gepflegt und werden daher kurz als *PFCG-Rollen* bezeichnet. Die erforderlichen PFCG-Rollen werden in SAP S/4HANA Cloud automatisch auf Grundlage der von den Berechtigungsadministrator*innen definierten und konfigurierten IAM-Entitäten generiert und den Anwendungsbenutzern automatisch zugeordnet. Beispielsweise erteilt ein Berechtigungsadministrator oder eine -administratorin einem Anwendungsbenutzer Berechtigungen durch das Zuordnen einer Anwendungsrolle (wie etwa »Hauptbuchhalter«). Daraufhin erstellt IAM alle erforderlichen PFCG-Rollen und ordnet sie den jeweiligen Anwendungsbenutzern automatisch zu. Dies geschieht im Hintergrund im Inneren des Systems und ist für die Berechtigungsadministrator*innen nicht sichtbar. Damit Sie die interne Funktionsweise von IAM besser nachvollziehen können, stellen wir jedoch zunächst kurz das ABAP-Berechtigungskonzept vor.

Das ABAP-Berechtigungskonzept schützt Anwendungen und Services vor einem unberechtigten Zugriff. Die den Anwendungsbenutzern zugeordneten Berechtigungen bestimmen, welche Aktionen sie ausführen und auf welche Daten sie zugreifen können. *Berechtigungen* repräsentieren im ABAP-Berechtigungskonzept Instanzen von *Berechtigungsobjekten*, die in einem mit einer Rolle verknüpften *Berechtigungsprofil* zusammengefasst sind. Die Zuordnung der Berechtigungsprofile zu den Anwendungsbenutzern erfolgt über die zugehörigen Rollen, die mit Transaktion PFCG gepflegt werden. Ein Berechtigungsobjekt fasst bis zu zehn Berechtigungsfelder zusammen. Ein Berechtigungsfeld repräsentiert entweder Daten als Attribute eines Business-Objekts oder Aktivitäten wie Lese- oder Änderungsvorgänge. Eine Berechtigungsprüfung zur Laufzeit ist erfolgreich, wenn mindestens eine den Anwendungsbenutzer zugeordnete Berechtigung für ein Berechtigungsobjekt mit der erforderlichen Kombination aus Berechtigungsfeldwerten für dieses Berechtigungsobjekt übereinstimmt.

Ein Beispiel: Ein Berechtigungsobjekt enthält ein Berechtigungsfeld für die Kostenstelle und ein weiteres Berechtigungsfeld für die Kostenart. Nehmen wir an, dass ein Anwendungsbenutzer für dieses Berechtigungsobjekt eine Berechtigung hat für die Kombination von Kostenstelle 1000 und Kostenart 50000 und eine zweite Berechtigung für die Kombination von Kostenstelle 2000 und Kostenart 60000. Dann hat dieser Anwendungsbenutzer zur Laufzeit Zugriff auf Einzelposten in der Kostenstelle 1000 für die Kostenart 50000, nicht jedoch für eine andere Kostenart (z. B. Kostenart 60000). In der Kostenstelle 2000 hat der Anwendungsbenutzer nur Zugriff auf Einzelposten für die Kostenart 60000, nicht jedoch für andere Kostenarten.

17.1.4 IAM-Entitäten und ihre Beziehungen

In SAP S/4HANA Cloud verwenden Sie die von SAP ausgelieferten IAM-Objekte. Darüber hinaus können Sie mit der Entwicklererweiterbarkeit eigene IAM-Objekte anlegen, um kundenspezifische Anwendungsrollen zu definieren. Danach können Sie diese Anwendungsrollen Anwendungsbenutzern zuordnen, um ihnen Zugriff auf Anwendungen zu gewähren und Zugriffsbeschränkungen festzulegen. Die meisten der von SAP ausgelieferten IAM-Objekte sind von SAP vordefiniert und können aktuell (SAP S/4HANA Cloud 2402) auch nicht geändert werden.

Die IAM-Konzepte basieren auf einer Reihe von Entitäten, die in Abbildung 17.1 dargestellt sind. Bei der Entität »IAM-Anwendung (bereitgestellt von SAP)« sind alle Objekte von SAP vordefiniert. Sie können von Ihnen nicht geändert werden, und Sie können auch keine eigenen Objekte definieren. Für die Entität »IAM-Anwendung« können Sie Objekte mithilfe der Entwicklererweiterbarkeit als benutzerdefinierte Objekte selbst erstellen. Die restlichen eingefärbten Kästen in Abbildung 17.1 kennzeichnen Entitäten, für die Objekte von SAP bereitgestellt werden und bei denen Sie über die Entwicklererweiterbarkeit zusätzlich eigene Objekte anlegen können. Die Kästen ohne Füllfarbe auf der rechten Seite der Abbildung repräsentieren Entitäten, die von Ihnen als IAM-Administrator*in definiert werden.

Das *Aktivitäts-Mapping* definiert die Zuordnung zwischen den zulässigen Aktivitätswerten eines ABAP-Berechtigungsobjekts und den unterstützten Zugriffskategorien »Lesezugriff«, »Schreibzugriff« und »Wertehilfe«. Es handelt sich um ein internes Objekt für von SAP bereitgestellte Berechtigungsobjekte, das für IAM-Administrator*innen nicht sichtbar ist. Zum Beispiel entspricht der zugelassene Aktivitätswert 03 eines ABAP-Berechtigungsobjekts in der Regel der Kategorie »Lesezugriff«. Für Ihre eigenen Berechtigungsobjekte, die Sie mittels Entwicklererweiterbarkeit anlegen, müssen Sie die Zuordnung zu den Zugriffskategorien als Bestandteil der Eigenschaften des Berechtigungsobjekts definieren.

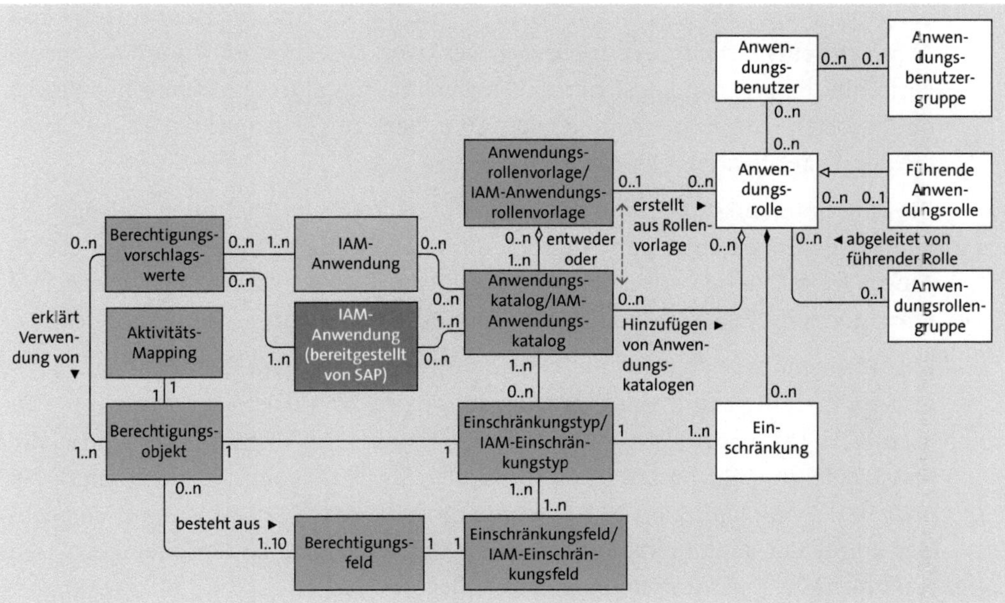

Abbildung 17.1 IAM-Entitäten in SAP S/4HANA Cloud

Berechtigungsvorschlagswerte definieren die Berechtigungsobjekte und Berechtigungswerte, die von einer Anwendung oder einem Service geprüft werden. Für die von SAP bereitgestellten Anwendungen und Services können die Berechtigungsvorschlagswerte nicht geändert werden. Für Ihre selbst entwickelten Services können Sie auf Ebene der jeweiligen Servicebindung eigene Berechtigungsvorschlagswerte definieren.

Ein *Einschränkungsfeld* entspricht einem Berechtigungsfeld im ABAP-Berechtigungskonzept. Einschränkungsfelder entsprechen den Feldern in einem Berechtigungsobjekt, für die Sie Einschränkungswerte pflegen können. Typische Beispiele für solche Felder sind Verkaufsorganisation, Buchungskreis oder Kostenstelle. Einschränkungsfelder werden in Einschränkungstypen gruppiert, wobei ein Einschränkungsfeld einem oder mehreren Einschränkungstypen zugeordnet sein kann. Beachten Sie, dass die von SAP definierten Einschränkungsfelder nicht für die Verwendung in Ihren eigenen Einschränkungstypen freigegeben sind. Sie können eigene IAM-Einschränkungsfelder für Ihre eigenen Berechtigungsfelder definieren.

Ein *Einschränkungstyp* definiert eine Menge von Einschränkungsfeldern (eins oder mehrere), deren Werte innerhalb einer Anwendungsrolle gepflegt werden können, um instanzbasierte Einschränkungen zu definieren. *Instanzbasierte Einschränkungen* legen fest, welche Datensätze Anwendungsbenutzer mit einer bestimmten Rolle lesen, anlegen oder ändern dürfen. Beispiele hierfür sind der Einschränkungstyp »Buchungskreis« mit einem Einschränkungsfeld **Buchungskreis** oder der Einschränkungstyp »Vertriebsbereich« mit den drei Einschränkungsfeldern **Verkaufsorganisation**, **Vertriebssparte** und **Vertriebsweg**. Der Zweck des Einschränkungstyps besteht darin, eine eingeschränkte Sicht auf die Berechtigungsfelder eines einzelnen Berechtigungsobjekts oder einer Gruppe von ABAP-Berechtigungsobjekten zu definieren, die nur die relevanten Felder enthält.

Die Einschränkungstypen werden *Anwendungskatalogen* zugeordnet. Freigegebene, von SAP definierte Einschränkungstypen können Sie für die Definition eigener IAM-Anwendungskatalog verwenden. Für Ihre eigenen Berechtigungsobjekte und IAM-Einschränkungsfelder können Sie eigene IAM-Einschränkungstypen definieren.

Eine *Einschränkung* ist eine von Ihnen definierte Instanz eines Einschränkungstyps und definiert die Zugriffsbeschränkungen für eine Zugriffskategorie (»Lesezugriff«, »Schreibzugriff« oder »Wertehilfe«) zusammen mit den Werten für die Einschränkungsfelder (z. B. Buchungskreis 1000 für den Einschränkungstyp »Buchungskreis« oder Verkaufsorganisation 1000 kombiniert mit Vertriebssparte 01 und Vertriebsweg 01 für den Einschränkungstyp »Vertriebsbereich«). Eine Einschränkung kann nur innerhalb einer Anwendungsrolle gepflegt werden.

Ein *Anwendungskatalog* umfasst eine Gruppe von Anwendungen, die über eine Kachel im SAP Fiori Launchpad oder per Navigation von Anwendung zu Anwendung zugänglich sind (siehe Abschnitt 3.1). Darüber hinaus enthält er die zur Berechtigungsprüfung unterstützten Einschränkungstypen, mit denen die instanzbasierten Einschränkungen für einen Geschäftsprozess oder Teilprozess definiert werden. Anwendungskataloge sind von SAP bereitgestellte Bausteine zum Definieren von Anwendungsrollen. Die in einem SAP-S/4HANA-Cloud-Tenant verfügbaren Anwendungskataloge hängen von der gewählten Edition, der Preiskategorie und dem konfigurierten Lösungsumfang ab. Die Anwendungskataloge werden im Rahmen von Prüfungen nach ISAE 3000 (International Standard on Assurance Engagements) regelmäßig auf Funktionstrennungskonflikte hin überprüft. Anwendungskataloge werden von SAP vordefiniert und können nicht geändert werden (ab SAP S/4HANA Cloud 2302). Ein Anwendungskatalog kann Abhängigkeiten zu anderen Anwendungskatalogen haben, was bedeutet, dass der Anwendungskatalog nur zusammen mit diesen vollständig funktioniert, z. B. für Wertehilfen oder anwendungsübergreifende Navigation. Die von SAP ausgelieferten Anwendungskataloge können als abgekündigt (deprecated) deklariert werden und durch einen oder mehrere Nachfolger ersetzt werden. Sie können eigene IAM-Anwendungskataloge erstellen und Ihre eigenen IAM-Anwendungen in diese aufnehmen (siehe Abschnitt 17.1.5). In Ihre selbstdefinierten Kataloge können Sie jedoch keine von SAP gelieferten Anwendungen aufnehmen.

Eine *Anwendungsrollenvorlage* ist eine von SAP bereitgestellte Gruppierung von Anwendungskatalogen, die typische Personas repräsentieren. IAM-Administrator*innen können diese Vorlagen zum Anlegen von Anwendungsrollen verwenden. Anders als bei den Anwendungskatalogen wird die Funktionstrennung bei Anwendungsrollenvorlagen nicht sichergestellt. Sie können eigene IAM-Anwendungsrollenvorlagen erstellen, in die Sie Ihre eigenen IAM-Anwendungskataloge aufnehmen. Es ist nicht möglich, von SAP ausgelieferte Anwendungskataloge in Ihre eigenen Vorlagen aufzunehmen.

Eine Anwendungsrolle ist eine Gruppierung von Anwendungskatalogen. Sie muss mindestens einen Katalog enthalten. Die Zuordnung einer Anwendungsrolle gewährt einem Anwendungsbenutzer Zugriffsrechte (unter Verwendung von Einschränkungen) und definiert, welche Anwendungen einem angemeldeten Anwendungsbenutzer auf der Übersichtsseite im SAP Fiori Launchpad angezeigt werden.

Anwendungsrollen werden von Ihnen erstellt, ausgehend von einer Anwendungsrollenvorlage, die von SAP geliefert oder von Ihnen selbst entwickelt wurde. Eine Möglichkeit ist, dass Sie die von SAP gelieferten oder selbst entwickelten Anwendungskataloge direkt zu einer Anwendungsrolle hinzufügen. Alternativ kann die Anwendungsrolle von einer von Ihnen definierten führenden Anwendungsrolle abgeleitet werden.

Sie können Einschränkungen für alle Einschränkungstypen pflegen, die in den Anwendungskatalogen einer Anwendungsrolle enthalten sind. Die Einschränkungstypen aus den verschiedenen Anwendungskatalogen werden auf Ebene der Anwendungsrolle vereinigt, weshalb gepflegte Einschränkungen immer auf alle enthaltenen Anwendungskataloge angewendet werden.

Wenn Sie einem Anwendungsbenutzer eine Anwendungsrolle zuordnen, erhält dieser Zugriff auf alle Anwendungen der enthaltenen Anwendungskataloge sowie sämtliche durch die Einschränkungen definierten Zugriffsrechte.

Wenn eine Anwendungsrolle aktiviert wird, werden automatisch PFCG-Rollen für jeden hinzugefügten Anwendungskatalog generiert und den Anwendungsbenutzern zugeordnet. Wenn einem Anwendungsbenutzer mehrere Anwendungsrollen zugeordnet sind, werden alle darin enthaltenen Zugriffsrechte auf Benutzerebene zusammengeführt. Die Zuordnung einer Anwendungsrolle zu einem Anwendungsbenutzer gewährt nicht nur Zugriffsrechte, sondern definiert auch, welche Kacheln diesem Anwendungsbenutzer auf der Startseite des SAP Fiori Launchpad angezeigt werden.

Sie können eine Anwendungsrolle als *führende Anwendungsrolle* markieren, von der andere Anwendungsrollen abgeleitet werden können. Alle abgeleiteten Rollen enthalten die zugeordneten Anwendungskataloge und die definierten Einschränkungen der führenden Anwendungsrolle. Diese Werte können in einer abgeleiteten Rolle nicht geändert werden, aber es können zusätzliche Einschränkungen definiert werden.

Eine Anwendungsrolle kann optional einer Anwendungsrollengruppe zugeordnet werden, um eine einfache Auswahl aller Anwendungsrollen einer bestimmten Kategorie zu ermöglichen. Anwendungsrollengruppen können außerdem dazu verwendet werden, die Administrationsberechtigung für die Verwaltung und Zuordnung von Anwendungsrollen nur selektiv zu erteilen, z. B. nur für die Anwendungsrollen einer bestimmten Anwendungsrollengruppe.

17.1.5 Entwicklererweiterbarkeit

Mit der In-Stack-Entwicklererweiterbarkeit (siehe Abschnitt 5.2) können Sie in einer Dreisystemlandschaft eigene Business-Services und SAP-Fiori-Apps entwickeln. Um Anwendungsbenutzern den Zugriff auf Ihre Services im Test- und im Produktiv-Tenant zu ermöglichen, entwickeln Sie Ihre eigenen IAM-Entitäten im Entwicklungs-Tenant. Im Entwicklungs-Tenant haben alle Anwendungsbenutzer, denen der von SAP ausgelieferte Anwendungskatalog SAP_CORE_BC_EXT_TST zugeordnet wurde, automatisch Zugriff auf Ihre Business-Services. Dieser Katalog ist enthalten in der Anwendungsrollenvorlage SAP_BR_DEVELOPER. Wenn Ihre Business-Services von SAP freigegebene Application Programming Interfaces (APIs) aufrufen, können Sie Entwickler*innen die erforderlichen Berechtigungen im Entwicklungs-Tenant über die von SAP ausgelieferten Anwendungskataloge zuweisen, deren Anwendungskatalog-ID mit dem Präfix SAP_A4C_BC_DEV_TST beginnt.

In Ihren Business-Services müssen Sie eine Zugriffskontrolle implementieren, um sicherzustellen, dass nur berechtigte Benutzer*innen spezifische Aktivitäten für bestimmte Instanzen eines Business-Objekts durchführen können. Dazu können Sie Berechtigungsprüfungen für von Ihnen erstellte Berechtigungsobjekte nutzen, oder Sie verwenden SAP-Berechtigungsobjekte, die für die Verwendung in Erweiterungen freigegeben sind. Wenn Ihr Business-Service freigegebene SAP-Objekte nutzt, sind diese freigegebenen Objekte normalerweise durch ebenfalls freigegebene SAP-Berechtigungsobjekte geschützt.

Mit Berechtigungsvorschlagswerten können Sie die Berechtigungsobjekte und Berechtigungswerte auflisten, die von Ihrem Business-Service geprüft werden und für die die Anwendungsbenutzer berechtigt sein müssen, um auf diesen Business-Service zugreifen. Wenn der Business-Service einer IAM-App hinzugefügt wird, können diese Berechtigungsvorschlagswerte als zugeordnete Berechtigungsobjekte vorgeschlagen werden. Die Berechtigungsvorschlagswerte können in der IAM-App überschrieben und weiter spezialisiert werden.

Das Aktivitäts-Mapping zu den zulässigen Aktivitätswerten für das in Ihrem Berechtigungsobjekt enthaltene Standardberechtigungsfeld **Aktivität** (ACTVT) definiert die Zuordnung zu den Zugriffskategorien »Lesezugriff«, »Schreibzugriff« oder »Wertehilfe«.

Über die IAM-App können Sie die erforderlichen Berechtigungen für Anwendungsbenutzer für einen oder mehrere von Ihnen erstellte Services definieren. Sie können die Services direkt zur IAM-App hinzufügen oder indirekt, indem Sie ein Launchpad-App-

Deskriptor-Element für eine SAP-Fiori-App hinzufügen (entwickelt mit dem SAP Business Application Studio), die die Services als Datenquelle verwendet.

Sie können Ihren Rollenadministrator*innen die Möglichkeit geben, mehrere Anwendungsrollen mit unterschiedlichen Werten für bestimmte Berechtigungsfelder Ihrer Berechtigungsobjekte zu definieren, die für die Zugriffskontrolle Ihres Business-Services verwendet werden. Dazu müssen Sie für die betreffenden Berechtigungsfelder jeweils eigene Einschränkungsfelder erstellen. Ihre Einschränkungsfelder und Ihre Berechtigungsobjekte müssen in einem von Ihnen definierten Einschränkungstyp kombiniert werden. Für die von SAP freigegebenen Berechtigungsobjekte hat SAP auch die entsprechenden Einschränkungstypen einschließlich der erforderlichen Einschränkungsfelder freigegeben, sodass diese direkt in Ihren Anwendungskatalogen verwendet werden können.

In IAM-Anwendungskatalogen bündeln Sie mehrere IAM-Apps und deren vordefinierte Berechtigungen. Bei Bedarf können Sie die zugehörigen Einschränkungstypen mit aufnehmen, damit die Rollenadministrator*innen später die instanzbasierten Einschränkungen feiner einstellen können. Ihre IAM-Anwendungskataloge können von den Rollenadministrator*innen wie die von SAP bereitgestellten Anwendungskataloge verwendet werden, um Anwendungsrollen zu erstellen, die den Anwendungsbenutzern zugeordnet werden.

Optional können Sie eigene IAM-Anwendungsrollenvorlagen definieren und ihnen Ihre IAM-Anwendungskataloge zuweisen. Dies erleichtert Rollenadministrator*innen die Suche nach den Anwendungskatalogen, die für die entsprechende Rolle in Ihrem Unternehmen relevant sind.

17

17.1.6 IAM-Tools

SAP bietet eine Reihe von benutzerfreundlichen Tools zur Berechtigungs- und Benutzerverwaltung in SAP S/4HANA Cloud. Die verfügbaren Tools sind auf separate Anwendungskataloge verteilt, um die Funktionstrennung zu unterstützen. Es gibt Anwendungskataloge für die Benutzerverwaltung (Anwendungskatalog für Anwendungsbenutzer SAP_CORE_BC_IAM_UM, Anwendungskatalog für Personal SAP_BUM_BC_MNG_WORKFORCE_PC), die Anwendungsrollenverwaltung (Anwendungskatalog SAP_CORE_BC_IAM_RM) und die Anwendungsrollenzuordnung (Anwendungskatalog SAP_CORE_BC_IAM_RA). Anwendungsbenutzergruppen und Anwendungsrollengruppen können verwendet werden, um die IAM-Verwaltung auf Instanzebene weiter einzuschränken. Die folgende Liste gibt einen Überblick über die wichtigsten Tools:

- **Personal verwalten**
  Mit diesem Tool können Sie Geschäftspartner mit der Geschäftspartnerrolle »Mitarbeiter« und »externe Arbeitnehmer« anlegen. Diese Geschäftspartnerrollen sind die Basis für die Anwendungsbenutzer in SAP S/4HANA Cloud.

- **Anwendungsbenutzer pflegen**
  Mit diesem Tool können Sie Einstellungen für Anwendungsbenutzer, z. B. den Gültigkeitszeitraum oder Datums- und Datenformate, sowie die Zuordnung von Anwendungsrollen pflegen. Außerdem können Sie damit den Status von Anwendungsbenutzern überwachen (z. B. Anmeldungen seit einem Stichtag) und die Änderungsbelege für Anwendungsbenutzer anzeigen. Das Anlegen von Anwendungsbenutzern ist mit diesem Tool nicht möglich. Anwendungsbenutzer werden mit der App **Personal verwalten** angelegt oder automatisch aus externen Identity-Management-Systemen oder aus HCM-Systemen repliziert.

  Für den produktiven Einsatz empfiehlt es sich, die Anwendungsbenutzer aus externen Identity-Management-Systemen, aus SAP SuccessFactors Employee Central oder aus einem externen HCM-System zu replizieren.
- **Anwendungsbenutzergruppen pflegen**
  Mit diesem Tool können Sie Anwendungsbenutzergruppen erstellen und ihnen Anwendungsbenutzer zuordnen.
- **Gelöschte Anwendungsbenutzer pflegen**
  Mit diesem Tool können Sie gelöschte Anwendungsbenutzer innerhalb des geltenden Aufbewahrungszeitraums anzeigen und festlegen, ob deren Wiederherstellung erlaubt oder untersagt ist.
- **Anwendungsrollen pflegen**
  Dies ist das zentrale Tool für die Berechtigungsverwaltung. Hier können Sie Anwendungsrollen erstellen und bearbeiten und die zugehörigen Einschränkungen pflegen. Darüber hinaus können Sie die Änderungsbelege einer Anwendungsrolle anzeigen und Anwendungsrollen als XML-Datei herunterladen.
- **Anwendungsrollengruppen pflegen**
  Mit diesem Tool können Sie Anwendungsrollengruppen erstellen und ihnen Anwendungsrollen zuordnen.
- **Anwendungsrollenvorlagen**
  Dieses Tool bietet einen Überblick über die von SAP bereitgestellten oder mittels Entwicklererweiterbarkeit erstellten Anwendungsrollenvorlagen. Es listet die aus den Anwendungsrollenvorlagen erstellten Anwendungsrollen auf und zeigt an, inwiefern sich die vorhandenen Rollen von den von SAP bereitgestellten Rollenvorlagen unterscheiden, was die enthaltenen Anwendungskataloge angeht. Bei Bedarf können Sie die Anwendungsrollen auch mit den Anwendungsrollenvorlagen bezüglich der enthaltenen Anwendungskataloge synchronisieren.
- **Anwendungskataloge**
  Dieses Tool verschafft Ihnen einen Überblick über alle Anwendungskataloge. Dies umfasst die von SAP ausgelieferten und die von Ihnen mittels Entwicklererweiter-

barkeit erstellten Kataloge. Das Tool zeigt die in den Anwendungskatalogen enthaltenen Anwendungen, die zugeordneten Einschränkungstypen, ihre Abhängigkeiten von anderen Anwendungskatalogen sowie ihre Verwendung in Anwendungsrollen und Anwendungsrollenvorlagen. Es zeigt außerdem an, welche Anwendungskataloge von SAP abgekündigt (deprecated) wurden und durch welche Anwendungskataloge sie ersetzt wurden. In diesem Fall kann das Tool die betroffenen Anwendungsrollen so anpassen, dass sie anstelle der abgekündigten Anwendungskataloge die Nachfolgekataloge enthalten.

- **Einschränkungstyp anzeigen**
  Mit diesem Tool können Sie Einschränkungstypen anzeigen, einschließlich ihrer Beschreibung und der zugeordneten Einschränkungsfelder. Außerdem können Sie sehen, in welchen Anwendungskatalogen der Einschränkungstyp enthalten ist.
- **IAM-Kennzahlen**
  Dieses Dashboard bietet einen schnellen Überblick über Anwendungsbenutzer und Anwendungsrollen, indem es die wichtigsten Informationen aus den Apps **Anwendungsbenutzer pflegen** und **Anwendungsrollen pflegen** in Form von Diagrammen anzeigt.
- **IAM-Informationssystem**
  Dieses Tool ermöglicht komplexe Suchläufe über Anwendungsbenutzer, Anwendungsrollen, Anwendungsrollenvorlagen, Anwendungskataloge, Einschränkungen und Anwendungen hinweg.

  Sie können damit z. B. die folgenden Fragen beantworten:
  - Welche Benutzer*innen können auf eine bestimmte Anwendung zugreifen?
  - Welche Einschränkungen gelten für einen Benutzer bzw. eine Benutzerin?
- **Anwendungsrollenänderungen nach Upgrade verwalten**
  Dieses Tool zeigt die relevanten Änderungen an Anwendungskatalogen und Einschränkungstypen zusammen mit den betroffenen Anwendungsrollen nach einem Upgrade an. Das ist ein guter Ausgangspunkt, um nach einem Upgrade festzustellen, wo Sie Ihre Anwendungsrollen aufgrund des Release-Wechsels anpassen müssen.
- **Berechtigungstrace anzeigen**
  Mit diesem Tool können Sie den Berechtigungstrace aktivieren und die Ergebnisse von Berechtigungsprüfungen für einen Anwendungsbenutzer anzeigen. Damit können Sie sehen, welche Berechtigungsprüfungen erfolgreich waren oder fehlgeschlagen sind. Für Berechtigungsprüfungen eines bestimmten Einschränkungstyps werden in den Detailinformationen alle Anwendungsrollen aufgelistet, mit denen diese Berechtigung erteilt werden kann.

17.1.7 SAP-Fiori-Launchpad-Seiten und -Bereiche

Wie bereits erläutert, definieren Anwendungsrollen nicht nur Zugriffsbeschränkungen, sondern auch die Startseite, die den Benutzer*innen nach ihrer Anmeldung an einem SAP-S/4HANA-Cloud-Tenant im SAP Fiori Launchpad angezeigt wird (siehe auch Abschnitt 3.1). Jedem Anwendungskatalog ist ein SAP-Fiori-Launchpad-Anwendungskatalog zugeordnet. Dieser definiert anhand der darin enthaltenen Launchpad-Kacheln die Anwendungen, die die Benutzer*innen über das SAP Fiori Launchpad starten können. Es ist nicht möglich, die von SAP bereitgestellten SAP-Fiori-Launchpad-Anwendungskataloge zu ändern.

Abbildung 17.2 zeigt die Entitäten, die die Startseite eines Anwendungsbenutzers im SAP Fiori Launchpad definieren.

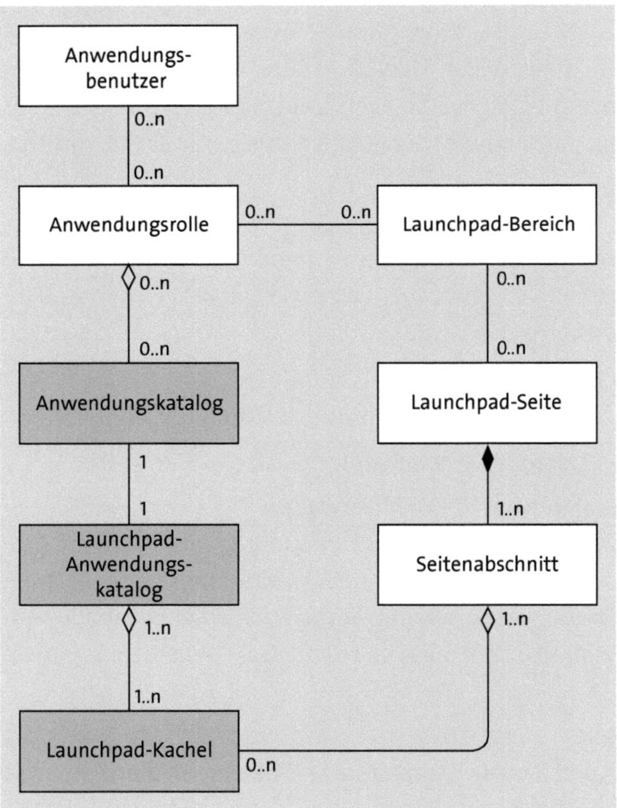

Abbildung 17.2 Entitäten zum Definieren der Übersichtsseite für Anwendungsbenutzer

Entitäten mit einer dunklen Füllung können von SAP-Kunden nicht geändert werden; Entitäten ohne Füllung können von SAP-Kunden definiert werden. Welche Launchpad-Kacheln auf der Startseite der Benutzer*innen sichtbar sind, wird durch die Launchpad-Seiten definiert, die einer Anwendungsrolle über einen oder mehrere *Launchpad-Bereiche* zugeordnet sind. In der App **Anwendungsrollen pflegen** können sie einen neuen Launchpad-Bereich für eine Anwendungsrolle erstellen oder der Anwendungsrolle einen bereits vorhandenen Launchpad-Bereich zuordnen. Bei der Erstellung eines neuen Launchpad-Bereichs wird diesem automatisch eine *Launchpad-Seite* zugeordnet. SAP stellt für Anwendungsrollenvorlagen Launchpad-Bereichsvorlagen bereit, mit denen Sie einen Launchpad-Bereich anlegen können, wenn Sie eine Anwendungsrolle aus einer Anwendungsrollenvorlage erstellen, oder die Sie direkt einer Anwendungsrolle zuordnen können.

Das Layout einer Seite kann mit der App **Launchpad-Seiten verwalten** (enthalten im Anwendungskatalog `SAP_CORE_BC_UI_FLD`) definiert werden, das auch aus der App **Anwendungsrollen pflegen** aufgerufen werden kann. Eine Launchpad-Seite kann in mehrere Abschnitte gegliedert werden, denen Sie beliebige Kacheln aus den Anwendungskatalogen zuweisen können, die der Anwendungsrolle zugeordnet sind.

17.2 Verwalten von Benutzerkonten, Rollen und Katalogen

Dieser Abschnitt beschreibt die Verwaltung von IAM-Content. Der IAM-Lebenszyklus beginnt mit der Bereitstellung von SAP-Anwendungskatalogen und PFCG-Rollen (einschließlich Berechtigungswerten). In Abschnitt 17.1 wurde darauf hingewiesen, dass PFCG-Rollen automatisch generiert werden, wenn ein Administrator oder eine Administratorin eine Anwendungsrolle aktiviert. Die generierte PFCG-Rolle wird zunächst als Kopie einer als Vorlage ausgelieferten PFCG-Rolle erstellt und dann um die Berechtigungen ergänzt, die den von den IAM-Administrator*innen gepflegten Einschränkungen entsprechen. Für Berechtigungsfelder, die über Einschränkungsfelder realisiert werden, definieren die Administrator*innen die gewünschten Einstellungen, während alle übrigen Berechtigungswerte aus den von SAP definierten Vorschlagswerten der Vorlage übernommen werden. Die von SAP gelieferten und die von Administrator*innen definierten Einschränkungen bilden zusammen die Grundlage für die Erstellung der kundenspezifischen Anwendungsrollen, die dann den Anwendungsbenutzern zugeordnet werden.

Nachdem die Anwendungsrollen initial erstellt und Anwendungsbenutzern zugeordnet wurden, müssen diese nachträglich angepasst werden. Gründe dafür sind sowohl Änderungen am von SAP ausgelieferten Content im Rahmen des Softwarelebenszyklus (z. B. Einführung neuer Anwendungskataloge, Umstrukturierung von Anwendungskatalogen, Änderungen von Berechtigungswerten, Hinzufügen/Entfernen von Berechtigungsprüfungen) als auch Änderungen der geschäftlichen Anforderungen und des Umfangs der Anwendungsrollen aufseiten des SAP-Kunden.

17.2.1 Kommunikationsvereinbarungen

Neben den Benutzer*innen können auch verschiedene SAP- oder Drittanbieteranwendungen mit SAP S/4HANA Cloud integriert werden. Wie für die menschlichen Benutzer*innen verwaltet IAM auch die Berechtigungen für den Remote-Zugriff aus anderen Anwendungen. Für jede Integration mit einer externen Anwendung wird im SAP-S/4HANA-Cloud-Tenant eine Kommunikationsvereinbarung angelegt. Aus IAM-Sicht sind die wichtigsten Aspekte einer Kommunikationsvereinbarung die Kommunikationsbenutzer und die zugehörigen Rollen, mit denen die notwendigen Berechtigungen für die Kommunikation mit dem SAP-S/4HANA-Cloud-Tenant erteilt werden. Kommunikationsvereinbarungen werden auf Basis von Kommunikationsszenarien angelegt. Einschränkungen für Kommunikationsbenutzer können dabei nicht definiert werden. Für weitere Details zum Kommunikationsmanagement in SAP S/4HANA Cloud siehe Abschnitt 6.4.

17.2.2 PFCG-Rollen und Anwendungskataloge

Eines der Hauptziele von IAM in SAP S/4HANA Cloud ist es, die Pflege von Berechtigungen und Rollen für SAP-Kunden zu vereinfachen und die darunter liegenden technischen Konstrukte zu verbergen. Im seinem Inneren baut IAM jedoch auf den ABAP-Berechtigungsmechanismen auf.

Wie bereits erläutert, liefert SAP Anwendungskatalogvorlagen als Basis für die Erstellung kundeneigener Anwendungsrollen und Anwendungskataloge, die dann den Anwendungsbenutzern zugeordnet werden. Die Anwendungskatalogvorlagen werden mit vordefinierten PFCG-Rollen ausgeliefert, auf deren Grundlage die spezifischen PFCG-Rollen für die verschiedenen Anwendungsrollen generiert werden. Auf beides gehen wir in den folgenden Abschnitten näher ein.

Verwendung vordefinierter PFCG-Rollen

Die von SAP gelieferten PFCG-Rollen decken alle relevanten Berechtigungen ab. Ein Teil dieser Berechtigungen ist über Vorschlagswerte definiert, d. h., SAP legt die Parameterwerte für das Berechtigungsobjekt oder -feld fest, und diese können nicht geändert werden. Diese Parameter sind daher für IAM-Administrator*innen, die eine Anwendungsrolle aus einer Anwendungsrollenvorlage erstellen, nicht sichtbar. Beispielsweise würde eine Anwendungsrolle für Mitarbeiter*innen, die mit Lagerverkaufsaufträgen befasst sind, bereits die Einschränkung der Auftragsart auf die entsprechende Lagerverkaufsauftragsart enthalten. Darüber hinaus sind alle Berechtigungen, für die IAM-Administrator*innen Einschränkungen definieren können, über die Einschränkungstypen zugänglich.

Um die Verwaltung von Berechtigungen in SAP S/4HANA Cloud zu vereinfachen, werden die Einschränkungen nicht für beliebige Aktivitäten definiert. Stattdessen werden die verschiedenen Aktivitäten in drei Kategorien eingeteilt, die sogenannten *Zugriffskategorien*:

- **Lesezugriff**
  Hierunter werden alle Aktivitäten zusammengefasst, bei denen das Objekt nicht geändert wird.
- **Schreibzugriff**
  Hierunter werden alle Aktivitäten zusammengefasst, die ein Objekt erzeugen, ändern oder löschen.
- **Wertehilfe**
  Hierunter werden Aktivitäten zusammengefasst, die zur Anzeige der Wertehilfe ausgeführt werden.

Für den Schreibzugriff gepflegte Einschränkungen gelten automatisch auch für den Lesezugriff und den Wertehilfezugriff, und für den Lesezugriff gepflegte Einschränkungen gelten automatisch für den Wertehilfezugriff.

Strukturierung von SAP-Anwendungsrollenvorlagen und Anwendungskatalogen

Die von SAP bereitgestellten Anwendungskataloge und die zugehörigen Anwendungsrollenvorlagen sind so strukturiert, dass sie Anwendungsbenutzern zugeordnet werden können, ohne unnötige oder unbeabsichtigte Berechtigungen zu vergeben. Es ist besonders wichtig, dass die Zugriffskategorie für ein Business-Objekt auf verschiedene Personen aufgeteilt werden kann, wobei jede dieser Personen nur den zur Erfüllung der eigenen Aufgaben erforderlichen Zugriff erhält. Auf diese Weise können Sie das Prinzip der Funktionstrennung umsetzen: Sie können sicherstellen, dass bestimmte Tätigkeiten bezüglich eines Business-Objekts nur von bestimmten, getrennten Gruppen von Benutzer*innen ausgeführt werden, indem Sie entsprechende Anwendungsrollen und Anwendungskataloge definieren und diese den einzelnen Benutzer*innen zuordnen.

17.2.3 Verwaltung von Benutzerkonten, Rollen und Katalogen durch Kunden

IAM in SAP S/4HANA Cloud ist auf die wesentlichen Aspekte reduziert, um die Bedienung zu vereinfachen und die Verwaltung von Anwendungsrollen effizienter zu gestalten. Mithilfe der von SAP bereitgestellten Vorlagen (siehe Abschnitt 17.2.2) stellen Sie Ihren Benutzer*innen die erforderlichen Anwendungskataloge und Anwendungsrollen zur Verfügung, damit sie ihre tägliche Arbeit erledigen können. Wie Sie hierzu vorgehen, erfahren Sie in den folgenden Abschnitten.

Scoping

Einer der ersten Schritte bei der Implementierung von SAP S/4HANA Cloud besteht darin, dass der SAP-Kunde im Rahmen des Scopings (der Festlegung des Lösungsumfangs) entscheidet, welche Geschäftsprozesse im Unternehmen genutzt werden sollen (siehe Abschnitt 16.1). Aus der IAM-Perspektive enthält SAP S/4HANA Cloud Anwendungskataloge und Rollen, die den gesamten Funktionsumfang von SAP S/4HANA Cloud abdecken. Um die kundenspezifischen Scoping-Entscheidungen im IAM-Kontext abzubilden, verknüpft SAP die IAM-Objekte mit den Scoping-Entitäten. Mit diesen Verknüpfungen sind nach dem Scoping in der Implementierungsphase auch alle relevanten Anwendungskataloge und Rollen bekannt. Damit kann SAP S/4HANA Cloud alle relevanten IAM-Objekte für Ihren Lösungsumfang anzeigen, und Sie müssen lediglich die Berechtigungseinschränkungen pflegen.

Benutzererstellung und Rollenzuordnung

Die Hauptaufgabe der IAM-Administrator*innen in einem SAP-S/4HANA-Cloud-Tenant besteht darin, Anwendungsbenutzer zu erstellen und ihnen Anwendungsrollen zuzuordnen. IAM-Administrator*innen sind für die folgenden Aktivitäten verantwortlich:

- **Identifizierung und Definition von Aufgaben, die bestimmten Benutzer*innen zugewiesen werden sollen**
  IAM-Administrator*innen überprüfen auf diese Weise, ob die vorhandenen Rollen den Anforderungen genügen oder ob eine neue Rolle erstellt werden muss.
- **Funktionstrennung**
  Die IAM-Administrator*innen legen fest, welche Aufgaben verschiedenen Benutzer*innen zugeteilt werden müssen, z. B. die Erstellung und Genehmigung eines Business-Objekts. Auf dieser Grundlage entscheiden die IAM-Administrator*innen, welche Rollen den Benutzer*innen zugeordnet werden. Dabei ist auch zu prüfen, ob die definierte Aufteilung der Rollen und Kataloge den Grundsätzen der Funktionstrennung entspricht.
- **Erstellung von Rollen und Katalogen auf Grundlage der SAP-Vorlagen (unter Berücksichtigung der Funktionstrennung)**
  In einem ersten Schritt legen die IAM-Administrator*innen Anwendungsbenutzer im SAP-S/4HANA-Cloud-Tenant an. Das kann entweder direkt erfolgen, oder die Benutzer können zunächst in einem HCM-Service wie SAP SuccessFactors Employee Central angelegt und von dort in den SAP-S/4HANA-Cloud-Tenant repliziert werden. Nachdem die Anwendungsrollen und Kataloge erstellt wurden, werden sie den Anwendungsbenutzern zugeordnet.

17.2.4 Änderungen der von SAP bereitgestellten Rollen und Kataloge im Lebenszyklus

Wie alle Software- und Entwicklungsartefakte unterliegen auch die Rollen und Anwendungskataloge einem Lebenszyklus. Nehmen wir an, dass SAP mit einer bestimmten Softwareversion eine neue Anwendungsrollenvorlage oder einen neuen Anwendungskatalog geliefert hat, um den Zugriff auf eine neue Funktion oder ein neues Feature zu ermöglichen. In nachfolgenden Releases werden an dieser Anwendungsrolle oder diesem Anwendungskatalog möglicherweise einige Änderungen vorgenommen. Beispielsweise wären folgende Änderungen denkbar:

- Änderungen an den Berechtigungsvorschlagswerten aufgrund einer Präzisierung des Berechtigungskonzepts
- Änderungen an Einschränkungstypen und Katalogen. Solche Änderungen können Folgendes umfassen:
  - *Neue Einschränkungstypen für bestehende Funktionen*
    Die Einschränkungstypen haben zunächst den Status **Phase-In**, was bedeutet, dass sie noch keine Auswirkung zur Laufzeit haben. Erst mit dem nächsten Release werden sie dann aktiv geschaltet. Dieses Phase-in-Konzept ermöglicht es Ihnen, die erforderlichen Einschränkungen vorzubereiten, bevor sie zur Laufzeit geprüft werden.
  - *Neue Einschränkungstypen für neue Funktionen*
    Dieser Einschränkungstyp wird zur Laufzeit sofort geprüft und muss gepflegt werden, bevor Benutzer*innen die neue Funktionalität nutzen.
- Hinzufügen neuer Anwendungen zu einem Anwendungskatalog im Rahmen der kontinuierlichen Erweiterung der Funktionalität. Benutzer*innen mit einer Anwendungsrolle, die diesen Anwendungskatalog enthält, erhalten dann Zugriff auf die neuen Anwendungen, und es kann notwendig sein, der Rolle (mithilfe von Einschränkungen) zusätzliche Berechtigungen für die neue Anwendung hinzuzufügen.
- Entfernen von Anwendungen aus einem Anwendungskatalog, weil sie veraltet sind, durch einen Nachfolger ersetzt werden oder in einen anderen Anwendungskatalog verschoben wurden
- Aufteilung/Umstrukturierung eines Anwendungskatalogs zur Funktionstrennung oder aufgrund von Geschäftsanforderungen. Dies geschieht in der Regel durch die Abkündigung des alten Anwendungskatalogs und die Einführung eines oder mehrerer Nachfolgekataloge. In diesem Fall gibt SAP an, welche Anwendungskataloge als Nachfolger des veralteten Katalogs dienen. Die Abkündigungsphase ermöglicht es Ihnen, Ihre eigenen Anwendungsrollen rechtzeitig anzupassen, um Unterbrechungen für die Benutzer*innen zu vermeiden.

Nach der anfänglichen Einrichtung von Anwendungsbenutzern, Rollen und Katalogen können solche Änderungen im Rahmen des Softwarelebenszyklus immer wieder Anpassungen an ihrem IAM-Content erforderlich machen. Einige Änderungen auf technischer/administrativer Ebene, die sich nicht auf die Berechtigungen der Benutzer*innen auswirken, werden beim Upgrade automatisch übernommen.

Informationen zu den von SAP vorgenommenen Änderungen an den bereitgestellten Anwendungsrollenvorlagen und Anwendungskatalogen finden Sie in der Dokumentation der Neuerungen. Darüber hinaus werden in den IAM-Upgradetools Änderungen angezeigt, die sich auf die kundenseitig verwalteten Rollen und Kataloge auswirken. Die von SAP im Rahmen eines Upgrades im Phase-in-Status gelieferten Einschränkungstypen sind noch nicht aktiv und ermöglichen es Ihnen, Ihr System auf die notwendigen Berechtigungen für das nächste Upgrade vorzubereiten. So verhindern Sie beim nächsten Upgrade eine Unterbrechung Ihrer Geschäftsprozesse aufgrund fehlender Berechtigungen ihrer Benutzer*innen.

17.2.5 Unterstützung von Systemaudits

SAP S/4HANA Cloud umfasst Tools, die die typischen Anforderungen von Systemauditor*innen zum Monitoring im IAM-Bereich abdecken.

In der Regel können die zur IAM-Verwaltung verwendeten Tools über eine spezielle Anwendungsrolle auch von Prüfer*innen verwendet werden. Hierbei wird der Schreibzugriff vollständig unterbunden, indem für die Kategorie »Schreibzugriff« die Einschränkung »Kein Zugriff« festgelegt wird. Besprechen wir nun die wichtigsten Prüfungsanforderungen, und sehen wir uns kurz an, wie die erforderlichen Informationen abgerufen werden können.

Die kundenseitig konfigurierten Authentifizierungsregeln und Kennwortrichtlinien für Anwendungsbenutzer können im Änderungsprotokoll des Identity Authentication Service überwacht werden. Für die eingehende Kommunikation zeigt die App **Kommunikationsvereinbarungen** (enthalten im Anwendungskatalog `SAP_CORE_BC_COM`) die aktuell zugeordneten Kommunikationsbenutzer für eine Kommunikationsvereinbarung an. Dort können Sie sich die für die Benutzer konfigurierte Methode zur Eingangsauthentifizierung anzeigen lassen und auf das Änderungsprotokoll der Kommunikationsvereinbarung zugreifen.

Die Liste der vorhandenen Benutzer eines SAP-S/4HANA-Cloud-Tenants und deren Sperrstatus kann für technische Benutzer in der App **Technische Benutzer anzeigen** (enthalten im Anwendungskatalog `SAP_CORE_BC_IAM_UM`) angezeigt werden, z. B. für initiale Benutzer (`SAP_CUST_INI`), Kommunikationsbenutzer, Druckbenutzer, von SAP verwaltete Kommunikationsbenutzer, von SAP verwaltete technische Benutzer und von SAP verwaltete Supportbenutzer. Für Anwendungsbenutzer sind die gleichen Informationen in der App **Anwendungsbenutzer pflegen** (enthalten in den Anwendungskatalogen SAP_CORE_BC_IAM_UM und SAP_CORE_BC_IAM_RA) verfügbar.

Gelöschte Anwendungsbenutzer können innerhalb der für sie geltenden Aufbewahrungsfrist in der App **Gelöschte Anwendungsbenutzer pflegen** (enthalten im Anwendungskatalog SAP_CORE_BC_IAM_UMD) aufgelistet werden.

Eine Funktionstrennung für die Berechtigungs- und Benutzerverwaltung kann erzielt werden, indem die Anwendungskataloge für die Benutzerverwaltung (Anwendungskatalog SAP_CORE_BC_IAM_UM), Rollenverwaltung (Anwendungskatalog SAP_CORE_BC_IAM_RM) und Rollenzuordnung (Anwendungskatalog SAP_CORE_BC_IAM_RA) einer vollständig getrennten Gruppe von Benutzer*innen zugeordnet werden.

Die Anzahl der zugewiesenen Anwendungsrollen für einen Anwendungsbenutzer kann in der App **Anwendungsbenutzer pflegen** (enthalten in den Anwendungskatalogen SAP_CORE_BC_IAM_UM und SAP_CORE_BC_IAM_RA) überwacht werden. Mit diesem Tool können Sie auch die Nutzung von Anwendungsbenutzerkonten überprüfen, indem Sie z. B. Anwendungsbenutzer auflisten, für die es gar keine Anmeldungen gibt oder keine nach einem bestimmten Stichtag. Die App **IAM-Kennzahlen** (enthalten in den Anwendungskatalogen SAP_CORE_BC_IAM_RA, SAP_CORE_BC_IAM_RM und SAP_CORE_BC_IAM_UM) bietet in einem grafischen Dashboard einen Überblick über die Nutzung von Anwendungsbenutzerkonten.

Das Änderungsprotokoll für Anwendungsrollen enthält Informationen über das Hinzufügen und Entfernen von Anwendungskatalogen, die Pflege von Einschränkungen und die Zuordnung von Anwendungsrollen zu Anwendungsbenutzern. Der Zugriff auf das Protokoll erfolgt über die App **Anwendungsrollen pflegen** (enthalten in den Anwendungskatalogen SAP_CORE_BC_IAM_RA und SAP_CORE_BC_IAM_RM).

Um Änderungen an Anwendungsbenutzern zu protokollieren, können die im Identity Authentication Service geänderten Attribute im entsprechenden Auditprotokoll überwacht werden, darunter z. B. auch eine Kennwortänderung. Die protokollierten Aktionen für die Anwendungsbenutzer im SAP-S/4HANA-Cloud-Tenant (Benutzer angelegt, Benutzer gelöscht, Sperrstatus geändert, Gültigkeitszeitraum geändert, Alias geändert, Anwendungsrollen geändert) sind über die App **Anwendungsbenutzer pflegen** zugänglich (enthalten in den Anwendungskatalogen SAP_CORE_BC_IAM_UM und SAP_CORE_BC_IAM_RA).

Mit dem Tool **Kommunikationsbenutzer pflegen** (enthalten im Anwendungskatalog SAP_CORE_BC_COM) können Sie auf das Änderungsprotokoll für von Ihnen verwaltete Kommunikationsbenutzer zugreifen, z. B. auf Kennwortänderungen.

Die App **Security-Audit-Log anzeigen** (enthalten im Anwendungskatalog SAP_CORE_BC_SEC_SAL) zeigt sicherheitsrelevante Systeminformationen an, z. B. erfolglose Anmeldeversuche oder Änderungen von Feldwerten über den ABAP-Debugger durch

SAP-Supportbenutzer. Die zu protokollierenden Ereignisse werden von SAP vorkonfiguriert und können von den Administrator*innen nicht geändert werden.

17.3 Zusammenfassung

In diesem Kapitel haben Sie IAM kennengelernt, die vereinfachte Art der Berechtigungsverwaltung in SAP S/4HANA Cloud. Es wurden die wichtigsten IAM-Entitäten vorgestellt, z. B. Anwendungskataloge, Anwendungsrollen und Einschränkungstypen, sowie die Tools, die zu deren Pflege verwendet werden. Es wurde beschrieben, welche IAM-Entitäten Sie für Ihre eigenen, über die Entwicklererweiterbarkeit erstellten Business-Services benötigen. Außerdem wurde erläutert, wie diese Konzepte mit den Seiten und Bereichen des SAP Fiori Launchpad zusammenhängen. Anschließend haben wir uns damit befasst, wie Benutzer*innen authentifiziert werden und die für IAM relevanten Aspekte von Kommunikationsvereinbarungen zur Konfiguration der Integration mit anderen Systemen erläutert.

Danach sind wir auf Anwendungsbenutzer eingegangen und darauf, wie ihnen Rollen und Kataloge zugewiesen werden, die definieren, auf welche Anwendungsfunktionen und Business-Objekte diese Benutzer Zugriff haben. Sie haben die von SAP zur Verfügung gestellten Vorlagen kennengelernt und erfahren, wie Sie diese zur Definition Ihrer eigenen Inhalte verwenden können. Außerdem wurden verschiedene Aspekte des Lebenszyklus von IAM-Entitäten erörtert, die sich durch von SAP vorgenommene Änderungen oder neue geschäftliche Anforderungen in Ihrem Unternehmen ergeben. Schließlich wurde erläutert, wie IAM Auditor*innen dabei unterstützt, den benötigten Zugriff auf die Berechtigungsdaten zu erhalten.

Im nächsten Kapitel werden wir uns mit den Funktionen für die Ausgabeverwaltung in SAP S/4HANA Cloud befassen.

Kapitel 18
Ausgabeverwaltung

In diesem Kapitel wird die Architektur der Ausgabeverwaltung mit Schwerpunkt auf SAP S/4HANA Cloud erläutert. Sie erfahren, wie Dokumente an Drucker, die in Ihrer On-Premise-Landschaft installiert sind, gesendet werden können und wie der Versand von E-Mails und der elektronische Datenaustausch in einer Cloud-Umgebung funktionieren.

Da die Ausgabeverwaltung in einer Cloud-Umgebung aus technischer Sicht anders funktioniert als in einer On-Premise-Installation, hat SAP die neue *SAP-S/4HANA-Ausgabeverwaltung* entwickelt. Mit diesem Framework lassen sich grundlegende Herausforderungen der Cloud lösen, z. B. das Drucken von Dokumenten auf lokalen Druckern, die nicht direkt aus der Cloud heraus angesprochen werden können. Zudem bietet das Framework Innovationen für bereits vorhandene Technologien, darunter Formularvorlagen und E-Mail-Funktionen. Die neu implementierte *SAP-S/4HANA-Ausgabesteuerung* ist ein Reuse-Service, mit dem alle Ausgabeaktivitäten in den verschiedenen Geschäftsanwendungen einheitlich realisiert werden.

In diesem Kapitel werden die grundlegenden Services der SAP-S/4HANA-Ausgabeverwaltung sowie des Reuse-Service SAP-S/4HANA-Ausgabesteuerung beschrieben, der auf die grundlegenden Services zurückgreift und für die konsumierenden Anwendungen noch mehr Funktionen bereitstellt. Wir beginnen in Abschnitt 18.1 mit einem Überblick über die Architektur und betrachten dann verschiedene Tools und Services für die SAP-S/4HANA-Ausgabeverwaltung: Drucken (siehe Abschnitt 18.2), E-Mail (siehe Abschnitt 18.3), elektronischer Datenaustausch (siehe Abschnitt 18.4), Formularvorlagen (siehe Abschnitt 18.5) und SAP-S/4HANA-Ausgabesteuerung (siehe Abschnitt 18.6).

18.1 Überblick über die Architektur

Die SAP-S/4HANA-Ausgabeverwaltung kombiniert einzelne Services zur Erstellung und Ausgabe von Belegen mit einer zentralen Ausgabesteuerung, die auf diesen grundlegenden Services aufbaut (siehe Abbildung 18.1). Abhängig von den jeweiligen Ausgabeszenarien entscheiden die konsumierenden Geschäftsanwendungen (z. B.

Verkauf, Fakturierung, Bestellung) selbst, welche Funktionen der SAP-S/4HANA-Ausgabeverwaltung genutzt und den Benutzer*innen zur Verfügung gestellt werden.

Ein Beispiel: Wenn ein Einkäufer eine Bestellung anlegt, wird technisch die SAP-S/4HANA-Ausgabesteuerung verwendet, um anhand von im Customizing definierten Geschäftsregeln die auszugebenden Belege zu ermitteln. Diese werden unter Verwendung einer Bestellungsformularvorlage erstellt (Belegerstellung), und dann ausgedruckt (Belegausgabe), um dann an den Lieferanten verschickt zu werden. In einem anderen Szenario wird unter direkter Verwendung der Application Programming Interfaces (APIs) der Business Communication Services (BCS) eine E-Mail versendet, z. B. in SAP Business Workflow. In den folgenden Abschnitten werden wir näher auf die einzelnen Komponenten solcher Ausgabeszenarien eingehen und sie genauer erläutern.

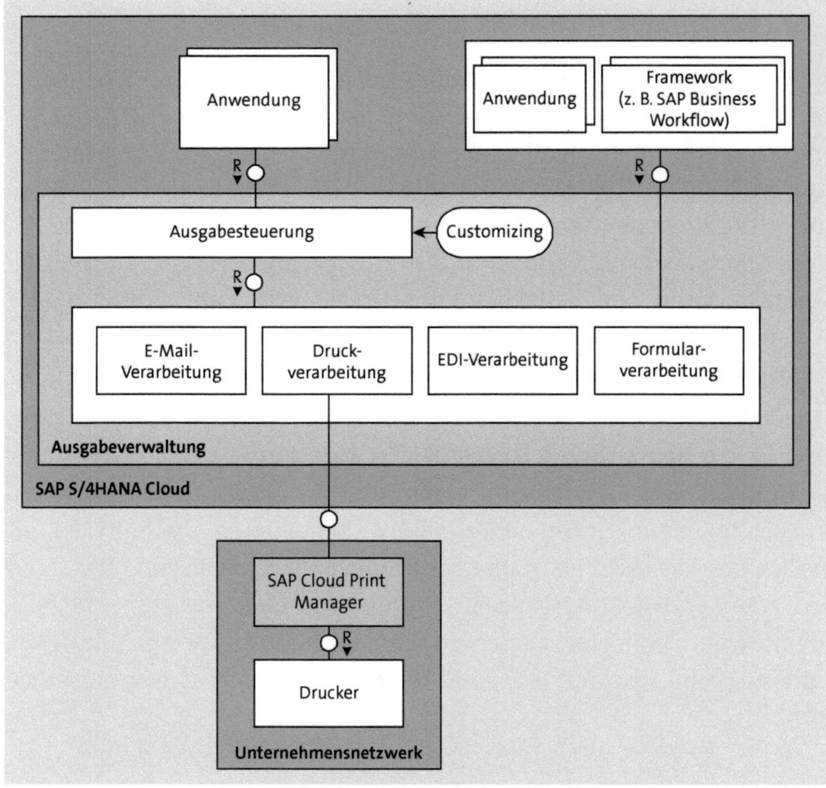

Abbildung 18.1 Architektur der SAP-S/4HANA-Ausgabeverwaltung

18.2 Drucken

Für die Bereitstellung von Druckdiensten in einer SaaS-Lösung (Software as a Service) muss eine in der Cloud ausgeführte Anwendung Dokumente an den physischen Drucker im Unternehmensnetzwerk senden. Deshalb hat SAP *Druckwarteschlangen* eingeführt, an die Anwendungen ihre Druckaufträge senden. Diese ersetzen in SAP S/4HANA Cloud das aus SAP ERP bekannte Spool-System. Die Druckaufträge werden vom *SAP Cloud Print Manager* abgerufen, der im Netzwerk der SAP-Kunden ausgeführt wird und die Aufträge an lokale Drucker sendet.

Der gesamte Druckprozess kann in zwei Abschnitte gegliedert werden. Der erste Abschnitt ist administrativer Natur: Die Key User definieren eine oder mehrere benutzerdefinierte Druckwarteschlangen im SAP-S/4HANA-Cloud-Tenant und konfigurieren die Empfängerseite in ihrem eigenen Netzwerk, z. B. durch die Installation des SAP Cloud Print Manager auf einem lokalen PC. Der zweite Abschnitt des Druckprozesses umfasst die eigentliche Laufzeit, die beginnt, wenn eine Geschäftsanwendung ein Dokument an eine Druckwarteschlange sendet. Dieses Dokument wird dann abgerufen, an den zugewiesenen physischen Drucker weitergeleitet und gedruckt. Die allgemeine Architektur für den Druck wird in Abbildung 18.2 dargestellt.

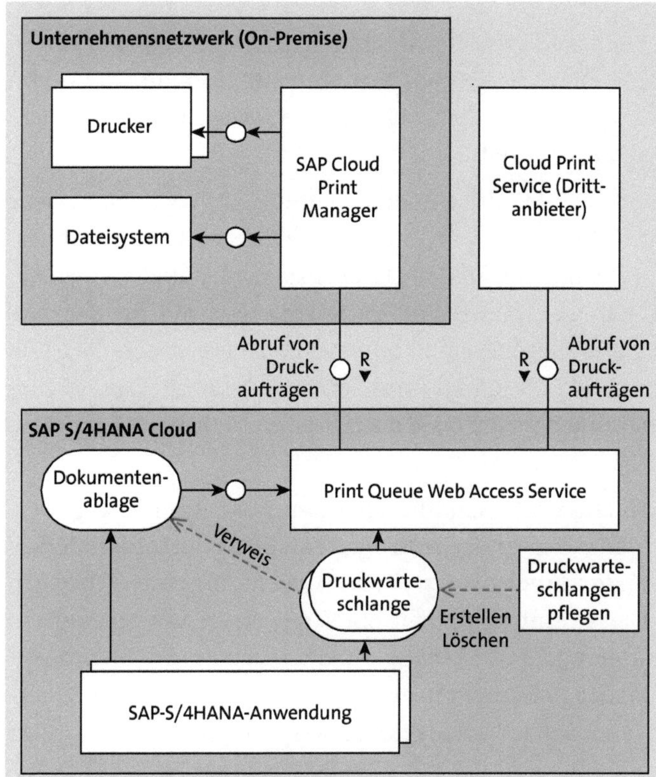

Abbildung 18.2 Architektur für den Druck

Der administrative Teil des Prozesses beginnt mit der App **Druckwarteschlangen pflegen** im SAP-S/4HANA-Cloud-Tenant. Mithilfe dieser App können Sie eigene

Druckwarteschlangen erstellen, ändern oder löschen. Für jede Art von Dokumenten, die über diese Warteschlange gedruckt werden soll, kann eine entsprechende Druckwarteschlange definiert werden. Der gebräuchlichste Dokumententyp ist PDF, aber es gibt noch andere Typen, die verschiedene spezifische Druckersprachen unterstützen, z. B. PostScript, Printer Command Language (PCL) und verschiedene Arten von Barcodedruckersprachen, die für spezielle Zwecke eingesetzt werden. Neben dieser Vorklassifizierung von Dokumenten ist in SAP S/4HANA Cloud keine weitere druckerspezifische Konfiguration erforderlich.

Zum Drucken von Dokumenten aus einer Druckwarteschlange stellt SAP zwei APIs zur Verfügung. Bei dem ersten handelt es sich um ein SAP-eigenes API für den SAP Cloud Print Manager. Der SAP Cloud Print Manager ist ein Microsoft-Windows-basierter Druckserver, der grundlegende Druckfunktionen bietet. Er ist für den üblichen Bürodruck geeignet. Der SAP Cloud Print Manager kann über die App **Zusätzliche Software installieren** aus dem SAP-S/4HANA-Cloud-Tenant heruntergeladen werden.

Das zweite API ist der *Cloud Print Service* (siehe Abbildung 18.2). Dabei handelt es sich um eine offene Schnittstelle, über die Output-Management-Systeme (OMS) von Drittanbietern integriert werden können. Ein OMS stellt in der Regel umfangreichere und spezifischere Druckfunktionen bereit.

Der Cloud Print Manager und das OMS rufen über das jeweilige API den *Print Queue Web Access Service* in SAP S/4HANA Cloud auf, um physische Drucker einer Druckwarteschlange zuzuordnen, Dokumente an den Drucker zu senden und Statusrückmeldungen an den SAP-S/4HANA-Cloud-Tenant zu senden. Das API für den SAP Cloud Print Manager stellt grundlegende Funktionen mit einem festen Satz von Parametern und Attributen bereit. Das Cloud-Print-Service-API für ein OMS ist hinsichtlich der Druckparameter und der vom OMS nutzbaren zusätzlichen Metadateninformationen flexibler.

Nachdem die Konfiguration abgeschlossen und die Kommunikation eingerichtet ist, können Anwendungen damit beginnen, Dokumente an die benutzerdefinierten Druckwarteschlangen zu senden. Zunächst erstellt die Anwendung einen Eintrag in der Druckwarteschlange. Dieser Eintrag enthält entweder einen Verweis auf ein bereits gespeichertes Dokument oder den binären Inhalt des zu druckenden Dokuments. Im letzteren Fall wird das Dokument in einem Zwischenspeicher der Druckwarteschlange abgelegt. Wenn danach Einträge aus der entsprechenden Druckwarteschlange abgerufen werden, wird das betreffende Dokument aus der Dokumentenablage oder dem Zwischenspeicher gelesen und an den SAP Cloud Print Manager oder das OMS-System übergeben. Dort wird es an den physischen Drucker geschickt oder im Dateisystem gespeichert.

18.3 E-Mail

Wenn Anwendungen E-Mails aus SAP S/4HANA Cloud versenden möchten, wird hierzu wie bei On-Premise-Systemen BCS verwendet. BCS stellt Schnittstellen bereit, über die der Inhalt der verschiedenen Bestandteile einer E-Mail (Text und Anhänge) sowie weitere Informationen übergeben werden, z. B. Absender und Empfänger. BCS fasst diese Informationen in einem standardisierten Format zusammen, das für die Kommunikation über das Simple Mail Transfer Protocol (SMTP) genutzt wird, und übergibt die E-Mail an einen von SAP verwalteten Mail-Server zur weiteren Verteilung an die Empfänger (siehe Abbildung 18.3). BCS speichert die Informationen zu den E-Mails nur vorübergehend, um ein Monitoring des E-Mail-Verkehrs zu ermöglichen; es dient nicht als Dokumentenablage für die E-Mails. Mit der App **E-Mail Übertragungen überwachen** können Sie den Sendestatus der ausgehenden E-Mails überwachen.

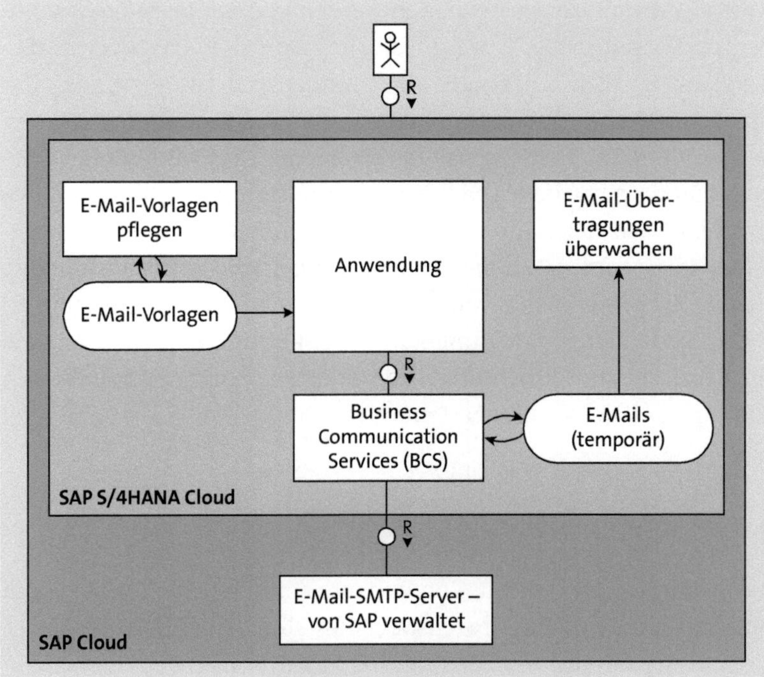

Abbildung 18.3 E-Mail-Verarbeitung

Mit SAP S/4HANA Cloud hat SAP *E-Mail-Vorlagen* eingeführt, die Sie verwenden können, um Betreff und Text einer ausgehenden E-Mail zu formulieren, einschließlich variabler Textteile, die zur Laufzeit eingefügt werden. Diese Funktion wird auch in SAP S/4HANA On-Premise unterstützt. Key User können die von SAP zur Verfügung gestellten E-Mail-Vorlagen kopieren und ihren Bedürfnissen entsprechend anpassen. Hierfür steht ihnen die App **E-Mail-Vorlagen pflegen** zur Verfügung.

18.4 Electronic Data Interchange

Die SAP-S/4HANA-Ausgabeverwaltung unterstützt (über die SAP-S/4HANA-Ausgabesteuerung) Kommunikationsszenarien, bei denen elektronische Nachrichten an einen Geschäftsempfänger gesendet werden müssen. Geschäftsanwendungen nutzen diese Funktion in der Regel für Szenarien, in denen dasselbe Geschäftsdokument über mehrere Kanäle versendet werden kann. So kann eine Bestellung beispielsweise gedruckt, per E-Mail versandt oder als XML-Nachricht verschickt werden. Dennoch handelt es sich immer um dieselbe Bestellung. Der Vorteil des Einsatzes der SAP-S/4HANA-Ausgabesteuerung für solche Szenarien liegt darin, dass die Benutzer*innen die EDI-Ausgabe (Electronic Data Interchange) zusammen mit Ausdrucken und E-Mails zentral verwalten können.

Technisch erfordert EDI in SAP S/4HANA Cloud ein definiertes Kommunikationsszenario mit dedizierten Inbound- und Outbound-Serviceschnittstellen (siehe auch Abschnitt 6.4). Diese Kommunikationsszenarien werden von der betreffenden Anwendung definiert und bereitgestellt. Zur Laufzeit wird die SAP-S/4HANA-Ausgabesteuerung dazu verwendet, den Empfänger zu ermitteln und das Versenden der Nachricht über die definierten Outbound-Serviceschnittstellen anzustoßen. Um beispielsweise eine Bestellung im XML-Format zu versenden, wird mithilfe der SAP-S/4HANA-Ausgabesteuerung der richtige Lieferant ermittelt, und der Kommunikationsvereinbarung für diesen Lieferanten wird das Ziel (Destination) für die Kommunikation entnommen. Diese Informationen werden dann an die Bestellanwendung weitergeleitet, die die XML-Nachricht aus den Bestelldaten zusammenstellt und an das zuvor ermittelte Ziel sendet. Die Dokumentation des Kommunikationsszenarios beschreibt in der Regel die zur Einrichtung erforderlichen Schritte, einschließlich aller Schritte in der SAP-S/4HANA-Ausgabesteuerung.

18.5 Formularvorlagen

Die *Formularverarbeitung* ist die zentrale Komponente zum Erstellen und Rendern von Druckformularen wie Kundenaufträgen oder Bestellungen in SAP S/4HANA Cloud. Die Architektur für die Formularverarbeitung in SAP S/4HANA Cloud wird in Abbildung 18.4 dargestellt. *Formularvorlagen* sowie Logos und Texte, die in den Formularvorlagen verwendet werden sollen, werden innerhalb des SAP-S/4HANA-Cloud-Tenants gespeichert. Key User können SAP-Formulare kopieren, eigene Formulare erstellen und diese mit der App **Formularvorlagen pflegen** ändern. Mit den Apps **Logos verwalten** bzw. **Texte verwalten** können Key User Bilder und Texte definieren, die in den Formularvorlagen für ein individuelles Branding genutzt werden können.

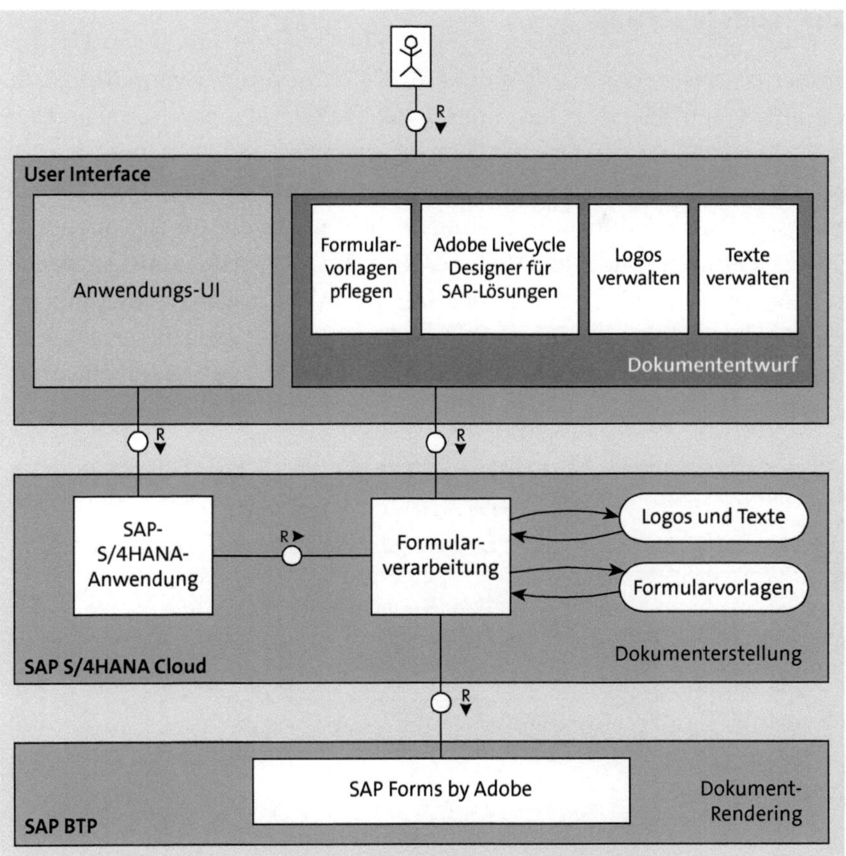

Abbildung 18.4 Formulare in SAP S/4HANA Cloud

Wenn ein Formular benötigt wird, ruft die Anwendung die Komponente zur Formularverarbeitung auf. Die Formularverarbeitung sorgt dafür, dass die von der Anwendung bereitgestellten Laufzeitdaten mit der richtigen Formularvorlage zusammengeführt werden. Das Dokument wird vom Service *SAP Forms by Adobe* im gewünschten Ausgabeformat gerendert. Das Ausgabeformat kann von der aufrufenden Anwendung definiert werden. Mögliche Ausgabeformate sind PDF, PCL und PostScript.

Die Nutzung des Service SAP Forms by Adobe ist in der Subskription für SAP-S/4HANA-Cloud enthalten und wird zusammen mit dem SAP-S/4HANA-Cloud-Tenant bereitgestellt. Die Funktionalität zur Formularverarbeitung ist auch in SAP S/4HANA On-Premise verfügbar, stellt jedoch mehr Optionen auf Basis der Adobe Document Services bereit.

18.6 Ausgabesteuerung

Bei den bisher beschriebenen Services der SAP-S/4HANA-Ausgabeverwaltung handelt es sich um getrennte Services, die unterschiedliche Schnittstellen haben und von den Geschäftsanwendungen unterschiedlich angesprochen und verwendet werden. Der Reuse-Service zur SAP-S/4HANA-Ausgabesteuerung verbirgt diese Unterschiede und bietet Geschäftsanwendungen eine einheitliche Schnittstelle für die Nutzung aller Ausgabeverwaltungsservices in SAP S/4HANA. Die SAP-S/4HANA-Ausgabesteuerung nutzt die grundlegenden Services der SAP-S/4HANA-Ausgabeverwaltung und fügt weitere Features für Anwendungen hinzu, die erweiterte Ausgabeszenarien erfordern (z. B. Parameterbestimmung, Ausgabe von Anlagen und Ausgabehistorie). Die Architektur ist in Abbildung 18.5 dargestellt.

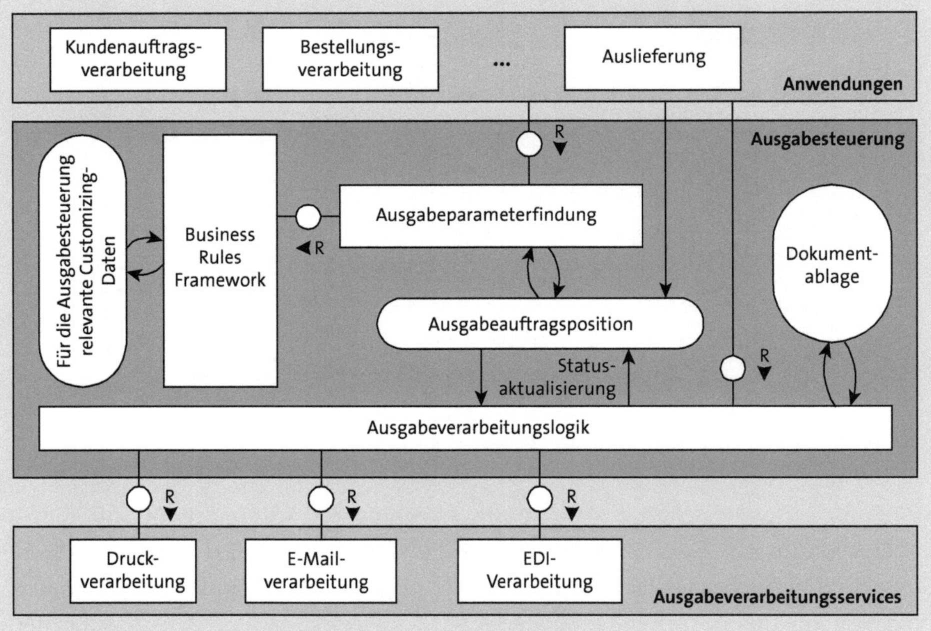

Abbildung 18.5 SAP-S/4HANA-Ausgabesteuerung

Die SAP-S/4HANA-Ausgabesteuerung ermöglicht es, per Druck, E-Mail oder EDI mit Geschäftsempfängern zu kommunizieren. Um zu bestimmen, welcher Kommunikationskanal für einen bestimmten Geschäftsvorgang verwendet werden soll, wird die Ausgabeparameterfindung aufgerufen, die hierzu das Business Rules Framework (BRF) verwendet. Danach erfolgt die eigentliche Ausgabe per Druck, E-Mail oder EDI. Alle Anwendungen, die mit Geschäftsempfängern kommunizieren müssen, verwenden die SAP-S/4HANA-Ausgabesteuerung, in deren Zentrum das Business-Objekt *Ausgabeanforderung* steht.

Die SAP-S/4HANA-Ausgabesteuerung erstellt für jede Instanz eines entsprechenden Business-Objekts, z. B. für jede Bestellung oder jeden Fakturabeleg, jeweils eine Ausgabeanforderung (1:1-Beziehung). Zur Verknüpfung dient ein eindeutiger Bezeichner, der durch das Business-Objekt definiert wird, z. B. die Bestellnummer oder die Fakturabelegnummer. Eine Ausgabeanforderung umfasst eine oder mehrere Ausgabepositionen. Jede Ausgabeposition repräsentiert eine separate Ausgabe desselben Belegs. Es kann z. B. eine Position für den Ausdruck und eine zweite für die E-Mail geben. Die Ausgabeposition enthält alle relevanten Ausgabeeinstellungen, z. B. Ausgabeart, Empfänger, Formularvorlage oder Kanal (Druck, E-Mail, EDI). Die Positionen können von der Ausgabeparameterfindung automatisch erzeugt oder auch manuell angelegt werden. Jede Ausgabeposition hat einen Status, der den Zustand der Ausgabe angibt (**In Vorbereitung**, **Auszugeben**, **Abgeschlossen** oder **Fehler**). Die Ausgabeanforderung repräsentiert also die Menge der verarbeiteten oder geplanten Ausgaben für das referenzierte Business-Objekt.

Sobald die Geschäftsanwendung die Ausgabeparameterfindung anstößt, wird in einem ersten Schritt die für die aktuelle Transaktion gültige Ausgabeart bestimmt. Für eine Bestellung kann z. B. eine ganz andere Ausgabeart verwendet werden als für die Auslieferung. Sobald die Ausgabeart bestimmt wurde, werden alle abhängigen Einstellungen abgerufen, indem die entsprechenden Geschäftsregeln ausgewertet werden. Das Ergebnis der Ausgabeparameterfindung sind individuell auf den aktuellen Anwendungsfall und die Datenlage zugeschnittene Ausgabepositionen.

Das Feld **Versandzeitpunkt** einer Ausgabeposition steuert, wann die Ausgabe der Position erfolgt. Alle Positionen mit dem Status **Auszugeben** und einem **Versandzeitpunkt** mit dem Wert **Sofort** werden verarbeitet, sobald die Benutzer*innen die Transaktion speichern. Die Ausgabe erfolgt unmittelbar, aber asynchron im Hintergrund. Alle Positionen mit dem Status **Auszugeben** und einem **Versandzeitpunkt** mit dem Wert **Eingeplant** erfordern die Ausführung einer anwendungsspezifischen App, um die gewünschten Positionen zusammenzustellen und ihre Ausgabeverarbeitung anzustoßen.

In beiden Fällen werden alle Ausgabepositionen entsprechend ihrer Ausgabeeinstellungen verarbeitet. Während der Verarbeitung werden bei Bedarf die entsprechenden Anwendungsdaten für jede Ausgabeposition abgerufen, z. B. für das Rendern von Formularen. Das gerenderte Dokument wird automatisch als *Originaldokument* in der Dokumentenablage gespeichert, und der Verweis darauf wird in der Ausgabeposition gespeichert.

Basierend auf dem Kommunikationskanal – z. B. Drucker, E-Mail oder EDI – ruft die Verarbeitungslogik in der SAP-S/4HANA-Ausgabesteuerung dann zur weiteren Verarbeitung die entsprechende Komponente der SAP-S/4HANA-Ausgabeverwaltung auf, die die Nachricht schließlich an den Empfänger schickt. Danach wird der Status der Position aktualisiert und spiegelt die erfolgreiche oder fehlgeschlagene Ausgabeverarbeitung aus Sicht der SAP-S/4HANA-Ausgabesteuerung wider. Wenn der Status **Abgeschlossen** lautet, kann die Ausgabeposition nicht mehr geändert werden und wird zu einer historischen Position.

Alle historischen Positionen für einen Geschäftsbeleg zusammen werden als *Ausgabehistorie* bezeichnet. Die Benutzer*innen können anhand der Ausgabehistorie für jede Ausgabeposition überprüfen, was wann und von wem ausgegeben wurde und welche Dokumente beteiligt waren.

Es ist möglich, Anlagen in die Ausgabeposition aufzunehmen, entweder als getrennte Dateien oder zusammengeführt mit dem Hauptdokument in einem einzigen Dokument basierend auf einer Formularvorlage (für EDI ist eine Zusammenführung nicht möglich). Sobald die Ausgabe abgeschlossen ist, werden auch diese Anlagen Teil der Ausgabehistorie.

Die SAP-S/4HANA-Ausgabesteuerung kommt bei allen SAP-S/4HANA-Deployment-Optionen zum Einsatz.

18.7 Zusammenfassung

In diesem Kapitel haben Sie die allgemeine Architektur der SAP-S/4HANA-Ausgabeverwaltung kennengelernt. Sie haben erfahren, wie Druck-, E-Mail- und EDI-Ausgaben ausgeführt werden und welche speziellen Schritte notwendig sind, um sie in SAP S/4HANA Cloud zu nutzen. Für den Druck aus der Cloud wird eine andere Architektur benötigt als für das Senden von Dokumenten an lokale Drucker. Am Ende des Kapitels haben wir uns den Reuse-Service für die SAP-S/4HANA-Ausgabesteuerung näher angesehen, der von vielen Geschäftsanwendungen genutzt wird, um eine einheitliche Lösung für komplexere Ausgabeaufgaben zu bieten.

Im nächsten Kapitel werden wir über den Betrieb von SAP S/4HANA Cloud sprechen.

Kapitel 19
Architektur für den Cloud-Betrieb

In der Cloud geht es um Services, die gemeinsame Nutzung von Ressourcen und um ständige Verfügbarkeit. Die Architektur von SAP S/4HANA Cloud ist daher darauf ausgerichtet, Konzepte wie Multitenancy, Blue-Green Deployment und Built-In Support unterstützen zu können.

SAP S/4HANA Cloud Public Edition ist eine SaaS-ERP-Anwendung (die Abkürzungen stehen für Software as a Service und Enterprise Resource Planning) mit einer speziellen Cloud-Architektur und einem entsprechenden Betriebsmodell. SAP S/4HANA Cloud Public Edition wird von SAP und nicht von der IT-Abteilung des Abonnenten betrieben. Es kann jedoch nützlich sein, eine Vorstellung zu haben, wie SAP S/4HANA Cloud Public Edition eingerichtet und betrieben wird (siehe Abschnitt 19.1) und in welchen Rechenzentren sie verfügbar ist (siehe Abschnitt 19.2). Wir erläutern in diesem Kapitel außerdem die Multitenancy-Architektur (siehe Abschnitt 19.3), beschreiben, wie die Software aktualisiert wird (siehe Abschnitt 19.4), und gehen darauf ein, wie Benutzer*innen vom Built-In Support profitieren (siehe Abschnitt 19.5).

19.1 SAP-S/4HANA-Cloud-Systemlandschaft

Ein SAP-S/4HANA-On-Premise-System besteht aus dem SAP-HANA-Datenbankmanagementsystem und einer Reihe von ABAP-Anwendungsservern, auf denen die SAP-S/4HANA-Software läuft. Typischerweise betreiben Organisationen SAP S/4HANA in einer Landschaft, die aus drei miteinander verbundenen Systemen besteht:

- **Entwicklungssystem**
  Dieses System dient dem Definieren der Business-Konfiguration und dem Erweitern der Anwendung durch zusätzliche kundenspezifische Entwicklungen.
- **Testsystem**
  Dieses System soll die Qualität und Korrektheit von neu gepflegten Konfigurationseinstellungen und neuen kundenspezifischen Entwicklungen sicherstellen.
- **Produktivsystem**
  Dieses System wickelt die eigentlichen Geschäftsprozesse des Unternehmens ab.

Einstellungen im Rahmen der Business-Konfiguration werden ebenso wie Neuentwicklungen (Codeänderungen) entlang dieses Pfades mithilfe des *Adaptation Transport Organizer* (ATO) übertragen.

SAP S/4HANA Cloud unterscheidet sich in mehrerlei Hinsicht von On-Premise-Systemen. Zum einen haben wir es mit *Tenants* zu tun. SAP S/4HANA Cloud hat eine Multitenancy-Architektur implementiert, die es SAP als SaaS-Anbieter ermöglicht, Speicher- und Rechenressourcen über Tenants hinweg zu teilen. Jeder Abonnent des SAP-S/4HANA-Cloud-Service erhält seine(n) eigenen SAP-S/4HANA-Cloud-Tenant(s). Die Daten des Tenants sind von denen anderer Tenants isoliert und für diese nicht einsehbar (siehe Abschnitt 19.3).

Zweitens besteht SAP S/4HANA Cloud aus einer Reihe von Services. Der bekannteste ist der SAP-S/4HANA-Core-Service, der den Großteil der betriebswirtschaftlichen Funktionalität bereitstellt und auf der ABAP-Plattform läuft. Dieser Service wird jedoch durch zusätzliche technische Services und Business-Services ergänzt, wie z. B. die folgenden:

- **SAP Cloud Identity Services, Identity Authentication**
  Dieser Service der SAP Business Technology Platform (SAP BTP) bietet Authentifizierungsmechanismen und sicheres Single Sign-On (SSO; siehe Abschnitt 17.1.2).
- **SAP Cloud Identity Services, Identity Provisioning**
  Dieser Service der SAP BTP automatisiert Identitätslebenszyklusprozesse und verteilt Identitäten zwischen SAP-Cloud-Tenants.
- **SAP Forms by Adobe**
  Dieser Service dient zur Erstellung von Druckformularen und interaktiven Formularen (siehe Abschnitt 18.5)
- **SAP Analytics Cloud**
  Die Business-Intelligence-Plattform von SAP stellt analytische Berichte und Dashboards bereit (siehe Abschnitt 4.1.1).
- **Enterprise Contract Assembly**
  Dies ist ein Cloud-Service, der Authoring- und Konfigurationstools zum Erstellen von Vertragsdokumenten bereitstellt (siehe Abschnitt 11.6).
- **Trading Platform Integration**
  Dies ist ein Cloud-Service, der externe Handelsplattformen anbindet (siehe Abschnitt 14.7.5).
- **SAP Excise Tax Management**
  Dieser Service wird verwendet, um die spezifischen Verbrauchssteuern zu berechnen, die Staaten z. B. auf Mineralölprodukte, Tabak, Alkohol und alkoholische Getränke erheben.

SAP entwickelt ständig weitere Cloud-Services, um das Portfolio von SAP S/4HANA Cloud zu erweitern. Wenn Sie SAP S/4HANA Cloud abonnieren, stellt SAPs Cloud Operations Unit eine Reihe verbundener Tenants für Sie bereit. In allen Fällen umfasst diese Gruppe von Tenants den ABAP-Tenant von SAP S/4HANA Cloud, den Tenant für den Identity-Authentication-Service, den Tenant für den Identity-Provisioning-Service, den Tenant für SAP Analytics Cloud und den Tenant für den Service SAP Forms by Adobe. Tenants anderer Services oder Anwendungen können auf Anfrage hinzugefügt werden oder benötigen separate Abonnements.

Entsprechend der Dreisystemlandschaft, die für den Betrieb von SAP S/4HANA On-Premise eingerichtet wird, bietet SAP S/4HANA Cloud Tenants für die Kundenentwicklung, für die Konfiguration, für Tests und für die Produktion.

In Abschnitt 16.2.6 haben wir die SAP-S/4HANA-Cloud-Tenant-Landschaft für die Business-Konfiguration vorgestellt. Abbildung 19.1 erweitert den Blick auf diese Landschaft, indem sie den Schwerpunkt auf die verschiedenen für SAP S/4HANA Cloud bereitgestellten Tenants legt, einschließlich der Tenants für SAP-BTP-basierte Anwendungen.

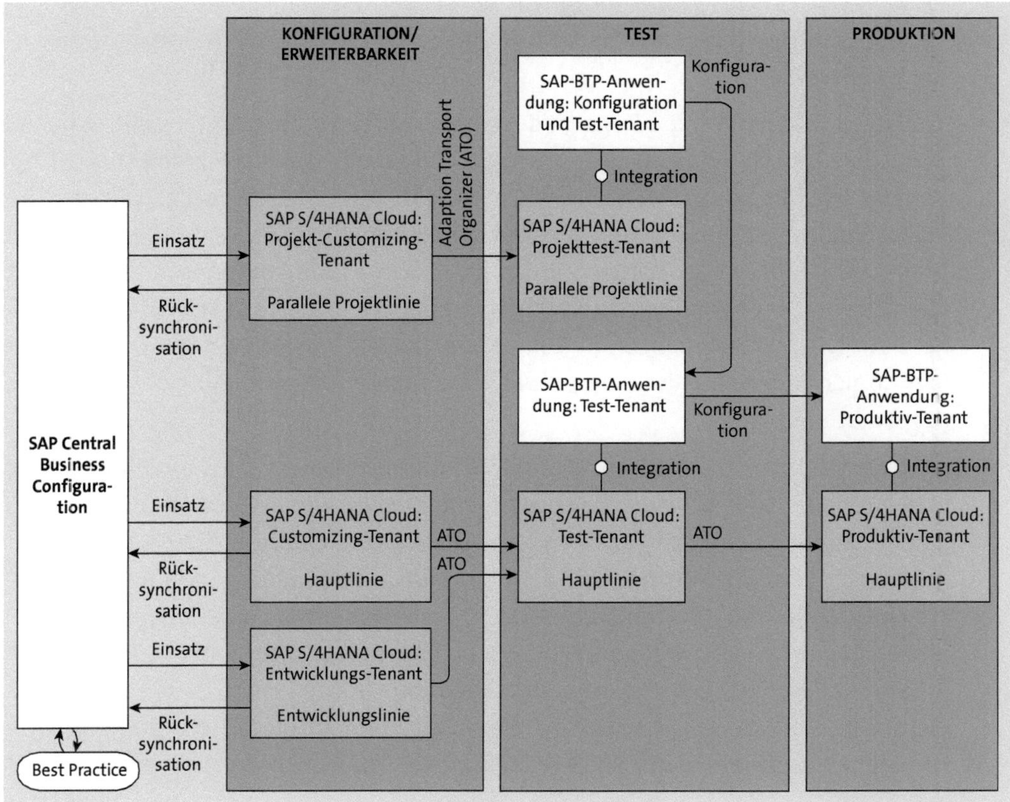

Abbildung 19.1 Tenant-Landschaft von SAP S/4HANA Cloud

In der Mitte des Diagramms sehen Sie eine Kette, bestehend aus drei SAP-S/4HANA-Cloud-Tenants, die Hauptlinie. Sie umfasst den Customizing-Tenant, den Test-Tenant und den Produktiv-Tenant. Die drei Tenants sind durch einen ATO-Transportpfad verbunden, der die Übertragung von Einstellungen im Rahmen der Business-Konfiguration sowie von kundeneigenen Erweiterungen ermöglicht.

Organisationen planen den Umfang ihrer SAP-S/4HANA-Cloud-Lösung mit SAP Central Business Configuration. Entsprechend dem ausgewählten funktionalen Umfang überträgt SAP Central Business Configuration die zugehörigen Customizing-Inhalte in den Customizing-Tenant, den Entwicklungs-Tenant und den Projekt-Customizing-Tenant der Hauptlinie. Wie in Kapitel 16 erläutert, werden die in den Customizing-Tenants vorgenommenen Änderungen zurück in SAP Central Business Configuration synchronisiert.

Der *Entwicklungs-Tenant* wird benötigt, wenn Sie die in Abschnitt 5.2 beschriebene Option der In-Stack-Entwicklererweiterbarkeit nutzen. Auf diesem Tenant entwickeln Sie Ihre In-Stack-Erweiterungen mit den ABAP Development Tools (ADT). Der Entwicklungs-Tenant ist ebenfalls über einen ATO-Transportweg mit dem Test-Tenant verbunden. Dadurch können die Codeerweiterungen vom Entwicklungs-Tenant zum Test-Tenant der Hauptlinie und weiter zum Produktiv-Tenant transportiert werden.

In Kapitel 16 haben wir das Konzept der parallelen Projektlinien vorgestellt, in denen Konfigurationsänderungen isoliert vorgenommen und getestet werden können, bevor das Ergebnis in die Hauptlinie zurückgeführt wird. Die Änderungen werden zunächst im Projekt-Customizing-Tenant vorgenommen und dann zum Testen in den Projekttest-Tenant transportiert. Nachdem Sie diese Konfigurationsänderungen im Test-Tenant der Projektlinie getestet haben, können Sie die Änderungen aus der Projektlinie mit der bestehenden Konfiguration in SAP Central Business Configuration zusammenführen und dann die aktualisierte Konfiguration entlang der Hauptlinie transportieren.

Wenn eine Organisation ihre SAP-S/4HANA-Cloud-Lösung parallel mit einer auf der SAP BTP laufenden Anwendung erweitert, empfehlen wir, mindestens drei Tenants einzurichten: einen Konfigurations- und Test-Tenant, einen separaten Test-Tenant und einen Produktiv-Tenant. Für die Daten- und Prozessintegration werden diese Tenants dann mit den entsprechenden Test- und Produktiv-Tenants von SAP S/4HANA verbunden, wie in Abbildung 19.1 dargestellt. Da für SAP-BTP-Anwendungen in der Regel nicht viel Business-Konfiguration erforderlich ist, ist dieses Minimal-Setup aus drei Tenants ausreichend. Es ermöglicht Ihnen, die SAP-BTP-basierten Anwendungen zusammen mit SAP S/4HANA zu konfigurieren und zu testen und dabei

Integrationsaufwand zu sparen. Abhängig von den Testanforderungen Ihrer Organisation kann es sinnvoll sein, das Minimal-Setup aus drei Tenants auf ein Fünf- oder Sechs-Tenant-Setup zu erweitern, bei dem für jede SAP-BTP-basierte Anwendung ein dedizierter Tenant in jeden SAP-S/4HANA-Cloud-Tenant integriert wird.

Für den stabilen, kosteneffizienten und skalierbaren Betrieb einer großen Anzahl von SAP-S/4HANA-Cloud-Tenants ist Standardisierung entscheidend. Wenn alle Tenants die gleichen Merkmale haben, können Sie die Prozesse automatisieren und/oder zentralisieren. Hier sind einige Beispiele:

- Alle Abonnenten von SAP S/4HANA Cloud erhalten standardmäßig den gleichen Satz an Tenants (Tenant-Landschaft).
- Alle SAP-S/4HANA-Cloud-Tenants nutzen dieselben Tools und Prozesse für das Software Lifecycle Management.
- Alle ABAP-Tenants für SAP S/4HANA Cloud nutzen das gleiche Standard-Sizing für die SAP-HANA-Datenbank (siehe Abschnitt 20.2).
- Das Datum und die Uhrzeit aller SAP-S/4HANA-Cloud-Server basieren auf der koordinierten Weltzeit (Coordinated Universal Time, UTC).

Allerdings werden nicht alle SAP-S/4HANA-Cloud-Tenants am gleichen geographischen Standort betrieben.

19.2 Rechenzentren

SAP betreibt SAP S/4HANA Cloud in mehreren Rechenzentren auf der ganzen Welt (siehe Abbildung 19.2). Für die Wahl des richtigen Rechenzentrums gibt es im Wesentlichen zwei Auswahlkriterien:

- **Gesetzliche Anforderungen**
  Gesetzliche Bestimmungen wie das chinesische Cybersicherheitsgesetz oder die Europäische Datenschutz-Grundverordnung (DSGVO) beschränken den Datenzugang auf bestimmte Gebiete.
- **Latenz**
  Obwohl die Architektur von SAP S/4HANA Cloud eine gute Leistung und Skalierbarkeit gewährleistet, hat SAP nur begrenzte Kontrolle über den Teil des Netzwerks zwischen dem Webbrowser der Kunden und den SAP-S/4HANA-Cloud-Tenants. SAP wählt ein passendes Rechenzentrum auf der Grundlage eines intelligenten Algorithmus aus, um die Auswirkungen von Latenzzeiten zu minimieren, indem beispielsweise die Entfernung zur Mehrzahl der Nutzer*innen berücksichtigt wird.

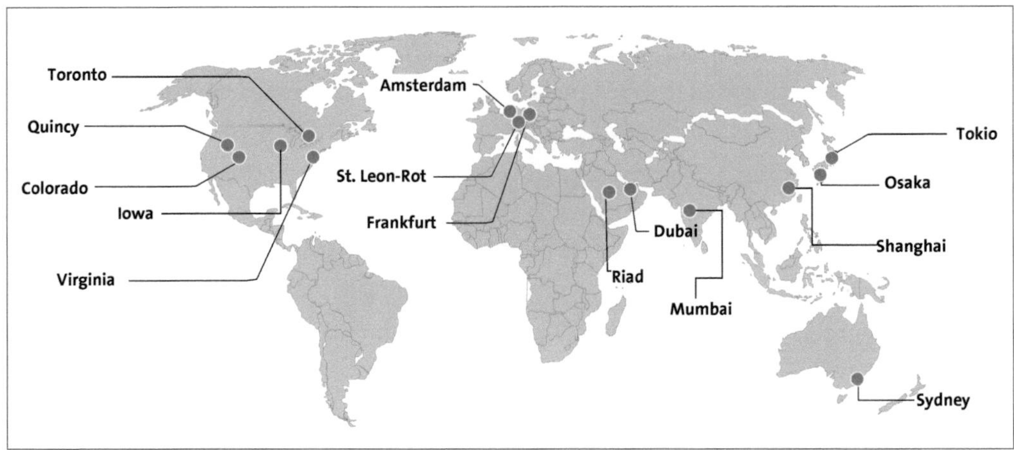

Abbildung 19.2 Rechenzentren für den Betrieb von SAP S/4HANA Cloud (Januar 2024)

Um die Abdeckung zu erweitern, bietet SAP SAP-S/4HANA-Cloud-Services über die Plattformen von Hyperscale-Anbietern wie Alibaba Cloud, Google Cloud und Microsoft Azure an.

SAP sichert die Daten der verschiedenen Cloud-Services, um sie im Falle eines Datenverlusts wiederherstellen zu können (*Disaster Recovery*). Für den SAP-S/4HANA-Cloud-Core-Service wird auch ein Setup angeboten, bei dem die Daten in einen Failover-Produktiv-Tenant in einem Failover-Rechenzentrum repliziert werden. In diesem Fall synchronisiert die SAP-HANA-Datenbank ihre Daten kontinuierlich mit der Failover-SAP-HANA-Instanz, indem sie ihre Systemreplikationsfunktionalität nutzt. Alle Geschäftsdaten sind jederzeit in der Failover-SAP-HANA-Instanz verfügbar und werden sogar in den Hauptspeicher geladen. Diese Konfiguration wird als Aktiv-Aktiv-Konfiguration bezeichnet: Eine SAP-HANA-Datenbankinstanz wird produktiv mit Lese- und Schreibaktionen genutzt, während die Failover-Instanz nur Daten zum Lesen bereitstellt. Bei einem Notfall macht das Administrationsteam die Failover-SAP-HANA-Instanz zur primären Instanz. IT-Abteilungen können die SAP-HANA-Systemreplikation nutzen, um eine Failover-Konfiguration auch für SAP S/4HANA-On-Premise einzurichten.

Die aktuelle Liste der Rechenzentren, in denen SAP S/4HANA Cloud betrieben wird, finden Sie im SAP Trust Center unter der URL *www.sap.com/about/trust-center.html*. Hier wird für jedes Rechenzentrum auch der Verfügbarkeitsstatus von SAP S/4HANA Cloud angegeben (siehe Abbildung 19.3). SAP überwacht kontinuierlich die Verfügbarkeit, Konnektivität und Auslastung der mit SAP S/4HANA Cloud verbundenen Anwendungsserver und Datenbanksysteme. Zu diesem Zweck werden in jedem System Health Checks ausgeführt und wichtige Key Performance Indicators (KPIs) überwacht. Im Falle eines seltsamen Verhaltens oder eines unerwarteten Hardwareausfalls kann SAP proaktiv reagieren. SAP hat keinen Zugriff auf die Geschäftsdaten in den SAP-S/4HANA-Cloud-Tenants.

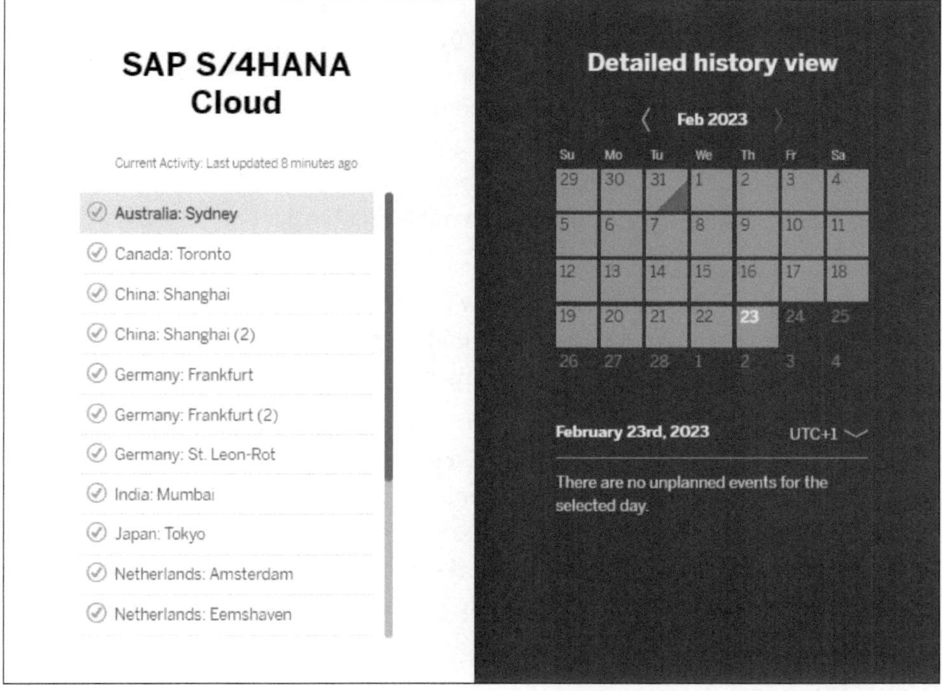

Abbildung 19.3 SAP S/4HANA Cloud – Verfügbarkeitsstatus im SAP Trust Center (23. Februar 2023)

19.3 Multitenancy-Architektur

Der Begriff *Multitenancy* beschreibt eine Softwarearchitektur, bei der sich mehrere Tenants eines Cloud-Service Softwareressourcen und Rechenleistung teilen. Eine Serviceinstanz bedient so mehrere Kunden, während die Tenants voneinander isoliert bleiben. Alle Cloud-Services, die Teil des SaaS SAP S/4HANA Cloud sind, werden gemäß einer Multitenancy-Architektur aufgebaut.

In diesem Abschnitt wird die Multitenancy-Architektur des zentralen Service *SAP S/4HANA Cloud, ABAP-Umgebung* erläutert, der den Großteil der Geschäftsanwendungen hostet. Die Multitenancy-Architektur des ABAP-basierten SAP-S/4HANA-Cloud-Core-Service reduziert die Tenant-spezifischen Infrastrukturkosten und den Betriebsaufwand und bietet gleichzeitig eine Isolierung der Tenants auf dem gleichen Niveau wie bei vollständig getrennten Systemen. Es ist unmöglich, dass ein Tenant auf die Daten eines anderen Tenants zugreifen kann.

Jeder Tenant hat seine eigenen dedizierten ABAP-Anwendungsserver, die auf separaten SAP-HANA-Tenant-Datenbanken ausgeführt werden. *Tenant-Datenbanken* sind unabhängige Datenbanken innerhalb eines SAP-HANA-Datenbanksystems, in denen alle Tenant-spezifischen Anwendungsdaten und Konfigurationen gespeichert werden. Neben diesen Tenant-spezifischen Datenbanken verfügt jedes SAP-HANA-System über eine weitere Datenbank, die Ressourcen der ABAP-Systeme enthält, die per Definition in allen Tenants gleich sind, wie z. B. den von SAP ausgelieferten ABAP-Quellcode. Solche Ressourcen werden also nicht in jeder der Tenant-Datenbanken von SAP HANA Cloud gespeichert, sondern nur einmal in der Shared Database.

Dadurch kann die ABAP-Software, auf der SAP S/4HANA basiert, von mehreren Tenants gemeinsam genutzt werden. Sie wird auf allen Ebenen geteilt – auf der Anwendungsebene von SAP S/4HANA Cloud und auf der Ebene von SAP HANA. Zudem gibt es gemeinsame Softwareupdateereignisse für alle Tenants, die zum selben SAP-HANA-Multi-Tenant-System gehören.

Jeder Tenant ist vollständig von den anderen isoliert, da er über eigene ABAP-Anwendungsserver und eine eigene Tenant-Datenbank verfügt. Die technische Konfiguration von SAP HANA blockiert Tenant-übergreifende Datenbankzugriffe auf SQL-Ebene ebenso wie Schreibzugriffe der ABAP-Laufzeit auf die Shared Database. Nur Softwareupdates und die entsprechenden Nicht-ABAP-Tools haben Schreibzugriff auf die Shared Database.

19.3.1 Systemarchitektur von SAP S/4HANA

In der On-Premise-Systemarchitektur von SAP S/4HANA besteht jedes ABAP-System aus mehreren ABAP-Anwendungsservern, die mit einem SAP-HANA-Datenbanksystem verbunden sind. Die Systemarchitektur ist für alle Systemtypen gleich, unabhängig davon, ob es sich um ein Entwicklungssystem, ein Konfigurationssystem, ein Testsystem oder ein Produktivsystem handelt. Wenn mehrere ABAP-Systeme betrieben werden, können sie auf gemeinsamer Hardware laufen (siehe die typische On-Premise-Landschaft für SAP S/4HANA in Abbildung 19.4).

Auch mehrere SAP-HANA-Systeme können abhängig von der benötigten Größe der SAP-HANA-Datenbank auf gemeinsamer Hardware ausgeführt werden. Abgesehen von der gemeinsamen Hardware teilen sich die SAP-S/4HANA-Systeme jedoch keine anderen Ressourcen: weder die Software des ABAP-Systems noch das SAP-HANA-System und seine Datenbank.

Eine solche *Shared-Nothing-Softwarearchitektur* bedeutet, dass jedes neue SAP-S/4HANA-System Ressourcen für ein vollständiges ABAP-System und eine vollständige SAP-HANA-Datenbank benötigt. Die Administrator*innen müssen jedes dieser Systeme separat installieren, verwalten und aktualisieren. Kosten und Aufwand steigen linear mit jedem neuen System. Weder bei den Kosten noch beim Administrationsaufwand lassen sich so Skaleneffekte erzielen, insbesondere wenn die Zahl der Systeme auf Tausende und mehr ansteigt, was bei einer Cloud-Lösung das Ziel ist.

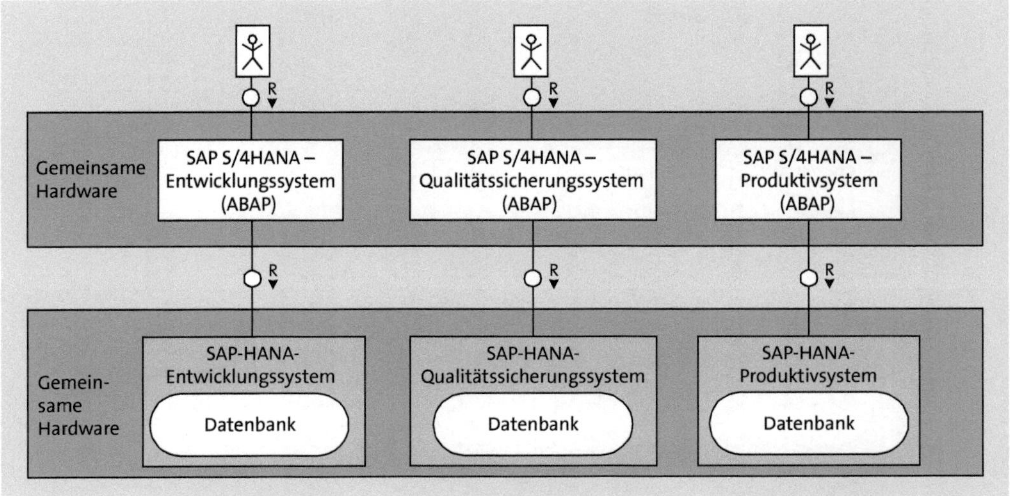

Abbildung 19.4 Systemeinrichtung der On-Premise Edition von SAP S/4HANA

19.3.2 Gemeinsame Nutzung des SAP-HANA-Datenbanksystems

SAP S/4HANA Cloud setzt das Multitenancy-Konzept um, indem mehrere Tenants ein SAP-HANA-System gemeinsam nutzen. Wie bereits erläutert, unterstützt SAP HANA mehrere isolierte Datenbanken in einem einzigen SAP-HANA-System. Diese werden als *Tenant-Datenbanken* bezeichnet. Alle Tenant-Datenbanken teilen sich nicht nur dieselbe Installation der Datenbanksystemsoftware und dieselbe Systemverwaltung, sondern auch Rechenressourcen. Alle SAP-HANA-Komponenten, die Daten nicht dauerhaft aufbewahren, wie z. B. der Compile Server und der Preprocessor Server, werden neben der zentralen Systemdatenbank ausgeführt und bedienen alle Tenant-Datenbanken eines SAP-HANA-Systems. Jede Datenbank ist jedoch in sich geschlossen und vollständig isoliert. Jede hat ihren eigenen Datenbankkatalog, ihre eigene Persistenz und ihre eigenen Datensicherungen. Obwohl sich alle Datenbankobjekte wie Schemata, Tabellen, Views und Prozeduren lokal in der Tenant-Datenbank befinden, sind datenbankübergreifende Abfragen möglich, wenn sie auf der SAP-HANA-Systemebene konfiguriert werden.

Wie bereits erwähnt, nutzt SAP S/4HANA Cloud die SAP-HANA-Tenant-Datenbanken so, dass jeder Tenant seine eigene Tenant-Datenbank erhält. Je nach Größe ihrer Daten können so mehrere Tenants im selben SAP-HANA-Datenbanksystem ausgeführt werden – voll isoliert, wie bereits beschrieben, aber dennoch mit gemeinsamer Nutzung der Systemdatenbank, des Name-Servers und anderer zentraler SAP-HANA-Systemressourcen (siehe Abbildung 19.5). Dadurch wird Speicherplatz frei, sodass mehr Tenants mit der gleichen Hardware bedient werden können. Zudem reduziert sich der Betriebsaufwand, da deutlich weniger SAP-HANA-Systeme betrieben werden müssen.

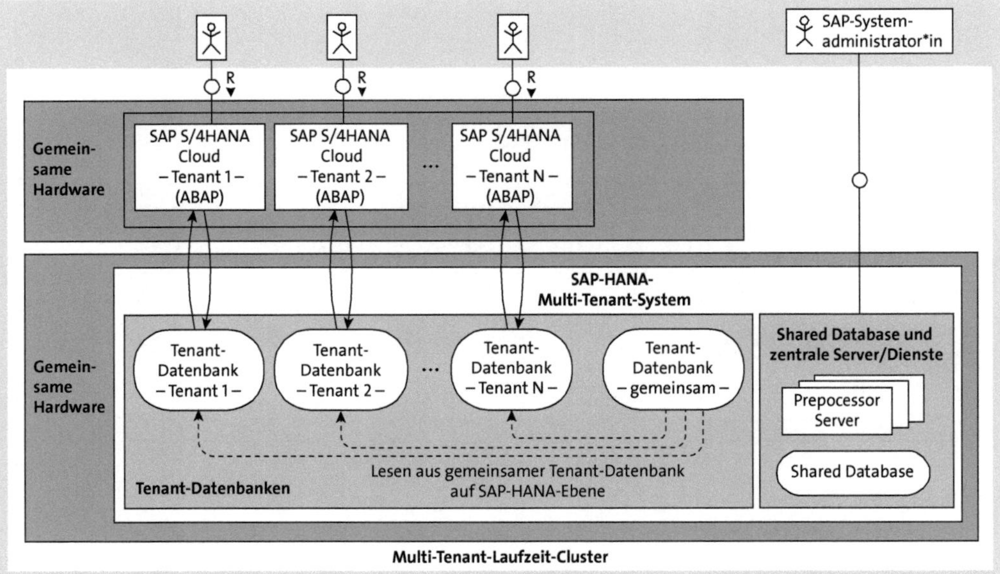

Abbildung 19.5 SAP-HANA-System mit mehreren Tenant-Datenbanken und Shared Database

19.3.3 Gemeinsame Nutzung von ABAP-Systemressourcen

Die beschriebene Architektur der SAP-HANA-Tenant-Datenbanken ermöglicht die gemeinsame Nutzung von Ressourcen auf der Ebene von SAP HANA. Zusätzlich werden bestimmte Ressourcen des ABAP-Systems mithilfe der gemeinsam genutzten Datenbank, der *Shared Database*, geteilt. Diese gemeinsame Nutzung ist die zweite Säule der Multitenancy-Architektur von SAP S/4HANA Cloud.

Technisch gesehen ist die Shared Database eine weitere SAP-HANA-Tenant-Datenbank, die jedoch nicht mit einem ABAP-System verbunden ist. Es gibt nur eine Shared Database pro SAP-HANA-System (siehe Abbildung 19.5). Durch diese Shared Database ist es nun möglich, alle ABAP-Tabellen, die per Definition gleich und unveränderlich sind, aus den Tenant-Datenbanken in die Shared Database zu verschieben. Schließlich enthält die Shared Database alle ABAP-Tabellen, die in allen ABAP-Systemen identisch sind und von den Kunden in ihren Tenants nicht geändert werden können, z. B. den Quellcode von ABAP-Programmen, die Systemdokumentation, Codepage-Informationen oder standardisierte Texte von Fehler- bzw. Erfolgsmeldungen, die in SAP-Programmen verwendet werden, um Endbenutzer*innen über einen bestimmten Verarbeitungsstatus zu informieren. Durch die gemeinsame Nutzung dieser Daten in der Shared Database wird der Speicherverbrauch der Tenant-Datenbanken entsprechend reduziert. Ein zusätzlicher Vorteil besteht darin, dass beim Upgrade auf ein neues SAP-S/4HANA-Cloud-Release alle in der Shared Database gespeicherten Ressourcen nur einmal pro SAP-HANA-System aktualisiert werden müssen und nicht für jeden Tenant einzeln. Dies spart Tenant-spezifischen Upgradeaufwand.

Es ist wichtig zu erwähnen, dass ein einzelner Tenant keine Tabellen und Daten in der Shared Database ändern oder aktualisieren kann, da sich diese Änderungen auf alle ABAP-Anwendungsserver auswirken würden, die auf Tenant-Datenbanken im selben SAP-HANA-System ausgeführt werden. Alle Tenant-spezifischen Daten, wie z. B. Bewegungsdaten, Konfigurationseinstellungen oder Stammdaten, sowie alle Arten von Tenant-spezifischen Erweiterungen, werden nicht in der Shared Database, sondern in den einzelnen Tenant-Datenbanken gespeichert.

19.3.4 Detailarchitektur für den gemeinsamen Zugriff auf Tabellen

In der On-Premise-Konfiguration hat jedes ABAP-basierte SAP-S/4HANA-System seine eigene SAP-HANA-Datenbank. Gemäß der Multitenancy-Architektur teilen sich die ABAP-Anwendungsserver verschiedener SAP-S/4HANA-Tenants wichtige Systemtabellen, z. B. die Tabellen, die den Quellcode enthalten, oder die Tabellen, die den Codepage-Katalog enthalten. Aber wie greift ein ABAP-Anwendungsserver auf diese in der Shared Database persistierten Tabellen zu? Die SAP-Entwicklungsteams mussten dieses Problem lösen, ohne die Datenbankzugriffsschicht des ABAP-Anwendungsservers komplett neu zu implementieren und ohne Hunderttausende von Stellen im ABAP- und SAP-Kernel-Quellcode anzupassen, an denen auf solche Tabellen zugegriffen wird. Dazu musste die Art und Weise geändert werden, wie das ABAP Dictionary des ABAP-Anwendungsservers Tabellen erstellt und aktualisiert. Im Grunde kennt die ABAP-Anwendungsschicht nur die Tenant-Datenbank und verfügt über keine Informationen zur Shared Database. Das ABAP Dictionary erstellt nun nicht mehr wie bisher direkt Tabellen in der Tenant-Datenbank, sondern nur noch Datenbank-Views. Wenn der ABAP-Anwendungsserver auf eine gemeinsame Tabelle zugreifen möchte, um den ABAP-Quelltext zu lesen, ruft er die entsprechende Datenbank-View auf, die die Anforderungen automatisch an die entsprechende Tabelle in der Shared Database weiterleitet.

Diese zentralen Änderungen an der Architektur des ABAP-Anwendungsservers stellen sicher, dass die gesamte Anwendungsschicht wie bisher funktioniert und von den Änderungen an der ABAP-Dictionary- und der Datenbankschicht völlig unbeeinflusst bleibt. Das SAP-HANA-System ist so konfiguriert, dass die Tenant-Datenbanken zwar von der Shared Database lesen, aber nicht in sie schreiben dürfen, wie in Abbildung 19.6 dargestellt.

19

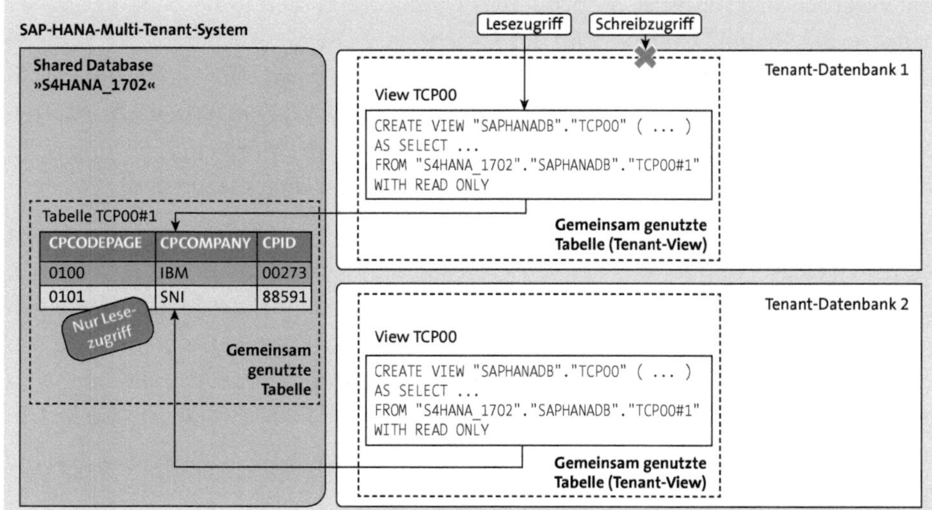

Abbildung 19.6 Vollständig gemeinsam genutzte Tabelle: ABAP Dictionary-Tabelle TCP00 (Codepage-Katalog)

Tabellen, die hauptsächlich von SAP ausgelieferte Daten enthalten, aber auch Tenant-spezifische Einträge enthalten können, können ebenfalls gemeinsam genutzt werden. In solchen Tabellen werden SAP-Daten und Tenant-Daten durch Namensräume voneinander getrennt. Diese Tabellen vollständig in die Shared Database zu verlagern, ist aus zwei Gründen nicht sinnvoll:

- Tenant-spezifische Daten dürfen nicht gemeinsam genutzt werden (Tenant-Isolation).
- Das ABAP-System darf nicht in die Shared Database schreiben.

Anstatt also nur eine Datenbank-View anzulegen, die auf die Shared Database umleitet, erstellt das ABAP Dictionary zusätzlich zu der Tabelle, die in der Shared Database vorhanden ist, eine Datenbank-View und eine lokale Tabelle in der Tenant-Datenbank. Die View in der Tenant-Datenbank leitet Zugriffe nicht einfach auf die Tabelle in der Shared Database um, sondern greift über eine `union all`-Anweisung sowohl auf die gemeinsame Tabelle als auch auf die Tenant-Tabelle zu. Die View führt die Einträge aus der Tabelle in der Shared Database mit den Tenant-spezifischen Einträgen aus der Tenant-Datenbank zusammen, als ob die Einträge in einer Tabelle gespeichert wären.

Dieses Prinzip der Multitenancy-Architektur ermöglicht die gemeinsame Nutzung von Ressourcen nicht nur auf Ebene der Tabellen, sondern auch auf Ebene einzelner Datensätze, wobei die zum SAP-Namensraum gehörenden Tabelleneinträge gemeinsam genutzt werden können, die zum Kundennamensraum gehörenden hingegen nicht, wie in Abbildung 19.7 dargestellt.

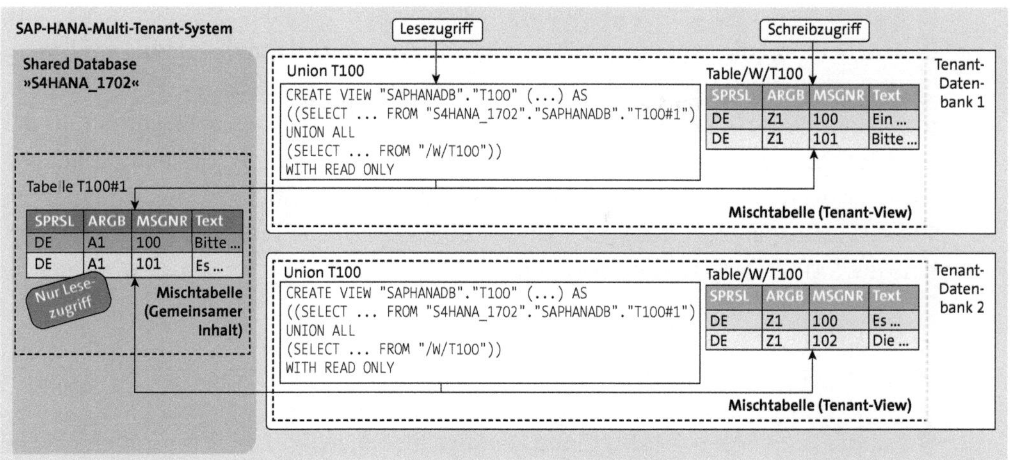

Abbildung 19.7 Gemeinsame Nutzung auf Tabellensatzebene: ABAP Dictionary-Tabelle T100 (Nachrichten)

Zur Laufzeit leitet die *SQL-Schnittstelle* des ABAP-Anwendungsservers SQL-Zugriffe je nach Typ (Lese- oder Schreibzugriff) an das richtige Datenbankartefakt um. Sie prüft Schreibanfragen für Tenant-Daten auf die Einhaltung der Namensräume (Schlüsselbereiche), die der Tenant-Datenbank zugeordnet sind, und leitet die Anfragen entsprechend an die Tenant-Tabelle in der Tenant-Datenbank weiter. Änderungen an gemeinsam genutzten Daten werden vollständig blockiert. Lesezugriffe werden an die Datenbank-View gerichtet, die die Einträge aus der gemeinsamen Tabelle mit denen aus der Tenant-Tabelle zusammenführt (siehe Abbildung 19.8).

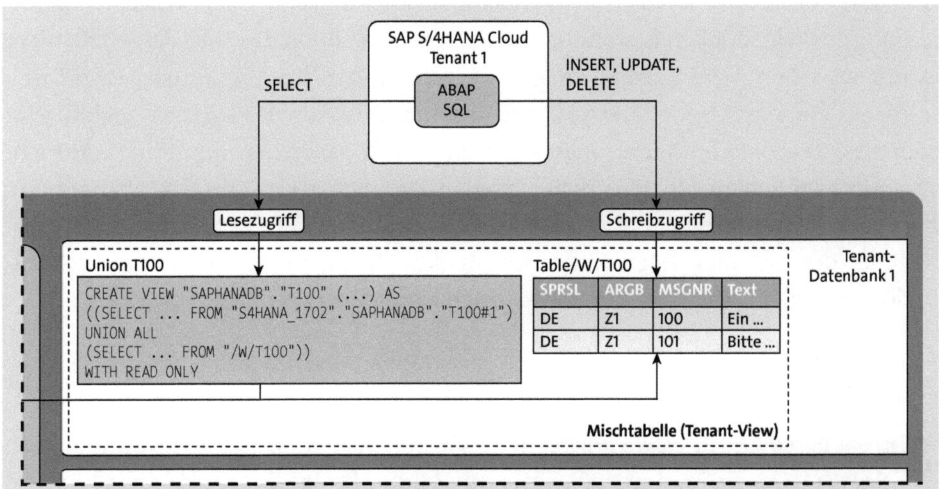

Abbildung 19.8 Schreib- und Lesezugriffe auf Tabellen, die auf Datensatzebene gemeinsam genutzt werden

In diesem Abschnitt haben wir erläutert, wie die Multitenancy-Architektur von SAP S/4HANA Cloud die gemeinsame Nutzung von Ressourcen durch Tenants auf Datenbank-, Anwendungsserver- und Anwendungsebene ermöglicht. Mehrere Tenants nutzen ein SAP-HANA-Datenbanksystem, das eine Shared Database enthält, in der gemeinsame Systemdaten für alle Tenants gleichermaßen und unveränderlich gespeichert werden. Um alle Tenant-spezifischen Daten vollständig von allen anderen Tenants zu isolieren, verfügt jeder Tenant über eine eigene Tenant-Datenbank innerhalb des SAP-HANA-Datenbanksystems.

19.4 Softwarewartung

SAP aktualisiert SAP S/4HANA Cloud aus verschiedenen Gründen kontinuierlich: Die Software muss den neuesten Gesetzen und Verordnungen entsprechen, der Funktionsumfang muss erweitert werden, innovative Features müssen eingeführt, bestehende Funktionen verbessert und, falls erforderlich, Fehler behoben werden.

Für die Benutzer*innen von SAP S/4HANA Cloud hat die Softwarewartung – technisch gesehen als *Upgrades* und *Updates* bezeichnet – eine doppelte Bedeutung. Einerseits profitieren SAP-Kunden von neuen Features und der Einhaltung gesetzlicher Vorschriften, andererseits wollen sie bei ihren laufenden Geschäftstätigkeiten in SAP S/4HANA Cloud nicht unterbrochen werden. So eine nicht willkommene Unterbrechung ist sicherlich der Ausfall des Systems, es kann aber auch die Aufforderung, die spezifische Konfiguration auf Kundenseite mit der aktualisierten Software zu testen, oder eine geänderte Benutzeroberfläche, die eine Umschulung der Benutzer*innen erfordert, sein. Daher will SAP den Softwarelebenszyklus von SAP S/4HANA Cloud so reibungslos wie möglich gestalten, um die Benutzer*innen des SaaS-Angebots nicht weiter zu stören. Die einzige Ausnahme von diesem *No-User-Impact-Paradigma* sollte ein von den Kunden der SaaS gewünschtes funktionales Upgrade bilden. Dies bedeutet, dass die Konfigurationen und Daten der Kunden bei einem Upgrade nicht verändert werden dürfen. Natürlich gibt es auch einen kundenseitigen Lebenszyklus, nach dem Kunden Geschäftsprozesse implementieren. Die folgenden Abschnitte behandeln die grundlegenden Konzepte für das Management von Softwarelebenszyklen sowohl aus der Sicht der SAP-Kunden als auch aus der Sicht von SAP.

19.4.1 Wartungsereignisse

Während eines *Wartungsereignisses* wird die Software und/oder die Konfiguration von SAP S/4HANA Cloud aktualisiert. Zum Zeitpunkt der Erstellung dieses Buches sind Wartungsereignisse für SAP S/4HANA Cloud in den folgenden zeitlichen Abständen geplant (siehe das Service-Level-Agreement [SLA] für SAP Cloud Services, abrufbar im SAP Trust Center unter *http://s-prs.co/v567516*):

- SAP stellt allen SAP-S/4HANA-Cloud-Tenants bei Bedarf alle zwei Wochen Korrekturen in Form einer *Hotfix Collection* (HFC) zur Verfügung. Alle vier Wochen wird diese HFC-Bereitstellung mit der Lieferung neuer Features gebündelt. So können Innovationen schneller und flexibler eingeführt werden.
- Bei Bedarf kann SAP einen Emergency Patch aufspielen.
- Alle sechs Monate aktualisiert SAP den ABAP-basierten Core Service von SAP S/4HANA Cloud auf die nächste Hauptversion.

Stand März 2023 müssen Abonnenten von SAP S/4HANA Cloud Wartungsfenster einplanen, in denen der Tenant nicht zur Nutzung verfügbar ist. Um jedoch eine nur minimale Unterbrechung des Geschäftsbetriebs aufgrund von Wartungsarbeiten zu gewährleisten, arbeitet SAP an einer Architektur, die in Wartungssituationen für minimale Ausfallzeiten sorgt. Zu diesem Zweck wendet SAP ein Standardverfahren für die Cloud-Architektur an, das als *Blue-Green Deployment* bezeichnet wird (siehe z. B. *http://s-prs.co/v567517*).

19.4.2 Blue-Green Deployment

Die Grundidee des Blue-Green Deployments besteht darin, vorübergehend einen zusätzlichen *grünen* Tenant für die Aktualisierung der Software einzurichten, während die Benutzer*innen im *blauen* Tenant weiterarbeiten. Während der Wartungsphase koexistieren diese beiden Tenants also für einen begrenzten Zeitraum. Nach der Wartungsphase werden alle nachfolgenden Benutzeranmeldungen an den nun aktualisierten grünen Tenant weitergeleitet. Der nun veraltete blaue Tenant wird außer Betrieb genommen, wenn keine Benutzer*innen mehr angemeldet sind.

Das Blue-Green Deployment bringt mehrere Herausforderungen mit sich:

- Der zusätzliche grüne Tenant muss mit genau demselben Datenstand wie der blaue Tenant eingerichtet werden, während die Benutzer*innen weiterhin neue Daten erstellen.
- Nachdem das Update des grünen Tenants abgeschlossen ist, müssen alle Geschäftsvorgänge, die in der Zwischenzeit im blauen Tenant stattgefunden haben, importiert werden.

Der Schlüssel zu dieser Architektur liegt also darin, alle Daten zu erhalten, die während der Ausführung von Geschäftsprozessen im blauen Tenant eingegeben wurden. Um dies zu ermöglichen, haben die SAP-Entwicklungsteams entschieden, dass beide ABAP-Tenants (blau und grün) in SAP S/4HANA Cloud dieselbe Persistenz teilen.

Technisch gesehen verwenden die ABAP-Anwendungsserver des blauen und grünen Tenants die gleiche Tenant-Datenbank des SAP-HANA-Datenbanksystems. Gemäß der in Abschnitt 19.3 erläuterten Multitenancy-Architektur hat jeder Tenant seine eigene Tenant-Datenbank, in der die Geschäftsdaten des Tenants gespeichert sind. Alle Tenants eines Multitenancy-Clusters haben bei dieser Architektur Zugriff auf die Shared Database, die z. B. den Quellcode der Software enthält.

Wie bereits erwähnt, ist der grüne Tenant derjenige, in dem während der Wartung Software- und Konfigurationsänderungen vorgenommen werden. Wenn also der blaue und der grüne Tenant dieselbe Persistenz verwenden, wie ist es dann möglich, das ABAP Dictionary für den grünen Tenant zu aktualisieren, während der blaue Tenant von genau diesen Änderungen abgeschirmt wird? Dieser Mechanismus wird durch das Hinzufügen eines zusätzlichen Datenbankschemas erreicht: das *Zugriffsschema*. Dieses Zugriffsschema fungiert als Proxy zwischen der Software im Anwendungsserver und der Persistenz. Es verbirgt die an den Datenbanktabellen vorgenommenen Änderungen vor den im blauen Tenant ausgeführten Anwendungen (siehe Abbildung 19.9). Ein Download dieser Abbildung in Farbe ist unter *www.sap-press.de/5689* verfügbar.

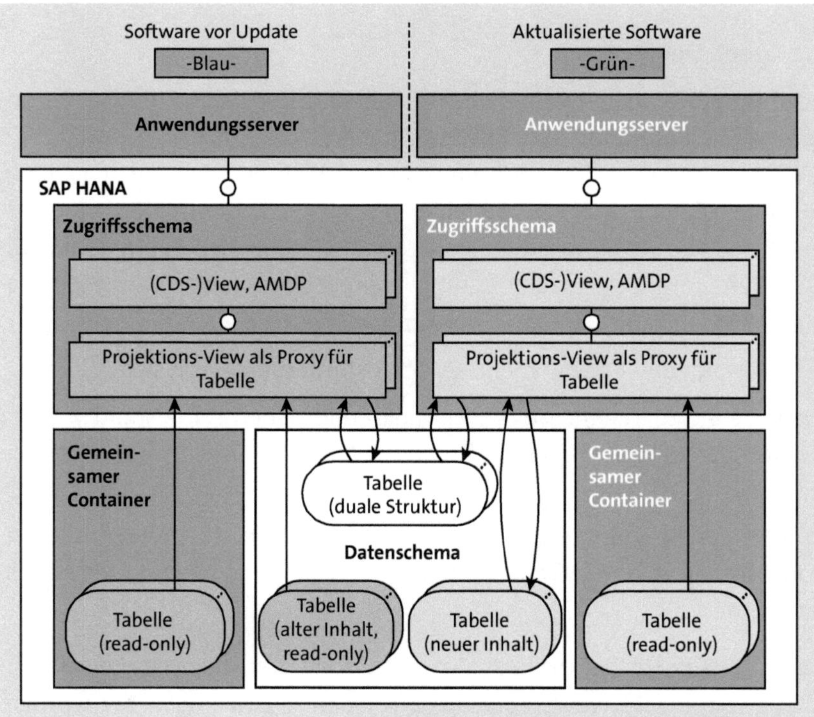

Abbildung 19.9 Blue-Green Deployment für die Wartung von SAP S/4HANA Cloud für eine Near-Zero-Downtime-Wartung

Nehmen wir z. B. an, dass sich während des Upgrades der Datentyp eines Tabellenfelds ändert. Diese Änderung wird im Datenschema der Datenbank vorgenommen. Wenn eine Anwendung des blauen Tenants auf die Tabelle zugreift, ordnet die Zugriffsschicht die Daten dieses Tabellenfelds sowohl beim Lese- als auch beim Schreibzugriff dem alten, unveränderten Datentyp zu. Wenn dieselbe Anwendung des grünen Tenants auf die Tabelle zugreift, versieht die Zugriffsschicht die Daten desselben Tabellenfelds mit dem neuen Datentyp.

19.5 Built-In Support

Built-In Support, auch *Embedded Support* genannt, bietet Endbenutzer*innen und Key Usern von SAP S/4HANA Cloud direkten Zugang zum SAP-Support über einen intelligenten digitalen Supportassistenten. Der Built-In Support vereinfacht auf diese Weise den Prozess der Hilfeanforderung. Machine Learning, KI-Technologie (Künstliche Intelligenz) und kontextsensitives Wissen helfen direkt bei der Lösung von Problemen und bieten personalisierten Support und Self-Services.

In diesem Abschnitt werden die Vorteile des Built-In Supports im Vergleich zum herkömmlichen Support erläutert.

19.5.1 Ablauf des klassischen Supports

Abbildung 19.10 veranschaulicht ein Support-Setup ohne Built-In Support. Sie zeigt die übliche Supportinfrastruktur und die Supportkanäle, die in der Regel verschiedene Supportorganisationen und -toolsets Ihres Unternehmens umfassen und bei Bedarf auch die Supporttools und -organisationen von SAP durchlaufen.

19

Ein zentraler Bestandteil dieses Setups ist das Onlineportal *SAP for Me* (*me.sap.com*), über das Key User den SAP-Support kontaktieren können, wenn sie zusätzliches Wissen oder Hilfe von SAP benötigen. Dazu müssen sie sich in SAP for Me mit einer Supportbenutzer-ID (S-Benutzer-ID) anmelden. Über SAP for Me können Key User Recherchen durchführen, Expertenchats starten, um die Situation mit einem SAP-Supportexperten zu besprechen, oder eine Supportmeldung erstellen, die die Anforderung beschreibt. Der SAP-Support interagiert mit den Key Usern, bis eine zufriedenstellende Antwort gefunden wurde.

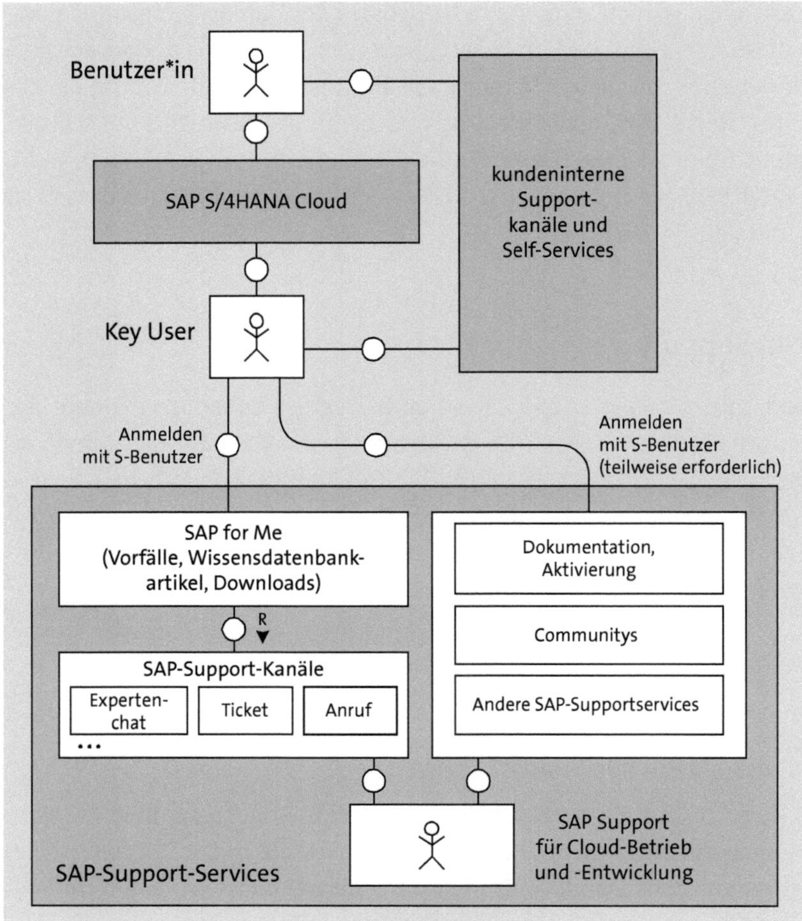

Abbildung 19.10 Klassischer Support ohne Built-In Support

19.5.2 Architektur des Built-In Supports

Mit dem Built-In Support ist ein kontextbasierter Zugang zum Support direkt in SAP S/4HANA Cloud integriert. Abbildung 19.11 zeigt die Architektur des Built-In Supports für SAP S/4HANA Cloud. Die Hauptkomponenten sind die Benutzeroberfläche des Built-In-Support-Assistenten und die Built-In-Support-Services.

Die Benutzeroberfläche des *Built-In-Support-Assistenten* ist in SAP S/4HANA Cloud integriert und ermöglicht es Benutzer*innen, direkt mit dem Support zu interagieren, ohne über SAP for Me gehen zu müssen. Der Built-In-Support-Assistent in SAP S/4HANA Cloud kommuniziert mit den *Built-In-Support-Services*. Zu diesen Services gehören Chatbotservices, Suchservices, Interaktionsservices und die Integration der klassischen SAP-Supportservices.

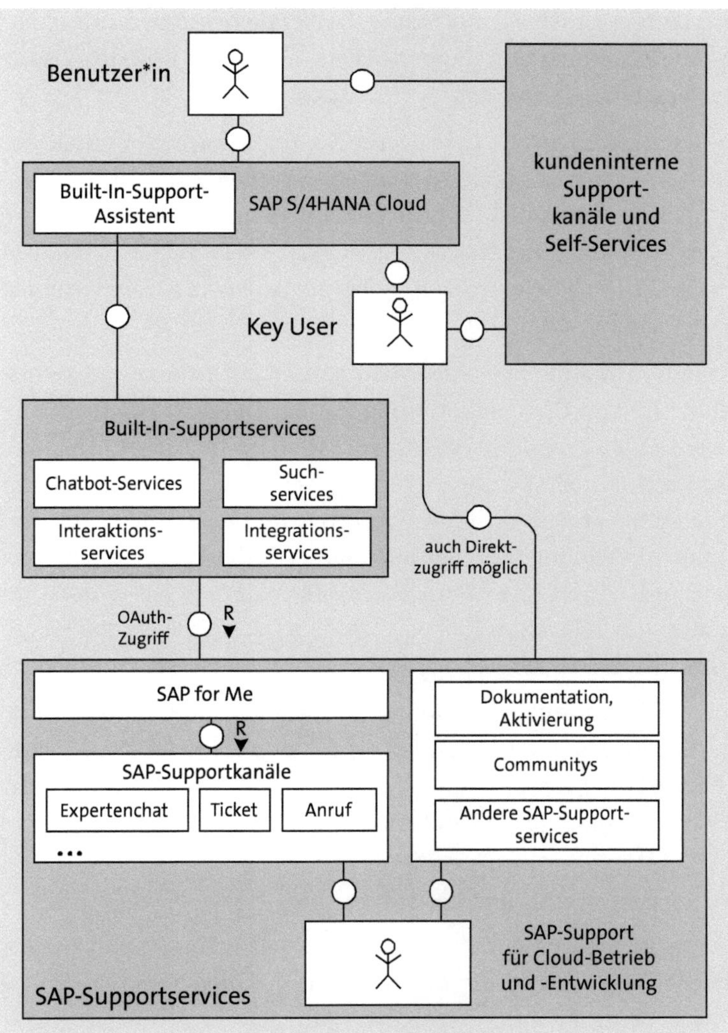

Abbildung 19.11 Built-In Support

In den folgenden Abschnitten werden wir uns die Vorteile des Built-In Supports genauer ansehen.

Kontextbezogenheit

Der Hauptvorteil des Built-In Supports besteht darin, den Benutzer*innen kontextbezogene Hilfe zu bieten. Daher ist es wichtig, die Situation der Benutzer*innen zu kennen und dafür zu sorgen, dass die kontextbezogenen Informationen während der Interaktion mit dem Support nicht verloren gehen. Relevante kontextbezogene Informationen sind beim Built-In Support automatisch verfügbar, um ein besseres Self-

Service-Erlebnis zu schaffen. Durch die automatische Bereitstellung von Kontextinformationen kann die Erstellung von Supporttickets verhindert und die Lösung von Supportanfragen beschleunigt werden.

Es ist kein Expertenwissen erforderlich, um relevante Kontextinformationen wie Anwendungs-, Benutzer- und Systemkontexte zu erfassen, die für die Suche nach Lösungen oder die Unterstützung durch SAP-Supportexpert*innen unerlässlich sind. Diese Informationen werden entweder automatisch erfasst, oder die Benutzer*innen werden angeleitet, relevante Daten bereitzustellen, wobei der Aufwand für Key User auf ein Minimum reduziert wird.

Die kontextbezogenen Informationen werden automatisch auf sichere und rechtskonforme Weise erfasst (z. B. in Übereinstimmung mit der DSGVO). *Frontend-Kontextinformationen* werden über die Application Programming Interfaces (APIs) des SAP Fiori Launchpad bereitgestellt. Dazu gehören die technische Beschreibung der SAP-Fiori-App, System-IDs, Namen von Anwendungskomponenten, der Benutzerkontext aus der Systemanmeldung (Benutzer-ID, Name, E-Mail) und die entsprechende Geschäftspartner-ID. Die kontextbezogenen Informationen aus dem Frontend werden verwendet, um relevante Supportvorschläge und Suchergebnisse zu liefern und um obligatorische Datenfelder im Meldungsformular vorauszufüllen.

Die Benutzereingaben (z. B. Problembeschreibungen und Fehlercodes) und automatisch erfasste Kontextinformationen können für die Suche nach möglichen Lösungen über den *eingebetteten Suchservice* des Built-In Supports verwendet werden, der mit verschiedenen SAP-Informationsquellen verbunden ist.

Einfacher Zugang zu Supportservices und -inhalten

Wie in Abschnitt Abschnitt 19.5.1 beschrieben, müssen Besucher*innen von SAP for Me über die S-Benutzer-ID angemeldet sein. Mit dem Built-In Support sind einige Features auch für anonyme Benutzer*innen verfügbar, während eine Anmeldung über die SAP Universal ID erforderlich ist, wenn auf geschützte Supportservices des SAP-Support-Backend-Systems zugegriffen wird, z. B. um eine SAP-Supportmeldung zu erstellen.

Funktionen des Built-In Supports

Die folgenden Hauptfunktionen sind über den Built-In Support verfügbar:

- **Empfehlungen**
  Bei den empfohlenen Links handelt es sich um eine Liste kontextrelevanter Informationen, die den Benutzer*innen bei der Beantwortung ihrer Fragen an den Support sofort weiterhelfen können. Die Bandbreite der bereitgestellten *Knowledge-*

Links reicht von der Produktdokumentation bis hin zu wichtigen Supportwissensartikeln, die Benutzer*innen einer Anwendung kennen sollten, um mögliche Geschäftsunterbrechungen zu vermeiden.

- **Suchservice**
  Der Suchservice hilft Fachanwender*innen und Key Usern bei der Suche nach Lösungen, Dokumentationen und Tutorials. Die Suche basiert auf kontextbezogenen Informationen und Benutzereingaben. Für das Suchergebnis wertet sie SAP-Informationsressourcen wie Inhalte (z. B. Artikel der SAP-Wissensdatenbank oder Tutorials), Referenzen (z. B. zu Meldungen), Antworten auf Fragen zu Vorgehensweisen innerhalb der SAP Community oder zugehörige SAP-Supportmeldungen aus.
- **KI-Service »Incident Solution Matching«**
  Dieser KI-basierte Service liefert auf Basis der Kontextinformationen und der Benutzereingaben im Meldungsformular Lösungsvorschläge aus anderen Kundenmeldungen. Je genauer eine Situation im Meldungsformular beschrieben wird, desto passgenauer kann ein Lösungsvorschlag in Form eines Artikels aus der SAP-Wissensdatenbank oder eines SAP-Hinweises ausgewählt werden. Jede Änderung der Kontextinformationen führt zu einer Neuberechnung der Lösungsvorschläge.
- **KI-Service »Component Predictor«**
  Dieser KI-basierte Service ermittelt die am besten geeignete Softwarekomponente in Bezug auf die Kontextinformationen des Systems und die Benutzereingaben. Dieser Service erleichtert es den Kunden, eine Meldung richtig zu adressieren, und gewährleistet einen besseren Zugang zu den SAP-Supportexpert*innen über den SAP-Expertenchat.
- **Supportkanäle**
  Die traditionellen Supportkanäle, wie z. B. SAP-Supportmeldungen, sind für Benutzer, die sich über ihre SAP Universal ID angemeldet haben, immer verfügbar. Natürlich müssen die verknüpften S-Benutzer über die erforderlichen Berechtigungen verfügen, um die beabsichtigte Aufgabe ausführen zu können. Neben diesem herkömmlichen Kanal bietet der SAP-Support auch Echtzeitsupportkanäle wie den Expertenchat. Dieser Expertenchatkanal ist direkt in die Benutzeroberfläche des Built-In Supports eingebettet, sodass Kunden direkt mit den Fachexpert*innen von SAP Support kommunizieren können, ohne die Geschäftsanwendung verlassen zu müssen.

19.5.3 Vergleich von Supportinteraktionen

Tabelle 19.1 vergleicht die Supportinteraktionen über den Built-In Support und über den klassischen Support, der SAP for Me verwendet.

Supportinteraktion	SAP for Me	Built-In Support
Allgemein (anonym, keine Anmeldung erforderlich)		
Kontextabhängigkeit: Kontext ist bekannt, z. B. aktuelle Anwendung, Produkt, System, Benutzer*in	Nein	Ja
Automatische Kontextübertragung: Kontextbezogene Informationen werden in Supportkanäle und -services übertragen.	Nein	Ja
Support auf Tastendruck: Benutzer*innen können in der Geschäftsanwendung bleiben, während sie Supportservices in Anspruch nehmen.	Nein	Ja
Kontextabhängige Self-Services: Empfehlungen (anonym, keine Anmeldung erforderlich)		
Empfohlene Links: kontextabhängige Links zur Dokumentation	Nein	Ja
Hot-Supportwissen (öffentlich): z. B. Artikel der Wissensdatenbank, die für die aktuelle Benutzersituation relevant sind	Nein	Ja
Häufig abgerufenes Supportwissen (öffentlich): z. B. Artikel in der Wissensdatenbank, auf die andere Kunden zugreifen	Nein	Ja
Kontextabhängige Self-Services: Suche (anonym, keine Anmeldung erforderlich)		
X-Search unterstützt die Suche: automatische und kontextbasierte Suche in Supportwissensquellen	Nein	Ja
Suche nach Fragen zu Vorgehensweisen: Suche in der SAP Community nach verwandten Antworten auf Fragen zu Vorgehensweisen	Nein	Ja
Textvervollständigung bei der Sucheingabe: Anzeige kontextbasierter Vorschläge, um den am besten passenden Suchbegriff zu finden	Nein	Ja
Suche nach Meldungen: Suche nach eigenen Meldungen im Zusammenhang mit dem Kontext und dem Suchbegriff	Nein	Ja
Kontextabhängige Self-Services: KI-Services (Anmeldung erforderlich)		
Incident Solution Matching: Suche nach Lösungsvorschlägen für andere Kundenmeldungen	Ja	Ja

Tabelle 19.1 Vergleich von Supportinteraktionen mit und ohne Built-In Support

Supportinteraktion	SAP for Me	Built-In Support
Component Predictor: automatische Vorschläge von Komponenten, die zu den Kontextinformationen passen	Ja	Ja
Supportkanäle (Anmeldung erforderlich)		
Meldung erstellen/aktualisieren/schließen: Verwalten von SAP-Meldungen	Ja	Ja
Expertenchat: Chatgespräche mit SAP-Support-expert*innen	Ja	Ja

Tabelle 19.1 Vergleich von Supportinteraktionen mit und ohne Built-In Support (Forts.)

19.6 Zusammenfassung

SAP S/4HANA Cloud ist eine SaaS-Lösung, die über eine Reihe von Multi-Tenant-Cloud-Services bereitgestellt wird. Alle Kunden von SAP S/4HANA Cloud erhalten Zugriff auf eine Reihe von Tenants, die in einem der weltweit verteilten Rechenzentren betrieben werden.

Der Cloud-Service, der die meisten Geschäftsanwendungen beherbergt, ist der ABAP-Service von SAP S/4HANA Cloud. In einem Multitenancy-Cluster des SAP-S/4HANA-ABAP-Service hält jeder Tenant seine Daten getrennt in einer Tenant-Datenbank vor, während er Laufzeitressourcen und die Shared Database mit allen Tenants gemeinsam nutzt. Dank des Verfahrens des Blue-Green Deployment kann SAP Softwareupdates nahezu ohne Ausfallzeiten durchführen.

In die SAP-S/4HANA-Architektur sind mit dem Built-In Support intelligente Supportfunktionen eingebettet. Sie reichen von der Bereitstellung von Kontextinformationen für die Ursachenanalyse bis hin zu verschiedenen Interaktionskanälen mit Supportmitarbeiter*innen.

Im nächsten Kapitel werden wir uns auf die Besonderheiten der Cloud in Bezug auf Sizing- und Performanceüberlegungen konzentrieren.

Kapitel 20

Sizing und Performance in der Cloud

Die Performance von SAP S/4HANA Cloud beruht auf performance-optimierter Programmierung, angemessener Hardwaredimensionierung und fairer Ressourcenteilung. Die Green Cloud macht das SAP-S/4HANA-Cloud-Angebot klimaneutral.

Beim SaaS-Modell (Software as a Service) betreibt SAP die SAP-S/4HANA-Tenants des Kunden in der Cloud. Ein wichtiges Ziel ist dabei, dass Unternehmen jeder Größe SAP S/4HANA Cloud mit optimaler Performance und geringen Kosten betreiben können. Darüber hinaus sind auch die Reduzierung des Energieverbrauchs und der Treibhausgasemissionen entscheidende Faktoren, um gleichzeitig die Nachhaltigkeitsbestrebungen von SAP zu unterstützen.

In der Cloud kümmert sich SAP um das Hardware-Sizing. Gemäß der Multitenancy-Architektur (siehe Abschnitt 19.3) werden einige Ressourcen mit anderen SAP-S/4HANA-Cloud-Kunden geteilt. SAP-Kunden stellen dazu in der Regel die folgenden Fragen:

- Wie organisiert SAP die Aufteilung der Ressourcen? Wie verhindert SAP, dass andere Tenants die gemeinsam genutzten Ressourcen übermäßig beanspruchen und die Performance meines Tenants beeinträchtigen?
- Wie erfolgt das Sizing, und wie kann ein Unternehmen sicher sein, dass es all seinen Anforderungen gerecht wird? Was passiert, wenn der Ressourcenbedarf im Laufe der Zeit steigt? Wie elastisch, also wie flexibel und dynamisch, ist das Kapazitätsmanagement?
- Benutzer und lokale Systeme greifen über das Internet auf SAP S/4HANA Cloud zu. Wie geht SAP mit dem durch Netzwerklatenzen verursachten Performancerisiko um?

Ziel dieses Kapitels ist es, diese Fragen zu beantworten. Wir erläutern, welche Prinzipien die SAP-Entwicklung anwendet hat, um gute Antwortzeiten in der Cloud zu ermöglichen (siehe Abschnitt 20.1), und beschreiben das Sizing von SAP S/4HANA Cloud (siehe Abschnitt 20.2) sowie Skalierbarkeit, Elastizität, Kapazitätsmanagement und die gemeinsame Nutzung von Ressourcen (siehe Abschnitt 20.3). Abschnitt 20.4 erörtert, wie SAP mit SAP S/4HANA Cloud umweltfreundliches, nachhaltiges Computing ermöglicht.

20.1 Performanceoptimierte Programmierung

In diesem Abschnitt wird erläutert, welche Prinzipien die SAP-Entwicklung anwendet, um eine gute Performance in der Cloud zu ermöglichen. Performanceoptimierte Programmierung bedeutet in der Regel auch energieeffiziente Programmierung. Mit der Einhaltung dieser Ziele und Richtlinien verfolgt SAP eine *Green-IT-Strategie*.

Nehmen wir als Beispiel eine typische Rechenzentrumsumgebung für B2B-Anwendungen (Business-to-Business), die viele Transaktionen umfassen. Wenn eine *Maßnahme für nachhaltiges Programmieren* in einer solchen Umgebung erfolgreich umgesetzt wird und dadurch eine CPU-Sekunde eingespart wird, entspricht diese Einsparung einer Energiereduzierung von zehn Wattsekunden pro Transaktion. Wird eine solche Transaktion von 1,5 Millionen Benutzer*innen 20 Mal pro Tag an 230 Arbeitstagen pro Jahr ausgeführt, beträgt die gesamte Energieeinsparung 19 Megawattstunden. Wenn 1.000 Entwickler*innen je fünf Transaktionen auf diese Weise optimieren, entspricht die eingesparte Energie dem Jahresstromverbrauch von mehr als 30.000 Zweipersonenhaushalten (nach dem Stromverbrauchsindex der Bundesregierung).

20.1.1 Minimale Anzahl von Network-Roundtrips und übertragenes Datenvolumen

Sowohl die *End-to-End-Antwortzeit* als auch der *Durchsatz* hängen vom Netzwerk und speziell der Performance des Wide Area Networks (WAN) ab (siehe Abbildung 20.1). In verteilten Landschaften greifen Benutzer*innen von verschiedenen Standorten aus auf Anwendungen und Dienste in der Cloud zu, wobei die verfügbare Netzwerkbandbreite und die Latenzzeiten unterschiedlich sind. Der Benutzerzugriff erfolgt über ein Local Area Network (LAN) und ein WAN. Als Grundlage für die erfolgreiche Planung und den produktiven Betrieb einer hochleistungsfähigen Netzwerkinfrastruktur spielt die Dimensionierung der Netzwerkbandbreite eine wichtige Rolle. Das Ziel dabei ist es, Performanceengpässe aufgrund unzureichender Netzwerkbandbreite zu vermeiden und angemessene Netzwerkantwortzeiten zu gewährleisten. Allerdings können allein über die Dimensionierung der Netzwerkbandbreite keine bestimmten Netzwerkantwortzeiten garantiert werden.

Die Performance des Netzes wird durch zwei Key Performance Indicators (KPIs) definiert:

- **Bandbreite**
  Die Fähigkeit, eine bestimmte Datenmenge innerhalb eines bestimmten Zeitraums zu übertragen
- **Latenzzeit**
  Die Verzögerung zwischen dem Senden und dem Eintreffen eines Datenpakets von minimaler Größe

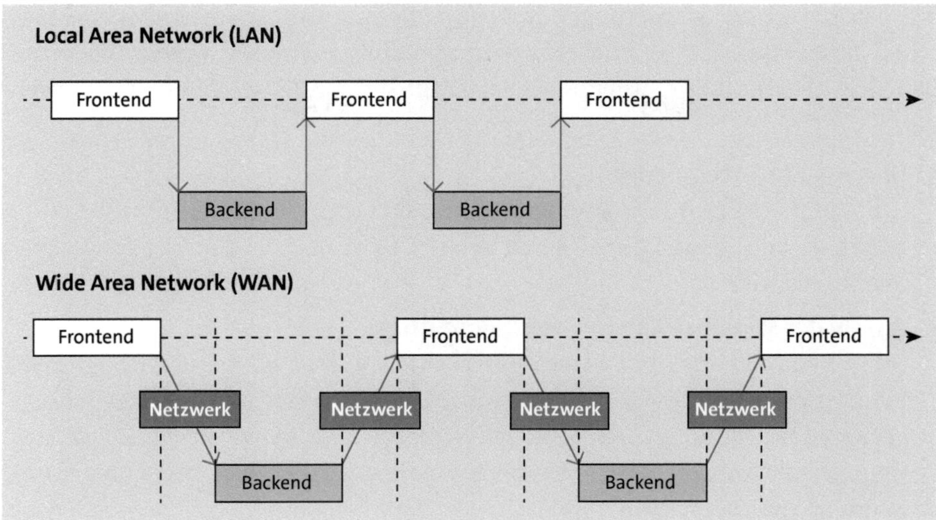

Abbildung 20.1 Auswirkungen des Netzes auf die End-to-End-Antwortzeit

Die *Netzwerkbandbreite* ist eine Ressource, die von vielen Benutzer*innen gemeinsam genutzt wird. Wenn die verfügbare Bandbreite erschöpft ist, wird das Netz zu einem Engpass für den gesamten Datenverkehr. Interaktive Anwendungen leiden am meisten unter überlasteten Netzen. Da das Verhalten der Benutzer*innen nicht vorhersehbar ist, kann es vorkommen, dass sich gleichzeitige Anfragen mehrerer Benutzer*innen gegenseitig beeinträchtigen. Dies führt zu schwankenden Antwortzeiten des Netzwerks, vor allem, wenn Sie viele Benutzer*innen mit relativ langsamer Netzwerkverbindung haben. Auch wenn verschiedene Anwendungen um die verfügbare Bandbreite konkurrieren, kann das die Antwortzeit beeinflussen.

Die *Latenzzeit* hängt von der Anzahl der Netzwerkknoten (*Hops*) und der Zeit ab, die ein Signal benötigt, um zwischen diesen Hops von A nach B zu gelangen. Heutzutage ist die Latenzzeit innerhalb des Netzwerks der wichtigste Parameter für schlechte Antwortzeiten.

Das öffentliche Netz des Internets unterliegt nicht der Kontrolle von SAP. Betrachtet man nur die Bandbreite und die Latenzzeit, gibt es einen Unterschied hinsichtlich der Netzqualität zwischen dem Intranet eines Unternehmens und dem öffentlichen Internet. Dieser Unterschied ist weniger technischer als organisatorischer Natur. Ein Intranet ist vollständig im Besitz eines Unternehmens oder einer Organisation und wird von dieser verwaltet, während Ihr Internetdienstanbieter lediglich Ihren Zugangsbereich (innerhalb eines Radius von einigen Kilometern) vollständig kontrolliert und somit und nur begrenzten Einfluss auf die End-to-End-Qualität hat. On-Premise-Anwendungen werden in der Regel in einem Intranet ausgeführt, während das Internet eher für mobile Anwendungen und SaaS-Anwendungen relevant ist.

SAP geht diese Herausforderungen der Netzwerkperformance aus einer architektonischen Perspektive an. Anstatt die Netzwerkzeit direkt zu messen, werden die folgenden zwei KPIs für SAP-Anwendungen, einschließlich SAP S/4HANA Cloud, verwendet:

- **Übertragene Datenmenge**
  In diesem Schritt wird das Datenvolumen gemessen, das pro Benutzerinteraktion zwischen dem Frontend (der Benutzeroberfläche) und dem Anwendungsserver übertragen wird.
- **Anzahl der sequenziellen Netzwerk-Roundtrips**
  Diese Kennzahl wird pro Benutzerinteraktion erfasst. Sie berücksichtigt keine Roundtrips in tieferen Netzwerkschichten, sondern nur auf der Anwendungsebene (also z. B. HTTP-Anfragen). Wir sprechen von sequenziellen Roundtrips, wenn auf die Antwort eines Roundtrips gewartet werden muss, bevor der nächste Roundtrip beginnen kann.

Diese beiden KPIs können genau gemessen werden, und die Ergebnisse sind reproduzierbar. Anhand beider Werte kann die erforderliche Netzwerkzeit für Netzwerkverbindungen jeder beliebigen Qualität geschätzt werden. Sie können leicht auf die Server-zu-Server-Kommunikation übertragen werden. Für die SAP-Produktentwicklung gelten daher die folgenden Gestaltungsprinzipien:

- Eine Anwendung sollte so wenig sequenzielle Roundtrips wie möglich auslösen und nur die notwendigen Daten an das Frontend übertragen. Die Schlussfolgerung liegt auf der Hand: Je mehr Roundtrips, desto größer die Auswirkung auf die Netzwerk-Performance und desto schlechter die End-to-End-Antwortzeit der Anwendung.
- Eine Anwendung sollte pro Benutzerinteraktion nicht mehr als 10 bis 20 KB an Daten übertragen.
- Zu den wichtigsten Strategien zur Optimierung der Netzwerkleistung gehören Komprimierung und Frontend-Caching; beide sind in der SAP-Standardsoftware implementiert.

20.1.2 Content Delivery Networks

SAP-Anwendungen cachen *statische Ressourcen* im Frontend. Für die initiale Befüllung der Frontend-Caches und zur Aktualisierung der Ressourcen nach Upgrades und Hotfixes wird ein *Content Delivery Network* (CDN) verwendet. Durch Verwendung eines CDN und durch das Speichern von Metadaten und Codelisten (statische Dropdown-Listen) in Geräte-Caches (im Browser, in mobilen Apps usw.) können die Zugriffszeiten für statische Inhalte minimiert werden. Da für SAP S/4HANA Cloud ein CDN verwendet wird, muss bei der Betrachtung von Zugriffszeiten zwischen der

Bandbreite zum nächsten CDN-Knoten und der Bandbreite zum SAP-S/4HANA-Cloud-Rechenzentrum unterschieden werden.

Die SAP-Fiori-Apps basieren auf der SAPUI5-Technologie (siehe Abschnitt 3.1). SAP S/4HANA Cloud verwendet ein CDN für die SAPUI5-Core-Bibliotheken, was bedeutet, dass die SAPUI5-Core-Bibliotheken vom CDN geliefert werden, während andere statische Ressourcen vom SAP-S/4HANA-Cloud-Rechenzentrum abgerufen werden. Beide werden dann im lokalen Browser-Cache zwischengespeichert. Dynamische Anwendungsdaten werden niemals im Frontend zwischengespeichert.

20.1.3 Puffer und Caches

SAP S/4HANA Cloud nutzt Caches und Puffer auf allen Ebenen, auf denen es sinnvoll ist, z. B.:

- Browser-Caches
- CDNs
- SAP-Gateway-Metadaten-Caches
- Tabellenpuffer
- SQL-Plan-Caches

Dies wirkt sich auch positiv auf den Energieverbrauch aus, was in Abschnitt 20.4 erläutert wird.

Die SAP-Entwicklungsteams nutzen die Caching- und Puffer-Frameworks, die auf SAP HANA und dem ABAP-Anwendungsserver angeboten werden. Die Verarbeitungszeiten sind damit weniger stark von der zu verarbeitenden Datenmenge (oder der Datenkonstellation) abhängig, was eine Grundvoraussetzung für jede skalierbare Softwarelösung ist.

20.1.4 Sprunghaftes Performanceverhalten vermeiden

Aus architektonischer Sicht stellt die SAP-Produktentwicklung sicher, dass die Software gleichbleibende Antwortzeiten und einen gleichbleibenden Ressourcenverbrauch aufweist. Sie folgt dem Designprinzip, dass die Antwortzeit einer Anwendung so wenig wie möglich von der Datenmenge oder der Datenkonstellation abhängen sollte.

Wenn Sie z. B. einen Monatsabschluss durchführen, hängt die Verarbeitungszeit von der Menge der verarbeiteten Daten ab. Die Performance für den einzelnen Monatsabschluss sollte aber unabhängig von der Gesamtmenge der gespeicherten Daten sein. Wenn Sie z. B. einen Monatsabschluss für Oktober durchführen (der eine feste Datenmenge umfasst), sollte die Verarbeitungszeit unabhängig davon sein, wie viele Monatsabschlüsse bereits in der entsprechenden Tabelle gespeichert sind.

20.2 Sizing

Sie können nur dann ein angemessenes *Hardware-Sizing* durchführen, wenn eine Softwareanwendung skalierbar ist. Ziel des Hardware-Sizings ist es, die notwendigen Hardwareressourcen für die Abwicklung performancekritischer Geschäftsprozesse zu ermitteln und so zu verhindern, dass Hardwareressourcen zu Engpässen werden. Im Allgemeinen ist *Sizing* die Übersetzung von Geschäftsanforderungen in Hardwareanforderungen. In unserem Zusammenhang bedeutet Sizing die Ermittlung der Hardwareanforderungen für SAP S/4HANA Cloud. Dies umfasst z. B. die Netzwerkbandbreite, den physischen Speicher, die CPU-Leistung (gemessen im SAP Application Performance Standard) und die I/O-Kapazität (Ein-/Ausgabe), die zur Ausführung der Anwendungen und Lösungen erforderlich sind. Der *SAP Application Performance Standard* ist eine hardwareunabhängige Maßeinheit, die die Performance einer Systemkonfiguration im SAP-Umfeld beschreibt (siehe SAP Standard Application Benchmarks unter *www.sap.com/about/benchmark/measuring.html*).

SAP hat ein mathematisches Modell und entsprechende Verfahren entwickelt, um den Ressourcenverbrauch auf der Basis bestimmter Eingabeparameter und Annahmen vorherzusagen. Ein erstes Sizing ist notwendig, um den Ressourcenverbrauch für die langfristige Kapazitätsplanung vorhersagen zu können und eine Prognose der zu erwartenden Kosten zu ermöglichen.

Die folgenden Sizing-KPIs sind verfügbar:

- **CPU-Zeit**
  Die CPU-Zeit von Geschäftsprozessen oder Aufgaben wird gemessen, um die Anzahl der benötigten Prozessoren zu bestimmen.
- **Festplattengröße und I/O-Kapazität der Festplatten**
  Diese werden gemessen, um die Wachstumsraten der Datenbanktabellen und den Speicherplatz für das Dateisystem zu bestimmen. Erfasst werden die Anzahl der Insert-Operationen auf der Datenbank, der Write-Operationen im Dateisystem und die Anzahl der Bytes, die in die Datenbank oder das Dateisystem geschrieben werden.
- **Arbeitsspeicher**
  Der benötigte Arbeitsspeicher wird je nach Art der Anwendung auf unterschiedliche Weise gemessen. Bei einigen Anwendungen reicht es aus, den Speicherbedarf des Benutzersitzungskontextes zu messen, während es bei anderen Anwendungen notwendig ist, neben anderen Faktoren auch anwendungsspezifische Puffer, gemeinsam genutzte Speicherbereiche und temporäre Speicheranforderungen für die Bearbeitung zustandsloser Anfragen zu messen.

- **Netzwerkauslastung**
  Diese Messungen beziehen sich auf die Anzahl der Roundtrips pro Dialogschritt und die Anzahl der gesendeten und empfangenen Bytes für jeden Roundtrip. Die Messungen werden verwendet, um die erforderliche Netzwerkbandbreite zu ermitteln.

SAP stellt die allgemeinen *Standard-Sizing-Richtlinien* unter der URL *www.sap.com/sizing* zur Verfügung. SAP-Kunden führen in der Regel ihr eigenes Sizing durch, da sie ihre Geschäftsprozesse am besten kennen. Schließlich sind die Hardwareanbieter oder IaaS-Provider (Infrastructure as a Service) dafür verantwortlich, die Hardware so bereitzustellen, dass sie die den ermittelten Anforderungen an Durchsatz und Antwortzeit entspricht.

Bei SAP S/4HANA Cloud kümmert sich SAP als SaaS-Anbieter um das Sizing und die Bereitstellung. Dennoch sind Sizing-Informationen auch für SAP-S/4HANA-Cloud-Kunden wichtig, da sie sich direkt auf die Preiskalkulation auswirken.

In einem Pay-per-Use-Szenario sind einige vorausschauende Berechnungen erforderlich, um das am besten geeignete Abonnementmodell auszuwählen. Um vorherzusagen, wie viel SAP-HANA-Speicher eine Anwendung für die konkreten Einsatzbedingungen und Anforderungen eines bestimmten SAP-Kunden benötigen wird, bietet SAP zwei Sizing-Verfahren an:

- Quick Sizer oder Sizing-Richtlinien für SAP S/4HANA Cloud für das Greenfield-Sizing
- Sizing-Report (SAP-Hinweis 1872170) für das Brownfield-Sizing

20.2.1 Sizing für SAP S/4HANA Cloud Public Edition

Da SAP S/4HANA Cloud Public Edition immer im Greenfield-Verfahren implementiert wird, konzentriert sich die folgende Beschreibung nur auf das Greenfield-Sizing. Der *Quick Sizer* ist ein von SAP angebotenes webbasiertes Self-Service-Sizing-Tool, mit dem neue Anwendungen dimensioniert werden können (Greenfield-Sizing). Er ist kostenlos. Kunden und Interessenten benötigen lediglich eine S-Benutzer-ID um Sizing-Projekte zu erstellen. Der *SAP-HANA-basierte Cloud Quick Sizer* ist die Version des Quick Sizer für das Greenfield-Sizing von SAP S/4HANA Cloud Public Edition. Mit ihm können Sie den erwarteten SAP-HANA-Speicherbedarf und die erwartete Frontend-Netzwerklast für Ihre geschäftlichen Anforderungen berechnen. Den SAP-HANA-basierten Cloud Quick Sizer und die Sizing-Richtlinien finden Sie unter *www.sap.com/sizing*.

In einem ersten Schritt müssen Sie die Anzahl der zu erwartenden Full User Equivalents (FUEs) bestimmen und diese Zahl in das Tool eingeben (siehe Abbildung 20.2).

Abbildung 20.2 Quick Sizer für SAP S/4HANA Cloud Public Edition: Eingabe der Full User Equivalents

Nachdem Sie Ihre relevanten Geschäftsszenarien ausgewählt haben, müssen Sie weitere Mengenangaben zu Ihren Geschäftsanforderungen machen (z. B. die Anzahl der gleichzeitigen Benutzer*innen und/oder die Anzahl der Business-Objekte, die innerhalb eines bestimmten Zeitraums verarbeitet werden). Danach berechnet der Quick Sizer einen Ergebniswert für den SAP-HANA-Speicher und eine Cloud-Preisstufe (*Tier Number for Cloud Pricing*), auf deren Basis die Lizenzkosten berechnet werden können. Je größer der SAP-HANA-Speicherbedarf ist, desto höher werden Sie eingestuft. In manchen Situationen kann es eine Diskrepanz geben zwischen den eingegebenen FUEs und den erwarteten Mengen, die Sie in den Quick-Sizer-Formularen eingegeben haben. In diesem Fall zeigt der Quick Sizer eine Warnmeldung an, und die zusätzlichen Ressourcenanforderungen zur Deckung der berechneten Systemlast werden im Quick Sizer angezeigt.

Zur Verwendung des Quick Sizers wollen wir nun ein Beispiel betrachten. Nehmen wir an, Sie erwarten 500 FUEs (siehe Abbildung 20.2) und haben folgende Geschäftsanforderungen (siehe Abbildung 20.3): Es sollen 15 Millionen Kundenaufträge pro Jahr bearbeitet werden (220 Arbeitstage, wobei jeder Arbeitstag von 9.00 Uhr bis 18.00 Uhr dauert).

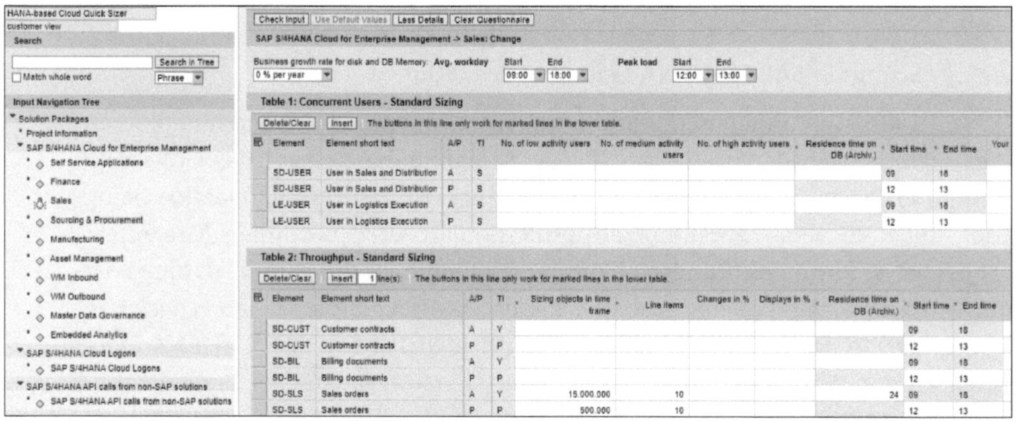

Abbildung 20.3 Quick Sizer für SAP S/4HANA Cloud Public Edition: Eingabe der Geschäftsanforderungen

Es wird davon ausgegangen, dass jeder Kundenauftrag zehn Einzelposten umfasst und die Aufbewahrungszeit in der Datenbank 24 Monate beträgt. Außerdem müssen pro Stunde 500.000 Kundenaufträge jeweils mit zehn Positionen bearbeitet werden. Es wird erwartet, dass die Lastspitze zwischen 12:00 Uhr und 13:00 Uhr liegt.

Mit diesem Input berechnet der SAP-HANA-basierte Cloud Quick Sizer das Ergebnis, nämlich einen Bedarf von rund 299 GB SAP-HANA-Datenbankspeicher für SAP S/4HANA Cloud (siehe Abbildung 20.4).

Throughput : Results for SAP Business Solutions			
Solution	Tier number for Cloud pricing	DB Memory in GB	DB Memory in MiB
SAP S/4HANA Cloud	03	299	284.672

Abbildung 20.4 Quick Sizer für SAP S/4HANA Cloud Public Edition: Ergebnisse

20.2.2 Sizing für SAP S/4HANA Cloud Private Edition

SAP S/4HANA Cloud Private Edition ermöglicht es, bestehende SAP-ERP-Umgebungen schnell auf eine moderne, cloudbasierte Architektur umzustellen. SAP-Kunden, die SAP S/4HANA Cloud Private Edition nutzen, erhalten den vollen Funktionsumfang von SAP S/4HANA. SAP S/4HANA Cloud Private Edition ermöglicht die schrittweise Umstellung auf eine reine SaaS-Landschaft.

SAP S/4HANA Cloud Private Edition können Sie auch mit einer Systemkonvertierung, ausgehend von einem bestehenden ERP-System, einführen. Daher wird neben dem Greenfield-Ansatz auch ein Brownfield-Sizing-Ansatz unterstützt, den wir hier ebenfalls vorstellen:

- **Greenfield-Sizing**
  Für Greenfield-Implementierungen von SAP S/4HANA Cloud Private Edition wird empfohlen, den SAP-HANA-basierten Quick Sizer (*www.sap.com/about/benchmark/sizing.html#quick-sizer*) zu verwenden. Beachten Sie, dass nicht alle Anwendungen von diesem Quick Sizer abgedeckt werden. Falls Sie eine Anwendung nicht im Quick Sizer finden können, helfen Ihnen die SAP S/4HANA Sizing Guidelines unter *https://help.sap.com/docs/SAP_S4H_SIZING* weiter.
- **Brownfield-Sizing**
  Wenn Sie Ihre Landschaft von einem SAP-ERP-System auf SAP S/4HANA Cloud Private Edition migrieren möchten, können Sie den Sizing-Report (`/SDF/HDB_SIZING`) verwenden, um die erwartete SAP-HANA-Speichergröße zu ermitteln.

Der Sizing-Report ermittelt die Sizing-Prognosen auf der Grundlage der tatsächlichen Tabellengrößen im bestehenden SAP-ERP-System. Außerdem nimmt er eine Schätzung vor, um wie viel der Speicherbedarf durch die von SAP HANA bereitgestellten Funktionalitäten reduziert werden kann (siehe Abbildung 20.5). Er läuft auf SAP_BASIS 620 und höher und eignet sich für das Sizing aller Lösungen der SAP Business Suite (SAP ERP, SAP Customer Relationship Management (SAP CRM), SAP Supply

Chain Management (SAP SCM), SAP Supplier Relationship Management (SAP SRM) usw.). Der Sizing-Report ist eine aktuelle Momentaufnahme. Jegliches Wachstum der Geschäftsdaten zwischen dem Ausführungsdatum und dem Go-live-Datum sollte berücksichtigt werden.

```
SIZING RESULTS IN GB

Based on the selected table(s), the anticipated maximum requirement are

for S/4HANA:
- Memory requirement for the initial installation                  1.688,2
- Net data size on disk for the initial installation                 889,0

- Estimated memory requirement after data clean-up                 1.190,3
- Estimated net data size on disk after data clean-up                724,2

Other possible additional memory requirement:
- during the transition to S/4 HANA (See FAQ)                         34,2
- for an upgrade shadow instance                                     184,7
```

Abbildung 20.5 SAP-HANA-Sizing-Bericht: Ergebnisse

20.3 Elastizität und faire Ressourcenverteilung für SAP S/4HANA Cloud Public Edition

In diesem Abschnitt wird erläutert, wie Ressourcen dynamisch verwaltet werden, um einzelnen SAP-S/4HANA-Tenants zusätzliche Ressourcen zur Verfügung stellen zu können, wenn sie diese benötigen. Wir erklären außerdem, wie SAP sicherstellt, dass ein Tenant nicht zu viele Ressourcen auf Kosten anderer Tenants verbraucht.

20.3.1 Elastische Skalierbarkeit

In diesem Zusammenhang verstehen wir unter *Skalierbarkeit* die Fähigkeit, mit steigenden Anforderungen wachsen zu können. Anwendungen können horizontal skaliert werden, indem mehr Instanzen eines Dienstes hinzugefügt werden (Scale-out), oder vertikal, indem virtuelle CPUs oder Arbeitsspeicher zu bestehenden Instanzen hinzugefügt werden (Scale-up). Ein skalierbares System ist ein System, bei dem die Arbeitslast, die das System verarbeiten kann, mit der Anzahl der Ressourcen, die dem System zur Verfügung stehen, steigt, d. h., seine Kapazität skaliert tatsächlich mit den verfügbaren Ressourcen.

Bei der *Elastizität* geht es darum, sich an den tatsächlichen Bedarf der Benutzer*innen und Dienste anzupassen, sobald dieser sich ändert. Um die Vorteile der Elastizität zu nutzen, ist in der Regel ein skalierbares System erforderlich; andernfalls haben die zusätzlichen Ressourcen nur eine geringe Wirkung. Elastizität ist die Fähigkeit, die für die Bewältigung von Lasten erforderlichen Ressourcen dynamisch anzupassen.

Wenn die Last steigt, werden mehr Ressourcen hinzugefügt, und wenn sie nachlässt, werden nicht benötigte Ressourcen reduziert oder entfernt.

Im Allgemeinen gibt es drei Herausforderungen, die im Hinblick auf die elastische Skalierbarkeit bewältigt werden müssen (siehe Abbildung 20.6):

- **Verschwendete Kapazität: Lastanstieg**
  Wenn die Last steigt, müssen mehr Ressourcen hinzugefügt werden. Um die verschwendete Kapazität so gering wie möglich zu halten, muss das Hinzufügen zusätzlicher Ressourcen flexibel und möglichst passgenau erfolgen.
- **Verschwendete Kapazität: Lastabnahme**
  Wenn die Nachfrage nachlässt, müssen die Ressourcen zurückgefahren werden. Um die verschwendete Kapazität so gering wie möglich zu halten, müssen die Ressourcen flexibel reduziert und nicht benötigte Ressourcen entfernt werden.
- **Unerwartete Spitzen**
  Bei festen Kapazitäten können unerwartete Spitzen nicht mit den vorhandenen Ressourcen abgedeckt werden. Um negative Auswirkungen von unerwarteten Spitzen zu verhindern, müssen die Ressourcen so gut wie möglich an den tatsächlichen Bedarf angepasst und gleichzeitig die verschwendete Kapazität so gering wie möglich gehalten werden.

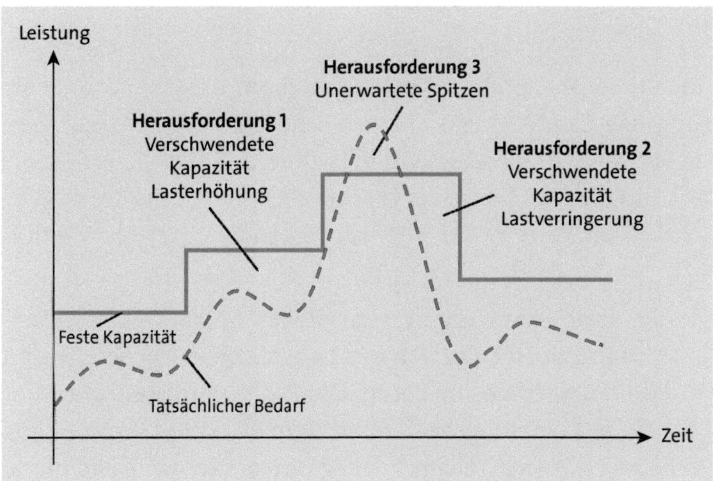

Abbildung 20.6 Herausforderung: Elastische Skalierbarkeit

20.3.2 Dynamic Capacity Management

In einem Multitenancy-Cluster für SAP S/4HANA Cloud werden Ressourcen zwischen den Tenants geteilt (siehe Abschnitt 19.3). Hier verfolgt SAP die Strategie, eine hohe Tenant-Dichte auf jedem Server zu erreichen, was einerseits die Ressourcenauslastung optimiert und andererseits eine optimale Performance gewährleistet.

SAP nutzt das selbst entwickelte Tool *Dynamic Capacity Management*, um die Hardwarekapazität für SAP S/4HANA innerhalb eines Multitenancy-Clusters elastisch anzupassen. Um Speicher- und CPU-Ressourcen optimal zu nutzen, berücksichtigt das Betriebsmodell die folgenden Aspekte:

- **Kapazitätsplanung für die einzelnen Tenants**
  - Tenants vergrößern
  - Tenants verkleinern
  - Tenants hinzufügen (Onboarding)
- **Kapazitätsplanung der Landschaft**
  - einen Tenant auf einen anderen Server umziehen (anderes Tenant-Cluster)

Wenn auf dem Server kein freier Speicher mehr vorhanden ist, muss ein Tenant, der mehr Speicher benötigt, auf einen anderen Server umziehen. Dabei müssen folgende Fragen berücksichtigt werden: Welche(r) Tenant(s) sollte(n) umziehen? Auf welchen Server sollte(n) der/die Tenant(s) umziehen?

Das vollautomatische Dynamic-Capacity-Management-Tool setzt Grenzen für den Ressourcenverbrauch der Tenant-Datenbanken (Quotas). Es stellt sicher, dass ein Tenant immer genügend Ressourcen zur Verfügung hat, und verhindert gleichzeitig, dass ein Tenant zu viele Ressourcen verbraucht und andere Tenants auf demselben Server beeinträchtigt.

Um die Performance für alle Tenants und Verwender zu steuern, unterbricht oder begrenzt SAP die Nutzung des Cloud-Service, wenn die fortgesetzte Nutzung dem Cloud-Service oder den Verwendern Schaden zufügen würde. SAP legt Quotas für die Ressourcennutzung fest, um unter anderem die gesamte Systemlandschaft vor gelegentlichen, zuweilen unbeabsichtigten oder unerwünschten Lastspitzen zu schützen.

Abbildung 20.7 zeigt die Speichernutzung verschiedener SAP-S/4HANA-Cloud-Tenants in einem Multitenancy-Cluster. Die Tenants haben ihre eigene Größe und ihre eigene Last, und sie können wachsen, um dann mehr Daten enthalten und mehr Last verarbeiten zu können. In Abbildung 20.7 wächst Tenant 1 unter Verwendung von bisher freiem Speicherplatz. Würde Tenant 1 unbegrenzt weiter wachsen, würde die SAP-HANA-Datenbank dafür schließlich Speicher von anderen Tenants benötigen, unabhängig von deren Größe, aktueller Nutzung oder aktueller Last. Um zu verhindern, dass dieser eine Tenant zu stark wächst und andere Tenants in unerwünschter Weise beeinträchtigt, werden *Speicher-* und *CPU-Quotas* verwendet.

Eine grundlegende Ressource von SAP HANA ist der Speicher. SAP muss alle Tenants im Multitenancy-Cluster vor unbeabsichtigten Lastspitzen (d. h. vor dem »lauten Nachbarn«) schützen, daher wird der maximal zulässige Ressourcenverbrauch für jeden Tenant durch ein Speicher-Quota begrenzt.

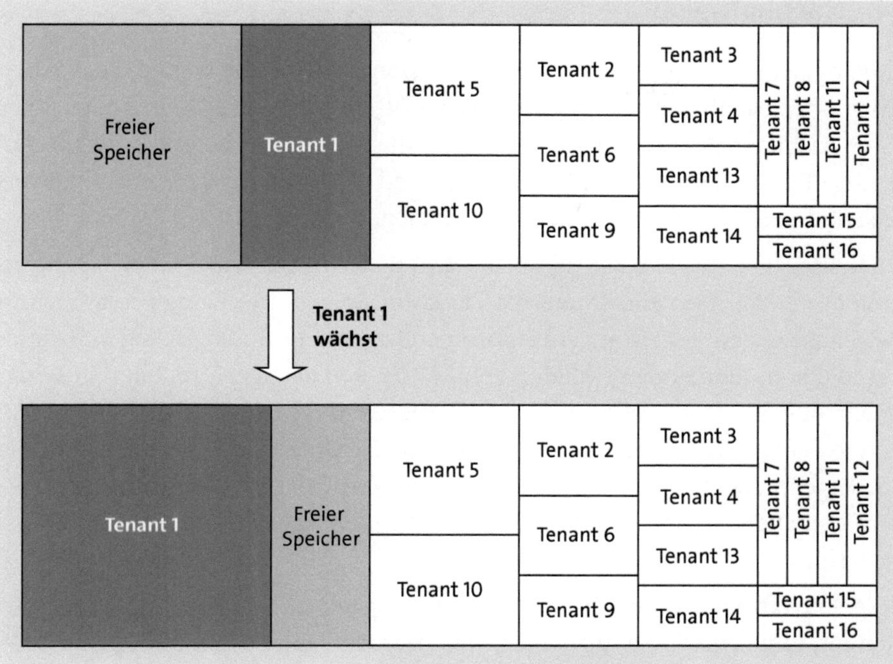

Abbildung 20.7 Speicherverteilung in SAP HANA pro Tenant

Zusätzlich zum Speicher-Quota wird jedem Tenant ein Quota für die verfügbaren CPU-Ressourcen zugewiesen. Dessen Einhaltung wird erreicht, indem die Größen der Thread-Pools überwacht werden, die für einen Tenant und für jede Anweisung zur Verfügung stehen.

Neben den Quotas pro Tenant gibt SAP innerhalb jedes Tenants auch bestimmte Quotas für SQL-Anfragen vor. Diese Quotas schützen den Tenant und damit andere Kunden/Prozesse und Anfragen vor ungewollt sehr ressourcenintensiven einzelnen SQL-Anfragen. Anweisungen, die zu wiederholten Lastspitzen führen, werden vom Dynamic-Capacity-Management-Tool erkannt. Es erhöht dann die Quoten für SQL-Anfragen.

SAP optimiert solche Anweisungen bereits während der Entwicklung von SAP S/4HANA Cloud und hat feste Quotas in allen SAP-Entwicklungs- und Testsystemen festgelegt, um solche Anweisungen bei Performancetests zu erkennen. In einem Produktiv-Tenant von SAP S/4HANA Cloud werden alle Anweisungen auf die Einhaltung der Quoten für Antwortzeit, CPU-Zeit und Speicherverbrauch hin überwacht. Wenn diese verletzt werden, werden die Anweisungen von der SAP-Entwicklung überarbeitet, um sie weiter zu optimieren.

20.4 Nachhaltigkeit

Nachhaltigkeit ist integraler Bestandteil der Vision der SAP, »die Welt und das Leben der Menschen nachhaltig zu verbessern« (siehe *http://s-prs.de/v947902*). Hierzu setzt die SAP-Nachhaltigkeitsstrategie auf wirtschaftliche, ökologische und soziale Komponenten. Für die ökologische Komponente sind die Reduzierung von Energieverbrauch und Treibhausgasemissionen entscheidende Faktoren.

Was den Energieverbrauch betrifft, sind die SAP-Rechenzentren in den Fokus gerückt, da immer mehr Unternehmen auf die Cloud umsteigen. Der Energieverbrauch in SAP-Rechenzentren steht in engem Zusammenhang mit technologischen Innovationen und der zunehmenden Nutzung von SAP-Cloud-Lösungen. Im Rahmen seiner Umweltstrategie hat SAP sein *Green-Cloud-Programm* ins Leben gerufen (siehe SAP Integrated Report 2021 unter *http://s-prs.co/v567515*). Green Cloud bedeutet, dass die Cloud-Angebote von SAP dank der Nutzung von zertifiziertem Strom aus 100 % erneuerbaren Energien und der Kompensation durch Ausgleichsinvestitionen klimaneutral sind.

Für die Softwareentwicklung bedeuten Nachhaltigkeit und Green IT, dass sie Softwareprogramme entwickelt, die die Computerressourcen effizient nutzen. Für SAP-Entwickler*innen und -Architekt*innen ist dies unerlässlich angesichts der riesigen Anzahl von Geschäftstransaktionen, die weltweit von SAP S/4HANA ausgeführt werden. Die Herausforderung besteht darin, das richtige Gleichgewicht zwischen End-to-End-Antwortzeit, Durchsatz und wirtschaftlichem und nachhaltigem Ressourcenverbrauch zu finden.

Hohe Performance hat verschiedene Aspekte:

- minimale Antwortzeit
- minimaler Ressourcenverbrauch
- maximaler Durchsatz
- Skalierbarkeit und einfache Skalierungsalgorithmen
- konsistente Antwortzeit und Ressourcenverbrauch

Die vier größten Energiefresser bei der Softwareentwicklung sind CPU, Arbeitsspeicher, Festplatte und Netzwerk. Da die verfügbaren Ressourcen begrenzt sind, haben alle Strategien zur Performanceoptimierung Nebeneffekte, die berücksichtigt werden müssen, und in vielen Fällen kommt es zu Kompromissen. Eine Senkung des Verbrauchs eines der vier Energieverbraucher bewirkt immer einen Anstieg bei den anderen dreien. SAPs Optimierungsstrategie basiert auf drei Eckpfeilern (siehe Abbildung 20.8):

- In-Memory-Computing anstelle von Festplatten-I/O
- Caches anstelle von CPU-Zyklen
- CDNs und Code-Pushdown anstelle von hohem Datentransfer und einer großen Anzahl von Roundtrips

Obwohl diese Strategie zu einem erhöhten Energieverbrauch für den Speicher führt, ist die Gesamtenergiebilanz dank der Einsparungen bei den anderen Komponenten, d. h. CPU, Festplatte und Netzwerk, positiv. Gleichzeitig verbessert SAP so die End-to-End-Antwortzeit und die Benutzerfreundlichkeit.

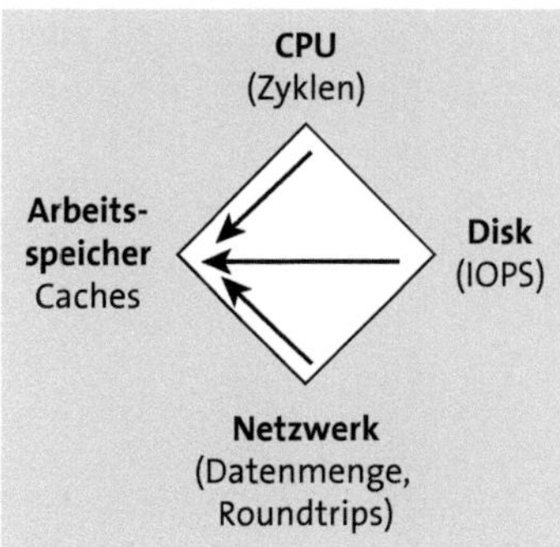

Abbildung 20.8 Optimierungsstrategien

20.5 Zusammenfassung

Bei der Entwicklung von SAP-S/4HANA-Anwendungen folgt die SAP-Entwicklung den Prinzipien der performanceoptimierten Programmierung. Eine Benutzerinteraktion sollte eine minimale Anzahl sequenzieller Roundtrips zwischen dem Frontend und dem Anwendungsserver erfordern und maximal 20 KB Daten übertragen. Caches und Puffer auf allen Ebenen der Architektur sowie der Einsatz von CDNs bringen die Daten näher an die Benutzer*innen und verbessern die End-to-End-Antwortzeit.

Kunden von SAP S/4HANA Cloud können die folgenden Informationen nutzen, um das am besten geeignete Abonnementmodell zu ermitteln:

- Quick Sizer für SAP S/4HANA Cloud (Public und Private Edition) für ein Greenfield-Sizing
- Sizing-Report für das Brownfield-Sizing

Beide Tools prognostizieren den SAP-HANA-Speicher, den eine Anwendung im Geschäftskontext des Kunden benötigen wird.

SAP nutzt das eigens entwickelte Dynamic-Capacity-Management-Tool, um die Hardwarekapazität innerhalb eines Multitenancy-Clusters für SAP S/4HANA dynamisch anzupassen. Das vollautomatisierte Tool setzt Grenzen für den Ressourcenverbrauch der einzelnen Tenant-Datenbanken. Es stellt sicher, dass jeder Tenant immer genügend Ressourcen zur Verfügung hat und verhindert gleichzeitig, dass ein Tenant zu viele Ressourcen verbraucht und andere Tenants auf demselben Server beeinträchtigt.

Performanceoptimierte Programmierung und die Gestaltung von Softwareprogrammen, die Rechenressourcen effizient nutzen, sind nicht nur Voraussetzungen für gute End-to-End-Antwortzeiten und einen guten Durchsatz, sondern tragen auch zum Erreichen der Nachhaltigkeitsziele von SAP bei. Darüber hinaus sind die Rechenzentren von SAP im Rahmen des Green-Cloud-Programms klimaneutral.

Kapitel 21
Cloud-Sicherheit und Compliance

Wer einen Cloud-Service verwendet, erwartet hohe Sicherheitsstandards. Bei SAP arbeiten die Engineering- und Operations-Teams Hand in Hand, um Sicherheit und Compliance zu gewährleisten.

Sicherheit und Compliance eines Cloud-Service sind zentrale Bausteine, um Bedrohungen vorzubeugen. Die Architektur und die technische Umgebung von SAP S/4HANA Cloud sind anspruchsvoll und erfordern daher einen umfassenden Ansatz zum Schutz der Kundendaten. Um das Vertrauen der Unternehmen in die Sicherheit einer Cloud-Lösung zu stärken, müssen Cloud-Anbieter ihre Kunden informieren und Transparenz in Bezug auf die Sicherheit schaffen. Eine Kombination verschiedener Sicherheitsmaßnahmen ist der Schlüssel zum Erfolg. Zu diesen Maßnahmen gehören neben einem sicheren Design und einer sicheren Architektur auch ein sicherer Betrieb, Auditing- und Compliance-Funktionen sowie Transparenz.

In diesem Kapitel beschäftigen wir uns zunächst mit dem sicheren Betrieb der SAP-S/4HANA-Cloud-Software, einschließlich eines sicheren Netzwerklayouts. Anschließend wird beschrieben, wie Kundendaten in SAP-Software vor unbefugtem Zugriff, Manipulation und Verlust geschützt werden (siehe Abschnitt 21.1). In Abschnitt 21.2 erläutern wir SAPs Maßnahmen zur frühzeitigen Erkennung von Angriffen und zur sofortigen Reaktion auf diese. Als Nächstes befassen wir uns in Abschnitt 21.3 mit der sicheren Einrichtung und dem Betrieb des ABAP-Anwendungsservers in der Cloud. Schließlich erhalten Sie in Abschnitt 21.4 einen Überblick über die Sicherheits- und Betriebsstandards, an denen Entwicklung und Betrieb von SAP S/4HANA Cloud ausgerichtet sind.

21.1 Architektur der Netzwerk- und Datensicherheit

Das Netzwerk, in dem SAP S/4HANA Cloud betrieben wird, ist in verschiedene *Zonen* unterteilt, und jede Zone umfasst mehrere *Segmente*. Die Trennung in Zonen und Segmente ermöglicht das Einziehen von sogenannten *Trust Boundaries*. Bei jeder Zone werden die Sicherheitsanforderungen und -maßnahmen durch die Exponierung der enthaltenen Systeme (z. B. Internet und Intranet) und die Klassifizierung der von diesen Systemen verarbeiteten Daten bestimmt.

Das Netzwerklayout von SAP S/4HANA Cloud unterscheidet sich geringfügig, abhängig davon, welche Cloud-Infrastruktur verwendet wird. Abbildung 21.1 zeigt ein beispielhaftes Netzwerklayout für einen Hyperscaler wie Google Cloud.

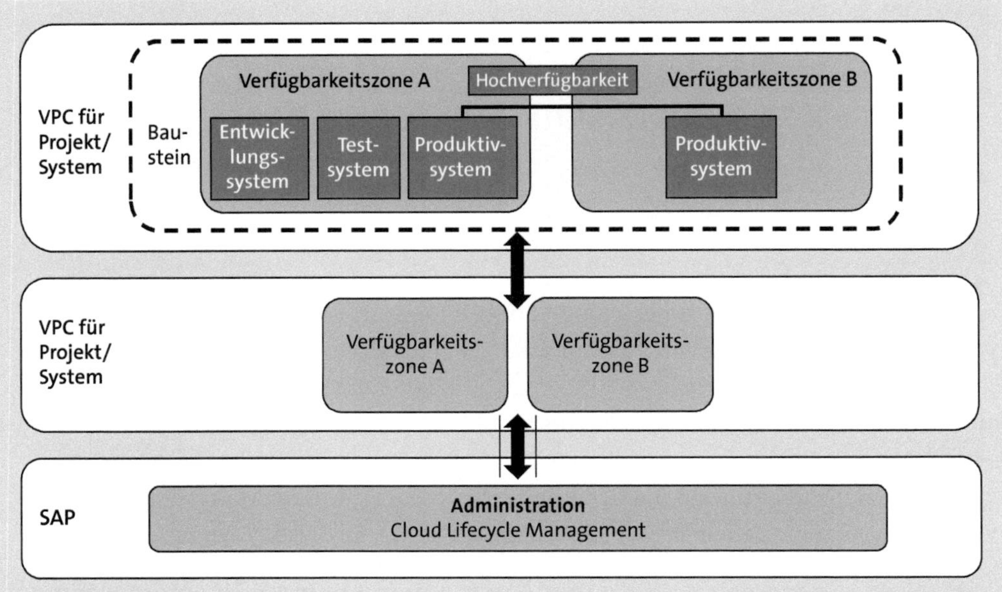

Abbildung 21.1 Netzwerklayout

Eine dedizierte *Virtual Private Cloud* (VPC, für ein Projekt oder System) wird implementiert, um die Tenants von SAP S/4HANA Cloud zu hosten. Diese Virtual Private Cloud wird in Verfügbarkeitszonen unterteilt. Der Administrationsbereich, über den das SAP-Operations-Team die SAP-S/4HANA-Cloud-Tenants verwaltet und betreibt, ist in zwei Ebenen gegliedert:

- Das VPC für Projekte/Administration bedient mehrere Projekt- oder System-VPCs – innerhalb derselben Region oder regionsübergreifend.
- Das Netzwerksegment für die zentrale Verwaltung hostet die zentralen Tools zur Verwaltung des Cloud-Lebenszyklus und ist mit dem SAP-Unternehmensnetzwerk verbunden. Die Verbindung zwischen diesem Netzwerksegment und der VPC für Projekte/Administration ist durch ein Virtual Private Network (VPN) gesichert.

In den folgenden Abschnitten gehen wir auf einige wichtige Aspekte der Sicherheitsarchitektur ein.

21.1.1 Zugriffsebenen

Da es sich um ein SaaS-Angebot (Software as a Service) für die Public Cloud handelt, teilen sich Service Provider und Service Consumer den Zugang zu SAP S/4HANA Cloud, wie in Abbildung 21.2 dargestellt. Auf einigen Ebenen arbeiten der Service Provider und die Service Consumers gleichzeitig, aber unabhängig voneinander.

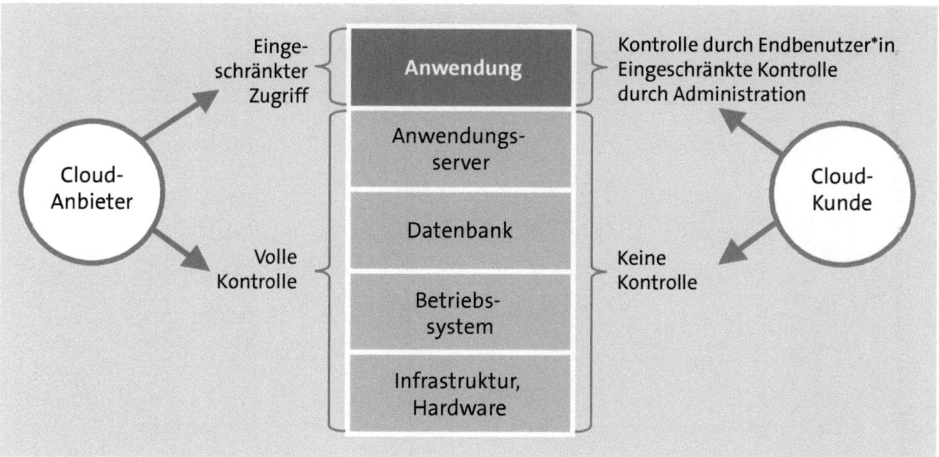

Abbildung 21.2 Unterschiede im Umfang der Kontrolle

21.1.2 Trennung von Ressourcen und Daten

Die virtualisierten ABAP-Anwendungsserverinstanzen sind ausschließlich einem Kunden-Tenant zugeordnet. Auf diese Weise verfügt jeder Kunde über eigene virtuelle Maschinen (VM), die die Geschäftslogik verarbeiten. So wird eine Trennung der Kundenressourcen gewährleistet, was der Sicherheit dient. Auf der Persistenzebene verfügt jeder SAP-S/4HANA-Cloud-Tenant über eine eigene Tenant-Datenbank (siehe Abschnitt 19.3). Diese ist zwar Bestandteil einer gesamten SAP-HANA-Datenbank, wird aber von anderen Tenant-Datenbanken im selben Datenbanksystem isoliert.

Das Konzept der *Sicherheitsgruppen* unterbindet die Kommunikation der Ressourcen eines Kunden mit den Ressourcen eines anderen Kunden. Eine Sicherheitsgruppe umfasst einen Satz von Regeln für den Netzwerkverkehr, mit denen die Kommunikation auf Ebene des Hypervisors eingeschränkt wird. Auf diese Weise können nur zulässige Quellen, Ziele, Protokolle und Ports verwendet werden, z. B. für die technische Kommunikation zwischen zwei Systemen. Beispielsweise werden die Anwendungsserver und Tenant-Datenbanken verschiedener SAP-Kunden unterschiedlichen Sicherheitsgruppen zugewiesen (siehe Abbildung 21.3).

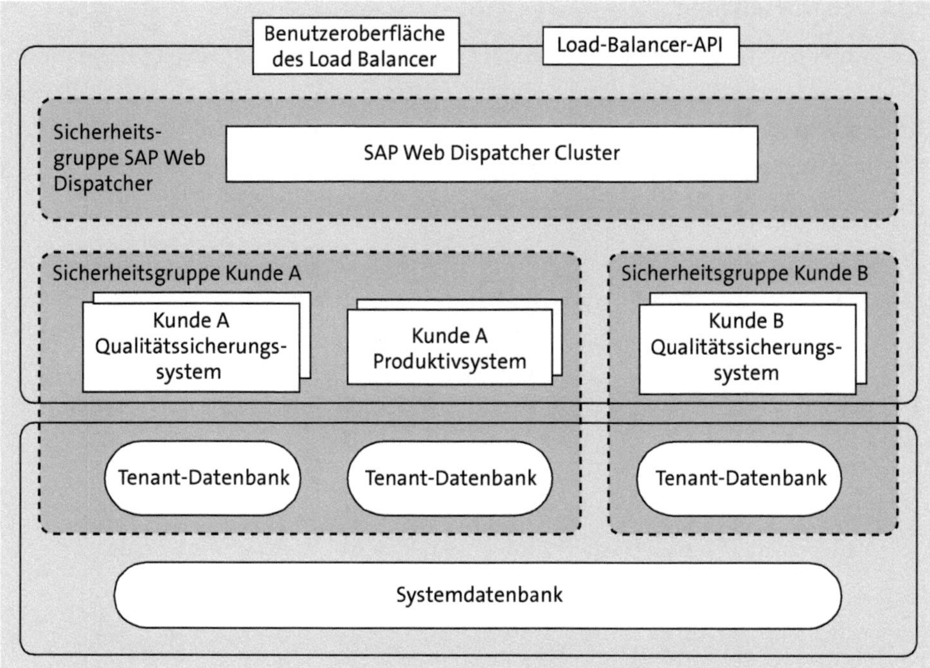

Abbildung 21.3 Sicherheitsgruppen

21.1.3 Gemeinsame Nutzung von Ressourcen

Um von Cloud-Merkmalen wie Skalierbarkeit, niedrigen Gesamtbetriebskosten (Total Cost of Ownership, TCO), Massenupgrades, Hochverfügbarkeit und Disaster Recovery zu profitieren, werden einige Teile der von einem Kunden genutzten Infrastruktur mit anderen Kunden gemeinsam genutzt. Dies gilt für Teile des Netzwerks, für Komponenten mit Internetzugang (z. B. Firewalls, Load Balancer und Web Dispatcher) und für zentrale Bestandteile der Datenbank.

21.1.4 Datensicherheit und Datenresidenz

SAP S/4HANA Cloud verschlüsselt die Kundendaten sowohl während der Übertragung als auch im Ruhezustand. Die Datenverschlüsselung während der Übertragung wird auf eingehende und ausgehende Daten in der Cloud-Umgebung und im Netzwerk sowie innerhalb des Netzwerks angewendet.

Die Verschlüsselung von Daten im Ruhezustand steht sowohl auf Datenbankebene über die SAP-HANA-Datenbankverschlüsselung als auch auf Dateisystemebene für die Verschlüsselung lokaler und zentraler Dateisysteme zur Verfügung.

Die Daten werden immer im selben Rechtsraum und in derselben Region aufbewahrt, z. B. in Europa, China oder Nordamerika. SAP S/4HANA Cloud nutzt die SAP Business Technology Platform (SAP BTP) und ihre Services (siehe Abschnitt 19.1). Die ABAP-Services von SAP S/4HANA Cloud und die Services der SAP BTP werden von zwei Rechenzentren in derselben Region gehostet.

21.1.5 Geschäftskontinuität und Disaster Recovery

Sicherheitsmaßnahmen verfolgen drei Ziele: Vertraulichkeit, Integrität und Verfügbarkeit. Letztere wird durch eine geeignete Architektur sowie durch geeignete Betriebsabläufe erreicht. Technische Single Points of Failure (SPOFs) werden vermieden, und besonders wichtige Komponenten werden durch eine oder mehrere sekundäre Schatteninstanzen geschützt. Die sekundären Instanzen können im Falle eines Ausfalls die Aufgaben der primären Instanz übernehmen. Jede als kritisch eingestufte Komponente muss bestimmte Wiederherstellungszeiten gewährleisten.

Um *Hochverfügbarkeit* und *Disaster Recovery* zu ermöglichen, werden die Daten fortlaufend auf eine sekundäre Instanz repliziert. Disaster Recovery wird für SAP S/4HANA Cloud separat angeboten, d. h., es ist nicht auf allen Plattformen verfügbar und es fallen zusätzliche Gebühren an. Als Plattformen werden derzeit Converged Cloud Infrastructure as a Service (IaaS) von SAP, Google Cloud, Alibaba Cloud und Microsoft Azure unterstützt. Ein Backup der Kundendaten wird an einem Remote-Standort vorgehalten, damit es im Falle eines Datenverlusts am primären Standort für die Wiederherstellung zur Verfügung steht.

21.2 Sicherheitsmaßnahmen

Für nahezu alle operativen Prozesse müssen gewisse Sicherheitsaspekte berücksichtigt werden. In diesem Abschnitt besprechen wir die Maßnahmen, die stark oder ausschließlich auf die Sicherheit ausgerichtet sind:

- **Überwachung der Einhaltung der Sicherheitskonfiguration**
  Bei diesem Prozess wird überprüft, ob alle Ressourcen der Cloud-Serviceinfrastruktur – z. B. virtuelle Maschinen, Datenbanken, Web Dispatcher und Hypervisoren – die SAP-internen Sicherheitsverfahren und Härtungsrichtlinien einhalten. Das SAP-Operations-Team nutzt spezielle Sicherheitstools, um diese Maßnahmen wöchentlich zu überprüfen. Die Ergebnisse werden in Dashboards angezeigt und durch Reviews, Meetings und Tickets weiterverfolgt.

  Beim Deployment auf den Plattformen von Hyperscalern wie Google Cloud wird die Compliance und Konfiguration der Umgebung ebenfalls mithilfe spezieller Sicherheitstools überprüft. Die Compliance der Anwendungsschicht wird täglich mit einem in die Anwendung eingebetteten *Health-Check-Framework* überprüft, das Abweichungen im Service-Provider-Cockpit meldet, wo SAP-Administrator*innen sie überwachen und bei Bedarf reagieren können.

- **Verwaltung von Security-Events und Reaktion auf Vorfälle**
  Die Infrastrukturressourcen des Cloud-Service sind so konfiguriert, dass sie Protokolle generieren, die kontinuierlich an das zentrale *Security Event Management* bei SAP weitergeleitet werden. Dort wird anormales Verhalten erkannt, indem Verhaltensmuster automatisiert abgeglichen werden. Wird ein abweichendes Verhalten erkannt, werden Security-Events ausgelöst. Ein Sicherheitsereignis kann sich zu einem Sicherheitsvorfall entwickeln. Im Falle eines Datenschutzverstoßes beispielsweise wird SAP seine Kunden sowie die zuständigen externen Stellen benachrichtigen.
- **Überprüfung der Infrastruktur auf Schwachstellen**
  Die Überprüfung der Infrastruktur auf Schwachstellen wird sowohl für intern zugängliche als auch für extern zugängliche Ressourcen durchgeführt. Hierzu werden Drittanbieterlösungen eingesetzt. Die Scans werden regelmäßig und nach Möglichkeit in authentifizierter Form durchgeführt, um die Zahl der falsch positiven Ergebnisse gering zu halten. Bei einem authentifizierten Scan hat der Prüfer bzw. die Prüferin die Berechtigung, sich am Zielsystem anzumelden, und kann daher eine umfassendere Überprüfung durchführen. Darüber hinaus überprüfen von den Drittanbietern beauftragte Expert*innen die SAP-S/4HANA-Cloud-Software und die extern zugängliche Infrastruktur auf Schwachstellen. Sie überprüfen z. B. Firewalls und Web Dispatcher regelmäßig von außen über den öffentlichen Webzugang.
- **Malware-Management**
  Virtuelle Maschinen werden mindestens einmal pro Woche auf Malware überprüft. Die Malware-Definitionen werden auf dem neuesten Stand gehalten, und die lokalen Scan-Engines sind dauerhaft mit der zentralen Scan-Lösung verbunden. Darüber hinaus werden Dateien (z. B. Bilder und Belege), die Benutzer*innen zu einem Business-Objekt hinzufügen, auf Malware überprüft, wenn sie in den SAP-S/4HANA-Cloud-Tenant hochgeladen werden.
- **Security Patch Management**
  SAP kommuniziert verfügbare Sicherheits-Patches für Infrastruktur und Betriebssysteme intern über den *Vulnerability Announcement Service* (VAS). Das SAP-Operations-Team spielt die Patches gemäß den definierten Service-Level-Agreements (SLAs) und ihrer Kritikalität in den entsprechenden Umgebungen ein. Für das Patch-Monitoring stehen verschiedene Tools zur Verfügung, beispielsweise eine Reporting-Funktion für die Cloud.

- **Benutzerverwaltung**
  Der *Cloud Access Manager* ist ein SAP-internes Tool, mit dem alle Zugriffe durch SAP-Benutzer*innen (z. B. Administrator*innen) auf die Cloud-Umgebung überwacht werden. Wenn Benutzer*innen Zugriff anfordern, werden je nach Zugriffsmöglichkeit und interner Organisation angepasste Regeln angewandt. Jede Zugriffsgenehmigung bedarf einer festgelegten Folge von Genehmigungsschritten. Der Zugriff wird jeweils für einen begrenzten Zeitraum gewährt. Alle administrativen Zugriffe erfordern eine Zweifaktorauthentifizierung.
- **Hacking-Simulation**
  Mindestens einmal pro Jahr werden Cloud-Infrastruktur, Anwendung, Betriebsprozesse und Tools einem Test unterzogen. Hierbei werden externe Tester*innen mit umfangreichen Berechtigungen ausgestattet, um Sicherheitsprüfungen in der Cloud-Infrastruktur von SAP durchzuführen. Im Rahmen dieser Bewertung werden auch die relevanten Konzepte und Dokumente geprüft.

21.3 Sicherheit des ABAP-Anwendungsservers

Der ABAP-Stack von SAP S/4HANA Cloud umfasst sicherheitsrelevante Funktionen und Einstellungen, die auch beim Betrieb von ABAP-Anwendungsservern in der Cloud berücksichtigt werden müssen. Grundsätzlich gibt es zwei Möglichkeiten für den sicheren Cloud-Betrieb: die Nutzung der Standardeinstellungen oder die manuelle Nachjustierung.

Erstens verfolgt SAP einen strikten *Secure-by-Default-Ansatz* in Bezug auf alle sicherheitsrelevanten Einstellungen innerhalb des ABAP-Anwendungsservers. Anders ausgedrückt: Jede sicherheitsrelevante Einstellung ist immer mit dem sichersten Wert konfiguriert. Einige dieser Einstellungen betreffen alle Kundensysteme und sind daher für alle Kunden gleich festgelegt. Beispiele sind die Aktivierung und Konfiguration des Security-Audit-Logs, die Tabellenprotokollierung und die Optionen zur Änderbarkeit von System und Client. Weitere Einstellungen werden von SAP nach dem Secure-by-Default-Ansatz zur Verfügung gestellt, können aber dennoch an die Kundenanforderungen angepasst werden (z. B. vertrauenswürdige Netzwerkzonen).

Zweitens stellt der ABAP-Anwendungsserver von SAP S/4HANA Cloud einige Sicherheitsfunktionen bereit, die kundenindividuell Gewährleistung eines sicheren Systems und zur Identifizierung potenzieller Schwachstellen und Bedrohungen genutzt werden können. Vor allem handelt es sich um anwendungsspezifische Protokolle, die auch vom SAP-Operations-Team verwendet werden, wenn Bedrohungen erkannt werden. Zusätzlich bietet der ABAP-Anwendungsserver verschiedene Tools, mit denen Sie das System auf potenzielle Schwachstellen prüfen oder kritische Berechti-

21

gungen im Hinblick auf die Sicherheit identifizieren können. Das SAP-Operations-Team nutzt dieselben Tools für den sicheren Betrieb.

21.4 Zertifizierung und Compliance

Eine weitere wichtige Säule zur Gewährleistung von Sicherheit und Compliance ist die ständige Überprüfung der ordnungsgemäßen Implementierung und Einhaltung von Standards. Entsprechende Zertifikate und Berichte werden auf der Website des SAP Trust Centers unter *http://s-prs.co/v567514* veröffentlicht.

Zusätzlich erwarten Kunden zunehmend Einblick in ihren Cloud-Tenant, seine Konfiguration und seine Sicherheitseinstellungen, und zwar bis hinunter auf die Infrastrukturebene. Hierfür stehen mehrere SAP-Fiori-Apps zur Verfügung, darunter beispielsweise die App **Security-Audit-Log anzeigen** (siehe Abschnitt 17.2.5). Als Nächstes betrachten wir zwei Bereiche, für die Zertifizierungen und Compliance-Berichte angeboten werden.

21.4.1 SAP-Betrieb

SAP S/4HANA Cloud und die wichtigsten Bestandteile seiner Infrastruktur sind nach ISO 27001 (Informationssicherheit), ISO 27017 (Cloud-Sicherheit), ISO 27018 (Cloud-Datenschutz) und ISO 22301 (Geschäftskontinuität) zertifiziert. Diese Zertifikate werden weltweit anerkannt, außer in China, wo eine geringere Nachfrage nach ISO-basierten Zertifizierungen besteht. SAP S/4HANA Cloud stellt SOC 1-Berichte (Service Organization Controls) vom Typ II sowie SOC 2-Berichte vom Typ II für alle Regionen bereit. SAP S/4HANA Cloud umfasst einen BSI-C5-Bericht, der auf dem Kriterienkatalog C5 (Cloud Computing Compliance Criteria Catalog) basiert, und war gleichzeitig die erste Cloud-Lösung von SAP, die diesem Standard entsprach. Der BSI-C5-Standard ist hauptsächlich in Deutschland relevant, wird aber auch in anderen europäischen Ländern nachgefragt.

Das SAP Security Policy Framework beinhaltet verschiedene Richtlinien, Standards, Verfahren und Leitlinien, die in SAP S/4HANA Cloud implementiert sind. Erwähnenswert sind der Enterprise Vulnerability Management Standard und der Service Continuity Management Standard, Architekturstandards wie die Referenzarchitektur für den Zugriff auf kritische Infrastruktur und die Hyperscaler-Referenzarchitektur sowie vorab genehmigte Szenarien. Das SAP Security Policy Framework enthält für jede Komponente, jede Technologie und jeden Anbieter Härtungsmaßnahmen, die in SAP S/4HANA Cloud implementiert sind. Zu den angewendeten Verfahren gehören das ABAP-Härtungsverfahren für Anwendungsserver, das Linux-Server-Härtungsverfahren und das SAP-HANA-Härtungsverfahren.

21.4.2 SAP-Softwareentwicklung

SAP S/4HANA und SAP S/4HANA Cloud werden in Übereinstimmung mit den SAP-Entwicklungsprozessen *SAP Innovation Cycle* und *SAP Secure Development Lifecycle* entwickelt, die beide einen bindenden Rahmen für eine sicherheits- und datenschutzkonforme Softwareentwicklung vorgeben. Für eine sichere SAP-Softwareentwicklung wendet SAP in den einzelnen Entwicklungsphasen verschiedene Sicherheitsmaßnahmen an. Diese reichen von Schulungen zur sicheren Programmierung über Bedrohungsmodellierung bis hin zu automatisierten Sicherheitstests und manuellen Sicherheitsbewertungen. Darüber hinaus werden sowohl für SAP S/4HANA als auch für SAP S/4HANA Cloud Bug-Bounty-Programme angeboten.

Die Entwicklung von SAP S/4HANA Cloud wurde nach ISO 27001 zertifiziert. Datenschutzmaßnahmen werden durch die Erfüllung der Anforderungen von BS 10012 unterstützt. Die Lösung kann daher in Übereinstimmung mit der Datenschutz-Grundverordnung (DSGVO) eingesetzt werden (siehe Kapitel 7).

21.5 Zusammenfassung

Der kontinuierliche und sichere Betrieb von SAP S/4HANA Cloud ist die Voraussetzung für die Ausführung unternehmenskritischer Geschäftsprozesse und erfordert daher einen umfassenden Ansatz in Bezug auf Sicherheit und Compliance. Dies wird durch ein Secure-by-Default-Design erreicht, das für eine sichere Architektur und ein sicheres Netzwerklayout sorgt: die erste Säule von Sicherheit und Compliance. Die zweite Säule besteht aus sicherheitstechnisch einwandfreien operativen Prozessen, beispielsweise für die Benutzerverwaltung. Die dritte Säule umfasst die regelmäßige Überprüfung der Lösung und ihres Betriebs, sowohl intern als auch extern. Die vierte Säule steht für die Transparenz, die den SAP-Kunden bezüglich dieser Überprüfungsergebnisse geboten wird. SAP gewährt ihnen Einblick in die Sicherheit ihres Tenants und seiner Umgebung. Diese vier Säulen sind eng miteinander verzahnt – der Schlüssel für den Gesamterfolg der Lösung.

Kapitel 22
Ausblick

Intelligente ERP-Lösungen sind die Zukunft.

Viele Unternehmen setzen bereits auf intelligente Technologien, wenn sie ihre Geschäftsprozesse an die digitale Wirtschaft anpassen. Technologien wie Machine Learning und Bilderkennung werden bald die Norm darstellen. Manuelle Aufgaben werden weitgehend automatisiert ablaufen. Mit Agenten, die auf generativer künstlicher Intelligenz (generativer KI) basieren, wie beispielsweise Joule von SAP, werden IT-Systeme zunehmend dialogfähig. Moderne ERP-Lösungen wie SAP S/4HANA ermöglichen und fördern diesen Wandel, beispielsweise durch Embedded Analytics, Machine Learning, an die jeweilige Situation anpassbare intelligente Architekturen und Geschäftsanwendungen. In diesem Buch haben Sie einige Beispiele für die Anwendung dieser Technologien kennengelernt.

Die Architektur für SAP S/4HANA ist darauf ausgerichtet, Unternehmen auf diesem Weg zu unterstützen. Die SAP-Softwareentwicklung entwickelt die ERP-Funktionen von SAP S/4HANA fortlaufend weiter und gestaltet Geschäftsprozesse auf der Grundlage der am besten geeigneten und hoch innovativen Technologien neu, wie Sie es bei den in diesem Buch erläuterten Machine-Learning-Szenarien gesehen haben.

SAP wird SAP S/4HANA weiterhin in drei verschiedenen Produktvarianten anbieten: als On-Premise-Installation, in der Private Cloud und als SaaS-Angebot (Software as a Service) in der Public Cloud. Unternehmen können die Produktvariante auswählen, die sich am besten für ihre Geschäftsanforderungen und ihre IT-Strategie eignet. Wir sind davon überzeugt, dass eine intelligente ERP-Lösung am besten mit einer Cloud-Architektur aufgebaut wird. Damit profitieren Sie nicht nur von Aspekten wie Skalierbarkeit und nutzungsabhängigen Kosten, sondern erfüllen auch alle Anforderungen an Ausfallsicherheit, Hochverfügbarkeit, Benutzerfreundlichkeit und eine einfache Implementierung.

In den kommenden Jahren werden Unternehmen Systemlandschaften betreiben, in denen On-Premise-Lösungen und cloudbasierte Services miteinander verwoben sind. Dies bedeutet, dass ERP-Anbieter wie SAP Angebote bereitstellen werden, die sich über einzelne Services und Lösungen erstrecken und z. B. Business-Konfiguration, User Experience, die Stammdatenverteilung und eine problemlose Integration vereinheitlichen.

Unternehmen werden kontinuierlich in die Automatisierung von Geschäftsprozessen investieren und sich dabei von entsprechender Software unterstützen lassen wollen. Für Unternehmen stehen jedoch nicht nur die Interessen der Aktionäre im Mittelpunkt, sondern auch nichtbetriebswirtschaftliche Parameter wie Umweltfreundlichkeit, Nachhaltigkeit und Mitarbeiterzufriedenheit. Intelligente ERP-Lösungen wie SAP S/4HANA bieten die erforderliche Transparenz, damit Unternehmen die richtigen Entscheidungen treffen können.

SAP S/4HANA ist ein intelligentes ERP-System der nächsten Generation. Die in diesem Buch beschriebene zugrunde liegende Architektur ist der Dreh- und Angelpunkt der Vision von SAP, »die Welt und das Leben der Menschen zu verbessern«, indem SAP Unternehmen weiterhin bestmöglich dabei unterstützt, die Herausforderungen des digitalen Zeitalters zu bewältigen.

Das Autorenteam

Herausgeber

Thomas Saueressig trägt bei SAP die globale Verantwortung für alle betriebswirtschaftlichen Softwareanwendungen, von Produktstrategie und Produktmanagement über Produktentwicklung und -innovation bis hin zu Produktbereitstellung und Support. Darüber hinaus ist er für alle übergreifenden Entwicklungsthemen bei SAP verantwortlich. Dazu gehören die Gesamtqualität der SAP-Softwareprodukte, die User Experience und die zugrunde liegende globale Cloud-Infrastruktur, die ein einheitliches Niveau an Skalierbarkeit, Zuverlässigkeit, Leistung, Sicherheit und Datenschutz für alle Lösungen für SAP-Kunden gewährleisten soll. Thomas Saueressig hat einen Abschluss in Wirtschaftsinformatik von der DHBW Mannheim und einen Executive MBA von der International Business School (ESSEC) in Frankreich in Kooperation mit der Mannheim Business School (Deutschland).

Tobias Stein (Development Senior Executive – Head of SAP S/4HANA Architecture) ist Softwarearchitekturexperte mit mehr als 25 Jahren Erfahrung mit SAP-ERP-, SAP-Business-Suite- und SAP-S/4HANA-Anwendungs- und Lösungsarchitekturen. Als Mitglied des globalen Führungsteams von SAP leitet er die zentrale Architektureinheit in der SAP-S/4HANA-Entwicklungsorganisation. Er ist TOGAF-zertifizierter Enterprise-Architekt. Unter *www.linkedin.com/in/tobiaswstein* finden Sie sein Profil.

Jochen Böder (Vice President – SAP S/4HANA Architecture) verfügt über 20 Jahre Erfahrung mit der Architektur von SAP-Geschäftsanwendungen. Bei SAP leitet er ein Team von Senior-Architekten in der SAP-S/4HANA-Entwicklungsorganisation. Er ist Co-Autor mehrerer IT-Bücher, darunter The Architecture of SAP ERP (Tredition, 2014). Unter *www.linkedin.com/in/jochen-boeder* finden Sie sein Profil.

Dr. Wolfram Kleis (Softwarearchitekt – SAP S/4HANA Architecture) ist seit mehr als 20 Jahren bei SAP und war in verschiedenen Positionen als Entwickler und Architekt tätig. Im Jahr 2020 wechselte er in die zentrale SAP-S/4HANA-Architektureinheit, wo er an Lifecycle-Management- und Integrationsthemen arbeitet. Er hat eine große Leidenschaft für die Beschreibung von Softwarearchitekturen.

Autorenteam

Dr. Erich Ackermann (Softwarearchitekt – SAP S/4HANA Architecture) ist seit 1993 bei SAP und hat über 20 Jahre als Entwickler und Architekt im Bereich Customizing und Lifecycle-Management-Tools und -Konzepte gearbeitet. In dieser Funktion unterstützte er auch Kundenprojekte. Vor Kurzem übernahm er neue Aufgaben als Architekt für Utilities, Marktkommunikation.

Akhil Agarwal (Chief Project Expert – SAP Innovation Center) ist Chief Project Expert und Senior Architect im SAP Innovation Center in Potsdam, wo er zur Zeit das globale Business-AI-Automation-Projekt leitet. In seiner über 22-jährigen Karriere bei SAP hat er als Entwickler und Manager in verschiedenen globalen Projekten gearbeitet, in Bereichen wie KI, Central Entry Point, Finanzwesen, Logistik, Human Experience Management und Industrielösungen. Mit einem Hintergrund in Elektrotechnik hat er einen Abschluss in Informationstechnologie vom IIIT-Bangalore und einen Executive MBA in Finance and Strategy Management vom IIM Kozhikode in Indien. Er ist regelmäßiger Redner auf internen und externen Konferenzen und Autor zahlreicher Veröffentlichungen (z. B. SAP Press Bücher über SAP Cloud SDK und SAP S/4HANA Finance).

Martin Alt (Development Architect – SAP S/4HANA Sales) hat einen Master-Abschluss in Informatik und begann seine Karriere bei SAP 1991 als Entwickler. Später bekleidete er mehrere Positionen als Entwicklungsleiter, Lösungsmanager, Projektleiter und Softwarearchitekt für SAP ERP und SAP Customer Relationship Management (SAP CRM) mit einem Schwerpunkt auf den Branchenlösungen für Medien und Telekommunikation. Seit 2014 war er als einer der leitenden Architekten für die Entwicklung von SAP S/4HANA Sales verantwortlich.

Tom Anderson (Product Manager) kam 2008 als Anwendungsberater zu SAP und war für die SAP-Immobilienmanagementprodukte verantwortlich, die von Unternehmen und Organisationen im Bereich der Wohnimmobilien genutzt werden.

Mathias Beck (Chief Product Manager – Central Business Configuration) kam 2002 als Entwickler, Architekt und Chief Product Owner für Bankenlösungen zu SAP. Seit 2017 ist er Mitglied des Business-Content-Management-Teams für SAP S/4HANA. Seit 2019 ist er für das zentrale Business-Content-Modell für alle SAP-Lösungen verantwortlich. Er hat einen Master-Abschluss im Studiengang Informationssysteme und ein Diplom in Wirtschaftsinformatik.

Markus Berg (Engineering Lead – SAP S/4HANA Output Management) kam 2005 als Anwendungsentwickler für SAP Business ByDesign zu SAP und verfügt über mehr als 15 Jahre Erfahrung mit dem Output Management in Cloud-Umgebungen.

Christoph Birkenhauer (Chief Development Architect – Globalization Services Financials) ist der leitende Architekt für SAP Document and Reporting Compliance in SAP S/4HANA, dessen Funktionen für das Meldewesen aus einem Nebenprojekt hervorgingen, das Christoph Birkenhauer 2014 startete. Er verfügt über mehr als 20 Jahre Erfahrung in der Entwicklung verschiedener Finanz- und Nichtfinanzanwendungen innerhalb von On-Premise- und Cloud-Produkten von SAP. Er hat einen Master-Abschluss in Informatik.

Patrick Boch (Product Manager – SAP S/4HANA Security) ist seit 1999 in der IT-Branche tätig. Er beschäftigt sich seit mehr als einem Jahrzehnt mit dem Thema Cybersicherheit, wobei sein Schwerpunkt auf SAP- und ERP-Sicherheit liegt. In den letzten Jahren hat Patrick Boch als Experte verschiedene Bücher und Artikel veröffentlicht, insbesondere zum Thema SAP-Sicherheit. Er ist Redakteur der Sicherheitsplattform Cyber Protection Magazine. Mit seinen umfangreichen Kenntnissen und Erfahrungen in den Bereichen SAP-Compliance und -Sicherheit war er seit 2013 als Product Manager für mehrere Unternehmen im Bereich IT-Sicherheit tätig. Im Jahr 2020 wechselte er zu SAP als Product Manager für die Sicherheit von SAP S/4HANA.

Björn Brencher (Sicherheitsarchitekt – SAP S/4HANA Security) verfügt über mehr als 15 Jahre Erfahrung in verschiedenen Rollen, in denen er die Sicherheitsarchitektur für SAP HANA, SAP NetWeaver und SAP S/4HANA sowie die SAP-eigene Infrastruktur vorantrieb. Sein breites Fachwissen im Bereich Sicherheit umfasst Anwendungssicherheit, Betriebssicherheit und Sicherheitsmanagement.

Renzo Colle (Chief Development Architect – SAP S/4HANA Architecture und ABAP RESTful Application Programming Model) kam 1997 zu SAP und war in verschiedenen Positionen als Entwickler, Softwarearchitekt, Manager und Projektleiter tätig. Er ist verantwortlich für das End-to-End-Programmiermodell von SAP S/4HANA, leitender Architekt für das ABAP RESTful Application Programming Model und Erfinder des Business Object Processing Framework (BOPF).

Dr. Andreas Daum (Chief Development Architect – Extended Warehouse Management) ist seit 2003 in der Entwicklung von Extended Warehouse Management (EWM) tätig und wurde 2007 als leitender Architekt für EWM eingesetzt. Er kam 1998 zu SAP und arbeitete in verschiedenen Positionen an der Entwicklung von SAP R/3 Logistics Execution, SAP Advanced Planning and Optimization (SAP APO) und dem Prototyp einer ESOA-basierten Anwendungssuite. Bevor er zu SAP kam, sammelte er Erfahrungen in der Entwicklung von Echtzeitcomputersystemen und im Design von verteilten Datenerfassungssystemen. Sie finden sein Profil unter *www.linkedin.com/in/andreas-daum-38a08b89*.

Perkash Dhalani (Development Architect – SAP Ariba Procurement) arbeitet seit 19 Jahren bei SAP in verschiedenen Positionen von der Beratung über die IT- und Rechtsabteilung bis zur Entwicklung im Bereich Legal Tech. Er ist heute für die Lösung SAP Ariba Procurement tätig, unter anderem als Architekt für SAP HANA für die Unternehmensverwaltung im Unternehmen und als leitender Architekt für die Anwendungen für Einkaufskontrakte.

Bastian Distler (Chief Product Owner – Green Ledger) sieht in der Integration eine wesentliche Stärke von SAP und hat sich seit seinem Einstieg bei SAP im Jahr 2003 immer wieder mit Themen der Integration beschäftigt, insbesondere zwischen Logistik und Finanzen. Er war Produktverantwortlicher für Central Finance, wo er sich mit der Integration und Zentralisierung des Finanzwesens in Multisystemlandschaften beschäftigte. Heute ist er ist Chief Product Owner für Green Ledger.

Dr. Georg Dopf (Vice President – SAP S/4HANA Finance Business Architecture) begann 1991 bei SAP als Entwickler und war seitdem in nahezu allen Funktions- und Führungsrollen der Finanzentwicklungsorganisation tätig. Er verfügt über umfangreiche Erfahrung in der On-Premise- und Cloud-Entwicklung. Seine Leidenschaft gilt der Innovation und Vereinfachung von Kernarchitekturen für das Finanzwesen. Entsprechend waren die Konzepte rund um das umfassende Journal in SAP S/4HANA Finance eines seiner Arbeitsgebiete.

Dr. Andrey Engelko (Softwarearchitekt – SAP S/4HANA Architecture) kam im Jahr 2000 zu SAP und arbeitete in verschiedenen Bereichen als Entwickler und Architekt. Derzeit ist er für die Analytics- und Sucharchitektur in SAP S/4HANA verantwortlich. Unter *www.linkedin.com/in/andrey-engelko-41a20372* finden Sie sein Profil.

Dr. Harald Evers (Chief Development Architect – SAP S/4HANA Architecture) verfügt über mehr als 20 Jahre Erfahrung in der Entwicklung und Architektur von SAP-Geschäftsanwendungen. Bei SAP S/4HANA liegt sein Fokus auf User Experience, SAP Fiori und UI-Technologien in der Anwendungsentwicklung und -integration sowie auf der UX-Architektur für mobile Anwendungen und Conversational UI.

Kolja Ewering (Chief Product Expert – Payment Management) leitet das Produktmanagement für Payment Management in S/4HANA Cloud. Er ist verantwortlich für Produkte wie SAP Multi-Bank Connectivity, SAP Digital Payments und SAP S/4HANA Cloud for Advanced Payment Management. Er kam 2003 zu SAP und arbeitete dort als Entwickler, Projektleiter und Product Manager. Zuletzt leitete er den Produktbereich für Financial Services und Treasury innerhalb von SAP Innovative Business Solutions. Unter *www.linkedin.com/in/kolja-ewering* finden Sie sein Profil.

Holger Faber (Chief Expert/Product Owner – Financial Planning) kam 2002 als IT-Berater zu SAP und war seither als Projekt- und Programmleiter, Manager und Experte in den Bereichen IT, Beratung, Controlling und Entwicklung tätig. Seit 2004 beschäftigt er sich mit Finanzplanungsthemen. Holger Faber verfügt über fundierte Kenntnisse der Planungswerkzeuge und -prozesse.

Chakram Govindarajan (Development Architect – Focused Build/Focused Insights für SAP Solution Manager) ist seit 2007 bei SAP tätig und hat Erfahrungen in den Bereichen Beratung, Support und Produktentwicklung gesammelt. Er war als Development Architect für die Verwaltung der Geschäftspartnerstammdaten, einschließlich der Kunden- und Lieferantenstammdaten, sowie für die Erstellung der erforderlichen Tools für die Umstellung von SAP ERP auf SAP S/4HANA verantwortlich. Heute arbeitet er als Development Architect für die Lösungen Focused Build und Focused Insights für SAP Solution Manager.

Dr. Benjamin Heilbrunn (Development Architect – Product Engineering Cross Architecture) beschäftigt sich leidenschaftlich gerne mit cloudnativen Anwendungen und Softwarearchitektur. Als einer der Mitbegründer des SAP Cloud SDK hat er vor allem das SAP Cloud SDK Continuous Delivery Toolkit geprägt. Er hat einen Doktortitel in Informatik.

Torsten Heise (Chief Development Architect – Quote to Cash) begann 2001 als Entwickler bei SAP und arbeitete seitdem in verschiedenen Architektenrollen an Themen wie Stammdaten-Governance (MDG), Central Finance, Available-to-Promise (ATP), DSC Planning und Integrated Business Planning (IBP). Er hat Mathematik studiert und hält Vorlesungen über ABAP.

Sandra Herden (Product Owner – Margenanalyse) kam 1997 als Entwicklerin zu SAP und hat seitdem als Projekt- und Programmmanagerin, Partnerprojektleiterin und Product Owner in den Bereichen HCM und Banking gearbeitet. Aktuell ist sie im Bereich Accounting tätig. Unter *www.linkedin.com/in/sandra-herden* finden Sie ihr Profil.

Michael Herrmann (Cloud ERP Central Compliance Officer) ist zuständig für die operationale Compliance (ISO27001, SOC1, SOC2 etc.). Er ist CISSP-zertifiziert und Mitglied in der deutschen Information Systems Audit and Control Association (ISACA), wo er in der Gruppe Cloudcomputing mitarbeitet.

Gabi Hoffmann (Business Process Architect – Finance Accounting) begann vor 25 Jahren bei SAP im Bereich Logistik. Im Laufe der Zeit hat sie ihre Arbeit auf den Finanzbereich ausgeweitet, wobei die Erlösrealisierung seit vielen Jahren ein wichtiges Thema für sie ist. Heute konzentriert sie sich auf die Entwicklung von End-to-End-Prozessen.

Thomas Hoffmann (Chief Development Architect – Finance) kam 1992 als Entwickler im Bereich der SAP-R/3-Kernentwicklung zu SAP. Seit 1997 ist er als Entwickler und Architekt für die SAP Business Suite, SAP Business ByDesign und SAP S/4HANA Finance tätig. Derzeit ist er für Buchungs- und Ausgleichsanwendungen im Rechnungswesen zuständig.

Rudolf Hois (Vice President – SAP S/4HANA Product Management) hat in seinen mehr als 20 Jahren bei SAP in verschiedenen technischen Funktionen an der Entwicklung der SAP Business Suite und von SAP S/4HANA mitgewirkt. Er arbeitet weiterhin mit Kunden zusammen, um deren Unternehmensarchitekturen und Einführungsstrategien zu entwickeln.

Christian Hoppe (Product Owner Bank Statement Processing – SAP S/4HANA Finance) arbeitet seit 25 Jahren mit SAP-Produkten und kam vor 15 Jahren als Berater für Finanzanwendungen zu SAP. Nach seinem Eintritt in die Entwicklungsabteilung von SAP S/4HANA Finance war er in verschiedenen Funktionen tätig, bevor er Product Owner für die Kontoauszugsverarbeitung und Automatisierung in SAP S/4HANA Finance wurde.

Jan Hrastnik (Chief Development Architect – SAP S/4HANA Architecture) ist seit mehr als 20 Jahren in den Entwicklungsorganisationen von SAP in verschiedenen Positionen tätig. Zurzeit konzentriert er sich auf das virtuelle Datenmodell von SAP S/4HANA und auf Core Data Services.

Dr. Dietmar Kaiser (Development Architect – Central Finance) ist seit 1998 bei SAP und hat als Entwickler und Architekt für die SAP Business Suite, SAP Business ByDesign und SAP S/4HANA an verschiedenen Themen in den Bereichen Immobilienmanagement, Cash- und Liquiditätsmanagement, Identitäts- und Zugriffsverwaltung und Sicherheit gearbeitet. Derzeit arbeitet er als Development Architect im Bereich Central Finance.

Marlene Katzschner (Product Owner – Predictive Accounting) ist seit 2003 bei SAP und war als Entwicklerin, Projektleiterin und Lösungsarchitektin im Bereich des Finanzwesens für SAP Business ByDesign und SAP S/4HANA tätig. Sie war Product Owner für Predictive Accounting und ist derzeit Product Owner im Bereich Central Finance.

Andreas Kemmler (Chief Development Architect – SAP S/4HANA Architecture) verfügt über mehr als 25 Jahre Erfahrung in der Entwicklung und Architektur von SAP-Geschäftsanwendungen. Er war verantwortlich für die SAP-ERP-Architektur, für die Migration der SAP Business Suite auf SAP HANA, für die Entwicklungs- und Architekturrichtlinien der SAP Business Suite auf SAP HANA und zuletzt für die Anwendung der Multitenancy- und Business-Continuity-/Zero-Downtime-Maintenance-Konzepte für SAP S/4HANA Cloud.

Dr. Joachim Kenntner (Chief Development Expert – Finance) kam 1996 zu SAP und arbeitete als Entwickler, Manager und Architekt für verschiedene Finanzthemen in der SAP Business Suite, SAP Business ByDesign und SAP S/4HANA. Derzeit ist er für das umfassende Journal verantwortlich und arbeitet an Themen der SAP-S/4HANA-Konvertierung, -Performance und -Erweiterbarkeit.

Dr. Thomas Kern (Application Development Architect – SAP S/4HANA Production Planning) kam 1993 als Entwickler zu SAP und arbeitete im Bereich der Produktionsplanung für verschiedene SAP-Produkte (SAP R/3, SAP APO, SAP Business by Design). Er hat einen Master-Abschluss in Mathematik und einen Doktortitel in Naturwissenschaften.

Dr. Isadora Kirchmaier (Development Architect – SAP S/4HANA Cloud Foundation) ist seit 2017 bei SAP. In ihrer aktuellen Rolle beschäftigt sie sich mit Themen rund um Identity and Access Management für SAP S/4HANA Cloud und damit integrierte Produkte.

Markus Klein (Chief Development Architect – SAP S/4HANA Finance) ist seit 1995 bei SAP tätig. Er hat als Entwickler und Architekt für SAP Business Suite, SAP Business ByDesign und SAP S/4HANA an Themen im Bereich Inventory Accounting und an Aspekten der Integration logistischer Anwendungen in das Finanzwesen gearbeitet. Derzeit ist er Chief Development Architect im Bereich Inventory Accounting für SAP S/4HANA.

Ralf Kühner (Development Architect – Line of Business Finance) kam 1997 als Entwickler zu SAP. Er verfügt über Erfahrung in der Entwicklung für SAP Business Suite, SAP Business ByDesign und Anwendungen für das Internet der Dinge. Derzeit arbeitet er als Product Manager für SAP S/4HANA Finance im Bereich der Kostenträgerrechnung.

Pradeep Kumar (Development Architect – SAP S/4HANA Production Planning) hat einen Master-Abschluss in Computeranwendungen vom NIT Karnataka (Indien). Er verfügt über mehr als 13 Jahre SAP-Erfahrung in verschiedenen Entwicklungsorganisationen von SAP. In seiner derzeitigen Rolle als Entwicklungsarchitekt ist er für die Architektur der Produktions- und Feinplanung im Bereich Fertigung verantwortlich.

Volker Lehnert (Senior Director Data Protection – SAP S/4HANA) beschäftigt sich seit 20 Jahren mit der Umsetzung von Sicherheits- und Datenschutzanforderungen und ist sicherlich einer der erfahrensten Köpfe im technischen Datenschutz von ERP-Lösungen. Er ist Autor einschlägiger Werke wie *SAP-Berechtigungswesen: Konzeption und Realisierung* (SAP PRESS, 2016) und *Datenschutz mit SAP: SAP Business Suite und SAP S/4HANA* (SAP PRESS, 2020), sowie Mitwirkender bei zahlreichen weiteren Werken des Rheinwerk Verlags.

Dr. Roland Lucius (Chief Development Architect – SAP S/4HANA Architecture) verfügt über mehr als 20 Jahre Erfahrung in der Entwicklung und Architektur von SAP-Geschäftsanwendungen. Er arbeitet seit mehr als zehn Jahren in den Bereichen Anwendungssicherheit und Identity and Access Management.

Dr. Knut Manske (Development Senior Manager – SAP S/4HANA Cloud Foundation) ist der technische Leiter für intelligente Situationsverarbeitung und Reponsibility Management. Er hat an verschiedenen Innovationsthemen gearbeitet, um Ideen zu entwickeln, die einen Mehrwert für SAP-Kunden schaffen. 2004 kam er zu SAP, um SAP Research in Darmstadt aufzubauen und zu leiten, wo sein Schwerpunkt auf dem »Arbeitsplatz der Zukunft« lag.

Hristo Matev (Senior Developer – Central Finance) kam vor über 18 Jahren zu SAP. Im Laufe der Jahre hat er an verschiedenen On-Premise- und Cloud-Anwendungen in den Bereichen SRM, SCM, SAP S/4HANA Finance und aktuell Sustainability gearbeitet. Er beschäftigte sich auch mit Themen wie Identity and Access Management, Security und Performance.

Dr. Petra Meyer (Chief Development Architect – Cloud ERP Product Management) kam nach ihrem Mathematikstudium 1998 zu SAP. Sie arbeitete in verschiedenen Funktionen in der Entwicklung mit Schwerpunkt auf Produktion und Produktionsstammdaten. Im Jahr 2012 wechselte sie in den Bereich SAP ERP auf SAP HANA und wurde Product Owner für Klassifizierung und Variantenkonfiguration. Hier initiierte sie die Entwicklung von SAP S/4HANA für die erweiterte Variantenkonfiguration und war bis März 2020 Product Owner für das Thema.

Divya Chandrika Mohan (Projektleiterin und Strategy Advisor SAP S/4HANA) hat einen Master-Abschluss in Bankmanagement und verfügt über Erfahrungen in einer Reihe von Bereichen wie Vertrieb, Kundenservice und Schulung. Sie hat innovative Verfahren in den Bereichen Beziehungsmanagement, Kundenbindungsinitiativen und Standardisierung von Geschäftsprozessen eingeführt. Sie war Projektleiterin und Communications Lead für das Lokalisierungs-Toolkit für SAP S/4HANA Cloud.

Dr. Klaus G. Müller (Chief Development Architect – Treasury) kam 1996 zu SAP und arbeitete als Entwickler, Architekt und Produktexperte für verschiedene Themen im Treasury- und Bankenbereich für SAP Business Suite, SAP Business ByDesign und SAP S/4HANA. Derzeit arbeitet er als Architekt an übergreifenden Themen und der Interoperabilität für alle Treasury-Anwendungen.

Birgit Oettinger (Product Owner – Management Accounting) ist eng in die zentralen Innovationsthemen für SAP S/4HANA Finance eingebunden. Sie hat mehr als 25 Jahre Erfahrung im Bereich SAP-Finanzen und startete bei SAP als FI/CO-Beraterin mit den Schwerpunkten Produktkalkulation und Integration. Sie war für eine breite Palette von Produkten und Themen im Finanzbereich verantwortlich und erhielt in diesem Zuge tiefe Einblicke in verschiedene Cloud- und On-Premise-Lösungen.

Till Oppert (Product Owner Tax Calculation – SAP S/4HANA) verfügt über mehr als 20 Jahre Erfahrung als Entwickler, Entwicklungsexperte und Product Owner im Bereich Finanzen. Er arbeitete an der SAP Business Suite, SAP Business ByDesign und SAP S/4HANA.

Dr. Bernd Rödel (Chief Development Architect – Public Cloud Logistics & AVC) ist leitender Architekt innerhalb eines zentralen Architekturteams im Bereich der Logistik, wo er in den letzten Jahren die SAP-S/4HANA-Entwicklung unterstützt hat. Er kam im Jahr 2000 zu SAP und arbeitete als Entwickler und Architekt in verschiedenen Teams. Er hat ein Diplom in Humanbiologie, einen Master-Abschluss in Informatik und einen Doktortitel in Naturwissenschaften.

Dr. Siar Sarferaz (Chief Development Architect – SAP S/4HANA) begann seine mehr als 20-jährige Karriere bei SAP in verschiedenen Positionen. Er ist der leitende Architekt für künstliche Intelligenz in SAP S/4HANA und verantwortlich für alle Konzepte zur Einbindung intelligenter Technologien in Geschäftsprozesse. Er hat Informatik und Philosophie studiert und in Informatik promoviert.

Dr. Carsten Scheuch (Chief Development Architect – SAP S/4HANA Service) ist seit mehr als 20 Jahren bei SAP in den Bereichen Materialwirtschaft (SAP ERP), CRM und SAP S/4HANA tätig. Er war der leitende Architekt bei der Integration von Servicefunktionalität in SAP S/4HANA.

Wolfram Schick (Chief Product Owner – Available-to-Promise) verfügt über mehr als 25 Jahre Erfahrung in verschiedenen Entwicklungs- und Managementfunktionen bei SAP. In der Vergangenheit war er an der Konzeption, Implementierung und Positionierung der globalen ATP-Lösung in SAP APO beteiligt. Seit 2015 leitet Wolfram Schick die Entwicklung und das Produktmanagement der neuen erweiterten ATP-Lösung in SAP S/4HANA.

Josef Schmidt (Chief Product Owner – Built-In Support) kam vor mehr als 20 Jahren zu SAP, verbrachte neun Jahre seiner SAP-Karriere in China und arbeitete als Support Engineer, Entwickler, Architekt und Teamleiter. Josef Schmidt hat eine Leidenschaft für Support, Technologie und Kunden und möchte mit dem Built-In Support die Art und Weise ändern, wie Kunden von SAP Support erhalten können.

Stefan Scholten (Leitender Architekt – SAP S/4HANA Globalization Services) ist Architekturexperte mit mehr als 25 Jahren Erfahrung in der Entwicklung verschiedener Finanz- und Nichtfinanzanwendungen innerhalb von SAP ERP, der SAP Business Suite und SAP S/4HANA. In seiner jetzigen Rolle ist er für den Lokalisierungs-Self-Service im Kontext von SAP S/4HANA Cloud verantwortlich, um Leitlinien für lokalisierungsspezifische Anforderungen bereitzustellen. Unter *www.linkedin.com/in/stefan-scholten/* finden Sie sein Profil.

Dr. Erich Schulzke (Chief Development Architect – SAP S/4HANA Procurement) kam vor 13 Jahren mit einem Doktortitel in theoretischer Neurophysik zu SAP. In seiner derzeitigen Rolle als leitender Architekt beschäftigt er sich mit den Ausschreibungslösungen von SAP Ariba Procurement. Schwerpunkte seiner Arbeit sind cloudnative Geschäftsapplikationen mit SAP Fiori, Application Programming Model mit CAP/RAP, Machine Learning und innovative Themen im Allgemeinen.

Akshay Sinha (Development Architect für Industry Cloud bei SAP) hat einen Master-Abschluss in Technologie vom Birla Institute of Technology & Science, Pilani (Indien). Er arbeitet seit mehr als 17 Jahren bei SAP und war als Development Architect für Stammdaten in SAP S/4HANA tätig. Er ist ein aktiver Blogger und interessiert sich außerdem für Deep Learning und Convolutional Neural Networks.

Dr. Uwe Sodan (Projektmanagement – SAP S/4HANA Architecture) ist seit 1996 bei SAP und war in verschiedenen Positionen als Entwickler, Architekt, Manager und Projektleiter tätig. Zuletzt war er als Projektleiter für die Architektur und das Lifecycle Management in SAP S/4HANA tätig. Sie finden sein Profil unter *www.linkedin.com/in/uwe-sodan/*.

Philipp Stotz (Associate Development Architect – SAP SAP Enterprise Product Development Connected Products & Insights) ist Diplom-Wirtschaftsinformatiker und seit 2011 Teil des SAP-Universums. Er begann als Entwickler und war als Softwarearchitekt im Bereich SAP Procurement tätig. Sie finden sein Profil unter *www.linkedin.com/in/philipp-stotz89/*.

Weijia Sun (Produktexpertin für Konzernberichtswesen – SAP S/4HANA Finance) kam 2005 zu SAP und arbeitete als Anwendungsentwicklerin, Beraterin, Produktmanagerin und Managerin, wobei sie sich hauptsächlich auf die Bereiche Finanzen, Planung und Konsolidierung, Data Warehouse und Analytics konzentrierte. Sie hat einen Bachelor-Abschluss in Elektrotechnik und einen Master-Abschluss in Betriebswirtschaft.

Jochen Thierer (Vice President Entwicklung, Finance – Risk & Compliance) und sein Team sind für die GRC-Produkte im SAP-Portfolio verantwortlich. In enger Zusammenarbeit mit dem SAP GRC Product and Solution Management steuert sein Team alle Aspekte der SAP-GRC Produkte, einschließlich Produktstrategie und Roadmap. Jochen Thierer ist seit 2010 in dieser Funktion tätig. Nach seinem Einstieg bei SAP im Jahr 1994 übernahm er verschiedene Aufgaben in den Bereichen Beratung, Schulung, Softwarearchitektur und Softwareentwicklung für unterschiedliche SAP-Produkte, insbesondere als Entwickler und Entwicklungsleiter für SAP Global Trade Services (SAP GTS).

Detlef Thoms (Chief Product Expert – Performance and Scalability) verfügt über mehr als 26 Jahre SAP-Erfahrung, die er in verschiedenen Bereichen wie Entwicklungssupport (Available-to-Promise), SCM-Beratung und Lösungsmanagement für Stammdaten-Governance gesammelt hat. Seit Januar 2011 ist er Mitglied des Produktmanagementteams für Performance und Skalierbarkeit im gesamten SAP-Portfolio. Sein Ziel ist es, sicherzustellen, dass die SAP-Software leistungsoptimiert und nachhaltig ist und die neuesten Hardware- und Technologietrends nutzt. Unter *www.linkedin.com/in/detlef-thoms-39782723* finden Sie sein Profil.

Kumar Vikas (Lead Development Architect – Procurement) kam 2006 zu SAP und war in verschiedenen Positionen als Entwickler, Architekt und Projektleiter tätig. Zuletzt hat er die zentrale Beschaffungslösung entwickelt. Seine Leidenschaft besteht darin, gemeinsam mit Kunden Innovationen zu entwickeln, um die Beschaffungsprozesse zu vereinfachen.

Dr. Martin von der Emde (Product Owner – Digital Payments) ist seit 1996 bei SAP. Er war als Entwickler, Berater und Produktexperte für die SAP Business Suite, SAP Business ByDesign, SAP S/4HANA und SAP-Cloud-Platform-Anwendungen mit Schwerpunkt auf der Zahlungsabwicklung tätig.

Helena Vossen (User Assistance Manager – User Assistance Architect for Contract Accounting) verfügt über mehr als 20 Jahre Erfahrung in der Dokumentation von Finanzanwendungen für Industrielösungen. Bei SAP leitet sie ein Team von Autor*innen und Übersetzer*innen innerhalb der SAP-S/4HANA-Organisation. Die Dokumentation ist eine Teamleistung, daher geht ein besonderer Dank an Tom Brauer (Product Owner für Contract Accounting) und Heiko Mann (Development Architect für Contract Accounting).

Qiang Wang (Chief Development Architect – Treasury) kam 1996 zu SAP China und arbeitete als Berater, Entwickler, Manager und Architekt für umfassende Finanzthemen in SAP Business Suite und SAP S/4HANA. Derzeit ist er für die Architektur von SAP S/4HANA Cash Management verantwortlich.

Dr. Klaus Weiss (Chief Development Architect – Globalization Services Financials) kam im Jahr 2000 zu SAP und war mehr als 20 Jahre lang als Entwickler und Softwarearchitekt im Bereich der Finanzsoftwareentwicklung tätig. Seit 2011 ist er der leitende Architekt von Globalization Services Financials und seit 2022 ist er verantwortlich für die Architektur der SAP-S/4HANA-Lokalisierung.

Felix Wente (Chief Development Architect – SAP S/4HANA Architecture) kam vor 25 Jahren zu SAP und arbeitete als Entwickler, Softwarearchitekt und Entwicklungsleiter in den Bereichen SAP NetWeaver, SAP CRM, SAP Business ByDesign und SAP S/4HANA. Derzeit ist er Mitglied des zentralen Architekturteams für SAP S/4HANA und beschäftigt sich mit dem Thema Erweiterbarkeit.

Index

A

ABAP
Anwendungsserver ... 569, 605
Berechtigungskonzept ... 208, 531
Entwicklungsobjekt ... 149
for Cloud Development ... 150
for Key Users ... 145
Klasse ... 138
ABAP Development Tools (ADT) ... 107, 148, 149, 562
ABAP Dictionary ... 52, 226, 569, 574
ABAP-Managed Database Procedures (AMDPs) ... 112, 264
ABAP Pipeline Engine ... 192
ABAP RESTful Application Programming Model ... 58, 168
Implementierungstyp ... 64
Implementierungstyp BOPF-Managed ... 63, 76
Implementierungstyp Managed ... 62, 74
Implementierungstyp Unmanaged ... 64, 76
Laufzeitarchitektur ... 70
Abbaulogik ... 407
Ableitung ... 416
Abonnement ... 283
Abrechenbare Position ... 441
Abrechnung ... 441
Abrechnungsbeleg ... 441, 443
Absatz- und Ergebnisplanung ... 412
Access Governance ... 485, 490
ACCOSTRATE ... 418
ACDOCP ... 409
Adaptation Transport Organizer (ATO) ... 147, 560
Admin-Benutzer, initialer ... 529
Advanced Adapter Engine Extended ... 184
Advanced Planning and Optimization (APO) ... 216
Advanced Variant Configurator (AVC) ... 231, 281
Aktion ... 84
Aktionssteuerung ... 336
Aktiv-Aktiv-Konfiguration ... 564
Aktivitätsbereich ... 356
Aktivitäts-Mapping ... 532, 536
Analytical List Page ... 104
Analytical Query View ... 106
Analytic Engine ... 52, 101
Analytics ... 99
Erweiterbarkeit ... 106
Konzernberichtswesen ... 395
Sourcing and Procurement ... 308
Treasury ... 464
Vertrieb ... 262
Analytische Anwendung ... 57, 103
Analytische Query ... 102, 106
Analytische Query View ... 57
Analytisches Modell ... 105
Änderungskontrolle ... 208
Angebot ... 252, 256, 300
Ankerobjekt ... 121
Anlagenbuchhaltung ... 380
intelligente ... 380
neue ... 380
Anlagevermögen ... 380
Anlieferung ... 321
Annotation ... 52, 60
Anwendungsbenutzer ... 528
Anwendungsbenutzergruppe ... 529
Anwendungsbenutzer pflegen (App) ... 538, 547
Anwendungsinterne Suche ... 92
Anwendungskatalog ... 82, 255, 534, 537, 542
Anwendungslogik ... 58
Anwendungsrolle ... 532, 534, 535
Anwendungsrollen pflegen (App) ... 538
Anwendungsrollenvorlage ... 255
Anwendungsübergreifender Zustand ... 85
API-First-Prinzip ... 46
Application Link Enabling (ALE) ... 367
Application Programming Interface (API) ... 38, 147
Geschäftspartner ... 250
öffentliches ... 171
Service ... 282
Sourcing and Procurement ... 302
Strategie ... 146, 170
Vertrieb ... 257
Arbeitsplan ... 318
Arbeitsplatz ... 318, 357
Arbeitsspeicher ... 588
Arbeitszeiterfassung ... 283
Architektur, technische ... 51

Assoziation ... 52
Attribution ... 416
Audit ... 346
Auftragskontrolle ... 209
Aufwandsplanung ... 410
Ausgabehistorie ... 558
Ausgabesteuerung ... 556
Ausgabeverwaltung ... 549
Auslieferung ... 253, 320, 322, 361
Auslieferungsbeleg ... 258
Auslöserobjekt ... 121
Ausnahmenverwaltung, EWM ... 361
Ausschreibung ... 290
Ausschreibungsbündel ... 299
Ausschreibungsprojekt ... 300
Ausstehende Buchungsbelege verwalten (App) ... 471
Auswertung ... 108
Außendienst ... 273
Authentifizierung ... 530
Authoring ... 302
Automated Predictive Library (APL) ... 111
Automatische Zahlungsabwicklung ... 424
Available-to-Promise (ATP) ... 252, 324, 329
AVL ... 474

B

Backend-Anwendung, kundeneigene ... 151
Backup ... 603
Bandbreite ... 584
Bankenintegration ... 455
Bank Relationship Management ... 459
Barmittelhandelsanforderung (App) ... 461
Basic View ... 54, 55
Basismengeneinheit ... 217
Baugruppe ... 228
Bedarfsorientierte Materialbedarfsplanung ... 333
Bedarfsorientierte Planung ... 337
Beleg
  replizierter ... 296
  zentraler ... 296
Benutzerdefinierte CDS-Views (App) ... 143
Benutzerdefinierte Felder (App) ... 142, 226, 415
Benutzerdefinierte Logik (App) ... 144, 483
Benutzerdefiniertes Business-Objekt ... 142
Benutzeridentität, Weitergabe ... 179
Benutzeroberfläche
  kundeneigene ... 151
  Laufzeitanpassung ... 142
Benutzertyp ... 528
Benutzerverwaltung ... 605
Berechtigung ... 208, 255, 531
Berechtigungsobjekt ... 531
Berechtigungsprofil ... 531
Berechtigungstrace ... 539
Berechtigungsvorschlagswert ... 533, 536
Bereitstellungszone ... 356
Beschaffung ... 287
  Architektur ... 288, 289
  Business-Objekte ... 293
  direkte ... 291
  Embedded Analytics ... 308
  indirekte ... 291, 293
  intelligente ... 309
  operative ... 290
  Prozess ... 291
  strategische ... 290
  zentralisierte ... 295
Bestand ... 323
Bestandsart ... 323, 360
Bestandsführung ... 220, 382
Bestandsverwaltung ... 358, 360, 462
Bestandszuteilung (ARun) ... 328
Bestätigungsstrategie »Steigern« ... 328
Bestellanforderung ... 288, 293, 296, 316, 320, 332
Bestellanforderungen zentral bearbeiten (App) ... 296
Bestellung ... 284, 289, 320, 483
  Art ... 321
  Positionstyp ... 321
Best Practice ... 510
Betriebliche Aufwandsplanung ... 410
Betriebswirtschaftlicher Constraint ... 519
Betriebswirtschaftliches Mapping ... 472
Betroffene Person ... 201, 205
Bewegungsdaten, Logistik und Fertigung ... 319
Bewertungsbereich ... 221
Bewertungsklasse ... 227
Bewertungsregel ... 385
Beziehungswissen ... 234
Bezugsquelle ... 289, 338
Bezugsquellenfindung ... 290
Bezugsquellenliste ... 290
Big Data ... 39

Bilanz-/GuV-Planung ... 413
Bilanzbewertung ... 383
Bilanzdevisenrisiko ... 463
Blue-Green Deployment ... 573
Bruttomarge – Vermutet/Ist (App) ... 407
Buchhaltung ... 283, 374, 376
Buchhaltungssicht der Logistik-informationen ... 474
Budgetierung ... 402
Budgetobjekt ... 403
Budgetverfügbarkeitskontrolle ... 402
Built-In Support ... 575, 579
Bündel ... 299
Business Adaptation Catalog (BAC) ... 512, 515
Business Add-In (BAdI) ... 138, 145, 226, 499
Business Application Programming Interface (BAPI) ... 169
Business Communication Services (BCS) ... 550, 553
Business Configuration Set (BC) ... 510
Business Data Lake ... 112, 114
Business Event ... 127, 169, 187
Business-Logik ... 58
Business Object Processing Framework (BOPF) ... 63
Business Object Repository (BOR) ... 169
Business-Objekt ... 58, 277, 293
benutzerdefiniertes ... 142
berechnetes ... 322
Berechtigung ... 531
Datenmodell ... 59
Design ... 58
Implementierung ... 58
Knoten ... 59
Provider ... 62
Business-Objekt-Provider ... 74
Business Process Model and Notation (BPMN) ... 183
Business Rules Framework (BRF) ... 556
Business Server Page (BSP) ... 82
Business-Service ... 66
Berechtigungen ... 536
Implementierung ... 58
Business Transactions Framework ... 277
Kopf ... 278
Positionserweiterung ... 278
Set ... 278
Wurzelkomponente ... 277

C

Cash and Liquidity Management ... 459
Cashflow ... 460
Cash Management ... 449, 457, 460
CDS-basierte Datenextraktion ... 191, 309
CDS-Extraktions-View ... 191
CDS-View ... 52
CDS-View, Machine Learning ... 112
Central Finance ... 466
Fehlerbehandlung ... 470
Mapping ... 472
Prozesssteuerung ... 479
Replikation ... 469
temporäre Buchungen ... 476
zentralisierte Kapazitäten ... 478
Central Payment ... 478
Central Procurement ... 295–297
Chargenverwaltung ... 343
Clarification Framework Controller ... 440
Cloud Access Manager ... 605
Cloud-Architektur ... 47
Cloud-BAdI ... 145
Cloud Connector ... 180, 391
Cloud Data Integration (CDI) ... 109, 191
Cloud-Deployment ... 40, 559
CloudEvents ... 188
Cloud Foundry ... 156
Cloud Integration ... 182, 268, 298, 304
Cloudnative Anwendung ... 152
Cloud Print Service ... 552
Cloud Quick Sizer, SAP-HANA-basierter ... 589
Cloud-Service ... 560
Collections Management ... 438
Collection-Strategie ... 438
Compliance ... 599, 606, 607
Component Predictor ... 579
Composite View ... 54, 55
Configuration Localization Tool ... 523
Constraint ... 518
Consumption View ... 54, 55
Content Delivery Network (CDN) ... 83, 586
Continuous Delivery ... 155, 156
Contract Accounting ... 375, 444, 445
Convergent Invoicing ... 439, 444, 448
Conversational UX ... 80, 116
Conway'sches Gesetz ... 154
Core Data Services (CDS) ... 52
analytische View ... 101
Annotationen ... 60
benutzerdefinierte View ... 143

Core Data Services (CDS) (Forts.)
- *Entitäten* ... 53
- *Erweiterbarkeit* ... 107
- *Erweiterungs-Include-Assoziation* ... 226
- *Klassifizierung und Konfiguration* ... 237
- *Modelle* ... 59
- *Projection-View-Entitäten* ... 68
- *Servicevorgang* ... 281
- *Verwendungsszenario* ... 56
- *View* ... 138

Corporate Identity Provider ... 530
Create, Read, Update, Delete (CRUD) ... 143
Credit Decision Support ... 433
Credit Limit Management and Control ... 432
Credit Management ... 426
Credit Risk Analyzer ... 465
Credit Rules Engine ... 432
Credit Score Card ... 432
Cross-System Process Control Framework (CSPC) ... 479
Cube View ... 57, 105
Custom Analytical Query ... 108
Customer-Vendor-Integration (CVI) ... 242, 246
Custom View Builder ... 108
cXML ... 307
Cycle-Counting ... 220

D

Dashboard ... 104
Data Control Language (DCL) ... 52
Data Exchange Manager ... 282
Data Lake ... 114, 127
Datenaufbereitung ... 415
Datenbanktabelle ... 278
Datenbank-View ... 569
Datenintegration ... 190
Datenkontext ... 127
Datenkontextdefinition ... 123
Datenmigration ... 223
Datenmodell ... 68, 278, 376
Datenmonitor ... 393
Datenquellenerweiterbarkeit ... 483
Datenreplikation ... 109
Datenreplikations-Framework (DRF) ... 268
Datenresidenz ... 602
Datensammlung ... 391
Datenschnittstelle ... 137
Datenschutz ... 199, 248
Datenschutz-Grundverordnung (DSGVO) ... 199, 485
- *technische Maßnahmen* ... 207

Datenschutz und Privatsphäre ... 109, 200
Datensicherheit ... 602
Datentrennung ... 210
Datentyp ... 138
Datenübertragbarkeit ... 206
Datenvorbereitung ... 392
Debitorenbuchhaltung ... 427
Debitorenzahlung ... 434
Delta-Extraktion ... 191
Deployment ... 40, 509
Determinierung ... 63
Determinierungsaktion ... 63
Devisen-Hedge-Management ... 463
Devisenrisikomanagement ... 463
DevOps ... 152, 155
Dezentrales EWM ... 354
Digital Core ... 43
Digitale Zahlungen ... 456
Dimension View ... 57, 105
Direkte Beschaffung ... 291
Direktes Bedarfselement ... 315
Disaster Recovery ... 564
Disaster Recovery (DR) ... 603
Dispositionsart ... 330
Dispositionsbereich ... 317
Dispute Management ... 436, 449
Dock Appointment Scheduling ... 362
Document- und Reporting-Compliance verwalten (App) ... 499
Dokumentierte Kreditentscheidung ... 433
Draft-Fähigkeit ... 217
Draft-Feature ... 65
Druckbenutzer ... 529
Drucken ... 550
Druckwarteschlange ... 551
Druckwarteschlangen pflegen (App) ... 551
Dummy-Baugruppe ... 228
Durchsatz ... 584
Dynamic Capacity Management ... 594

E

Edge Integration Cell ... 184
eDocument ... 496, 497, 499
eDocument Cockpit ... 499
Einfacher Artikel ... 228
Einkäufergruppe ... 220
Einkaufsinfosatz ... 290

Einkaufskontrakt ... 290
Einkaufswerteschlüssel ... 220
Einlagerung ... 221
Einschränkung ... 533, 534
Einschränkungsfeld ... 533
Einschränkungstyp ... 533, 542
Einteilung ... 257, 260
Einwilligung ... 202
Einzahlungsdateien verwalten (App) ... 429
Einzelveräußerungspreis ... 389
Elastizität ... 153, 592
Electronic Banking Internet Communication Standard (EBICS) ... 455
Electronic Bill Presentment and Payment (EBPP) ... 434
Electronic Data Interchange (EDI) ... 169, 259, 306, 338, 347, 554
Elektronische Signatur ... 302
E-Mail ... 553
E-Mail-Vorlagen ... 553
Embedded Analytics ... 99, 237, 262, 308
  Anwendung ... 103
  Architektur ... 101
Embedded EWM ... 354
Embedded Machine Learning ... 111, 112
Embedded Support → Built-In Support
Emergency Patch ... 573
End-to-End-Antwortzeit ... 584
Enterprise Analytics ... 101, 109
Enterprise Event Enablement ... 188
Enterprise Resource Planning (ERP) ... 25, 33
Enterprise Risk and Compliance ... 484
Enterprise Search ... 91
  Erweiterbarkeit ... 94
  Framework ... 93
  Hilfs-View ... 94
  Konnektoren ... 93
  Personalisierung ... 95
  Suchbereich ... 94
  View ... 56
Entity Data Model (EDM) ... 168
Entity Manipulation Language (EML) ... 62, 70
Entity-Relationship-Modell ... 55
Entity Tag (ETag) ... 61
Entwicklungssystem ... 559
Entwicklungs-Tenant ... 562
Erfassung der Datenänderungen ... 193
Erfüllung von Kundenaufträgen – Probleme analysieren und klären (App) ... 264
Ergebnisrechnung ... 415, 420
Ergebnis- und Marktsegmentrechnung ... 414
Erlösrealisierung, vorgangsbezogene ... 386
Ermittlung → Determinierung
ERP-System, intelligentes ... 39
Erstdatenübernahme ... 471, 472
Erweiterbarkeit ... 38, 135
  Analytics ... 106
  CDS-basierte ... 107
  Felder ... 482
  Geschäftspartner ... 249
  In-App ... 136
  In-Stack ... 536
  Integration ... 146
  Key User ... 136
  Lokalisierung ... 502
  Produktstammdaten ... 225
  Stabilitätskriterien ... 137
  Variantenkonfiguration ... 235
Erweiterte Retourenabwicklung ... 260
Erweiterte Zahlungsverwaltung ... 451
Erweiterungsfeld ... 141
Erweiterungs-Include-View ... 226
Erweiterungs-Ledger ... 377, 379
Europäische Datenschutz-Grundverordnung (DSGVO) → Datenschutz-Grundverordnung (DSGVO)
European Article Number (EAN) ... 227
Event ... 169
Event-basierte Integration ... 164, 185
Event-Bus-Client ... 186
Event-Kanal ... 189
Evolvierbarkeit ... 153
Experience Management ... 39
Expertenchat ... 579
Exposure Management ... 463
Extended Services for User Account and Authentication (XSUAA) ... 159
Extended Warehouse Management (EWM) ... 216, 350, 353
  Architektur ... 353
  Benutzeroberfläche ... 365
  Komponenten ... 360
  Lagerautomatisierung ... 367
  Monitoring ... 363
  Prozessautomatisierung ... 364
  Reporting ... 363
  Stammdaten ... 357
  technische Frameworks ... 366
Extensibility Cockpit ... 142
Extraktion, vollständige ... 191
Extraktions-View ... 191

F

Failover, SAP-HANA-Instanz 564
Faktura 261
Fakturaanforderung 261, 283
Fakturavorrat 261
Fakturierung 253, 261, 283
Feature-Steuerung 61, 62
Fehlerbehandlung 171
Fehlermöglichkeits- und Einflussanalyse (FMEA) 346
Felderweiterbarkeit 140
Feld-Mapping 141
Feld zur Bestandsidentifizierung 323
Fertigerzeugnis 291
Fertigung 313
Architektur 314
Kosten 420
Organisationseinheiten 317
übergreifende Funktionen 343
Fertigungsauftrag 316, 320, 322, 350, 421
Fertigungsstückliste 228
Fertigungsversion 318
FIFO (First In, First Out) 319
Filter 225
Finance → SAP S/4HANA Finance
Financial Customer Care 449
Finanzabschluss 374, 397
Finanzbuchhaltung 376
Finanzplandaten importieren (App) 403
Finanzplanung und -analyse 395, 402, 408
Fixlagerplatz 357
Forderungen bearbeiten (App) 439
Forderungsliste 439
Forderungsmanagement 438
Formularverarbeitung 554
Formularvorlage 554
Freestyle-App 86
Freigabe zur Lieferung (App) 328
Fremdwährungsbewertung 397
Funktionspaket 516
Funktionstrennung 534, 543, 544

G

Gemeinkosten 418
Geschäftsbereich 516
Geschäftskontext 138, 141, 226
Geschäftsobjekt → Business-Objekt
Geschäftspartner 215, 239, 253, 357, 385, 528
Adresse 243
APIs 250
Architektur 243
Beziehung 240
Erweiterbarkeit 249
OData-API 161
Rolle 244
Serviceleistung 276
Stammdaten 241
Typen 239
Vorteile 240
Zeitabhängigkeit 244
Geschäftsprozess 39, 514
Geschäftsprozessterminierung 330
geschäftsvorfallbezogene Schnittstelle ins Rechnungswesen 375
Gesetzliche Berichte ausführen (App) 500
Gesetzliche Berichte definieren (App) 501
Gesetzliches Meldewesen 496, 500
Gestaltungsprinzipien 80
Gewinn und Verlust (GuV) 413
Gleitender Durchschnittspreis 221, 383
Governance, Risk, and Compliance (GRC) 204, 371, 483
Greenfield-Sizing 589
Green-IT-Strategie 584, 596
Guided Buying 293, 302

H

Hacking 605
Handling Unit 346, 359
Handling Unit Management 346, 360
Hardware-Sizing 588
Hauptbuch 377
Hauptbuchhaltung 379
Health-Check-Framework 604
Hierarchy View 57, 106
High-Level-Konfiguration 236
Hochverfügbarkeit 603
Hotfix Collection (HFC) 573
Hyperscale-Anbieter 564

I

IAM-Kennzahlen (App) 547
Identitätsverwaltung 528
Identity and Access Management (IAM) 527
Architektur 527

Identity and Access Management (IAM) (Forts.)
Entität ... 532
Tools ... 537
Identity Authentication Service ... 208, 530, 546, 560
Identity Provider ... 530
Identity Provisioning Service ... 560
IDoc ... 169, 250
Image ... 339
Implementierungsaktivitäten (App) ... 522
In-App-Erweiterbarkeit ... 136, 147
Incident Solution Matching ... 579
Indirekte Beschaffung ... 291, 293
Inferenz ... 111
Information Access (InA) ... 102, 109
Information Retrieval Framework (IRF) ... 205
Inhouse-Bank ... 454
Insert Only ... 36
In-Stack-Entwicklererweiterbarkeit ... 148
In-Stack-Erweiterbarkeit ... 536
Integration ... 167
Banken ... 455
Central Procurement ... 297
Convergent Invoicing ... 444
Erweiterbarkeit ... 146
Event-basierte ... 164, 185
Finanzplanung ... 414
Logistik ... 350
Middleware ... 182
SAP-GRC-Lösungen ... 486
Service ... 282
Sourcing and Procurement ... 302
Vertrieb ... 267
Integration Flow (iFlow) ... 183
Intelligente Beschaffung ... 309
Intelligentes ERP-System ... 39
Intelligentes Szenario ... 115
Intelligente Technologien ... 99
Intelligent Situation Automation ... 126, 127
Intent ... 84
Interaction Center ... 275
Interaktionsphase ... 72
Interface View ... 58
International Bank Account Number (IBAN) ... 242
International Financial Reporting Standards (IFRS) ... 377, 418
International Standard on Assurance Engagements (ISAE) 3000 ... 534
International Trade Management ... 485
Internet Transaction Server mobile (ITSmobile) ... 365
Inventurabwicklung ... 360
Inventurbeleg ... 322
Investitionskostenplanung ... 413
Istkalkulation ... 383

J

Jupyter Notebook ... 114
Just-in-Sequence-Lieferung (JIS) ... 336
Just-in-Time (JIT) ... 336

K

Kalkulationsschema ... 266
Kalkulatorische Ergebnisrechnung ... 415
Kanban ... 334
Behälter ... 335
Regelkreise ... 335
Kapazitätsmanagement ... 593
Kapazitätsplanung ... 342
Kapitalkonsolidierung ... 393
Katalog, technischer ... 82
Key Performance Indicator (KPI) ... 81, 104
Kachel ... 108
Performance ... 586
Sizing ... 588
Key User ... 136
Key-User-Erweiterbarkeit ... 136
Lifecycle Management ... 147
Margenanalyse ... 415
Key-User-Tools ... 107, 140
Klärungsfall ... 436
Klassenposition ... 234
Klassifizierungssystem ... 229
Knowledge-Link ... 578
Kommissionierung ... 258
Kommunikationsbenutzer ... 177, 190, 529
Kommunikationsmanagement ... 175
Kommunikationssystem ... 178, 190
Kommunikationsszenario ... 176, 190
Kommunikationsvereinbarung ... 178, 190, 306, 542
Kommunikationsvereinbarungen (App) ... 546
Kompatibilität ... 48
Kompatibilität, Softwarelebenszyklus ... 510
Komposition ... 59
Konditionsart ... 266
Konditionstechnik ... 265, 347
Konfiguration ... 509, 522

Konfigurationsdatenbank 236
Konfigurationsprofil 234
Konsolidierung 391
Berichtswesen 394
Funktionen 393
Monitor 394
Plan 395
Konstruktionstückliste 228
Kontenclearing 460
Kontierung 403
Kontierungsblock 483
Kontierungsebene 393
Kontierungstyp 321
Kontingentierungsprüfung 325
Kontoauszugsverarbeitung 429, 430
Kontoauszüge verwalten (App) 429
Kontoauszugspositionen nachbearbeiten (App) 430
Kontraktabruf 259
Kontrollobjekt 403, 404
Konvergente Fakturierung 261
Konzernabschlüsse – Review-Booklet (App) 395
Konzernberichtswesen 390
Analytics 395
Funktionen 393
Kopiersteuerung 257
Kopplung, lose 139, 143
Kostenanalyse 420
Kostenstellen Etatbericht (App) 403
Kostenstellenumlage 417
Kostenträgerrechnung, vorgangsbezogene 420
Kostenträgerrechnung (App) 420
KPIs und Berichte verwalten (App) 108
Kreditereignis 433
Kreditorenbuchhaltung 423
Kreditwürdigkeitsprüfung 449
Kubernetes 157
Kundenanfrage 252, 256
Kundenauftrag 60, 252, 257, 267, 347, 386, 416
Abwicklung 257
Anforderung 253
Integration 268
Kopf 60
Position 267
Kundenauftragseingang – Predictive Accounting (App) 407
Kundenretoure 260, 268
Kundenrolle 242
Kurzfristiger Tagesfinanzstatus (App) 460
Kyma 157

L

Lageranforderungsabwicklung 361
Lagerautomatisierung 367
Lagerleistungsabrechnung 362
Lagernummer 355
Lagerort 317
Lagerplatz 356
Lagersteuerrechner 367
Lagertyp 356
Lagerungssteuerung 364
Lagerverwaltung 350
Lagerverwaltungsmonitor 363, 367
Latenz 563, 584
Laufzeitanpassung der Benutzeroberfläche 142
Laufzeitarchitektur 70
Launchpad-Seiten verwalten (App) 541
Leasingbuchhaltung 384
Leasingvertrag 384
Ledger 377, 418
paralleles 418
Schichtung 404
Leistungserfassungsblatt 291
Leistungsmengenplanung 411
Leseprotokollierung 208
Lieferabwicklung 258
Lieferantenangebotsverwaltung 300
Lieferantenrolle 242
Lieferavis (ASN) 348
Lieferbeleg 258
Lieferplan 252, 259, 290, 320
Lifecycle Management 147
Liquiditätsplanung (App) 461
List Report 89
Local Area Network (LAN) 584
Logical Unit of Work (LUW) 72
Logistik 313
Architektur 314
Organisationseinheiten 317
übergreifende Funktionen 343
Logistische Zusatzleistung 362
Lokalisierung
Geschäftskonfiguration 523
Self-Service 502
Self-Service für SAP S/4HANA Cloud 502
Lose Kopplung 139, 143
Lösungsauftrag 271, 275

Lösungs-Constraint ... 519
Lösungsgeschäft ... 273, 275
Lösungskatalog ... 517
Lösungsumfang ... 509
Low-Level-Konfiguration ... 237, 331

M

Machine Learning ... 39, 110
- *Abgleich* ... 115
- *Architektur* ... 111
- *Embedded* ... 111, 112
- *Empfehlung* ... 115
- *Kategorisierung* ... 116
- *Modell* ... 110
- *Ranking* ... 116
- *Side-by-Side* ... 114
- *Sourcing and Procurement* ... 309
- *Szenario* ... 114
- *Vertrieb* ... 264
- *Vorhersage* ... 116

Mahnwesen ... 427
Malware ... 604
Manufacturing Execution System (MES) ... 350
Mapping ... 144
Mapping-Aktion ... 473
Mapping-Entität ... 473
Margenanalyse ... 414
Margen-Reporting ... 417
Margin Analysis ... 449
Market Risk Analyzer ... 465
Marktsegment ... 415
Marktsegmentverwaltung ... 415
Mass Data Framework (MDF) ... 471
Massendatenverarbeitung ... 125
Material ... 314
Materialbedarfsplanung (MRP) ... 258, 293, 315, 330, 332, 342
Materialbeleg ... 314, 320, 322
Materialbuchung ... 360
Materialflusssystem (MFS) ... 361, 368
Material-Ledger ... 382
Materialreservierung ... 320
Materialstamm ... 215, 332
Maximalstückliste ... 233
Meine Situationen (App) ... 257
Meine Situationen – Erweitert (App) ... 130
Merkmal ... 415, 483
Merkmalskatalog ... 329
Merkmalskombination ... 329
Merkmalswertekombination ... 330
Microservice ... 152, 153
Middleware ... 182
Migrationsobjekt ... 223
Mitarbeiterrolle ... 244
Modularisierung ... 47
Monitoring der Wertschöpfungskette ... 349
MRP Live ... 330, 332
Multidimensionales Reporting ... 104
Multitenancy ... 565, 574

N

Nachhaltigkeit ... 596
Nachschubelement ... 335
Navigation, Intent-basierte ... 84
Nebenbuch ... 377
Netzwerkbandbreite ... 585
Netzwerkzone ... 599
Neues Hauptbuch ... 379
Nutzungsrecht ... 385

O

Object Page ... 89
Objektart ... 140
Objektknotentyp ... 140
Objekttyp ... 188
Objekt- und Wertermittlung ... 329
OData
- *API* ... 168, 171, 250, 267, 304
- *Modell* ... 87
- *Service* ... 68, 69, 77, 87, 91, 163
- *Vergleich zwischen V2 und V4* ... 168

Öffentliches Erweiterungsmodell ... 137
One Exposure from Operations ... 459
One-Order-Modell ... 277
Online Analytical Processing (OLAP) ... 36, 101
Online Transaction Processing (OLTP) ... 36
On-Premise-Deployment ... 40, 566
Open Connectors ... 183
Operation ... 72
Operational Data Provider (ODP) ... 191
Operative Beschaffung ... 290
Orderbuch ... 290
Output-Management-System (OMS) ... 552
Overview Page ... 81, 88

P

Packspezifikation ... 358
Packvorschrift ... 347, 358

Paket ... 275
Parallele Rechnungslegung ... 377
Paralleles Ledger ... 418
Partnerkonnektor ... 499
Partnerschema ... 280
Payment Medium Workbench (PMW) ... 425, 502
Pegging ... 341
Peppol ... 497
Performance ... 35, 583
Personal verwalten (App) ... 537
Personenbezogene Daten ... 200, 206
PFCG-Rolle ... 82, 531, 541, 542
Pipeline-Operator ... 114
Piper ... 156
Planauftrag ... 316, 319, 342, 350
Plandaten ... 395, 396
Plankostenrechnung ... 410
Planung ... 408
  mit statistischen Kennzahlen ... 410
  Rezept ... 318
  Tabelle ... 409
Plug-in-Schnittstelle ... 85
Positionstyp ... 257, 279
Post Processing Framework (PPF) ... 365
Prediction-Ledger ... 396, 406
Predictive Accounting ... 371, 396, 404
Predictive Accounting überwachen (App) ... 406
Predictive Analysis Library (PAL) ... 111
Predictive Analytics Integrator (PAI) ... 264
Predictive Material and Resource Planning (pMRP) ... 339
Preisfindung ... 265, 280
Preissteuerungskennzeichen ... 221
Principle of One ... 44, 216
Print Queue Web Access Service ... 552
Privatsphäre ... 199
Produkthierarchie ... 222
  Knoten ... 227
  Migration ... 224
Produkthierarchien verwalten (App) ... 222, 227
Produktionsplanung ... 316
Produktions- und Feinplanung (PP/DS) ... 327, 342
Produktionsversorgungsbereich ... 317, 335
Produktionsversorgungsplanung ... 337
Produktivsystem ... 559
Produktkostenplanung ... 411
Produktpakete ... 276
Produktstammdaten ... 215, 216, 253, 317, 345, 357
  Datenmodell ... 217
  Erweiterbarkeit ... 225
  Migration ... 223
  Replikation ... 224
Produktstammdaten verwalten (App) ... 217
Produkttyp ... 227
Produktverfügbarkeitsprüfung ... 325
Programmiermodell für SAP Fiori ... 81
Progressive Disclosure ... 131
Projection View ... 68
Projekt »Piper« ... 156
Projektbudgetbericht (App) ... 403
Projektion ... 66
Projektionsverhaltensdefinition ... 69
Projektplanung ... 411
Projektstrukturplan (PSP) ... 403, 411
Projekt-WIP-Details anzeigen (App) ... 389
Provider-Vertrag ... 447
Prozessaufhänger ... 405
Prozessauftrag ... 316, 421
Prozessmanager ... 499
Prüflos ... 345
Prüfregel ... 358
Pseudonymisierung ... 210
Python ... 114

Q

Q-Infosatz Beschaffung ... 345
Qualitätsinfosatz ... 344
Qualitätsmanagement ... 344
Qualitätsprüfung ... 344, 362
Quick Sizer ... 589
Quotierung ... 290

R

Radio Frequency Framework ... 366
RAP → ABAP RESTful Application Programming Model
Rating ... 441
Read Access Logging (RAL) ... 208
Receivables Management ... 426
Rechenzentrum ... 563
Rechnungslegung, universelle parallele ... 418
Rechnungsstellung, elektronische ... 496
Rechnungsverarbeitung ... 423
Rechnungswesenschnittstelle ... 373
Rechtsvorgang ... 301

Referenz-Content 509
Referenzkonfiguration 523
Regelkreis 335
Remote API View 54, 56
Remote Function Call (RFC) 169
Kommunikation 181
synchron 169
transaktional 169
Rentabilitätsanalyse 417
Reparaturauftrag 274
Reporting, multidimensionales 104
Reservierung 320
Resilienz 153, 161
Responsibility Management 119, 277
Ressource 318, 364
gemeinsame Nutzung 602
Lager 358
statische 586
Verteilung 592
Restricted Reuse View 54, 56
REST-Service 115
Retoure 260
Retrograde Entnahme 347
RFC-Verbindung 469
Rückmeldung 325
Rückstandsbearbeitung 328
Rückwärtsintegration 284

S

SAP Fiori 37
SAP S/4HANA Cloud
Authentifizierung 530
Benutzerbereitstellung 529
Datensicherheit 602
Festlegung des Lösungsumfangs 509
Konfigurationsarchitektur 522
Lokalisierung 502
Private Edition 41
Public Edition 41
Sicherheit und Compliance 599
Zugriffsebenen 601
SAP Advanced Financial Closing 394
SAP Analysis for Microsoft Office 395
SAP Analytical List Page 89
SAP Analytics Cloud 88, 103, 108, 395, 403, 409, 560
Embedded Edition 103
Planung 395
Story Designer 109
SAP Application Interface Framework 171, 172, 267, 307, 469, 471, 477
SAP Application Performance Standard 588
SAP Ariba 304
Buying 302
Guided Buying 293
Integration 302
Procurement Planning 299
Sourcing 303
Supplier Management 305
SAP Billing and Revenue Innovation Management 444
SAP Business Accelerator Hub 46, 161, 170, 282, 499
Business Events 164
Integration-Content 184
SAP Business Application Studio 87, 148
SAP Business Client 84
SAP Business Integrity Screening 487
SAP Business Network 304
SAP Business Network for Procurement 268, 303, 307, 423
SAP Business Suite powered by SAP HANA 35, 36
SAP Business Technology Platform (SAP BTP) 114, 146, 156, 157, 562, 603
ABAP-Umgebung 156, 300
Authentifizierung 160
Cloud-Foundry-Umgebung 156, 160
Konnektivität 159
Kubernetes 114
Kyma-Laufzeit 157
SAP Business Workflow 365, 437, 550
SAP BW/4HANA 364
SAP Cash Application 118, 427, 430, 446
SAP Cash Management 457
SAP Central Business Configuration 512, 552
Funktion 516
Geschäftsprozess 515
Lokalisierung 523
Organisationsstruktur 514
SAP Central Finance Transaction Replication by insightsoftware for SAP S/4HANA 469
SAP Cloud Application Programming Model 164
SAP Cloud Identity Access Governance 486, 489
SAP Cloud Identity Services 528, 529
SAP Cloud Print Manager 551, 552

SAP Cloud SDK 158, 391
API-Konsum 161
Authentifizierung 160
Integration 157
Resilienz 162
SAP Collections and Dispute Management 427
SAP Commerce Cloud 268
SAP Companion 86
SAP Contract and Lease Management 384
SAP Convergent Charging 441, 444
SAP Convergent Mediation by DigitalRoute 444
SAP CPQ 272
SAP Credit Management 426, 432
SAP Customer Relationship Management (SAP CRM) 277
SAP Data Custodian 209
SAP Data Intelligence 128, 267
SAP Data Privacy Governance 485
SAP Destination Service 159, 161
SAP Digital Payments Add-on 436, 448, 456
SAP Disclosure Management 395
SAP Document and Reporting Compliance 496
SAP Document and Reporting Compliance, Cloud Edition 500
SAP Enterprise Threat Detection 209
SAP Event Mesh 164, 169, 172, 185, 188
SAP Excise Tax Management 560
SAP Fieldglass 302, 305
SAP Field Service Management 272, 284
SAP Financial Compliance Management 486, 487
SAP Fiori 80, 587
analytische Apps 87
anpassen 142
App 87
Apps Reference Library 88
Bibliothek 87
Gestaltungsprinzipien 80
Kachel 84
Launchpad 81
Rolle 84
transaktionale Apps 88
SAP-Fiori-App 81
SAP Fiori Elements 86, 88
SAP Fiori Launchpad 81, 578
Anwendungskatalog 540
App Manager 82
Bereich 540
Seite 540
SAP for Me 575, 578, 579
SAP Forms by Adobe 555, 560
SAP for Retail 216
SAP Global Trade Services (SAP GTS) 450
SAP Global Trade Services (SAP GTS), Edition für SAP HANA 489
SAP-GRC-Lösungen 484, 486
SAP Group Reporting Data Collection 391
SAP GUI 81, 142
SAP HANA 35, 45, 112, 278, 377, 594
Cloud 566
Dimensionierung 247
Enterprise Search 93
Failover 564
gemeinsame Nutzung 567
Suchfunktion 93
Systemlandschaft 566
Tabellenzugriff 569
SAP Information Lifecycle Management (SAP ILM) 206, 248
SAP Integration Package for SWIFT 465
SAP Integration Suite 182
verwaltetes Gateway für Spend Management 268, 304
SAP Intelligent Robotic Process Automation 473
SAP Invoice Management by OpenText 423
SAP Landscape Transformation Replication Server 467, 469
SAP liveCache 342
SAP Master Data Governance 298, 472
SAP Master Data Integration 195, 244, 304
SAP Mobile Cards 86
SAP Multi-Bank Connectivity 429, 453, 455
SAP-Objekttyp 188
SAP Privacy Governance 491
SAP Process Control 487
SAP Process Integration 184, 432
SAP Process Orchestration 184
SAP R/2 25
SAP R/3 25
SAP Readiness Check 247
SAP Risk Management 487
SAP S/4HANA 26, 36, 88, 566
API-Strategie 170
Architektur 43
Ausgabesteuerung 549, 556
DSGVO 203
GRC 486

SAP S/4HANA (Forts.)
Integration ... 168
Logistik ... 313
Machine Learning ... 115
Service ... 271
Suchfunktion ... 91
Suchmodelle ... 96
Systemkonvertierung ... 246
SAP S/4HANA Cloud ... 48, 103, 170, 171, 255, 267, 380, 559
ABAP-Stack ... 605
ABAP-Umgebung ... 148, 565
Audit ... 546
Ausgabeverwaltung ... 549
Benutzertyp ... 528
Betrieb ... 606
Constraints ... 518
Datentrennung ... 601
Elastizität ... 592
Erweiterbarkeit ... 137
Erweiterungsanwendung ... 158
für Debitorenzahlungen ... 427
für Kreditintegration ... 426
Identitäts- und Zugriffsverwaltung ... 527
Implementierung ... 520
Integration ... 298
International Trade ... 489
Kommunikationsmanagement ... 175
Lifecycle Management ... 147
Multitenancy ... 565, 567
Netzwerk ... 599
Performance ... 583
Private Edition ... 591
Public Edition ... 559
Rechenzentrum ... 563
RFC-Kommunikation ... 181
Sizing ... 583, 589
Systemlandschaft ... 559
Test Data Refresh ... 210
Wartung ... 572
Weitergabe von Benutzeridentitäten ... 179
SAP S/4HANA Finance ... 45, 371, 390, 450, 482
Architektur ... 373
Erweiterbarkeit ... 482
für die erweiterte Zahlungsverwaltung ... 451
Schnittstelle ... 378
SAP S/4HANA for International Trade ... 489
SAP S/4HANA for Product Sourcing ... 299
SAP S/4HANA für Central Finance → Central Finance
SAP S/4HANA für die Vertragsverwaltung in Unternehmen ... 300
SAP S/4HANA Sales ... 251, 253, 264, 445
SAP S/4HANA Sourcing and Procurement ... 287
Embedded Analytics ... 308
Integration ... 302
SAP Smart Business ... 81, 86, 104, 263
SAP SuccessFactors Employee Central ... 244
SAP Supply Chain Management (SAP SCM) ... 216
SAP Trading Platform Integration ... 463
SAP Trust Center ... 564
SAPUI5 ... 82, 87, 587
Freestyle-App ... 86
Laufzeit ... 91
SAP Warehouse Robotics ... 368
S-Benutzer-ID ... 575, 589
Schnelle Content-Auslieferung ... 82
Schnittstelle
Konnektor ... 499
Monitoring ... 171
scikit-learn ... 112
Scoping ... 513, 544
Secure by Default ... 42, 605
Security Assertion Markup Language (SAML) ... 530
Security-Audit-Log anzeigen (App) ... 547, 606
Security Event Management ... 604
Security Patch Management ... 604
Segmentfilter ... 225
Segmentierung ... 449
Self-Service-Konfiguration ... 226, 390, 511
Semantische Prüfung ... 481
Semantisches Objekt ... 84
Separation of Concerns ... 44
Serialnummer ... 348
Service ... 271, 280, 560
Architektur ... 271
Business-Objekte ... 273
Erweiterte Variantenkonfiguration ... 281
Geschäftspartner ... 276
Integration ... 282
Notizen ... 280
Organisationseinheit ... 276
Partnerfunktionen ... 280
Preisfindung ... 280
Prozesse ... 273
Rückwärtsintegration ... 284
Stammdaten ... 276

Service (Forts.)
Statusverwaltung ... 280
technische Objekte ... 277
Service Adaptation Definition Language (SADL) ... 93, 101
Serviceanforderung ... 274
Serviceangebot ... 274
Serviceauftrag ... 271, 273, 284
Servicebindung ... 70
Servicedefinition ... 70
Serviceorientierung ... 45
Serviceprodukt ... 276
Servicerückmeldung ... 271, 273
Servicespezifisches Datenmodell ... 68
Serviceteams ... 277
Service- und Vertriebsbuchhaltung ... 385
Servicevertrag ... 271, 273, 275, 386
Shared Database ... 568
Sicherheit ... 42, 599
ABAP-Anwendungsserver ... 605
Cloud ... 599
Daten ... 602
Gruppe ... 601
Maßnahmen ... 603
Side-by-Side-Erweiterbarkeit ... 38, 151
Side-by-Side-Machine-Learning ... 114
Simple Mail Transfer Protocol (SMTP) ... 553
Simulation ... 406
Simulations-Cockpit ... 414
Single Source of Truth (SSOT) ... 45
Situation Knowledge Graph ... 128
Situationsart ... 122
Situationsbenachrichtigung ... 130
Situationsindikator ... 130
Situationsobjekt ... 124
Situationsseite ... 132
Situationsszenario ... 124
Situationsverarbeitung ... 119, 129, 256
meldungsbasierte ... 125
UX ... 129
Situationsvorlage ... 120, 121, 124, 125, 257
Sizing ... 583, 588
Report ... 591
Richtlinie ... 589
Skalierbarkeit ... 35, 153, 592
SOAP-API ... 171, 250, 267, 304
SOAP-Service ... 168
Sourcing ... 290
Sourcing and Procurement ... 287
Analytics ... 308
Architektur ... 288
Sparte ... 219
Speicher ... 594
Speicherphase ... 72, 73
Sperre
nichtexklusive ... 384
sitzungsübergreifende ... 89
Spool-System ... 551
SQL-Schnittstelle ... 571
SQLScript ... 112
Stabilitätskontrakt ... 137
Stammdaten ... 215, 314
Logistik und Fertigung ... 317
Skript ... 511
Standardisierung ... 40
Standardpreis ... 221, 383
Statische Ressource ... 586
Steuerberechnung ... 401
Steuern und gesetzliches Berichtswesen ... 399
Story ... 409
Strategische Beschaffung ... 290
Structured Query Language (SQL) ... 52
Stückliste ... 228, 318, 411
auflösen ... 228, 331
Klassenposition ... 234
Produkt ... 228
Subscription Order Management ... 444
Substitutions-/Validierungsregeln verwalten (App) ... 483
Suchbereich ... 94
Suche ... 91
Suche, anwendungsinterne ... 92
Suchmodell ... 93, 96
Suchservice ... 579
Supervisory Control and Data Acquisition (SCADA) ... 350
Systemkonvertierung ... 246

T

Technical Architecture Modeling ... 27
Technische Benutzer anzeigen (App) ... 546
Technischer Constraint ... 520
Technisches Objekt ... 525
Telegramm ... 361, 368
Temporäre Buchungen verwalten (App) ... 476
Tenant ... 560
Tenant-Datenbank ... 566, 574
TensorFlow ... 112
Testsystem ... 559
Text View ... 57
Theme ... 85

Tokenkonzept ... 480
Top-down-Verteilung ... 417
Topic ... 186
Topic-Filter ... 189
Trading Platform Integration ... 560
Transaction Manager ... 462
Transaktion ... 72
  /SAPAPO/MAT1 ... 216
  /SCWM/MAT1 ... 216
  BP_CVI_IMG_CHK ... 247
  CVI_COCKPIT ... 247
  CVI_PRECHK ... 247
  DRFIMG ... 224
  MDS_LOAD_COCKPIT ... 247
  MM01 ... 216
  MM02 ... 216
  MM03 ... 216
  MM41 ... 216
  MM42 ... 216
  MM43 ... 216
  PFCG ... 531
Transaktionale Anwendung ... 57
Transaktionale View ... 55, 59
Transaktionspuffer ... 62
Transport, Erweiterung ... 148
Transporteinheit ... 359
Treasury and Risk Management ... 461
Treasury-Executive-Dashboard ... 461, 464
Treasury Management ... 375, 450
Treasury-Workstation ... 375
Treiberkonzept ... 298
Trennung der Daten ... 601

U

Umfassendes Journal ... 45, 371, 374, 376, 379, 383, 404, 418, 482
Umgliederung ... 393
Umlagerung ... 252
Umlagerungsbestellung ... 349
Umsatzerlös ... 387
Umsatzsteuer ... 399
Universal Journal → Umfassendes Journal
Universal Key Mapping Service ... 299
Universal Unique Identifier (UUID) ... 60
Universelle parallele Rechnungslegung ... 377, 418
Update ... 572
Upgrade ... 572
User Account and Authentication (UAA) ... 160
User Experience (UX) ... 37, 79
US Generally Accepted Accounting Principles (US GAAP) ... 377, 418

V

Validierung ... 63, 144
Variantenklasse ... 232
Variantenkonfiguration ... 231, 232
Verbrauchsgesteuerte Disposition ... 337
Verbrauchsposition ... 441
Vereinfachung ... 44
Verfügbarer Bestand ... 360
Verfügbarkeit ... 153
Verfügbarkeitsgruppe ... 360
Verfügbarkeitskontrolle ... 209
Verfügbarkeitsprüfung ... 324
Verfügbarkeitsschutz ... 326
Verfügbarkeitszone ... 600
Verfügungsberechtigte Organisation ... 358
Verhaltensdefinition ... 61
Verhaltensmodell ... 57
Verkaufsangebot ... 256
Verkaufsbeleg ... 253, 254, 257
Verkaufskontrakt ... 252, 258
  Mengenkontrakt ... 258
  Rahmenvertrag ... 258
  Wertkontrakt ... 259
Verkaufslieferplan ... 259
Verkaufsorganisation ... 219
Verkaufsübersicht ... 262
Versandstelle ... 258, 317
Verschlüsselung ... 209, 602
Vertragskontokorrent ... 445
Vertragsverwaltung in Unternehmen ... 300, 301
Vertrieb ... 251
Vertriebsbereich ... 219
Vertriebsweg ... 219
Verwaltung offener Forderungen ... 427
Verwaltung offener Verbindlichkeiten ... 424
View Browser ... 108
Virtual Private Cloud ... 600
Virtual Private Network (VPN) ... 48, 600
Virtuelles Datenmodell (VDM) ... 46, 51, 143, 237, 262, 281
  analytische Modelle ... 105
  Embedded Analytics ... 101
  Geschäftspartner ... 241
  Namenskonventionen ... 53

Virtuelles Datenmodell (VDM) (Forts.)
Struktur 54
Sucharchitektur 92
Virtuelles Element 68
Volltextindex 94
Vorgangsart 279
Vorgangsbezogene Erlösrealisierung 386
Vorhergesagter Lieferverzug (App) 264
Vorkonfiguration 509
Vorratsbuchhaltung 382, 383
Vorschaubeleg 404, 406
Vulnerability Announcement Service (VAS) 604

W

Währung 419
Warehouse Monitor 366
Ware in Arbeit (WIP) 389, 422
Warenannahme und Versand 362
Warenausgang 221, 386
Wareneingang 221, 291, 320, 322
Wartungsereignis 572
Web Client UI 81, 272, 285
Web Dynpro 294, 365
Web Dynpro für ABAP 81, 142
Web Services Reliable Messaging (WSRM) 432
Weitergabekontrolle 209
Weitergabe von Benutzeridentitäten 179
Wellenmanagement 361
Werk 317
Werkstattreparatur 273, 274
Werte-Mapping 174
Wide Area Network (WAN) 584
Worklist 89

Y

Yard 357

Z

Zahllauf 424
Zahlungsabwicklung 425, 447
Zahlungsdienstleister (ZDL) 448, 456
Zahlungsvorschlag 424
Zeitabhängigkeit 244
Zentrale Anlagenbuchhaltung 478
Zentrale Budgetierung 478
Zentralisierte Beschaffung 295
Zielplanung 413
Zugangskontrolle 208
Zugeordneten Erlös anzeigen (App) 389
Zugriffsebene 601
Zugriffsfolge 266, 329
Zugriffskategorie 543
Zugriffskontrolldefinition 69
Zugriffskontrolle 208
Zugriffsschema 574
Zuordnungsänderung 417
Zutrittskontrolle 208